Jörg Bergstedt

Monsanto auf Deutsch

Seilschaften der Agro-Gentechnik zwischen Firmen, Behörden, Lobbyverbänden und Forschung – von Aachen bis Rostock!

Gewidmet den FDP-Politikern Horst Rehberger, seiner Kanzlei in Saarbrücken und den drei RichterInnen der 9. Zivilkammer des Landgerichts Saarbrücken. Zudem dem ebenfalls der FDP angehörenden Uwe Schrader und der Mathematikerin Kerstin Schmidt. Sie alle wollten in einem abgekarteten Spiel unter dem Deckmantel der Rechtssprechung Kritik an den Gentechnik-Seilschaften verbieten (siehe Kapitel XI).

Nicht vergessen werden sollten die Gießener Richter Dr. Frank Oehm und Dr. Johannes Nink sowie die Staatsanwältin Ute Sehlbach-Schellenberg mitsamt den feigen Wegduckern bei Oberlandes- und Verfassungsgerichts, die sich alle zu willigen VollstreckerInnen der Konzerninteressen machten und ein Urteil von 6 Monaten forderten, verhängten oder bestätigten. Auch die, die es eigentlich besser wussten ...

Dieses Buch erscheint aber auch zu Ehren aller, die den Seilschaften weiter in die Suppe spucken und gegen das Diktat von Macht und Profit kämpfen. Und für alle Menschen, die in diesem Land aussortiert werden und hinter Gittern – welcher Art auch immer – leben. Dieses Buches erblickte das Licht der Welt an solch einem Ort.

SeitenHieb

Monsanto?

Wer über Gentechnik spricht, denkt schnell an Monsanto. Kritische Bücher und Filme zu diesem – fraglos rücksichtlosen – Konzern erzielen Einschalt- und Auflagenrekorde, so dass Protestgruppen hierzulande oder kritische AktionärInnen deutscher Konzerne nur neidisch dreinblicken konnten. Filme und Vorträge zum US-Konzern füllen ganze Hallen. Elektrisierend auch der Bt-Mais als Inbegriff alles Bösen: MON810. Wo er gepflanzt wird, kommt es zu Protesten von BürgerInnen und Umweltverbänden. Niemand will diese unkontrollierbare Saat in der Nähe haben.

Viel ruhiger geht es dagegen zu, wenn deutsche Firmen und Institute gentechnisch veränderte Sorten entwickeln oder aussäen. Mancherorts geht gar nichts: Als die Universität Gießen 2006 transgene Gerste aussäte, votierten alle Parteien im Stadtparlament für das riskante Experiment. Auch SPD, Grüne und Linke, die sonst mit radikaler Gentechnikkritik stets auf WählerInnenfang sind. An den Hauptstandorten deutscher Gentechnik sind Umweltverbände oder Grüne kaum zu sehen. Warum? Ist die deutsche Gentechnik besser? Es wird Zeit, bekannter zu machen, was BASF, Bayer, KWS und eine illustre Schar seltsamer Kleinfirmen, polemischer Lobbyverbände und geldgeiler WissenschaftlerInnen in diesem Land so treiben. Die nächsten über 200 Seiten klären auf. Sie können wütend machen, aber bitte nicht ohnmächtig. Lesen, gerne auch selbst recherchiern und dann auf zu den Feldern, Firmen und Instituten.

Gentechnik?

Nein, Gentechnik ist keine Ausnahme – und alle Menschen, die sich in anderen Politikfeldern engagieren, ohne selbst um Macht und Einfluss zu buhlen, werden das wissen. Ob Atom- oder die gesamte Energiefrage, Verkehrspolitik, Wasserwerke, die Pharma- oder ganze Chemiebranche: Es ist völlig gleichgültig, in welche Konzern-, Forschungs- und Kontrollstrukturen mensch hineinschaut. Überall dient wirtschaftliche Tätigkeit nur Profit, Verwertung und Monopolbildung. Zwischen den verschiedenen AkteurInnen sind enge Geflechte entstanden. Eine Hand wäscht die andere. Veränderung ist nur erreichbar, wenn massiver Druck ohne Einbindung in die Hatz um Geld und Dominanz entsteht – Wendland und Stuttgart lassen grüßen.

Dieses Buch klärt über die Seilschaften in der Agro-Gentechnik auf. Aber die sind weder das einzige noch das wichtigste Thema. Widerstand ist an vielen Orten nötig. Schön wäre es, wenn die Menschen, die oft aneinander vorbei wurschteln, begreifen, dass die Herde keine schwarzen Schafe hat, sondern schwarz ist. Das dahinterstehende System des Wirtschaftens und gesellschaftlicher Kontrolle durch die Zentralisierung von Macht sind die Ursache. Draußen stoßen die Eliten auf ganze Heere williger VollstreckerInnen. Das lässt alles laufen wie geschmiert ...

Dieses Buch wurde begonnen in der Projektwerkstatt Saasen Anfang 2010.
Und vollendet im Gießener Gefängnis im Dezember 2010.

Ausgewählte Beispiele aus diesem Buch gibt es als Ton-Bilder-Schau – als abendfüllendes Schmankerl.
Auf DVD oder mit ReferentIn. Mehr unter www.biotech-seilschaften.de.vu!

SeitenHieb

Der Verlag:
SeitenHieb-Verlag
Jahnstr. 30
35447 Reiskirchen
www.seitenhieb.info
Bestell-Fax und Infotelefon
0700-seitenhieb
(d.h.: 73483644)

Das Buch:
ISBN 978-3-86747-043-8
Erscheinungsdatum:
Januar 2011

Zur Technik des Buches

Die Kapitel stehen überwiegend für sich, zum Teil sind Verweise auf andere Kapitel vorhanden, in einigen Fällen werden wichtige Aspekte auch an zwei Stellen benannt, wenn sie für verschiedene Akteursgruppen von Bedeutung sind. Wer das Buch also komplett durchliest, trifft auf die eine oder andere Wiederholung.

Zu jedem Kapitel gibt es unter www.biotech-seilschaften.de.vu eine Internetseite. Dort befinden sich weitere Zitate und Beispiele. Die Fußnoten des Buches sind im Internet, soweit möglich, als Links angelegt, so dass ein schnelles Aufsuchen der Originalquellen möglich wird. Bedenken Sie aber, dass das Internet dynamisch ist. Nicht alle angegebenen Seiten sind noch unter der angebenen URL zu erreichen. Der Link verweist dann auf die Fundstelle zum Zeitpunkt der Recherche für dieses Buch.

Inhaltverzeichnis

Die 5 Teile der Seilschaften

Besondere Blickwinkel

Anhang

Vorwort

Greenwashing und Versteckspiel

Von Tronje Döhmer, Rechtsanwalt in Gießen

Manche Menschen können nur schwer nachvollziehen, warum sich ein „Organ der Rechtspflege" bereit findet, das Vorwort für ein von Herrn Jörg Bergstedt geschriebenes Buch zu verfassen, welches sich intensiv mit den Machenschaften im Bereich der gentechnischen Manipulation von Pflanzen beschäftigt. Für diese Menschen schreibe ich dieses Vorwort nicht.

Vielmehr möchte ich Personen ansprechen, die sich für den „aufrechten Gang" von – außergewöhnlichen und mutigen – Menschen begeistern können. Diese Eigenschaften zieren den Autor Jörg Bergstedt. Mit großem Fleiß trug er über viele Jahre hinweg Fakten zusammen, die zum Teil schon in der Broschüre „Organisierte Unverantwortlichkeit" nachgelesen werden konnten. Die jetzt vorliegende Ausarbeitung in Buchform ist ein Stern am ansonsten immer finsterer drein schauenden Himmel des investigativen Journalismus. Ihr haftet nicht das makelbehaftete Streben nach dem schnöden Mammon an. Das „Ehrenamt" übt Jörg Bergstadt auf seine Art aus. Er ist sich nicht zu schade, zu seinen Worten zu stehen und diesen Taten folgen zu lassen. Die auf seinen intensiven Recherchen beruhenden Überzeugungen sind es ihm wert, dafür alle erdenklichen Nachteile in Kauf zu nehmen. Davon möchten ihm die Konzerne, deren Profiteure, der Staat und seine Handlanger jenseits aller rechtlichen Grundlagen so viele wie möglich bereiten. Ohne Not wird dabei schon mal die wiederholte Vergewaltigung des von ihnen vereinnahmten Rechtsstaats in Kauf genommen. Während ich dieses Vorwort verfasse, wird gegen Jörg Bergstedt aufgrund eines skandalösen Urteils des Landgerichts Gießen eine sechs Monate lange Freiheitsstrafe wegen angeblich rechtswidriger Zerstörung eines Gen-Versuchsfeldes am 2.6.2006 vollstreckt. Er steht dazu und dafür, weshalb ihm, dem Menschen mit dem aufrechten Gang, unser aller persönlicher Respekt gebührt.

Jörg Bergstedt schwimmt gegen den Strom und die Mehrheit der Menschen schwimmt mit. Denn 78 bis 90 Prozent der Bevölkerung lehnen die Agro-Gentechnik ab. Dennoch soll sie auf undemokratische Weise etabliert werden, wie so Vieles in der Vergangenheit (Wiederbewaffnung, Atomkraft, Notstandsgesetze, Krieg in Jugoslawien, Krieg in Afghanistan, Stuttgart 21 und so weiter). Journalistinnen und Journalisten der druckenden Presse, bei Rundfunk und Fernsehen sowie Autorinnen und Autoren mögen sich ein Beispiel an der Arbeit und Konsequenz ihres Kollegen Jörg Bergstedt nehmen. Mögen sie sich durch seinen Wort- und Tatendrang ermutigt fühlen, intensiv zu recherchieren und das Ergebnis ihrer Untersuchungen der Öffentlichkeit zugänglich zu machen. Dabei sollten sie keine Rücksicht darauf nehmen, ob sie vielleicht ihren Job verlieren könnten, auf den nächsten Urlaub auf Mallorca verzichten müssten und/oder die Raten für das viel zu große Auto oder das überdimensionierte Haus nicht mehr zahlen könnten. Mit der Unterstützung solcher Vorhaben durch ARD, ZDF, RTL pp. oder FAZ, TAZ, FR, SZ pp. dürfen sie dabei ohnehin nicht rechnen und schon gar nicht darauf hoffen. Doch die breite Anerkennung ihrer zivilen Courage wird ihnen sicher sein. Sie werden sich – so wie eben Jörg Bergstedt – allmorgendlich im Spiegel anschauen können, ohne vor Abscheu den Blick davon abwenden zu müssen.

Dieses Buch ist der Ausdruck einer Persönlichkeit, die unsere Achtung verdient. Gegenwehr und repressiver Druck dagegen werden von oben kommen. Diesen gilt es Stand zu halten.

Gießen, im Oktober 2010

Tronje Döhmer ist Rechtsanwalt in Gießen und unterstützte den Autor dieses Buches im Maulkorbprozess von Saarbrücken sowie bis zur Verurteilung aufgrund der Feldbefreiung 2006 in Gießen.

www.kanzlei-doehmer.de

Es war der Wunsch des Anwaltes, das Vorwort für dieses Buch zu schreiben, während sein „Mandat" in Gießen in Haft saß.

Hinweise zum Autor auf Seite 230.

Gentechnik – knapp und deutlich

Wenn erst das Saatgut mal verseucht,
ist Stufe Eins bereits erreicht!
Wo etwas schwer zu unterscheiden,
lässt sich Schaden kaum vermeiden.

Jedes Feld, das angebaut,
hat die Umgebung bald versaut.
Und für das Patent auf Leben
muss der Nachbar Geld hergeben.

Sieg ist dadurch definiert,
dass jedes Land kontaminiert:
Nun ist von Tisch bis Feldes Rand
die Nahrung ganz in Gentech-Hand
Wer jetzt am Saatgutbunker wacht,
hat über alle Welt die Macht!

Text links: Gereimt als aktualisierte Fassung des Liedes „Gentechnikmann" (siehe als Film auf Youtube) für dieses Buch von H.P. Lendle. Vielen Dank!

Vielen Dank ...

All denen, die in den vergangenen Monaten kräftig mitgelesen haben. Ihnen ist nicht nur die hoffentlich weitgehende Fehlerfreiheit zu verdanken, sondern auch so manche Anregung, die ins Buch Eingang fand.

Danke zudem den beiden, die sich seit meiner Inhaftierung im September 2010 bereit hielten, das Buch zuende zu bringen, falls ich ausgefallen wäre. Es war nicht nötig – aber ein gutes Gefühl, den Notfallplan im Rücken zu haben.

Und dann noch danke allen, die dieses Buch verbreiten. Schon die Broschüre „Organisierte Unverantwortlichkeit" fand den Weg über viele Einzelaktive und Basisgruppen. Warum sollte das mit diesem Buch nicht auch gelingen? Euch allen da draußen im Kampf für Ernährungssouveränität und selbstbestimmte Landwirtschaft möchte ich alle guten Wünsche für ein erfolgreiches Gelingen schicken! Ich hoffe, dieses Buch und seine Informationen können eine Hilfe sein. Damit aus Wut viel Mut werde ... Jörg B., Autor.

Erste Schritte ins sumpfige Gelände: Der Überblick über das Buch der Seilschaften

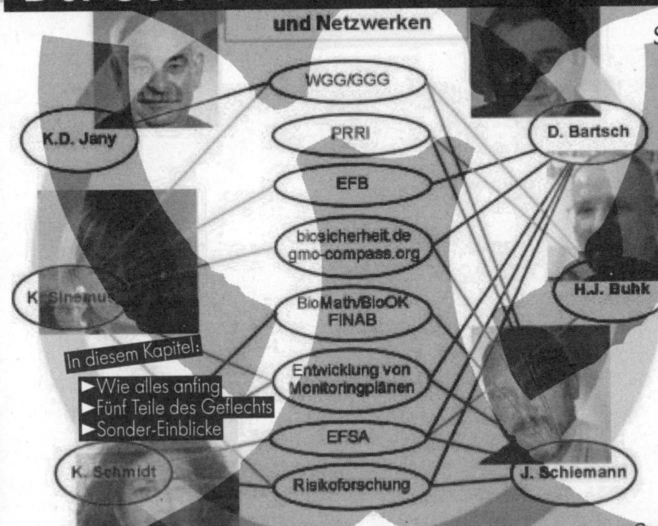

Das dargestellte Symbol, der ‚Bio-Hazard' wird als Zeichen für gentechnische Veränderung eingesetzt – ähnlich dem Radioaktivitätszeichen.

Mehr Informationen, Links und Zitate auf der Eingangsseite von www.biotech-seilschaften.de.vu!

Sigmar Gabriel nannte es *„Organisierte Unverantwortlichkeit"*[1] und war damit Namensgeber der gleichnamigen Broschüre, die seit Sommer 2009 Blicke hinter die Kulissen weit ermöglichte. Antje Lorch und Christoph Then [2] sprachen von *„einem fast undurchdringbaren Geflecht von Experten, Consulting-Firmen, Spezialagenturen, Arbeitsgruppen, Initiativen und den vielfältigen Aktivitäten ihrer Beamten, die gemeinsam mit der Industrie sowohl die Risikobewertung als auch die Risikokommunikation organisieren und dabei Politik und Öffentlichkeit zu ihrem Spielball machen. Im Zentrum des Geflechts findet man dabei selten die großen Firmen selbst, sondern eher ‚Spezialagenturen' mit exzellenten Kontakten zu Behörden, Politik, Medien und Konzernen. Sie arbeiten als Tarnkappenstrategen der Industrie, finanziert sowohl durch die öffentliche Hand als auch durch die Wirtschaft, sie haben Netzwerke, Seilschaften und Klüngelrunden auf allen relevanten Ebenen organisiert, die Institutionen der EU-Mitgliedsstaaten infiltriert und eine weitgehende Definitionsmacht errungen."* Alle drei wurden damit StichwortgeberInnen der Debatte um die Gentechnik-Seilschaften, auch wenn sie sich im Verlauf der Zuspitzung, bei Aktionen und juristischen Schlachten wegduckten.

Wer auch immer sich zu den mitunter mafiös anmutenden Verstrickungen äußert, ist einem Phänomen auf der Spur, dass grotesker nicht sein könnte: 80% (je nach Umfrage mal mehr, mal weniger) der Menschen in Deutschland lehnen die Agro-Gentechnik ab.[3] Nur sechs Prozent sprechen sich für diese aus. Aber diese Minderheit besetzt alle relevanten Posten: 100 Prozent aller Gentechnikprojekte werden durch die Zentrale Kommission für die Biologische Sicherhei, Beratungsgremium in Genehmigungsverfahren, für sicher befunden und ebensoviele dann vom Bundesamt für Verbraucherschutz und Lebensmittelsicherheit genehmigt. Alle revelanten Posten in Entscheidungs- und Fachbehörden sind in ihrer Hand. Das Landgericht Würzburg[4] ließ als wahr behandeln, *„dass*

1. *die im BVL in Fragen der Gentechnik entscheidungs- und unterschriftenleistenden Beamten (Dr. Buhk und Bartsch) uneingeschränkt die Gentechnik befürworten,*
2. *alle abstimmenden Mitglieder der ZKBS die Gentechnik uneingeschränkt die Gentechnik befürworten,*
3. *alle entscheidungsberechtigten Mitglieder der GMO-Arbeitsgruppe bei der EFSA die Gentechnik uneingeschränkt befürworten,*
4. *alle an der Erforschung der Grundlagen zu den gesetzlichen Regelungen wie Abstandsgrößen und Grenzwerte leitend arbeitenden MitarbeiterInnen staatlicher Institute (vTI, JKI) die Gentechnik uneingeschränkt befürworten,*
5. *die unter 1-4 genannten Personen in verschiedenen Zusammenschlüssen vertreten sind, die sich der Förderung der Agro-Gentechnik verschrieben haben."*

So ist es auch tatsächlich: In den zuständigen Behörden und Ämtern, bei Geldvergabestellen und den großen Forschungsförderern besetzen BefürworterInnen der Gentechnik alle Führungsposten. Skeptische oder kritische Stimmen gibt es in Kommissionen, Genehmigungs- und Kontrollbehörden nicht. Seit Jahren haben die Seilschaften dort ihre Fäden gezogen. Dass Agro-Gentechnik und ihre Voraussetzungen trotz der überwiegenden Ablehnung durchgesetzt und alle institutionellen Ressourcen der Agrarförderung dorthin umgelenkt werden, liegt nicht nur, aber auch an diesen Geflechten. Die haben sich im Laufe der Zeit immer intensiver entwickelt – etwas Einmaliges aber sind sie nicht. Eher der Normalfall, eben jetzt auch in dieser neuen Technologiesparte. Ob Bildungswesen, Pharmazie, Energiekonzerne oder andere – die Seilschaften sind eng und reichen in alle Amtsstuben, Institute und viele Organisationen. Gegenüber diesen sind die Geflechte der Gentechnik recht frisch. Aber ein bisschen Geschichte hat es schon. Dorthin soll ein kleiner Blick fallen. Startpunkt ist die erste Freisetzung im Gelände – wohlwissend, dass damit eine lange Vorphase ausgeblendet bleibt, in der die Entwicklung gentechnischer Verfahren und dann gentechnisch veränderter (gv-) Pflanzen in Laboren und Gewächshäusern vorangetrieben wurde.

Wie alles anfing ...

Am Anfang war der Misserfolg. Und die Firmen waren der Misserfolg. Denn die hatten 1990 versucht, in Deutschland eine manipulierte Pflanze anzusiedeln. Im Juli waren die Forscher vom Kölner Max-Planck-Institut für Züchtungsforschung (MPIZ) noch zuversichtlich. In prachtvollem Lachsrot blühten rund 30 000 Petunien auf dem fußballfeldgroßen Versuchsareal. Einige der beliebten Zierpflanzen hatten abweichend weißgestreifte oder weißgefleckte Blüten entfaltet, doch drr Anteil dieser Ausreißer hielt sich im Rahmen der wissenschaftlichen Vorhersagen. Dann kamen die Hundstage des Sommers 1990, und der durch einen meterhohen Drahtzaun gesicherte Testacker auf dem MPI-Gelände erbleichte. Im August war das Lachsrot einem beinahe reinen Weiß gewichen. Als die Hitzewelle verebbte, wechselten die Petunien abermals ihre Blütenfarbe. Doch sie färbten sich, sehr zum Leidwesen der MPI-Forscher, nicht zurück ins monochrome Lachsrot; vielmehr glich der Blumenacker nun dem Petunien-Angebot auf einem Wochenmarkt: Es blühte weiß und blaßrot, ziegelrot, blau und rosa. Der heftig umstrittene erste deutsche Freilandversuch mit gentechnisch veränderten Pflanzen war – die Farbenpracht signalisierte es – zu einem *„großen Flop"* geraten, wie die Berliner Tageszeitung urteilte.[5]

Fußnoten

1 Reuters am 11.7.2008: http://genfood.wordpress.com/2008/07/11/eu-lander-wollen-sich-zu-genpflanzen-freien-zonen-erklaren. Gabriel war damals Bundesumweltminister.

2 Antje Lorch/Christoph Then (2008): "Kontrolle oder Kollaboration?". Die Studie kann unter www.kurzlink.de/agrogentech.pdf heruntergeladen werden (1 MB).

3 Abweichende Prozentwerte je nach Umfrage. Aktuellste ausgewertete Umfrage: Forsa-Instituts vom 19.5.2009. Quelle: www.slowfood.de/w/files/pdf__neu/meinungen__zu__gentechnik__190509.pdf

4 Az. 2 Ns 701 Js 18810/2008

5 „Fiasko in Farbe", in: Spiegel 48/1990 vom 26.11.1990: www.spiegel.de/spiegel/print/d-13502800.html

***Umweltinstitut München: „Die Natur als Experimentierfeld – Freisetzungen"*[6]**

Die allerersten Freisetzungen von Laborpflanzen fanden 1986 in den USA und in Frankreich statt. Es handelte sich um gentechnisch veränderte Tabakpflanzen. Nur vier Jahre später zog Deutschland nach. 1990 erfolgte in Köln die erste Freisetzung von gentechnisch veränderten Organismen (GVO) in der Bundesrepublik. Wissenschaftler des Max-Planck-Instituts (MPI) untersuchten etwa 40.000 genmanipulierte Petunien. In die Zierpflanzen war ein Mais-Gen eingeschleust worden. Durch diese Manipulation sollten die Petunien ein lachsrotes Pigment ausprägen und rot anstatt weiß blühen. So lauteten zumindest die Prognosen der Forscher und die ersten Tests im Gewächshaus schienen die Hypothese zu bestätigen. Die Überraschung zeigte sich im Juli 1990 im Freiland: Nur die Hälfte der Blüten wurde weiß, einige Petunien blühten wie erwartet rot und wieder andere wurden rosa. Damit nicht genug. Die Petunien wiesen ganz neue, von der Farbprägung unabhängige Eigenschaften auf: Die Pflanzen hatten mehr Blätter und Triebe und waren gegenüber krankheitserregenden Pilzen widerstandsfähiger als ihre unmanipulierten Verwandten. Neben einem überraschend bunten Blütenmeer zeigten die Freilandversuche eines eindeutig: Sichere – im Sinne von wissenschaftlich zuverlässige – Prognosen über das Verhalten von transgenen Organismen im Freiland sind nicht möglich.

***Bericht des Versuchsbetreibers MPIZ, in: MPIZ aktuell 1/1996*[7]**

Der Freilandanbau dieser gentechnisch veränderten (transgenen) Petunienlinie führte zu einer interessanten Beobachtung: nach intensiver Sonneneinstrahlung und hochsommerlichen Temperaturen wurde das A1-Gen „umprogrammiert". Ein großer Teil der ursprünglich lachsrot blühenden Pflanzen bildete neue Blüten, die nunmehr weiß, schwach gefärbt oder rot-weiß gemustert waren.

Agro-Gentechnik drängt also seit zwei Jahrzehnten in die Landschaft, außerhalb Deutschlands schon vier Jahre länger. Doch nicht nur der Versuchsverlauf mit Petunien kratzte am Image der ManipulatorInnen von Leben, auch der Widerstand gegen die Gentechnik war offensiv und direkt. Nicht die langweiligen Apparate von Umweltverbänden oder die damals nur in wenigen Bundesländern schon machtverwöhnten Grünen ergriffen die Initiative, sondern LandwirtInnen, BürgerInnen, örtliche Gruppen von Verbänden und AktivistInnen: Viele kamen aus der Umgebung der Felder, andere reisten hinzu, um die Protestaktionen zu unterstützen. Es wurde gesenst, herausgerissen, Fußball gespielt oder besetzt. Das brachte viel Aufmerksamkeit und zunehmend mehr öffentlichen Protest.[8]

Die Agro-Gentechnikkonzerne reagierten mit dem, was auch heute ihre Stärke ist: Vertuschen, Verschleiern und Verharmlosen bis zu schlichten Lüge. Prägnantes Beispiel war das Flugblatt des schon damals bedeutenden Gentechnikanwenders Prof. Wolfgang Friedt (Uni Gießen). Er besaß 1997 die Kaltschnäuzigkeit, die Menschen um seine gv-Rapsfelder in Rauischholzhausen mit der Behauptung zu beruhigen, Raps könne nicht auskreuzen![9] Doch die Lügen verfingen nicht. So kam schließlich ein Moratorium, das die Ausweitung der Agro-Gentechnik stark begrenzte. Direkte Aktionen nahmen ab – obwohl durchaus weiter Felder mit gv-Saat angelegt wurden. Mitunter geschah das auch illegal. Staatliche Behörden deckten solche Versuche oder waren selbst beteiligt. Dazu gehörten Rapsfelder, die um das Jahr 2000 angelegt wurden und nie wirklich unter Kontrolle gebracht werden konnten. Das alles aber konnte nicht darüber hinwegtäuschen, dass die Agro-GentechnikerInnen nicht recht zum Zuge kamen. Frust herrschte. Und die Hoffnung auf ein Wunder, einen Befreiungsschlag oder irgendwas, was die Sache wieder in Gang brachte. Das Wunder geschah. 1999. Und es lässt sich am besten im Stil einer Wundergeschichte erzählen ...

Ein deutsches Märchen: Papi Staat und die 38 Mio. DM

Es begab sich aber zu einer Zeit, da Rot-Grün im Land herrschte, dass ein Wettbewerb ausging von der Forschungsministerin Edelgard Bulmahn (SPD), damit sich das deutsche Land erneuere und zukunftsfähig aufstelle in der großen Schlacht um weltweite Marktanteile und Machtpositionen. Und dieser Wettbewerb war mit sehr viel Geld verbunden und geschah nach der Zeit, da Horst Rehberger Wirtschaftsminister in Sachsen-Anhalt gewesen war und Gentechnikfirmen mit Schätzen aus Steuergeldern aufpäppeln ließ.

Da machte sich auf auch Uwe Schrader aus Wulferstedt, nahe der Stadt Oschersleben, und schrieb für die PR-Agentur tti, die da sitzt in Magdeburg, ein Konzept für die Biotechnologieregion Sachsen-Anhalt, weil er aus dem Hause und der Partei Horst Rehbergers war, damit er sich Schätze geben ließe für ein Projekt namens InnoPlanta, seiner vertrauten Gentechnik; das war lukrativ. Und als er es geschrieben hatte, kam die Zeit, dass die rot-grüne Bundesregierung entscheiden sollte. Und sie entschied sich für das Konzept zum Aufbau der Gentechnik-Seilschaften. Uwe Schrader aber nahm das Geld, entwickelte einen Plan zur Durchsetzung der Gentechnik und legte Felder mit gentechnisch verändertem Mais an. Denn durch die Millionen hatte InnoPlanta genug Raum für die Aussaat, die sie Erprobungsanbau nannten.

Foto: Die Petunie – frühes Symbol des Scheiterns der Lüge von der Berechenbarkeit der Gentechnik.

Unten das Feld, auf dem die Unregelmäßigkeiten auftraten.

Doch es waren Bienen in derselben Gegend auf dem Felde bei ihren Stöcken, die holten tags ihren Pollen und Nektar. Und die Imker und Bauern sahen die Gefahr, und die Macht des Staates schuf Patente, Grenzwerte, Versuchsanlagen und Mindestabstände; doch sie fürchteten sich immer noch sehr vor den Gefahren und ihrer Abhängigkeit. Und InnoPlanta sprach – wie viele andere – zu ihnen: Fürchtet euch nicht! Siehe ich verkündige euch große Freude, die allem Volk widerfahren wird; denn wir haben heute die für unseren Profit sorgenden Pflanzen ausgebracht, welche sind Mais und Kartoffeln und Raps und Weizen, überall in Stadt und Land. Und das habt zum Zeichen: Ihr werdet finden den Pollen und Samen in der Natur, auf dem Acker, in Maschinen, Saatgut und Lebensmittelpackungen liegen. Und alsbald war da bei InnoPlanta die Menge der irdischen Heerscharen, die lobten den Staat und das Geld und sprachen:

Ehre sei die Forschungsförderung in der gezahlten Höhe
und Gensaat auf Erden bei den Firmen, denen es wird wohl gefallen.

Und als die Pollen überall in den Honig und das Saatgut gelangten, sprachen die Imker, Bauern und viele weitere Menschen untereinander: Lasst uns nun gehen nach Düsseldorf und Einbeck, Ludwigshafen und Lever-

6 http://umweltinstitut.org/gentechnik/freisetzungsversuche/freisetzung-einfuhrung-und-ubersicht-178.html

7 www.biologie.uni-hamburg.de/b-online/d34_3/Petunie.htm. Homepage des Instituts: www.mpiz-koeln.mpg.de

8 Internetseite zur Geschichte des Widerstandes: www.projektwerkstatt.de/gen/geschichte.htm

9 www.projektwerkstatt.de/gen/giessen/friedt1997raps.pdf

kusen, Gießen und Oberboihingen, Groß Lüsewitz und Üplingen, Gatersleben und Quedlinburg – und die Geschichten verbreiten, die da geschehen, die uns InnoPlanta und andere kundgetan haben. Und sie kamen eilend und fanden alles, geldschwere Institutionen und Firmen, dazu gentechnisch veränderte Pflanzen auf dem Acker liegen. Als sie es aber gesehen hatten, breiteten sie ein warnendes Wort aus über die Gefahren, die ihnen von diesem Geschehen drohten. Und alle, vor die es kam, ärgerten sich über das, was die Firmen, Behörden und Institute getan hatten. Die Firmen, Lobbyverbände und Behörden aber hörten alle diese Worte und bewegten sie in ihrem PR-Abteilungen. Doch viele Menschen bauten Türme, sensten die Pflanzen wieder um, andere priesen und lobten eine selbstbestimmte Landwirtschaft und berichteten, was sie gehört und gesehen hatten, wie denn die Gentechnik mit Lügen, Betrug und blanker Macht durchgesetzt worden war.

Auch ohne Märchenstil: Die aktuelle Phase der Durchsetzung gentechnisch veränderter Lebens- und Futtermittel begann 1999 in Sachsen-Anhalt und Mecklenburg-Vorpommern. In beiden Fällen entstanden Vereine, die das weitere Geschehen maßgeblich initiierten und prägten: InnoPlanta e.V., einer Retortenproduktion aus der Wirtschaftsförderung und Biotechnologielobby rund um Magdeburg und Börde sowie FINAB e.V. aus dem Umfeld der Universität Rostock. Beide erhielten für ihre Pläne viel Staatskohle – und beide von Regierungen, bei denen mensch es vielleicht nicht so gedacht hätte. In Mecklenburg-Vorpommern wurde die rot-rote Landesregierung zum großen Freund der Agro-GentechnikerInnen um Prof. Inge Broer und ihre Freundin Kerstin Schmidt. Die hatten über ihren unter der Flagge der Gemeinnützigkeit segelnden Lobbyverein eine Kampagne für ein großes Agro-Gentechnikzentrum losgetreten. Rot-rot biss an: 260 ha Land und viele Millionen für den Gebäudeneubau sprangen heraus – viel Öl im Getriebe des größten Agro-Gentechnik-Spielplatzes der Republik.

Noch dicker kam es in Sachsen-Anhalt. Hier zog FDP-Mann Horst Rehberger die Fäden. Der war 1990 aus dem Saarland nach Magdeburg geschickt worden, um als Landesminister für Wirtschaft, Technologie und Verkehr den Ossis zu zeigen, wie Kapitalismus funktioniert. Als er sein Amt verlor, blieb er im Land und als Geschäftsführer von Gewerbeparks oder selbständiger Unternehmensberater weiter gestaltend in der Wirtschaftspolitik des Landes.[10] 1999 gelang ihm und einigen Mitstreitern ein großer Wurf: 38 Mio. DM blätterte die Bundesregierung an Steuergeldern auf den Tisch, um die Agro-Gentechnik voranzutreiben. Bemerkenswert: Das Geld ging an einen Lobbyverein, der auch nichts anderes sein wollte: „*Die Hauptaufgabe von InnoPlanta ist die Vernetzung der beteiligten Akteure*", stellt sich der Lobbyverein selbst vor[11] und nennt auf der eigenen Internetseite[12] als „*Ziel des Vereins ..., die vorhandenen Potenziale aus den Bereichen Wissenschaft, Wirtschaft, Landwirtschaft und Verwaltung zusammenzuführen.*" Die Millionen waren also ein staatlicher Auftrag, Netzwerke, kritischer ausgedrückt: Seilschaften, aufzubauen. Anerkennend muss mensch hinzufügen: InnoPlanta hat den Auftrag perfekt erfüllt – einer der wenigen Fälle, wo Fördermittel auch für das beantragte Ziel ausgegeben wurden. Erschreckend aber ist nicht nur das Ziel der Förderung, sondern auch, wer das Geld gab: Die rot-grüne Bundesregierung!

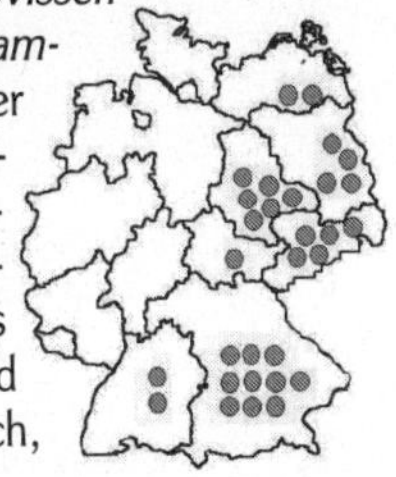

10 Klappentext in Horst Rehberger (2009): „Unterwegs"

11 www.hybridvideotracks.org/localplayers.html

12 www.innoplanta.de/de/forschung/innoregio.html

13 Info Verlag in Karlsruhe (S. 224. f.)

14 Bericht vom Statusseminar der Initiative InnoPlanta am 19.10.2006: www.unternehmen-region.de/de/1957.php

15 Bericht vom Statusseminar der Initiative InnoPlanta am 19.10.2006

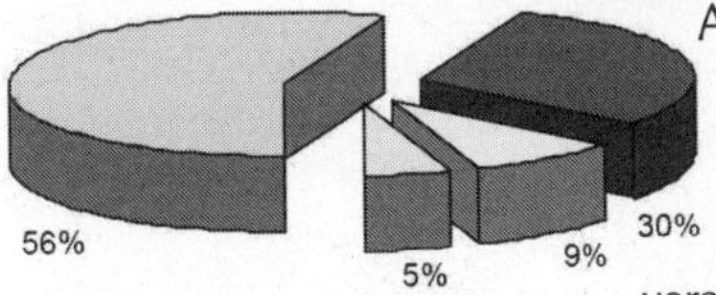

Empfänger der Steuermittel via InnoPlanta: 56 Prozent gehen an Unternehmen, 30 Prozent an „Forschungsinstitute", nur 9 Prozent an Hochschulen und 5 Prozent an die mitwirkenden Vereine.

Rechts: Lage der Felder für den Erprobungsanbau ab 2004.

Quelle beider Grafiken: InnoPlanta-Präsentationsfolien vom Bilanzseminar 2007.

Aus Horst Rehberger (2009): „Unterwegs"[13]

Im Jahr 1999 hatte das Bundesministerium für Bildung und Forschung den InnoRegio Wettbewerb ausgeschrieben. Durch ihn sollte die Clusterbildung in den neuen Bundesländern vorangetrieben werden. Was lag näher, als im Raum Nordharz/Börde ein Konzept für die Weiterentwicklung der Biotechnologie zu entwickeln, mit dem man an diesem Wettbewerb teilnehmen konnte? Das geschah unter Federführung der Wirtschaftsförderungsgesellschaft Aschersleben (Evelyne Nettlau) und der BioRegion Halle-Leipzig GmbH (Dr. Uwe Schrader). Als Berater wirkte auch Rehberger bei der Erstellung des Konzeptes mit. Auf seinen Vorschlag hin wurde der InnoPlanta e.V. als Netzwerk zur Förderung der grünen Biotechnologie gebildet. In ihm haben sich Wissenschaftler, Saatzüchter, Pflanzenbiotechnologie-Unternehmen, kommunale Gebietskörperschaften und nicht zuletzt Landwirte zusammengeschlossen. Der InnoPlanta e.V. ging im Jahr 2000 als Sieger aus dem Wettbewerb hervor. Er realisierte mit der Prämie von rund 30 Millionen Euro 38 Einzelforschungsvorhaben. Daraus entstanden eine Vielzahl von Patenten und Lizenzen in den beteiligten mittelständischen Unternehmen sowie zahlreiche Arbeitsplätze.

Die Biotechnologie-Offensive

Von der in den nächsten Jahrzehnten weltweit überragenden Bedeutung der grünen Biotechnologie für Ernährung, Gesundheit, Umwelt und Bioenergie überzeugt und ermutigt durch die Erfolge beim InnoRegio-Wettbewerb 2000 hatten Schrader und Rehberger im FDP-Wahlprogramm für die Landtagswahl 2002 und anschließend im Koalitionsvertrag mit der CDU die Forderung nach einer Biotechnologie-Offensive durchsetzen können. Und mit der Übernahme des Wirtschaftsressorts konnte Rehberger diese Idee jetzt in die Tat umsetzen. Was zugleich eine Kampfansage an die rot-grüne Bundesregierung war. Deren Verbraucherschutz- und Landwirtschaftsministerin Renate Künast versuchte nämlich alles, um die Grüne Biotechnologie zu blockieren. Als wichtigstes Instrument wurde die BioMitteldeutschland GmbH (BMD) neu aufgestellt. In ihr wirken das Land und die einschlägige Wirtschaft, insbesondere die in Sachsen-Anhalt inzwischen sehr starke pharmazeutische Industrie, bei der weiteren Entwicklung aller Bereiche der Biotechnologie zusammen. Im Bereich der Grünen Biotechnologie wurde ein bundesweiter Erprobungsanbau für gentechnisch verbesserten Mais (Bt-Mais) realisiert. Mit großem Erfolg. Die Federführung dafür lag beim InnoPlanta e.V. Die wissenschaftliche Betreuung bei der Landwirtschaftlichen Fakultät der Martin-Luther-Universität Halle-Wittenberg.

So rollte in zwei Bundesländern die neue Biotechnologie-Offensive für gentechnisch veränderte Pflanzen und Tiere an. Mit Wirkung, so InnoPlanta-Chef Uwe Schrader:[14] „*Mit der Auszeichnung der Innoplanta-Initiative im Innoregio-Wettbewerb des BMBF konnte dieses Netzwerk im Harzvorland maßgeblich Einfluss auf die Pflanzenbiotechnologie in Sachsen-Anhalt und ganz Deutschland nehmen.*"

InnoPlanta preist sich auch, zum Start des großflächigen Anbaus von Bt-Mais beigetragen zu haben:[15] „*In die Schlagzeilen geraten war der Innoplanta e.V. vor allem durch die Freilandversuche mit gentechnisch verändertem Mais. Die Versuche waren, bezogen auf die Resistenz gegen den schädlichen Maiszünsler, erfolgreich. Der dafür entwickelte Bt-Mais ist inzwischen offiziell zum Anbau zugelassen.*"

Baden-Würtemberg	1
Bayern	10
Brandenburg	3
Mecklenburg-Vorpommern	2
Sachsen	4
Sachsen-Anhalt	7
Thüringen	1
Gesamt:	28

Die Teile der Seilschaften

Eigentlich lässt sich da nichts einteilen im dichten Nebel verschiedener Institutionen und Personen. Alles ist mit vielem anderen verbunden – personell, finanziell oder durch gemeinsame Projekte. Jeder Versuch, dass in ein Schema zu zeichnen, scheitert gnadenlos. Strich um Strich muss gezogen werden, bis das Blatt schwarz oder das Gewirr zumindest völlig unübersichtlich wird. Auch die Suche nach einem Zentrum des Ganzen scheitert: Es gibt sie nicht, die StrippenzieherInnen, die das alles lenken. Moderne Herrschaftsstrukturen bestehen aus einem Nebeneinander konkurrierender, gleichzeitig aber auch gemeinsame Interessen verfolgender Teile. Wer den Krieg um Marktanteile zwischen BASF und Monsanto in Europa oder zwischen Bayer und Monsanto in anderen Kontinenten verfolgt, wird erstaunt sein, wie schnell die wieder kooperieren, wenn es um gemeinsame Interessen geht. Aber so sind die Funktionseliten im verschleiernd als demokratisch konstruierten Rechtsstaat aufgestellt: „Eine Hand wäscht die andere“ ist das zentrale Prinzip. Die Akteure im Geflecht haben privilegierte Gestaltungsmacht. Sie nutzen diese für sich und ihre Institutionen, aber alle Grenzen sind durchlässig. Personen und sogar ganze Firmen bzw. ihre Abteilungen können hinzukommen, zwischen den Teilen wechseln oder auch herausfallen. Daher können die Teile kaum unterschieden werden. Um sich einen Überblick zu verschaffen, wer da eigentlich alles agiert, soll in diesem Buch eine Einteilung in fünf Akteursgruppen erfolgen. Aber Achtung: Das ist eine künstliche Gliederung! Die Teile sind nicht nur eng verflochten, sie haben auch kein Zentrum. Wenn auf den folgenden Seiten konkrete Namen und Beispiele für die einzelnen Akteure genannt werden, darf nicht der Eindruck entstehen, es gäbe doch Zentren der Macht. Gibt es nicht. Alle Teile sind austauschbar. Aber sie sind vorhanden, d.h. die Player im Geflecht haben Namen und Adressen. In den fünf Kapiteln zu den Akteursgruppen werden zunächst jeweils ein oder wenige ausgewählte Fallbeispiele präsentiert, dann folgen in kurzer Form weitere Organisationen, besonders hervorstechende Einzelpersonen und weitere interessante Einblicke.

Player 1: Die Konzerne

Springen wir in die erste Akteursgruppe. Die überrascht nicht. Denn dass es Firmen gibt, die mit dem Ganzen Geld verdienen wollen, war klar. In einer Gesellschaft, in der Profitmaximierung ein Hauptantrieb ist, stecken sie überall. So auch in der Agro-Gentechnik. Allerdings gibt es dort eine Besonderheit. Denn die großen Konzerne wollen gar nicht so dabei gesehen werden, wenn sie mit gentechnisch veränderten Organismen im Freiland herummachen, Patente sammeln, der bäuerlichen Landwirtschaft und der Wahlfreiheit von VerbraucherInnen den Garaus machen. Daher verstecken sie sich gern hinter unbekannten Namen kleiner Firmen und Bioparks, die gegründet wurden, um die Versuchsfelder zu betreiben. Guckt mensch genauer hin, sind hinter den Fassaden aber doch die großen Konzerne zu entdecken. Das Versteckspiel der Großen war sogar geplant: *„Um die gewünschten Wirkungen hinsichtlich der öffentlichen Wahrnehmung und Meinungen zu erzeugen, müssen die Bioindustrien aufhören als ihre eigenen Fürsprecher aufzutreten.“* So stand es in einer 1997 zusammen mit der Kommunikationsagentur Burson Marsteller entwickelten Marketingstrategie,[16] mit der im gentechnikkritischen Europa die Gentechnik propagandistisch und tatsächlich durchgesetzt werden sollte. Nicht nur Versteckspiel war angesagt, sondern auch Werbetricks gegenüber Politik und Medien: Lob für die gentechnikfreundlichen Aufsichtsbehörden sollte *„von Akteuren stammen, die nicht von den Entscheidungen dieser Aufsichtsbehörden abhängig sind“* – damit niemand merkt, wie verflochten die Gentechnikfans untereinander sind. Schließlich, und das mag schon überraschen angesichts der penetranten Sachlichkeitspropaganda der GentechniklobbyistInnen, sollte *„eine Verlagerung von einer sachfragenorientierten Kommunikation hin zu einer auf ‚Geschichten' gestützten Kommunikation stattfinden“.* Ganz offen freuten sich die Konzerne darüber, *„die mit der Ökologiebewegung assozierte Vorsilbe ‚Bio' erfolgreich gehijackt zu haben“.* Wie das nun alles in der Praxis aussieht, steht im Kapitel II zu den Agro-Gentechnik-Konzernen.

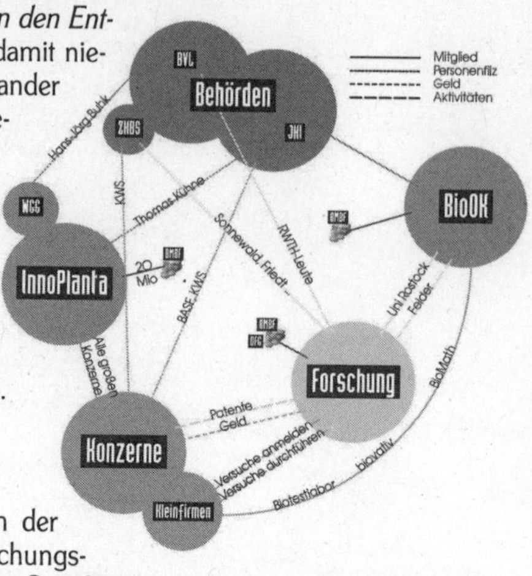

Grafik: Jeder Versuch, das intensive Geflecht darzustellen, scheitert an der Zahl der Akteursgruppen und der Verbindungen. Das Schema stammt aus der Broschüre „Organisierte Unverantwortlichkeit“ und ist in Farbe sowie größer auf der Innenseite des Titel zu finden.

Player 2: Behörden und staatliche Institutionen

Zweite Akteursgruppe sind die staatlichen Institutionen. In der Agro-Gentechnik wirken Genehmigungsbehörden, Überwachungsstellen und Fachbehörden, die selbst zum Thema forschen. Genehmigungsbehörden sind die europäische EFSA und das deutsche Bundesamt für Verbraucherschutz und Lebensmittelsicherheit (BVL). Sie teilen sich die Arbeit. Ersteres ist für die kommerzielle Zulassung, dass sogenannte Inverkehrbringen (nach GenTG) zuständig. Ist ein GVO von der EFSA genehmigt, kann er – falls nicht andere europäische Gremien den Beschluss aufheben – überall in Europa angebaut werden. MON810, der gv-Mais von Monsanto, und seit 2009 die Amflora-Kartoffel von BASF sind die zur Zeit zum Freilandanbau zugelassenen Pflanzen – beide allerdings in einigen Ländern mit Sonderverordnungen wieder verboten. Weitere Zulassungen sind in Vorbereitung.

Alle anderen Felder müssen pro Einzelfall beantragt und genehmigt werden. Das macht dann die nationale Genehmigungsbehörde, in Deutschland das BVL. 2009 und 2010, als der Anbau kommerzieller Art in Deutschland verboten war bzw. die Zulassung zu spät kam für die Anbausaison, waren alle Felder beim BVL angemeldet worden. Ist ein Feld dann genehmigt, gibt es Landesbehörden, die überwachen sollen, ob die Sicherheitsauflagen eingehalten werden, die Berichte sammeln usw. Das sind also mehrere im Land. Schließlich gibt es noch die Fachanstalten. Länder und die Bundesregierung betreiben eigene landwirtschaftliche Forschung. Ein Blick in die Innereien dieser Institute zeigt Bemerkenswertes: Ähnlich wie bei den Förderprogrammen wird die Agro-Gentechnik überproportional gefördert. So ist beim bundeseigenen Pflanzenforschungsinstitut JKI gut zu erkennen, wie die Agro-Gentechnikabteilungen gestärkt werden, während andere ausbluten. Genaueres zu BLV, EFSA, JKI und anderen staatlichen Institutionen im dritten Kapitel.

Player 3: Die sogenannte Forschung

Dann gibt es Forschung und Lehre, vor allem an Universitäten: Institute vor allem bei Biologie und Agrarwissenschaften, die sich des Thema annehmen. Allerdings ist es in Sachen Agro-Gentechnik oft mehr Schein als Sein, denn viele Forschungsfelder mit gv-Pflanzen, die draußen in der Landschaft stehen, werden selten oder nie von den ForscherInnen be-

16 www.netlink.de/gen/Zeitung/strategie.htm

sucht. Sie wachsen aus ganz anderen Gründen da – warum und was von den dahinterstehenden sogenannten WissenschaftlerInnen zu halten ist, ist im Kapitel IV zur Forschung in der Agro-Gentechnik zu lesen.

Player 4: Lobbyverbände

Als vierte Gruppe im Geflecht der Agro-Gentechnikseilschaften bilden Lobbyverbände die lautesten Marktschreier für die profitable Technik. Es gibt viele davon – Organisationen, die von morgens bis abends nichts anderes tun, als PolitikerInnen zwecks Durchsetzung der GVO zu belabern und für ihre Sache zu werben. Das fällt mitunter bunt und schrill aus wie bei InnoPlanta, kann aber auch scheinneutral rüberkommen wie beim Forum Bio- und Gentechnologie oder der FNL. Aktivitäten, Geflechte und Steckbriefe vieler Einzelorganisationen gibt es im fünften Kapitel über die Lobbyverbände der Agro-Gentechnik.

Player 5: Regierungen und Parteien

Diese ganzen Verflechtungen in der Agro-Gentechnik und das völlig einseitige Wirken staatlicher Behörden würde viel Material für politischen Schlagabtausch bieten: Anfragen, Untersuchungsausschüsse, Wahlkämpfe und Aktionen. Doch wer soll die beantragen, wer den BeamtInnen auf die Finger hauen, wenn sie nur ihre Klientel bedienen? Die gentechnikkritischen Parteien? Denkbar – aber es gibt Gründe, warum von ihnen nicht viel zu erwarten ist. Sie sind schlicht und ergreifend selbst zu intensiv verbandelt – zumindest immer dann, wenn sie den Parlamenten der Gentechnikhochburgen Mecklenburg-Vorpommern und Sachsen-Anhalt oder in der Bundesregierung saßen. Ob die erschreckende Bilanz von Renate Künast in ihrer Zeit als Verbraucherministerin oder die Distanzierungen von offensiven Aktionen an Genversuchsfeldern – Parteiführungen, auch die von Bündnis 90/Grüne, gehören immer wieder zu den UnterstützerInnen der Technik. Für die SPD gilt das sowieso: Sigmar Gabriel lobte die Gentechnik beim KWS-Besuch, Till Backhaus förderte das AgroBioTechnikum und die Ex-BASFlerin Doris Barnett mischt kräftig in den Seilschaften mit. Ebenso verfilzt: Linke in Sachsen-Anhalt und Mecklenburg-Vorpommern. Weitgehend klar pro Gentechnik: CDU und FDP – aber nicht ganz so einig, wie es scheint. Reine Machtpolitik zeigt die CSU: Unter dem Druck des Widerstandes agiert sie in Bayern gegen die Agro-Gentechnik. Andernorts streitet sie dafür. All diese Parteien haben mitgemacht, den Durchmarsch der Agro-Gentechnik zu fördern. Die Unterschiedlichkeit ihrer Wahlprogramme wird in der Realpolitik zu einer großen Einheitssauce pro deutscher Agro-Gentechnik. Wer das genauer wissen will, findet ein Kapitel mit der Nr. VI über die Parteien.

Besondere Blicke auf das Geflecht

Die benannten fünf Akteursgruppen bilden zusammen – hochverflochten – die deutsche Agro-Gentechnik. Sie werden zwecks besserer Erkennbarkeit getrennt beschrieben. Immer fällt dabei auf, wie alles mit allem zusammenhängt und nur in dieser künstlichen Analyse getrennt ist. Es ist aber möglich, den Betrachtungswinkel zu ändern und die Seilschaften unteren anderen Fragestellungen zu beobachten.

Hochburgen der Agro-Gentechnik: Wo an einem Ort ganze Netzwerke bestehen

Das Netz der Gentechnikseilschaften ist eng geknüpft und unübersichtlich. Die Einteilung in Konzerne, Behörden, Forschung und Lobbyverbände ist nur künstlich. Ein aufklärender Blickwinkel ist der Fokus auf die Orte, an denen die Seilschaften agieren. Es gibt einige Multi-Standorte mit jeweils mehreren Konzernen, Kleinfirmen, Lobbygruppen und ForscherInnen. Oft stehen hier mehrere Versuchsfelder neben Laboren und Bürotrakten, die zusammen der Öffentlichkeitsarbeit und als Treffpunkt dienen. Das siebte Kapitel beschreibt die drei Hochburgen der deutschen Gentechnik-Seilschaften: Gatersleben und das IPK, Rostock und Groß Lüsewitz (AgroBioTechnikum) sowie die Börde mit der BioTechFarm (Üplingen).

Neusprech: Worte und Geschichten für die Agro-Gentechnik

Weniger Geld in sich ständig wiederholende Studien, die das ohnehin Bekannte belegen – aber dafür mehr direkte Aktion und offensiven Protest. Das wäre schon mal ein Fixpunkt für wirksamen Widerstand. Denn die meisten der Studien, die belegen, wie schlimm die Agro-Gentechnik ist, braucht es nicht. Schließlich gibt es neben den Hochglanzbroschüren und schönen Reden der Agro-GentechnikerInnen noch interne Papiere, in denen sie Klartext reden: Dass die Gentechnik her muss, damit sich mehr Spritzmittel verkaufen lassen! Dass sich Aktien von Düngemittelfirmen lohnen, weil die Agro-Gentechnik die Böden auslutschen wird! Dass Abstandflächen Unsinn sind, weil der Pollen sowie überall hinfliegt! Und dass es auch Patente auf gentechnikfreie Organismen geben muss, weil die Gentechnik ungenau und voller Risiken ist! Sagen alles die Konzerne, WissenschaftlerInnen oder LobbyistInnen der Agro-Gentechnik selbst. Das Kapitel VIII nennt die vermeintlichen Pro-Argumente und was davon zu halten ist.

Koexistenz-Lüge

Die Folgen der Ausbringung gentechnisch veränderter Pflanzen werden allmählich, aber unaufhaltsam sichtbar. In den Medien häufen sich Meldungen über verunreinigtes Saatgut, gv-Bestandteile in Reis, Schokolade oder Leinsaat und teure Rückruf- oder Unterpflügaktionen. Die für Wenige profitable Technik produziert inzwischen viele Geschädigte. Je näher mensch hinguckt, desto mehr Kopfschmerzen bereitet die Lage: Ein Gentechnikgesetz mit Koexistenzgarantie, dass sich selbst wieder aufhebt. Gentechnikfreiheit, die über Schwellenwerte erschummelt ist. Den Höhepunkt bildet der Verdacht, dass Auskreuzung kein Versehen ist, sondern Absicht. Das alles und noch viel mehr – im Kapitel Nr. IX zur Absurdität der Koexistenzfrage.

Können die das, was sie tun? Beobachtungen an Feldern

Eine weitere Brille, durch die Geschehen betrachtet werden kann, sind die konkreten Versuche: Was geschieht, wenn die Agro-GentechnikerInnen Felder anlegen? Sind die landwirtschaftlich genauso gut wie bei der Beschaffung von Geldern und dem Aufbau informeller Netze? Im zehnten Kapitel werden wir eines der spektakulärsten und umstrittensten Felder der letzten Jahre vorstellen, den Gengerstenversuch 2006/07 in Gießen und 2009 am AgroBioTechnikum. Es sei schon vorweg gesagt: Jedes Anbaujahr wurde zur Aneinanderreihung von Schlampereien, Betrügereien und Pannen. So manches war verboten, mitunter sogar strafbar. Doch gesühnt haben einseitige Justiz und Behörden diese nie. Stattdessen hat es die GegnerInnen gerade dieses Feldes erwischt.

Maulkörbe, Geldbußen und Knast: Das Schwert des Staates

Um die Formen von Protest zu brechen, die Felder tatsächlich verhindern können, stellt der Staat erhebliche weitere Ressourcen zur Verfügung: Straf- und Zivilgerichte, Staatsanwaltschaften und Polizei kämpfen mit scharfen Waffen. Knast, Maulkörbe, Androhung hoher Vertragsstrafen, Festnahmen und vieles mehr bedrohen ständig die Menschen, die gegen die Agro-Gentechnik kämpfen oder über sie berichten. Das Land Mecklenburg-Vorpommern lässt seine gut ausgestatteten Küstenhubschrauber über den Versuchsfeldern kreisen, Landeskriminalämter spähen DemonstrantInnen aus. Wenn die GentechnikanwenderInnen Straftaten begehen, werden hingegen alle Augen zugedrückt: Ob Betrug mit Fördergeldern oder Anlage illegaler Zweitfelder – Ermittlungen wurden nie aufgenommen. Kapitel XI beschreibt die Versuche, kritische Berichterstattung tot zu machen. Darauf folgt ein Kapitel zu einem spektakulären Prozess, in dem die bisher höchste Abschreckungsstrafe verhängt wurde, die es in Deutschland für den Gentechnikwiderstand gab: Sechs Monate Knast ohne Bewährung – für eine kleine, eher symbolische Feldbefreiung, bei der einige gv-Gerstenpflanzen zerknickt wurden. Der Prozess war nicht der einzige. Geldstrafen sind verbreitet gegen AktivistInnen auf und an Feldern.

GentechnikkritikerInnen – Lösung oder Teil des Problems?

Damit wären die BefürworterInnen genannt. Natürlich mischen auch die GegnerInnen der Agro-Gentechnik mit – und nicht immer besonders glücklich. Wo die Sucht nach Spendengeldern, neuen Mitgliedern und WählerInnenstimmen größer ist als die Einstellung zur Sache, werden Parteien und Verbände, die eigentlich gegen die Gentechnik antreten, zu seltsamen Bündnisgenossen der Pro-Gentechnik-Seilschaften oder grätschen in die Beine anderer AkteurInnen, die sich gegen die Gentechnik wenden. Sollte es eines Tages keine Gentechnikfreiheit mehr geben und die Konzerne mit dem Desaster Geschäfte machen, so wären die ungeschickt agierenden bis absichtlich den Widerstand schwächenden Apparate zentraler Partei- und Verbandsstrukturen daran nicht unschuldig gewesen. Denn deren Strategien und Seilschaften sind mitunter ebenso erschreckend wie die der Konzerne und Lobbyisten. Ein leider notwendiger Blick auf manche Abgründe bei Grünen, BUND, Nabu und anderen Umwelt-NGOs im XIII. Kapitel schließt das Buch ab.

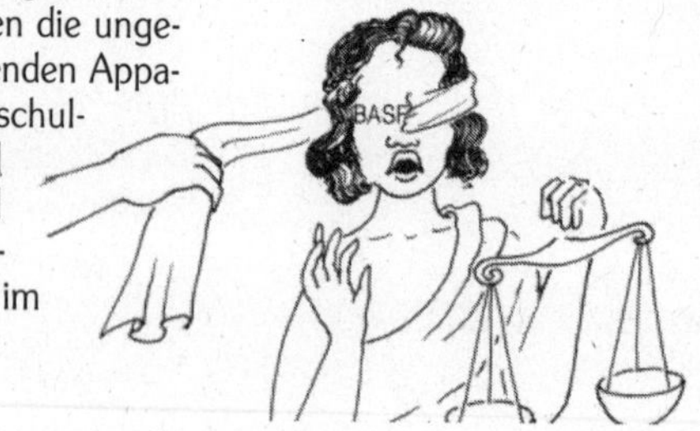

Im Dickicht der Informationen

Die folgenden Informationen sollen allen helfen, zum einen die Quellen dieses Buches selbst zu prüfen bzw. im Original anzuschauen. Recherche und Kampagne zu den Gentechnik-Seilschaften haben eine Fülle von Informationen zusammengeführt, die sich nicht so einfach übersichtlich darstellen lassen – allein schon von der Anzahl verwendeter Dokumente und sonstiger Quellen her. Wie es dennoch möglichst schnell möglich sein sollte, an die Quellen von Aussagen zu kommen, beschreibt dieser Text.

Die Internetseiten

Auf den Internetseiten von www.biotech-seilschaften.de.vu finden sich alle Informationen des Buches. Die Sortierung der Internetseiten entspricht den Kapiteln hier. Quellen sind dort, soweit verfügbar, als Link angelegt, d.h. das Originaldokument kann direkt angesteuert werden. Garantiert werden kann das nicht, denn leider verschwinden Dokumente manchmal aus dem Netz oder verändern die Linkadressen.

Eigene Quellensammlungen

Es gibt Sammlungen von Originalquellen als sortierte PDF-Dateien. Diese orientieren sich an der Broschüre „Organisierte Unverantwortlichkeit". Für die Nutzung der PDFs sollte diese also in Heftform oder als PDF-Datei (www.projektwerkstatt.de/gen/filz/brosch.pdf) vorliegen. Die Quellen-PDFs liegen aufgeteilt nach den Hauptkapiteln der Broschüre vor. Außerdem gibt es eine Sonderzusammenstellung zur Verwendung der Begriffe Propaganda, Seilschaft und Mafia, weil die im Besonderen im Maulkorbprozess von Saarbrücken angegriffen wurden.

In den Quellensammlungen ist die Orientierung über die angelegten Lesezeichen möglich. Diese müssen also im PDF-Betrachter (z.B. den Acrobat Reader) sichtbar gemacht werden. Dann lassen sich die Nummern direkt anspringen, die den Fußnotennummern der zweiten Auflage der Broschüre entsprechen (nur geringe Abweichungen bei Folgeauflagen). Weitere Quellen zu Informationen im Textverlauf der Broschüre sind jeweils nach dem vorhergehenden Fußnoten eingefügt und als Lesezeichen mit beschreibendem Namen angelegt. Ergänzend gibt es ein Stichwortregister auf der Internetseite zur Broschüre.

Weitere Materialien

Neben Buch und Broschüre ist eine CD „Organisierte Unverantwortlichkeit" erschienen, von der die Quellen-PDFs sowie etliche weitere Texte, Einzeldarstellungen und Zeitschriftenartikel aufgerufen werden können. Zudem finden sich der Vortrag als einfacher Mitschnitt und die dazugehörigen Präsentationsdateien auf der CD. Eine DVD mit dem Vortragsmitschnitt in Veranstaltungsqualität (Filmvorführung) kann ebenfalls unter www.aktionsversand.de.vu bestellt werden.

Schon vor der Broschüre „Organisierte Unverantwortlichkeit" erschien die Studie „Kontrolle oder Kollaboration?" sowie Zusammenstellungen zum Filz in Sachsen-Anhalt, Mecklenburg-Vorpommern und speziell in Gatersleben. Das Gen-ethische Netzwerk hat ein Lexikon der Seilschaftenteile eingerichtet: http://gen-ethisches-netzwerk.de/lexikon.

Bilder

Viele der im Buch enthaltenden Bilder und Grafiken sind auch im Netz zu finden. Sind hochauflösendere Bilder oder ein PDF vorhanden, kann dieses durch Klick auf das Bild aufgerufen werden. Es sollte sich dann, wenn vorhanden, ein Extra-Fenster öffnen mit einem hochauflösenderen Bild oder PDF. Die Weiterverwendung ist unter Quellenangabe frei.

Fehlermeldungen?

Wer Fehler entdeckt, kann die selbst ins Fehler-Wiki eintragen: www.projektwerkstatt.de/wiki/index.php/Seilschaften. Von dort werden sie in Aktualisierungen und neue Auflagen einfließen. Gleiches für Ergänzungen, wenn jemand Lücken entdeckt.

Recherchen im Internet

Es gibt etliche Internetseiten mit Hilfsmitteln zur Recherche. Eine Auswahl:

- ► Recherchetipps: www.recherchetipps.de
- ► Wayback, zum Schnüffeln in der Vergangenheit des Internets: www.archive.org/web/web.php
- ► Who.is gibt Informationen über die Besitzer von Webseiten: http://who.is/
- ► Wikileaks veröffentlicht „geheime" Dokumente (leider ohne sichere Quellenangaben): http://wikileaks.org/
- ► Register von Firmen und Informationen zu diesen: www.handelsregister.de/rp_web/welcome.do und www.unternehmensregister.de/ureg/ (international: www.kreis-tir.de/wirtschaft/internet-recherche-im-handelsregister.html
- ► Parlamentsspiegel mit Veröffentlichungen der Landtage, z.B. Drucksachen: www.parlamentsspiegel.de

Außerdem können die üblichen Suchsysteme genutzt werden. Hier kommt es mehr auf eine schlaue Kombination der Suchbegriffe an als auf die unterschiedlichen Qualitäten der Suchseiten. Wie üblich also: Die Qualität der Internetrecherche basiert auf der Qualität der Überlegungen, was genau wie gesucht werden soll.

Greenwashing und Versteckspiel: Konzerne und die Fassade der Kleinfirmen

In diesem Kapitel:

- ►Burson Marsteller und die Strategien
- ►Am Beispiel einer Kleinfirma: BioOK
- ►Lokale und regionale Initiativen
- ►Monsanto, BASF, Bayer und KWS

Foto oben: AktivistInnen kippen Mist vor die deutsche Monsanto-Zentrale. Sie liegt in Düsseldorf.

Darunter: Aktion vor der Hauptversammlung der KWS Saat AG in Einbeck.

i Aktuelle Informationen, Links und mehr Zitate auf der Internetseite zu Konzernen unter www.biotech-seilschaften.de.vu!

Kennen Sie Filme oder Bücher über Monsanto? Wahrscheinlich – und vieles (nicht alles) ist durchaus empfehlenswert. Was dort beschrieben wird an brutaler Geschäftspraxis des US-Konzerns, die von Justiz und Behörden meist unterstützten Bespitzelungen und Gelderpressungen unabhängiger FarmerInnen, der Umgang mit Pestiziden und der Kampf um Patente an manipuliertem und gentechnikfreiem Leben sind eine schauerliche Geschichte dessen, was kapitalistisches Wirtschaften bedeutet: Mensch und Natur kommen darin nur als ausbeutbare Zählfaktoren vor. Doch St. Louis, der Firmensitz des Round-up- und Agent-Orange-Herstellers, ist weit weg. Wie aber sieht es in Deutschland aus? Wie kann es sein, dass wir in Buchhandlungen und Bibliotheken gleich mehrere Bücher darüber finden, wie Monsanto im Gentechnikmarkt weltweit aufräumt und Schaden anrichtet – und über BASF, Bayer und KWS kaum etwas? Liegt das nur an dem in bürgerlichen Kreisen latent und in politisch rechten Strömungen auffällig stark entwickelten Antiamerikanismus, gepaart mit einer verklärten Auffassung über die positiven europäischen Traditionen? Oder gibt es Unterschiede in den Firmenstrategien, die europäische Firmen unsichtbarer machen? Schauen wir uns die Landschaft der Genfelder betreibenden Firmen in Deutschland einmal genauer an ...

Überall die Finger drin haben, aber nicht auffallen: Die Konzerne

Stellen Sie sich vor, Sie sitzen in Ihrer Hausbank und wollen sich beraten lassen, wie Sie Ihr Geld am besten anlegen können. Es soll ja Zinsen bringen ... ach so, sie würden sowas nicht mit einer Bank zusammen tun? Das wäre ja okay, aber wahrscheinlich sind Sie da die Ausnahme. Und vielleicht gelingt es trotzdem sich in die Situation hineinzuversetzen. Also: Der ‚Bänker' bietet Ihnen nun eine Aktie eines Chemiekonzerns an, sagen wir von Bayer oder BASF. Dann beginnt er in hohen Tönen zu schwärmen, dass die viel in ‚grüne' Gentechnik investieren, die sich bald überall hin auskreuzt, und dann die Patente ordentlich mit Geld versilbert würden. Wenn Sie einE harteR ZockerIn sind, würde Ihnen das gefallen. Sonst wohl eher nicht. Und das wissen auch die Konzerne: Mit der Agro-Gentechnik lässt sich in Deutschland und vielen anderen Ländern Europas kein positives Firmenimage aufbauen. So ist es das spezifisch Deutsche an der Agro-Gentechnik im Land, dass sich die großen Konzerne gern ein bisschen verstecken. Es soll nicht auffallen, wie weit die Konzerne schon drinstecken im weltweiten Konkurrenzkampf um Fördermittel, Pfründe, Ackerland und Patente. Ebenso soll lieber unter dem Tisch bleiben, wie eng sie mit Regierungen und Behörden verwoben sind. Welche Finger sie in Universitäten drinhaben, in den großen Forschungsorganisationen von Max-Planck bis Fraunhofer und an den Schaltstellen der Geldvergabe, z.B. der Deutsche Forschungsgemeinschaft (DFG). Denn schließlich ist es mit BASF, Bayer und KWS nicht anders wie mit Rüstungs-, Energie-, Pharma- oder Automobilkonzernen, Banken und Versicherungen. Sie alle sind personell eng verflochten mit Aufsichtsbehörden, nehmen Einfluss über Lobbygruppen und sitzen an den Tischen, wenn Gesetze geschmiedet oder der Kuchen voller Fördergelder verteilt werden. Aber das Thema Agro-Gentechnik ist zu umstritten. Darum ist hier doch einiges anders. Die Gentechnikfirmen wissen, dass ihr Geschäft im Land nicht so beliebt ist wie der Bau von CO_2-Schleudern auf vier Rädern oder neuen Fabriken. Darum setzen sie auf eine andere Strategie: Tarnung. Statt selbst zu agieren, dulden und fördern sie die Entstehung vieler Kleinstfirmen und regionaler Biotechnologieinitiativen, während ihre Felder als Forschung etikettiert werden – am besten sogar zwecks Umweltschutz oder für mehr Sicherheit. Hinter diesen stehen als Auftrag- und Geldgeber die Konzerne. Wer genau hinguckt, sieht sie auch: Wo immer die ‚Kleinen' agieren – die ‚Großen' sind da: Auf den Kongressen, Strategietreffen, in Vorständen und Beiräten der Lobbyverbände. Was die ‚Kleinen' entwickeln oder durchsetzen, wird später den großen Konzernen dienen. Die Patente sind in der Regel gleich auf sie angemeldet.

Konzept zur Gehirnwäsche: Burson-Marsteller und Nachfolger

Es ist einige Jahre her, genauer 1997, da erarbeitete die PR-Agentur Burson Marsteller ein Konzept, wie im skeptischen Europa die Gentechnik propagandistisch und tatsächlich durchgesetzt werden sollte. Das Papier wimmelte von Vorschlägen zum Lügen, Verdrehen und Täuschen – ein beeindruckendes Beispiel für die üblichen Wirtschaftsstrategien im Kapitalismus.[1] So sollten *„positive Aussagen über Aufsichtsbehörden"* nicht von den Konzernen, sondern nur von solchen *„Akteuren stammen, die nicht von den Entscheidungen dieser Aufsichtsbehörden abhängig sind"*. InnoPlanta, WGG und andere nahmen diese Aufgabe in Deutschland seitdem wahr. Sorgen, dass dennoch die Einseitigkeit von BVL, JKI & Co. erkannt werden könnte, bestanden bei InnoPlanta-Forum 2003 trotzdem: *„Auch auf dem letztjährigen Innoplanta Forum in Sachsen-Anhalt wurde betont, dass das Vertrauen in die kontrollierenden Behörden gestärkt werden müsse"*. Themen klauen und besetzen war eine weitere Strategie – benannt in einem Papier von EuropaBio,[2] dem Industrieverband der Biotechnologiekonzerne (European Association for Bioindustries). Statt über *„Risiko für Mensch und Umwelt"* solle lieber über das

Fußnoten

1 Sammlung der Originaltexte, aus denen die folgenden Zitate übernommen wurden: www.hybridvideotracks.org/Kommunikationsstrategien.html

2 www.europabio.org

„Risiko des Nicht-Handelns" geredet werden. Selbst das Wort *„Koexistenz"* stammte aus dieser Klamottenkiste – es sollte verschleiern, dass es um *„Durchsetzung"* ging. Solche Verharmlosungen und Green-washing waren und sind Konzept: *„Besonders stolz sind wir in diesem Zusammenhang darauf, die mit der Ökologiebewegung assoziierte Vorsilbe ‚Bio' erfolgreich gehijackt zu haben."* Weitere Begriffe sollten folgen, allen voran der immer schon farblose Begriff der Nachhaltigkeit. InnoPlanta sieht heute GentechnikerInnen *„mit der Klugheit der Natur"* arbeiten.[3]

Was Burson-Marsteller und die Gentechnikkonzerne stattdessen richtig fanden, stand deutlich im PR-Papier: *„Geschichten und keine Sachfragen"*. Emotional sein war Trumpf, um *„Gefühle wie Hoffnung, Befriedigung, Fürsorge und Selbstwert erwecken"* zu können – welch ein seltsamer Kontrast zur penetranten Behauptung, sich um Sachlichkeit zu bemühen. Der zentrale Satz lautete: *„Um die gewünschten Wirkungen hinsichtlich der öffentlichen Wahrnehmung und Meinungen zu erzeugen, müssen die Bioindustrien aufhören als ihre eigenen Fürsprecher aufzutreten."* Das wirkte als Fanal. Denn wenn die Konzerne nicht selbst die Werbetrommel rühren konnten, mussten neue Akteure her. Die sprossen seitdem wie Pilze aus dem Boden: Lobbyverbände, PR-Agenturen, Kleinst- und Scheinfirmen. Sie sind heute neben Universitäten und staatlichen Instituten als Werber der wenig akzeptierten Technik unterwegs. BASF, Bayer und KWS können sich zurücklehnen, zuschauen und, so hoffen sie, die Früchte ernten.

Strategie: Staatliche Behörden nicht direkt loben[4]

In Sicherheitsfragen [gibt es] keinen Ersatz für glaubwürdige Aufsichtsbehörden. Eine strategische Zielsetzung dieser Kampagne muß es daher sein, ihre Glaubwürdigkeit mit aufzubauen. ... Positive Aussagen ... [sollten] von Akteuren stammen, die nicht von den Entscheidungen dieser Aufsichtsbehörden abhängig sind. ... Positive Aussagen über Aufsichtsbehörden, die vom unteren Ende stammen (= Bioindustrien), tragen zu der glaubwürdigkeitsvernichtenden Wahrnehmung bei, diejenigen mit den größten eigenen Interessen hätten die Kontrolle über die Aufsichtsbehörden.

Auch auf dem letztjährigen Innoplanta Forum in Sachsen-Anhalt wurde betont, dass das Vertrauen in die kontrollierenden Behörden gestärkt werden müsse.[5]

Konfliktthemen meiden

Öffentliche Fragen der Risiken für die Umwelt und Gesundheit des Menschen sind Kommunikations-Schlachtfelder für die Biotechnologie-Industrien in Europa. Als allgemeine Regel kann nicht erwartet werden, daß es der Industrie gelingt, in diesen Fragen eine erfolgreiche öffentliche Verteidigungsstellung den Kritikerstimmen gegenüber zu beziehen.

Plattitüden und Emotionen ansprechen

Geschichten und keine Sachfragen: Wenn es EuropaBio gelingen soll, den Übergang zu einer effektiven öffentlichen Stimme zu vollziehen, muß eine Verlagerung von einer sachfragenorientierten Kommunikation hin zu einer auf „Geschichten" gestützten Kommunikation stattfinden. ... Die Gegner der Biotechnologie sind außerordentlich geschickt in der Kultivierung von Symbolen welche angetan sind, unmittelbare Gefühle von Furcht, Wut und Ressentiments zu schüren. Die Bioindustrien müssen in ähnlicher Weise antworten – mit Symbolen, die Gefühle wie Hoffnung, Befriedigung, Fürsorge und Selbstwert erwecken.

Bio- und Öko-Etiketten klauen, Umweltvorteile behaupten

Ein wirklich aggressives Kommunikationskonzept versucht selber Begriffe zu setzen und immer wieder dem Gegner Begriffe streitig zu machen und umzudeuten. Aus einem „Risiko für Mensch und Umwelt" wird so z.B. ein „Risiko des Nicht-Handelns" und bei dem aktuellen Erprobungsanbau von gentechnisch veränderten Pflanzen geht es nicht um deren Durchsetzung, sondern um die friedliche „KOEXISTENZ" verschiedener Anbauformen. Besonders stolz sind wir in diesem Zusammenhang darauf, die mit der Ökologiebewegung assoziierte Vorsilbe „Bio" erfolgreich gehijackt zu haben. Die verschiedenen BIO-TECH-REGIONEN Deutschlands sind also BioRegionen, und dementsprechend heißt es eben BioMitteldeutschland und nicht BioTechMitteldeutschland.[6]

... zeigen sich viele Europäer im allgemeinen aufgeschlossen, wenn sie darüber informiert werden, daß die neuen Sorten den Einsatz von chemischen Spritzmitteln in der Landwirtschaft verringern können.

Nicht selbst agieren, sondern andere vorschicken

Um die gewünschten Wirkungen hinsichtlich der öffentlichen Wahrnehmung und Meinungen zu erzeugen, müssen die Bioindustrien aufhören als ihre eigenen Fürsprecher aufzutreten.

Spektakel und Show statt Inhalte

Eine der großen Tendenzen in Museen ist, dem ausgestellten Objekt einen Kontext zu geben. So können wir diese Schranken zwischen Wissenschaft und Kunst überwinden und viel häufiger Ausstellungen besuchen, so wie wir Kunstausstellungen wahrnehmen oder Konzerte. Wir gehen zu einer neuen Show, einer Science-Show.[7]

Phantasievolle Pressearbeit

Pressemitteilung herausgeben mit Tenor „gewaltige Resonanz auf Kongreß", ... „Kongreß verweist auf gigantisches Wachstumpotential der Biotechnologien in unserer Region" sagt Bürgermeister So-und-So, etc.

Die Strategie von Burson Marsteller wurde Wirklichkeit. PR-Experte Stefan Bottler beschrieb das weitere Geschehen schon ein Jahr später in der Fachzeitschrift Werben & Verkaufen:[8] *„Die sublime Kommunikationstaktik vieler Chemie-, Biotechnik-, Nahrungsmittel- und Saatgutfirmen, alle sind in das Thema Gentechnik involviert, scheint aufzugehen. 10 Jahre lang hatten die Unternehmen auf spektakuläre Kampagnen verzichtet und statt dessen in gezielte Öffentlichkeitsarbeit und Below-The-Line Maßnahmen investiert. ... Federführend in der PR ist eine Flut von Arbeitskreisen, Initiativen und Aktionsgruppen, die einzelne Unternehmen und Verbände gegründet haben. Auch Branchenkenner haben Mühe, die Übersicht zu bewahren."* Klassisches Beispiel ist die deutsche PR-Agentur Genius. Sie setzt das Konzept von Burson Marsteller praktisch 1:1 in Deutschland um und tritt dabei über etliche Lobbyverbände und Kleinstfirmen sowie indirekt durch Zuarbeit für große Konzerne in Erscheinung. Direkte Kontakte zwischen Genius und Burson Marsteller bestehen. 2006 berichtete politikszene:[9] *„Christoph Löwer (37) wird neuer Manager für politische Öffentlichkeitsarbeit bei Burson-Marsteller in Berlin. Zuvor war der promovierte Agrarwissenschaftler bei Genius in Darmstadt."* Umso unfassbarer ist, dass genau diese Agentur im Auftrag und mit Millionen der Bundesregierung die Propaganda für die staatliche und staatsgeförderte sogenannte Sicherheitsforschung steuert, u.a. als MacherInnen des Internetauftritts www.biosicherheit.de. Das hatten nicht einmal Burson Marsteller zu träumen gehofft, dass die Gentechniklobby einmal die Regierungspropaganda direkt ausführen würde!

3 Slogan von InnoPlanta, die ansonsten ja die offenbar unzulängliche Natur korrigieren wollen ... (www.innoplanta.de)

4 Zitate stammen, soweit nicht anders angegeben, aus dem Burson Marsteller Papier von 1997: www.netlink.de/gen/Zeitung/strategie.htm. Alle Texte nachlesbar siehe Fußnote 1.

5 Innoplanta-Presseerklärung „Biotechnologie Umsetzungsstrategie des Landes Sachsen-Anhalt" am 15.8.03

6 www.europabio.org

7 Lawrence Sinbai, Wellcome Trust zit. n. Sadr-Haghighian, Natascha: „Science for Life" – Wellcome Trust in: bürobert u.a.: geldbeatsynthetik copyshop 2 1996

8 Lorch/Then, S. 7

9 www.politik-kommunikation.de/__files/newsletter/politikszene/117.pdf

Aus Lorch/Then, „Kontrolle oder Kollaboration?" (S. 6 ff.)[10]

Im Juni 1997 trafen sich in Amsterdam der Dachverband EuropaBio und Konzerne wie Monsanto, Bayer und Syngenta (bzw. Firmen, die später Teil von Bayer und Syngenta wurden), um die Lage in Europa zu diskutieren. Schon im Vorfeld wurde die große internationale Beratungsagentur Burson-Marsteller aktiv, die häufig im Rahmen der Krisenkommunikation von Unternehmen zum Einsatz kommt. Burson-Marsteller war bereits bei der Einführung der gv-Soja von Monsanto eingeschaltet worden. ...

Burson-Marsteller legte im Januar 1997 ein umfangreiches Strategiepapier vor und beteiligte sich auch an der Durchführung des Treffens von EuropaBio in Amsterdam. Die Spuren dieses Strategiepapiers lassen sich bis heute verfolgen. So empfahl Burson-Marsteller damals, nicht so sehr über die Risiken der Gentechnik zu sprechen, sondern vielmehr Geschichten zu erzählen, in denen die möglichen Erfolge vorkommen sollten. Im Kern der Analyse von Burson-Marsteller aber stand die Aussage, dass die Industrie ihr gesamtes Auftreten verändern müsse. Nicht mehr die Industrie selbst, sondern scheinbar neutralere Institutionen sollten die Diskussion um die gv-Saaten voran tragen. ...

Die von Burson-Marsteller vorgeschlagene Strategie war von der Biotechnologie bereits wenige Jahre später mit Erfolg umgesetzt. ... Es entsteht ein Netzwerk aus Industrieverbänden wie der Deutschen Industrievereinigung Biotechnologie (DIB) und EuropaBio, von Lobbyverbänden wie dem Bund für Lebensmittelrecht und Lebensmittelkunde (BLL) und dem EFB (dem Europäischen Biotechnologie-Verband, in dem verschiedene Wissenschaftler, Gentechnikfirmen und Lobbyorganisationen Mitglied sind), von Arbeitskreisen und Consulting-Firmen. In diesem Netzwerk finden sich auch schon früh Vertreter von Behörden und Wissenschaftler von öffentlichen und staatlichen Forschungsinstituten.

Doch noch fehlte etwas. PR-Agenturen, ZuarbeiterInnen in Behörden und PR-orientierte WissenschaftlerInnen konnten gute Voraussetzungen schaffen, aber irgendjemand musste auch die Arbeit draußen auf den Feldern und in den Gewächshäusern machen. Auch dafür fand sich eine Lösung: BioParks und Kleinfirmen säen, ernten und bewachen, was den Großen zum Profite dient. Sie zapfen nicht nur die üblichen Quellen der Gentechnik-Forschungsmillionen an, sondern leiten vor Ort Fördermittel für Dorfgemeinschaftshäuser, Denkmalpflege, regionales Wirtschaften oder vermeintliche Projekte zur Nachhaltigkeit in ihre Kassen. Wer hinter ihre Kulissen guckt, sieht dann aber schnell die großen Konzerne hinter der Fassade der Kleinfirmen. Ein solches Beispiel soll im Folgenden vorgestellt werden: Die Firma BioOK mit ihren zwei Besonderheiten. Erstens ist sie nicht nur eine Kleinfirma, sondern gleich ein Verbund mehrerer Kleinfirmen. Zweitens ist sie Annette Schavans Lieblingskind. Lange schwärmte auch SPD-Landwirtschaftsminister Till Backhaus für die Firma. Ginge es nach ihnen, so sollte BioOK sogar Weltmarktführer in Sachen Freisetzungsforschung werden. Selbst also in der Technik, die kaum jemand im Land will, sollte Deutschland mal wieder über alle gehen. Volksherrschaft, diese Imagination eines Gemeinwillens, verkündet von denen, die für das Volk sprechen, ist eben doch etwas anderes als die Meinung der Menschen. Die fragt niemand. Doch schauen wir uns das Lieblingskind führender PolitikerInnen erst einmal genauer an ...

Versteckspiel am Beispiel: Der Firmenverbund BioOK

„Wir befinden uns im Jahre 2009 nach Christus. Ganz Deutschland ist von den Gentechnikgegnern besetzt ... Ganz Deutschland? Nein! Ein von unbeugsamen Forschern bevölkertes Dorf hört nicht auf, Widerstand zu leisten. In Groß Lüsewitz bei Rostock arbeitet eine Arbeitsgemeinschaft von Wissenschaftlern und regionalen Unternehmen in dem Projektverbund BioOK an der Standardisierung von Zulassungsverfahren für gentechnisch veränderte Pflanzen und könnte dabei auf dem Gebiet der Sicherheitsforschung zum Weltmarktführer avancieren." So begann ein Text bei MVregio am 20.5.2009. Ernst daran war, dass mit BioOK tatsächlich ein Akteur auftritt, der mit staatlichen Erwartungen und Millionen vollgepumpt wird, um einen kleinen Star am weltweiten Horizont der Agro-Gentechnikakteure zu setzen. Dabei ist nicht einmal richtig klar, was BioOK überhaupt heißt. Vorschläge wie ‚Organisierte Kriminalität', die BeobachterInnen des Treibens in Groß Lüsewitz und Sagerheide vorschlugen, dürften kaum stimmen. So bleibt der Ursprung des Namens an dieser Stelle ungeklärt. Klar ist aber, wer zu dem Club gehört, der da als deutsches Vorzeigeprojekt aufgepäppelt werden soll. Zum einen zeigt das ein Blick in die Haushaltsbilanz 2008. Dort sind nämlich fein säuberlich alle Firmen und Personen aufgezählt, die Geld eingebracht haben in die GmbH. Und siehe da: Die Uni Rostock ist personell richtig intensiv verquickt mit der Privatfirma BioOK. Unabhängige Forschung an einer Hochschule? Hier scheinen Uni-DozentInnen Teil eines privatwirtschaftlichen Projektes zu sein. GmbH-Anteile halten:

- Prof. Dr. Inge Broer, Inhaberin des einschlägigen Lehrstuhls[11] für Agrobiotechnologie an der Uni Rostock, Mitglied in der „Kommission Studium und Lehre" der Agrar- und umweltwissenschaftlichen Fakultät (AUF)[12] an der Uni Rostock und Vorsitzende des Vereins FINAB e.V., der die agrogentechnischen Projekte rund um das AgroBioTechnikum angestoßen hatte.
- Prof. Dr. Peter Leinweber, gleichzeitig beim Steinbeis Transferzentrum, in der „Kommission Forschung, Entwicklung & Technologietransfer"[13] und Chef der Haushaltskommission der Agrar- und umweltwissenschaftlichen Fakultät (AUF) an der Uni Rostock.
- Dr. Andre Schlichting: Akademischer Mitarbeiter[14] an der Bodenkunde der Uni Rostock und tätig bei der Steinbeis GmbH & Co. KG für Technologietransfer.
- Prof. Dr. Udo Kragl: Seit 1998 Lehrstuhl für Technische Chemie[15] der Universität Rostock, seit 2003 Bereichsleiter am Leibniz-Institut für Katalyse[16] und seit 2007 Dekan der Interdisziplinären Fakultät der Universität Rostock[17].
- Prof. Dr. Elmar Mohr, Mitglied im Leitungsgremium[18] der Agrar- und umweltwissenschaftlichen Fakultät (AUF) an der Uni Rostock und Inhaber des Lehrstuhls[19] für „Tiergesundheitslehre in der umweltgerechten Landbewirtschaftung".

BioOK ist die letzte große Schöpfung der Agro-Gentechnik-Gründerserie in und um Groß Lüsewitz. Startpunkte waren die Agrarfalkultät an der Uni Rostock und ihr 1999 gegründeteter Verein FINAB e.V. Von Anfang an war deutlich erkennbar: Es ging um Firmenaufbau, eine schon vor etli-

10 Antje Lorch/Christoph Then (2008): „Kontrolle oder Kollaboration?". Die Studie kann unter www.kurzlink.de/agrogentech.pdf heruntergeladen werden (1 MB). Ältere Quelle: Greenpeace-Artikel schon 1998 zu den Werbestrategien der Gentechnik-Konzerne in Deutschland (GP Magazin 6/1998)

11 www.agrosnet.de/html/fachgebiete_rostock.html#biotechnologie

12 www.auf.uni-rostock.de/fakultaet/gremien/

13 siehe Fußnote 12

14 http://jsrv.uni-rostock.de/zvvz2/jsp/oPer.jsp?id=1003635

15 www.chemie.uni-rostock.de/forschung/analytische-technische-chemie/prof-dr-udo-kragl/

16 www.catalysis.de/Nachwachsende-Rohstoffe.17.0.html

17 https://www.inf.uni-rostock.de:8022/index.php?id=2161

18 siehe Fußnote 12

19 www.agrosnet.de/html/fachgebiete_rostock.html#tiergesundheit

chen Jahren von FINAB durchgeführte Freisetzung mit gv-Raps diente *„der Etablierung von notwendigem Know-how für die Beantragung und Durchführung von Freisetzungen am Standort Groß Lüsewitz, andererseits als politisches Signal und Präsentation des Dienstleistungsangebotes im AgroBioTechnikum.“* Das gelang auch – allerdings nicht mehr unter der Flagge des gemeinnützigen Vereins FINAB, sondern durch dessen privatwirtschaftliche Tochterfirma biovativ und den Firmenverbund BioOK.

Über BioOK auf www.biovativ.de[20]
biovativ ist ein Partner in der BioOK GmbH, einem Verbund der ein komplettes Portfolio von Analyseverfahren für die Risikobewertung von gentechnisch veränderten Pflanzen entwickelt. BioOK ist ein Bündnis von sechs Unternehmen, einem Steinbeis-Transfer-Zentrum und der Universität Rostock. Ziel des Bündnisses ist es, sich als führender Dienstleister für die Prüfung und Zulassung von gentechnisch veränderten Nutzpflanzen (GVP) in Europa zu etablieren, wo diese durch neue Gesetzgebung nur nach umfangreicher Risikobewertung in den Verkehr gelangen bzw. als Lebens- oder Futtermittel zugelassen werden. Die Partner des Bündnisses verfügen über Analyse- und Bewertungsverfahren zur Lebens-, Futter-, Pflanzenschutzmittelsicherheit. Sie wollen im Rahmen des Bündnisses Verfahren an die Analyse der Umwelt- und Lebens- oder Futtermittelsicherheit von gentechnisch veränderten Pflanzen anpassen bzw. neue, einfache, standardisierte, schnelle sowie rechtssichere Verfahren entwickeln.

dpa über biovativ und Kerstin Schmidt:[21]
Die Mathematikerin verdient ihr Geld mit dem Thema Biosicherheit.

Einlagen in der BioOK GmbH in € laut Haushaltsabschluss 2008[22]
BIOSERV GmbH: 7.000,00 (23,33%)
BioMath GmbH: 5.000,00 (16,66 %)
Steinbeis Beteiligungs-Holding GmbH: 5.000,00 (16,66%)
Frau Prof. Dr. Inge Broer: 5.000,00 (16,66%)
Herr Prof. Dr. Peter Leinweber: 2.000,00 (6,67%)
Herr Dr. Andre Schlichting: 2.000,00 (6,67%)
biovativ GmbH: 2.000,00 (6,67%)
Herr Prof. Dr. Udo Kragl: 1.000,00 (3,34%)
Herr Prof. Dr. Elmar Mohr: 1.000,00 (3,34%)

Träume vom großen Wirtschaftsaufschwung dank Gentechnik[23]
„Der Wachstumskern ‚BioOK' soll sich in der Küstenregion Rostock-Schwerin – insbesondere um das AgroBioTechnikum Groß Lüsewitz – als ein europäisches Kompetenzzentrum für die Analyse, Bewertung und Überwachung von agrobiotechnologischen Produkten und Verfahren etablieren“, sagte der Minister für Landwirtschaft, Umwelt und Verbraucherschutz heute anlässlich des zweiten BioOK-Seminars in Rostock. Das Bündnis habe sich gut etabliert und wolle sich mit seinem Gesamtangebot zur Zulassung und Überwachung neuer agrobiotechnologischer Verfahren zum führenden Dienstleister in Europa entwickeln. „Die Projektpartner von BioOK entwickeln Analyse- und Bewertungsverfahren, um die vom europäischen und deutschen Gentechnikrecht vorgeschriebenen Risikoanalysen für gentechnisch veränderte Pflanzen mit hoher wissenschaftlicher Genauigkeit umzusetzen“, sagte Minister Dr. Backhaus.

Bericht auf Agrarportal Mecklenburg-Vorpommern[24]
„Für die Realisierung dieser Punkte leisten Sie mit Ihren Forschungsarbeiten einen ganz hervorragenden Beitrag“, wandte sich Minister Dr. Backhaus an BioOK. Das Bündnis verfüge über ein ausgewiesenes Know-how in den Bereichen Lebens-, Arznei-, Futter- und Pflanzenschutzmittelsicherheit.

MVregio am 20.5.2009 (Schreibfehler im Original)[25]
Die beiden Alpha-Frauen Schawan und Broer tragen somit entscheidend dazu bei, dem strukturschwachen Agrarland Mecklenburg-Vorpommern eine neue Perspektive als Forschungsstandort zu verschaffen.

Werbung auf dem High-Tech-Portal des BMBF[26]
Wer eine gentechnisch gezüchtete Pflanze auf den Markt bringen will, braucht derzeit einen langen Atem. Schließlich sind eine Vielzahl an Fragen zu klären, bevor es zur Zulassung kommt. Das Forscherbündnis BioOK an der Ostseeküste will das Prozedere verbessern und aus einer Hand anbieten.

Aus der Studie „Kontrolle oder Kollaboration?“[27]
Da Kerstin Schmidt gleichzeitig auch Geschäftsführerin von BioMath und BioOK und im Vorstand von FINAB e.V. ist – und all diese Betriebe und der Verein unter der gleichen Adresse und teilweise unter der gleichen Telefonnummer zu erreichen sind – drängt sich der Verdacht auf, dass es sich hier gar nicht um separate Einheiten handelt, sondern das Konglomerat von Firmen eher dazu dient, die kommerziellen Interessen im Umfeld des Vereins FINAB möglichst undurchsichtig zu gestalten. ...
BioOK GmbH, bei der Kerstin Schmidt ebenfalls Geschäftsführerin ist, soll zukünftig als allgemeine Dachmarke des Konglomerats, bzw. des „Wachstumskern BioOK“ aufgebaut werden: „Der Wachstumskern ‚BioOK' etabliert die Ostseeküstenregion Rostock-Schwerin – insbesondere um das AgroBioTechnikum Groß Lüsewitz – als europäisches Kompetenzzentrum für die Analyse, Bewertung und Überwachung von agrobiotechnologischen Produkten und Verfahren. Partner aus Wirtschaft und Wissenschaft wirken zusammen, um aus Kompetenzen und Erfahrungen in der biologischen Sicherheitsforschung neue, effektivere und kostengünstigere Analyse- und Bewertungsverfahren zu entwickeln und über die BioOK GmbH in einer One-Stop-Agency zu vermarkten.“[28]
„One-Stop-Agency“ bedeutet in diesem Zusammenhang, dass die Zulassung und das Monitoring gentechnisch veränderter Pflanzen für die Industrie vereinfacht und verbilligt werden soll. Gefördert wird dies von 2005 bis 2008 mit 4 Millionen Euro vom Bundesministerium für Bildung und Forschung (BMBF).76 FINAB ist dabei untrennbar mit einem Dienstleister verflochten, der daran interessiert sein muss, dass im Sinne seiner Auftraggeber möglichst wenig umfangreiche und daher kostengünstige Überwachungspläne für den Anbau von gv-Saaten entwickelt werden.
BioOK Verbund
Geschichte: Seit 2005 Zusammenschluss von BioOK GmbH, BioMath GmbH , biovativ GmbH, BTL Bio-Test Labor GmbH Sagerheide, BIOSERV Analytik und Medizinprodukte GmbH, Primacyt Cell Culture Technology, dem Steinbeis-Transferzentrum Soil Biotechnology, der Bundesanstalt für Züchtungsforschung an Kulturpflanzen (BAZ, jetzt Teil des JKI), und dem Institut für Chemie und der Agrar- und Umweltwissenschaftliche Fakultät der Uni Rostock.
Finanzierung: August 2005 – 2008: Förderung als BioOK Forschungsverbund durch das BMBF mit 4,39 Mio Euro um „neue, effektivere und kostengünstigere Analyse- und Bewertungsverfahren zu entwicklen und über die BioOK GmBH in einer One-Stop-Agency zu vermarkten: „Entwicklung von Zulassungs- und Überwachungsverfahren für gv-Nutzpflanzen“ (S. 49)

Wer steckt hinter BioOK?

BioOK ist ein Zusammenschluss von vier (Angabe auf www.bio-ok.com) bzw. sechs (www.biovativ.de) Firmen plus dem Steinbeis Transferzentrum und der Uni Rostock. Wieweit das Julius-Kühn-Institut die Finger im Spiel hat, darüber darf spekuliert werden. Denn ursprünglich war die Behörde, die im Genehmigungsverfahren bei Freisetzungen mitwirkt, als Firmenpartner aufgelistet, verschwand aber 2010 vom Bildschirm (siehe S. 42).

20 Ähnliche Beschreibung (englisch) auf der Seite www.bio-ok.com. Dort wird allerdings nur von „four companies“ gesprochen.

21 16.9.2008: www.proplanta.de/Agrar-Nachrichten/agrar_news_themen.php?SITEID=1140008702&Fu1=1221587018

22 www.projektwerkstatt.de/gen/filz/rostock/biook2008bilanz.pdf

23 Bericht auf agrarheute am 13.10.2007: http://agrarheute.com/index.php?redid=189050

24 www.agrarnet-mv.de/index.php?/content/view/full/4354

25 www.mvregio.de/nachrichten_region/209298.html

26 www.biotechnologie.de/BIO/Navigation/DE/root,did=43884.html

27 Link siehe Fußnote 10

28 Quelle des Zitats: www.unternehmen-region.de/de/1036.php

29 2005-08 erhielten Broer bzw. die Uni Rostock 1.876.490 € (Projekt-)Finanzierung durch das BMBF als Partner im BioOK-Verbund (Lorch/Then, S. 42).

30 BioMath ist die ursprüngliche Firma von Kerstin Schmidt mit Sitz in Rostock (2008 verlegt nach Groß Lüsewitz). Siehe www.biomath.de.

31 Die Firma BIOSERV bietet Laboruntersuchungen und Gütesiegel an. Sitz: Rostock (www.bioserv.de).

32 Das Biotestlabor (BTL) liegt im benachbarten Thulendorf (www.biotestlab.de).

33 www.gentechnikfreie-regionen.de/no_cache/aktuell/nachrichten/news/leere-labore.html

34 „List of Participants“ auf www.eigmo-rostock.de

Fußnoten siehe vorherige Seite

Doch selbst im günstigsten Fall, dass nämlich die Beteiligung einer Aufsichtsbehörde beendet und nicht nur vertuscht wurde, bleibt die Zusammensetzung abenteuerlich. Da ist eine Universität Bestandteil einer Privatfirma – die Beteiligungen der DozentInnen an der GmbH bestätigen diese Verquickung. Dann wird diese Privatfirma gefördert vom Bundesministerium für Bildung und Forschung – gut, da wissen all die, die den Bildungsabbau beklagen, wenigstens wo das Geld bleibt. Die dabei gezahlten Fördermittel sind beeindruckend. 2005 bis 2008 wurde der BioOK-Verbund durch das BMBF mit 4,383 Mio. € gefördert, um *„neue, effektivere und kostengünstigere Analyse- und Bewertungsverfahren“* zu entwickeln. Für Projekte, Freisetzungen und Laborversuche flossen Steuergelder an Firmen und Institute des BioOK-Verbundes, die meisten der Gelder gingen an die Kleinfirmen im Umfeld von FINAB, Inge Broer[29] und und Kerstin Schmidt. Hinzu kamen Gelder für die Versuchsfelder der Universitäten und Konzerne, die vor allem der Firma biovativ Unteraufträge zur Betreuung der Felder geben.

Abb.: Geldflüsse an BioOK.
Quelle: Bundestagsdrucksache 16/6208 (S. 3 f.)[103]

Geschäftsbereich		Titel der Forschungsprojekte	Zuwendungsempfänger	Laufzeit	Fördersumn (€) gesamt
BMBF	1	Entwicklung standardisierter Analyseschemata und Zulassungsdossiers für gentechnisch veränderte Pflanzen	biovativ GmbH Sanitz	1.7.05–30.6.08	130 152
	2	Pflanzenspezifische Analyseschemata und Zulassungsdossiers	BioMath GmbH Rostock	1.7.05–30.6.08	158 619
	3	Optimierung von Anbauverfahren für gentechnisch veränderte Nutzpflanzen zur Produktion von Pflanzenmaterial mit einheitlichen Inhaltsstoffen – unter Vermeidung von messbarem Pollenflug	biovativ GmbH Sanitz	1.4.05–31.3.08	207 204
	4	Analytischer Nachweis von Summenparametern und Einzelkomponenten, Teilprojekt 1	Univ. Rostock	1.7.05–30.6.08	677 765
	5	Analytischer Nachweis von Summenparametern, Teilprojekt 2	BIOSERV GmbH Rostock	1.7.05–30.6.08	261 347
	6	Entwicklung eines schnellen in vivo Verfahrens zur Detektion geringer Einflüsse transkodierter Proteine auf Mikroorganismen und Stoffflüsse im Boden. Produktion transgener Wurzeln, Teilprojekt 1	Univ. Rostock	1.7.05–30.6.08	270 838
	7	Entwicklung eines schnellen in vivo Verfahrens zur Detektion geringer Einflüsse transkodierter Proteine auf Mikroorganismen und Stoffflüsse im Boden. Produktion transgener Wurzeln, Teilprojekt 2	Steinbeis-Transferzentrum	1.4.05–31.3.08	245 461
	8	Entwicklung eines standardisierten Labortests für Dungkäfer zur Prüfung der Umweltverträglichkeit von verfütterten transgenen Pflanzen	BTL GmbH Thulendorf	1.7.05–30.6.08	155 009
	9	Entwicklung einer Methode zur Detektion des Einflusses GVP auf Ökosysteme auf der Basis von Veränderungen des Genoms responsiver Viren sowohl in Pflanzenmaterial als auch ihren Vektoren, Teilprojekt 1	BTL GmbH Thulendorf	1.7.05–30.6.08	247 102
	10	Entwicklung einer Methode zur Detektion des Einflusses GVP auf Ökosysteme auf der Basis von Veränderungen des Genoms responsiver Viren sowohl in Pflanzenmaterial als auch ihren Vektoren, Teilprojekt 2	BAZ Quedlinburg	1.7.05–30.6.08	238 058
	11	Entwicklung einer in-vitro-Methode zur Simulation von Verdauung und Resorption im Monogastrier	Univ. Rostock	1.7.05–30.6.08	927 887
	12	Entwicklung von Anreicherungsverfahren und Testsystemen zum Nachweis von Substanzen in transgenen Pflanzen	BIOSERV GmbH Rostock	1.7.05–30.6.08	224 600
	13	Entwicklung der Analyseverfahren zur Toxizitätsanalyse von GVP	Primacyt GmbH Schwerin	1.7.05–30.6.08	77 110
	14	Entwicklung von Analyse- und Bewertungssystemen zur Ermittlung einer potentiellen Allergenität von gentechnisch veränderten Pflanzen	BIOSERV GmbH Rostock	1.4.06–30.6.08	414 218
	15	Entwicklung und Umsetzung von Modellen zur Unterstützung bei der Erstellung von Freisetzungsanträgen und Überwachungsplänen für ein anbaubegleitendes Monitoring von gentechnisch veränderten Pflanzen	BioMath GmbH Rostock	1.7.05–30.6.08	150 237
			Summe:		**4 385 607**

Zu den Zahlungen laut Studie „Kontrolle oder Kollaboration?“[10]

- ► *Entwicklung von standardisierten Analyseschemata und Zulassungsdossiers für gentechnisch veränderte Pflanzen: biovativ GmbH, 130.152 €.*
- ► *Pflanzenspezifische Analyseschemata und Zulassungsdossiers: BioMath, 158.619 €.*[30]
- ► *Optimierung von Anbauverfahren für gentechnisch veränderte Nutzpflanzen – zur Produktion von Pflanzenmaterial mit einheitlichen Inhaltsstoffen – unter Vermeidung von messbarem Pollenflug: biovativ GmbH, 207.204 €.*
- ► *Analytischer Nachweis von Summenparametern und Einzelkomponenten, Teilprojekt 1: Uni Rostock, 677.765 €.*
- ► *Analytischer Nachweis von Summenparametern und Einzelkomponenten, Teilprojekt 2: BIOSERV GmbH, 261.347 €.*[31]
- ► *Entwicklung eines schnellen in vivo Verfahrens zur Detektion geringer Einflüsse transgenkodierter Proteine auf Mikroorganismen und Stoffflüsse im Boden, Teilprojekt 1: Uni Rostock, 270.838 €.*
- ► *Entwicklung eines schnellen in vivo Verfahrens zur Detektion geringer Einflüsse transgenkodierter Proteine auf Mikroorganismen und Stoffflüsse im Boden, Teilprojekt 2: Steinbeis Transferzentrum, 245.461 €.*
- ► *Entwicklung eines standardisierten Labortests für Dungkäfer zur Prüfung der Umweltverträglichkeit von verfütterten transgenen Pflanzen, BTL GmbH, 155.009 €.*[32]
- ► *Entwicklung einer Methode zur Detektion des Einflusses transgener Pflanzen auf Ökosysteme auf der Basis von Veränderungen des Genoms responsiver Viren sowohl in Pflanzenmaterial als auch ihren Vektoren. Teilprojekt 1: BTL GmbH, 247.102 €.*
- ► *Entwicklung einer Methode zur Detektion des Einflusses transgener Pflanzen auf Ökosysteme auf der Basis von Veränderungen des Genoms responsiver Viren sowohl in Pflanzenmaterial als auch ihren Vektoren. Teilprojekt 2: BAZ Quedlinburg (jetzt JKI), 238.058 €.*
- ► *Entwicklung einer in-vitro-Methode zur Simulation von Verdauung und Resorption: Broer/Uni Rostock, 927.887 €.*
- ► *Entwicklung von Anreicherungsverfahren und Testsystemen zum quantitativen Nachweis von Substanzen in transgenen Pflanzen: BIOSERV GmbH, 224.600 €.*
- ► *Entwicklung von Analyseverfahren zur Toxizität von gv-Pflanzen: Primacyt GmbH, 77.110 €.*
- ► *Entwicklung von Analyse- und Bewertungssystemen zur Ermittlung einer potenziellen Allergenität von gv-Pflanzen: BIOSERV GmbH, 414.218 €.*
- ► *Entwicklung und Umsetzung von Modellen zur Unterstützung bei der Erstellung von Freisetzungsanträgen und Überwachungsplänen für ein anbaubegleitendes Monitoring von gv-Pflanzen: BioMath GmbH, 150.237 €.*
- ► *Polymerenproduktion in transgenen Kartoffelknollen (2007-08). Teilprojekt 1: Broer/Uni Rostock (263.853 €), Teilprojekt 2: biovativ (94.369 €). Weitere Projektpartner: Uni Bielefeld, Eberhard-Karls-Uni Tübingen, Norika Nordring-Kartoffelzucht und VermehrungsGmbH. Gesamt: 693.783 €.*[32]

Viel gebracht hat das viele Geld bislang nicht. Ganz im Gegenteil: *„Leere Labore“* überschrieb der Spiegel einen Artikel[33] über das wirtschaftliche Desaster. Denn das einzige, was bei der Aktivität von Firmen wie BioOK bislang herauskam, sind zeitweise gefüllte Konten der Beteiligten und die permanente Auskreuzung gentechnisch veränderter Bestandteile in die Landschaft. Doch Produkte, die keiner will, lassen sich auch mit riesigen Staatshilfen auf Dauer nicht Gewinn bringend herstellen. *„Mit der Finab und dem Agrobiotechnikum wollten Schiemann, Broer und die darin versammelten Saatgutfirmen eigentlich für eine ‚New Economy' in Mecklenburg sorgen und Arbeitsplätze schaffen. Doch die Gänge im Technikum sind verwaist. Durch Sichtfenster in den Türen fällt der Blick auf leere Laborräume. Sie sind möbliert und mit allen Anschlüssen versehen, nur ohne Mieter. Der Betreiber, eine Firma namens BioConValley, spricht von Anlaufproblemen. Im Zentrum arbeiteten derzeit 35 Personen, es sei nur zu 50 Prozent ausgelastet, ein Zuschussbetrieb.“* Die Rettung kam wieder durch die Landesregierung und damit den Steuerzahler. Die staatliche Landgesellschaft M-V pachtete die leeren Räume an, damit der Laden nicht bankrott geht. Ein weiteres, freundliches Geschenk des Staates an seine geliebte Agro-Gentechnik ...

BioOK: Deckmantel der Konzerne und Seilschaften-Knotenpunkt

Arbeitsort und Adresse von BioOK ist das AgroBioTechnikum am Thünenplatz 1 in Groß Lüsewitz, dem zur Zeit wichtigsten Freisetzungsforschungsstandort in Deutschland. Hier liegen Felder von Universitäten und Konzernen, in deren Auftrag die biovativ GmbH tätig ist. In den Laboren und Büros wird an weiteren, z.T. ebenfalls gut geförderten gv-Pflanzen experimentiert – oder zumindest so getan, als ob. Durch die vielen Unteraufträge aus verschiedenen Richtungen entstand ein Knotenpunkt der Seilschaften. Das wurde auch erkennbar, als vom 14. bis 16.5.2009 nach Rostock die 4. EIGMO-Tagung stattfand. Die Lüsewitzer GentechnikprotagonistInnen und Kleinfirmen im BioOK-Verbund kümmerten sich um die Organisation vor Ort. Als Teilnehmende trafen die Konzerne Syngenta, BASF und Pioneer mit den Behördenleuten aus BVL, JKI und EFSA zusammen. Monsanto sponsorte das Treffen.[34]

Wer genauer erfahren will, wer hinter den kleinen Firmen steckt, die unter BioOK gelistet sind, wird manche Überraschung erleben. Zum einen sind dort immer wieder Personen zu finden, die auch an der Uni Rostock lehren – die Verquickung zwischen Forschung im staatlichen Auftrag und Forschung auf eigene Kappe ist hier Alltag. Interessant ist aber auch ein Blick auf die sonstigen MitarbeiterInnen der Firmen. Das ist nämlich gar nicht besonders vielfältig. Ein Blick ins Impressum der Internetseiten verrät nämlich: Eine Person ist Dreh- und Angelpunkt mehrerer Firmen, die Faxnummern gleichen sich – und auch die Internetseiten sehen verräterisch ähnlich aus. Also: Klick, www.biomath.de, klick aufs Impressum[35] und lesen: *„Biomath GmbH, Thünenplatz 1 in Groß Lüsewitz, Tel. 038209-4909-0, Fax 038209-4909-18"*, darunter steht *„Geschäftsführer: Kerstin Schmidt"*. Klick, jetzt auf www.biovativ.de, klick wieder aufs Impressum.[36] Diesmal: *„biovativ GmbH"*. Zur Abwechselung mal klein geschrieben. Ansonsten aber das Gleiche: *„Thünenplatz 1 in Groß Lüsewitz"*. Beim Telefon leicht variiert: *„038209-4909-20"*. Fax aber wieder gleich: *„038209-4909-18"*, ebenso *„Geschäftsführer: Kerstin Schmidt."* Da gucken wir jetzt doch mal auf das Impressum[37] des gesamten Firmenverbundes: Klick www.bio-ok-com, klick – und welch Abwechselung: Alles auf Englisch! *„BioOK GmbH, Thünenplatz 1 in Groß Lüsewitz"*. Tel. heißt jetzt *„Phone"*, aber hört wieder auf die erste Nummer *„038209-4909-0"*. Das Fax gleicht allen anderen: *„4909-18"*. Kerstin Schmidt spielt nun den *„business manager"*.

BioMath GmbH
GESELLSCHAFT FÜR ANGEWANDTE IN BIOLOGIE UND MEDIZIN
Informationen

Unternehmen
BioMath GmbH
Chronik
Ansprechpartner
Referenzen

Dienstleistungen
Versuchsplanung
Klinische Studien
GVO-Monitoring
Biotechnologie
Software
Promotion

Impressum

BioMath GmbH
Gesellschaft für Angewandte Mathematische Statistik in Biologie und Medizin
Thünenplatz 1
18190 Groß Lusewitz
Deutschland

Tel:	+49 (0)38209 4909-0
Fax:	+49 (0)38209 4909-18
E-Mail:	central@biomath.de
Geschäftsführer:	Kerstin Schmidt
Registergericht:	Amtsgericht Rostock
Registernummer:	HPB 505

biovativ
Gesellschaft für Agr
| Startseite | Impressum
Impressum

biovativ GmbH
Profil
Intention
Kooperation
Kontakt
Impressum
Links
FINAB e.V
BioOk

Impressum

biovativ GmbH
Thünenplatz 1
18190 Groß Lüsewitz
Deutschland

Tel:	+49 38209 4909-20
Fax:	+49 38209 4909-18
E-Mail:	central@biovativ.de
Geschäftsführer:	Kerstin Schmidt
Registergericht:	Amtsgericht Rostock
Registernummer:	HRB 9774
Umsatzsteuer-ID: gemäß § 27 a Umsatzsteuergesetz	DE 814 11 45 98

BIOOK GmbH
ANALYSIS & ASSESSMENT OF GENETICALLY MODIFIED PLANTS AND DERIVED FOOD & FEED
Imprint

BioOK GmbH
Content
Partners
Contact
Imprint

Imprint

BioOK GmbH
Thünenplatz 1
18190 Groß Lüsewitz
Germany

Phone:	+49 38209 4909-0
Fax:	+49 38209 4909-18
E-mail:	central@bio-ok.com
business manager:	Kerstin Schmidt
register court:	Amtsgericht Rostock
register number:	HRB 10102
sales tax identification number:	DE 242 74 62 41

Impressen von www.biovativ.de, www.bio-ok.com (Leerzeilen entfernt) und www.biomath.de

Kann es sein, dass hier eine seltsame Fassade von Kleinfirmen aufgebaut wurde, hinter der Scheinfirmen agieren? Und immer dieselbe Person dahinter steht? Klar – um Fördergelder abzugreifen, sich gegenseitig Aufträge zuzuschieben und Rechnungen auszustellen, wäre so etwas sicherlich eine praktische Sache. Bevor die Firmen am Thünenplatz 1 gelistet wurden, hatten sie eine andere Adresse: Schnickmannstraße 4 in Rostock. Eine Überprüfung vor Ort ergab ein leeres Büro mit einem bemerkenswerten Briefkasten davor (Foto rechts). Warum muss ich unwillkürlich an den Begriff ‚Briefkastenfirma' denken?

Wühlen wir noch ein bisschen weiter hinter den Kulissen. Dann wird schnell klar: BioOK ist kein Selbstzweck. Überall lauern die großen Konzerne hinter der Kulisse regionaler Kleinfirmen. Gehen Sie mal an die Versuchsflächen und fragen den Wachschutz, wer sie beauftragt und bezahlt. Die Antwort: BASF. Würden die Felder bewachen, die ihnen nichts einbringen? Sie können es mit Protestaktionen versuchen an den Versuchsfeldern des AgroBioTechnikums. Wenn Sie die Schwelle reiner Begleitfolklore überschreiten, wird sich ein Rechtsanwalt bei Ihnen melden und Sie auffordern, einen von ihm gefertigten Vertrag zu unterzeichnen. Diese sogenannte Unterlassungserklärung soll Sie zwingen, in Zukunft Ruhe zu bewahren. Wenn Sie nicht unterschreiben, geht die Angelegenheit vor Gericht – meist eine sichere Bank für die Gentechnikseilschaften. Achten Sie mal auf die Adresse des Anwaltes. Der kommt nicht aus der Region Rostock, sondern aus Düsseldorf. Wer sitzt da noch? Richtig: Monsanto. Hartwig Stiebler ist der Anwalt, der für diese Firma arbeitet. Er vertrat die Üplinger BioTech-Farm und die Lüsewitzer biovativ GmbH, beides Firmen von Kerstin Schmidt, gegenüber KritikerInnen.

Oben: Auch Kerstin Schmidt mag die Werbeseite TransGen.

Unten: Briefkasten vor leerem Büro in Rostock, Schnickmannstraße 4.

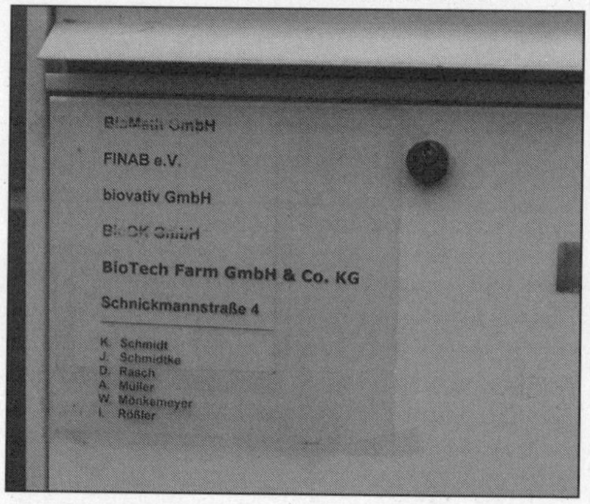

Die Kleinfirmen vor Ort und ihre AkteurInnen bekommen auch die Patente nicht, die aus den Forschungen folgen. Die halten die Leute mit Titel wie Inge Broer (Uni Rostock) und Karl-Heinz Kogel (Uni Gießen). Sie haben ihre Felder von biovativ betreuen lassen, die Patente aber lieber mit Bayer und BASF angemeldet. So sieht mensch hinter der Kulisse der Klein- und Scheinfirmen doch immer wieder die großen Konzerne, die den Rahm abschöpfen und sich die wichtigen Dinge zu sichern wissen. Die Kleinfirmen entfachen die Strohfeuer mit Fördermitteln, auch aus der regionalen Wirtschaftsförderung. Damit bringen sie die Pflanzen nach draußen – und verschwinden dann nach einiger Zeit wieder von der Bildfläche. Die verwertbaren Ergebnisse streichen derweil die Großen ein, die sich aber – ganz im Sinne von Burson Marsteller – nicht selber zeigen müssen.

BioOK sollte der Leuchtturm der Kleinfirmen werden. Gelungen ist das nicht. Es wird den Lüsewitzer Firmen gehen wie den Vorgängern im ersten Biopark zur Agro-Gentechnik der Republik, damals in Gatersleben. Dort hat es Pleiten und Übernahmen gegeben. Wenn die Staatsgelder versiegen, ist Schluss. Für die Gesamtbranche hat das Ganze aber dennoch Sinn: Die Seilschaften können enger geknüpft werden, Uni-Institute und FirmeninhaberInnen können sich ein paar Jahre länger über Wasser halten und – nicht unwichtig – das Zeug kommt in die Landschaft. Denn eine großflächige Auskreuzung wäre das Ende jedes Ringens um Gentechnikfreiheit. Das wissen auch die GentechnikprotagonistInnen unter dem Deckmantel der Freisetzungsforschung.

Patentanmeldungen mit Prof. Broer als „Erfinderin"	Anmelder des Patents
Deacetylasegene zur Erzeugung von Phosphinothricin oder Phosphinothricyl-Alanyl-Alanin, Verfahren zu ihrer Isolierung und ihre Verwendung	Bayer Cropscience AG
Neues Gen für eine Aminosäure-Deacetylase mit Spezifität für N-Acetyl-l-Phosphinothricin, ihre Isolierung und Verwendung	Bayer Cropscience AG
Novel genes for conditional cell ablation	Bayer Bioscience
Novel genes coding for amino acid deacetylases with specificity for N-acetyl-L-phosphinothricin, their isolation and use	Nicht genannt
Cyanophycin synthetase gene useful for producing transgenic plants for food or fodder use or for producing cyanophycin or derivatives, e.g. polyasparate polymers	Norddeutsche Pflanzenzucht
Deacetylase genes for the production of phosphinothricin or phosphinothricyl-alanyl-alanine, process for their isolation, and their use	Hoechst AG
Plants transgenic for a deacetylase gene	Hoechst Schering Agrevo GmbH
Phosphinothricin-resistance gene effective in plants, and its use	Hoechst AG

Abb.: Patente von Prof. Inge Broer[38]

35 www.biomath.de/deu/impress.htm
36 www.biovativ.de/impressum.htm
37 www.bio-ok.com/imprint.htm
38 siehe Fußnote 10

Lokale und regionale Initiativen – und die Konzerne hinter ihnen

Was bundesweit möglich ist, klappt auch lokal: Die großen Konzerne verstecken sich hinter regionalen Initiativen, die nett klingen, aber nichts Anderes sind als ein Einfallstor für die Technik, die kaum jemand mag und deshalb getarnt ins Land, in Schulen, Parlamente, Arbeitsförderungsmaßnahmen und andere Bereiche einsickern muss.

Wenn in Hannover[40] die SchülerInnen frühzeitig selbst gentechnisch manipulieren können, stehen KWS und der Fonds der chemischen Industrie dahinter. Das Projekt HannoverGen ist die wahrscheinlich umfassendste Werbekampagne für Biotechnologie an Schulen. Das schillernde Beispiel wird in anderen Städten kopiert. Chef des Ganzen ist mal wieder ein Universitätsprofessor, nämlich Hans-Jörg Jacobsen, geschäftsführender Leiter des Instituts für Pflanzengenetik der Leibniz-Universität Hannover. Der ist auch anderweitig engagiert, z.B. als Leiter des *„Gesellschaft für Pflanzenbiotechnologie“* und als Mitglied des deutschen Lobbyverbandes WGG sowie des internationalen Gegenstücks PRRI. Jacobsen trat beim InnoPlanta-Forum 2010 auf, saß in der Jury des dort verliehenen Preises und schrieb Texte zusammen mit dem Preisträger von 2009, Thomas Deichmann. Während er von anderen Sachlichkeit forderte, trat er selbst als Polemiker auf. Das Verbot des MON810-Mais fand er *„absolut ungerechtfertigt“*, Angst vor Allergien nannte er *„Mumpitz“*. KritikerInnen der Agro-Gentechnik kanzelte er als *„Bodensatz in unserer Gesellschaft“* ab und stellte schnell mal die Frage, ob nicht *„der Klimawandel auch natürlichen Ursprungs sein könnte“*. Jabobsen ist also das klassische Beispiel des hochverflochtenen Propagandisten im Professorenrang. Der Angriff auf die Kritik gehört für Jacobsen zum Handwerk, *„mit dem Ziel, dass wir die Jugend ein bisschen immunisieren gegen diese merkwürdige Propaganda“*.[41]

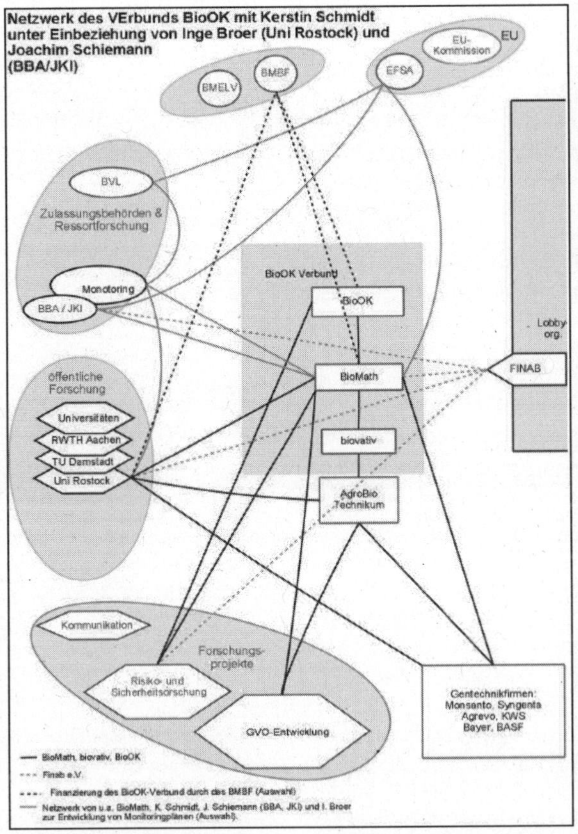

Abb.: BioOK im Netzwerk[39]

***Über Hans-Jörg Jacobsen*[42]**

Wie Professor Hans-Jörg Jacobsen, Geschäftsführender Leiter des Instituts für Pflanzengenetik im Rahmen der Pressekonferenz erklärte, reift in der Gesellschaft zu langsam die Einsicht, dass in Grüner Gentechnik ein wesentlicher Schlüssel liegt, um die wachsenden Nachfrage nach Agrarprodukten zu bedienen. „Die zunehmende Weltbevölkerung, veränderte Konsumgewohnheiten und die steigende Nutzung von Biotreibstoffen verlangen nach höheren Erträgen und resistenten Sorten“, erläuterte er. Durch die insgesamt noch immer forschungsfeindliche Haltung werden aber nicht nur Arbeitsplätze gefährdet. Deutschland vergibt auch die Chance, selbst aktiv Einfluss auf moralische und grundsätzliche Forschungsfragen zu nehmen.

***Jabobsen im Vortrag beim BMELV am 12.12.2001*[43]**

Die Lager haben sich nichts mehr zu sagen, vor allem, weil auf der einen Seite keine neuen Argumente hinzu gekommen sind und auf der anderen Seite sich die Wissenschaft bedeutend weiterentwickelt hat. ...

***Sachlichkeit fordern, aber selbst nur hetzen*[44]**

Als ich den Spiegel-Artikel „Erfolg im Bionade-Biotop“ las (Nr. 25, 25.6.09), in dem die EU-Wahlerfolge der Grünen im saturierten Wohlstandsmilieu der Bundesrepublik erfreulich süffisant geschildert wurden (hohes Einkommen, Bio-Futter, Edel-SUV), war mein erster Impuls: „In dieses Land willst Du nicht zurück!“ Nun habe ich aber eine Familie, die mir lieb und teuer ist, also bleibt mir die Flucht aus guten Gründen verwehrt. Ich werde also wieder zurück kommen, aber mit der vertieften Erfahrung, dass dieser grün-alternative Mief etwas typisch Deutsches geworden ist (oder besser: deutschsprachiges, wenn man Bayern, wo es mit Söder und Seehofer besonders triefend daher kommt, aber auch Österreich und die Schweiz, dazuzählt). ...

Wer Percy Schmeiser live erlebt hat (wie ich beim Tollwood-Festival in München im Herbst 2008), kann die deutsche Begeisterung für diesen rechtskräftig in Kanada verurteilten Dieb geistigen Eigentums nur schwer nachvollziehen – jedenfalls, wenn man klaren Verstandes ist und genau hinhört. ...

Anders in Deutschland: Dort wird krampfhaft darüber gestritten, wie man durch noch restriktivere Maßnahmen den durch Energiegewinnung, Heizen oder Autofahren bedingten CO_2-Ausstoß bremsen kann, ohne in Betracht zu ziehen, dass der Klimawandel auch natürlichen Ursprungs sein könnte. ...

Was fehlt, ist der Mut, nach vorne zu gehen. Wenn wir dereinst feststellen, dass die biedermeierlichen Konzepte versagt haben, fressen womöglich Claudia Roth im EU-Parlament, Jürgen Trittin als Grüßaugust der Heinrich-Böll-Stiftung und Renate Künast als Präsidentin des Bio-Siegel-Verbandes ihr üppiges Gnadenbrot. Der Rest wird die karge Suppe, die sie und andere heute anrichten, auszulöffeln haben.

***Auszug aus „Pro Gentechnik“*[45]**

Nach dem jetzigen Stand von Wissenschaft und Forschung existieren keine Risiken. Man kann nie ausschließen, dass es irgendwelche Risiken gibt. Aber die Auffassung der meisten Wissenschaftler ist, dass die Risiken der Gentechnik genauso groß oder klein sind wie die bei der konventionellen Landwirtschaft oder beim Ökolandbau. ...

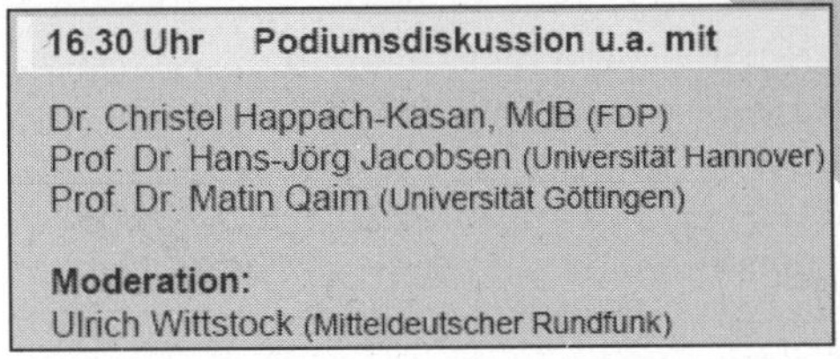

Jabobsen bei InnoPlanta: Diskussionsteilnehmer am Forum 2010 (oben) und Jurymitglied zum InnoPlanta-Preis (rechts)

39 Quelle der Abbildung: Studie von Then/Lorch (S. 32, Schreibfehler im Original), Link s. Fußnote 10

40 www.hannovergen.de

41 HannoverGEN-Verantwortlicher Prof. Hans-Jörg Jacobsen auf einem Podiumsgespräch am 29.6.2006, (www.zeit.de/2006/28/wissenschaftsforum?page=2).

42 BDP-Presseinfo am 17.6.2010, veröffentlicht auf ProPlanta: www.proplanta.de/Agrar-Nachrichten/Pflanze/Warenkette-fordert-Umdenken-Potenziale-der-Gruenen-Gentechnik-erkennen-und-nutzen__article1276774560.html

43 www.transgen.de/pdf/diskurs/Jacobsen.pdf

44 Novo Argumente, 20.6.2009: www.novo-argumente.com/magazin.php/novo__notizen/artikel/000156

45 www.news.de/politik/855040305/es-existieren-keine-risiken/1/

Nach heutiger Rechtslage kann keine Genpflanze ins Freiland gelangen, von der ein erkennbares Risiko ausgeht. Das macht diesen Vorwurf obsolet. Alle Genpflanzen werden vorher von öffentlichen Gremien überprüft. Eine Vermischung ist also gesundheitlich und für die Umwelt unbedenklich.

Aussagen im Gespräch beim Zeit-Forum am 29.6.2006[46]
Wir müssen sachlich bleiben. Wir können nicht Schlagzeilen produzieren, wie andere das machen. Ich habe da so eine Kollektion bizarrer Schlagzeilen: Genkartoffeln lassen das Gehirn schrumpfen. Mit solchen platten Schlagzeilen erreichen Sie die Öffentlichkeit. Eine solche Schlagzeile macht Ihnen zehn Informationsveranstaltungen kaputt. Wir gehen in Niedersachsen noch einen Schritt weiter. Wir werden auch Lehrertrainings weiter vermehrt anbieten. Das wird also auch eine Sache der Landesregierung sein, um die Lehrer als Kommunikatoren zu gewinnen, nicht um Akzeptanz zu schaffen, sondern vielleicht auch mit dem anderen Ziel, dass wir die Jugend so ein bisschen immunisieren gegen diese merkwürdige Propaganda. ...
Wir machen es in Polen, weil es da sehr viel günstiger ist, obwohl Polen offiziell sagt, sie lassen nichts rein. In der Forschung sind sie hochinteressiert. Das ist auch wesentlich billiger.

Wie 2006 noch alle WissenschaftlerInnen ließ auch Jacobsen die klassische Lüge von der Beherrschbarkeit oder gar völligen Unmöglichkeit der Auskreuzung vom Stapel: „*Wir selber arbeiten jetzt mit Pflanzen, die Selbstbefruchter sind, bei denen also das Risiko der Auskreuzung nicht gegeben ist, also mit Erbsen beispielsweise.*" Dabei war selbst auf der Propagandaseite zur Biosicherheit zu lesen:[47] „*Erbsen sind überwiegend Selbstbefruchter und haben in Europa keine verwandten Arten. Auskreuzungen sind wenig wahrscheinlich, jedoch durch Insekten grundsätzlich nicht auszuschließen.*"

Das nächste Beispiel: Beim teuren Propaganda-Fahrzeug mit dem klangvollen Namen „*Science Live Mobil*" handelten – wieder einmal – Staat, Konzerne und Lobbygruppen Hand in Hand. Die offizielle Internetseite[48] des Werbe-LKWs lag auf beim Forschungsministerium, von dort erfolgte eine Weiterleitung zur Werbeagentur Flad&Flad, die das Mobil betreute. Das Mobil entstand als Projekt der rot-grünen Bundesregierung und sollte vor allem auf Schulhöfen für die Biotechnologie werben. Es war weniger ein Informationsfahrzeug als ein rollender Experimentierkasten[49] – voller Werbung für die in diesem Bereich tätigen Konzerne. Erfolgreich war die Mission jedoch zunächst nicht, da „*das eigentliche Kernstück der Aktion, das Labor- und Ausstellungsfahrzeug ‚Science live'-Mobil nach nur vier Wochen Einsatz bei einem Brandanschlag völlig zerstört wurde.*" Die Bayerische Staatsregierung war damals schneller und schickte schon 1997 ein BioTechmobil auf die Reise, gesponsort u.a. von Monsanto, Hoechst und Novartis. Ab Frühjahr 2003 fuhr dann das „*BioLab Baden-Württemberg on Tour – Forschung, Leben, Zukunft*" durchs Ländle.[50]

Verbreitet sind regionale Zusammenschlüsse – auch hier üblicherweise als Gemenge von Konzernen, Universitäten, Forschungsinstituten und Lobbyverbänden. Landesregierungen, größere Städte und Kommunalverbände mischen ebenso mit. Die mit Steuergeldern gefütterten regionalen Biotechnologieinitiativen werden von Ex-Konzernmanagern geführt – seien es Ex-KWSler Jens Katzek, jetzt Chef von BIO Mitteldeutschland, oder der Ex-Bayer-Manager Bernward Garthoff bei BIO.NRW.[51] Hand in Hand – wie bei der Anwendung der Gentechnik auch – versuchen die Minderheiten, ihre Vorstellungen einer biotechnisch designten Gesellschaft in die Köpfe der Mehrheit zu bringen. In der Zukunftsinitiative Rheinland-Pfalz zur regionalen Wirtschaftsförderung mischte der langjährige Chef und heutige Aufsichtsratvorsitzende des Chemie-Giganten BASF, Jürgen Strube, von 1992 bis 1998 als Vorsitzender mit.[52] Zudem übt er Einfluss über die Medienpolitik von Bertelsmann aus, denn er sitzt dort im Aufsichtsrat, im Kuratorium der Stiftung und war stellvertretender Vorsitzender des von Bertelsmann initiierten Stifterverbands für die deutsche Wissenschaft.[53] Ist es eigentlich Zufall, dass das Buch „*Monsanto. Mit Gift und Genen*" mit der harten Kritik am US-Konzern ausgerechnet im mit BASF verbandelten Bertelsmann-Konzern verlegt wurde?

Steuergelder für den Aufbau der Gentechnikindustrie

Wenn die Millionen aus Staatshaushalten zu Konzernen und Kleinfirmen, Instituten und Lobbyverbänden fließen, ist der Auftrag zum Aufbau der Seilschaften oft sogar als Ziel genannt. InnoPlanta entstand aus einer Spritze von etwa 20 Millionen Euro (damals 38 Mio. DM) Bundesregierungsmitteln, bei der die Verbesserung der Zusammenarbeit zwischen allen Akteursgruppen ein wichtiges Ziel war. Das noch geldschwerere Programm GABI[54] sollte dafür sorgen, „*die Kooperation zwischen Wirtschaft und Wissenschaft zu vertiefen und bereits bestehende Kontakte auszuweiten.*"

46 www.zeit.de/2006/28/wissenschaftsforum?page=2
47 www.biosicherheit.de/de/aktuell/566.doku.html
48 www.bmbf.science-live.de/
49 www.biolab-bw.de/fileadmin/downloadpool/panorama_truck_biolabinvert.html
50 www.biolab-bw.de/
51 www.bio.nrw.de/whoweare
52 www.de.wikipedia.org/wiki/Jürgen_Strube
53 www.infopartisan.net/trend/trd0209/t420209.html
54 www.fz-juelich.de/ptj/lw_resource/datapool/Nationale_Programme/System_Erde/Planeterde/PTJ_Broschuere_01.pdf
55 In seinem Buch „Unterwegs", erschienen 2009 (S. 226)

Linkes Bild: Science Live Mobil aufgebaut als Informationsstand.

Rechtes Bild: Zerstört am 4. Mai 2000 in Gießen (Foto: Bundesministerium des Innern)

Horst Rehberger über die InnoPlanta-Millionen[55]
Im Jahr 1999 hatte das Bundesministerium für Bildung und Forschung den InnoRegio Wettbewerb ausgeschrieben. Durch ihn sollte die Clusterbildung in den neuen Bundesländern vorangetrieben werden. Was lag näher, als im Raum Nordharz/Börde ein Konzept für die Weiterentwicklung der Biotechnologie zu entwickeln, mit dem man an diesem Wettbewerb teilnehmen konnte? Das geschah unter Federführung der Wirtschaftsförderungsgesellschaft Aschersleben (Evelyne Nettlau) und der BioRegion Halle-Leipzig GmbH (Dr. Uwe Schrader). Als Berater wirkte auch Rehberger bei der Erstellung des Konzeptes mit. Auf seinen Vorschlag hin wurde der InnoPlanta e.V. als Netzwerk zur Förderung der grünen Biotechnologie gebildet. In ihm haben sich Wissenschaftler, Saatzüchter, Pflanzenbiotechnologie-Unterneh-

men, kommunale Gebietskörperschaften und nicht zuletzt Landwirte zusammengeschlossen. Der InnoPlanta e.V. ging im Jahr 2000 als Sieger aus dem Wettbewerb hervor. Er realisierte mit der Prämie von rund 30 Millionen Euro 38 Einzelforschungsvorhaben. Daraus entstanden eine Vielzahl von Patenten und Lizenzen in den beteiligten mittelständischen Unternehmen sowie zahlreiche Arbeitsplätze.

Thomas Deichmann, „Im Osten geht die Sonne auf“[56]

„InnoPlanta“ vernetzt vor allem bereits existierende Kompetenzen der Region, die beispielsweise am weltweit renommierten Institut für Pflanzengenetik und Kulturpflanzenforschung (IPK) in Gatersleben, der Bundesanstalt für Züchtungsforschung (BAZ) mit einem Sitz in Quedlinburg, der Universität in Halle, der Hochschule Anhalt in Berburg und einer Reihe lokaler Saatzuchtunternehmen wie der ZKW Züchtungsgesellschaft mbH in Wanzleben und der Nordsaat Saatzucht GmbH in Böhnshausen angesiedelt sind.

Neben Gentechnikkonzernen wie Monsanto und Pioneer, die Saatgut und finanzielle Unterstützung beisteuerten, war auch der Initiatorenverein des AgroBiotechnikums, FINAB, beteiligt. Hinzu kamen weitere Firmen:[57] *„An Kommunikationsmaßnahmen bzw. hierfür notwendigen finanziellen Mitteln beteiligten sich darüber hinaus Bayer CropScience, BASF Plant Science, Syngenta und die Deutsche Industrievereinigung Biotechnologie (DIB).“*

Lieblingsfeind der Deutschen: Monsanto

MONSANTO imagine™

Kommen wir also zu den Großen der Branche – und fangen dort an, woran viele nur denken, wenn sie über die Agro-Gentechnik nachdenken. Denn es gibt ein Wort, das steht quasi für alles Böse der Agro-Gentechnik: Mon-san-tooooo! Die Firma ist der Lieblingsfeind vieler Gentec-KritikerInnen. Und fraglos: Monsanto ist eine Profit- und Monopolwalze, die über Leichen geht. Agent Orange, illegale PCB-Entsorgung, Knebelverträge und Blockwartschnüffelei gegen LandwirtInnen – alles das trägt immer auch das Label des durch den Zusammenkauf vieler kleiner Firmen bei gv-Saatgut zum Weltmarktführer aufgestiegenen Konzerns. Zum miesen Image trägt Monsanto über die Vermarktungsstrategien hinaus selbst bei. So beschwerte sich die Nordeuropachefin Ursula Lüttmer-Ouazane[58], über den Meinungsumschwung in der *„CSU, die stark hinter der grünen Gentechnik stand. Aber das hat sich zuletzt leider komplett gedreht.“* Den Chef Seehofer kritisierte die Monsanto-Funktionären, weil *„er schaut auf die Stimmung im Volk.“* Na sowas aber auch. Brillant stellt die Autorin Marie-Monique Robin in ihrem Buch[59] dar, wie der große Konzern Monsanto seine Macht aufgebaut und dann gnadenlos ausgenutzt hat. PCB, Agent Orange und Roundup Ready ziehen sich als Produktbezeichnungen durch die Geschichten rücksichtsloser Profitmache. Wer an mehr Informationen zum US-Konzern interessiert ist, sei auf dieses Werk verwiesen. Ein gleichnamiger Film lief bei arte TV.[60]

Abb.: In vielen Formen ist das Monsanto-Spritzmittel RoundUp erhältlich. RoundUP-Ready ist die Kombination mit entsprechend resistenten gv-Pflanzen.

Abb. unten: Legendärer Patentantrag der Firma Monsanto für eine Pflanze ohne Gentechnik – nötig, weil Gentechnik unberechenbar ist. Sagt Monsanto (Übersetzung auf S. 133). Quelle: www.projektwerkstatt.de/downloads/monsantopatent04053055.pdf

> produce a more desirable plant. Nonetheless, the frequency of success of enhancing the transgenic plant is low due to a number of factors including the low predictability of the effects of a specific gene on the plant's growth, development and environmental response, the low frequency of maize transformation, the lack of highly predictable control of the gene once introduced into the genome, and other undesirable effects of the transformation event and tissue culture process. Even with all these problems, transformation is still practiced with persistence and diligence to identify those transgenic plants with the expected, predetermined phenotype. Occasionally the unexpected phenotype is observed. See U.S. Patent 6, 395,966 which discloses

Monsanto über Monsanto, auf der deutschen Internetseite www.monsanto.de/Monsanto/uebermonsanto.php

Monsanto ist ein weltweit führender Anbieter technologiebasierter Lösungen und landwirtschaftlicher Produkte zur Steigerung der Produktivität in der Landwirtschaft und der Lebensmittelqualität. Monsantos Ziel ist es, die Landwirtschaft dabei zu unterstützen, ihre Produktivität zu steigern und gleichzeitig natürliche Ressourcen wie Wasser und Energie einzusparen. Weitere Informationen über das Unternehmen Monsanto finden Sie unter www.monsanto.com und www.monsanto.de. ...

Monsanto ist ein international tätiges Unternehmen für Agrarprodukte mit Firmensitz in St. Louis im US-Bundesstaat Missouri. Das Unternehmen ist einer der Weltmarktführer in der Entwicklung und Herstellung von umweltverträglichen Pflanzenschutzmitteln und mithilfe moderner Biotechnologie verbesserten Saatguts. Ziel von Monsanto ist es, unter gleichzeitiger Schonung natürlicher Ressourcen, die Erträge und die Qualität der Agrarprodukti-on deutlich zu verbessern. Von Monsanto entwickelte Produkte werden somit eine wichtige Rolle bei der Bewältigung von globalen Herausforderungen in Bereichen wie Ernährung, nachwachsende Rohstoffe, Energie, Gesundheit und Umwelt spielen. Monsantos Kernkompetenzen liegen dabei im Bereich der Kulturpflanzen Mais, Sojabohne, Raps und Baumwolle. ...

Im Jahr 1901 gegründet blickt Monsanto auf eine inzwischen über einhundertjährige Firmengeschichte zurück. In dieser Zeit hat sich das Unternehmen vom Chemiehersteller zum Spezialisten für Agrarprodukte entwickelt. Als selbständiger, börsennotierter Agrarkonzern beschäftigt Monsanto weltweit 17.000 Mitarbeiter in über 100 Ländern. Der Umsatz lag im Jahr 2005 bei 6,3 Milliarden US-Dollar. ...

In der Pflanzenzüchtung nutzt Monsanto konsequent und mit großem Erfolg biotechnologische Methoden, um zu nachhaltigen Lösungen für den weltweit wachsenden Bedarf in den Bereichen Landwirtschaft und Ernährung beizutragen. Entsprechendes Sortenmaterial, dem in einem ersten Schritt neue Eigenschaften wie Herbizidtoleranz und/oder Insektenschutz verliehen wurden, trägt zu erheblicher Produktivitätssteigerung bei gleichzeitig nachhaltiger Entlastung der Umwelt bei. Weitere Produkte stehen zur Zulassung an und eröffnen neue Möglichkeiten für die Landwirtschaft. Diese Pflanzen werden resistent gegen Schädlinge und Viren sein. In der Forschung bzw. Entwicklung stehen auch Pflanzen, die resistent gegen Dürre sind und über eine verbesserte Nährstoffzusammensetzung verfügen, die vielen Verbrauchern zugute kommt.

Firmenübernahmen (nach Wikipedia)[61]

1985 übernahm Monsanto den Süßstoffhersteller G. D. Searle & Company und schuf die Tochtergesellschaft NutraSweet. Das gesamte Süßstoffgeschäft wurde 2000 verkauft. Im Frühjahr 1997 wurde Calgene von Monsanto aufgekauft. Calgene war der Hersteller der Flavr-Savr-Tomate. Der Versuch, den Saatguthersteller Delta & Pine Land (D&PL) aus Mississippi für 1,8 Milliarden US-Dollar zu übernehmen, scheiterte im Jahr 1998. Am 25. Januar 2005 übernahm Monsanto den kalifornischen Produzenten von Obst- und Gemüsesaatgut Seminis für 1,4 Milliarden US-Dollar. Im Februar 2005 kündigte Monsanto die Übernahme von Emergent Genetics Inc., dem damals drittgrößten US-amerikanischen Saatguthersteller von Baumwolle mit den Marken Stoneville Pedigreed und NexGen, für 300 Millionen US-Dollar an, welche am 5. April abgeschlossen wurde. Am 15. August 2006 verkündete das Unternehmen die Unterzeichnung einer Vereinbarung zum Kauf von Delta & Pine Land (D&PL), diesmal für 1,5 Milliarden US-Dollar in bar. Im Juli 2009 übernahm Monsanto das auf gentechnisch veränderten Weizen spezialisierte Unternehmen WestBred für 45 Millionen US-Dollar.

Es gibt manches, was Monsanto von den deutschen Gentechnik-Multis unterscheidet. Eines ist das offensive Auftreten. Monsanto zeigt sein

56 NOVO Nr. 67, Nov. 2003: www.novo-magazin.de/67/novo6750.htm

57 www.innoplanta.de/fileadmin/user_upload/Pdf/Pdf_Berichte/Bilanzseminar_2007_InnoPlanta.pdf

58 Süddeutsche Zeitung, 10.6.2009: www.sueddeutsche.de/wirtschaft/51/471589/text/

59 Monsanto. Mit Gift und Genen (2009, DVA in München)

60 http://video.google.de/videoplay?docid=-7781121501979693623#

61 http://de.wikipedia.org/wiki/Monsanto

Label, während Bayer und BASF lieber ihre Pharma- oder Industrierohstoffsparten präsentieren und KWS Ökolandbaumagazinen mit Biosaatgut-Anzeigen unter die Arme greift. Das andere ist die bei diesem offenen Auftreten gezeigte Kaltschnäuzigkeit. Da wird auffällig oft Klartext geredet – etwas ungewohnt zumindest im deutschen Sprachraum, wo Vertuschung, Verharmlosung und Öko-Scheinheiligkeit den Kern der Konzernselbstdarstellung bilden. Philip Angell, Monsantos Firmensprecher:[62] *„Monsanto sollte nicht verpflichtet sein, die Sicherheit von Biotechniknahrung zu garantieren. Unser Interesse liegt darin, soviel wie möglich davon zu verkaufen. Die Gewährleistung der Sicherheit ist Sache der FDA."*

Aus „Die Bauern und die Detektive", in: FAZ am 13.6.2009
Monsanto verändert nicht nur die Gene des Saatguts. Es verändert das Erbgut der Landwirtschaft. Die Bauern fühlen sich von Knebelverträgen unterdrückt, mit denen Monsanto die Einhaltung von Patenten auf sein Saatgut sicherstellen will. Sie werfen dem Unternehmen vor, eherne Traditionen auszuhebeln, weil ihnen in den Verträgen verboten wird, geerntetes Saatgut für die nächste Saison aufzubewahren, so wie dies seit Urzeiten in der Landwirtschaft üblich ist. Und sie klagen darüber, dass der Agrokonzern zu ruppigen Methoden greift. ... Monsanto gibt auch zu, Detektive anzuheuern und Videokameras einzusetzen, um Felder von Landwirten zu überwachen und unerlaubten Einsatz von Saatgut zu dokumentieren.

Mehrfach wurde Monsanto die Fälschung von Unterlagen in Genehmigungsverfahren vorgeworfen. Berühmt wurde der jahrelange Justizkrieg des Konzerns gegen den Landwirt und Ex-Politiker Percy Schmeißer. Der versuchte beharrlich, die Geldforderungen des Konzerns loszuwerden. Zunächst waren die zuständigen Gerichte stets dem Konzern zu Diensten. Doch am Ende musste Monsanto klein beigeben, um Niederlagen zu vermeiden.[63] Der Konzern zahlte Percy Schmeißer Schadenersatz dafür, dass seine Felder verseucht wurden.

Eine Spezialität aller Gentechnikkonzerne, auch Monsantos, ist der Kungel mit Behörden und wissenschaftlichen Einrichtungen. Sharon Long, von 2002 bis 2007 Mitglied im Vorstand von Monsanto, unterstützte Barack Obama in seinem Kampagnenteam zur US-Präsidentenwahl. In Deutschland arbeitete vor allem der Gentechnik-Abteilungsleiter im BVL, Hans-Jörg Buhk, dem Unternehmen durch MON810-freundliche Mails zu. Wie eng der Draht zwischen Behörde und Konzern ist, zeigte sich bei der zwischenzeitlichen Wiederzulassung von MON810. Am 6.12.2007 verfasste[64] die Genehmigungsbehörde BVL die dazugehörige Bekanntmachung: *„Saatgut der gentechnisch veränderten Maissorte MON810 darf in Deutschland wieder zu kommerziellen Zwecken abgegeben werden. Dies entschied das Bundesamt für Verbraucherschutz und Lebensmittelsicherheit (BVL) heute in Berlin, nachdem die Firma Monsanto als Inhaber der Inverkehrbringensgenehmigung einen vollständigen Plan zur Beobachtung der Umweltauswirkungen des Genmais-Anbaus vorgelegt hat."* Die Veröffentlichung erfolgte am gleichen Tag – das *„heute"* in dem Text bezieht sich also auf den 6.12.2007. An diesem Tag wurde die Wiederzulassung dem Text folglich auch erst beschlossen. Seltsam, dass Monsanto alles schon vorher wusste und am 5.12.2007 in einer Pressemitteilung[65] das Ergebnis veröffentlichte: *„Das Bundesamt für Verbraucherschutz und Lebensmittelsicherheit (BVL) hat am 05.12.2007 die volle Vertriebsfähigkeit des gentechnisch veränderten (gv) Bt-Mais MON810 von Monsanto erteilt. Die Sicherheit des Produktes ist damit erneut bekräftigt."* Hellseher oder eher ein bemerkenswert guter Draht in eine Behörde, bei der die betroffene Firma schon einen Tag vorher weiß, was erst danach entschieden wird ...

Foto: Percy Schmeißer

Mit Recht und Gesetz nimmt es Monsanto offenbar nicht so genau. Trotz eines örtlichen Verbots verkaufte der Konzern seine gv-Baumwolle Bollgard und Bollgard II in Texas. Dafür musste er eine saftige Geldstrafe von 2,5 Millionen Dollar zahlen – die höchste Geldstrafe, die je es wegen eines Verstoßes gegen das Gesetz zur Anwendung von Pestiziden gegeben hat.[66]

„Fälschte" Monsanto Daten für Zulassungen?[67]
Bei einer öffentlichen Konsultation zu Bt-Auberginen sagte der ehemalige Geschäftsführer von Monsanto India Tiruvadi Jagadisan, dass Monsanto „falsche wissenschaftliche Daten" bei den Regulierungsbehörden der Regierung einreichte, um kommerzielle Zulassungen für seine Produkte in Indien zu bekommen.

Staatsanwaltschaft greift Monsanto wegen vermutlich falscher Werbeaussagen an[68]
„Wir sind besonders besorgt darüber, dass sich Farmer auf die Werbung von Monsanto verlassen haben, wonach Ertragssteigerungen von 7% bis 11% gegenüber den ursprünglichen Roundup-Ready-Sorten erzielt werden. Falsche Werbeaussagen verstoßen unabhängig davon, ob jemand getäuscht worden ist, als unfaire oder täuschende Handlungen in West Virginia gegen das Gesetz", erklärte Staatsanwalt Darrel McGraw in einem Schreiben an Monsanto.

Am Beispiel: Klaviatur von Greenwashing bis platten Lügens

Nicht dass Monsanto es nicht anders könnte. Wenn nötig, spielt der Konzern die sanfte Öko-Nummer. Dann entwickelt er plötzlich *„Produkte, die dem umweltpolitischen Ziel der nachhaltigen Entwicklung entsprechen"*. Und leistet so *„einen Beitrag zu einer umweltfreundlicheren Produktion von qualitativ hochwertigen Nahrungsmitteln und landwirtschaftlichen Rohstoffen"*.

Was das praktisch heißt, zeigten Rapsversuche Mitte der 90er Jahre. Damals begann Monsanto in Deutschland mit Freisetzungen. Alles sei sicher, verkündete der Konzern.[69] Auskreuzung sei zwar *„theoretisch möglich. Dies wurde aber bisher in der freien Natur nicht beobachtet."* Unglaublich! Wer jemals ein Glas Rapshonig in den Händen hatte, weiß, dass Bienen Nektar und Pollen forttragen. Raps hält sich als Samen in der Landschaft und kann sich mit etlichen Wildpflanzen kreuzen. Einige Jahre später hatte die Praxis dann die Lüge enttarnt, weil gv-Raps überall gefunden wurde. Monsanto begann ungeniert eine neue Propagandaschlacht:[70] *„Um während der Freilandversuche Auskreuzungen in anliegende herkömmliche Rapssorten zu vermeiden, wird um die Versuchsfläche ein sechs Meter breiter Mantel von herkömmlichem Raps angepflanzt. In dieser Zone werden Samen möglicher Auskreuzungen aufgefangen. ... Da der biotechnologisch veränderte Raps die gleiche Zusammensetzung an Inhaltsstoffen hat wie herkömmlicher Raps, gehen von eventuellen Kreuzungen jedoch keinerlei Gefährdung aus."*

62 Artikel „Playing God in the Garden" des New York Times Magazins vom 25. Oktober 1998

63 taz, 20.3.2008: www.taz.de/1/zukunft/umwelt/artikel/1/monsanto-zahlt-schadenersatz/

64 www.bvl.bund.de/cln__007/nn__495478/DE/08___PresseInfothek/01___InfosFuerPresse/01___PI___und___HGI/GVO/GenmaisMON___810___darfwieder.html___nnn=true

65 www.presseportal.de/pm/7848/1097504/monsanto__agrar__deutschland__gmbh

66 Aus Infodienst Gentechnik und Meldung auf TransGen am 10.7.2010

67 Aus GM-Watch: http://bit.ly/9GRkzM

68 Aus „Staatsanwalt zweifelt Vorzüge von Monsantos Sojabohnen an", auf topagrar am 5.7.2010: www.topagrar.com/index.php?option=com__content&task=view&id=19359&Itemid=519

69 Informationsblatt „Neue Wege gehen: Gentechnisch veränderter Winterraps ist ebenso sicher wie herkömmlich gezüchteter Raps" der Firma Monsanto, August 1997

70 Monsanto-Faltblatt „Raps"

Foto: Protestaktion gegen die BASF-Kartoffel Amflora vor der Aktionsversammlung des Konzerns 2010.

***Kreide fressen, aber nachhaltig*[71]**
Für Shapiro sind all dies Produkte, die dem umweltpolitischen Ziel der „nachhaltigen Entwicklung" entsprechen: Sie ermöglichen eine Steigerung der Produktion bei gleichzeitiger Entlastung der Umwelt. Skeptiker könnten sich oft nicht vorstellen, fährt Shapiro fort, daß ein gewinnorientiertes Unternehmen wie Monsanto diesem „altruistischen" Ziel diene. Doch könne ein Unternehmen langfristig eben nur dann Gewinne erzielen, wenn es Güter und Dienste anbiete, die für die Gesellschaft von Wert seien. ... Solch ein Unternehmen lasse sich nur führen, wenn die Mitarbeiter stolz auf ihr Unternehmen seien, sich um dessen Wohlergehen kümmerten, meint Shapiro. Bei Monsanto trage dazu bei, daß die Mitarbeiter davon überzeugt seien, einer wichtigen Aufgabe – eben der „nachhaltigen Entwicklung" – zu dienen.

Glossar in Monsanto-Schrift zu Roundup, Roundup Ultra (1997)
Handelsnamen von umweltverträglichen Herbiziden der Firma Monsanto mit dem Wirkstoff Glyphosat. Roundup und Roundup Ultra kontrollieren sicher ein breites Spektrum an Unkräutern und zeichnen sich durch ihre Anwenderfreundlichkeit aus.

Es gibt also viele Gründe für einen deutlich kritischen Blick auf den Konzern. Gefährlich ist die Anti-Monsanto-Welle aber dennoch. Denn erstens werden damit die deutschen bzw. europäischen Konzerne leicht übersehen. Und zweitens kann der Eindruck entstehen, es sei individuelles Fehlverhalten eines Konzerns, obwohl hier nur konsequent, bisweilen überdurchschnittlich rücksichtslos das umgesetzt wird, was kapitalistische Marktwirtschaft von UnternehmerInnen fordert: Ellbogen einsetzen, Mensch und Umwelt ausbeuten, Monopole bilden, Machtmittel aneignen, Profite anhäufen.[72] Monsanto ist nicht die Ursache des Problems, sondern nur ein besonders auffälliges Beispiel.

Leider ist es weit verbreitet, auf Monsanto zu schauen und nicht auf die ökonomischen Logiken, die hinter dem Konzern wirken. Als in Gießen 2006 ein Feld mit gv-Gerste[73] angelegt wurde, gab es von Parteien und Umweltverbänden keinen Protest, obwohl hier eine völlig neue Pflanze erstmals in Umlauf gebracht wurde. Als ein Jahr später aus den gleichen Universitätszirkeln ein MON810-Versuch[74] begann, meldete sich hingegen sehr deutlicher Protest. Unbekannte FeldbefreierInnen waren es dann, die sowohl Mais- wie auch Gerstenfeld vorzeitig beendeten. Als 2008 dann wieder nur noch das „deutsche" Gerstenfeld ausgesät werden sollte, aber Ende März besetzt[75] wurde, schwiegen die Umweltverbände, Kirchen und Parteien erneut, zeigten zusammenhanglos kritische Filme über Monsanto oder brachten ebensolche Flugblätter heraus. Obwohl der Konzern in Gießen gar keine Rolle spielte ...

Bei allem, was sich Schlechtes über Monsanto sagen lässt – die Fixierung auf diese Firma in Deutschland und Europa bewirkt, dass andere sich ungestörtert entwickeln können. „*Über Monsanto hat inzwischen jeder schon mal etwas gehört, meistens nichts Gutes. Aber wer kennt die KWS? Vorstandssprecher Philip von dem Bussche ist diese Windschattenposition sehr recht*", schrieb Michael Miersch in der Welt über diese Lage, die den deutschen Konzernen nützt. [76] Miersch kennt sich aus in den Seilschaften – 2010 erhielt er den Journalistenpreis von InnoPlanta.

Falsch ist auch die Annahme, Monsanto würde in den USA problemlos alle Interessen durchsetzen. Zwar sind die Behörden ähnlich verfilzt und reine Erfüllungsgehilfen der Agro-Gentechnik wie in Deutschland, aber es gibt sowohl Widerstand aus FarmerInnenkreisen wie auch juristische Niederlagen. So wurde 2010 die gentechnisch veränderte Rübe H7-1 (Joint Venture von Monsanto und KWS) von einem Gericht verboten.[77]

Deutsche Konzerne I: BASF Plant Science

BASF The Chemical Company

Wenn irgendwann einmal der Award für Deutschlands bestverflochtenes Unternehmen vergeben würde – BASF wäre eine heiße Anwärterin. Die Badische Anilin- und Sodafabrik, wie der weitgehend unbekannte, ausgeschriebene Firmenname lautet, hat ihre Fühler überall hin ausgestreckt, wo es um Geld und Macht geht. Ein prägnantes Beispiel ist der Einfluss auf den Medienkonzern Bertelsmann und die Folgen.

Nach der Familie Mohn kommt bei Bertelsmann an erster Stelle Jürgen Strube, bis 2009 Aufsichtsratschef von BASF, dem größten Chemieunternehmen der Welt (Umsatz: ca. 58 Mrd. Euro). Strube ist einer der mächtigsten deutschen Wirtschaftslobbyisten. Ab 1995 war er Vorsitzender des Transatlantic Business Dialogue (TBAD), ab 1998 ebensolcher im Mercosur-EU Business Forum (MEBF). 2003 wurde er für zwei Jahre Präsident der Europäischen Arbeitgebervereinigung UNICE. Neben Bertelsmann und BASF sitzt oder saß Strube in weiteren Aufsichtsräten: Allianz Deutschland AG, BMW AG, Hapag-Lloyd AG, Fuchs Petrolub AG. Bereits 1998 gründete er gemeinsam mit Reinhard Mohn und Hubertus Schmoldt (IG Bergbau, Chemie, Energie) die „*Initiative für Beschäftigung*". Von 1998 bis 2004 fungierte der Konzernchef als stellvertretender Vorsitzender des Vorstands des Stifterverbands für die Deutsche Wissenschaft, der Bertelsmann intensiv bei der Durchsetzung konzernkonformer Umstrukturierung im Hochschulwesen unterstützt. Ab 2000 wurde Strube von den Mohns in den Aufsichtsrat der Bertelsmann AG und das Kuratorium der Stiftung berufen. Wenn die Bertelsmann-Stiftung die Mächtigen der Welt an den Tisch holt, etwa auf dem „*International Bertelsmann Forum*" oder zum „*Salzburger Trilog*", dann ist Strube dabei. Er ist Kurator der Haniel-Stiftung und stellt damit eine Verbindung zu einer weiteren großen deutschen Eigentümerfamilie her, die u.a. Miteigentümerin des Handelsriesen Metro AG ist.[78]

In der Region Ludwigshafen und in der Rheinland-Pfälzischen Landespolitik ist BASF eine politische Großmacht. Die regionale Presse versucht da lieber gar nicht erst, unabhängig zu wirken. Das RheinNeckarWeb[79] ist ein Joint Venture der Rheinpfalz mit BASF.

Wie im Großen, so auch in der Gentechnik: BASF und Tochterfirmen (z.B. die auf dem IPK-Gelände in Gatersleben arbeitende SunGene) sind in vielen Lobbyverbänden mit dabei. Die SPD-Bundestagsabgeordnete Doris Barnett arbeitete früher bei BASF, vertritt heute den Wahlkreis Ludwigshafen und war an der Gründung des Lobby-Dachverbandes FGV beteiligt. Dr. Andreas Kreimeyer (BASF) sitzt im BioÖkonomieRat der Bun-

71 Aus dem Unternehmergespräch „Mit Gen-Pflanzen fördern wir die nachhaltige Entwicklung" mit Bob Shapiro, Monsanto-Chef, in: FAZ, 21.9.1997

72 Siehe z.B. Gregor Samsa, „Über die Notwendigkeit einer Wiederentdeckung", in analyse&kritik, 20.1.2006: www.akweb.de/ak_s/ak502/16.htm

73 www.projektwerkstatt.de/gen/unigen_lage.htm

74 www.projektwerkstatt.de/gen/unimais_lage.htm

75 www.projektwerkstatt.de/gen/2008.htm

Welt-Online, 18.8.2008

77 www.radio-utopie.de/2010/08/14/herbe-gen-zuckerruben-niederlage-fur-herbizid-gigantomanen-monsanto/

78 http://de.indymedia.org/2009/02/241781.shtml

79 www.rheinneckarweb.de/start.html

desregierung, der Leiter des BASF-Versuchszentrums in Limburgerhof, Jürgen Altbrod, gehört zum Beirat des staatlichen Forschungsinstituts JKI. In deren Arbeitsgruppe „*Anbaubegleitendes Monitoring gentechnisch veränderter Pflanzen im Agrarökosystem*“ ist die BASF vertreten, während der aktuell als vTI-Gentechnik-Versuchsleiter und in der europäischen Genehmigungsbehörde EFSA mitstimmende Christoph Tebbe früher für die BASF forschte. Wie andere Gentechnikfirmen ist BASF bei InnoPlanta und in der FNL dabei, unterstützte die Kampagne „*Plants for the future*“ und sponserte die Propagandaplattform TransGen.

Vernetzung entsteht zudem durch die starke Streuung der BASF-Genversuchsfelder. Nur wenige stehen am eigenen Agrarzentrum südlich von Limburgerhof, andere beim AgroBioTechnikum, wo BASF auch den Wachschutz bestellte, der BioTechFarm in Üplingen oder als Einzelversuchsflächen im Land verteilt. Direkte Verbindungen bestehen zu Universitäten. So hat der Gießener Professor Kogel seine gv-Pflanzenpatente zusammen mit BASF angemeldet.

Die politischen Positionen des Konzerns gleichen denen anderer Firmen. Das im Februar 2009 veröffentlichte „*Positionspapier zur Grünen Gentechnik*“[80] enthält alle geläufigen Allgemeinplätze, die sich ohne Probleme widerlegen lassen. Vorstandschef Hambrecht zeigte 2010 soziale Kaltschnäuzigkeit bei einer Polemik gegen den Sozialstaat:[81] „*Irgendwann müssen wir deshalb auch alle gemeinsam aufstehen und sagen, dass wir das nicht mehr wollen.*“

Jürgen Strube (laut Wikipedia[82] und gilthserano[83])

1985-2003: Vorstandsmitglied bei BASF,
dabei ab 1990: Vorstandsvorsitzender BASF
2003-2009: Aufsichtsratsvorsitzender BASF

Neben seiner Tätigkeit für BASF war Strube auch Aufsichtsratsvorsitzender bei Fuchs Petrolub und in den Aufsichtsräten weiterer Großunternehmen vertreten:

- *seit 1990: Allianz Lebensversicherungs-AG*
- *seit 1998: Commerzbank AG*
- *seit 1998: Hapag-Lloyd AG*
- *seit 2000: Linde AG*
- *seit 2000: Bertelsmann AG*
- *seit 05/01: Bayerische Motorenwerke Aktiengesellschaft, München*

Weitere Tätigkeiten:

- *seit 1990: Präsidiumsmitglied des Verbandes der Chemischen Industrie e.V. (VCI), Präsident von 1996 bis 1997*
- *1992 – 1998: Gründungsvorsitzender der Zukunftsinitiative Rheinland-Pfalz (ZIRP)*
- *2003 – 2005: Präsident der UNICE*

BASF über BASF

BASF Plant Science – ein Unternehmen der BASF Gruppe – ist einer der weltweit führenden Anbieter von Pflanzenbiotechnologie-Lösungen für die Landwirtschaft. Mehr als 700 Mitarbeiter unterstützen Landwirte dabei, die wachsende Nachfrage nach verbesserter landwirtschaftlicher Produktivität sowie gesünderer Ernährung für Mensch und Tier zu decken. Mit einer richtungsweisenden Plattform zur Entdeckung von Genen hat sich BASF Plant Science auf die Entwicklung von Pflanzenmerkmalen spezialisiert, die den Ertrag und die Qualität von Kulturpflanzen wie Mais, Soja und Reis erhöhen. Die Produktvermarktung erfolgt in Zusammenarbeit mit führenden Partnern aus der Saatgutindustrie. Zu den aktuellen Projekten gehören ertragreichere Feldkulturen, Futtermais mit verbesserten Nährstoffen und Ölpflanzen mit einem erhöhten Gehalt an Omega-3-Fettsäuren zur Vorbeugung von Herzkreislaufkrankheiten. Weitere Informationen über BASF Plant Science finden Sie auf www.basf.de/plantscience.

Aus dem „Positionspapier zur Grünen Gentechnik“[84]

Die Grüne Gentechnik ist eine moderne und zukunftsweisende Weiterentwicklung der klassischen Pflanzenzüchtung ... Die Grüne Gentechnik wird seit mehr als einem Jahrzehnt erfolgreich und in stetig wachsendem Maße genutzt ... Moderne Pflanzenbiotechnologien sichern und schaffen Arbeitsplätze ... Landwirte in Deutschland und Europa können von biotechnologischen Innovationen profitieren ... Die Grüne Gentechnik ist eine sichere Technologie ... Die Grüne Gentechnik leistet ihren Beitrag zu einer nachhaltigen Rohstoffproduktion ... Die Umwelt kann von der Pflanzenbiotechnologie profitieren ... Die Wahlfreiheit für alle Verbraucher ist ein hohes Gut ...

Wie die beiden anderen deutschen Global Player der Agro-Gentechnik ist BASF an Marktanteilen und Ausbau der Einnahmemöglichkeiten interessiert. Dabei sind kurzfristige Renditeprojekte ebenso gern gesehen wie ein Ausbau der eigenen Macht durch Patente, Informationsmonopole und – im Agrarbusiness wichtig – Land. In Indien unterstützt BASF größere LandwirtInnen mit Krediten, damit diese kleinere Betriebe aufkaufen können. So schafft BASF die Agrarstruktur, die für hohe Profite und exportorientierte Produktion von Gütern passend ist – und hat dann selbst den Daumen drauf dank Abhängigkeiten per Kreditvergabe.[85]

Ein merkwürdiges Verhältnis pflegt die BASF zum großen Konkurrenten aus den USA. Das kritische Werk „*Monsanto: Mit Gift und Genen*“ wurde von einem Verlag herausgegeben und beworben, in dem der wichtigste Konkurrent BASF hohen Einfluss hat: Dem Random-House[86] (=Bertelsmann). Andererseits arbeiten BASF und Monsanto schon seit einigen Jahren eng zusammen und betreiben mehrere Versuchsprojekte[87] zur Gentechnik in Deutschland: „*Nach Angaben des Chemiekonzerns betrifft die Vereinbarung die weltweit wichtigsten Nutzpflanzen: Mais, Soja, Baumwolle und Raps. ... Die ersten gentechnisch veränderten Produkte aus der gemeinsamen Entwicklung sollen in der ersten Hälfte des nächsten Jahrzehnts auf dem Markt eingeführt werden.*“[88] Am 7.7.2010 gaben beide „*bekannt, dass sie die gemeinsame Entwicklung ertragreicherer und stresstoleranter Nutzpflanzen um Weizen als weitere Pflanze ausdehnen.*“ Letztlich aber zeigt das nur, wie Funktionseliten in einer modernen Herrschaft agieren: Zusammen sichern sie ihre Pfründe, um die sie dann hochkonkurrent kämpfen. Insofern sind die Global Player der Branche immer Partner und Konkurrenten zur selben Zeit. Hinsichtlich der Geschäftsfelder haben Monsanto und BASF nur teilweise Überschneidungen. Der Schwerpunkt von BASF liegt sehr stark in der Produktion von

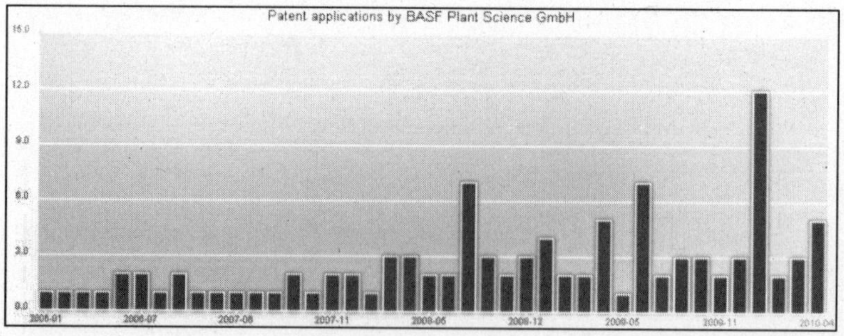

Übersicht über BASF-Patentanmeldungen seit 2006, abgebildet auf der Seite zur Gießener Gengersten-Patentanmeldung 2009: www.faqs.org/patents/app/20090165173

Weitere Informationen

- Transgen
- bioSicherheit
- InnoPlanta e.V.
- WGG
- Schaugarten Üplingen
- BVL
- BfR
- EFSA
- EU-Kommission
- InterNutrition
- Fördergemeinschaft Nachhaltige Landwirtschaft e.V.

Oben: Linkliste auf der BASF-Seite www.amflora.de – verfilzte PR-Agenturen, Lobbyverbände und Behörden auf einen Blick.

Unten: Ausschnitt der Süddeutschen Zeitung, 3.7.2010

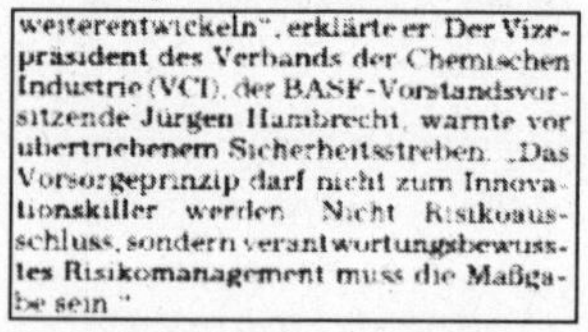
weiterentwickeln“, erklärte er. Der Vizepräsident des Verbands der Chemischen Industrie (VCI), der BASF-Vorstandsvorsitzende Jürgen Hambrecht, warnte vor übertriebenem Sicherheitsstreben. „Das Vorsorgeprinzip darf nicht zum Innovationskiller werden. Nicht Risikoausschluss, sondern verantwortungsbewusstes Risikomanagement muss die Maßgabe sein.“

80 www.basf.com/group/corporate/de/function/conversions:/publish/content/products-and-industries/biotechnology/plant-biotechnology/images/BPS__PositionPaper__Feb__2009__DE.pdf

81 Südwestpresse am 21.6.2010

82 http://de.wikipedia.org/wiki/J%C3%BCrgen__Strube

83 www.gilthserano.de/bibliothek/biografien/--S--/Strube-Juergen/

84 siehe Fußnote 80

85 Quelle: „Für die indischen Sojabauern hat der Gott BASF“, in: FAZ, 24.9.2010 (S. 15)

86 www.randomhouse.de/webarticle/webarticle.jsp?aid=14432&mid=2498

87 www.netzeitung.de/wirtschaft/unternehmen/591570.html

88 Presseinfo BASF: www.basf.com/group/corporate/de/function/conversions:/publish/content/products-and-industries/biotechnology/images/PI__BASF__MONSANTO__German.pdf

Foto: Gebäudekomplex auf dem BASF-Agrarzentrum südlich von Limburgerhof (Ortsrand rechts oben).

gv-Pflanzen für industrielle Anwendungen, während Monsanto bei Futter- und Lebensmittel zu punkten versucht. Der Klassiker von BASF ist entsprechend auch die Industriestärkekartoffel Amflora. Hunderte von Kartoffelsorten mit verschiedensten Manipulationen testet BASF jedes Jahr in Rahmen von Freisetzungsversuchen in freier Landschaft.

Ganz üblich ist, das sei einfach mal am Beispiel BASF erläutert, dass die BefürworterInnen der Agro-Gentechnik auch die Atomenergie lieben. Nicht alle gehen dabei so krass ab wie die in Gentechnikkreisen gefeierten InnoPlanta-Preisträger Deichmann und Miersch, aber die Stringenz dieses Zusammenhangs ist schon bemerkenswert. „*Wenn wir wie geplant von 2022 an kein Kernkraftwerk mehr in Betrieb haben, hat diese Republik ein Problem. Dann ist die Wettbewerbsfähigkeit der deutschen Industrie nicht mehr gewährleistet*", haute Vorstandschef Hambrecht am 16.8.2010 in einem Interview mit der SZ[89] raus. Dass nach seiner Auffassung die Ablehnung der Agro-Gentechnik „*mit wissenschaftlichen Fakten nicht in Einklang zu bringen ist*", überrascht ebenso wenig wie die ständige Diffamierung von GentechnikkritikerInnen als dumm: „*Bei aufgeklärten Menschen kann ich die Vorbehalte gegen die Gentechnologie nicht verstehen.*" Trotz dieser Eindeutigkeiten vernebeln die profitgierigen, Mensch und Umwelt ausbeutenden Konzernen ihre Absichten mit schönen Worten, Preisverleihungen und allen anderen Mitteln des ‚Greenwashings'. BASF erhielt 2008 den deutschen Nachhaltigkeitspreis.[90]

Deutsche Konzerne II: Bayer CropScience

Der zweite deutsche Global Player ist Bayer CropScience – die Saatgut-Konzernsparte des Leverkusener Chemiemultis. Die Sparte selbst hat schon eine illustre Vergangenheit. Der Produktionsbereich wurde immer wieder ge- und verkauft – von einem großen Unternehmen zum anderen. In der Hand eines der Vor-Vor-Besitzer war CropScience schon früh mit Feldern in Deutschland aktiv. Damals hieß das Ganze noch AgrEvo, gehörte Schering und Hoechst. Später, als der Gentechnikbereich zu Aventis gehörte und dort CropScience hieß, produzierte er eine der größten Pannen bisheriger Agro-Gentechnik – den StarLink-Mais. Der tauchte, obwohl nur als Futtermittel zugelassen, nun in Backwaren auf. Die Rückrufaktion war teuer – Zeit für einen Verkauf der Sparte: An Bayer.

Foto: Der berühmte Turm des besetzten Feldes in Melbach (AgrEvo-Versuchsfeld).

AgrEvo – einer der ersten in Deutschland

Schon kurz nach dem ersten Versuch mit Petunien entstanden Versuchsfelder von Monsanto, KWS und einer Firma namens AgrEvo. Das war ein Joint Venture von Hoechst und Schering – beides Firmen, die längst verschwunden sind, geschluckt von Größeren. AgrEvo trat damals mit ähnlich schönen Versprechungen wie ihre heutigen Nachfolger auf. Der Genuss genmanipulierter Lebensmittel sei „*völlig unbedenklich*", wusste AgrEvo-Sprecher Waitz schon 1996. Er war gegen eine Kennzeichnung und behauptete, DNA bleibe „*in der eigenen Pflanzenart*". Der Einzug der Agro-Gentechnik sei ohnehin nicht mehr aufzuhalten. AgrEvo säte gentechnisch veränderten Mais auf einem stark umkämpften Acker des damals gentechnikbefürwortenden Landwirts Gottfried Glöckner in Melbach[91] (Wetterau). Die Türme der BesetzerInnen waren in den 90er Jahren ein wichtiges Symbol des Protestes gegen die macht- und profitbringende Technik.

Aus einem Interview mit Dr. Gerhard Waitz von der Firma AgrEvo[92]

Frage: Ist der Genuß genmanipulierter Lebensmittel gesundheitlich unbedenklich?
Völlig unbedenklich, denn außer den sowieso für Lebensmittel geltenden Vorschriften sind für gentechnisch veränderte Produkte zusätzliche Prüfverfahren festgeschrieben.
Sollen gentechnisch veränderte Lebensmittel gekennzeichnet werden?
Nicht grundsätzlich, sondern nur dann, wenn sich ihre Zusammensetzung deutlich von den traditionellen Lebensmitteln unterscheidet, wie etwa bei der haltbaren Tomate.
Besteht die Gefahr, daß sich genmanipuliertes Erbmaterial unkontrolliert ausbreitet?
Genmaterial kann sich immer ausbreiten, es bleibt aber in der eigenen Pflanzenart. Die Risiken sind bei gentechnisch veränderten Pflanzen nicht höher als bei herkömmlich gezüchteten Arten.
Ist der Einzug der Gentechnologie in der Landwirtschaft noch aufzuhalten?
Nein. In den USA werden schon jetzt auf über zwei Millionen Hektar gentechnisch veränderte Pflanzen angebaut. Voraussichtlich 1998 wird auch in Deutschland genveränderter Mais als Nutzpflanze ausgesät.

1999 fusionierte Hoechst mit Rhône-Poulenc zu Aventis. Das neue Unternehmen führte beide Agro-Sparten zum neuen Unternehmenteil Aventis CropScience zusammen und siedelte den Unternehmenssitz in Lyon an. Der Standort Berlin wurde geschlossen. Aventis stellte auch Herbizide, Insektizide und Fungizide her. Die transgene Maissorte StarLink stammte aus seinen Laboren und kam dem Konzern teuer zu stehen. Aventis musste hohe Schadenersatzsummen für die unzulässige Einmischung dieses gv-Maises in andere Maissorten zahlen. In der Folge verkauften Aventis und Schering, die noch mit 24 Prozent an der Aventis CropScience beteiligt waren, 2002 ihr gemeinsames Unternehmen an Bayer. Aventis kehrte damit dem Life-Science-Konzept den Rücken und konzentrierte sich auf die Pharmaaktivitäten. Die verkaufte Sparte wurde als Bayer CropScience in den deutschen Chemiemulti eingegliedert. Die Produktionsanlagen der ehemaligen AgrEvo im Industriepark Höchst sowie im Chemiepark Knapsack bestehen aber weiterhin.[93]

Bayer steht mit der Coordination gegen Bayer-Gefahren (CBG) eine Protestorganisation gegenüber, die seit vielen Jahren Aktionen organisiert und die Praxis industrieller Produktion und ellbogenförmiger Durchsetzung dokumentiert. Deren Berichte ermöglichten einen guten Einblick auch in das Geschehen zur Agro-Gentechnik und dokumentierten bisher verzweifelte Bemühungen, sich ausbreitenden gv-Raps zu bekämpfen, eine versehentliche Ausbringung verunreinigter Saat „*auf 15 Feldern mit konventionellem Raps*", gebrochene Versprechungen und immer neuen Firmenübernahmen oder Joint Ventures.

89 www.sueddeutsche.de/wirtschaft/basf-juergen-hambrecht-es-entstehen-doch-keine-monsterpflanzen-1.988512
90 www.deutscher-nachhaltigkeitspreis.de/
91 www.projektwerkstatt.de/gen/melbach.htm
92 Stern Nr. 37/1996 (S. 164)
93 http://de.wikipedia.org/wiki/Agrevo

Aus dem „Ticker" der Coordination gegen Bayer-Gefahren[94]
Im Jahre 1995 hatte die seit 2002 zu BAYER gehörende Firma PLANT GENETIC SYSTEMS in einem Freilandversuch Gentech-Rapspflanzen getestet, die gegen das Herbizid LIBERTY mit dem Wirkstoff Glufosinat oder andere Substanzen resistent sind. Nach Beendigung des Testlaufs besprühten die ForscherInnen das Feld mit Gift, pflügten es jedes Jahr um, pflanzten Weizen oder Gerste an und kappten rigoros jeden Halm, der sich wieder zeigen wollte. Aber es nützte alles nichts. WissenschaftlerInnen der schwedischen Lund-Universität und der TU Dänemark fanden 2005 noch 38 Rapspflanzen, davon 15 Glufosinat-resistente, die aller Unbill getrotzt hatten. Nach Meinung von Tina D'Hertefeldt, einer der Autorinnen der 2008 in der Zeitschrift biology letters veröffentlichten Studie, sind die Laborfrüchte unkaputtbar: Sie machen sich bis zum Ende aller Tage nicht mehr vom Acker. ... Bei BAYERs Freilandversuchen in Belgien hat sich ein „Betriebsunfall" ereignet. Auf 15 Feldern mit konventionellem Raps hat der Agroriese eine in Europa nicht zugelassene gentechnisch veränderte Sorte mit ausgesät. Fünf Prozent des Rapses ist verunreinigt. Als Ursache führt der Multi „menschliches Versagen" an. (2/2008, S. 10)
Im Jahr 2004 hatte BAYER noch das Versprechen abgegeben, keine Testes mit gentechnisch veränderten Pflanzen in Indien durchzuführen. Dieses hat der Leverkusener Multi jetzt gebrochen. (4/2008, S. 10)
BAYER&Co. wollen laxere Grenzwerte ... Biotech-Produkte sorgen bei BAYER CROPSCIENCES bisher für zehn Prozent des Umsatzes. Die Landwirtschaftssparte des Leverkusener Multis will den Anteil jedoch erhöhen und investiert 750 Millionen Euro in entsprechende Forschungsvorhaben. (1/2009, S. 10)
Pestizide von BAYER und anderen Herstellern stellen eine Landplage für Bienen dar und sorgen regelmäßig für Sterbewellen. Da gilt es, sich des Wohlverhaltens der BienenzüchterInnen-Vebände zu versichern. In England tut BAYER das durch regelmäßige Spenden. So erhält die „British Bee Keepers Association" jährlich 17.000 Pfund und zeichnet die Ackergifte des Konzerns dafür im Gegenzug mit ihren Gütesiegeln aus. (2-3/2010, S. 8)
... Entgegen den Behauptungen von BAYER & Co. senkt die grüne Gentechnik den Pestizid-Verbrauch nicht. Das ergab eine Studie von Carles Benbrook, einem ehemaligen Mitarbeiter des US-amerikanischen Landwirtschaftsministeriums. ... Der Agrosprit-Boom nimmt immer mehr Ackerflächen in Anspruch und verdrängt so die Kulturpflanzen von den Feldern. BAYER profitiert seit längerem von der Situation. So bietet der Agro-Riese den Biosprit-Baronen mit dem Gentech-Raps INVIGOR maßgeschneiderte, besonders viel Öl produzierende Pflanzen an. (2-3/2010, S. 10)

Greenwashing überlässt Bayer nicht den Konkurrenten, sondern spielt eifrig auch selbst auf der Klaviatur der Verschleierung und irreführenden Werbung.

Aus Hartmann, Kathrin (2009): „Ende der Märchenstunde" (S. 178)
„Unsere technische und wirtschaftliche Kompetenz ist für uns mit der Verantwortung verbunden, zum Nutzen der Menschen zu arbeiten, uns sozial zu engagieren und einen nachhaltigen Beitrag für eine dauerhafte und umweltgerechte Entwicklung zu leisten. Denn Ökonomie, Ökologie und soziales Engagement sind für uns gleichrangige Ziele innerhalb unserer Unternehmenspolitik." Das steht unter dem Stichwort „Verantwortung" auf der Bayer-Seite. Das Versprechen ist keinen Tropfen der Internettinte wert, mit der es auf die Homepage von Bayer geschrieben ist. Denn die Liste der Vorwürfe gegen den Weltkonzern (Import von Rohstoffen aus Kriegsgebieten, Mitschuld an Kriegsverbrechen, Finanzierung von Medikamentenversuchen, Handel mit HIV-verseuchten Blutkonserven, Vertrieb gefährlicher Pflanzengifte, Ausbeutung von Arbeitern und Kinderarbeit bei Rohstofflieferanten, Umweltvergehen und Medikamentenskandale mit Todesfolge, Verstöße gegen das Kartellrecht, illegaler Anbau genmanipulierter Pflanzen und so weiter und so weiter) ist so lang, dass sie Bücher füllen könnte. ... Bayer rühmte sich 2006 dafür, in den vergangenen fünfzehn Jahren seine CO_2-Emissionen freiwillig um 70 Prozent verringert zu haben. Die Coordination gegen Bayer-Gefahren fand jedoch heraus, dass diese große Zahl nur buchhalterischen Tricks geschuldet sei: Hatte Bayer im Jahr 1992 noch 83 Prozent des Energiebedarfs selbst erzeugt, so habe das Unternehmen in der Folge die Energiegewinnung auf externe Lieferanten ausgelagert. Im Unternehmensbericht habe Bayer diese einfach unterschlagen.
2007 stellte Bayer sein „Bayer Climate Program" vor – darin war dann nur noch von 36 Prozent Einsparung in fünfzehn Jahren die Rede. Derzeit plant Bayer zusammen mit dem Energieversorger Trianel ein überdimensioniertes Kohlekraftwerk für das Werk in Krefeld, das Jährlich 4,4 Millionen Tonnen CO_2 in die Atmosphäre blasen würde. In der CSR-Abtellung hingegen brüstet sich das Unternehmen, das 32,4 Milliarden Euro jährlich umsetzt, damit, bis 2010 eine Milliarde Euro in Klimaschutzprojekte investieren zu wollen, und macht sich angeblich für den weltweiten Zugang zu Medikamenten und für den Erhalt der Bio-Diversität stark. Das Klimaprogramm des Konzerns wurde im Juni 2009 mit dem European Risk Management Award in der Kategorie Best Environmental Initiative ausgezeichnet.
Und in Indien hat Bayer unter dem Motto „Hilfe für die Schwächsten" gleich mehrere Wohltätigkeitsprojekte laufen ... Nachweislich bis 2006 aber hatte die Bayer-Tochter Proagro geschätzt 500 Kinder auf ihren Baumwollfeldern in Indien arbeiten lassen.

94 Beilage zur Stichwort Bayer, Zeitschrift der CBG

95 www.greenpeace.de/themen/gentechnik/gefahren__risiken/artikel/der__starlink__skandal/

Dabei war die Firmenlinie von AgrEvo über Aventis bis zu Bayer CropScience gespickt von Pannen. Der StarLink-Mais wurde zum ersten berühmten Fall dieser Serie. Schlamperei und Geheimniskrämerei führten zu einer erheblichen Verunreinigung in Lebensmitteln und beim Saatgut. Der Schaden war hoch, Aventis musste die gv-Saatgutsparte abstoßen.

Aus der Chronologie des StarLink-Skandals[95]
8. August 1997: Die amerikanische Firma PGS (Plant Genetic Systems) beantragt die Registrierung des StarLink-Maises bei der EPA (amerikanische Umweltschutzbehörde).
10. April 1998: Die EPA erteilt eine vorrübergehende Genehmigung für StarLink (die inzwischen im Besitz von Aventis ist). Die Genehmigung ist ausschließlich auf die Verwendung von StarLink als Tierfutter oder für industrielle Zwecke (z.B. für die Herstellung von Alkohol) beschränkt.
17. August 1998: Die EPA gewährt PGS die Zulassung von StarLink – aber nur als Unkrautvernichtungsmittel (!), wobei die kommerzielle Nutzung des Maises ausschließlich für Tierfutter gestattet ist. Mit der Registrierung verpflichtet sich Aventis, sicherzustellen, dass bei der Produktion kein StarLink in die menschliche Nahrungskette gelangt. ...
18. September 2000: Ein Zusammenschluss von Gesundheits-, Verbraucher- und Umweltverbänden (=Genetically Engineered Food Alert) verkündet, dass in den Kraft-Tacohüllen, die unter der Marke „Taco Bell" im Handel vertrieben werden, StarLink gefunden wurde.
27. September 2000: Aventis erklärt, dass sie den Verkauf von StarLink-Saatgut einstellen werde. Zwei Tage später verkündet das amerikanische Landwirtschaftsdezernat (USDA), dass die StarLink-Bestände der Bauern zurückgekauft werden. Die Entschädigung werde von Aventis übernommen.
2. Oktober 2000: Eine Woche, nachdem Kraft freiwillig sein Produkt „Taco Bell" zurückruft, ordnet die zuständige Behörde für Nahrungs- und Arzneimittel (FDA) einen Rückruf der Stufe „II" der Taco-Hüllen an.

11. Oktober 2000: GE Food Alert verkündet, dass auch die Tacohüllen der Safeway-Supermärkte StarLink enthalten. ...
21. Oktober 2000: Kellogg's bestätigt Presseberichte, nach denen sie gezwungen wurden, die Produktion in ihrer Anlage in Memphis wegen des Verdachts von Kontamination durch StarLink einzustellen. ...
28. Oktober 2000: Landwirtschaftsexperten aus Iowa schätzen, dass allein in ihrem Bundesstaat mindestens 25 Millionen Tonnen Mais, nahezu die Hälfte der Gesamternte 2000, StarLink enthalten. Aventis hatte bei der Rückkaufaktion nur mit insgesamt ca. 600 Millionen Tonnen gerechnet.
30. Oktober 2000: Die EPA verkündet, dass sich 14 Personen nach dem Verzehr von Produkten, die StarLink enthalten hatten, bei den Bundesbehörden über negative Reaktionen beschwert haben.
31. Oktober 2000: Aventis gibt zu, dass bereits experimenteller Anbau von StarLink-Mais in anderen Ländern durchgeführt wurde, weigert sich aber, genauere Angaben zu machen, wo.
1. März 2001: Die USDA macht öffentlich, dass StarLink in ‚Nicht-StarLink' Saatgut gefunden wurde, das für den Verkauf im Jahr 2001 bestimmt war.
21. März 2001: Aventis erklärt, dass StarLink nie wieder gänzlich aus der Nahrung verschwinden wird.
09. Juni 2001: Aventis kündigt an, dass sie Aventis CropScience verkaufen wollen.
30. Oktober 2001: Die Firma Bayer verkündet, dass sie Aventis CropScience kaufen werden. Die StarLink-Technologie und jegliche Haftung im Zusammenhang mit StarLink verbleiben bei Aventis.
10. Juni 2001: Die bolivianische Bürgerorganisation „Forum für Umwelt und Entwicklung" (FOBOMADE) veröffentlicht, dass StarLink-Mais in Lebensmittelhilfen der USA (USAID) nachgewiesen wurde.

2006 erwischte es die GentechnikerInnen aber erneut: Der Bayer-Reis LL601 gelangte weltweit in alle Ladenregale (siehe Kapitel zur Koexistenz) – die finanzielle Schadensabwicklung steht noch bevor. Hinsichtlich der Konsequenzen für die Auskreuzungs- und Koexistenzdebatte warf der Ablauf noch dramatischere Fragen auf. Denn Reis ist ein Selbstbestäuber, also eine Pflanze mit geringer Ausbreitungstendenz. Er wurde nur auf Versuchsfeldern angebaut, gelangte aber von dort weltweit in Ladenregale.

Ein Sonderfall ist Bayer, weil der Konzern in Deutschland keine Versuchsfelder betreibt (jedenfalls keine offiziellen).[96] Offenbar fürchtet Bayer die öffentliche Kritik und ist deshalb lieber z.B. in Nordamerika aktiv. Dort könnte die Firma Nutznießer von Monsantos Problemen mit „*Superunkräutern*" werden, die gegen Glyphosat resistent werden und dann in den bislang totgespritzen Roundup-Ready-Äckern heranwachsen. Bayer stellt mit Liberty Link ein fast identisches Produktsystem her und will Monsanto nun die Marktanteile in den USA abjagen.[97] Nachdenken darüber, ob vielleicht ein Fehler im System vorliegt, fällt wieder einmal aus. Die Konzerne verdienen wechselweise am selbstproduzierten Desaster!

Kritik mag der Konzern jedoch nicht. Zur 100-Jahrfeier des Hildener Helmholtz-Gymnasiums sollte eine Festschrift erscheinen. Der Schulleiter entschied jedoch, drei kritische Texte des langjährigen Leiters der vielfach ausgezeichneten Chemie AG wieder zu streichen. In den nicht gedruckten Beiträgen geht es u.a. um die Aushorchung der Schule durch den Werkschutz der Bayer AG und um die unrühmliche Rolle der Stadt Hilden bei der Asbestsanierung der Schule.[98]

96 www.transkript.de/wirtschaft/wirtschaftsartikel/?tx_ttnews%5BbackPid%5D=12097&tx_ttnews%5Btt_news%5D=9811&cHash=12b38ab398

97 Inkota, 11.2.2010: http://ueber-monsanto.wordpress.com/2010/02/11/round-up-resistenzen-bayer-wittert-geschaft/

98 Quelle: Mail der Coordination gegen Bayer-Gefahren am 10.9.2010

Bayer in den Seilschaften

Natürlich ist auch Bayer in den deutschen Gentechnik-Seilschaften gut vertreten – wenn auch nicht ganz so intensiv wie die Konkurrenten KWS, Monsanto und BASF. Doch bei InnoPlanta, FNL, JKI und vielen anderen ist Bayer dabei. Umgekehrt ist Ernst-Ludwig Winnacker, Ex-Präsident der Deutschen Forschungsgemeinschaft und der entsprechenden Europäischen Organisation, Mitglied im Aufsichtsrat von Bayer.

Deutsche Konzerne III: KWS Saat AG

Die Geschichte der Firma begann 1856 in Kleinwanzleben. KWS stand ursprünglich für „*Kleinwanzlebener Saatzucht AG*". Im Jahr 1984 gründete der Konzern die Tochterfirma „*PLANTA Angewandte Pflanzengenetik und Biotechnologie GmbH*", die sich fortan um die Gentechnik in Deutschland kümmert. Die KWS bastelt selbst an neuen Gentechnik-Konstrukten, vermarktet aber auch Pflanzen mit Gentechnik-Konstrukten von Monsanto. Sie führte schon 1993 – als einer der Ersten in Deutschland – Freilandversuche mit gv-Pflanzen durch, nämlich 1993 mit einer manipulierten Zuckerrübe. Etwas finanziell Verwertbares für die KWS entstand aus ihr nie. Die Forschungen verliefen erfolglos im Sande. Die KWS sagte, es hätte kein „*Marktinteresse*" gegeben – ein durchaus interessantes Eingeständnis, dass kaum jemand die Agro-Gentechnik will!

Die KWS versucht, sich nach außen als ein relativ kleines Familienunternehmen darzustellen. In Wirklichkeit ist sie jedoch längst zu einem der größten und mächtigsten Saatgutkonzerne der Welt aufgestiegen, u.a. im Bereich der Gentechnik. So ist die Firma bei der Zuckerrübe Weltmarktführer. Sie zählt fast 3000 Mitarbeiter weltweit und ist typischer „Global Player". In 70 Ländern unterhält die KWS unzählige Tochterfirmen und Beteiligungs-Gesellschaften. Im Jahr 2007/2008 erzielten diese zusammen einen Umsatz von knapp 600 Millionen Euro. Gentechnisch veränderte Sorten tragen dazu 22% bei. Diese Produkte werden überwiegend in Nordamerika vertrieben. Die KWS ist ein unterschätzter, oft nur regional beachteter, multinationaler Gentechnikkonzern.

Gv-Pflanzen der KWS

Die genmanipulierte Zuckerrübe H7-1, die 2010 auf einem Versuchsfeld in Wetze ausgesät wurde, ist mit einer Resistenz gegen das Unkrautvernichtungsmittel RoundUp (Hersteller Monsanto) ausgestattet. Sie wird daher auch herbizidresistent oder ‚HR-Zuckerrübe' genannt. Damit soll es möglich werden, auch während der Vegetationsperiode in den Zuckerrübenbestand hinein mit dem Totalherbizid RoundUp sämtliche Unkräuter wegzuspritzen. Die gentechnische Veränderung wurde von Monsanto entwickelt und patentiert, die daraus gemachte gentechnisch veränderte Zuckerrübe ist eine Gemeinschaftsarbeit von KWS und Monsanto. Falls es zur Markteinführung in Deutschland käme, müsste jeder Landwirt für das Zuckerrüben-Saatgut nicht nur an KWS, sondern Lizenzgebühren an Monsanto zahlen.

Im Jahr 2007 wurde eine Roundup-tolerante Zuckerrübe auf dem US-amerikanischen Markt zum kommerziellen Anbau eingeführt. Diese Sorten erreichten im Jahr 2008 bereits 60% des KWS-Zuckerrübenumsatzes in Nordamerika. Weitere Genehmigungen zum Anbau wurden in Kanada und Japan erteilt. Die Zulassung für den Import von aus diesen Zuckerrüben gewonnenen Produkten für eine Lebens- und Futtermittelverwendung liegt mittlerweile in elf weiteren Ländern vor, darunter die Europäische Union. Die KWS wünscht sich die Markteinführung hier für etwa 2015. Die aktuellen Versuchsfelder dienen diesem kommerziellen und großflächigen Anbau.

In Deutschland wurde im Jahre 2006 die KWS-Maissorte KURATUS zugelassen. Sie verfügt über Resistenz gegen den Maiszünsler. Erreicht werden konnte dieses Ziel erneut nur mit einem gentechnisch veränderten Konstrukt von Monsanto, dem MON810. KWS ist einer der größten Vertreiber von Maissorten mit dem MON810-Konstrukt und anderen Bt-Pflanzen. Die Kooperation mit dem US-Konzern ist prägend für fast alles, was KWS in Sachen Gentechnik macht. Im Frühjahr 2010 gab die KWS aber auch eine neue Kooperation mit BASF im Bereich der Agro-Gentechnik bekannt.

***Über die KWS Saat AG*[99]**
Das Saatzuchtunternehmen KWS wurde im Jahr 1856 in Klein Wanzleben bei Magdeburg als Rabbethge & Gieseke OHG gegründet. Der auf Zuckerrübensaatgut spezialisierte Betrieb wurde bereits 1885 in eine Aktiengesellschaft umgewandelt und verbreiterte 1920 sein Sortiment durch die Aufnahme der Getreide-, Futterrüben- und Kartoffelzüchtung. Nach dem Krieg kam es 1945 zu einem Neubeginn in Einbeck, nachdem die hauseigene Saatgutbibliothek dorthin verbracht werden konnte. 1951 erfolgte die Erweiterung des Züchtungsprogramms um Mais-, Futter-, Öl- und Eiweißpflanzen, ab 1961 entstanden Tochter- und Beteiligungsgesellschaften in Europa und Übersee. Die Zusammenlegung der Getreidezüchtung Heine Peragis mit Lochow-Petkus erfolgte 1967/68, im Jahr 1972 wurde ein Labor für Zellbiologie eingerichtet und 1984 die PLANTA Angewandte Pflanzengenetik und Biotechnologie GmbH gegründet.
Im Rahmen der deutschen Wiedervereinigung konnte die alte Zuchtstation in Klein Wanzleben zurückerworben und in die UNISEM in Vinnitsa (Ukraine) zurückgekehrt werden. 1999 wurde das Unternehmen in KWS SAAT AG umbenannt. ... KWS ist mit ca. 3.200 Mitarbeitern in etwa 70 Ländern weltweit aktiv. Die KWS SAAT AG (ISIN: DE0007074007) ist seit 1954 an der Börse Hannover und seit Juni 2006 im SDAX der Frankfurter Wertpapierbörse notiert. ...

Widerstand und der Umgang damit

Die KWS agiert, anders als die Konkurrenten BASF und Bayer, nur im landwirtschaftlichen Sektor, wird aber wegen ihrer Agro-Gentechnik stark kritisiert. Nahe ihres Einbecker Hauptsitzes führte der Konzern im Jahre 1993 die ersten Freisetzungen mit gentechnisch veränderten Zuckerrüben durch. Diese wurden von Beginn an von massiven Protesten begleitet. Es entwickelte sich ein bizarres Verhältnis zwischen Protest und Konzern. Dabei spielte eine Rolle, dass die KWS in Südniedersachsen eine intensive Öffentlichkeitsarbeit betreibt – AutofahrerInnen auf der A7 mag der riesige, in einen Acker gepflanzte Firmenname nahe der Abfahrt Northeim aufgefallen sein. Konfrontationen, so die Firmenstrategie, sollten möglichst vermieden werden. Bei einer Feldbesetzung 2008 kamen nicht Polizei und THW, sondern zunächst FirmenvertreterInnen bis in die höchsten Vorstandsspitzen auf den Acker und diskutierten mit den GentechnikgegnerInnen. Später inszenierte der Konzern eine Demonstration für Forschungsfreiheit und brachte dafür 400 MitarbeiterInnen zum Feld, die per Menschenkette die Aussaat schützten. Bei Aktionärsversammlungen wurden Protestgruppen zum Schwätzen mit Aufsichtsrats- und Pressechef eingeladen. Mitunter gelang die Strategie des Einlullens, dennoch kam es 2009 und 2010 zu erneuten Feldbesetzungen – und die KWS ging Jahr für Jahr rabiater gegen den Protest vor.[100] Dennoch bleibt der Unterschied: KWS ist die Gentechnikfirma mit scheinbaren Samthandschuhen – vielfach einfach die geschicktere Strategie, um Widerstand einzuschläfern. Wäre nicht die Ökolandbau-Hochschule Witzenhausen in der Nähe, hätte der Plan durchaus aufgehen können.

Foto: Aktionen auf Feldern der KWS. Im Jahr 2010 wurde eine Sämaschine blockiert. 2009 kam es in Dreileben auf einem KWS-Feld zu einer Feldbesetzung (unten).

Gentechnik-Informationsseite auf www.kws.de
Mit Entwicklung der Gentechnik wurde eine neue Ära in der Pflanzenzüchtung eingeleitet. Die Gentechnik bietet die Chance, die nutzbare natürliche Vielfalt entscheidend zu erweitern, indem gewünschte Leistungseigenschaften gezielt auf Pflanzen übertragen werden. Es können nicht nur die Gene einer Art, sondern auch Eigenschaften aus anderen Arten, zum Beispiel Bakterien, Pilzen und Viren genutzt werden. In einem eigenständigen Zweig unserer Forschung arbeiten wir verantwortungsbewusst an der Weiterentwicklung und praktischen Nutzung der grünen Gentechnologie. Die Ziele sind hierbei dieselben wie bei der klassischen Züchtung.

Aus der Broschüre „Grüne Gentechnik"
Vorteile: Weniger Pflanzenschutzmittel, sinkende Produktionskosten, steigende Einkommen. Und: Mit gv-Pflanzen kann die Landwirtschaft dazu beitragen, der Bodenerosion vorzubeugen und die Emissionen klimarelevanter Treibhausgase zu senken. ... Bisher haben die heute kommerziell genutzten gv-Pflanzen durchweg die Erwartungen erfüllt. Es gibt nicht den geringsten Hinweis, dass Lebens- und Futtermittel aus gv-Pflanzen weniger sicher sein könnten als herkömmliche Produkte. ... Inzwischen ist durch viele wissenschaftliche Untersuchungen abgesichert, dass sich der Anbau von gv-Pflanzen positiv auswirkt – für die Umwelt und die Landwirte. ...
Bei KWS wird an zahlreichen Forschungsprojekten gearbeitet, die für einige der zukünftigen Herausforderungen neue Lösungsalternativen eröffnen können. Pilzresistenzen bei Zuckerrübe, Kartoffeln, Weizen ... Virusresistenz (Rizomaniaresistenz) bei Zuckerrübe ... Winterrübe – bessere Ausnutzung der Sonnenenergie ... Herbizidtolerante Zuckerrüben ... Vertrieb von Mais- und Sojasorten. KWS betreibt in Nordamerika gemeinsam mit dem französischen Züchterhaus Limagrain eine Vertriebsgesellschaft – AgReliant. Diese vermarktet zahlreiche gv-Mais- und Sojasorten mit neuen, gentechnisch eingeführten Merkmalen wie Herbizidtoleranz oder Resistenzen gegen verschiedene Schadinsekten. ... Über 25 Prozent des Umsatzes der gesamten KWS Gruppe entfallen mittlerweile auf gentechnisch veränderte Sorten. In Nordamerika beträgt deren Umsatzanteil über 70 Prozent. ...
Europa koppelt sich zunehmend von der weltweiten Entwicklung bei der Grünen Gentechnik ab und verwehrt seinen Landwirten den Zugang zu einer Technologie, die in vielen Ländern der Welt nachweislich zu höheren Erträgen, besseren wirtschaftlichen Ergebnissen und einer nachhaltigen Landwirtschaft beigetragen hat. ...

99 http://de.wikipedia.org/wiki/KWS__SAAT

100 Internetseite der KWS-KritikerInnen: www.kws-gentechnikfrei.de

Die moderne Pflanzenzüchtung – einschließlich gentechnischer Verfahren – nimmt eine Schlüsselrolle im 21. Jahrhundert ein. Wachsende Weltbevölkerung, knappe Ressourcen, Klimawandel – es wäre für KWS unverantwortbar, auf die Potenziale der Bio- und Gentechnologie zu verzichten, um den globalen Herausforderungen einer nachhaltigen Landwirtschaft gerecht zu werden. Neuentwickelte Sorten nutzen nicht nur Konsumenten und Umwelt, sondern verbessern auch die wirtschaftliche Situation der Landwirte – nicht zuletzt in Entwicklungs- und Schwellenländern. Um den unterschiedlichsten Anforderungen gerecht zu werden, betreibt KWS eigene Forschung und Entwicklung rund um den Erdball. Eine leistungsfähige innovative Pflanzenzüchtung muss alle wissenschaftlichen Verfahren und Technologien nutzen können. Forschungsfreiheit – die Entscheidung über die Wahl der Ziele und der dazu am besten geeigneten Mittel – ist für KWS und ihre internationale Wettbewerbsfähigkeit unabdingbar. KWS setzt weiterhin auf den Wissenschaftsstandort Deutschland. Dies zeigt nachdrücklich der Ausbau der Kapazitäten für Forschung und Entwicklung am Standort Einbeck. Allein im Jahr 2009 investierte KWS dafür 20 Millionen €.

Wie alle anderen Agrarkonzerne ist auch die KWS Saat AG intensiv in die Gentechnik-Seilschaften verstrickt. Der Konzern hat ein gv-Rübenfeld im Schaugarten von Üplingen und bewirbt diesen auf der eigenen Seite.[101] Beim InnoPlanta-Forum 2009 waren mehrere KWS-VertreterInnen vor Ort. Eng ist der Draht zu staatlichen Stellen. Aufsichtsratschef Andreas Büchting ist Mitglied im BioÖkonomieRat der Bundesregierung und im Beirat des JKI, das bei Genehmigungsverfahren beteiligt ist. Ebenso ist der Konzern in der Arbeitsgruppe „*Anbaubegleitendes Monitoring gentechnisch veränderter Pflanzen im Agrarökosystem*" vertreten. Eine einmalige Position besetzt Dr. Anja Matzk. Sie sitzt als Konzernangestellte in der eigentlich als unabhängige ExpertInnenkommission die Versuchsfelder begutachtenden ZKBS. Der jetzige Chef des sachsen-anhaltinischen Geldgebers BIO Mitteldeutschland, Jens Katzek, war vorher Pressesprecher der KWS – damals als Überläufer aus dem Umweltverband BUND.

Inge Broer, Gentechnikprofessorin aus Rostock und Vorsitzende des hochverflochtenen Lobbyvereins FINAB, ist nach eigenen Angaben „*seit 2000 Mitglied des Kuratoriums der Kleinwanzlebener Saatzucht KWS*" (siehe Kasten auf Seite 51).

Und einige mehr ...

Dieses Kapitel der Konzerne und ihrer Tarnkappen könnte sehr lang sein. Es gibt weitere große Konzerne, die auch in den deutschen Seilschaften agieren – Syngenta zum Beispiel oder Pioneer/Du Pont und andere. Kleine Saatgutfirmen und ein buntes Umfeld an Biotechnologieunternehmen rund um die großen Konzerne komplettieren das Geschehen. Dachverbände wie die Deutsche Industrievereinigung Biotechnologie (DIB) oder EuropaBio trommeln für mehr Wachstum durch die Gentechnik. Ebenso ringen die einschlägigen Landwirtschaftskonzerne der Marken Raiffeisen & Co. im großen Spiel um Marktanteile, Patente und Profite. Zwischen ihnen und mit anderen Akteursgruppen der deutschen Gentechnik gibt es vielfältige Beziehungen und Verflechtungen: Eine Hand wäscht die andere – trotz erbittert geführter Konkurrenzkämpfe.

Kurzportrait Syngenta[102]

Syngenta ist ein reiner Agrar-Chemiekonzern, in der Sparte Pflanzenschutz (Syngenta Crop Protection) Marktführer und beim kommerziellen Saatgut (Syngenta Seeds) auf Platz drei. Der Umsatz 2009 betrug 10,9 Milliarden US-Dollar bei über 25.000 MitarbeiterInnen in über 90 Ländern. Die Gentechnik ist ein Zweig bei Syngenta. Das Unternehmen entstand am 13.11.2000 aus einer Fusion der Agrarsparten von Novartis und AstraZeneca. Seither erfolgten zahlreiche Unternehmensübernahmen und Kooperationen im Bereich der Agrarchemie und der Saatgutherstellung.

Dem Unternehmen gelang, in Zusammenarbeit mit Myriad Genetics, 2001 die vollständige DNA-Sequenzierung des Reis-Genoms. Syngenta gehörte dem Forschungskonsortium ‚Goldener Reis' an und hielt einige Patente dieser Neuzüchtung. 2003 gab Syngenta die Markteinführung der weltweit ersten Hybridgerstensorte in Grossbritannien mit Namen Colossus bekannt. Die Firma hat ihren Hauptsitz in Basel und verfügt heute über drei wichtige Forschungsstandorte im schweizerischen Stein, Bracknell (Großbritannien) und North Carolina (USA).

Aus dem Sendeprotokoll von Report Mainz, gesendet im SWR am 8.12.2003

Bei Syngenta behauptet man dennoch, dass es kein Risiko gäbe. Man verweist auf jahrelangen Anbau in den USA und die dortigen Erfahrungen. Syngenta wirbt sogar in einem Infoblatt mit angeblichen Langzeitversuchen, die es nach unseren Recherchen nicht gab. Wir fragen nach, wo und wann denn die langjährigen Fütterungsversuche stattgefunden haben sollen.
Frage: Sie wissen genauso gut wie ich, dass es gar keine langjährigen Fütterungsversuche gegeben hat. Wie kann man denn so was behaupten?
O-Ton, Rainer Linneweber, Syngenta Deutschland: „Ja, denn es ist eben die langjährige Verfütterung in der Praxis gemeint."
Unglaublich. Der Anbau selbst wird einfach zum Sicherheitstest erklärt. Nach dem Motto: Wird schon schief gehen. Die ent-scheidende Frage: Wie gefährlich ist Gen Mais, wie reagieren Kühe auf jahrelanges Verfüttern von Bt-Mais, bleibt unbeantwortet.

Pioneer[103]

Das amerikanische Unternehmen Pioneer Hi-Bred International ist der weltgrößte Entwickler und Anbieter von Anbaupflanzen und Saatgut. Es gehört zum Chemiekonzern DuPont und hat seinen Hauptsitz im US-amerikanischen Johnston (Iowa). Das Unternehmen wurde 1926 gegründet, 1946 expandierte es nach Kanada. 1951 entstand die erste Forschungsstation außerhalb der Vereinigten Staaten in Japan. 1970 wurde die Hi-Bred Corn Company in Pioneer Hi-Bred International umbenannt und expandierte nach Europa, Mittelamerika und Südafrika sowie 1976 nach Asien. 1996 wurde, als erstes Unternehmen, damit begonnen, transgenen Mais zu erforschen. 1997 kaufte DuPont 20% der Pioneeraktien, 1999 übernahmen sie auch die restlichen 80%. Der Dokumentarfilm „We Feed the World" behandelt unter anderem die Geschäftstätigkeit eines Angestellten von Pioneer in Rumänien.[104]

101 www.kws.de/aw/KWS/germany/innovation/Methoden/gentechnik/Videothek/Artikel_mit_Videos/%7Eddkq/Schaugarten_Ueplingen/?callerid=aaaaaaaaaacnxp
102 http://de.wikipedia.org/wiki/Syngenta
103 http://de.wikipedia.org/wiki/Pioneer_%28Agrarunternehmen%29
104 http://de.wikipedia.org/wiki/We_Feed_the_World und http://we-feed-the-world.at/
105 http://de.wikipedia.org/wiki/Dow_Chemical

Dow Chemical[105]

Die Dow Chemical Company ist ein klassischer Chemiekonzern. Er wurde im Jahr 1897 gegründet, um Chloride und Bromide aus Solelagerstätten unterhalb von Midland in Michigan herzustellen. Schon früh begann Dow Chemical, seine Produktpalette zu erweitern. Innerhalb von zwanzig Jahren wurde Dow Chemical zu einem der größten Produzenten von Chemikalien für die Landwirtschaft, natürlichem Chlor, Phenol, Farbstoffen und Magnesium in den USA. Die erste Fabrik außerhalb Nordamerikas wurde 1952 in Japan eröffnet. Basierend auf der gut gehenden Kunststoffproduktion konnte das Unternehmen 1953 in das Konsumgütergeschäft einsteigen. Durch den Kauf von Union Carbide im Jahre 2001 ist das Unternehmen auch in der petrochemischen Industrie tätig, gleichzeitig aber auch der Mutterkonzern der Anlagen, die im indischen Bophal für ein verheerendes Chemieunglück mit vielen Toten bekannt wurde. Seit ca. 2005 ist das Unternehmen bestrebt, seinen Schwerpunkt von der Herstellung basischemischer Erzeugnisse zu hochwertigeren Spezialprodukten zu verlagern. Im Rahmen dieser Neuausrichtung erfolgten Veräußerungen von eigenen Geschäftsbereichen, wie auch Übernahmen von Spezialchemieunternehmen oder Akquisitionen einzelner Geschäftsbereiche anderer Konzerne.

In Deutschland ist Dow Chemical seit 1959 vertreten, ausgehend von der damaligen Hauptverwaltung in Frankfurt (Main). Ab Anfang der 1970er Jahre erfolgte der Aufbau eigener Produktionsstandorte hauptsächlich in Stade und bei Rheinmünster. Durch den Erwerb von weiten Teilen der Buna-Werke und der Olefinwerke Böhlen wuchs die Zahl der deutschen Mitarbeiter bis 2006 auf etwa 4.000 an. In der Schweiz befinden sich in Horgen (nahe Zürich) das europäische Hauptquartier und einige Forschungseinrichtungen des Konzerns.

Seit den 90er Jahren kaufen sich die Gentechnikkonzerne groß. Kleinfirmen, aufgepäppelt mit Steuermillionen, werden die Beute der Großen. Am ‚erfolgreichsten' gelang das Monsanto. Das Gezeter über den Weltmarktführer wirkt daher wie blanker Neid, denn deutsche und europäische Firmen wollen auch überall mitpokern. Und tun das ...

***Aus dem Manager-Magazin 4/1999*[106]**

Agrevo-Chef Prante erwarb seit 1994 sieben Saatgutfirmen. Der neueste Coup war Ende Februar der Kauf der Biogentic Technologies B. V., zu der Proagro gehört, Indiens Nummer eins bei Mais und Hirse. Das vier- oder sogar zehnfache des Umsatzes müssen die Konzerne für eine innovative Saatgutfirma ausgeben. Strategisch wichtige Betriebe sind noch teurer. Der US-Konzern Monsanto, der innerhalb von drei Jahren 8 Milliarden Dollar in Saatgut investierte, zahlte sogar das 20fache des Umsatzes, 525 Millionen Dollar, für den Getreidespezialisten PBIC und das 22,7fache, 1,02 Milliarden Dollar, für den Maisexperten Holden. Agrevo hatte für die beiden Betriebe nur 350 beziehungsweise 700 Millionen Dollar geboten – und prompt verloren.

Geschäftsbereich	Titel des Forschungsprojekts	Laufzeit	Höhe der Bundesmittel über Gesamtlaufzeit und in einzelnen Jahren [in €]	Beteiligte Bundes- und Landesbehörden sowie Kooperationspartner *(Die projektleitende Einrichtung ist unterstrichen)**	Zu Frage 3: (für Vermarktung vorgesehen)	Zu Frage 4: (Werden gv-Pflanzen entwickelt?)
BMBF	PRO-GABI – Ein Netzwerk zur Identifizierung, Charakterisierung und Optimierung neuer monokotylspezifischer Promotoren für die Herstellung pilzresistenten Weizens	01.07.2004 – 31.12.2007	**Summe: 1 180 000** 2004: 0 2005: 110 000 2006: 0 2007: 1 070 000	BASF Plant Science GmbH/ Leibniz-Institut für Pflanzengenetik und Kulturpflanzenforschung (IPK), Gatersleben /Justus-Liebig-Universität Gießen	nein	ja
BMBF	BioChancePLUS: Reinigung des Medikamentes rh1.3 aus transgener Gerste; Teilprojekt A	01.12.2004 – 30.11.2007	**Summe: 1 120 000** 2004: 0 2005: 200 000 2006: 400 000 2007: 520 000	SymbioTec Gesellschaft zur Forschung und Entwicklung auf dem Gebiet der Biotechnologie mbH, Saarbrücken/ IGV Institut für Getreideverarbeitung GmbH, Bergholz-Rehbrücke	ja	ja
BMBF	BioChancePLUS-2: „OLeRa – Omega-3 Fettsäuren in Raps und Lein – neue züchterische und transgene Ansätze"	01.07.2005 – 30.06.2008	**Summe: 1 250 000** 2005: 50 000 2006: 370 000 2007: 460 000 2008: 370 000	Norddeutsche Pflanzenzucht HGL KG/Deutsche Saatveredelung AG/Georg-August-Universität Göttingen/Saaten-Union Resistenzlabor GmbH/Leibniz-Institut Deutsche Forschungsanstalt für Lebensmittelchemie (DFA)	nein	ja
BMBF	BioDisc: Optimierung der Pflanzenzüchtung durch Entwicklung von Rekombinations-Technologien	01.11.2005 – 31.10.2009	**Summe: 340 000** 2005: 40 000 2006: 90 000 2007: 90 000 2008: 50 000 2009: 70 000	SunGene GmbH & Co. Kommanditgesellschaft auf Aktien	nein	ja

Abb.: Steuergelder an Gentechnikfirmen, sogenannte Forschungsförderung. Quelle: Bundestagsdrucksache 16/6208 (S. 6)[107]

Geld aus Staatskassen an Konzerne

Zentraler Aspekt fast aller Verflechtungen ist das Geld. Staatliche Fördermittel flossen in den vergangen Jahren nicht nur getarnt an Institute und Kleinfirmen, sondern auch direkt an große Konzerne. Teile dieser Subventionen liefen unter dem Banner der Forschungsförderung. Andere stammten aus der Wirtschaftsförderung:[107] *„Exporterstattungen für landwirtschaftliche Produkte fließen in erster Linie an die Industrie"*, nicht an LandwirtInnen oder Lebensmittelverarbeitung. *„Als die Bundesregierung nach wochenlangem Zögern im Juni 2009 endlich die Empfängerliste der milliardenhohen EU-Agrarsubventionen in Brüssel vorlegte, fanden sich darauf eine Menge Industrieriesen: etwa Südzucker, die Marketinggesellschaft der deutschen Agrarwirtschaft CMA, die deutsche Filiale des größten europäischen Geflügelkonzerns Doux, der Molkereikonzern Campina, der Schokoladenhersteller Storck oder der Fleischkonzern Tönnies, der Energiekonzern RWE, die Lufthansa ebenso wie die Großkonzerne Bayer, BASF, Merck oder Thyssen-Krupp."*[108]

FirmenmanagerInnen an Schreibtischen der Ministerien

Seit 2004, also beginnend zu Zeiten der rot-grünen Bundesregierung, begann ein abenteuerlicher Personalaustausch zwischen großen Konzernen und Bundesministerien. Personen, die weiter bei Privatfirmen in Lohn und Brot standen, richteten sich ihren Schreibtisch in passenden Ministerien ein – und konnten so Tag für Tag in die dortigen Abläufe hineinschauen oder diese sogar beeinflussen. Bayer und BASF schickten ihre Leute ins Bundesumwelt- und ins Forschungsministerium.[109]

106 www.manager-magazin.de/magazin/artikel/0,2828,13927-2,00.html

107 www.projektwerkstatt.de/gen/filz/gv__forschungsgelder__drs1606208.pdf

108 Aus „Millionen für die Agrarindustrie", auf: top agrar, 10.6.2009 (www.topagrar.com/index.php?option=com__content&task=view&id=11673&Itemid=519). Inzwischen sind die Informationen wieder geheim. Der Staat schützt seine Profiteure.

109 Aus Hartmann, Kathrin (2009): „Ende der Märchenstunde" (S. 178)

110 Bundestagsdrucksache 16/3395 vom 13.11.2006

Profitzwang und Verwertung

Die Benennung der Firmen und ihrer Geflechte, von Scheinfirmen und dubiosen Geschäften kratzt nur an der Oberfläche. Der Impuls, der solches Handeln antreibt, liegt tiefer und betrifft profitorientiertes Wirtschaften insgesamt. Denn dem wohnen Antriebe inne, die von Unternehmen im Konkurrenzkampf bei Strafe ihres Untergangs beachtet werden müssen: Die ständige und sofortige Verwertung aller Werte (Geld, Produktionsmittel, Arbeitskraft, Rohstoffe ...), die Bildung von Machtpositionen im Markt (Monopole, Patente ...), die Reduzierung von Kosten (Ausbeutung von Mensch und Natur) sowie die Eroberung immer neuer Geschäftsfelder. Zu letzteren gehört die Unterwerfung natürlicher Allgemeingüter unter privatwirtschaftliche Logiken, d.h. die Kauf- und Verkaufsbarkeit von Luft, Wasser, Boden oder, mit Hilfe der Gentechnik, von Leben. Diese zwanghaften Regeln kapitalistischer Wirtschaft lassen sich nicht durch Entflechtung von Firmen, Behörden und Lobbying ausschalten. Tiefergehende gesellschaftliche Veränderungen sind daher notwenig.

Jean Jacques Rousseau meinte: *„Der erste, welcher ein Stück Land umzäunte, sich in den Sinn kommen ließ zu sagen, dies ist mein, und der einfältige Leute antraf, die es ihm glaubten, der war der wahre Stifter der bürgerlichen Gesellschaft. Wie viel Laster, wie viel Krieg, wie viel Mord, Elend und Gräuel hätte einer verhüten können, der die Pfähle ausgerissen, den Graben verschüttet und seinen Mitmenschen zugerufen hätte: Glaubt diesem Betrüger nicht. Ihr seid verloren, wenn ihr vergesst, dass die Früchte euch allen, der Boden aber niemandem gehört."*

Gentec-Filz in Behörden und Ämtern

Werfen wir nun einen Blick in die Stuben, in denen der Amtsschimmel wiehert und die Klinkenputzer den Paragraphenreitern zum Zwecke bevorzugter Behandlung ihre Aufwartungen machen. Es fällt nicht schwer, sich zwischen den vielen Genehmigungs- und Fachbehörden, Landes- und Bundesinstitutionen zu entscheiden, um das passende Fallbeispiel für die folgende Darstellung zu finden. Denn die Sache ist klar verteilt: Es gibt eine einzige Behörde, die in Deutschland für alle Genehmigungen von Feldern mit gentechnisch veränderten Organismen zuständig ist: Das Bundesamt für Verbraucherschutz und Lebensmittelsicherheit, kurz BVL. Das gilt allerdings nur, wenn sie Feld für Feld beantragt werden, also nicht bei der kommerziellen Zulassung, im Gentechnikgesetz „*Inverkehrbringen*" genannt. Das macht die europäische Behörde EFSA. Mit der ließe sich auch ein Buch füllen. Doch hier geht es vor allem um die deutschen Seilschaften, daher seien im Folgenden die Machenschaften in einer kleinen Nebenstraße des Berliner Regierungsviertels als Beispiel beschrieben: Die in der Mauerstraße, im dortigen Haus mit den Nummern 39 bis 42. Hinter dessen dicken Mauern halten die Führungsmänner und ihre MitarbeiterInnen eine gute Quote: Wer in Deutschland ein Feld mit gv-Pflanzen beantragt und nicht wieder selbst aufgibt, wird belohnt. Die Genehmigung kommt so sicher wie das Amen in der Kirche. Die Unbedenklichkeitsbescheinigung der ZKBS und einen behördlich angeordneten Sofortvollzug gibt es obendrauf – zum Nulltarif für alle diejenigen, die einen guten Draht zu einer Hochschule haben, da diese ihre Anträge gebührenfrei einreichen können.

In diesem Kapitel:
- ►BVL, ZKBS und Umfeld
- ►JKI und mehr Fachbehörden
- ►Landesämter
- ►Rechtswidrige Intransparenz

Foto: Protestaktion über dem Eingang des BVL in Berlin am 1. Januar 2008.

Weitere Informationen, Links und Zitate auf der Internetseite zu Behörden unter www.biotech-seilschaften.de.vu!

Bundesamt für Verbraucherschutz und Lebensmittelsicherheit

100%ig im Dienst der Gentechnik: BVL

Lehnen wir uns zunächst beruhigt zurück: Uns alle, namentlich die VerbraucherInnen, schützen nämlich Gesetze. Diese begrenzen Schadstoffe und schreiben vor, welche Informationen darüber offengelegt werden müssen. Damit das klappt, wachen Ministerien und Ämter über das Geschehen. Versagen sie, können Gerichte angerufen werden. Zur Durchsetzung der klassischen Verbraucherrechte gibt es eine handlungsmächtige Behörde: Das BVL. Auf seiner Internetseite verspricht das Amt: „*Das BVL nimmt ... die Durchsetzung dieser auf EG-Normen beruhenden Verbraucherschutzgesetze wahr. ... Ziel ist es, Verbraucherrechte im Falle innergemeinschaftlicher Verstöße besser durchzusetzen. ... Dem BVL kommt bei der Wahrung der Verbraucherrechte eine Doppelfunktion zu: Zum einen ist das BVL die ‚Zentrale Verbindungsstelle' in Deutschland, zum anderen ist es auch selbst eine für die Durchsetzung von Verbraucherrechten zuständige Behörde.*" Wie schön. Sollte man da nicht die Füße hochlegen und auf das Gute von Oben hoffen? Eine Tugend, die in Deutschland seit Jahrhunderten Tradition hat? Mit bekannten Folgen. Wahrscheinlich ist dieses blinde Vertrauen auch gewollt. Es ergibt eine Win-Win-Situation: Die Behörden können ohne störende Blicke aus der Bevölkerung schalten und walten. Und die Menschen im sogenannten gemeinen Volk fühlen sich wohl, weil sie nicht genauer hingucken. Wer das allerdings tut, wird nicht mehr so ruhig schlafen. Denn die Realität ist weit entfernt von den Versprechungen. Genauer gesagt: Das Gegenteil ist richtig. Bislang hat das BVL alle, ausnahmslos alle Anträge auf gentechnische Nutzungen genehmigt.[1] Und es ist auch noch stolz darauf: „*Wir haben bislang keinen Antrag abgelehnt*", klopft sich BVL-Chef Christian Grugel selbst auf die Schultern.[2] Er fügt den Tipp an, dass „*sich die Forschungsarbeiten auf einige besonders gut geeignete Standorte konzentrierten und die Freisetzungen dort professionell betreut werden könnten. Das würde auch Konflikte mit Gentechnik-Gegnern minimieren.*" Eine Verbraucherschutzbehörde, die sich Gedanken macht, wie Genversuchsfelder besser vor den VerbraucherInnen geschützt werden können ...

Ausgerechnet diese Behörde verweigerte dann auch noch mehrfach die Akteneinsicht nach dem Umweltinformationsgesetz – trat also Verbraucherrechte mit den Füßen. Leitende Beamte stellten sich in internen Schreiben uneingeschränkt hinter die antragstellenden Konzerne und Forschungseinrichtungen, manche traten sogar in Werbefilmen genau der Firmen auf, deren Anträge sie an anderen Arbeitstagen ohne die notwendigen umfangreichen Prüfungen durchwinkten. Die wichtigsten Entscheidungsträger der Gentechnikabteilungen sind eingebunden in ein enges Geflecht von Lobbyorganisationen und Konzernen. Kontroll- und Genehmigungsbehörden, Geldgeber, Forschung und Firmen sind über die Jahre zu einem Filz verschlungen, der sie als Einheit erscheinen lässt.

Der Blick in die Abteilung für Gentechnik des BVL zeigt eingefleischte Gentechnikprotagonisten. Prägnantestes Beispiel ist der Leiter, Dr. Hans-Jörg Buhk. Schon Ende der 90er Jahre war er sich sicher, dass Gentechnik großen Nutzen bringt und keine Gefahren birgt:[3] „*Auf diese Weise können die Lebewesen, die unserer Ernährung als Basis dienen, gezielt mit Eigenschaften ausgestattet werden, die unsere Lebensmittel qualitativ verbessern und sowohl wirtschaftliche als auch ökologische Vorteile bei der Erzeugung und Verarbeitung erwarten lassen. ... Kaum eine neue Technik ist bisher so ausgiebig auf mögliche Risiken getestet worden wie die Gentechnik, und noch nie gab es Lebensmittel zu kaufen, die so umfassende Prüfverfahren durchlaufen mussten wie Lebensmittel, die mit Hilfe der Gentechnik hergestellt wurden oder GVO enthalten. Ich denke, die Ängste vieler deutscher Mitbürger kommen ‚aus dem Bauch' und sind oft durch fehlendes Wissen hervorgerufen.*" 1996/97 unterstützte Buhk bei öffentlichen Auftritten und in Schriften die Einführung von Monsantos gentechnisch veränderter (gv-)Soja auf den deutschen Markt.

Fussnoten

1 Umweltinstitut München, Dienstaufsichtsbeschwerde gegen Dr. Buhk und Bartsch am 24.11.2006 (S. 3): www.umweltinstitut.org/gentechnik/freisetzungsversuche/dienstaufsichtsbeschwerde-484.html

2 Aus einem Interview mit dem Chef des BVL, Dr. Christian Grugel, in: Die Welt, 28.6.2007 (www.welt.de/politik/article982163/Gruene__Gentechnik__hat__Vorteile__fuer__Verbraucher.html)

3 www.margarine-institut.de/faq/beiexpertennachgefragt/exp__buhk1.htm

2000 unterzeichnete er die Erklärung „*Scientists in support of agricultural biotechnology*", das Manifest Gentechnik befürwortender Wissenschaftler und Lobbyisten. Bereits die Website, auf der das Manifest beworben wird, zeigt mit der Schlagzeile „*Supporting Biotechnology in Agriculture*" die politische Ausrichtung. In diesem Manifest wird die Agro-Gentechnik unter anderem als umweltfreundlich, sicher und präzise verherrlicht.[4] Irgendwann fiel das einseitige Treiben sogar dem schwerfälligen Regierungsapparat auf: Im Jahr 2002 erhielt Buhk eine Abmahnung wegen eines öffentlichen Auftritts als Industrievertreter – doch an seiner zentralen Rolle in GVO-Genehmigungsverfahren änderte sich nichts. Im gleichen Jahr pries Buhk im Werbevideo „*Das streitbare Korn*" den gv-Mais mit klassischen Standortkonkurrenz-Argumenten an: „*Wenn sich, wie es sich in den USA gezeigt hat, BT und die Tatsache das die Landwirte dort Bt-Mais anbauen zeigt, dass für sie einen ökonomischen Vorteil bringt. Dann bedeutet das, diese Möglichkeit nicht zu haben, eben nicht unter so günstigen Bedingungen produzieren zu können. So dass das auf lange Sicht gesehen natürlich auch ein Nachteil für den Landwirt hier ist.*" Zudem saß er im Lenkungsausschuss (Steering Committee) der Gentechnik-Messe ABIC2004 und unterzeichnete (mit Hinweis auf sein Amt im BVL) das „*ABIC2004 Manifesto*", in dem die Abschaffung „*unnötiger Hürden*" für die Zulassung von gentechnisch veränderten Organismen (GVO) gefordert wurde. Zur gleichen Zeit – welch absurde Lage – war Buhk als Leiter des Gentechnik-Referats für die Einhaltung dieser ‚Hürden' verantwortlich. Als politischer Lobbyist agitierte er folglich genau gegen die Richtlinien, deren Einhaltung er beruflich zu überwachen hatte. Die damals zuständige Ministerin Künast kündigte nach öffentlichem Druck eine Überprüfung an. Geschehen ist jedoch nichts. Im Gegenteil: Buhk setzte sich trotz seiner Aufgabe als oberster Verbraucherschützer in Sachen Gentechnik weiter für diese Anwendungen und gegen Verbraucherrechte ein. In einem Werbeheft der Gentechniklobby regte er an, „*ob in der EU nicht zumindest für alle entsprechend den Standards des Cartagena-Protokolls geprüften GVO Schwellenwerte etabliert werden sollten, bei deren Unterschreitung die Zulassungspflicht entfällt*".[5] Beim Gießener Gengerstenversuch unterzeichnete er am 3.4.2006 eine sofortige Vollziehung der Versuchsgenehmigung und nahm damit den VerbraucherInnen jede Möglichkeit, mit ihren Einwendungen eine Wirkung zu erzielen. Zur Freisetzung von genmanipuliertem Weizen in Gatersleben behauptete das BVL in der Wirtschaftswoche vom 18.9.2006: „*Die so genannten Weizensippen würden sich nicht untereinander kreuzen.*" Das war falsch und wurde so nicht einmal vom Antragsteller IPK behauptet.[6]

Am 26. April 2007 wehrte sich Buhk gegen die Weisung des Agrarministers zur Einschränkung der Inverkehrbringensgenehmigung von MON810: „*In meiner Zuständigkeit als Leiter der Abteilung Gentechnik kann ich die ergangene Weisung aus fachlichen Gründen nicht als richtig erachten.*"[7] Die interne Mail diente kurz danach der Firma Monsanto als Munition in einem Klageverfahren und trug dazu bei, dass das Verbot wieder aufgehoben wurde. Ob diese Verwendung von Beginn an das Ziel der Buhk'schen Mail war, ist unklar.[8] Als sich im Jahr 2009 herausstellte, dass MON810 stärker auskreuzt als gedacht, war erneut das BVL als Propagandist zur Stelle. Im Verbotsverfahren zu einem Versuchsfeld stellte das Amt die absurde Behauptung auf, dass „*ein höherer Pollenaustrag nicht gleichsam automatisch zu einer Erhöhung der Auskreuzungswahrscheinlichkeit*" führe.[9]

Die Liste weiterer Verflechtungen ist lang. Buhk ist Unterstützer der Lobby-Initiative „*Public Research & Regulation Initiative*" (PRRI),[10] die unter anderem von Syngenta und mehreren Gentechnik-Lobbyorganisationen gesponsert wird. Als „*größte Ungeheuerlichkeit*" bezeichnete das Fernsehmagazin Report 2005 das Verhalten von Buhk und weiteren Behördenmitarbeitern beim Ausfüllen von Formularen vor Beginn ihrer Dienste für die EU. Die Beamten wurden von der EU in Standardfragebögen nach Interessenkonflikten befragt, verschwiegen ihre Industriekontakte jedoch.[11] Nach eigenen Angaben[12] ist Buhk Mitglied im Arbeitskreis Biotechnik[13] der Berliner Wissenschaftlichen Gesellschaft (BWG). Die hat zum Ziel,[14] „*neue biotechnologische Verfahrensentwicklungen, speziell im Raum Berlin, hinsichtlich ihrer wissenschaftlichen und wirtschaftlichen Bedeutung zu prüfen und gegebenenfalls zu fördern, Arbeiten und Forschungsprojekte junger Berliner Wissenschaftler auf biotechnologischem Gebiet begleitend zu unterstützen … Einfluß zu nehmen auf die öffentliche Meinung zu bestimmten Teilbereichen der Biotechnik durch Auswahl spezieller Themen und Vortrag derselben, z.B. in Werkstattgesprächen, unter Beteiligung der Öffentlichkeit.*" Zudem gehört er dem Lobbyisten WGG und der Berliner Mikrobiologischen Gesellschaft an.

Buhk ist nicht der einzige Fall von Filz im BVL. In seiner Abteilung arbeitet Detlev Bartsch, zuständig vor allem für die Bewertung von Auswirkungen auf die Umwelt. Doch was er eigentlich erst prüfen soll, war für ihn spätestens 2005 längst entschieden: „*Es geht schon lange nicht mehr darum, ob wir die Gentechnik wollen oder nicht. Es geht vielmehr darum, wie wir sie wollen.*"[15] In dieser Zeit arbeitete er selbst an Freisetzungsversuchen an der RWTH Aachen mit. 2002 wirkte er dann im gleichen Werbevideo wie sein Vorgesetzter Buhk mit.[16] Seitdem ist er auch Mitglied des Projektmanagementkomitees des EU-Projekts TRANSCONTAINER[17] zur Entwicklung von Terminator-GVOs und Mitglied der Gesellschaft für Pflanzenzüchtung, die durch den Bundesverband Deutscher Pflanzenzüchter gefördert wird. Bartsch bezeichnete Bartsch MON810 als „*sicheres Produkt*".[18] Im Deutschlandfunk stellte Bartsch die Gentechnik als alternativlos dar:[19] „*Dann haben wir eigentlich nur noch die Wahl, den Maisanbau ganz aufzugeben, oder umfangreich Insektizide einzusetzen. Oder aber wir setzen eine neu entwickelte Bt-Maissorte ein. Mehr Optionen bleiben nicht.*" Eigentlich Beamter mit der Aufgabe, „*Leben und Gesundheit von Menschen, die Umwelt in ihrem Wirkungsgefüge, Tiere, Pflanzen und Sachgüter vor schädlichen Auswirkungen gentechnischer Verfahren und Produkte zu schützen*" (§ 1 Nr. 1 Gentechnikgesetz vom 1.4.2008), hält er stattdessen die Alternativlosigkeit der Gentechnik hoch und weiß:[20] „*Transgene Pflanzen sind nicht risikofrei, aber spezifische Risiken der Grünen Gentechnik im Vergleich zu traditionellen Landnutzungssystemen sind nicht nachzuweisen.*" Abgesehen von der inhaltlichen Schwäche des Arguments – die Bekämpfung des Maiswurzelbohrers kann mit klassischen Methoden wie Fruchtfolge und geeigneter Bodenbearbeitung erfolgen – stellt sich die Frage, wessen Interessen Bartsch bei seiner Argumentation für den Einsatz der Agro-Gentechnik vertritt.

4 www.agbioworld.org/declaration/petition/petition.php

5 Aus: mensch+umwelt spezial 2004/2005 (S. 75). Herausgeber war die GSF (Helmholtz-Gesellschaft).

6 siehe Fussnote 1

7 Quelle: BVL (www.uni-protokolle.de/nachrichten/id/136679/)

8 Ein Film des Bayrischen Rundfunks vom Frühjahr 2009 dokumentierte die Abläufe und portraitierte den industriefreundlichen BVL-Gentechnikchef Dr. Buhk. Dieser verweigerte jegliche Auskunft gegenüber dem Sender. Der Bericht ist auf www.youtube.com unter dem Titel „Monsanto in deutschen Behörden" sowie auf www.biotech-seilschaften.de.vu (Unterseite zu Konzernen) zu finden.

9 So festgehalten im Urteil des Verwaltungsgerichts Braunschweig vom 23.04.2009 (Az. 2 A 224/07, S. 11): www.dbovg.niedersachsen.de/Entscheidung.asp?Ind=0510020070002242+A

10 http://gen-ethisches-netzwerk.de/lexikon/prri

11 Sendung des SWR in Report Mainz am 28.2.2005

12 https://doi.efsa.europa.eu/doi/?wicket:interface=:1:memberslistpanel:panelmemberlist:1:expertdoi:linkDoiPdf:1:IResourceListener::

13 www.bwg-berlin.de/akb/aufgaben.html

14 www.bwg-berlin.de/start.html

15 siehe Fussnote 1

16 Sendung am 8.12.2003, zitiert nach: siehe Fussnote 1

17 http://gen-ethisches-netzwerk.de/lexikon/transcontainer

18 Bartsch auf www.biosicherheit.de/de/aktuell/509.doku.html

19 siehe Fussnote 1

Fortsetzung auf nächster Seite

Abb.: BVL-Vizechef Bartsch nutzt Gentechnik-Propagandaseite TransGen als Informationsquelle und lobt diese öffentich.[21]

Damit nicht genug: Laut eigenen Angaben[22] ist Bartsch neben den schon genannten Lobbyverbände in der GPZ, der IOBC/WPRS und in der VDI-Arbeitsgruppe zu GVO Mitglied. 2002 bis 2006 erledigte er Jobs für das US-Landwirtschaftsministerium im Themenbereich der Agro-Gentechnik.

Die Geflechte des BVL schließen andere Institutionen ein. Georg Leggewie schreibt als BVL-Bediensteter die Stellungnahmen der ZKBS, eine eigentlich unabhängige wissenschatliche Gruppe, die jedes beantragte Feld begutachtet. Eine weitere Mitarbeiterin des BVL, Marianna Schauzu, wurde verdächtigt, unter einem Pseudonym Propaganda-Artikel für die Agro-Gentechnik zu schreiben. Schauzu arbeitet heute im Bundesamt für Risikoforschung (BfR) in der Abteilung für Risikokommunikation. Dort hält sie die Kontakte zur Europäischen Zulassungsstelle EFSA und erarbeitet Stellungnahmen zu Freisetzungen.[23] Ehrenamtlich engagiert ist sie bei der Partei Die Linke in Berlin, aber vor allem zu sozialpolitischen Themen.

Am 24.11.2006 reichten MitarbeiterInnen des Umweltinstituts München eine Dienstaufsichtsbeschwerde gegen die leitenden Beamten Buhk und Bartsch wegen deren offensichtlicher Parteilichkeit ein.[24] Doch die Dienstvorgesetzten deckten ihre Behördenleiter. Staatssekretär Gert Lindemann vom Landwirtschaftsministerium (BMELV) unterzeichnete das Antwortschreiben und wies die Beschwerde zurück.[25] Dabei verteidigte er die BVL-Abteilung gar nicht, sondern behauptete, die Parteilichkeit habe keine Auswirkungen, weil der Präsident des BVL jeden Freisetzungs- und Inverkehrsbringungsantrag nochmals überprüfe und dann selbst unterzeichne. Das war schlicht gelogen. Unter der Genehmigung des Gerstenversuchs 2006 bis 2008 in Gießen stand ausschließlich die Unterschrift von Buhk,[26] beim Folgebescheid für 2009 und 2010 dann die von Bartsch. Eine Entgegnung aus dem Umweltinstitut blieb ohne Erfolg.[27]

Legal, illegal, scheiß egal: Geheime Felder, Augen zu und durch

Die bisherigen Erfahrungen mit der Gentechnik, die bis heute vielfach nicht geklärten Verunreinigungen von Lebensmitteln mit gv-Bestandteilen und die dubiosen Abläufe bei Feldversuchen sind nur die Spitze des Eisbergs. Eine Branche, in der mit der Gesundheit der Menschen um den Profit willens gespielt und sogenannte unabhängige Forschung von den AnkurblerInnen dieser Technik selbst finanziert und gesteuert wird, ist noch zu ganz anderen Methoden in der Lage. Um die Jahrtausendwende wurden mehrere geheime Feldversuche durchgeführt – im Auftrag von Regierungen.[28] Auch Adelshausen in der Nähe von Melsungen war betroffen. Der damals angebaute Raps verbreitete sich und die Fläche musste viele Jahre auf Durchwuchs kontrolliert werden, da auf dieser auch nach Versuchsende immer wieder gv-Rapssprößlinge auftauchen – u.a. mehrfach im Zeitraum Januar bis März 2007.[29] Wohin sie die gentechnisch veränderten Gene sonst noch streuten oder, per Bienen, auskreuzten, wurde vorsichtshalber gar nicht erst untersucht. Auf den Nachbargrundstücken fanden keine Kontrollen statt.[30] Das Märchen von der Beherrschbarkeit der Agro-Gentechnik blieb im Umlauf.

Aus einer Pressemitteilung von B'90/Grünen vom 5.12.2006[31]

Als „Skandal erster Ordnung" kritisiert der agrarpolitische Sprecher der Landtagsfraktion von BÜNDNIS 90/DIE GRÜNEN, Martin Häusling, den in der vergangenen Woche bekannt gewordnen Geheimanbau von Gen-Raps in Hessen. Auf eine Anfrage Häuslings hin musste Umweltminister Dietzel (CDU) zugeben, dass in den Jahren 2000 und 2001 vom Bundessortenamt in Echzell, Riedstadt und in Adelshausen (Stadtteil von Melsungen) Freisetzungsversuche stattfanden, ohne dass die Öffentlichkeit darüber informiert wurde. Gentechnisch veränderter Raps kann sich nach Aussagen aller Experten über mehrere Kilometer hinweg mit anderen Pflanzen kreuzen.

Warum ändert sich nichts? Der BVL-Filz in Dienstaufsichtsbeschwerden, Studien und Medienberichten

Warum greift niemand ein angesichts der Besetzung von Spitzenämtern im BVL? Immerhin sind die dortigen Beamten, allen voran Hans-Jörg Buhk[32] und Detlev Bartsch[33], für alle konkreten Anwendungen deutscher Agro-Gentechnik zuständig, steuern also das Geschehen draußen auf den Feldern. Wissen die politisch Verantwortlichen und Dienstvorgesetzten nichts von den Verflechtungen und politischen Aussagen ihrer Behördenchefs? Oder tolerieren, akzeptieren bzw. unterstützen sie es? Die Antwort ist klar: Sie wissen es – und zwar sehr genau und schon lange. Die ersten Interviews und Veröffentlichungen mit Aussagen von und über den Behördenleiter Buhk liegen lange zurück. Seit 2005 berichten zudem die Medien über den Filz der Berliner Gentechnikbehörde.

Antwort von Buhk auf die Frage „Wie sicher ist die Gentechnik?" (ohne Datum, nach Angaben im Interview: Ende 90er Jahre – zu dieser Zeit war Buhk bereits Leiter der Gentechnikabteilung bei der Kontrollbehörde RKI, heute BVL)[34]

Buhk: Kaum eine neue Technik ist bisher so ausgiebig auf mögliche Risiken getestet worden wie die Gentechnik, und noch nie gab es Lebensmittel zu kaufen, die so umfassende Prüfverfahren durchlaufen mußten wie Lebensmittel, die mit Hilfe der Gentechnik hergestellt wurden oder GVO enthalten. Ich denke, die Ängste vieler deutscher Mitbürger kommen „aus dem Bauch" und sind oft durch fehlendes Wissen hervorgerufen.

Report am 28.2.2005 (Aus der Abschrift des SWR)[35]

Bauer Klauß ist hilflos. Wie viele andere Landwirte auch. Doch die Behörden haben entschieden, angeblich objektiv, unabhängig, unbefangen. Doch sind sie das wirklich? Nach REPORT MAINZ Re-

Die Zuständigkeiten im Bereich der Gentechnik sind dem BVL im April 2004 übertragen worden. Bereits zu diesem Zeitpunkt war die Gentechnik eine Aufgabe, die vor dem Hintergrund des Verbraucherschutzes einen besonderen Stellenwert hatte. Aus diesem Grunde lässt sich der Präsident des BVL, Herr Dr. Grugel, sämtliche Entscheidungen über Anträge (Freisetzungen und Inverkehrbringen) vorlegen.

Darüber hinaus werden die Entscheidungen über Anträge regelmäßig mit dem Fachreferat im BMELV und in Fällen, in denen mit besonderer Aufmerksamkeit der Öffentlichkeit zu rechnen ist, auch darüber hinaus mit der Leitung des BMELV abgestimmt.

Bereits auf Grund der oben genannten organisatorischen Maßnahmen - Schlusszeichnung durch den Präsidenten des BVL sowie in bestimmten Fällen vorherige Abstimmung mit dem BMELV - war und ist es nicht möglich, dass Entscheidungen von den genannten Mitarbeitern allein getroffen werden und damit eine von Befangenheit geprägte Entscheidung ergehen könnte. Das BVL ist als Bundesoberbehörde verpflichtet, seine Entscheidungen frei von

Bonn, den 03. April 2006
Bundesamt für Verbraucherschutz und Lebensmittelsicherheit
Im Auftrag

Dr. Buhk
- Direktor und Professor -

20 www.uni-protokolle.de/nachrichten/id/22322/
21 https://doi.efsa.europa.eu/doi/?wicket:interface=:4:memberslistpanel:panelmemberlist:3:expertdoi:linkDoiPdf::IResourceListener::
22 www.transgen.de/home/impressum/795.doku.html
23 Antje Lorch/Christoph Then (2008): „Kontrolle oder Kollaboration?" (S. 12). Die Studie kann unter www.kurzlink.de/agrogentech.pdf heruntergeladen werden (1 MB).
24 siehe Fussnote 1
25 Schreiben vom 31.5.2007, Az. 114-0454-3/3000: www.umweltinstitut.org/download/Dienstaufsichtsbeschwerde__Antwort__Lindemann.pdf
26 Bescheid des BVL an die Universität Gießen vom 3.4.2006 (Az. 6786-01-0168 beim BVL)
27 www.umweltinstitut.org/download/Dienstaufsichtsbeschwerde__Erwiderung__UIM__27__06__2007.pdf
28 Text „Überall in Deutschland gesät: Gen-Raps-Felder entdeckt" (Nachricht auf n.tv am 4.12.2006)
29 Mitteilung der Aufsichtsbehörde BVL am 6.2.2008 in den Überwachungsakten beim Regierungspräsidium zum Versuch.
30 Quelle: Jährliche Zwischenberichte über die Nachbeobachtungsaktivitäten durch AgrEvo, Akten bei der Überwachungsbehörde
31 www.enro-portal.de/news/do-read/id-903/read.html
32 http://gen-ethisches-netzwerk.de/lexikon/hans-joerg-buhk
33 http://gen-ethisches-netzwerk.de/lexikon/detlef-bartsch
34 siehe Fussnote 3
35 Presseinformation des SWR dazu am 1.3.2005: www.presseportal.de/pm/7169/652907/swr__suedwestrundfunk/

cherchen sind Zweifel angebracht. Brüssel, hier wird entschieden was gentechnisch verändert auf die Felder darf. Für Streitfragen hat die EU 21 unabhängige Wissenschaftler einberufen. Sie sollen die Sicherheitsrisiken von gentechnisch veränderten Produkten für Mensch und Umwelt in Europa abschätzen. Drei der Experten kommen aus Deutschland. Dr. Joachim Schiemann, Biologische Bundesanstalt, überprüft Anträge zur Freisetzung von Genpflanzen. Dr. Detlef Bartsch, Bundesamt für Verbraucherschutz, zuständig für die Sicherheit von Genpflanzen. Prof. Hans-Jörg Buhk, Bundesamt für Verbraucherschutz, leitet die Genehmigungsbehörde zur Freisetzung von Genpflanzen. Drei leitende Beamte. Zuständig für die Sicherheit und Genehmigung von Genpflanzen, verpflichtet zur Unabhängigkeit.
Doch sind sie wirklich unbefangen? Uns kommen Zweifel, als wir dieses Werbevideo der Gentechnikindustrie sehen. Sechs große Konzerne werben darin für ihren gentechnisch veränderten Mais, den sogenannten Bt-Mais. Schon auf der Hülle wird die Werbebotschaft klar. Genmais bietet die ökologisch beste Lösung. Das Band birgt eine faustdicke Überraschung. Professor Buhk, der Spitzenbeamte aus der Genehmigungsbehörde für Gentechnik, und Buhk preist die ökonomischen Vorteile von Genmais an.
O-Ton, Genmais-Werbung: „Wenn sich, wie es sich in den USA gezeigt hat, BT und die Tatsache das die Landwirte dort Bt-Mais anbauen zeigt, dass für sie einen ökonomischen Vorteil bringt. Dann bedeutet das, diese Möglichkeit nicht zu haben, eben nicht unter so günstigen Bedingungen produzieren zu können. So dass das auf lange Sicht gesehen natürlich auch ein Nachteil für den Landwirt hier ist."
Für die Bauern ist die Botschaft aus der Genehmigungsbehörde klar. Wer Genmais anbaut verdient mehr Geld. Und als wäre das noch nicht genug, auch der Stellvertreter von Buhk, Detlef Bartsch, ist ebenfalls im Werbevideo, damals war er noch an der Universität Aachen. O-Ton, Genmais-Werbung: „Der Bt-Mais hätte zunächst einmal den großen Vorteil, dass wir eine sehr effiziente Bekämpfung des Schädlings hätten."
Wir zeigen das Video dem Experten für Beamtenrecht, Professor Ulrich Battis von der Humboldt-Universität in Berlin.
O-Ton, Prof. Ulrich Battis, Humboldt Universität Berlin: „Das ist eindeutig ein Verstoß gegen die Amtspflicht zur unparteiischen Amtsführung. Das ist ganz einfach. Und das muss abgestellt werden. Man könnte ihn als Verfahrensbeteiligter wegen Befangenheit, wegen der Besorgnis der Befangenheit ablehnen." Ein Interview dazu verweigern Hans-Jörg Buhk und Detlef Bartsch. Sie behaupten ohne ihr Wissen in das Werbevideo geraten zu sein. Doch wie konnte das geschehen? Und warum sind sie nie dagegen vorgegangen? Auf Nachfrage bei einem der Auftraggeber erfahren wir, die Erlaubnis zum Interview sei auf offiziellem Weg eingeräumt worden. ...
Wir recherchieren weiter. Die ABIC 2004 in Köln. Einer der wichtigsten Gentech-Kongresse für die Industrie weltweit. Ausgerechnet hier saß Hans-Jörg Buhk im Organisationskomitee. Der Spitzenbeamte wieder in der Doppelrolle, wieder als Diener zweier Herren. Im Amt soll er unbefangen Genpflanzen auf ihre Sicherheit prüfen und hier arbeitet er für die, die sie herstellen. Denn ausgerichtet wurde die Veranstaltung von der Gentechfirma Phytowelt GmbH. Ziel des Kongresses – die Erschließung eines Marktes.
Wir stoßen auf die größte Ungeheuerlichkeit. Die Beamten wurden nämlich von der EU in diesen Standardfragebögen nach solchen Interessenkonflikten befragt. Aber alle drei haben ihre Lobbytätigkeiten verschwiegen.
Akzeptanzförderung für die Agro-Gentechnik ist jedoch in keiner Weise Aufgabe eines Beamten. Prof. Buhk lässt auch bei diversen weiteren Anlässen keinen Zweifel an seiner Haltung gegenüber der Agro-Gentechnik. Schon Ende der 1990er Jahr wusste er z.B., dass Gentechnik grundsätzlich sicher ist. Zitat: „Auf diese Weise können die Lebewesen, die unserer Ernährung als Basis dienen, gezielt mit Eigenschaften ausgestattet werden, die unsere Lebensmittel qualitativ verbessern und sowohl wirtschaftliche als auch ökologische Vorteile bei der Erzeugung und Verarbeitung erwarten lassen. ...
Kaum eine neue Technik ist bisher so ausgiebig auf mögliche Risiken getestet worden wie die Gentechnik, und noch nie gab es Lebensmittel zu kaufen, die so umfassende Prüfverfahren durchlaufen mussten wie Lebensmittel, die mit Hilfe der Gentechnik hergestellt wurden oder GVO enthalten. Ich denke, die Ängste vieler deutscher Mitbürger kommen ‚aus dem Bauch' und sind oft durch fehlendes Wissen hervorgerufen."

Auszug aus Lorch/Then[36] zur Geschichte des BVL

Robert-Koch-Institut (RKI): Das RKI ging 1994 als eigenständiges Institut aus der Auflösung des Bundesgesundheitsamt (BGA) hervor. Bereits innerhalb des BGA, war das RKI seit den 80er Jahren zuständig für Fragen der Gentechnik. 1982 wechselte Buhk vom MPI zum RKI, wo er die Abteilung „Biologische Sicherheit" aufbaute. Mit Verabschiedung des Gentechnikgesetz 1990 war das RKI Sitz der Zentralen Kommission für Biologische Sicherheit (ZKBS). 2003 wechselte Bartsch von der RWTH Aachen zum RKI. Zum 1.1.2004 wurde die Zuständigkeit für Gentechnik vom Bundesministerium für Gesundheit zum BMVEL übertragen. Aufgaben und Personen des RKI wechselten dabei zum BVL.
Bundesamt für Verbraucherschutz und Lebensmittelsicherheit (BVL): Behörde des Bundesministeriums für Ernährung, Landwirtschaft und Verbraucherschutz (BMELV) mit Hauptsitz in Braunschweig; gegründet 2004 als Folge der Umstrukturierung der ministeriellen Zuständigkeiten für Gentechnik. Buhk und Bartsch sowie die ZKBS zum BVL. Hans-Jörg Buhk ist Leiter der Abteilung Gentechnik, Detlef Bartsch ist Leiter des Referats 404: Koexistenz, GVO-Monitoring und Stellvertreter von Buhk. 2006 kam mit Achim Gathmann ein weiterer Wissenschaftler der RWTH Aachen zum BVL. Entscheidungen des BVL zum MON810-Mais: Der Stopp der Verkaufsgenehmigung von MON810 wird im April 2007 vom BMELV gegen Buhks Willen durchgesetzt, dokumentiert durch ein internes Email von Buhk an seinen Vorgesetzten, in dem er diese Entscheidung kritisiert. Im Dezember 2007 wird MON810 wieder zugelassen, ohne dass der erweiterte Monitoringplan, die im April gestellten Kriterien erfüllt.
Amflora-Kartoffel: Im Mai 2007 genehmigt das BVL den Anbau von 155 ha gv-Kartoffeln zur Saatgutproduktion als „Freilandversuch". Außerdem genehmigte das BVL unter Buhk so umstrittene Freilandversuche wie gv-Weizen und gv-Pharma-Erbsen in Gatersleben, sowie die sog. „Cholera-Kartoffeln" von Broer (Uni Rostock, biovativ).

BVL-Gentechnikchef Buhk

Vorstellung der Studie unter dem Titel „Der deutsche Gentech-Filz", in: taz vom 9.5.2008[37]

Eine Studie zeigt, an zentralen Stellen in den Gentech-Genehmigungsbehörden sitzen Wissenschaftler, die in Lobbyvereinen eng mit Industrievertretern zusammenarbeiten. Anstatt die Industrie zu kontrollieren, setzen sie sich für ihre Interessen ein ... Erhellend sind die von Christoph Then und Mitautorin Antje Lorch beschriebenen konkreten Fälle. Etwa das fragwürdige Zulassungsverfahren für die einzige in Europa zum Anbau zugelassene Gentech-Pflanze, den Mais MON 810 von Monsanto.
So zeigen die Autoren auf, dass Mitarbeiter des Bundesamts für Verbraucherschutz und Lebensmittelsicherheit (BVL) zusammen mit Industrievertretern und Wissenschaftlern, die ein großes Interesse daran haben, Freisetzungen durchzuführen, die Kriterien und Auflagen für die künftige wirtschaftliche Nutzung ausarbeiten und vorschlagen. Die amtlichen Wissenschaftler weisen dabei darauf hin, dass sie in diesen Gremien nur als Privatpersonen mitarbeiten. Später werden sie sich dann als Amtsperson damit beschäftigen – nämlich dann, wenn sie kraft ihrer Funktion in der Bundesbehörde ihre eigenen, zusammen mit der Industrie ausgearbeiteten Vorschläge als verbindlich festlegen.

36 siehe Fussnote 23
37 www.taz.de/index.php?id=archivseite&dig=2008/05/09/a0213

Alle Augen zugedrückt: Aigner, Künast und Seehofer

38 BVL-Geschichte auf www.bvl.bund.de/nn_495478/DE/07___DasBundesamt/021___Geschichte/dasBundesamt___geschichte___node.html___nnn=true

39 Chronik auf www.wissen.de/wde/generator/wissen/ressorts/geschichte/zeitgeschehen/index,page=1307542.html

40 www.keine-gentechnik.de/news-gentechnik/news/de/17652.html

41 Absender war der Wissenschaftlerkreis Grüne Gentechnik e.V. (WGG), Quelle: www.gruene-gentechnik-online.de (ohne Datum)

42 www.gruene-biotechnologie.de/inhalte/tddtfo.html

43 http://de.wikipedia.org/wiki/Forschungsanstalt_Geisenheim

44 siehe Fussnote 5 (S. 75)

45 siehe Fussnote 5 (S. 74)

46 Position des BVL im Urteil, siehe Fussnote 1

47 2008, Autor: Jochen Heimberg. Download unter www.bvl.bund.de/nn_491798/DE/08___PresseInfothek/03___Informationsmaterial/01___BVL___Broschueren/BVL___gentechnik,templateId=raw,property=publicationFile.pdf/BVL_gentechnik.pdf (Zitate von Seite 4 und 21 f.)

Halten wir also fest: Wahrscheinlich schon immer, mindestens aber seit Anfang 2005 wussten die zuständigen Dienstvorgesetzten und PolitikerInnen Bescheid. Seit der Behördenumbildung ist das BVL Teil des Landwirtschafts- und Verbraucherministeriums. Entstanden ist es im Zuge der *„vom ersten BSE-Fall im Deutschland im November 2000 ausgelösten Krise“*.[38] Schon Januar 2001 entstand durch einen neuen Ressortzuschnitt das Bundesministerium für Verbraucherschutz, Landwirtschaft und Ernährung mit der grünen Renate Künast als Ministerin. Auch Bundesländer organisierten den Verbraucherschutz neu. 2002 folgte dann die Einrichtung von BVL und BfR als neue Kontrollbehörden.[39] Das wäre eine optimale Gelegenheit gewesen, in den skandalumwitterten Abteilungen der Lebensmittelüberwachung auch personell aufzuräumen. Doch genau das geschah nicht. Im Gegenteil: Alle drei, die bis heute MinisterInnen waren, wussten von den Verflechtungen, Werbeauftritten und dem durch die Manifestunterschrift dokumentierten Willen der Behördenchefs, nicht oder nicht in der erforderlichen Genauigkeit zu kontrollieren. Sie akzeptierten das und ließen ihre Behörde gewähren – so wie sie auch andere zu ihrem Ministerium gehörende Fachanstalten weiter Genversuchsfelder anlegen und Propagandaprojekte unterstützen ließen. Während sie nach außen teilweise gentechnikkritisch auftraten, sorgten sie in ihrem Ministerium dafür, dass der Durchmarsch der Gentechnik glatt weiterlief: Ilse Aigner, Horst Seehofer und Renate Künast. Da hilft es auch nichts, wenn die Grünen-Bundestagsabgeordnete Ulrike Höfken später, als die Grünen sich in der sicheren Opposition befanden,[40] *„eine mangelnde Distanz zwischen staatlichen Stellen und der Gentechnik-Industrie kritisiert. Die Politikerin warf Verbraucherministerium und anderen Behörden vor, nicht unabhängig zu arbeiten und die Absichten des Gesetzgebers nicht zu respektieren.“* Von 1998 bis 2005 war sie stellvertretende Vorsitzende des Ausschusses für Ernährung, Landwirtschaft und Forsten (2001 umbenannt in Ausschuss für Verbraucherschutz, Ernährung und Landwirtschaft), ab 2002 zudem verbraucherpolitische Sprecherin der Bundestagsfraktion Bündnis 90/Die Grünen und für drei Jahre Fraktionssprecherin für Agrarpolitik. Wo waren da ihre kritischen Worte? *„Seit fünfzehn Jahren entwickle ich als rheinland-pfälzische Abgeordnete und als Sprecherin für Ernährung und Agro-Gentechnik im Bundestag eine grüne Politik zur Stärkung vernünftiger Ernährungspolitik, einer zukunftsfähigen Landwirtschaft und ländlichen Räume“*, erklärt sie auf ihrer eigenen Internetseite. Doch zu Regierungszeiten wurden – wie so oft – alle Chancen vertan, dort Veränderungen herbeizuführen, wo die praktischen Entscheidungen zu den Feldern draußen in der Landschaft fallen.

Während Buhk & Co. von ihren Vorsetzten und politisch Verantwortlichen freie Hand gelassen wird, gibt es auf Seiten der GentechnikbefürworterInnen richtige Fans der Durchwinkbehörde. BVL & Co. sollen ja eigentlich die Gentechnikindustrie und -forschung kontrollieren. Doch dies erfolgt so, dass die Kontrollierten ihren Kontrolleur nicht fürchten müssen. Im Gegenteil: Lobbyverbände und Firmen sind voll des Lobes über die Aufsichtsbehörden des Bundes. Das bestätigt, was BVL, ZKBS, JKI usw. selbst nicht gern zugeben: Die Behörden arbeiten im Sinne der Seilschaften für Gentechnik. Eine dieser Seilschaften, der WGG unter Leitung des damals ebenfalls in einer Bundesbehörde und heute in der EFSA arbeitenden Klaus-Dieter Jany, empfahl Ilse Aigner, Bundesministerin für Ernährung, Landwirtschaft und Verbraucherschutz, als diese laut über das Verbot der Gentechnik nachdachte: *„Eine Beratung zum Beispiel mit den hierzu seit Jahren forschenden Wissenschaftlern in Bundes- und Landeseinrichtungen oder auch deutschen Landwirten, die zugelassene Produkte seit Jahren nutzen, könnte aber gegebenenfalls aufschlussreich sein.“*[41] Unterstützung für Buhk & Co. kam zudem vom ultra-neoliberalen Blatt „Novo“, deren Texte auf einer inzwischen wieder verschwundenen Pro-Gentechnik-Seite[42] der Forschungsanstalt Geisenheim[43] abgedruckt wurden.

Wer also als VerbraucherIn Schutz sucht oder auf unabhängige Begutachtungen hofft, ist bei den Bundesbehörden an der falschen Adresse. Alternativen auf Staatsseite aber gibt es nicht, der Staat steht mit allen relevanten Behörden auf der Seite einer machtvollen Minderheit. Kritische Stellungnahmen kommen nur aus dem zum Umweltministeriums gehörenden Bundesamt für Naturschutz. Bei Genehmigungsverfahren werden diese aber regelmäßig vom BVL weggewischt.

Fachliche und politische Positionen im BVL

Viel ist aus dem BVL gar nicht zu hören oder lesen über die Agro-Gentechnik. Buhk und Bartsch traten aber als Einzelpersonen in Erscheinung, sei es als Lehrende, Autoren von Zeitschriftenartikeln oder in besagtem Werbevideo *„Streitbares Korn“*. Schon früh regte Buhk an,[44] *„ob in der EU nicht zumindest für alle entsprechend den Standards des Cartagena-Protokolls geprüften GVO Schwellenwerte etabliert werden sollten, bei deren Unterschreitung die Zulassungspflicht entfällt.“* Legendär auch Buhks Emails zum MON810, die dem Konzern Monsanto viel nützten (siehe unten): *„In meiner Zuständigkeit als Leiter der Abteilung Gentechnik kann ich die ergangene Weisung aus fachlichen Gründen nicht als richtig erachten.“* Auskreuzung sei legal, denn aus Sicht des BVL, so Buhk,[45] sei *„ein Eintrag von gentechnischen Veränderungen in konventionelle Sorten eine mit der Freisetzung in Kauf genommene und genehmigte Folge einer Freisetzungsgenehmigung.“* Offizielle Auftritte hatte das BVL immer dann, wenn es am Verwaltungsgericht Braunschweig (dort hat das BVL seinen Hauptsitz) zu Klagen gegen konkrete Genfelder kam. Kamen dort Gefahren durch Gentechnik zur Sprache, trat das BVL als Verharmloser auf. Dokumentiert sind die Positionen in den Urteilen des Gerichts, das sich bislang immer auf die Seite des BVL, welches als Genehmigungsbehörde die Beklagte war, schlug. Danach gebe es für andere landwirtschaftliche Betriebe keine *„spezifischen Gefahren und Risiken der Gentechnik, vor denen allein das Gentechnikgesetz schütze“*.[46] Solche Verneingung jeglicher Gefahr führte im gleichen Verfahren zu einer Behauptung, die bereits aus schlicht mathematischer Sicht völlig unsinnig war: *„Ein höherer Pollenaustrag führt nicht gleichsam automatisch zu einer Erhöhung der Auskreuzungswahrscheinlichkeit.“*

Eine Broschüre des BVL zum Thema trägt den schlichten Titel *„Die Grüne Gentechnik“*.[47] Der Text ist vom Stil her zurückhaltend, aber die Begeisterung für die Agro-Gentechnik schimmert dennoch durch: *„Ihre Einsatzmöglichkeiten in der Human- und Veterinärmedizin, in der Pharmazie, im Agrar- und Ernährungssektor, im Umweltbereich sowie in weiten Teilen der Chemie, Papier- oder Textilindustrie sind enorm und eröffnen Wege für neuartige ökonomisch wie ökologisch interessante Problemlösungen. Sie ist eine der wegweisenden Zukunftstechnologien und damit ein wichtiger Motor für Wachstum, Wohlstand und Wettbewerbsfähigkeit.“* (S. 4) Als offizielle Broschüre einer Behörde, die zum Verantwortungsbereich der Verbraucherschutzministerin Ilse Aigner gehört, ist das aber schon auffällig platte Propaganda. Ebenso wird für Schwellenwerte als Suggestion von Wahlfreiheit geworben: „*Die freie Wahl der Verbraucher, sich für oder gegen den Kauf gentechnisch veränderter Lebensmittel zu entscheiden, wird im Wesentlichen durch eine umfassende Kennzeichnungspflicht für gentechnisch veränderte Produkte sichergestellt. ... Um eine praktikable und verhältnismäßige Handhabung der Kennzeichnungsvorschriften zu ermöglichen und Hersteller zu schützen, die sich intensiv bemüht haben, eine Beimischung von GVO zu vermeiden, wurde für zugelassene GVO ein Schwellenwert von 0,9% definiert, unterhalb dessen auf die Kennzeichnung als ‚gentechnisch verändert' verzichtet werden kann.*" (S. 21 f.)

Weitere Auszüge aus „Die Grüne Gentechnik"

Die allgemeinen Ziele der Grünen Gentechnik unterscheiden sich kaum von denjenigen herkömmlicher Pflanzenzüchtung. Meist geht es um eine Verbesserung des Ertragspotentials, der Produktqualität oder einer verbesserten Widerstandsfähigkeit der Pflanzen gegen Schädlinge, Krankheiten, Herbizide, Hitze, Trockenheit oder Kälte. ... (S. 6)

Auch die kommerziell betriebene Pflanzenzüchtung – einschließlich jener mit Unterstützung biotechnischer Methoden – verfolgt in einer Marktwirtschaft zunächst und überwiegend das Ziel der Steigerung von Unternehmensgewinnen. Die Verfolgung gewünschter Ziele muss den Unternehmen entweder durch staatliche Anreize oder Regelungen schmackhaft gemacht werden, oder sie muss durch die öffentliche Hand selbst erfolgen. (S. 8)

Dadurch ist mit großer Sicherheit gewährleistet, dass keine gentechnisch veränderte Pflanze und daraus hergestellten Produkte in die Umwelt oder die Lebensmittelkette gelangen, die eine Gefahr für die Gesundheit der Verbraucher oder die Umwelt darstellen. ... (S. 10)

Die Menschen verzehren täglich mehr als eine Billiarde (1.000.000.000.000.000) Gene, die seit Jahrtausenden problemlos verdaut werden. Es gibt keinen triftigen Grund zu der Annahme, dass ein in der Natur vorkommendes Gen, das nicht durch klassische Züchtung, sondern mittels eines anderen Verfahrens in eine Pflanze übertragen wurde, nicht ebenso problemlos verdaut werden sollte. Darüber hinaus sind Antibiotika-Resistenzen bei Bakterien ohnehin weit verbreitet. ... (S. 10 f.)

Fortschritte in der Pflanzenzüchtung sind nur dann zu erwarten, wenn sich die Aufwendungen lohnen und ein gewisser Schutz der Neuerungen (Erfindungen) vor Nachahmung besteht. ... Da das nationale Patentrecht in europäische und internationale Abkommen eingebunden ist und Patentrechtsfragen auch andere auf internationaler Ebene behandelte Fragen wie z.B. Fragen des Zugangs zu genetischen Ressourcen oder des internationalen Handels und der Entwicklung berühren, werden diese nicht nur auf nationaler Ebene, sondern zunehmend auch in internationalen Gremien diskutiert. So verpflichtet das Abkommen über handelsbezogene Aspekte des geistigen Eigentums im Rahmen der WTO die Vertragsstaaten zur Einführung von Patentschutz auf allen Gebieten der Technik, einschließlich der Biotechnologie. ... (S. 16 ff.)

Die Auskreuzung einer gentechnisch veränderten Pflanze muss nicht automatisch ein Schaden sein, da eine Umwelt- und Gesundheitsgefährdung durch diese Pflanzen bereits mit der Zulassung ausgeschlossen wurde. Bei zugelassenen und damit als sicher bewerteten gentechnisch veränderten Pflanzen können nur wirtschaftliche Schäden durch die Auskreuzung entstehen. ... Die freie Wahl der Verbraucher, sich für oder gegen den Kauf gentechnisch veränderter Lebensmittel zu entscheiden, wird im Wesentlichen durch eine umfassende Kennzeichnungspflicht für gentechnisch veränderte Produkte sichergestellt. ... (S. 20 f.)

Um eine praktikable und verhältnismäßige Handhabung der Kennzeichnungsvorschriften zu ermöglichen und Hersteller zu schützen, die sich intensiv bemüht haben, eine Beimischung von GVO zu vermeiden, wurde für zugelassene GVO ein Schwellenwert von 0,9% definiert, unterhalb dessen auf die Kennzeichnung als „gentechnisch verändert" verzichtet werden kann. Dies gilt allerdings nur, wenn das Vorhandensein des GVO tatsächlich zufällig oder technisch unvermeidbar ist. Jede bewusste Verwendung von GVO ist auch unterhalb des 0,9 %-Schwellenwertes zu kennzeichnen. Die Verwendung technischer Hilfsstoffe (z.B. Enzyme) bei der Herstellung von Lebensmitteln muss in der Regel nicht gekennzeichnet werden. (S. 22)

Genehmigungspraxis im BVL: Legal, illegal, scheißegal ...

„*Das BVL ist als zuständige deutsche Behörde an der Durchführung der Genehmigungsverfahren beteiligt. Entscheidungen zur Marktzulassung gelten dann für alle Mitgliedsstaaten der EU. Das BVL beteiligt das Bundesamt für Naturschutz (BfN), das Bundesinstitut für Risikobewertung (BfR), das Robert Koch-Institut (RKI), das Julius Kühn-Institut – Bundesforschungsinstitut für Kulturpflanzen (JKI), die Zentrale Kommission für die Biologische Sicherheit und im Falle von Tieren auch das Friedrich-Löffler Institut (FLI) Bundesforschungsinstitut für Tiergesundheit und das Paul-Ehrlich-Institut (PEI) an den Verfahren. Die Überwachung von Produkten, die in Verkehr gebracht worden sind, liegt in der Zuständigkeit der Bundesländer.*" So beschreibt das BVL selbst[48] seine formale Zuständigkeit. Ein Blick auf die praktischen Abläufe zeigt einen sehr willkürlichen Gebrauch dieser Zuständigkeit. Alle bisher vorgelegten Anträge wurden durchgewunken. Prüfungen finden kaum statt, vielmehr wurden Bedenken anderer vom Tisch gewischt – mitunter auch auch offensichtlich rechtwidrig. So erklärte das OVG Berlin[49], im Beschluss zur Klage eines Bio-Landwirts, die Anwendung eines vereinfachten Verfahrens für rechtswidrig. Dem Landwirt nützte das allerdings nicht, weil das Gericht die drittschützende Wirkung des Gentechnikgesetzes verneinte. Folglich wies es die Klage im Endeffekt ab, denn der Landwirt hatte keine Klagebefugnis. Das BVL aber hätte sich an das Urteil halten müssen. Tat es aber nicht, sondern bewilligte bis 2006 weitere Freisetzungen im vereinfachten Verfahren.[50] Klagen dagegen waren nicht möglich – und wo kein Kläger, da kein Richter.

Sehr offen zeigte sich die Mischung aus Weggucken, Gleichgültigkeit und Desinteresse an Fragen des Risikos in der Genehmigungspraxis von Feldern mit gentechnisch verändertem Raps, Ende der 90er Jahre an etlichen Standorten in Deutschland. Die Anträge wurden durchgewunken, kritische Hinweise anderer Behörden missachtet und trotz der bekannt starken Auskreuzungstendenz von Raps im Genehmigungsbescheid,[51] unterzeichnet von Buhk selbst, behauptet, es sei „*die räumliche und zeitliche Begrenzung der Freisetzung hinreichend gewährleistet.*" Immerhin war dem BVL bekannt, dass „*dass Rapspflanzen in der Nähe der Freisetzungsflächen durch Pollen der gentechnisch veränderten Rapspflanzen bestäubt werden.*" Doch typisch für das BVL war der Umgang mit dieser Erkenntnis. Statt der Gefahr zu begegnen, wurden krampfhaft Ausreden gesucht mit dem Ergebnis, dass einfach alles so laufen könne wie vom Gentechnikanwender gewünscht: „*Da die eingebrachten Gene den Pflanzen ohne Anwendung von Glufonisat keinen Selektionsvorteil verleihen, sind Risiken für die Umwelt oder die Landwirtschaft daraus nicht abzuleiten*" (S. 9). Was ist mit der Übertragung von Resistenzen auf ande-

48 www.bvl.bund.de/cln__007/nn__495478/DE/06___Gentechnik/03___Wie___GVO___zugel__ __werden/gentechnik___zulassung___node.html___nnn=true

49 Beschl. vom 9.7.1998, ES Nr. 4 zu § 14 GenTG

50 Palme/Schlee (2009): „Gentechnikrecht", S. 105

51 Az. 6789-01-101 vom 2.6.1999

re Arten? Keine Antwort. Was folgt aus der Entstehung resistenter Unkräuter? Ebenfalls nichts. Folgerichtig wandelten sich die vom BVL genehmigten Versuche zu einem bizarren Desaster. Acht Jahre kämpften die Versuchsbetreiber auf den Parzellen mit Durchwuchs von Raps (siehe oben).

Welcher Geist im BVL weht, zeigten auch die jahrelangen Auseinandersetzungen um das Verbot des Bt-Mais aus dem Hause Monsanto. Diese Pflanze mit dem gv-Konstrukt MON810 durfte 1997 erstmals angebaut werden. Nach einer Pause beantragte Monsanto am 12.7.2004 die erneute Zulassung für *„Lebens- und Futtermittel, die MON810 enthalten, daraus bestehen, oder daraus hergestellt sind"*. InnoPlanta organisierte unter dem Deckmantel des *„Erprobungsanbaus"* die Verbreitung der gv-Saat. Zweifel und Pannen bei der Zulassung wurden von den Behörden weggewischt, Ende 2005 erfolgte die Sortenzulassung durch den zuständigen Verbraucherschutzminister. Der hieß Horst Seehofer und kam aus der CSU. Ihm wie vielen anderen war bekannt, dass bereits 1999 die EU beschlossenen hatte, dass gv-Pflanzen nur noch für eine Übergangszeit ohne begleitendes Monitoring angebaut werden durften. Damals war der 17. Oktober 2006 als Deadline für alle Sorten, die das nicht hatten, festgelegt worden:[52] *„Der EU-Ministerrat beschloss im Juni 1999, dass der Anbau gentechnisch veränderter Pflanzen in der EU durch Beobachtungsprogramme zu begleiten ist. In der Folge wurden Monitoringprogramme fuer neue Genehmigungen im Oktober 2003 obligatorisch. Gleichzeitig sahen die Änderungen vor, dass bestehende Genehmigungen ohne Monitoring bis zum 17. Oktober 2006 begrenzt werden."* Diese Frist wurde verschoben, am 18. April 2007 aber wäre endgültig Schluss gewesen, denn Monsanto hatte keinen neuen Antrag mit Monitoringplan vorgelegt. Die Folge: Bt-Mais hätte 2007 definitiv nicht mehr ausgesät werden dürfen. Doch Seehofer trickste. Er, der später in Bayern vehement mit dem Lippenbekenntnis Gentechnikfreiheit auf Wählerstimmenfang ging, verzögerte die Bekanntgabe der fehlenden Zulassung so lange, bis alle Saat in der Erde war. Erst am 27. April wies er das BVL an, den Mais zu verbieten: *„Mit dem nun vom BVL an Monsanto ergangenen Bescheid wird das Unternehmen verpflichtet, ein der aktuellen EU-Rechtslage entsprechendes Monitoring durchzuführen"*.[53] Zu spät. Der MON810-Mais war vielerorts schon in der Erde – ohne gültige Zulassung! Niemand wurde für diesen schmutzigen Verzögerungstrick jemals belangt. Nur gegen Menschen, die sich gegen die heranwachsenden Felder wehrten, ging die Justiz mit der üblichen Härte im Sinne der Konzerne vor. Das Amtsgericht Freienwalde verurteilte etliche FeldbefreierInnen für einen Angriff auf eines der erschummelten MON810-Felder im Oderbruch.[54]

Am 9.5.2007, nachdem der zunächst nur geheim an Monsanto geschickte Verbotsbescheid bekannt geworden und die Imkergruppe Mellifera vor dem Verwaltungsgericht Augsburg durchsetzen konnte, dass MON810-Mais nicht weiter den Honig verunreinigen darf, schoß das BVL den nächsten Ablenkungspfeil ab. Es gab bekannt, dass es nun mit der Erforschung der Koexistenzfähigkeit beginnen würde – welch absurde Reihenfolgte. Erst wurde mit üblen Tricks der gv-Mais überall in der Landschaft verbreitet, und dann erst sollte überprüft werden, ob der überhaupt dazu geeignet ist:[55] *„Mit den bis 2009 ausgelegten Versuchen soll erprobt werden, wie das Nebeneinander des Anbaus von gentechnisch verändertem und konventionellem Mais (Koexistenz) realisiert werden kann, ohne dass ein wirtschaftlicher Schaden entsteht. Konkret geht es um Mindestabstände für den Praxisanbau, den Einfluss von Zwischenkulturen aber auch des Klimas oder der Drillrichtung auf die Auskreuzung. Des Weiteren sollen Auskreuzungsraten bei unterschiedlicher Nutzung als Körner- oder Silomais ermittelt werden."*

Chronik des MON810 Dramas

1996: Erste gv-Pflanzen in EU zugelassen. 1997 dann der MON810.
12.7.2004: Monsanto beantragt erneute Zulassung der „Lebens- und Futtermittel, die MON810 enthalten, daraus bestehen, oder daraus hergestellt sind"
2004: Im Auftrag der Bundesregierung organisiert der Lobbyverband InnoPlanta deutschlandweit den Erprobungsanbau von gentechnisch verändertem Mais
30.5.2005: In einem Rechtsgutachten stellt die Berliner Anwaltskanzlei GGSC fest: „Monsanto hat am 12.07.2004 nur gentechnisch veränderte Lebens- und Futtermittel nach Art. 8 bzw. 20 VO 1829/2003/EG, nicht aber MON 810 als GVO (Saatgut) gemeldet. Das (weitere) Inverkehrbringen von MON 810-Saatgut ist deshalb gentechnikrechtlich nicht zulässig." Die Zulassungsbehörde hätte eigenhändig die Anmeldung manipuliert, um MON810 auch als Saatgut freigeben zu können.
Ende 2005: Sortenzulassung durch Minister Seehofer – der kommerzielle Anbau kann beginnen.
Ab 2006: Immer mehr Maisfelder. Im ersten Jahr 950 ha, 2007 dann 2685 ha und 2008 schließlich 3171 ha. Das bleiben dennoch weniger als 0,2 Prozent der Gesamtfläche, bezogen auf die EU-Ebene sind sogar weniger als 0,1 Prozent aller Ackerflächen mit gv-Saatgut bepflanzt.
18. April 2007: Die Zulassung des MON810 läuft aus. Dennoch beginnt danach, d.h. illegal, die Aussaat der Maisfelder in Deutschland.
27. April 2007: Horst Seehofer verbietet MON810 – nach der Aussaat! Buhk kämpft per Mail für den Mais: „In meiner Zuständigkeit als Leiter der Abteilung Gentechnik kann ich die ergangene Weisung aus fachlichen Gründen nicht als richtig erachten." Monsanto klagt. Als Beweismittel wird die Mail von Buhk verwendet, die Monsanto übermittelt wurde.
Ende 2007: MON810 wird wieder zugelassen, Aussaat erfolgt 2008.
2009: Deutschland verbietet den MON810. Die Eilklage von Monsanto scheitert. Der Mais bleibt vom Acker.

Mauern, Vertuschen und Verharmlosen sind Alltagspraxis des BVL. Das gilt nicht nur für die Agro-Gentechnik, sondern auch in anderen Bereichen der Lebensmittelüberwachung.

***Aus: Gießener Anzeiger, 14.3.2007*[56]**

Französische Wissenschaftler zweifeln an der Sicherheit eines bereits zugelassenen Gentechnikprodukts. In einem Versuch hätten Ratten, die mit der Gen-Mais-Sorte Mon863 gefüttert wurden, Vergiftungssymptome und Schädigungen von Leber und Nieren aufgewiesen, sagte Gilles-Eric Séralini auf einer Veranstaltung der Umweltorganisation Greenpeace in Berlin. Greenpeace wertet die Forschungsarbeit als Beleg für ein potenzielles Gesundheitsrisiko durch gentechnisch veränderten Mais. Der Gen-Mais-Hersteller Monsanto und das Bundesamt für Verbraucherschutz und Lebensmittelsicherheit (BVL) sehen hingegen keine gesundheitlichen Bedenken für Menschen oder Ratten. Das BVL erklärte, eine Wirkung des genveränderten Mais auf die Ratten könne aus der Fütterungsstudie nicht abgeleitet werden.

52 www.uni-protokolle.de/nachrichten/id/136679/

53 Bescheid als PDF unter http://taz.de/blogs/wp-inst/wp-content/blogs.dir/33/files/2007/05/bvl_bescheid_MON810_27_April_2007.pdf

54 Berichte von Verfahren auf www.gendreck-weg.de

55 siehe Fussnote 7

56 www.giessener-anzeiger.de/sixcms/detail.php?template_id=2917&id=2648535&_zeitungstitel=1133842&_resort=1103638

Aus Junge Welt, 22.8.2008 (S. 5)[57]

Deutsches Obst, Gemüse und Getreide sind häufig mit illegalen und besonders gesundheitsschädlichen Pestiziden belastet. ... Die Organisation beklagt ..., daß das BVL ihre Versuche, die Behördendaten genauer unter die Lupe zu nehmen, gezielt behindert habe. So wurde Greenpeace die Herausgabe von Daten zu 30 Prozent der untersuchten Lebensmittel verweigert.

Unheimliche Begegnung der dritten Art: BVL meets Verbraucher

Der bisherige Blick hinter die Kulissen zeigte, dass BVL, Konzerne und andere GentechnikanwenderInnen ziemlich dicke miteinander können. Die obersten VerbraucherschützerInnen in Sachen Gentechnik beherrschen die Klaviatur gediegener Kommunikation mit den Profiteuren der Technik, deren Anwendung eigentlich in ihrem Amt überwacht werden soll. Verharmlosen, Vertuschen und mehr sind Alltag und gut geübte Praxis der Behörde. Was aber geschieht, wenn das BVL auf die Spezies trifft, die in seinen Namen eingegangen ist: Die VerbraucherInnen? Wissen die BVL-Oberen, dass es da draußen überhaupt Menschen gibt, deren „*Schutz*" ihr Auftrag ist? Oder kennen sie VerbraucherInnen nur aus dem Fernsehen? Die Propaganda des BVL ist ja hübsch. Das Amt findet, „*dass alles getan werden muss, um nicht zu polarisieren oder gegensätzliche Positionen zu zementieren. Die besten Mittel dazu sind Transparenz, Aufklärung und offene Argumentation.*" Es „*versteht sich als Dienstleister für Verbraucher*" und hat angeblich zum Ziel, „*durch Transparenz das Vertrauen in die staatlichen Einrichtungen der Lebensmittelsicherheit zu stärken.*"[58]

Selbstdarstellung im BVL-Heft „Die Grüne Gentechnik" (S. 18)

Es ist eine gesellschaftspolitische Aufgabe, unterschiedliche Wertvorstellungen und Überzeugungen in Einklang zu bringen oder zumindest ein verträgliches Miteinander zu ermöglichen. Ein Blick in die Geschichte zeigt, dass es kaum eine Technologie gibt, deren Einführung nicht mit Auseinandersetzungen über das Für und Wider verbunden war. Es genügt daher nicht, nur auf das technisch Mögliche zu sehen, sondern es ist notwendig, die Wünsche und Hoffnungen sowie Sorgen und Ängste der Menschen ernst zu nehmen. Das bedeutet aber auch, dass alles getan werden muss, um nicht zu polarisieren oder gegensätzliche Positionen zu zementieren. Die besten Mittel dazu sind Transparenz, Aufklärung und offene Argumentation.

Und auf den Internetseiten des BVL

Das BVL versteht sich als Dienstleister für Verbraucher, die auf die Sicherheit der Lebensmittel in Deutschland vertrauen, und für die Wirtschaft, die in einem fairen Wettbewerb Produkte von hoher Qualität auf den Markt bringen will. Verbraucher und Wirtschaft werden den Erfolg des BVL daran messen, ob es gelingt, kritische Entwicklungen für die Lebensmittelsicherheit so früh zu erkennen, dass vor Ausbruch einer Krise wirksame Gegenmaßnahmen getroffen werden können. ... Übergeordnetes Ziel der Risikokommunikation des BVL ist es, durch Transparenz das Vertrauen in die staatlichen Einrichtungen der Lebensmittelsicherheit zu stärken.

Schauen wir uns einen Testfall[59] an: Am 26. September 2008 ging ein Antrag[60] auf Einsicht in die Genehmigungsakten zu Genversuchsfeldern in Hessen an das BVL. Kurze Zeit später folgte ein Antrag einer zweiten Person. Ob diese Briefe im BVL Verwunderung darüber auslösten, dass sich VerbraucherInnen an das abgehobene und gut abgeschottete Amt wenden, ist nicht überliefert. Bekannt sind aber die Antworten auf die Anträge. Beide wurden am 8.10.2008 abgelehnt:[61] „*Eine Einsichtnahme in diese Unterlagen vor Ort in den Räumen des BVL ist jedoch nicht möglich*", schrieb die Behörde und stellte verzögernde Nachfragen – nach dem geltenden Recht hätte sie sonst nämlich innerhalb von 30 Tagen die Akteneinsicht gewähren müssen. Die Nachfragen wurden artig beantwortet[62] mit dem Erfolg, dass eine endgültige Ablehnung[63] folgte. Dann noch eine Schleife mit dem formal nötigen Widerspruch am 28.10.2008,[64] dem erwartungsgemäß ein ebenso formaler Bescheid des BVL am 30.12.2008[65] folgte. Darin lehnte das Amt die Akteneinsicht weiter ab: „*Der Grund dafür liegt darin, dass wegen der knappen Raumsituation in dem Dienstgebäude in der Mauerstrasse 39-42, das nur der vorübergehenden Unterbringung des BVL dient, keine freien Räume zur Verfügung stehen, in denen die Akteneinsicht erfolgen kann.*"

> die Einsichtnahme vor Ort in die von Ihnen beantragten Akten lehne ich aufgrund von § 3 Abs. 2 Satz 3 i.V.m. § 5 Abs. 1 Satz 2 UIG ab.
>
> Dies ist zulässig, da die Einsichtnahme zu einem deutlich höheren Verwaltungsaufwand führt als die Übersendung der gewünschten Akten in Kopie. Der Grund dafür liegt darin, dass wegen der knappen Raumsituation in dem Dienstgebäude in der Mauerstrasse 39-42, das nur der vorübergehenden Unterbringung des BVL dient, keine freien Räume zur Verfügung stehen, in denen die Akteneinsicht erfolgen kann. Außerdem steht wegen der angespannten Personalsituation gegenwärtig kein Mitarbeiter des BVL für die Beaufsichtigung der Einsichtnahme zur Verfügung. Vor diesem Hintergrund würde die Einsichtnahme vor Ort zu einem erheblich höherem Verwaltungsaufwand führen als die Übersendung in Kopie.

Abb.: Aus der endgültigen Ablehnung der Akteneinsicht durch das BVL am 16.10.2008

Soweit also das praktische Tun des Amtes, welches sich als „*Dienstleister für Verbraucher*" versteht mit dem – wegen der Absurdität nochmals zitierten – Ziel, „*durch Transparenz das Vertrauen in die staatlichen Einrichtungen der Lebensmittelsicherheit zu stärken.*" Doch die Gentechnikkritiker gaben nicht auf. Ganz im Gegenteil – sie wähnten sich mit einem Gesetz im Rücken und zogen vor Gericht. Dieses Gesetz sollte mensch kennen, denn es eröffnet den Weg zu allen umweltrelevanten Akten bei staatlichen Stellen oder Institutionen mit staatlichen Aufgaben: „*Jede Person hat nach Maßgabe dieses Gesetzes Anspruch auf freien Zugang zu Umweltinformationen, über die eine informationspflichtige Stelle im Sinne des § 2 Abs. 1 verfügt, ohne ein rechtliches Interesse darlegen zu müssen.*" (UIG § 3, Abs. 1) Es dürfen also nicht nur Betroffene in den Unterlagen blättern, sondern schlicht alle. Zudem sind nach dem Umweltinformationsgesetz mit dem Verbraucherinformations- und dem Informationsfreiheitsgesetz weitere Gesetze für die Einsicht in Behördenaktionen erlassen worden, die es auszunutzen lohnt. Mit dem UIG im Rücken ging es am 10.1.2009[66] vor das Verwaltungsgericht Braunschweig mit dem Antrag, „*festzustellen, dass die Verwehrung der einfachen Akteneinsicht oder eines anderen kostenfreien Zugang zu umweltrelevanten Daten ein Verstoß gegen das geltende Umweltinformationsgesetz ist.*" Die Behauptung, keinen Platz für einen Tisch in der riesigen Behörde zu haben, sei absurd: „*Das Umweltinformationsgesetz formuliert einen klaren Anspruch und damit einen Auftrag an die Verwaltung, diesen auch erfüllen zu können. Es kann nicht hingenommen werden, dass die Verunmöglichung dieses Anspruchs jahrelang und auf Dauer zum Alltag einer Verwaltung gehört. Dieses ist umso bedenklicher, als dass es ausgerechnet die oberste Bundesbehörde für Verbraucherschutz ist, die auf diese Art gesetzlich verankerte VerbraucherInnen-Rechte mit Füßen tritt.*"

Es ist ebenfalls nicht überliefert, was diese Klage beim BVL auslöste. Das Verwaltungsgericht schickte diese dorthin, damit das Amt eine Klageerwiderung verfassen konnte. Das tat es auch und führt zwei Gründe an, weshalb es die Akteneinsicht weiter ablehne: Ein angebliche

Abb.: Aus der Klageerwiderung des BVL vom 30.1.2009

> Vergleich mit anderen Bundes- oder Landesbehörden überproportional belasten. Da die Gentechnik im Zentrum einer öffentlichen Debatte über das Für und Wider dieser Technologie steht, ist die Anzahl der bei der Beklagten eingereichten und zu bearbeitenden Anträge gemäß UIG im Hinblick auf zugelassene oder freigesetzte GVO sehr hoch (24 im Jahre 2008).

> Diese anderen Gründe für eine Verweigerung der Einsichtnahme vor Ort liegen hier darin begründet, dass wegen der knappen Raumsituation in dem Dienstgebäude der Beklagten in der Mauerstrasse 39-42 in Berlin keine Räume zur Verfügung stehen, in denen eine Akteneinsicht erfolgen kann. Ferner steht wegen der angespannten Personalsituation bei der Beklagten und vor allem in der Abteilung 4 „Gentechnik" der Beklagten kein Mitarbeiter zur Verfügung, der die Einsichtnahme beaufsichtigen kann.

57 www.jungewelt.de/2008/08-22/019.php

58 www.bvl.bund.de/

59 Extra-Seite im Internet zur Akteneinsicht: www.projektwerkstatt.de/gen/sonder_bvl_akteneinsicht.htm

60 www.projektwerkstatt.de/gen/akten/gerste/bvl080826antrag_uig.pdf

61 www.projektwerkstatt.de/gen/akten/gerste/bvl081008nachfrage.pdf

62 www.projektwerkstatt.de/gen/akten/gerste/bvl081009br2.pdf

63 www.projektwerkstatt.de/gen/akten/gerste/bvl081016ablehnung.pdf

64 www.projektwerkstatt.de/gen/akten/gerste/bvl081028widerspruch.pdf

65 www.projektwerkstatt.de/gen/akten/gerste/bvl08_12_30bescheid.pdf

66 www.projektwerkstatt.de/gen/akten/gerste/klage090110gg_bvl.pdf

Abb.: Ausschnitt aus dem Schreiben des BVL, mit dem es die Akteneinsicht vor Ort akzeptierte.

Nach Rücksprache mit der hausinternen Verwaltung der Beklagten hat die Beklagte inzwischen eine Möglichkeit gefunden, die Akteneinsicht vor Ort in einer Weise zu gewähren, bei der auch die Interessen der Beklagten gewahrt werden.

Arbeitsüberlastung durch sehr viele Anfragen nach UIG („*24 im Jahre 2008*") und fehlender Platz für einen Stuhl und einen Tisch.[67] Das nun ging ans Gericht. Dort jedoch schien es die RobenträgerInnen, die ansonsten bei solchen politisch aufgeladenen Vorgängen meist den staatlichen Behörden zu Diensten sind, nicht zu überzeugen. Denn die schrieben am 2.2.2009 selbst einen Brief an das BVL und stellten klar: „*Wenn sie weder über einen leeren Raum noch über Aufsichtspersonal verfügt, ist es ihr zuzumuten – wie bei Akteneinsichtsanträgen von Naturalparteien vor Gericht üblich – dem Kläger Akteneinsicht an einem Beistelltisch in einem mit Mitarbeitern besetzten Büro zu ermöglichen.*" Offensichtlich wunderten sie sich selbst über dieses verbraucherfeindliche Verbraucherschutzamt und legten der Behörde am 22.2.2009 nahe, dass sie „*ihre Entscheidung, Akteneinsicht vor Ort zu gewähren noch einmal überdenkt*". Das wirkte. Am 26.3.2009 sagte das BVL zu, zukünftig Akteneinsicht zu gewähren.[68] Wenig später konnte das erste Mal Akteneinsicht vor Ort genommen werden, und inzwischen ist das ganze Prozedere Alltag geworden. Beim ersten Mal überwachte das Amt die Akteneinsicht noch intensiv – die BesucherInnen hätten ja sonst heimlich Büroklammern klauen können. Doch auch diese Angst wich. Inzwischen wurde ein fester Raum für die Akteneinsicht ausgewählt, in dem es relaxt möglichst ist, die dort per Aktenwagen hineingeschobenen Unterlagen in aller Ruhe einzusehen und abzufotografieren. Allerdings darf nicht vergessen werden, dass das Verbraucherschutzamt erst vor Gericht gezerrt werden musste, um sich an Verbraucherrechte zu halten. Erst danach war und ist es es für alle Menschen möglichst, ihrer obersten Schutzbehörde wenigstens in die Karten zu gucken – auch wenn dabei nur sichtbar wird, was ohnehin klar war: Die VerbraucherInnen sind im Bundesamt für Verbraucherschutz nur eines – verraten und verkauft! Das gilt auch anderswo: Etliche der Bundesbehörden, die mit Gentechnikfragen beschäftigt sind, verweigern die Akteneinsicht bis heute. Das ist nichts als organisierter Rechtsbruch als Alltag in Ämtern. Sie alle müssen erst per Gang vor Gericht dazu gezwungen werden können, sich an das geltende Recht zu halten.[69]

Kommissionen und Gremien ums BVL

Rund um die zentralen Behörden rankt sich eine unübersichtliche Ansammlungen von Beratungsgremien und externen Sachverständigen. Einige davon haben zentrale Bedeutung in den Entscheidungen um Gentechnik. So gibt die Zentrale Kommission für die Biologische Sicherheit (ZKBS) bei allen Entscheidungen über Freisetzungen ein Votum ab, das von der BVL als Genehmigungsbehörde regelmäßig übernommen wird – was wenig verwundert, schreibt doch tatsächlich ein BVL-Bediensteter die Beschlüsse der schein-unabhängigen ZKBS. Die Bilanz der vergangenen Jahre fällt entsprechend aus: Die ZKBS hielt alle Anträge für vertretbar und die gv-Pflanzenausbringung für sicher – eine 100%-Quote wie bei den Genehmigungen durch BVL und in den Beschlüssen der Gerichte, die über BVL-genehmigte Versuchsfelder verhandelten. Gerade die RobenträgerInnen stützten sich dabei im Besonderen auf das Fachurteil der ZKBS, „*der als unabhängigem und nicht weisungsgebundenem Gremium nach den Vorschriften der §§ 4, 5a und 16 Abs. 5 GenTG eine maßgebliche Funktion bei der Vermittlung des für die Risikobewertung erforderlichen Sachverstandes zukommt*".[70] Beim Gerstenversuch in Gießen schrieb der BVL-Beamte Georg Leggewie die Stellungnahme, die von der ZKBS nur noch durchgewunken wurde. Offenbar wurde die Vorlage nicht einmal durchgelesen, denn durchgehend findet sich auf allen Vorlagen das falsche Jahr als Datumsangabe.[71]

Kaum überraschend ist das angesichts der Personen in der ZKBS, die auf verschiedene Themenposten verteilt sind – je einE HauptvertreterIn und dazugehörigeR StellverteterIn. Deren Zusammensetzung war kein Zufall. Für ihren Aufbau im BMBF war in den 80er Jahren der heutige Abteilungsleiter für Gentechnik im BVL, Buhk, zuständig. Die Kommission folgte 2004 den BVL-Chefs Buhk und Bartsch an die neue Behörde.[72] Alle vier in der der ZKBS sitzenden GentechnikexpertInnen sind vehemente BefürworterInnen dieser Technik. Sie führen zudem selbst einschlägige Experimente durch – wie Kommissionsmitglied Prof. Uwe Sonnewald, der Ende 2005 über seinen eigenen Versuch mit abstimmte. Mit ihrem Wohlwollen sichern sich die Versuchsleiter also schlicht die eigene Arbeit. Auf den anderen Themenposten sieht es nicht besser aus. Für den Bereich „*Umweltschutz*" sitzt u.a. der skandalumwitterte Umweltmediziner Prof. Thomas Eikmann von der Uni Gießen in der Kommission. Seine Biografie zeigt ihn als führenden Kopf in ähnlich verfilzten Zirkeln der Umweltmedizin. Formulierungen aus seiner Feder, dass von Kraftwerken, Giften und Elektrosmog kaum Gefahren ausgehen, gleichen denen der Gentechnikseilschaften. Das überrascht nicht, denn Eikmann stammt aus den Seilschaften um die Biologie der RWTH Aachen und agierte dann im Umweltforum der Uni Gießen, also dem gleichen Zusammenhang, der auch das Interdisziplinäre Forschungszentrum (IFZ) darstellt. Dessen Chef war Prof. Kogel, als der Versuch mit transgener Gerste anlief. Kein Wunder also, dass die ZKBS zum Kogel'schen Versuch eine einheitliche, positive Meinung fand. Eikmann tritt, obwohl gar nicht sein Fach, als Befürworter der Gentechnik auf. Er sitzt im Ausschuss zur DIN-Normung von Überwachungsverfahren in der Gentechnik und zeigte seine Pro-Gentechnik-Einstellung auf einer Podiumsveranstaltung am 16.7.2006 in Gießen.

Genetik	Prof. Dr. Jürgen Wienands Universität Göttingen	Prof. Dr. Gerhard Wenzel Technische Universität München
Genetik	Prof. Dr. Alfred Pühler Universität Bielefeld	Prof. Dr. Uwe Sonnewald Universität Erlangen-Nürnberg

Umweltschutz	Dr. Gerd Neemann BLaU-Umweltstudien, Göttingen	Prof. Dr. Thomas Eikmann Universität Gießen

Mitglieder der ZKBS zum Thema Gentechnik (vier Personen) und Umweltschutz (zwei Personen)[73]

Ich schlage folgende ZKBS-Mitglieder als Berichterstatter für den o.g. Antrag auf der ZKBS-Sitzung am 07. Februar 2006 vor:

1) Frau Dr. Matzk
2) Herr Dr. Neemann
3) Herrn Prof. Dr. Müller-Röber
4) Herr Prof. Dr. Wackernagel

Sind aus meiner Sicht alle geeignet, Herr Wackernagel vielleicht etwas weniger.

Auszüge aus den Genehmigungsunterlagen beim BVL zur ZKBS-Begutachtung des Gengerstenfeld[74]*: Vermerk des BVL-Sachbearbeiters für die ZKBS, Georg Leggewie.*

67 www.projektwerkstatt.de/gen/akten/gerste/klage090130erwiderung__bvl.pdf

68 www.projektwerkstatt.de/gen/akten/bvl/bvl090326knickt__ein.pdf

69 Seit 2010 läuft am Verwaltungsgericht Gießen ein Prozess gegen die Verweigerung der Akteneinsicht durch das PTJ, den Geldgeber der Fördermittel zum Biosicherheitsprogramm.

70 siehe Fussnote 1 (S. 11)

71 siehe Fussnote 1 (S. 10)

72 Lorch/Then, S. 43 und 48 sowie Anträge zu ZKBS und Benehmensbehörden beim Freisetzungsversuch 6786-01-01 68 im Strafverfahren Az. 501 Js 1 591 5/06 am Landgericht Gießen

73 Aus dem Tätigkeitsbericht des ZKBS 2005 (Stand: Dezember 2005)

74 www.projektwerkstatt.de/gen/akten/gerste/bvlakte__zkbs.pdf

Leggewies Kollegin Silvia Reeke schickte später den im BVL erstellten Beschlussvorschlag an ZKBS-Mitglieder. Dieser enthielt als Verteiler die Namen der Personen, die offenbar abstimmen sollten und dafür den Antrag der Uni Gießen erhielten. In dieser Liste stand auch einer der beiden Versuchsleiter, nämlich Uwe Sonnewald aus Erlangen. Hier sollte also derjenige, der den Versuch durchführen wollte, ihn selbst mit genehmigten. Zweimal waren zudem Personen aus der Uni Gießen vertreten, die sehr eng mit dem anderen Versuchsleiter, Karl-Heinz Kogel, zusammenarbeiten. Einer ist Prof. Wolfgang Friedt, der im gleichen Gebäude arbeitet, uneingeschränkter Befürworter der Agro-Gentechnik ist und selbst Raps- und Maisversuche[75] betrieb. Der andere war Prof. Thomas Eikmann, der im Rahmen des ‚Interdisziplinären Forschungszentrums' der Uni Gießen ebenfalls mit Prof. Kogel zusammenarbeitete und Moderator eines völlig einseitigen, sogenannten Hearings zum Thema „*Grüne Gentechnik*" am 21. Juli 2006[76] war.

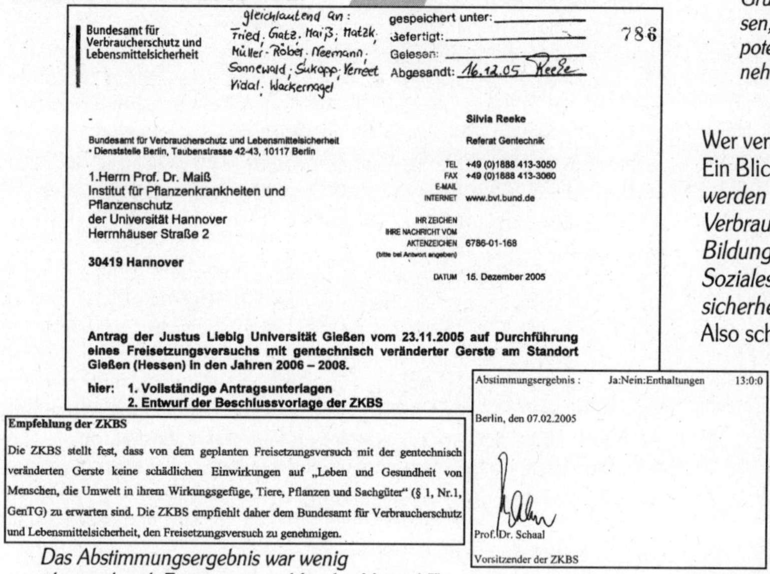
Bundesamt für Verbraucherschutz und Lebensmittelsicherheit

gleichlautend an: Fried, Gatz, Maiß, Matzk, Müller-Röber, Neemann, Sonnewald, Sukopp, Verreet, Vidal, Wackernagel

gespeichert unter:
Gefertigt:
Gelesen:
Abgesandt: 16.12.05 Reeke

786

Silvia Reeke
Referat Gentechnik

Bundesamt für Verbraucherschutz und Lebensmittelsicherheit
• Dienststelle Berlin, Taubenstrasse 42-43, 10117 Berlin

1.Herrn Prof. Dr. Maiß
Institut für Pflanzenkrankheiten und Pflanzenschutz
der Universität Hannover
Herrnhäuser Straße 2

30419 Hannover

TEL +49 (0)1888 413-3050
FAX +49 (0)1888 413-3060
E-MAIL
INTERNET www.bvl.bund.de

IHR ZEICHEN
IHRE NACHRICHT VOM
AKTENZEICHEN 6786-01-168
(bitte bei Antwort angeben)

DATUM 15. Dezember 2005

Antrag der Justus Liebig Universität Gießen vom 23.11.2005 auf Durchführung eines Freisetzungsversuchs mit gentechnisch veränderter Gerste am Standort Gießen (Hessen) in den Jahren 2006 – 2008.

hier: 1. Vollständige Antragsunterlagen
2. Entwurf der Beschlussvorlage der ZKBS

Empfehlung der ZKBS

Die ZKBS stellt fest, dass von dem geplanten Freisetzungsversuch mit der gentechnisch veränderten Gerste keine schädlichen Einwirkungen auf „Leben und Gesundheit von Menschen, die Umwelt in ihrem Wirkungsgefüge, Tiere, Pflanzen und Sachgüter" (§ 1, Nr.1, GenTG) zu erwarten sind. Die ZKBS empfiehlt daher dem Bundesamt für Verbraucherschutz und Lebensmittelsicherheit, den Freisetzungsversuch zu genehmigen.

Abstimmungsergebnis : Ja:Nein:Enthaltungen 13:0:0

Berlin, den 07.02.2005

Prof. Dr. Schaal
Vorsitzender der ZKBS

Das Abstimmungsergebnis war wenig überraschend: Einstimmig und für den Versuch[77]

Der Ablauf war kein Einzelfall. Ähnliches zeigt eine Dokumentation zum gv-Weizenfeld am IPK Gatersleben.[78] Der „*erste Entwurf der Beschlussvorlage wurde von Dr. Georg Leggewie, dem verantwortlichen Sachbearbeiter für dieses Verfahren beim BVL, verfasst*" und dann, auch gegen Bedenken von anderer Seite, Stück für Stück durchgewunken. „*Die Begründungen dafür waren nicht fachlich, sondern allein den wirtschaftlichen Erwägungen des IPK geschuldet.*"

Aus Mirjam Anschütz, „Risiken und Nebenwirkungen"[79]

Am 22.7.2006 erhielten die Mitglieder der ZKBS die Antragsunterlagen vom BVL zusammen mit einer vorformulierten Beschlussvorlage, in der es heißt: „Die ZKBS empfiehlt daher dem Bundesamt für Verbraucherschutz und Lebensmittelsicherheit, den Freisetzungsversuch zu genehmigen." Das heißt also, dass den Mitgliedern der ZKBS bereits durch das BVL vorgegeben war, die Empfehlung für eine Genehmigung auszusprechen. Umso absurder erscheint es dann, wenn das BVL gegenüber dem BfN mit einem Widerspruch zwischen sich und der ZKBS argumentiert.

Laut Aktenlage scheinen von den Mitgliedern der ZKBS lediglich zwei überhaupt Stellungnahmen zu dem Versuch abgegeben zu haben: Frau Matzk, Mitarbeiterin im Biotechnologiebereich der KWS Saat AG, und Prof. Gerhard Wenzel. Herr Wenzel forscht an der TU München selbst an gentechnisch verändertem Weizen und ist vehementer Befürworter der Gentechnologie. Besonders bemerkenswert erscheint das Schreiben von Herrn Wenzel an den zuständigen Sachbearbeiter beim BVL: „Lieber Herr Leggewie, mit der Maßgabe die Nachkontrollzeit ggf. um ein Jahr zu verlängern, stimme ich Ihrem Entwurf uneingeschränkt zu. Ich erachte das Weizenprojekt für ungemein prioritär."[80]

Die Tatsache, dass einerseits die Genehmigungsempfehlung bereits vorformuliert war, dass sich von allen ZKBS-Mitgliedern nur zwei geäußert haben, die beide ein grundsätzliches eigenes Interesse an einer wohlwollenden Genehmigungspraxis haben, und einer davon einer Genehmigung aus Gründen zustimmt, die eine eindeutige Voreingenommenheit erkennen lassen, lässt den Verdacht aufkommen, dass die ZKBS nicht neutral das Risikopotential geprüft hat, weil es von vornherein gewollt war den Versuch zu genehmigen.

Abb. links: Auszüge aus der Verwaltungsakte zum Gengerstenversuchsfeld der Uni Gießen (Az. 6786-01-0168)

Wer verantwortet die einseitige Zusammensetzung und Arbeit der ZKBS? Ein Blick ins Gentechnikgesetz klärt auf: „*Die Mitglieder der Kommission werden vom Bundesministerium für Ernährung, Landwirtschaft und Verbraucherschutz im Einvernehmen mit den Bundesministerien für Bildung und Forschung, für Wirtschaft und Technologie, für Arbeit und Soziales, für Gesundheit sowie für Umwelt, Naturschutz und Reaktorsicherheit für die Dauer von drei Jahren berufen.*" (GenTG § 4, Abs. 2). Also schon wieder die Damen und Herren Künast, Seehofer und Aigner!

Die konkrete Ausführung überließen sie ihrem BVL-Gentechnikchef Buhk, also einem bekennenden Gentechnikfan und Gegner kontrollierender Überwachung.

Die Einseitigkeit der ZKBS schuf bislang bei gerichtlichen Überprüfungen eine unüberwindbare Hürde für alle KlägerInnen gegen Anbaufelder mit gv-Pflanzen. Denn das Verwaltungsgericht Braunschweig berief sich bei der Abweisung der Klage auf das Votum der ZKBS. Auch beim Streit um den MON810 standen BVL und ZKBS[81] auf der Seite des Konzerns. Im Gerichtsverfahren spielte das aber keine Rolle, weil Ministerin Aigner dem BVL die Anweisung erteilt hatte, den Verbotsbescheid zu verteidigen. Das tat es dann auch, wider der eigenen politischen Überzeugung.

Noch ein Beratungsgremium – der BioÖkonomieRat

Trotz aller Kritik – die Lage wurde im Laufe der Jahre nicht besser. Im Gegenteil: Das neueste Gremium des Gentechnik-Tandems der Bundesregierung, Schavan und Aigner war einseitiger als alle Vorhergehenden. Anfang 2009 ernannten die beiden Ministerinnen den Forschungs- und Technologierat BioÖkonomie, kurz „*BioÖkonomieRat*". Das wurde im Diskussionspapier des BMBF unter Annette Schavan zum ersten Runden Tisch Gentechnik am 22.7.2009 kräftig gefeiert. Der Rat sollte sich nicht – wie die ZKBS – mit den Niederungen der einzelnen Anwendungen befassen, sondern mit der „*Position Deutschlands*", um dafür „*Vorschläge für eine nationale Innovationsstrategie erarbeiten*" sowie „*Handlungsempfehlungen für die Forschungs- und Innovationspolitik*" zu entwickeln.

75 www.projektwerkstatt.de/gen/unimais__lage.htm

76 www.projektwerkstatt.de/gen/berichte.htm

77 Aus der Stellungnahme der ZKBS, S. 1: Akten beim BVL (Az. 6786-01-01 68) mit drei Ausfertigungen der scheinbaren ZKBS-Stellungnahme vom 14.12.2005 (Autor: Leggewie, BVL) bis zur unterschriebenen Version (mit falschem Datum)

78 Broschüre „Risiken und Nebenwirkungen", Download über www.projektwerkstatt.de/gen/filz/boerde/gaterslebenbrosch.pdf (S. 17 f.)

79 Hausarbeit an der Uni Witzenhausen, 2010

80 Mail von Gerhard Wenzel vom 25.9.2006, Bl. 614 der Verwaltungsakte gv-Weizenfeld von Gatersleben

81 www.transgen.de/aktuell/1087.doku.html

Hier also wurde an der Zukunft gebastelt. Alle Vorschläge würden, das war unschwer zu erraten, mit den üblichen Worthülsen unabhängiger Expertise, seriöser Wissenschaftlichkeit und sachlicher Debatte versehen sein. Doch schon die Personenzusammensetzung verriet das tatsächliche Ziel. Im BioÖkonomieRat[82] sitzen SpitzenfunktionärInnen derjenigen Konzerne und Institute, die Gentechnik anwenden und daran verdienen. Hinzu kommen Lobbyisten der Sache. Neutrale oder gar kritische Personen gibt es gar nicht. Der Präsident der geschäftsführenden Acatech sah[83] die parteiische Runde trotzdem als geeignet *„für eine unabhängige Politikberatung"*, verkündete aber auch schnell, worum es tatsächlich darum geht, *„die Position Deutschlands im Bereich der Bioökonomie weiter auszubauen"*. Also business as usual: Profiterzeugung und Standortkonkurrenz. Der Gentechnik fehlen einfach echte Argumente![84]

Aus der Presseinformation zur Einrichtung des BioÖkonomieRats (Sitz: Mauerstr. 79, Haus E) am 9.1.2009[85]

Um die Position Deutschlands im Bereich der Bioökonomie weiter auszubauen, hat acatech – Deutsche Akademie der Technikwissenschaften den Forschungs- und Technologierat Bioökonomie eingerichtet. ... acatech Präsident Reinhard F. Hüttl sagte zu Zielen und Zusammensetzung des Rates: „Der Bioökonomierat bringt hochrangige Persönlichkeiten aus den für bioökonomische Fragen relevanten Bereichen zusammen. Er wird vor allem Lösungsvorschläge für die Weiterentwicklung der Bioökonomie erarbeiten." Nach seinen Worten zeigt die Einrichtung des Rates bei acatech die gewachsene Bedeutung wissenschaftlicher Akademien in Deutschland: „Der Auftrag an acatech schafft die Voraussetzung für eine unabhängige Politikberatung in einem hoch komplexen Themenfeld."

Dem Forschungs- und Technologierat gehören folgende Persönlichkeiten an:

Professor Dr. Achim Bachem (Forschungszentrum Jülich)
Dr. Helmut Born (Deutscher Bauernverband)
Dr. Andreas Büchting (KWS SAAT AG)
Prof. Dr. Thomas Hirth (Fraunhofer-Institut für Grenzflächen und Bioverfahrenstechniken)
Dr. Andreas Kreimeyer (BASF SE)
Prof. Dr. Bernd Müller-Röber (Max-Planck-Institut für Molekulare Pflanzenphysiologie)
Prof. Dr. Manfred Schwerin (Forschungsinstitut für die Biologie landwirtschaftlicher Nutztiere)
Prof. Dr. Carsten Thoroe (Johann Heinrich von Thünen-Institut)
Prof. Dr. Wiltrud Treffenfeldt (Dow Chemical Company, USA)
Prof. Dr. Fritz Vahrenholt (RWE AG)
Prof. Dr. Joachim von Braun (International Food Policy Research Institute)
Prof. emer. Dr. Alexander Zehnder (ETH Zürich)
Dr. Christian Patermann (wissenschaftspolitischer Berater Cluster Biotechnolgie Nordrhein-Westfalen, als ständiger Gast)

Aus der ersten Erklärung des Rates vom 13.7.2009[86]

Neben der Bildung strategischer Partnerschaften mit dem Ausland und der Verbesserung der Nachwuchsausbildung sieht der Rat einen weiteren Schwerpunkt in der Schaffung verlässlicher rechtlicher Rahmenbedingungen etwa im Bereich der Grünen Gentechnik. Hierin liege die Grundvoraussetzung, um die Chancen Deutschlands im internationalen Wettbewerb besser erschließen zu können, sagte der stellv. Ratsvorsitzende, der Molekularbiologe Bernd Müller-Röber von der Universität Potsdam. Der Rat spricht sich deshalb dafür aus, Rechtssicherheit von der Forschung bis zur Zulassung und Vermarktung einschließlich transparenter Verbraucherinformationen zu schaffen, um eine verantwortungsbewusste Weiterentwicklung neuer Technologien zu ermöglichen.

Aus dem BioTech-Brief 1/2010 der Deutschen Industrievereinigung Biotechnologie (DIB)[87]

Eine zentrale Forderung des BioÖkonomieRates lautet deshalb, Entscheidungsfindungen zur Grünen Gentechnik ausschließlich auf Basis wissenschaftlicher Bewertungen herbeizuführen.

Überall drin: Julius-Kühn-Institut (JKI)

Nordwestlich von Braunschweig wird eine ehemals bedeutsame Einrichtung langsam umstrukturiert und zu großen Teilen abgewickelt.[88] Aus den Spaltprodukten entstehen an neuen Orten modernisierte Behörden. Die ehemaligen Rüstungsindustrien der Nationalsozialisten an der Braunschweiger Bundesallee dienten der Forschungsanstalt für Landwirtschaft (FAL) und der Biologische Bundesanstalt (BBA) als landwirtschaftliche Versuchsfläche[88] – in den Mangeljahren nach 1945 von erheblicher Bedeutung. Doch beide sind mittlerweile verschwunden. Aus ihnen entstanden das Friedrich-Löffler-Institut (FLI) für Forschungen an Tieren, das Julius-Kühn-Institut (JKI) als neue Bundesfachbehörde für Pflanzenbau und das Johann Heinrich von Thünen Institut (vTI). Seit den 90er-Jahren gehören Experimente mit genmanipulierten Pflanzen zum Repertoire. Lange blieb das in der Region wenig beachtet. Selbst den östlich angrenzenden Stadtteilen und in den Dörfern der Westseite wussten nur Wenige von diesen Feldern und den hinter ihnen stehenden Gentechnikseilschaften. Das große Gelände war durch einen viele Kilometer langen Zaun und den umgebenden Waldstreifen vor Einblicken von außen geschützt. Erst 2009 nahm der Protest in Folge einer spektakulären Feldbesetzung und einer mehrwöchigen Mahnwache vor dem Eingang zu.

Die mehrere Quadratkilometer große, mit eigenem Wachpersonal gesicherte Fläche beherbergt nicht nur Felder und Ställe. Hier sitzen wichtige Bundesbehörden – und in viele dieser Ämter reichen die Seilschaften der Gentechnik tief hinein. Das BVL, dessen Gentechnikabteilung von Berlin aus die Fäden zieht, hat hier seine Zentrale. Prägender sind landwirtschaftliche Anstalten und Institutionen. Sie wurden am 1.1.2008 umstrukturiert und umbenannt. Für das Gelände und die Verwaltung ist fortan das vTI zuständig, in dem nur noch wenige, thematisch übergreifende Fachsparten angesiedelt sind. Eine davon ist das Institut für Biodiversität, an dem Prof. Christoph Tebbe Freisetzungsversuche in Kooperation mit Universitäten organisiert.

Wichtiger für die Agro-Gentechnik ist das aus den Pflanzenbaubereichen der BBA neu geformte JKI. Diese Behörde des Bundes berät das BVL und führt eigene Versuche durch. Hauptthema ist dabei das, was bei vielen Freisetzungsversuchen als Ziel benannt wird: Die Überprüfung der Sicherheit von Gentechnik. 2009 wollten vTI und JKI das Gelände für zwei Versuche nutzen. Doch das Verbot von MON810[89] durchkreuzte die Pläne des JKI für einen Versuch zur Auskreuzung bei Bt-Mais (siehe Kapitel 5 zu Forschungen). Die zweite Freisetzung, koordiniert von vTI und Rheinisch-Westfälischer Technischer Hochschule (RWTH) aus Aachen, war von dem Verbot nicht betroffen, da hierbei der Mais MON 89034 x MON 88017 ausgebracht wurde.

82 www.biooekonomierat.de
83 http://idw-online.de/pages/de/news?id=297435
84 taz-Blog über den ersten Bericht des BioÖkonomierats am 2.6.2010: http://blogs.taz.de/saveourseeds/2010/06/02/biomasse_die_visionen_des_biooekonomierats_der_bundesregierung/
85 siehe Fußnote 83
86 www.acatech.de/de/aktuelles-presse/presseinformationen-news/news-detail/article/biooekonomierat-uebergibt-erste-empfehlungen-an-die-politik/229.html
87 www.dib.org/default2%7Erub%7E0%7Etma%7E0%7Ecmd%7Eshd%7Edocnr%7E127293%7End%7E%7Eond%7E%7Esnd%7Ep%7Eshmode%7E.htm
88 Auf Landkarten und Stadtplänen ist meist „Bundesforschungsanstalt für Landwirtschaft" eingetragen. Die Internetadresse lautete www.fal.de, die jetzt auf die neuen Institutionen verlinkt.
89 MON810 wurde am 14.4.2009 durch die Landwirtschaftsministerin Ilse Aigner wegen ungeklärter negativer Auswirkungen auf die Umwelt verboten (www.agrarheute.com/pflanze/mais_und_Ölsaaten/die_mon810-entscheidung.html?redid=300922).

Berichte zu den Versuchsfeldern und Protesten an der Bundesallee in Braunschweig auf www.bs-gentechfrei.de.

Das JKI forscht aber nicht nur selbst, sondern ist auch sogenannte Benehmensbehörde, d.h. eine an Genehmigungsverfahren zur Agro-Gentechnik beteiligte Institution. Es nimmt Stellung zu allen Versuchen – zu denen von Dritten wie zu Eigenen. Es berät dabei das BVL, jene Bundesoberbehörde, die eigentlich VerbraucherInnen schützen soll, deren entscheidungsbefugte Beamte nur zu gerne Werbefilme für die zu kontrollierenden Konzerne drehen, auf Pro-Gentechnik-Messen mitwirken und für den Abbau von Genehmigungshürden (Deregulierung) bei der Gentechnik streiten. Da wäre es wichtig, wenn wenigstens die BeraterInnen unabhängig blieben. Doch auch hier Fehlanzeige! An der Spitze von BBA bzw. nun JKI sitzen ausgewiesene Gentechnikbefürworter. Präsident ist sei dem 2.9.2002 Georg F. Backhaus,[90] der zwar auch keine Argumente für die Agro-Gentechnik nennen konnte, aber dazu aufrief, zu „*erkennen, dass wir nicht auf einer Insel leben*". Zentrale Figur der Gentechnikforschung am Institut ist Joachim Schiemann, dessen Liste an Ämtern und Verflechtungen lang ist. Er agiert gleichzeitig in allen Akteursgruppen des Gentechnikgeflechts und gehört damit zu den Top-Seilschaftern hierzulande.

In den Gremien des JKI (vormals BBA) saßen und sitzen Industrie und gentechnikfreundliche Medien – so im Wissenschaftlichen Beirat der Chef des BASF-Versuchszentrums in Limburgerhof, Jürgen Altbrod, der KWS-Aufsichtsratsvorsitzende Andreas Büchting und die FAZ-Reporterin Caroline Möhring. Auch umgekehrt geht das: Im Lobbyverband InnoPlanta e.V. sitzen die GentechnikbefürworterInnen aller Richtungen zusammen. Da darf das JKI nicht fehlen: Thomas Kühne, Leiter des Instituts für Epidemiologie und Pathogendiagnostik, ist dort eingebunden.[91] Direkt förderte das JKI das „*Grüne Labor*" für Gentechnikexperimente auf dem IPK-Gelände in Gatersleben und ist mit zwei Personen im Gentechnikzentrum vertreten: Thomas Kühne sitzt im wissenschaftlichen Beirat, Prof. Frank Ordon im Genbankbeirat. Insgesamt ist das JKI die am intensivsten verflochtete Organisation der Agro-Gentechnik in Deutschland. Es gibt kaum einen Lobby-, Dachverband oder eine wissenschaftliche Einrichtung ohne irgendeine Beteiligung von JKI-FunktionärInnen.

Das Ergebnis ist wenig überraschend: In gentechnischen Genehmigungsverfahren stimmte das JKI den Anträgen vorbehaltlos zu. Die dabei benutzte Sprache demaskiert die GentechnikerInnen als einseitige BefürworterInnen – die schon vorher wissen, was eigentlich erst erforscht werden soll. So findet sich in der Stellungnahme der damals noch BBA heißenden Behörde zum Gießener Gengersteversuch die Behauptung: „*Die unbeabsichtigte und unkontrollierte Verbreitung von Samen in geringen Mengen aus Feldversuchen ist nicht ganz auszuschließen. Die gentechnisch veränderten Pflanzen stellen jedoch für Mensch, Tier und Umwelt kein Risiko dar.*"[92]

Praktizierte Seilschaft durch und durch ist die Arbeitsgruppe „*Anbaubegleitendes Monitoring gentechnisch veränderter Pflanzen im Agrarökosystem*", die Joachim Schiemann seit 1999 koordiniert.[93] Deren Mitgliederliste zeigt einen dichten Filz von Wissenschaft, Behörden und Firmen. Der Industrieverband Agrar, die großen Konzerne KWS Saat AG, Bayer CropScience, Syngenta Seeds, BASF, Pioneer Hi-Bred, Monsanto und DuPont sowie die wichtigen Kleinstfirmen BioMath (Geschäftsführerin: Kerstin Schmidt) und Genius sitzen dort mit Forschungsinstituten und allen wichtigen Behörden der Gentechnik zusammen.[94] In dieser Mischung wurden unter anderem Fragebögen zum Anbaumonitoring[95] entwickelt, d.h. die Methoden zur Überwachung der Aussaat von gv-Pflanzen stammen von denen, die solche Versuche durchführen. Die Lücken dieses Fragebogens führten zum ersten Verbot des MON810 durch das BVL vom April 2007.

Ähnlich dem BVL scheint das JKI – immerhin ja als Bundesanstalt mit dem Auftrag versehen, die Sicherheit der Agro-Gentechnik zu erforschen und zu überwachen – das Licht der Öffentlichkeit zu scheuen. Nach dem Umweltinformationsgesetz muss das Institut seine Akten auf Antrag zugänglich machen. Im Februar 2009 stellten ein Imker und eine Biogärtnerin aus der Braunschweiger Region einen solchen Antrag für die geplanten und laufenden Freisetzungsversuche der RWTH Aachen und des JKI. Während die RWTH wie selbstverständlich dem Anliegen zustimmte, lehnte die Bundesinstitution JKI ab: „*Die von Ihnen angesprochenen Versuche werden im Rahmen eines vom BMELV in Auftrag gegebenen und finanzierten Projektes durchgeführt, bei dem es sich um ein Forschungsvorhaben und nicht um einen behördlichen Vorgang handelt.*"[96] Nachdem der Antragsteller Widerspruch einlegte, wiederholte das JKI seine Auffassung in der formalen Ablehnung am 7.4.2009: „*Der Widerspruch soll zurückgewiesen werden. Die begehrte Akteneinsicht zu dem Projekt: ‚Bundesforschungsprogramm zur Sicherung der Koexistenz' dürfte keine Umweltinformation im Sinne des § 2 Abs. 3 Umweltinformationsgesetz darstellen. Es handelt sich vielmehr, wie bereits in dem Bescheid vom 27.02.2009 mitgeteilt wurde, um ein Forschungsprojekt.*" Ja und? Was hatte diese Aussage mit dem Recht auf Akteneinsicht zu tun? Das UIG unterscheidet nicht in offizielle Vorgänge und Forschungsarbeit. Auch Universitäten müssen ihre Forschungen offenlegen – und tun das. Die Rechtsauffassung der Behörde war daher abwegig.[97] Wieder fürchtete sich ausgerechnet eine Bundesbehörde, wie das BVL auch schon, vor Einblicken in ihre Arbeit. Das passt in die Logik der dichten Seilschaften deutscher Agro-Gentechnik. JKI, BVL, ZKBS und die selbsternannten SicherheitsforscherInnen sind einerseits Handlanger der Interessen von Gentechnikkonzernen und -lobbyisten, andererseits aber auch selbst TäterInnen und Mitmachende im Gewirr von riskanten Anwendungen, Millionengeldern und undurchsichtigen Firmenstrukturen. Sie agieren lieber versteckt und beschimpften sogar die, die nach geltendem Recht in ihre Akten schauen wollen: „*Die verstehen Sie doch gar nicht!*"[98]

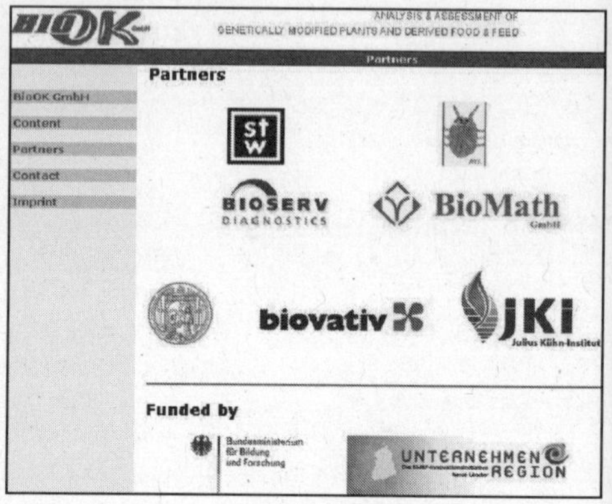

Die Abbildungen stammen von der Internetseite des Firmenverbundes BioOK. Offenbar wegen der Kritik an den Verflechtungen ist das Emblem des JKI inzwischen von der Seite der Privatfirma verschwunden.

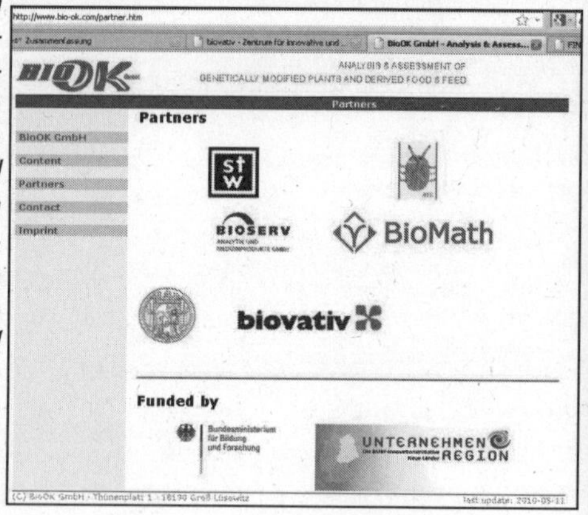

JKI-Präsident pro Gentechnik-Forschung[99]

Weltweit ist die Gentechnik ein intensiv diskutiertes Thema. In Deutschland sind wir sehr zurückhaltend. Im Zusammenhang mit den Prozessen der Globalisierung müssen wir allerdings erkennen, dass wir nicht auf einer Insel leben. Dies zeigen uns auch die zunehmenden Probleme, die mit Schädlingen, Krankheitserregern oder invasiven Pflanzenarten nach Europa importiert werden. Deswegen ist eine gute Sicherheitsforschung auf breiter Ebene notwendig, wie wir sie in der Biologischen Bundesanstalt machen.

90 www.jki.bund.de/nn__806730/SharedDocs/02____Leitung/Personen/Backhaus.html

91 Lorch/Then, S. 53

92 Schreiben der BBA am 20.3.2006 (S. 3)

93 Mitgliederliste der Arbeitsgruppe (Stand: Dezember 2002). Abrufbar auf www.jki.bund.de.

94 siehe Fußnote 93

95 Informationen zum Monitoring beim Anbau unter http://gen-ethisches-netzwerk.de/lexikon/anbaubegleitendes-monitoring

96 Schreiben des JKI am 27.2.2009, Absender: Joachim Schiemann.

97 Dokumente unter www.julius-kungel-institut.de.vuBeschwerden und Klagen wurden nur in Einzelfällen eingereicht. Meist scheuen Menschen Kosten und Mühen für solch einen Gang vor Gericht – eine Tatsache, auf der die verfilzten Behörden bauen können.

Fortsetzung auf nächster Seite

Ämterhäufung: Joachim-Schiemann, staatlicher Ober-Grenzwertforscher

Im Porträt: Joachim Schiemann

Die schillerndste Figur des JKI in den deutschen Gentechnikseilschaften ist Joachim Schiemann.[a] Von 1976 bis 1991 arbeitete er am Vorläufer des heutigen IPK in Gatersleben. Von dort wechselte er zur BBA (später: JKI) nach Braunschweig, dann zum neuen Hauptsitz des JKI nach Quedlinburg. Obwohl vielfach als Gentechnik-Befürworter aufgetreten, ist Schiemann dort Leiter des Instituts für Sicherheit in der Gentechnik bei Pflanzen. In dessen Selbstdarstellung wird die Gentechnik als wichtige Zukunftsbranche bezeichnet: *„Die Nutzung gentechnisch veränderter Pflanzen ist weltweit auf dem Vormarsch – die wissenschaftliche, öffentliche und politische Auseinandersetzung mit dieser Thematik, die eine wichtige Zukunftsbranche für Forschung und Wirtschaft darstellt, ist daher nach wie vor aktuell. ... Die Aufgaben des Instituts leiten sich aus dem Gentechnikgesetz, dem Pflanzenschutzgesetz, hierzu erlassenen Rechtsverordnungen und den im Forschungsplan des Bundesministeriums für Ernährung, Landwirtschaft und Verbraucherschutz (BMELV) festgeschriebenen Forschungsaufgaben ab. Sie umfassen insbesondere Fragen der Risikobewertung und des Monitoring von gentechnisch veränderten Organismen (GVO) sowie der Koexistenz von Anbausystemen mit und ohne Verwendung von gentechnisch veränderten Pflanzen. Das Institut wirkt am Genehmigungsverfahren für die Freisetzung und das Inverkehrbringen von GVO mit. Im Rahmen von biologischer Sicherheitsforschung und freisetzungsbegleitenden Forschungsarbeiten mit Kulturpflanzen sowie des Monitoring werden Sicherheitsaspekte und mögliche Auswirkungen von gentechnisch veränderten Pflanzen auf den Naturhaushalt und die nachhaltige Landbewirtschaftung untersucht. Das Institut berät die Bundesregierung, insbesondere das BMELV, in Fragen der Sicherheit in der Gentechnik und der Koexistenz. Es koordiniert die Forschungsarbeiten zur biologischen Sicherheit von GVO im Julius Kühn-Institut und im Forschungsbereich des BMELV."*

Schiemann arbeitete bereits in mehreren Kontrollinstitutionen und Gremien von Geldgebern, u.a. von 2000 bis 2004 beim Bundesministerium für Bildung und Forschung (BMBF) und 2003 bis 2009 *„als Sachverständiger für die EFSA. Seine Risiko-Einschätzungen dienen der EU-Kommission und dem EU-Parlament als Grundlage für Entscheidungen zur Gentechnik"*.[b] Während er Gentechnikanwendungen prüft und überwachte, betätigte er sich gleichzeitig selbst als Entwickler und führt Versuche durch. Die Finanzierung eines Projektes, bei dem Schiemann markerfreie gv-Pflanzen entwickeln wollte,[c] wurde 2004 durch das BMVEL gestoppt, um Interessenkonflikte zu vermeiden. Die Forschung wurde anschließend durch Prof. Inge Broer (Uni Rostock) fortgesetzt – Schiemann blieb beteiligt als Mitgründer des durchführenden Vereins FINAB e.V.[d] Nachdem dies 2005 öffentlich wurde und für politische Diskussionen sorgte, strichen die Verantwortlichen seinen Namen von der Webseite des Vereins. Schiemann blieb im Umfeld und verfasste 2009 zusammen mit Broer ein Grundsatzpapier zur Sicherheitsforschung. Dort fordern beide, Forschung solle *„'Schwellenwerte' ermitteln, unterhalb derer mögliche negative Effekte vernachlässigbar sind oder toleriert werden können"*. Sicherheitsforschung mit gv-Pflanzen solle *„in den Lehrplänen der Schulen"* Aufnahme finden. Ganz offen traten sie für den weiteren Aufbau der Gentechnik-Seilschaften ein und forderten die *„Etablierung eines Netzwerks von Universitäten und Forschungseinrichtungen zur Freisetzung von GVO, das von einer professionell organisierten gemeinsamen Öffentlichkeitsarbeit begleitet wird"*. Auch mit den AgroBioTechnikum-MitarbeiterInnen Kerstin Schmidt und Jörg Schmidtke gab Schiemann gemeisam Schriften heraus – also immer mit Personen, zu deren Versuchen Schiemann als Mitarbeiter einer am Genehmigungsverfahren beteiligten Bundesfachbehördefachliche Stellungnahmen abgab.

Schiemann ist Treuhänder des Fraunhofer-Instituts für Molekularbiologie und Angewandte Ökologie (IME), das mit der Entwicklung von gv-Pflanzen, u.a. zu Pharmazwecken, Geld verdient. Er lehrte an den Universitäten in Braunschweig und Lüneburg – an letzter leitete er ein Seminar *„Biotechnologie"*, welches aber mangels Anmeldungen ausfiel. 2010 war er dann an beiden Universitäten nicht mehr mit Lehrangeboten vertreten. Außerdem engagierte er sich in etlichen Lobbygruppen der grünen Gentechnik. Schiemann ist Mitglied im Wissenschaftlerkreis Grüne Gentechnik (WGG), war Redner auf der ABIC2004, sitzt seit 2005 im Beirat des GMO Kompass und (bis 2009) im Management Boards und Executive Committee des EU-Projekts CO-EXTRA. Seit 2006 koordiniert er das BIOSAFENET und ist Arbeitspaketleiter im EUPRRI-Projekt Science4BioReg. Am 6.6.2009 sprach er als Hauptredner zum Tag der offenen Tür des Biotech-Campus in Gatersleben.[e] Mit seinen vielen Ämtern ist Schiemann ein prägnanter Fall der Kombination von Lobbyarbeit, Entwicklung eigener gv-Pflanzen, Forschungstätigkeit und Kontrollfunktion in einer Person. Zu allem Überfluss meldete Schiemann 1996 auch noch ein Patent auf genmanipulierte Pflanzen mit fluoreszierenden Proteinen an. Ziel dieser gentechnischen Veränderung war eine leichtere Identifizierung von gv-Pflanzen im Freiland. Zu diesem Zeitpunkt arbeitete er bereits fünf Jahre lang an der BBA. Seit dem Jahr 2000 gilt dieser Patentantrag als zurückgezogen. Wollte Schiemann den Eindruck vermeiden, dass er als Kontrolleur kommerzielle Eigeninteressen an der Weiterverbreitung der Gentechnik hat?

Joachim Schiemann findet Werbung sogar objektiv

Fußnoten zum Kasten

a Lorch/Then, S. 45 f.

b Spiegel 41/2008 (S. 94)

c Marker werden bei gentechnischen Arbeiten in die DNA eingefügt, um Veränderungen später besser prüfen oder lokalisieren zu können. Sie stellen aber zusätzliche Risiken dar, da mit ihnen weitere Eigenschaften wie Antibiotikaresistenzen in die Organismen eingeschleust werden.

d Sendung des SWR in Report Mainz am 28.2.2005

e www.ipk-gatersleben.de/Internet/Veranstaltungen/Tagungen/IPK_TOT_2009_72dpi.pdf

Die Ausrichtung des JKI auf die Agro-Gentechnik könnte in den kommenden Jahren noch zunehmen. 2008 wurde der Hauptsitz von Braunschweig nach Quedlinburg verlegt. Von dort aus sind es nur ca. 50 km Richtung Norden bis zum zum ‚Schaugarten Üplingen', dem neuen Zentrum der Biotech-Seilschaften im Bördekreis – betrieben von der ‚BioTechFarm', einer Initiative von biovativ-Geschäftsführerin Kerstin Schmidt und InnoPlanta-Chef Uwe Schrader. Schiemann, Kühne und die gentechnikorientierten Institute des JKI residieren in der sich gerne als Züchtungszentrum darstellenden Kleinstadt. Mehrere 100 Hektar landwirtschaftlicher Fläche an der BioTechFarm könnten in den kommenden Jahren als Versuchsfelder genutzt werden. Bereits 2009 unterzeichneten IPK und BioTechFarm einen Vertrag über die Nutzung des Geländes für die Aussaat von gv-Pflanzen. Das JKI wurde zudem jahrelang auf der Internetseite als ‚Partner' des Gentechnik-Firmenverbundes BioOK geführt.[100] Geschäftsführerin auch hier: Kerstin Schmidt. Die Nennung des JKI als Teil von BioOK bedeutet, dass eine Institution, die bei der Genehmigung von Freisetzungsversuchen mitwirkt, Teil derer ist, die am meisten Anträge auf solche Freisetzungen stellen. Wie wichtig das JKI als staatliche Fachanstalt den Firmenverbund und die Vernetzung mit Konzernen nimmt, dokumentiert die intensive Beteiligung an der EIGMO-Tagung vom 14.-16. Mai 2009 in Rostock. Fünf JKI-Bedienstete trafen dort auf Pioneer, BASF, Syngenta, das Firmengeflecht um das AgroBioTechnikum und die RWTH Aachen. Auch BVL und EFSA fehlten nicht.

„Mindestens 1%" fordert Schiemann in einem Vortrag (Präsentationsfolie von 2002)

- Koexistenz von GVP und nicht- GVP in einer Region - abhängig vom Schwellenwert (wenigstens **1%**) - ist möglich.
- Ein Schwellenwert von **0,1%** ist unmöglich bzw. mit hohen Kosten verbunden.

Aus „Leere Labore", in: Spiegel 41/2008 (S. 93 f.)

Gründungsmitglied des Lobbyvereins Finab ist der Mikrobiologe Joachim Schiemann, der auch fluoreszierende Gen-Pflanzen entwickelte. Im Hauptberuf ist der Braunschweiger Professor Abteilungsleiter bei der Biologischen Bundesanstalt – und er arbeitet als Sachverständiger für die EFSA. Seine Risiko-Einschätzungen dienen der EU-Kommission und dem EU-Parlament als Grundlage für Entscheidungen zur Gentechnik. Mit seiner Doppelrolle sei Schiemann „zu weit gegangen", sagt Then. Schiemann sieht das anders: Er habe „keine kommerzielle Verbindung zur Gentechnikindustrie". Zudem habe er die Finab verlassen, als der Verein sich „mehr in Richtung Gentechnik" bewegt habe. Mit der Finab und dem Agrobiotechnikum wollten Schiemann, Broer und die darin versammelten Saatgutfirmen eigentlich für eine „New Economy" in Mecklenburg sorgen und Arbeitsplätze schaffen.

98 Prof. Christoph Tebbe, Versuchsleiter beim Mais-Sicherheitsversuch in Braunschweig, zu einer Besucherin einer gentechnikkritischen Veranstaltung am 13.5.2009 in Braunschweig-Kanzlerfeld. Pressemitteilung der abgewiesenen AntragstellerInnen auf Akteneinsicht vom 16.4.2009 unter www.bs-gentechfrei.de/PE.html.

99 Auf der JKI-Homepage zur Person Georg F. Backhaus, JKI-Präsident.

100 www.bio-ok.com

Tag der offenen Tür am Biotechnologie-Campus Gatersleben	10.10 Uhr **„Sicherheitsbewertung und weltweite Nutzung gentechnisch veränderter Pflanzen“** Prof. Dr. Joachim Schiemann, Leiter des Instituts für Sicherheit in der Gentechnik bei Pflanzen am Julius Kühn-Institut, Quedlinburg

6.6.2009: Joachim Schiemann als Hauptredner auf dem Tag der offenen Tür (IPK-Gelände)[101]

Weitere Bundesanstalten im Grenzbereich zwischen Anwendung und Kontrolle

vTI und der dortige Gentechnik-Versuchsleiter Christoph Tebbe

Das Johann Heinrich von Thünen-Institut ist – wie das JKI – ein Spaltprodukt der ehemaligen BBA. Hauptsitz des vTI ist aber Braunschweig geblieben – und hier führt es zusammen mit der RWTH Aachen und anderen Universitäten einen Freisetzungsversuch[102] mit Kreuzungen unterschiedlich gentechnisch verändertem Mais durch, gefördert mit 400.000 Euro[103] aus dem Biosicherheitsprogramm des BMBF. Versuchsleiter beim vTI ist Christoph Tebbe, der seinen Versuch gegen aufkommende Kritik vehement verteidigte. Tebbe ist einer der vier deutschen Vertreter in der GMO-Arbeitsgruppe der EFSA und winkt dort neue gentechnisch veränderte Pflanzensorten durch. Dem inzwischen wegen unkalkulierbarer Umweltauswirkungen verbotenen MON810-Mais bescheinigte er im Interview[104] einen positiven Nutzen für die Ökosysteme: *„Im Vergleich zu herkömmlichen chemischen Insektiziden im Maisanbau kann man tatsächlich aufgrund der sehr guten Datenlage aus den vielen Sicherheitsforschungsprojekten die Frage für MON810 mit ‚ja' beantworten. MON810 erscheint ökologisch sicherer als herkömmlicher Anbau mit chemischen Pestiziden.“* Nach eigenen Angaben[105] ist er Mitglied bei der American Society of Microbiology,[106] in der Vereinigung für Allgemeine und Angewandte Mikrobiologie (VAAM)[107] und beim VDI. 2007 bis 2009 forschte er für die BASF an gentechnisch veränderten Kartoffeln. Auffällig und ausfällig wurde Tebbe im Frühjahr 2009, als GentechnikgegnerInnen sein auf dem großen Ex-FAL-Gelände nordwestlich von Braunschweig eigentlich gut verstecktes Maisversuchsfeld besetzten. Gesprächen verweigerte er sich, verteilte aber persönlich vor dem Eingang zu einer gentechnik-kritischen Veranstaltung (13.5., Braunschweig) Flugblätter. Besuchen wollte er den Vortrag aber nicht und begründete das bereits mit Pöbeleien gegen den Referenten, ohne den jemals kennengelernt zu haben: *„Das ist doch alles unwissenschaftlich“* und *„der Referent kommt gar nicht von hier“*. Zu steigern wusste er das gegenüber der Biogärtnerin, die ihn dort auf ihr Akteneinsichtsgesuch ansprach, das ja abgewiesen wurde.

> ***Augenzeuginnenbericht zum Gespräch zwischen Biogärtnerin und Versuchsleiter Tebbe***
> *„Es ging um ‚die Imker' zu denen er meinte, Imker seien sehr anfällig für Falschinformationen. Da habe ich ihn darauf hingewiesen, dass es in diesem Falle hier aber einen Imker gab, der sich aus erster Hand selbst informieren wollte und darum Akteneinsicht beantragt hat. Herr Tebbe meinte, ja den kenne er und noch so eine Frau. Da sagte ich, ja das war ich und er antwortete, dass er nicht weiß, warum wir das anschauen wollten, weil wir das doch gar nicht verstehen könnten.“*

Bundesamt für Risikobewertung (BfR)

Das BfR gibt Stellungnahmen bei Freisetzungen von gv-Pflanzen ab. Die fallen regelmäßig recht kurz aus. So wurde in der Stellungnahme des Bundesinstitutes vom 21.3.2006[108] zum Gießener Gengersteversuch festgestellt: *„Das BfR hat keine Einwände gegen das o.g. Freisetzungsvorhaben.“* Auch die weiteren Ausführungen gaben nur die Inhalte des Antrags wieder, die vom BfR übernommen wurden. Ergebnisse eigener Prüfungen waren nirgends erkennbar. Pauschal wird abschließend behauptet: *„Zwecks Verhinderung ihrer unkontrollierten Verbreitung sind umfassende Schutzmaßnahmen vorgesehen.“* Die Bearbeiterin und Autorin der Stellung, Marianna Schauzu, arbeitete vorher im BVL – ist es also gewöhnt, zur Begutachtung eingereichte Anträge schlicht durchzuwinken. Die Journalistin Heidrun Graupner verdächtigte Marianna Schauzu in der Süddeutsche Zeitung vom 6.12.2002, unter einem Pseudonym Propaganda-Artikel für die Agro-Gentechnik geschrieben zu haben.

> ***Marianna Schauzu war auch bei früheren Anstellungen in Bundesbehörden immer abwiegelnd (GID, Febr. 2001)[109]***
> *Trotz Beschwerden vieler Verbraucher und Verbände angesichts des offensichtlichen Kennzeichnungsdschungels sieht Marianna Schauzu, Leiterin der Koordinationsstelle für neuartige Lebensmittel und Gentechnik am Bundesinstitut für gesundheitlichen Verbraucherschutz und Veterinärmedizin (BgVV), prinzipiell keine Lücken in der Novel Food-Verordnung.*
>
> ***Frage an Schauzu im Interview auf www.biosicherheit.de[110]***
> *In der Fütterungsstudie, die mit den Antragsunterlagen für die Zulassung von MON863 vorgelegt wurde, waren statistisch signifikante Abweichungen in Blut und Urin der Versuchstiere bei Fütterung mit gv-Mais im Vergleich mit konventionellem Mais festgestellt worden. Im Gegensatz zu Séralini stufen Sie in ihrer Stellungnahme die Unterschiede als toxikologisch nicht relevant ein, sie lägen vielmehr im Bereich „natürlicher Schwankungsbreiten“.*

Max-Rubner-Institut (MRI, Früher: BfEL)

Im Karlsruher Bundesforschungsinstitut für Ernährung und Lebensmittel (BfEL), inzwischen umbenannt zum Max-Rubner-Institut (MRI), war Vielfach-Funktionär Klaus-Dieter Jany Leiter des Molekularbiologischen Zentrums. Er trat unter seiner offiziellen Behördenfunktion auf den wichtigen Lobbytagungen, z.B. dem InnoPlantaforum 2006[111] in Magdeburg auf: *„Prof. Dr. Klaus-Dieter Jany von der Bundesforschungsanstalt für Ernährung und Lebensmittel legte aus seiner Sicht die Erwartungshaltung der Verbraucher dar. Während es früher darum gegangen sei, den Hunger zu stillen, seien Lebensmittel heute ein Convenience-Produkt. Mit Blick auf aktuelle Fragen kam er zu dem Schluss: ‚Ein großer Teil der Verbraucher erwartet Lebensmittel mit gesundheitlichen Zusatznutzen und wird dann auch bereit sein Gentechnik zu akzeptieren.' Vorbehalte gegen die Gentechnik verglich er mit Vorbehalten gegen die Pasteurisierung von Milch vor 100 Jahren. Damals seien die gleichen Argumente gefallen, wie man sie heute im Zusammenhang mit der Gentechnik höre.“* Da dürften sich VerbraucherInnen doch gut aufgehoben fühlen ...

Jany war und ist einer der lautesten Propagandisten der Agro-Gentechnik in Deutschland, u.a. als Vorsitzender des WGG. Solche einseitigen Protagonisten sind in den Aufsichtsbehörden offenbar heiß begehrt: Nach

101 www.ipk-gatersleben.de/Internet/Veranstaltungen/Tagungen/IPK_TOT_2009_72dpi.pdf

102 http://apps2.bvl.bund.de/stareg_web/showmeldungen.do;jsessionid=ac15022a30d66c5cf894b49745b3939fa5c5102afbaa.e34KchqTchaTbO0LbhaRa3uLbN4Te6fznA5Pp7ftolbGmkTy?flaecheld=1867

103 www.vti.bund.de/de/aktuelles/presse/080610_Bt-Mais.htm

104 www.biosicherheit.de/de/mais/boden/594.doku.html

105 https://doi.efsa.europa.eu/doi/?wicket:interface=:4:memberslistpanel:panelmemberlist:19:expertdoi:linkDoiPdf::IResourceListener::

106 www.asm.org/

107 www.vaam.uni-halle.de/

108 Bl. 631 der Akte des BVL zur Versuchsgenehmigung

109 www.gen-ethisches-netzwerk.de/alte_seite/gid/TEXTE/ARCHIV/PRESSEDIENST_GID144/SCHWERPUNKT144.HTML

110 www.biosicherheit.de/de/aktuell/558.doku.html

111 http://web.archive.org/web/20070102191343/www.genius.de/news/frett.php?id=116

International?
Dieses ist ein Buch über den Gentechnikfilz in Deutschland. Woanders sieht es nicht besser aus. Marie-Monique Robin beschreibt in ihrem Monsanto-Buch die US-amerikanische FDA, die dem deutschen BVL vergleichbar arbeitet und verfilzt ist. Auf EU-Ebene existiert die EFSA, die European Food Safety Authority. Auch hier sieht es nicht besser aus.

seiner Pensionierung aus dem Staatsdienst bot ihm die EFSA einen Posten an. Jany ist seitdem Leiter der Arbeitsgruppe für Zusatzstoffe in Lebensmitteln. Wie passend!

Ohnehin: Ein Blick auf die europäische Ebene verheißt ebenfalls wenig Gutes. Auch hier werden die wesentlichen Entscheidungen zur Agro-Gentechnik von einer Fachbehörde getroffen, der EFSA.[112] Leider ist diese alles andere als unabhängig und stark mit Gentechnikinteressen verwoben. Alle vier Deutschen in der EFSA-Gentechnikgruppe sind GentechnikbefürworterInnen:[113]

- Christoph Tebbe, vTI und Versuchsleiter in Braunschweig
- Detlev Bartsch, Vize-Chef der BVL-Gentechnikabteilung
- Gerhard Flachowsky, Leiter beim Genapfelversuch in Dresden
- Annette Pöting vom BfR, dort am Durchwinken von Genversuchen beteiligt
- Frühere Mitglieder waren Hans-Jörg Buhk und Joachim Schiemann, während Inge Broer und Kerstin Schmidt als BeraerInnen mitwirkten.

Ministerien, Fachbehörden und Überwachungsstellen der Bundesländer

Beamte Mecklenburg-Vorpommerns tief im Gentech-Filz

Prof. Dr. Christian Gienapp ist Direktor der Landesforschungsanstalt für Landwirtschaft und Fischerei des Landes Mecklenburg-Vorpommern mit Sitz in Güstrow[114], die eigentlich Gentechnikanwendungen unvoreingenommen überwachen und prüfen soll. Doch nebenbei beteiligte er sich an einer Patenschaftsaktion des Lobbyverbandes InnoPlanta für gentechnisch veränderten Mais.[115] Außerdem sitzt er im Vorstand des Deutsches Maiskomitees, einem Lobbyverband, der intensiv für die Agro-Gentechnik eintritt.

Nicht besser steht es um seinen Kollegen im Umweltministerium, Herrn Broschewitz. Der ist Sachbearbeiter für den Bereich Gentechnik, nahm aber am InnoPlanta-Forum 2009 und 2010 teil, den wichtigsten Kungeltreffen der deutschen Gentechnikseilschaften. Als in seinem Zuständigkeitsgebiet (Agro-BioTechnikum-Felder in Sagerheide) ein illegales zweites Gengerstenfeld angelegt wurde, wimmelte er einen Anrufer ab mit den Worten *„Lassen Sie die Leute doch in Ruhe arbeiten!"* Den Trend zum rechtswidrigen Zweitfeld (siehe Kapitel zum Gengerstenfeld) fand er in Ordnung – auch gegenüber der Presse.

Foto: Das Landesregierungs-Fahrzeug mit Herrn Broschewitz am Steuer bei der Einfahrt zum InnoPlanta-Forum 2009 in Üplingen

Sachsen-Anhalt pro Gentechnik

Millionen in die Agro-Gentechnik, Verfassungsklage gegen das Gentechnikgesetz und ständig Landesbedienstete auf den Treffen der Gentechnikseilschaften: Sachsen-Anhalt zeigt sich seit Jahren als gutes Pflaster für genmanipulierte Lebensmittel. Die Verflechtungen sind eng – bis hin zu einem Chef der Kontrollbehörde Landesverwaltungsamt, Thomas Leimbach, der Gründungsvorsitzender des Lobbyverbandes InnoPlanta war und, obwohl Oberaufpasser, an dessen Haupttreffen 2010 in offizieller Funktion teilnahm und eine Rede hielt. Er war nicht der Einzige aus Politik und Verwaltung des Landes dort.

Aus der Hausarbeit „Risiken und Nebenwirkungen" von Mirjam Anschütz (Ökolandbau-Uni Witzenhausen, 2010) zum Genweizenversuch in Gatersleben und der Genehmigung
Herr Leimbach ist als Präsident des Landesverwaltungsamtes Sachsen-Anhalts letztendlich dafür verantwortlich, dass seine Behörde keine Bedenken im Genehmigungsverfahren geäußert hat. Außerdem trägt er im Endeffekt die Verantwortung dafür, dass ein Ordnungswidrigkeitsverfahren, das die AktivistInnen gegen das IPK auf Grund von Erkenntnissen aus dem Zivilverfahren angestrengt haben, nicht durchgeführt wurde. Anlass dafür war der Schriftsatz des Rechtsanwaltes Rehberger vom 18.2.2009, dem zu entnehmen ist, dass die vom IPK selbst vorgeschlagene Phacelia-Mantelsaat vom IPK zu einem derart späten Zeitpunkt gesät wurde, dass sie keinerlei Schutzfunktion mehr hätte haben können. Andererseits geht aus dem Schriftsatz hervor, dass das IPK neue und nicht genehmigte Linien im zweiten Versuchsjahr ausgesät hat. Abgesehen von der Tatsache, dass es in keinster Weise einem soliden wissenschaftlichen Vorgehen entspricht, da so keinerlei Vergleichsmöglichkeit zwischen erstem und zweitem Versuchsjahr gegeben ist, handelt es sich hierbei um den Tatbestand der Freisetzung nicht genehmigter GVOs.

Aus einem Bericht des Lobbyverbandes InnoPlanta über dessen Forum am 7.9.2009 auf der BioTechFarm:
Bereits das Grußwort der Landesregierung von Sachsen-Anhalt, überbracht durch die für Gentechnik zuständige Abteilungsleiterin aus dem Landwirtschaftsministerium, Anne-Marie Keding (Frau Ministerin Wernicke musste wegen Krankheit absagen), hob die Chancen, die die Grüne Gentechnik bietet, hervor. Sie trage wesentlich dazu bei, die deutsche Ernähungs- und Landwirtschaft weltweit konkurrenzfähig zu halten. Allerdings müssten dafür wissenschaftliche Erkenntnisse auch anerkannt werden. Im Fall des Anbauverbots von MON810 kritisierte die Landesministerin ihre Kollegin Aigner in Berlin. Das Verbot sei unbegründet, da vom MON810 keine Gefahr ausgehen würde, weshalb eine Wiederzulassung notwendig sei.

Und mehr ...

Einblicke in Universitäten und Landesanstalten zeigen auch in anderen Bundesländern fast immer das gleiche Bild: Gentechnik ist hoch im Kurs, Gelder fließen, auch wenn keine oder andernorts Versuchsfelder angelegt werden. So fand unter dem Motto *„Biotech meets public"* am 28.1.2010 eine reine Gehirnwäscheveranstaltung unter Beteiligung der Landesregierung Sachsen (mit Umwelt(!)minister Kupfer) statt. Was an der Propagandabeschallung eine *„Begegnung"* sein sollte, wie es in der Einladung hieß, blieb schleierhaft. Das Programm war nichts als eine Abfolge von PR-Beschallung.[116]

Mit der von den Bundesländern Hessen und Rheinland-Pfalz getragenen Forschungsanstalt Geisenheim[117] als Hort der Gentechnik-Propaganda und vielen weiteren ließe sich die Liste lange fortführen.

112www.gen-ethisches-netzwerk.de/gid/170/mueller/wer-kontrolliert-efsa und www.keine-gentechnik.de/fileadmin/files/Infodienst/Dokumente/08_05_15_werner_mueller_dt.pdf
113 www.biosicherheit.de/de/aktuell/694.doku.html
114 www.maiskomitee.de/web/intranetHomepages.aspx?hp=71657EE9-8A65-B1D2-077B-A741E5825DD2
115 InnoPlanta-Newsletter Nr. 3, Sept. 2006 (S. 4): www.innoplanta.de/fileadmin/user_upload/Pdf/Pdf_Newsletter/AGIL-Newsletter_Nr._3_-_September_2006.pdf
116 http://biotech-meets-public.de/programm
117 http://de.wikipedia.org/wiki/Forschungsanstalt_Geisenheim

Forschung und Forschungsförderung Fälschungen, Betrug und Konkurrenz

Inge Broer in der WDR-Sendung „Immer Ärger mit Linda" (2006)

Im Moment ist es hauptsächlich Forschung in der Gentechnik, weil es dafür Geld gibt.

Aus einer Pressemittelung des BÖLW am 26.1.2009[2]

„Zwar konnten mit im Schnitt jährlich ca. 7 Mio. € aus Mitteln des Bundesprogramms Ökologischer Landbau wichtige Praxisfragen beforscht werden", lobte Prof. Jürgen Heß von der Universität Kassel, „aber für notwendige Grundlagenforschung und um den Ökolandbau als innovatives System für eine nachhaltige Entwicklung der Landwirtschaft weiterzuentwickeln, gibt es kein Geld." Den Mitteln für die Ökolandbauforschung stehen jährlich allein 165 Mio. € für Biotechnologieforschung durch das Bundesforschungsministerium und 26 Mio. € für die Erforschung nachwachsender Rohstoffe gegenüber: „Das ist eine eklatante Ungleichstellung der verschiedenen Ansätze innerhalb der Agrarforschung", so Felix Prinz zu Löwenstein, Vorstandsvorsitzender des BÖLW. Zusätzlich wird die Agro-Gentechnik-Forschung von der Privatwirtschaft finanziert, BASF investiert jährlich allein 133 Mio. € in diesem Bereich.

Das gilt international genauso, sagt Rhonda Janke, Professorin für umweltverträgliche Landwirtschaft, Universität Kansas:[3]

Nur eine verschwindend geringe Geldmenge geht an umweltverträgliche oder Biolandwirtschaft. Verglichen mit den Unmengen, die zum Beispiel in die Genforschung gesteckt wird, ist das ein winziger Betrag. Selbst wenn sich niemand in Kansas für Genweizen interessierte, würden in dem Gebäude, in dem ich arbeite, mindestens drei oder vier Leute daran arbeiten – nur weil da das Geld steckt. Irgendjemand in der Regierung glaubt, dass Genforschung wichtig ist, deshalb ist dafür Geld da.

Beschweren können sich die Firmen und ForscherInnen der Agro-Gentechnik eigentlich nicht. Obwohl kaum jemand ihre „*Erfindungen*" will, müssen sie nicht darben. Im Gegenteil: Fast alle wollen, dass sie aufhören mit ihren riskanten Experimenten. Im Wahlkampf äußern sich die meisten Parteien – WählerInnenstimmen erschleimend – kritisch zur als Wissenschaft getarnten Entwicklung neuer Produkte und Patente. Sie fordern scheinbar nur eine gerechte Verteilung: „*Es darf nie darum gehen, eine Anbauform zu bevorzugen. Alle Anbausysteme müssen ein gleichberechtigtes Existenzrecht haben.*"[1] Die Praxis gentechnikfreundlicher Regierungspolitik sieht dann anders aus. Die Agro-Gentechnik wird völlig einseitig mit staatlichen Geldern aufgepäppelt. Ein Vergleich aus dem Jahr 2008 zeigte das sehr deutlich: 7 Mio. € erhielten damals Forschungsprojekte zum ökologischen Landbau, während 165 Mio. € allein aus dem Forschungsministerium in die Biotechnologie flossen. Gelder des Landwirtschaftsministeriums, u.a. aus dem Programm zur Energiepfanzenforschung (Biosprit vom Acker), und aus nichtstaatlichen Förderungen waren hierbei noch gar nicht mitgerechnet. Diese Geldmittelvergabe zeigt, wie einseitig auf die Gentechnik gesetzt wird. Millionen treiben den Umbau der Landwirtschaft zur industriellen Lebensmittelproduktion weiter voran. Gleichzeitig schmieren sie den Wandel universitärer Forschung. Agrarwissenschaftliche und Biologie-Fakultäten sind an den meisten Hochschulen zu reinen Biotechnologie-Laboratorien und Public-Relations(PR)-Agenturen verkommen. Eine selbstbestimmte und umweltverträgliche Bewirtschaftung von Äckern, Wiesen und Weiden rückt so immer mehr in das Reich profitkritischer Romantik.

Was geschieht nun mit diesen Forschungsmillionen? Wie sieht sie aus, die hochgelobte Freisetzungsforschung in Deutschland? Werfen wir zunächst einen Blick auf den wichtigsten Versuchsstandort des Landes ...

AgroBioTechnikum
Groß Lüsewitz

Hinter den Kulissen der Forschungsfelder: Das Beispiel AgroBioTechnikum

Wer von Rostock aus nach Osten auf der hier schnurgerade verlaufenden B 110 fährt, passiert einige Kilometer nach Broderstorf, dem Verwaltungssitz des Amtes Carbäk, ein kleines Waldstück. Danach weitet sich die Landschaft und landwirtschaftliche Flächen werden sichtbar, auf denen Pflanzenzüchtung Tradition hat. Hier wird seit langem vor allem an Kartoffeln geforscht. Bedeutende Saatgutkonzerne für diese Pflanze, wie Norika, und eine Saatgutbank für Kartoffeln siedeln hier. Just in diesem empfindlichen Raum entstand das zur Zeit größte Freiland-Forschungszentrum für Agrobiotechnologie – mit der Hauptpflanze Kartoffel. Warum sich Saatgutbank und -firmen nicht energisch wehrten, blieb über die Jahre immer recht unklar. Die erkennbaren Verflechtungen mit der Gentechnikbranche lassen aber nur trübe Gedanken aufkommen. Norika

Oben: Auszug aus dem Titel einer Studie des Nabu zu den notwendigen Zielen von Agrarforschung.

Foto links: Symbolische Verknüpfung? Das Klohäuschen der BewacherInnen steht im Schatten des Werbeschildes am wichtigsten deutschen Forschungszentrum für die Agro-Gentechnik nahe Rostock.

Aktuelle Informationen, Links und mehr Zitate auf der Internetseite zu Forschung unter www.biotech-seilschaften.de.vu!

Annette Schavan am 20. Juli 2007 in Ehingen: „Es darf doch in Deutschland nicht so weit kommen, dass man einem Landwirt mehr glaubt als einem Forscher."

Fußnoten

1 Kommunikationskonzept der Landesregierung Sachsen-Anhalt, Entwurf 4.2.2004: www.saveourseeds.org/downloads/erprobungsanbau__Kommunikation.pdf

2 http://boelw.de/pm+M53229ccc2df.html

3 www.lobbywatch.org/archive2.asp?arcid=7937

zeigte gleichzeitig seine Angst vor den GentechnikgegnerInnen offen. Auf Schildern am Ackerrand wies das Unternehmen darauf hin, seine Pflanzen nicht gentechnisch verändert zu haben, damit FeldbefreierInnen nicht versehentlich das falsche Gelände attackieren. Ganz unverdient wäre das aber auch nicht, denn Norika sitzt genauso wie andere Kartoffelzüchter am Ort selbst in den Gremien der Einrichtung, die die Gentechnik nach Groß Lüsewitz brachte: Das AgroBioTechnikum.

Foto: Das AgroBioTechnikum in Groß Lüsewitz mit den Bürotrakten und Eingangsbereich im Vordergrund. Hinten rechts liegen die Labore und Gewächshäuser.
Kleines Bild: Sektlaune zum Start mit Inge Broer und Till Backhaus.

Es ist das zweite deutsche Zentrum für Firmengründungen in der Agro-Gentechnik, ein sogenannter BioPark. Älter ist nur das Firmenensemble am IPK in Gatersleben. Beide entstanden in direkter Nachbarschaft zu anderen Pflanzenzüchtern und einer Saatgutbank – das schlechte Beispiel machte also Karriere, als östlich von Rostock gv-Pflanzen direkt neben der dortigen Kartoffel-Saatgutbank in die Erde kamen. Besonderes Interesse an der Gründung des AgroBioTechnikum, erbaut 2004 und 2005 im Dorf Groß Lüsewitz, hatte ein befreundetes Tandem aus einer Agrobiotechnologie-Professorin der Uni Rostock und einer sich mit ihrer selbstgegründeten Kleinfirma BioMath GmbH durchschlagenden Mathematikerin: Inge Broer und Kerstin Schmidt. Sie gründeten 1999 einen gemeinnützigen Verein mit klangvollem Namen: „*Verein zur Förderung innovativer und nachhaltiger Agrobiotechnologie*", abgekürzt FINAB e.V. Der stieß eine Kampagne für die Errichtung eines Agro-Gentechnikzentrums in Mecklenburg-Vorpommern an und fand Befürworter in der rotroten (!) Landesregierung – allen voran den immer nach PR-Effekten suchenden SPD-Landwirtschaftsminister Till Backhaus. Diese „*fruchtbare und vertrauensvolle Kooperation zwischen unterschiedlichen Ministerien, Forschungseinrichtungen und Agrarbetrieben*" war der Schlüssel zum Erfolg – so jedenfalls umschrieb der Agro-Gentechnikpropagandist Thomas Deichmann das enge Geflecht.[4]

Dass alles dem Firmenaufbau und der Propaganda diente, räumten die InitiatorInnen des AgroBioTechnikums freimütig ein. Auf der Internetseite www.finab.de des Vereins, der bis heute von Prof. Inge Broer geleitet wird, während Schatzmeisterin Kerstin Schmidt 2008 aus dem Vorstand ausschied, hieß es über einen Rapsversuch der Anfangsjahre 2004 bis 2006: „*Diese Freisetzung dient einerseits der Etablierung von notwendigem Know-how für die Beantragung und Durchführung von Freisetzungen am Standort Groß Lüsewitz, andererseits als politisches Signal und Präsentation des Dienstleistungsangebotes im AgroBioTechnikum. Gemeinsam mit der Universität Rostock wird an der Etablierung von Analyseverfahren zur Identifizierung und Quantifizierung von gentechnisch veränderten Pflanzen gearbeitet. Diese Verfahren sollen als Standarddienstleistungen im Zentrum angeboten werden.*" Im Klartext: Ein wissenschaftliches Ziel bestand gar nicht. Trotz dieser offen eingeräumten Ausrichtung auf Firmengründung und Werbezwecke brachte der Versuch eine hohe Förderung durch das Wirtschaftsministerium von Mecklenburg-Vorpommern ein, nämlich 80% Förderung bei einem Gesamtvolumen von 628.198 €. Weitere Gelder flossen aus dem Biosicherheitsprogramm. Mit solch hoher staatlicher Subventionierung starteten die ersten Versuchsanlagen – bei hohem Risiko, denn der zu Beginn angebaute Raps ist die auskreuzungs- und durchwuchsintensivste Art unter den bisher freigesetzten transgenen Pflanzen. Wo sie angebaut wurde, lassen sich meist bis heute gv-Bestandteile in der Landschaft nachweisen.

Dass in und um Groß Lüsewitz ein neuer, gut geförderter und bewachter Spielplatz für Gentechnikexperimente entstand, interessierte weitere ProtagonistInnen dieser Branche. Joachim Schiemann vom staatlichen JKI klopfte an, dem bei einem Freisetzungsexperimente gerade die Versuchsleitung entzogen worden war – wegen Interessenskollision, da er gleichzeitig als unabhängiger Begutachter in Genehmigungsverfahren mitwirkte. Schiemann engagierte sich als Gründungsmitglied am Aufbau von FINAB und des Agro BioTechnikums. Ein Schelm, der Böses dabei denkt, dass der ihm entzogene Versuch dann dort weiter betrieben wurde.

Schiemann war insgesamt ein nützlicher Partner im Geflecht von Groß Lüsewitz. Denn dass er in seiner Behörde seit 2005 selbst an Versuchen mitwirkte[14], dieses Julius-Kühn-Institut als Teil des in AgroBioTechnikum wichtigsten Firmenverbundes BioOK gelistet wurde und Schiemann persönlich zuständig war für die JKI-Stellungnahmen bei Genehmigungen von Feldversuchen, war ebenso praktisch wie Sitz und Stimme, die er damals in der passenden Arbeitsgruppe bei der europäischen Genehmigungsbehörde EFSA innehatte.

Auf www.finab.de zu den Zielen des AgroBioTechnikums

In seinem Gesamtkonzept bildet das Kompetenz- und Gründerzentrum eine Einheit, die durch das synergetische Zusammenwirken der einzelnen Einheiten geprägt ist:

- *Es ist eine Einrichtung zum Transfer wissenschaftlicher Forschung in wirtschaftliche Tätigkeit, in der mit Hilfe der grünen Biotechnologie neue Verfahren, beginnend bei der Züchtung über die Landwirtschaft und Verarbeitung bis hin zum Verbraucherschutz, erforscht und entwickelt werden sollen (FINAB e.V.).*
- *Es nutzt als Dienstleistungseinrichtung diese Verfahren im Auftrag anderer Wirtschaftspartner (biovativ GmbH).*
- *Es stellt mit dem Technikum europaweit dringend benötigte Kapazitäten zur Verfügung, um die effektive Isolierung wertvoller Inhaltsstoffe gentechnisch oder züchterisch veränderter Organismen in mittlerem Maßstab zu entwickeln und durchzuführen.*

4 Das AgroBioTechnikum mit seinen Gentechnik-Seilschaften und Freisetzungsversuchen fällt in die zweite Phase von Genversuchsfeldern. Schon Mitte der 90er-Jahre führten Firmen wie AgrEvo und Aventis Kartoffelversuche durch. Deren Gentechniksparte ist inzwischen von Bayer übernommen worden. Die Bundesanstalt für Züchtungsforschung an Kulturpflanzen (BAZ) (heute: JKI) in Quedlinburg arbeitete mit Raps und Mais.
Zitat aus Thomas Deichmann (2009): „Warum Angst vor Grüner Gentechnik?" (S. 78 ff.)

- *Gleichzeitig bietet es als Gründerzentrum Raum und Unterstützung für die Ausgründung junger Unternehmen um eine effiziente Überführung innovativer Entwicklungen in die Praxis zu gewährleisten (BVC mbH).*
- *Es ist eine Einrichtung zur Verknüpfung von Kompetenzen im Bereich der grünen Biotechnologie und zu anderen Bereichen der Biotechnologie durch FINAB und BioCon Valley.*

Für die Gewährleistung der Erreichung der Ziele sorgt ein Beirat aus Landwirtschaftsministerium und Wirtschaftsministerium MV, der Gemeinde Sanitz, dem Betreiber und dem Verein FINAB.

Zur Geschichte auf www.finab.de
Der gemeinnützige Verein FINAB e.V. wurde 1999 mit dem Ziel der Förderung der Agrobiotechnologie in MV gegründet. Wichtiger Meilenstein hierfür war die Errichtung eines Kompetenz- und Gründerzentrums für Agrobiotechnologie. Das AgroBioTechnikum Groß Lüsewitz konnte im November 2004 eröffnet werden. Zeitnah gründete FINAB Ende 2003 seine 100%ige Tochterfirma biovativ GmbH, die am 01.07.2004 ihre Geschäftstätigkeit aufnahm. FINAB und biovativ nutzen seit Beginn 2005 das AgroBioTechnikum für ihre Forschungs- bzw. Dienstleistungstätigkeiten.

Thomas Deichmann (2009): „Warum Angst vor Grüner Gentechnik?" (S. 78 ff.)
... Bundesland Mecklenburg Vorpommern, dessen sozialdemokratischer Landwirtschaftsminister Till Backhaus die Grüne Gentechnik ebenfalls fördert ... Sein Ministerium misst den Aktivitäten von FINAB e.V. große Bedeutung zu. Der Verein wurde im April 1999 gegründet mit dem Ziel, die agrarwissenschaftlichen und wirtschaftlichen Kräfte im traditionell landwirtschaftlich orientierten Nordosten Deutschlands zu vernetzen und die Tier und Pflanzenzucht im Sinne einer naturschonenden Landwirtschaft in Mecklenburg Vorpommern zu entwickeln. Dabei werden alle verfügbaren Technologien, von der Grünen Gentechnik bis hin zum ökologischen Landbau, vorurteilsfrei einbezogen und das im Westen der Republik politisch heiß diskutierte Konzept der gleichberechtigten Koexistenz verschiedener Anbausysteme in die Praxis umgesetzt. Augenfällig ist auch in Mecklenburg-Vorpommern die fruchtbare und vertrauensvolle Kooperation zwischen unterschiedlichen Ministerien, Forschungseinrichtungen und Agrarbetrieben, was maßgeblich auf das unermüdliche Engagement zweier Frauen zurückgeht: der FINAB Vorsitzenden Inge Broer, Agrarökologin an der Universität Rostock, und einer ihrer Stellvertreterinnen, Kerstin Schmidt von der BioMath GmbH in Rostock.

Aus der Studie „Kontrolle oder Kollaboration?"[5]
Ingesamt scheint in Groß Lüsewitz/Sanitz ein günstiges Klima für die Freisetzung von gv-Pflanzen zu herrschen: Seit 2003 fanden hier auch Freisetzungen von gv-Raps durch die Bundesforschungsanstalt für Züchtungsforschung an Kulturpflanzen Quedlingburg (jetzt Teil des JKI), von gv-Kartoffeln durch BASF und von herbizid-tolerantem Mais durch Monsanto statt. Die Firma biovativ wiederum wurde 2003 als 100%ige Tochter des Vereins FINAB gegründet, mit der Aufgabe das Gewächshaus und die Äcker des von FINAB initiierten AgroBioTechnikum zu betreuen.
Wie bereits festgestellt, ist Kerstin Schmidt die Geschäftsführerin von biovativ. Laut Handelsregister hat die biovativ GmbH nur einen Mitarbeiter. Da Kerstin Schmidt gleichzeitig auch Geschäftsführerin von BioMath und BioOK und im Vorstand von FINAB e.V. ist – und all diese Betriebe und der Verein unter der gleichen Adresse und teilweise unter der gleichen Telefonnummer zu erreichen sind –, drängt sich der Verdacht auf, dass es sich hier gar nicht um separate Einheiten handelt, sondern das Konglomerat von Firmen eher dazu dient, die kommerziellen Interessen im Umfeld des Vereins FINAB möglichst undurchsichtig zu gestalten. ...
Mit Kenntnis dieses – zugegebenermaßen komplizierten – Netzwerkes um die Firmen BioOK, biovativ und Biomath, um den Verein FINAB und der Tatsache, dass ausgerechnet Joachim Schiemann (Leiter der BBA-Abteilung Gentechnik und Biologische Sicherheit und EFSA-Mitglied) 1999 zu den Gründungsmitgliedern von FINAB gehört – erscheint die Art und Weise, wie der Fragebogen für die Firma Monsanto entwickelt wurde, etwas nachvollziehbarer. ...

Aus Umweltinstitut München, „Gentechnik-Verflechtungen in Mecklenburg-Vorpommern"
Der Verein FINAB ist ein wichtiges Element des Gentechnik-Netzwerks in Mecklenburg-Vorpommern. Ein Blick in die Mitgliederliste des Vereins zeigt deutlich die Verquickung zwischen Wissenschaft, staatlichen Einrichtungen und Industrie. ...
Ziel des Bündnisses BioOK ist es, führender Dienstleister für die Prüfung und Zulassung von gentechnisch veränderten Nutzpflanzen in Europa zu werden. Gefördert wird das Projekt BioOK vom Bundesforschungsministerium mit über vier Millionen Euro. Frau Prof. Broer ist sowohl Gesellschafterin von BioOK als auch Gesellschaftervorsitzende der biovativ GmbH, dem kommerziellen Arm des Vereins FINAB, dessen Vorsitzende wiederum Prof. Broer ist. ...
Länderübergreifend, aber ebenfalls an die selben Personen gebunden ist auch ein für 2008 bis 2010 geplanter Freisetzungsversuch mit genmanipuliertem Weizen (siehe dazu www.umweltinstitut.org/genweizen2008). Als Projektleiterin wird im Antrag der Universität Rostock Frau Prof. Broer genannt. An der Freisetzung ist offenbar wiederum die FINAB-Tochter biovativ GmbH beteiligt. Rätselhaft ist dies insbesondere, als biovativ im Antrag der Universität überhaupt nicht genannt wird. Die biovativ GmbH ist das kommerzielle Tochterunternehmen des Gentechnik-Lobbyvereins FINAB. Vorsitzende des Vereins: Frau Prof. Broer, die auch als Gesellschafterin von biovativ fungiert. Allem Anschein dienen auch hier Projektgelder dafür, die eigene Firma mit Aufträgen zu bedienen. ...

Fotos: Umkämpftes AgroBioTechnikum. Polizei sichert das Gebäude, während GentechnikkritikerInnen eine Ausstellung entlang der Straße aufgehängt haben (Frühjahr 2007 nach einem gescheiterten Besetzungsversuch der Felder).

Schaubild zu den Verflechtungen von BioOK im deutschen Gentechnikfilz[6] auf Seite 19.

Antje Lorch und Christoph Then vermuten in ihrer Studie zum Gentechnikfilz intransparente Geldflüsse im Lüsewitz-Rostocker Geflecht:[7] *„Die Firma biovativ wiederum wurde 2003 als 100%ige Tochter des Vereins FINAB gegründet mit der Aufgabe, das Gewächshaus und die Äcker des von FINAB initiierten AgroBioTechnikum zu betreuen. Wie bereits festgestellt, ist Kerstin Schmidt die Geschäftsführerin von biovativ. Laut Handelsregister hat die biovativ GmbH nur einen Mitarbeiter. Da Kerstin Schmidt gleichzeitig auch Geschäftsführerin von BioMath und BioOK und im Vorstand von FINAB e.V. ist – und all diese Betriebe und der Verein unter der gleichen Adresse und teilweise unter der gleichen Telefonnummer zu erreichen sind – drängt sich der Verdacht auf, dass es sich hier gar nicht um separate Einheiten handelt, sondern das Konglomerat von Firmen eher dazu dient, die kommerziellen Interessen im Umfeld des Vereins FINAB möglichst undurchsichtig zu gestalten."*

Wenig seriös wirkt die fachliche Qualifikation der Hauptperson: Kerstin Schmidt ist als Mathematikerin Drahtzieherin beim Aufbau der Infrastruktur und in der Durchführung von Versuchen an den zwei wichtigsten Frei-

5 siehe Fußnote (S. 27 f.)
6 Schaubild aus der Studie von Then/Lorch (S. 32)
7 Lorch/Then, S. 27

setzungsstandorten deutscher Gentechnik – dem AgroBioTechnikum und der BioTechFarm in Üplingen.[8] Für Letztere registrierte sie am 28.3.2007 die Internetadresse und arbeitet seit April 2008 als Geschäftsführerin Seite an Seite mit der einflussreichen Gentechlobby Sachsen-Anhalts um den FDP-Politiker und InnoPlanta-Chef Uwe Schrader.

Nicht wirtschaftlicher Erfolg, sondern Förderungen aus staatlicher Hand ermöglichten den Aufbau des AgroBioTechnikums. Die Gesamthöhe der öffentlichen Zuschüsse für die Errichtung der Gebäude und Infrastruktur betrug 9,1 Mio. Euro,[9] die meisten Mittel stellte das Land Mecklenburg-Vorpommern. Wie gut müssen dorthin die Kontakte gewesen sein, um 2.103.459 € aus dem Topf *„Zukunft für die Jugend in MV"* für Forschungsgewächshaus und Mehrzweckhalle umzuleiten?

Sammeltzuschüsse für BioOK, Aufschlüsselung nach Firmen siehe S. 20.[14]

B/DE/05/176	BMBF	Regionaler Wachstumskern BioOK „Entwicklung von Zulassungs- und Überwachungsverfahren für gentechnisch veränderte Nutzpflanzen" (*)	1.4.2005-30.6.2008	**Summe: 4 385 000** 2005: 907 000 2006: 1 293 000 2007: 1 219 000 2008: 925 000 2009: 41 000	biovativ GmbH, Sanitz BIOSERV GmbH, Rostock Universität Rostock Primacyt GmbH, Schwerin BioMath GmbH, Rostock BTL GmbH, Thulendorf Steinbeis-Transferzentrum BAZ Quedlinburg

Zusätzlich flossen laufende Zuschüsse. Das AgroBioTechnikum nutzten mehrere Firmen, einige davon allerdings mit dem gleichen Personal. Kerstin Schmidt ist immer dabei: Sie ist Geschäftsführerin der biovativ und der BioMath GmbH, die Dienstleistungen für andere anbieten. Bis 2008 fungierte sie als Schatzmeisterin beim Verein FINAB, der lange als Antragsteller und politisches Sprachrohr diente. Und sie ist Geschäftsführerin beim regionalen Zusammenschluss von Firmen und Institute der Agro-Gentechnik namens BioOK. Von 2005 bis 2008 wurde dieser Verbund durch das BMBF mit 4,383 Mio. € gefördert, um *„neue, effektivere und kostengünstigere Analyse- und Bewertungsverfahren"* zu entwickeln. Allein Inge Broer und die Uni Rostock erhielten mit 1.876.490 € ein großes Tortenstück dieses Förderkuchens.[10]

Aus „Leere Labore" im Spiegel, 6.10.2008[11]
2004 ging es dann auch in Mecklenburg-Vorpommern los – der Lobbyverein „zur Förderung innovativer und nachhaltiger Agrobiotechnologie" (Finab), dem Broer vorsitzt, hatte immer wieder angetrieben. Für zehn Millionen Euro wurde in Groß Lüsewitz östlich von Rostock ein Agrobiotechnikum gebaut – mit einem Schülerlabor für Gentechnik. 260 Hektar Fläche gehören zum Groß Lüsewitzer Anwesen.

Aus der Landtagsdrucksache 06/1673 vom 11.8.2008[12]
Eine finanzielle Unterstützung durch die Landesregierung erfolgte im Rahmen der Errichtung des Kompetenz- und Gründerzentrums für biogene Ressourcen Groß Lüsewitz (jetzt AgroBioTechnikum).
Die Errichtung des Teilobjektes Gründerzentrum wurde im Jahr 2002 mit einer Zuweisung an die Gemeinde Sanitz aus Kapitel 1102 Titel 883.08 des Landeshaushaltsplanes 2002/2003 in einer Höhe von 604.568 € unterstützt.
Aus dem Fonds „Zukunft für die Jugend in MV", Kapitel 0802 Titel 883.07, wurden für das Teilprojekt Kompetenzzentrum (Forschungsgewächshaus und Mehrzweckhalle) in den Jahren 2002 – 2004 insgesamt 2.103.459 € bewilligt und ausgezahlt.
Auf der Grundlage der Gemeinschaftsaufgabe „Verbesserung der regionalen Wirtschaftsstruktur" wurden die Vorhaben „Planungsleistungen Gründerzentrum für biogene Ressourcen Groß Lüsewitz" im Jahr 2001 mit 21.533 € und „Kompetenz- und Gründerzentrum Groß Lüsewitz" im Jahr 2002 mit 5.189.200 € gefördert. Der Landesregierung ist darüber hinaus bekannt, dass durch das Bundesministerium für Bildung und Forschung im Rahmen der Errichtung des Kompetenz- und Gründerzentrums dem Verein zur Förderung innovativer und nachhaltiger Agrobiotechnologie (FINAB e.V.) im Jahr 2001 983.498,01 € zur Anschaffung von Geräten bewilligt und ausgezahlt wurden, die jetzt im AgroBioTechnikum genutzt werden.

Aus einem Interview mit Inge Broer, in: Volksstimme am 4.8.2009[13]
Volksstimme: Was haben Ihre Kartoffelversuche bisher gekostet und wer bezahlt sie ?
Broer: In die Entwicklung der Biopolymer-Kartoffel zur Biopolymerproduktion sind bisher etwa zwei Millionen Euro geflossen. Für die beiden anderen Linien waren es jeweils geringere Beträge. Die Gelder kamen zum größten Teil vom Bundesforschungsministerium, außerdem vom Bundesministerium für Landwirtschaft und Verbraucherschutz.

Neben diesen Steuergeldern fließen Mittel der Gentechnikkonzerne nach Groß Lüsewitz. Die BASF engagierte sich auch direkt und schützte 2009 die Versuchsfelder durch eine beauftragte Wachfirma. Deren Bedienstete verwiesen bei Nachfrage auf die Firma BASF als Auftraggeber und verteilten deren Propaganda. Und noch eine Finanzquelle sponsort das El Dorado für Gentechnikfirmen und Fördermittelempfang: Obwohl es sich wohl kaum um einen landwirtschaftlichen Berieb handelt, kassiert die FINAB-Tocher biovativ 74.166.46 € an Flächenprämien, also als allgemeine Agrarförderung.

Zahlungsempfänger	PLZ	Ort	Jahr	EGFL-Dir.*	EGFL-Sonst.*	ELER*	Gesamt*
biovativ - Gesellscha ...	18190	Sanitz	2008	74.166,46	0,00	0,00	74.166,46

Aus dem Register der Agrarsubventionen für 2008[15]

Geld ist das Hauptmotiv für die Aktivitäten am AgroBioTechnikum: *„Im Moment ist es hauptsächlich Forschung in der Gentechnik, weil es dafür Geld gibt"*, räumte Inge Broer 2006 im WDR freimütig ein. Minister Backhaus nannte weitere Gründe:[16] *„Gute Ergebnisse in diesem Bereich sind für die Landesregierung und für mich als Minister für Landwirtschaft, Umwelt und Verbraucherschutz die besten Argumente sowohl gegenüber dem Bund als auch innerhalb des Landes, mich für den Erhalt der Agrarwissenschaften in der Universität Rostock, aber auch ganz aktuell für den Erhalt zumindest eines Teils der Bundesforschungsanstalt hier in Groß Lüsewitz einzusetzen."*

Broer, Schmidt und Umfeld träumten seit 2007 von einer großen europäischen Agentur für Biotechnologie, die der Region um Rostock den Glanz eines global bedeutenden Forschungsstandortes verleihen soll. Ebenso auch Minister Backhaus:[17] *„Der Wachstumskern ‚BioOK' soll sich in der Küstenregion Rostock-Schwerin – insbesondere um das AgroBioTechnikum Groß Lüsewitz – als ein europäisches Kompetenzzentrum für die Analyse, Bewertung und Überwachung von agrobiotechnologischen Produkten und Verfahren etablieren"*. Was und wer sich hinter BioOK genauer verbirgt ist, klärt das Kapitel II zu Agro-Gentechnikfirmen auf.

Das Wohl der Menschen vor Ort spielt in den abenteuerlichen und teuren Phantasien des Standortpokers keine Rolle. Ganz im Gegenteil: So einige Bemerkungen weckten Erinnerungen an den autoritären Bayernführer Franz-Josef Strauß, der vor vielen Jahren eine atomare Wiederaufbereitungsanlage[18] in Wackersdorf für durchsetzbar hielt, weil *„der Standort Wackersdorf in einem Raum mit industriegewohnter Bevölkerung liegt"*. In einer Regierungsbroschüre zur ‚BioRegion' im Nordosten wird

8 Seiten der Betreiber: www.biotechfarm.de und www.schaugarten-ueplingen.de. Kritik: www.biogeldfarm.de.vu.
9 www.mvregio.de/nachrichten_region/mittleres_mecklenburg/35556.html
10 2005-08 erhielten Broer bzw. die Uni Rostock 1.876.490 € (Projekt-)Finanzierung durch das BMBF als Partner im BioOK-Verbund (Lorch/Then, S. 42).
11 www.gentechnikfreie-regionen.de/no_cache/aktuell/nachrichten/news/leere-labore.html
12 www.landtag-mv.de/dokumentenarchiv/drucksachen/5_Wahlperiode/D05-1000/Drs05-1673.pdf (Hinweis: Die Anfrage stammte von NPD, die keine emanzipatorische Gentechnikkritik vertritt. Im folgenden wird aus der Antwort der Landesregierung zitiert, also nicht aus dem Text der NPD.)
13 Siehe unter www.volksstimme.de
14 Bundestagsdrucksache 16/6208 (S. 3 f.): www.projektwerkstatt.de/gen/filz/gv_forschungsgelder_drs1606208.pdf
15 www.agrar-fischerei-zahlungen.de
16 www.mvregio.de/nachrichten_region/mittleres_mecklenburg/35556.html
17 Am 13.10.2007, siehe http://agrarheute.com/index.php?redid=189050
18 http://de.wikipedia.org/wiki/Wiederaufarbeitungsanlage_Wackersdorf

ähnlich argumentiert und das ablehnende Votum der Gemeinde Thulendorf schlicht übergangen mit der Behauptung: *„Die Bürger Mecklenburg-Vorpommerns stehen den wachsenden Chancen und neuen Entwicklungen äußerst offen gegenüber."* Dass in den Aufsichtsbehörde geschummelt wird und die durchwinkenden Beamten mit der Industrie verfilzt sind, mutiert zum Standortvorteil für Mecklenburg-Vorpommern: *„Deshalb sind die Genehmigungsverfahren nach dem Gentechnikgesetz äußerst kurz."*

> ***Aus „Gen-Pflanzen: Forscher lassen die Proteste kalt", in: Ostseezeitung, 24.4.2010***[19]
> *Die Kritik an Gentechnik auf Äckern in Mecklenburg-Vorpommern wird schärfer – die Universität Rostock will aber trotzdem auch in diesem Jahr wieder Freisetzungs-Versuche starten. Nach Angaben des Bundesamtes für Verbraucherschutz und Lebensmittelsicherheit wurden den Rostocker Genforschern Genehmigungen für den Anbau von genveränderten Kartoffeln, Weizen und Petunien erteilt. ...*

2009 erwärmte sich auch Bundesforschungsministerin Annette Schavan für den Größenwahn an Uni Rostock und AgroBioTechnikum:[20] *„In Groß Lüsewitz bei Rostock arbeitet eine Arbeitsgemeinschaft von Wissenschaftlern und regionalen Unternehmen in dem Projektverbund BioOK an der Standardisierung von Zulassungsverfahren für gentechnisch veränderte Pflanzen und könnte dabei auf dem Gebiet der Sicherheitsforschung zum Weltmarktführer avancieren. ... Die beiden Alpha-Frauen Schawan und Broer tragen somit entscheidend dazu bei, dem strukturschwachen Agrarland Mecklenburg-Vorpommern eine neue Perspektive als Forschungsstandort zu verschaffen."* BioOK wurde in den ersten Jahren vom BMBF zu 75% gefördert, die Folgefinanzierung betrug 50% der Kosten.

Die großen Summen an Fördergeldern für die Firmengeflechte mögen für Propaganda, beteiligte Personen und ‚klamme' Uni-Institute nützlich gewesen sein. Dem geldfressenden AgroBioTechnikum selbst reichten sie nicht. Schon drei Jahre nach dem Start geriet es in eine wirtschaftliche Schieflage. Ein Großteil der Labore und Büroflächen stand 2008 leer.[21] Der Träger BioCon Valley zog sich aus Groß Lüsewitz zurück. Daraufhin übernahm die vom Land Mecklenburg-Vorpommern getragene Landgesellschaft MV die Trägerschaft. Erneut sprang also der Staat der bei den meisten Menschen unerwünschten Gentechnik zur Seite, die sich nun auch finanziell zum Fass ohne Boden wandelte.[21] Wirkung hinterließen die Förderungen nur bei der Ausbreitung der gv-Pflanzen in der Natur und im kleinen Geflecht der Firmen von Kerstin Schmidt, während für die Region kaum Impulse in Form dauerhafter Investitionen oder Arbeitsplätze heraussprangen.

Parallel stieg der Druck von AktivistInnen, Umweltgruppen, AnwohnerInnen und den politischen Gremien aus der Nachbargemeinde Thulendorf, auf deren Gebiet die meisten der Versuchsfelder lagen. Der dortige Gemeinderat sprach früh mehrheitlich und ab 2009 sogar einstimmig gegen die Versuchsfelder und für die Kündigung des Pachtvertrages seiner Flächen aus, die im Gesamtgelände lagen. AnwohnerInnen beteiligten sich zunehmend an Protesten gegen die Freisetzungen, die bis an die Gärten des Ortes Sagerheide heranreichten. Lange Zeit unterstützte der mecklenburg-vorpommersche SPD-Landwirtschaftsminister Backhaus auf das von ihm unterstützte AgroBioTechnikum, ruderte aber ab 2010 unter dem Eindruck der Proteste Stück für Stück zurück. Die wirtschaftlichen und politischen Probleme der Gentechnik-Seilschaften sind inzwischen trotz Steuergeldern, jährlicher Flächenprämie und anlagensichernder Polizeitruppen groß. Gelder versickern offenbar in den dubiosen Firmengeflechten, während sich die Standorte kaum lange halten können. Doch Broer und Schmidt baden ihre Hände in Unschuld:[22] *„Den Vorwurf einer Interessenkollision weisen beide von sich. Bei der EFSA hätten sie nur beratende Funktion. Sicher profitiere sie von Förderung, so Kerstin Schmidt. ‚Aber daraus habe ich in den letzten drei Jahren mehr als 20 Arbeitsplätze geschaffen.' Inge Broer sagt, die entstandenen Netzwerke seien notwendig, aber ‚kein Filz'. Vom Forschungsministerium gebe es nur Geld, wenn die Industrie beteiligt sei."* Doch wer genauer hinschaut, bemerkt das Gegenteil. Selbst vor Ort funktioniert der Filz, denn die widerspenstige Gemeinde Thulendorf wird bei ihren Beschlüssen vom eigenen Verwaltungsamt Carbäk ausgebremst. Deren Chef, Dr. Ernst Schmidt, befürwortet als SPD-Fraktionschef im Kreistag die Gentechnik. Nachdem das IPK in Gatersleben als Freisetzungsfläche verlorenging und der politische Druck auch am AgroBioTechnikum zunahm, wurde zwar der Firmenverbund BioOK zum neuen Stern am Himmel deutscher Gentechnik auserkoren. Andererseits fanden die Seilschaften einschließlich Kerstin Schmidt einen neuen Ort für ihre riskanten Freisetzungen: Das Stiftsgut Üplingen in der Magdeburger Börde beherbergte bereits 2009 mit neun Versuchen die größte Zahl an Feldern mit gv-Pflanzen.

Abb.: Haus in der Nachbarschaft des Feldes in Sagerheide.

19 www.ostsee-zeitung.de/nachrichten/brennpunkt/index__artikel__komplett.phtml?SID=486a632ea99e652e3075f475112afcb0&param=news&id=2754341

20 MVregio am 20.5.2009 (www.mvregio.de/nachrichten__region/209298.html), falsche Schreibweise im Original.

21 Spiegel 41/2008 (S. 94)

22 Spiegel 41/2008 (S. 94)

23 Karte in Farbe unter www.projektwerkstatt.de/gen/felder/flurkarte__sagerheide.pdf

24 www.biovativ.de

25 www.biovativ.de

Was wird geforscht? Mais, Kartoffel, Petunie und mehr am AgroBioTechnikum

Was passiert mit all dem Geld? Neben dem Aufbau von Infrastruktur fließt es vor allem an die Versuchsdurchführenden. Waren die Felder anfangs noch auf verschiedene Äcker rund um Sagerheide und im nördlichen Gemarkungsgebiet von Lüsewitz verteilt, so wurden sie aus Sicherheitsgründen immer mehr auf eine große, bewachte Fläche zusammengelegt, bis ab 2010 alle Versuchsfelder am nordöstlichen Ortsrand des kleinen Dorfes Sagerheide lagen. Der Gemeinderat dort hatte sich zwar einstimmig gegen die Experimente ausgesprochen, aber die Meinung der Menschen vor Ort interessierte die Agro-GentechnikerInnen noch nie. So standen dort mehrere Felder mit sehr unterschiedlichen Pflanzen. *„In allen Fällen geht es um Sicherheits- und Begleitforschung"*, verkündete die Internetseite[24] der Betreiberfirma biovativ.

Das bedeutet dreierlei: Erstens geht es um richtig viel Geld, denn die Förderungen aus dem Biosicherheitsprogramm lagen pro Feld bei einigen Hunderttausend Euro. Da jedes Jahr mehrere Versuchsparzellen auf dem Gelände liegen, kommt schon ein beachtlicher Jahresetat zusammen. Zweitens sind die Felder überwiegend schlicht Betrug bzw. Unterschlagung. Denn laut biovativ[25] sei bis auf eine Ausnahme *„bei keiner dieser Pflanzen daran gedacht, sie in den nächsten Jahren als Produkte auf den Markt zu bringen."* Genau das

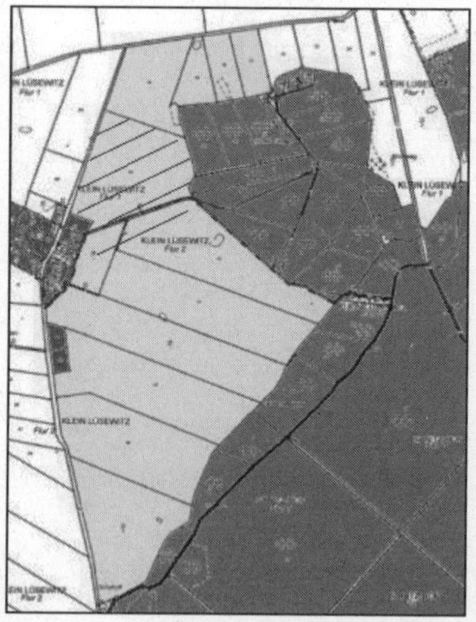

Abb.: Karte der Felder[23]. Dunkle Farbe links der Ort Sagerheide, rechts Wald; hellgrau die Ackerflächen mit dem schraffierten Versuchsgelände.

Im Porträt: Kerstin Schmidt und Inge Broer

Kerstin Schmidt ist ausgebildete Mathematikerin und kümmert sich vorrangig um das Geschäftliche – das aber gleich in mehreren Firmen gleichzeitig. Kerstin Schmidt ist Geschäftsführerin der Gentechnikfirmen biovativ, BioMath, des Gentechnik-Schaugartens BiotechFarm und des Firmenverbundes BioOK. Durch ihre Hände gehen Hunderttausende an Forschungsgeldern für die Gentechnik, die sie zwischen eigenen Firmen hin- und herschieben kann. Dass Gentechnik für sie vor allem eine Geldfrage ist, zeigte auch ihr Posten im Lobbyverein FINAB: Sie war dort Schatzmeisterin.[1]

Die öffentlichen Gelder kassierten ihre Firmen und Vereine für den Aufbau der Infrastruktur in Groß Lüsewitz und Üplingen sowie für die Durchführung gentechnischer Experimente. Gleichzeitig war Schmidt Mitglied in der BBA/JKI-Arbeitsgruppe 'Anbaubegleitendes Monitoring' und als Ad-hoc-Expertin für die EFSA in der PMEM-Workinggroup tätig, in der an Fragebögen zum Monitoring gearbeitet wurde. 2005 bis 2008 wirkte sie als Projektpartnerin und Kontaktperson für das BMBF-Projekt Anbaubegleitendes Monitoring (Teilprojekt 3).[2] Mit anderen Worten: Sie ist Gentechnik-Durchführende und Kontrolleurin in einer Person. Zudem führen ihre Firmen Kontrolltätigkeiten bei Versuchen anderer durch – auch solcher, bei denen die personellen Verquickungen eine unabhängige Prüfung unmöglich machen. Ort all dieser Aktivitäten war bisher das AgroBioTechnikum in Groß Lüsewitz. 2007 streckte Schmidt ihre Fühler nach Sachsen-Anhalt aus – zur BioTechFarm in Üplingen, deren Geschäftsführung sie seit April 2008 innehat.

Das Personengeflecht am AgroBioTechnikum wird noch dichter mit Blick auf Schmidts Freundin Inge Broer. Die leitet als Professorin an der Uni Rostock den Lehrbetrieb zur Agrobiotechnologie und ist der inhaltliche und politische Kopf der Gentechnik-Seilschaften in Mecklenburg-Vorpommern. Sie sitzt auf dem formalen Führungsposten, während Kerstin Schmidt das Organisatorische und Finanzielle regelt. Auf Broers Initiative hin entstand der Verein FINAB[1], der unter dem Deckmantel innovativer und nachhaltiger Landwirtschaft den Ausbau der Gentechnik vorantrieb. In Groß Lüsewitz entstand das AgroBioTechnikum als Gründerzentrum speziell für Firmen der grünen Gentechnik. Millionen Fördermittel flossen in das Projekt – aber vor allem zu den Firmen der GründerInnen selbst. Dennoch werden die Versuche meist von den Universitäten angemeldet, das spart hohe Gebühren. Als Organisatorin vor Ort aber agiert immer nur Kerstin Schmidt. Kunden ihrer Firmen waren Monsanto Agrar, Aventis CropScience, Pioneer Hi-Bred, Syngenta Seeds, KWS und die BBA (jetzt JKI).[2] FINAB gründete Tochterfirmen, an die viele der Gelder weitergeleitet werden oder die selbst Mittel erhalten. Der Weg zum Geld war und ist kurz: Broer sitzt in vielen der Gremien, die Förderungen vergeben oder die Geldgeber beraten. Ebenso spielt sie in Genehmigungs- und Kontrollbehörden mit, d.h. sie ist Betreiberin, Geldgeberin, Lobbyistin und Kontrollstelle in einer Person. Und geschäftstüchtig: Sie wird als (Mit-) Erfinderin von neun Patenten auf Gene angeführt, von denen vier durch Bayer CropScience gehalten werden, drei durch die (Ex-) Hoechst AG, eins durch die Norddeutsche Pflanzenzucht und eins durch die Erfinderin selbst. Die Finanzierung eines Projektes von Joachim Schiemann (damals BBA), bei dem markerfreie gv-Pflanzen entwickelt wurden, stoppte das Landwirtschaftsministerium 2004, um Interessenkonflikte zu vermeiden. Inge Broer schlug schnell zu und führte das Projekt in ihrer Regie weiter – im Rahmen von FINAB und dem AgroBioTechnikum. Joachim Schiemann war als Gründungsmitglied dabei.[2]

Die Ämter der Inge Broer (Auszüge aus dem Lebenslauf[3])

- seit 1999 Mitglied im wissenschaftlichen Beirat der Umweltministeriums Meckl.-Vorp.
- seit 1999 Mitglied im wissenschaftlichen Beirat des Ministeriums für Landwirtschaft, Fischerei und Forsten MV
- seit 1999 Mitglied der Arbeitsgruppe „Anbaubegleitendes Monitoring" der Biologischen Bundesanstalt Braunschweig
- seit 1999 Vorsitzende des Vereins zur Förderung Innovativer und Nachhaltiger Agrobiotechnologie (FINAB)
- seit 1999 Mitglied des Informationskreises Gentechnik des Bundesverbandes Deutscher Pflanzenzüchter
- seit 2000 Mitglied des Kuratoriums der KWS Saat AG
- seit 2001 Mitglied der Futur Fokusgruppe Agrarproduktion (BMBF)
- seit 2001 Mitglied und seit 2006 Vorstand im Forschungsverbund Mecklenburg Vorpommern (FMV)
- seit 2001 Leiterin der AG Agrobiotechnologie an der Universität Rostock/FB Agrarökologie
- seit 2002 Gutachterin für Biotechnologie der Deutschen Stiftung Umwelt
- seit 2002 Mitglied im scientific board des deutschen Pflanzengenomprojekts GABI
- seit 2003 Professor an der Agrar und Umweltwissenschaftlichen Fakultät der Universität Rostock
- seit 2004 Leiterin der Ad hoc Arbeitsgruppe Gentechnik des Umweltministeriums MV
- seit 2004 Gesellschaftervorsitzende der biovativ GmbH
- seit 2004 Gesellschafterin der BioOK GmbH
- seit 2004 Sprecherin des Clusters „Pflanzen mit neuen Eigenschaften" der Berlin-Brandenburgischen Akademie der Wissenschaften
- seit 2005 Ad hoc Expertin der European Food Safety Authority (EFSA)
- 2009: Teilnehmerin am Runden Tisch im Forschungsministerium. Dort schlugen Broer und Schavan BioOK als global agierende One-Stop-Agency vor.

Findet TransGen auch Klasse: Inge Broer

Fußnoten zum Kasten

1 Quelle: www.finab.de

2 Lorch/Then, S. 27, 46 und 49

3 http://cpr.uni-rostock.de/file/cpr__derivate__000000001744/broer__inge__cv.pdf?hosts=local

Freisetzungsversuche der biovativ GmbH

Jahr	Pflanzenart	Saatgutsorte bzw. Linie	Flächengröße
2005 - 2008	Kartoffel	transgene Linien EH 92-527-1, AM02-1008, 1010, 1017 und nicht gentechnisch veränderte Sorten Kuras, Seresta, Sibu	2005: 10.000 m² 2006: 10.000 m² 2007: 10.000 m² 2008: 10.000 m²
2006 - 2010	Kartoffel	transgene Kartoffellinie EH 92-527-1	2006: 10.000 m² 2007: 10.000 m² 2008: 10.000 m²
2006 - 2007	Raps	transgene Rapslinien aus dem BMBF-Programm „NAPUS 2000 - Gesunde Lebensmittel aus transgener Rapssaat" Ausgangssorten: Drakkar, Lisora	2006: 480 m² 2007: 480 m²
2005 - 2006	Mais	transgene Maislinie NK603 x MON810	2005: 15.000 m² 2006: 15.000 m²
2006 - 2008	Kartoffel	transgene Kartoffellinien 35SVP60SEK-6 und -17	2006: 832 m² 2007: 832 m² 2008: 832 m²
2007	Kartoffel	transgene Stärkekartoffelnlinien AM 04 1020, 1007 und 2043, EH 92-527-1, K 3706, 0069 und nicht gentechnisch veränderte Sorten KURAS, GASORE, BONANZA, SIBU, AGRIA, TOPAS, FONTANE, KUBA, SKAWA, CARA, VALOR	10.000 m²
2007 - 2008	Mais	transgener Mais Zea mays L Ausgangstransformante: NK603	2007: 9.720 m² 2008: 10.000 m²
2008	Zuckerrübe	transgene Linie Event H7-1	180 m²

fordert die Förderrichtlinie des Programms aber: *„Freisetzungsbegleitende Untersuchungen sollen sich ausschließlich auf gentechnisch veränderte Pflanzen beziehen, deren Anwendung in Deutschland erwartet wird bzw. deren Freisetzung bereits erfolgt."* Drittens sind Sicherheitsversuche die riskantesten Felder in Deutschland. Die Begründung ist einfach: Hier werden besonders viele und weitgehend unerforschte Genkonstrukture in die Umwelt ausgebracht. Für sie liegen meist keine Daten über ihre Wirkung in der freien Natur vor noch sind Nachweismethoden verfügbar. Während zum Bt-Mais MON810 inzwischen viele Studien vorliegen und ein einfacher Nachweis-Teststreifen für 5 € zu haben ist (was die Pflanze nicht ungefährlicher macht), laufen viele der Biosicherheitsversuche mit mehrfach veränderten Pflanzen. So standen auf den Versuchsfeldern am AgroBioTechnikum jedes Jahr mehrere Pflanzenarten mit sehr verschiedenen gentechnischen Veränderungen – z.B. 2010 über 500 veränderte, unterschiedliche Kartoffelsorten und -linien der Firma BASF. Sie verschwinden nach der Testserie meist wieder aus den Laboren. Die Entwicklung einer Nachweismethode lohnt daher nicht. Ob sie sich während oder nach der Freisetzungsperiode draußen in die freie Natur hinausgemogelt und sich dort nun munter weiter verbreitet haben, wird daher unbekannt bleiben. Der LL601-Reis, der es von Versuchsstandorten in die Supermarktregale der ganzen Welt schaffte, wurde nur durch Zufall eines Tages entdeckt. Ob das eine oder andere Bier, das mensch trinkt, bereits die Konstrukte der Erlangen-Gießener-Gengerste enthält oder in irgendeinem Kartoffelsack ein Rostocker oder BASF-Konstrukt enthalten ist, werden wir voraussichtlich nie erfahren! Dass 2010 selbst auf BASF-Versuchsfeldern in Nordschweden die falsche Kartoffelsorte gefunden wurde, lässt aufhorchen: Wenn die Durchmischung schon beim Hersteller vorkommt, wo und wie soll sie dann beim Saatguthändler, in Maschinen und draußen auf den Äckern verhinderbar sein?

Jährlich stand also eine bunte Vielfalt von Versuchsfeldern in der Landschaft östlich von Rostock. Wie die Tabelle links[14] der Freisetzungsversuche östlich von Rostock in den Jahren 2005 bis 2008 zeigt, war die Vielfalt der angebauten gv-Pflanzen hoch. Können eine Forscherin und ein kleines Firmengeflecht an so vielen Pflanzen gleichzeitig forschen? Nun – zumindest tun sie es nicht. Die Felder stehen überwiegend unberührt herum. Aussaat und Ernte – das war's bei den meisten Feldern, wie Wachschutz und NachbarInnen übereinstimmend berichteten. Besucht werden sie höchstens von Wahlkampftouren der Gentechnikfans im Bundestag oder von Menschen, die geschickt und nächstens der Bewachung ein Schnippchen schlagen, um die Versuchsflächen von ihrer gentechnisch veränderten Pflanzendecke zu befreien. Wenn aber die WissenschaftlerInnen ihre Felder gar nicht beachten, gibt es diese Forschung denn überhaupt? Die Zweifel verstärken sich beim Versuch, Ergebnisse der Forschungen herauszubekommen. Es ist nämlich übliche wissenschaftliche Praxis, Forschungsergebnisse in renommierten Fachzeitschriften zu veröffentlichen, um die Erkenntnisse zugänglich zu machen und einer kritischen Debatte zu unterwerfen. Um jedoch etwas zu Versuchsergebnissen bei Uni Rostock, FINAB & Co. zu finden, hilft kein Wühlen in Magazinen, Internet oder Bibliotheken: Es gibt nichts – außer dem für die Forschungsmittel erforderlichen Endbericht an die Mittelvergabestelle. Die Sicherheitsforschung am AgroBioTechnikum ist Show und Betrug. Es gibt sie nicht. Warum aber stehen dann die Felder da? Das soll das folgende Kapitel klären – mit bedrückenden Erkenntnissen.

Umgang mit Kritik

„*Alles Lüge*" sagte Inge Broer einem Nachbar der Versuchsfelder, der ihr die Broschüre „*Organisierte Unverantwortlichkeit*" entgegenstreckte. Eine Feldbesetzung wurde 2009 geräumt, AktivistInnen mit gerichtlichen Verfügungen und Strafverfahren überzogen. Stramm an der Seite der Gentechnik-Seilschaften standen und stehen Polizei, Staatsanwaltschaft und Gerichte in Rostock. KritikerInnen werden drangsaliert, die FeldbetreiberInnen hingegen geschont. Auch Meinungsfreiheit scheinen die GentechnikerInnen nicht besonders zu schätzen. Ein kritischer Vortrag über Seilschaften an der Universität Rostock wurde verboten. An einen anderem Ort verlegt, besuchten ihn über 20 Studierende und Hauptamtliche der Uni-Agrarfakultät den Vortrag und versuchten, diesen durch ständiges Nachfragen und Pöbeln zu verhindern – was nicht gelang, aber den Ablauf um 1,5 Stunden verzögerte.[27] Der Versuchsleiter des Feldes mit zur Überwinterung eingegrabenen gv-Kartoffeln, Christoph Unger, bezeichnete Biolandwirte dort als „*Hobbybauern*", StudentInnen mit abweichender Meinung mehrfach als „*dreimal dumm*" und beleidigte schließlich den Referenten, bei ihm seinen wohl die „*Synapsen durchgebrannt*". Schon zwei Tage vorher hatte eine kleinere Runde der gleichen Studierenden den Vortrag im Dorfgemeinschaftshaus Thulendorf mit gleichen Mitteln zu stören versucht. Die Methode hatten sie ein Jahr vorher schon erfolgreich angewandt bei einem Treffen von GentechnikgegnerInnen in Teschendorf.

Foto: Kurz vor dem Beginn – es kamen noch etliche mehr. Der Leiter des Überwinterungsversuchs sitzt in der Mitte hinter dem Beamer.

Dennoch könnte die Auseinandersetzung rund um Rostock zu einem interessanten Modellfall werden. Denn Vielfalt und Intensität der Proteste begannen schließlich, Wirkung zu zeigen. Im Verlauf des SPD-Parteitages 2010 „*wurden einige Änderungen an dem vom Parteivorstand eingebrachten Leitantrag vorgenommen. ... Auch die Ablehnung des Anbaus gentechnisch veränderter Pflanzen wurde eingefügt.*" Die konkrete Formulierung richtete sich gegen alle, also auch Versuchsfelder.[28] Schließlich verzichtete sogar Landwirtschaftsminister Backhaus, der dieser Partei angehört, auf weitere Unterstützungserklärungen für das AgroBioTechnikum:[29] „*Für das Gesundheitsland MV, für diesen wichtigen Agrarstandort, brauchen wir die Gentechnik eigentlich nicht.*"

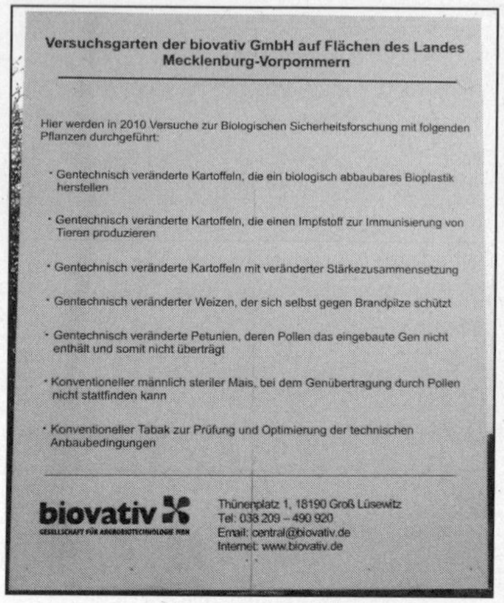

Unten: Hinweisschild am Feld 2010 über die tatsächlich angepflanzten Felder. Am 1.4.2010 wurde ein weiterer Versuch mit gv-Kartoffeln[26] genehmigt.

Warum gibt es die Versuchsfelder? Drei Gründe, warum Millionen Euro rein- und Millionen Pollen rausgehen

Nur auf dem bundeseigenen Versuchsfeld in Braunschweig entsprechen die beobachteten Handlungen von WissenschaftlerInnen zumindest teilweise den behaupteten Forschungszielen. Andernorts hingegen finden entweder andere Experimente statt, als im Genehmigungs- und Fördermittelantrag angegeben wurden. Oder, noch häufiger, die Felder liegen das ganze Jahre zwar bewacht, aber unbeachtet herum. Was sind die Motive, solche Felder anzulegen, die kaum jemand will und niemand braucht?

1. Felder anlegen oder Taxi fahren – ForscherInnen als Opportunisten des Geldes

Ein Motiv ist schon genannt: Geld. Aber es klingt noch ein wenig schöner, wenn es aus dem Mund der GentechnikerInnen selbst kommt. Broer wurde schon zitiert, dass sie mit gv-Pflanzen forscht, „*weil es dafür Geld gibt*". 2009 später wurde sie befragt, ob sie nicht auch zu anderen Formen der Landwirtschaft forschen würde. Ja, das würde sie gern,[30] doch „*bis jetzt erhalten wir aber leider nur Mittel für Versuche an gentechnisch veränderten Pfanzen.*" Das ist Klartext, und nicht die einzige Bemerkung dieser Art. Stefan Rauschen, Pendant von Inge Broer als Versuchsleiter an der RWTH Aachen und InnoPlanta-Preisträger 2010, sah 2009[31] als Alternative, was er ohne die Fördermittel für sein Institut machen würde, „*ein neues Thema suchen, oder auswandern. Oder Taxi fahren.*"

Das zeigt deutlich, dass Forschungsfreiheit vor allem die Freiheit zur finanziellen

26 www.gabot.de/index.php/News-Details/52/0/?&tx__ttnews%5Btt__news%5211128&tx__ttnews%5BbackPid%5D=1&cHash=e1605e9c87

27 Bericht auf Indymedia: http://de.indymedia.org/2010/05/281999.shtml. NNN-Bericht am Vortag: www.projektwerkstatt.de/gen/filz/unterlassung/100519nnn.pdf

28 Ostseezeitung vom 26.4.2010: www.ostsee-zeitung.de/nachrichten/mv/index__artikel__komplett.phtml?param=news&id=2753804

29 Nordkurier am 24.7.2010: www.nordkurier.de/index.php?objekt=nk.nachrichten.m-v&id=695653

30 Volksstimme am 4.8.2009: Siehe unter www.volksstimme.de

31 www.scienceblogs.de/alles-was-lebt/2009/04/personliche-erfahrungen-in-der-deutschen-biosicherheitsforschung-interview-mit-dr-stefan-rauschen.php

Abhängigkeit ist. ForscherInnen der Agro-Gentechnik sind nichs als OpportunistInnen des Geldes. Agrarhuren nannte mensch solche Prostitution an Geldgeber der Landwirtschaft früher – eine unzulässige Beleidigung derer, die Geist und Körper verkaufen wie LehrerInnen, MaurerInnen oder AnwältInnen auch, aber ihre Orientierung auf Geld nicht als Freiheit verklären. Denn die Aura unabhängiger Forschung ist nichts als Lüge – auch wenn Rauschen trotz Angst vor dem Schicksal als Taxifahrer bei anderer Gelegenheit[32] naiv nachfragte, *„wie man unabhängiger sein soll, als wir? Vom Steuerzahler bezahlt, im öffentlichen Auftrag? Und wie man kritischer sein können soll, als wir?"*.

Falsch ist die Ansicht, dass vor allem Firmengelder die Agro-Gentechnik an Universitäten und in Forschungsinstituten schmieren.[33] Es ist der Staat, der Grundfinanzierungen z.B. an Universitäten zurückgefahren und zweckgebundene Förderprogramme ausgebaut hat. *„Alle Mitglieder meiner Arbeitsgruppe, inklusive mir selbst, werden also durch Forschungsmittel finanziert, die letztlich aus dem Steueraufkommen des Bundes stammen"*, so Stefan Rauschen.[34] So sind es die Regierungen selbst, die die Reste von Unabhängigkeit in der Wissenschaft zerschlagen haben, um diese dann ökonomisch zu dem zwingen zu können, was sie als nationale Standortpolitik für richtig hielten und halten. Die Gentechnikindustrie stöhnte über zurückgehende Förderungen aus der Industrie:[35] *„Lediglich der Anteil an öffentlichen Fördermitteln ist seit vier Jahren konstant geblieben."* Auf den Staat und seine Unterstützung der ansonsten offenbar nicht attraktiven Technik ist also Verlass – zum Ärger nur sehr weniger PolitikerInnen, z.B. Ulrich Kelber (SPD):[36] *„Technologieoffene Forschung kann nicht heißen, dass im Haushalt von Frau Schavan 90 Prozent der Mittel für die Lösung bestimmter Probleme in der Züchtung in die Grüne Gentechnik und keine 10 Prozent in alternative Technologien gehen."*

Aus der Studie „Zukunftsfelder in Ostdeutschland" der Uni Rostock im Januar 2008

Die Biotechnologie hat sich innerhalb weniger Jahre in Deutschland zu einer Boom-Branche entwickelt, was sich an der wachsenden Zahl innovativer Firmengründungen ablesen lässt. In keinem anderen europäischen Land gibt es derzeit vergleichbar viele Standorte, an denen sich Biotechnologie-Unternehmen angesiedelt haben, wie in Deutschland. Die Gründe liegen ähnlich wie in anderen europäischen Regionen u.a. in der staatlichen Förderung, mit der finanzielle Schwierigkeiten in der Anfangsphase der Unternehmen abgefangen werden können.

Aus einer Evaluierungsstudie des BMBF[37]

Der Anteil des Staates an der Finanzierung von Biotech-Unternehmen hat sich in den letzten Jahren verdoppelt. Lag er 2005 noch bei ca. 8% waren es 2009 bereits etwa 17%.

Wie im AgroBioTechnikum läuft es vielerorts trotz der Staatsmillionen schlecht. Firmenkonkurse, Aufkäufe und Zahlungsschwierigkeiten prägen das Geschehen. Der Hunger nach immer neuen Zuschüssen wächst – und wird gestillt von Regierungen, die nach dem absurden Motto handeln, dass es nach Misserfolgen trotz hoher Förderungen nur eine Konsequenz geben sollte: Noch mehr Geld. 2010 stellte die Evaluierungsstudie des BMBF[38] selbst fest, dass die Fördermittel in die Agro-Gentechnik weitgehend verpufften. Konsequenz: Aufstockung der Mittel! *„Das Bundesforschungsministerium möchte die Forschung in der Pflanzenbiotechnologie in den nächsten Jahren mit zusätzlich 50 Millionen Euro fördern"*. Wer viel und wirkungslos verschwendet, bekommt mehr. Bei anderen fehlt es dann.

Presseinformation des BÖLW am 27.4.2010 (auf dem Informationsdienst Gentechnik)[39]

Nach einer Studie des Bundesforschungsministeriums schrumpft die Agro-Gentechnik-Industrie in Deutschland. Das Forschungsministerium nimmt dies zum Anlass, weitere Millionen in die umstrittene Technologie zu stecken, während erfolgversprechendere Ansätze für eine nachhaltige Landwirtschaft vernachlässigt werden. Nach der Studie des BMBF, die dieser Tage veröffentlicht wurde, waren bundesweit 2009 24 Biotech-Unternehmen mit Pflanzen-Gentechnik befasst, zwei weniger als noch 2008. Die Erlöse der Unternehmen lagen 2009 bei 39 Mio €. Im Vorjahr waren es 49 Mio €.
„Es ist nicht zu verstehen, weshalb das Schavan-Ministerium jetzt ankündigt, zusätzliche Millionen in den schrumpfenden Sektor der Pflanzen-Biotechnologie zu stecken", kommentierte Felix Prinz zu Löwenstein, Vorsitzender des Bund Ökologische Lebensmittelwirtschaft. ...
Im Gegensatz zur Agro-Gentechnik wächst die Ökologische Lebensmittelwirtschaft seit Jahren ungebrochen. Sie hat seit 2005 ihren Umsatz um 50 % auf 5,8 Mrd. € gesteigert. In den zahlreichen mittelständischen Unternehmen des Öko-Bereichs konnten weit mehr als 160.000 Arbeitsplätze aufgebaut werden. Sie sind durch die Agro-Gentechnik gefährdet, denn die beträchtlichen Folgekosten der Gentechnik bleiben durch eine fehlende Verursacherhaftung bei denen hängen, die diese Technologie nicht einsetzen.

Die großen deutschen Fördertöpfe, aus denen staatliche Gelder in die Agro-Gentechnik fließen, heißen Biosicherheitsprogramm und *„Genomanalyse im biologischen System Pflanze"* (GABI).[40] Hinzu kommt die Deutsche Forschungsgemeinschaft (DFG) mit ihren Fördergeldern. Sämtliche Programme überlebten die rot-grüne Regierungszeit und wurden auch von CSU-Regierungsmitgliedern nie in Frage gestellt. Für CDU und FDP gilt das ohnehin. Alle akzeptierten zudem die Verflechtungen, wegen der die Gelder von den Nutznießern selbst und ohne jegliche öffentliche Kontrolle zugewiesen und verwendet wurden. Der zuständige Abteilungsleiter im BMBF, Dr. Peter Lange, räumte in einem Streitgespräch im Dezember 2009 ein, noch nie eine geförderte Maßnahme überprüft zu haben. Im Lenkungsgremium[41] des GABI-Programms sitzen mit VertreterInnen von KWS, Bayer, Max-Planck-Institut und den Leibniz-Instituten für Pflanzenbiochemie mehrheitlich die Geldempfänger – neben zwei Ministeriums- und einer/m DFG-VertreterIn, die ebenfalls die Gentechnik befürworten. Auch im wissenschaftlichen Beirat[42] sind Konzerne und gentechnikanwendende Institute weitgehend unter sich.

Damit keine Missverständnisse entstehen: Dass Forschung geldabhängig und auf Geldgeber fixiert, also immer ‚gekauft' und bestechlich ist, gilt nicht nur in der Agro-Gentechnik, sondern schlicht überall. Je länger ein Forschungszweig und seine Anwendungen im Produktverkauf bestehen bzw. je größer die Verkaufserfolge werden, desto intensiver wachsen Filz und Steuerung über Geld. Wird ein Geschäftsbereich lukrativer, dominieren Geldgeber aus der Wirtschaft. Bei der Agro-Gentechnik ist es zur Zeit

32 http://gute-gene-schlechte-gene.de/die-wissenschaftlichkeit/#more-208
33 Studie des Nabu zur Verwendung von Forschungsgeldern: www.nabu.de/imperia/md/content/nabude/gentechnik/studien/3.pdf
34 siehe Fußnote 31
35 Peter Heinrich, Chef von BIO Mitteldeutschland in der Verbandszeitschrift transkript
36 Bundestagsdebatte am 26.3.2009 zum Antrag der Grünen, den gv-Mais MON810 zu verbieten: http://blogs.taz.de/saveourseeds/files/2009/03/26-03-09-debatte-bundestag-anbaustopp-mon810-2.pdf
37 www.biotechnologie.de/BIO/Redaktion/PDF/de/umfrage/2010-umfrage,property=pdf,bereich=bio,sprache=de,rwb=true.pdf
38 siehe Fußnote 37
39 www.keine-gentechnik.de/news-gentechnik/news/de/21880.html
40 www.pflanzenforschung.de
41 www.gabi.de/gabi-lenkungsgremium.php
42 www.gabi.de/gabi-sab.php

der Staat, der das Anlaufen der Profitmaschine Jahr für Jahr mit Millionen schmiert – und aufstockt, wenn es nicht reicht.

2. Forschungsfelder als Auskreuzungsquellen

Der zweite Grund für die Anlage von Forschungsfeldern ist perfider. Diese wurden auffällig oft und mit erkennbarer Systematik neben Saatgutbanken angelegt. Dort aber stellten sie ein besonders großes Risiko dar, einen verheerenden Schaden im bislang gentechnikfreien Saatgut anzurichten und die Debatte um die Gentechnikfreiheit zu beenden. Diese erübrigt sich nämlich einfach, wenn Auskreuzung überall hin stattgefunden hat. Von bisherigen Auskreuzungsskandalen, vor allem dem LL601-Reis, der als Selbstbestäuber nur auf Versuchsfeldern angebaut wurde und dennoch weltweit im Ladenregal landete, wussten auch ForscherInnen und Konzerne. Kann es sein, dass sie Felder ausgesät haben und weiter anlegen, um Auskreuzung zu erzeugen und so die Debatte durch die Macht des Faktischen zu gewinnen? Beweisbar ist das nicht, aber vieles spricht dafür. So sind unmittelbar neben den fünf offiziellen Saatgutbanken in Deutschland Genversuchsfelder angelegt worden – und zwar genau mit den ‚passenden', also auskreuzfähigen Pflanzen. Das klingt unglaublich, aber im Kapitel zur Koexistenz werden die Belege und alle Felder benannt.

3. Werbung, Firmenaufbau und Standortpolitik

Bleibt ein dritter Grund, der eher platt ist: Felder dienen schlicht der Propaganda oder als Referenz- und Übungsfläche für Firmen oder Universitäten. Der seit 2009 größte Gentechnikstandort – zumindest von der Zahl der Felder her gerechnet – ist ein reiner Schaugarten und versteht sich auch als solcher. Prospekte und Internetseite[43] laden zu Kaffeefahrten ein, *„wenn Sie sich einmal ‚echte' Freilandversuche anschauen wollen"*. Weil auch dieser Gentechnik-Streichelzoo inmitten der empfindlichen Saatzuchtregion Börde auf vielen Gründen skandalös ist, wird darüber im Kapitel VII gesondert berichtet.

Am AgroBioTechnikum geht es weniger um Öffentlichkeitsarbeit, auch wenn im Bundestagswahlkampf 2009 schon mal die FDP-Bundestagsabgeordnete Christel Happach-Kasan einen Bus voll EinwohnerInnen aus ihrem Wahlkreis auf das Feld schleppte. Gedacht war das durchaus mal anders. Der Verein FINAB[44] legte sein erstes Versuchsfeld mit gv-Raps an *„als politisches Signal und Präsentation des Dienstleistungsangebotes"*. Unglaublich – eine ganze Landschaft wurde der Verseuchung mit dem stark auskreuzenden Raps ausgesetzt, um ein *„politisches Signal"* zu setzen! Außerdem ging es um die *„Etablierung von notwendigem Know-how für die Beantragung und Durchführung von Freisetzungen"* – Firmenaufbau auf Kosten der Landwirtschaft zumindest einer ganzen Region.

So bleibt schon als Antwort auf die Frage, warum Versuchsfelder angelegt werden, wenig übrig als die Feststellung unfassbarer Jämmerlichkeit: Diese titelbehangenen WissenschaftlerInnen, die Gentechnikritik als emotional, unsachlich oder *„Bodensatz der Gesellschaft"* beschimpfen, sind einfach nur OpportunistInnen des Geldes. Sie reden über Forschungsfreiheit und meinen die pure Ausrichtung allen Denkens und Forschens auf den schnöden Mammon. Ihre Propaganda ist die der Sicherheitsforschung, doch ihr Handeln das organisierte Verseuchen der Welt mit gentechnisch veränderten Konstrukten. Welch ein Abgrund tut sich hier auf? Und ist das nur dort so, wo jedes Beet Geld bringt? Schauen wir von den Niederungen der praktischen Anwendung hinauf zu den großen wissenschaftlichen Debatten und Organisationen. Umlernen müssen wir nicht, denn was dort als Wissenschaftlichkeit verkauft wird, ist nicht besser, sondern zumeist platte bis polemische PR für die eigene Sache, Buhlen um frisches Geld oder schlichte Machtpolitik.

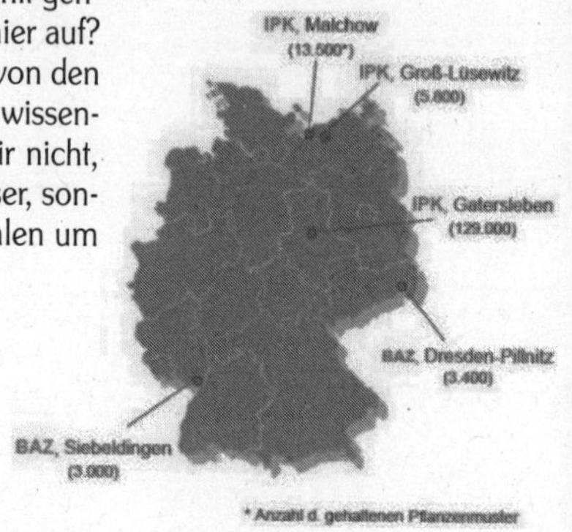

Abb.: Karte der Saatgutbanken. Neben allen fünf liegen oder lagen Felder mit gentechnisch veränderten Pflanzen - genau passend zu den Pflanzenarten der Saatgutbanken. Das Risiko der Auskreuzung und der Vernichtung gentechnikfreier Saat wurde also maximiert. Zufall?

Kampf und Krampf: Forschung zwischen PR-Zielen und Machtpolitik

Nicht alle sagen so deutlich, welchen Machtgewinn sie sich von der Gentechnik erhoffen, wie Hubert Markl, Ex-Chef der Deutschen Forschungsgemeinschaft:[45] *„Dass dabei die Schöpfung manipuliert wird, ist richtig. Dass dies notwendig und sittlich geradezu geboten ist, um eben diese Schöpfung vor völliger Zerstörung zu retten, ist jedoch ebenfalls richtig."* Immer wieder aber ist die Agro-Gentechnik ein beliebtes Thema für grundsatzpolitische Aussagen über Forschung und Forschungsförderung. Da werfen sich die edelsten Akademien, NobelpreisträgerInnen und andere in den Ring, um ihre Sicht der Dinge darzustellen. Was herauskommt, ist selten Expertise, sondern meist die schlichte Forderung nach mehr Geld und weniger öffentlicher Kontrolle sowie ideologisch aufgeladene Polemiken. Einen Spitzenplatz nimmt dabei das Papier der Nationalen Wissenschaftsakademien[46] ein, die am 13.10.2009 mit einem Papier in die Koalitionsverhandlungen zwischen FPD, CDU und CSU eingriffen, das jedes neoliberale Kampfpapier aus FDP-Kreisen in den Schatten stellt. Wütend wird zwar eingeräumt, dass die Akzeptanz der in ForscherInnenaugen weltrettenden Technologie sehr klein ist: *„Demokratische Politik kann die Meinung der Wähler nicht ignorieren"*. Doch daraus abzuleiten, auf die Agro-Gentechnik zu verzichten, fällt ihnen nicht ein. Im Gegenteil – sie fordern von den PolitikerInnen die große Umerziehung. Diese seien *„dafür mitverantwortlich, dass die Wähler Fakten zur Kenntnis nehmen."* So *„muss dem Verbraucher vermittelt werden, dass die Grüne Gentechnik ... Möglichkeiten bietet"*, einfach alles besser zu machen und selbst die *„Artenvielfalt zu fördern"*. Wie das? Neue Arten aus dem Genlabor? Jeder/m einigermaßen reflektierten WissenschaftlerIn muss sich angesichts solcher Formulierung der Magen umdrehen, wie platt die hochbezahlten TitelträgerInnen hier zu plumpen PropagandistInnen mutieren. Das geben sie sogar offen zu, schließlich sollte nach ihren Worten auch die *„Wissenschaft ... bemüht sein, ... um Akzeptanz für eine wichtige Forschungsrichtung mit großem Zukunftspotenzial zu werben."*

ForscherInnen sind also PR-Agenturen. Die Agro-Gentechnik zu erforschen, scheint da gar nicht mehr nötig. Prof. Kogel, Versuchsleiter beim umkämpften Gengerstenfeld in Gießen, beschrieb die Aufgabe von *„uns Wissenschaftlern"* ziemlich eindeutig:[47] *„Wir müssen zeigen, dass diese Technik, die wir einführen wollen, große Vorteile hat"*. Es geht also darum, dass ein feststehendes Ergebnis (*„große Vorteile"*) beworben wird (*„müssen zeigen"*). Wissenschaft hat nicht die Erforschung, sondern die politische Durchsetzung (*„Technik, die wir einführen wollen"*) zum Ziel.

43 www.schaugarten-ueplingen.de/

44 www.finab.de

45 Zitiert in Dürr, Hans-Peter (2010): „Warum es ums Ganze geht", Ökom in München (S. 80 f.)

46 www.acatech.de/fileadmin/user_upload/Baumstruktur__nach__Website/Acatech/root/de/Aktuelles______Presse/Presseinfos______News/091013__Stellungnahme__zur__Gruenen__Gentechnik.pdf

47 www.biosicherheit.de/de/debatte/569.doku.html

Obwohl das bereits unmissverständlich ist, setzte Kogel noch hinterher: „*Unsere Aufgabe ist es, stetig und mit viel Geduld Überzeugungsarbeit zu leisten.*“ Mit solchen Positionen zeigen die Agro-GentechnikerInnen zwar deutlich die aktuell vorherrschende Ausrichtung der Wissenschaft auf Standortinteressen und Geldquellen; in der wissenschaftlichen Debatte hinken sie damit aber weit hinterher. Denn als Stand der Debatte darf gelten, dass es eine interessenlose Wissenschaft nicht gibt. Dann aber müssten ihre ständigen Reden von Objektivität und reinster Sachlichkeit ohnehin kritischer betrachtet werden – also auch dann, wenn sie nicht nur, wie es aber der Fall ist, dem Geld hinterherhechelten.

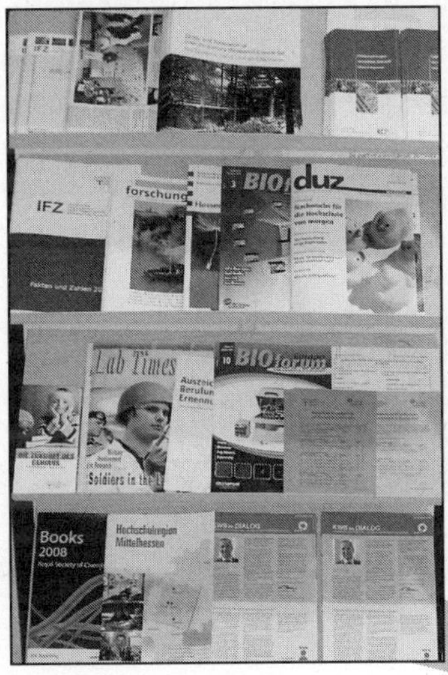

Abb. Prospekte im Flur des Instituts für Phytopathologie und Angewandte Zoologie (IPAZ) von Prof. Kogel

Stellungnahme der führenden Wissenschaftsverbände und -einrichtungen zum Runden Tisch Gentechnik, 20.5.2009[48]
Die Allianz fordert dabei mehr Rationalität in der Debatte, so dürfe die Gentechnik nicht pauschal verurteilt werden. „Die deutschen Wissenschaftsorganisationen setzen sich ausdrücklich dafür ein, nicht nur Forschung sondern auch Anwendungen der Grünen Gentechnik in Deutschland zu ermöglichen“, sagt Prof. Dr. Jürgen Mlynek, Präsident der Helmholtz-Gemeinschaft und zurzeit Sprecher der Allianz. Dies schließt auch weitere Untersuchungen von Sicherheitsfragen und möglichen Risiken ein. ... Mögliche negative Auswirkungen auf die Umwelt sind nicht durch die Methode Gentechnik bedingt.

Interview mit der amerikanischen Wissenschaftshistorikerin Kay in der taz vom 4.9.2000
Heutzutage sind Wissenschaftler Politiker, sie sind Aktienhändler, sie haben ihre eigenen Biotech-Unternehmen und sitzen nicht länger nur in ihren Laboratorien herum. In den USA sind mindestens 80 Prozent der Molekularbiologen an eigenen kommerziellen Biotech-Unternehmen beteiligt. Das ist also nicht länger ein rein akademisches Problem, und daher ist es auch nicht nur ein Problem der Medien. Die Wissenschaftler sind massiv an der sozialen und politischen Verbreitung ihrer Arbeit beteiligt.

Maria Weimer, Juristin am Europäischen Hochschulinstitut Florenz[49]
Aus der soziologischen Forschung wissen wir: Auch der wissenschaftliche Prozess ist ein sozialer Prozess. Wissenschaftliche Untersuchungen und die dabei gefundenen Ergebnisse sind nicht rein objektiv, sondern auch geprägt von Werten und Glaubenseinstellungen der Wissenschaftler und von dem Auftrag, den die Wissenschaftler von der Politik bekommen haben. Die Wissenschaft liefert keine so harte und objektive Grundlage, wie man es gerne haben möchte.

Zusammengefasst wird erkennbar: Forschung ist Akzeptanzbeschaffung und WissenschaftlerInnen sind PR-Agenturen!

Die einzig wahre und zulässige Meinung: „Gentechnik ist ungefährlich“ als Glaubenskrieg

Mit der Autorität ihrer Titel und Stellungen versuchen die WissenschaftlerInnen, ihre Sicht als Maß aller Dinge durchzusetzen. Auf allen Kanälen verkünden sie, dass „*alle Wissenschaftsorganisationen in Deutschland*“ die Agro-Gentechnik für sinnvoll hielten, ja für „*risikoärmer und sauberer für die Umwelt*“. Das hätten zahlreiche Gutachten gezeigt. Doch präzise Quellenangaben sind rar, Aussagen ungenau: „*Ich kann summierend sagen, dass wir keine Effekte auf Nichtzielorganismen gefunden haben.*“ Kogel glänzte in diesem Interview[50] weiter mit der Ausführung, dass Pollenflug keine Wirkung auf den Naturhaushalt habe. Wie erklärt sich dieser Spitzenforscher eigentlich die Fortpflanzung?

Die Liste wissenschaftlicher Mythen zu Hungerhilfe, Umweltwirkungen, Bauernglück und die Berechenbarkeit der Genmanipulation ist so lang, dass ihnen und ihrer Entzauberung das Kapitel VIII gewidmet ist.

Übersetzung aus Scientific American (August 2009): „Do Seed Companies Control GM Crop Research?“[51]
Wissenschaftler müssen die Gentech-Konzerne um Erlaubnis fragen, bevor sie unabhängige Forschungsergebnisse über deren genetisch veränderte Pflanzen veröffentlichen wollen. Das regelt eine Verfügung der Saatgutkonzerne, die von den Forschern im Vorfeld einer Studie unterschrieben werden muss, berichtet das Wissenschaftsmagazin Scientific American in seiner August-Ausgabe. ... Für den Kauf gentechnisch veränderten Saatguts zu Forschungszwecken mussten die Kunden schon immer eine Vereinbarung unterzeichnen, die genau festlegt, was geforscht werden darf und was nicht. Diese Vereinbarungen galten dem Schutz „des geistigen Eigentums“ eines Unternehmens, sie sollten vor allem mögliche Replikationen der veränderten Erbinformationen, also die unerlaubte Nachzucht, verhindern, so die Begründung.

Inge Broer, in: Norddeutsche Neueste Nachrichten am 19.5.2009[52]
Bei der umstrittenen Zulassung genveränderter Pflanzen für die Landwirtschaft sollte die Politik nach Ansicht der Biologin Inge Broer häufiger dem Urteil von Experten vertrauen. „Der politische Wille muss noch kommen, in der Risikobewertung mehr auf Wissenschaft statt auf politische Meinungen zu setzen“, sagte die Professorin für Agrobiotechnologie der Uni Rostock.

Das Gebaren der Institute und WissenschaftlerInnen führt in einen Teufelskreis. Denn obwohl Aussagen von Leuten wie Kogel, alle WissenschaftlerInnen würden die Gentechnik als umweltfreundlich und ungefährlich einstufen, schnell als Lüge enttarnt werden können, fällt doch auf, dass der Anteil von BefürworterInnen im Umfeld der entsprechenden Studiengänge überdurchschnittlich hoch ist. Ist, wer die Wirkungsmechanismen von DNA und biochemischen Codierung der Ausstattungsmerkmale bei Tieren und Pflanzen genauer kennt, der Möglichkeit von Manipulationen dieser Abläufe positiver eingestellt? Oder ist die Befürwortung der Agro-Gentechnik eher eine Folge einer einseitigen, industriefreundlichen und tendenziösen Ausrichtung von Studieninhalten plus der schlichten Tatsache, dass angesichts der riesigen Fördermittel für diese Technik Studienarbeiten, -abschlüsse und spätere Jobchancen nur bekommt, wer auf dieses Thema setzt? So einiges spricht für das Zweite:

- Wer durch das IFZ, die Gentechnikhochburg der Uni Gießen (getarnt unter dem Label der Umweltsicherung), ging, fand dort etliche Prospekte und Zeitschriten.[53] Das Material war völlig einseitig: Werbung der Gentechnikkonzerne und Lobbyverbände (siehe Foto).
- Grundlagenbücher für das Studium werden von den ‚WissenschaftlerInnen‘ geschrieben, die in den Seilschaften der Gentechnik an wichtigen Stellen, z.B. in den Propagandaagenturen sitzen. So wurde das UTB-Buch „*Gentechnik*“ von Hans Günther Gassen und Klaus Minol herausgegeben. Neben ihnen verfassten weitere, in die Seilschaften verwickelte Personen wie Kristina Sinemus (ebenfalls Genius-Mitarbeiterin) und Sabine Bertram vom Verband Chemischer Industrie Kapitel im Buch. Alle kommen aus der Darmstädter PR-Agentur Genius, die mit Millionenförderungen vollgepumpt Internetplattformen für Gentechnikpropaganda betreibt.

48 www.helmholtz.de/aktuelles/pressemitteilungen/artikel/detail/gemeinsame__erklaerung__der__wissenschaftsorganisationen__zur__gruenen__gentechnik-2/
49 www.biosicherheit.de/de/debatte/657.doku.html
50 HR-Info am 23.4.2009: www.uni-giessen.de/cms/fbz/fb09/institute/ipaz/news/premi/biosich/interview-hr-info-23-04.09/at__download/file
51 www.scientificamerican.com/article.cfm?id=do-seed-companies-control-gm-crop-research
52 www.nnn.de/mecklenburg-u-vorpommern/artikeldetail/article/111/gentechnik-forschen-statt-reden.html
53 www.projektwerkstatt.de/gen/kogel.htm

► Ganz ähnlich sieht die Lage bei früheren sogenannten Studien zu Umweltauswirkungen aus. Als 1998 der Rat von Sachverständigen für Umweltfragen ein Gutachten über Umweltprobleme bei Freisetzungen in Auftrag gab, wählte er mit Alfred Pühler, Detlef Bartsch und Ingolf Schuphan drei Schlüsselfiguren aus den Seilschaften der Gentechnik zu den Koordinatoren und Hauptautoren.

Durch Kaltstellen und Ausgrenzen kritischer ForscherInnen wird die Einseitigkeit gesteigert. Immer wieder kommt es zu „*Hetzjagden auf die Autoren*“ kritischer Studien, wie Christof Potthof und Christoph Then 2009 berichteten.[54] Untersuchungen würden behindert, „*indem Zugang zu geeignetem Untersuchungsmaterial verweigert wird*“. Ebenso „*haben viele Wissenschaftler auch dann Probleme, wenn es um die Veröffentlichung ihrer Forschungsergebnisse geht*“. Der berühmte Fall Puztai[55] ist bei weitem nicht der einzige.

Widersprüchlichkeiten finden sich zwischen dem Eintreten für eine vermeintliche Freiheit der Wissenschaft und der Praxis, kritische Meinungen zu unterdrücken. Als Ende März 2008 das Gießener Gengersten-Feld besetzt wurde, sperrte die Universität Seiten mit kritischen Informationen zu den Gentechnikversuchen und Versuchsleitern.[56] Freie Wissenschaft, wenn abhängig von Geld und Profitaussicht, ist eben doch gesteuerte Forschung und Lehre.

Damit nicht genug. Seit Mitte April 2009 versucht die Universitätsleitung in Gießen, kritische Blicke ganz zu unterbinden. Ein Gentechnikkritiker erhielt ein Hausverbot für die gesamte Universität Gießen – das ist ein erheblicher Teil der Stadt Gießen.[57] Hintergrund waren Recherchen unter anderem für dieses Buch. Im IFZ wurden, ganz harmlos auf den frei zugänglichen Gängen, Auslagen und Aushänge daraufhin durchgeschaut, wieweit Konzernwerbung und einseitige Informationen den Studierenden dargeboten wurden (siehe Foto S. 55). Prof. Imani, immerhin stellvertretender Institutsleiter bei den Agro-Gentechnikern, versuchte sich gleich mit körperlicher Gewalt mit einem Rauswurf. Danach folgte das formale Hausverbot. Offenbar sollte der kritische Blick auf das Treiben in den steuermittelfinanzierten Trakten des Instituts für Phytopathologie (IPAZ) verhindert werden.

So ist kein Wunder, dass viele StudentInnen eine gentechnik-befürwortende Position haben, wenn die Lehrinhalte derart einseitig oder gar manipuliert sind. Hinzu kommen die hohen Fördermittel für Gentechnikforschung an den Universitäten und für Gentechnikfirmen. Das führt dazu, dass studieninterne Abläufe stark auf Gentechnik ausgerichtet sind, dort besser Studienarbeiten zu erledigen sind und auch die Hoffnung auf einen späteren Arbeitsplatz wächst, wenn eine Orientierung auf die hochsubventionierte Gentechnik besteht.

Der Kampf um die vermeintlich echte, wahre und unabhängige Wissenschaft ist bizarr. Fast jedes neue Gutachten – egal von welcher Seite – erscheint geräuschvoll auf der Bühne. Begleitet ist es von einem Donnerwetter gegen die abhängigen, einseitigen oder irgendwie anders unqualifizierten WissenschaftlerInnen, die die jeweils andere Meinung vertreten. Demgegenüber ist die eigene Meinung seriös und die eigene Forschung selbstverständlich unabhängig und nur an wissenschaftlichen Kriterien ausgerichtet. Das geht in alle Richtungen.

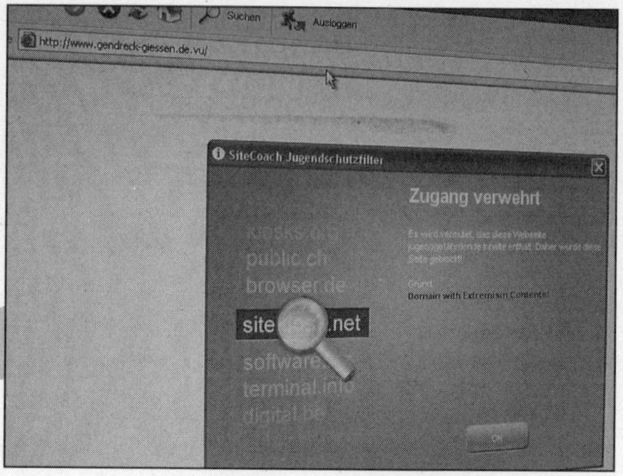

Abb.: Rechnermonitor in der Uni Gießen im Frühjahr 2008. Wer www.gendreck-giessen.de.vu, www.gendreck-weg oder andere kritische Seiten aufrufen wollte, fand diesen Sperrvermerk auf dem Bildschirm.

Ein lustiges Beispiel: Stefan Rauschen gehört zu den Befürwortern der Gentechnik. Er ist einer der wenigen unter denen, die Versuchsfelder anlegen und die Förderprogramme anzapfen, der noch Aufmerksamkeit für Argumente seiner KritikerInnen hat und zuhören kann. So besuchte er Ende Juni 2010 eine Tagung der Grünen zur Sicherheitsforschung[58] in der Agro-Gentechnik. Danach schrieb er:[59] „*Unter dem Titel ‚Gen-Pflanzen: Alle sicher? – Risikoforschung und politische Verantwortung' hatte Frau Höfken nach Berlin eingeladen. Dort sollten ‚unabhängige, kritische' Wissenschaftler, welche die ‚Gegen-Expertise' zum Mainstream darstellen, darüber informieren, was aus ihrer Sicht in der Sicherheitsforschung gemacht werden sollte. Und sie sollten Gelegenheit bekommen, zu erklären, warum sie das derzeit nicht machen können. Die Argumentation war ein wenig so: es gibt einen Mainstream an Wissenschaftlern, der von der Industrie abhängig ist. Nur ein kleines Dorf gallischer Wissenschaftler, repräsentiert durch die eingeladenen Plenumvertreter, ist in der Lage, Widerstand zu leisten. Darf aber natürlich keine wirkliche Wissenschaft betreiben, weil sie ja von den anderen gedisst werden und keinen Zugang zu Forschungsmaterial und -geld haben. Das alles müsse sich ändern, denn schließlich sei ja allen klar, dass gentechnisch veränderte Pflanzen schrecklich gefährlich und schrecklich und gefährlich sind. Nur zeigen könnten sie das halt nicht so richtig. Und wenn sie es versuchten, dann würden sie persönlich angegriffen, ihr Ruf ruiniert und überhaupt ginge man ganz schlimm mit ihnen um.*“ Es folgten Angaben zum Inhalt eines Vortrages, um daran seine Kritik festzumachen.

Schriftliches Hausverbot (Ausschnitt aus dem Schreiben des Universitätspräsidiums).

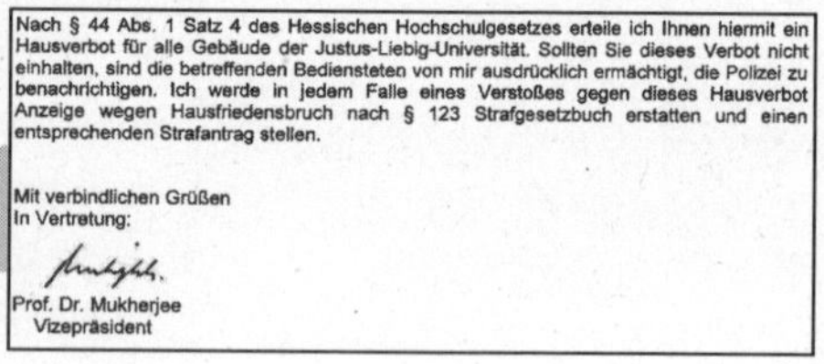
Nach § 44 Abs. 1 Satz 4 des Hessischen Hochschulgesetzes erteile ich Ihnen hiermit ein Hausverbot für alle Gebäude der Justus-Liebig-Universität. Sollten Sie dieses Verbot nicht einhalten, sind die betreffenden Bediensteten von mir ausdrücklich ermächtigt, die Polizei zu benachrichtigen. Ich werde in jedem Falle eines Verstoßes gegen dieses Hausverbot Anzeige wegen Hausfriedensbruch nach § 123 Strafgesetzbuch erstatten und einen entsprechenden Strafantrag stellen.

Mit verbindlichen Grüßen
In Vertretung:

Prof. Dr. Mukherjee
Vizepräsident

Das Spannende: Rauschen hatte völlig recht. Die Tagung der Grünen war eine peinlich handverlesene Nabelschau der eng zusammenarbeitenden Apparate von Grünen, Umweltverbänden und einigen Einzelpersonen. Viele von ihnen hängen am Geldtropf der Grünen oder staatlicher Fördertöpfe. Wer von seiner wissenschaftlichen Tätigkeit lebt und für Grüne oder Greenpeace Studien schreibt, wird Ergebnisse liefern, die den AuftraggeberInnen gefallen oder zumindest die Chance erhalten, nochmal mit einem brauchbar dotierten Auftrag bedacht zu werden. Wissenschaft im Kapitalismus ist immer abhängig und käuflich. Unabhängigkeit ist kaum möglich und nur denkbar außerhalb ökonomischer Verwertung. Auf Leute, die aus Idealismus forschten und entweder anderweitig Geld erhielten oder solches nicht brauchten, verzichteten die Grünen auf ihrer Tagung der Grünen aber. Die Handverlesenheit war grotesk: Da waren nicht nur keine GentechnikanwenderInnen geladen, sondern auch GentechnikkritikerInnen unerwünscht, die ohne finanzielle Interessen die Versuchsfelder in Deutschland analysieren und dortige Forschungen evaluieren. Alle ReferentInnen waren grünennah, hatten aber von den konkreten Abläufen an den Feldern keine Ahnung. Insofern hätte Stefan Rauschen über sein eigenes Feld in Braunschweig auch keine GesprächspartnerInnen auf der Tagung finden können, denn die FunktionärInnen der

54 Potthof/Then (2009): „risk reloaded" (S. 29)

55 www.transgen.de/aktuell/archiv_2002/337.doku.html

56 www.projektwerkstatt.de/gen/2008.htm

57 www.projektwerkstatt.de/gen/giessen.htm

58 www.gruene-bundestag.de/cms/presse/dok/345/345827.keine_gentechnikzulassung_ohne_unabhaeng.html

59 http://gute-gene-schlechte-gene.de/die-wissenschaftlichkeit/#more-208

Grünen und der NGOs aus den Metropolbüros kennen sich da draußen, wo es konkret wird, nicht aus. Und die sich auskannten, sollten nicht kommen.

Rauschens Analyse lag also auf der Hand: Die Hauptamtlichen der Grünen und Verbände sowie die ihnen zuarbeitenden WissenschaftlerInnen bilden genauso eine Seilschaft wie die BefürworterInnen der Gentechnik. Aber genau darin liegt dann auch der Denkfehler von Rauschen. Denn so, wie sich die grünen- und NGO-nahen Apparatschiks bejammerten und als seriös gegenüber den ForscherInnen mit anderer Meinung abgrenzten, machte es Rauschen auch: *„Leider konnten, wegen der Struktur der Veranstaltung, die kritischen, unabhängigen Wissenschaftler wie ich nicht zu Wort kommen. Vielmehr war das eine Selbst-Beweihräucherung erster Kategorie der ‚wahren' kritischen, unabhängigen Wissenschaftler. Eine Chance, der ganzen Schwurbelei zu widersprechen, konnte ich daher leider nicht wahrnehmen. ... Während wir uns aus der BMBF geförderten Sicherheitsforschung immer anhören müssen, wir seien ja gar nicht unabhängig und ‚kritisch'. Wobei ich mich immer frage, wie man unabhängiger sein soll, als wir? Vom Steuerzahler bezahlt, im öffentlichen Auftrag? Und wie man kritischer sein können soll, als wir?"* Hier kämpften die Platzhirsche einer ideologischen Debatte um ihre Rangordnung, mehr nicht. Und jedeR hatte seine/ihre Scheuklappen, riesige!

Forschungsbetriebe als Lobbyisten, PR-Agenturen und Wegbereiter der Konzerne

Die deutschen Wissenschaftsakademien, insbesondere wenn sie sich gemeinsam öffentlich äußern, treten als Sprachrohr geballter Wissenschaftskompetenz auf. Wer im Grundsatzpapier vom 13.10.2009[60] jedoch fachliche Expertise erwartete, wurde enttäuscht. Das Pamphlet forderte eine Freibrief für Forschung und Pannen aller Art. Danach sollten *„gentechnisch veränderte Sorten ... in haftungsrechtlicher Hinsicht nicht anders behandelt werden als sonstiges Saat- und Pflanzgut."* Verärgert zeigen sich die WissenschaftlerInnen über die Uneinsichtigkeit der Bevölkerung, die ihre Meinung einfach nicht übernehmen will. Ganz offen wird von Politik und Wissenschaft die *„wirtschaftsnahe Forschung und Entwicklung neuer Produkte"*, also die Orientierung der Wissenschaft an wirtschaftlichen Zielen gefordert. Dieser Wunsch ist längst Wirklichkeit.[61]

> ***Aus „Gute und schlechte Gene" in: Tagesspiegel vom 4.11.2009***[62]
> *Strenge Gesetze und die Skepsis in der Bevölkerung machen den Anbau gentechnisch veränderter Pflanzen in Deutschland nahezu unmöglich. Dieses aus Sicht der Pflanzenforschung ernüchternde Fazit ziehen die Autoren des zweiten Gentechnologieberichts der Berlin-Brandenburgischen Akademie der Wissenschaften. Trotzdem entwickelte sich die Forschung zur grünen Gentechnik rasch weiter.*

Bleibt noch die absurdeste Begründung für deutsche Agro-Gentechnikforschung. Wenn gar nichts mehr hilft, alle Argumente widerlegt sind, aber die Ideologie zum Festhalten an der Agro-Gentechnik zwingt, dann kann vielleicht der CDU-Politiker Peter Stein ein Vorbild sein, um für deutsche Gentechnik zu streiten: *„Ich habe dabei überdies mehr Vertrauen in eigene Forschungsergebnisse als in fremde".* [63]

Die letzte Hoffnung?

Die sich als unabhängige WissenschaftlerInnen inszenierenden JägerInnen nach Fördergeldern können ihre finanziellen Interessen und Verflechtungen in Lobby- und Kontrollstrukturen kaum verbergen. So herrscht Ebbe, wenn nach klangvollen Namen gesucht wird für eine möglichst unangreifbare Position pro Agro-Gentechnik. Nicht dass sich die Janys, Jacobsens und Kogels dieser Welt deswegen zurückhalten würden – aber ihre Interessenlage und Einbettung in die Seilschaften ist offensichtlich. 2010 tauchte ein neuer Name auf: Matin Qaim. Er hatte Studien erstellt – überwiegend allerdings schon einige (für die Statistik wichtige!) Jahre alt –, wie sie die BefürworterInnen unbedingt brauchten: Internationaler Flair verbunden mit scheinbar belastbaren Zahlen über den Segen der Agro-Gentechnik gerade in armen Regionen der Welt. War er ein neuer Hoffnungsträger? Viele Lobbyverbände und Medien bezogen sich fortan bei ihren Jubelarien auf Qaim. Er hatte viele öffentliche Auftritte, wurde in den Beirat beim Landwirtschaftsministerium berufen und wegen seiner Umtriebigkeit als *„einer der vehementesten Gentechnik-Streiter in Deutschland"* bezeichnet.[64] Ein Blick in Texte von und über ihn zeigt denn auch den typisch fanatischen Wissenschaftsgläubigen, der schon 2003 verbreitete, dass *„der Einsatz von Bt-Baumwolle den Ertrag um mehr als 80 Prozent steigerte, die Pflanzen jedoch bis zu 70 Prozent weniger Insektizide benötigten".* Er glaubte, *„dass eine Technologie wie Bt-Baumwolle tatsächlich auch von Klein- und Kleinstbauern angewendet wird und dass sie im Kleinbauernsektor deutlich höhere Erträge ermöglicht als konventionelle Baumwolle"*, und beobachtete *„einen enormen Einkommensschub".* Ein Patent ist für ihn schlicht *„ein Anreiz, Forschung zu betreiben."* Auch zu den Seilschaften der Agro-Gentechnik steckte Qaim seine Fühler aus, vor allem international. Er ist Mitglied im Kuratorium des International Maize and Wheat Improvement Center (CIMMYT) und im Golden Rice Humanitarian Board. Zudem nahm er an der Päpstlichen Akademie im Vatikan teil. In Deutschland beglückte er die TeilnehmerInnen am wichtigsten deutschen Vernetzungstreffen, dem InnoPlanta-Forum 2010 in Üplingen, mit Referat und Diskussionsteilnahme.

> ***Matin Qaim in der Ernährungs Umschau 5/09 (S. 294)***[65]
> *Um die wachsende Weltbevölkerung längerfristig ernähren zu können, muss die Agrarproduktion weiter stark gesteigert werden. Hierzu müssen auch neue Technologien wie die Gentechnik als Ergänzung zu konventionellen Methoden zum Einsatz kommen. Schon heute zeigen insektenresistente transgene Pflanzen signifikante Ertragsvorteile. Hunger ist aber nicht nur ein Produktions-, sondern auch ein Verteilungsproblem. Viele Menschen sind schlichtweg zu arm, um sich ausreichend zu ernähren. Auch hier bietet die Gentechnik Potenziale, da ein Großteil der Armutsbevölkerung von der Landwirtschaft abhängig ist.*
>
> ***Aus: Julia Bidder, „Der Boom der Zaubersamen", in: FOCUS, 20.10.2007***[66]
> *Agrarwissenschaftler wie Qaim sind skeptisch. „Das traurige Phänomen, dass sich verschuldete Bauern das Leben nehmen, ist in Indien leider seit den 90er-Jahren bekannt – schon lange vor dem Anbau der Gen-Baumwolle", sagt der Professor für Welternährungswirtschaft und Rurale Entwicklung an der Universität Göttingen. „Es gibt kein Anzeichen dafür, dass sich die Zahl seit dem Anbau der Bt-Varianten erhöht hat." ... „Wir alle tragen Hemden und T-Shirts aus gentechnisch veränderter Baumwolle", sagt Qaim. ... Laut wissenschaftlichen Studien sind die Genpflanzen ein voller Erfolg:*

60 siehe Fußnote 46
61 Kritik des Paipers auf „Save our Seeds" (taz-Blog): http://blogs.taz.de/saveourseeds/2009/10/14/akademien_oder_lobby-vereine/
62 www.tagesspiegel.de/magazin/wissen/art304,2940448
63 MVticker vom 18.6.2009: www.mvticker.de/mv/news_id5757_peter_stein_risikoforschung_gentechnik_wichtig_mecklenburg_vorpommern.html
64 http://blogs.taz.de/saveourseeds/2009/03/18/paepstlicher_segen_fuer_die_gentechnik/
65 www.ernaehrungs-umschau.de/themen/wissenschaft_aktuell/?id=3849
66 www.focus.de/wissen/wissenschaft/gentechnik/tid-7736/gruene-gentechnik_aid_136426.html

Qaim beispielsweise kam 2003 gemeinsam mit Kollegen zu dem Schluss, dass der Einsatz von Bt-Baumwolle den Ertrag um mehr als 80 Prozent steigerte, die Pflanzen jedoch bis zu 70 Prozent weniger Insektizide benötigten.

***Aus einem Interview mit Matin Qaim auf www.biosicherheit.de*[67]**

bioSicherheit: Nach Aussagen der FAO muss die globale Nahrungsmittelproduktion bis 2050 um 70 Prozent gesteigert werden, um dann schätzungsweise neun Milliarden Menschen zu ernähren. Wie kann dieses Ziel erreicht werden?

Matin Qaim: Das nötige Produktionswachstum kann nicht immer weiter auf Kosten natürlicher Ressourcen – vor allem Land, Wasser und Biodiversität – gehen. Das heißt, wir müssen Wege und Möglichkeiten finden, mit weniger Ressourcenverbrauch mehr zu produzieren. Das erfordert die Ausnutzung moderner Wissenschaft und Technologie, vor allem im Bereich der Züchtungsforschung. Chemische Technologien sind weitgehend ausgereizt, aber genetische Verbesserung birgt nach wie vor ein großes Potenzial. Dieses muss durch konventionelle und biotechnologische Züchtungsmethoden ausgenutzt werden, was höhere Investitionen in die Agrarforschung voraussetzt.

bioSicherheit: Kann man mit gentechnisch veränderten Pflanzen höhere Erträge erzielen als mit konventionell gezüchteten Pflanzen? Können solche Pflanzen einen signifikanten Beitrag dazu leisten, die Produktion von Grundnahrungsmitteln in Entwicklungsländern zu steigern?

Matin Qaim: Ja, aus meiner Sicht ist das ganz klar. ...

Wichtig ist, dass eine Technologie wie Bt-Baumwolle tatsächlich auch von Klein- und Kleinstbauern angewendet wird und dass sie im Kleinbauernsektor deutlich höhere Erträge ermöglicht als konventionelle Baumwolle. Wir beobachten in Indien inzwischen über sieben Jahre hinweg durchschnittliche Ertragsvorteile von etwa 35 Prozent und eine Reduktion des Pestizideinsatzes um etwa 40 Prozent. Der Gewinn, der den Bauern bleibt, hat sich im Durchschnitt um 135 US-Dollar pro Hektar erhöht und das ist viel Geld für diese Kleinbauernfamilien.

***Aus Ulli Kulke, „Bio kann die Welt nicht retten", in: Die Welt, 13.5.2008*[68]**

Die Bevölkerung wächst ungebremst: Mehr als 800 Millionen Menschen hungern. Ernteerträge leiden unter Krankheiten, Schädlingen, Dürre oder Kälte. Deshalb müssen wir widerstandsfähige Pflanzen züchten mit speziellen Merkmalen, meint der Agrarforscher Matin Qaim – und erklärt gegenüber WELT ONLINE, warum an der Gentechnik kein Weg vorbeiführt.

Qaim: Die Debatte über Patente kam erst in den 80er-Jahren auf, während der Grünen Revolution zahlte niemand für Patente auf Sorten. Heute ist das, ausgehend von den USA, anders.

WELT ONLINE: Zum Schaden der Kleinbauern?

Qaim: Ein Patent ist zunächst mal ein Anreiz, Forschung zu betreiben. Führt es zu Monopolen, kann es natürlich den Preis verfälschen. Ein Patent ist aber nationales Recht. Wenn Monsanto auf ein Getreide in den USA ein Patent hat, gilt dies noch lange nicht in China oder Indien, es sei denn, der Konzern hat dort ebenfalls ein Patent angemeldet und erhalten. Tatsache ist, dass die meisten gentechnisch veränderten Sorten in den Entwicklungsländern nicht patentiert sind. Das ist auch der Grund dafür, dass die Saatgutpreise günstig sind. ...

WELT ONLINE: Woher kommt die Abneigung gegen Gentechnik?

Qaim: Zum einen, weil sie sofort mit den multinationalen Konzernen in Verbindung gebracht wird. Gegen die herrscht breite Abneigung. Auch die Globalisierungskritik spielt eine Rolle. Leider stellen die Medien in ihrer Berichterstattung die Risiken um ein Vielfaches stärker dar als die Vorteile. Der Eingriff in ein Genom ist für den, der nicht viel davon versteht, eine unheimliche Vorstellung. Und Kritik daran ist politisch korrekt, auch deshalb ist sie so populär.

WELT ONLINE: Sind unter Ihren Studenten auch Fundamentalkritiker?

Qaim: Ja. Im studentischen Alter ist man besonders kritisch, und das ist auch gut so. Viele denken später anders, wenn sie mehr darüber erfahren. Wie ich selbst auch. Als ich mich 1996 an meine Dissertation setzte über die sozioökonomischen Auswirkungen von gentechnisch veränderten Pflanzen, ging ich mit einer ablehnenden Haltung daran. Das hat sich nun geändert.

***Aus „Schwellenländer setzen auf gentechnisch veränderte Pflanzen", in: Neue Zürcher Zeitung, 18.6. 2009*[69]**

Matin Qaim, Professor für Welternährungswirtschaft an der Universität Göttingen, ist nach eigenen Untersuchungen in Indien überzeugt, dass nach anfänglichen Schwierigkeiten die Bt-Baumwolle für Bauern in Indien gewinnbringend ist. Die Missernten in den ersten Jahren seien nur in manchen Gegenden Indiens aufgetreten. Dort seien nämlich für die dortigen klimatischen Bedingungen ungeeignete Bt-Baumwoll-Sorten angepflanzt worden. Dies sei allerdings kein Verschulden der Bauern gewesen, vielmehr habe es zunächst nur sehr wenige und nur für bestimmte Regionen geeignete Bt-Baumwoll-Sorten gegeben – die trotzdem überall propagiert worden seien.

Wohlfahrtseffekte von HT Soja

		Nutzenverteilung		
	Mio. US$	Sojaproduzenten	Konsum und Verarbeitung	Monsanto
Weltweit	2388	28%	50%	22%
USA	787	21%	22%	57%
Südamerika	870	86%	5%	9%
Übrige	731	-$250	$981	$0

Quelle: Aktualisiert nach Qaim und Traxler (2005).

Schlussfolgerungen

1. Bisherige Anwendungen der Grünen Gentechnik bieten deutliche Vorteile, sowohl in IL als auch in EL.
2. In EL sind die Vorteile für die Bauern sogar größer.
3. Speziellere Aussagen müssen differenziert werden (nach Einzeltechnologie / institutionellen Details).
4. Bisherige Beispiele sind noch begrenzt. Das Potential ist deutlich größer als das, was bisher realisiert wurde.
5. Die schrumpfende öffentliche Förderung ist bedenklich.
6. Akzeptanzprobleme und Überregulierung erschweren Technikentwicklung. Hauptleidtragende könnten die ärmsten Länder sein.

Abb. Folien von Matin Qaim im Vortrag auf dem InnoPlanta-Forum am 6.9.2010 (www.innoplanta.de/fileadmin/user_upload/Pdf/Pdf_Innoplanta-Forum/InnoPlantaForum2010_Qaim.pdf.pdf

Was ist von Qaims Zahlen über gutgehende Gentech-Landwirtwirtschaft in Indien zu halten? Wer es genau wissen will, müsste wohl selbst vor Ort recherchieren. Denn Wissenschaft ist immer gerichtete Wissenschaft. Qaim ist mit seinen Forschungsergebnissen aber eher eine Außenseitermeinung – umso erleichterter wird er von der Gentechniklobby immer wieder zitiert und hofiert. Andere Studien bringen offenbar gegenteilige Ergebnisse:[70] *„Die Kosten für den Anbau sind für die Bt-Bauern fast doppelt so hoch wie für die Bio-Bauern. Gleichzeitig gibt es keine signifikanten Unterschiede bei den Ernteerträgen."*

Überhöhte Forschung?

Dass eine Wissenschaft, solange sie Geld und Macht folgt, eine zentrale Rolle in gesellschaftlichen Entscheidungsprozessen spielt, ist bereits problematisch. Aber es geht darüber hinaus, wenn Wissenschaft den Anspruch vertritt, im Besitz der Wahrheit zu sein. Viele akzeptieren das, weil Forschung mit einer Scheinautorität aufgeladen wird. Ähnlichkeiten zwischen heutiger Wissenschaft und der Logik von Religionen sind da unübersehbar.

Aus Richter, Horst-Eberhard: „Niederlage des Intellekts", in: Freitag, 23.7.2004 (S. 3)

Schon Francis Bacon hatte zum Anbeginn der neuzeitlichen Naturwissenschaft als deren Ziel die grenzenlose Herrschaft des Menschen genannt. Ein Fortschritt der Erkenntnis bis zu dessen Selbstvergöttlichung hatte Descartes vorgeschwebt. In puncto Allmacht hat dieser Fortschritt dem Menschen nunmehr die furchtbare Chance vermittelt, seine Herrschaft als grenzenlose

67 www.biosicherheit.de/debatte/643.beobachten-baumwolle-mais-gerade-entwicklungslaendern-ertragsvorteile-vierzig-prozent.html

68 www.welt.de/wissenschaft/article1989816/Bio_kann_die_Welt_nicht_retten.html

69 www.nzz.ch/nachrichten/international/schwellenlaender_setzen_auf_gentechnisch_veraenderte_pflanzen_1.2762130.html

70 Aus „Bt-Baumwolle: Schlechte Wahl für Bauern in Süd-Indien", in: Pestizid-Brief Juli/August 2010 (S. 5)

atomare Zerstörung der Natur und des eigenen Geschlechtes auszuüben. Das ist zustande gekommen, weil sich die westliche Menschheit dem geheimen Machtwillen der Naturwissenschaft wie einer neuen Religion unterworfen hat. Die gläubige Ergebenheit des Mittelalters ist also nicht – wie oft behauptet – einer aufgeklärten Mündigkeit gewichen, sie hat vielmehr in einer mit der Naturwissenschaft eng verbundenen Ersatzreligion neuen Halt gesucht und gefunden. Das hat der Computer-Wissenschaftler Joseph Weizenbaum so prägnant wie kein anderer beschrieben: „Ich meine wirklich, dass die Naturwissenschaft, in den westlichen Ländern jedenfalls, heute alle Merkmale einer organisierten Religion hat. Da gibt es Novizen, das sind die Studenten an den Universitäten. Da gibt es Priester, das sind die jungen Professoren. Dann gibt es Monsignores, das sind die älteren. Es gibt Bischöfe und Kardinäle, und es gibt Kathedralen. Meine eigene Universität, das Massachusetts Institute of Technology (MIT), ist eine Kathedrale in der Naturwissenschaft. Es gibt sogar Päpste, und auch - das ist sehr wichtig – Häretiker. Die Häretiker werden bestraft, genau so wie die Häretiker einer alten Religion. Sie werden ausgestoßen. Und wenn man schließlich als Häretiker anerkannt ist, dann wird auch behauptet: Der war doch nie ein richtiger Wissenschaftler! Das alles gibt es. Und dann gibt es die große Masse der Gläubigen. In diesem Sinn besteht überhaupt kein Unterschied zwischen Naturwissenschaftsglauben und dem Glauben an die Lehre der katholischen Kirchen im Mittelalter.“
Von der Masse ihrer Gläubigen bestärkt, sind Naturwissenschaftler und Ingenieure nun unentwegt dabei, alles Machbare auch zu machen beziehungsweise machen zu lassen. Max Born, Freund Einsteins und wie dieser Physik-Nobelpreisträger, erklärt unumwunden: „Die politischen und militärischen Schrecken sowie der vollständige Zusammenbruch der Ehtik, deren Zeuge ich während meines Lebens geworden bin, sind kein Symptom einer vorübergehenden sozialen Schwäche, sondern notwendige Folge des naturwissenschaftlichen Aufstiegs – der an sich eine der größten intellektuellen Leistungen der Menschheit ist.“

Zocken, Vertuschen, Fälschen: Die deutschen Universitäten

Hauptorte wissenschaftlicher Diskursbildung und praktischer Forschung sind die Hochschulen. Wer sich einen Eindruck von der Lage in den biologischen und agrarwissenschaftlichen Fakultäten, den Zentren agro-gentechischer Forschung und Lehre, machen will, dem sei empfohlen, doch einfach mal in so eine Universität hineinzuspazieren. Wenn Sie nicht gerade als KritikerIn der Agro-Gentechnik bekannt sind, niemand wird Sie aufhalten. Schlendern Sie durch die Flure und schauen Sie, was Sie da so finden: Werbesprospekte, Firmenplakate, Jobangebote, einseitige Lehrveranstaltungen. Das ist an den meisten Orten beeindruckend und am Beispiel des IFZ in Gießen und der dort arbeitenden Genversuchsleiter Kogel und Friedt mit Fotos und Texten im Internet dokumentiert[71] (siehe auch Kapitel X zum Gengerstefeld).

Natürlich sind die Gießener Agro-Gentechniker kein Einzelfall. Im Gegenteil: Uni-Profs sind heute überall *„Kleinmanager, der seine eigene Arbeitseinheit verwaltet und sich ständig duch das Nachliefern von Drittmittelprojekten versorgt“* – PR-AgentInnen und LobbyistInnen auf der Suche nach frischem Geld, die *„zu eigener, autonomer Forschung gar nicht mehr in der Lage sein“* werden.[72]

Ein wichtiger Knotenpunkt der deutschen Gentechnikseilschaften ist die Biologie der RWTH Aachen. An der dortigen Uni gibt es gar keine landwirtschaftliche Fakultät, aber dennoch prägt ein Clan von Leuten aus der RWTH das behördlich-staatliche Geschehen zur Gentechnik in Deutschland. Ziehvater ist Prof. Ingolf Schuphan, der auch wichtige staatliche Forschungsprogramme zur Gentechnik koordiniert, u.a. die Auskreuzungsforschung. Das ist schon allein fragwürdig, weil es für ihn da nichts zu forschen gibt – seine Meinung pro Gentechnik stand von Anfang an fest. Folglich ergaben alle Forschungen in diesem Bereich aus seiner Sicht auch immer das gleiche Ergebnis.

***Aus einem Interview auf www.biosicherheit.de*[73]**
Schuphan: Zunächst einmal: Unsere Ergebnisse weisen darauf hin, dass ein Monitoring eigentlich nicht nötig ist, da eben keine schädlichen Auswirkungen des Bt-Mais nachweisbar waren. ...
Wenn es Bt-Effekte auf die Agro-Biodiversität geben sollte, dann sind sie zufallsbedingt und am Rande der Nachweisgrenze.

***Weiteres Interview auf www.biosicherheit.de*[74]**
Ingolf Schuphan: Im Herbst, wenn sich die Kraniche vor dem Wegzug sammeln, ist es denkbar, dass einzelne Kraniche auf abgeernteten Feldern auch Maiskörner aufnehmen. Dies ist schon wegen der geringen Menge ohne Bedeutung. Außerdem ist aus Fütterungsversuchen bekannt, dass Bt-Protein keine Wirkung auf Vögel hat. ...
Unsere Forschungsergebnisse zeigen ganz klar, dass der Anbau von Bt-Mais MON810 keine nachteiligen Wirkungen auf den Naturhaushalt hat.

Gedanken zu Herrschaft und Technik

Technikentwicklung und Projektrealisierung finden auch in herrschaftsfreien Zeiten statt. Sie nehmen aber eine andere Richtung, weil sie auf anderen Logiken basieren. Realisiert wird, an was Menschen interessiert sind – und zwar von sich aus, nicht aus dem Zwang zur Verwertung oder dem Willen zur Beherrschung anderer. Weil sie ihr Wissen nicht von anderen abschotten können, ist jede Erfindung oder Entwicklung potentiell für alle gut. Und weil das unmittelbar einleuchtend ist, wird auch das Interesse steigen, dass Wissen sich austauscht und verbreitet – was wiederum fördert, dass horizontale Kommunikationssysteme entstehen. Denn: Nur unter Profit- und Machtgesichtspunkten ist es vorteilhaft, wenn Wissen gehortet, patentiert oder geheimgehalten wird. Das steigert den Preis oder Herrschaftsnutzen. ... Ist das Wissen aber frei, wird jedeR ErfinderIn schnell Verbesserungsvorschläge erfahren und wiederum bei anderen abgucken können. Es ist besser für jede Person, wenn sich jede andere Person auch voll entfalten und maximal viele gute eigene Gedanken entwickeln kann.
Was herauskäme, wäre ein grandioser Schub an Technikentwicklung für ein besseres Leben. Und das schnelle Ende der Entwicklung von Technik für mehr Profite. Statt Kraftwerken oder Windparks, die ja wegen des dann erzwungenen Stromvertriebs über den Markt vor allem aus Profitinteressen groß und zentral entstehen, wird es viele kleine, aber technisch sehr fortschrittliche Lösungen geben, deren Ziel es ist, dass die Menschen es gut haben: Warm in den Räumen, schlaue Geräte am Stromnetz, arbeitssparende und hoch-effiziente Verwertung von Fäkalien und Abfällen usw. Um Totalausfälle zu vermeiden, lohnt sich ein Verbund zwischen den verschiedenen Organisationseinheiten, deren Grenzen ohnehin nicht scharf gezogen sind – warum sollte daran jemand Interesse haben?

Alles basiert in einer herrschaftsfreien Welt auf Interessen der Menschen selbst. Sie werden eine Mobilität entwickeln, die ihren Wünschen entspricht: Reisen zu können (viele Menschen haben Lust auf Mobilität, daher werden Methoden des Vorankommens entstehen), ohne Lebensqualität zu verlieren (viele Menschen werden Lust auf lärm- und gestankarmes Leben haben, Kinder und Erwachsene wollen vor der Haustür spielen, daher wird die heutige Form der mit Zwang durchgesetzten Auto-Mobilität keine Chance haben). Was wird entstehen? Schwebebahnen wie in Wuppertal? Das ist schwer vorherzusagen. Wir sind von dieser Welt weit entfernt. Nur eines dürfte klar sein: Eine herrschaftsfreie Welt ist keine antitechnische Welt. Ganz im Gegenteil: Die Produktivkraft wird steigen, wenn die Menschen für ein besseres Leben tätig werden. Auch wenn sie (was zu erwarten ist) viel mehr das bessere Leben genießen wollen – sie werden viel produktiver, einfallsreicher und kommunikativer agieren. Weil es ihnen hilft! Der Egoismus in Form des Willens zu einem besseren Leben, treibt die Produktivität und den Erfindungsreichtum der Einzelnen an, führt aber ebenso zu viel Kooperation und zum Wunsch, dass sich andere auch entfalten, weil das von ihnen Erschaffene genutzt, kopiert und weiterentwickelt werden kann.

Auszug aus der Internetseite zu emanzipatorischer Gentechnikkritik (www.projektwerkstatt.de/gen/emanz__kritik.htm).

71 www.projektwerkstatt.de/gen/kogel.htm
72 Axel Honneth, Direktor des Instituts für Sozialforschung, in: Freitag, 3.8.2007 (S. 11)
73 www.biosicherheit.de/de/mais/oekosystem/341.doku.html
74 www.biosicherheit.de/de/mais/oekosystem/626.doku.html

Abstandsflächen zu Naturschutzgebieten sind nicht nötig. Die im Gentechnik-Gesetz vorgeschrieben Mindestabstände von 150 bzw. 300 Metern dienen ausschließlich dazu, Auskreuzungen in benachbarte konventionelle Maisbestände zu minimieren.

Seit 2008 führt die RWTH Aachen zusammen mit dem Bundesinstitut vTI auf dessen Gelände westlich von Braunschweig Versuche zur Wirkung von gentechnisch verändertem Mais auf verschiedene Tiere durch. In den Köpfen der Versuchsbetreiber stand das Ergebnis aber offenbar schon vorher fest (siehe Abschnitt zur Biosicherheitsforschung). Rauschen und Schuphan schlugen vor, Äcker mit gv-Pflanzen zur Energiegewinnung zu nutzen – und zwar auch gleich mit Gentechnik.[75] Rauschen räumte 2009 freimütig ein, zur Gentechnikforschung keine Alternative zu haben – aus finanziellen Gründen.[76]

Aus dem Aachener Dunstkreis sind etliche Personen in die Welt gezogen und haben andernorts wichtige Posten in der Agro-Gentechnik übernommen. Darunter sind Detlev Bartsch, stellvertetender Chef der Gentechnikbehörde am BVL sowie Gutachter an der EFSA, und Achim Gathmann, jetzt auch am BVL tätig. Die beiden zentralen Personen der Gerstenversuche in Gießen, Prof. Kogel und Dr. Gregor Langen, waren beide an der RWTH tätig. Neben Schuphan und Rauschen ist Rainer Fischer[77] eine zentrale Person im Aachener Gentechnik-Filz.

Noch ein Beispiel: Die Uni Mainz. Zusammen mit der FDP-Stiftung führt sie eine Veranstaltung[78] durch unter dem Titel „Grüne Gentechnik: Chance oder Risiko?". Der Mediziner Prof. Dr. Theodor Junginger lud ein, der Theologe Prof. Dr. theol. Gerhard Kruip vom Lehrstuhl für Anthropologie und Sozialethik verströmte als williger Moderator einer völlig einseitigen Veranstaltung den Geruch von Scheindebatten. Als Diskutanten waren ausschließlich Gentechnikbefürworter und -anwender anwesend: Prof. Heinz Saedler und Dr. Stefan Marcinowski. Ersterer arbeitet als Direktor der Abteilung „Molekulare Pflanzengenetik" am Max-Planck-Institut für Züchtungsforschung in Köln, das den ersten Freilandversuch in Deutschland mit transgenen Petunienpflanzen durchführte. Der zweite Diskutant ist Mitglied des Vorstands der BASF und trägt dort die Verantwortung für die Bereiche Pflanzenschutz und Pflanzenbiotechnologie. Er ist zudem – wie praktisch bei diesem Podium – Vizepräsident der Max-Planck-Gesellschaft.

Die Aufzählung aus dem Innenleben der Universitäten ließe sich beliebig fortsetzen. Das Problem sind jedoch nicht die Einzelfälle, sondern das zugrundeliegende System. Es geht um die Frage, welchen Zielen Forschung dienen soll. Viele spektakuläre Erfindungen der Vergangenheit stammen aus der Kreativität von Menschen, um ihr Leben zu verbessern oder von ihnen erkannte bzw. direkt erlebte Probleme zu lösen. Erste Ideen können dann von anderen weiterentwickelt und stets verbessert werden, wenn keine Interessen zur wirtschaftlichen Verwertung den Zugriff auf das Erfundene verbauen. Entwicklergeist, der Profit oder Macht steigern soll, tickt anders. Hier zählt nicht der Nutzen für ein besseres Leben oder konkrete Menschen, sondern für Monopole und Profite. Die aber stehen menschlichen Bedürfnissen und dem Schutz der Natur fast immer konträr entgegen, denn die Ausbeutung menschlicher Arbeits- und Kaufkraft sowie die geldsparende Verwertung natürliche Ressourcen sind zentrale Quellen des Profits. Folglich werden Erfindungen und technischer Fortschritt, die dem Anhäufen von – möglichst monopolisiertem – Kapital und Gewinnen dient, regelmäßig Mensch und Natur schaden. Das ist kein böser Wille forschender Menschen, sondern System! EntwicklerInnen in Firmen sind dem genauso unterworfen wie die ForscherInnen an Universitäten, die durch ihre Abhängigkeit von Förder- und Firmengeldern nur noch ein Rädchen in dieser Logik sind. Da können sie von Forschungsfreiheit reden, soviel sie wollen. Diese gibt es in einer solchen Forschungslandschaft nicht. Die sich als frei und unabhängige gebärdenden WissenschaftlerInnen sind nichts als willige VollstreckerInnen in der großen Maschine von Profit und Macht. Sie ahnen es. Ihr Gezeter um die Freiheit der Forschung ist das sprichwörtliche Pfeifen im Walde.

Ich nutze *transgen.de*,

» 10 Jahre *transgen.de*, 10 Jahre aktuelle Bereitstellung von Tagesgeschehen, Entscheidungen und Vermittlung wissenschaftlicher Erkenntnisse im Bereich der modernen Biowissenschaften, der gentechnisch veränderten Organismen. Für mich als Hochschullehrer stellt *transgen.de* für Forschung und Lehre eine immer verfügbare und verlässliche Informationsquelle dar. Das Wissen, die Gewissheit zu haben, vor Vorträgen, Vorlesungen oder Interviews, Neues aktuell zusammengefasst vorzufinden, zurückliegende Daten, Entscheidungen und Ergebnisse kurzfristig auffrischen zu können, ist eine immer wiederkehrende beruhigende Erfahrung. Ich danke den Mitarbeitern von *transgen.de* für dieses aktuelle elektronische Lexikon.

Aachener Wissenschaftler unterstützen die Werbeplattform TransGen, die in ihrem Umfeld gemacht wird: Schuphan (oben) und Rauschen (unten).

Ich nutze *transgen.de*

» weil es eine seriöse Quelle und die Plattform interessanter und sehr lebhafter Diskussionen verschiedener Interessierter über und zum Thema Gentechnik ist, welche ich als Wissenschaftler gerne nutze und annehme.

Hinzu kommen vielfältige persönliche Verstrickungen der WissenschaftlerInnen in den Netzwerken der Agro-Gentechnik. So ist Hans-Jörg Jacobsen (Uni Hannover) Mitglied bei den Lobbyisten WGG und PRRI, zudem sitzt er in der InnoPlanta-Jury. Karl-Heinz Kogel (Uni Gießen) beantragte aus dem Biosicherheitstopf Fahrtkosten für Besuche beim Lobbyverband BDP. Seine Versuche mündeten in Patente mit der BASF. Inge Broer (Uni Rostock) darf als Spitzenreiterin aller PostenjägerInnen gelten – sie sitzt in Firmen, Lobbyverbänden und Regierungskommissionen, zudem hält sie Patente mit Bayer. Prof. Andreas Schier von der Hochschule für Wirtschaft und Umwelt Nürtingen-Geislingen ist Vorstand beim Lobbyverband WGG.[79]

Forschungszentren, Institute und andere Seilschaften

Bleiben noch die großen Forschungsinstitute und -gemeinschaften des Landes – überwiegend mit dunkler (Nazi-)Vergangenheit. Ihre ForscherInnen sitzen in Lobbyverbänden, kassieren Steuergelder in Millionenhöhe und haben sich immer wieder als skrupellose Geschäftemacher und Vertuscher gezeigt. Oft sind sie Teil der Seilschaften und geben der Gentechnik einen pseudo-wissenschaftlichen Anstrich. Durch ihre Beratungstätigkeit erscheinen Genehmigungen seriös und neutral. Aus der Fülle der Verstrickungen und ideologischen Äußerungen seien Beispiele herausgegriffen:

- ► Helmholtz: Als ehemaliger Träger des Skandal-Atommülllagers Asse haben HelmholtzlerInnen Übung in Lügen, Vertuschen und Skrupellosigkeit. Wo es Forschungsgelder gibt, sind sie dabei. So auch in der Agro-Gentechnik. Ihre Voreingenommenheit zeigten sie durch einen Aufruf zur Nutzung der Gentechnik[80] und das Werbeheft „mensch + umwelt spezial" zur Agro-Gentechnik.[81]
- ► Max-Planck-Institut: Das große Forschungsinstitut warb ebenfalls offensiv für die Agro-Gentechnik im Rahmen einer Kampagne der Chemiewirtschaft: *„Nicht kommentieren will die Regierung Äuße-*

75 Stefan Rauschen/ Ingolf Schuphan, 2006, „Bt-Mais in die Biogasanlage? Nach der Vergärung nur noch Spuren des transgenen Proteins vorhanden", in: Mais 33, 126-127

76 www.scienceblogs.de/alles-was-lebt/2009/04/personliche-erfahrungen-in-der-deutschen-biosicherheitsforschung-interview-mit-dr-stefan-rauschen.php

77 www.the-scientist.com/templates/trackable/display/supplementarticle.jsp?name=nrw&id=55593

78 www.fnst-freiheit.org/uploads/471/1320/Gruene__Gentechnik__Mainz__13.01.10__Vorlage.pdf

79 www.wgg-ev.de/der-verein/vorstand/

80 www.helmholtz.de/aktuelles/pressemitteilungen/artikel/detail/gemeinsame__erklaerung__der__wissenschaftsorganisationen__zur__gruenen__gentechnik-2/

81 Download über www.helmholtz-muenchen.de/publikationen/mensch-umwelt-spezial/heft-17-gruene-gentechnik-in-forschung-und-anwendung/index.html

rungen des Direktors des Max-Planck-Instituts, Professor Heinz Saedler, der in einer Anzeigenkampagne der Chemie-Wirtschaftsförderungs-Gesellschaft mbH beklagte habe, dass die restriktive Genehmigungspraxis für Freisetzungsversuche das Institut daran hindern würde, gentechnisch veränderte Pflanzen zu entwickeln", hieß es im deutschen Bundestag.[82] Ursula Ross-Stitt vom Institut für Molekulare Pflanzenphysiologie in Golm ist Mitglied im Vorstand des Lobbyvereins WGG.[83]

- Fraunhofer-Institut und sein IME (Institut für Mikrobiologie und angewandte Ökologie): Deutliche Worte finden sich im IME-Jahresbericht 2007: „*Mit den Arbeitsgebieten in der ‚Molekularen Biotechnologie' bietet das IME der Pharma-, Agro- und Ernährungsindustrie eine auf die Auftragsforschung hin angelegte Einheit an, die Forschungs- und Entwicklungsaufgaben, sowie Serviceaufgaben übernimmt. Dadurch sollen die Markteinführung neuer Produkte und Verfahren beschleunigt, neue Querschnittstechnologien entwickelt und durch eigene Schlüsselpatente abgesichert werden.*" (S. 8 zu Molekularbiologie). Dann folgen Angaben zur Zusammenarbeit mit der Industrie (S. 78): „*Im Berichtsjahr bestanden Kooperationen mit mehr als 90 nationalen und internationalen Kunden aus der Industrie sowie mit mehreren internationalen Industrieverbünden, für die vertrauliche Projekte durchgeführt wurden. 2007 wurden insbesondere die Geschäftsbeziehungen zu Firmen aus der pharmazeutischen Industrie und zu Biozid-Produzenten ausgebaut. Dabei konnten auch Kunden in den neuen EU-Beitrittsländern gewonnen werden.*" Ähnliches zeigt sich unter dem Punkt Haushalt (S. 28): „*Die Erträge konnten auf 8,8 Mio. Euro gesteigert werden (+10% im Vergleich zum Vorjahr). Der Industrieertragsanteil betrug 34%.*" Das Kuratorium des IME liest sich wie ein Who-is-who der Seilschaften: Prof. Dr. Dieter Berg (Bayer CropScience AG, Monheim) als Vorsitzender, Dr. Erich Dorn (Bayer CropScience AG, Monheim), Dr. Gerhard Görlich (Bayer CropScience AG, Monheim), Dr. Rolf Günther (Altona Biotec, Hamburg), Prof. Dr. Fritz Kreuzaler (RWTH Aachen), Dr. Manfred Lefèvre (Syngenta Agro GmbH, Frankfurt), Dr. Jürgen Oldeweme (BASF AG, Limburgerhof), Prof. Dr. Burkhard Rauhut (Rektor, RWTH Aachen), Dr. Thomas Reichelt (Bundesministerium der Verteidigung), RegDir Dr. Jürgen Roehmer-Mähler (Bundesministerium für Bildung und Forschung), Prof. Dr. Joachim Schiemann (Julius-Kühn-Institut), Bundesforschungsinstitut für Kulturpflanzenforschung (Braunschweig), MinDirig Karl Schultheis (Landtag Nordrhein-Westfalen, Düsseldorf), Dr. Klaus G. Steinhäuser (Umweltbundesamt, Berlin) und Dr. Walter Sterzel (Henkel KGaG, Düsseldorf).

Bleibt noch die Deutsche Forschungsgemeinschaft (DFG), der große Sponsor deutscher Forschung im nationalen Standortinteresse. Besetzt ist sie ebenso einseitig wie ZKBS und BVL. So sind auch hier Mitglieder der Senatskommission für Grundsatzfragen der Genforschung ein Spiegelbild der Gentechnikseilschaften: Prof. Dr. Christopher Baum (Medizinische Hochschule Hannover, Abteilung Experimentelle Hämatologie), Prof. Dr. Thomas Braun (Max-Planck-Institut für Herz- und Lungenforschung, Abteilung für Entwicklung und Umbau des Herzens), Prof. Dr. Bärbel Friedrich (Humboldt-Universität zu Berlin, Vorsitzende des Instituts für Biologie), Prof. Dr. Jörg Hinrich Hacker (Robert Koch-Institut), Prof. Dr. Christian Katzenmeier (Universität zu Köln, Institut für Medizinrecht), Prof. Dr. Klaus-Peter Koller (Sanofi-Aventis Deutschland GmbH, S&MA), Prof. Dr. Barbara Reinhold-Hurek (Universität Bremen, Laboratorium für Allgemeine Mikrobiologie), Prof. Dr. Uwe Sonnewald (Universität Erlangen-Nürnberg, Lehrstuhl für Biochemie), Prof. Dr. Klaus Tanner (Universität Heidelberg, Theologische Fakultät), Prof. Dr. Angelika Vallbracht (Universität Bremen, Zentrum für Umweltforschung und Umwelttechnologie), Prof. Dr. Eckhard Wolf (Universität München, Genzentrum-Laboratorium für molekulare Biologie) und als ständiger Gast Prof. Dr. Gerd Utermann (Institut für Medizinische Biologie und Humangenetik).

Fachgespräch „Schwellenwerte für Produkte aus gentechnisch veränderten Pflanzen" der DFG (30.+31. August in Bonn)[84]
Mitglieder und ständige Gäste der Senatskommission: 4 Leute, davon 2 der Uni Gießen: Prof. H.G. Frede (Vors.), Prof. Kogel
Weitere Gäste: Mehrere, u.a. Buhk, Bartsch, Jany, Schiemann.

Zur DFG auf „Save our Seeds" (taz-Blog)[85]
Die DFG ist die „Selbstverwaltungseinrichtung" der Wissenschaften, die rund 2 Milliarden Euro jährlich an öffentlichen Mitteln vergibt, ein Herren-Club der alten Schule (an Frauen[86] *gehen in den „Lebenswissenschaften" Biologie, Medizin und Landwirtschaft ganze 20%, in den restlichen Naturwissenschaften 7,4% der Mittel), in dessen Struktur*[87] *man vergebens nach irgendeiner Beteiligung der Zivilgesellschaft an der Formulierung von Forschungszielen und Schwerpunkten sucht. Folgerichtig sucht man in ihren Förderschwerpunkten für den ohnehin sträflich unterbelichteten Landwirtschaftsbereich auch vergebens nach anderem als ... Gentechnik. Methoden des ökologischen Landbaus gelten hier nach wie vor wohl als unwissenschaftlich.*

Sicherheitsforschung: Versuchsfelder unter grünem Deckmantel

Die biologische Sicherheitsforschung bildet einen Schwerpunkt des Förderungsprogramms landwirtschaftlicher Gentechnik durch das BMBF. Viele Versuchsfelder haben sich in den vergangenen Jahren unter dieses Dach gemogelt, um Förderungen zu erhalten. Die grüne Landwirtschafts- und Verbraucherministerin Renate Künast akzeptierte das Programm, dessen Name die tatsächlichen Interessen aber verschleierte. Ein Blick in den Koalitionsvertrag von 2002 zeigte schon vorher deutlich, dass es darum ging, „*das Potenzial der Biotechnologie zu nutzen und die Wettbewerbsfähigkeit des Biotechnologiestandortes Deutschland zu sichern und auszubauen.*" Im Ergebnis kam es zu vielen Umdeklarationen. Versuche zur Entwicklung neuer Produkte und Methoden wurden als Sicherheitsforschung bezeichnet, um Akzeptanz für die Gentechnik und Zugänge zu den Fördermitteln zu schaffen. Genaue Zahlen zu Förderhöhen sind schwierig, da in vielen Projekten die Grenze zwischen Forschung zur Sicherheit von gv-Pflanzen einerseits und der Produkt- oder sogar Methodenentwicklung andererseits fließend verläuft. 2005 bis 2008 wurden nach Angaben der Bundesregierung[88] 24 Forschungsprojekte mit gv-Pflanzen gefördert. 21,5 Mio. € kamen vom BMBF,

82 www.bundestag.de/aktuell/hib/2007/2007_219/01.html
83 siehe Fußnote 79
84 Quelle: Akte der Versuchsleitung zum Gengerstenfeld bei der Uni Gießen (IPAZ)
85 http://blogs.taz.de/saveourseeds/2009/10/14/akademien_oder_lobby-vereine/
86 www.dfg.de/dfg_im_profil/zahlen_und_fakten/statistische_diagramme/diagramme_frauenfoerderung.html
87 www.dfg.de/dfg_im_profil/struktur/
88 Bundestagsdrucksache 16/6208 und in Lorch/Then, S. 56 f.

3,7 Mio. € vom BMELV. Ein Anteil von 3,3 Mio. Euro ging ungeschminkt in Pflanzenentwicklung[89]. Demgegenüber wurden bis 2008 keine Bundesmittel für Fragen zum flächendeckenden Auskreuzungsmonitoring oder zur Untersuchung der Wirkung von gv-Pflanzen auf bzw. Ausbreitung durch Bienen bereitgestellt. Sollte hier lieber nicht hinguckt werden?

In den Folgejahren hielt der hohe Mittelfluss an.[90] Erkennbar wurde bei der Fördermittelverteilung, dass die begleitende Propaganda einen wichtigen Schwerpunkt bildete. Teile der Förderungen gingen direkt an forschungsbegleitende Internetportale. Die Webseite www.biosicherheit.de[91] besteht seit 2001 und wurde 2004 bis 2010 durch das BMBF als *„Kommunikationsmanagement in der biologischen Sicherheitsforschung"* mit einem Gesamtbetrag in Höhe von 1.858.000 € gefördert.[92] Auf ihr werden vor allem Ergebnisse von BMBF-Projekten zur Gentechnikforschung und Ergebnisse des EU-Projekts BIOSAFENET (Schiemann) sowie aktuelle Nachrichten und Hintergrundberichte dargestellt. Das redaktionelle Team besteht aus Kristina Sinemus, Klaus Minol und weiteren MitarbeiterInnen der Firma Genius, Gerd Spelsberg und weiteren Angestellten bei TransGen sowie zwei Bediensteten des TÜV NORD. 1.230.000 € der Fördergelder gingen an diese drei Firmen, die sich sich mehr oder weniger offen für die Gentechnik aussprechen und ein finanzielles Interesse an der Anwendung von Gentechnik haben, weil sie an der Begleitarbeit verdienen. So sind Genius und TÜV NORD Mitglied des Wirtschaftsverbandes BIO Deutschland.[93] Der TÜV NORD bietet Serviceleistungen bei der Betreuung gentechnischer Anlagen und der Freisetzung gentechnisch veränderter Organismen sowie Hilfe bei der Planung, Vermittlung und Durchführung freisetzungsbegleitender Sicherheitsforschung oder zum Monitoring an. Hier betreiben also die AnwenderInnen auch die Vermittlung ihrer Ergebnisse und steuern die Propaganda über die Sicherheit solcher Produkte.

Die Ausbildung von VersuchsleiterInnen und Beauftragten für biologische Sicherheit übernehmen ebenfalls Firmen und Organisationen, die einseitig pro Gentechnik stehen. Eine davon ist DECHEMA. Deren Vorsitzender sagte in einer Rede: *„Wenn sich Politiker zu nachwachsenden Rohstoffen bekennen und gleichzeitig die Anwendung der Grünen Gentechnik blockieren, dann ist das entweder Dummheit oder Verantwortungslosigkeit. Beides ist nicht tolerabel."* Er kritisierte dann die vermeintliche *„Blockade der Grünen Gentechnik"* in Deutschland: *„Länder wie China und Indien, die zusammen die halbe Weltbevölkerung stellen und diese ernähren müssen, können und werden es sich nicht leisten, fahrlässig auf die Chancen der Grünen Gentechnik zu verzichten. Verantwortung wahrnehmen hieße deshalb für uns, in der Entwicklung und Anwendung einer sicheren Grünen Gentechnik eine Vorreiterrolle zu besetzen und dieses Wissen anderen Ländern zur Verfügung zu stellen."*[94]

Viele als Sicherheitsforschung deklarierten Versuche diene der Produktentwicklung und damit am Ende den Konzernen. So beantragte Monsanto für 2009 bis 2012 eine Freisetzung in Üplingen mit dem gleichen Maishybrid MON 89034 x MON 88017, den auch die RWTH Aachen auf einem aus dem Sicherheitsprogramm finanzierten Feldversuch (2008-2010) in Braunschweig ausbrachte. Monsanto: *„Im Rahmen der beantragten Freisetzung sollen die agronomischen Eigenschaften der gentechnisch veränderten Maislinien MON 89034 x MON 88017 und MON 89034 x NK603 sowie der zu Grunde liegenden Elternlinien geprüft und mit denen anderer konventioneller und gentechnisch veränderter Hybriden verglichen werden."* Monsantos Ziel, *„zulassungsrelevante Daten und Anwendungsempfehlungen zum Einsatz glyphosathaltiger Pflanzenschutzmittel für die Anwendung"* im Freilandversuch zu erarbeiten, verfolgten auch die RWTH Aachen und das vTI. Der staatsfinanzierte Sicherheitscheck half also dem Konzern, blieb aber riskant für Mensch und Umwelt, denn beim RWTH-Versuch sei *„ein Eintrag von gentechnischen Veränderungen in konventionelle Sorten eine mit der Freisetzung in Kauf genommene und genehmigte Folge einer Freisetzungsgenehmigung"*.[95]

Alle Versuche zur Biosicherheit werden von ForscherInnen durchgeführt, die vorher schon das Ergebnis kannten – nämlich, dass ihre untersuchte Pflanze sicher ist. Beim geschilderten Maisversuch im Westen Braunschweigs verkündete Versuchsleiter Stefan Rauschen per Brief am 13.3.2009, also vor dem zweiten Versuchsjahr:[96] *„MON810 ist wiederholt in seiner Sicherheit bewertet worden. Danach ist Pollen von MON810 im Honig genauso unbedenklich, wie der von jeder anderen zugelassenen Maissorte auch. Ich finde es in diesem Zusammenhang unredlich, davon zu sprechen, von diesem Pollen könne eine Gefahr für den Verbraucher ausgehen. Das ist abwegig."*

Die Einseitigkeit sogenannter Sicherheitsforschung entpuppte sich auch auf dem Abschlusspodium des dreijährigen EU-Sicherheitsprogramm für Gentechnik am 29.6.2009 in Berlin. Geworben wurde mit dem Dialog zwischen Wissenschaft und Öffentlichkeit. Doch wer auf das Programm schaute, erkannte schnell, dass für die TeilnehmerInnen mal wieder nur die Rolle der Fragenden übrig bleiben sollte. Dass eine Quoten-Gegnerin vom NABU mit auf dem Podium saß, entsprang eher der üblichen Neigung bei Umweltverbänden, bei jeder noch so sinnlosen Möglichkeit auf den Bühnen und an den Tischen der Eliten dabei sein zu wollen. Zudem hatte der NABU nie die Notwendigkeit von Sicherheitsforschung in Frage gestellt, lag also gar nicht auf Gegenkurs zu den VeranstalterInnen.

Prof. Michael Krawinkel von der Fakultät Ernährungswissenschaften der Uni Gießen war da deutlicher: Er bezeichnete die Risikoforschung in einem Vortrag am 13.7.2010 als falsche Schwerpunktsetzung in der Forschung. Für eine sichere Nahrungsmittelversorgung sei es viel effizienter, Methoden zu entwickeln, um z.B. die hohen Nachernteverluste zu minimieren. Riesige Forschungskapazitäten in die Agro-Gentechnik zu stecken, helfe nur den Konzernen, nicht aber der Ernährungssicherheit.

Informationsdienst Gentechnik am 25.5.2009[97]
Welche Signale die Ministerin schon in Millionenhöhe an die Forschung setzt, macht nun die Antwort der Bundesregierung auf die Kleine Anfrage der Grünen deutlich: Allein rund 5 Millionen Euro gehen an die Privatindustrie für die Entwicklung von gentechnisch veränderten Pflanzen. Unter den Empfängerfirmen ist beispielsweise BASF, die mit über einer Million Euro pilzresistenten Weizen entwickelt. Auch aus dem Budget der „Biologischen Sicherheitsforschung" gehen 3,3 Millionen Euro an Projekte, bei denen Gentechnik-Pflanzen entwickelt werden. Das „Kommunikations-

ABLAUF

Programm
- Begrüßung
- Einleitung und Vorstellung der Diskussionsteilnehmer
- Eingangstatements der Diskussionsteilnehmer
- Diskussion
- Fragen des Publikums an die Diskussionsteilnehmer

Diskussionsteilnehmer

Dr. Ralf-Michael Schmidt
Vizepräsident der BASF Plant Science (BPS) GmbH, Ludwigshafen

Dr. Arnold Sauter
Büro für Technikfolgen-Abschätzung beim Deutschen Bundestag (TAB), Berlin

Prof. Dr. rer. nat. Joachim Schiemann
Julius-Kühn Institut (JKI), Bundesforschungsinstitut für Kulturpflanzenforschung - Institut für Epidemiologie und Pathogendiagnostik im Pflanzenschutz, Braunschweig

Dr. Steffi Ober
Naturschutzbund (NABU)-Bundesgeschäftsstelle , Berlin

Ph.D. Patrik Rüdelsheim
Präsident der International Society of Biological Research (ISBR), Gent (Belgien)

Moderation
Dr. Kristina Sinemus, Genius GmbH

Abb.: Auszüge aus dem Tagungsprogramm (www.biosicherheit.de/pdf/biosafenet/BIOSAFENET__programm__podiumsdiskussion.pdf)

89 www.keine-gentechnik.de/news-gentechnik/news/de/19919.html

90 Siehe Bundestagsdrucksache (www.projektwerkstatt.de/gen/filz/gv__forschungsgelder__drs1610751.pdf) und www.biosicherheit.de/de/aktuell/658.doku.html

91 Englische Fassung: gmosafety.eu

92 Bundestagsdrucksache 16/6208 (S. 22)

93 Mitglied dort sind vor allem kleinere und mittlgroße Firmen (ohne die großen Marktführer BASF, Bayer und KWS), Institute und Laboren sowie regionale Technologieinitiativen. Daneben finden sich einige Berufs- und Lobbyverbände und führende Banken. Von den in diesem Reader genannten Teilen der Gentechnik-Seilschaften sind dabei: BIO Mitteldeutschland, biosaxony, BioTOP, Genius und MPI. Quelle: www. biodeutschland.de.

94 www.dechema.de/Presse/Archiv+2005-p-110835/November/65__2005.html

95 mensch+umwelt spezial 2004/2005 (S. 75)

96 Brief vom 12.3.2009

97 www.keine-gentechnik.de/news-gentechnik/news/de/19919.html

management in der biologischen Sicherheitsforschung" ist der Regierung rund 2 Millionen Euro wert. Die Grünen fordern eine unabhängige Sicherheitsforschung. „Die knappen Gelder für die wichtige Biologische Sicherheitsforschung werden an Unternehmen gezahlt, die nachweislich eng mit der Agro-Gentechnik-Lobby verbunden sind und eine Deregulierung der Schutzvorschriften bei der Agro-Gentechnik anstreben", so Ulrike Höfken, verbraucherpolitische Sprecherin der Grünen.

***Aus der Bundestagsdrucksache 16/6208 (Antwort der Bundesregierung auf eine Anfrage der Grünen zur Geldvergabe für Gentechnik, S. 5)*[98]**

Zielsetzung der Fördermaßnahmen des BMBF (Bundesministerium für Bildung und Forschung) ist die Verwertung von Projektergebnissen. Somit gehören zu den langfristigen Zielen der Projekte auch die Produktentwicklungen für den Markt. Jedoch sind mit Ausnahme von dem Vorhaben „BioChancePLUS; Reinigung des Medikamentes rh1.3 aus transgener Gerste; Teilprojekt A" die in den aufgeführten Projekten entwickelten, gentechnisch veränderten Pflanzen in der entwickelten Form weder für eine direkte Vermarktung vorgesehen noch geeignet. Im Rahmen der Fördermaßnahme Biologische Sicherheit und BioOK stehen Fragen zur Sicherheit gentechnisch veränderter Pflanzen im Forschungsfokus. Es werden keine gentechnisch veränderten Pflanzen entwickelt und vermarktet.

***BÖLW-Pressemitteilung vom 26.1.2009*[99]**

„Zwar konnten mit im Schnitt jährlich ca. 7 Mio. € aus Mitteln des Bundesprogramms Ökologischer Landbau wichtige Praxisfragen beforscht werden", lobte Prof. Jürgen Heß von der Universität Kassel, „aber für notwendige Grundlagenforschung und um den Ökolandbau als innovatives System für eine nachhaltige Entwicklung der Landwirtschaft weiterzuentwickeln, gibt es kein Geld." Den Mitteln für die Ökolandbauforschung stehen jährlich allein 165 Mio. € für Biotechnologieforschung durch das Bundesforschungsministerium und 26 Mio. € für die Erforschung nachwachsender Rohstoffe gegenüber: „Das ist eine eklatante Ungleichstellung der verschiedenen Ansätze innerhalb der Agrarforschung", so Felix Prinz zu Löwenstein, Vorstandsvorsitzender des BÖLW. Zusätzlich wird die Agro-Gentechnik-Forschung von der Privatwirtschaft finanziert, BASF investiert jährlich allein 133 Mio. € in diesem Bereich. „Gerade weil der Ökolandbau keine patentierbaren Produkte, hinter denen privatwirtschaftliche Interesse stehen, hervorbringt, muss der Staat hier Forschungs- und Entwicklungsvorhaben verstärkt fördern und fordern", so Felix Prinz zu Löwenstein.

***BMBF selbst zur BioSicherheits-Forschung*[100]**

Die Agrar- und Ernährungsforschung nimmt seit jeher einen zentralen Schwerpunkt in der Förderpolitik der Bundesregierung ein und ist als „Innovationsfeld Pflanze" in der Hightech-Strategie verankert. In Absprache mit dem BMELV konzentriert sich das BMBF neben Maßnahmen der Struktur- und Kompetenzbildung in den Agrar- und Ernährungswissenschaften auf die Förderung neuer Ansätze in der molekularbiologischen Forschung sowie deren begleitender Sicherheitsforschung. Das BMELV setzt seinen Schwerpunkt hingegen über die Fachagentur Nachwachsende Rohstoffe (FNR) auf die Themengebiete Energiepflanzen, Erforschung industrieller Werkstoffe aus nachwachsenden Rohstoffen sowie Nutzung von Bioenergie. Ferner setzt sich das BMELV im Rahmen der Ressortforschung, wie z.B. am Julius-Kühn-Institut oder im Bundesamt für Verbraucherschutz und Lebensmittelsicherheit (BVL), intensiv mit den aktuellen Themen der Agrar- und Ernährungsforschung auseinander. ...
Seit Anfang der 80er Jahren werden die Forschungsarbeiten zur biologischen Sicherheit vom BMBF unterstützt. Bis heute wurden mehr als 300 Vorhaben in Höhe von 93 Millionen Euro gefördert. Die letzte Bekanntmachung erfolgte Mitte 2007 mit einem Fördervolumen von 10 Millionen Euro. Hiermit werden aktuell 29 Forschungsprojekte der biologischen Sicherheitsforschung zur Grünen Gentechnik unterstützt.

***Diskussionspapier des BMBF zum Runden Tisch Gentechnik (Treffen vom 22.7.2009)*[101]**

Bis heute wurden mit mehr als 100 Millionen Euro über 300 Vorhaben vom BMBF im Bereich der biologischen Sicherheitsforschung gefördert. Die Auswahl der Projekte erfolgt – unter Anlegung hoher wissenschaftlicher Qualitätsstandards – durch unabhängige, renommierte nationale und internationale Experten. Insgesamt haben sich über 60 Hochschulen und außeruniversitäre Forschungseinrichtungen beteiligt. ...
Allerdings fließen die Ergebnisse der Biologischen Sicherheitsforschung noch immer nicht ausreichend in die öffentliche Diskussion und Bewertung der Grünen Gentechnik ein. Hier müssen neue, vertrauensbildende Maßnahmen entwickelt werden. ...
Die Erweiterung des Wissens über das Verhalten gentechnisch veränderter Pflanzen unter Freilandbedingungen und die Beobachtung der Auswirkungen ihrer Anwendungen sind wichtige Beiträge zu einer verantwortlichen, am Vorsorgeprinzip orientierten Nutzung der Grünen Gentechnik.

***Aus der Bundestagsdrucksache 16/10751 vom 3.11.2008*[102]**

Die Förderung erfolgt als direkte Projektförderung und nicht in Form einer Auftragsvergabe. Alle Projekte werden mit 100 Prozent der Ausgaben an nicht- industrielle Einrichtungen gefördert. Die geförderten Arbeitsgruppen beurteilen die Projekte unabhängig und sind nur der wissenschaftlichen Wahrheit verpflichtet. ...

Betrug Biosicherheitsforschung: Gefälschte Anträge und Bewilligungen außerhalb der Förderrichtlinie

Etliche Millionen an Fördermitteln werden über das staatliche Förderprogramm zur Biosicherheit in Deutschland verteilt.[103] Die Folge: VersuchsbetreiberInnen stürzen sich auf diese Geldquelle deklarieren dafür auch schnell mal Versuche um. In den vergangenen Jahren wurde auf mehreren Versuchsfeldern, die als Sicherheitsforschung angemeldet und bezuschusst wurden, tatsächlich an neuen Produkten oder Methoden geforscht. Förderanträge zu fälschen, ist Betrug und ein Fall für die Staatsanwaltschaft. Gleiches gilt für bewusst falsche Angaben über Versuchsziele im Genehmigungsverfahren. Die hätten noch eine Folge mehr: Wenn die realen Felder anderen Zwecken dienen als den im Bescheid des BVL, wären die Felder von der Genehmigung nicht gedeckt, d.h. illegal. Das wäre eine weitere Straftat – diesmal nach dem Gentechnikgesetz. Doch RobenträgerInnen werden nicht vom Staat bezahlt, um solche Skandale aufzudecken, in die die staatlichen Geldvergabestellen selbst verwickelt sind. Keine der bisherigen Strafanzeigen führte zu Ermittlungen.

Noch ein zweiter Betrug lauert hinter den meisten Versuchsfeldern. Denn von den Förderrichtlinien her waren die meisten der bisherigen Versuche zur Biosicherheit gar nicht zulässig. Nach dem Wortlaut des Biosicherheitsprogramms dürfen nur in begründeten Ausnahmefällen Forschungen mit Pflanzen bezuschusst werden, die nicht für eine Markteinführung bestimmt sind: „*Freisetzungsbegleitende Untersuchungen sollen sich ausschließlich auf gentechnisch veränderte Pflanzen beziehen, deren Anwendung in Deutschland erwartet wird bzw. deren Freisetzung bereits erfolgt.*" Das aber ist fast nirgends der Fall. Auf der eigenen Internetseite sagt die mehrere Versuche durchführende Firma biovativ selbst: „*Bis auf eine gentechnisch veränderte Kartoffel ist bei keiner dieser Pflanzen daran gedacht, sie in den nächsten Jahren als Produkte auf den Markt zu bringen.*" Es ist also leicht zu erkennen, dass Steuergelder zweckentfremdet ausgegeben wurden und werden. Das gilt auch für das Gießener Genger-

98 www.projektwerkstatt.de/gen/filz/gv__forschungsgelder__drs1606208.pdf
99 http://boelw.de/pm+M53229ccc2df.html
100 www.bmbf.de/de/13622.php
101 http://blogs.taz.de/saveourseeds/files/2009/07/runder__tisch__schavan__agrarforschung__ubersicht__200709.pdf
102 www.projektwerkstatt.de/gen/filz/gv__forschungsgelder__drs1610751.pdf
103 www.biosicherheit.de/de/archiv/2005/328.doku.html

stefeld. Auch dessen Gelder stammen aus dem Sicherheitsforschungsetat. Doch die Internetseite des BMBF sagt auch hier klar: *„Eine kommerzielle Nutzung gentechnisch veränderter Gerste ist – zumindest in Europa – vorerst nicht zu erwarten."*

> ***Laut Förderrichtlinie zur biologischen Sicherheitsforschung*** [104]
> *... sollen die Arbeiten zur Erhöhung der biologischen Sicherheit gentechnisch veränderter Pflanzen ... an Kulturpflanzen bzw. für die Anwendung vorgesehenen Pflanzen durchgeführt werden und nur in begründeten Ausnahmefällen an Modellpflanzen. Freisetzungsbegleitende Untersuchungen sollen sich ausschließlich auf gentechnisch veränderte Pflanzen beziehen, deren Anwendung in Deutschland erwartet wird bzw. deren Freisetzung bereits erfolgt.*
>
> ***Blick auf die Internetseite der Firma biovativ*** [105]
> *In 2009 sind in Groß Lüsewitz mehrere Freisetzungsversuche geplant. Bei den gentechnisch veränderten Pflanzen handelt es sich um Prototypen, bei denen verschiedene Fragestellungen untersucht werden sollen. In allen Fällen geht es um Sicherheits- und Begleitforschung. Bis auf eine gentechnisch veränderte Kartoffel ist bei keiner dieser Pflanzen daran gedacht, sie in den nächsten Jahren als Produkte auf den Markt zu bringen. Einige dieser Versuche werden vom Bundesministerium für Bildung und Forschung (BMBF) im Rahmen des Programms „Biologische Sicherheitsforschung" gefördert.*

Sehr genau beobachteten GentechnikkritikerInnen das aus dem Biosicherheitsprogramm geförderte Feld mit gv-Gerste der Universitäten Gießen und Erlangen. 352.000 Euro erhielten die Antragsteller für ein auf drei Jahre angesetztes Freilandexperiment. Nach eigenen Angaben wollten sie *„die Frage klären, ob sich die gentechnisch veränderten Pflanzen negativ auf die für die Pflanzen wichtigen Bodenpilze, die Mykorrhiza, auswirken"*.[107] Doch seltsam: Das Bodenleben interessierte sie gar nicht. Stattdessen konnten KritikerInnen nachweisen, dass Versuchsleiter Prof. Kogel an ganz anderen Dingen arbeitet: *„Die Ergebnisse versprechen neue Möglichkeiten der Ertragssteigerung sowie eine Verbesserung der Widerstandskraft von Nutzpflanzen."* Das Label Sicherheitsforschung war nur vorgeschoben, um die Fördergelder zu kassieren. Sicherheitsforschung fand nicht statt. Sicherheit war ohnehin ihr Ding nicht, wie die Versuchsabläufe bewiesen. Der Mäuseschutz wurde ganz weggelassen – und in beiden Jahren der Aussaat (das letzte, 2008, fiel wegen einer Feldbesetzung aus) wuchs Gerste durch Schlampigkeit und Verstöße gegen die Sicherheitsauflagen unkontrolliert außerhalb der Sicherungen. Trotzdem förderte das BMBF den Versuch ein zweites Mal, diesmal mit 301.000 €. Das BVL erteilte eine neue Genehmigung – business as usual. Anzeigen gegen die Versuchsleitung wegen Fördermittelmissbrauchs, Verstößen gegen Sicherheitsauflagen und Anlage eines illegalen Zweitfeldes im Jahr 2009 wurden von Behörden und Staatsanwaltschaften ohne jegliche Prüfung verworfen.

Der Betrug mit Steuergeldern, die Falschangaben im Genehmigungsantrag und die Abweichungen von den Sicherheitsauflagen wurden den dafür zuständigen Behörden – vom BVL bis zu Staatsanwaltschaften und Rechnungshof – gemeldet. Außer bemerkenswerter Phantasie, das Offensichtliche zu vertuschen, hat keine dieser Institutionen irgendwelche Aktivitäten entwickelt, die Hinweise auch nur zu überprüfen. *„Wir unterstellen zunächst mal Wissenschaftlern ganz generell, dass sie redlich sind und ein Interesse haben, möglichst gute Experimente zu machen und damit verantwortungsvoll umgehen"*, sagte der Abteilungsleiter Lebenswissenschaften im BMBF Ende 2009. Sie wollen wohl auch nicht hingucken, um sich ihren treudummen Glauben zu erhalten.

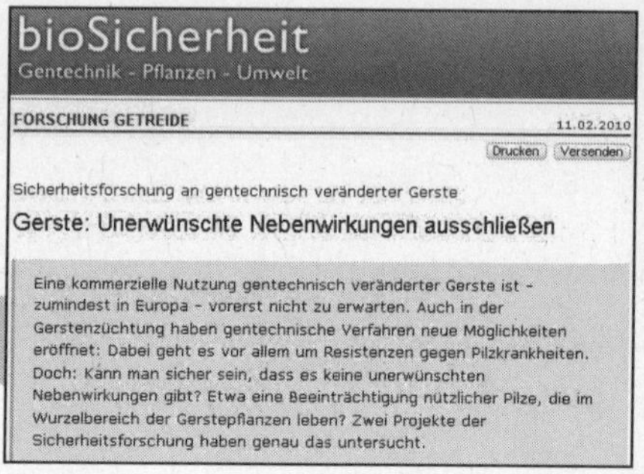
bioSicherheit
Gentechnik - Pflanzen - Umwelt
FORSCHUNG GETREIDE 11.02.2010
Drucken Versenden
Sicherheitsforschung an gentechnisch veränderter Gerste
Gerste: Unerwünschte Nebenwirkungen ausschließen
Eine kommerzielle Nutzung gentechnisch veränderter Gerste ist - zumindest in Europa - vorerst nicht zu erwarten. Auch in der Gerstenzüchtung haben gentechnische Verfahren neue Möglichkeiten eröffnet: Dabei geht es vor allem um Resistenzen gegen Pilzkrankheiten. Doch: Kann man sicher sein, dass es keine unerwünschten Nebenwirkungen gibt? Etwa eine Beeinträchtigung nützlicher Pilze, die im Wurzelbereich der Gerstepflanzen leben? Zwei Projekte der Sicherheitsforschung haben genau das untersucht.

Abb.: Zur transgene Gerste steht direkt auf der Interseite zum Förderprogramm, dass sie nicht zur Vermarktung vorgesehen ist.[106] Das Ministerium weiß also, dass die Versuche den Förderrichtlinien nicht entsprechen!

Auskreuzungs- und Grenzwertforschung

Seit Beginn der Freisetzungen nimmt das Thema Auskreuzung einen wichtigen Raum in der Debatte um die Gefahren der Gentechnik ein. Dabei geht es um die Frage, wieweit gentechnische Veränderungen in andere Pflanzenarten, in die Umwelt und in Lebensmittel gelangen oder sich auch auf andere Arten übertragen könnten. Erst bemerkenswert spät aber wurde diese Frage Gegenstand wissenschaftlicher Untersuchungen. Schon allein das erregte den Verdacht, dass auch die BefürworterInnen der Gentechnik von Beginn wussten, dass Auskreuzung stattfindet und nicht zu kontrollieren ist. Warum etwas erforschen, was klar ist?

Erst mit den aktuellen Gentechnikgesetzen wurde die Klärung der Koexistenzfrage notwendig. Im § 1 des Gentechnikgesetzes ist festgelegt, dass eine gentechnikfreie Landwirtschaft – konventionell wie biologisch – möglich bleiben muss. Nur: Wie das gelingen kann, dafür gibt es keine wissenschaftlich fundierten Vorschläge. Erfahrungen aus langjährigem Anbau in Nord- und Südamerika sowie Indien geben wenig Anlass zur Hoffnung, die Verbreitung der gv-Pflanzen mittel- und langfristig zu begrenzen. Inzwischen geben auch deutsche Wissenschaftler offen zu, dass Gentechnik nicht kontrollierbar ist. Die Reihenfolge der Geschehnisse in Deutschland war folglich höchst seltsam: Erst wurde die Gentechnik in die Landschaft gebracht, anschließend wurde ein Gesetz erlassen, dass diese Gentechnik sich nicht überall hin auskreuzen darf, und erst dann liefen die wissenschaftlichen Untersuchungen an, ob das überhaupt geht. Alle diese Forschungen haben mehrere grundsätzliche Schwächen, die im Folgenden benannt werden.

Mehr zum Gerstenfeld im Kapitel X und auf www.projektwerkstatt.de/gen/unigen_lage.htm.

Nicht das Ob, sondern nur das Wie der Auskreuzung wird untersucht

Auskreuzung kann nicht verhindert werden. Untersucht wird daher nur, wie schnell und wie weit Auskreuzung stattfindet. Ziel ist die Festlegung von Grenzwerten, unter denen Produkte noch als gentechnikfrei bezeichnet werden können. Es ist allen Beteiligten klar, dass es technisch nicht mehr möglich ist, eine Verunreinigung im Landbau zu verhindern, wenn erst einmal gv-Pflanzen in der Umwelt wachsen. Daher geht es, obwohl gesetzlich vorgeschrieben, gar nicht mehr um die Koexistenz von gentechnischer und gentechnikfreier Landwirtschaft, sondern nur noch um die Festlegung und ständige Erhöhung von Grenzwerten bei faktischer Akzeptanz der Auskreuzung als Tatsache. Zur Zeit liegen die Grenzwerte für gentechnikfreie konventionelle Landwirtschaft bei 0,9 Prozent. Dabei wird es nicht bleiben, weil die Verunreinigung selbständig steigt. Joachim Schiemann vom staatlichen JKI forscht angeblich zu Grenzwerten, aber forderte schon vorher höhere. Ähnlich wie die Konzerne, ForscherInnen

104 www.bmbf.de/foerderungen/10496.php
105 www.biovativ.de
106 www.biosicherheit.de/forschung/getreide/424.gerste-unerwuenschte-nebenwirkungen-ausschliessen.html
107 Gießener Anzeiger, 25.4.2006

und andere Behörden. Dass Koexistenz nur mit der Grenzwertlüge möglich ist, gibt Schiemann offen zu: „*Eine gentechnikfreie Produktion mit Nulltoleranz ist nicht praktikabel. Selbst bei einem völligen Verzicht wären Schwellenwerte für unbeabsichtigte Anteile von GVO in Importwaren unabdingbar. Werden geeignete Schwellenwerte vereinbart, ist eine Koexistenz möglich. Für den Saatgutbereich bedeutet das einen Schwellenwert von mindestens einem Prozent für unbeabsichtigte gv-Beimengungen*".[108]

Bienen und Durchmischung beim Saatgut ausgeblendet

Untersucht wird bislang nur die Auskreuzung durch den Wind (Pollenflug), also die passive Verbreitung der gentechnisch veränderten Pflanzen. Es gibt aber mindestens zwei weitere Wege aktiver Übertragung: Zum einen durch Insekten, vor allem Bienen. Diese fliegen aus eigener Kraft von Pflanze zu Pflanze. Das geschieht ab der ersten Blüte einer neu ausgebrachten Züchtung und über lange Distanzen (6 bis 10 Kilometer). Langfristig transportieren Insekten die Gensequenzen im Zusammenhang mit Wanderbewegungen auch über unbegrenzbar lange Wege. Zum anderen ist inzwischen gesichert, dass es einen horizontalen Gentransfer über Artgrenzen hinweg gibt. Wenn dieser stattfindet, ist eine Rückverfolgung nicht mehr möglich, weil niemand mehr nachvollziehen kann, wo welcher Gentransfer abläuft.

Hinzu kommt die übliche Streuung durch das Versagen von Mensch oder Maschine. Viele Getreide- und Rapspflanzen an Wegrändern wuchsen aus Körnern, die von Transportwagen oder aus aufgerissenen Saatgutsäcken herausfielen. Nicht zu verhindern ist die Vermischung bei Nutzung der gleichen Anhänger und Maschinen, Abfüll- und Reinigungsanlagen. Behälter können verwechselt oder falsch deklariert werden. In der recht jungen Geschichte der grünen Gentechnik ist das alles schon mehrfach passiert. Hoffnung auf Besserung besteht nicht, denn selbst bei den besser gesicherten radioaktiven Stoffen oder Massenvernichtungswaffen sind Schwund und Verwechselung alltäglich.

Einseitig eingestellte ForscherInnen

Alle Feldversuche zur dargestellten Auskreuzungsforschung werden von genau den Seilschaften durchgeführt, die in diesem Buch vorgestellt wurden. Sie haben als PatentinhaberInnen, DienstleisterInnen für Versuchsdurchführung oder Handelnde in Konzernen ein berufliches, politisches oder propagandistisches Interesse an Ergebnissen, die eine spätere Anwendung der Gentechnik nicht behindern. Hier findet folglich gerichtete, d.h. an Interessen orientierte und nicht ergebnisoffene Wissenschaft statt, die eher als Propaganda bezeichnet werden kann.

Auskreuzungsfragen vor Gericht chancenlos

Angesichts der auch von GentechnikbefürworterInnen erkannten grundsätzlichen Unmöglichkeit der Verhinderung von Auskreuzung ist als neuer Formaltrick bereits mehrfach angewendet worden, dass diese Verhinderung allein kein einklagbares Ziel sei. Ausgerechnet das BVL stellte am 23.4.2009 vor dem Verwaltungsgericht klar, dass die Koexistenzgarantie des § 1 GenTG, Satz 2 keine Rolle spiele: „*Die Möglichkeit von Auskreuzungen, die auch bei Anordnung eines deutlich größeren Isolationsabstandes im Freiland nie vollständig ausgeschlossen werden könne, stehe der Erteilung der von der Beigeladenen beantragten Genehmigung nicht entgegen. Auskreuzungen seien nur dann als schädliche Einwirkungen im Sinne des § 1 Nr. 1 GenTG anzusehen, wenn sie die betroffenen Pflanzen nachteilig veränderten, indem sie etwa zur Ausbildung schädlicher Eigenschaften führten, was bei den streitgegenständlichen transgenen Maispflanzen nach der Bewertung der ZKBS nicht zu erwarten sei*". Zudem könne bei nachweisbaren Nachteilen, „*vor denen allein das Gentechnikgesetz schütze*", höchstens Schadenersatz, nicht jedoch das Ende des Genversuchs verlangt werden.[109] Das Gericht schloss sich dieser Auffassung an, die Koexistenzgarantie und Verursacherprinzip praktisch abschaffte.

Auskreuzungsforschung erzeugt Auskreuzung

Jeder Auskreuzungsversuch hat Auskreuzung zur Folge (das ist ja im Versuch angelegt), schafft also die Gefahr, die er zu untersuchen vorgibt, selbst. Auch hier gilt wieder, dass die Sicherheitsforschung selbst besondere Gefahren schafft – je nachdem, welche Pflanzen genutzt werden. Bislang wurden vor allem die kommerziell zugelassenen Sorten wie MON810 als Forschungsgegenstand zur Auskreuzung gewählt. Damit waren die Gefahren nicht größer als bei landwirtschaftlichen Flächen – aber auch nicht kleiner.

Beitrag zur Produktentwicklung

Zudem dient Auskreuzungsforschung der Produktentwicklung, weil sie keine offenen Fragen der Gentechnik untersucht oder mögliche Gefahren bei Zulassungen prüft, sondern selbst die Grundlage für die Zulassung schafft, z.B. die gesetzlichen Grenzwerte, unterhalb derer ein Futter- oder Lebensmittel als gentechnikfrei gilt – ohne es zu sein. Der oberste Kontrolleur der Gentechnik in Deutschland, BVL-Gentechnikchef Hans-Jörg Buhk, warnte folgerichtig vor „*Schwellenwerten, deren Überschreitung künftig die Kennzeichnungspflicht nach Richtlinie 2001/18/EG beziehungsweise der EU-Verordnung auslösen werden.*" Solche zu niedrigen Grenzwerte hätten Folgen, die „*mit erheblichem zeitlichen, administrativen und finanziellen Aufwand verbunden*" sein könnten.[110]

Zum Vergleich: Eine Forschung an Atomkraftwerken, ab welchem Abstand von den Kraftwerken ein Wohnhaus als strahlungsfrei bezeichnet werden darf, weil es ‚nur' eine bestimmte Menge an Radioaktivität abbekommt, würden nur wenige als Sicherheitsforschung begreifen, sondern als Beitrag dazu, Atomkraftnutzung handhabbar zu machen. Sie wäre eine die Atomkraft vorantreibende Forschung. So verhält es sich auch mit der Sicherheitsforschung in der Gentechnik: Sie dient der Durchsetzung von gentechnischen Produkten auf dem Markt, indem sie Regeln für deren Verbreitung schafft. Die Forschung hilft dabei, solche Regeln zu finden, die den Gentechnikanbietern genügend Spielraum geben und allen anderen die Möglichkeit nehmen, eine Markteinführung zu verhindern, weil ja nun alles legal ist. Grenzwerte in Gesetzen werden an die Bedürfnisse der Konzerne angepasst, nicht umgekehrt.

108 www.transgen.de/wissen/diskurs/477.doku.html
109 Urteil des Verwaltungsgerichts Braunschweig vom 23.04.2009 (Az. 2 A 224/07)
110 Aus: mensch+umwelt spezial 2004/2005 (S. 75)

Felder und Versuchsdurchführende

Die ersten Auskreuzungsversuche mit transgenen Maissorten liefen 2005-08. Projektpartner waren u.a. die RWTH Aachen, die BBA in Braunschweig und Darmstadt (jetzt JKI) und das BioTestLabor (BTL GmbH) aus den Seilschaften am AgroBioTechnikum. Die Summe der Fördergelder betrug 3,27 Mio €.[111]

Im Jahr 2008 befanden sich wichtige Felder für Auskreuzungsforschung in Rheinstetten-Forchheim (Versuch der Technischen Landeszentrale in Baden-Württemberg), Braunschweig (RWTH Aachen) und Sickte nahe Wolfenbüttel (Versuch des JKI). Alle Versuchsbetreiber positionierten sich klar pro Gentechnik. 2009 sollte dann der Sickter Versuch, weil er 55.000 Euro Bewachungskosten verursachte, neben das Forschungsfeld der RWTH Aachen aufs Gelände der ehemaligen FAL in Braunschweig (Bundesallee) gelegt werden, fiel aber dem MON810-Verbot zum Opfer.

An der Aachener Uni gibt es keine landwirtschaftliche Fakultät. Die Seilschaft aus Aachen (u.a. Schuphan, die BVL-Vertreter Bartsch und Gathmann sowie Kogel und Langen, heute Uni Gießen) besteht aus Biologen. Sie arbeiten an verschiedenen Orten als Genforscher oder in den Genehmigungsbehörden. Bartsch führte in seiner Zeit in Aachen (1992-2000) selbst Freisetzungsversuche durch, u.a. mit gv-Zuckerrüben der Firma KWS. Schuphan, bei dem Bartsch als wissenschaftlicher Mitarbeiter diente, war Leiter verschiedener BMBF-Projekte zur Biologischen Sicherheitsforschung, obwohl er diese für überflüssig hielt:[112] *„Unsere Ergebnisse weisen darauf hin, dass ein Monitoring eigentlich nicht nötig ist, da eben keine schädlichen Auswirkungen des Bt-Mais nachweisbar waren.“* Und:[113] *„Unsere Forschungsergebnisse zeigen ganz klar, dass der Anbau von Bt-Mais MON810 keine nachteiligen Wirkungen auf den Naturhaushalt hat. Abstandsflächen zu Naturschutzgebieten sind nicht nötig.“* Seit 2004 ist Bartsch im BVL für Koexistenz und GVO-Monitoring zuständig – der Ex-Ausführende von Freisetzungen ist nun also selbst der Kontrolleur. Auch der Ex-RWTHler Achim Gathmann arbeitet dort seit 2006.[111] So kontrolliert eine Clique, die früher selbst Gentechnik angewendet hat und zudem Kontrolle für überflüssig hält, die Genehmigungsverfahren. Lustlose Böcke spielen Gärtner ...

Monitoring: ‚Schönforschen' des Auskreuzungsdesasters

Der Begriff ‚Monitoring' bezeichnet das anbaubegleitende Beobachten von Umweltauswirkungen. Etwas sarkastisch ließe sich formulieren: Durch Monitoring kann besser dokumentiert werden, dass alles schiefgeht. Monitoring dient nicht der Verhinderung von Auskreuzung oder von Schäden an Umwelt und Gesundheit. Fragwürdig ist es aber auch, weil in der prägenden Monitorings-Arbeitsgruppe wieder dieselben Kreise zusammensitzen, die die zu beobachtenden gv-Pflanzen entwickeln, vertreiben, anbauen und daher ein Interesse an ihrer Verbreitung haben.

Praktische Bedeutung hatte das Monitoring der gv-Pflanzen in Deutschland bisher nur, weil es fehlte – und zwar bei der bis 2009 einzigen kommerziell genutzten Pflanze, dem MON810. Was folgte, war ein beeindruckendes Drama, ausgelöst durch ein Verbot aller Maissorten mit dem Genkonstrukt MON810 am 27.4.2007 – gegen den Protest ausgerechnet des Leiters der Gentechnik-Abteilung beim Bundesamt für Verbraucherschutz, Buhk.[114] Dabei war das Verbot eigentlich sogar überflüssig, denn die nur vorläufige Genehmigung von MON810 war bereits im Oktober des Vorjahres abgelaufen. Ab diesem Zeitpunkt hätte ein Monitoringplan vorgelegt werden müssen. Den gab es aber nicht.

Doch Monsanto und die MON810 verwendenden Saatgutzüchter (z.B. KWS) setzten auf Schludrigkeit und Wohlwollen der Kontrollbehörden – mit Erfolg. Die teilte erst dann das Aus für den Bt-Mais mit, als alle Saaten in der Erde waren. So wuchs einen Sommer lang verbotener Mais auf Hunderten von Feldern. Gleichzeitig wurde hinter den Kulissen um eine neue Genehmigung gefeilscht. Notwendig dafür war immer noch ein Monitoringplan, denn Monsanto hatte nie die Auflage erfüllt, die Umweltauswirkungen langfristig beobachten zu lassen. In Windeseile entstand nun ein solcher Plan. Er hatte wenig Substanz, zeigte aber, wie sattelfest die Seilschaften der Gentechnik saßen. Am 6.12.2008 wurde MON810 erneut zugelassen. Für den Plan wollte Monsanto einfach bestehende Überwachungssysteme nutzen. Doch deren durchführende Stellen hatte der Konzern nie gefragt. Zudem wurde ein veralteter Monitoring-Entwurf aus dem Jahr 2004 neu belebt.[115] Schon dessen AutorInnen bildeten eine seltsame Mischung: Drei Behördenmitarbeiter zusammen mit zwei LobbyistInnen und NutznießerInnen der Gentechnik (Kerstin Schmidt und Jörg Schmidtke aus dem Filz am AgroBioTechnikum). Mit im Boot waren die Konzerne. In der Veröffentlichung bedankten sich die AutorInnen für die Unterstützung durch Bayer CropScience, KWS, Monsanto, Pioneer und Syngenta. Eine wichtige Klammer könnte Joachim Schiemann gebildet haben, denn er war als Gründungsmitglied dabei, als das AgroBioTechnikum entstand. Hier kommen erneut Kontrolltätigkeit als Behörde, eigene Versuchsaktivitäten und die Unterstützung von Lobbyarbeit und Freisetzung in einer Person zusammen.[116] Auch die konkrete Ausformulierung des dann akzeptierten Monitoringplanes blieb in der ‚Familie': Zunächst schlug das BVL der Firma Monsanto eine Liste mit über 30 potenziellen Beobachtungssystemen vor. Kerstin Schmidt verfasste daraufhin im Auftrag des Konzerns einen schriftlichen Vorschlag für die genauere Auswahl vor. Dieser Vorschlag ihrer Firma BioMath wurde wiederum von Monsanto beim BVL eingereicht – mit Erfolg.[117] Bei einer solchen Hintergrundabsicherung im Zusammenspiel mit einer einseitig pro Gentechnik denkenden Kontrollbehörde – eben dem BVL – war es nicht überraschend, dass es am Ende hieß:[118] *„Der von der Firma Monsanto vorgelegte Plan zur Beobachtung der Umweltwirkungen des Genmais MON810 erfüllt die gestellten Anforderungen in vollem Umfang. Dies stellte das Bundesamt für Verbraucherschutz und Lebensmittelsicherheit (BVL) heute in Berlin noch einmal klar.“*

Wie bei der Auskreuzungs- und Sicherheitsforschung auch, beginnt das Problem mit den undurchdringlichen Seilschaften. In der zuständigen Arbeitsgruppe *„Anbaubegleitendes Monitoring gentechnisch veränderter Pflanzen im Agrarökosystem“* sitzen[119] als Leiter Joachim Schiemann vom JKI, zudem Bartsch/BVL, Broer/Uni Rostock, Gathmann/RWTH Aachen (jetzt BVL), Schmidt/BioMath, außerdem Behördenvertreter von Landes- und Bundesfachstellen und -ministerien wie BMELV, RKI/BVL, LLG Sachsen-Anhalt, Landesamt für Verbraucherschutz und Landwirtschaft, LWK Hannover, LWK Westfalen-Lippe, LWK Rheinland,

111 Lorch/Then, S. 56

112 www.biosicherheit.de/de/mais/oekosystem/341.doku.html

113 www.biosicherheit.de/de/mais/oekosystem/626.doku.html

114 Ein Film des Bayrischen Rundfunks vom Frühjahr 2009 dokumentierte die Abläufe und portraitierte den industriefreundlichen BVL-Gentechnikchef Dr. Buhk. Dieser verweigerte jegliche Auskunft gegenüber dem Sender. Der Bericht ist auf www.youtube.com unter dem Titel „Monsanto in deutschen Behörde".

115 Wilhelm, R., Beißner, L, Schmidt, K., Schmidtke, J. und Schiemann, J. (2004): „Monitoring des Anbaus gentechnisch veränderter Pflanzen". Dies ist nicht die einzige wissenschaftliche Arbeit in dieser Personenkonstellation. Schiemann leitet die Behördenarbeitsgruppe „Anbaubegleitendes Monitoring", in der auch Schmidt mitwirkt.

116 Schiemann ist Leiter der JKI Abteilung für Gentechnik und Biologische Sicherheit. Zudem war er 2003 bis 2009 EFSA-Mitglied (Lorch/Then, S. 28).

117 Zusammengestellt in Lorch/Then, S. 30. Quelle: Schmidt/Mönkemeyer 2007: Use of existing networks for monitoring MON 810 in Germany. Annex 1 des Monitoringplans (www.bvl.bund.de/cln__007/DE/08____PresseInfothek/00____doks____downloads/Monitoringplan,templateId=raw,property=publicationFile.pdf/Monitoringplan.pdf, Monsanto Europe im Schreiben an das BVL, 31. August 2007).

118 Das BVL verkündete in einer Pressemitteilung am 18.12.2007, dass nun Umweltwirkungen des Genmais MON810 umfassend betrachtet werden.

119 Mitgliederliste der Arbeitsgruppe (Stand: Dezember 2002). Abrufbar auf www.jki.bund.de.

LWK Weser-Ems, LUFA Nord-West, Landespflanzenschutzamt Mecklenburg-Vorpommern, Thüringer Landesanstalt für Landwirtschaft, Niedersächsisches Landesamt für Ökologie, UBA, Bayerisches Landesamt für Bodenkultur und Pflanzenbau, FAL, Thüringer Landesanstalt für Landwirtschaft, Bundessortenamt und Vertreter von ZALF, BBA sowie der Universitäten Bielefeld, Göttingen und Oldenburg. Sie befinden sich in guter Gesellschaft mit der Industrie. Bayer CropScience, Pioneer Hi-Bred, KWS Saat, Syngenta, Monsanto und der Industrieverband Agrar fehlen ebenso wenig wie der Bundesverband Deutscher Pflanzenzüchter und die PR-Agentur Genius.[120]

Es gibt nur ein Beispiel, wo die auffälligen Geflechte und Interessenskollisionen zu Konsequenzen führten – aber umgangen wurden: 2005 lehnte die damalige Landwirtschaftsministerin Renate Künast die staatliche finanzielle Unterstützung für Forschungsprojekte von Schiemann (BBA) ab, bei denen gentechnisch veränderte Pflanzen entwickelt werden sollten. Schiemann war damals gleichzeitig sowohl auf EU-Ebene als auch auf nationaler Ebene an der Bewertung von gentechnisch veränderten Pflanzen in Zulassungsverfahren beteiligt. Das Rauschen im Blätterwald war groß: Künast sei forschungsfeindlich, sie würde sogar biologische Sicherheitsforschung verhindern, so der Tenor. Die grüne Argumentation in der Bundestagsdebatte am 7. März 2005: *„Es soll aber nicht so sein, dass dieselben Mitarbeiterinnen und Mitarbeiter, die produktnah forschen, nachher eine unabhängige Expertise darüber erstellen, ob diese Produkte den allgemeinen Sicherheitsstandards hinsichtlich der Verbraucherinnen und Verbraucher und der Biodiversität entsprechen."*[121]

i Auszüge aus der Bundestagsdrucksache 16/1075126 zu den Confinementförderungen des Biosicherheitsprogramm 2008-2011 siehe S. 122.

Wieder da, aber begrünt: Terminatortechnologie

Mehrere Förderprojekte im Biosicherheitsprogramm laufen unter dem Begriff Confinement.[122] Das klingt unverdächtig, doch dahinter verbirgt sich nichts anderes als die weltweit geächtete Terminator-Technologie.[123] Sie war schon früh entwickelt worden und sollte bewirken, dass Pflanzen sich selbst sterilisieren. Ziel war es, LandwirtInnen daran zu hindern, eigenes Saatgut zu gewinnen, um sie zu zwingen, jedes Jahr neues Saatgut bei den großen Firmen einzukaufen. Genau das wird nun als Umweltschutz propagiert, weil das Elend der BäuerInnen ein klein wenig der Umwelt nutzen soll. Terminatorpflanzen würden sich nämlich langsamer in der Natur ausbreiten. Aber hatten die gleichen WissenschaftlerInnen nicht erklärt, diese Ausbreitung beinhalte gar keine Gefahren? Logen sie dort oder erschlichen sie jetzt Gelder unter dem Vorwand, etwas verhindern zu wollen, was sie selbst unproblematisch fanden? Wie auch immer – in Deutschland wird Confinement nun aus den Biosicherheitsmitteln gefördert. Damit wird die Technologie mit Hochdruck entwickelt, die – flankiert von passenden Gesetzen – am Ende die totale Kontrolle des Saatgutes und die Ausschaltung des selbständigen Ackerbaus bewirken soll.

Lexikon auf www.biosicherheit.de zu Confinement[124]
Biologische Maßnahmen zur Begrenzung der Ausbreitungsfähigkeit von gentechnisch veränderten Pflanzen.
Neben gentechnisch veränderten Pflanzen, deren landwirtschaftliche Eigenschaften (z.B. Schädlingsresistenzen) verändert wurden, sind auch transgene Pflanzen mit neuen bzw. veränderten Inhaltsstoffen in der Entwicklung. Sie liefern beispielsweise industriell nutzbare oder pharmazeutische Substanzen. Die Ausbreitungsfähigkeit dieser gentechnisch veränderten Pflanzen sollte möglichst auf ein Minimum begrenzt werden. Das kann z.B. durch eine Unterdrückung der Fortpflanzung erreicht werden (biologisches Confinement).

Aus der Selbstdarstellung des PTJ[125]
Im Schwerpunkt „Forschungsansätze für die freisetzungsbegleitende Sicherheitsforschung" sollen Strategien zur Erhöhung der Sicherheit gentechnisch veränderter Pflanzen entwickelt werden. Dazu zählen zum Beispiel eine möglichst enge Begrenzung der zu übertragenden Gensequenzen oder Methoden, die verhindern, dass gentechnisch veränderte Pflanzen sich ausbreiten können.

Sicherheitsforschung – tatsächlich besonders unsicher

Der Skandal liegt nicht nur in Geld und undurchsichtigen Netzwerken. Der Deckmantel einer Forschung über Umweltauswirkungen verhüllt auch, dass hier die gefährlichsten Felder stehen. Das haben die bisherigen Fälle unkontrollierter und zum Teil weltweiter Auskreuzung gezeigt. Für diese reichen kleine Flächen aus, wie sie für Forschungsfelder typisch sind. Der LL601-Skandal zeigte das eindrucksvoll. Gegenüber dem kommerziellen Anbau stehen auf den Versuchsfeldern nämlich mehr Pflanzenarten und -sorten mit teilweise mehreren gentechnisch veränderten Konstrukten. So hatte der Gengersteversuch 2006 bis 2009 vier Manipulationen, je zwei in zwei Gerstenlinien, in die Landschaft gebracht – und auf dem Kartoffelfeld der BASF am AgroBioTechnikum waren es 2010 sogar 538 verschiedene gv-Kartoffelsorten. Ob diese sich verbreiten oder nicht, wird mensch zudem nur selten erfahren, denn für die hochspeziellen Pflanzen und Konstrukte, die bei Freisetzungen überwiegend in die Erde kommen, lohnt sich der Aufwand nicht, Nachweismethoden zu entwickeln und auf den Markt zu bringen.

Aktenzeichen	6786-01-0191	
Notification Number		
Genehmigungsstand	G V	
Genehmigungsdatum	31.03.2008	
Freisetzer	BASF Plant Science GmbH	
Land	Deutschland	
GVO Trivialname	Kartoffel	
GVO wissenschaftlicher Name	Solanum tuberosum	
Eigenschaften	Kohlenhydratstoffwechsel; Pilzresistenz	
Anzahl Organismen		
Groesse Freisetzungsflaeche	1 ha pro Standort	
Groesse Versuchsflaeche		
Beginn Freisetzung (beantragt)	01.01.08	
Ende Freisetzung (beantragt)	31.12.12	
Freisetzungsorte	Erstanmeldungen	
	Falkenberg (BB)	
	Thulendorf (MV)	
	Ausleben, Ortsteil Üplingen (ST)	
	nachgemeldete Standorte	Datum der Zustimmung
	Thulendorf (MV)	07.04.2010
	Dummerstorf (MV)	07.04.2010
Kurzbeschreibung des Vorhabens	Der Standort "Müncheberg (BB)" wurde von der BASF Plant Science GmbH mit Schreiben vom 10.03.2008 zurückgezogen. Organismen Familie: Solanaceae Spezies: Solanum tuberosum L. Kultivare: P800, P698, P835, P880 zur Freisetzung vorgesehene Pflanzen: die im Antrag aufgeführten 538 gentechnisch veränderten Kartoffellinien und Nachkommen dieser Linien Freigesetzt werden sollen Pflanzen der im Antrag aufgeführten 538 gentechnisch veränderten Kartoffellinien und Nachkommen dieser Linien.	

Abb.: Auszug aus dem Standortregister zum gv-Kartoffelversuch 2010 der BASF am AgroBioTechnikum

120 Lorch/Then, S. 55
121 Lorch/Then, S. 4
122 www.biosicherheit.de/de/lexikon/237.confinement.html
123 http://umweltinstitut.org/gentechnik/kommerzieller-anbau/terminator-technologie-pflanzen-mit-selbstmord-genen-188.html
124 siehe Fußnote 122
125 www.fz-juelich.de/ptj/lw__resource/datapool/Nationale__Programme/System__Erde/Planeterde/PTJ__Broschuere__01.pdf

Ob IhrE NachbarIn gv-Mais anbaut, können sie inzwischen mit Teststäbchen zum Stückpreis von 5 € selbst überprüfen. Bei den Pflanzen der Versuchsfelder werden sie jedoch vergeblich nach Nachweisverfahren suchen. Es gibt sie nicht. Die LL601-Vermischung wurde eher zufällig entdeckt. Ob das Bier, das Sie vielleicht gerade stemmen, schon gv-Bestandteile hat, kann Ihnen also niemand sagen. Das wird auch so bleiben, denn für die Pflanze dieser drei kläglichen Versuchsjahre wird niemand Nachweismethoden auf den Markt bringen. Die schleichende Verseuchung geht vor allem von Versuchsfeldern aus, weil hier viel mehr verschiedene Manipulationen ausgebracht werden. Auch die Saatgutverunreinigungen 2010 beim Mais stammten nach den bisherigen Verlautbarungen von Versuchsfeldern. Aber sicher weiß das noch niemand. Wie so oft bei dieser ach so sicheren Technologie.

Sicherheitsforschung ist organisierte Gefahr und gleichzeitig Verharmlosung. *„Sicherheitsforschung sollte für bestimmte Schutzziele wissenschaftlich fundierte ‚Schwellenwerte' ermitteln, unterhalb derer mögliche negative Effekte vernachlässigbar sind oder toleriert werden können"*, sagen die ForscherInnen selbst – mal wieder in einem gemeinsamen Forderungspapier von Bundeskontrollbehörden und GentechnikanwenderInnen, hier Joachim Schiemann (JKI) und Inge Broer (AgroBioTechnikum) im Duett.[126] Sicherheitsforschung will *„Auswirkungen des Anbaus und der Nutzung von Pflanzen als nachwachsende Rohstoffe"* prüfen und unterstützt damit diese Form der Ackernutzung. Sie soll der Propaganda dienen durch *„Integration von biologischer Sicherheitsforschung im Bildungssystem"* und *„Schülerpraktika an den Forschungsstätten, Mitmachaktionen wie Schülerzeitungswettbewerbe zum Thema biologische Sicherheitsforschung"*.

Weitere Auszüge aus dem Thesenpapier von Broer und Schiemann:
Für die Sicherheitsbewertung eines GVO reicht es nicht aus, in standardisierten Laborversuchen ein Gefährdungspotential (Hazard) zu bestimmen. Um einzuschätzen, ob tatsächlich ein Risiko besteht, müssen Expositionsdaten im Freiland erhoben werden, aus denen hervorgeht, ob und wie der gefährdete Organismus unter natürlichen Bedingungen mit dem zu bewertenden GVO in Kontakt kommt; Statistik und Methodik der Versuchsdurchführung müssen der Variabilität im Freiland gerecht werden ...
Sicherheitsforschung sollte für bestimmte Schutzziele wissenschaftlich fundierte „Schwellenwerte" ermitteln, unterhalb derer mögliche negative Effekte vernachlässigbar sind oder toleriert werden können ...
Etablierung eines Netzwerks von Universitäten und Forschungseinrichtungen zur Freisetzung von GVO, das von einer professionell organisierten gemeinsamen Öffentlichkeitsarbeit begleitet wird ...

Hinter dem so freundlich anmutenden Begriff der Sicherheitsforschung, dem Blick auf Folgen für Landwirtschaft, Umwelt und Gesundheit, steckt also nicht nur Betrug und Verschleierung, sondern auch die gefährlichste Anwendung der Agro-Gentechnik mit weitgehend unerforschten gv-Konstrukten. Der Werbetrick funktioniert. Ein unfassbarer, treudummer Glaube an das Gute in der Sicherheitsforschung herrscht bei vielen vor, selbst bei GentechnikgegnerInnen wie Umweltverbänden, Kirchen, Grünen und sogar den Biolandwirtschaftsverbänden – ein Thema des abschließenden Kapitel XIII.

Rechtsbruch Akteneinsicht

Die beteiligten Institutionen sind bemüht, alles schön unter dem Teppich zu halten. Wie andere Bundesbehörden verweigerte auch das für die Biosicherheitsförderung zuständige Forschungszentrum Jülich[127] rechtswidrig die Akteneinsicht nach dem Umweltinformationsgesetz.[128] Ein Akteneinsichtgesuch aus dem Jahr 2009 wurde zunächst durch unsinnige Nachfragen verzögert und dann abgelehnt. In einem weiteren Antrag erfolgte ebenfalls die Absage. Der Antragsteller reichte inzwischen Klage[129] beim Verwaltungsgericht Gießen ein (Az. 1 K 1690/10.GI). Das beklagte PTJ ist von der Bundesregierung mit der Geldmittelvergabe, hier wie bei anderen Programmen (z.B. GABI) beauftragt worden. Es ist aber keine neutrale, sondern eine ideologisch einseitige Vergabestelle, wie die Selbstdarstellung zeigt.[130]

> Ausweislich der Gesetzesmaterialien soll damit die Effektivität des Handelns der Verwaltung und der informationspflichtigen Stellen gesichert werden.[1]
>
> Vorliegend betrifft Ihr Informationsbegehren nicht aufbereitete Daten. Zu den laufenden Forschungsvorhaben liegen noch keine validen Endergebnisse vor. Vielmehr handelt es sich bei den bislang erlangten Ergebnissen, um solche, die nur vorläufig und deshalb nicht belastbar sind.
>
> Sobald abschließende Forschungsergebnisse vorliegen, werden diese in einen Abschlussbericht eingestellt, der wiederum durch die technische Informationsbibliothek Hannover (TIB Hannover) der Öffentlichkeit zugänglich gemacht wird. Auf der Webseite der TIB Hannover (http://tiborder.gbv.de/psi/DB=2.63/LNG=DU/) sind die Forschungsberichte der jeweiligen abgeschlossenen Forschungsvorhaben abrufbar.
>
> Auf diese Weise haben Sie die Möglichkeit, sich umfassend über Inhalte, Ergebnisse und Verlauf der Forschungsvorhaben zu informieren. Eine dem Abschlussbericht vorausgehende Veröffentlichung würde die behördliche Funktionsfähigkeit stören und dem Zweck des Gesetzes – Kontrolle der Verwaltung – zuwiderlaufen. Ein Überwiegen des öffentlichen Interesses an der Bekanntgabe der Information ist hier überdies nicht ersichtlich.
>
> Abgelehnte Forschungsvorhaben zur freisetzungsbegleitenden Sicherheitsforschung wurden nicht durchgeführt. Es liegen daher keine Informationen mit Relevanz zum UIG vor.

Abb.: Ablehnung des Akteneinsichtsgesuchs durch das Forschungszentrum Jülich am 30.6.2009.

Aus der Selbstdarstellung des PTJ
Durch die Förderung der Bio- und Gentechnologie setzt die Bundesregierung Impulse für die Grundlagenforschung, für Firmengründungen und für Kompetenzbildung zugunsten der Entwicklung einer modernen und „nachhaltigen" Biotechnologie. ...
Die so genannte „grüne Gentechnik", die Anwendung der Gen-Technologie auf Pflanzen und ihre Kompartimente, birgt große Chancen – auch für die Wirtschaft. Mit ihrer Hilfe will man die Versorgung mit Nahrungsmitteln verbessern und interessante Rohstoffe für chemische Prozesse heranwachsen lassen. Längst hat freilich auch ein internationaler Konkurrenzkampf um die Aufklärung wirtschaftlich bedeutsamer Pflanzengenome, die patentrechtliche Absicherung der Ergebnisse und die dadurch mögliche Verbesserung der Marktposition für neue Pflanzensorten mit spezifischen Eigenschaften begonnen. Um die Chancen, die sich daraus ergeben, für Deutschland intensiver nutzen zu können und einen Beitrag zur Standortsicherung zu leisten, hat das BMBF die Initiative „Genomanalyse im biologischen System Pflanze – GABI" ins Leben gerufen. ...
Ein Anliegen von GABI ist es zudem, die Kooperation zwischen Wirtschaft und Wissenschaft zu vertiefen und bereits bestehende Kontakte auszuweiten. ...
Die Ergebnisse der biologischen Sicherheitsforschung sind eine wichtige Grundlage für die Tätigkeit von Genehmigungsbehörden und eine ausgewogene öffentliche Diskussion. Das Förderkonzept sieht daher auch ein Projekt „Kommunikationsmanagement in der biologischen Sicherheitsforschung" vor. Seine Aufgabe besteht vor allem darin, die Ergebnisse der Sicherheitsforschung bekannt zu machen und die Zugänglichkeit der Daten zu gewährleisten. Auf solcher Grundlage sollte die öffentliche Diskussion der „Grünen Gentechnik" sachlicher zu führen sein.

126 www.pflanzen-biotechnologie.de/veranstaltungen/veranstaltungsarchiv/workshop-gentechnik-und-somatische-embryogenese/Thesenpapier%20Sicherheitsforschung.pdf

127 www.the-scientist.com/templates/trackable/display/supplementarticle.jsp?name=nrw&id=55589

128 Schreiben vom 30.6.2009

129 www.projektwerkstatt.de/gen/akten/biosicherheit/klage100510ptj.pdf

130 www.fz-juelich.de/ptj/lw__resource/datapool/Nationale__Programme/System__Erde/Planeterde/PTJ__Broschuere__01.pdf

Die den Gentech-Filz organisieren: Lobbyverbände InnoPlanta, FGV, BDP, WGG und andere

Wir schreiben den 7. September 2009. InnoPlanta, Deutschlands schillerndster Lobbyverband für die Agro-Gentechnik hat zu seinem bundesweiten Treffen eingeladen. Es ist das wichtigste Stell-Dich-ein der Gentechnik-Seilschaften. 160 Personen benennt die TeilnehmerInnenliste – Konzerne, Kleinstfirmen, aber auch die Überwachungsbehörden, PolitikerInnen verschiedener Parteien einschließlich SPD und Grünen sowie die LobbyistInnen selbst. Am Eingang wehen Transparente. Sie sollen den Geist verkünden, der hier weht. *„Fakten und Offenheit statt Ideologie"* prangt vom Giebel nördlich des Zufahrtsweges. Wie ernst meinen es die Claqueure profitaler Risikospielchen damit?

Aktuelle Informationen, Links und mehr Zitate auf der Internetseite zu Lobbyverbänden unter www.biotech-seilschaften.de.vu!

Offenheit

Sie gaben sich offen, diskussionsbereit und furchtlos. Doch schon der Blickwinkel des Fotografen geriet ins Absurde: Eines der vielen Schilder mit der klaren Ansage *„Betreten verboten!"* war genau unter dem Spruchband der vermeintlichen Offenheit angebracht (siehe Foto oben). So nah lassen sich Gegensätze aneinanderfügen ...

Auch die Probe aufs Exempel zeigte etwas anderes: Ein Gentechnikkritiker meldete sich zum InnoPlanta-Forum an. Das ging einfach per Internet – und der Computer spuckte brav eine Anmeldebestätigung aus:

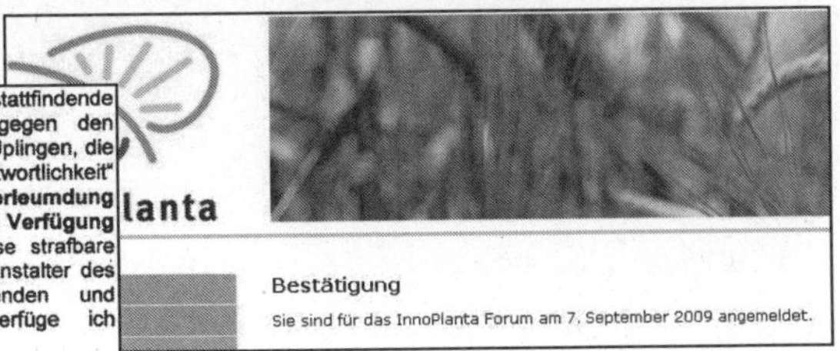

Sie haben sich für das am 07.09.2009 im Stiftungsgut Üplingen stattfindende **InnoPlanta- Forum 2009** angemeldet. Zeitgleich haben Sie gegen den Veranstalter, den InnoPlanta e.V. und den Träger des Schaugartens Üplingen, die BioTechFarm GmbH, in Ihrer Schmähschrift „Organisierte Unverantwortlichkeit" eine **Vielzahl von Behauptungen verbreitet, die falsch** und eine **Verleumdung** im Sinne der §§ 185 ff. Strafgesetzbuch sind. Trotz der **einstweiligen Verfügung des Landgerichts Saarbrücken vom 20.08.2009**, die Ihnen diese strafbare Verhaltenweise untersagt, verbreiten Sie immer noch Ihre den Veranstalter des InnoPlanta-Forums und die BioTechFarm GmbH beleidigenden und verleumdenden Behauptungen. Unter diesen Umständen verfüge ich einvernehmlich mit der BioTechFarm GmbH gegen Sie das

Verbot

am 07.09.2009 das Grundstück des Stiftungsgutes Üplingen, Badelebener Straße 12, 39393 Üplingen zu betreten.

Sollten Sie gegen dieses Verbot verstoßen, werden wir Sie mit Hilfe der Polizei aus dem Stiftungsgut Üplingen entfernen müssen. Außerdem werden wir dann gegen Sie ein **Strafverfahren wegen Hausfriedensbruchs** einleiten.

Dr. Uwe Schrader
Vorstandsvorsitzender

Doch das alles sollte nicht lange halten. Am 7. September wäre das Ereignis gewesen – ein Montag. Am Freitag vorher fand der diskussionsbereite Aktivist jedoch ein Schreiben[1] aus der InnoPlanta-Zentrale im Briefkasten, vom Vorsitzenden Uwe Schrader höchst persönlich. Es war ... eine Ausladung. Unmissverständlich formuliert – gleich mit Polizeiandrohung!

Ein Jahr später beim InnoPlanta-Forum 2010[2] wiederholte sich das Ereignis[3] und traf diemal sogar noch weitere angemeldete TeilnehmerInnen.

Auch realpolitisch wurde der Gegensatz sichtbar. Mitdenkende BürgerInnen scheinen Schrader ein Greuel. Zum Parteitag der FDP im Bördekreis am 13.3.2010 brachte er im Zusammenhang mit dem Ausbau der Autobahn A 14 folgenden Antrag ein (Auszug): *„In diesem Zusammenhang tritt die FDP des Bördekreises für eine Vereinfachung und Beschleunigung im Planungsrecht ein. Hierbei sind das Raumordnungsverfahren zu vereinfachen, die Bürgerbeteiligungen zu entbürokratisieren und insbesondere das Verbandsklagerecht dahingehend einzugrenzen, dass ‚die Naturschutzverbände ihre konkreten Betroffenheiten nachweisen müssen'."*

Fakten statt Ideologie

Nicht weniger erhellend gerät der Blick auf die zweite Behauptung des Spruchbandes. Fakten satt soll es bei InnoPlanta geben. Nun – ein Blick in das Geschehen auf der Tagung zeigt auch hier, wes' Geistes Kind die Agro-GentechnikerInnen tatsächlich sind. LobbyistInnen gaben sich am Redepult die Klinke in die Hand, wetterten gegen *„bayrische Bauern und Feldbefreier"*, die sie als einziges Problem in Deutschland ausgemacht hatten. Feierlich wurde ein Vertrag unterzeichnet, dass fortan Versuchsfelder der Gaterslebener DNA-BastlerInnen in Üplingen eine neue und besser geschützte Heimat finden könnten. Die Festrede aber blieb der Prominenz vorbehalten. Bei einer Orientierung auf Fakten statt Ideologie wäre einE WissenschaftlerIn zu erwarten gewesen. Kam aber nicht. Sondern der ehemalige Bundeswirtschaftsminister Wolfgang Clement. Seine Handschrift trug das neoliberale Umgestaltungsprogramm der Schröder-SPD-Regierung. Dennoch trat er später wütend aus der SPD aus, weil er die Kritik an der Atomkraft nicht teilte. Auf dem InnoPlanta-Forum warb er unverhohlen für die Westerwelle-FDP. Und nicht nur das ...

Aus der Festrede auf dem InnoPlanta-Forum am 7.9.2009:
Deutschland wird sich jedenfalls nur dann als eine der stärksten Volkswirtschaften der Welt behaupten können, wenn wir auf den zukunftsträchtigen Feldern von Wissenschaft und Wirtschaft auch künftig eine international führende Rolle einnehmen. In der Biotechnologie wie auch auf anderen Feldern von Wissenschaft, Forschung und Entwicklung – nehmen Sie nur die Atomenergie, die CO_2-freie Kohleverbrennung oder, um eine ganz andere Disziplin anzusprechen, die Stammzellforschung – ist dies zur Zeit nicht gewährleistet. So setzen wir die Zukunftsfähigkeit unseres Landes auf's Spiel!

Bericht von Wolfgang Clement, in: Die Welt, 16.9.2009
Vor wenigen Tagen hatte ich ein Erlebnis, das mich seither beschäftigt. Ich besuchte das „InnoPlanta Forum 2009" auf dem Stiftungsgut Üplingen ... Das Schockierende dort war für mich nur: Das Gut – im ehemaligen DDR-Grenzgebiet nahe Helmstedt liegend – musste am Tag des Forums nicht nur polizeilich geschützt werden. Der Schaugarten war und ist dauerhaft mit einem Zaun gegen Eindringlinge geschützt, auf dem Wachturm (!) sitzt permanent ein Wachmann mit dem Fernglas vor Augen. Denn mit der blindwütigen Zerstörung gentechnischer Anlagen muss jederzeit gerechnet werden. Deutschland im Jahr 2009. Der Rechtsstaat scheint für die Grüne Gentechnologie nicht zuständig zu sein. ... Vor drei Jahrzehnten gab es hierzulande ähnliche Auseinandersetzungen, damals um die Rote Gentechnologie. Die

Fußnoten

1 www.projektwerkstatt.de/gen/filz/boerde/ausladung090902.pdf
2 Bericht auf http://de.indymedia.org/2010/09/290052.shtml
3 www.projektwerkstatt.de/gen/filz/lobby/innoplantaforum2010ausladung.pdf

hessischen Grünen hatten dem seinerzeit größten Pharmaunternehmen der Welt, der Hoechst AG, ihre Feindschaft erklärt und tatsächlich über viele Jahre verhindert, dass die großtechnische Produktion von gentechnisch hergestelltem Insulin in Deutschland stattfand. Prompt profitierten von dieser Entwicklung ausländische Hersteller, und die Hoechst AG, inzwischen in die französische Sanofi-Aventis übergegangen, hat die Geschichte nicht überlebt. „Mir selbst", erinnert sich der Wissenschaftler Winnacker, „brachte der Kampf um die Rote Gentechnik immerhin einen Platz auf der Abschussliste der Rote-Armee-Fraktion ein."

So klingen die ideologiefreien Fakten, wie InnoPlanta sie propagiert. Doch das lässt sich noch steigern. Auf der Tagung wurden Preise verliehen. Einen davon, nämlich den „*Sonderpreis für jahrelange sachliche Berichterstattung zur grünen Gentechnik*", erhielt Thomas Deichmann, Macher des marktradikalen Blattes „Novo" (Frankfurt) und Kolumnist bei der Tageszeitung „Die Welt". Die Gentechniklobbyisten Klaus-Dieter Jany und Horst Rehberger waren voll des Lobes, denn Deichmann und andere hätten „*durch eine objektive, zugleich aber auch allgemeinverständliche Berichterstattung über Fragen der Grünen Gentechnik zu einer weiteren Stärkung der sachlichen Diskussion beigetragen*". Da wollte Deichmann in seiner Dankesrede nicht nachstehen und „*beklagte vor allem die häufig pseudowissenschaftliche Begründung politischer Positionen*"[4].

Was aber ist nun der objektivste Journalismus, den dieses Land hat? Thomas Deichmann hat nicht nur in Novo und Welt publiziert, sondern ist von seinen Ergüssen derart überzeugt, dass er sie alle zu einem dicken, fast quadratischen Buch[5] zusammengefügt hat. Und da lesen wir dann, was InnoPlanta als preiswürdig objektiv begreift – zum Beispiel als Tipp für die Zukunft des Planeten: „*Wir können unseren Kindern gerne Windräder vorenthalten, aber auf keinen Fall Kernkraftwerke.*" Für GentechnikkritikerInnen hat er nur Verachtung übrig – ihr Treiben nennt er eine „*schleichende Verwesung unseres Kulturraumes*" (S. 219) und träumt von besseren Zeiten: „*Wachstum, Erkenntnisgewinn und Experimentierfreude galten als Motoren für ein besseres Leben. Heute strebt man nach dem Gegenteil – einer Art naturbelassenem Fatalismus. All dies spiegelt den Niedergang jener aufklärerischen Werte, die Europa einst zum Vorbild haben aufsteigen lassen. Der ökologistische Zeitgeist ist im wahrsten Sinne des Wortes reaktionär.*" (S. 239 ff.) Als Höhepunkt können wir dann ein Interview genießen, in dem Deichmanns Interviewpartner – selbstverständlich ganz ideologiefrei – feststellt: „*Die Menschheit hat kein Recht auf einen konstanten Meeresspiegel.*" Auch diesen Satz findet Deichmann so genial, dass er ihm sogleich im genannten Buch den gebührenden Platz einräumt.

Aus dem Hause Deichmann: Das Alternative Kopenhagen-Manifest

1. Der „ökologische Fußabdruck" der Menschen wächst zu Recht! ...
All unsere Errungenschaften – seien es Industrie, Städte, moderne Landwirtschaft oder Hochhäuser – werden als schädlicher „ökologischer Fußabdruck" verunglimpft. ... Wir haben die Erde nicht vergiftet, wir haben sie humanisiert. Und unser „Fußabdruck" ist ein fünftausendjähriges Projekt zur Beherrschung der Naturgewalten und Gestaltung unserer Umwelt, das weiter voranschreiten muss.
2. Kohlenstoff-Rechner gehören abgeschaltet! ...
3. Wirtschaftswachstum ist gut! ... Wir sollten darauf bestehen, dass Wirtschaftswachstum im Kern gut und überdies unverzichtbar ist. ...
8. Energie ist die Lösung, nicht das Problem! Ob man Braunkohle mit dem Schaufelradbagger abbaut oder Uran aus Pechblende extrahiert, immer erntet das heute auch Argwohn. Natürliche Ressourcen werden als endlich wahrgenommen und ihr Verbrauch als unabdingbar mit der Zerstörung das Planeten verbunden. Doch das Schreckgespenst der Ressourcenknappheit basiert nicht auf wissenschaftlichen Fakten. Es entspringt vielmehr der Überzeugung, dass wir natürliche Ressourcen ohnehin am besten gar nicht für menschliche Zwecke nutzen sollten. Selbst der Wasserverbrauch auf unserem blauen Planeten wird heute problematisiert. ... Energieerzeugung, nicht Rationierung ist die Lösung. Billige Energie ist ein großer Fortschrittsmotor. Jede Art der Energiegewinnung kann erforscht werden – auch Wind- und Wellenkraft –, solange wir die Prämisse akzeptieren, dass der Energieverbrauch zunehmen muss, um die Bedürfnisse der Menschheit befriedigen zu können. ...
10. Menschen sind wichtiger als Tiere! ... Legen wir die Leitbilder der professionellen Miesmacher, die sich hinter Eisbären verstecken, auf Eis!

Das also ist Objektivität – die beste in Deutschland. Thomas Deichmann gehört zu den marktradikalsten JournalistInnen, die das Land hat. Wie etliche seiner KollegInnen, die heute gegen jedes ökologische oder linke Gedankengut wettern, war er früher dort selbst unterwegs – als Marxist offenbar dogmatisches Denken gewöhnt. Nun frönt er dieser Denkvereinfachung mit umgekehrten Vorzeichen. 2010 bekam er einen würdigen Nachfolger: Michael Miersch, Ex-Ökojournalist und nun mit Dirk Maxeiner und Henryk M. Broder Macher der primitiv marktgläubigen Achse des Guten[6]. Er wurde auf dem InnoPlanta-Forum am 6.9.2010 als neuer Topjournalist gefeiert – durchaus wenig überraschend, verkündet Miersch seine Gentechnikwahrheiten doch abwechselnd mit Deichmann in der der Tageszeitung „Die Welt". In der Qualität nehmen sich die beiden wenig. Miersch schrieb auch für Deichmanns marktradikales Magazin Novo:[7] „*Atomtechnologie und Gentechnik könnten wichtige Komponenten einer grünen Zukunft sein.*" Über solche medialen Einheizer wird noch zu reden sein ...

Doch schauen wir genauer hin: Wer ist InnoPlanta? Wo kommt der Verband her, wer ist dort aktiv und warum können die so dick auftragen?

InnoPlanta: Behörden, Parteien & Konzerne in einem Boot

InnoPlanta

Es gibt viele Lobbyverbände, doch keiner ist so schillernd wie InnoPlanta. Der lauteste Marktschreier pro grüner Gentechnik ist vielleicht auch der Wichtigste. Denn hier kommen sie alle zusammen: Die Konzerne – große wie kleine –, die ForscherInnen und ParteifunktionärInnen. In Vorstand und Beirat des Vereins sitzen sie einträchtig neben Beamten aus Behörden und Fördermittelvergabestellen. Dass große Konzerne und kleine Firmen in einer solchen Plattform vertreten sind, mag wenig überraschen. Was aber machen die Geschäftsführerin der regionalen Wirtschaftsförderung, der Vize des Landesbauernverbandes, ein Mitarbeiter

4 Quelle u.a. der Zitate: www.innoplanta.de/de/aktuell/innoplanta__forum__2009.html

5 Thomas Deichmann (2009): „Warum Angst vor der Grünen Gentechnik?", Projekte-Verlag Cornelius in Halle

6 www.achgut.com/dadgdx/

7 www.novo-magazin.de/88/novo8828.htm

des zum Bundesverbraucherministerium (z.Zt. Ilse Aigner, vorher Horst Seehofer und Renate Künast) gehörenden JKI und ein Landrat im Vorstand? Als wackere Streiter pro Gentechnik bekannt sind der ehemalige Wirtschaftsminister Horst Rehberger und der ehemalige Beamte der Bundesforschungsanstalt für Lebensmittel und Ernährung, Klaus-Dieter Jany. Insgesamt vereinigt Innoplanta rund 60 Personen und Vereinigungen aus Forschung, Wirtschaft, Finanzen und Politik. Einen weiteren Sitz im Beirat hat Jens Katzek, Chef des größten Finanziers der Agro-Gentechnik in Sachsen-Anhalt namens BIO Mitteldeutschland, bei dem Schrader auch schon einmal die Geschäfte führte (als es noch Bioregion Halle-Leipzig-Management GmbH hieß). Genius als Mitglied von InnoPlanta übernimmt das, was sie auch für Behörden und Finanzierungsprogramme machen: Die begleitende Propaganda. Unter den weiteren Mitgliedern finden sich die großen deutschen Player Bayer, BASF und KWS, daneben die Kleinstfirmen, die am Standort Gatersleben entstanden sind. Nicht alle gibt es noch, denn wenn die Staatsförderungen mal ausbleiben, ist schnell Schluss: Mitgliedsverband NovoPlant ging pleite und verschwand. SunGene wurde zu 100 Prozent von BASF übernommen. Bleibt noch der Landesbauernverband Sachsen-Anhalt, der hier mit InnoPlanta für die technologische Begleitung des Bauernsterbens wirbt, und das Institut für Pflanzengenetik und Kulturpflanzenforschung (IPK), auf dessen Gelände InnoPlanta seine Büroräume hat.[8] Und der Landrat sitzt in den Gremien, denn auch der Landkreis ist Mitglied bei Innoplanta. Das ist nicht ganz ohne, denn als Vereinspflicht ist allen Mitgliedern von InnoPlanta auferlegt, für die Gentechnik einzutreten ...

8 Lorch/Then, S. 53

9 www.innoplanta.de/fileadmin/user_upload/Pdf/Aktuell/Deklaration_AGIL-Verbandstag.pdf

10 www.innoplanta.com und www.innoplanta.de

Demo am 19.4.2009 (siehe auch Buchtitel)

Uwe Schrader vor den „DemonstrantInnen“

Bunter Werbeverein für die Agro-Gentechnik

Lautstärke ist bei InnoPlanta Alltag, Inhaltsreichtum hingegen selten. Die konkreten Aktionen sind mitunter eher von einer mitleidserregenden Niveaulosigkeit geprägt. Als 2006 die Kampagne „Gendreck weg!“ zum fröhlichen und gemeinsamen Maispflanzen-Umtreten nach Badingen (nahe dem brandenburgischen Zehdenick) einluden, mobilisierten InnoPlanta und ihr Umfeld dagegen. Die Bundes-Jungliberalen standen mit „*Kein Faustrecht*“-Hemden in Deutschlandfarben am Wegesrand und beeindruckten mit Wissensdefiziten. Auf Nachfrage, ob nicht der bei Genversuchsfeldern ständig angewandte Sofortvollzug eine Art juristisches Faustrecht sei, wussten sich die uniformen Staatsgläubigen nicht anders zu wehren als mit der Behauptung, in Deutschland gäbe es keine sofortige Vollziehung im Verwaltungsrecht. Na dann ...

Mit dabei war auch InnoPlantas Arbeitskreis AGIL (Vorsitzender: Karl-Friedrich Kaufmann). Die „*innovativen Landwirte*“ sammelten Patenschaften für die von GentechnikgegnerInnen so bedrohten Maispflanzen. Mit dabei als PatInnen waren die Bundestagsabgeordneten Christel Happach-Kasan (FDP) und die 2009 zur Staatssekretärin im Umweltministerium (!) aufgestiegene Katherina Reiche (CDU). Ebenso hielten Angehörige von Bundesfach- und -aufsichtsbehörden die symbolische schützende Hand über das künstliche Leben – nämlich der schon erwähnte Jany vom BfEL und Christian Gienapp von der Landesforschungsanstalt für Landwirtschaft und Fischerei in Mecklenburg-Vorpommern.

Noch tiefer nach unten ging es am 17. und 19. April 2009. InnoPlanta rief zu Demonstrationen für die Gentechnik – in Üplingen vor den Toren des Gentechnik-Streichelzoos, wo selbst der deutschlandweit verbotene Bt-Mais MON810 mit Sondergenehmigung der Bundesbehörde im Jahr 2009 wachsen und für die Gentechnik werben sollte. Der war aber noch gar nicht ausgesät, als sich Uwe Schrader mit einigen wenigen LandwirtInnen und vor allem recht jungen VersammlungsteilnehmerInnen traf, die nach eigenen Angaben aus der Umgebung und aus der Hooligan-Szene Helmstedts stammten und für das Schilderhalten 45 bis 75 Euro einstrichen. Die Schilder waren erkennbar einheitlich gefertigt, also keine Kreationen derer, die sie in den Üplinger Himmel streckten. „*Keine Anarchie!*“ und „*Feldzerstörer raus!*“ war zu lesen. Sollte da ein kultureller Bruch zu Demonstrationen vermieden werden, die diese Klientel sonst üblicherweise besuchte? InnoPlanta-Chef Uwe Schrader war selbst vor Ort (siehe Foto links) und versuchte zu verhindern, dass „DemonstrantInnen“ und die am zweiten Demotag anwesenden GentechnikgegnerInnen direkt ins Gespräch kamen. Auch er passte sich dem knöcheltiefen Niveau an und sprach gegenüber seinen SchilderhalterInnen über die GentechnikgegnerInnen als „*Straftäter*“. Genauer begründen konnte er den Vorwurf nicht.

Als im Frühjahr 2010 die Verunreinigung von Saatgut immer offensichtlicher wurde, befand InnoPlanta in der Üplinger Erklärung:[9] „*Skandalös sind nicht die möglichen Spuren von gv-Mais, skandalös ist, dass es noch immer keine Saatgutschwellenwerte gibt.*“

Die Geschichte dieser „*Plattform zur Unterstützung von Landwirten, welche die Vorteile moderner Pflanzenbiotechnologie nutzen wollen*“,[10] begann 1999. Ausgerechnet die rot-grüne Bundesregierung setzte mit etlichen Millionen den Impuls für den Start einer zweiten Phase mit Anbau von gv-Saatgut (nach Mitte der 90er Jahre). Um die Agro-Gentechnik und ihre Schöpfungen effizient zwischen Wäldern und Wiesen verteilen zu können, wurden Behörden, Konzerne und Universitäten mittels einer mafiösen Personal- und Förderpolitik zu einem vereinheitlichten Akteur zusammengeführt. Innerhalb weniger Jahre entstand ein Geflecht, dass trotz überwältigender Ablehnung dieser Technik in der Bevölkerung sehr effizient die Ausbringung gentechnisch veränderter Pflanzen vorantrieb. Das freute die damaligen ProtagonistInnen in Sachsen-Anhalt – denn dorthin floss das Geld zunächst. Allen voran ein FDP-Mann, der eigentlich aus Saarbrücken stammte, aber 1990 als Wirtschaftsminister in den frisch einverleibten Osten geschickt wurde: Horst Rehberger. In seiner Biographie ließ er den Goldesel beschreiben

Aus Horst Rehberger (2009): „Unterwegs" (S. 226)
Im Jahr 1999 hatte das Bundesministerium für Bildung und Forschung den InnoRegio Wettbewerb ausgeschrieben. Durch ihn sollte die Clusterbildung in den neuen Bundesländern vorangetrieben werden. Was lag näher, als im Raum Nordharz/Börde ein Konzept für die Weiterentwicklung der Biotechnologie zu entwickeln, mit dem man an diesem Wettbewerb teilnehmen konnte? Das geschah unter Federführung der Wirtschaftsförderungsgesellschaft Aschersleben (Evelyne Nettlau) und der BioRegion Halle-Leipzig GmbH (Dr. Uwe Schrader). Als Berater wirkte auch Rehberger bei der Erstellung des Konzeptes mit. Auf seinen Vorschlag hin wurde der InnoPlanta e.V. als Netzwerk zur Förderung der grünen Biotechnologie gebildet. In ihm haben sich Wissenschaftler, Saatzüchter, Pflanzenbiotechnologie-Unternehmen, kommunale Gebietskörperschaften und nicht zuletzt Landwirte zusammengeschlossen. Der InnoPlanta e.V. ging im Jahr 2000 als Sieger aus dem Wettbewerb hervor. Er realisierte mit der Prämie von rund 30 Millionen Euro 38 Einzelforschungsvorhaben. Daraus entstanden eine Vielzahl von Patenten und Lizenzen in den beteiligten mittelständischen Unternehmen sowie zahlreiche Arbeitsplätze.

Nicht viel anders liest sich das im marktradikalen High-Tech-Jubelblatt „Novo". Deren Chefredakteur sieht die Sonne aufgehen angesichts der Millionenspritzen für die von ihm offenbar geschätzte Gentechnik – einer von vielen Texten, die ihm 2009 den Journalistenpreis von InnoPlanta einbrachte. Ein Hand wäscht die andere ...

Thomas Deichmann, „Im Osten geht die Sonne auf", in: NOVO Nr. 67, Nov. 2003[11]
Von Sachsen-Anhalt unterstützt wird auch das InnoRegio-Projekt „InnoPlanta" in der Region Nordharz / Börde – ein Verein, der im Mai 2000 gegründet wurde und auf den das Land sehr stolz ist, weil er beim InnoRegio-Wettbewerb des BMBF im Herbst 2000 sogleich den ersten Platz belegte und mit 20 Mio. Euro an Fördermitteln für den Zeitraum 2001-2006 die höchste jemals vergebene Prämie im InnoRegio-Wettbewerb erhielt. „InnoPlanta" vernetzt vor allem bereits existierende Kompetenzen der Region, die beispielsweise am weltweit renommierten Institut für Pflanzengenetik und Kulturpflanzenforschung (IPK) in Gatersleben, der Bundesanstalt für Züchtungsforschung (BAZ) mit einem Sitz in Quedlinburg, der Universität in Halle, der Hochschule Anhalt in Berburg und einer Reihe lokaler Saatzuchtunternehmen wie der ZKW Züchtungsgesellschaft mbH in Wanzleben und der Nordsaat Saatzucht GmbH in Böhnshausen angesiedelt sind. InnoPlanta koordiniert die vielfältigen Projekte der Branche – darunter Forschungen an verbesserten Spargelsorten und die Züchtung von Kulturpflanzen mit neuen Inhaltsstoffen – und bindet sie in die Biotechnologie-Strategie der Landesregierung ein. Der Verein betreut derzeit 32 Einzelprojekte mit insgesamt 83 Partnern.

Wie konnte es passieren, dass eine rot-grüne Bundesregierung eine derart hohe Geldmenge Geld für so einen Zweck ausgab? Wurde sie von Schrader, Rehberger & Co. über die wahren Ziele getäuscht? Nein – ganz im Gegenteil. Ein wichtiges Konzeptpapier für die *„Biotechnologieoffensive Sachen-Anhalt"* redete ungewöhnlichen Klartext. Es ging um mehr Profite, Wirtschaftskraft und Fortschritt um jeden Preis. Die späteren blumigen Versprechungen vom Kampf gegen den Hunger und umweltfreundlicher Landwirtschaft waren noch gar nicht erfunden. Das Papier kann daher als Meilenstein gelten und viele teure Studien ersetzen, die umständlich nachweisen, dass z.B. durch gentechnisch veränderte Pflanzen weniger Spritzmittel eingesetzt werden müssen. Das genaue Gegenteil ist nicht nur der Fall, sondern war immer das Ziel – denn mit dem Verkauf der Gifte lässt sich Kasse machen. Das wussten die Gentechniker von Anfang an:[12] *„Die Aussicht, in dem stagnierenden Pflanzenschutzmittelmarkt durch Anwendung der Pflanzenbiotechnologie Positionsverbesserungen zu erzielen, erklärt die für das Marktvolumen und die Profitabilität der Branche unerwartet hohe interne und externe F&E-Intensität."*

Eine riesige Anschubfinanzierung der Bundesregierung brachte die Agro-Gentechnik wieder ins Rollen. Das Ergebnis konnte sich sehen lassen: Nach Jahren der Pause oder nur geheimgehaltener gv-Pflanzenaussaaten ging von den InnoPlanta-Millionen ein Impuls für neue Felder aus. Das Ende der Gentechnikfreiheit mittels Auskreuzungen rückte wieder in den Bereich des Möglichkeiten. Als *„Erprobungsanbau"* wurde 2004 der Wiedereinstieg getarnt. Neben Gentechnikkonzernen wie Monsanto und Pioneer, die Saatgut und finanzielle Unterstützung beisteuerten, war auch der Initiatorenverein des AgroBiotechnikums, FINAB, beteiligt. Hinzu kamen weitere Firmen:[13] *„An Kommunikationsmaßnahmen bzw. hierfür notwendigen finanziellen Mitteln beteiligten sich darüber hinaus Bayer CropScience, BASF Plant Science, Syngenta und die Deutsche Industrievereinigung Biotechnologie (DIB)."* Der Werbegag zog – einige Jahre später mündete die *„Erprobung"* in die kommerzielle Zulassung von gv-Mais. Zwischendurch, nämlich 2007, wurden weitere Zuschüsse des BMBF eingesammelt:[14]

- ►Universität Halle für Maisversuch: 112.456 €
- ►IPK für 5 Versuche mit Weizen, Gerste und Rüben: 1.518.164 €
- ►SunGene für Raps-/Weizenversuche: 381.968 €
- ►Strube Saatzucht für Rübenversuche: 248.198 €
- ►Humboldt-Universität Berlin, Versuche mit Ölpflanzen: 346.548 €

Seilschaft durch und durch ...

InnoPlanta ist durch und durch Seilschaft. Verknüpfungen gibt es zuhauf – allein Vorstand und Beirat des Vereins sind ein Sammelbecken aller Akteursgruppen. Die Internetseiten von InnoPlanta und des Green-Gate-Internetportals werden von der gleichen Person verwaltet.[15] Innoplanta-Mitgründer Thomas Leimbach wurde später Präsident des Landesverwaltungsamts Sachsen-Anhalt[16] – immerhin die Kontrollbehörde für Gentechnikversuchsfelder. Das ist von Bedeutung, denn InnoPlanta-Vorsitzender Uwe Schrader ist zudem gleichzeitig Initiator, Ex-Geschäftsführer und heutiger *„ehrenamtlicher Beirat"* der BioTechFarm mit vielen solcher Felder in Üplingen. Rechnen scheint dort keine besondere Stärke zu sein, obwohl Uwe Schrader inzwischen seine Geschäftsführungsposition an Kerstin Schmidt abgegeben hat – und die ist immerhin Mathematikerin. Vielleicht sind solche Leute nötig, um eine 77-prozentige Zustimmung der Bevölkerung zur Agro-Gentechnik ausrechnen zu können. Welche Formel dabei angewendet wurde, ist eines der vielen ungelösten Rätsel. *„Nur 13 Prozent waren anderer Meinung"*, hieß es am 22.4.2010 in einem Pressetext.[17]

11 www.novo-magazin.de/67/novo6750.htm

12 Aus: tti (Auftraggeber): „Konzeptpapier für die Biotechnologieregion Sachsen-Anhalt"

13 www.innoplanta.de/fileadmin/user__upload/Pdf/Pdf__Berichte/Bilanzseminar__2007__InnoPlanta.pdf

14 Alle Angaben vom Förderportal der Bundesregierung unter http://foerderportal.bund.de, aufgelistet in Umweltinstitut München (2008): Gentechnik-Verflechtungen in Sachsen-Anhalt (S. 10).

15 Abfrage www.denic.de

16 taz, 7.9.2010 (www.taz.de/1/zukunft/umwelt/artikel/1/kritiker-muessen-draussen-bleiben)

17 www.innoplanta.de/de/aktuell/mehrheit__der__europaeer__will__dass__landwirte__die__biotechnologie__nutzen__koennen.html

Eine rührende Story über Uwe Schrader als Zögling des FDP-Übervaters Rehberger erzählt Letzterer selbst – etwas freundlicher als mündlich übermittelte Augenzeugenberichte, die selbst aus Kreisen der FDP für Uwe Schrader wenig vorteilhaft ausfallen. Danach soll Uwe Schrader schlicht der Kofferträger von Rehberger gewesen sein, der seinen Aufstieg genau dieser Anbiederung bei den Führungspersonen verdankt. Aber lassen wir erstmal Horst Rehberger sprechen – im Buch „Unterwegs" (ab S. 243):

Im Porträt: Uwe Schrader

Es gibt Menschen, mit denen man sich von der ersten Begegnung an versteht. Ohne zu wissen, warum. Man hat eben, so heißt es, die gleiche Wellenlänge. Uwe Schrader gehört für mich dazu. Trotz eines Altersunterschieds von 21 Jahren haben wir uns sofort verstanden. 1991 begegneten wir uns zum ersten Mal. Er war Vorsitzender des FDP-Keisverbandes Oschersleben und lud mich dorthin ein. Natürlich sagte ich zu. Inzwischen sind fast 17 Jahre ins Land gegangen. Auch in diesem Falle ist es kaum noch möglich, all die Begegnungen und politischen Veranstaltungen zu zählen, auf die wir gemeinsam zurückblicken. In den Jahren 2002 – 2006 war er als wirtschaftspolitischer Sprecher der FDP-Fraktion im Magdeburger Landtag mein „Gegenpart". Wäre das schön, wenn man immer einen solchen „Gegenpart" hätte! Seit 1999 verbindet uns über die politische Leidenschaft hinaus die Leidenschaft für die Grüne Biotechnologie und die Grüne Gentechnik. ... Nach meinem Ausscheiden aus dem Ministeramt übernahm ich deshalb 2006 den Vorsitz im Beirat des InnoPlanta e.V. Gatersleben. Der Verein ist ein Netzwerk zur Förderung der Grünen Biotechnologie, in dem sich Wissenschaftler, Saatzüchter, Pflanzenbiotechnologie-Unternehmen, Landwirte und kommunale Gebietskörperschaften zusammengeschlossen haben. Er wurde 1999 auf meinen Vorschlag hin gegründet und ging ein Jahr später als Sieger aus dem InnoRegio-Wettbewerb des Bundesministeriums für Bildung und Forschung hervor. So standen für Forschung und Entwicklung rund 30 Millionen Euro zur Verfügung. Damit hat der Verein 38 Einzelforschungsvorhaben realisiert. Heute mausert er sich zu einer gemeinsamen Plattform innovativer Landwirte aus der ganzen Bundesrepublik. Vereinsvorsitzender ist Uwe Schrader. Mit ihm bin ich inzwischen in Europa unterwegs, um auch außerhalb Deutschlands die trotz aller Widerstände rasch wachsende Zahl zukunftsorientierter Landwirte EU-weit zusammenzuführen. Die Überzeugung eint uns: Technologiefeindlichkeit, Verzagtheit und Angst dürfen auch im 21. Jahrhundert das Handeln von uns Europäern nicht bestimmen!

Uwe Schrader hat beides hinter sich: Eine Funktionärskarriere im Agro-Gentechnik-Business und eine Parteikarriere in der FDP. Zunächst studierte er nach dem Abitur von 1980 bis 1985 Biologie. Nach einem Forschungsstudium (1985-88) erlangte er seinen Doktortitel und arbeitete dann zwei Jahre als Assistent an der Universität Jena. Danach ging es dort weiter, wo Uwe Schrader auch heute wohnt und agiert: In der Börde zwischen Magdeburg und Harz, 1990-94 war er Mitarbeiter bzw. Amtsleiter im Landkreis Börde, danach fünf Jahre Referent im Wirtschaftsministerium des Landes Sachsen-Anhalt. Von 1999 bis 2002 war er Geschäftsführer der Bioregion Halle-Leipzig GmbH.[a]

Uwe Schrader trat 1990 der FDP bei und war Gründungsmitglied der Jungliberalen Aktion (JuliA) in der DDR. Er ist seit 1991 Kreisvorsitzender der FDP im Bördekreis und seit 1996 Mitglied im FDP-Landesvorstand. Er sitzt seit 2000 im Kreistag des Bördekreis und wurde 2002 zum Abgeordneten im Landtag Sachsen-Anhalt gewählt. Dort war er in der 4. Legislaturperiode wirtschaftspolitischer Sprecher der FDP-Fraktion und Vorsitzender des Ausschusses für Ernährung, Landwirtschaft und Forsten.

Uwe Schrader als Werber für TransGen

Zum Kasten:

a http://de.wikipedia.org/wiki/Uwe__Schrader__%28Politiker%291

Doppelt hält besser: Uwe Schraders Zweit-Verein FGV

2010 trat dann ein neuer Lobbyverein an die Öffentlichkeit – wieder mit Schrader als Vorsitzendem. Aber er war nicht allein, sondern das neue Forum Grüne Vernunft wirkte wie ein Dachverband der Seilschaften. Die Internetseite[18] wird von Klaus Minol gehalten. Der ist Hauptperson der Darmstädter Gentechnik-Seilschaften um die PR-Agentur Genius und den ISBR. Erste Vorbereitungen liefen ohne Öffentlichkeit, z.B. ein Treffen am 31.5.2010. Spuren fanden sich nur bei genauer Recherche, etwa einer Terminankündigung auf der Homepage[19] der SPD-Bundestagsabgeordneten Doris Barnett. Die war auch bei Vorbereitungstreffen dabei und schrieb folgenden Bericht: *„Dann gleich wieder zurück ins Büro, weil ich gegen 13:30 Uhr abgeholt werde für eine Sitzung in Frankfurt. In einem kleinen Kreis von Experten überlegen wir, wie die Diskussion um Biotechnologie, insbesondere die Grüne Gentechnik und die Nano-Technologie, so verständlich und zugänglich gemacht werden kann, dass man endlich mal sachlich und ohne Polemik das Für und Wider dieser Zukunftstechnologien besprechen kann. Ich habe große Befürchtungen, dass wir gerade dabei sind, die Spitzentechnologie – und wir sind hier weltweit führend – aus unserem Lande zu jagen. Anschließend haben alle die Gegner natürlich keine Bedenken, die Produkte bzw. Ergebnisse bei uns zuzulassen. Oder habe ich schon jemals die Aufforderung zum Verbot von Argentinischem Rindfleisch gehört, weil die Rinder dort mit genverändertem (also eiweißreichem) Sojaschrot gefüttert wurden? Na ja, manchmal denke ich, dass sich eine solche Haltung nur ein Land und eine Gesellschaft leisten kann, das im Überfluss lebt und genug Geld hat, sich alles zu leisten."* Ein früher Eintrag vom 18. November 2009 zeigte, dass der FGV-Gründungsprozess einige Zeit in Anspruch nahm. Die gentechnikfreundliche SPDlerin, die solche Treffen akribisch in ihren Tagesberichten auflistete, stammt aus der BASF-Stadt, hat ihren Wahlkreis dort und arbeitete früher in der Rechtsabteilung des Chemiekonzern (siehe Kapitel über Parteien).

Presseinfo „Neues Bündnis will Gegendemos pro Gentechnik organisieren", auf: topagrar, 8.7.2010 und beim ZDS am 6.7.2010[20]

Als neuer Zusammenschluss zur Förderung der Biotechnologie in der Landwirtschaft hat sich das „Forum Grüne Vernunft" (FGV) gegründet, um offensiv und rational über die Gentechnik im Bereich der Pflanzenzüchtung aufzuklären. „Unser Ziel ist es, das Negativimage der grünen Gentechnik mit Aktionen und sachlichen Argumenten abzubauen", unterstrich der Vorsitzende Dr. Uwe Schrader auf der Auftakt-Pressekonferenz vergangene Woche in Berlin. Die Chancen dieser Technologie sollten auch in Deutschland genutzt werden können. Ansonsten laufe man Gefahr, den Anschluss bei dieser wichtigen Zukunftstechnologie zu verpassen.

Im Gegensatz zu anderen Initiativen will das Forum verstärkt mit Aktionen auf die Thematik aufmerksam machen. Bereits im August sei mit Aktivitäten zu rechnen. Das Forum werde Fürsprecher und Initiativen unterstützen und lokale, regionale sowie überregionale Gruppen aufbauen, kündigte Schrader an. Illegale Feldbesetzungen und Feldzerstörungen wolle man bekämpfen, dafür seien auch Gegendemos vor Ort denkbar. Das Forum Grüne Vernunft will daher insbesondere Privatpersonen als Fürsprecher und Unterstützer der Grünen Gentechnik mobilisieren.

Aus www.gruenevernunft.de (seit August 2010 online)

Das Forum Grüne Vernunft wurde gegründet, um offensiv und sachlich über die Grüne Gentechnik aufzuklären. Das Forum will insbesondere Privatpersonen als Fürsprecher und Unterstützer der Grünen Gentechnik mobilisieren. ...

Der reduzierte Verbrauch fossiler Brennstoffe durch geringeren Maschineneinsatz beim Anbau von gv-Nutzpflanzen bewirkte allein 2008 die Einsparung von 14,4 Milliarden kg CO_2 ...

Sie sind unzufrieden mit der einseitigen Berichterstattung zur Grünen Gentechnik, die die Potenziale dieser neuen Technologie nahezu unberücksichtigt lässt? Sie wollen aktiv den Dialog zur Grünen Gentechnik mitgestalten? Sie suchen Kontakte zu Unterstützern und Aktionsforen in Ihrer Nähe? Hier sind Sie genau richtig! Werden Sie Unterstützer des FGV und beteiligen Sie sich an der Planung, Organisation und Durchführung von Aktionen zur Gentechnik in Ihrer Region.

18 www.gruenevernunft.de

19 Quelle zu Angaben in diesem Absatz: http://barnett.hv-media.com (Direktlinks über www.biotech-seilschaften.de.vu)

20 www.zds-bonn.de/forum__gruene__vernunft__offensive__informationen__zur.html

Mehr Kungelrunden von Konzernen und Genehmigungsbehörden

InnoPlanta e.V. ist nicht allein. Seine Initiative, mit dem als „*Erprobungsanbau*" getarnten Massenausbringen gentechnisch veränderter Maispflanzen wieder in die Fläche zu kommen, wurde von vielen Lobbyverbänden unterstützt:[21] „*Die im Wissenschaftlerkreis Grüne Gentechnik e.V. (WGG), im Verband Deutscher Biologen und biowissenschaftlicher Fachgesellschaften e.V. (vdbiol) und in der Initiative Grüne Biotechnologie e.V. zusammengeschlossenen Wissenschaftler begrüßen den in sieben Bundesländern angelaufenen Erprobungsanbau von gentechnisch verändertem Mais.*" Auch damals war sichtbar, dass Argumente fehlten. Vorteile für Menschen konnten offenbar nicht benannt werden, immer ging es nur um Hilfe „*für den Wissenschaftsstandort Deutschland wertvolle Ressourcen, um sich im internationalen Kontext zu behaupten*". Insgesamt ist die Zahl gentechnikfreundlicher Lobby- und Dachverbände aber sehr hoch – wenn auch nicht alle derart plakativ agieren wie InnoPlanta und sein Umfeld. Immer sind sie Schmelztiegel zwischen Konzernen, Behörden und Forschungszentren, wenn auch die Personenzusammensetzung zu unterschiedlichen Schwerpunkte führt. So werben die landwirtschaftlichen Konzerne und Verbände im FNL für die Gentechnik – mit dem Bauernverbandspräsidenten an der Spitze! Mehr durch ForscherInnen dominiert werden WGG oder das Aachener Forum Bio- und Gentechnologie. Werfen wir ein paar Blicke in diese Konglomerate geldsüchtiger Fortschrittsgläubiger und knallharter ProfiteurInnen staatlicher Fördermittel. Fast überall kommen die konkreten Personen aus den verschiedenen Akteursgruppen der Gentechnik-Seilschaften. Durchführung, finanzielle Förderung und Kontrolle der Gentechnikanwendung liegen also personell dicht beieinander.

Wissenschaftlerkreis Grüne Gentechnik (WGG)

Jany – ein Name, der Spaß macht. Wo immer er auftritt, ist schnell gute Stimmung. Denn Jany nimmt kein Blatt vor den Mund. Er ist nicht unterwegs, um reich zu werden oder, wie viele andere, mit dubiosen Förderanträgen den Kopf über Wasser zu halten. Nein: Jany ist Überzeugungstäter. Er glaubt an den Fortschritt. Als er auf einer Podiumsdiskussion Mitte der 90er Jahre an einem besetzten Feld gefragt wurde, ob er nicht eine Abnahme der Artenvielfalt angesichts des umfangreichen Einsatzes von Totalherbiziden befürchte, verneinte er fröhlich, denn die Gentechnik könne ja neue Arten erschaffen.

Jany legt nach, immer wieder strapaziert er die Toleranz seiner ZuhörerInnen oder LeserInnen, sich offensichtlichen Unsinn zu Gemüte zu führen. In einem Interview am 31.3.2010 tischte er gleich eine ganze Sammlung seiner bizarren Gedanken auf, z.B. zur Koexistenz, als dem Existenzrecht gentechnikfreier Landwirtschaft. Das sei „*reiner Fundamentalismus*", denn „*wie überall im Leben müssen auch hier Kompromisse eingegangen werden*". Argumentationsgehalt: Null. Über Antibiotika-Resistenzen geht Jany ebenso salopp hinweg. Es „*konnte noch nie der horizontale Gentransfer von Antibiotika-Resistenzgenen in transgenen Pflanzen durch den Verzehr der Pflanze über unsere Darmbakterien auf den Menschen oder direkt auf den Menschen festgestellt werden*". Als ob es darauf ankäme. Die Resistenzen sind eine Gefahr, wenn sie auf Bakterien übertragen werden, nicht auf den Menschen. Aber auf die fachliche Qualität von Statements pro Agro-Gentechnik schauen zu wollen, stellt die falsche Frage. Agro-Gentechnik ist Ideologie. Deshalb fehlt auch in Janys Interview nicht die große Angst vor dem nationalen Niedergang: „*Noch ist Deutschland in der Forschung mit an der Weltspitze, aber die Weiterentwicklung zu marktfreien Produkten erfolgt im Ausland. Wieder verliert Deutschland damit die Wertschöpfung! Deutschland leistet hier quasi Entwicklungshilfe für Amerika und China.*"

Foto: Klaus-Dieter Jany

Interview mit Klaus-Dieter Jany, in „Die freie Welt" am 31.3.2010 (Fehler im Original)[22]

Bei einem großflächigen Anbau von transgenen Pflanzen, wobei aus vom Auskreuzungsverhalten abhängt, wird sich der vollständige Ausschluss nicht vermeiden lassen. Aber bereits heute werden Spuren bis zu 0,9% toleriert. Wie überall im Leben müssen auch hier Kompromisse eingegangen werden und Absicherung dieses Schwellenwertes von 0,9% wäre ein solcher. Wer allerdings kompromisslos auf eine vollständigen Ausschluss beharrt, wird über kurz oder lang „verlieren". Der reine Fundamentalismus hat noch nie zur langfristigen-nachhaltigen Durchsetzung von Zielen geführt.
Gentechnik und ökologischer Landbau sind aus wissenschaftlicher Sicht nicht grundsätzlich unvereinbar, heute verhindern weltanschauliche Ansichten und gesetzliche Vorgaben ein Zusammenwirken. Es wäre wünschenswert mit den besten verfügbaren wissenschaftlichen Erkenntnissen neues Saatgut auch für den ökologischen Landbau zur Lösung von Problemen (z.B. Virusresistenz, Vermeidung von Kupferspritzmitteln) zu entwickeln. ... Noch ist Deutschland in der Forschung mit an der Weltspitze, aber die Weiterentwicklung zu marktfreien Produkten erfolgt im Ausland. Wieder verliert Deutschland damit die Wertschöpfung! Deutschland leistet hier quasi Entwicklungshilfe für Amerika und China.

Überhaupt: Das fachliche Niveau ähnelt einem Poltern ohne Hintergrundwissen. Jany weiß auch über Bienen so richtig Bescheid. Er äußerte sich am 11.5.2007 in einem Beitrag des WGG:[23] „*In ihrer natürlichen Umgebung sammeln Bienen Nektar und Blütenpollen, die zur eigenen Ernährung und der Ernährung der Brut dienen. Maisfelder sind dabei, solange Alternativen vorhanden sind wenig attraktive Futterquellen (Trachtpflanzen).*"[24] Das ist Blödsinn: Eine Untersuchung aus der Schweiz[25] zeigt, dass Mais sogar die Hauptversorgungspflanze der Bienen für Pollen ist – wenn er blüht. Offenbar zieht der hohe Eiweißgehalt der Pollen die Bienen an, während gleichzeitig das Angebot an anderen Bienenfutterpflanzen in agroindustriell geprägten Landschaften abnimmt. Aber Jany hätte ja auch gar kein Problem mit Bt-Mais im Honig. Am 22.5.2007 plädierte er für den Verkauf gv-Pollen-verseuchten Honigs.[26]

Können wir Janys Märchenstunden als munteren Beitrag für die blumige, aber an stichhaltigen Argumenten für die Agro-Gentechnik armen Diskussion einfach stehenlassen oder in die Sparte Belletristik einordnen? Leider nein, denn das Lachen erstarrt, wenn wir daran denken, wo Jany bis vor Kurzem gearbeitet hat – und auch damals schon seine Weisheiten verbreitete. Denn als er diese zitierten Passagen von sich gab und während er Jahr für Jahr durchs Land als Protagonist der vermeintlich tollen Technik reiste, war er Beamter einer staatlichen Behörde, die unabhängig die Qualität von Lebensmitteln prüfen sollte: Das Bundesamt für Ernährung und Lebensmittel (BfEL), später in Max-Rubner-Institut umbenannt.

21 http://idw-online.de/pages/de/news80053?print=1&id=80053

22 www.freiewelt.net/nachricht-3843/deutschland-verliert-ohne-gr%C3%BCne-gentechnik.html

23 www.wgg-ev.de/2007/05/gentechnisch-veranderte-pflanzen-und-bienen/

24 Beitrag vom 11.5.2007: www.wgg-ev.de/2007/05/gentechnisch-veranderte-pflanzen und bienen

25 Schaubild der Ergebnisse auf S. 146

26 www.wgg-ev.de/2007/05/sind-pollen-aus-gentechnisch-veranderten-pflanzen-im-honig-als-lebende-gentechnisch-veranderte-organismen-einzustufen/

Linksammlung

Informationsportale zu Biotechnologie, Ernährung und Landwirtschaft

Transgen–Transparenz für Gentechnik bei Lebensmitteln
http://www.transgen.de/
FIZ-Agrar – Datenbank der Ernährung, Land- und Forstwirtschaft
http://www.fiz-agrar.de/
Projektverbund „Kommunikationsmanagement in der Biologischen Sicherheitsforschung" im Auftrag des Bundesministeriums für Bildung und Forschung
http://www.biosicherheit.de
aid – Informationsdienst Verbraucherschutz Ernährung Landwirtschaft
http://www.aid.de
Biotechmobil
http://www.biotechmobil.de/
Die Europäische Initiative für Biotechnik im Unterricht (EIBE)
http://www.eibe.org/
Informationssekretariat Biotechnologie
http://www.i-s-b.org/index.htm
Wissenschaftsportal des BMBF
http://www.wissenschaft-im-dialog.de
Infos zu: Schule - Studium - Beruf - Business
http://www.bioloGE.de/
Die Informations- und Dokumentationsstelle (IuD) am Institut für Ernährungswissenschaft der Justus-Liebig-Universität Gießen – NutriInfo
http://www.nutriinfo.de
Deutsches Agrar-Informationsnetz (DAINET)
http://www.dainet.de
Grüne Biotechnologie – Infobörse Hessen

Abb. oben: Von wegen „Diskussion ... zu deren möglichen Risiken", wie der WGG es auf senier Seite zunächst verspricht. Die Linkliste dort ist völlig einseitig.

Ein Beamter, der Kontrollaufgaben wahrnimmt, agiert in einem Lobbyverband zum gleichen Thema? Nun, selten ist das leider nicht – eher der Alltag.

Jany ist nicht allein. Er ist Vorsitzender eines ganzen Lobbyverbandes mit dem wohlklingenden Namen *„Wissenschaftlerkreis Grüne Gentechnik"*. Die produzieren zwar viele Texte – vor allem Jany selbst –, aber wissenschaftliche Expertise ist eher selten. Wissenschaft ist in den Augen vieler ProtagonistInnen der reinen Lehre nichts als Werbung, die Institute längst PR-Agenturen und der Forscher ein Agent feststehender vorgefertigter Ideologie. Dem wird der WGG gerecht:[27] *„Information und Mitgestaltung der Meinungsbildung zum Thema Grüne Gentechnik ist eines der Hauptanliegen des WGG. Der Wissenschaftlerkreis will der Öffentlichkeit informative Einblicke in die Grüne Gentechnik vermitteln und eine offene Diskussion über deren Potenzial aber auch zu deren möglichen Risiken führen. Im Jahre 1998 als ein loser Zusammenschluss von Wissenschaftlern mehrerer Fachrichtungen gebildet, besteht der WGG seit dem Jahre 2000 als gemeinnütziger Verein."* Seit einigen Jahren hat der WGG eine umfangreiche Sammlung eindeutiger Pro-Gentechnik-Texte im Internet zusammengestellt.[28] Vor allem von Jany kommen Stellungnahmen, die er über den WGG verbreitet. Vieles von dem, was er darin schreibt, ist mehrfach widerlegt.

Seine Strukturen legt der WGG hingegen nicht so gerne offen. So ist der aktuelle Mitgliederbestand unbekannt. Geklärt ist: Klaus-Dieter Jany führt den Vorsitz. Weiterer Vorständler ist Andreas Schier von der FH Nürtingen, dessen Versuchsfeld 2008 durch eine Feldbesetzung verhindert wurde und der daraufhin ziemlich böse Worte gegen solche Aktionen fand. Auch das MPI ist im Vorstand vertreten.[29] Doch wer dem Verein darüber hinaus angehört, ist unbekannt. 1998 zählten Buhk (BVL), Schiemann (BBA, jetzt JKI), Sinemus (TU Darmstadt, jetzt Genius) sowie der Lobbyzeitschrifts-Autor[30] und späterer ZKBS-Experte Gerhard Wenzel zu den Mitgliedern – neben über 20 weiteren aus Universitäten, Forschungsanstalten und dem MPI Köln. Die Zusammensetzung zeigt die immer gleichen Namen der zentralen Gentechnik-Seilschaften um Buhk, Schiemann und andere.[31]

Am 4.3.2009 griffen der WGG und über 1000 MitunterzeichnerInnen mit einem offenen Brief[32] an die Landwirtschaftsministerin Aigner in die Debatte um ein Verbot der Grünen Gentechnik ein. Dabei lobten sie die Arbeit von ForscherInnen und Bundesinstitutionen zur Gentechnik und empfahlen der Ministerin, sich dort beraten zu lassen[33]. Damit aber lobten sie schlicht sich selbst. Zudem räumten sie öffentlich ein, dass die Bundeskontrollbehörden eine völlig einseitige Position hatten und haben: *„Nach aktuellem Stand von Wissenschaft und Technik bergen sicherheitsbewertete und zugelassene transgene Pflanzen keine anderen Gefahren, als herkömmlich gezüchtete Pflanzen. Die Ihnen unterstellten Behörden bestätigen dies."*[34]

27 www.wgg-ev.de/der-verein/uber-uns/

28 www.wgg-ev.de

29 www.wgg-ev.de/der-verein/vorstand/

30 mensch+umwelt spezial 2004/2005 der GSF (Helmholtz-Gesellschaft)

31 Lorch/Then, S. 17

32 Brief auf www.gruene-gentechnik-online.de/

33 Bericht auf Wissenschaftsportal am 7.4.2009: http://idw-online.de/pages/de/news309060

34 www.gruene-gentechnik-online.de

35 Lorch/Then, S. 47 und 53

36 www.lifesciences.de/unternehmen/netzwerk.php

37 www.lifesciences.de/news/frett.php?id=21

38 www.bdp-online.de/de/Branche/Wertschoepfung/

39 www.bdp-online.de/de/Ueber_uns/Our__positions/

40 www.bdp-online.de/de/Branche/Wertschoepfung/

Gesprächskreis Grüne Gentechnik (GGG)

Mit der marktschreierischen PR-Orientierung des Jany-geführten WGG oder der illustren Art von InnoPlanta, ihre Ideologie öffentlich kundzutun, können die meisten Lobbyverbände nicht mithalten. Für den Gesprächskreis Grüne Gentechnik gibt es sogar weder eine Webseite noch eine Mitgliederliste. Vieles beruht aus Vermutungen in – unwidersprochenen – Veröffentichungen, die hier wiedergegeben werden.[35] Der GGG wurde 1997 wohl auf Initiative des Pharmaunternehmens Novartis gegründet, das damals auch noch über eine große Saatgutsparte verfügte, die später unter dem Namen Syngenta abgetrennt wurde. Kristina Sinemus (Genius) fungierte nach außen als Kontakt und organisierte den GGG. Auf der Webseite von Genius finden sich die wenigen verfügbaren Angaben zum GGG.[36] Eine der wenigen weiteren Quellen zum GGG sind Interviews, die 1998 im Rahmen einer Forschungsstudie von den WissenschaftlerInnen Marion Dreyer und Bernhard Gill geführt wurden. Nach diesen Interviews waren auch die Vorläuferorganisationen des BVL (das Robert-Koch-Institut, RKI, und das Bundesinstitut für gesundheitlichen Verbraucherschutz und Veterinärmedizin, BgVV) Mitglied im GGG. Als Kontaktadresse wird Kristina Sinemus genannt. *„Der von Genius mitinitiierte und organisierte ‚Gesprächskreis Grüne Gentechnik' (GGG) ist ein Beispiel unserer erfolgreichen Netzwerk-Aktivitäten. Der GGG ist eine unabhängige Gruppe, die sich mit der Reglementierung, Verarbeitung und Vermarktung gentechnisch veränderter Pflanzen beschäftigt. Ihm gehören Vertreter aus Industrie, Handel, Verbänden, Wissenschaft und Forschung sowie freie Journalisten an."* Der GGG forderte ein Zulassungssystem, das *„streng nach wissenschaftlichen Kriterien ausgerichtet ist"*, und meldete sich 2004 mit einer Presseerklärung zu Feldzerstörungen zu Wort.[37] Stellvertretend wurde dort Anton F. Böner zitiert, Präsident des Bundesverbandes des deutschen Groß- und Außenhandels (BGA). 2005 trat der GGG mit Kristina Sinemus als Mitorganisator eines InnoPlanta-Forums in Sachsen-Anhalt auf.

Bundesverband Deutscher Pflanzenzüchter

Hier geht es um Geld und Pfründe. Der BDP ist Industrievereinigung und Lobbyverband derer, die Pflanzen züchten und damit möglichst viel Geld verdienen und Marktmacht erzeugen wollen. Als Melkkuh kommen vor allem die in Frage, die das Saatgut abnehmen oder – als Konkurrenz – auch selbst züchten könnten. Also vor allem die Bäuerinnen und Bauern des Landes. Patente[38], Nachbaugebühren und mehr sind die typischen Themen des Verbandes mit Sitz in Berlin.

Aus der Internetseite des BDP:

Die Agrarwirtschaft steht vor großen globalen Herausforderungen, zu deren Lösung die moderne und leistungsfähige Pflanzenzüchtung einen wichtigen Beitrag leisten kann. Voraussetzung hierfür ist der starke Schutz des geistigen Eigentums, der es den Züchtungsunternehmen ermöglicht, in Forschung und Entwicklung zu investieren. [39]

Die Struktur mit vielen leistungsfähigen Unternehmen, die ständig verbesserte Sorten entwickeln, macht Deutschland zu einer der führenden Züchtungsnationen der Welt. Dem Schutz geistigen Eigentums kommt für die Sicherung dieser Leistungsfähigkeit eine besondere Bedeutung zu. [40]

Für die Patentanmeldungen hat der BDP seinen Mitgliedern eine eigene Serviceagentur zur Seite gestellt:[41] *„Die Gesellschaft für den Erwerb und die Verwertung von Schutzrechten (GVS) unterstützt die BDP-Mitglieder in Fragen rund um den Schutz des geistigen Eigentums.“*

Gentechnik ist ein Thema von Vielen. Im Vorstand sitzt mit Philipp von der Bussche (KWS-Vorstandschef) nur ein Vertreter eines Gentechnikkonzerns, dazu wenige weitere aus Firmen, die auch mit gentechnisch verändertem Saatgut experimentieren oder handeln. Die politische Position ist dennoch eindeutig – obwohl es gute Gründe für konventionelle Züchter geben könnte, vor einer unkontrollierten Ausbreitung der gv-Saaten Angst zu haben. Sie haben aber im BDP kein Gewicht – wie in anderen Dach- und Lobbyverbänden auch. Der BDP sieht sich als Überbringer guter Nachrichten vom Durchmarsch der Gentechnik, die nur durch böse FeldbefreierInnen und die faktenferne Politik in Deutschland gefährdet sei. Sonst gäbe es nur Gutes zu vermelden: *„Grüne Gentechnik setzt sich weltweit durch“* und *„Grüne Gentechnik auch in Europa etabliert“* liest sich das auf den Internetseiten des BDP.[42]

Zudem sucht der BDP nach Wegen, die Vorgabe der Koexistenz zu umschiffen. Grenzwerte heißt das Zauberwort. Einerseits wird nach Wahlfreiheit gerufen – um die Gentechnik anwenden zu dürfen. Andererseits wird das Problem, dass bei Anwendung der Gentechnik keine Wahlfreiheit mehr existiert, mit schmutzigen Tricks kaschiert. Gentechnikfrei soll sein, was nicht allzuviel Gentechnik enthält. Gentechnikfreiheit kann es nicht geben, weil sich gentechnische Veränderungen in der Natur selbständig ausbreiten – das weiß auch der BDP. Als 2010 vielfach verunreinigtes Maissaatgut auftauchte, forderten mehrere Lobbyisten auf Initiative des BDP: *„Der aktuelle Fall von vermeintlichen Spuren einer gentechnischen Veränderung in konventionellem Saatgut der Firma PIONEER HI-BRED zeigt erneut, dass Schwellenwerte für Saatgut dringend erforderlich sind. Umweltverbände fordern stattdessen das Unmögliche: Wer dem Verbraucher 100%ige Reinheiten verspricht, täuscht ihn vorsätzlich.“*[43]

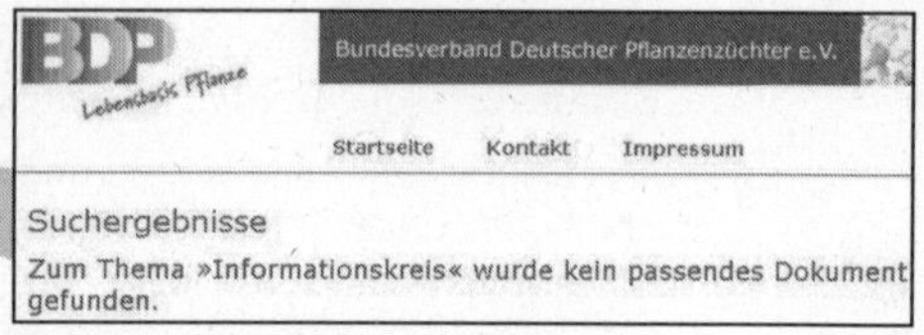

Keinerlei Informationen lassen sich den BDP-Internetseiten über ein Gremium entlocken, dass in den Seilschaften deutscher Gentechnik recht wichtig sein dürfte: Der Informationskreis Gentechnik – ein Gremium innerhalb des BDP zur Vernetzung mit den VersuchsbetreiberInnen und anderen AnwenderInnen, die draußen die gv-Saat in die Erde bringen. Dass er existiert, ist unstrittig:

- ► Auf eine parlamentarischen Anfrage an die Bundesregierung, was diese zum Schutze der Genversuchsfelder tue, antwortete die Regierung am 4. Juli 2001 (Bundestagsdrucksache Nr. 14/6499), es bestünden *„intensive Kontakte zu den versuchsdurchführenden Firmen und zu dem vom Bundesverband Deutscher Pflanzenzüchter (BDP) initiierten 'Informationskreis Gentechnik'“*.[44]
- ► In einer Liste der Ämter und Aktivitäten der Bayrischen Landesanstalt für Landwirtschaft wird für Dr. Martin Müller aufgezählt: *„Mitglied des Informationskreises Biotechnologie und Gentechnik des BDP (Bund Deutscher Pflanzenzüchter)“*[45]
- ► Im Finanzantrag (Aufstockung 2008) der Universität Gießen an den PTJ Jülich für ihre vermeintliche Sicherheitsforschung mit transgener Gerste werden Fahrten zu dem Informationskreis des BDP in Höhe von 3.000 Euro benannt.[46]
- ► In einer wird der Informationskreis schon im Jahr 2001 erwähnt. Die Frage 47 lautete: *„Was unternimmt die Bundesregierung, um die deutsche Wirtschaft vor der Manipulation und Zerstörung gentechnischer Freilandversuche durch Gentechnikgegner zu schützen?“* Aus der Antwort: *„Ferner bestehen intensive Kontakte zu den versuchsdurchführenden Firmen und zudem von Bundesverband Deutscher Pflanzenzüchter (BDP) initiierten „Informationskreis Gentechnik.“*

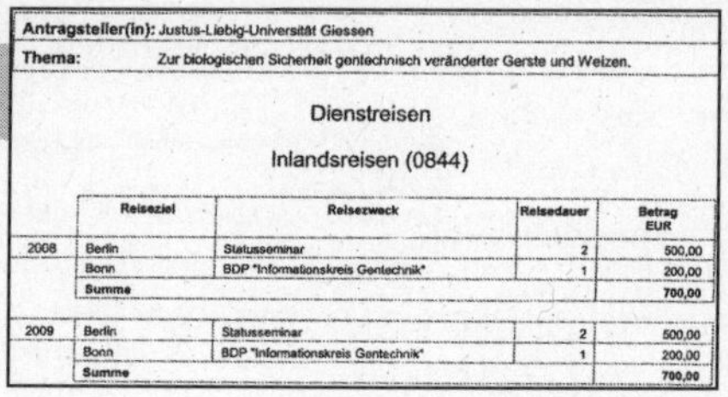

Antragsteller(in): Justus-Liebig-Universität Giessen

Thema: Zur biologischen Sicherheit gentechnisch veränderter Gerste und Weizen.

Dienstreisen

Inlandsreisen (0844)

	Reiseziel	Reisezweck	Reisedauer	Betrag EUR
2008	Berlin	Statusseminar	2	500,00
	Bonn	BDP "Informationskreis Gentechnik"	1	200,00
	Summe			700,00
2009	Berlin	Statusseminar	2	500,00
	Bonn	BDP "Informationskreis Gentechnik"	1	200,00
	Summe			700,00

Abb.: Auszug aus dem Antrag der Universität Gießen auf Austockung der Förderung für das gv-Gerstenfeld. Der Antrag wurde an den Projektträger Jülich (PTJ) gestellt.

Zwei Schwerpunktthemen treiben die Lobbyisten bei der Agro-Gentechnik um. Da sind zum einen die Patente und der Schutz des vermeintlichen geistigen Eigentums der Firmen, die neue Pflanzen entwickeln – klar: Der BDP vertritt die Profitinteressen seiner Mitglieder. Das überrascht also nicht. Auch das zweite Thema passt ins Portfolio eines Interessensvertreters derer, die mit Saatgut Geld machen wollen – auch wenn es wieder die typische Situation aller Dach- und Lobbyverbände ist, dass in den Spitzen die Agro-Gentechnik einseitig befürwortet wird, während es unter den Mitgliedsfirmen etliche geben dürfte, die bei einer weiteren Auskreuzung und damit dem Wegbrechen des gentechnikfreien Saatgutmarktes in erhebliche Schwierigkeiten kommen würden. Halten sie von sich aus die Klappe oder werden sie mundtot gemacht? Jedenfalls kämpft der BDP nicht nur wie ein Löwe dafür, dass Gentechnik verwendet werden darf, sondern auch dafür, dass legalisiert wird, dass diese Gentechnik dann auch bisher gentechnikfreie Bereiche verseuchen darf. Dabei gibt der BDP offen zu, dass Koexistenz gar nicht möglich ist:[47] *„Landwirtschaft ist kein geschlossenes System!“* Je mehr GVO in die Umwelt kommen, desto mehr wird auch alles andere durchmischt. Sagt der BDP! Vor zwei Jahren hätte der das noch als unsachliches Geschwätz emotionaler Technikfeinde abgetan. Doch der Erkenntnisgewinn führte beim Züchter-Bundesverband nicht zu einer Kehrtwende politischer Forderungen, sondern zum Gegenteil. Wenn ohnehin alles verseucht wird, müssen auch die Gesetze daran angepasst werden: Bitte höhere Grenzwerte, so die Forderung!

Aus Kapitel „Mais“ im BDP-Geschäftsbericht 2009/10 (S. 27)

Die hohe Zahl der Verdachtsfälle 2009 trotz aller Bemühungen der Unternehmen und die ständig steigenden Anbauflächen mit gentechnisch veränderten Pflanzen weltweit machen deutlich, dass eine verbindliche und pragmatische Regelung für einen Vollzugsschwellenwert für das zufällige Vorhandensein von zugelassenen bzw. sicherheitsbewerteten, aber in der EU noch nicht zugelassenen Events im Saatgut angewendet werden muss.

Der BDP ist nicht nur selbst Knoten im Geflecht der Gentechnik-Seilschaften, sondern organisiert auch neue Knoten, z.B. das Innovationsforum Pflanze – ein reiner PR-Gag, um unter klangvollem Namen mal wieder die üblichen politischen Forderungen stellen zu können: Das Innovationsforum Pflanze, das im März 2009 in Bonn mit den „Petersberger Thesen zur Zukunft der Pflanzenforschung“ eine gemeinsame politische Position veröffentlichte,[48] die erneut ganz typisch für die Lobbypositionen sind. Damit gentechnische Verseuchungen die Risikotechnik nicht

41 www.bdp-online.de/de/Ueber__uns/Netzwerk/Technologie-Transfer__-__GVS/

42 www.bdp-online.de/de/Pflanzenzuechtung/Methoden/Gentechnik/Anwendung__Gruene__Gentechnik/

43 Pressemitteilung am 11.6.2010: www.lifepr.de/attachment/191488/2010-06-11+GVO-Verdachtsfall+Maiszuechter+wehren+sich+neu.pdf

44 www.m4m.de/biotechnik/mdgentge.htm

45 www.lfl.bayern.de/ipz/zuechtungsforschung/05897/index.php

46 www.projektwerkstatt.de/gen/giessen/aufstockungsantrag2008ptj.pdf

47 Faltblatt „Saatgutschwellenwerte“

48 www.bdp-online.de/de/Presse/Archiv/2009/Petersberger__Thesen/Petersberger__Thesen__final__1.pdf

aufhalten, sollen Grenzwerte her, die Hindernisse ausräumen – sagt These 10: „*Produktzulassungen müssen auf wissenschaftlicher und gesetzlicher Basis erfolgen. Sie müssen beschleunigt werden, um den Unternehmen ein schnelles ‚Return on Investments' zu ermöglichen und für Landwirtschaft und Verbraucher innovative Produkte zur Verfügung stellen zu können. Dazu zählt auch die Festlegung praktikabler Saatgutschwellenwerte für das unbeabsichtigte Vorhandensein von GVOs in Saatgut.*" Das alles soll dem Profit dienen – dank Patenten: „*Die rechtlichen Rahmenbedingungen für den Schutz geistigen Eigentums müssen so ausgestaltet sein, dass sie zum einen den Zugang zu Innovationen für darauf basierende Weiterentwicklungen ermöglichen und zum anderen einen effektiven Schutz gewährleisten.*" Und wem dient das alles? Nicht der Umwelt, nicht den LandwirtInnen, sondern: Deutschland! Sagt These 11: „*Diese wissensbasierte Bioökonomie wird die Agrarwirtschaft global wettbewerbsfähiger machen, die Rohstoffbasis für die Industrie zukunftssicherer gestalten und die Innovationskraft Deutschlands langfristig sichern.*"

Der illustre Kreis, der diese Thesen verfasste, ist ein weiterer Treffpunkt von GentechnikanwenderInnen in Universitäten, MitarbeiterInnen von Behörden, VertreterInnen privater Unternehmen aus der Pflanzenzüchtung und der Lobbyverbände. Sie fanden sich auf dem Petersberg zum Innovationsforum Pflanze zusammen und verabschiedeten die „*Petersberger Thesen*". Nach Darstellung in einer Pressemitteilung des Bundes Deutscher Pflanzenschützer (BDP) vom 8.4.2009,[49] dessen VertreterInnen zu den UnterzeichnerInnen der Thesen zählen, sind die Petersberger Thesen „*Richtschnur für Administration, Wissenschaft und Wirtschaft zur Zusammenführung der entsprechenden Wissenschaftsgebiete und Wirtschaftsbranchen.*" Unklar blieb, in welchem Rahmen die WissenschaftlerInnen, WirtschaftvertreterInnen und MitarbeiterInnen der Verwaltung in Bonn zusammenkamen, wer eingeladen hatte beziehungsweise wurde, und mit welcher Autorität die Unterzeichner ausgestattet waren. Anwesend waren Thomas Altmann und Andreas Graner vom IPK, ForscherInnen vom Max-Planck-Institut für Molekulare Pflanzenphysiologie, vom Forschungszentrum Jülich und vom Fraunhofer-Institut, FirmenvertreterInnen von KWS, Bayer und weiteren Züchtern, Prof. Friedt, der an der Uni Gießen gv-Pflanzenversuche durchführt, Frank Ordon vom überall in den Seilschaften mitwirkenden Julius-Kühn-Institut und der Präsident des BDP, Kartz von Kameke.

Richtig spaßig wird es, wenn mensch sich die internen Gremien des BDP anschaut. Da gibt es sogar eine „*Arbeitsgruppe Ökologischer Landbau*". Laut BDP-Geschäftsbericht 2009/10 (S. 47) sitzen dort 12 Personen, alles Männer. Vorsitzender ist Dr. Reinhard von Broock aus Bergen. Da sitzt die KWS Tochter Lochow-Petkus GmbH und betreibt einen Öko-Saatguthof. Von Broock ist klarer Verfechter der Agro-Gentechnik. In einem Beitrag zum Diskurs „Grüne Gentechnik" des zuständigen Ministeriums BMELV am 7. und 8. Mai 2002 in Mayschoß behauptete er, dass ausgerechnet der Einsatz von Totalherbiziden in Verbindung mit gentechnisch veränderten Pflanzen „*erlaubt die Abkehr vom ‚sauberen Acker' und lässt Kräuter neben der Kulturpflanze zu*". Züchtung erhöhe nach seiner Auffassung die Biodiversität, zudem sieht er bei gentechnischen Methoden „*keinen Hinweis darauf, wie sie den Einfluss der Züchtung auf die Biodiversität verändern könnten.*" Denn „*an den Prinzipien der Pflanzenzüchtung ändern gentechnische Methoden nichts.*"

Abb.: Arbeitsgruppe Ökologischer Landbau des BDP (laut Internetseite www.bdp-online.de).

Ökologischer Landbau:
Vorsitzender:
Dr. Reinhard von Broock, Bergen

Axel Altenweger, Northeim
Dr. Carl Bulich, Bonn
Dr. Erhard Ebmeyer, Bergen
Wolfgang Glaser, Grünberg
Michael Hamann, Lippstadt
Dr. Hubert Kempf, Moosburg
Dr. Gisbert Kley, Lippstadt
Dr. Paul Rubitschek, Marbach
Georg Schweiger, Moosburg
Wolfgang Walter, Groß Lüsewitz
Thomas Wegert, Isernhagen

Von Broock ist nicht die einzige unpassende Person in einem Ökolandbau-Arbeitskreis. Der nächste in der Liste, Axel Altenweger, arbeitet auch bei der KWS Lochow-Petkow, ebenso Erhard Ebmeyer. Dr. Carl Bulich agiert für einen Tochterverein des BDP, nämlich die Gemeinschaft zur Förderung der privaten Pflanzenzüchtung e.V. (GFP). Das ist quasi ein PR-Verein im PR-Verein. Ebenfalls mehrfacher Funktionär im Netz des BDP ist Gisberg Gley.[50] Er wird als Ehrenmitglied geführt und war ab 1997 Vize-Chef des BDP. Zum 65. Geburtstag bescheinigte ihm der BDP, er „*setzte sich stets leidenschaftlich für die Entwicklung und praktische Umsetzung der Biotechnologie und Gentechnik ein.*" Praktischer Gentechnik-Leidenschaft frönte er nicht nur unter dem Deckmantel Öko-Landbau beim BDP, sondern „*entscheidenden Einfluss übt er als Mitglied des Genbankbeirates des Institutes für Pflanzengenetik und Kulturpflanzenforschung (IPK) bei den Weichenstellungen für den Erhalt und die Nutzung pflanzengenetischer Ressourcen aus*". So wird auch personell klar, warum neben diese empfindliche Stelle, wo Saatgut unverändert erhalten bleiben soll, mehrfach Genversuchsfelder gelassen wurden.

Gesellschaft für Pflanzenzüchtung (GPZ)

Im aktuellen Vorstand[51] ist Prof. Dr. Chris-Carolin Schön vom Lehrstuhl für Pflanzenzüchtung der WZW Weihenstephan als Präsidentin und – wen wundert's? – ein JKI-Funktionär, bei der GPZ als geschäftsführender Vizepräsident tätig, nämlich Frank Ordon. Weitere Vorstandsmitglieder sind Gerhard Wenzel, Weihenstephan, (2008 und 2009 sogar als amtierender Vizepräsident), Prof. Dr. Christian Jung von der Universität Kiel und Dr. Erhard Ebmeyer aus Bergen-Wohlde. Die meisten von ihnen sind keine Unbekannten. Einige sitzen gleichzeitig in der ZKBS, die als – eigentlich unabhängige – Fachkommission Freisetzungen von gentechnisch veränderten Pflanzen begutachtet. Wenig überraschend also, dass dort bislang 100% aller Anträge auf Felder mit gv-Pflanzen durchgewunken wurden ... (siehe Kapitel zu Behörden).

Auch unter den Ehrenmitgliedern[52] finden sich alte bekannte: Andreas Büchting, Aufsichtsratschef von KWS, und Ulrich Wobus vom IPK in Gatersleben, der die dortigen Genversuchsfelder neben der Saatgutbank zu verantworten hatte. Noch besser die Fördermitgliederliste.[53] Sie reicht von den großen Konzernen wie BASF Plant Science Holding GmbH, KWS Saat AG, Monsanto Agrar Deutschland GmbH, Pioneer Hi-Bred, Northern Europe GmbH und Syngenta Seeds GmbH über den Lobbyverband Bundesverband Deutscher Pflanzenzüchter e.V. bis zu Saatzüchtern, die auch Gentechnik nicht verschmähen, wie die Friedrich Strube Saatzucht KG.

Die Liste der Arbeitsgemeinschaften[54] fällt ebenso eindeutig aus. Wo immer Gentechnik ein Thema ist, finden sich auch deren AnwenderInnen in führenden Posten (siehe Tabelle auf der nächsten Seite). Beunruhigend: Bei der GPZ ist wieder einer der beiden Chefs der Genehmigungsbehörde BVL dabei, nämlich Detlev Bartsch.[55]

Wie in vielen Organisationen gibt es auch in der GPZ einen Seilschaften-Knotenpunkt: Die Arbeitsgruppe „*Geschichte der Pflanzenzüchtung*". Hier treffen sie aus allen Richtungen aufeinander: „*... über die von einer Arbeitsgruppe (Vorsitz: Dr. E. Brecht, Bürgermeister) begonnene Erarbeitung eines Memorandums zur Errichtung eines ‚Science Center Pflan-*

49 www.bdp-online.de/de/Presse/Archiv/2009/Petersberger__Thesen/2009-04-08__PI__Innovationsforum__Pflanze____Pflanzenforschung__und__-zuechtung__ist__gesellschaftliche__Verantwortung__1.pdf
50 www.pressrelations.de/new/standard/result__main.cfm?r=60749&sid=&aktion=jour__pm&print=1&pdf=1
51 Stand: 2010, www.gpz-online.de/portaet/ueberuns.html
52 www.gpz-online.de/portaet/em.html
53 www.gpz-online.de/portaet/em.html
54 www.gpz-online.de/ag/ag.html
55 Quelle: Datenblatt zur Person bei der EFSA, https://doi.efsa.europa.eu/doi/?wicket:interface=:4:memberslistpanel:panelmemberlist:3:expertdoi:linkDoiPdf::IResourceListener::

Arbeitsgemeinschaften der GPZ und deren Leiter:	
1. Biometrie, Bioinformatik	Prof. Dr. Hans-Peter Piepho, Hohenheim
2. Züchtungstheorie	Prof. Dr. Matthias Frisch, Gießen
3. Cytogenetik, Chromosomenanalyse	Prof. Dr. Ingo Schubert, Gatersleben
4. Genomanalyse	Prof. Dr. Andreas Graner, Gatersleben
5. Genetische Ressourcen	Prof. Dr. K. Hammer, Witzenhausen
6. Ertrags- und Streßphysiologie	Dr. Christiane Balko, Groß Lüsewitz
7. Resistenzzüchtung i.e.S.	Prof. Dr. Thomas Miedaner, Hohenheim
8. Sorten- und Saatgutwesen	PD Dr. Andreas Börner, Gatersleben
9. Geschichte der Pflanzenzüchtung	Dr. Albrecht Meinel, Heimburg, und Dr. Hardnak Graf v.d.Schulenburg, Bad Salzuflen
10. Getreide	Prof. Dr. Wolfgang Friedt, Giessen
11. Mais	Prof. Dr. Albrecht Melchinger, Hohenheim
12. Rüben	Prof. Dr. Bernward Märländer, Göttingen
13. Kartoffeln	Dr. Hans-Reinhard Hofferbert, Ebstorf
14. Öl- und Eiweißpflanzen	Prof. Dr. Heiko C. Becker, Göttingen, und Prof. Dr. Wolfgang Link, Göttingen
15. Futterpflanzen, Gräser	Dr. Stephan Hartmann, Weihenstephan
16. Gemüse	Dr. habil. Wolf-Dieter Blüthner, Erfurt
17. Arznei- und Gewürzpflanzen	Dr. Frank Marthe, Quedlinburg
18. Zierpflanzen	Prof. Dr. Thomas Debener, Hannover Dr. Manfred Mehring-Lemper, Hann. Münden
19. Obst, Gehölze, Reben	Prof. Dr. Reinhard Töpfer, Siebeldingen

Abb. links: Screenshot der Arbeitsgruppenliste auf der GPZ-Internetseite (www.gpz-online.de/portaet/org.html)

ze' in der Welt-Kulturerbe-Stadt Quedlinburg. Neben Vertretern der BTU Cottbus (Architektur), des IBA-Büros Dessau und der Stadt Quedlinburg gehören dieser AG aus Fachkreisen an: Prof. Wobus (IPK Gatersleben), Prof. Ordon, Prof. Schiemann, Dr. Schumann (JKI Quedlinburg), Dr. Katzek (BIO Mitteldeutschland), Prof. J. Rimpau (Rat f. nachhaltige Entwicklung Berlin), W. von Rhade (NORDSAAT Böhnshausen), Dr. Meinel (Heimburg) und Prof. W. Rimpau (Berlin)."[56] Über die Ziele des benannten Science Centers heißt es dort verschleiernd: *„Es könnte ein Ort der Geschichte der wissenschaftlichen Archive und historischen Objekte, der Kommunikation über Ernährung und der Produktion von Nahrungsmitteln ... sein.*" Ein Blick auf die andere Seite vermittelt aber längst Klartext. So wurden nach einer Presseinfo der Stadt Cottbus vom 13.9.2007[57] *„20 Arbeiten zum Entwurf eines Science Centers für grüne Gentechnik in Quedlinburg*" an der Uni ausgestellt. Denn *„Quedlinburg braucht eine neue Perspektive, die über den nur auf die Vergangenheit fixierten Status als Welterbe-Stätte hinausgeht. Eine solche Perspektive soll ein Science Center für grüne Gentechnik in Quedlinburg bieten, dessen Gestaltung Aufgabe der Diplomanden ist. Gentechnische Veränderung von Pflanzen zur Steigerung der weltweiten Erträge bei der Produktion von Nahrungsmitteln und die Frage nach natürlichem Wachstums- oder Schrumpfungshilfen für Pflanzen sind Themen, die in der öffentlichen Diskussion stehen und einen hohen Aufklärungsbedarf haben.*"

Vereinigung für Allgemeine und Angewandte Mikrobiologie

Die VAAM[58] ist ein Zusammenschluss von ca. 3000 Mitgliedern. "*Die VAAM-Jahrestagung, mit ca 1200 Teilnehmern, wird immer mehr zu dem wichtigsten Treffpunkt in der Mikrobiologieszene*", sagt der Verein selbst. Die großen Gentechnikkonzerne sind mit im Boot: *„Die Sponsoren der VAAM-Promotionspreise sind zur Zeit: BASF, Bayer Schering, Evonik Degussa, New England Biolabs, Sanofi-Aventis*", heißt es auf der vereinseigenen Internetseite. Christoph Tebbe vom staatlichen Forschungsinstitut, gleichzeitig einer der vier deutschen VertreterInnen bei der EFSA-GMO-Arbeitsgruppe, ist dort Mitglied.

Arbeitskreis Deutsche In Vitro Kulturen (ADIVK)

Dieser selten öffentlich auftretende Kreis[59] ist nach eigener Darstellung *„eine Sondergruppe im Zentralverband Gartenbau e.V.*" Wer in die Liste seiner Mitglieder guckt, erspäht einen ziemlich alle Teile verbindender Knoten deutscher Gentechnikseilschaften. Bundes- und Landesfachbehörden, darunter mehrfach das hochverfilzte Julius-Kühn-Institut, das IPK und etliche gentechnikbetreibende Universitätsinstitute sitzen dort neben den für Deutschland typischen Kleinfirmen, KWS und Syngenta. Die Arbeitsgruppe „In Vitro Züchtung"[60] leitet Prof. Max-Bernhard Schröder[61], zudem ist er Kontaktadresse für den Förderpreis, der für In Vitro Arbeiten (= im (Reagenz-)Glas) an Pflanzen vergeben wird. Im Hauptberuf arbeitet er an der weitgehend staatlichen Forschungsanstalt Geisenheim. Schwerpunkt seiner Lehrveranstaltungen[62] dort ist ein *„Modul Biotechnologie der Pflanzen*", gemeint vor allem bei Wein und in der Weinherstellung. Zudem ist er laut DENIC Halter der Internet-Propagandaseite www.gruene-biotechnlogie.de, die allerdings inzwischen offline ist.

Die Jahreshauptversammlung im September 2010 in Hannover hatte zwei Ansprechpartner, einer von ihnen war der als lauter Propagandist bekannte Hannoversche Professor Jacobsen. Das Tagungsprogramm zeigte Einseitigkeit (siehe links).[63]

Unten: Auszug aus der Tagungseinladung zur Jahrestagung der ADIVK

13. bis 15.09.2010

Leibniz Universität Hannover

Schwerpunkte:

- Neue technische Entwicklungen bei der genetischen Transformation
- Biosicherheitsforschung
- Gentechnik in der Pflanzenzüchtung
- Pflanzenbiotechnologie und Öffentlichkeit
- Neue Entwicklungen in der pflanzlichen In-vitro-Kultur

Organisation: Hans-Jörg Jacobsen und Traud Winkelmann, Leibniz Universität Hannover

Gesellschaft für Pflanzenbiotechnologie

Weiter im Reigen der vielen Knotenpunkte deutscher Agro-Gentechnikseilschaften: Der rührige Prof. Jacobsen aus Hannover ist denn auch selbst Chef einer solchen Connetion im Netz der Behörden, Firmen und ForscherInnen. Der von ihm geleitete Verein heißt *„Gesellschaft für Pflanzenbiotechnologie*". Im Vorstand[64] sitzen auch IPK, die Saaten-Union und Universitätsangehörige. Die Gesellschaft war an der Tagung der ADIVK beteiligt.

Deutsches Maiskomitee e.V. (DMK)

Mais ist dank des MON810 das zentrale Thema der Agro-Gentechnikdiskussion. Die in intensiven Plantagen angebaute Pflanze ist aber schon deutlich länger ein Symbol der Industrialisierung der Landwirtschaft. Monokulturen, Massentierhaltung, Biosprit – das und mehr ist eng mit dem Mais verbunden. Das nun soll ausgebaut werden – findet das Deutsche Maiskomitee:[65] *„Ein vollkommen neues und vielversprechendes Feld für weitere Züchtungsfortschritte liegt mit der Entwicklung und Nutzung von bio- und gentechnologischen Methoden vor uns. Diese Methoden ermöglichen sowohl neue Techniken zur Beschleunigung der Generations- bzw. Züchtungszyklen als auch die Entwicklung von neuen und bislang im Mais nicht vorhandenen zusätzlichen Eigenschaften.*" Das DMK, trotz erkennbarer reiner Industrielobbyarbeit gemeinnützig[66], will dem gv-Mais zum Durchbruch verhelfen und bemüht die gleichen Gedankengänge wie viele andere Lobbyisten auch:

1. Auskreuzung ist nicht zu verhindern.
2. Wir brauchen Grenzwerte, die die totale Verseuchung erlauben.
3. Nur das ist Wahlfreiheit.
4. Lasst uns alle sachlich sein!

56 www.gpz-online.de/ag/09.html
57 www.cottbus.de/buerger/rathaus/pressemitteilungen/pm__2007/pm__september__2007/255030362.html
58 www.vaam.uni-halle.de/
59 www.adivk.de
60 www.adivk.de/adivk3.html
61 www.campus-geisenheim.de/Prof-Dr-habil-Max-Bernhard-Schroeder.1494.0.html
62 www.campus-geisenheim.de/Lehre.1699.0.html
63 www.adivk.de/Tagung%20Leibniz%202010.pdf
64 www.pflanzen-biotechnologie.de/organistation
65 www.maiskomitee.de/web/intranetHomepages.aspx?hp=BEE1D2BD-9996-255D-29E2-9A19502D6A2A
66 www.maiskomitee.de/web/intranetHomepages.aspx?hp=1ae953d5-2ca5-959b-223d-13b00c342571

Aus der Homepage: Gentechnik als Bestandteil der Maiszüchtung [67]
Die Anwendung der Bio- und Gentechnik in der Pflanzenzüchtung hat auch in Deutschland mittlerweile festen Fuß gefaßt. Vorbehalte und Bedenken gegen den Einsatz der Gentechnologie seitens der Öffentlichkeit sind ernst zu nehmen. Es muß jedoch verhindert werden, daß die Anwendung der Gentechnik aus ideologischen Gründen behindert wird. Der Dialog muß ehrlich und glaubwürdig geführt werden um den volkswirtschaftlichen Gesamtnutzen zu erfassen.
Durch jüngste politische Entscheidungen ist der Anbau gentechnisch veränderten Maises in Deutschland verboten worden.
Die gegenwärtige unbefriedigende Situation leidet vor allem unter dem fehlenden Rechtsrahmen zur Kennzeichnung von Lebensmittelprodukten (Novel-Food) auf der Basis von plausiblen Schwellenwerten.

Eine interessante Konstellation ergibt sich im Vorstand:[68] Per Amt gehört der Vorsitzende der Abteilung Mais im Bundesverband Deutscher Pflanzenzüchter auch dem Vorstand des Deutschen Maiskomitees an. Im Vorstand sitzt zudem mal wieder ein staatlicher Agrarforscher, der eigentlich unabhängig sein sollte: Prof. Dr. Christian Gienapp, Direktor der Landesforschungsanstalt für Landwirtschaft und Fischerei des Landes Mecklenburg-Vorpommern mit Sitz in Güstrow.

Der jährlich ausgeschriebene DMK-Förderpreis[69] für Hochschulabsolventen und Nachwuchswissenschaftler offenbart die Orientierung auf Profitinteressen. *„Ziel ist die möglichst kurzfristige praktische Umsetzbarkeit der dabei gewonnenen neuen Ergebnisse und Innovationen in einzelbetriebliche oder gesamtwirtschaftliche Nutzenvorteile."*

Und immer mehr davon ...

Fast alles ist ideologisch, vieles dreist, doch manches klingt verzweifelt. Denn die Millionen für Propaganda und pseudowissenschaftliche Ergüsse erreichen die Köpfe nicht. Umfragen zur Agro-Gentechnik bleiben stabil. Die Reaktion lautet, Felder mit autoritären Mitteln auch gegen den Willen der Bevölkerung durchzusetzen und noch mehr Gehirnwäsche – denn anders lassen sich die PR-Strategien der GentechniklobbyistInnen wohl kaum bezeichnen. Es wird weitere Lobbyverbände geben – offen sichtbar oder getarnt. Diese Tricks zu durchschauen, ist eine wichtige Aufgabe. Ihre Inhaltsleere verstecken sie hinter der Kritik an der vermeintlichen Inhaltsleere der Gentechnikkritik. Sie inszenieren sich als Gegner ideologischer Debatten und fordern eine sachliche Diskussion. So fällt nicht gleich auf, dass sie es vor allem sind, die genau so agieren. Argumente für die Agro-Gentechnik benennen sie nicht. Offenbar ist ihnen selbst klar, dass es keine gibt – außer der Macht über Land und Saatgut. Aber das werden sie so offen nicht zugeben. Es bleibt ihnen also nur die alte Kriegsstrategie: Angriff ist die beste Verteidigung.

Präsidentenwechsel bei der DLG – Über die DLG und die Agrarwelt von gestern, heute und morgen

Philip Freiherr von dem Bussche stand nach neunjähriger Amtszeit für eine dritte Wiederwahl nicht mehr zur Verfügung. Im Rahmen der Mitgliederversammlung erfolgte auf der DLG-Wintertagung der Präsidentenwechsel.

Carl-Albrecht Bartmer, Landwirt in Löbnitz an der Bode in Sachsen-Anhalt, ist vom Gesamtausschuss als Nachfolger gewählt worden.

Lobbyismus in Dachverbänden

Alles ist steigerbar. Da gibt es nicht nur Lobbyverbände, die ganz offensichtlich einseitige Positionen vertreten sowohl für die Profitgier der Konzerne, als auch und für eine sogenannte Forschung, die vor allem zur *„Gentechnik, weil es dafür Geld gibt"*, arbeitet (Inge Broer[70]). Es gibt auch solche Verbände, die eigentlich Dachverbände sein und verschiedene Strömungen vereinigen wollen. Vielfach decken ihre Mitglieder das gesamte Spektrum landwirtschaftlicher Tätigkeiten ab. Aber in den Verbandsspitzen dominieren die BefürworterInnen von Gentechnik und industrialisierter Landwirtschaft. Sie simulieren also eine breite Unterstützung für die Gentechnik – tatsächlich aber wäre wohl passender, von Amtsmissbrauch oder Instrumentalisierung der Mitglieder zu sprechen. Denn befragt werden diese regelmäßig nicht. Ihnen muss aber wiederum der Vorwurf gemacht werden, das stillschweigend hinzunehmen und sich als Scheinlegitimation benutzen zu lassen.

Eigentlich ein Dachverband ...
die Deutsche Landwirtschaftsgesellschaft (DLG)

Schauen wir mal in die Deutsche Landwirtschafts-Gesellschaft (DLG). Die wollen, so heißt es auf der eigenen Internetseite[71], ein *„neutrales, offenes Forum"* sein. In den Leitlinien[72] steht es ebenso deutlich: *„Die DLG ist die politisch unabhängige, neutrale Fachorganisation der Agrar- und Ernährungswirtschaft."* Dort sitzen auch Ökolandbau-Verbände unter den insgesamt über 20.000 Mitgliedern. Wieviel Prozent dieser hohen Zahl mögen die Agro-Gentechnik befürworten? Gefragt hat im Verband sicherlich niemand – aber die Spitzenfunktionäre verfechten ungeniert die Agro-Gentechnik. Die Basis hält brav die Klappe, eine typische Situation der Verbändelandschaft. Zu den Schweigern gehört Dr. Theodor Seegers vom Bundesministerium für Ernährung, Landwirtschaft und Verbraucherschutz, an dessen Spitze die öffentlich immer als gentechnikkritisch auftretende Ilse Aigner steht. Protest von ihm wurde nicht laut. Auch von anderen nicht.

Scharfmacher in Sachen Gentechnik sind vor allem die DLG-Präsidenten. Neun Jahre stand KWS-Chef Philip von der Bussche an der Spitze des sogenannten Dachverbandes. 2008 folgte ihm mit Carl-Albrecht Bartmer, *„Landwirt in Löbnitz"* (siehe links: DLG-Jahresbericht 2006, S. 9). Der legte gleich los. Teil der DLG-Feldtage war eine Sortendemonstration mit transgenem Mais der Firmen Monsanto, Pioneer und KWS. DLG-Präsident Bartmer betonte gleich auf der Eröffnung: *„Wir sind auf Fortschritt ausgerichtet und die Biotechnologie ist eines der wichtigsten Instrumente dafür."*[73] Argumente? Auch hier Fehlanzeige ... Bartmer blieb Werber für die Agro-Gentechnik. Er befürwortete auf dem Unternehmertag am 3.9.2008 in Leipzig *„die Ausschöpfung aller mobilisierbaren Potenziale auf fruchtbaren Ackerflächen."* In der Pressemitteilung[74] zu seiner Rede hieß es weiter: *„Die Grüne Gentechnik werde vermutlich eine der Schlüsseltechnologien des 21. Jahrhunderts sein. Sie ermögliche einen schnellen Zuchtfortschritt und sei deshalb in der Lage, die Ertragsfähigkeit von Pflanzen an die dynamisch steigende Nachfrage anzupassen, auch und gerade, wenn sich das Klima ändert."*

Auch der Verband insgesamt zeigte Flagge. Dr. Werner Mutz von der DLG nahm laut Teilnehmerliste[75] am größten Kungeltreffen der Gentechnik-Seilschaften, dem InnoPlanta-Forum 2009 teil und warb öffentlich[76] für die Propaganda-Internetseite TransGen (siehe unten). Die DLG ist Mitglied in einem weiteren, als Dachverband getarnten Werbeverein für

67 www.maiskomitee.de/web/intranetHomepages.aspx?hp=5a413edd-aabb-5208-1854-205c16ce1e37
68 www.maiskomitee.de/web/intranetHomepages.aspx?hp=06b85857-d387-3219-42ee-d3b9d818ec7b
69 www.maiskomitee.de/web/intranetHomepages.aspx?hp=940aa909-dd2b-612e-59ad-8b54345e96a1
70 2006 in der WDR-Sendung „Immer Ärger mit Linda"
71 www.dlg.org
72 www.dlg.org/leitlinien.html
73 InnoPlanta-Newsletter zur Gründung von AGIL
74 www.dlg.org/527.html
75 www.projektwerkstatt.de/gen/filz/boerde/tnliste_innoplanta2009.pdf
76 www.transgen.de/home/impressum/795.doku.html

Großkonzerninteressen, der FNL. Zusammen mit klar positionierten Lobby- und Industrieverbänden wie InnoPlanta, dem BDP oder den Industrieverbänden DIB und VCI stellte die DGL fest,[77] dass *„die Warenkette in Deutschland und Europa [ist] auf praktikable rechtliche Rahmenbedingungen angewiesen"* sei. Und forderte: *„Diese müssen sich an den weltweiten Entwicklungen der Grünen Gentechnik und am internationalen Warenhandel orientieren. ... Betriebswirtschaftliche Entscheidungen sollen von Landwirten und nicht von der Politik getroffen werden."*

Aus der Presseinfo zur Rede des DLG-Präsidenten Bartmer auf dem Unternehmertag am 3.9.2008 in Leipzig:[78]
Landwirtschaft braucht innovationsfreundliche Rahmenbedingungen ... Die Grüne Gentechnik werde vermutlich eine der Schlüsseltechnologien des 21. Jahrhunderts sein. Sie ermögliche einen schnellen Zuchtfortschritt und sei deshalb in der Lage, die Ertragsfähigkeit von Pflanzen an die dynamisch steigende Nachfrage anzupassen, auch und gerade, wenn sich das Klima ändert.

Aus einem Interview mit DLG-Chef Bartmer in: ZEIT Nr. 18/2010[79]
ZEIT: Bislang sind die Europäer aber trotzdem skeptisch.
Bartmer: Das ist auch verständlich, weil sie gar keine Gelegenheit haben, den Nutzen dieser Technologie kennenzulernen. Da hier sogar der Versuchsanbau – denken Sie an die vielen unrechtmäßigen Feldzerstörungen – nahezu unmöglich ist, fällt es schwer, den Nutzen überhaupt zu beweisen oder die Technologie weiterzuentwickeln. Das ist aber unverzichtbar, weil Züchtungserfahrungen aus den USA gar nicht direkt auf europäische Standorte zu übertragen sind. Wir brauchen an europäische Verhältnisse angepasste Sorten.

Wie sich solche Neutralität in einer Podiumsdiskussion ausdrückt, zeigten die DLG-Feldtage 2010 ebenfalls. Auf dem Podium saßen drei BefürworterInnen und gleichzeitige AnwenderInnen der Agro-Gentechnik in Personen der Hochschul-Professoren Andreas Schier (Maisversuch Oberboihingen bis 2008) und Karl-Heinz Kogel (Versuch mit transgener Gerste 2006 bis 2009) sowie Frau Dr. Duwenig (BASF) nur einem Kritiker gegenüber. Und der, nämlich Thomas Dosch von Bioland, vertrat auch nur einen Verband mit weicher Linie: Bioland hatte sich 2009 für Versuchsfelder gentechnischen Risikoforschung ausgesprochen, obwohl gerade diese Experimente als Quellen die bislang meisten Auskreuzungsskandale verursachten.

Politisch fordert die DLG *„praktikable Grenzwerte"*.[80] Fast rührend ist das Engagement zur Beibehaltung der Massentierhaltung und der Ausbeutung ferner Kontinente für die Verwendungswirtschaft in Europa: *„Ohne den Import von Sojabohnen bzw. Sojaschrot kann die Produktion von Lebensmitteln tierischer Herkunft weder mengenmäßig noch preislich auf dem gegenwärtigen Niveau gehalten werden."* Das aber soll passieren – und deshalb müssen Grenzwerte her, damit Soja überall verseucht werden darf: *„Die in der EU angewendete Nulltoleranz für gentechnisch veränderte Soja-Sorten ohne EU-Zulassung verhindert zunehmend auch den Import von zugelassenen Sojafuttermitteln. ... Die Nulltoleranz ist aus wissenschaftlicher Sicht nicht zu begründen und für ein hohes Niveau an gesundheitlichem Verbraucherschutz unnötig."* Absurderweise soll diese totale Verseuchung auch noch die Wahlfreiheit garantieren: *„Nur Schwellenwerte können die Wahlfreiheit zwischen kenzeichnungspflichtigen und nicht kennzeichnungspflichtigen pflanzlichen Rohstoffen ermöglichen."* So verdreht die DLG die Fakten, nicht ohne am Ende das übliche Bekenntnis abzulassen: *„Die DLG wird sich auch weiterhin auf fachlicher Basis mit der Grünen Gentechnik und ihren Auswirkungen befassen"*. Amen, möchte mensch da sagen – die immer gleiche Leier absurder Argumentationsstränge bei gleichzeitiger Beschwörung einer Sachlichkeit, die gerade die GentechnikbefürworterInnen fast immer vermissen lassen.

Eine ähnliche gedankliche Pirouette schafft die DLG hinsichtlich der Kennzeichnung *„Ohne Gentechnik"*. Die sei nicht sinnvoll, denn es gäbe *„keine Möglichkeit, die Aussage am Endprodukt per Untersuchung kontrollieren zu können"*. Falsch ist das nicht – aber daraus abzuleiten, alles verseuchen zu wollen und einzufordern, das auch zu dürfen, ist schon bemerkenswert.

Bund für Lebensmittelrecht und Lebensmittelkunde (BLL)

Ganz ähnlich zeigt sich das Bild beim Bund für Lebensmittelrecht und Lebensmittelkunde e.V. (BLL).[81] Er vereinigt Firmen der Lebensmittelverarbeitung, darunter die Bio-Kette Basic und der Gentechnikfreiheit garantierende Hersteller Milupa. Bei vielen Mitgliedsfirmen[82] und -verbänden wird Gentechnik also abgelehnt, doch der Spitzenverband tritt ein für *„verlässliche Rahmenbedingungen, die die Rechte auf Forschungsfreiheit in der Pflanzenzüchtung wahren, eine verantwortungsbewusste Weiterentwicklung und Anwendung der Grünen Gentechnik ermöglichen, die Rohstoffversorgung für die deutsche und europäische Veredlungs- und Ernährungswirtschaft sicherstellen und eine lückenlose Verbraucherinformation gewährleisten."* So steht es in einem Positionspapier vom 18.5.2009 mit Forderungen an den Runden Tisch Gentechnik im Bundesforschungsministerium. Das Papier hatte auch die DLG unterzeichnet – von Neutralität keine Spur. Vielmehr zeigt sich hier das Muster, das die ganze Gesellschaft durchzieht: 80 Prozent lehnen Gentechnik ab, aber die übrigen 20 Prozent besetzen alle wichtigen Schaltstellen in Forschung, Politik, Behörden, Interessenverbänden und Medien. Mit bei der BLL ist laut eigenen Angaben auf dem EFSA-Datenblatt[83] Klaus-Dieter Jany vom Wissenschaftlerkreis Grüne Gentechnik (WGG) und Mitwirkender in deutschen bzw. europäischen Genehmigungsbehörden.

Ausbilder

MitarbeiterInnen von Genversuchen müssen eine Zusatzausbildung machen. Einer der Träger solcher Ausbildungsangeboten ist DECHEMA. Neutraler oder gar kritisch wirkt auch der nicht ...

Aus der Rede des DECHEMA-Vorsitzenden Dr. Alfred Oberholz am 25.11.2005[84]
Wenn sich Politiker zu nachwachsenden Rohstoffen bekennen und gleichzeitig die Anwendung der Grünen Gentechnik blockieren, dann ist das entweder Dummheit oder Verantwortungslosigkeit. Beides ist nicht tolerabel.

Abb. Sammlung auf einer Presseinfo zur gemeinsamen Resolution von Industrie- und Lobbyverbänden zu mehr Gentechnik (Mai 2009)

77 www.bdp-online.de/de/Presse/Aktuelle__Mitteilungen/Warenkettenpapier/Warenkettenpapier__Gentechnik.pdf
78 www.dlg.org/527.html
79 www.zeit.de/2010/18/N-Bartmer-Interview
80 www.dlg.org/fileadmin/downloads/jahresberichte/Jahresbericht2008.pdf
81 www.bll.de/bll
82 www.bll.de/bll/mitglieder/mitglieder__uebersicht
83 https://doi.efsa.europa.eu/doi/?wicket:interface=:2:memberslistpanel:panelmemberlist:11:expertdoi:linkDoiPdf::IResourceListener::
84 www.dechema.de/Presse/Archiv+2005-p-110835/November/65__2005.html

Bauernverband und Umfeld: Wenn Großagrarier für KleinbäuerInnen sprechen ...

Der Deutsche Bauernverband (DBV) ist eigentlich die Interessenvertretung aller LandwirtInnen. Zwar kann niemand als Einzelperson im DBV Mitglied sein. Doch die einzelnen LandwirtInnen sind in den Landesbauernverbänden organisiert. Diese erreichen einen sehr hohen Organisationsgrad – im Durchschnitt über 80 % aller rund 370.000 landwirtschaftlichen Betriebe, allerdings abnehmend. Hinzu kommen Fachorganisationen wie der Deutsche Imkerbund und spezielle Tierhalterzusammenschlüsse, Wein- oder Hopfenanbauverbände. Über 50 Jahre konnte der Bauernverband daher als Sprachrohr aller Bäuerinnen und Bauern, d.h. als alleinige Berufsvertretung der Landwirtschaft auftreten – wie auf seiner Internetseite[85] auch dargestellt: *„Der Deutsche Bauernverband ist die Interessenvertretung der Land- und Forstwirtschaft in ganz Deutschland. Mit dem Deutschen Bauernverband – gegründet 1948 – gibt es erstmals in der Geschichte der deutschen Landwirtschaft eine einheitliche, freie und selbstbestimmte berufsständische Interessenvertretung der Bauernfamilien.“* Doch schon lange schwelt der Streit um die Interessen von industrieller und bäuerlicher Landwirtschaft. Während die Mehrheit der Mitglieder kleine und höchstens mittelgroße Betrieben bildeten, standen an der Spitze die InhaberInnen riesiger Höfe. Die machten Politik für ihre Art der Landwirtschaft – zusammen mit Agrarkonzernen, Raiffeisenverband und anderen. Legendär sind die Aufsichtsratsanhäufungen eines Constantin Freiherr von Heeremann, der überall auf Tuchfühlung war – außer zur bäuerlichen Basis seines eigenen Verbandes. Als Opposition zu den Großagrariern entstanden zunächst nur zahlenmäßig unbedeutende Alternativen wie die Arbeitsgemeinschaft bäuerliche Landwirtschaft (AbL)[86]. Aus den Kreisen unzufriedener MilchbäuerInnen ist dann aber ein ernst zu nehmender Konkurrent zumindest in der Vertretung der über 100.000 MilchviehhalterInnen entstanden. Der Bundesverband Deutscher Milchviehhalter (auch bekannt unter der reichlich unglücklichen Abkürzung BDM)[87] sieht den Bauernverband hoffnungslos verstrickt mit den Molkereien. Während und nach spektakulären Aktionen im sogenannten „Milchstreik“[88] kam es zu vielen Austritten[89] aus dem DBV und zum Teil sehr zugespitzten Protestformen wie dem Haberfeldtreiben[90] am Hof des DBV-Präsidenten.

Ein Hin und Her prägt in der Agro-Gentechnik die Bauernverbandspositionen. Grund sind nicht schwankende Meinungen, sondern genau der immerwährende Konflikt des Bauernverbandes. So wie die durchschnittlichen Betriebsgrößen vom Hof zu OrtslandwirtInnen über Kreis- und Landesebene bis zur Spitze des Bauernverbandes immer mehr zunehmen, wandeln sich auch die Interessen. Während in vielen Teilen des Landes, vor allem in den ländlich strukturierten Räumen im Süden, die klassische bäuerliche Landwirtschaft dominiert, finden sich auf oberen Ebenen fast nur noch FunktionärInnen mit agrar-industriellem Background. Der Präsident schließlich ist Mitglied in einer Vielzahl von Aufsichtsräten und Vorständen in Firmen, die mit den LandwirtInnen ökonomisch konkurrieren. Bayer, Raiffeisen & Co. wollen die Kontrolle des Saatgutes und Nachbaugebühren, Patente und Kopplungsverträge von Saatgut mit Spritzmitteln. Das schädigt die Bauern und Bäuerinnen. So waren und sind die Spitzenleute der LandwirtInnen immer GegnerInnen oder gar TotengräberInnen der meisten ihrer eigenen Mitglieder. Sonnleitner kämpft – ebenso wie sein Umfeld – für die Sache der großen Konzerne und Saatguthändler, d.h. gegen die LandwirtInnen, deren Präsident er eigentlich ist. Das führt immer wieder zu Spannungen im Bauernverband, doch der interne Aufstand gegen die Chefetage fiel bislang immer aus.

Taktische Zurückhaltung bei der Agro-Gentechnik

Die Chefs wissen, das an der Basis wenig Zustimmung zur Agro-Gentechnik existiert. Auch wenn die Spitzenleute den großen Chemiemulties und Saatgutkonzernen näher stehen als den LandwirtInnen vor Ort, können sich nicht – ohne sich selbst zu gefährden – ständig Öl ins Feuer gießen. Folglich zeigt der Bauernverband gar keine klare Position zum Thema.

Dabei haben die Führungspersonen die Sache seit Langem klar. Schon der fast 30 Jahre den Bauernverband nach Gutsherrnart führende Constantin Bonifatius Herman-Josef Antonius Maria Freiherr Heereman von Zuydtwyck[91] zeigte, dass die Großbauern anders tickten als die Breite der Mitgliedschaft: *„Gentechnisch veränderte Pflanzen können zum Nutzen von Umwelt und Mensch werden.“*[92] Sein Nachfolger, Gerhard Sonnleitner, verhielt sich nicht anders. Aber er suchte sich mit der FNL (siehe unten) einen ungestörten Ort, um seiner Liebe zu profitträchtigen, die bäuerliche Landwirtschaft überwindenden Techniken nachgehen zu können. Im Bauernverband hingegen dominierte der heiße Brei, um den herumgeredet wurde. Am 24.10.2006 formulierte der DBV zusammen mit dem BDP:[93] *„Beide Verbände sind sich einig, dass die Grüne Gentechnik lediglich eine zusätzliche Methode für die Entwicklung neuer Pflanzeneigenschaften und Sorten ist.“* Neben der als Zusatzmethode verschleierten Befürwortung der Agro-Gentechnik zog der DBV auch die selbst von Umweltverbänden immer wieder für die Gentechnik gespielte Pro-Forschungskarte: *„Die Hightech-Strategie der Bundesregierung wird ausdrücklich begrüßt.“* Da, unter dem Deckmantel der Wissenschaft, wurden dann die harten Forderungen gestellt:[94] *„Stärkere Verzahnung der Hochschulen mit den forschenden Unternehmen der Agrarwirtschaft. ... Alternative organisatorische Entwicklungspfade prüfen, z.B. eigenständige Agrarhochschulen oder (teil-)private Hochschulen in Verbindung mit der Wirtschaft“*. Doch auch wenn die befürwortende Position der Führungsgremien immer wieder durchschimmerte, umstritten war sie immer. So blieb der Bauernverband über die Jahre hinweg *„aufgrund der unveränderten Haftungsregelungen dabei, vom Anbau gentechnisch veränderter Pflanzen abzuraten.“*[95] Als sich 2003 *„in Sachsen-Anhalt eine Initiative gebildet hat aus Biotechnologie- und Pflanzenzuchtunternehmen mit der Landesregierung“*[96], *„um in Sachsen-Anhalt ein vorgezogenes Anbauprogramm von gentechnisch veränderten Pflanzen (Bt-Mais) zu ermöglichen“*, sprach sich der Verband dagegen aus. Gleichzeitig bot er *„seine Mitarbeit an, diesen Erprobungsanbau unverzüglich zu organisieren“*. Also pro Gentechnik, aber besser bzw. anders organisiert, damit *„Emotionen abgebaut und das Nebeneinander von verschiedenen Anbauverfahren auch auf Dauer ermöglicht werden.“*

In dieser Art schwankten die Statements des DBV von der Forderung nach verbesserten Regeln und mehr Erforschung der Gentechnik bis zum erkennbaren Frust über die anhaltende Ablehnung in der Bevölke-

85 www.bauernverband.de/index.php?redid=152874
86 www.abl-ev.de
87 www.bdm-verband.de
88 http://de.wikipedia.org/wiki/Milchstreik
89 www.fr-online.de/in_und_ausland/wirtschaft/aktuell/?em_cnt=1374160
90 www.br-online.de/aktuell/milch-bauern-protest-ID1226573053876.xml
91 http://de.wikipedia.org/wiki/Constantin_Heereman_von_Zuydtwyck
92 Die Welt, 4.12.1996: www.welt.de/print-welt/article657706/Nur_ein_ganz_normaler_Bauer.html
93 www.bauernverband.de/mediaarchiv/grab_pic.php?id=58376
94 Präsidiumsbeschluss am 22.5.2007: www.bauernverband.de/mediaarchiv/grab_pic.php?id=58382
95 Presseinfo vom 24.7.2007: www.presseportal.de/pm/6599/1021380/deutscher_bauernverband_dbv
96 Bauernverbandserklärung am 6.11.2003 über die Seilschaften um InnoPlanta: www.bauernverband.de/?redid=159710

rung. In einem solchen Anfall tiefster Enttäuschung über die Undurchsetzbarkeit der Agro-Gentechnik in den Köpfen der VerbraucherInnen bezog mitunter sogar Sonnleitner überraschend radikale Positionen:[97] *„Wenn sich die Gesellschaft schließlich gegen die Grüne Gentechnik entscheide, stellen wir uns diesem Votum"*. Zudem forderte er ein totales Einfuhrverbot aller gv-Pflanzen und mit diesen gefütterter Tiere.

Nach außen: Bauernverband warnt vor Gentechnik

Auch der Deutsche Bauernverband bedauerte, dass mit dem verabschiedeten Gesetz „die Sicherung der Koexistenz, also das Nebeneinander mit und ohne gentechnisch veränderte Pflanzen, nicht erreicht worden sei." Durch die beschlossene Haftung entstehe für Landwirte, die gv-Pflanzen anbauen wollen, ein unkalkulierbares wirtschaftliches Risiko. „Der DBV muss deshalb jedem Landwirt von einem Anbau mit gentechnisch veränderten Pflanzen abraten."[98]

Da Landwirte nach dieser Regelung trotz gesetzeskonformen Verhaltens einem unkalkulierbaren und nicht versicherbaren Risiko ausgesetzt sind, kann der Deutsche Bauernverband den Landwirten bei dieser Gesetzeslage nur vom GVO-Anbau abraten.[99]

Wenn der Kunde keine Gentechnik wünsche, würden die Bauern auch keine anwenden.[100]

Postitionen von Bauernverbandspräsident Gerhard Sonnleitner

Ich sehe Gentechnik skeptisch, weil sie der Verbraucher nicht wünscht. Wenn wir immer betonen: „Der Kunde ist König", dann müssen wir auf die Kundenwünsche eingehen.[101]

„Diese jahrzehntelange unsägliche Debatte über die Gentechnik muss endlich zu Ende geführt werden. Wenn sich die Gesellschaft schließlich gegen die Grüne Gentechnik entscheide, stellen wir uns diesem Votum". Politisch müsse man dringend zu einem Ende der Diskussionen kommen. In diesem Zusammenhang forderte Sonnleitner, dass dann in aller Konsequenz an den Grenzen Europas diese Entscheidung vollzogen werde und Lebensmittel von mit GVO gefütterten Tieren an den Grenzen zurückgewiesen würden.[102]

Hatte er eine ungewöhnlich besonnene Minute? Oder wollte er als taktisches Mittel etwas Unmögliches fordern, um die Gentechnik tatsächlich zu unterstützen? Zu hören war von seinem Vorstoß nie wieder etwas, stattdessen nutzte der Bauernpräsident die erste nutzbare Gelegenheit, um öffentlich einzufordern, dass die Agro-Gentechnik endlich in großem Stil eingeführt werden dürfe. Diese Gelegenheit war der Skandal um die großflächige Verunreinigung von Maissaatgut im Frühjahr 2010 – mit freundlicher Unterstützung der niedersächsischen Behörden. Zunächst war der Bauernverband entsetzt.[103] Doch dann nutzte Präsident Sonnleitner die Gunst der Stunde:[104] *„Es muss in Deutschland ein anderer Realismus einkehren."* Wenn es unvermeidbare technische Rest-Vermengungen mit genveränderten Pflanzen an der Nachweisgrenze gebe, müssten diese toleriert werden. Das passte zu einer Postkartenaktion[105] (siehe Abb.), die ausgerechnet der Bayrische Bauernverband angezettelt hatte und einige Proteste auslöste.[106] Während andernorts LandwirtInnen für gv-freies Futtermittel kämpften, drückten die bayrischen Bauernfunktionäre auf die Tränendrüse und forderten ein Ende der Gentechnikfreiheit in Futtermitteln.

Wer aber freute sich nun über Sonnleitners klare Ansage pro Gentechnik? Klar, der Bundesverband Deutscher Pflanzenzücher[107] – der Mitglied im Deutschen Bauernverband ist. Im September 2010 legte auch der schleswig-holsteinische Bauernverbandschef nach und forderte mehr Agro-Gentechnik,[108] *„da der Welthunger mit den konventionellen Zuchtfortschritten nicht bewältigt werden könne."*

Dass Sonnleitner die Verunreinigung von eigentlich gentechnikfreiem Saatgut für eine Brandrede pro Gentechnik nutzen würde, ließ sich erahnen. Zu eindeutig waren die zurückhaltenden Worte taktisch bestimmt oder – wider eigener Überzeugung – auf Frustration über den nicht glückenden Durchmarsch der profitablen Neuerungen gebettet. Hinter den Kulissen hatten Sonnleitner und der Bauernverband in seiner Spitze längst die Weichen gestellt. Das war manchmal nur bei genauem Hinsehen erkennbar, z.B. als der Gentechnik-Propagandist Michael Miersch (siehe unten) die DBV-Tagung zu Bio-Patenten am 26.11.2009 moderierte.[109] Klarer zeichnete sich das Bild aber mit Blick auf die Ämter von Bauernverbandsspitzen.[110] Sonnleitner ist Präsident des Lobbyverbandes FNL, der beherzt für die Agro-Gentechnik streitet und die großen Agrokonzerne vereinigt. Er bekleidet Ämter in mehreren Versicherungsgesellschaften, bei der Bundesvereinigung der Deutschen Arbeitgeberverbände (BDA), der Deutschen Landwirtschafts-Gesellschaft (DLG), im Deutschen Raiffeisenverband (DRV) und dem CSU-nahen Wirtschaftsbeirat der Union e.V. DBV-Generalsekretär Helmut Born hat Ämter bei der Deutschen Postbank, bei Versicherungen und der Warenterminbörse (WTB) Hannover. Vor allem aber sitzt er an Knotenpunkten der Gentechnikseilschaften, so im BioÖkonomieRat[111], einem im Regierungsauftrag für die Gentechnik streitenden Gremium von Konzernen, Behörden und großen Institutionen. Ebenso mischt er als Vorsitzender des Lenkungsausschusses beim Initiativkreis Agrarforschung[112] mit – wieder mit Konzernvertretern zusammen. *„Der Initiativkreis Agrar- und Ernährungsforschung führt als Gesprächsplattform alle Verbände der Land-, Agrar- und Ernährungswirtschaft und -wissenschaft zusammen und setzt sich für die Aufwertung der Agrar- und Ernährungsforschung ein."* Der DBV befand, die Gründung dieser *„Diskussionsplattform zwischen Landwirtschaft, Industrie und Wissenschaft sei ... ein ... wichtiger Schritt"*.[113] In der Hochburg der Agro-Gentechnik, dem Land Sachsen-Anhalt, stellte sich auch die Bauernverbandsspitze hinter die profitträchtige Technik. Hauptgeschäftsführer Fritz Schumann:[114] *„Sachsen-Anhalt ist bekannt für seine Züchtung und darf sich neuen Technologien in der Forschung nicht verschließen"*.

FNL: Die Plattform für den Bauernpräsidenten

Sonnleitner ist nicht dumm. Er weiß, dass er im Bauernverband nicht zu allem seine Klappe aufreißen darf. Als Plattform für sein Werben Richtung industrieller Landwirtschaft einschließlich Agro-Gentechnik dient ihm die Fördergemeinschaft nachhaltige Landwirtschaft (FNL). Diese Organisation enstand im Jahr 2000 aus einem Zusammenschluss der Aktionsgemeinschaft Deutsches Fleisch (AGF) und der Fördergemeinschaft Integrierter Pflanzenbau (FIP). Auch dort dominierten bereits die großen Agrarkonzerne und -fabriken. Für einen Verband, den Bauernchef Sonnleitner und die großen Chemie- und Agrarkonzerne dominieren, ist schon der Name ein Versuch der Tarnung. Denn mit dabei sind die Agro- und Gentechnikkonzerne BASF, Bayer, Dow Agroscience, Monsanto,

97 www.agrar-presseportal.de/Nachrichten/agrar__presseportal__nachricht.php?id__S=4543

98 Text auf www.biosicherheit.de am 18.6.2004: www.biosicherheit.de/archiv/221.haftung-anbauregister-bundesrat.html

99 Presseinfo am 22.6.2010: www.ad-hoc-news.de/m-ndliche-verhandlung-des-bundesverfassungsgerichtes-zum--/de/News/21418847

100 Presseinfo des DBV am 14.1.2004: www.bauernverband.de/index.php?redid=152814&mid=159258

101 Süddeutsche Zeitung am 22.4.2008: www.sueddeutsche.de/wirtschaft/bauernpraesident-sonnleitner-im-interview-gentechnik-loest-die-probleme-nicht-1.200045

102 Agrarportal 2010: www.agrar-presseportal.de/Nachrichten/agrar__presseportal__nachricht.php?id__S=4543

103 www.kanal8.de/default.aspx?ID=6526&showNews=745487

104 Neue Osnabrücker Zeitung (1.7.2010): www.neue-oz.de/information/noz__print/interviews/20100701-sonnleitner.html

105 www.bauernverband.de/?redid=320376

106 www.keine-gentechnik.de/news-gentechnik/news/de/20853.html

107 www.agrarheute.com/bdp-begruesst-dbv-forderungen-nach-gvo-grenzwerten-saatgut

108 www.ln-online.de/news/norddeutschland/2849070

109 www.bauernverband.de/index.php?redid=324771

110 www.nabu.de/modules/bauerndatenbank/index.php

111 www.biooekonomierat.de/helmut-born.html

112 www.agrarheute.com/initiativkreis-begruesst-bildung-deutschen-agrarforschungsallianz

Fortsetzung nächste Seite!

Du Pont und Syngenta sowie der deutsche Dachverband VCI, zudem die mit Agrochemikalien agierenden Bundesarbeitskreis Düngung, Bundesverband des Großhandels mit Dünge- u. Pflanzenbehandlungsmitteln, der Deutsche Raiffeisenverband und die Lobbyverbände BDP und DLG.[115] Sie setzen ihre Version von Nachhaltigkeit durch. Kernthese sei, so ist im typisch unkritischen Artikel auf Wikipedia[116] zu lesen, *„dass die moderne Landwirtschaft gerade durch den Einsatz moderner industrieller Mittel eine nachhaltige Landwirtschaft ist.“*

Eigene argumentative Akzente setzt die FNL in der Gentechnikdebatte nicht. Wie viele GentechnikbefürworterInnen bejammerte der Lobbyverband *„die emotional geführte Debatte in einigen EU-Mitgliedsländern gegen grüne Gentechnik und Biotechnologie“* als *„nicht nachvollziehbar“*. Doch statt Argumenten bot FNL-Geschäftsführer Schenk dann nur Parolen wie *„Für eine Dämonisierung der grünen Gentechnik besteht kein Anlass“* und den ewigen Mythos, es *„gingen viele Experten davon aus, dass sich der Einsatz von Gentechnik in der Landwirtschaft bei der Bekämpfung des Hungers in der Welt zu einem unverzichtbaren Werkzeug entwickeln wird“*.[117]

Am 26.5.2010 veröffentlichte die FNL auf ihrer Internetseite[118] eine Presseinfo der Deutschen Industrievereinigung Biotechnologie (DIB). Sie ist die Biotechnologie-Vereinigung des Verbandes der Chemischen Industrie (VCI) und behauptete, es seien *„mit dem Konzept der Bioökonomie aber auch völlig neue Perspektiven für die Landwirtschaft in Deutschland verbunden“*. Auch dort erhält die Nachhaltigkeit einen industriellen Inhalt einschließlich Energie- und Rohstoffproduktion auf dem Acker. *„Damit diese Entwicklung nicht zu Lasten der Nahrungsmittelproduktion gehe, müssten aber die Ernteerträge dramatisch gesteigert werden.“*

Internationale Netzwerke

Was in Deutschland geht, funktioniert auch in anderen Ländern. Das zeigt z.B. der Film *„Monsanto. Mit Gift und Genen“* über die Verflechtung der US-amerikanischen FDA mit Monsanto. Die FDA entspricht dem deutschen BVL. Darüber hinaus gibt es internationale Netzwerke, die Industrie, LobbyistInnen und Behördenleute zusammenbringen.

IOBC/WPRS

„Members of WPRS are individual scientists, governmental, scientific or commercial organisations from 24 countries of Europe, Mediterranean region and the Middle East“, schreibt die Organisation selbst.[119] In den Mittelpunkt stellt sie den schwammigen, auch im Namen enthaltenen Begriff der Bio-Kontrolle (biological control[120]), darunter läuft nicht minder verschleiernde Propaganda von nachhaltigem Pestizidgebrauch[121] und Ähnlichem. Unter den Regierungsleuten als Mitglieder findet sich Detlev Bartsch, Vize-Chef der deutschen Genehmigungsbehörde BVL.[122] Auch das JKI ist mit Regina G. Kleespies vertreten.[123] 2009 fand die vom IOBC veranstaltete EIGMO-Tagung in Rostock statt. Vorort-OrganisatorInnen waren Juliane und Thomas Thieme sowie Kerstin Schmidt vom AgroBio-Technikum.

PRRI

Ganz ähnlich dem WGG, aber international, agiert PRRI als Lobbyorganisation. Die *„Public Research & Regulation Initiative“* wurde 2004 gegründet und vereint nach eigener Darstellung WissenschaftlerInnen, die so eine unabhängige Politikberatung organisieren. Doch die Zusammensetzung wirkt nicht zufällig: Es sind genau die GentechnikbefürworterInnen, die in öffentlichen Stellen mit Genehmigungen und Expertisen die Gentechnik durchsetzen und Gefahren verharmlosen. Aus Deutschland sind u.a. Joachim Schiemann (JKI) und Hans-Jörg Buhk (BVL) dabei. Auch der Name Marc van Montagu als Präsident des europäischen Biotechnologieverbandes EFB verspricht kaum neutrale oder unabhängige Arbeit. Als Ziel nennt die Lobbygruppe:[124] *„PRRI wird weiterhin Regierungen, Organisationen und andere Betroffene über die aktuelle öffentliche Forschung in der modernen Biotechnologie informieren sowie über PRRI's Sorgen bezüglich der Entwicklung von rechtlichen Rahmenbedingungen. Wo nötig, wird PRRI weiterhin Missverständnisse und Fehlinformationen über Wissenschaft ansprechen.“* Die umfangreichen Seilschaften und die Verankerung solcher LobbyistInnen in staatlichen Behörden führen auch hier dazu, dass die gentechnikbefürwortende Politikberatung von denen finanziert wird, die beraten werden – den staatlichen Stellen. Die PRRI wird im Rahmen des EU-Projekts *„Global involvement of public research scientists in regulations of biosafety and agricultural biotechnology“* (genannt: Science4BioReg) gefördert, von 2006 bis 2009 mit einer Grundfinanzierung von 600.000 €. Hinzu kommen Gelder von Regierungen aus den USA und Kanada, industrienahen Organisationen wie der International Service for the Acquisition of Agribiotech Applications (ISAAA) und nicht zuletzt durch CropLife International und das US Grain Council, die großes wirtschaftliches Interesse an Lockerungen des Biosafety-Protokolls haben. Laut Lorch/Then[125] ist das PRRI ein typisches Beispiel für die konsequente Weiterführung der *„Tarnkappen-Strategie“* – mit Unterstützung deutscher RegierungsexpertInnen. Der Newcomer unter den deutschen Gentechnik-VersuchsleiterInnen fand auch schnell den Weg in die PRRI: Stefan Rauschen von der RWTH Aachen wurde 2010 auf der Mitgliederliste auf der PRRI-Internetseite[126] geführt. Ebenfalls dabei: Der HannoverGEN-Macher Prof. Jacobsen und ein MPI-Mitarbeiter. Weitere deutsche Mitglieder kommen aus den Universitäten in Berlin (HU), Tübingen und Freiburg sowie vom vTI.

Plants for the Future

Das Netzwerk arbeitet seit 2003 an Vorbereitung und Entwurf eines Visionspapiers. Ab 2006 lief die EU Technology Platform ‚Plants for the Future' als Stakeholder-Forum. Mit dabei aus deutschen Behörden waren wieder einmal Joachim Schiemann (JKI) als Mitglied des Steering Committee, Co-Autor des Visionspapiers (2003) und Co-Vorsitzender der Arbeitsgruppe Horizontal Issues sowie Konstantin Freiherr von Teuffel aus der Forstlichen Versuchs- und Forschungsanstalt Baden-Württemberg). Konzerne vertreten Ralf-Michael Schmidt (BASF Plant Science), Markwart Kunz (Südzucker) und Reinhard Nehls (Planta, Tochter von KWS). Aus Lobbyverbänden kommen Jens Katzek (BIO Mitteldeutschland) und Ferdinand Schmitz (BDP). Zudem sind, wie praktisch, mögliche Geldgeber mit im Boot: Ulrich Schurr (Forschungszentrum Jülich) und Frank-Peter Wolter (Patent- und Lizenzagentur für GABI).

113 www.kbv-schwalm-eder.de/kbv/Newsletter/2007/KBV%20Newsletter%202007_12.htm
114 www.mz-web.de/artikel?id=1277474085659
115 Liste derer, die hinter der FNL stehen: www.zivilcourage.ro/pdf/Foerderverein_Nachhaltige_Landwirtschaft1.PDF
116 http://de.wikipedia.org/wiki/F%C3%B6rdergemeinschaft_Nachhaltige_Landwirtschaft
117 Presseinfo am 11.3.2009
118 http://fnl.de/presse/lesenswertes/lesenswertes-details/b/23/view/biotechnologie-entwickelt-sich-zu-einem-stabilen-wirtschaftsfaktor.html
119 www.iobc-wprs.org
120 http://en.wikipedia.org/wiki/International_Organization_for_Biological_Control
121 http://ec.europa.eu/environment/ppps/meeting040609.htm
122 https://doi.efsa.europa.eu/doi/?wicket:interface=:4:memberslistpanel:panelmemberlist:3:expertdoi:linkDoiPdf::IResourceListener::
123 www.iobc-wprs.org/people/people.html#kleespies
124 www.pubresreg.org/?option=com_content&task=blogcategory&id=22&Itemid=33 (Übersetzung in Lorch/Then, S. 10)
125 Lorch/Then, S. 9 f.
126 http://pubresreg.org/index.php?option=com_content&task=view&id=16&Itemid=56

Seilschaften an den Gentechnikzentren

Lobbyarbeit machen natürlich nicht nur die Organisationen, die das zu ihrer Hauptsache erwählt haben, sondern auch die Konzerne, Forschungseinrichtungen und Kleinfirmen selbst. Ihnen sind eigene Kapitel gewidmet. Eine besondere Erwähnung verdienen vier Orte, an denen mehrere Verbände, Firmen, LobbyistInnen und mitunter auch Regierungsinstitutionen auf engstem Raum zusammensitzen. Das fördert Begegnung, Austausch und Absprachen. Merklich. Sowohl an den drei Mehrfachstandorten deutscher Gentechnik wie auch in einer Straße in Berlin.

Gute Nachbarn: Mauerstraße in Berlin

Fangen wir mit Letzterer an: Die kleine Mauerstraße fällt schon ein bisschen auf in den Adressenlisten der Agro-Gentechnik. Der BioÖkonomieRat sitzt hier mit der Hausnummer 79 im Haus E, weiter nördlich liegt das BVL mit den Hausnummern 39-42. Das bildet ein Grundstück mit dem zuständigen Ministerium BMELV. Das ist schön dicht – wie „zufällig" dürften tägliche Begegnungen in Parkhäusern, Kantinen und nach Vereinbarung zum Alltag gehören.

Solche „Zufälligkeiten" direkter Nachbarschaft treten mehr auf. Direkt neben den Gentechnikfluren der landwirtschaftlichen Fakultät an der Uni Rostock sitzt die Abteilung Pflanzenschutzdienst der LALLF, also die Kontrollbehörde des Landes Mecklenburg-Vorpommern für die Versuche mit gentechnisch veränderten Pflanzen, die weniger Meter entfernt geplant werden.

Die Mehrfachstandorte deutscher Gentechnik-Experimente

In drei Regionen liegen Einrichtungen deutscher Agro-Gentechnik sehr dicht zusammen – in der Börde mit Gatersleben, Üplingen und mehr, dann in und um Rostock mit dem östlich davon liegenden Groß Lüsewitz sowie am westlichen Stadtrand von Braunschweig. Immer sind Versuchsfelder, Firmen, Büros und Behörden dabei, einmal auch mehrere Lobbyverbände. Hier wird die Agro-Gentechnik praktisch, d.h. hier stehen die Pflanzen in der Landschaft. Millionen aus staatlichen Förderprogrammen fließen in die Kassen der AnwenderInnen. Bustouren kommen zu Werbezwecken und Pollen verlassen mit oft unbekannten oder nicht nachweisbaren Genkonstrukten die Flächen. Weil diese Knotenpunkte ganz entscheidend sind, gibt es zu ihnen ein gesondertes Kapitel.

PR-Maschinerien: Dubiose Publizisten pro Gentechnik

Die Gentechnikseilschaften kümmern sich nicht nur um Anwendung, Kontrolle und Förderung, sondern auch um die Propaganda. Neben der üblichen Pressearbeit, Publikationen und getarnten Auftritten als scheinbar ökologisch orientierte Gruppen sind wichtige Informationsplattformen im Internet geschaffen worden. Dort arbeiten, wie an anderen Knotenpunkten der Seilschaften, die üblichen Verdächtigen zusammen.

Konzepte zur Gehirnwäsche: Deutsche PR-Agenturen in der Nachfolge von Burson Marsteller

Den großen Agrarkonzernen war klar, dass gentechnisch veränderte Organismen nicht auf große Gegenliebe stoßen würden. Also musste eine Strategie her, die die profit- und machtorientierte Technik sanft und unbemerkt ins gentechnikkritische Europa bringt. 1997 erarbeitete die PR-Agentur Burson-Marsteller ein Konzept, mit dem die Gentechnik propagandistisch und tatsächlich durchgesetzt werden sollte (siehe Kapitel über Konzerne). Das Papier wimmelt von Vorschlägen für Lügen, Verdrehung und Täuschung – ein beeindruckendes Beispiel für die Strategien der Gentechnik-Seilschaften. Die Verflechtungen mit Behörden sollten verschwiegen und scheinbar neutrale Organisationen geschaffen werden, die Gutes über die Gentechnik erzählen. Diese Strategien von Burson-Marsteller wurden schnell Wirklichkeit. PR-Experte Stefan Bottler beschrieb das weitere Geschehen schon ein Jahr später in der Fachzeitschrift Werben & Verkaufen:[127] *„Die sublime Kommunikationstaktik vieler Chemie-, Biotechnik-, Nahrungsmittel- und Saatgutfirmen, alle sind in das Thema Gentechnik involviert, scheint aufzugehen. 10 Jahre lang hatten die Unternehmen auf spektakuläre Kampagnen verzichtet und statt dessen in gezielte Öffentlichkeitsarbeit und Below-The-Line Maßnahmen investiert. (...) Federführend in der PR ist eine Flut von Arbeitskreisen, Initiativen und Aktionsgruppen, die einzelne Unternehmen und Verbände gegründet haben. Auch Branchenkenner haben Mühe, die Übersicht zu bewahren."* Klassisches Beispiel ist die deutsche PR-Agentur Genius. Sie setzt das Konzept von Burson Marsteller praktisch 1:1 in Deutschland um und tritt dabei über etliche Lobbyverbände und Kleinstfirmen sowie indirekt durch die Zuarbeit an große Konzerne in Erscheinung. Direkte Kontakte zwischen Genius und Burson Marsteller bestehen. 2006 berichtete politikszene:[128] *„Christoph Löwer (37) wird neuer Manager für politische Öffentlichkeitsarbeit bei Burson-Marsteller in Berlin. Zuvor war der promovierte Agrarwissenschaftler bei Genius in Darmstadt."* Umso unfassbarer ist, dass genau diese Agentur im Auftrag und mit Millionen der Bundesregierung die Propaganda für die staatliche und staatsgeförderte sogenannte Sicherheitsforschung steuert, u.a. als MacherInnen des dazugehörigen Internetauftritts www.biosicherheit.de. Das hatten nicht einmal die Leute von Burson Marsteller zu träumen gehofft, dass die Gentechniklobby einmal die Regierungspropaganda direkt ausführen, und dafür auch noch vom Staat bezahlt würde!

Genius: MacherInnen hinter PR-Webseiten und Veranstaltungen

Die Internetseiten zur BioSicherheit, TransGen und der GMO Kompass werden von derselben Person programmiert.[129] Domaininhaber von Biosicherheit und GMO Kompass ist Genius in Darmstadt. Deren Referenzenliste zeigt,[130] dass sie für alle arbeiten: Verschiedene Ministerien, Behörden, Lobbyverbände und Firmen wie BASF, Bayer und Syngenta sowie die Gentechnik-Industrieverbände DIB und EuropaBio.[131] Genius ist

127 Lorch/Then, S. 7

128 www.politik-kommunikation.de/__files/newsletter/politikszene/117.pdf

129 Seite seiner Referenzen: www.webmotive.net/de/referenzen/wissenschaft.html

130 www.genius-biotech.com/referenzen/kunden.php

131 www.genius-biotech.com/referenzen/kunden.php

für die Politik und die Industrie zu einem gemeinsamen Scharnier geworden, wird von beiden Seiten finanziell gefördert und übernimmt für diese Aufgaben der Kommunikation. Wichtigste VertreterInnen der Firma Genius sind Kristina Sinemus und Klaus Minol, die beide zusammen mit Prof. Hans Günter Gassen auch als Buchautoren tätig sind. Eine weitere Firma, aus dem Umfeld der TU Darmstadt und des Lehrstuhls von Professor Gassen ist die Firma BioAlliance unter Leitung von Gabriele Sachse, die schon bei der Einführung der gentechnisch veränderten Sojabohne von Monsanto mitgearbeitet hatte – damals (und auch an anderer Stelle) in Kooperation wiederum mit einem Behördenvertreter: Klaus-Dieter Jany. Der war selbst von 1986 bis 1989 in Darmstadt tätig und veröffentlichte zusammen mit Gassen wissenschaftliche Publikationen. Anschließend wechselte er an die Bundesforschungsanstalt (BfEL) in Karlsruhe.[132] Im Kern ist Genius also eine hochverfilzte Werbeagentur für die Agro-Gentechnik – und die dort Tätigen agieren als LobbyistInnen für die Agro-Gentechnik. Wenn also die Bundesregierung behauptet, mit www.biosicherheit.de eine neutrale Plattform geschaffen zu haben zur Veröffentlichung der Ergebnisse von Sicherheitsforschung, entpuppt sich das schon als Lüge angesichts der Personen und der Firma, die dafür bezahlt wird, diese Internetseite zu betreuen.

Aus „Kontrolle oder Kollaboration?"[133]
Ist es in diesem Verfahren eher die Ämterhäufung, fehlt an anderen Stellen die Transparenz, zum Beispiel bei der Firma Genius, die unter anderem im Auftrag des BMBF und zusammen mit anderen die Webseite „biosicherheit.de" betreibt. Auf dieser werden die Ergebnisse der vom BMBF finanzierten Forschungsprojekte zur Agro-Gentechnik dargestellt und kommentiert. Finanziert wird biosicherheit.de übrigens als „Risikokommunikation" und damit als eines der Projekte zur Sicherheitsforschung von GVO. Genius tritt ansonsten in erster Linie als Beratungsagentur auf, aber die Firma ist auch Kontaktpunkt für den Gesprächskreis Grüne Gentechnik. Genius erstellt Publikationen für zahlreiche Organisationen, darunter auch für die EFSA, die Europäische Zulassungsbehörde für GVO. Vor allem die Geschäftsführerin Kristina Sinemus und der wissenschaftliche Leiter Klaus Minol werden namentlich als Partner in verschiedenen EU-Projekten genannt. Genius ist Mitglied von BIO Deutschland und von der Europäischen Föderation Biotechnologie (EFB), zwei Pro-Gentechnik-Lobby-Organisationen. Was also ist Genius? Unabhängige Journalisten, wie sie sich selbst auf der Webseite gmo-compass.org beschreiben? PR-Agentur? Vermutlich wissen die Genius-GründerInnen das selbst nicht mehr so genau: Klaus Minol (Genius GmbH) taucht auf der Anmeldeliste der internationalen Public Research and Regulation Intiative (PRRI) zum Biosicherheits-Protokoll auf, und damit als NGO-Vertreter, einer wohlgemerkt sehr Industrie-nahen NGO. Kristina Sinemus dagegen findet sich in der Teilnahmeliste unter „Industrie" als Vertreterin der Global Industry Coalition.

Selbstdarstellung der Netzwerkaktivitäten von Genius im Internet[134]
Genius ist als Spezialagentur für Kommunikation und Wissenschaft in den Bereichen Strategieberatung, wissenschaftliche Beratung, Kommunikation und Marketing tätig. Ein besonderer fachlicher Schwerpunkt liegt in den Themenfeldern Pflanzenbiotechnologie, Agrarwirtschaft und Lebensmittelsicherheit. ...
Agrar-, Ernährungs- und Lebensmittelsektoren sind Schlüsselbereiche der Wirtschaft. Bei Genius konzentrieren wir uns vor allem auf Aspekte einer nachhaltigen Nutzung von Biomasse einer integrierten Landwirtschaft. Durch diese sehen wir ökologische, wirtschaftliche und gesellschaftliche Interessen im Einklang.

Die Bundesregierung bezahlte Genius für die regierungsamtliche Agro-Gentechnik-Propaganda und stellte sie als seriöse, neutrale Organisation dar: „*Die Bundesregierung ist aber auch der Auffassung, dass eine unabhängige Berichterstattung über die Ergebnisse der Biologischen Sicherheitsforschung gewährleistet, dass sich die Menschen in Deutschland unvoreingenommen über Chancen und Risiken der Gentechnik informieren können und damit in eigener Verantwortung über ihre Akzeptanz entscheiden können.*"[135] Das liefe auch alles richtig toll, versichern die Geldgeber später: „*Mit der Internetplattform www.biosicherheit.de und der englischen Fassung www.gmo-safety.eu verbindet die Bundesregierung das Ziel, eine professionelle, unabhängige Kommunikation von Ergebnissen und Hintergrundinformationen zur biologischen Sicherheitsforschung im Bereich „Grüne Gentechnik" zu gewährleisten. Das Internetportal soll insbesondere die wissenschaftlichen Ergebnisse der vom BMBF geförderten Projekte zur biologischen Sicherheitsforschung der interessierten Öffentlichkeit in angemessener Weise zugänglich und transparent machen und damit u. a. auch zur Versachlichung der öffentlichen Diskussion auf diesem Gebiet beitragen. ... Die Internetplattformen www.biosicherheit.de/www.gmo-safety.eu werden zu 100 Prozent aus Finanzmitteln des BMBF finanziert und von einem professionellen, unabhängigen Redaktionsteam betrieben. Die primär zu vermittelnden wissenschaftlichen Ergebnisse der biologischen Sicherheitsforschung werden in Abstimmung und nur mit Zustimmung der Wissenschaftler freigeschaltet. Die Neutralität und Sachlichkeit der Informationen ist damit gewährleistet.*"[136]

Der GMO Kompass, von 2005 bis 2007 als EU-Projekt, dann von EuropaBio (2007) und schließlich vom BMELV (2007 und 2008) finanziert, stammt ebenfalls aus den Tastaturen dieser Gentechnik-PR-Agentur Genius. Weiterer Träger sind die Organisatoren der

Bildreihe in der Mitte: TransGen ist hochvernetzt mit den AkteurInnen der Agro-Gentechnik. Auf der Internetseite feiern lauter Leuten, die überwiegend der Elite der Gentechnik und der mafiosen Gentechnikstrukturen in Deutschland angehören, das 10-jährige Bestehen ab. Die Portraitfotos mit Lobeshymnen auf TransGen dokumentieren das Geflecht.

Einseitige Darstellung im Frühjahr 2008: Links unter einem Text zur Feldbesetzung in Groß Gerau – ausschließlich pro Gentechnik.

Mehr bei TransGen:

TransGen-Kompakt: Anbau in Deutschland - Streitfall Bt-Mais

Mehr im Web:

Pressemitteilung der Justus-Liebig-Universität Gießen

Gentechnik-Gegner erzwingen Abbruch von Forschungsprojekten (bioSicherheit.de)

"Der Versuchsanbau war Wissenschaft zum Anfassen" Nach Feldbesetzung in Oberboihingen: Studierende fordern die Wiederaufnahme der Forschung (bioSicherheit.de)

132 Lorch/Then, S. 13

133 Von Antje Lorch, in: GID, Juni 2008 (S. 54 ff.): www.gen-ethisches-netzwerk.de/gid/188/lorch/kontrolle-oder-kollaboration

134 www.lifesciences.de/unternehmen/netzwerk.php und unter www.genius-biotech.com

135 Bundestagsdrucksache 16/6208, S. 23: www.projektwerkstatt.de/gen/filz/gv__forschungsgelder__drs1606208.pdf

136 Bundestagsdrucksache 16/10751 vom 3.11.2008: www.projektwerkstatt.de/gen/filz/gv__forschungsgelder__drs1610751.pdf

Webseite transgen.de, die ursprünglich in der VerbraucherInitiative, einer aus der Ökologiebewegung stammenden NGO, gestartet wurde, aber später Zeit vor allem von Gentechnikfirmen finanziert wurde und für diese warb. Die ursprüngliche und weiter behauptete Nähe zu Verbraucherorganisationen gibt GMO Kompass den Anschein von Neutralität. Das redaktionelle Team ist identisch mit dem von biosicherheit.de: Kristina Sinemus und Klaus Minol von Genius sowie Gerd Spelsberg von TransGen, früher VerbraucherInitiative. Sie beschreiben sich selbst als *„independent science journalists“*, unabhängige WissenschaftsjournalistInnen. Eingebunden, wie üblich, sind Behörden und Konzerne: Joachim Schiemann sitzt ebenso im Beirat wie der Industrieverband EuropaBio.[137] Für die PR-Arbeit zum BioSicherheitsprogramm kassiert Genius 1,23 Mio. der 1,86 Mio. Euro Gesamt-Werbekosten. Begründet wird diese hohe Summe von Seiten der Bundesregierung damit, *„dass eine unabhängige Berichterstattung über die Ergebnisse der Biologischen Sicherheitsforschung gewährleistet, dass sich die Menschen in Deutschland unvoreingenommen über Chancen und Risiken der Gentechnik informieren können“*.[138] Ausgerechnet die, deren Behörden die rechtlich vorgeschriebene Akteneinsicht verweigern, spielen sich als Garanten unabhängiger Informationsweitergabe auf …

TransGen

Georg Abel von der VerbraucherInitiative mag TransGen.

Die Käuflichkeit und Anpassungsfähigkeit von Umwelt- und Verbraucherverbänden wurde schon einige Male erwähnt. Wichtige Personen wechselten die Seite und sangen dann das Lied des neuen Brotgebers. Was sie alle beweisen ist, dass sie nicht aus Überzeugung, sondern aus Verbandsinteressen agieren – oder in Umkehrung des Broer-Ausspruches, weil sie Geld dafür bekommen. Einmalig aber ist die „Karriere“ des Projektes TransGen. 1997 kam die Verbraucherinitiative auf die Idee, ein Nachrichtenportal zur Agro-Gentechnik zu gründen. Neutral sollte es sein, darum waren auch Gentechnikkonzerne mit im Boot – neben Verbänden und staatlichen Förderern. Doch das gesamte Projekt mutierte schnell – und wieder war das Geld ein entscheidender Faktor unter dem Druck, Geldquellen auftun zu müssen. Immer mehr wandelte sich das Portal zur Propagandaplattform, wenn auch in der verschleierten Form einer scheinbaren Nachrichtensammlung.[139] Die Gentechnik-Seilschaften nutzten das: 2004 machte die Landesregierung Sachsen-Anhalt TransGen zur Informationsplattform für ihre Biotechnologieoffensive:[140] *„Die der Öffentlichkeit zur Verfügung gestellten Informationen werden auf der Internet-Seite TransGen.de veröffentlicht“*. Ganz offen lobte sie: *„Die interessierte Öffentlichkeit steht jeder Information, die als offensichtlich einseitige „Industriepropaganda“ daher kommt, skeptisch gegenüber. Foren, in denen die verschiedenen pro und contra Argumente scheinbar neutral verhandelt werden, können insofern sie redaktionell im Sinne der BioTech-Befürworter gelenkt werden, ein wirksames Tool im Kampf um die öffentliche Meinung darstellen. Beispielhaft ist hier der Webauftritt www.transgen.de, der den Erprobungsanbau von genetisch veränderten Pflanzen begleitet.“*[141] Dankbar bejubelten die Gentechnikeliten das Projekt TransGen, wie die Internetseite selbst stolz zeigt. Unter der Überschrift *„Ich nutze transgen.de, weil …“* äußern sie sich[142] – die Liste liest sich wie ein Who-is-who der Seilschaften in Deutschland, u.a. mit den Versuchsbetreibern Broer, Karl-Heinz Kogel, Kerstin Schmidt, Ingolf Schuphan, Bartsch (BVL/EFSA) und Schiemann (JKI, EFSA) aus Bundesbehörden und den Lobbyisten Uwe Schrader (InnoPlanta), Schmitz (BDP) sowie Jens Katzek (BIO), der selbst einmal als Gentechnikkritiker startete.[143] InnoPlanta-Lobbyist IPK-Macher und BioTechFarmer Uwe Schrader formuliert sein Lob eindeutig: *„transgen.de kann ich nur jedem empfehlen – vor allem den Kritikern der Grünen Gentechnik.“*[144] Deutlicher lässt sich wohl kaum formulieren, wem TransGen nach dem Mund redet. Die TransGen-Macher verfassten die Gentechnikbroschüre des vom BMELV geförderten Informationsdienstes AID.

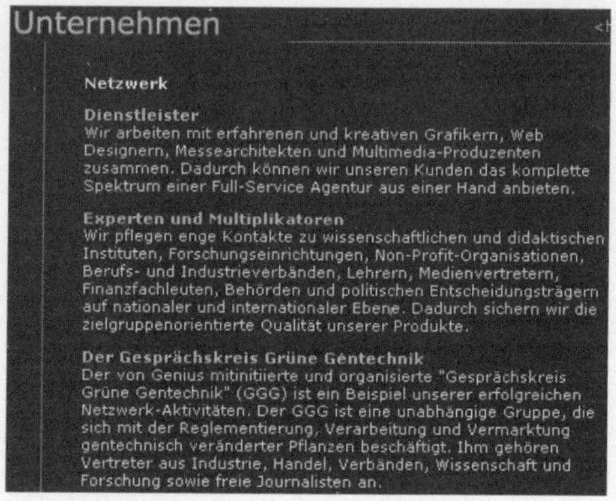
Unternehmen

Netzwerk

Dienstleister
Wir arbeiten mit erfahrenen und kreativen Grafikern, Web Designern, Messearchitekten und Multimedia-Produzenten zusammen. Dadurch können wir unseren Kunden das komplette Spektrum einer Full-Service Agentur aus einer Hand anbieten.

Experten und Multiplikatoren
Wir pflegen enge Kontakte zu wissenschaftlichen und didaktischen Instituten, Forschungseinrichtungen, Non-Profit-Organisationen, Berufs- und Industrieverbänden, Lehrern, Medienvertretern, Finanzfachleuten, Behörden und politischen Entscheidungsträgern auf nationaler und internationaler Ebene. Dadurch sichern wir die zielgruppenorientierte Qualität unserer Produkte.

Der Gesprächskreis Grüne Gentechnik
Der von Genius mitinitiierte und organisierte "Gesprächskreis Grüne Gentechnik" (GGG) ist ein Beispiel unserer erfolgreichen Netzwerk-Aktivitäten. Der GGG ist eine unabhängige Gruppe, die sich mit der Reglementierung, Verarbeitung und Vermarktung gentechnisch veränderter Pflanzen beschäftigt. Ihm gehören Vertreter aus Industrie, Handel, Verbänden, Wissenschaft und Forschung sowie freie Journalisten an.

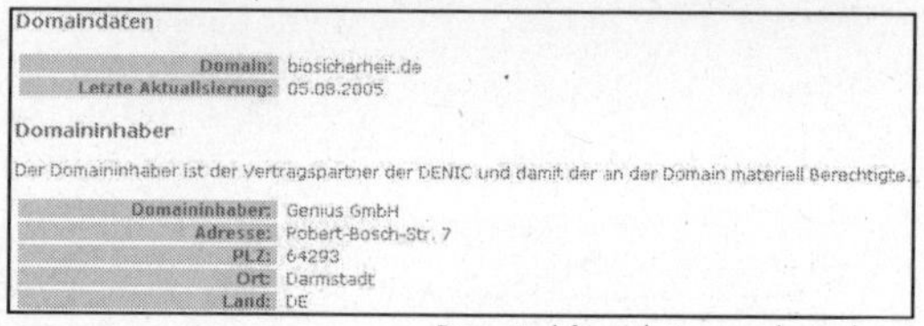
Domaindaten

Domain:	biosicherheit.de
Letzte Aktualisierung:	05.08.2005

Domaininhaber

Der Domaininhaber ist der Vertragspartner der DENIC und damit der an der Domain materiell Berechtigte.

Domaininhaber:	Genius GmbH
Adresse:	Robert-Bosch-Str. 7
PLZ:	64293
Ort:	Darmstadt
Land:	DE

Domainabfrage bei www.denic.de

Seit 2009 ist TransGen beim Forum Bio- und Gentechnologie untergebracht (siehe unten), womit auch der scheinneutrale Rahmen offiziell aufgegeben wurde. Das wurde Zeit, denn längst schreckten die MacherInnen von TransGen auch vor platten Lügen nicht zurück. So fand sich lange Zeit auf der Eingangsseite von www.transgen.de als erster Eintrag: *„Deutschland: 2008 wurde eine Fläche von 3180 Hektar mit Bt-Mais bewirtschaftet, eine deutliche Steigerung gegenüber dem Vorjahr.“* Das war schlicht falsch. Die Zahl stammte aus dem Standortregister, d.h. es handelte sich um die angemeldete Fläche. Die tatsächlich bewirtschaftete Fläche war deutlich niedriger. Fast die Hälfte aller Flächen wurden nicht ausgesät. Das aber hätte sich dann schlechter angehört – und so log TransGen einfach den Erfolg der Gentechnik herbei! Passend dazu: Im Skandal um verseuchtes Maissaatgut 2010 veröffentlichte TransGen zunächst nur die Beruhigungspresseinfo der Verursacherfirma Pioneer.[145]

Klaus Minol, einer der Macher von Genius und Inhaber der Internetseite, engagierte sich 2009 und 2010 bei der Gründung des neuen Lobbyverbandes „Forum Grüne Zukunft“.

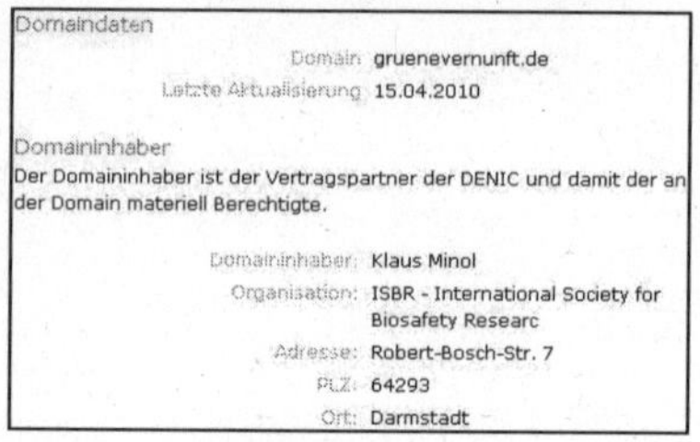
Domaindaten

Domain	gruenevernunft.de
Letzte Aktualisierung	15.04.2010

Domaininhaber

Der Domaininhaber ist der Vertragspartner der DENIC und damit der an der Domain materiell Berechtigte.

Domaininhaber:	Klaus Minol
Organisation:	ISBR - International Society for Biosafety Researc
Adresse:	Robert-Bosch-Str. 7
PLZ:	64293
Ort:	Darmstadt

Aachener Connection: RWTH und das Forum Bio- und Gentechnologie als Knotenpunkte

Eine der neueren Schöpfungen kommt aus Aachen. Dort sitzen wichtige Knotenpunkte der Gentechnik-Seilschaften: Die Biologie der RWTH, Kommunikationsagenturen und Internetplattformen wie „i-bio“ oder TransGen sowie die dahinterstehenden Personen, deren Wege zum Gentechniklobbyisten teilweise in der aus der Umweltbewegung entstandenen Verbraucherinitiative begannen. Zusammen gründeten sie einen Verein. Der ist nicht nur eingetragen, also rechtsfähig, sondern auch gemeinnützig und hat einen schönen Namen, an den sich gerne immer wieder erinnern kann, wer die Texte hier liest: Verein zur Förderung der Diskussionskultur e.V.. Nähme der Verein seinen Name ernst, hätte er viel zu tun angesichts der ideologischen Kämpfe, Verweigerung von Diskussion, juristischen Attacken zum Verbot kritischer Veröffentlichungen und organisierter Störung gentechnikkritischer Veranstaltungen durch sogenannte ForscherInnen. Nur scheint ausgerechnet das den FördererInnen der Diskussionskultur keine Bauchschmerzen zu bereiten.[146] Stattdessen geben

137 Lorch/Then, S. 14

138 Bundestagsdrucksache 16/6208 (S. 22 f.)

139 Die Verbraucherinitiative sah sich später nur noch als ideeller Träger und beruhigt sich selbst mit der Behauptung, für die Inhalte nicht verantwortlich zu sein.

140 www.saveourseeds.org/downloads/erprobungsanbau__Kommunikation.pdf

141 Burson-Marsteller Papier von 1997: www.netlink.de/gen/Zeitung/strategie.htm

142 www.transgen.de/features/popupdoku.php?id=836

Fortsetzung nächste Seite!

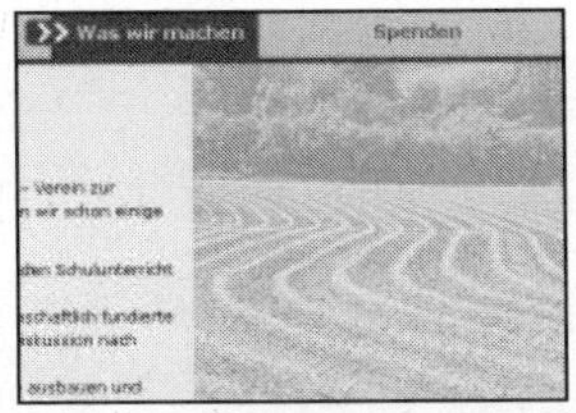

Internetseiten des Forums (oben) und des Lobbyverbandes InnoPlanta

Aus der Internetseite des Forums:

Forum Bio- und Gentechnologie – Verein zur Förderung der gesellschaftlichen Diskussionskultur e. V. ist eine gemeinnützige Einrichtung, die in der Rechtsform eines eingetragenen Vereins organisiert ist.

sie unumwunden zu, die einseitige Öffentlichkeitsarbeit pro Gentechnik weiter ausbauen zu wollen, indem sie *„unmittelbar auf Medienberichte reagieren, die Positionen der Gentechnikgegner unhinterfragt übernehmen“*. Ist es Zufall, dass Forum und InnoPlanta das gleiche Hintergrundbild für ihre Internetseiten verwenden?

Kampagnenverein pro Agro-Gentechnik: FINAB e.V.

In Mecklenburg-Vorpommern existieren im Bereich der Agro-Gentechnik enge Verflechtungen zwischen öffentlich finanzierter Forschung, Lobbygruppen und kommerziellen Unternehmen. Das ist das Ergebnis einer Analyse, die das Umweltinstitut München veröffentlicht hat. Das Institut untersucht darin unter anderem die Rolle von Prof. Inge Broer von der Universität Rostock: *„Broer ist neben ihrer Tätigkeit als Hochschullehrerin Vorsitzende des Gentechnik-Lobbyvereins FINAB und Gesellschafterin von biovativ, dem kommerziellen Tochterunternehmen von FINAB. Nach Recherchen des Umweltinstituts München wurden im Rahmen steuerfinanzierter Freilandexperimente mit genmanipulierten Pflanzen Aufträge von der Universität Rostock an biovativ vergeben. Broer ist zudem Mitglied eines Gremiums beim Bundesinstitut für Risikobewertung, das über die Genehmigung von Freilandversuchen in Deutschland entscheidet. Auch in der EFSA, einer EU-Behörde, die die Sicherheit von transgenen Pflanzen bewerten soll, tritt die Wissenschaftlerin als Expertin auf. Gemeinsam mit dem Chemie- und Gentechnikkonzern Bayer hat Broer außerdem zahlreiche Genpflanzen-Patente angemeldet. Eine unabhängige und vertrauenswürdige Forschung im Bereich Agro-Gentechnik scheint in Mecklenburg-Vorpommern damit völlig ausgeschlossen.“*[147]

Das Umweltinstitut vermutete, dass Gen-Experimente und öffentliche Forschungsgelder auch dazu dienten, befreundete LobbyistInnen zu versorgen. Das zeige ein damals von Broer beantragter Freisetzungsversuch mit genmanipuliertem Weizen. Der Versuchsstandort auf dem Gelände der Stiftung Braunschweigischer Kulturbesitz in Üplingen (Sachsen-Anhalt) wurde in einen *„Gentechnik-Schaugarten“* eingegliedert, der die Akzeptanz für genmanipulierte Pflanzen in der Bevölkerung verbessern sollte. Geschäftsführerin der durchführenden BioTechFarm war seit 2008 Kerstin Schmidt, die als ehemalige Schatzmeisterin von FINAB und weiterhin Geschäftsführerin von biovativ auf für Inge Broer arbeitete.

Neusprech: Wie die Seilschaften sich selbst bezeichnen

In den Kreisen der Gentechnik-Seilschaften werden die intensiven Verbindungen nicht immer verschwiegen, aber anders benannt. Die Stilblüten reichen von Kooperationen, mit denen *„umfangreiche Synergien zwischen den Partnern erschlossen werden“*, z.B. im InnoRegio-Beitrag von InnoPlanta[148] über den Begriff *„Warenkette von der Forschung über die Züchtung bis hin zur Landwirtschaft“*[149] für die komplette Kontrolle der Lebensmittelherstellung bis zu *„agrarisches Netzwerk“* als Bezeichnung für den einseitigen Lobby- und Dachverband DLG.[150]

Journalismus: Tarnung für Firmenwerbung

Das ist schon auffällig: Unter den Journalisten, die in „Die Welt“ oder andernorts ihre Gentechnikpropaganda absondern, finden sich viele, die früher einmal zu Öko-Themen aktiv oder marxistischer Gesinnung waren. Ist die Schärfe ihrer jetzigen Schreibe auch eine Art Abrechnung mit der eigenen Biografie? Andere Gründe sind nur schwer ermittelbar – denn von besonderer Sachkenntnis oder kritischer Analyse zeugen ihre Texte nicht.

Thomas Deichmann und „Novo“

Thomas Deichmann[151] war früher in der Frankfurter Gruppe Linkswende aktiv, die von, so die Einschätzung damaliger WeggenossInnen, marxistisch-dogmatischen zu marktradikalen Positionen umschwenkte. Die meisten Mitglieder stiegen, z.T. überraschend spät, aus. Deichmann vollendete den Schwenk und führte das aus der Gruppe entstandene Blatt „Novo“ weiter.[152] Inzwischen versucht er sich mit immer neuen Büchern als Sprachrohr und Kämpfer für uneingeschränkten und unreflektierten Fortschrittsglauben. Wenn alles nur den ForscherInnen und dem freien Markt überlassen wird, wird alles gut – so sein Credo. Gründe dafür nennt er nicht. Bedenken und Hinweise auf Pannen, Pech und Pleiten des Extrem-Liberalismus wischt er meist einfach als Unsinn weg. Seine Texte haben regelmäßig gar keine Quellenangaben – manchmal steht vielsagend *„eigene Recherchen“* unter den Texten. Als publizistische Plattformen nutzt Deichmann neben seinem eigenem Blatt Novo[153] nebst dazugehöriger Internetseite die für ihre platte Fortschrittsgläubigkeit bekannten Zeitungen „Die Welt“, „FAZ“ und „Fokus“ sowie die Gentechnikwerbeplattform www.gruene-biotechnologie.de. Träger dieser ist Hessen-Media[154], eine Einrichtung der CDU-Landesregierung von Hessen. In einem seiner Texte kritisierte Deichmann die Fernsehsendung Report für ihre Enthüllungen über die Konzernkontakte des BVL-Gentechnikchefs Buhk. In dem Text benannte er als wichtigstes Beispiel für eine seriöse Gentechnikforschung ausgerechnet das AgroBioTechnikum, den wichtigsten, riskantesten, aber zugleich recht dubiosen Gentechnik-Versuchsstandort der Republik. In fast jedem Text hetzt Deichmann über KritikerInnen von Atomkraft, Gentechnik und klimaschädlichen Abgasen. An Informationen von denen, über die er herzieht, ist Deichmann nicht interessiert. Ausgerechnet an die Projektwerkstatt in Saasen schickte er eine Mail, ihn bitte aus dem Presseverteiler zu nehmen.

Wer die Ergüsse von Thomas Deichmann vollständig genießen will, ist mit seinem 2009 veröffentlichten Buch: *„Warum Angst vor der Grünen Gentechnik?“*[155] bestens bedient. Deichmanns Art des Journalismus und seine Positionen zur Agro-Gentechnik sind von InnoPlanta 2009 mit einem Preis gewürdigt worden.[156]

Dirk Maxeiner, die Zeitschrift „natur“ und frohe Botschaften

Maxeiner kommt aus Ecken, die den Ökos eher ein Graus waren. Noch heute feiert er sich als Narr starker Autos[157] – und begann seine journalistische Laufbahn bei der Motorpresse. Im Zuge der Entpolitisierung der Umweltbewegung und einer Orientierung auf Geld, reiche Klientel und profitträchtige Anlagewerte wurde Maxeiner auf wichtige Posten gespult

143 Katzek war Gentechnikreferent des Bund für Umwelt und Naturschutz Deutschland (BUND). Die Stellungnahmen der Lobbyisten sind auf www.transgen.de einsehbar.
144 www.transgen.de/features/popupdoku.php?id=836
145 11.6.2010: www.transgen.de/aktuell/1188.doku.html
146 www.forum-biotechnologie.de
147 Presseinfo des Umweltinstituts München: www.pressrelations.de/new/standard/result_main.cfm?aktion=jour_pm&r=320889
148 www.innoplanta.de/de/forschung/innoregio.html
149 www.proplanta.de/Agrar-Nachrichten/Pflanze/Warenkette-fordert-Umdenken-Potenziale-der-Gruenen-Gentechnik-erkennen-und-nutzen_article1276774560.html
150 http://ackerbau.suite101.de/article.cfm/ich-bin-dann-mal-bei-den-dlg-feldtagen---eine-nachlese
151 http://de.wikipedia.org/wiki/Thomas_Deichmann
152 www.streifzuege.org/1999/im-auftrag-des-lebenswerts
153 http://de.wikipedia.org/wiki/Novo_(Zeitschrift)
154 www.hessen-media.de
155 Projekte-Verlag Cornelius in Halle
156 Zitate zu und von Thomas Deichmann unter www.projektwerkstatt.de/gen/filz/lobby/deichmann_sammlung.pdf
157 www.maxeiner-miersch.de/maxeiner_leben.htm
158 http://de.wikipedia.org/wiki/Natur_(Zeitschrift)

– über die Zeitung Chancen zum Chefredakteursposten des wichtigen Umweltmagazins ‚natur'.[158] Die Zeitung verkam damals endgültig zum Lifestylemagazin. Werbeanzeigen für Atomkraft sind schon lange Alltag des Magazins. Für Maxeiner war das alles aber nur ein Durchgangsstadium. Seine platten Inhalte, unbegründete, aber spektakuläre Polemiken passten besser in Fokus, Welt und Bildzeitung, dazu Manager Magazin, Playboy und andere. Dort ist er heute zuhause. Seine Bücher, die weitgehend auf Quellenangaben verzichten, verlegt er in renommierten Verlagen. Ebenso wurde er überschüttet mit Preisen. Die gesellschaftlichen Eliten hatten ihren Vorzeige-Öko gefunden und machten Maxeiner (zusammen mit seinem Dauerpartner Miersch) zur Speerspitze eines modernen Umweltschutzes, der die Zukunft vollständig in die Hände eines entfesselten Marktradikalismus und einer profitorientierten Forschung um jeden Preis und ohne jeden Skrupel legt.

Einen Preis für hervorragende Umweltkommunikation des Kommunikationsverbandes Bayern erhielt Maxeiner zusammen mit Michael Gleich (HR-Umweltredakteur) und Michael Miersch – ausgerechnet für das Umweltmagazin Change der Firma Hoechst. Seine Leistung war in der Tat vorbildlich – ein wichtiger Schritt auf dem Weg hin zum Greenwashing, den modernen PR-Strategien der Konzerne, die sich selbst als Vorreiter für eine ökologische Zukunft inszenierten. Menschen mit anderen Meinungen, darunter immer auch alle GentechnikkritikerInnen, beschimpfte er als solche, *„die die Zukunft als Bedrohung empfinden, und ihr im Schutz von Verboten zu entkommen trachten. Um ihr statisches Weltbild zu retten, wollen sie eingrenzen und bevormunden. Ihre Vorstellung vom Morgen hat den Charme einer energieoptimierten Erziehungsanstalt unter der gütigen Führung des Club of Rome.“*[159] Es gibt aber keine Texte von ihm und seinen Mitstreitern, in denen überhaupt die Argumente von GentechnikkritikerInnen mal erwähnt und analysiert wurden – von eigenen Quellenangaben ganz zu schweigen. Populisten wie Maxeiner brauchen ihre Aussagen nicht zu belegen. Sie schreiben – und die deutschen Zeitungs- und Buchverlage empfangen sie mit offenen Armen. Plattheit bringt Quote.

Aus „Neue Lust auf Zukunft“[160]
Technologien, die von grünen Aktivisten abgelehnt werden, tragen immer häufiger zur Lösung von Umweltproblemen bei. ...
So ist es jetzt zehn Jahre her, dass Bauern erstmals gentechnisch verändertes Saatgut ausbrachten. Heute wachsen diese verbesserten Nutzpflanzen auf riesige Flächen von Indien bis Argentinien, von Kanada bis Südafrika. Eine britische Studie nimmt dieses Jubiläum zum Anlass für eine Bilanz. Ergebnis: Es wurden über 170 000 Tonnen Pestizide eingespart, weil die Pflanzen gegenüber Schädlingen robuster sind. Außerdem fallen in der landwirtschaftlichen Produktionskette weniger Treibhausgase an. Der Effekt über zehn Jahre ist so groß als hätte man fünf Millionen Autos still gelegt. ...
Die ideologisch geprägte Umweltpolitik läuft erkennbar auf ein Dilemma zu: Die eigenen semi-religiösen Überzeugungen stehen der praktischen Lösung der beklagten Probleme immer häufiger im Wege. Die kompromisslose Ablehnung der grünen Gentechnik und der Atomenergie sind nur die auffälligsten Beispiele. Und die Verrenkungen die unternommen werden, um das eigene Weltbild zu retten, werden immer verrückter. ...
Der von den Gewerkschaften IG Bergbau, Chemie und Energie formulierten Positionen zur Grünen Gentechnik, sowie der auch von „Verdi“ mitgetragene Vorstoß zur Verlängerung der Restlaufzeiten der Atomkraftwerke zeigen, dass die weltanschaulichen Fronten ins Wanken geraten. Dem Stand der Dinge nach übernimmt eine Physikerin das Kanzleramt und ein Elektrotechniker wird an der Spitze der SPD stehen. Gemeinsam haben sie die Chance die Ressorts Umwelt und Forschung, Verbraucherschutz und Landwirtschaft ideologisch zu entrümpeln und das Land wieder mit Wissenschaft und technischem Fortschritt zu versöhnen. Auch dies wäre ein Schritt um das ökonomische Jammertal zu verlassen.

Immerhin ehrlich: Einem solchen „Journalisten“ wie Deichmann bleibt gar nichts anderes übrig als eine Werbeplattform zu nutzen ...

Aus „Die Revolte der Realisten“[161]
Während Naturschützer und Grüne in der Bundesrepublik die Gentechnik in der Landwirtschaft verteufeln und den Ökolandbau als alleinseligmachend propagieren, fordern prominente internationale Naturschützer einen intensiveren Landbau mit Hilfe der Gentechnik. Nur so könne verhindert werden, dass künftig weitere Wildnisgebiete in Ackerflächen verwandelt werden.
Es wird unmöglich sein, die verbliebenen Wälder und Wildnisgebiete des Planeten zu bewahren, wenn die Menschen bei extensiver oder traditioneller Landwirtschaft bleiben – oder gar zu ihr zurückkehren wollten. Die Experten weisen nachdrücklich darauf hin, dass die Weltproduktion an land- und forstwirtschaftlichen Produkten zur Versorgung der wachsenden Menschheit in den nächsten 50 Jahren schlicht und einfach verdoppelt werden muss. Alle Fortschritte der Biologie, Ökologie, Chemie und Technologie müssten genutzt werden, um den Landwirten, kleinen Bauern und Selbstversorgern der Welt höhere Ernten ohne Umwandlung weiterer Flächen zu ermöglichen. ...
Anstatt die Forschung und Erprobung gentechnisch gezüchteter neuer Pflanzen zu fördern und zu gestalten, versucht man sie hierzulande im angeblichen Interesse der Verbraucher unmöglich zu machen. Die Einführung ertragreicherer und schädlingsresistenter neuer Sorten wird durch politische Schikanen und gezielte Angstkampagnen von Umweltorganisationen nicht nur in Europa, sondern auch in den Entwicklungsländern zurückgeworfen.

Aus Maxeiner und Miersch (1996): „Öko-Optimusmus“ (S. 313 ff.)
Auf lange Sicht macht die Konservierung nicht erneuerbarer Rohstoffe keinen rechten Sinn. ... Für die Ansprüche kommender Generationen ist die Wachstumsfrage jedenfalls irrelevant.

Frischgebackener InnoPlanta-Preisträger: Michael Miersch

Maxeiners wichtigster Partner war und ist Michael Miersch.[162] Der kommt ebenfalls aus der Umweltecke, hält Globalisierung und Internationalismus á la Marx/Engels für ein und dasselbe,[163] und startete seine journalistische Karriere auch im eher linkem Milieu. Er verdiente erste Brötchen als Sozialarbeiter und bei der taz. Über freie Tätigkeit, Beiträge und später feste Mitarbeit im Hessischen Rundfunk kam er zum Magazin Chancen und von da zum wirtschaftsnah gewordenen Blatt natur, wo er dann ein unzertrennliches Paar im Kampf gegen die *„Behinderung technischen Fortschritts“* und den *„Ökologismus“* mit Maxeiner bildete.[164] Seine Arbeiten wurden mit Preisen überhäuft, darunter auffällig viele Preise für marktwirtschaftliche (Ludwig-Erhard-Preis) und wissenschaftliche Publizistik, welche den Eindruck erwecken, eher das politische Engagement für die Befreiung von Wirtschaft und Wissenschaft aus gesellschaftspolitischer Rückkopplung als die inhaltliche Qualität auszuzeichnen.

159 www.maxeiner-miersch.de

160 Die Welt vom 11.11.2005 (Fehler im Original): www.maxeiner-miersch.de/standp2005-11-11a.htm

161 Die Welt vom 27.05.02: www.maxeiner-miersch.de/standp2002-05a.htm

162 www.maxeiner-miersch.de/steckbrief__miersch.htm

163 Im Beitrag „Nichts für Jünger von Jean Ziegler“, in: Weltwoche Nr. 17/2003.

164 http://de.wikipedia.org/wiki/Michael__Miersch

165 NOVO 88, Mai/Juni 2007: www.novo-magazin.de/88/novo8828.htm

Aus Michael Miersch, „Hurra, wir werden die Welt retten“[165]
Ein permanenter Wettbewerb um effizientere Technik wäre die beste Antwort auf Ressourcenabhängigkeit und Klimawandel. Die Chancen dafür stünden am besten, wenn nicht nach deutscher Art von vornherein einige Technolo-

Buchtitel von Dirk Maxeiner und Michael Miersch: „Die Zukunft und ihre Feinde", erschienen 2002 im Eichborn Verlag (Frankfurt).

Wie in allen anderen Büchern auch, verzichten die Autoren auf jegliche Quellenangaben für ihre Behauptungen und Zitate.

gien ideologisch ausgeschlossen würden. Atomtechnologie und Gentechnik könnten wichtige Komponenten einer grünen Zukunft sein.

Kommentar von Michael Miersch[166]

Wir brauchen die Grüne Gentechnik: Rin in die Kartoffeln

Manchen Gentechnikgegnern ist in ihrem Kreuzzug gegen den Fortschritt jeder noch so fadenscheinige Vorwand recht. Schließlich muss die Welt vor den bösen Genen gerettet werden. Mecklenburg-Vorpommerns Landwirtschaftsminister Till Backhaus (SPD) gehört offenbar zu jener Sorte von Glaubenskriegern, die an wissenschaftlichen Fakten völlig desinteressiert sind. Zum zweiten Mal in diesem Jahr trifft er eine rein symbolische und völlig unsinnige Entscheidung, deren einziger Zweck es ist, eine weltweit angewandte nützliche Technologie aus Deutschland zu verbannen. Nur um sich selbst als eine Art „Markus Söder des Nordens" zu inszenieren, blockiert er den einzigen nach allen unsinnigen Hürden verbliebenen kommerziellen Anbau einer gentechnisch verbesserten Pflanze (die obendrein nur als Industrierohstoff dienen soll, nicht zum Essen).

Der angebliche Grund, warum die Amflora-Kartoffel nun nicht geerntet werden darf, ist eine Nachricht aus Schweden, wo auf einem Amflora-Acker 0,1 Prozent einer anderen Kartoffelsorte entdeckt worden war, die bisher nur für Feldversuche, aber noch nicht zum kommerziellen Anbau zugelassen ist. Jetzt müssen die 14 Hektar Amflora verrotten. Wie schon der Mais, in dem Anti-Gentechnik-Aktivisten im Juni 0,1 Prozent Durchmischung mit einer (in der EU zugelassenen!) gentechnisch erzeugten Sorte entdeckten. „Keiner will oder braucht Amflora", tönt Backhaus. Und verschweigt, dass die Stärkehersteller die optimierte Knolle nur deshalb scheuen, weil sie Angst vor Stimmungsmachern wie ihm haben.

So wird die nächste Technologie zu Grabe getragen, in der deutsche Wissenschaftler hervorragende Pionierarbeit leisteten. Während gleichzeitig bis zu 80 Prozent der Lebensmittel im Supermarkt mithilfe der Gentechnik erzeugt und pro EU-Bürger alljährlich 60 Kilo Gentechnik-Soja importiert werden.

In England musste im 19. Jahrhundert vor jedem Automobil ein Fußgänger laufen und zur Warnung eine rote Flagge schwenken. Die Lobby der Pferdebesitzer hatte diesen berüchtigten „Red Flag Act" durchgesetzt. Im Deutschland erzwingt die Protestindustrie einen „Red Flag Act" nach dem nächsten. Dass ein SPD-Politiker sich vor deren Karren spannen lässt, ist kläglich. Denn in der Sozialdemokratie stand die rote Fahne für etwas anderes: für Fortschritt.

Aus den Frohen Botschaften von Maxeiner und Miersch:[167]

Wir verabschieden uns bis zur nächsten Ausgabe ... mit einem Zitat aus der E-mail, die ein Leser von DAS MEPHISTO-PRINZIP[168] *an uns schickte: „Ich muss sagen, noch nie hat jemand die Vorteile des Kapitalismus so gut auf den Punkt gebracht wie ihr!" (Frohe Botschaft Nr. 6 vom 20.7.2001)*

Die Globalisierung wirkt sich ökologisch postiiv aus. Dies fand das Carnegie Institute for International Peace in Zusammenarbeit mit weiteren Institutionen heraus. Volkswirtschaften, die sich der Globalisierung öffnen, belegen auch in den einschlägegen Umwelt-Indizes bessere Plätze. Der Zusammenhang ist signifikant. ...

Diese Website ruft zur Solidarität mit den alliierten Truppen im Irak auf. Der Betreiber, Oliver Kossmann, nimmt erfrischend deutlich Stellung für die universelle Gültigkeit westlicher Werte ...(Frohe Botschaft Nr. 16 vom 8.4.2003)

Häufige Bodenbearbeitung reduziert den Glomalin-Anteil. Diese ist im Ökolandbau üblich, um Unkräuter zu unterdrücken. Dies bedeutet, dass Ökolandbau dem Boden viel mehr schaden könnte als bisher angenommen. Viel nachhaltiger ist es demnächst, wenn man auf das Pflügen ganz oder fast ganz verzichtet. Dies tun heute bereits viele Farmer in den USA, indem sie die Unkräuter mit einem Herbizid vernichten und Nutzpflanzen säen, die durch Gentechnik resistent gegen dieses Herbizid gemacht wurden. (Frohe Botschaft Nr. 17 vom 9.6.2003)

Die religiös anmutende Fortschrittsgläubigkeit gilt also nicht nur für die Gentechnik. Da dürfen für den Fortschritt schon mal Bomben fallen: *„Doch wer Freiheit und Wandel mehr fürchtet als alles andere, dem hilft auch keine Lichterkette."*[169] Dass sich verarmte Schichten überall in der Welt vor ihren autoritären Regierungen fürchten und zwangsweise ihre Phantasie einsetzen müssen, um mit alltäglichen Geschäften irgendwie das Überleben zu sichern, nennen Miersch und Maxeiner einfach mal *„Kapitalismus von unten"*. Fazit dort: *„Das Motto der kapitalistischen Graswurzel-Revolution in den Schwellen- und Entwicklungsländern könnte daher lauten: 'Freiheit kann man essen'."*[170]

Auf jeden Fall bleibt festzustellen: Bei Maxeiner und Miersch kann mensch Bücherberge durchlesen und Internetseiten in Massen konsumieren, ohne auf Quellenangaben oder Begründungen für die Behauptungen zu stoßen. Auch das ist ein typisches Kennzeichen. So wie etliche GentechnikforscherInnen mit ideologisiertem neu=gut und technisch=fortschrittlich ihren KritikerInnen die Wissenschaftlichkeit absprechen, so hauen Maxeiner und Miersch den GentechnikkritikerInnen immer wieder die Behauptung rein ideologischer Ablehnung um die Ohren. Aber tatsächlich sind sie, wie die Pro-Gentechnik-Wissenschaft auch, selbst die Prototypen solchen Denkens. Wer behauptet, die Kritik an der Agro-Gentechnik (und nicht etwa Kriege, Vertreibung, Marktdiktat und Exportzwang) *„sabotiere ... die Zukunft von Dritte-Welt-Ländern"* und *„blockiere vielmehr ökologische Zukunftsoptionen"*, ohne auch nur ein Argument, geschweige denn eine Quelle zu nennen, ist Ideologe durch und durch. Erstaunlich ist der Erfolg solcher Phrasendrescher. Für die beiden letzten Zitate räumte ihnen die taz am 24.8.2002[171] Platz für einen umfangreichen Artikel ein. Ihre Bücher sind in renommierten Verlagen zu finden, die kritische Bücher immer häufiger ablehnen. Die lehnen zwar Inhalt nicht grundsätzlich ab, suchen aber nach Texten mit plakativplattem Niveau. Leider fehlen denen oft analystische Tiefe und brauchbare Quellenlage. In der Literatur ist es halt oft wie in der Musik: Es verkauft sich gut, was richtig schlecht ist (zumindest vom Text her).

Wer mehr genießen will, findet eine aktuelle, gemeinsame Internetseite von Maxeiner und Miersch mit Henryk M. Broder sowie mehreren stark konservativ eingefärbten PolitikerInnen und PublizistInnen: Die Achse des Guten.[172] Hier herrscht Ideologie pur. Die BetreiberInnen stellen sich auf die Seite der US-Kriegspolitik nach den Anschlägen vom 11. September 2001, um damit eine ihrer Meinung nach gegebene *„deutsche und europäische Mentalität der Zurückhaltung"* anzuprangern, die sie als *„Gutmenschentum"* oder *„Appeasement"* bezeichnen. Antifaschisten seien *„80%-Kommunisten"*, selbstverständlich fehlt jede Quellenangabe zu der Zahl. Nach eigener Darstellung ist die politische Ausrichtung des Weblogs *„liberal und prowestlich"* – und auch mit diesen Begriffen bewegen sich die Autoren ausschließlich auf einem ideologischen Parkett.[173] Die Neue Züricher Zeitung[174] rezensierte Werke des Maxeiner/Miersch-Partners Broder schlicht als *„Kampfschriften zur Verteidigung Europas und des Westens"*.

166 „Die Welt" am 9.9.2010: www.welt.de/die-welt/debatte/article9493041/Rin-in-die-Kartoffeln.html

167 „Die frohe Botschaft!" wurde herausgegeben von Dirk Maxeiner und Michael Miersch (siehe www.maxeiner-miersch.de).

168 Buch von Maxeiner und Miersch.

169 Miersch und Maxeiner in Literarische Welt vom 26.04.2003: www.maxeiner-miersch.de/nationalgefuehl.htm

170 Die Weltwoche Nr. 43 vom 23.10.2003

171 www.taz.de/1/archiv/archiv/?dig=2002/08/24/a0183

172 www.achgut.com/dadgdx/

173 http://de.wikipedia.org/wiki/Die_Achse_des_Guten

174 www.nzz.ch/nachrichten/kultur/buchrezensionen/toleranz_ist_ja_doch_bloss_appeasement_1.1770184.html

Die einen offen, die anderen versteckt: Parteien pro Gentechnik!

In der Politik ist es wie überall: Über 70 Prozent der Bundestagsdirektkandidatinnen sprachen sich gegen die Agro-Gentechnik aus[1] – gemacht wird sie aber trotzdem. Und zwar mit Duldung, meist sogar mit Unterstützung auch dieser 70 Prozent. Dabei bieten die BefürworterInnen der Agro-Gentechnik im Bundestag und in Landtagen weder gute Argumente noch besonderes Geschick in ihrem Vorgeben – also wie die Konzern- und Lobbyapparate draußen in den medialen Politschlachten. Werfen wir einmal einen Blick in den Plenarsaal des Bundestages. Es war der 26.3.2009, die sogenannten VolksvertreterInnen debattierten über den Antrag der Grünen auf Verbot von MON810.[2] Peter Bleser von der CDU/CSU-Fraktion stand am Mikrofon: *„Dieses österreichische Gutachten ist von seriösen, dafür zuständigen Behörden widerlegt worden. Die EFSA wie auch das BfR haben genau dieses Gutachten als nicht relevant bezeichnet. Alle die von Ihnen zitierten Pseudogutachten sind von den dafür zuständigen Einrichtungen immer wieder widerlegt worden. ... Der Geschichte Lauf halten weder Ochs noch Esel auf.“* Christel Happach-Kasan, Marktschreierin pro Gentechnik aus FDP-Reihen, setzte einen drauf: *„Sie haben das Thema Bienen angesprochen. Auch das ist sehr spannend. Ich bin froh darüber, dass die Bundesregierung auf eine Frage von mir geantwortet hat: Auf Grundlage der Praxisversuche kann eine toxische Wirkung von Bt-Mais auf gesunde Honigbienenvölker mit hinreichender Sicherheit ausgeschlossen werden. Die Bundesregierung hat mir im Ausschuss weiter gesagt: Honig enthält im Prinzip 0,5 Prozent Pollen. Ob da ein bisschen was vom Bt-Mais dabei ist, ist völlig egal. Das Premiumprodukt Honig ist dadurch in keiner Weise beeinträchtigt. ... Es gibt aber keinerlei Grund, Angst zu erzeugen. Grüne, CSU und SPD arbeiten dabei Hand in Hand. Die Bundeskanzlerin schaut zu. Es ist unverantwortlich, wie die Bundeskanzlerin die Interessen Deutschlands verspielt, um in der südlichen Sandburg Ruhe zu bewahren. Wer Angst erzeugt, macht Menschen unfrei. Wir als Liberale fühlen uns dem freien Menschen verpflichtet und wollen ihn nicht bevormunden, sondern mit den Informationen ausstatten, die er braucht, um sich entscheiden zu können.“* Später entschuldigte sich Ulrich Kelber für die SPD, dass er dem Verbot nicht zustimmen werde – und schob den schwarzen Peter an die CSU weiter: *„Wir, die SPD-Fraktion, dürfen diesen Antrag nicht einbringen. Wir dürfen laut Koalitionsvertrag – das ist typisch für einen Koalitionsvertrag; Frau Höfken, Frau Höhn und Frau Künast wissen, was Koalitionsverträge sind – einem Antrag der Opposition nicht zustimmen. Deswegen werden wir das heute nicht tun. Wir werden weiter für den gleichen Inhalt kämpfen. Wir werden darauf drängen, dass wenigstens einer der Abgeordneten von der CSU, die in jeder Pressemitteilung sagt, sie teile diese Position der SPD, zu dieser Meinung steht und sie hier vorträgt. Die CSU sollte nicht versuchen, über die Zeitungen der Bevölkerung ein Bild zu vermitteln, das von der Meinung, die sie in Wirklichkeit vertritt, abweicht. ... Technologieoffene Forschung kann nicht heißen, dass im Haushalt von Frau Schavan 90 Prozent der Mittel für die Lösung bestimmter Probleme in der Züchtung in die Grüne Gentechnik und keine 10 Prozent in alternative Technologien gehen.“* Verschwiegen seien hier zahlreiche Zwischenrufe und Pöbeleien, die das Niveau politischer Debatte zeigten. Parlamente sind Glashäuser, in den mit Plattheiten über das längst Beschlossene herumgeworfen wird. Die Realpolitik findet andernorts statt – immer aber unter Beteiligung derer, die in Bundes- oder Landtages den Eindruck zu erwecken versuchen, in der Demokratie gehe alle Staatsgewalt vom Volke aus (wer oder was auch immer das *„Volk“* sein soll).

Im Parlament sind die Abstimmenden meist vollständig Fraktionen zugeordnet, die einheitlich abstimmen, d.h. die Meinung der Einzelpersonen bedeutet sichtbar wenig – mit Ausnahme der Chefs dieser Abstimmungskollektive. Nur in Wahlkämpfen werden Positionen sichtbar und gegeneinander gestellt. Auch hier zeigen sich Mehrheiten gegen die Agro-Gentechnik. Doch kein Wahlergebnis kann sie verhindern: Rot-rot in Mecklenburg hat sie gefördert. Rot-Grün auf Bundesebene baute die Agro-Gentechnik weiter aus. Schwarz-rot war nicht besser. Nur Schwarz-gelb in Bayern wehrt sich gegen die Technik, aber nicht aus Überzeugung, sondern gezwungen durch die Kraft des Widerstandes. Auch das ist also eher ein Beweis mehr, dass nicht die Farbenlehre der Regierenden, sondern die Widerstandskultur in der Breite der Bevölkerung den Ausschlag gibt.

Handeln alle Parteien für die Agro-Gentechnik, wenn sie an die Regierung kommen? Werfen wir mal darauf einen Blick – schön nacheinander. Und beginnen mit jenen, bei denen die Unterstützung für die Agro-Gentechnik am überraschendsten sein dürfte: Bündnis 90/Die Grünen.

Aktuelle Informationen, Links und mehr Zitate auf der Internetseite zu Parteien unter www.biotech-seilschaften.de.vu!

Fußnoten

1 www.bund.net/bundnet/themen__und__projekte/bundestagswahl__2009/kandidatinnencheck/umfrageergebnisse/

2 http://blogs.taz.de/saveourseeds/files/2009/03/26-03-09-debatte-bundestag-anbaustopp-mon810-2.pdf

Symbole von Unterwerfung und moderne Gefügigkeit. Die Macht aus Parlamenten und Märkten zu selbstbewusst lebenden Menschen zurückerobern, wäre die Alternative.

BÜNDNIS 90 DIE GRÜNEN

Grün, grüner, grüne Gentechnik

Bündnis 90/Die Grünen gehören sicherlich in Sachen Agro-Gentechnik nicht zu den euphorischen Unterstützerinnen, aber im Blick auf die Realpolitik hinter dem Wahlkampfgerede, wie so oft, zu den größten Enttäuschungen. Denn verbal halten sie meist Linie gegen die Anwendung der Gentechnik. Aber als Teil der Bundesregierung und vor allem mit Renate Künast als zuständiger Ministerin sorgten sie dafür, dass der Durchmarsch von gv-Produkten in der Agrarpolitik reibungslos ablief. Zudem sprechen sich die zentralen Apparate, also Bundes- und die meisten Landesgremien, bis heute für Forschungsfelder aus und legitimieren damit den Deckmantel, unter dem die meisten deutschen Versuchsfelder laufen.

Aus dem Parteiprogramm 2009-2013

Wir schützen die biologische Vielfalt und lehnen Gentechnik im Essen und auf dem Acker ab. ... (S. 21)

Wie die Mehrheit der Verbraucherinnen und Verbraucher lehnen auch wir GRÜNE Gentechnik auf unserem Teller ab. Wir stehen Seite an Seite mit Bäuerinnen und Bauern, ImkerInnen und VerbraucherInnen, die an vielen Orten gentechnikfreie Regionen ausrufen und sich gegen den Anbau von gentechnisch veränderten Pflanzen wenden. Agro-Gentechnik schafft Probleme und keine Lösungen, weder bei uns noch in Entwicklungsländern. Sie befördert weltweit Monokulturen, gefährdet die Umwelt, gentechnikfreie Produktion und Arbeitsplätze. Sie bedroht die Wahlfreiheit der Verbraucherinnen und Verbraucher, sich für gentechnikfreie und auch ökologische Lebensmittel entscheiden zu können. Gentechnik macht Landwirtinnen und Landwirte noch abhängiger von wenigen weltweit agierenden Konzernen. Monsanto darf nicht zum Microsoft der Landwirtschaft werden. Wir setzen uns deshalb für ein Verbot von Gentech-Pflanzen ein, die Menschen, Umwelt und die gentechnikfreie Produktion gefährden. Wir setzen uns für eine weltweite Ächtung der „Terminatortechnologie" ein, die die Keimfähigkeit von Samen abtötet. Wir wollen gentechnische Veränderungen klarer und deutlicher kennzeichnen. Haupteinfallstor für die Agro-Gentechnik sind gentechnisch veränderte Futtermittel. Alle Verbraucherinnen und Verbraucher müssen deshalb wissen, ob das Fleisch, die Milch oder der Käse von Tieren stammen, die mit Gensoja oder Genmais gefüttert wurden. Eine klare Kennzeichnung erleichtert die Wahl beim Einkauf und fördert einen gentechnikfreien Futtermittelmarkt. Wir brauchen eine unabhängige Bewertung der Agro-Gentechnik, dazu müssen auch die sozio-ökonomischen Risiken besser erforscht und einbezogen werden. Die Verflechtungen nationaler und europäischer Prüf- und Zulassungsbehörden mit der Agro-Gentechnik-Lobby müssen offengelegt und beseitigt werden.

Biopatente führen zu Monopolansprüchen weniger Konzerne auf Pflanzen und Tiere, zu Abhängigkeiten von Landwirtinnen und Landwirten und blockieren innovative Züchtungsfortschritte. Wir setzen uns daher für eine Korrektur der EU-Biopatentrichtlinie und für eine Novellierung des Deutschen Patentgesetzes ein. Damit Patente auf Pflanzen, Tiere und biologische Züchtungsverfahren nicht weiter erteilt werden können. (S. 128 f.)

Außerdem setzen wir uns für die Stärkung der gentechnikfreien Regionen ein. (S. 138)

Und wir wollen, dass Ostdeutschland gentechnikfrei wird. (S. 176)

3 Broschüre Nr. 16/1 „Gentechnik im Essen? Nein Danke!" (S.5)

4 www.net-tribune.de/nt/node/6909/news/Erneut-Runder-Tisch-zur-Gruenen-Gentechnik-bei-Schavan

5 www.gruene-bundestag.de/cms/presse/dok/343/343156.die__agrarforschung__ist__leider__nicht__frei.html

Abb. Titel der Grünen-Broschüre Nr. 16/1 „Gentechnik im Essen? Nein Danke!"

Hinter dieser Propaganda steht eine ernüchternde Realpolitik. Die beginnt schon mit öffentlichen Erklärungen, wenn es nicht mehr ums Allgemeine, sondern zu konkreten Forschungsarbeiten geht. *„Wir brauchen mehr Langzeitstudien, mehr unabhängige Risikoforschung"*, steht ganz offen in einer grünen Themenbroschüre.[3] Bisher kamen aber alle Verunreinigungen aus solchen Forschungsfeldern. Biosicherheitsforschung müsse sein, aber bitte *„ernsthaft"*, erklärte Ulrike Höfken auch 2010 noch – der Maisskandal des gleichen Jahres, dessen Ursprung ebenfalls Forschungsfelder waren, war da längst bekannt.

Praktisch wurde die Akzeptanz deutscher Versuchsfelder vor allem im Umgang mit dem gentechnikfreundlichen BVL. Wenn sich deren Chef 2007 damit brüstete, dass noch nie ein Antrag abgelehnt wurde, dann schließt das die gesamte rot-grüne Regierungszeit und die Amtszeit von Renate Künast als Dienstvorgesetzte der Herren Buhk und Bartsch im BVL ein. Künast hat die Genehmigungspraxis in deutschen Behörden immer gedeckt und damit akzeptiert, dass GentechnikbefürworterInnen an den zentralen Stellen die Entscheidungen fällten.

Aus einer Meldung von AP am 22.7.2009[4]

Die stellvertretende Vorsitzende der Grünen im Bundestag, Bärbel Höhn, sagte: „Der Einsatz der Gentechnik in der Landwirtschaft steckt voller Risiken und bringt nicht den von den Herstellern propagierten Nutzen." So sei die Sicherheitsforschung in Deutschland noch immer ungenügend.

Aus einer Presseinformation der Grünen am 8.6.2010[5]

Ulrike Höfken, Sprecherin für Agro-Gentechnik, erklärt: „... Wir brauchen eine integrierte Folgenabschätzung für Biomasse und Biotechnologie und eine ernsthafte Bio-Sicherheitsforschung."

Noch etwas anderes ist beliebtes Spiel bei den grünen Kadern. Während sie den konkreten Felder und damit den Auskreuzungsquellen wenig entgegensetzen, basteln sie mit an der Legende sicherer Öko-Inseln. *„Wenn Sie kein Gen-Food wollen, kaufen Sie keine Lebensmittel mit dem Hinweis ‚gentechnisch verändert'. Am sichersten sind Produkte aus dem Ökolandbau"*, steht in der schon erwähnten Broschüre auf Seite 11. Das dient der Suggestion *„Mit Bio auf der sicheren Seite"* – und erfreut die Herzen grüner StammwählerInnen. Die haben nämlich ihre kämpferischen Zeiten lange hinter sich und lieben es, mit ihrem, inzwischen meist wohlgefüllten Portemonnaie per eingebildeter Verbrauchermacht anstrengungslos Politik zu machen. Klappt nur nicht, denn Gen-Pollen fliegt überall hin – verkünden die Spruchbänder bei Aktionen. Nur bei der eigenen Politik ist das noch nicht angekommen ...

Grüne Spitzenleute zieht es, ähnlich wie die FunktionärInnen von Umweltverbänden, an die Tische der Mächtigen, weit weg von den Konflikten. Wie das praktisch aussieht, konnte mensch im September 2009 bestaunen. Am 7.9. fand auf der BioTechFarm das Jahrestreffen des Gentechnik-Lobbyisten InnoPlanta statt. Ein Gentechnikkritiker erhielt – trotz regulärer Anmeldung – wenige Tage vor dem Beginn ein Veranstaltungsverbot. Begründung: Seine Kritik an den Seilschaften. Ein weiterer wurde vor Ort nicht eingelassen. Unter den 150 TeilnehmerInnen zeigte sich laut AugenzeugInnen keine Kritik. Als Quotenkritikerin war Cornelia Behm, Bundestagsabgeordnete der Grünen, geladen. Die erfüllte diesen Job brav, obwohl sie wusste, dass andere Menschen abweichender

Meinung nicht eingelassen wurden. Als sie das Gelände wieder verließ, winkte sie im Vorbeifahren aus dem Auto heraus den Protestierenden vor dem Eingang zu – mehr war nicht drin. Es war ein eindeutiges Statement, wo mensch sich gerne aufhält und wo nicht.

Fast ein Jahr später lief eine Tagung der Grünen zur Biosicherheitsforschung.[6] Dazu wurde in die Hauptstadt eingeladen – Zielgruppe waren schließlich die Eliten aus Forschung, Medien und Verbänden. Die sitzen in ihren Hauptstadtstudios. Nun wäre die Zahl der Standorte von Sicherheitsforschung in Deutschland übersichtlich; dort aber ist von den grünen Bundesgrößen nichts, von örtlichen Grünen höchstens wenig zu sehen. Bei den Umwelt- oder Landbauverbänden sieht es nicht besser aus. Immerhin wissen die Grünen aber, dass es diese Felder gibt. Bei ihnen hängt offenbar nicht nur die um deutsche Versuchsfelder bereinigte Greenpeacekarte an der Wand. Ulrike Höfken, Bundestagsabgeordnete der Partei, wollte sich im Juni 2010 nun mit genau dieser Sicherheitsforschung befassen, die die Grünen bislang selbst gefordert, die grüne Vorzeigeministerin Künast akzeptiert hatte und im Rahmen ihres Ministeriums selbst durchführen ließ. Doch das Programm der besagten Tagung wies einige Probleme auf. Es war eine Diskussion zwischen ExpertInnen aus den gehobenen Milieus des Gentechnik-Protestes geplant, darunter Christoph Then von Testbiotech (Ex-Greenpeace), eine zunächst namentlich nicht genannte Person vom Bundesforschungsministerium, Beatrix Tappeser (Bundesamt für Naturschutz), Steffi Ober vom NABU und Ulrike Höfken selbst. Die Moderation sollte Manfred Ladwig vom Südwestrundfunk übernehmen. Zuvor liefen drei Einführungsreferate von WissenschaftlerInnen der Universitäten Caen, Zürich und Bremen. Mit solchen ReferentInnen war das Ganze eine Tagung, bei der die konkreten Erfahrungen an den Feldern keine Rolle spielen konnten – weder die Fälschungen der Anträge noch die Verstöße gegen die Sicherheitsauflagen oder Erkenntnisse über heimlich durchgeführte Versuche, für die gar keine Genehmigung vorlag. Der erläuternde Text zur Tagung dokumentierte, dass es um eine vom konkreten Geschehen an den Feldern abgehobene Debatte ging. Wie immer stand im Mittelpunkt der *„umstrittene MON810-Mais"*, obwohl ohnehin verboten. Das Praktische, z.B. dass er auf der BioTechFarm noch stand, war in den Hauptstadt-Tagungsräumen wiederum unbekannt oder egal. Zudem sorgten sich die Grünen um den *„Zugang zum Forschungsmaterial (z.B. zu MON810-Mais oder zur BASF-Kartoffel Amflora)"*. Das war wieder so eine indirekte Forderung nach der Agro-Gentechnik – denn um solche Pflanzen zu untersuchen, muss es sie wohl geben. Wenig interessierte die Grünen, dass es auf den deutschen Sicherheitsforschungsfelder eher um andere Fragen und andere Pflanzen geht. MON810 und Amflora sind dort kaum vertreten. Grünen und die Umweltverbände kennen sich aber besser in den Ämtern der Regierungsstädte, weniger draußen an den umkämpften Feldern aus. Auf den Äckern und in den Firmenzentralen geht es um Patente, Schlamperei, organisierte Auskreuzung und viel Geld. Davon reden Grüne und NGO-Apparate wenig oder haben schlicht keine Ahnung. Stattdessen orientieren sie sich am Vokabular der anderen Seite, wenn sie selbst eine *„transparente, wissenschaftsbasierte Risikoforschung"* einfordern.

Am 2. Juni bekam Ulrike Höfken eine Mail, in der sie auf dieses Problem hingewiesen wurde: *„Ihr Tagungsprogramm weist eine Menge durchaus interessanter ReferentInnen auf, die zu den politischen Rahmenbedingungen auch viel sagen können. Allein – niemand von denen hat irgendeine Ahnung von dem Geschehen da draußen auf den Feldern."* Der Absender bot sich auch selbst als Informant an. Doch die grüne Bundestagsabgeordnete ließ sich nicht nur erstaunlich viel Zeit für die Beantwortung – nämlich 19 von insgesamt 26 verbliebenen Tagen bis zur Tagung. Am 21. Juni, dem Tag des Anmeldeschlusses, schrieb sie zurück, und lehnte das Angebot ab. Ihre Mail war sicherlich nett gemeint, aber dennoch verriet der Wortlaut die Zugehörigkeit zu den Funktionseliten dieser Gesellschaft, für die der Rest nicht beachtenswert ist. Die Grünen hatten ganz bewusst *„ein Podium aus WissenschaftlerInnen und politisch Verantwortlichen zusammengestellt"* – ein deutlicher Affront auch gegen den Absender der Mail und andere Ortskundige an den Gentechnikstandorten, der nicht als solche eingestuft wurden. Sieht Höfken nur als WissenschaftlerIn, wer im Büro oder Labor hockt? Völlig ins Absurde ging Höfkens weitere Behauptung, die Grünen wären auch *„draußen auf den Feldern"*, z.B. *„Ende Mai ... eine Veranstaltung mit 200 TeilnehmerInnen in Trier"* und *„im Herbst eine Veranstaltung in Stuttgart"*. Wo bitte sollen denn da Sicherheitsforschungsfelder sein? So dokumentierten die grünen Eliten, dass sie von der konkrete Lage der Agro-Gentechnik keine Ahnung haben – und das auch so bleiben sollte. Denn das Know-How, wie die Versuchsabläufe in Braunschweig, Üplingen oder Sagerheide tatsächlichen aussehen, fehlte auf der Tagung – ganz absichtlich. Das Ergebnis war entsprechend. In ihrer mediengerecht aufgesetzten Erklärung nach der Tagung[7] fordern die Grünen *„die Bundesregierung auf ... unabhängige Forschungsprojekte mit öffentlichen Mitteln zu unterstützen"*. Broer, Rauschen und andere werden es mit Freude zur Kenntnis genommen haben.

Am deutlichsten fällt der Blick auf die Realpolitik in der rot-grünen Bundesregierungszeit von 1998 bis 2005 aus. Das geldschwere Biosicherheits-Förderprogramm der grünen Gentechnik wurde von der grünen Verbraucherministerin Renate Künast unterstützt.[8] Es finanzierte schon damals viele deutsche Freilandexperimente. Die federführend von Verbraucherministerin Künast entwickelte Novelle des Gentechnikgesetzes schrieb eine Koexistenz gentechnikfreier und mit Gentechnik arbeitender Landwirtschaft vor. Künast wollte laut eigener Aussagen damit nicht nur gentechnikfreie Landwirtschaft, sondern auch die Gentechnik in der Landschaft:[9] *„Am Ende sollen beide existieren können, und zwar dauerhaft"*. Praktisch schob sie damit genau den Prozess selbst mit an, der am Ende – via schleichender Ausbreitung – die gentechnikfreie Landwirtschaft beenden würde. Hinzu kommt der seltsame § 16 im GenTG, der die Koexistenzpflicht für Vorsuchsfelder wieder aufhob. Das stand so auch schon in Künasts Gesetz. Ob das klar und Absicht war, oder ob Nichtwissen und fehlendes Nachdenken diese Formal-Koexistenz heraufbeschwörte, wird sich sicherlich nie aufklären lassen. Schließlich will Künast noch einige Karriereleitern nehmen, zudem schweben die Grünen auf Wolke 7 der Wahlumfragen. Da sind enthüllende Blicke hinter die Kulissen nicht förderlich. Nur den ImkerInnen wird sie kaum glaubwürdig vermitteln können, dass sie diesen Zweig der Landwirtschaft einfach nur vergessen hätte. Die Koexistenz mit der Bienenhaltung war von Anfang an unmöglich – und das war allen Beteiligten klar, aller Parteien.

Aus dem Hause Künast floss zudem Geld in die Agro-Gentechnik. Die Zeitschrift Focus, die als seriöse Quelle allerdings nur begrenzt herhalten

6 www.gruene-bundestag.de/cms/termine/dok/342/342008.genpflanzen__alle__sicher__risikoforschung.html

7 Presseerklärung am 29.6.2010: www.dermerkur.de/autor/bundestagsfraktion__buendnis__90die__gruenen/405

8 www.handelsblatt.com/politik/deutschland/kuenast-erleichtert-genforschung;872559

9 Interview in der Zeit am 16.9.2004: www.zeit.de/2004/39/K__9fnast__Gespr__8ach

Aus dem Freisetzungsregister: Genfelder – angelegt während rot-grüner Zeit durch Bundesinstitute, die zum Verbraucherschutzministerium gehören. Die Zahl pro Jahr unterscheidet sich kaum von den Jahren unter anderer Regierung (Download über www.projektwerkstatt.de/gen/filz/staat/versuche1999bis2003bmelv.pdf).

B/DE/99/100	Bundesanstalt für Züchtungsforschung an Kulturpflanzen, Quedlinburg	Deutschland	1999	Wein	Vitis vinifera	Pilzresistenz
B/DE/99/95	Bundesanstalt für Züchtungsforschung an Kulturpflanzen, Quedlinburg	Deutschland	1999	Kartoffel	Solanum tuberosum	Bakterienresistenz
B/DE/99/113	Biologische Bundesanstalt für Land-u. Forstwirtschaft	Deutschland	1999	Raps	Brassica napus	Herbizidtoleranz
B/DE/00/116	Bundesanstalt für Forst- und Holzwirtschaft, Großhansdorf	Deutschland	2000	Pappel	Populus tremula x Populus tremuloides	Markierung
B/DE/00/121	Bundesanstalt für Züchtungsforschung an Kulturpflanzen, Aschersleben	Deutschland	2000	Kartoffel	Solanum tuberosum	Virusresistenz
B/DE/00/122	Biologische Bundesanstalt für Land- und Forstwirtschaft (BBA), Institut für integrierten Pflanzenschutz	Deutschland	2000	Kartoffel	Solanum tuberosum	Kohlenhydratstoffwechsel
B/DE/01/136	Biologische Bundesanstalt für Land- und Forstwirtschaft, Institut für integrierten Pflanzenschutz	Deutschland	2002	Kartoffel	Solanum tuberosum	Kohlenhydratstoffwechsel
z.Z. keine Nummer	Bundesanstalt für Züchtungsforschung an Kulturpflanzen	Deutschland	2003	Apfel	Malus domestica	Pilzresistenz; Bakterienresistenz
B/DE/02/147	Bundesanstalt für Züchtungsforschung Quedlinburg	Deutschland	2003	Raps	Brassica napus	Fettsäuremuster

dürfte, behauptete unwidersprochen und zitierend aus einem Schreiben des Ministeriums, dieses gäbe in Künasts Zeit *„6,6 Millionen Euro für Projekte aus, die gentechnische Veränderungen in Pflanzen zum Inhalt hatten"*.[10] Unstrittig gab es Felder mit gentechnisch veränderten Pflanzen, die vom Künastministerium selbst beantragt, genehmigt und angelegt wurden. Der Blick in vergangene Jahre des offiziellen Standortregisters zeigt deutlich, dass die Anzahl neu angezettelter Feldversuche durch Behörden des Verbraucherschutzministeriums unter Künast konstant blieb. Offensichtlich war das aber noch gar nicht alles, denn *„die damalige Bundeslandwirtschafts- und Verbraucherministerin Renate Künast hatte 2002 ganz offen der Aussaat von 50 Tonnen genmanipuliertem Saatgut zu Versuchszwecken durch das Bundessortenamt zugestimmt. Das wahre Ausmaß des Anbaus wurde indes von Künast geheimgehalten."*[11] Die Zeitung zog als Fazit: *„Bei der Mehrheit der Umweltverbände galt Renate Künast jahrelang als ehrliche Maklerin zwischen den Interessen von Industrie und Verbrauchern. Inzwischen ist kaum mehr zu leugnen, daß sie von der Ministerin zum Narren gehalten wurden."*

Bemerkenswert sind Bundesmittel für die Gentechnikhochburgen in Sachsen-Anhalt und den Wiederaufbau der Agro-Gentechnik nach dem EU-weiten Moratorium ab 2004. Das Geld kam zwar nicht direkt aus dem grünen Ministerium, aber Sache der rot-grünen Bundesregierung war es dennoch. Von dort wurde gleich zu Beginn der Regierungsphase der InnoRegio-Wettbewerb ausgeschrieben. Ein Sieger: Das Projekt *„InnoPlanta"*, das explizit den Wiederaufstieg der Agro-Gentechnik zum Ziel hatte. Es wurde ab 1999 mit ca. 40 Mio. DM (rund 20 Mio. Euro) bedacht. Als Anlass des Projektes benannte der heutige InnoPlanta-Vorsitzende, damalige Biotechnologie-Experte bei tti und Geschäftsführer des Vorläufers vom heutigen BIO Mitteldeutschland, Uwe Schrader, die Ankurbelung des Spritzmittelabsatzes durch die grüne Gentechnik. Horst Rehberger, damaliger Unterstützer u.a. als Wirtschaftsminister des Landes Sachsen-Anhalt, beschrieb das Projekt[12]: *„Im Jahr 1999 hatte das Bundesministerium für Bildung und Forschung den InnoRegio Wettbewerb ausgeschrieben. Durch ihn sollte die Clusterbildung in den neuen Bundesländern vorangetrieben werden. Was lag näher, als im Raum Nordharz/Börde ein Konzept für die Weiterentwicklung der Biotechnologie zu entwickeln, mit dem man an diesem Wettbewerb teilnehmen konnte? Das geschah unter Federführung der Wirtschaftsförderungsgesellschaft Aschersleben (Evelyne Nettlau) und der BioRegion Halle-Leipzig GmbH (Dr. Uwe Schrader). Als Berater wirkte auch Rehberger bei der Erstellung des Konzeptes mit. Auf seinen Vorschlag hin wurde der InnoPlanta e.V. als Netzwerk zur Förderung der grünen Biotechnologie gebildet. In ihm haben sich Wissenschaftler, Saatzüchter, Pflanzenbiotechnologie-Unternehmen, kommunale Gebietskörperschaften und nicht zuletzt Landwirte zusammengeschlossen. Der InnoPlanta e.V. ging im Jahr 2000 als Sieger aus dem Wettbewerb hervor. Er realisierte mit der Prämie von rund 30 Millionen Euro 38 Einzelforschungsvorhaben. Daraus entstanden eine Vielzahl von Patenten und Lizenzen in den beteiligten mittelständischen Unternehmen sowie zahlreiche Arbeitsplätze."* Auch die Landtags-Drucksache 4/2703 bestätigte:[13] *„Seit 1999 fließen Bundesmittel in Projekte der Agro-Gentechnik in Sachsen-Anhalt."* Entsprechend schwach fällt auch die Gentechnikkritik vor Ort aus. Zum Vorzeigeprojekt aggressiver Gentechnik in der Börde westlich von Magdeburg formulierte der grüne Kreispolitiker Bodo Zeymer:[14] *„Es geht nicht um die Verteufelung der Gentechnik. Hier soll nicht gegen die genetische Forschung gesprochen werden oder Denkverbot apostrophiert werden. Es geht um grüne Agro-Gentechnik und deren verantwortungsvolle Nutzung. ... Es geht doch nicht darum, dass wir das verbieten und bestrafen."*

Solche Zaghaftigkeit geht auch andernorts: Als die Universität Gießen 2006 transgene Gerste aussäte, votierten alle Parteien im Stadtparlament für das riskante Experiment. Auch die Grünen – sonst mit verbalradikaler Gentechnikkritik immer auf WählerInnenfang. Aber die Grünen sind hier Teil einer Jamaika-Koalition und die Universität ist die wichtigste Einrichtung der Stadt. Wer oben schwimmen will, muss unter solchen Verhältnissen ein bisschen flexibel regieren ...

Ohnehin: Rot-grüne Papiere öffnen der Gentechnikforschung und damit den realen Feldern Tür und Tor. Nach der Koalitionsvereinbarung von 2002 wollten die Regierungsparteien *„eine umfassende und konsistente, ethisch verantwortbare Biotechnologie-Strategie entwickeln, um das Potenzial der Biotechnologie zu nutzen und die Wettbewerbsfähigkeit des Biotechnologiestandortes Deutschland zu sichern und auszubauen."* Unter *„wichtige Elemente"* wird dabei auch die *„Forschungsförderung"* genannt. Besser war der Koalitionsvertrag für Nordrhein-Westfalen[15] im Jahr 2010. Doch die großen Forschungsinstitute, die auch Agro-Gentechnik zum Thema haben, werden auch im bevölkerungsreichsten Bundesland weiter umfassend gefördert. Ob sich so eine Wende organisieren lässt, darf bezweifelt werden.

Aus „Staatliche Unterstützung erwünscht", in: Bioskop Nr. 20, Dezember 2002 (S. 8-9)[16]

Bisher ist die Ertragslage der Biotechbranche allerdings bescheiden bis hoch defizitär, weshalb sie einmal mehr nach besseren politischen Rahmenbedingungen ruft. Die rot-grüne Bundesregierung hört gern drauf und will ihren Förderbeitrag leisten – für eine Zukunft, die viele Firmen nicht mehr erleben werden. ... Nicht nur die Erfahrungen der vergangenen Legislaturperiode sprechen dafür, dass die Biotechbranche weiterhin reichlich Gehör bei SPD und Grünen finden wird. Mut machen wird ihr auch die Koalitionsvereinbarung; sie liest sich, was Förderung von „Biotechnologie" betrifft, weitgehend wie das Strategiepapier der Industrievereinigung. ...
Biotechnologie hat Zukunft – meint jedenfalls die Bundesregierung. Wie SPD und Grüne den „Biotechnologie-Standort Deutschland" gemeinsam fördern wollen, steht auf Seite 16 der Koalitionsvereinbarung, die sie am 16.10. feierlich besiegelt haben.

10 Aus Focus, 27.9.2009 (www.focus.de/wissen/wissenschaft/staatsgeld-kuenast-zuechtet-gentech-pflanzen_aid_439581.html). Dort als Quelle benannt: „So steht es in der Antwort des Ministeriums auf eine Anfrage des FDP-Bundestagsabgeordneten Volker Wissing."

11 Junge Welt, 28.8.2006 (S. 4): www.jungewelt.de/2006/08-28/053.php

12 Horst Rehberger in seiner Biografie „Unterwegs" (2009, S. 226)

13 Landtag Sachen-Anhalt, 4. Wahlperiode, am 21.03.2006

14 Volksstimme am 6.2.2010: www.volksstimme.de/vsm/nachrichten/lokalausgaben/haldensleben/?em_cnt=1625552

15 www.gruene-nrw.de/fileadmin/user_upload/landesverband/gruene-nrw/aktuelles/2010/koalitionsvertrag/Koalitionsvertrag_Rot-Gruen_NRW_2010-2015.pdf

16 www.bioskop-forum.de/themen/gentechnik/gentechnik_schluesseltechnologie_deutschland_2002.html

Die Widersprüche zwischen schönen Worten zwecks Stimmenfang und praktischer Politik im Interesse von Standort und den dort gemeldeten Konzernen sind kein Zufall, sondern Logik aller Machtpolitik. Auf anderen Feldern sah das nicht besser aus, z.B. bei Fragen der Patentierung von Genen, wo die rot-grüne Regierung ein unternehmerfreundliches Gesetz einbrachte.

> ***Aus „Lukrativer als eine Goldgrube", in: Freitag, 1.10.2004 (S. 41)***
> *„Der Verband forschender Arzneimittelhersteller begrüßt den Gesetzentwurf der Bundesregierung zur Umsetzung der Biopatentrichtlinie", heißt es in einer jüngst veröffentlichten Stellungnahme des Unternehmenszusammenschlusses. Er sei „ein wichtiges Signal für die Zukunft der Biotechnologie und die Erforschung und Produktion innovativer Medikamente am Standort Deutschland". Die Zufriedenheit der Pharmaunternehmen ist verständlich: Mit dem im Juni 2003 vorgelegten und im März diesen Jahres erstmals im Bundestag verhandelten Gesetzentwurf begünstigt die rot-grüne Regierung ausschließlich die Industrie. Der Entwurf ignoriert konsequent vorhandene Spielräume bei der Umsetzung der so genannten EU-Biopatentrichtlinie und erlaubt die Patentierung ganzer Gene, Proteine oder anderer Bestandteile des menschlichen Körpers, sobald auch nur eine Funktion oder Anwendung der Substanz beschrieben werden kann.*

2004, also ebenfalls zu Zeiten der rot-grünen Bundesregierung, begann ein abenteuerlicher Personalaustausch zwischen großen Konzernen und Bundesministerien. Personen, die weiter bei Privatfirmen in Lohn und Brot standen, richteten sich ihren Schreibtisch nun in passenden Ministerien ein – und konnten so Tag für Tag in die dortigen Abläufe hineinschauen oder diese sogar beeinflussen. Bayer und BASF schickten ihre Leute ins Bundesumweltministerium des Grünen Jürgen Trittin und ins SPD-geführte Forschungsministerium.[17]

Hinzu kommt ein beliebtes Spiel grüner Führungskreise. Ähnlich vieler UmweltverbandsfunktionärInnen distanzieren sie sich ständig von unabhängigen AktivistInnen und deren Versuchen, die Agro-Gentechnik nicht nur mit sanften Appellen aufzuhalten. Trauer um zerstörte Felder mit gv-Pflanzen ist obligatorisch. Die grünen Bundestagsabgeordneten Höfken und Behm, beide in der Vergangenheit immer wieder durch Nichtbeachtung oder Ausgrenzung von Aktionen rund um die Felder bei gleichzeitiger Akzeptanz der Gentechnik-SeilschafterInnen als VerhandlungspartnerInnen aufgefallen, polterten 2005 zur Aktion *„Gendreck weg"*,[18] es sei nötig, dafür Sorge zu tragen, *„dass Felder und Einrichtungen nicht zerstört werden. Ein guter Protest wird sonst durch die falschen Mittel diskreditiert. Deswegen lehnen wir nachdrücklich Aktionen ab, die Zerstörungen zur Folge haben."* Die auf ihre metropolitanen WählerInnenschichten fixierten Grünenfunktionärinnen, die sich um die deutschen Gentechnikfelder und damit die gefährlichen Auskreuzungsquellen draußen im Land so wenig kümmern wie früher ihre Leitfigur Renate Künast, halten praktisches Handeln vor Ort offenbar eher für einen Nachteil: *„Verbesserungen werden so nicht erreicht, sondern behindert."* Angesichts des weitgehenden Fehlens an den Standorten der Agro-Gentechnik ist das schon ein gewagte Aussage aus den schicken Büroetagen der Hauptstadt ...

Die Ausgrenzungsspielchen wiederholten sich 2010 rund um das BASF-Amflorafeld in Zepkow (Mecklenburg-Vorpommern). Während grüne Spitzenleute spalteten, traten sie als imaginäres *„wir"* der GentechnikgegnerInnen auf und wollten vermeintlich ein *„breites Bündnis"* bilden. Breit, aber mit Ausgrenzungen?

> ***Ulrike Höfken, agrar- und verbraucherpolitische Sprecherin der grünen Bundestagsfraktion, und die brandenburgische Bundestagsabgeordnete Cornelia Behm laut Telepolis am 31.7.2005***[19]
> *Die kritischen Diskussionen zum Thema Agrogentechnik sind richtig und gut. Die Initiativen und Aktionsgruppen müssen aber Sorge tragen, dass Felder und Einrichtungen nicht zerstört werden. Ein guter Protest wird sonst durch die falschen Mittel diskreditiert. Deswegen lehnen wir nachdrücklich Aktionen ab, die Zerstörungen zur Folge haben und rufen stattdessen zu einer intensiven öffentlichen Diskussion auf. Seit Jahren beschwören CDU/CSU und FDP bei jeder Gelegenheit Feldzerstörungen geradezu herbei, um ihre Geheimhaltungspolitik bei der Standort-Veröffentlichung von Genfeldern besser rechtfertigen zu können. Wer in die schwarz-gelben Fettnäpfchen tritt, erweist besonders dem Ziel eines transparenten Standortregisters einen Bärendienst und handelt klar gesetzeswidrig. Verbesserungen werden so nicht erreicht, sondern behindert. Wir warnen davor, Feldzerstörungen als Anlass zu nehmen, pauschal Gentechnik-Kritiker zu verleumden. Auf Risiken durch die Gentechnik weisen nicht nur Umwelt- und Verbraucherorganisationen, sondern auch renommierte Wissenschaftler hin. Es ist eine Unverschämtheit der CDU diese Menschen und Renate Künast quasi als Wegbereiter für die Zerstörungen von Feldern zu diffamieren.*
>
> ***Christian Prasser, Bündnis 90/Die Grünen Landesverband Mecklenburg-Vorpommern (NDR-online am 9.7.2010)***[20]
> *Die Grünen distanzierten sich von der Feldzerstörung. Das Landesvorstandsmitglied Christian Prasser erkärte: „Das ist nicht das geeignete Mittel. Wir brauchen politische Lösungen." Zerstörungen würden nur Skepsis bei den Bürgern bringen. Auch könnten die Genveränderungen durch die einzelne Pflanzenteile noch eher in die Umwelt getragen werden.*
>
> ***Stellungnahme von Prasser nach Kritik an seiner Distanzierung (Mail am 12.7.2010)***
> *Wir wollen in M/V ein breites Bündnis an Gentechgegnern formieren und dass werden wir nur schaffen wenn wir uns von solchen Maßnahmen distanzieren. (im übrigen wurden die Kartoffeln nicht zerstört sondern heraus gerissen und wachsen in den nächsten Jahren wohl auf benachbarten Feldern, dass kann nicht unser Ziel sein). Viele Beispiele haben gerade hier in MV gezeigt, dass der politische Widerstand Bäume ausreißen kann. In den letzten Jahren haben wir einige Projekte von internationaler Bedeutung erfolgreich politisch bekämpfen bzw. stoppen können. Beispiele sind das Bombodrom oder auch das Steinkohlekraftwerk in Lubmin. Diese auflebenden demokratischen Strukturen möchten wir nicht gefährden. Des weiteren habe ich vor der DPA auch Verständnis für die Feldbefreier geäußert und sie nicht diffamiert. Im Kampf gegen Windmühlen ist es durchaus menschlich dass man hier und da zu Verzweiflungstaten greift, die niemandem weh tun. Aber, unser Widerstand ist und bleibt politisch!*

Doch die Grünen als Pro-Gentechnik-Partei abzustempeln, wäre unverdient. Zwar war die Regierungsbilanz auf Bundesebene und insbesondere das Wirken der Vorzeige-Grünen Künast desaströs, damit ihr Auftreten auch schlicht unglaubwürdig. Doch auf regionaler und lokaler Ebene sowie vor allem dort, wo die Grünen nach wie vor in der Opposition verharren, ist das Bemühen um konsequent gentechnikfreie Zonen und gesetz-

17 Bundestagsdrucksache 16/3395 vom 13.11.2006

18 www.heise.de/tp/r4/artikel/20/20631/1.html

19 siehe Fussnote

20 http://ndr.de/nachrichten/mecklenburg-vorpommern/amfloradiskussion104.html

21 www.gruene-fraktion-bayern.de/cms/forschung__und__hochschule/dokbin/347/347787.drs__165474__dringlichkeitsantrag__nulltole.pdf

Fotos: Zweimal Feldbefreiung am Amflorafeld der BASF in Zepkow. Ein Hektar wurde unerkannt zerstört (oben), eine weitere angekündigte Feldbefreiung erregte Aufmerksamkeit und die Polizei (unten).

Im Vergleich:

Trittin und die Atomenergie

1998 kamen die Grünen an die Schalthebel der Bundespolitik. Das Thema Atomenergie war damals mindestens so klarer Teil des Parteiprogramms wie heute die Agro-Gentechnik. Aber was geschah? Rot-Grün schloss einen Vertrag mit den Konzernen („Atomkonsens"), der die Laufzeit für so viele Jahre garantierte, dass – wie ja dann2010 auch geschen – eine Nachfolgeregierung alles wieder ändern konnte. Außerdem rief Bundesumweltminister Jürgen Trittin die Grünen auf, sich nicht weiter an Castorprotesten zu beteilen. Nach seiner Zeit als Realpolitiker an der Macht beteiligte sich Trittin wieder selbst am Protest, den er ehemals nicht wollte.

liche Regelungen oft und ehrlich vorhanden. Sogar mitunter auf Landesebene: So brachten die Bayrischen Grünen einen Dringlichkeitsantrag[21] in den Landtag ein. Für Mecklenburg-Vorpommern forderten die dortigen Grünen:[22] *„Um weiter positive Meldungen aus dem Bereich der Öko-Landwirtschaft verbreiten zu können, muss das Backhaus-Ministerium endlich eine klare Linie zum Thema Agro-Gentechnik einschlagen"*. Fast überall verbleibt Unwissenheit über die Forschungsfelder. Während MON810 und Amflora immer umfangreiche grüne Proteste hervorriefen, blieben die wichtigste Gentechnik-Versuchsanlage am AgroBioTechnikum und der Gentechnik-Streichelzoo von Landes- und Bundesgrünen weitgehend unbeachtet.

SPD – die Weiß-nicht-Partei

Ein Kapitel über das Verhältnis der SPD zur Agro-Gentechnik zu schreiben, fällt schwer. Es gibt einige ausgewiesene KritikerInnen und ebenso klare BefürworterInnen. Einzelne ParteigenossInnen agieren in den Seilschaften, aber die meisten wechseln ihre Position wie andere die Regierungsämter. Ihr Chef, Ex-Umweltminister Sigmar Gabriel, fand eine besondere Lösung: Nein zu fremder, ja zu deutscher Gentechnik! So steckte es in Formulierungen, die er im Frühjahr 2009 nur wenige Tage getrennt von sich gab.[23] Insgesamt sind die BefürworterInnen prägend, bereits in der Opposition. Rückt die SPD wieder auf die Regierungsbänke, fallen ohnehin kritische Äußerungen schnell hinten runter. Die im vorherigen Kapitel beschriebenen Pro-Gentechnik-Entscheidungen zu rotgrünen Regierungszeiten sind ja auch der SPD anzurechnen. Völlige Einseitigkeit zeigte die Partei im Bundestagswahlkampf 2009 mit der Nominierung eines eingefleischten Anhänger von Großlandwirtschaft und Gentechnik als Kandidat für den Agrarminister.[24]

Die wichtigste Figur in der SPD-Gentechnikdebatte ist Mecklenburg-Vorpommerns Landwirtschafts- und Umweltminister Till Backhaus. Der regiert nicht nur im Land des größten deutschen Freisetzungszentrums, dem AgroBioTechnikum, sondern dieser Knotenpunkt der Seilschaften ist auch auf seinem Mist gewachsen. Er hat sich jahrelang dafür stark gemacht, viel Geld hineingestopft und den Laden mehrfach vor dem Ruin gerettet. Agro-Gentechnik in Mecklenburg-Vorpommern war vor allem Backhaus-Technik. Darüber kann auch nicht die Kritik des Ministers am berühmten Amflorafeld hinwegtäuschen. Denn Backhaus wie auch Grüne, die meisten Umwelt- und Bioanbauverbände verschwiegen bei ihrem Protest gegen die BASF-Kartoffel die bundeslandeigene Agro-Gentechnik oder lobten sie sogar im gleichen Atemzug. Irgendwie ist das typisch SPD: Das herzerfrischend kräftige ‚Jein'. Backhaus forderte am 29. April 2009, die Ausbringung der Amflora-Kartoffel in Bütow zu untersagen, da die Fläche mit 20 Hektar zu groß sei.[25] Wenige Tage später lobte derselbe Minister die Gentechnikversuche in seinem Bundesland Mecklenburg-Vorpommern:[26] *„Wir bekennen uns eindeutig zum Forschungsstandort Groß Lüsewitz"*. Dort steht 13mal mehr Fläche für die Gentechnikversuche zur Verfügung. So kreiierte er die landeseigene Variante des schlechten Vorbilds einer Einteilung in böse US-amerikanische und gute deutsche Gentechnik. Jetzt war die deutsche Gentechnik doof, aber die mecklenburg-vorpommersche ganz toll.

Gentechnik nötig wegen Wirtschaftswachstum, auf: topagrar am 25.5.2009[27]

Zwar stehe außer Frage, dass dem Schutz von Mensch und Umwelt oberste Priorität eingeräumt werden müsse, sagte der Minister. Darüber hinaus dürfe man jedoch jetzt nicht Wege verbauen, aus denen in Zukunft neue Möglichkeiten für Wachstum und Beschäftigung resultieren könnten, betonte der SPD-Politiker. Vor allem in Ostdeutschland könne der Einsatz der Biotechnologie Impulse für die weitere wirtschaftliche Entwicklung geben.

MVregio am 8.5.2009[26]

„Wir bekennen uns eindeutig zum Forschungsstandort Groß Lüsewitz", sagt Minister Backhaus. Das beinhalte die ausdrückliche Zusage, dass auf den insgesamt 260 Hektar landwirtschaftlichen Flächen, die vom Land für die Entwicklung des Agrobiotechnikums bereitgestellt sind, der Anbau von transgenen Pflanzen unter den geltenden strengen Sicherheitsvorgaben gestattet ist und bleibt. Groß Lüsewitz soll ein wichtiger Pfeiler der Agrarforschungslandschaft in Mecklenburg-Vorpommern bleiben.

In einer Telefonfragestunde, dokumentiert im Rostocker Blitz[28]

Sich der Erforschung der Möglichkeiten der Grünen Gentechnik zu verschließen, bedeutet also, sich selbst seiner Zukunft zu berauben. Wer einen Zeitraum von etwa 50 Jahren nicht vorausdenken kann, sollte sich aus Politik und Wirtschaft raushalten. Was die Gegner des technischen Fortschritts bereits vor 150 Jahren befürchteten, ist heute allgemein eingetreten, wird aber akzeptiert. Eisenbahn, Auto, Flugzeug, Telefon und vieles mehr haben die Umwelt seither ständig verändert.

Kann mensch von Glück sagen, dass Backhaus nicht auch Atomkraft eingefallen ist? Oder all die Gentechnikerfindungen, die sich wegen des Protests zum Glück nicht, nicht überall oder nur verzögert durchsetzten wie Terminatortechnologie oder Reproduktionskontrolle?

Doch die Sache scheint veränderbar. Mecklenburg-Vorpommern ist das Bundesland, in dem lokaler[29] und direkter Widerstand an einer Gentechnikhochburg Wirkung zu zeigen beginnt. 2010 verabschiedete die SPD, der Backhaus angehört, einen Entwurf für das nächste Wahlprogramm. Darin wird das komplette Aus der Agro-Gentechnik gefordert, auch der Forschungsfelder. Gentechnikfan Till Backhaus war Profipolitiker genug, um seine Fahne in den neuen Wind zu hängen.

Natürlich hat so eine große Partei wie die SPD auch ihre Leute in den Seilschaften. Till Backhaus selbst war ja oft dabei, weil er sein Baby AgroBioTechnikum verkaufen wollte. Geradezu Prototyp einer Seilschafterin ist die SPD-Bundestagsabgeordnete Doris Barnett. Auf ihrer Internetseite der SPD-Fraktion im Bundestag spricht sie sich eindeutig für die Agro-Gentechnik aus:[30] *„Wichtig ist mir außerdem die Investition in Zukunftstechnologien. Es liegt in unserer Verantwortung, nicht den Anschluss an künftige Entwicklungen zu verpassen. ... deshalb plädiere ich auch für die Erforschung der Pflanzenbiotechnologie in Deutschland: damit wir mitreden und mitentscheiden können, wenn in dieser Zukunftstechnologie künftig weltweit Standards gesetzt werden."* Sie war bei BASF beschäftigt, vertritt den dortigen Wahlkreis und agiert in entsprechenden Seilschaftsvereinen (siehe Kasten auf Folgeseite).

Wer so für die Agro-Gentechnik kämpft, verdient sich Lob von BASF. Das blieb auch nicht aus, so geschehen am 26.5.2009 bei einem Treffen auf Einladung der SPD-MdBlerin:[31] *„Der Betriebsratsvorsitzende der BASF, Robert Oswald, zeigte sich erfreut über den beharrlichen Einsatz von Do-*

22 MVregio am 12.2.2010: www.mvregio.de/nachrichten_region/335321.html

23 www.projektwerkstatt.de/gen/filz/lesefenster/deutsch.html

24 http://blogs.taz.de/saveourseeds/2009/07/30/spd_geht_mit_agrarsprit-_und_gentechnikapostel_ins_rennen/

25 MVregio: www.mvregio.de/nachrichten_region/sn/205310.html. ddp-Text: www.charivari.de/nachrichten/nachrichten_detail.php?nachrichten_id=128659

26 www.mvregio.de/nachrichten_region/mittleres_mecklenburg/35556.html

27 www.topagrar.com/index.php?option=com_content&task=view&id=11369&Itemid=519

28 2009, genaues Datum unbekannt

29 Offener Brief eines Feldnachbarn an Till Backhaus im September 2010

30 www.spdfraktion.de/cnt/rs/rs_dok/0,,20400,00.html?wp=14&mdbid=278

31 http://barnett.hv-media.com/index.php?option=com_content&view=article&id=108:schutzschirm-fuer-arbeit-parlamentarischer-staatssekretaer-klaus-brandner-wolfgang-van-vliet-und-doris-barnett-diskutieren-mit-betriebsraeten-&catid=36:presse&Itemid=48

Im Porträt: Doris Barnett

SPD-MdB Doris Barnett in ihrem Bericht 2005-2008:[a] *„Die BASF Plant Science ist auf dem Gebiet des Pflanzenschutzes, der Pflanzenzüchtung, aber auch der Genforschung ganz vorne mit dabei. Bei verschiedenen Terminen und Besuchen habe ich diese Forschungseinrichtung in Limburgerhof und deren Tätigkeitsfelder Interessierten bekannt gemacht. Ich setzte dabei auf einen Dialog zwischen Gegnern und Befürwortern der Gentechnik. Vor dem Hintergrund der Zukunftsprobleme – wachsende Weltbevölkerung und schrumpfende Energievorräte – müssen wir zu einer für alle Seiten akzeptablen Lösung kommen. …*

Es ist mir wichtig, dass das Thema Pflanzenbiotechnologie sachlich diskutiert wird. Deshalb interessiere ich mich auch für die Forschung auf diesem Gebiet, um möglichst viele Informationen zu sammeln, auf deren Grundlage dann diskutiert und entschieden werden kann. Das ist auch der Grund, warum ich die Patenschaft für ein Versuchsfeld der ‚Amflora'-Kartoffel in Brandenburg übernommen habe. Ich meine: nur wenn wir uns mit dieser Technologie sachlich auseinandersetzen und für hohe Standards sorgen, können wir auf die künftige Entwicklung Einfluss nehmen. Eine Verweigerung in Deutschland oder gar Europa wird diese Technologie nicht verhindern – aber sie wird uns von ihr abschneiden, uns jede Mitwirkung und Einflussnahme bei zukünftigen Entwicklungen nehmen."

Immer wieder brachte Barnett Gäste ins Gentechnikzentrum der BASF: *„Besonders interessant war für die griechischen Abgeordneten der Besuch im Agrarzentrum der BASF in Limburgerhof, wo sie sich über die Möglichkeiten der Bio-Technologie und des Pflanzenschutzes informierten."* (Bericht, S. 25)

Tagesberichte im Internet 14.-17. Mai 2010:[b] *„Am Samstag begleite ich Mitglieder des Stadtrates Schifferstadt und Ausschussmitglieder zur 'Plant Science' in Limburgerhof. Hier erhalten sie einen Vortrag zum Thema 'Moderne Pflanzenzüchtung', was auch das Thema Grüne Gentechnik mit umfasst. Natürlich schauen wir uns im Pflanzenhaus auch die so gezüchteten Pflanzen an. Gelegenheit zu Nachfragen jeglicher Art gibt es auch reichlich. Dr. Schmidt, der sich für uns an diesem Tag Zeit genommen hat, geht keiner Frage aus dem Weg, besonders wenn er darauf angesprochen wird, dass es der BASF wohl um ‚Geld verdienen' geht – wie nebenbei bei jedem Bauern, jedem Arbeitnehmer auch."* Am 15. April 2010 ging es zusammen mit den Jusos zu BASF Plant Science.

17.-24.2.2010: *„Mit Klaus Hagemann werde ich mich demnächst mal mit IG BCE-Vertretern und dem Betriebsrat der BASF zusammensetzen; es geht um die Forschungsförderung."*

Doch Doris Barnett[c] ist nicht nur Gentechnikbefürworterin im Parlament. Sie ist klassische Seilschafterin. So war sie bei Vorbereitungstreffen zur Gründung des *„Forum Grüne Vernunft"* dabei, wurde in der BASF-Stadt geboren, hat ihren Wahlkreis dort und arbeitete früher in der Rechtsabteilung des Konzerns. Sie sitzt im SPD-Stadtvorstand von Ludwigshafen und im Landesvorstand, ist Naturfreunde-Landeschefin und bei der Siedlergemeinschaft BASF-Notwende. Im Bundestag sitzt das BASF-Sprachrohr im passenden Ausschuss für Wirtschaft und Technologie und ist stellvertretende Sprecherin der Arbeitsgruppe Wirtschaft & Technologie der SPD-Bundestagsfraktion. Passend zu solchen Geflechten ist ihre Mitgliedschaft in der *„Global Panel Foundation"*. Immerhin ist sie stellvertretende Sprecherin[d] dieses seltsamen Verbandes, der laut Wikipedia[e] nicht viel anderes macht als Seilschaften zu organisieren: *„Die Global Panel Foundation ist eine meist aus dem Hintergrund agierende internationale Gruppierung von Vertretern aus den Bereichen Public Policy, Wirtschaft und Wissenschaft. Ihr Ziel ist es, die internationale Kooperation in Hinblick auf Entscheidungs- und Umsetzungsprozesse zu fördern. Hierzu organisiert sie Public Policy Luncheons und Dinners, Studentenforen und Initiativen. Zweck dieser Veranstaltungen ist es, ihren Teilnehmern einen Rahmen zu bieten, sich über Problemstellungen und Verfahrensstrategien aktueller gesellschaftlicher Fragen auszutauschen."*

Im April 2010 schickte Doris Barnett zunächst einen Brief an Ministerin Ilse Aigner mit der Bitte, die Amflora durchzuwinken, und redete sich dann etwas zusammenhanglos in Rage – eine wunderschöne Stafette von angemahnter Sachlichkeit zu ideologischer Rhetorik pur: *„Die Art und Weise, mit der man hierzulande Stimmung macht, hat für mich wenig mit Sachlichkeit als vielmehr mit dem Spiel mit Ängsten zu tun. Und das ist meiner Meinung nach schädlich für den Industriestandort Deutschland. Denn wer so naiv ist und sagt, die Forschung dürfe und solle natürlich hierzulande erfolgen, aber die Anwendung auf keinen Fall, der glaubt auch noch an den Nikolaus! Die Forschung geht doch dahin, wo auch ihr Ergebnis angewendet werden kann!"*

Bericht über ein Vorbereitungstreffen zur Gründung des Forum Grüne Vernunft am 31.5.2010 in Frankfurt: *„Dann gleich wieder zurück ins Büro, weil ich gegen 13:30 Uhr abgeholt werde für eine Sitzung in Frankfurt. In einem kleinen Kreis von Experten überlegen wir, wie die Diskussion um Biotechnologie, insbesondere die Grüne Gentechnik und die Nano-Technologie , so verständlich und zugänglich gemacht werden kann, dass man endlich mal sachlich und ohne Polemik das Für und Wider dieser Zukunftstechnologien besprechen kann. Ich habe große Befürchtungen, dass wir gerade dabei sind, die Spitzentechnologie – und wir sind hier weltweit führend – aus unserem Lande zu jagen. Anschließend haben alle die Gegner natürlich keine Bedenken, die Produkte bzw. Ergebnisse bei uns zuzulassen. Oder habe ich schon jemals die Aufforderung zum Verbot von Argentinischem Rindfleisch gehört, weil die Rinder dort mit genverändertem (also eiweißreichem) Sojaschrot gefüttert wurden? Na ja, manchmal denke ich, dass sich eine solche Haltung nur ein Land und eine Gesellschaft leisten kann, das im Überfluss lebt und genug Geld hat, sich alles zu leisten. Eigentlich haben wir es einfach, denn gerade in unserer Region können wir uns leicht informieren und auch mit Fachleuten diskutieren, weil die Forschungseinrichtungen ja vor unserer Haustüre liegen."*

Fußnoten zum Kasten

a http://barnett.hv-media.com/download/Taetigkeitsbericht__Doris__Barnett__08%20.pdf (S. 16)

b Zitate aus Berichten von der Internetseite http://barnett.hv-media.com.

c Angaben zur Person ebenfalls auf http://barnett.hv-media.com.

d www.globalpanel.org/english/profile/Board%20Members/

e http://de.wikipedia.org/wiki/Global__Panel__Foundation

ris Barnett in dieser Debatte und warnte davor, dem Standort schweren Schaden zuzufügen, indem eine High-Tech-Branche politisch stigmatisiert werde." Allein ist Barnett nicht. Manfred Püchel,[32] Ex-Partei- und Fraktionsvorsitzender der SPD im Landtag und früher Minister in Sachsen-Anhalt, war Gast beim großen Seilschaftentreffen am InnoPlanta-Forum 2009 in Üplingen.

Daneben aber gibt es auch SPD-AmtsträgerInnen, die sich gegen die Agro-Gentechnik aussprechen – überwiegend dann aber mit der schon von den Grünen bekannten Ausblendung bei den Forschungsfeldern. Die Auskreuzungsnachrichten von 2009 und 2010 erhöhten aber, ähnlich wie bei der CSU schon zuvor, die Neigung zur vollständigen Ablehnung. Die SPD-Abgeordnete Svenja Schulz, seit Juli 2010 Wissenschaftsministerin in Nordrhein-Westfalen, schrieb auf ihrer Homepage:[33] *„Sie reden von Koexistenz und wissen noch nicht einmal, welche Gefahren von der Freisetzung dieser gentechnisch veränderten Pflanzen ausgehen. Sie setzen Pflanzen in die Umwelt und wissen nicht, was damit passiert."*

Linke? Naja …

In ihrer Regierungszeit in Mecklenburg-Vorpommern wurde das AgroBioTechnikum gegründet und mit Fördermillionen – auch vom Land – hochgepäppelt. Die Linke, vor allem in Person ihres Landwirtschaftssprechers Fritz Tack, verteidigte das Projekt auch Jahre danach noch – wenn sie überhaupt etwas sagte. Meist war von ihr bei Protesten nichts zu sehen. ‚Jein'-SagerInnen zur Agro-Gentechnik sind bei dem Linken oft zu finden, zum Beispiel die typische Position zu Forschungsfeldern. Tack *„forderte, dass die Grundlagenforschung nicht an Konzerne gebunden sein dürfe – sie müsse unabhängig sein. Zu den gesundheitlichen und ökologischen Auswirkungen von genveränderten Organismen in Futtermitteln lägen noch keine Langzeitstudien vor. Eine Bewertung des Nutzens transgener Pflanzen sei darum noch nicht möglich."*[34] Verbreitet ist die Tradition der Distanzierung von direkten Formen des Protestes an und auf den Feldern. Nach der Teil-Zerstörung von Genfeldern im Mai 2009 am AgroBioTechnikum pöbelte Tack ohne jegliche Prüfung der Abläufe gegen vermeintliche Gewalttäter. Kritische Nachfragen von gentechnikkritischen AkteurInnen beantwortetete er nicht.

32 http://de.wikipedia.org/wiki/Manfred__P%C3%BCchel

33 www.svenja-schulze.de/

34 Aus einem Bericht auf NDR am 18.6.2009: www1.ndr.de/nachrichten/mecklenburg-vorpommern/gentechnik110.html

Die Linke in Sachsen-Anhalt, der zweiten und immer noch anhaltenden Agro-Gentechnik-Hochburg unterstützte die Technik meist. Das tat auch die von dort stammende, forschungspolitische Sprecherin Petra Sitte, die inzwischen im Bundestag sitzt. Auf ihrer Internetseite[35] fanden sich Werbetexte der Art: *„Bemerkenswert ist, dass der Forschungsstand an neuen gentechnisch veränderten Pflanzen keinerlei Anlass zu euphorischer Grundstimmung bietet. ... Es geht nicht nur um die ich-bezogene Frage, wie man es mit der grünen Gentechnik hält, sondern auch um die Entscheidung über den Umgang mit gesellschaftlichen, mit öffentlich geförderten Ressourcen. Da ist der Feststellung zuzustimmen, dass man nicht über Jahre zig Millionen in die Forschung stecken kann, um dann am Ende die Umsetzung bzw. das Inverkehrbringen zu verbieten!“* Kritik daran kam von der Ökologischen Plattform, die innerparteilich aber wenig Einfluss hat.

Da Politik Opportunismus ist und der mecklenburgische Widerstand durch direkte Aktionen und Öffentlichkeitsarbeit rund um zwei Standorte (AgroBioTechnikum und Amflorafeld) immer intensiver wurde, schwenkte Fritz Tack Ende August 2010 wie andere PolitikerInnen auf Gegenkurs zur Gentechnik:[36] *„Tack kündigte an, dass seine Fraktion auf der kommenden Landtagssitzung einen Antrag einbringen wird, der die Landesregierung auffordert, die risikoreiche Grüne Gentechnik zu verhindern und Verbraucherinnen und Verbraucher, aber auch gentechnikfrei wirtschaftende Landwirte zu schützen.“* Doch kurz danach verfiel Tack wieder in den klassischen Modus: Nein zur Gentechnik, deshalb mehr Gentechnik. Widerspruchsvoll formulierte er am 15.9.2010:[37] *„Die Entwicklung der letzten Jahre zeigt, dass es eine wirkliche Koexistenz und Wahlfreiheit zwischen gentechnisch veränderten Pflanzen und herkömmlichen Sorten nicht geben kann“*, aber *„es ist dringend erforderlich, die unabhängigen Sicherheitsforschungen weiter auszubauen“*.

Zentrale Figur des Bundesinstituts für Risikobewertung (BfR) zu Gentechnikfragen ist Marianna Schauzu. Sie ist Teil der Seilschaften (früher im BVL) und winkt in Genehmigungsverfahren die Anträge im Namen des BfR durch. Gleichzeitig ist sie Funktionärin der Partei Die Linke in Berlin, jedoch zu anderen Themengebieten. Ihre Position:[38] *„Die Gentechnik ist nicht mehr als eine Erweiterung des Methodenspektrums der Züchtung auf molekularer Ebene, mit dem Vorzug der sehr gezielten Eingriffsmöglichkeit. ... Weiterentwicklung traditioneller Züchtungsmethoden“*.

Erschreckendes fand sich im Quasi-Parteiblatt Neues Deutschland[39] – nämlich ein Jubelartikel zur Agro-Gentechnik mit dem *„Experten“* Johannes Bergler. Der aber war als Mitarbeiter eines gentechnikbetreibenden Fachbereiches der Uni Erlangen nur Lobbyist in eigener Sache.

CSU: Ja! Ähhh nein! Ähh ...

Während die Linke die Agro-Gentechnik kaum zum Thema macht, ist sie bei der CSU inzwischen zu einem der zentralen Identitätspunkte geworden. Wer allerdings in die Vergangenheit der ParteiführerInnen und FunktionsträgerInnen schaut, merkt, dass hier nicht die Überzeugung, sondern das Kalkül im Vordergrund stehen. Die CSU ist das herausragende Beispiel dafür, dass es nicht auf die Parteifarben, sondern auf den Widerstand ankommt. Aigner, Seehofer und andere sind OpportunistInnen, die ihre Fahne in den Wind hängen. Den aber machen in Bayern seit Jahren die GentechnikgegnerInnen.

Die wichtigsten Figuren in der ganzen Propagandaschlacht um verlorenes Terrain bei den WählerInnen sind die FachministerInnen auf Bundes- und Landesebene, Ilse Aigner und Markus Söder, sowie der Parteichef Horst Seehofer. Ihre Zungen sind tief gespalten. So verbot CSU-Landwirtschaftsministerin Ilse Aigner zwar im April 2009 den MON810, kämpfte aber vor- und nachher für die Agro-Gentechnik – bevorzugt die aus Deutschland. Sie bezog am 20.5.2009 gemeinsam Position pro Gentechnik[40] mit Forschungsministerin Schavan, befürwortete Forschungsfelder und ließ durch Behörden ihres Ministeriums neue Felder anlegen, nämlich die Versuchsfelder von Julius-Kühn- und Von-Thünen-Institut. Zudem startete sie ein neues Förderprogramm zur Entwicklung von Energiepflanzen, das auch biotechnologische Entwicklungen einschloss.[41] Als Freisetzungen getarnte Saatgutgewinnungsfelder für Amflorakartoffeln wurden von ihr durchgewunken. Sie akzeptierte zudem wie ihre VorgängerInnen die Personalzusammensetzung und gentechnikfreundlichen Entscheidungen des ihr unterstehenden BVL und ZKBS, JKI und BfR.

Ilse Aigner im Interview mit dem Deutschlandfunk am 10.1.2010[42]
Wo steht die CSU bei der Gentechnik?
Aigner: Also, es werden immer verschiedene Belange letztendlich hier durcheinander geworfen. Grundsätzlich bin ich vorher und auch jetzt noch der Meinung, dass ein Land forschen muss in jedem Bereich. Forschung muss sein. Ich will mir nicht von anderen Ländern irgendwann erklären lassen, wo hier letztendlich die Reise hingehen kann. Und insbesondere, was die Sicherheitsforschung betrifft, glaube ich auch nicht, dass wir uns allein auf die Ergebnisse der Hersteller verlassen sollen, sondern das ist auch die Frage, die ein Land selbst erforschen muss ... Die zweite Frage – die letzte Zulassung auf der europäischen Ebene: Da ist es um einen Futtermittel-Import, nicht um den Anbau gegangen. Das sind auch zwei Paar Stiefel. ...
Reimer: Im schwarz-blau-gelben Koalitionsvertrag, Frau Aigner, haben Sie außerdem mit der CDU und der FDP vereinbart, dass die Zulassung der Gentec-Kartoffel Amflora für den kommerziellen Anbau unterstützt werden soll. Warum?
Aigner: Die Amflora ist wieder ein anderes Konstrukt wie ein Mais. Hier geht es um eine reine Stärkekartoffel ...
Reimer: ... die aber eine Antibiotikaresistenz eingebaut hat, was viele bedenklich finden, weil sich das als Resistenz in der Umwelt verbreiten könnte.
Aigner: Ja, aber die Frage ist, ob es in den Futtermittelkreislauf kommt. Und hier habe ich die Zusicherung der Firma, falls das Futtermittel die Zulassung auf europäischer Ebene überhaupt bekommen wird, dass es in Deutschland definitiv weder als Futtermittel noch als Lebensmittel irgendwo eingesetzt wird. ...
Reimer: Kritiker sagen, dass Sie mit der Genehmigung des großflächigen Versuchsanbaus von Amflora BASF die Gelegenheit geben, vermarktungsfähiges Saatgut zu produzieren.
Aigner: Also, großflächig ist natürlich alles relativ. Ich habe das übernommen, da haben die schon einen 150 Hektar genehmigten Versuch gehabt. Ich hab's runter gehandelt auf 20 Hektar, ringsherum eingezäunt, 24 Stunden bewacht und mit einer Durchgangskontrolle über mehrere Jahre. Also, da sind alle Sicherheitsmaßnahmen ergriffen worden. Und 20 Hektar ist ein Feld von 400 x 500 Meter. Also, ob man da jetzt von großflächig reden kann, weiß ich nicht.

35 www.petra-sitte.de/index.php?id=44
36 www.mvregio.de/nachrichten_region/431317.html
37 www.mvregio.de/mvr/433295.html
38 Aus ihrem Text „Gentechnikkritik oder ‚Hilfloser Antikapitalismus'?" in: SPW 72/1993 (S. 16 f.)
39 Ausgabe vom 29.5.2010 (S.20): www.neues-deutschland.de/artikel/171883.revolution-auf-dem-acker.html?action=print
40 http://de.reuters.com/article/domesticNews/idDEBEE54J0G920090520
41 www.fnr.de/
42 www.dradio.de/dlf/sendungen/idw_dlf/1101682/

Die gesamte Agrarpolitik von Ilse Aigner folgt weiter dem Strukturwandel hin zu einer industriellen Landwirtschaft. In einem Interview sagte die CSU-Politikern:[43] *„Jährlich geben rund drei Prozent der Betriebe auf.“* Dies sei seit Jahrzehnten ein marktwirtschaftlicher Prozess. *„Aufhalten können und wollen wir diese Entwicklung nicht“*, meinte die Ministerin. Das Wort *„wollen“* in dieser Antwort ist ein deutliches Signal, wohin die Reise auch unter Aigner und dem CSU-geführten Landwirtschaftsministerium geht.

Das alles ist harmlos gegenüber dem Chef der CSU und Meister der Stammtischpolitik, Horst Seehofer. Dass er aktuell in Folge bayrisch-ländlicher Hartnäckigkeit als Befürworter der gentechnikfreien Landwirtschaft auftritt, ist ebenso nicht als wählerstimmengeiler Populismus wie seine Hetze gegen Nicht-Deutsche. Tatsächlich trat Seehofer in seiner Zeit als Bundeslandwirtschaftsminister, wo er die Sache hätte regeln können, als Rammbock für die Agro-Gentechnik auf.

Horst Seehofer im Gespräch mit dem Gentechnik-Professor Hans-Jörg Jacobsen beim Zeit-Forum am 29.6.2006[44]

Ich möchte, dass wir die Fragen, auch im Sicherheitsbereich, aber vor allem in der Entwicklungsforschung vorhanden sind, gerade was die nächste Generation der grünen Gentechnik betrifft, durch Forschung in Deutschland, und zwar auch durch Forschung im Freiland, beantworten. ...
Wir werden die Trendwende schaffen, miteinander, aber die zehn Prozent dürfen uns nicht stören. ... Ja, aber das hilft ja nix. Resignieren Sie nicht, auf geht's! Wir müssen die Wende schaffen. Man kann nicht hergehen und kann sagen, wir wissen zu wenig da und dort, was ja richtig ist. Die nächste Generation wird furchtbar interessant, nämlich Energie, Wirkstoffe für Pharmaka, möglicherweise auch die Möglichkeit, wie geht man in wasserarme Gegenden, ist das eine Hilfe? Weltweite Hungersnot? Das sind Perspektiven, die müssen wir doch als hochentwickeltes Land erforschen. Ich habe drei erwachsene Kinder. Sollen die alle ins Ausland gehen, wenn sie im Bereich der Naturwissenschaft tätig werden? Oder wollen wir auch in Deutschland für die eine Zukunft zur Verfügung stellen? ...
Ich würde nie einem Wissenschaftler widersprechen. ... Ich möchte, dass wir hier die Mentalität in den Köpfen ändern. Ich sage das jetzt nicht blauäugig. Ich habe 1992 damals als Gesundheitsminister begonnen. In der Medizin ging es genauso los.

Seehofers Vorwort zur BVL-Broschüre „Die Grüne Gentechnik“ (2008)[45]

... der Wohlstand Deutschlands beruht zu einem guten Teil auf der Entwicklung und Anwendung neuer Technologien. Dazu gehört auch die Gentechnik in ihrer ganzen Bandbreite. ... Die von der Bundesregierung beschlossene Hightech Strategie hat einen Schwerpunkt auf Innovationen in der Pflanzen- und Biotechnologie gesetzt. Vor diesem Hintergrund setzt sie bei der Grünen Gentechnik darauf, die Chancen dieser Technologie zu erforschen, mögliche Risiken festzustellen und diese bei ihrem Einsatz zu minimieren. ... Die wissenschaftliche Basis von Entscheidungen kann nicht durch Mehrheitsmeinungen in politischen Gremien ersetzt werden.

Text zur Gesetzesveränderung, in: Junge Welt, 27.11.2006 (S. 9)[46]

Landwirtschaftsminister Horst Seehofer (CSU) will den Anbau von gentechnisch veränderten Pflanzen erleichtern, das berichtete die Berliner Zeitung am Wochenende unter Berufung auf ein Eckpunktepapier seines Ministeriums zur Novelle des Gentechnikgesetzes. Seehofer will dem Bericht zufolge die Forschung nicht nur im Labor, sondern auch im Freiland beschleunigen und Haftungsvorschriften ändern. So sollen Wissenschaftler demnach im Falle von Vermischungen von genetisch manipulierten mit konventionellen Pflanzen nur noch eingeschränkt haften. Ferner soll das Genehmigungsverfahren vereinfacht werden. Beim kommerziellen Anbau sollen bisher vorgeschriebene Informationen im öffentlichen Standortregister eingeschränkt werden. Bislang wurden dort die Äcker mit genveränderten Pflanzen flurstückgenau verzeichnet. Nun soll die Angabe auf die Gemarkung beschränkt werden.

Neben diesen Wendehälsen gibt es explizit gentechnikfreundliche Gruppierungen in der CSU. Das sind zum einen viele CSU-BundespolitikerInnen, die damit beweisen, dass die CSU die Agro-Gentechnik unterstützt, wenn sie nicht vor Ort Druck bekommt. Das von der Landtagsfraktion beschlossene Positionspapier *„Für ein gentechnikanbaufreies Bayern“* stieß bei der CSU-Landesgruppe im Bundestag auf nahezu einhellige Ablehnung. Die Bundestagsabgeordnete Marlene Mortler warnte vor einer stimmungsgeleiteten Politik im Hinblick auf die Grüne Gentechnik. Die CSU sei gut beraten, fachlich zu argumentieren und ihre Meinungsbildung auf wissenschaftlicher Grundlage vorzunehmen. Das Papier der Landtagsfraktion werde dem nicht gerecht. Ähnlich äußerte sich der agrarpolitische Sprecher der CSU-Landesgruppe, Max Lehmer. Mit der Forderung nach Verzicht auf jeglichen Freilandanbau ignoriere die Landtagsfraktion die wissenschaftlichen Ergebnisse renommierter bayerischer Forschungseinrichtungen, die keinen Zweifel an der Unbedenklichkeit von Bt-Mais aufkommen ließen, erklärte er. Er zeigte sich besorgt, dass Bayern trotz hervorragender Einrichtungen den Anschluss in der Biotechnologie verlieren könnte und damit Chancen in einer Technologie verspiele, die erhebliche Potentiale für die Zukunft biete.[47]

Doch auch in Bayern zeigten sich Unterschiede. So plädierte der Wirtschaftsbeirat, eine CSU-nahe Unternehmervereinigung, für die Agro-Gentechnik:[48] *„Da stecken eine Menge Chancen für Bayern drin.“* Es gehe um den Forschungsstandort und die Wertschöpfung. Aber auch um Ressourcen wie Wasser, Ernährung oder Energien aus nachwachsenden Rohstoffen, sagte Otto Wiesheu (CSU), Ex-Wirtschaftsminister und Chef des Wirtschaftsbeirats. Früher war die CSU in Bayern übersichtlicher – ganz einfach pro Agro-Gentechnik:[49] *„Auch der Bayerische Staatsminister für Landwirtschaft und Forsten, Josef Miller, schrieb, dass Deutschland und seine Landwirtschaft in die Lage versetzt werden müsse, das in der Grünen Gentechnik liegende positive Potenzial zu nutzen.“*

CDU: Klare Kante pro Gentechnik

Im Gegensatz zur CSU agiert die CDU unverändert deutlich. Gentechnikfans sitzen an den Schalthebeln: Katherina Reiche als Staatssekretärin im Umweltministerium und Annette Schavan als Bildungsministerin. Beide streiten pro Gentechnik, ohne Wenn und Aber! Schavan bildet dabei das Aushängeschild – und ihre Aussagen haben es tatsächlich in sich. Sie preist jeden Fortschritt, will Deutschland weltweit vorn haben – egal in welcher Disziplin. Die immer auf soviel Wissenschaftlichkeit pochende Forschungsministerin glaubt, dass Gentechnik gegen den Hunger helfen könnte,[50] und schimpft über Landwirte, die ihre tollen Forscher in Frage stellen.

43 Neue Osnabrücker Zeitung am 10.5.2010: www.neue-oz.de/information/noz__print/interviews/20100507-aigner.html

44 www.zeit.de/2006/28/wissenschaftsforum?page=2

45 www.bvl.bund.de/nn__491798/DE/08____PresseInfothek/03____Informationsmaterial/01____BVL____Broschueren/BVL____gentechnik,templateId=raw,property=publicationFile.pdf/BVL__gentechnik.pdf

46 www.jungewelt.de/2006/11-27/003.php

47 Quelle: „CSU in Gentechnikfrage gespalten“, auf top agrar am 10.5.2010 (www.topagrar.com/index.php?option=com__content&task=view&id=18226&Itemid=519)

48 Quelle: „Plädoyer für Grüne Gentechnik“ in: Welt Online, 11.7.2010 (www.welt.de/die-welt/regionales/muenchen/article8407506/Plaedoyer-fuer-gruene-Gentechnik.html)

49 Presseinformation des Deutschen Bauernverbandes am 8.1.2004: www.openpr.de/news/26491/Laenderagrarminister-unterstuetzen-Bauernverband-bei-Gruener-Gentechnik.html

50 Am 8.6.2010: http://blogs.taz.de/saveourseeds/2010/06/08/

Diskussionspapier des BMBF (Annette Schavan) zum Runden Tisch Gentechnik (Treffen vom 22.7.2009)[51]
Methodenoffenheit bedeutet, dass das gesamte Spektrum der zur Verfügung stehenden Methoden geprüft und dabei der Beitrag einzelner Technologien – wie z.B. der Grünen Gentechnik – vorbehaltslos und ergebnisoffen im Vergleich auch zu anderen Forschungsansätzen diskutiert werden muss. ... Pflanzenbiotechnologie besitzt dabei das Potenzial, alle Formen der Pflanzennutzung zu unterstützen: konventionelle Landwirtschaft, Landwirtschaft mit gentechnisch verbesserten Sorten und ökologischen Landbau. Grüne Gentechnik wird dabei weiterhin eine wichtige Rolle einnehmen. ... Allerdings fließen die Ergebnisse der Biologischen Sicherheitsforschung noch immer nicht ausreichend in die öffentliche Diskussion und Bewertung der Grünen Gentechnik ein. Hier müssen neue, vertrauensbildende Maßnahmen entwickelt werden.

Aus einem Interview der FAZ, 12.7.2010[52]
Wer einmal – wie ich zwei Wochen vor der Bundestagswahl auf dem Marktplatz von Ulm – vor sechstausend Gentechnikgegnern geredet hat, der weiß, dass wir noch ein großes Stück Überzeugungsarbeit zu leisten haben.

Zitiert in „Die Macht der Bauern", in: Freitag, 29.4.2009 (S. 4)
Wir können bei der grünen Gentechnik nicht nach dem Motto verfahren, Forschung ja, aber Anwendung nein ... wir verpflichtet sind, den Hunger in der Welt mit Hilfe gentechnisch veränderter Pflanzen zu bekämpfen.

Spruch auf einer Veranstaltung am 20. Juli 2007 in Ehingen[53]
Es darf doch in Deutschland nicht so weit kommen, dass man einem Landwirt mehr glaubt als einem Forscher.

Doch in der Partei gibt es nicht nur Annette Schavan. Befürwortung ist überall zu hören und zu lesen – vom offiziellen Wahlprogramm bis zu Aussprüchen der Bundeskanzlerin. Recht offensiv für die Agro-Gentechnik warb in der Vergangenheit Katharina Reiche, eine Diplom-Chemikerin aus Potsdam, die seit 1998 im Bundestag sitzt. In ihrem Wahlkreis liegt das Max-Planck-Institut für molekulare Pflanzenphysiologie in Potsdam-Golm, das laut Reiche „*europaweit als eine der bedeutendsten Einrichtungen der Genforschung*" gilt.[54] In der schwarz-gelben Regierung stieg sie zur Staatssekretärin im Umweltministerium auf – ein für die Gentechnik-Seilschaften wichtiger Posten, denn von dort könnte die letzte kritische Bundesbehörde, das Bundesamt für Naturschutz, zum Schweigen gebracht werden. Reiche ist da eindeutig:[55] „*Von der Bundesregierung erwarte ich deshalb ein klares Signal, dass Deutschland weiter auf das Thema setzt.*" Und fügt an:[56] „*Deutschland muss endlich die Chance ergreifen und in die Zukunftsbranchen einsteigen, damit es in unserem Land wieder aufwärts geht. Weltweit werden schon rund 80 Mio. Hektar gentechnisch gezüchteter Sorten angebaut, ohne dass ein Sicherheitsrisiko oder Schäden aufgetreten wären. Die weltweiten Erfahrungen und auch der im letzten Jahr in Deutschland durchgeführte Erprobungsanbau zeigen, dass ein ungestörtes Nebeneinander von konventionellem, ökologischem und gentechnischem Anbau möglich ist.*" Im Bundestagswahlkampf 2005 bezeichnete sie GentechnikgegnerInnen als „*Bioterroristen*" und prangerte deren angebliche Duldung durch die rot-grüne Regierung als Skandal an.[57] „*Rot-Grün*" würde die Gentechnik behindern, weil diese mit Zukunftsängsten Wahlkampf machen wollten. Das MON810-Verbot lehnte sie ab:[58] „*Ich habe für ein Verbot überhaupt kein Verständnis.*" Reiche, die auch stellvertretende Bundesvorsitzende der CDU ist, hat einige Führungsämter in Industrievereinigungen. Sie sitzt im Kuratorium der Arbeitsgemeinschaft industrieller Forschungsvereinigungen „*Otto von Guericke*", im Beirat des Dachverbandes der Regionalparks in Brandenburg und Berlin und im Vorstand der Gesellschaft zur Förderung des Unternehmernachwuchses.

Die Apparate im Zentrum der CDU treten als Unterstützerin der Agro-Gentechnik auf. Nicht immer gilt das auch für einfache Mitglieder oder örtliche Gruppen. In Ausleben, wo die BioTechFarm im Ortsteil Üplingen agiert, stimmte eine Mehrheit aus CDU und Linken gegen das Projekt – natürlich wirkungslos. Aber das ist ja typisch und gilt für alle Parteien ebenso wie für andere Organisationen. Was den Eliten dient, fällt in den Bundes- und oft auch Landesgremien auf fruchtbaren Boden. Eine Hand wäscht die andere.

Aus dem Wahlprogramm von CDU/CSU für 2009-2013
Wissenschaft braucht klare ethische Einbettung und Orientierung. Das gilt gerade für die moderne Bio- und Gentechnologie. Die Auseinandersetzung über ethische Grenzen der Forschung muss sachlich und in der Überzeugung, dass Deutschland im internationalen Wettbewerb forschungsfreundliche Rahmenbedingungen braucht, geführt werden. So werden gesellschaftlich Vertrauen und Akzeptanz geschaffen. Deshalb brauchen wir Sicherheitsforschung in umstrittenen Forschungsbereichen, insbesondere in der grünen Gentechnik. (S. 15)
Politik muss die Sorgen der Bürger bei grüner Gentechnik ernst nehmen und darf keine unnötigen Risiken eingehen. (S. 46)

Angela Merkel im Fernsehduell mit dem damaligen Bundeskanzler Gerhard Schröder am 4.9.2005[59]
Merkel: „Sie gestatten sicherlich noch einen abschliessenden Satz zu der Gentechnik ..." Moderator: „Nein, nein ..." Merkel: „Doch, das muss ich machen, um einfach deutlich zu machen, Deutschland ist ein Chemiestandort. Und wir müssen es schaffen, gentechnisch veränderte, nachwachsende Rohstoffe nicht zum Konsum, zum Essen, sondern für die chemischen Reaktionen herzustellen. Die Bedingungen sind jetzt schlechter als in allen anderen europäischen Ländern, das ist die Wahrheit. Und deshalb wird Deutschland sich auf diesem Gebiet nicht so entwickeln, deshalb werden wir das auch ändern. Ich finde, das müssen die Zuschauerinnen und Zuschauer wissen. Das ist von der BASF bis zu anderen Chemieunternehmen eine ganz wichtige Sache."

Beschlussvorlage „Landwirtschaft ist Zukunft" zur JU-Bundesversammlung 2010[60]
Praktikable Schwellenwerte für zufällige, technisch unvermeidbare Beimischungen von GVO in konventionellem Saatgut sind unerlässlich. Ferner ist ein Schwellenwert für geringfügige Beimischungen von nicht in der EU angemeldeten bzw. zugelassenen oder in den EU-Ländern asynchron zugelassenen GVO in Lebens- und Futtermitteln notwendig. Die deutsche Landwirtschaft ist auf den Import von proteinhaltigen Futtermitteln angewiesen. Keine Veröffentlichungspflicht von GVO-Standorten und Abstandsregelungen ...
Künftig müssen neue. wissenschaftlich und behördlich geprüfte und als unbedenklich eingestufte Sorten zügig zugelassen werden, um zu verhindern. dass Europa im weltweiten Wettbewerb immer weiter zurückfällt.
Deutschland ist weltweit der zweitgrößte Importeur und viertgrößte Exporteur von Agrarprodukten. Ohne die Nutzung der Grünen Gentechnik erwächst daraus ein deutlicher Wettbewerbsnachteil. ... Die Stärkung des Forschungsstandortes Deutschland durch den Ausbau der Forschung an gentechnisch veränderten Organismen (GVO).

51 http://blogs.taz.de/saveourseeds/files/2009/07/runder__tisch__schavan__agrarforschung__ubersicht__200709.pdf
52 www.faz.net/s/Rub594835B672714A1DB1A121534F010EE1/Doc%7EEEC7634719A9A410CA7F9DE6B163B5454%7EATpl%7Ecommon%7EScontent.html
53 www.nachdenkseiten.de/upload/pdf/070907-antigenfood0807.pdf, durch mehrere AugenzeugInnen bestätigt.
54 www.katherina-reiche.de/de/Newsletter/32/Runder__Tisch__zur__Gr__Gentechnik/artikel,264.html
55 Homepage von Katharina Reiche, Text vom 29.5.2009: www.katherina-reiche.de/de/Newsletter/32/Runder__Tisch__zur__Gr__Gentechnik/artikel,264.html
56 Telepolis am 31.7.2005: www.heise.de/tp/r4/artikel/20/20631/1.html
57 siehe Fußnote 56
58 Stern am 14.4.2009: www.stern.de/wissen/ernaehrung/gefahr-fuer-die-umwelt-aigner-verbietet-genmais-anbau-660801.html
59 Imkerei-Technik-Magazin, 1/2008 (zitiert nach Zeit-Fragen: www.zeit-fragen.ch/index.php?id=2589)
60 Download über www.projektwerkstatt.de/gen/filz/parteien/ju__landwirtschaftspolitik.pdf

Peter Bleser, MdB und Vorsitzender der CDU/CSU-AG Ernährung, Landwirtschaft und Verbraucherschutz am 13.7.2010
Wichtige wirtschaftliche Potenziale können nicht mehr genutzt werden; ein Verlust von Arbeitsplätzen ist zu befürchten. Europa würde sich damit von einer Zukunftstechnologie verabschieden, die weltweit bereits in erheblichem Umfang genutzt wird. ... Wir begrüßen es in diesem Zusammenhang, dass Fragen der Umwelt- oder der Gesundheitsgefährdung von GVO nicht für ein Anbauverbot herangezogen werden können.

FDP
Die Liberalen

Die mit der Gentechniklobby heult: FDP

Bleibt noch die FDP. Es wäre unhöflich, sie auf ihr bundespolitisches Aushängeschild zu verkürzen. Oder zu lachen, wenn diese im Bundestag auftritt. Aber Christel Happach-Kasan aus dem kleinen Dorf Bäk im Norden der Republik ist eine bemerkenswerte Mischung aus Ideologie des Alles-ist-erlaubt,-was-Profit-bringt und weitgehendem Fehlen von Argumenten. Trotzdem ist sie ständig unterwegs für die grüne Gentechnik. Kritik perlt an ihr ab. Die Broschüre „*Organisierte Unverantwortlichkeit*" bezeichnete sie mit ihrer typisch inhaltsleeren Rhetorik am 7.9.2009 als „*Schrott*", zog den Begriff aber zurück, als sie auf Nachfrage nicht in der Lage war, ein einziges Beispiel für Falschangaben in dem Heft zu benennen.

Aus der Festrede von Christel Happach-Kasan auf dem InnoPlanta-Forum am 6.9.2010[61]
Ein Ausländer, der die Voraussetzungen zur Einbürgerung erfüllt, muss eingebürgert werden, ob der zuständige Beamte dazu Lust hat oder nicht; ein Produkt, das die Zulassungsvoraussetzungen erfüllt, muss zugelassen werden. Alles andere wäre politische Willkür, eine Abkehr vom Prinzip der Rechtsstaatlichkeit. ...
Kinder scheuen oftmals den ersten Zahnarztbesuch. Doch welche verantwortlichen Eltern bleiben dann mit ihnen zu Hause? Zweifel und Ängste ernst nehmen, heißt ihnen mit Information und Aufklärung zu begegnen. ...
Ein faktisches Verbot wäre politische Willkür, die die Freiheitsrechte von Landwirten, Unternehmen, Forschern und Verbrauchern missachtete. Das ist der Weg in eine andere Republik. ...
Für die Bewältigung der Herausforderungen der Zukunft ist die Grüne Biotechnologie ein wichtiges Instrument. Armut, Hunger, Mangelernährung, Wüstenbildung, Klimawandel erfordern Investitionen in die Landwirtschaft, in die Züchtung gentechnisch optimierter Sorten. ...
Wir brauchen die Abschaffung der so genannten Nulltoleranz für Futtermittel, Lebensmittel und Saatgut. Die Null ist eine mathematische Größe, ist biologischen Systemen fremd. Eine Gesellschaft, die Grenzwerte für jedes Gift akzeptiert, sollte ohne Probleme auch Grenzwerte für gesunde Produkte tolerieren, die den einzigen Makel haben, noch keinen Zulassungsstempel der EU zu tragen.

Aus ihrer Pressemitteilung am 17.9.2010[62]
Deren Nutzung ist ethisch vertretbar und ökonomisch sowie ökologisch geboten und somit eine Chance für Deutschland. Aus Sicht der FDP besteht im Bereich der Biotechnologiepolitik auf verschiedenen Feldern dringender Handlungsbedarf. So führt die in Deutschland praktizierte Umsetzung der Regelungen zur Nulltoleranz zu Rechtsunsicherheit und verursacht zusätzliche Kosten für Unternehmen, Importeure und Landwirtschaft. Diesen zusätzlichen Kosten steht kein entsprechender Nutzen für Verbraucherinnen und Verbraucher gegenüber. Dies muss durch die notwendigen Korrekturen des Gentechnikrechts auf nationaler und europäischer Ebene dringend geändert werden. Insbesondere eine Korrektur der praxisuntauglichen Nulltoleranz-Regelung ist zur Stärkung der agrarischen Veredlungswirtschaft in der Schweine-, Geflügel- und Milchviehhaltung notwendig, damit wir nicht weiter vor den internationalen Warenströmen für agrarische Rohstoffe abgeschnitten werden. Der Umbruch von 2000 Hektar Mais im Juni wegen einer noch nicht einmal sicher nachgewiesenen geringfügigen Verunreinigung ist ein Skandal und darf nicht wieder vorkommen.

Mit solchen Meinungen ist Happach-Kasan in der FDP auf dem dort prägenden Kurs. Die ganze Partei ist eine naiv-ideologische, marktradikale Glaubensgemeinschaft an das immer Gute in jeder Forschung und Technik. Die Ausdrucksformen dieser Technikgläubigkeit sind skurril. Dafür genügt der Blick auf den wichtigsten Lobbyverband der Agro-Gentechnik, InnoPlanta. Deren Chef ist nämlich der FDP-Landtagsabgeordnete Uwe Schrader. Initiator war der FDP-Mann Horst Rehberger, auch Happach-Kasan mischte oft mit (Näheres im Kapitel V ab Seite 69).

Bundeswirtschaftsminister Rainer Brüderle (FDP) unterstützte die armen Gentechnikkonzerne sogar praktisch und half medientauglich beim Ernten von gv-Kartoffeln.[63] Nutznießer war der Großkonzern BASF, der das Ereignis auch groß herausposaunte:[64] *„Der Bundesminister für Wirtschaft und Technologie Rainer Brüderle startete heute die Amflora-Ernte in Zepkow, Mecklenburg-Vorpommern. Zusammen mit dem BASF-Vorstandsvorsitzenden Dr. Jürgen Hambrecht und dem für die Pflanzenbiotechnologie zuständigen Vorstandsmitglied Dr. Stefan Marcinowski holte er die ersten Knollen der gentechnisch verbesserten Stärkekartoffeln aus der Erde. Auf 14 Hektar hat BASF in diesem Jahr dort erfolgreich angebaut. Brüderle betonte, dass Pflanzenbiotechnologie einen wichtigen Beitrag zur Wettbewerbsfähigkeit und Nachhaltigkeit der europäischen Landwirtschaft leisten kann."* Offenbar hat die Agro-Gentechnik soviel Selbstzweck und ihre Unterstützung ist ideologisch begründet, dass allein die Tatsache der Genmanipulation ein derartiges Interesse hervorruft. Denn bekanntlich gibt es zur Amflora-Kartoffel, um deren Ernte es ging, längst auch ohne Gentechnik gezüchtete Alternativen.

Aus dem Wahlprogramm der FDP für 2009-2013
Forscher wollen forschen. Sie wollen nicht mit überbordender Bürokratie die Zeit vergeuden. Die FDP lehnt Denkblockaden und ideologische Fixierung auf bestimmte Technologien ab. Fusionsforschung, kerntechnische Sicherheitsforschung, Stammzellforschung, grüne Gentechnik, Biotechnologie

Abschließend übte die Referentin starke Kritik an der Zerstörung von Wertprüfungs- und Sortenversuchen. Dies seien kriminelle Handlungen und verursachten Schäden in Millionenhöhe.
Die anschließende Diskussion verlief dann sehr einseitig. Alle Argumente der Gen-Technik-Gegner wurden mit Hinweisen wie, diese Wissenschaftler seien nicht vertrauenswürdig oder das Projekt sei nicht wissenschaftlich begleitet worden, abgeschmettert. Bis auf den Beitrag eines Grebenauer Schweinezüchters – und wie er anmerkte, FDP-Wähler –, der Eiweißpflanzen für seine Tiere brauchte, beinhalteten alle Diskussionsbeiträge eine Ablehnung beziehungsweise starke Zweifel an der Nutzung von grüner Gentechnik.

Oben: Bericht über einen Vortrags von Happach-Kasan im Vogelsbergkreis (Oberhessische Zeitung, 2.4.2007). Es gab offenbar Kritik.

Foto unten: Brüderle hilft der BASF beim Ernten von gv-Kartoffeln. Dahinter InnoPlanta-Werber.

61 www.innoplanta.de/fileadmin/user_upload/Pdf/Pdf_Innoplanta-Forum/InnoPlantaForum2010_Festvortrag_Happach-Kasan.pdf
62 www.fdp-kleinmachnow.de/portal.presse.php?id=14302
63 www.keine-gentechnik.de/news-gentechnik/news/de/22481.html
64 www.basf.com/group/pressemitteilungen/P-10-389

Foto: Protest gegen die Ernteaktion der Amflora und die politische Unterstützung durch den Bundeswirtschaftsminister Brüderle.

i Internetseiten zu Organisierung von unten und kreativen Aktionsmethoden:

- ► www.direct-action.de.vu
- ► www.hierarchnie.de.vu
- ► www.projektwerkstatt.de/ovu

65 www.topagrar.com/index.php?option=com_content&task=view&id=19408&Itemid=519

und Nanotechnologie und Raumfahrtprojekte dürfen nicht stigmatisiert, sondern müssen in wettbewerblichen Verfahren unter transparenten und verantwortungsvollen Rahmenbedingungen gefördert werden. (S. 52)

Aus „FDP will Gentechnik in der Landwirtschaft", auf: topagrar am 7.7.2010[65]

Forschung bei gleichzeitigem Verbot der Anwendung der Forschungsergebnisse im eigenen Land widerspreche der Vernunft, heißt es in dem Positionspapier „Biotechnologie", dass die FDP-Bundestagsfraktion vergangene Woche verabschiedet hat.

Fazit: Der Widerstand entscheidet!

Was folgt aus all dem? Etwas Schlichtes, aber Wichtiges: Es kommt nicht auf die Parteien, sondern auf dem Widerstand an. Es gibt keine Partei, die eine klare, von Machtspielchen und Seilschaften unbeeinflussten Kurs gegen die Agro-Gentechnik fährt. Umgekehrt gibt es aber selbst in den scheinbar eindeutig pro Gentechnik auftretenden Parteien FDP und CDU Gegenwind, z.B. von den eigenen Basisgruppen in kleinbäuerlich geprägten Regionen. Klar ist:

- ► Rot-Grün auf Bundesebene hat die Förderung deutscher Gentechnik unter dem Label „Sicherheitsforschung" ausgebaut. In ihrer Regierungszeit kam es zu Geheimaussaaten von Rapsfeldern in mehreren Bundesländern. Die Felder gerieten außer Kontrolle.
- ► Rot-rote und schwarz-gelbe Landesregierungen haben die Hochburgen deutscher Gentechnik aufgebaut: Das AgroBioTechnikum in Groß Lüsewitz (bei Rostock) und die BioTech-Seilschaften in und um die Börde Sachsen-Anhalts.
- ► 2008 und 2009 setzte lokaler Widerstand das Aus der Gentechnik in Bayern durch – unter einer schwarz-gelben Landesregierung! Kurz danach stärkte eine gleichfarbige Bundesregierung dieselbe Technik, während die große Koalition in Thüringen der Agro-Gentechnik das vorläufige Aus verpasste. Schwarz-grün in Hamburg und die Jamaika-Koalition im Saarland gelten als relativ gentechnikkritische Regierungen.
- ► Was die CSU in Bayern macht, gilt nicht auf Bundesebene. Im Landwirtschaftsministerium Ilse Aigners wurden hohe Fördergelder für die Entwicklung der Gentechnik gezahlt, die Bundesfachanstalten auf Gentechnik weiter spezialisiert und der BioÖkonomierat als reines Pro-Gentechnikgremium gegründet.

Alle politischen Apparate auf höherer Ebene gehören zu den gesellschaftlichen Eliten. Das schafft ein praktisches Problem, denn es ist dort gut geübte Praxis, die politischen Wortmeldungen und Einmischungen ‚von unten' arrogant zu übersehen – oder sich gar aktiv abzuwenden. Die grüne Bundestagsabgeordnete Ulrike Höfken, obwohl eigentlich ihr Thema, ignorierte die Recherchen und Aktionen gegen die Gentechnik-Seilschaften, seit sie ab 2009 von BasisaktivistInnen verbreitet werden. Ihre Kollegin Cornelia Behm fuhr auf dem Weg zum InnoPlanta-Forum 2009 an den GentechnikgegnerInnen vorbei. Der SPD-Bundestagsabgeordneten Matthias Miersch, der ebenfalls die Gentechnik-Seilschaften schon zum eigenen Thema machte, schwieg wie seine grüne Kollegin, seit das ein Thema von Basiszusammenhängen wurde und in Saarbrücken vor Gericht stand. Schlimmer waren und sind die ständigen Distanzierungen von Basisaktivitäten auf und um Versuchsfeldern oder den dahinterstehenden Institutionen. Der Bruch zwischen Eliten und AktivistInnen ist kultureller Natur. Sie entspringt den Unterschieden in Alltagsgepflogenheiten, Kommunikationsstilen, Handlungsformen und sozialer Einbettung, d.h. der Zugehörigkeit zu gesellschaftlichen Schichten, Sphären oder Klassen. Nötig ist daher nicht nur eine inhaltliche Klarheit, sondern auch eine Überwindung lebensstilistischer Arroganz.

Ansatzpunkte dafür gibt es allerorten: Ob rot, ob grün, ob gelb, schwarz oder ganz neue Farb-Experimente mit der Beteiligung an der Macht – notwendig und erfolgversprechend ist der Widerstand von unten! Das ist nicht nur eine inhaltliche, sondern auch eine kulturelle Aufgabe. Und es stellt die Machtfrage. Die Gestaltungskraft in der Gesellschaft muss aus Märkten und Parlamente wieder zurückgewonnen werden – hin zu den Menschen!

Ballungszentren und Knotenpunkte: Die Hochburgen der Seilschaften

In diesem Kapitel:

Wir leben längst in den Jahren, für die euphorische Gentechniklobbyistlnnen angekündigt hatten, dass die gesamte oder zumindest der überwiegende Teil der Landwirtschaft mit gv-Pflanzen arbeiten würden. Der Himmel auf Erden war prophezeit. Doch weder gibt es überhaupt gentechnische Konstrukte, die statt den Kassen der Konzerne irgendwelchen Menschen helfen könnten noch ist der Traum der GentechnikerInnen von einer durchdesignten Pflanzen- und Tierwelt überall in der Landschaft wahr geworden. Gescheitert ist er am Protest und an der fehlenden Jubelstimmung für gekaufte WissenschaftlerInnen, profitgeile Unternehmen und sterbende bäuerliche Landwirtschaft. Was Konzerne, ForscherInnen und LobbyistInnen seit Jahrzehnten herbeisehnen, predigen und ankündigen, blieb LandwirtInnen und VerbraucherInnen bislang zu großen Teilen erspart. Ganz im Gegenteil: Öffentlicher Protest und vor allem zahlreiche direkte Aktionen haben das Ausbringen von gentechnisch veränderten Pflanzen in die Landschaft auf ganz wenige Standorte begrenzt. Dort haben sich die ProtagonistInnen in wahren Hochburgen verschanzt: Wachschützer, Bewegungsmelder, Gänse, Hunde und Flutlicht sichern Aussaat, Heranwachsen und Ernte der Pflanzen. Was sie nicht verhindern, sind Auskreuzung und Fördermittelbetrug.

Das sollen sie auch nicht. Denn die Branche der Agro-Gentechnik lebt von beidem: Den Millionen an Steuergeldern, die mit Anträgen voller Lügen eingesackt werden – und der Ausbreitung gentechnisch veränderter Konstrukte in der Umwelt. Denn alle wissen: So lässt sich der Machtpoker am Ende gewinnen. Ist alles verseucht, ist die Debatte um Gentechnikfreiheit erledigt. Bislang lässt es sich an diesen Hochburgen noch relativ ruhig arbeiten. Nur unabhängige AktivistInnen, mitunter zusammen mit lokal Aktiven, stemmen sich gegen die gut bewachten Areale. Umweltverbände und -parteien zeigen sich selten oder gar nicht. Dabei sind diese für die Frage der Gentechnikfreiheit von entscheidender Bedeutung. Wer die Ausbreitung von gv-Pflanzenkonstrukten verhindern will, darf die Hochburgen nicht außen vor lassen. Die dort wachsenden Pflanzen tragen richtig viele davon ...

Im Namen Gottes: IPK und die ersten Bioparks in Gatersleben

Begeben wir uns auf die Reise zu den Agro-Gentechnikhochburgen dieses Landes. Nicht, das nur dort Felder zu finden sind – in den vergangenen Jahren fanden sich Einzelne auch andernorts, vor allem mit MON810 im kommerziellen Anbau, solange er noch erlaubt war. Regionale Schwerpunkte entstanden dort, wo sich Agrarbetriebe für diese Technik haben finden oder kaufen lassen. Die Hochburgen der Agro-Gentechnik, die hier gemeint sind, haben eine andere Sonderstellung: Hier liegen mehrere Versuchsfelder neben Versuchslaboren, Bürotrakten von Lobbygruppen, Firmen und Instituten, mitunter sogar Behörden. Das schafft eine Konzentration der AkteurInnen, von deren direkter Kommunikation und Kooperation das Netzwerk lebt. Solch ein Schmelztiegel der Seilschaften war und ist das Gelände des IPK in Gatersleben. Begeben wir uns auf eine Zeitreise in dieses Projekt, das seit über 10 Jahren Knotenpunkt der Agro-Gentechnikgeflechte ist. Unsere erste Station auf dem Flug in die Vergangenheit ist der 29. März 2007:[1] Wir landen neben Gewächshäusern – ganz frisch erbaut. Kameras und wichtig gekleidete Menschen stehen herum. Dann kommt – in voller Montur – ein Kirchenmann und segnet die Glasflächen. Sollen wir lachen? Andere jubeln, z.B. der Biopark Gatersleben: *„Katholische Kirche investiert in Grüne Gentechnik“.*

Wir reiben uns die Augen? Eine Kirche, die in die ökonomische Nachbesserung der Schöpfung investiert? Das kann doch wohl kaum sein. Und doch – es stimmt. Sogar noch mehr. Der Immobilienspekulant GERO AG, eine kircheneigene Firma, war Investor der Gentechniklabore nebst Büros. Er hatte satte 35 Mio. Euro gemeinsam mit dem Land Sachsen-Anhalt in den Aufbau des Bioparks Gatersleben gesteckt – und damit gleich eine der wichtigsten Einrichtungen in Gefahr gebracht, die die Vielfalt jahrhundertealter bäuerlicher Kultur erhalten sollte: Die Saatgutbank auf dem gleichen Gelände stand fortan neben der sakralen Bastelstube für neues Leben und den später hinzukommenden Freilandexperimenten. Die Geschichte, wie es dazu kam, ist lang und muss erzählt werden, um zu begreifen, wie genau dort, wo die Sortenvielfalt von Getreide- und Hülsenfrüchten auf Dauer erhalten werden soll, ein Zentrum der Agro-Gentechnik entstand.

Foto links: Zufahrt zur BioTech-Farm in Üplingen – dem neuesten von drei Bioparks in Deutschland. Die Aufnahme stammt vom 19.4.2009, als Lobbyverbände vor dem Eingang eine Demonstration pro Gentechnik abhielten.

Aktuelle Informationen, Links oder mehr Zitate auf der Internetseite zu den Standorten unter www.biotech-seilschaften.de.vu!

Fußnoten

1 www.bioparkgatersleben.de/seiten/aktuell/presse/Pressemitteilung.pdf

Foto: Die Segnung des Gentechlabors in Gatersleben. Bericht auch auf: www.biotechnologie.de/BIO/Navigation/DE/Hintergrund/themendossiers,did=84690.html

Aber erstmal die Entwarnung für alle, die trotz solcher Hiobsbotschaften gottesgläubig bleiben wollen: Gott hatte ein Einsehen und der Immobilienspekulant GERO AG schlidderte in den Bankrott gehen. Den Biopark mitsamt seinen Firmen und Feldern ließ er leider unbehelligt ...

Der Blick zurück führt in düstere Zeiten. Der Vorläufer des heutigen IPK entstand unter den Nationalsozialisten. 1943 schufen sie nahe Wien das Kaiser-Wilhelm-Institut für Kulturpflanzenforschung.[2] 1945 erfolgte der Neuaufbau im sachsen-anhaltinischen Gatersleben, ein Jahr später übernahm die Universität Halle das Institut. 1991 wurde es als Folge des Einigungsvertrages mit neuem Namen versehen und später in eine Stiftung umgewandelt.[3] Richtig Fahrt nahm das IPK aber erst um die Jahrtausendwende auf. Gentechnik und die vorher in Braunschweig ansässige Saatgutbank rückten in den Mittelpunkt der Tätigkeiten. Ab 1998 leitete der Biotechnologe Prof. Uwe Sonnewald die Abteilung Molekulare Zellbiologie, im gleichen Jahr folgte die Gründung der ersten lupenreinen Gentechnikfirma: SunGene, heute eine Tochter der BASF. Zwei Jahre später entstand das nächste Unternehmen dieser Art, Novoplant. Nebeneinander wurden zwei Bereiche ausgebaut, die sich eigentlich ausschließen: Die Saatgutbank, die vorhandene Samenvielfalt durch Vermehrung und Einlagerung in Sortenreinheit zu erhalten versucht – und die Gentechnik, die durch Freisetzung manipulierter Pflanzen genau diese Sortenreinheit in Gefahr brachte. Im IPK Gatersleben jedoch sollten sie zu Nachbarn werden. Daran entzündete sich Protest. Das IPK war ein phasenweise heftig umstrittener Standort deutscher Gentechnik. Das war eher eine Ausnahme, denn ansonsten reduzierte sich die Kritik, wenn sie überhaupt aus den bildungsbürgerlichen Schichten der Metropolen herauskam, auf die Schelte der Firma Monsanto und deren Produkt MON810. Allerdings konnten selbst über 30.000 Unterschriften und Einwendungen die Gentechnik in Gatersleben nicht verhindern. Im Gegenteil: Das BVL forderte die viel ältere Saatgutbank auf, auszuweichen, damit die Gentechnik ungestört angewandt werden könne.[4]

Neben Konzernen, Lobbyisten und den verfilzten Behörden beteiligte sich die katholische Kirche lange Zeit über die kircheneigene Firma GERO daran, einen Biopark aufzubauen und zwei eigene Firmen am Gelände zu betreiben: Futura und BGI Biopark.[5] Erst im April 2008 beendete eine beherzte Aktion von freiwilligen FeldbefreierInnen den Gentechnikanbau in Gatersleben.[6] Seitdem herrschte überwiegend Ruhe in der Landschaft um Gatersleben, die kirchliche Immobilienfirma ging sogar bankrott.[7] Hinter Mauern und Glas jedoch wird weiter experimentiert. Die Firma BASF meldete für 2009 noch einen, den vorerst letzten Freilandversuch an – mit Kartoffeln.[8] Am 7. September des gleichen Jahres unterzeichneten VertreterInnen der IPK- und der neueren BioTechFarm-Seilschaften einen Vertrag, der eine Verlagerung der Freilandversuche zum neuen Standort nach Üplingen vorsieht.[9]

In und um das IPK entwickelte sich ein bemerkenswerter Filz von Lobbygruppen, neuen Gentechnikfirmen und Aktivitäten der großen Konzerne. Es war die erste große Seilschaft der praktischen Gentechnikanwendung, gefüttert mit Forschungsmillionen aus Töpfen der Bundesministerien und des Landes Sachsen-Anhalt, in dem über etliche Jahre der FDPler Horst Rehberger Wirtschaftsminister und der spätere Chef-Lobbyist Uwe Schrader sein Referent war. *„Um das IPK herum setzte der langjährige sachsen-anhaltische Wirtschaftsminister Horst Rehberger (FDP) großzügig Fördergelder ein: Knapp 150 Millionen Euro machte er 2003 für die Biotech-Offensive locker, um Firmen in die Region zu holen"*.[10] Jährlich erhält das IPK eine Grundfinanzierung, im Jahr 2005 beispielsweise 23,5 Mio. € vom Land und 3,4 Mio € von der EU. Für Projekte flossen im gleichen Zeitraum über 3,6 Mio. € Förderung vom BMBF, 0,6 Mio. € der Deutschen Forschungsgemeinschaft (DFG), 262.000 € vom Land und 305.000 € von der EU.[11] Der behaupteten Wirtschaftsförderung oder dem Sichern von Arbeitsplätzen dienten die Gefälligkeiten für die Gentechnik kaum, vielmehr wurden die mit 13 Mio. € geförderten Biotechnologieprojekte und der gesamte Biopark Gatersleben (BGI) zum „Flop" mit 5 Mio. € Schulden: *„Mit mehreren Millionen Euro hielt die landeseigene Investitionsbank IBG jahrelang eine Firma am Leben, die eine Antikörper produzierende Freilanderbse gegen Schweinedurchfall entwickelt hatte, die keiner haben wollte. ‚Geld verdienen wir mit Q-Cells', sagt Haseloff leicht sarkastisch, einer inzwischen weltbekannten Solarfirma, die das Land mitbegründet hat"*.[12]

Weiterer Text aus „Leere Labore", in: Spiegel 41/2008 (S. 93 f.)[13]
Die „Mitteldeutsche Zeitung" sah die Pflanzenbiotechnologie zwischen Harz und Magdeburg auf dem Weg in die „Weltklasse". Um diesen Mythos zu verkaufen und die Initiative zu lenken, holte Rehberger Jens Katzek. Der Biochemiker hatte beim BUND jahrelang gegen Gentechnik gekämpft, bevor er zum Saatguthersteller KWS wechselte. „Ich hab die Ideologie irgendwann mal ausgeschaltet und fand viele Antworten der Industrie überzeugend", sagt Katzek. Sein Seitenwechsel wurde ihm hoch angerechnet: Bei der Bio Mitteldeutschland GmbH verdiente er fast so viel wie der Ministerpräsident. ...
Im hinteren Teil des Gaterslebener Biotech-Zentrums ist vor gut einem Jahr ein neues Gelände eingeweiht worden. Doch in diesem „Biopark" herrscht Leere. Erst zwei Firmennamen stehen auf dem großen Schild. „Wir hatten uns da mehr erhofft", gibt Katzek zu. Offenbar hat hier nicht mal der Beistand von oben geholfen. An der 35-Millionen-Förderung des Bioparks hatte sich neben dem Land auch das Bistum Magdeburg über die kircheneigene Gero AG mit 3 Millionen Euro beteiligt. Die Gentechnik-Begeisterung ihres zuständigen Seelsorgers stieß vielen Gläubigern damals bitter auf. Doch der ließ sich nicht beirren und besprenkelte das Gebäude bei der Einweihung sogar mit Weihwasser.

Aus „Biopark in der Krise", in: Mitteldeutsche Zeitung, 3.7.2009[14]
Eigentlich sollten sich hier auf rund 2600 Quadratmetern Fläche möglichst viele innovative Biotechnologie-Firmen ansiedeln und dem Land zu Fortschritt und Arbeitsplätzen verhelfen. Dafür zahlten die EU, der Bund und das Land insgesamt rund 13 Millionen Euro an Fördermitteln. Zweifel an der Seriosität des Ganzen waren nicht angebracht. Neben der zur Gemeinde gehörenden Gaterslebener Wirtschaftsförderungs GmbH (GWG) beteiligte sich auch die der schwer angeschlagenen Gero-Gruppe ... zuzurechnende Futura GmbH mit einem Anteil von 49 Prozent als Gesellschafterin an BGI. Das war im Dezember 2003. Seitdem hat sich das Projekt in einen Flop verwandelt. Die verfügbaren Bilanzen der Parkbetreiberin BGI belegen für die ver-

2 Zeittafel zur Geschichte des IPK: www.ipk-gatersleben.de/Internet/Infrastruktur/Institut/Geschichte/Ueberblick
3 Andreas Bauer (2007): Genbank Gatersleben: Gentechnik oder genetische Ressourcen?" (S. 4)
4 Der heutige Name „Leibniz-Institut für Pflanzengenetik und Kulturpflanzenforschung" gilt seit 2006.
5 Spiegel 41/2008 (S. 94). Weitere Informationen in Umweltinstitut München (2008): „Gentechnik-Verflechtungen in Sachsen-Anhalt".
6 Berichte auf www.gendreck-weg.de, seit 2009: www.freiwillige-feldbefreiungen.de
7 www.business-wissen.de/nachrichten/artikel/millionenfiasko-bei-kirchenfirmen-bistum-magdeburg-liquidiert-gero-gruppe.html?ref=rss
8 www.standortregister.de (Aktenzeichen 6786-01-0183). BASF betrieb mehrere Felder, um die Amflora-Kartoffel unter dem Deckmantel von Forschungsfeldern zu vermehren für eine kommerzielle Nutzung.
9 www.standortregister.de
10 Spiegel 41/2008 (S. 94)
11 Andreas Bauer (2007): Genbank Gatersleben: Gentechnik oder genetische Ressourcen?" (S. 4)
12 Mitteldeutsche Zeitung am 3.7.2009 und Spiegel 41/2008 (S. 94)
13 www.projektwerkstatt.de/gen/filz/spiegel08_41leerelabore.pdf
14 www.mz-web.de/artikel?id=1246625150700

gangenen Jahre hohe Verluste. Die Verbindlichkeiten hatten sich trotz des Einsatzes erheblicher Fördergelder Anfang 2008 auf rund fünf Millionen Euro summiert. ...
In der ersten Etage sitzt eine Sekretärin. Hier arbeitet auch die ehrenamtliche Bürgermeisterin als Repräsentantin ihrer Gemeinde. Sie ist bei der Parkbetreiberin BGI angestellt und gleichzeitig noch in deren freiwillig gebildetem Aufsichtsrat. Einige Schritte weiter, auf der anderen Seite des Flures, hat BGI-Geschäftsführer Eric Schreyer sein Büro. Hier firmiert, neben den Betreibern oder Gesellschaftern praktischerweise auch die Mittelstandsberatung Eric Schreyer. Innovative Biotechnologiefirmen sind hier in diesem Gebäude nicht zu finden. ...

Die Tage der offenen Tür im IPK oder speziell in den Bioparks zeigten die politische Ausrichtung. Die Agro-Gentechnik spielte regelmäßig eine herausragende, wenn nicht die entscheidende Rolle. Im Vordergrund stand weniger die Information, noch seltener die Transparenz. Hier herrschen die übliche Ideologie und Polemik. Gentechnik sei ein Spiel mit Chromosomen, alles wäre leicht und locker ... BesucherInnen berichteten von einer „*Verherrlichung der heutigen marktwirtschaftlich orientierten Wissenschaft im Vergleich zu denen zu DDR-Zeiten*". Die Ursprünge in der Nazizeit hingegen wurden still beiseite gelassen oder unkritisch gesehen.

Tag der offenen Tür am Biotechnologie-Campus Gatersleben

Gentechnik zum Mitmachen
DNA vom Frühstückstisch. DNA, die Substanz, um die sich in der Genomforschung alles dreht, ist Bestandteil unseres täglichen Speiseplans. Täglich essen wir ungefähr 1 Gramm DNA. Doch wie sieht DNA eigentlich aus? – Empfohlen ab 14 Jahren – Kurse jeweils im Abstand von 30 Minuten.

Abb.: Verdummung beim Tag der offenen Tür am 6.6.2009 durch Wortspiele der Gleichsetzung von Gen und Gentechnik.[15]

Aus einem BesucherInnen-Bericht von 2009
Der Tag der offenen Tür dort startete mit der Begrüßung durch den Direktor Prof. Graner, der viel Lobenswertes über das IPK im Allgemeinen sagte und zur Überleitung auf Prof. Schiemann, amtlicher Gentechnikbefürworter, die üblichen Textbausteine zur „wachsenden Weltbevölkerung" und „Herausforderung der Nahrungsmittelproduktion" auf „gleich bleibenden bzw. sich verringernden landwirtschaftlichen Flächen" unter Berücksichtigung der „Unwägbarkeiten des Klimawandels" verwendete.
Prof. Schiemann (Mitglied des EFSA-GMO-Panels, das immer wieder Empfehlungen für neue gv-Pflanzen auf der Grundlage der Konzernergebnisse aussprach, Mitglied in den Lobbyagenturen Wissenschaftlerkreis Grüne Gentechnik (WGG) und Public Research & Regulation Initiative (PRRI) auf europäischer Ebene, Wissenschaftler am Julius-Kühn-Institutsstandort Quedlinburg und Prof. an der Lüneburger Universität) startete seinen Vortrag zur „Sicherheitsbewertung und weltweiten Nutzung gentechnisch veränderter Pflanzen" mit einem Fanal: Er stehe gerührt an diesem Ort, an dem er vor ca. 20 Jahren (also 1989!) selbst tätig war, und wo sie sich „einer wissenschaftlich prostituierten Institutsleitung entledigt" hätten. Damals hätte ja „ein fast gesetzloser Zustand" geherrscht, und sie hätten stattdessen „Freiheit der Forschung" und „Unabhängigkeit der Forschung" eingeführt. ... Danach folgte die übliche rhetorisch geschulte „sachliche" Darstellung der Sicherheitsmaßnahmen in Deutschland im Bereich der Gentechnik, beginnend mit der Feststellung, dass konventionell gezüchtete Pflanzen mit neuen Eigenschaften in Deutschland keinerlei Sicherheitsprüfungen unterliegen ... und das gv-Pflanzen immer nur mit ihren zugrunde liegenden konventionell gezüchteten Pflanzensorten verglichen werden müssten, um evtl. Probleme aufzudecken... Wissenschaftliche Langzeitversuche könne man ja immer viel fordern, aber man müsse auch die praktische Durchführbarkeit prüfen ... Ansonsten streute Schiemann die Bemerkung, dass Entscheidungen auf diesem Gebiet bitte nur auf wissenschaftlicher Basis gefällt werden sollten und bedauerlicherweise das von der Politik anders gehandhabt wird, immer wieder in seine Rede ein...

Das IPK war immer fest mit den großen Konzernen der Agro-Gentechnik verbandelt. BASF und IPK gründeten hier ihre zunächst gemeinsame Firma SunGene, die später komplett von BASF übernommen wurde, aber ihren Sitz auf dem IPK-Gelände behielt. Sie war eine von vielen Kleinfirmen, die wie Pilze aus dem Boden wuchsen, aber schnell auch wieder verschwanden, wenn die staatlichen Fördermittel ausblieben und kein ‚Großer' zum Aufkauf bereit war. Sowohl von den Feldern her als auch von gemeinsamen Projekten und von den Mitgliedern in verschiedenen IPK-Gremien her ist die Gentechnikszene aus Gatersleben bestens mit dem Großkonzernen der Agrogentechnik verflochten. 2009 begannen IPK und Bayer ein Joint Venture zur Entwicklung von gv-Raps:[16] „*Im Rahmen der Zusammenarbeit sollen in Zukunft die in Gatersleben bei Magdeburg entwickelten Innovationen in das InVigor Raps-Saatgut von Bayer CropScience eingekreuzt werden.*"

Foto: Blick in die Gewächshäuser des Bioparks.

Das Verursacherprinzip steht Kopf: GVO-Beete direkt neben Saatgutbank!

Den traurigen Höhepunkt rücksichtsloser Anpflanzungen mit gv-Sorten bildeten zwei Felder in unmittelbarer Nähe zu den Vermehrungsflächen der auf dem Gelände beheimateten Saatgutbank. Die ist immerhin die Größte in Deutschland:[17] „*Mit einem Gesamtbestand von 146.966 Mustern aus 2.649 Arten und 779 Gattungen zählt die Genbank des IPK zu den weltweit größten Einrichtungen ihrer Art. Sie leistet einen wichtigen Beitrag zur Verhinderung des Aussterbens (Generosion) von Kulturpflanzen und von mit ihnen verwandten Wildarten.*" Obwohl auch Getreide und Hülsenfrüchte in dieser Saatgutbank erhalten, d.h. immer wieder ausgepflanzt und möglichst sortenrein geerntet werden müssen, wurde zunächst mit gentechnisch veränderten Erbsen, dann mit Weizen experimentiert. Am sensibelsten Ort, der in Deutschland überhaupt denkbar war, wurde mit der Gefahr von Auskreuzung gespielt. Waren die hier agierenden WissenschaftlerInnen so unaufmerksam oder kaltschnäuzig, dass ihnen die Gefahr gleichgültig war? Oder war es schlimmer: Nämlich dass die Anpflanzungen absichtlich neben die Saatgutbankflächen gelegt wurden, um die Auskreuzung und damit das Ende der Gentechnikfreiheit beim Saatgut zu beschleunigen? Diese Frage lässt sich nicht abschließend klären – aber Gatersleben war und ist kein Einzelfall. Die Systematik erregte den Verdacht, dass Verunreinigungen sogar gewollt oder zumindest billigend in Kauf genommen wurden.

Beide Felder, also das mit Erbsen und das mit Weizen, mussten vor ihrer Anlage vom BVL genehmigt werden – was glattging und bei der 100%igen Genehmigungsquote dieser Behörde auch keine Überraschung war. Zudem musste die vermeintlich unabhängige Expertenkommission ZKBS über die Felder entscheiden. Sie befand: Ungefährlich.

15 www.ipk-gatersleben.de/Internet/Veranstaltungen/Tagungen/IPK_TOT_2009_72dpi.pdf
16 Agrarheute vom 18.2.2009: http://agrarheute.com/?redid=290160
17 www.ipk-gatersleben.de/Internet/Forschung/Genbank

Doch so ganz schienen die gentechnikfreundlichen Behörden das wohl selbst nicht zu glauben. Als 2007 das Erbsenfeld ausgesät wurde, war auf der Biosicherheits-Propagandaplattform zu lesen, dass *„das IPK im Jahr der Freisetzung keine zum Sortiment der Genbank gehörenden Erbsen auf dem Freigelände des Instituts kultivieren"* würde.[18] Sichtbar schränkte der Gentechnikversuch die Saatgutbank ein – das Verursacherprinzip stand auf dem Kopf. Das steigerte sich beim Weizenversuch. Auch der wurde durchgewunken, d.h. die ZKBS befand ein Feld mit gv-Weizen neben Saatgutbank ebenso unproblematisch wie das BVL. Doch diesmal machte das BVL einen überraschenden Vorschlag: Es schlug der Saatgutbank vor, den Sitz zu verlegen. Dieselbe Behörde, die ein gv-Feld neben einer Saatgutbank genehmigte, empfahl dann der Saatgutbank den Umzug!

Presseinformation des NABU am 15.3.2007[19]

Der NABU hat den Vorstoß des Bundesamtes für Verbraucherschutz und Lebensmittelsicherheit (BVL) zur Verlegung der Genbank für Kulturpflanzen im sachsen-anhaltinischen Gatersleben als ein Stück aus dem bürokratischen Tollhaus bezeichnet. Das BVL hatte den Eigentümer der Genbank, das Leibniz-Institut für Pflanzengenetik und Kulturpflanzenforschung (IPK), aufgefordert, die Vermehrungsflächen für die Genbank, eine der größten der Welt, zu verlagern. Laut eines Sprechers sei die Gefahr von Auskreuzungen nicht vollständig auszuschließen.

„Die Seehofer-Behörde widerspricht sich selbst und liefert damit einen absurden Schildbürgerstreich", sagte NABU-Präsident Olaf Tschimpke. Einerseits genehmige sie den Anbau von genmanipulierten Pflanzen, um dann zu betonen, dass sie das Risiko durch die Gen-Pflanzen für nicht beherrschbar halte. Sollen demnächst alle Bauern umziehen, wenn das BVL eine Freisetzung von Gen-Pflanzen in der Nähe ihrer Felder genehmigt? „Minister Seehofer muss diesem Treiben rasch Einhalt gebieten und sich endlich für einen glaubwürdigen Schutz von Natur und Verbrauchern vor der Agro-Gentechnik einsetzen", so Tschimpke weiter.

Das Institut für Pflanzengenetik und Kulturpflanzenforschung (IPK) unterhält am Standort Gatersleben eine Genbank, in der Samen von 150.000 Kulturpflanzen eingelagert sind. Die alten Weizensorten müssen zur Erhaltung immer wieder im Freiland angebaut werden. In unmittelbarer Nähe zu den Anbauflächen wird Gen-Weizen angebaut.

Das BVL hatte bereits im vergangenen November für den Freisetzungsversuch im IPK grünes Licht gegeben. Der NABU hatten den Anbau des Gen-Weizens am Standort Gatersleben mehrfach kritisiert. Nicht nur Hamster und Mäuse können zwischen den verschiedenen Kulturen hin- und herwandern, sondern es besteht darüber hinaus die Gefahr, dass der moderne Gen-Weizen in die alte Sorten der Genbank einkreuzt. Obwohl rund 30.000 Einwendungen von Bürgern, Verbänden und Lebensmittelhändlern gegen den Anbau des genmanipulierten Weizen an das BVL übergeben worden seien, hatte die Behörde dem riskanten Vorhaben zugestimmt.

Aus „Streit über Samenbank" in: FR, 20.3.2007 (S. 10)[20]

Auslöser des „Stücks aus dem bürokratischen Tollhaus" (Tschimpke) ist die Empfehlung des Bundesamtes für Lebensmittelsicherheit und Verbraucherschutz (BVL) an die vom Institut getragene Samenbank, die Vermehrung von herkömmlichem Weizen wegen der umstrittenen Gen-Versuche vom Campus des Instituts weg an einen anderen Ort zu verlagern. Zuvor hatte das BVL dem Institut im Genehmigungsverfahren das Gegenteil, nämlich die Verlagerung der Genversuche, nahegelegt, was vom Leibniz-Institut abgelehnt worden war. Die anschließende, aus rechtlichen Gründen nicht zu versagende Genehmigung des Freisetzungsversuchs war dann mit dem Rat des BVL an das Gaterslebener Institut verbunden, die Vermehrung der alten Sorten aus Sicherheitsgründen an einen anderen Ort zu verlegen.

Der Leiter der Samenbank, Andreas Graner, erklärte nun in einem Interview, das am Montag auf der vom Bundesforschungsministerium finanzierten Website „biosicherheit.de" veröffentlicht wurde, die Verlegung der Vermehrung der herkömmlichen Weizensorten sei logistisch „nicht oder nur mit größtem Aufwand machbar". Graner unterstrich in dem Gespräch die Bedeutung seines Hauses für den Erhalt etlicher vom Aussterben bedrohten Kulturpflanzen. Aufgrund der biologischen Eigenschaften von Weizen und der Sicherheitsvorkehrungen seines Hauses gegen eine Pollenverbreitung bestehe aus seiner Sicht kein Restrisiko einer Vermischung zwischen den alten Weizen-Varietäten und dem Gen-Weizen. Die umgekehrte Frage nach einer örtlichen Verlegung der Gen-Versuche mit dem Getreide, gegen die 30 000 Einwendungen von Bürgern, Verbänden und Lebensmittelherstellern vorliegen, allerdings stellte „biosicherheit.de" nicht. Der Standort Gatersleben ist Keimzelle der Biotechnologie-Offensive des Landes Sachsen-Anhalt.

Aus dem Anschreiben zum Genehmigungsbescheid des BVL, 23. November 2006[21]

Unabhängig von der Erteilung der Freisetzungsgenehmigung halte ich es aufgrund der vielen Einwendungen mit Bezug auf die räumliche Nähe zur Genbank für geboten, den Standort für die Vermehrung der Genbank-Akzessionen zu verlagern. Ich bitte Sie deshalb, mir Ihre Überlegungen darzulegen, welche Maßnahmen Sie ergreifen wollen, um die Vermehrung der Genbank-Akzessionen an einen anderen Standort zu verlagern. Aus meiner Sicht bietet es sich an, für diese Bestrebungen auch das Land Sachsen-Anhalt um Unterstützung zu bitten.

Irgendwann hackt's aus: Eskalation am gv-Weizenfeld

Mit dem gv-Weizenfeld beherbergte Gatersleben eines der umkämpftesten Versuchsfelder in Deutschland. Das Feld stand bis April 2008 auf dem Gelände des IPK und wurde dann, nachdem Behörden und IPK die gv-Aussaat Jahre lang trotz vieler Proteste, Bedenken und Verstöße gegen Sicherheitsauflage deckten, von sechs entschlossenen GentechnikaktivistInnen umgehackt.

Diesem Weizen waren Gene aus Ackerbohne und Gerste eingefügt worden, um den Proteingehalt zu erhöhen. Außerdem enthielt der Weizen Resistenzgene gegen Antibiotika und gegen das Pestizid *„BASTA"*, später umbenannt zu *„Liberty"*, der Firma BAYER. Die Kombination dieser Merkmale, aber vor allen Dingen die Nähe zu den Erhaltungsflächen der Genbank, waren es, die einen Sturm der Entrüstung und Einwendungen von Privatpersonen, Verbänden, WissenschaftlerInnen, Züchtern, Ärzten und Verarbeitern hervorriefen. Die Gaterslebener Genbank ist mit ca. 28.000 Akzessionen allein vom Weizen die wichtigste Erhaltungsstelle für diese Pflanze weltweit. Nichtsdestotrotz wurde der Versuch genehmigt – und, wie beschrieben, kaltschnäuzig der davon betroffenen Genbank ein Umzug empfohlen. Wie auf deutschen Gentechnikfeldern mit Sicherheitsauflagen umgegangen wird (siehe auch Kapitel X), zeigte der Umgang mit der Mantelsaat. Deren Anlage war im Freisetzungsantrag benannt und als Genehmigungsauflage vorgeschrieben. Sie sollte aus *„Phacelia"* bestehen. Damit sollte *„die Ausbreitung des Pollens verhindert werden."*[22] Wie einem späteren Schreiben des IPK-Anwaltes Horst Rehberger vom 18.2.2009 zu entnehmen ist erfolgte *„im Versuchsjahr 2006/2007 ... die Aussaat am 17.4.07, im Versuchsjahr 2007/2008 am 14.5.2008."* Damit war der Weizen bei Anlage der Mantelsaat schon

18 www.biosicherheit.de, Text vom 25.4.2007: www.biosicherheit.de/de/aktuell/566.doku.html, neu unter ../aktuell/498.neuartige-futtermittel-erbsten-infektionskrankheiten.html

19 www.pressrelations.de/new/standard/result_main.cfm?aktion=jour_pm&r=271787, neu unter ../standard/dereferrer.cfm?r=271787

20 www.fr-online.de/in_und_ausland/wirtschaft/aktuell/?em_cnt=1098236&

21 Absender: Dr. H.-J. Buhk. Zitat in: www.projektwerkstatt.de/gen/filz/boerde/gaterslebenbrosch.pdf

22 Freisetzungsantrag vom 10.4.2006 (S.10)

ziemlich hoch gewachsen und stand kurz vor der Blüte. Bei einer derart späten Aussaat, insbesondere im zweiten Versuchsjahr, konnte die Phacelia keinerlei Funktion mehr als Mantelsaat haben. Das beim Landesverwaltungsamt angestrebte Ordnungswidrigkeitsverfahren wurde jedoch abgelehnt mit der Begründung, dass die Auflagen des Genehmigungsbescheids keine Vorgabe zum Aussaattermin der Phacelia machten.[23] Die Ablehnung unterschrieb Dr. Röllich, der auch für die Kontrolle des Freisetzungsversuchs zuständig war. In einer persönlichen Mitteilung von Dr. Röllich an Rechtsanwältin Katrin Brockmann teilte er mit, dass er das Vorhandensein der Phacelia-Mantelsaat nie überprüft habe, da er Phacelia als Mantelsaat grundsätzlich für ungeeignet halte. Eine Sicherheitsauflage, die eine Mantelsaat vorschreibt, ist egal, wenn die viel zu späte Aussaat mit einer ohnehin ungeeigneten Pflanzenart erfolgt?

Dubios ging es auch bei der Finanzierung des Feldversuches zu. Die Akten des Genehmigungsvorgangs, der Fördergeldbeantragung beim Kultusministerium und des Zivilverfahrens gegen die sechs FeldbefreierInnen erweckten den Anschein, dass hier öffentliche Fördermittel benutzt wurden, um private Züchtung voranzutreiben. Vor allem die Nordsaatzucht GmbH wurde zum Nutznießer hoher Fördersummen, die das IPK erhielt für Leistungen, die tatsächlich aber von der Nordsaat durchgeführt wurden. Dessen zu leistender, finanzieller oder materieller Anteil wurde im Förderantrag mit Null beziffert. Der Förderungsbescheid enthielt dazu keine Auflage, obwohl die Sortenkreuzungen von der Nordsaat auf agronomische Eigenschaften hin geprüft werden sollten. Dies roch von Beginn an nach Sortenzucht. Im Text des Antrages fand sich zudem die Bemerkung *„Mögliche Einnahmen würden sich dann aus den Züchterlizenzen ergeben und entfallen sowohl auf den Kooperationspartner Nordsaat als auch auf das IPK.“* Profite für die Industrie, doch der Geldeinsatz kam vom Steuerzahler! Für die zahlende Landesregierung dürfte das aber sogar der Zweck gewesen sein. Sie agierte stets als Propagandist der Agro-Gentechnik, unter anderem mit der verharmlosenden Behauptung, dass bei Selbstbefruchtern wie Weizen kein Pollenflug vorkäme und daher keine *„Maßnahmen ... zur Vermeidung von Auskreuzungen mit gentechnisch veränderten Pollen“* nötig wären. Die Aussage ist falsch: Auch bei selbstbestäubenden Pflanzen kommt es zur Fremdbefruchtung, weil ein kleiner Teil der Pollen in die Umwelt gelangt und dann andere Pflanzen befruchten kann.

Ablauf des Genehmigungsverfahrens[24]

Die Stellungnahme der Biologischen Bundesanstalt (BBA) zum vervollständigten Antrag umfasst die Blätter 726 bis 728 der Verwaltungsakte. Es seien keine zusätzlichen Sicherheitsvorkehrungen, das heißt Sicherheitsvorkehrungen, die über den Antrag des Leibnitz-Instituts (IPK) hinausgehen, erforderlich. ... Die Bewertung des Robert-Koch-Instituts (RKI) umfasst die Blätter 0889 bis 0896 der Verwaltungsakte. Dabei sind auf den ersten Blättern der Gegenstand des Antrags und der Zweck der Freisetzung beschrieben. Grundsätzlich stellt das Robert-Koch-Institut die Möglichkeit einer Auskreuzung fest, geht jedoch davon aus, dass aufgrund der geringen Auskreuzungsrate keine Relevanz bezüglich einer unkontrollierten Ausbreitung der freigesetzten Linien gegeben sei. ... Das Bundesamt für Naturschutz (BfN) lehnt in dem Schreiben vom 11.10.2006 die Freisetzung ab. Das BfN ist der Auffassung, dass die Genehmigung nicht erteilt werden kann, weil nach dem Stand der Wissenschaft im Verhältnis zum Zweck der Freisetzung unvertretbare schädliche Einwirkungen nicht auszuschließen sind. Die Ablehnung wird mit der Möglichkeit der Auskreuzung in die Pflanzen der Genbank und einer ungewollten Ausbreitung in die menschliche und tierische Nahrungskette angesichts des Vorhandenseins der Resistenzgene begründet. ... Eine Besonderheit im gentechnischen Zulassungsverfahren bildet die Entscheidung der Zentralen Kommission für Biologische Sicherheit (ZKBS), die von der Genehmigungsbehörde berücksichtigt werden muss. Damit soll der spezifische Sachverstand der Kommissionsmitglieder für Fragen dieser Risikotechnologie in die Genehmigungsentscheidungen einfließen. Die Voraussetzung dieses Sachverstands ist für Verwaltungsgerichte in der Vergangenheit ein Grund geringerer Prüfung bei Klagen gegen Freisetzungsgenehmigungen gewesen. Die Entscheidung – der Beschluss – der ZKBS über die Freisetzung kam folgendermaßen zustande. Mit dem Schreiben vom 22.07.2006 wurden den Mitgliedern der ZKBS die vollständigen Antragsunterlagen und gleichzeitig ein Entwurf für eine Beschlussvorlage übersandt. Dieser erste Entwurf der Beschlussvorlage wurde von Dr. Georg Leggewie, dem verantwortlichen Sachbearbeiter für dieses Verfahren beim BVL, verfasst. Auf der ersten Seite der Beschlussvorlage heißt es ...: „Die ZKBS stellt fest, dass von dem geplanten Freisetzungsversuch von dem gentechnisch veränderten Winterweizen keine schädlichen Einwirkungen auf Leben und Gesundheit von Menschen, die Umwelt in ihrem Wirkungsgefüge, Tiere, Pflanzen und Sachgüter (§ 1 Nr. 1 Gentechnik) zu erwarten sind. Die ZKBS empfiehlt daher dem Bundesamt für Verbraucherschutz und Lebensmittelsicherheit, den Freisetzungsversuch zu genehmigen.“ ... Aus dem Vorkommen von Aegilops und der Möglichkeit von fortpflanzungsfähigen Kreuzungen mit transgenem Weizen ergab sich jedoch keine weitere nötige Sicherheitsvorkehrung für die ZKBS, weil „von einer Auskreuzung der gentechnisch veränderten Weizenlinie in die dortigen Kulturen durch den vorliegenden Abstand zwischen den Flächen etwa 500 m nicht auszugehen“ sei. ... Das Bundesamt für Verbraucherschutz (BVL) erteilte die Genehmigung zur Freisetzung des gentechnisch veränderten Weizens in unmittelbarer Nähe der Vermehrungsflächen der Genbank. ... Das BVL vertritt die Auffassung, dass, wenn überhaupt, nur ein geringes Risiko der Auskreuzung bestehe. Dieses Risiko wurde jedoch nie zahlenmäßig in einer Zusammenschau beziffert. Nach dem Einräumen eines Risikos für die Pflanzen auf den Vermehrungsflächen kommt das BVL zu dem Schluss, dass eine solche „außerplanmäßige Verbreitung“ unproblematisch sei. Denn selbst wenn es zu Auskreuzungen käme, hätten diese keine schädlichen Einwirkungen im Sinne des Gentechnikgesetzes. Das heißt, die Genehmigung konnte nach Auffassung des BVL trotz eines nicht auszuschließenden Risikos von Auskreuzungen erteilt werden. Für die Begründung werden zwei Argumente bemüht:

– Auskreuzungen von gentechnisch verändertem Weizen auf Pflanzen der Genbank sind keine schädlichen Einwirkungen, da diese Pflanzen immer in gewissem Umfang Auskreuzungen ausgesetzt sind und es keine Verpflichtung gibt, die Pflanzen der Genbank genetisch rein zu erhalten.

– Die Pflanzen der Genbank befinden sich im Eigentum des IPK. Das Gentechnikgesetz schütze nur fremdes Eigentum oder Sachgüter vor schädlichen Einwirkungen, nicht das Eigentum des Freisetzers. Das IPK könne damit unter Ausschluss Dritter tun und lassen was es will, gegebenenfalls eben auch zerstören. ...

Das Bundesamt erklärte im Prozess weiter, dass jeder Eigentümer mit seinem Eigentum nach Belieben verfahren kann. Diese Regelung aus dem bürgerlichen Gesetzbuch kennt jedoch eine wichtige Einschränkung. Sie gilt nur solange, Rechte Dritter nicht entgegenstehen. Das IPK selber ließ durch seinen Anwalt zu diesen Rechten Dritter ausführen: Die Züchter und Vermehrer, die seit Jahren Muster aus Gatersleben anfordern und damit zum Erhalt der Arten arbeiten, hätten genauso wenig einen Anspruch auf Schutz der Weizenakzessionen vor Kontamination mit gentechnisch veränderten Weizen, wie ein Kunde eines Baumarktes auf Erhalt dieses Baumarktes. Die Anwälte des IPK schrieben wörtlich: „Der Kunde eines Baumarktes hat

23 Schreiben vom 2.7.2009, Az. 6786-01-0178

24 Zitate und Informationen des vorherigen Absatzes aus der Broschüre „Risiken und Nebenwirkungen“, Mai 2010

weder einen Anspruch auf Erhalt des Unternehmens noch kann er sich gegen eine Entscheidung der zuständigen Baubehörde wenden, mit dem die Erweiterung des Baumarktes abgelehnt wurde, was den Baumarkt in seiner Existenz gefährden könnte."

Schriftsatz des BVL am 24.4.2007 im gerichtlichen Eilverfahren (gleiche Quelle)

Unabhängig von den vorangestellten Ausführungen kann das juristische Argument einer Beschädigung von Sachgütern im Sinne des § 1 Nr. 1 GenTG, nämlich dem Bestand der IPK-Genbank, durch Einkreuzung eines Fremdgenes, grundsätzlich nicht greifen. Denn Sachgüter werden durch das GenTG nur insoweit vor schädlichen Einwirkungen geschützt, als es sich dabei um aus der Sicht des Schädigers fremde Sachgüter handelt. Die Schädigung eigener Sachgüter infolge einer Freisetzung wird vom Tatbestand des § 1 Nr.1 GenTG hingegen nicht erfasst. Insoweit gilt, dass der Eigentümer einer Sache, soweit nicht das Gesetz oder Rechte Dritter entgegenstehen, mit der Sache nach Belieben verfahren und andere von jeder Einwirkung ausschließen kann (vgl. § 903 Satz 1 BGB). Da die in der Genbank enthaltenen Weizensorten im Eigentum der IPK Gatersleben stehen, läge daher selbst bei einer Fremdbefruchtung der Weizensorten der Genbank ein Schaden an fremden Sachgütern i.S.d. § 1 Nr. 1 GenTG nicht vor.

Who is who ... rund um IPK und Gatersleben

Eine ganze Reihe wichtiger ParteifunktionärInnen setzte sich für die Agro-Gentechnik in Sachsen-Anhalt ein. Zentral war die Rolle der FDP. Aus Saarbrücken war Horst Rehberger ins Land gekommen, um profitträchtigen Branchen Beine zu machen. Angetrieben wurde er von seiner *„Leidenschaft für die Grüne Biotechnologie und die Grüne Gentechnik"*, wie er in seiner Biographie *„Unterwegs"* beschrieb. Als Plattform wurde unter anderem der Lobbyverband InnoPlanta gegründet – mit Sitz in Gatersleben. Sein Gründungsvorsitzender, Thomas Leimbach, ist heute Chef des Landesverwaltungsamtes, d.h. der Behörde, die – eigentlich – die Praxis der Gentechnik kontrollieren soll.

Zentrale Person beim Aufpäppeln der grünen Gentechnik wurde allmählich Uwe Schrader, unter Rehberger Referent im Wirtschaftsministerium und schon 1999 als *„Experte"* beim Magdeburger Unternehmen tti mit der Entwicklung eines Konzepts zur Ankurbelung der Gentechnik befasst. Dieses mündete in eine millionenschwere Förderung *„InnoRegio"*. Damals hatte Uwe Schrader noch keine Kreide gefressen, sondern bezeichnete die grüne Gentechnik als das, was sie auch ist: Eine profitträchtige Sparte der Chemiebranche. Der Absatz von Spritzmitteln würde stark steigen, prognostizierte und freute sich Uwe Schrader:[25] *„Die Aussicht, in dem stagnierenden Pflanzenschutzmittelmarkt durch Anwendung der Pflanzenbiotechnologie Positionsverbesserungen zu erzielen, erklärt die für das Marktvolumen und die Profitabilität der Branche unerwartet hohe interne und externe F&E- Intensität." Regionen, in denen der Pestizidabsatz durch die Gentechnik steigt, werden von Uwe Schrader als positive Beispiele angeführt: „Die sich abzeichnenden Erfolge in der Einführung von transgenen Kulturpflanzen in Nordamerika, Argentinien und Brasilien haben der durch Übernahme und Fusion von Pflanzenschutzmittelherstellern erfolgten Marktkonsolidierung weiteres Momentum gegeben und zu einer regen Akquisitionstätigkeit der Unternehmen in die Biotechnologie- und Saatzuchtbranche geführt."*

Uwe Schrader blieb den Bioparks im IPK nach 2006 als FDP-Landtagsabgeordneter treu, während Rehberger als Anwalt half. Ihnen gelang die Einbindung einer Vielzahl von Konzern- und BehördenvertreterInnen. Im wissenschaftlichen Beirat des IPK sitzt Thomas Kühne vom JKI, im Genbank-Beirat sein Kollege Prof. Frank Ordon. Kühne ist auch im Vorstand von InnoPlanta aktiv, der im IPK untergebrachten Lobbyorganisation. Im Stiftungsrat sind die Ministerien direkt vertreten: Joachim Welz, Thomas Reitmann (Kultusministerium), Martin Köhler und Jürgen Roemer-Mähler (beide BMELV). Offen sichtbare Aktivitäten externer Konzerne waren trotz der Verflechtungen eher selten. Nur die BASF Plant Science pflanzte mehrfach Kartoffeln am IPK an,[26] ihr Vize-Präsident Ralf-Michael Schmidt sitzt im Wissenschaftlichen Beirat des IPK. Jens Lerchl, Geschäftsführer der am IPK ansässigen Firma SunGene und Sprecher des *„Green Gate Gatersleben – The Plant Biotech-Center"*, einer Standortinitiative aller in Gatersleben ansässigen Biotechnologiefirmen einschließlich des IPKs, brachte die gesamte Situation treffend auf den Punkt: *„Der Standort fasst das zusammen, was ein guter Standort haben sollte: Forschung mit internationaler Ausstrahlung, Innovation ..., eine starke Unterstützung aus Politik und Verwaltung."*[27]

Aus der Broschüre „Risiken und Nebenwirkungen", Mai 2010[28]

Leiter der Genbank war zum Zeitpunkt der Freisetzung Prof. Graner. Er trat öffentlich für die Freisetzung ein. Prof. Graner behauptete auch öffentlich, dass von der Freisetzung für die Vermehrung der alten Sorten kein Risiko ausginge und begründete dies mit einer Untersuchung des IPK, die beweise, dass kein Auskreuzungsrisiko gegeben sei. ...

Vorsitzender des Genbankbeirates war im Jahr 2006 Dr. Reinhard von Broock von der Lochow-Petkus GmbH, einem Unternehmen der KWS. Dr. von Broock war zuvor nie mit Problemen von Genbanken befasst. Nach seiner Auffassung trägt moderne Pflanzenzüchtung zum Erhalt der Biodiversität bei. Gentechnik verändere daran nichts. Über diese Auffassungen kann man trefflich streiten. Eine Interessenvertretung für die Genbank gegen eine Freisetzung auf dem Gelände der Stiftung durch diesen ausgewiesenen Befürworter von Agrogentechnik ist jedoch nicht gegeben. ...

Das Land Sachsen-Anhalt hat für die zweijährige Freisetzung des Genweizens bis einschließlich 23.04.2009 immerhin insgesamt 386.638,44 € an das Institut in Gatersleben gezahlt.

Aus Andreas Bauer (2007): „Genbank Gatersleben: Gentechnik oder genetische Ressourcen?"[29]

2006 wurde auf dem Gelände des IPK zusätzlich der „Biopark Gatersleben" eröffnet. In den neu errichteten Gebäuden entstehen Mietflächen für Unternehmen, die sich mit Pflanzen-Biotechnologie beschäftigen. Ermöglicht wurde die Erweiterung des Gentechnik-Standortes Gatersleben maßgeblich durch die katholische Kirche bzw. das Bistum Magdeburg. Über eine Tochterfirma der Gero AG, die BGI Biopark Gatersleben Infrastrukturgesellschaft mbH, investierte die kath. Kirche, laut einem Bericht des Rheinischen Merkur vom 26.4.2007, rund 35 Millionen Euro in den Biopark. Das Bistum Magdeburg ist alleiniger Aktionär der Gero AG, die 2001 aus dem Siedlungswerk St. Gertrud hervorgegangen war. Im Rahmen der sogenannten „Biotechnologie-Offensive" wurde das Projekt „Biopark Gatersleben" vom Landes Sachsen-Anhalt mit einer Investitionssumme von 35 Millionen Euro angeschoben. Der Biopark entsteht mitten auf dem IPK-Gelände, genau zwischen dem Areal mit den Gebäuden und den Freilandflächen. Die Fläche des geplanten Bioparks beträgt ca. zehn Hektar. Die Freilandflächen des Bioparks grenzen direkt an die Freiland-Vermehrungsflächen der Genbank. Es befindet sich nur ein kleiner Baumstreifen dazwischen. Neben Gebäuden

25 Spiegel 41/2008 (S. 94). Weitere Informationen in Umweltinstitut München (2008): „Gentechnik-Verflechtungen in Sachsen-Anhalt".

26 www.standortregister.de (Aktenzeichen 6786-01-0183). BASF betrieb mehrere Felder, um die Amflora-Kartoffel unter dem Deckmantel von Forschungsfeldern zu vermehren für eine kommerzielle Nutzung.

27 Broschüre „Die Zukunft braucht Ideen", herausgegeben vom Green Gate Gatersleben, 2008, Seite 3, www.green-gate-gatersleben.com

28 Download über www.projektwerkstatt.de/gen/filz/boerde/gaterslebenbrosch.pdf

29 http://umweltinstitut.org/download/gatersleben__hintergrund.pdf

und Freilandflächen gehört auch ein 1350 m² großes Forschungsgewächshaus zum Biopark. Mieter des Bioparks sind bislang: Saaten-Union Resistenzlabor GmbH, Greenhouse Service GmbH: das Unternehmen bietet die Durchführung von Gewächshausversuchen an und verfügt offenbar über entsprechende Gewächshausflächen auf dem Gelände, Futura GmbH, GWG Gaterslebener Wirtschaftsförderungs GmbH, Gemeinde Gatersleben.

Eine besondere Rolle spielte Prof. Uwe Sonnewald.[30] Seit 1992 im IPK, leitete er ab 1998 die Abteilung für molekulare Zellbiologie. Uneingeschränkt warb er für die Gentechnik – einfach alles werde besser: „*Die Grüne Gentechnik wird in absehbarer Zeit dazu beitragen, den Ressourcenverbrauch in der Landwirtschaft zu optimieren. Die Verbraucher profitieren, weil Gentechnik die Lebensmittelqualität durch Optimierung der Inhaltsstoffe verbessern hilft, die Eliminierung von Allergenen ermöglicht und die Herstellung hochwertiger Moleküle für pharmazeutische Anwendungen erlaubt. Darüber hinaus ist eine verbesserte Produktion pflanzlicher Rohstoffe zu erwarten. Schließlich werden Pflanzen künftig industrielle Enzyme und Feinchemikalien liefern. Die Landwirte können mit weiteren Ertragssteigerungen rechnen, weil Verbesserungen bei Resistenzen und Stoffwechseloptimierungen möglich werden.*“[31] Zeitgleich mit der Übernahme der Abteilungsleitung gründete Sonnewald zusammen mit BASF die Firma SunGene – Forschung und Konzerne waren direkt verbunden. Ab 1996 saß er in der ZKBS, d.h. er begutachtete die eigenen Projekte und die der KollegInnen in den Gentechnik-Seilschaften. Das setzte er fort, als er 2004 an die Uni Erlangen wechselte, und von dort die Forschungen an transgener Gerste zusammen mit dem Gießener Prof. Karl-Heinz Kogel vorantrieb.

***Lebenslauf bei der Wissenschaftsakademie Nordrhein-Westfalen**[32]*
Uwe Sonnewald, Professor Dr., geboren 1959 in Köln. 1980-1986 Studium der Biologie an der Universität Köln. 1986-1989 Doktorarbeit am Institut für Genbiologische Forschung in Berlin. 1989-1992 wissenschaftlicher Mitarbeiter am Institut für Genbiologische Forschung in Berlin. 1992-1998 Gruppenleiter am Institut für Pflanzengenetik und Kulturpflanzenforschung in Gatersleben. 1993 Habilitation im Fach Biochemie an der Universität Göttingen. Seit 1996 stellvertretendes Mitglied der Zentralen Kommission für Biologische Sicherheit (ZKBS). 1998 Gründungsgesellschafter des Pflanzenbiotechnologie Unternehmens-Sungene. 1998-2004 Professor an der Universität Hale-Wittenberg und Leiter der Abteilung Molekulare Zellbiologie am Institut für Pflanzengenetik und Kulturpflanzenforschung in Gatersleben. Seit 2004 Professor für Biochemie an der Friedrich-Alexander Universität Erlangen-Nürnberg. 2004 Berufung in das Fachkollegium 202 „Pflanzenwissenschaften“ der DFG und in die DFG-Senatskommission für Grundsatzfragen der Genforschung.

Joachim Schiemann, staatlicher Grenzwertforscher und Vielfach-Funktionär in den Gentechnik-Seilschaften, arbeitete selbst viele Jahre im IPK und wechselte dann zur Bundesfachanstalt JKI, wo er selbst mit Gentechnik experimentieren und gleichzeitig an den Genehmigungsanträgen beratend mitwirken konnte. Ob fürs AgroBioTechnikum oder fürs IPK – Schiemann engagierte sich stets für den Ausbau der Agro-Gentechnik. 2009 trat er als Hauptredner beim Tag der offenen Tür am Biopark in Gatersleben auf (mehr zu Schiemann auf S. 43).

Eveline Nettlau päppelte als Geschäftsführerin der regionalen Wirtschaftsförderungsagentur die Gentechnikschmiede in Gatersleben hoch. Dabei verschaffte sie sich auch selbst einen guten Posten – als Geschäftsführerin des Gründerzentrums für Biotechnologie.[34] Damit nicht genug: Nettlau ist auch Schatzmeisterin des Lobbyverbandes InnoPlanta e.V. – die Frau für Geldfragen im Gaterslebener Geflecht.

Für die Einbettung des IPK in die deutschen Gentechnik-Seilschaften ist bedeutend, dass der Lobbyverband InnoPlanta hier seinen Sitz hat. Nirgendwo sind die Drähte zwischen LobbyistInnen, Konzernen, ihren Tochterunternehmen und verschiedenen Kleinstfirmen, staatlichen Behörden und sogenannter Wissenschaft so intensiv und dicht wie in Gebäuden und auf den Versuchsfeldern in Gatersleben. Zumal viele Wege zu weiteren Gentechnikinstitutionen nicht weit sind. Börde und angrenzende Flächen sind die Hauptregion deutscher Agrogentechnik. Von Gatersleben bis Quedlinburg (Sitz des JKI), Dreileben (KWS-Einrichtungen) und Üplingen (BioTechFarm) sind es nur wenige Autominuten. Zwischen der BioTechFarm und den GentechnikerInnen aus Gatersleben wurde am 7.9.2009[35] ein Vertrag geschlossen, die größeren Flächen in Üplingen zukünftig für Freilandversuche zu nutzen – und umgekehrt die gut ausgestatteten Gewächshäuser und Labore am IPK den GenbastlerInnen aus Üplingen zur Verfügung zu stellen.

Der zweite Streich: Uni Rostock und das AgroBioTechnikum in Groß Lüsewitz

Weiter im Norden entstand einige Jahre nach dem Biopark von Gatersleben die nächste Hochburg der Agro-Gentechnik. Offiziell ist es ein reines Gründerzentrum speziell für diese Anwendungen. Tatsächlich aber residieren hier eher merkwürdige Vereine und Tarnfirmen vor allem aus universitären Kreisen, in die hinein große Mengen staatlicher Gelder mehrfach umgeleitet werden. Der Verdacht liegt nahe, dass hier mit der riskanten Technologie gespielt wird, um Privatkonten zu füllen und Propaganda für die Gentechnik zu machen. Die Experimente machen überwiegend wenig Sinn. Die teuren Labore stehen zu guten Teilen leer. Dafür sind die Felder besonders umkämpft. 2007 scheiterte ein Besetzungsversuch[36] nur knapp, brachte aber das AgroBioTechnikum in die Schlagzeilen. 2009, als Uni-GenforscherInnen aus Deutschland immer mehr Felder aus Angst vor GentechnikgegnerInnen hierhin verlegten, wurden die Dörfer Groß Lüsewitz mit den Gebäuden und Sagerheide als Standort der Versuchsfelder zur ständigen Quelle von Schlagzeilen: Feldbesetzung und Räumung, mehrere Feldbefreiungen und intensive Auseinandersetzungen rund um die Felder. Von diesem Widerstand ist wenigstens ein bisschen Erfreuliches zu berichten. Denn inzwischen hat sich das intensive Bemühen von AktivistInnen ein wenig gelohnt, die seit 2007 mit Feldbesetzungen und – unbekannterweise – Feldbefreiungen von sich reden machten, gleichzeitig aber auch immer wieder mit Infoveranstaltungen, Mahnwachen und anderen Aktionen vor Ort präsent waren. Zusammen mit der bestehenden BürgerInnen-Initiative und Protesten Einzelner reichte das, um vor Ort eine deutliche Ablehnung zu erzeugen. Der Gemeinderat von Thulendorf, zu dem der Ort

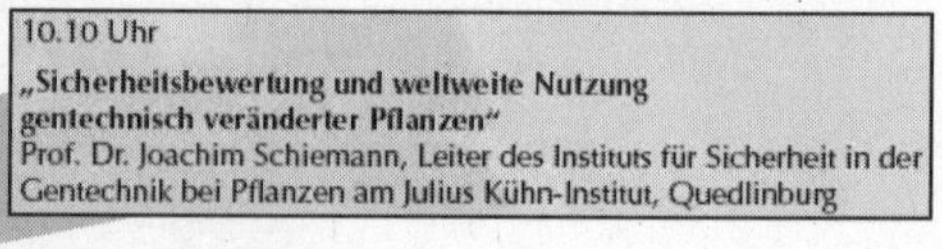
10.10 Uhr
„Sicherheitsbewertung und weltweite Nutzung gentechnisch veränderter Pflanzen“
Prof. Dr. Joachim Schiemann, Leiter des Instituts für Sicherheit in der Gentechnik bei Pflanzen am Julius Kühn-Institut, Quedlinburg

Abb. Hauptvortrag beim Tag der offenen Tür am 6.6.2009 durch Joachim Schiemann[33]

30 Biografische Daten von www.biologie.uni-erlangen.de/bc/biocus.html
31 www.transgen.de/wissen/diskurs/483.doku.html
32 http://develop.servicesite.de/akdw//index.php?option=com__content&task=view&id=128. Weitere biografische Daten: www.f1000biology.com/about/biography/725380828296117
33 www.ipk-gatersleben.de/Internet/Veranstaltungen/Tagungen/IPK__TOT__2009__72dpi.pdf
34 www.startupbiotech.de
35 www.mz-web.de/servlet/ContentServer?pagename=ksta/page&atype=ksArtikel&aid=1246046562955
36 www.gentech.projektwerkstatt.de/index.php/MediaWiki:Luesewitz

Sagerheide mit den Versuchsfeldern gehört, votierte 2009 einstimmig gegen die Gentechnikfelder. In der Nachbarschaft hängen Protesttransparente in den Gärten und an Häusern. Die Bürgermeisterin passt auf, dass keine gemeindlichen Wege für Aktivitäten im Rahmen der Gentechnikanwendung genutzt werden. 2010 beschloss der Gemeinderat sogar prophylaktisch, dass Gemeindegrundstücke für gentechnikkritische Veranstaltungen zu Verfügung ständen. Das war nicht von Anfang so, sondern war ein Resultat der intensiven Aufklärungsarbeit und der direkten Aktionen. Einmalig, fast sensationell erschien, dass ein Funktionär einer Umwelt-NGO mit vor Ort aktiv war und gar keine Berührungsängste mit AktivistInnen hatte. Der Gentechnikreferent des BUND-Landesverbandes beteiligte sich immer wieder selbst vor Ort – eine angenehme Ausnahme in der ansonsten tristen Apparatelandschaft von Umwelt- und Biolandbauverbänden. Das Ergebnis dieser bunten, gemeinsamen Protestvielfalt ließ sich sehen: Im Frühjahr 2010 sprach sich die regierende SPD in ihrem Entwurf des Wahlkampfprogramms gegen die Agro-Gentechnik einschließlich der von ihrem eigenen Landwirtschaftsminister so intensiv geförderten Versuchsanlagen aus – und seit Juli 2010 äußert sich auch die Landesregierung in diese Richtung.

Das AgroBioTechnikum wird als Fallbeispiel im Kapitel IV zu Forschung genauer beschrieben.[37]

Schaugarten Üplingen

Der neueste Coup: Gehirnwäsche im Schaugarten Üplingen

„Wenn es Sie interessiert, wie weit die moderne Pflanzenforschung tatsächlich ist, wenn Sie sich einmal ‚echte' Freilandversuche anschauen wollen, wenn Sie wissen wollen, ob gentechnisch veränderte Pflanzen zu einer nachhaltigen Landwirtschaft beitragen können – dann kommen Sie in den Schaugarten Üplingen und machen sich Ihr eigenes Bild." Das ist kein Fake, sondern Werbung[38] für die zahlenmäßig umfangreichste Ansammlung gentechnischer Felder in Deutschland. Offiziell sind die Parzellen als Versuchsfelder beantragt und genehmigt – und im Werbeprospekt[39] wird das auch so behauptet: *„Auf den landwirtschaftlichen Flächen des Stiftungsgut werden Versuche mit allen gängigen landwirtschaftlichen Kulturarten durchgeführt."* Doch mit der Wirklichkeit hat das wenig zu tun. Schaugarten Üplingen – das ist Propaganda pur. Und zwar auf beeindruckend platte Art: Einfach ein paar konventionelle Pflanzen schlecht behandeln und die gentechnisch veränderten daneben sprießen lassen – schon ist ein einfacher Baukasten für Gehirnwäsche fertiggestellt. Riskant ist er obendrein, denn die Propagandafelder stehen mitten in der Börde. Die ist, das weiß sogar InnoPlanta, die *„Wiege und Zentrum der deutschen Saatzucht. Naturräumliche Besonderheiten förderten die Entwicklung einer leistungsstarken Landwirtschaft und der verarbeitenden Industrie."*[40] Die benannten naturräumlichen Gegegebenheiten beziehen sich auf die hohen Bodenpunkte der Börde. Die ertragsreiche Landwirtschaft, die hier möglich war, führte früher zu großem Reichtum, was an den – inzwischen oft verfallenen – Bauten zu erkennen ist.

Wer nun den Schaugarten besucht, kommt wie bei Kaffeefahrten als Gruppe aufs Gelände, lässt sich über dieses führen und oft von wenig fachkundigen Personen, z.B. Geschäftsführerin Kerstin Schmidt selbst, mit seichten Werbeaussagen pro Gentechnik in Stimmung bringen. Ist der einseitige Spaziergang beendet, darf – wie großzügig – sogar noch etwas diskutiert werden: *„In einer lockeren Runde – gegebenenfalls bei Kaffee und Kuchen – stehen Experten Rede und Antwort zu fachlichen oder gesellschaftlichen Fragen."* Aber nur eine halbe Stunde bitte ... das Essen ruft, per Catering aus dem nahegelegenen Ausleben offeriert: Kaffee oder Tee *„mit Keksen ... Halbes belegtes Brötchen ... Bockwurst mit Brötchen"*. Dann geht es zurück.

Auch die wohligen Worte von Nachhaltigkeit und zukunftsfähiger Landwirtschaft sind Fassade. Schon auf der Internetseite[41] des Betreibers BioTechFarm GmbH & Co. KG steht die ungeschminkte Wahrheit über die Orientierung auf Industrieprodukte und Profitinteresse: *„Die BioTechFarm GmbH & Co. KG organisiert Feldversuche für Unternehmen, wissenschaftliche Einrichtungen und Institutionen, die neuartige Pflanzen, Pflanzenschutz- und Düngemittel im Feld erproben möchten. Die Gesellschaft stellt hierzu entsprechend geeignete Flächen bereit, bietet Dienstleistungen zur agronomischen Betreuung der Flächen, zum Schutz der Flächen vor Zerstörung und zur PR-mäßigen Begleitung der Feldversuche an."* Hier, wo Konzerne und Institute als Kunden geworden werden, weicht das Aufklärungsinteresse dem Marketing. Die ganze Sache mutiert zum Service für die, die mit der Agro-Gentechnik Geld verdienen wollen.

***Aus dem Bericht über die Eröffnung in der Magdeburger Volksstimme, 9.7.2008**[42]*

Der ‚Schaugarten Üplingen' im Landkreis Börde wurde gestern offiziell eröffnet. ... Landwirten, Verbrauchern sowie Schulklassen werden Führungen angeboten. ... Zu sehen sind Bt-Mais MON 810 von Monsanto (mit Hilfe eines Gens des Bacillus thuringiensis gegen den Maiszünsler resistent), ein herbizidtoleranter Mais (Round up ready) und Sticks (gentechnisch veränderte Maissorten, in die beide Eigenschaften eingebaut sind). ... Auf dem Kartoffelfeld steht neben der konventionellen Stärkekartoffel Kuras die Amflora von BASF PlantScience, die aufgrund ihrer gentechnischen Veränderung nur eine Sorte Stärke bildet.

***Text zur BioTechFarm auf der Propagandaseite TransGen**[43]*

Der insgesamt fünf Hektar große Schaugarten bildet gewissermaßen eine öffentliche Bühne ... Wer sich ein eigenes Bild von Gentechnik und Pflanzenzüchtung machen möchte, wer interessiert und neugierig ist, kann sich zu einem Besuch im Schaugarten anmelden. Schulklassen und Gruppen sind besonders willkommen.

Der Schaugarten im Jahr 2008 (Quelle: www.biosicherheit.de)

37 Extra-Seite zum AgroBioTechnikum: www.aggrobiotechnikum.de.vu

38 www.schaugarten-ueplingen.de

39 www.schaugarten-ueplingen.de/de/ihr-besuch-im-schaugarten/29.html?cmsDL=57d4d167871147ae742174c6a3575c10

40 www.unternehmen-region.de/de/292.php

41 www.biotechfarm.de

42 www.volksstimme.de/vsm/nachrichten/wirtschaft__und__boerse/?em__cnt=1094428

43 www.transgen.de/wissen/kalender/951.doku.html

Aus dem Programm- und Tagungsangebot „Schaugarten Üplingen" (Fehler im Original)[44]

Das Angebot umfasst sowohl Groß- als auch Kleinparzellen und die Prüfung oder Demonstration von Sorten, Pflanzenschutz- und Düngemitteln. Im Schaugarten werden verschiedene gentechnisch veränderte Pflanzen gezeigt, an denen in Europa geforscht oder die in anderen Teilen der Welt angebaut werden. Die Palette reicht von herbizidresistentem Mais bis zu nachwachsende Rohstoffe produzierenden Kartoffeln. In sieben Blöcken werden unterschiedliche Pflanzenarten und -eigenschaften präsentiert und sachkundig erläutert.

Welche gentechnisch veränderten Pflanzen Sie dort sehen können: ... Modellpflanze Mais – von der Inzuchtlinie über Hybridpflanzen bis zum gentechnisch veränderten Mais mit drei neuen Eigenschaften (triple stacks), insektenresistenten Mais, herbizidtoleranten Mais bei unterschiedlichen Unkrautbehandlungsregimes, herbizidtolerante Zuckerrüben bei unterschiedlichen Unkrautbehandlungsregimes, krankheitsresistente Kartoffeln (Kraut- und Knollenfäule) im Vergleich zu konventionellen Sorten, Kartoffeln, die neuartige Inhaltsstoffe produzieren (Bioplastik, Impfstoffe), pilzresistenten Weizen ... Im Energiegarten können Sie unterschiedliche nachwachsende Rohstoffe besichtigen und mehr über deren Anbau und Eigenschaften erfahren. ... In der Ausstellung wird erläutert, wie die grüne Biotechnologie entstanden ist, welche Verfahren sie nutzt und was sie von konventioneller Züchtung unterscheidet, welche Produkte sie bisher hervorgebracht hat und welche Vorteile oder Risiken diese Produkte gegenüber anderen Sorten aufweisen. ...

Nach Besichtigung des Schaugartens und der Ausstellung besteht sicher der Bedarf nach Meinungsaustausch und Nachfragen. In einer lockeren Runde – gegebenenfalls bei Kaffee und Kuchen – stehen Experten Rede und Antwort zu fachlichen oder gesellschaftlichen Fragen.

Abb.: Ausschnitt aus dem Prospekt des Schaugartens (S. 2)

Aus einem Bericht über das InnoPlanta-Forum am 7.9.2009 auf der BioTechFarm, in: mz-web am 8.9.2009[45]

Die BioTech-Farm bietet den ortsansässigen Unternehmen und Forschungseinrichtungen Flächen und weitere Dienstleistungen für wissenschaftliche Feldversuche in Üplingen an. „Unser Unternehmen unterhält in Üplingen mit dem Schaugarten die europaweit erste Freilandausstellung. Mit der Kooperation bieten wir den Mitgliedern der Marketinginitiative an, ihre Produkte der modernen Pflanzenzucht dort der Öffentlichkeit zu präsentieren", ergänzt Kerstin Schmidt, Geschäftsführerin von BioTech-Farm.

Auszüge aus der Broschüre „Nachhaltige Landwirtschaft durch Pflanzenbiotechnologie" des Schaugartens[46]

Umwelt und Pflanzenbiotechnologie gehören einfach zusammen. Im Klartext: Pflanzenschutz wird in Nutzpflanzen integriert. Der Landwirt setzt weniger Pflanzenschutzmittel gezielter ein. Dadurch muss er weniger pflügen und seine Landmaschinen weniger benutzen. Das spart Kraftstoff, senkt so auch den CO_2-Ausstoß und verringert die Gefahr der Bodenverdichtung und -erosion. Die Bedeutung für unseren Alltag liegt in diesem Bereich also auf der Hand – schließlich möchten wir unsere Erde nachfolgenden Generationen in gutem Zustand hinterlassen.

Aus „Veit Wolpert als ‚Messe-Besucher' im Schaugarten unterwegs" in: Volksstimme am 11.8.2010[47]

Schrader erläutert, dass der Schaugarten in Üplingen wie eine Messe zu verstehen sei, auf der sich Besucher darüber informieren, welche Forschungsentwicklungen es gibt.

Aus einem dpa-Text, zu finden auf Proplanta am 16.9.2008[48]

Schrader spricht von „verhärteten Fronten", die es aufzuweichen gilt. Diesem Ziel dient auch die neueste Idee: Schrader führt Besuchergruppen durch den europaweit ersten Schaugarten für gentechnisch veränderte Pflanzen.

Ein brusthoher Maschendrahtzaun soll Eindringlinge abhalten, mehrere Sicherheitsleute patroullieren rund um das Gelände, und es gibt sogar einen Wachturm. Eine dichte Wand aus Mais verwehrt jeden Blick ins Innere. Nachdem der Besucher Zaun und Mauer aus Mais überwunden hat, steht er auf einem Gelände, etwa so groß wie ein Fußballfeld. In der Mitte wachsen verschiedene Kartoffelsorten auf langen, schmalen Parzellen. An den Seiten steht Mais in den verschiedensten Varianten: große und kleine Sorten, konventionell gezüchtet und gentechnisch verändert. Schrader bückt sich, nimmt einige Blätter einer Kartoffelpflanze in die Hand. In Polo-Hemd und Jeans führt der sportliche Endvierziger die Besucher durch den Garten. Begeistert zeigt der Biologe auf sein Lieblingsbeispiel, das auf dem Feld in der Mitte zu sehen ist.

Schnurgerade zieht sich eine Linie durch die Pflanzen. Links sind die Blätter welk und braun, die Kartoffeln klein und schrumpelig. Hier hat die Phytophtora, die Kraut- und Knollenfäule gewütet – eine der häufigsten Pilzkrankheiten bei Kartoffeln und Tomaten. Rechts dagegen frisches Grün, schöne feste Knollen die Gentechnik lässt grüßen. Der Effekt ist perfekt, der Besucher staunt, und Schrader ist zufrieden.

Während die konventionelle Pflanze der Krankheit nichts entgegenzusetzen hatte, wurden der Kartoffel nebenan zwei Resistenzgene aus einer Wildkartoffel eingesetzt, erklärt er. „Darauf sind die Landwirte ziemlich scharf", sagt Schrader, „normal muss man etwa zehnmal spritzen."

Abb. oben: Der Rand des eingezäunten Schaugartens 2009 – mit Gänsen als Wächter (im Hintergrund am Zaun.

Darunter: Flaggen auf dem Gelände des Hofgutes, unter anderem der Firma biovativ.

Woher kommt der Schaugarten? Wem gehören die Flächen und wer steckt hinter dem Ganzen?

Die Geschichte des Schaugartens

Der dritte und neueste deutsche Biopark, gemeinsam organisiert aus den Seilschaften der Länder Sachsen-Anhalt und Mecklenburg-Vorpommern, entstand im Westen Sachsen-Anhalts, 50 km westlich von Magdeburg:

44 www.schaugarten-ueplingen.de/de/ihr-besuch-im-schaugarten/29.html?cmsDL=57d4d167871147ae742174c6a3575c10

45 www.mz-web.de/servlet/ContentServer?pagename=ksta/page&atype=ksArtikel&aid=1246046562955

46 www.schaugarten-ueplingen.de/de/presse-medien-fotos/55.html?cmsDL=57d4d167871147ae742174c6a3575c10

47 www.volksstimme.de/vsm/nachrichten/lokalausgaben/wanzleben/?sid=37qhvccdmbaid35v01vq2k77g3&em__cnt=1780075&sid=37qhvccdmbaid35v01vq2k77g3

48 www.proplanta.de/Agrar-Nachrichten/agrar__news__themen.php?SITEID=1140008702&Fu1=1221587018

Eröffnet im Juli 2008, dient die Üplinger BioTechFarm nach eigener Darstellung der Beeinflussung von Meinungen über Gentechnik. Zudem entwickelte sich der Ort schnell zum wichtigen Baustein im unübersichtlichen Gewirr von Firmen, die schon an IPK und AgroBioTechnikum wirkten, und nun hier, im Schaugarten, zu Werbezwecken Zweitflächen ihrer staatlich hoch geförderten Forschungsfelder anlegten. Ständig kommen neue Versuche aus diesen Kreisen oder der großen Konzerne hinzu. Hier wirkten sich einerseits die guten Kontakte zu Forschungsinstituten und Firmen aus, andererseits drängen diese nach Üplingen, weil ihnen andernorts der Wind des Protestes immer stärker ins Gesicht weht. Am 7.9.2009 schlossen IPK-Gentechnikfirmen und BioTechFarm-MacherInnen einen Vertrag über die Verlagerung der Freisetzungen von Gatersleben nach Üplingen. Damit dürfte sich die BioTechFarm zum wichtigsten Mehrfachversuchsstandort in Deutschland entwickeln. Sollte das AgroBioTechnikum weiter unter Druck geraten, könnte es schnell auch der einzige sein.

2009 wurden im *„Schaugarten Üplingen"*, wie die Ausstellungsfläche heißt und von den PR-Strategen von TransGen vermarktet wird, Versuchsflächen von Pioneer (Mais), BASF (Kartoffeln), Monsanto (Mais), der Uni Rostock (Weizen und Kartoffeln) und KWS (Roundup-Ready-Rüben) angemeldet. Dreist organisierten sich die BetreiberInnen eine Freisetzungsgenehmigung für den MON810-Mais. Was LandwirtInnen in Deutschland verboten ist, darf hier zu reinen Propagandazwecken in die Landschaft gebracht werden!

Die Geschichte der BioTechFarm wirft ein bizarres Licht auf die Kaltblütigkeit der Gentechnik-Seilschaften und die Schwäche aktueller Umweltschutzstrategien. Ausgangspunkt der Entwicklung war nämlich eine PR-Kampagne für Nachhaltigkeit. Das Dorf Üplingen wurde zum Aushängeschild für eine nachhaltige Entwicklung der Welt. Der Titel des UN-Dekadeprojektes:[49] *„Das Dorf Üplingen als Agenda 21 Siedlung und Motor der nachhaltigen Entwicklung im ländlichen Raum – Üplingen 2049"*. Als eines der Projekte wurden Renovierung und Ausbau des Stiftsguts Üplingen vorangetrieben. Alles zusammen sollte ein *„Leitprojekt des Bördekreises für die integrierte ländliche Entwicklung"* ergeben.[50] Anfangs war sogar das in Nachhaltigkeitsfragen renommierte Wuppertal-Institut als Projektpartner beteiligt. Auf der Internetseite zur UN-Dekade[51] wird das Projekt auch noch ganz harmlos beschrieben, allerdings von Anfang an verschwommen wie bei Nachhaltigkeitsprojekten üblich.[52]

Das Dorf Üplingen als Agenda 21-Siedlung und Motor einer nachhaltigen Entwicklung im ländlichen Raum

Bundesland: **Sachsen-Anhalt**

Projektnr.: **0214**, Ausgezeichnet: **2006/2007**

Das Projekt steht für die Entwicklung und Erprobung des Berufsbildes "Manager for Sustainable Development (MSD)" und damit auch für einen Berufsbildungsprozess zur nachhaltigen Entwicklung des Dorfes Üplingen und seiner Partnerkommunen. Der Erfolg des Projektes wird bestimmt von der Lernfähigkeit und Gestaltungskompetenz der regionalen Führungskräfte, gemeinsam mit den Bürgern, Verwaltungsbeamten, Politikern, Wissenschaftlern, Unternehmern, Lehrern und Schülern der Region, die Erhaltung und Förderung von Lebensqualität, Arbeit und Beschäftigung im regionalen Kontext zu ermöglichen.

Abb.: Beschreibung im Verzeichnis der UN-Dekadenprojekte[51]

Zwei Jahre später plätscherte das Nachhaltigkeitsprojekt gemächlich, aber noch in der ursprünglichen Form vor sich hin. Im Mittelpunkt stand die Renovierung des Stiftsgutes. Eigentümerin der Grundstücke war und ist die Stiftung Braunschweiger Kulturbesitz. Verpachtungen liefen über die niedersächsische Landesverwaltung (GLL).[53] Geld zur Sanierung kam vor allem von Karl-Heinz Lichtschläger und dessen Saatgutwirtschaft S.G.L. in Erftstadt (bei Köln). Er pachtete das Stiftsgut, trat als reicher Mäzen aus dem Westen auf und dominierte die Abläufe im 100-EinwohnerInnendorf Üplingen und in der für die Aktivitäten gegründeten ARGE Üplingen.[54] Als Vorsitzender des Bundesverbandes der Vermehrungsorganisationen mit Saatgut (BVO) verfügte er über gute Kontakte bundesweit, u.a. zu den LobbyistInnen vom Bundesverband Deutscher Pflanzenzüchter (BDP), die offensiv für die Agro-Gentechnik streiten.

Mitte 2007 entstand ein Papier mit vier Zielen für das Nachhaltigkeits- und UN-Dekaden-Projekt. Eine geplante Biogasanlage wurde als neues Projekt eingebunden. Ihre Restwärmenutzung sollte zu diesem Zeitpunkt aber noch dem Umweltschutz dienen. Die Titel der vier *„Einzelmaßnahmen"* im Papier:[55]

1. *Nutzung der Restwärme der Biogasanlage in Üplingen: ...*
2. *Einrichtung eines Büros für die Forschung, Betreuung und Entwicklung von regenerativen Energiesystemen: ...*
3. *Tagungs- und Weiterbildungszentrum erneuerbare Energien: ...*
4. *Transnationale Zusammenarbeit: ...*

Doch im Laufe der Jahre 2007 (zunächst verdeckt[56]) und 2008 griffen die Gentechnik-Seilschaften zu: Uwe Schrader, Vorsitzender von InnoPlanta, Macher aus dem Filz am Gaterslebener IPK und FDP-Politiker im Land, gründete die BioTechFarm und traf sich schon vorab im typischen Geflecht mit Konzernvertretern und den zuständigen Landesbehörden. Nichts und niemand stellte sich ihm in den Weg.

Zudem organisierte Uwe Schrader Gelder und zog die Fäden über den Mäzen des ehemaligen Nachhaltigkeitsprojektes, Lichtschläger. Die Idee eines Schaugartens und Zentrums für gentechnische Pflanzenzüchtung entstand – mit Uwe Schrader als erstem Geschäftsführer. Im April 2008 gab er diesen Posten an die Überall-Geschäftsführerin Kerstin Schmidt weiter, blieb aber *„ehrenamtlicher Beirat"* der Farm, die zur rechten Zeit kam. Denn die sachsen-anhaltinischen und mecklenburgischen Seilschaften brauchten neue Flächen. Das AgroBioTechnikum schwächelte, war wenig ausgelastet und kommunalpolitisch zunehmend umstritten. Im IPK zerstörten AktivistInnen das letzte Genfeld,[57] das Projekt in Gatersleben war im Laufe der Jahre mehr und mehr in die Kritik geraten. Interner Druck auf die verstrickten Funktionäre der beteiligten Kirche ließen die Gentechniklobbyisten neues Land suchen. Das erhoffte El Dorado für Gentechnik und Geldwäsche fanden sie 2007 in Üplingen. Die im Zuge des Nachhaltigkeitsprojektes entstandene Infrastruktur wurde handstreichartig übernommen. Innerhalb eines Jahres wandelte sich die Zielsetzung – geschickt und kaum merklich. Wendepunkt: Das Symposium 2008 zur Nachhaltigkeit. Dort trat Uwe Schrader erstmals öffentlich auf. Er war selbst nicht in der Gentechnik tätig, sondern organisierte Infrastruktur und Fördermillionen für ForscherInnen und Firmen. Als ehemaliger Referent im Wirtschaftsministerium verfügte er über ausreichend Kontakte. Sein Auftritt in Üplingen wurde auf der Internetseite zum Symposium dokumentiert.[58]

Zudem wurde die Studie *„Wirtschaftliche Zukunftsfelder in Ostdeutschland"* vorgestellt, die offensiv für die Gentechnik warb: *„Die Biotechnologie hat sich innerhalb weniger Jahre in Deutschland zu einer Boom-Branche entwickelt, was sich an der wachsenden Zahl innovativer Firmengründungen ablesen lässt. In keinem anderen europäischen Land gibt es derzeit vergleichbar viele Standorte, an denen sich Biotechnologie-Unternehmen angesiedelt haben, wie in Deutschland. Die Gründe liegen ähnlich wie in anderen europäischen Regionen u.a. in der staatlichen Förderung, mit der finanzielle Schwierigkeiten in der Anfangsphase der Unternehmen abgefangen werden können."* Die Arbeit stammte aus der Uni-

49 www.ueplingen.de/html/ziele.html
50 Faltblatt aus 2005: www.ueplingen.de/Flyer_End.PDF
51 www.bne-portal.de/coremedia/generator/unesco/de/05___UN___Dekade___Deutschland/02___Dekade-Projekte/Ausgezeichnete_20Projekte/projekte/0214_20Das_20Dorf_20_C3_9Cplingen_20als_20Agenda_2021-Siedlung_20und_20Motor_20einer_20nachhaltigen_20Entwicklung_20im_20l_C3_A4ndlichen_20Raum,sourcePageId=31590.html
52 Kritik der Nachhaltigkeit: www.projektwerkstatt.de/aes/nach_kritik.html
53 www.sbk-bs.de und www.gll.niedersachsen.de
54 Die Abläufe sind dokumentiert im Internet auf www.ueplingen.de.
55 Aus den Zielen im Projektpapier vom 20.8.2007. Quelle: www.ueplingen.de/Campus_Uplingen.pdf
56 Kerstin Schmidt buchte bereits am 28.3.2007 die Internetseite www.biotechfarm.de (Quelle: Abfrage bei denic).
57 Feldbefreiung auf dem Genweizenfeld von Gatersleben am 21.4.2008. Berichte unter www.gendreck-weg.de/?id=180&lg=de.
58 www.ueplingen.de/html/symposium_08. html

versität Rostock, die von der benannten staatlichen Förderung der Gentechnik profitiert.

Der Deal mit den Versuchsfeldern war frühzeitig mit – wieder einmal willfährigen – staatlichen Stellen geklärt. Schon am 15.1.2008 trafen sich Uwe Schrader, Monsanto und die Überwachungsbehörden in Üplingen.

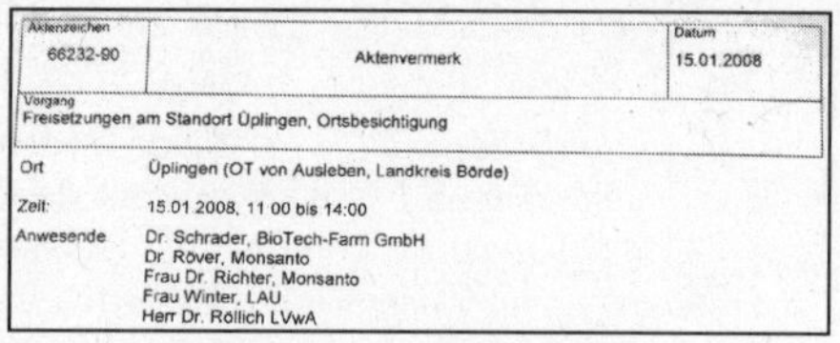

Aktenzeichen 66232-90	Aktenvermerk	Datum 15.01.2008
Vorgang: Freisetzungen am Standort Üplingen, Ortsbesichtigung		
Ort	Üplingen (OT von Ausleben, Landkreis Börde)	
Zeit:	15.01.2008, 11:00 bis 14:00	
Anwesende	Dr. Schrader, BioTech-Farm GmbH Dr. Röver, Monsanto Frau Dr. Richter, Monsanto Frau Winter, LAU Herr Dr. Röllich LVwA	

Protokoll der Begehung – aus den Akten bei der Überwachungsbehörde in Sachsen-Anhalt

Dann ein Vertuschungsmanöver. Das oben zitierte Planungspapier aus 2007 wurde umgeschrieben. Der Punkt vier des Projektplanes wurde ausgetauscht, „*Transnationale Zusammenarbeit*“ mutierte zum „*Zentrum für Pflanzenzüchtung*“. Die Biogasanlage erhielt eine neue Bestimmung als Kraftwerk für gentechnisch veränderte Nutzpflanzen. Plötzlich las sich die Liste so:[59]

1. *Nutzung der Restwärme der Biogasanlage in Üplingen: ...*
2. *Einrichtung eines Büros für die Forschung, Betreuung und Entwicklung von regenerativen Energiesystemen: ...*
3. *Tagungs- und Weiterbildungszentrum erneuerbare Energien: ...*
4. *Zentrum für Pflanzenzüchtung: ...*

Ein unscheinbarer, aber weit reichender Austausch. In einem Rundbrief, dem der veränderte Text als Ergebnis einer Besprechung angefügt war, behaupteten die Autoren dreist:[60] „*Im Ergebnis wurden die bereits definierten Entwicklungsziele bestätigt.*“ Die Übernahme des Nachhaltigkeitsprojektes durch die wichtigsten Seilschaften deutscher Gentechnik wurde so weitgehend vertuscht. Aus einem – politisch schwächlichen – Nachhaltigkeitsprojekt[61] wurde geräusch- und übergangslos das aggressivste und vielleicht demnächst auch für Forschungsgeldflüsse wichtigste Agro-Gentechnikprojekt in Deutschland. Der gesamte Text des neuen, letzten Absatzes:[62]

> *4. Zentrum für Pflanzenzüchtung*
> *Es soll ein Zentrum für Pflanzenzüchtung nach einem modularen System entstehen. Als erster Schritt soll eine Verbindung von Pflanzenzüchtung und Öffentlichkeitsarbeit realisiert werden. Auf einer Ackerfläche neben dem Gutshof erfolgt im Rahmen eines wissenschaftlichen Züchtungsprojektes der Freilandanbau gentechnisch veränderter Pflanzen, der ein Bestandteil des nach Bundesrecht durchzuführenden Zulassungsverfahren ist.*
> *Auf einer zweiten Fläche entsteht ein Schaugarten, in dem innovative Pflanzen für den Energiebereich präsentiert werden. Dieser kann während der Vegetationsperiode besichtigt werden. Im Schaugarten werden sowohl herkömmlich gezüchtete Pflanzen als auch gentechnisch veränderte angebaut, für die eine entsprechende Genehmigung der zuständigen Bundesbehörde vorliegt.*

BefürworterInnen einer auf Profitmaximierung zielenden Gentechnik, die auf Gemeinderat und NachbarInnen wenig Rücksicht nehmen, bestimmten nun den Ort. Entstanden war ein Wolf im Schafspelz, ein Ort der Gehirnwäsche für Gentechnik unter dem Banner der Nachhaltigkeit. BesucherInnen von Bildungsveranstaltungen zur Nachhaltigkeit im Stiftsgut Üplingen werden durch Gentechnik-Pflanzungen geführt. Das gutgemeinte (aber von Beginn an schlecht gemachte) Engagement für Nachhaltigkeit wird der Gentechnik geopfert. Die absurde Verbindung wird im Prospekt des Gentechnik-Schaugartens[63] sogar offen benannt: „*Der Ort Üplingen wurde von der UNESCO und dem Deutschen Nationalkomitee 2005 im Rahmen der UN-Dekade ‚Bildung für nachhaltige Entwicklung' ausgezeichnet. Damit ergeben sich für die Schaufarm zahlreiche Anknüpfungspunkte zur Fortentwicklung dynamischer Bildungsprojekte.*“ Wie das praktisch aussieht, ließ sich im September 2008 bestaunen.[64]

Symposium 08

Auf dem **6. Symposium "Bildung für nachhaltige Entwicklung"** im Stiftsgut Üplingen diskutierten am 27.09.2008 von 11.00 - 16.00 Uhr Bürger, Unternehmer, Projektleiter und Funktionsträger aus Politik und Verwaltung über Möglichkeiten und Wege zur Erschliessung innovativer Handlungsfelder.

Karl-Heinz Lichtschläger und **Dr.Uwe Schrader** berichteten über die dynamische Entwicklung des Schaugartens für die "Pflanzen der Zukunft" und über das Zusammenspiel mit der neu entstehenden Biogasanlage (Baubeginn Oktober 2008).

Das 6. Symposium ‚Bildung für nachhaltige Entwicklung' am 27.09.2008 im Stiftsgut Üplingen, als Beitrag zum ‚Tag der Regionen' und zu den ‚Aktionstagen Bildung für nachhaltige Entwicklung' der Deutschen UNESCO-Kommission/Nationalkomitee ... Geplante Programmpunkte sind: ... Darstellung des ‚Schaugartens Üplingen' mit den ‚Pflanzen der Zukunft'.

Aus dem Agenda-21-Dorf wurde eine Gentechnik-Hochburg. Oben das Ortsschild und im Hintergrund der Schaugarten mit Wachturm. Unten: Das halbe Dorf ist für die Öffentlichkeit gesperrt. Rechts eine Schautafel, die nicht mehr zugänglich ist.

Die Machtübernahme zeigte sich nicht nur optisch. Im Konflikt mit BesetzerInnen des Schaugartens im März 2009 beanspruchte Kerstin Schmidt mit der Firma das Hausrecht über das gesamte Gelände des Hofgutes und große Teile des Dorfes (Abb. auf S. 116). Gerichte bestätigten die Betretungsverbote, ebenso die Versammlungsbehörde bei Anmeldung gentechnikkritischer Demonstrationen. Zum Wandel gehörten Verbotsschilder, gesperrte Wege und Berichte über Drangsalierungen der BewohnerInnen durch Polizeikontrollen. Gewaltdrohungen gegen GentechnikgegnerInnen und die Reichskriegsflagge in einem dörflichen Garten vervollständigen das Alltagsleben dieses Dorfes in der Hand deutscher Gentechnikseilschaften.

Die Felder

Genehmigungsrechtlich sind die Felder in Üplingen ein Sonderfall, nämlich Zweitstandorte. Ihre Hauptflächen liegen am AgroBioTechnikum oder, wie bei der KWS, auf Firmenflächen. Die Verbindung ist kein Zufall, sondern Ergebnis der Seilschaften in der Gentechnik: Kerstin Schmidt ist auch Geschäftsführerin des AgroBioTechnikums, Firmen wie BASF und KWS sind über Lobbyverbände wie InnoPlanta ebenfalls überall mit dabei. Biovativ, die als Auftragsfirma für Universitäten und Firmen schon am AgroBioTechnikum die Felder anlegte, ist auch in Üplingen als Dienstleistungsunternehmen tätig. Seit 2009 weht im Hof des Schaugartens die Firmenfahne.

Noch eines ist ganz einmalig: In Üplingen stand 2009 und 2010 der Bt-Mais MON810. Der war im übrigen Bundesgebiet verboten – zwecks Gefahrenvorsorge. Aber hier stand er. Die Welt schrieb in einem Jubelartikel am 22.9.2009[65] vom MON810 auf der Farm. Im Tageblatt stand am

59 Projektpapier vom Mai 2008: www.ueplingen.de/Planung_2009.pdf
60 Rundbrief mit überarbeitetem Projektpapier im Mai 2008: www.ueplingen.de/Planung_2009.pdf
61 Die Agenda 21 enthält etliche Passagen pro Gentechnik. Kritikseite: www.projektwerkstatt.de/aes/21kritik.html.
62 www.ueplingen.de/Planung_2009.pdf
63 www.biotechfarm.de/btfgarten.pdf
64 Aus dem Einladungsschreiben: www.ueplingen.de/TdR_Ankund_2008.pdf

25.8.2009:[66] *„Der Bt-Mais MON 810 wiegt sich im Wind – genauso wie die Hybridzüchtungen nebenan. Den kleinen Unterschied erkennen Laien nicht. Lediglich die Schilder ‚Pflanzen sind nicht zum Verzehr bestimmt. Betreten für Unbefugte verboten', Vogelschutznetze und Turm erinnern die Besucher, dass es kein Garten wie jeder andere ist. Eine Mantelsaat soll verhindern, dass Genmais-Pollen zu weit fliegen."* Auf der Internetseite des Schaugartens hieß es dann 2010 selbst:[67] *„Die im Schaugarten gezeigten Bt-Maissorten sind vor allem Sorten des in der EU für den Anbau zugelassenen Bt-Maises MON810."* Und in der Tat: Es lag eine Einzelgenehmigung des BVL vor. Was kein Bauer durfte: Für die SeilschafterInnen machten die staatlichen Kontrolleure den Weg frei – für ein reines Werbeprojekt! Damit der verbotene Mais auch überzeugt, gab es passende Anschauung daneben: *„Zum Vergleich wachsen auf den Nachbarparzellen die jeweiligen konventionellen Vergleichssorten mit gleichen Anbaueigenschaften."* Besonders schwer ist es dann ja nicht, dafür zu sorgen, dass sie um einiges jämmerlicher aussehen.

2009 waren Versuchsflächen folgender Firmen und Universitäten beantragt:

Pioneer: Mais
BASF: Kartoffeln
Monsanto: Mais (2x), darunter der in Deutschland verbotene MON810 (mit BVL-Extragenehmigung)
KWS: Zuckerrüben (Roundup-Ready-System von Monsanto)[68]
Uni Rostock (Versuchsleitung: Prof. Broer): Weizen, Kartoffeln

■ Kartoffeln schützen sich selbst. Die Kraut- und Knollenfäule ist eine gefürchtete Pilzkrankheit. Heute wird sie im konventionellen wie im ökologischen Anbau mit Pflanzenschutzmitteln bekämpft. Wildkartoffeln aus Südamerika besitzen eine natürliche Resistenz. Nun ist es gelungen, die dafür verantwortlichen Gene zu finden und mit Hilfe der Pflanzenbiotechnologie auf Kultursorten zu übertragen. In Üplingen werden diese Kartoffeln getestet. Schauen Sie zu.

■ Gentechnisch veränderter Mais: Die nächste Generation. Wenn in Deutschland über „Genmais" diskutiert wird, ist meist ein bestimmter gemeint: MON810. Doch international ist die Entwicklung längst weiter. Im Schaugarten stehen verschiedene Maislinien: Einige produzieren Wirkstoffe gegen Schädlinge, andere verfügen über eine Herbizidtoleranz, so dass Unkraut besser bekämpft werden kann. Zu sehen sind auch neue Maislinien mit mehreren dieser Merkmale.

■ Weizen: Grundlagenforschung im Feld. Vor allem in Entwicklungsländern sind Brandpilze im Weizenanbau ein Problem. Ist eine Pflanze damit befallen, werden die Körner schwarz und es kommt zu einem vollständigen Ertragsausfall. Eine Züricher Forschergruppe hat einen natürlichen Abwehrmechanismus aus Mais auf Weizen übertragen. Funktioniert das Konzept? Lohnt es sich, weiterzu forschen? Die Versuche in Üplingen werden dazu neue Erkenntnisse liefern.

■ Zuckerrüben und Unkräuter. Junge Zuckerrübenpflänzchen können sich gegen ihre Konkurrenten auf dem Feld kaum durchsetzen. Ohne aufwändige Unkrautbekämpfung bleiben die Erträge niedrig. Mit einer neu entwickelten Zuckerrübe könnte das anders werden: Sie ermöglicht es den Landwirten, umweltfreundlicher und zeitlich flexibel gegen Unkräuter vorzugehen. In den USA ist die neue Zuckerrübe schon mit großem Erfolg auf dem Markt. Im Schaugarten wird sie unter Praxisbedingungen erprobt.

■ Kartoffeln. Nachwachsende Rohstoffe. Kartoffeln, die Industriestärke für bestimmte Produkte wie Papier oder Klebstoff liefern, gibt es schon. Noch in der Entwicklung sind Kartoffeln, die in ihren Knollen Bio-Kunststoffe oder medizinisch wirksame Substanzen produzieren. Im Schaugarten sind verschiedene solcher „neuartigen Kartoffeln" im Feldversuch zu sehen.

Auszug aus dem Prospekt „Schaugarten Üplingen" mit Beschreibung der einzelnen gv-Pflanzen[69]. Der Text zur Zuckerrübe zeigte sich im Verlauf des Jahres dann überholt. Die Roundup-Ready-Rübe H7-1[70] von KWS wurde im September 2010 in den USA verboten.[71] In Üplingen blieb sie stehen.

Parzellen des Blocks B

B01 ***konventionelle Ausgangssorte***

B02 ***MON 810***
Eigenschaft: *Resistenz gegen den Maiszünsler auf der Basis der Bt-Technologie*

B03 ***MOM89034 x NK603***
Kombinationszüchtung aus zwei Transformationen
Eigenschaft: *optimierte Resistenz gegen den Maiszünsler, zusätzlich Herbizidresistenz gegen den Wirkstoff Glyphosat*

B04 ***MON88017***
Eigenschaft: *Resistenz gegen den Schädling Maiswurzelbohrer, zusätzlich eine Herbizidresistenz gegen den Wirkstoff Glyphosat*

B05 ***MON88017 x MON89034***
Kombinationszüchtung aus zwei Transformationen
Eigenschaft: *Resistenz gegen den Schädling Maiswurzelbohrer, optimierte Resistenz gegen den Maiszünsler und Herbizidresistenz gegen den Wirkstoff Glyphosat*

B06 ***59122 x 1507 x NK 603***

Zwei Ausschnitte aus der Schaugartenbroschüre „Feldführer 2010"

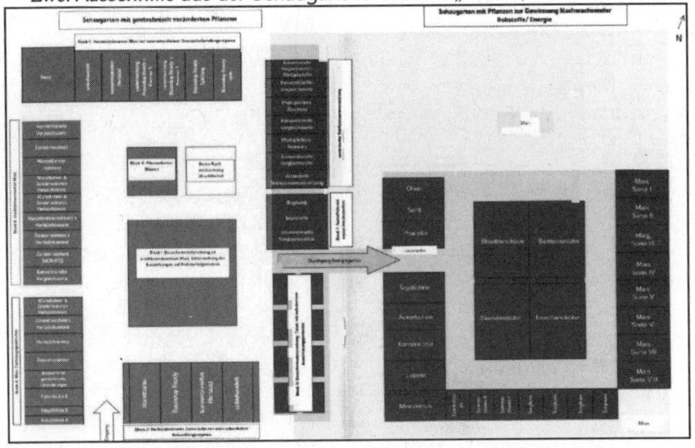

65 www.welt.de/wissenschaft/umwelt/article4591134/Wo-die-boesen-und-gefaehrlichen-Pflanzen-wachsen.html
66 www.tageblatt.de/db/Druckvorschau.cfm?DID=1523264
67 www.schaugarten-ueplingen.de/de/rundgang-schaugarten/mais/bt-mais.html
68 Presseinfo der KWS dazu: www.proplanta.de/Agrar-Nachrichten/agrar_news_themen.php?SITEID=1140008702&Fu1=12384 04251&Fu1Ba=11400087 02&WEITER=99&MEHR=99
69 www.schaugarten-ueplingen.de/de/schaugarten-aktuell/61.html?cmsDL=7220e12e9aa9d56 20b66a497d0fc8d69
70 www.kws.de/aw/KWS/Germany/innovation/Methoden/gentechnik/Archiv_KWS_informiert_/%7Ectru/Roundup_Ready_Zuckerruebe_Antrag_auf_Zul/
71 www.biosicherheit.de/aktuell/1221.gericht-stoppt-gentechnisch-veraenderte-zuckerrueben-anbau-kontrollierten-bedingungen.html
72 www.projektwerkstatt.de/gen/filz/boerde/tnliste_innoplanta2009.pdf

Az. Sachsen-Anhalt	Az. BVL	Flächen/FKZ	Ort	Betreiber	GVO
66232-90	6786-01-190	39393/01208	Üplingen	Pioneer	Mais
66232-94	6786-01-191	39393/01220	Üplingen	BASF	Kartoffel
66232-95	6786-01-195		Üplingen	Uni Rostock	Weizen
66232-96	6786-01-163	39393/01212	Üplingen	Monsanto	Mais
66232-99	6786-01-199		Üplingen	Uni Rostock	Kartoffel
66232-100	6786-01-01201	39365/?	Üplingen	Monsanto	Mais

Übersicht neu angemeldeter Versuche laut Mitteilung des Landesverwaltungsamtes vom 14.1.2009 (noch ohne KWS)

Foto: Durchgang von der Neustadt (eine von zwei Straßen in Üplingen) zum Dorfpark. Das Schild lädt zum Betreten ein, der Park soll nach Beschlusslage der Kommune öffentlich bleiben. Doch GentechnikgegnerInnen erhielten Strafanzeigen und wurden entsprechend von der Polizei behandelt, als sie durch den Park spazierten (das Foto entstand bei diesem Spaziergang).

Aktenzeichen	6786-01-0201
Notification Number	B/DE/08/201
Genehmigungsstand	G V
Genehmigungsdatum	12.05.2009
Freisetzer	Monsanto Agrar Deutschland GmbH
Land	Deutschland
GVO Trivialname	Mais
GVO wissenschaftlicher Name	Zea mays
Eigenschaften	Insektenresistenz, Herbizidtoleranz
Anzahl Organismen	8-10 Pflanzen pro qm
Groesse Freisetzungsflaeche	10.000 qm in 2009 bzw. 20.000 qm in den folgenden Jahren (je Standort und Jahr)
Groesse Versuchsflaeche	45,88 ha
Beginn Freisetzung (beantragt)	01.04.09
Ende Freisetzung (beantragt)	31.10.12
Freisetzungsorte	Erstanmeldungen Ausleben, Ortsteil Üplingen (ST)
Kurzbeschreibung des Vorhabens	Freigesetzt werden sollen die Maishybriden MON 89034 x MON 88017 und MON 89034 x NK603 sowie deren Eltern MON 89034, MON 88017 und NK603. Die Linien MON 89034 x MON 88017 und MON 89034 x NK603 wurden durch konventionelle Kreuzung der zuvor genannten gentechnisch veränderten Elternlinien hergestellt.

Eintrag im Freisetzungsregister von MON810

Üplingen aber bietet mehr als Gentech-Felder. Gebäude und Flächen bilden den wichtigsten Treffpunkt der Seilschaften. Das bisher größte Treffen war das InnoPlanta-Forum am 7.9.2009, als 100 Limousinen auf die von Polizei und Wachschutz abgeschirmten Parkplätze der BioTechFarm führen. Eingeladen hatte der Gentechnik-Lobbyverband InnoPlanta und bot ein Tagungsprogramm mit illustren Gästen aus Medien und Politik.[72] Das fachliche Niveau wurde von unabhängigen BesucherInnen als *„peinlich“* bis *„unterirdisch“* bezeichnet. Dafür traten klangvolle Namen aus Politik und Gesellschaft auf. Das Geschehen spaltete die Anwesenden in vier Gruppen: Die Seilschaften der Gentechnik drinnen, per Arbeitsauftrag zu ihrem Schutz eingesetzte willige VollstreckerInnen in Uniform, die Proteste einiger unabhängiger AktivistInnen, die ganztags vor dem Stiftsgut gegen die Gentechnik-Geflechte demonstrierten, und das merkwürdige Fehlen von Umweltverbänden, Öko- und konventionellen BäuerInnen.

Ein Jahr später hatte das InnoPlanta-Forum an Glanz verloren. Statt Ex-Wirtschaftsminister Wolfgang Clement trat die seit Jahren in den Seilschaften agierenden, also quasi ‚hauseigene' FDP-Abgeordnete Christel Happach-Kasan als FestrednerIn auf. Die TeilnehmerInnenzahl aus den großen Konzernen halbierte sich, viele bekannte Personen fehlten. Die GesamtbesucherInnenzahl wurde nur gehalten, weil fast fünfzig GentechnikkritikerInnen im Saal weilten.

Nicht nur InnoPlanta unterstützt den Schaugarten. Direkt verbandelt sind die Gentechnik-PR-Agenturen aus Aachen rund um den ehemaligen Umweltverbands-Funktionär Spelsberg und GentechnikerInnen der RWTH Aachen, die auch für das Forum Bio- und Gentechnologie die Werbung organisieren. Der Webgestalter im Impressum der Internetseiten von Schaugarten, TransGen und dem Aachener Forum ist immer der gleiche. Der Leiter des Mais-Versuchsfeldes der RWTH Aachen, Stefan Rauschen, erhielt 2010 den InnoPlanta-Preis für seine Verdienste in der Bewerbung der geliebten Technik.

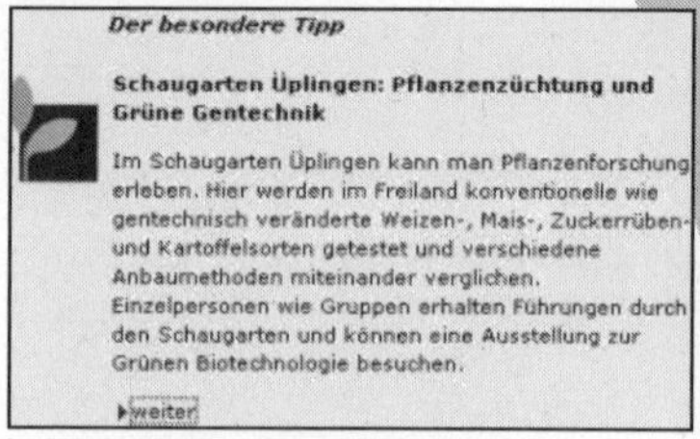
Der besondere Tipp

Schaugarten Üplingen: Pflanzenzüchtung und Grüne Gentechnik

Im Schaugarten Üplingen kann man Pflanzenforschung erleben. Hier werden im Freiland konventionelle wie gentechnisch veränderte Weizen-, Mais-, Zuckerrüben- und Kartoffelsorten getestet und verschiedene Anbaumethoden miteinander verglichen. Einzelpersonen wie Gruppen erhalten Führungen durch den Schaugarten und können eine Ausstellung zur Grünen Biotechnologie besuchen.

▸weiter

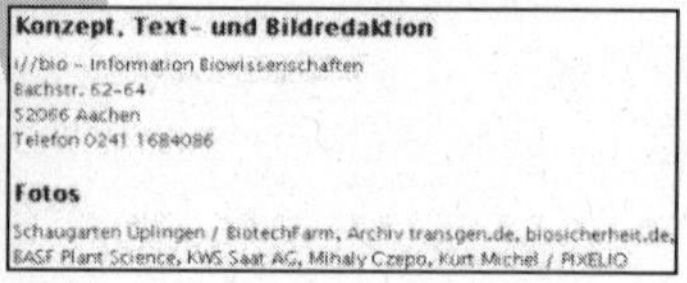
Konzept, Text- und Bildredaktion

i//bio – Information Biowissenschaften
Bachstr. 62–64
52066 Aachen
Telefon 0241 1684086

Fotos

Schaugarten Üplingen / BiotechFarm, Archiv transgen.de, biosicherheit.de, BASF Plant Science, KWS Saat AG, Mihaly Czepo, Kurt Michel / PIXELIO

Verlinkung des Schaugartens auf TransGen und Auszug aus dem Impressum

Schwacher Widerstand

Am 12. März 2009 wurde der Schaugarten von GentechnikgegnerInnen besetzt. Die Aktion wurde nicht nur mit den schon vorhandenen Feldern voller gv-Pflanzen begründet, sondern auch mit der Erwartung, dass Firmen vom IPK-Gelände in Gatersleben, Agrarkonzerne und das nahegelegene JKI mit Hauptsitz in Quedlinburg verstärkt die Üplinger Flächen nutzen könnten. Das sollte sich kurze Zeit später mit dem Vertragsabschluss am 7.9.2009[73] auch bewahrheiten. Schon 2009 waren insgesamt neun Freisetzungsversuche angemeldet – Rekord in Deutschland.[74] Die Ausdehnung der Versuchsfelder steht bevor. Die Tagungen auf dem Hofgut gehören zu den Hauptvernetzungstreffen der Gentechnik-Seilschaften. Viel Anlass zum Handeln also. Doch von Umweltverbänden oder einschlägigen Parteien ist in Üplingen wenig zu sehen – wenn sie nicht sogar, wie die grüne Bundestagsabgeordnete Cornelia Behm, beim InnoPlanta-Forum 2009 selbst teilnahmen. Bekannt sind die Oscherslebener Erklärung vom 12.3.2008[75] und eine Stellungnahme des Sprechers der Buckfastimker Sachsen-Anhalt, Bodo Baron v. Schilling.[76] Zudem reichten Umweltverbände Einwendungen[77] gegen die konkreten Versuchsfelder ein, in denen bemängelt wurde, es ergäbe *„sich keine Erklärung warum die Freisetzung dieser Pflanzen in Üplingen erfolgen soll.“* Zusammenfassend stellten die Einwender wegen des fehlenden Sinns der als Versuchsfelder Werbegärten fest: *„Für den Standort Üplingen ist eine Genehmigung unter allen Umständen ausgeschlossen.“* Die absendenden Gruppen fehlten 2009 und 2010 bei Protestaktionen vor Ort aber weitgehend. In den regionalen Gruppen von „Die Linke“ gab es BefürworterInnen und KritikerInnen der BioTechFarm[78], wobei vor Ort eine klare Ablehnung bestand und Protestaktionen unterstützt wurden.

Gegen direkte Aktionen hat der Schaugarten ein aufwendiges Sicherheitskonzept entwickelt – und wirbt als Dienstleistungsangebot mit seinen Fähigkeiten, Feldbewachungen zu organisieren. Die Pflanzen sind vor den Menschen also gut geschützt. Umgekehrt gilt das weniger …

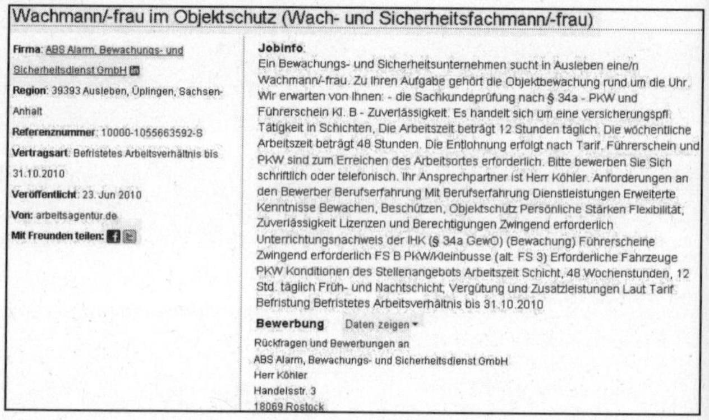
Wachmann/-frau im Objektschutz (Wach- und Sicherheitsfachmann/-frau)

Firma: ABS Alarm, Bewachungs- und Sicherheitsdienst GmbH
Region: 39393 Ausleben, Üplingen, Sachsen-Anhalt
Referenznummer: 10000-1055663592-S
Vertragsart: Befristetes Arbeitsverhältnis bis 31.10.2010
Veröffentlicht: 23. Jun 2010
Von: arbeitsagentur.de
Mit Freunden teilen:

Jobinfo:
Ein Bewachungs- und Sicherheitsunternehmen sucht in Ausleben eine/n Wachmann/-frau. Zu Ihren Aufgabe gehört die Objektbewachung rund um die Uhr. Wir erwarten von Ihnen: - die Sachkundeprüfung nach § 34a - PKW und Führerschein Kl. B - Zuverlässigkeit. Es handelt sich um eine versicherungspfl. Tätigkeit in Schichten, Die Arbeitszeit beträgt 12 Stunden täglich. Die wöchentliche Arbeitszeit beträgt 48 Stunden. Die Entlohnung erfolgt nach Tarif. Führerschein und PKW sind zum Erreichen des Arbeitsortes erforderlich. Bitte bewerben Sie Sich schriftlich oder telefonisch. Ihr Ansprechpartner ist Herr Köhler. Anforderungen an den Bewerber Berufserfahrung Mit Berufserfahrung Dienstleistungen Erweiterte Kenntnisse Bewachen, Beschützen, Objektschutz Persönliche Stärken Flexibilität, Zuverlässigkeit Lizenzen und Berechtigungen Zwingend erforderlich Unterrichtungsnachweis der IHK (§ 34a GewO) (Bewachung) Führerscheine Zwingend erforderlich FS B PKW/Kleinbusse (alt: FS 3) Erforderliche Fahrzeuge PKW Konditionen des Stellenangebots Arbeitszeit Schicht, 48 Wochenstunden, 12 Std. täglich Früh- und Nachtschicht; Vergütung und Zusatzleistungen Laut Tarif Befristung Befristetes Arbeitsverhältnis bis 31.10.2010

Bewerbung Daten zeigen ▾
Rückfragen und Bewerbungen an
ABS Alarm, Bewachungs- und Sicherheitsdienst GmbH
Herr Köhler
Handelsstr. 3
18069 Rostock

Abb.: Stellenangebot im Juni 2010

Schaugärten überall?

InnoPlanta träumte von mehr. Die Idee des Schaugartens ist auf Expansion ausgelegt. Von 2009 zu 2010 dehnte sich die Fläche vor allem von gv-Maisfeldern erheblich aus. Der Vertragsabschluss mit dem IPK samt dort angesiedelter Firmen vom 7.9.2009 könnte weitere Versuchsflächen auf die Äcker im Norden Üplingens bringen. Andere phantasieren von GVO-Schaugärten auch anderswo: *„Wie die Vertreter von Innoplanta e.V. berichten, gibt es bereits Expansionspläne. Die Bundesministerien für Landwirtschaft, Forschung und Wirtschaft hätten bereits signalisiert, einen solchen Garten in jedem Bundesland einzurichten. Die Debatte um die Chancen und Risiken der Agro-Gentechnik wird weitergehen. Im Streichelzoo für GVO.“*[79]

Versteckt dabei: Die Stiftung Braunschweiger Kulturbesitz

Das Hofgut Üplingen, die landwirtschaftlichen Anlagen dort und der Schaugarten samt Deutschlandtreff der Agro-GentechnikerInnen werden nicht nur von einer Firma organisiert. Vielmehr sind etliche beteiligt – als Eigentümer, Pächter und Betreiber der verschiedenen Teile.

Hof und umgebende Ackerflächen haben zwei Eigentümer. Ein Teil wurde von einer Firma aus dem Lichtschläger-Konsortium gekauft. Ein anderer Teil und die meisten Flächen gehören der Stiftung Braunschweiger Kulturbesitz (SBK). Sie sind an die Gentechnikfirmen verpachtet. Jahrelang duckte sich die SBK beim heiklen Thema einfach weg, antwortete auf kritische Anfragen gar nicht oder erklärte sich in Gesprächen für neutral. Das aber stimmte nicht: Am InnoPlanta-Forum 2009 nahmen mit Tobias Henkel und Renate Ringeln nicht nur zwei VertreterInnen der SBK, sondern zudem zwei Personen der niedersächsischen Landesverwaltung teil, die im Auftrag der Stiftung die Verpachtung der Stiftungsflächen organisiert hatte. Die Behauptung, es sei vielleicht gar nicht richtig klar gewesen, an wen und für welchen Zweck die Ländereien vergeben

73 www.mz-web.de/servlet/ContentServer?pagename=ksta/page&atype=ksArtikel&aid=1246046562955

74 www.standortregister.de

75 Unterzeichnet vom BUND Sachsen-Anhalt, NABU Sachsen-Anhalt, Verbund Ökohöfe Wanzleben, BürgerInnen der Gemeinde Ausleben und Warsleben und dem Kreisverband Börde Bündnis 90/Die Grünen Mammendorf: http://sachsen-anhalt.nabu.de/imperia/md/content/sachsen-anhalt/9.pdf.

76 www.bodo-v-schilling.de/gentechnik.htm

77 www.abl-ev.de/fileadmin/Dokumente/AbL__ev/Presse/Einwand__Pharma__Kartoffel__der__Uni__Rostock__26__02__09.pdf

78 Neues Deutschland: www.ueplingen.de/neues-deutschland.de__artikel__verwirrung-bei-.pdf

79 Besuchsbericht in GID, Oktober 2008, S. 24f: www.gen-ethisches-netzwerk.de/gid/190/rehmer/gvo-streichelzoo

wurden, war damit widerlegt. Wieder einmal waren staatliche Institutionen und eine Stiftung, bei der die Kirche, der Braunschweiger Oberbürgermeister und andere Gesellschaftseliten prägend sind, für die Agro-Gentechnikbranche aktiv. Eine Hand wäscht die andere ...

Im Zentrum des Geschehens: Ein Mäzen aus dem Westen

Ohne den vorherigen Ausbau des Hofgutes Üplingen unter dem Banner der Nachhaltigkeit hätte die Basis gefehlt, das neue Headquarter der Gentechnik-Seilschaften in diesem kleinen Ort unterzubringen. Damit aber wurde Karl-Heinz Lichtschläger zum wichtigsten Mann im ganzen Spiel. Er trieb die Sanierungen in der für die begrenzte Größe des Dorfes fast größenwahnsinnigen Form voran. In Folge der Investitionen plus Zuschüssen aus staatlichen Quellen konnten Straßen, Fußwege und Grünanlagen erneuert werden – dem Ort ist es anzusehen.

Lichtschläger, ein umtriebiger Unternehmer vom Niederrhein, brachte sich durch Kauf und Pacht in die Verfügungsgewalt sowohl des mittelalterlichen Stiftsguts im Ortskern von Üplingen wie auch von fast 500 ha Ackerfläche im Umland. Auf einem 45 ha großen Ackerstück unmittelbar am nördlichen Ortsrand, entstand der Schaugarten der BioTechFarm plus weiteren Schauflächen für konventionelles Saatgut vor allem der S.G.L., Lichtschlägers Firma. Ganz neu war das Thema Gentechnik für Lichtschläger nicht. Die TIBO Landwirtschaftsgesellschaft in Neutrebbin führte 2008 für Lichtschlägers S.G.L. im brandenburgischen Oderbruch Sortenversuche durch.[80] Auf ca. 112 ha wuchs dort der Genmais MON810.[81] Seit Mai 2008 ist Lichtschläger Vorsitzender des Dachverbandes der deutschen Saatgutvermehrer. Dessen Aufgabe[82] ist *„die Förderung der allgemeinen, ideellen und wirtschaftlichen Interessen der an der Erzeugung und dem Vertrieb von Saatgut beteiligten Handelsfirmen“*. Darunter fallen die Forderung nach schärferen Gesetzen zum Schutz geistigen Eigentums an Saatgut, aber auch die Verwässerung der Trennung zwischen gentechnisch verändertem und konventionellem Saatgut: *„Einführung eines praxisgerechten GVO-Kennzeichnungs-Schwellenwertes für Saatgut“* heißt das verschleiernd und meint die verkaufsfördernde Deklaration[83] verunreinigten Saatgutes als gentechnikfrei. Zu den Sponsoren des BVO[84] zählen BASF, Bayer und Syngenta, auf der Jahrestagung 2009 referierten auffällig viele Bedienstete von Gentechnikfirmen.[85]

80 www.sgl-gmbh.de/versuche/content_standorte.html
81 www.gentechnikfreies-brandenburg.de/html/anbau2008.pdf
82 www.bvosaaten.de/wirueberuns/framewir/titel_allgem.htm
83 www.bvo-saaten.de/themenschwerpkt/framethemen/titel_g.htm
84 www.bvo-saaten.de/werbung/sponsoren_sght2009.htm
85 www.bvo-saaten.de/presse/2009/sght2009.htm
86 www.sgl-gmbh.de/ueber_uns/content_geschichte.html
87 www.bvo-saaten.de/presse/2009/lichtschlaeger_verstorben.htm
88 Aus Horst Rehberger: „Unterwegs“ (2009, S. 224 f.). Gesamte Textpassage auf Seite 9.

Passus zum Schaugarten auf der Seite der Firma S.G.L. GmbH[86]
Im Jahr 2008 wurde in der Magdeburger Börde ein neuer Versuchsstandort errichtet. Auf dem 500 ha großen Stiftungsgut Üplingen werden umfangreiche Anbauversuche durchgeführt, die wertvolle Informationen zu den einzelnen Sortenleistungen und pflanzenbaulichen Maßnahmen liefern. Neben dem Anbau konventioneller Sorten werden an diesem Standort durch die BioTechFarm GmbH & Co. KG (www.biotechfarm.de) gv-Pflanzen in einem Schaugarten präsentiert. Gemeinsam mit Politik, Industrie, Forschung und Wissenschaft wird dieser Standort in naher Zukunft zu einem internationalen Zentrum moderner Pflanzenzüchtung ausgebaut.

Die Geschichte des Üplinger Gutes vom Nachhaltigkeitsprojekt zum Vielfach-Freilandversuch mit Gentechnik ist ein bemerkenswertes Beispiel moderner Kolonialpolitik reicher Wessi-Mäzene im (vermeintlich) armen Osten. Aufgrund seiner Geldinvestitionen und etlicher abhängig Beschäftigter konnte sich Lichtschläger in der Region viel leisten. Viele Firmen, Partei- und andere gesellschaftliche AkteurInnen fraßen ihm aus der Hand. So ließ sich auch die eigentlich unbeliebte Gentechnik im Dorf Üplingen und in den zuständigen Gremien durchsetzen.

Für den Gentechnikwiderstand könnte gerade die Tatsache, dass hier Akzeptanz mit Geld gekauft wurde, reizvoll sei. Denn einerseits lässt sich hier Kritik ansetzen. Andererseits haben ortsansässige Firmen und landwirtschaftliche Betriebe viel zu verlieren. Eine solche Zusammenballung auskreuzungsintensiver gv-Pflanzen mitten in der Börde kann schnell die Landwirtschaft und Saatgutindustrie der Region ruinieren. Viele Lebensmittelverarbeiter meiden solche Gegenden, weil die Gentechnikfreiheit der eingebrachten Ernte nicht mehr garantiert werden kann.

Lichtschläger starb am 31.7.2009.[87] Seine Stellung im Dorf schien unantastbar: Er wurde geachtet, fast gehuldigt, aber nicht geliebt. Als am Rande einer Protestaktion am 19.4.2009 Lichtschläger zu einem Gespräch von GentechnikkritikerInnen mit AnwohnerInnen dazu stieß, wurde er überschwenglich und unterwürfig begrüßt, nach seinem und dem Wohlergehen seiner Familie befragt. Als er wieder ging, warteten die AnwohnerInnen, bis er außer Hörweite war. Dann sagte einer in überraschenden Klarheit: *„Arschloch!“* Ein König, solange er da war ... Denn auch, seit Lichtschläger tot ist, sinkt die Zustimmung im Ort. Ein Schreiner beklagte sich über ausbleibende Aufträge. Geschäftsführerin Schmidt vertraute beim InnoPlanta-Forum lieber auf die Wachschützer aus Rostock, die auch am AgroBioTechnikum eingesetzt wurden – ein Affront gegenüber den sonst als Billigarbeitskräfte eingesetzen DorfbewohnerInnen. Nur ein Einwohner von Üplingen hatte 2010 einen festen Job in der Gentechnik-Hochburg.

Weitere Geldquellen

Der geldschwere und autoritäre Staat ist in vielerlei Hinsicht größter Unterstützer der Gentechnik insgesamt und der Anlagen in Üplingen. In die Organisationen und Firmen, die die BioTechFarm aufbauten oder später nutzten, flossen Millionen der Landes- und Bundesregierung. Horst Rehberger, als FDP-Wirtschaftsminister nicht nur der Ziehvater des späteren BioTechFarm-Gründers Schrader, sondern auch ein großer Geldgeber der heranwachsenen Gentechnikszene in Sachsen-Anhalt, bejubelte sich selbst in seinen Memoiren mit den enormen Zuschusssteigerungen für die innovativen Technologien. In seiner Ministerzeit *„stiegen diese Mittel aus dem Wirtschaftsministerium über 11 Millionen im Jahre 2002, 23 Millionen im Jahr 2003, 26 Millionen im Jahr 2004 auf nahezu 60 Millionen Euro im Jahr 2005“*.[88] Weitere Förderquellen ergänzten diese bereits erheblichen Summen – vor allem die EU-Regionalförderung für Sanierungen im Rahmen des Nachhaltigkeitsprojektes.

Aus „Im Osten geht die Sonne auf“, in: NOVO 67 (Nov. 2003)[89]
Die Vorreiterrolle bei diesem Streben nimmt derzeit Sachsen-Anhalt ein. In einer Kabinettsitzung am 12. August hat die Landesregierung zuletzt eine Biotechnologie-Umsetzungsstrategie zur Nutzung und Entwicklung der Pflanzenbiotechnologien beschlossen. Die Grüne Gentechnik wurde neben der Pharmaproduktion als einer von zwei Förderschwerpunkten festgelegt. In den kommenden fünf Jahren werden insgesamt rund 150 Mio. Euro für die Entwicklung beider Sektoren bereitgestellt. Wirtschaftsminister Horst

Rehberger (FDP) kündigte an, Sachsen-Anhalt zu einem „führenden, weltweit anerkannten Biotechnologiestandort auszubauen". In kaum einem anderen Zukunftsbereich verfüge das Land über ein derartiges Potenzial, das Wirtschaftswachstum zu steigern und neue, hochwertige Arbeitsplätze zu schaffen. ...
Neben der Stärkung bereits bestehender regionaler Netzwerke, dem Ausbau internationaler Partnerschaften wie beispielsweise mit den Biotech-Regionen im niederländischen Wageningen und in Monterrey in den USA und der Verbesserung der Ausbildung des wissenschaftlichen Nachwuchses ist die derzeit ehrgeizigste Maßnahme des Landes der Bau des Bioparks Gatersleben. Hier sollen sich alsbald Biotech-Firmen aus aller Welt ansiedeln – am liebsten auch die ganz großen im Geschäft wie Monsanto, Syngenta und Bayer CropScience.

Das teuer sanierte UN-Dekaden-Nachhaltigkeitsprojekt dient heute als Basis für den feudalen Treffpunkt deutscher Gentechnikseilschaften. Weitere krude Mittelumleitungen in den Gentechnikknotenpunkt bestehen auch heute noch. Im Juli 2010 gelang den MacherInnen ein neuer Coup. *„Die ehemalige Brennerei in Üplingen wird saniert und für 560 000 Euro in ein dörfliches Begegnungszentrum umgebaut. Es soll für Veranstaltungen von Vereinen und Verbänden genauso offen stehen wie für Tagungen oder Konferenzen. Gestern wurden dafür Fördermittel überreicht."* So berichtete die Volksstimme am 17.7.2010[90] etwas naiv – zitierte aber selbst die Inhaber: *„Es geht darum, diesen Ort zu einem Treffpunkt weiterzuentwickeln – für Agrarverbände und Züchter, aber auch für Vereine."* Klar war erkennbar, wer mal wieder die eigentliche Hauptzielgruppe darstellte.

Über 200.000 € erhalten die BewirtschafterInnen des Schaugartens und weiterer Flächen aus der allgemeinen Agrarförderung.[91]

Zahlungsempfänger	PLZ	Ort	Jahr	EGFL-Dir.*	EGFL-Sonst.*	ELER*	Gesamt*
Stiftungsgut Üplingen ...	39393	Ausleben	2008	167.441,69	0,00	39.171,03	206.612,72

Aus dem Register der Agrarsubventionen für 2008

Die MacherInnen des Schaugartens: Schrader, Schmidt, ihre Clubs und Firmen

Für Schaugarten, Werbefahrten, Propagandatagungen und mehr sind weder Lichtschläger noch seine Firmen oder NachfolgerInnen verantwortlich. Betreiber des Schaugartens ist die BiotechFarm GmbH & Co. KG mit Sitz in Üplingen (vormals: Gatersleben), Geschäftsführerin die schon benannte Kerstin Schmidt aus den Seilschaften um das AgroBioTechnikum. Ehrenamtlicher Beirat und mit Schmidt zusammen die dominierende Figur ist Uwe Schrader, der in Wulferstedt wohnt – nicht weit von Üplingen entfernt. Die Firmenkonstruktion ist nicht gerade ein Hinweis, dass die AkteurInnen ihrem eigenen Tun vertrauen. Denn hier ist vor allem jede Haftung ausgeschlossen. Die Beteiligten sacken über ihr undurchsichtiges Geflecht an Firmen wie biovativ und BioOK, Vereinen und universitären Instituten umfangreiche Firmen- und Steuergelder ein. Wenn es aber zu Problemen käme, wäre da eine Firma, die für wenig bis nichts haftet. Und die MacherInnen wären fein raus. Gentechnik mutiert so noch stärker zum großem Lottospiel auf Kosten der Menschen und der Umwelt.

Erster Geschäftsführer der BioTechFarm und damit Vorgänger von Kerstin Schmidt war Uwe Schrader. Im Biopark am IPK Gatersleben hing am Briefkasten ein Schild mit seinem Namen und der BioTechFarm – gleich neben dem Gebäude, in dem InnoPlanta sitzt, dessen Vorsitzender Schrader ist. Schrader unterzeichnete den Vertrag zur Pacht der Ländereien für den Schaugarten. Im Konflikt mit BesetzerInnen des Schaugartens im März 2009 beanspruchte Kerstin Schmidt mit der Firma das Hausrecht über das gesamte Gelände des Hofgutes und einige Teile des Dorfes.

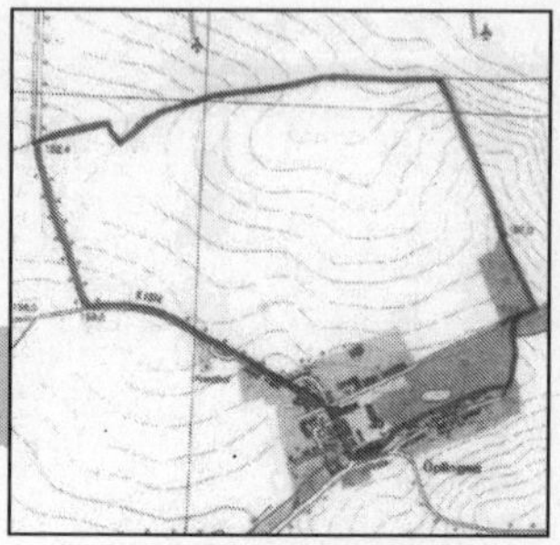

Oben: Für das blau umrandete Feld sprach BioTechFarm-Geschäftsführerin Kerstin Schmidt den BesetzerInnen ein Betretungsverbot aus – hier also beanspruchte sie Hausrecht und damit die Gestaltungsmacht (Schreiben vom 17.3.2009). Nach Protest reduzierte Schmidt die Fläche.

Unten: Auskunft zu den Domaindaten von www.biotechfarm.de. Schon am 28.3.2007 sicherte sich Kerstin Schmidt die Domain. Ob diese damals auch schon für Üplingen vorgesehen war, ist unbekannt. Denkbar wäre, dass der Schaugarten zunächst am AgroBioTechnikum in Groß Lüsewitz geplant war.

Die Firma BioTechFarm hat ihre Postanschrift im Stiftsgut, das sie auch für Vortrags- und Seminarveranstaltungen sowie für die Bewirtung von Gästen nutzt. Wie an anderen Standorten auch, werden bei genauerem Hinsehen hinter den Kleinfirmen die großen Konzerne sichtbar. So am 9.4.2009, als ein Rechtsanwalt im Auftrag der BioTechFarm GmbH & Co. KG beim Amtsgericht Oschersleben beantragte, dafür zu sorgen, dass die unerwünschten GentechnikkritikerInnen nicht mehr in die Nähe des Versuchsfeldes gelangen und den Schaugarten bedrohen konnten. Wie andernorts auch waren die willigen VollstreckerInnen in Roben genauso gefügig wie die vor Ort den Schaugarten immer wieder schützenden StaatsdienerInnen in Uniform. Sie verhängten entsprechende Verfügungen (Beschluss vom 15.4.2009, Az. 3 C 181/09). Solche Drohungen vom ‚großen Bruder' Staatsmacht machen Gentechnik auch gegen die Menschen durchsetzbar.

Der Rechtsanwalt, der hier handelte, war ein alter Bekannter: Hartwig Stiebler mit Büro in der Goltsteinstr. 31 in 40211 Düsseldorf. Das ist die Stadt der deutschen Filiale von Monsanto – und Stiebler agiert auch seit Jahren als Monsanto-Anwalt. So ist der lange Arm des Konzerns mit von der Partie. Die Firmen agieren zwar nicht offen, aber sie sind erkennbar! In Üplingen zeigen KWS und BASF ihre gv-Pflanzen im Schaugarten. Der Flyer der BioTechFarm lag lange auf der BASF-Webseite.[92] Zusammen mit Bayer, Pioneer und Monsanto nahm der Konzern regelmäßig an den zentralen Tagungen auf dem Hofgut teil.

Domaindaten

Domain:	biotechfarm.de
Letzte Aktualisierung:	28.03.2007

Domaininhaber

Der Domaininhaber ist der Vertragspartner der DENIC

Domaininhaber:	FINAB e.V.
Adresse:	Kerstin Schmidt Schnickmannstraße 4
PLZ:	18055
Ort:	Rostock
Land:	DE

InnoPlanta mit seinem Chef Schrader unterstützt den Schaugarten propagandistisch. Höhepunkt waren im April 2009 zwei Demonstrationen auf einem Niveau, dass kaum zu kellern war: *„Keine Anarchie!"* und *„Feldzerstörer raus!"* war auf den Plakaten zu lesen – von der immer wieder gepriesenen Sachlichkeit keine Spur. Motto der Demo am 17.4.2009 war die Forschungsfreiheit in Üplingen. Das auf den Versuchsflächen gar nicht geforscht werden kann, weil Versuchslabore fehlten, verschwiegen sie lieber. Wie bei der Anlage der Versuchsfelder ging es auch bei einer Wiederholung der Demonstration zwei Tage später vor allem um Geld. Mehrere TeilnehmerInnen gaben an, 45 oder 75 Euro fürs Schilderhalten bekommen zu haben. Die Tageszeitung der Region (Volksstimme) kündigte die Demo groß an[93] und berichtete auch am Folgetag brav mit einem großen Text.[94] So bekamen die BefürworterInnen der Gentechnik breiten Raum ohne kritisches Hinterfragen. Wieder wusch eine Hand die andere ...

Kritische Veranstaltungen sind in und um Üplingen kaum möglich. Für einen Vortrag am 26. März 2009 verweigerte die Gemeinde Ausleben alle Räume. Untergebracht wurde er schließlich in der Kirche von Warsleben. Noch am Abend vorher versuchten Polizeipräsident und der FDP-Landtagsabgeordnete und BioTechFarm-Chef Uwe Schrader, den Pastor

89 www.novo-magazin.de/67/novo6750.htm

90 www.volksstimme.de/vsm/nachrichten/lokalausgaben/oschersleben/?sid=cl2telrm202k8fsn8j4pnn3al2&em__cnt=1763848&sid=cl2telrm202k8fsn8j4pnn3al2

91 www.agrar-fischerei-zahlungen.de

92 www.basf.com/group/corporate/de/function/conversions:/publish/content/products-and-industries/biotechnology/images/Biotech__Farm.pdf

Abb.: Unglaublich platt, null Argumente, aber viele Parolen – LobbyistInnen, handverlesene BäuerInnen und ein paar mehr Menschen bei der Demo am 17.4.2009 in Üplingen. Das Foto erschien neben dem einseitigen Artikel in der Volksstimme am Tag darauf.

zum Verbot der Veranstaltung zu bewegen. Zum Glück ohne Erfolg. Statt sachlicher Argumente streuten sie Angst vor Chaoten und Krawall. Auch das ist typisch deutsche Gentechnik: Kritik und Diskussion darf nicht stattfinden. Da Argumente fehlen, benutzen die LobbyistInnen schmutzige Tricks und die Mittel der Macht.

Biogasfirma BKN stellt um auf Gentechnik

Hinter dem Hofgut ist eine Biogasanlage entstanden. Die war Teil des Nachhaltigkeitskonzepts für Üplingen und sollte aus Biomasse die Energieversorgung sicherstellen. Schon da wären Bedenken angebracht, denn spätestens, wenn nicht nur Biomassereste vergoren oder verbrannt, sondern Getreide oder Mais vom Acker dorthin geliefert werden, gerät die Anlage unter dem schönen Etikett der regenerativen Energie zu einer Konkurrenz zur Nahrungsmittelversorgung, zudem hat die Energiebilanz bei intensiver Landwirtschaft eine erhebliche Schieflage. Denn dort werden erhebliche Mengen Dünger, Pestizide und viele Traktorstunden investiert – alles mit hohem Verbrauch fossiler Energien.

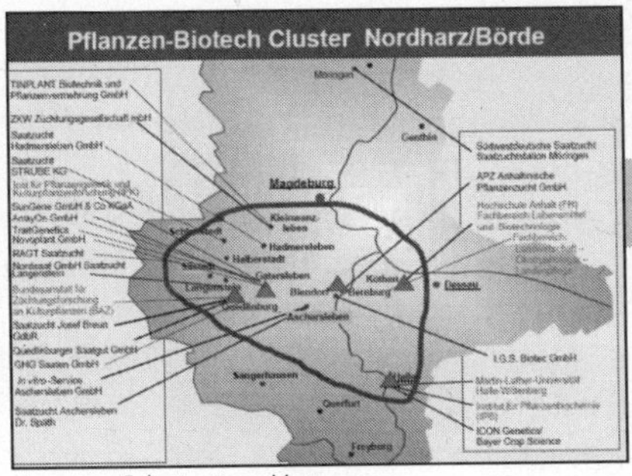

Aus einer Folie in einem Vortrag von Prof. Graner, Direkter des IPK in Gatersleben. Die Vielzahl von Gentechnikfirmen in und um die Börde wird sichtbar.

Überstrahlt wurde diese Debatte durch die Entscheidung des Anlagenbetreibers, den Schwenk vom Projekt mit Öko-Touch zum Vorzeige-Gentechnikprojekt mitzumachen. Die BKN biostrom AG unterstützte das als *„Kompetenzzentrum für nachhaltige Entwicklung (Center for Sustainable Development – CSD)“* bezeichnete Hofgut mit seinen Einrichtungen und verkündete, das Kraftwerk zukünftig mit gv-Mais fahren zu wollen.

***Aus einer Pressemitteilung vom 30.9.2009*[95]**

Die BKN biostrom AG hat auf dem Gelände des Stiftungsguts Üplingen unweit der Sachsen-Anhaltinischen Hauptstadt Magdeburg ein neues Schulungs- und Technologiezentrum eröffnet. Das Schulungszentrum wird Lehrgänge für Betreiber von Biogasanlagen anbieten und anderen Interessierten die Gelegenheit geben sich über das Thema Biogas zu informieren. In einem Demonstrationslabor können Lehrgangsteilnehmer Einblicke in die Durchführung von Substrat- und Gärrestanalysen erhalten. Darüber hinaus sollen überregionale Veranstaltungen mit Referenten aus der Landwirtschaft, der Pflanzenzüchtung und natürlich dem Bereich der Erneuerbaren Energien, die Themen zukunftsorientierte Landwirtschaft und Energieerzeugung interessierten Kreisen näher bringen. ...
Im Stiftsgut Üplingen entsteht Schritt für Schritt ein Kompetenzzentrum für nachhaltige Entwicklung (Center for Sustainable Development – CSD). Dort werden die regionalen und überregionalen Kompetenzen gebündelt, in den unterschiedlichen Teilprojekten zur Entwicklung des ländlichen Raums angewendet und damit die Erschließung innovativer Handlungsfelder ermöglicht. So befindet sich z.B. unmittelbar angrenzend der Schaugarten Üplingen der Biotechfarm GmbH&Co. KG, in dem Feldversuche mit neuartigen Pflanzenzüchtungen anschaulich demonstriert werden. Bedeutende Unternehmen der Saatguterstellung wie KWS Saat AG oder Monsanto führen hier ihre Feldversuche in Zusammenarbeit mit Biotechfarm durch. Der Standort Üplingen ist so mit gebündelter Kompetenz im Bereich der nachhaltigen Landwirtschaft ausgestattet.

93 www.volksstimme.de/vsm/nachrichten/wirtschaft__und__boerse/?em__cnt=1368913

94 www.volksstimme.de/vsm/nachrichten/wirtschaft__und__boerse/?sid=vfc3p7aoourklknk0pc48t0if6&em__cnt=1369690

95 www.finanznachrichten.de/nachrichten-2009-09/15082377-bkn-016.htm

96 www.umweltinstitut.org/download/gatersleben__hintergrund.pdf

97 http://umweltinstitut.org/gentechnik/allgemeines-gentechnik/genfilz__sa-645.html

Resümee: Glücksfall für die Gentechnikseilschaften

Ein riesiges, saniertes Hofgut wie geschenkt. 500 Hektar Land. Veranstaltungs- und Repräsentationsräume – und das alles auch noch unter dem Deckmantel von Nachhaltigkeit und Regionalentwicklung. Die Gentechnikseilschaften haben die einmalige Chance beherzt ergriffen, einen neuen Standort zu schaffen für ihre Propaganda und Vernetzung. Von Kaffeefahrten bis zu den jährlichen InnoPlanta-Foren wird Üplingen zum zentralen Ort der Agro-Gentechnik in Deutschland wachsen. Das gilt jedenfalls solange, wie die AnwohnerInnen in Hoffnung auf schlechte Jobs schweigen, die Gemeinde nur gegen die Anlage abstimmt, aber nicht handelt. Und die Umwelt-, Bauernverbände, Grüne und Andere weiter die Klappe halten. Hochburgen wie das AgroBioTechnikum und die BioTechFarm können den GentechnikerInnen als Plattform dienen, aber dem Widerstand auch als Symbol. Gorleben oder der Stuttgarter Hauptbahnhof lassen grüßen.

Mehr Filz rundherum: Die Börde als Hauptregion deutscher Agro-Gentechnik

Nicht weit entfernt von der BioTechFarm liegen die Bioparks am und Versuchslabore im IPK in Gatersleben.[96] Rundherum hat sich ein dichter Filz entwickelt[97] – auch hier geht es um viel staatliche Förderung, die für riskante Experimente ausgeschüttet wird und über undurchsichtige Wege Privatkonten füllt. Einen Ort weiter arbeiten die GentechnikpropagandistInnen unter dem Deckmantel staatlicher Wissenschaft in der Bundesfachanstalt Julius-Kühn-Institut in Quedlinburg. Ebenfalls nicht weit entfernt in Dreileben unterhält der Konzern KWS einige Betriebsgebäude und Versuchsfelder. Staatliche und halbstaatliche Einrichtungen wie BIO Mitteldeutschland und die regionale Wirtschaftsförderung sind wichtige Förderquellen für die Gentechnik.

Versteckspiel in Braunschweig: Wo die Bundesbehörden ihre Felder anlegen ...

Im Westen von Braunschweig, als Nachbar der dort ebenfalls beheimateten Physikalisch-technischen Bundesanstalt (PTB), in der die berühmte Atomuhr der Welt die Zeit ansagt, zieht sich ein großes, umzäuntes Gelände die Bundesallee entlang. Abgrenzung und etliche der Gebäude auf der Fläche stammen aus alter Zeit, denn hier hatten die Nationalsozialisten Anlagen zur Rüstungsproduktion versteckt. Nach dem Krieg war landwirtschaftliche Forschung nötig, denn eine neue Versorgung mit Lebensmitteln musste im dicht bevölkerten Deutschland geschaffen werden. Das übernahm auf Regierungsseite die Bundesforschungsanstalt für Landwirtschaft (FAL). Sie war eine Bundesbehörde im Geschäftsbereich des Bundesministeriums für Ernährung, Landwirtschaft und Verbraucherschutz (BMELV, heutiger Name) – und nach ihr wurde auch das Gelände viele Jahrzehnte benannt. Zum 1. Januar 2008 aber war Schluss. Die Pflanzenbauinstitute wurden zum Julius Kühn-Institut, das Tierhaltungswesen hört heute auf den Namen Friedrich-Loeffler-Institut und der Rest wurde als etwas unzusammenhängendes Sammelsurium auf das Johann Heinrich von Thünen-Institut aufgeteilt (vTI, siehe S. 44). Sitz oder zumindest einige Abteilungen aller drei Fachbereiche sind weiter in Braunschweig ansässig. Zudem residiert dort die Zentrale des Bundesamtes für Verbraucherschutz und Lebensmittelsicherheit (BVL), dessen Gentechnikabteilung in der Berliner Mauerstr. 39-42 für das Durchwinken aller Gentechnikversuchsfelder verantwortlich ist.

Auf dem Gelände laufen seit vielen Jahren auch gentechnische Experimente. Den Blicken der Öffentlichkeit sind sie wegen Zaun, bewachtem Eingang und breitem Gehölzstreifen um das Gelände entzogen. Versuche, das Demonstrationsrecht für das Gelände zu erstreiten, scheiterten an Stadt und Verwaltungsgericht Braunschweig, die mit den üblichen Tricks gerichteter Rechtsprechung und etlichen Falschbehauptungen die GenpfuscherInnen an der Bundesallee vor Protest bewahren wollten. Für 2009 waren verschiedene Versuche mit gentechnisch manipuliertem Mais auf dem Gelände angemeldet worden. Die RWTH Aachen und das Julius-Kühn-Institut (JKI) wollten dort ihre Freiland-Experimente durchführen. Nach dem MON810-Verbot blieb nur der Versuch der RWTH Aachen übrig, weil der mit einer anderen, in ihrer ökologischen Wirkung aber ähnlichen Maissorte lief. Auch die dort eingesetzten Pflanzen produzierten permanent das Insektengift Bt, wegen welchem der MON810 verboten wurde.

Eine Besetzung der Flächen im April 2009 zerrte das Versuchsgeschehen ins Licht der Öffentlichkeit.[98] Nun mussten sich auch die Macher des Versuchs, vTI-Mitarbeiter Prof. Christoph Tebbe und RWTH Aachen-Dozent Stefan Rauschen stärker zeigen. Vor allem ersterer tat das mit platten und polemischen Angriffen auf die GentechnikkritikerInnen. Der Lohn kam prompt und zeigt, wie die Seilschaften funktionieren: Tebbe wurde in die europäische Genehmigungsbehörde EFSA berufen – eines der ganz wichtigen Durchwinkgremien in den Seilschaften der internationalen Agro-Gentechnik.

Limburgerhof: Das Agrarzentrum der BASF

Während Bayer seine Freisetzungen mit gv-Pflanzen lieber ins Ausland verlegt, ist die BASF in Deutschland gut vertreten. Vor allem Kartoffeläcker werden übers Land verteilt angelegt, hinzu kommt das Firmenzentrum für landwirtschaftliche Produkte im vorderpfälzischen Ort Limburgerhof. Dieses ‚BASF-Agrarzentrum Limburgerhof' ist die Zentrale der BASF-Forschung für Pflanzenschutz und Steuerungszentrale für die Aktivitäten in der Pflanzenbiotechnologie. Außerdem werden in den Fabriken am Ortsrand von Limburgerhof neue Typen von Düngemitteln entwickelt. Das Zentrum wurde 1914 vom Chemiker und Industriellen Carl Bosch gegründet. Die Versuchsarbeit begann im Frühjahr 1914 mit vier Mitarbeitern, im Jahr 2010 waren es 1500 Mitarbeiter.[99] Als Vision für die Arbeit im Agrarzentrum gibt BASF auf der eigenen Internetseite an:[100] *„Weltweit führend in Innovationen, die die landwirtschaftliche Produktion optimieren, die Ernährung verbessern und die Lebensqualität steigern."* Das eingezäunte und überwachte Gelände mit Versuchsfeldern, Laboren, Gewächshäusern und industriellen Produktionsanlagen liegt an der Speyerer Straße im Südosten der kleinen Stadt, die wiederum direkt am Südrand von Ludwigshafen liegt – dem Hauptsitz des Konzerns.

Foto: Räumung des besetzten Feldes am vTI in Braunschweig am 27.4.2009.

Gemeinsame Adresse: Mauerstraße in Berlin

Berlin ist das Zentrum von Regierung und Behörden – und der sich drumherum entwickelnden Lobbyverbände. Hinsichtlich der Agro-Gentechnik haben die zuständigen Ministerien die sie beeinflussenden Lobbystrukturen zum Teil selbst geschaffen. Offenbar reichen ihnen die großen Konzerne, Dachverbände und PR-Agenturen nicht, die ihnen im Nacken sitzen. So schufen sie den BioÖkonomieRat. Der sitzt nun in der Mauerstraße 79 im Haus E. Nur etwas weiter nördlich residiert das BVL mit den Hausnummern 39-42. Das wiederum bildet ein Grundstück mit dem zuständigen Ministerium BMELV. Das ist schön dicht – die gute Nachbarschaft hilft bei der intensiven Vernetzung.

Felderballung im Osten

Kommerzieller Anbau, bis 2008 nur mit MON810 möglich, war vor allem im Osten zu finden, genauer in Brandenburg und Mecklenburg-Vorpommern sowie auf einigen Feldern in angrenzenden Regionen. Ein Grund lag im reibungslosen Übergang der von den realsozialistischen Kadern per Zwangskollektivierung durchgesetzten Großeinheiten in eine industrielle Landwirtschaft. Aus LPGen wurden Agrar-GmbHs oder Großbetriebe in Gutherrnart. Wer auf dem Traktor saß, erhielt Lohn – beste Voraussetzungen für willige VollstreckerInnen. Wo aber Rechenschieber das Denken, Apparate das Handeln bestimmen und viele das Lied dessen singen, des' Brot sie essen, lässt sich die Agro-Gentechnik umsetzen. Im Osten wie im Westen, wenn die Agrarstruktur das hergibt.

Aus einer Mitteilung von ARE/AbL am 24.9.2008[101]
„Nirgends haben die Führungskader der DDR die Wende so unbeschadet überstanden wie auf dem Lande. In vielen Dörfern herrschen noch immer die Chefs der alten landwirtschaftlichen Produktionsgenossenschaften. Die kleineren Bauern wurden ausgetrickst und ausgenommen, mit Hilfe und zugunsten alter Seilschaften." – „Mitglieder der alten Bauernpartei besetzen auch heute noch Schlüsselpositionen, vor allem in den Landwirtschaftsministerien der neuen Länder. Tatkräftig haben sie mitgeholfen, dass die alten LPG-Chefs sich riesige Güter aneignen konnten: Warnungen werden ignoriert, Kritiker gefeuert." (Der Spiegel 24/1995 und 25/1995) ...
Diese Konstellationen sind auch verantwortlich dafür, dass ganze Regionen in Ostdeutschland als Experimentierfeld der Gentechnologie-Konzerne herhalten müssen und dass Agrarindustrielle auf den Standorten der ehemaligen „Kombinate Industrielle Mast" riesige Agrarfabriken aufbauen.

98 www.bs-gentechfrei.de/
99 http://de.wikipedia.org/wiki/BASF-Agrarzentrum_Limburgerhof
100 www.agrar.basf.de/de/common/tiles/static.jsp?page=About_Us.html
101 Langfassung als .doc: www.are-org.de/are/files/Rezension_Gerke,_Nehmt_und_euch_wird_gegeben_-_Langfassung.doc

Versprochen, gebrochen: Propaganda und Wirklichkeit der Agro-Gentechnik

Aktuelle Informationen, Links und mehr Zitate auf der Internetseite zu Scheinvorteilen unter www.biotech-seilschaften.de.vu!

„Wir brauchen das Geständnis der Weltbank, des Internationalen Währungsfonds, all der großen Stiftungen, und aller Regierungen, dass wir es seit 30 Jahren alle vermasselt haben, einschließlich mir während meiner Präsidentschaft. Wir haben es vermasselt. Wir lagen falsch damit zu glauben, dass Nahrung wie jedes andere Produkt im internationalen Handel ist. Und wir müssen alle zurück zu einer umweltbewussteren, nachhaltigen Form der Landwirtschaft." (Ex-US-Präsident Bill Clinton in einer Grundsatzrede für den Welternährungstag am 23. Oktober 2008)

Wer in hiesigen Gefilden der Agro-Gentechnik frönt, redet meist nicht gern über Sinn und Unsinn ihrer tollen Erfindungen und Forschungen. Viel leichter scheint es, gegen andere zu hetzen statt eigenes Verhalten zu begründen. Nicht immer geschieht das so primitiv wie auf der vom Chef-Lobbyisten Uwe Schrader organisierten Demonstration für die Agro-Gentechnik im April 2009, als nichts zu finden war außer Schilder mit Sprüchen wie „*Keine Anarchie!*" und „*Feldzerstörer raus!*". Täglich dreschen Schrader, Jany, Happach-Kasan und die weniger lauten ProtagonistInnen der fördermittelsichernden Technik über vermeintlich aus der Urzeit stammende Angst und Technikfeindlichkeit, wähnen die Menschheit zurück auf den Bäumen (wo sie nie herkam) und fürchten vor allem um die Vormachtsstellung Deutschlands in der Welt. Zwischen ihren Reden voller Phrasen, Ideologien und Hetze predigen sie eine Sachlichkeit, die bei ihnen selber aber wenig oder gar nicht vorkommt.

Gelingt es doch einmal, GentechnikbefürworterInnen dazu zu bewegen, Gründe für ihre Tatendrang pro Gentechnik anzugeben, so benennen sie scheinbare Vorteile bis hin zu wahren Heilsbotschaften, sich sich aber schnell als falsche Mythen demaskieren – darunter der heldenhafte Einsatz gegen den Hunger oder der Schutz der Umwelt. Solcher Unsinn ist zwar zigmal widerlegt, und wird auch von einigen GentechnikbefürworterInnen verworfen, wenn ihnen in hellen Minuten mal der Geist wichtiger ist als das Geld. Aber die Legenden halten sich trotzdem penetrant. Ebenso gebetsmühlenhaft vorgetragen wird die Behauptung über die meisten Feldern, diese dienten der Sicherheitsforschung und Deutschland müsse zum Schutze von Umwelt und Gesundheit die Techniken der anderen überprüfen, um Schaden abzuwenden. Mitmachen, um etwas abzuwenden, ist schon für sich ein seltsames Argument. Aber es stimmt auch nicht: Versuchsfelder werden in Deutschland als Sicherheitsforschung deklariert, um Förderung und Akzeptanz zu ergaunern. Doch das ist fast alles Lüge (siehe Kapitel IV zur Forschung).

Was aber könnten die GentechnikakteurInnen sonst bei unangenehmen Fragen machen – wenn nicht lügen? Eine Variante wäre Ehrlichkeit. Also etwa so wie Inge Broer 2006 im WDR. Sie gab offen zu, sie mache „*hauptsächlich Forschung in der Gentechnik, weil es dafür Geld gibt*". Auch Stefan Rauschen, Versuchsleiter eines Feldes der RWTH Aachen, gab in einem Interview 2009 zu, dass er angesichts der hohen Fördersummen, die es für ihn als Wissenschaftler der Biologie nur für die Agro-Gentechnik gäbe, nur noch die Wahl zwischen Gentechnik und Taxifahren hätte. Doch mit solchen Aussagen wäre die öffentliche Debatte kaum zu gewinnen. So versuchen sogenannte ForscherInnen, LobbyistInnen und Pro-Gentechnik-PolitikerInnen, die Debatte mit platten Gegenangriffen abzuwenden, auf nebulöse ExpertInnendialoge über chemische Formeln zu verlagern oder über die Rettung der Welt mittels Manipulationen am Erbgut zu schwadronieren. Dann kommen sie doch wieder, „*die Heilsversprechen der Gentechnikindustrie*", die Ute Sprenger im Auftrag des BUND[1] als „*gewaltige PR-Blase*" bezeichnete, die vertuschen soll, worum es eigentlich geht – nämlich das „*Kerngeschäft absichern: den Absatz von Agrochemikalien*". Selbst Top-WissenschaftlerInnen entblöden sich nicht, diese in Theken- oder PR-Runden frei erfundenen Behauptungen über die Wunderwirkung der manipulierten Tiere und Pflanzen ständig neu vorzubringen. Offenbar herrscht beständige Ebbe an guten Argumenten, nur der klamme Geldtopf von Instituten und Firmen zwingt zu Bastelarbeiten an der DNA.

Da aber die mangelnde Qualität von Argumenten angesichts der Hilflosigkeit der Agro-Gentechnik-AnwenderInnen kein Grund ist, diese nicht zu benennen, lohnt es sich, Aussage für Aussage einem Realitäts-Check zuzuführen. Für alle liegen widerlegende Studien vor. Doch nötig sind solche gar nicht. Denn ein Blick auf Aussagen der Gentechniklobby und -konzerne zeigt, dass ihnen selber klar ist, dass siedie ganze Zeit nur Lügen verbreiten. Raps könne nicht auskreuzen, Gerstenpollen fliegen nicht, zwei Drittel der Bevölkerung seien für die Agro-Gentechnik – das und mehr wird behauptet, während in internen Papieren zu lesen ist, dass ein erhöhter Spritzmittel- und Düngereinsatz das Ziel der Einführung der Gentechnik war und Patente die armen Länder benachteiligten. Eigentlich nicht überraschend, denn daran verdienen sie das richtig große Geld. Es war und ist naiv, mit denjenigen um den richtigen Weg zu weniger Leid für Millionen von Menschen und den Schutz der Umwelt zu diskutieren, die an Hunger, Krankheit und Umweltzerstörung verdienen.

Mythos 1: Gentechnik hilft gegen Hunger und Armut

Fangen wir mal mit dem „Argument" an, welches nicht nur am häufigsten genannt, sondern bei dem auch besonders dreist gelogen wird. Denn die Behauptung, Gentechnik sei ein Mittel gegen den Hunger, ist gleich doppelt falsch – die Agro-Gentechnik kann nicht gegen den Hunger helfen. Und sie soll es auch gar nicht. Aber der Reihe nach ...

Fußnoten

1 www.bund.net/fileadmin/bundnet/publikationen/gentechnik/20081200_gentechnik_gentechnik_studie_heilsversprechen.pdf

Schauen wir zunächst einmal in die Propagandatexte, -broschüren und -internetseiten der Pro-Gentechnik-Akteure. Harmlos wirken noch die freundlichen Beteuerungen, dass jetzt alle mehr gegen den Hunger in der Welt tun und dazu jede Möglichkeit ausschöpfen müssten. Dann aber tauchen auf offiziellen Seiten zu Regierungsprogrammen wie dem Pflanzengenomprojekt GABI[2] alte Kampfbilder auf, z.B. die *„Bevölkerungsexplosion"* (eine Erfindung aus den Federn derer, die unerwünschte Teile der Menschheit reduzieren wollen – tatsächlich sinkt der Bevölkerungszuwachs schon seit langem, was nicht verharmlost werden soll, aber eben keine *„Explosion"* ist). Andere, durchaus veränderbare Praktiken der Umweltzerstörung und Ausbeutung werden wie Naturgesetze einfach hingenommen. Das liest sich denn so: *„Durch die Bevölkerungsexplosion und den zunehmenden Verbrauch an Fleisch wird sich diese Situation in den kommenden Jahren weiter verschärfen. Klimawandel und Extremwetter tragen Weiteres zum Problemfeld bei."* Dann leitet der Text sanft über in die vermeintlich bessere Zukunft, die da heißt: Gentechnik. *„Guter Rat ist nicht nur teuer, sondern dringend erforderlich. ... Heute hofft man durch eine bessere Vernetzung der Forschung, vor allem aber durch die konsequente Nutzung der durch die Molekularbiologie und Genomforschung geschaffenen Möglichkeiten, ans Ziel zu kommen."* Wie schön. Aggressive Köpfe wie der Präsident der DLG[3] und der Pflanzenzüchterverband BDP geißeln[4] die Kritik an der profitablen Technik *„als verantwortungslos gerade in Zeiten weltweiter Verknappung auf den Agrarrohstoffmärkten und angesichts von Hungerrevolten an den benachteiligten Standorten dieser Welt, zudem als extrem egoistisch"*. Der Mythos vom Hunger erfasst dabei fast die gesamte politische Spitze: *„Den Herausforderungen, die die Ernährung der wachsenden Weltbevölkerung und ihr Energiehunger stelle, könne man anders kaum beikommen"*, phantasierte beispielweise Sigmar Gabriel, inzwischen Chef der SPD, anläßlich seines Besuchs beim Gentechnikkonzern KWS in Einbeck.[5] Dessen Propaganda schien er gut gefressen zu haben – den Weltagrarbericht[6] mit seinen präzisen Analysen und Vorschlägen hatte er offenbar nicht beachtet. Ebenso wie die CDU/CSU, deren Bundestagsfraktion[7] wegen der *„häufig gravierenden Nahrungsmittelknappheit in Entwicklungsländern"* eine *„Ablehnung der Biotechnologie"* für *„unverantwortlich"* hält. *„Wir haben auch in Deutschland eine Verantwortung für in Zukunft weltweit 9 bis 10 Milliarden Menschen"*, befand der CDU-Politiker Peter Stein[8] und dachte, geschichtslos wie üblich, mal wieder daran, die Welt mit deutscher Technik zu beglücken. Dass es auch deutsche Patente, Techniken, Missionen und Missionare, Waffen, Außenhandelspolitiken und wirtschaftliche Interventionen in fernen Ländern waren, die das Elend erst erzeugt haben, kam ihm nicht in den Sinn.

Presseinformation von BDP und InnoPlanta am 25.6.2008
Seit Jahren verhindern Gruppierungen gezielt den biologisch-technischen Fortschritt. Dies ist nicht nur unter forschungs- und wirtschaftlichem Gesichtspunkt verantwortungslos, sondern in Anbetracht der sich zuspitzenden Nahrungsknappheit extrem egoistisch. „Nur mit Zuhilfenahme modernster Methoden in der Pflanzenzüchtung werden wir in der Lage sein, die Herausforderungen der Zukunft zu meistern und ertragreiche und an veränderte Klimabedingungen angepasste Pflanzen zu züchten", erläutert Dr. Schmitz weiter.

Genforscher Andreas Schier (FH Nürtingen) im Interview mit Spiegel Online am 2.3.2009[9]
Es gab und gibt keine neuen wissenschaftlichen Erkenntnisse, die ein solches Verbot rechtfertigen würden. Die weltweiten Anbauzahlen gentechnisch veränderter Pflanzen steigen beständig. Die Technik hat sich längst bewährt. Angesichts der großen Herausforderungen wie Klimawandel, Ressourcenverknappung und Bevölkerungswachstum wird sie sich weiter durchsetzen.

Philip von dem Bussche, Vorstandssprecher der KWS in einer Pressemitteilung am 29.4.2008[10]
Wir müssen Forschung allgemein und dazu gehört auch Forschung im Bereich Grüne Gentechnik in Deutschland betreiben können in Anbetracht der aktuellen Entwicklungen wie zunehmende Nahrungsknappheit, Verknappung von Energieressourcen und des geforderten Klimaschutzes.

Auszüge aus der BVL-Broschüre „Die Grüne Gentechnik" (S. 8)[11]
Es kann festgehalten werden, dass die Grüne Gentechnik das Problem von Hunger und Armut in der Welt sicher nicht allein lösen kann. Ebenso wie andere Instrumente der Landwirtschaft kann sie aber einen Beitrag zur Steigerung der weltweiten Erträge leisten.

Aus Horst Rehberger: „Unterwegs" (2009, S. 228)
Die Biotechnologie-Offensive und insbesondere der Kampf für gentechnisch verbesserte Pflanzen sind noch lange nicht zu Ende. Im Gegenteil: Angesichts des dramatischen Bevölkerungswachstums der Erde von 6,6 Milliarden Menschen auf 9,2 Milliarden zur Mitte des 21. Jahrhunderts, des stark ansteigenden Bedarfs an nachwachsenden Rohstoffen sowie des durch den Klimawandel notwendig werdenden raschen Anpassungsprozesses der Kulturpflanzen an neue klimatische Rahmenbedingungen, zum Beispiel durch eine höhere Trockenheitstoleranz, wächst der Handlungsbedarf im Bereich der Grünen Gentechnik rasant.

Doch jede Behauptung, mit der Gentechnik wolle *„man die Versorgung mit Nahrungsmitteln verbessern"*[12], ist eine doppelte Lüge, weil die Gentechnik erstens nicht gegen den Hunger helfen **kann** – und zweitens auch nicht gegen den Hunger helfen **soll**. Sie kann nicht gegen den Hunger helfen, weil das nur ginge, wenn Hunger etwas mit Ertragshöhen zu tun hätte, was nicht stimmt. Und sie soll nicht gegen den Hunger helfen, weil profitorientiertes Wirtschaften am Mangel verdient – ihn also niemals abschaffen will.

Lüge 1 zum Hungermythos: Mangel entsteht nicht durch zu geringe Ertragsmöglichkeiten, sondern ist Mord!

Es gibt in allen Großregionen der Welt die Möglichkeit, ausreichend Nahrungsmittel anzubauen. Fast überall geschieht das auch – und es würde überall für alle Menschen reichen, wenn dieser Nahrungsmittelanbau einfach zugelassen würde und die Ernten den Menschen zur Verfügung stände, die dort leben. Genau das aber geschieht nicht. Stattdessen werden Menschen vom Land verjagt und Lebensmittel mit einem Riesenaufwand auf hochvermachteten Wegenständig um die Welt geschafft: Verteilung ist ein Problem, nicht die Lösung! Kriege, Vertreibung, patriarchale Unterdrückung, Zerschlagung lokaler Märkte, Umweltzerstörung, Futtermittelexporte, Nahrungsmittelanbau in Hungerländern für Überschussländer und die fahrlässige sowie, zwecks Preisstabilisierung, gezielte Vernichtung von Nahrungsmitteln sind die Gründe des Hungers. In den letzten Jahren kommt immer stärker die Biomasse-Produktion zur Energiegewinnung oder für andere industrielle Prozesse hinzu. Ohne diese

2 www.pflanzenforschung.de/journal/ernaehrung/global/die-naechste-revolution

3 Die DLG ist eigentlich ein Dachverband aller landwirtschaftlichen Strömungen, in denen nur eine kleine Minderheit, die allerdings die zentralen Apparate beherrschft, pro Gentechnik eintritt (siehe Kapitel zu Lobbyverbänden).

4 www.dlg-feldtage.de/index.php?struts=publicArtikelDetail.do&id=31&artikelId=1787&kategorieId=16&spracheId=1&bereich=Aktuelles

5 Göttinger Tageblatt am 12.3.2009: www.goettinger-tageblatt.de/newsroom/wirtschaft/dezentral/wirtschaftlokal/art4261,821711

6 www.weltagrarbericht.de

7 Presseinfo der CDU/CSU-Bundestagsfraktion am 3.3.2009: www.presseportal.de/pm/7846/1362906/cdu__csu__bundestagsfraktion

8 MVticker am 18.6.2009: www.mvticker.de/mv/news__id5757__peter__stein__risikoforschung__gentechnik__wichtig__mecklenburg__vorpommern.html

9 www.spiegel.de/wissenschaft/natur/0,1518,610807,00.html

10 www.kws.de/aw/KWS/home/Service__Presse/presseinfos/__/Pressemitteilungen/%7Ecosc/Neue__Nachricht/

11 www.bvl.bund.de/nn__491798/DE/08____PresseInfothek/03____Informationsmaterial/01____BVL____Broschueren/BVL____gentechnik,templateId=raw,property=publicationFile.pdf/BVL__gentechnik.pdf

12 So formuliert in einer Broschüre der Fördermittelvergabestelle PTJ: www.fz-juelich.de/ptj/lw__resource/datapool/Nationale__Programme/System__Erde/Planeterde/PTJ__Broschuere__01.pdf

Faktoren gäbe es heute eineinhalb- bis zweimal so viele Nahrungsmittel wie für alle Menschen notwendig sind. Hunger ist keine Katastrophe, sondern künstlich gemacht. Es ist, strafrechtlich betrachtet, Mord – Massenmord. *„Die Weltlandwirtschaft könnte problemlos 12 Milliarden Menschen ernähren. Das heißt, ein Kind, das heute an Hunger stirbt, wird ermordet*", kritisierte Jean Ziegler[13] die Lage. Doch gegen Kriege und die anderen, sozialpolitischen Gründe kann Gentechnik nicht helfen. Im Gegenteil: Die Verknappung des Saatgutes durch gentechnische Veränderungen, Patente und die Kombinationen mit Spritzmittelkauf verschärfen einige der Gründe! Michael Krawinkel, Professorenkollege der Gentechnikprotagonsten Kogel und Friedt an der Uni Gießen, schimpft[14] über den *„Missbrauch des Arguments, grüne Gentechnik leiste einen Beitrag zur Hungerbekämpfung.*" Stattdessen leisten deren Protagonisten *„der Entwicklung Vorschub, dass die Saatgut- und Agrochemiekonzerne des Nordens die Märkte hier und im Süden erobern und die dortige kleinbäuerliche Landwirtschaft verdrängen.*"

Das alles ist lange bekannt. *„In der heutigen Welt gibt es ohnehin genug Nahrungsmittel*", wurde Per Pinstrup-Andersen, Generaldirektor des Internationalen Forschungsinstituts für Ernährungspolitik in Washington, schon 1997 vom Spiegel zitiert:[15] *„Wenn diese gleichmäßig verteilt wären, müsste niemand hungern.*" Das wissen sogar fundamentalistische Gentechnikbefürworter wie die Ex-Ökos und jetzigen Neoliberalen Miersch und Maxeiner.[16] Sie räumen offen ein, es sei Unsinn, dass *„ohne Gentechnik die Menschheit verhungern würde, wie es aus den Propagandaabteilungen der Agrokonzerne tönt. Das trifft – jedenfalls zurzeit – nicht zu, denn die Potenziale von Flächenerweiterung und konventionellen Züchtungsmethoden sind noch lange nicht ausgereizt.*" Auch BASF-Chef Hambrecht weiß,[17] das Hunger *„ein Problem der Lagerung von Ernten*" ist und *„der zu geringen Verfügbarkeit von Land und Wasser sowie zunehmender Trockenheit*". Land und Wasser werden aber den Menschen mit Gewalt genommen. Das aber will Hambrecht nicht ändern, sondern setzt auf Landnutzung für Biomasse und Industrierohstoffe. Zudem will er *„die grüne Gentechnik in Deutschland weiterentwickeln*".

13 Quellen: Film „We Feed the World" (2005) und Artikel „Das tägliche Massaker des Hungers – Wo ist Hoffnung?" metall Nr. 5/2006. Zu Ziegler siehe http://de.wikipedia.org/wiki/Jean_Ziegler.

14 www.taz.de/1/debatte/kommentar/artikel/1/vom-goldenen-reiskorn/

15 Artikel „Nahrungsmittel gibt es genug", in: Spiegel, 15/1997

16 Focus 6/2002: www.focus.de/politik/deutschland/standpunkt-gruene-gentechnik-mit-gutem-gewissen_aid_206743.html

17 Hambrecht am 16.8.2010 in einem Interview mit der SZ: www.sueddeutsche.de/wirtschaft/basf-juergen-hambrecht-es-entstehen-doch-keine-monsterpflanzen-1.988512

18 Quelle: www.feedingtheworldconference.org

19 www.jungewelt.de/2008/06-13/022.php

20 www.gen-ethisches-netzwerk.de/gid/188/man-kann-potenzial-nicht-essen

21 www.jungewelt.de/2007/11-27/027.php

22 www.sueddeutsche.de/wirtschaft/bauernpraesident-sonnleitner-im-interview-gentechnik-loest-die-probleme-nicht-1.200045

23 Eingangsseite zum Weltagrarbericht: www.weltagrarbericht.de

Nnimmo Bassey, Environmental Rights Action (ERA), Nigeria[18]

Die Biotechindustrie erzählt Afrikanern, dass wir gv-Ernten brauchen, um die Nahrungsbedürfnisse unserer Bevölkerung anzugehen. Aber der Großteil der gv-Ernten werden an Tiere in reichen Ländern verfüttert, um schadhafte Agrotreibstoffe herzustellen, und bringen nicht einmal mehr Ertrag als herkömmliche Ernten.

Aus Fohrmann, Sonja: „Grüne Gentechnik – Produktionsstrategien gegen Hunger", Studienarbeit an der Uni Gießen

Trotzdem wäre theoretisch genügend Getreide zur weltweiten Bedarfsdekkung vorhanden. Dass diese jedoch praktisch nicht erreicht wird, hängt mit der schon beschriebenen Ungleichverteilung und einem anderem Problem, der Verwendung der Hälfte des geernteten Korns als Futtermittel, zusammen. Aus 100 Kalorien Getreide werden nur zehn Kalorien verwertbares Fleisch.

Aus „Wer die Nahrung kontrolliert ...", in: Junge Welt, 13.6.2008 (S. 10 f.)[19]

Weltbank und IWF zwangen Malawi regelrecht, seine großen Maisvorräte zur Schuldentilgung zu verkaufen. Bereits 2001, als sich die Nahrungsmittelkrise abzeichnete, hatte das Land die Maisvorräte angelegt, um deren Folgen abzumildern. Ähnlich wie heute kauften Spekulanten die Vorräte billig auf und verkauften sie später zu hohen Preisen. Der damalige Direktor des IWF, Horst Köhler, und die Weltbank schoben sich seinerzeit gegenseitig die Schuld für den malawischen „Zwangsverkauf" zu. Während der Krise verlangten IWF und Weltbank von der malawischen Regierung die Streichung aller Subventionen für Nahrungsmittel und Landwirtschaft als Bedingung für Entwicklungs- und Hilfsprogramme mit dem Argument, der Markt solle die Nahrungsmittelpreise bestimmen.

Aus einem Interview mit dem Vize-Direktor des Weltagrarrates, Dr. Hans Herren (Direktor des Millenium-Instituts in der Nähe von Washington, D.C.), in: GID Juni 2008 (S. 29-32)[20]

Es kann durchaus sein, dass die Biotechnologien in der Zukunft etwas hervorbringen, das uns weiterhilft, aber bisher ist das eben nicht der Fall. Es heißt bei uns: Man kann Potenzial nicht essen. Seit zwanzig Jahren sagen uns die Leute, es wird mit den Biotechnologien mehr produziert. Aber es wird eben nicht mehr produziert. ... Mit mehr Investitionen – sagen wir in dem selben Rahmen, was heute in der Gentechnologie ausgegeben wird – in die nachhaltige Landwirtschaft könnte man mehr und besser Nahrungsmittel produzieren.

Aus einem Interview mit Vandana Shiva, in: Junge Welt, 27.11.2007 (S. 8)[21]

Der Hunger kommt in den Ländern des Südens ausgerechnet in bäuerlichen Gegenden vermehrt vor, also dort, wo Menschen Nahrungsmittel anbauen. Das ist doch absurd. Wie kann es sein, daß Bauern, die Nahrung anbauen, Hunger leiden? Sie geraten in eine Lage, die es ihnen nicht ermöglicht, ihre eigenen Nahrungsmittel für sich und ihre Familien zu behalten. Die Ursachen liegen in der Abhängigkeit von Saatgut, Düngemitteln und Pestiziden, die die Agroindustrie ihnen für teueres Geld verkauft. Dies führt nicht nur zu Hunger, sondern auch zur Zerstörung der Natur. Tausende von Bauern bringen sich selbst um, weil die Schuldenlast sie erdrückt. Ich weiß auch von einigen, die ihre Frau oder Kinder verkauft haben, andere haben eine Niere verkauft. ...

Es wird etwa behauptet, dadurch käme es zu höheren Erträgen in der Landwirtschaft. Das ist aber schlicht falsch. Gentechnisch veränderte Nutzpflanzen verbessern nirgendwo auf der Erde die Ernten der Bauern und bringen die Kleinbauern in eine wirtschaftliche Abhängigkeit von den Konzernen. Eine Greenpeace-Studie über die Landwirtschaft in Argentinien beweist sogar, daß sich die Ernteerträge durch Gentechnik verringern. Gleichzeitig steigt der Verbrauch an gefährlichen Pestiziden und teuren Düngemitteln.

Bauernverbandspräsident Gerhard Sonnleitner im Interview der Süddeutschen Zeitung am 22.4.2008[22]

SZ: Unionsfraktionschef Volker Kauder rief dazu auf, die Gentechnik zu nutzen, um die Nahrungsmittelkrise in den Griff zu bekommen.

Sonnleitner: Nein, Gentechnik löst unsere heutigen Probleme nicht.

Lüge 2 zum Hungermythos: Gentechnik soll auch gar nicht gegen den Mangel helfen!

Wie mensch es also auch dreht und wendet: Hunger ist kein Argument für die Gentechnik. Denn *„2,3 Milliarden Tonnen Getreide wurden 2008 weltweit geerntet, das ist mehr als je zuvor – auch pro Kopf der Weltbevölkerung gerechnet. Doch nur 47% dieser Ernte dienten der menschlichen Ernährung. Der Rest war Tierfutter, Sprit, industrieller Rohstoff, Abfall.*"[23] Es wäre also möglich, den Hunger schnell zu besiegen. Es ist nicht gewollt. Zum einen streben die reichen Länder weiter den Zugriff auf Produktionsflächen und Produkte in der ganzen Welt an, um ihren Bedarf für industrielle Fleisch- und Warenproduktion zu decken. Zum anderen bringt Profit, was knapp ist. So arbeiteten die Gentecknikkonzerne und die mit ihnen verfilzten WissenschaftlerInnen von Beginn an vor allem zu solchen Technologien, die Gewinne erhöhen konnten, weil sie Mangel oder Zwänge vergrößerten. Ein prägnantes Beispiel war die Terminatortechnologie. Sie schien den alten Traum der professionellen Pflanzenzüchterlobby zu erfüllen, die LandwirtInnen in totale Abhängigkeit zu treiben. Schon mit Gesetzen, Lizenzen, Sortenschutz und Nachbaugebühren wurde versucht, denen, die das Land bestellen, die Eigenständigkeit zu entziehen. Sie sollten nicht mehr länger einen Teil ihrer Ernte einbehalten und diese wieder aussäen oder sogar auf eigene Faust weiter züchten können. Nun erschien u.a. dem US-Landwirtschaftsministerium die Gentechnik als scharfe Waffe im Kampf, „*neue Märkte in Ländern der Zweiten und Dritten Welt erobern*" zu können.[24] Durch entsprechende Manipulation konnte das Saatgut veranlasst werden, sich nach einer Vegetationsperiode nicht mehr aussäen zu lassen – Selbstmord aus der Retorte. Doch die für alle geldquellensuchenden Unternehmen faszinierende Idee geriet in die öffentliche Kritik. Zu offensichtlich war, dass hier Hunger produziert werden sollte. Denn wenn sich LandwirtInnen jedes Jahr das teure Saatgut wieder neu kaufen mussten, ließ sich leicht vorhersehen, wo die meisten LandwirtInnen einfach verschwinden würden: Da, wo wenig Geld vorhanden ist, d.h. wo ohnehin Hunger herrscht. Die profitable Idee erhielt einen wenig freundlichen Namen und schließlich beendete ein Moratorium die Weiterentwicklung der verrufenen Terminatortechnologie. Jedenfalls auf dem Papier. Denn tatsächlich ist sie längst wieder da – nur unter schönerem Namen und im Gewand des Öko-Apostels. Sie heißt nun „*Confinement*" und definiert auf auf der regierungsoffiziellen Internetseite[25] als „*Möglichkeit, die Ausbreitung und damit die Auskreuzung von Transgenen zu verhindern*". Dieselben Konzerne, LobbyistInnen und sogenannten WissenschaftlerInnen, die pausenlos erzählen, Auskreuzung sei kein Problem, nutzen die Behauptung, das nicht vorhandene Problem lösen zu wollen, zu Propagandazwecken und verteilen große Geldsummen. Denn „*Confinement*" ist der höchstgeförderste Bereich der Biosicherheitsforschung in Deutschland. Unter der Koordinierung der Universitäten Hohenheim und München arbeiten etliche Institute und Institutionen an dieser Technologie (siehe Tabellen).

Verbundprojekt: Entwicklung und Überprüfung von Confinement-Strategien für Raps

Koordinator:
Prof. Dr. Wilhelm Claupein
Universität Hohenheim
Fakultät Agrarwissenschaften
Institut für Pflanzenbau und Grünland
70593 Stuttgart

Projektleiter	Zuwendungsempfänger	Kooperationspartner	Thema	Laufzeit	Finanzvolumen
Prof. Dr. Wilhelm Claupein	Universität Hohenheim	Partner des Verbundprojekts	Verbundprojekt: Entwicklung und Überprüfung von Confinement-Strategien für Raps; Teilprojekt: Entwicklung und Bewertung anwendungsorientierter Confinement-Strategien zur Kontrolle von Gentransfer über Durchwuchsraps	1. April 2008 bis 31. März 2011	307 284 Euro
Prof. Dr. Joachim Schiemann	Julius Kühn-Institut Bundesforschungsinstitut für Kulturpflanzen (JKI) Quedlinburg	Partner des Verbundprojekts	Entwicklung und Überprüfung von Confinement-Strategien für Raps; Untersuchungen zur Durchwuchsproblematik und zur Zuverlässigkeit biologischer Confinement-Methoden beim Raps	1. April 2008 bis 31. März 2011	573 620 Euro

Projektleiter	Zuwendungsempfänger	Kooperationspartner	Thema	Laufzeit	Finanzvolumen
Prof. Dr. Heiko Becker	Georg-August-Universität Göttingen	Partner des Verbundprojekts Deutsche Saatveredelung AG Lippstadt (Auftragnehmer)	Verbundprojekt: Entwicklung und Überprüfung von Confinement-Strategien für Raps; Teilprojekt: Genetische Untersuchungen zur Vererbung der Dormanz bei Winterraps	1. April 2008 bis 31. März 2011	307 037 Euro

Verbundprojekt: Entwicklung und Prüfung von Plastidentransformation als Confinement-System bei Raps und Mais unter Berücksichtigung der bei Modellpflanzen gewonnenen Erkenntnisse (ConfiCo)

Koordinator:
Prof. Dr. Dario Leister
Ludwig-Maximilians-Universität München
Fakultät für Biologie – Department Biologie I
Menzingerstr. 67
80638 München

Projektleiter/in	Zuwendungsempfänger	Kooperationspartner	Thema	Laufzeit	Finanzvolumen
Prof. Dr. Inge Broer	Universität Rostock	Partner des Verbundprojekts Biovativ GmbH Groß Lüsewitz (Auftragnehmer)	Verbundprojekt: Entwicklung und Prüfung von Plastidentransformation als Confinement-System bei Raps und Mais unter Berücksichtigung der bei Modellpflanzen gewonnenen Erkenntnisse (ConfiCo); Teilprojekt: Untersuchung der Pollenausbreitung plastidärer Markergene im Freiland und unter Gewächshausbedingungen	1. Juli 2008 bis 30. Juni 2011	297 359 Euro
Prof. Dr. Alfons Gierl	Technische Universität München	Partner des Verbundprojekts	Verbundprojekt: Entwicklung und Prüfung von Plastidentransformation als Confinement-System bei Raps und Mais unter Berücksichtigung der bei Modellpflanzen gewonnenen Erkenntnisse (ConfiCo); Teilprojekt: Transformation von Mais zur Erzeugung transplastomischer Linien	1. August 2008 bis 31. Juli 2011	153 235 Euro
Prof. Dr. Dario Leister	Ludwig-Maximilians-Universität München	Partner des Verbundprojekts	Verbundprojekt: Entwicklung und Prüfung von Plastidentransformation als Confinement-System bei Raps und Mais unter Berücksichtigung der bei Modellpflanzen gewonnenen Erkenntnisse; Teilprojekt Erzeugung transplatomischer Linien bei Raps und Mais.	1. Oktober 2008 bis 30. September 2011	723 099 Euro

Projekt: Gentechnische Ansätze zur Begrenzung der Ausbreitungsfähigkeit von Kartoffelknollen

Projektleiter.	Zuwendungsempfänger	Kooperationspartner	Thema	Laufzeit	Finanzvolumen
Dr. Frederik Börnke	Friedrich-Alexander-Universität Erlangen-Nürnberg	Keine	Gentechnische Ansätze zur Begrenzung der Ausbreitungsfähigkeit von Kartoffelknollen	1. Juli 2008 bis 30. Juni 2012	433 739 Euro

Abb.: Auszüge aus der Bundestagsdrucksache 16/10751 zur Förderung von Confinementstrategien.[26]

Die Industrie behauptet, Terminator würde als eine vorbeugende Umweltnotwendigkeit gebraucht, um genetische Verunreinigung von Nahrungspflanzen und anderer natürlicher Lebensformen mit Gentech-DNA aus Nicht-Nahrungspflanzen einzuschränken.

Aus „Terminator-Technologie vor dem Durchbruch"[28]

Nachdem der Versuch, Terminator-Technologie als „biologischen Patentschutz" auf den Markt zu bringen, gescheitert war, hat sich die Strategie der Industrie in der Zwischenzeit gewandelt. Terminator-Technologie soll jetzt unter dem Deckmantel des „grünen" Terminators durchgesetzt werden. … Zynisch ist das Ausweichen der Konzerne auf den Bereich Umweltschutz vor allem deshalb, weil die wahren Auswirkungen einer Kommerzialisierung der Technologie verschleiert werden. Die sozialen Auswirkungen eines großflächigen Einsatzes von Terminator-Saatgut könnten verheerend sein. Zum einen verlieren Bauern durch Terminator-Pflanzen grundlegende Rechte, vor allem das Grundrecht auf Wiederverwendung von Saatgut. Speziell für die armen Landwirte in Afrika oder Asien ist jedoch der Kauf von Saatgut mit einer Verschuldungsspirale verbunden, die schon während der „grünen Revolution" Millionen von Kleinbauern in den Ruin trieb. Die Durchsetzung von Terminator-Saatgut in diesen Ländern – und niemand wird ernsthaft bestreiten, dass die Konzerne die Macht haben, die Technologie auf den Märkten durchzusetzen – würde diese Entwicklung weiter forcieren und festschreiben.

Aus GM-Watch Nr. 83 (August 2010)[27]

Vier Jahre nach der Bestätigung des Moratorium für Terminator-Technologie durch die Konvention über Biologische Vielfalt (CBD) der Vereinten Nationen sind Vorschläge zur Entwicklung und Kommerzialisierung von „Genetic Use Restriction Technologies" (GURTs) wieder auf der Agenda von politischen Entscheidungsträgern und der Biotech-Industrie. Terminator stellt eine Bedrohung für Nahrungssouveränität und Agrobiodiversität dar: Eine Beendigung des Moratoriums wird die Kontrolle des Saatguts durch Transnationale Konzerne verstärken und die bäuerlichen Rechte zur Aufbewahrung und Aussaat geernteten Saatguts weiter beschränken. Darüber hinaus wird der Pollen von Gentech-Pflanzen mit Terminator den konventionellen und ökologischen Anbau ebenso kontaminieren wie einheimische Pflanzenarten.

Die meisten derer, die Terminatortechnologie entwickeln, schweigen betreten über das, was sie da tun. Eine der wenigen offensiven Propagandaquellen ist das Internetlexikon Wikipedia,[29] seit Einführung der interner Zensur und Kontrolle nicht nur mit wachsenen Fehlerzahlen behaftet, sondern auch immer näher am herrschenden Diskurs. Terminatoren sind dort „*ein biologischer Mechanismus zum Schutz von geistigen Eigentumsrechten und bieten damit einen Anreiz für private Forschung und Entwicklung, was die Wohlfahrt steigert.*" Hunger ist Wohlfahrt für die anderen – deutlicher geht es kaum! Dabei wäre die Erkenntnis weder schwer noch neu, dass Profit und künstliche Knappheit zusammengehören.

i Kampagne gegen Terminator-Saatgut: www.freie-saat.de, international: www.banterminator.org.

24 http://umweltinstitut.org/gentechnik/kommerzieller-anbau/terminator-technologie-pflanzen-mit-selbstmord-genen-188.html

25 www.biosicherheit.de/article/359.samen-keimen.html

26 www.projektwerkstatt.de/gen/filz/gv__forschungsgelder__drs1610751.pdf

27 www.gmwatch.eu/index.php?option=com__content&view=article&id=12393

28 Umweltinstitut München: www.umweltinstitut.org/gentechnik/kommerzieller-anbau/terminator-technologie-pflanzen-mit-selbstmord-genen-188.html

29 http://de.wikipedia.org/wiki/Genetic__Use__Restriction__Technology

Aus „Herrschaftsfrei wirtschaften" (S. 46)[30]

Wenn Güter in ausreichender Menge vorhanden sind, so lassen sie sich nicht als Waren vermarkten. Deshalb ist Knappheit die Grundlage der Waren-Markt-Wirtschaft. Aber mittlerweile ist es unübersehbar, dass das absolute Vorkommen vieler Gebrauchsgüter viel größer ist als die realen Bedürfnisse, die Begrenztheit also sehr gering ist. Nur deshalb gibt es ja die aufgebauschten verzweifelten Marketinganstrengungen, deren Kosten oft schon viel höher sind als die reinen Herstellungskosten. In all diesem Überfluss werden die meisten Menschen dieser Erde aber immer ärmer, ihre Bedürfnisse werden immer schlechter erfüllt. Dies ist ein Widerspruch, der eine Erklärung fordert. Diese Erklärung findet sich in der Unterscheidung von Begrenztheit und Knappheit. Die Begrenztheit vieler Güter und Lebensmittel kann durch effektive Produktion immer weiter eingeschränkt werden – allerdings wird zum Zwecke der Profiterwirtschaftung die Knappheit immer wieder neu erzeugt. Die meisten Aktivitäten der Weltwirtschaftsorganisationen dienen dieser Knappheitsproduktion (z.B. beim Verbot der Subventionierung von Reisproduktion in Indien zur Marktöffnung für amerikanisches Getreide u.a.m.). Auch die Bemühungen zur Patentierung von Lebensfaktoren und von Software und Information dienen dieser künstlichen Verknappung. Wir erleben dabei das Paradoxon des Mangels im Überfluss. Neben der Vergeudung von Lebenszeit der arbeitenden Menschen, beispielsweise bei der mühsamen Herstellung der Wegwerfprodukte – ist dieser Prozess auch ökologisch desaströs. Es ist verhängnisvoll, dass die scheinbar ewige „Knappheit" uns immer wieder als Gegenargument vorgehalten wird, wenn wir neue Formen der Produktion und des Lebens vorschlagen.

i Extra-Seite zu Hunger und Gentechnik beim Infodienst Gentechnik: www.keine-gentechnik.de/dossiers/hunger-und-gentechnik.html

Stellungnahme des Bundesamtes für Naturschutz zur Frage von Welternährung, Umweltschutz und Gentechnik: www.bfn.de/fileadmin/MDB/documents/themen/agrogentechnik/PositionspapierWelternaehrungGT.pdf.

Abb.: Verwendung von Nahrungsmitteln in Deutschland[33]

Tab. 2: Verwendung von Getreide (in Mio. t) in Deutschland in den Wirtschaftsjahren 1999/2000 bis 2006/2007

Jahr	1999/00	2000/01	2001/02	2002/03	2003/04	2004/05	2005/06	2006/07
Gesamt	34,03	36,51	38,43	38,46	36,75	39,39	42,21	42,63
davon:								
– Saatgut	1,12	1,12	1,10	1,08	1,12	1,09	1,00	0,99
– Tierfutter	20,33	22,77	23,97	23,49	21,61	24,38	27,65	26,40
– Industrie	3,47	3.47	3,40	3,45	3,60	3,83	2,70	3,98
– Energie	–	–	–	–	–	–	0,99	1,49
– Nahrung	8,04	8,05	8,75	9,35	9,22	8,85	8,75	8,51

Quelle: ZMP – Agrarmärkte in Zahlen; verschiedene Jahrgänge. Die Werte korrelieren nicht unmittelbar mit den Produktionsmengen, da im Einzelfall Importe und Exporte sowie Lagerbestände mit einbezogen werden.

Biosprit und Viehfutter – zwei der Gründe für den Hunger

Wer Hunger besiegen will, muss seine Gründe beseitigen. Neben den weiteren genannten Ursachen für Mangel- und Unterernährung spielt die zunehmende Verwendung von Nahrungsmitteln als Biomasse und Viehfutter eine große Rolle. Energiesparen, Umstellung der Energieproduktion und zumindest weniger und freilandhaltungsorientierte Tierhaltung wären folglich die passende Antwort. Doch auch hier zeigt sich: Hunger wird gemacht und ist gewollt. Sowohl der Einsatz von Nahrungsmitteln als Biomasse wie auch die Verfütterung an Tiere soll weiter ausgebaut werden. Der daraus resultierende Hunger ist kalkuliert und gewollt. Massenmord ist alltägliche Politik und Praxis.

2009: IPK und Bayer gründen Joint Venture zur Entwicklung von gv-Raps (Agrarheute am 18.2.2009)[31]

Bayer CropScience und das Leibniz-Institut für Pflanzengenetik und Kulturpflanzenforschung (IPK) haben eine Forschungsvereinbarung zur gemeinsamen Entwicklung von gentechnisch modifiziertem Hybridraps geschlossen. Im Rahmen der Zusammenarbeit sollen in Zukunft die in Gatersleben bei Magdeburg entwickelten Innovationen in das InVigor Raps-Saatgut von Bayer CropScience eingekreuzt werden. „Wir freuen uns sehr, gemeinsam mit einem starken Partner wie dem IPK innovative Lösungen zu entwickeln, um der steigenden Nachfrage der Industrie nach Pflanzenölen begegnen zu können."

30 www.projektwerkstatt.de/hefte/download/nullnr2005__innen.pdf

31 http://agrarheute.com/?redid=290160

32 www.presseportal.de/pm/7846/1362906/cdu__csu__bundestagsfraktion

33 www.bmelv-forschung.de/fileadmin/sites/FR-Texte/2008/fr-2008-2-18-Getreideverbrennung.pdf

Aus einer Presseinfo der CDU/CSU-Bundestagsfraktion am 3.3.2009[32]

Die „grüne Gentechnik" ist international anerkannt; das Potential neuer Eigenschaften von biotechnologisch optimierten Organismen muss auch in Deutschland weiterhin genutzt werden können. Weltweit fehlen Agrarflächen, z.B. für den Anbau von Pflanzen für die Energieerzeugung. Deshalb müssen auf den vorhandenen Flächen hocheffektive Pflanzensorten angebaut werden können.

Gedankenspiel als Vergleich: Medizin und Nahrung nur noch mit großen Scheinen

In einer Gesellschaft, in der es vor allem um Profite geht, folgt auch die Gentechnik diesem Ziel. Die Technologie ist nicht nur ein unkalkulierbares Risiko, sondern wird immer öfter gezielt gegen Menschen eingesetzt. Dazu gehört die Anmeldung von Genen als Patente. Große Firmen sichern sich den Zugriff auf Tier- und Pflanzenarten, aber auch auf menschliche Gene. Gelingt es ihnen, ein Patent erteilt zu bekommen, so kontrollieren sie alle Anwendungen mit diesen Lebensformen. Patentiert werden inzwischen nicht nur gentechnische Veränderungen, sondern auch von Natur aus vorkommende Gene. Der Trick der Konzerne: Sie entwickeln Methoden, mit denen diese Gene untersucht werden könnten – und lassen sich dann alles patentieren, was so untersucht wurde. Das aber ist dann ein unverändertes Gen oder das damit lebende Wesen insgesamt. Die Folgen: Mehr Profit für den Konzern, weniger Lebensqualität für Mensch, Tier oder Pflanze. Ein Beispiel sind Gensequenzen, die Brustkrebs fördern. Die Firma Myriad Genetics hat die Untersuchungsmethode patentieren lassen. Nun verbietet die US-Firma per Gesetz allen andern Forschungslabors, solche oder ähnliche Brustkrebs-Gentests zu entwickeln. Infolge der marktbeherrschenden Stellung durch den Patentschutz hat Myriad Genetics die Preise von Tests für BRCA1- und BRCA2-Gene erhöht, in manchen Ländern sogar um das Zwei- bis Dreifache. Das können sich viele Menschen nicht mehr leisten und es zeigt sich, was es bedeutet, wenn eine Firma im medizinischen Bereich Genpatente erhält. Den Patienten schadet es.

Aus Hartmann, Kathrin (2009): „Ende der Märchenstunde" (S. 178)

Neben dem Freihandelsabkommen (GATT) gibt es auch das TRIPS-Abkommen über geistige Eigentumsrechte, das die Patentierung von Saatgut, technischen Innovationen oder Medikamentenwirkstoffen weltweit rechtlich bindend macht, so dass jeder, der das Wissen anwendet, dem Konzern, der die Patentrechte hält, sehr viel Geld bezahlen muss. Das gilt auch für Saatgut, Pflanzen und Heilpflanzenwirkstoffe, die zuvor niemandem gehört haben – man nennt das dann BioPiraterie.

Der Vergleich zwischen Medizin und Agro-Gentechnik liegt noch aus einem weiteren Grund nahe, denn einer der neuesten Bereiche ist das sogenannte „*Pharming*" als Verbindung von grüner und roter Gentechnik: Pflanzen werden so manipuliert, dass sie Arnzeimittel erzeugen. Auch hier gilt, dass die Wirtschaftsordnung selbst gute Ideen versauen würde. Wo es nur um Profit geht, stehen Patente, Lizenzen und ein auf Gewinnmaximierung und Monopolbildung ausgerichteter Umgang mit Mensch und Natur sinnvollen Verwendungen im Weg. Risiken und Nebenwirkungen werden im Interesse prall gefüllter Kassen in Kauf genommen – wie am Beispiel der Verbreitung von Antibiotika-Resistenzen über gv-Pflanzen zu sehen ist: *„Die Öffentlichkeit fürchtet eine mögliche Ausbreitung der Antibiotika-Resistenzgene. Dies wird in der Wissenschaft zwar diskutiert, aber nicht als relevant angesehen"*, schrieb die Deutsche Forschungsgemeinschaft in ihrer Gentechnikbroschüre. Berühmtestes Beispiel ist der ‚Golden Rice': Gefeiert als Allheilmittel gegen Vitamin-A-Mangel, durchgesetzt mit brutalen Methoden, bei der die ForscherInnen lässig auch über Leichen gehen würden (siehe unten).

Mythos 2: Gentechnik hilft den LandwirtInnen

Beliebt sind die industrielle Landwirtschaft und ihre spezielle Erscheinung Gentechnik fast nirgends. Durchgesetzt wird sie mit viel Geld, den klassischen staatsautoritären Mitteln der Landumverteilung an große Konzerne und einem hochvermachteten und gesteuerten Wirtschaftskreislauf, genannt: Markt. Dass unter dieser ökonomischen Knute die Gentechnik voranschreitet, werden von der deutschen Genehmigungsbehörde BVL, die gemäß ihrem Namen eigentlich VerbraucherInnen schützen soll, als Argument für die Beliebtheit der Gentechnik verdreht:[34] *„Die weltweite Zunahme des Anbaus dieser Pflanzen ist deshalb ein Hinweis darauf, dass diese zumindest für bestimmte Regionen ökonomische Vorteile bieten. Und kein Landwirt wird dieses Saatgut erneut kaufen, wenn er negative Erfahrungen damit gemacht hat."* Im Gentechnikfanblock wird das mit viel Herz-Schmerz verbreitet: *„Gentechnik hilft armen Bauern"*.[35]

Aus der Broschüre „Grüne Gentechnik" der KWS Saat AG
Aufgrund der weiter bestehenden Vorbehalte in Europa erfolgt hier ein Anbau gentechnisch veränderter Sorten bisher auf lediglich rund 100.000 Hektar (2008). Damit bleiben den europäischen Landwirten und letztlich auch den Verbrauchern die Vorteile dieser neuen Technologie weitgehend vorenthalten. ... Gentechnisch veränderte Pflanzen ermöglichen Einkommenszuwächse bei Landwirten, erlauben einen verringerten Einsatz von Pflanzenschutzmitteln und wirken sich somit positiv auf die Umwelt aus.

Doch selbst in Deutschland lässt sich sehen, dass es gerade nicht die LandwirtInnen sind, die die gentechnisch veränderte Saat wollen. Bis auf wenige Bauern, die verwandtschaftlich mit Konzernen oder über Mitgliedschaften mit den Lobbyisten der Gentechnik verbunden sind (z.B. die Arbeitsgruppe AGIL innerhalb von InnoPlanta), sind die LandwirtInnen zurückhaltend oder ablehnend gegenüber dem Saatgut mit eingebautem Machtanspruch des Herstellers. Nur auf Teilflächen der Ex-DDR, wo die kapitalistische Übernahme des Jahres 1990 die bereits so vorgeformte DDR-Landwirtschaft mit ihren Großstrukturen erfreut übernommen hat, wurde und wird mehr gv-Saat angebaut. Der Grund ist einfach: Hier sind TraktorfahrerInnen Lohnabhängige – und singen des Lied, des Brot sie essen.

Gentechnik verschärft die ökonomischen Zwänge. Sie vernichtet lokale Ökonomien und schafft neue Abhängigkeiten. Sie *„kostet Arbeitsplätze, bringt Bauern um ihre Absatzmärkte und gefährdet den boomenden Ökolandbau massiv"*, sagt beispielsweise die ehemalige Landwirtschaftsministerin von Nordrhein-Westfalen, Bärbel Höhn.[36] Eine Studie[37] zur Ertragssituation von LandwirtInnen kommt zum *„Fazit: durch den Einsatz von Gentechnik gelingt es nicht, oder nur unwesentlich, gesteigerte Erträge zu erwirtschaften."* Als schwerwiegendes Problem *„entwickeln sich vermehrt sogenannte Superunkräuter, was wiederum zu einen höheren Einsatz von Spritzmitteln führt."* Das musste im Januar 2010 selbst die PR-Plattform zum Programm der Bundesregierung[38] zugeben: *„Landwirte in den USA bekommen zunehmend Probleme mit Unkräutern, die gegen bestimmte Herbizide resistent geworden sind."* Als dramatisch werden die Folgen für LandwirtInnen in Indien eingeschätzt. Hohe Selbstmordquoten prägen dort das landwirtschaftliche Geschehen. Zwar sind die Ursachen allgemein den Veränderungen der Agrarstruktur und den daraus resultierenden Abhängigkeiten zu sehen. *„Viele von Indiens Baumwollbauern enden in einer tödlichen Schuldenspirale. Um Saatgut, Kunstdünger und Schädlingsbekämpfungsmittel kaufen zu können, nehmen sie Kredite auf – meist bei skrupellosen Geldhaien, die astronomische Wucherzinsen fordern."* Doch beherrsche *„gentechnisch veränderte Baumwolle längst den Markt."* Nach einem Bericht der FR am 22.1.2010[39] *„bewerben die Hersteller ihre Produkte als Wunder-Baumwolle, die nicht nur mehr Ertrag verspricht, sondern Schädlingen von alleine trotzt. Und damit den Bauern die Kosten für teure Pestizide spart. Die Bauern tappen damit oft in eine neue Falle. Kritiker monieren, dass die vermeintliche Wunder-Saat nicht nur sechs Mal so teuer ist, sondern auch oft nicht hält, was die Anbieter versprechen. Sie ist obendrein eine Einmalsaat. Jedes Jahr müssen die Bauern also neue Saat kaufen und brauchen wieder Geld."* Zynisch erklärte Gentechnikbefürworter Joachim von Braun,[40] Generaldirektor des International Food Policy Research Institute (IFPRI) in Washington, die Konzerne kümmerten sich um die Kleinbauer nicht, *„solange die Kleinbauern nicht zahlungsfähig sind."* Soll es schneller geht, wird neben der ökonomischen Knute die blanke Staatsgewalt ausgepackt – oder getrickst. So wurden mehrfach Lebensmittel- und Saatgutlieferungen, als Hilfe gegen Hunger und Missernten kaschiert, mit gv-Saat verschnitten, um deren Ausbreitung zu forcieren. Ganz platt machten es die USA nach dem Angriffskrieg auf den Irak. Per Siegererlass[41] wurde *„die seit Jahrtausenden gepflegte Tradition von Nachbau und Saatguttausch de facto für illegal"* erklärt.

Auszüge aus Christine Möhlhoff, „Tödliche Felder", in: FR am 22.1.2010[42]
Baumwolle braucht große Mengen an Düngemitteln und an Pestiziden. Viele von Indiens Baumwollbauern enden in einer tödlichen Schuldenspirale. Um Saatgut, Kunstdünger und Schädlingsbekämpfungsmittel kaufen zu können, nehmen sie Kredite auf – meist bei skrupellosen Geldhaien, die astronomische Wucherzinsen fordern. Am Ende sehen viele überschuldete Bauern keinen anderen Ausweg mehr, als sich das Leben zu nehmen, um der Schande und der Schuldenfalle zu entkommen. Jedes Jahr berichten Indiens Zeitungen über neue Selbsttötungen. Nach Angaben der Regierung sollen allein zwischen 1997 und 2007 fast 183.000 Bauern in den Freitod gegangen sein. Andere Quellen schätzen die Zahl noch höher. Die meisten schlucken Pestizide, weil ihnen anderes fehlt – ein grausamer Tod. Zurück bleiben meist hilflose Mütter mit ihren Kindern. ...
Tatsächlich beherrscht gentechnisch veränderte Baumwolle längst den Markt. Seit 2002 ist sie in Indien zugelassen, heute wächst sie auf über

34 BVL-Broschüre „Die Grüne Gentechnik" (erschienen 2008, S. 15 f.): www.bvl.bund.de/nn__491798/DE/08____PresseInfothek/03____Informationsmaterial/01____BVL____Broschueren/BVL____gentechnik,templateId=raw,property=publicationFile.pdf/BVL__gentechnik.pdf

35 Welt, 5.10.2009: www.welt.de/die-welt/wissen/article4736760/Gentechnik-hilft-armen-Bauern.html

36 www.fr-aktuell.de/in__und__ausland/wirtschaft/aktuell/?em__cnt=950940&sid=268630e2689dd89dcbcbd9d9cc2ae650

37 http://imzoom.info/article.php/20090621160035627

38 www.biosicherheit.de/de/aktuell/731.doku.html

39 www.fr-online.de/in__und__ausland/wirtschaft/aktuell/?em__cnt=2224392

40 www.zeit.de/2003/28/Hunger-Interview

41 „Oder 81" des US-Gouverneurs Paul Bremer (siehe www.trend.infopartisan.net/trd1105/t081105.html)

42 siehe Fußnote 39

66 Prozent der Anbaufläche. Fünf Millionen indische Bauern sollen 2008 bereits die Hightech-Saat ausgesät haben. Hochaggressiv bewerben die Hersteller ihre Produkte als Wunder-Baumwolle, die nicht nur mehr Ertrag verspricht, sondern Schädlingen von alleine trotzt. Und damit den Bauern die Kosten für teure Pestizide spart. Die Bauern tappen damit oft in eine neue Falle. Kritiker monieren, dass die vermeintliche Wunder-Saat nicht nur sechs Mal so teuer ist, sondern auch oft nicht hält, was die Anbieter versprechen. Sie ist obendrein eine Einmalsaat. Jedes Jahr müssen die Bauern also neue Saat kaufen und brauchen wieder Geld. Dennoch sind die verzweifelten Bauern leichte Beute für die schönen Versprechungen. Auch ein Bewusstsein für die möglichen Risiken solcher Gentech-Produkte gibt es kaum. Anders als im Westen wird über gentechnisch veränderte Produkte in den Medien und in der Öffentlichkeit wenig diskutiert.

Aus der BfN-Studie „Welternährung, Biodiversität und Gentechnik" (S. 2 f.)

Die eingesetzten Methoden waren für Kleinbauern häufig zu teuer und zu aufwändig und deshalb war der Einsatz nur in größeren wirtschaftlichen Einheiten möglich. Zudem gerieten die Kleinbauern in eine finanzielle Abhängigkeit von multinationalen Chemie- und Agrarkonzernen.

Auszug aus „Bt-Baumwolle: Schlechte Wahl für Bauern in Süd-Indien", in: Pestizid-Brief Juli/August 2010 (S. 5)

Die Kosten für den Anbau sind für die Bt-Bauern fast doppelt so hoch wie für die Bio-Bauern. Gleichzeitig gibt es keine signifikanten Unterschiede bei den Ernteerträgen. .. Die Ergebnisse der Studie zeigen, dass Bauern, die in ökologisch und in ökonomisch effiziente, diversifizierte Anbausysteme investieren und mehr auf ihre Dorfgemeinschaft setzen, bessere Ergebnisse erzielen.

Den Gentechnik-ProtagonistInnen sind die Probleme bekannt: Resistenzen bei Schädlingen und Wildkräutern, hohe Kosten und Verdrängung bäuerlicher Landwirtschaft. Im August 2010 wurde bekannt, dass in China eine Wanzenart die Fraßnische eines durch das Bt-Toxin verdrängten anderen Insektes einnahm:[43] *„Werden künftig jedoch mehr Bt-Pflanzen angebaut, könnten sie sich – ebenso wie andere, zuvor wenig beachtete Insekten – zu einer Plage entwickeln."* Die DFG fördert zwar die Gentechnik mit Millionen, weiß aber auch, dass Patente *„das Saatgut verteuern und den Zugang der Landwirte zu neuen Technologien erschweren würden"*.[44] Das findet die Geldvergabestelle der Bundesförderung, das PTJ in Jülich, aber ganz normal. Es fände *„ein internationaler Konkurrenzkampf um die Aufklärung wirtschaftlich bedeutsamer Pflanzengenome, die patentrechtliche Absicherung der Ergebnisse und die dadurch mögliche Verbesserung der Marktposition für neue Pflanzensorten mit spezifischen Eigenschaften"* statt[45] – von Vorteilen für Umwelt oder LandwirtInnen ist da nirgends die Rede. Statt das nun kritisch zu hinterfragen, will Deutschland beim ökomomischen Kampfsport einfach nur vorne dabei sein: *„Um die Chancen, die sich daraus ergeben, für Deutschland intensiver nutzen zu können und einen Beitrag zur Standortsicherung zu leisten, hat das BMBF die Initiative ‚Genomanalyse im biologischen System Pflanze – GABI' ins Leben gerufen."* Ein klares Ziel sind Patente, die Geldquellen der Zukunft: *„Unbestritten sollte sein, dass Erfinder das Recht haben, wirtschaftlichen Nutzen aus ihrem Patent zu ziehen"*, forderte FDP-MdB Happach-Kasan im deutschen Bundestag.[46]

Worte und Taten zeigen: Es interessieren nur Geld und Macht. Die LandwirtInnen kommen im Weltbild der Saatgut- und Agrarkonzerne nur als Geldquelle vor, geworben über bunte Broschüren und gefesselt durch neue Abhängigkeiten. Forschungsmillionen werden investiert, um Techniken zu entwickeln, die LandwirtInnen knechten sollen – so die oben beschriebene Terminatortechnologie. Angesichts der bereits offen sichtbaren Ziele und Praktiken der Agrarkonzerne kann nur spekuliert werden, wie hinter den verschlossenen Türen der Konzernzentralen über diejenigen geredet und gedacht wird, deren Geld den Profit bringt. Forschungsministerin Annette Schavan (CDU) deutete diese Denke am 20. Juli 2007 in Ehingen an: *„Es darf doch in Deutschland nicht so weit kommen, dass man einem Landwirt mehr glaubt als einem Forscher."*

Schlimmer trifft es da nur noch die Sparte der Landwirtschaft, die fast immer vergessen wird: Imkerei. Selbstverständlich sind ImkerInnen auch LandwirtInnen mit ihrer Nutztierhaltung, in den Strategien der Konzerne scheinen sie aber schon tot oder zumindest der Ausbreitung von Pestiziden und gv-Pollen machtlos ausgeliefert. *„Ob da ein bisschen was vom Bt-Mais dabei ist, ist völlig egal"*, zeigte Christel Happach-Kasan, FDP-Bundestagsabgeordnete ihre Missachtung vor dem Lebensmittel Honig (siehe Kapitel IX zur Koexistenz).

Mythos 3: Gentechnik schützt die Umwelt

Als sich der Mythos vom Kampf gegen den Hunger abnutzte, erstrahlte eine neue Werbebotschaft am Himmel der Agro-Gentechnik. Die manipulierten Pflanzen sollten plötzlich die Umwelt schützen. Seit etlichen Jahren ist vielerorts zu lesen, die neuen Pflanzen *„erlauben einen verringerten Einsatz von Pflanzenschutzmitteln und wirken sich somit positiv auf die Umwelt aus"* (KWS-Broschüre „Grüne Gentechnik"). *„Eine klare Pestizidreduktion im Anbau bei gentechnischen Pflanzen"* sah Gießens Gentechnik-Professor Kogel.[47] Das bezog sich vor allem auf den Einsatz von Pflanzen, die per gentechnischer Manipulation ihr eigenes Bt-Pestizid produzieren, wie beim MON810. Für Kogel ist *„diese Technik umweltfreundlicher"*. Kirsten Sinemus und Klaus Minol, die – vollgestopft mit Fördermillionen – im Auftrag der Bundesregierung die offizielle Propagandaseite der Sicherheitsforschung betreiben, wissen, dass[48] *„sich beim Anbau von B.t.-Baumwolle in Indien der Verbrauch an Pflanzenschutzmitteln um teilweise 70 Prozent reduzierte (Anbausaison 2001/2002). Die Erträge stiegen im Durchschnitt um 80 Prozent gegenüber den Erträgen konventioneller Baumwollsorten."* Woher sie die Zahlen haben, blieb unbekannt. Das BVL, immerhin ja die offizielle Bundesbehörde für die Genehmigung gentechnischer Experimente, verharmloste das Bt von gv-Pflanzen:[49] *„Der dadurch von der gentechnisch veränderten Pflanze erzeugte Wirkstoff, der auch in zugelassenen biologischen Pflanzenschutzmitteln enthalten ist, hat dieselbe Wirkung wie das großflächig ausgebrachte Pflanzenschutzmittel."* Deshalb sei er völlig ungefährlich. Nur stimmt das mit der Gleichheit gar nicht. *„Zwischen den von Bt-Pflanzen exprimierten Bt-Toxinen und denen, die in Bt-Präparaten eingesetzt werden bestehen mehrere Unterschiede."*[50] Zudem werden Bt-Toxine unter anderem *„durch UV-Strahlen inaktiviert"*,[51] was aber nur außerhalb der Pflanze geschehen kann. In der Pflanze existieren sie in voller Konzentration bis in den Magen z.B. von Kühen, die den Mais fressen. Es ist bemerkenswert, dass ein Verbraucherschutzamt mit schlichten Lügen

43 www.keine-gentechnik.de/news-gentechnik/news/de/21983.html und www.biosicherheit.de/aktuell/1181.phaenomen-alt-pflanzenschutz.html

44 DFG-Broschüre zur grünen Gentechnik, S. 80

45 Selbstdarstellung des PTJ: www.fz-juelich.de/ptj/lw_resource/datapool/Nationale_Programme/System_Erde/Planeterde/PTJ_Broschuere_01.pdf

46 www.happach-kasan.de/?seite=news&katid=5&newsid=1273

47 www.uni-giessen.de/cms/fbz/fb09/institute/ipaz/news/premi/biosich/interview-hr-info-23-04.09/at_download/file

48 www.gruene-biotechnologie.de/downloads/gsf_45_50_Sinemus_Minol.pdf

49 BVL-Broschüre „Die Grüne Gentechnik" (siehe Fußnote 34, S. 14)

50 Dissertation „Effekte des Anbaus von Bt-Mais auf Nichtzielarthropoden der Krautschichtfauna – Monitoringorganismen und praktikable Erfassungsmethoden" von Jörg Eckert an der RWTH Aachen (erschienen 2006): http://deposit.ddb.de/cgi-bin/dokserv?idn=982543808&dok_var=d1&dok_ext=pdf&filename=982543808.pdf

51 Umweltbundesamt: www.region-aktiv-18.de/index.php?id=34

arbeitet. BVL-Vizechef ist Detlev Bartsch. Er arbeitet nebenbei als Privatdozent an der RWTH Aachen. Als solcher betreute und begutachtete er die Dissertation, die die Unterschiede von Bt im gv-Mais und als Spritzmittel untersuchte und beschrieb. Diese Doktorarbeit erschien 2006. Die Broschüre, in der das Märchen vom Bt-Toxin aufgetischt wurde, kam 2008 heraus. Alles spricht dafür, dass Bartsch & Co. es besser wussten und absichtlich logen.

Große Verlierer des Anbaus von Bt-Pflanzen kann am Ende der ökologische Landbau – und zwar nicht nur wegen der Gefahr der Auskreuzung. Bt-Toxine sind als natürliche Substanz im ökologischen Landbau zugelassen. Entstehen nun durch die Agro-Gentechnik Resistenzen gegen das Bt, fehlt im Öko-Anbau ein umweltverträgliches Spritzmittel. Wer aber die Denkmuster der Agro-Gentechnik-BefürworterInnen begreift, wird kaum erwarten können, dass sie das als Hindernis werten. Eher im Gegenteil: Dem gentechnikfreien Öko-Landbau zu schaden, schafft neue Marktchancen. So wie Pharmaunternehmen von Krankheiten und nicht von wachsender Gesundheit profitieren, haben die Agrokonzerne ein wirtschaftliches Interesse am Desaster in der Landschaft!

Prof. Karl-Heinz Kogel (Uni Gießen) im Interview bei HR-Info am 23.4.2009[52]

Wir haben eine klare Pestizidreduktion im Anbau bei gentechnischen Pflanzen ... die sind dadurch, dass weniger Pestizide eingesetzt werden müssen, im Grunde risikoärmer und sauberer für die Umwelt. Das ist unbestritten, so argumentieren ja auch im Grunde alle Wissenschaftsorganisation in Deutschland im Moment.

Kogel im Deutschlandfunk am 24.6.2009 auf die Frage „Sehen Sie auch Gefahren?"[53]

Wir als Wissenschaftler sehen, dass diese Technik positive Umweltwirkung hat ... Alle Studien zeigen, wenn wir vergleichen: Gentechnik mit konventionellem Anbau, also Einsatz von Herbiziden, von Pflanzenschutzstoffen, ist diese Technik umweltfreundlicher. Und deshalb läuft auch die Diskussion um die Auskreuzung ein bisschen ins Leere. ... ich sage nur, es gibt halt diese vermuteten Umweltwirkungen nicht.

Soweit zum Bt-Toxin – schon hier zeigt sich eine brisante Mischung aus Propagandalügen und Unsicherheiten. Das aber ist noch harmlos, denn Bt-Toxine in gv-Pflanzen sind nur eine Anwendung der Agro-Gentechnik. Die zweite zur Zeit flächenmäßig wichtige Form ist die der Kombination von gv-Pflanzen mit Totalherbiziden. Damit ist gemeint, dass eine ganz spezielle Pflanze durch die Genmanipulation so verändert wurde, dass sie einen Giftstoff, der sonst alles pflanzliche Leben tötet, überlebt. Der Agrarkonzern verkauft dann Pflanze und Spritzmittel im Kombipack – ein lukratives Geschäft. Marktführer ist Monsanto mit dem dem glyphosat-haltigen Roundup.[54] Zusammen mit der jeweiligen gv-Pflanze wird das Paket als Roundup-Ready verkauft. Die Buchstabenkombination RR steht deshalb auch einigen Pflanzennamen vorweg. Einzig bisher vermarktetes Konkurrenzprodukt ist das glufosinat-haltige Liberty[55] der Firma Bayer. Im Paket heißt es Liberty Link – und daher stammt auch hier das Kürzel vor dem Pflanzenproduktnamen, z.B. der berüchtigte LL601-Reis.

Die Wirkung von Totalherbiziden auf die Umwelt, in der Vegetationsperiode ja erst durch die gv-Saat möglich, scheint noch verheerender als Bt-Toxine. Einer Studie von Carles Benbrook, einem ehemaligen Mitarbeiter des US-amerikanischen Landwirtschaftsministeriums, zufolge hat sich die verwendete Gift-Menge seit der Markteinführung gentechnisch manipulierter Pflanzen um 145.000 Tonnen erhöht. Die Wirksamkeit der Substanzen, welche die Hersteller gemeinsam mit den gegen sie resistenten Ackerfrüchten vermarkten, hat über die Jahre erheblich nachgelassen, weshalb die LandwirtInnen nach den Beobachtungen des Experten zusätzlich zu anderen Mitteln greifen müssen. Im Jahr 2008 brachten sie 28 Prozent mehr Agro-Chemikalien aus als ihre nicht auf die grüne Gentechnik setzenden KollegInnen.[56]

Hauptursache sind Resistenzen, die sich gegen die Totalherbizide bilden. So wurde bereits *„nachgewiesen, dass der Einsatz von Gentech-Baumwolle zu Resistenzbildungen beim Baumwollkapselbohrer führt"*.[57] Im Jahr 2010 entstanden in den USA *„zunehmend Probleme mit Unkräutern, die gegen bestimmte Herbizide resistent geworden sind"*.[58] Die Präsidentin des deutschen Bundesamtes für Naturschutz[59] hegte deshalb sogar *„grundsätzliche Zweifel am Nutzen der Gentechnik auf dem Acker"*. Denn:[60] *„Herbizidresistente Pflanzen wiederum können leicht selbst zu Unkräutern werden, die aufgrund ihrer Resistenz gegen Spritzmittel schwer zu bekämpfen sind. Zudem kann durch den ständigen einseitigen Einsatz des Herbizids die Entwicklung von gegen den Wirkstoff resistenten Unkräutern befördert werden. Diese so genannten ‚Superunkräuter' erfordern wiederum einen erhöhten Einsatz von anderen Herbiziden. Es kann also eine Entwicklung eintreten, in der sich Resistenzen und Herbizideinsatz schrittweise gegenseitig hochschaukeln."*

Noch etwas Weiteres kommt hinzu, was in den Darstellungen der Gentechniklobby verschwiegen wird. Die Vielfalt der Arten existiert aufgrund der optimalen Einpassung in bestimmte ökologische Nischen, also die konkreten Lebensbedingungen im Kleinen. Es gibt viele Arten, die auch unter anderen Bedingungen existieren können als in ihren Stammnischen, aber meist sind diese anderen Orte dann durch besser angepasste Arten besetzt. Wird eine Art gezielt vertrieben, so kann nun eine nicht ganz so gut angepasste andere Art in die freigewordene Nische hineinstoßen – und mitunter gleichen oder sogar größeren Schaden anrichten. Dieser Effekt ist bei Bt-Pflanzen bereits aufgetreten.

Süddeutsche Zeitung am 19.3.2009[61]

Das Bundesamt für Naturschutz betrachtet den Einsatz der Gentechnik in der Landwirtschaft als riskant. „Schädlingsresistente Kulturen können direkte Auswirkungen auf die Natur und die Umwelt haben, wenn sie über die Schädlinge hinaus weitere Organismengruppen beeinträchtigen", hieß es in einem Bericht zu Gentechnik und Welternährung, über den am Mittwoch der Bundestags-Agrarausschuss debattierte.

Text von Greenpeace zu einer Studie von Charles Benbrook im Jahr 2003[62]

Der Anbau gentechnisch manipulierter Pflanzen hat in den USA zu gesteigertem Pestizideinsatz geführt. So das Ergebnis einer Studie von Dr. Charles Benbrook, ehemaliger Geschäftsführer des Landwirtschaftsausschusses der US-amerikanischen National Academy of Sciences. Herausgegeben wurde der Bericht vom Northwest Science and Environmental Policy Center.

Zudem sind Totalherbizide schlicht Gifte – und können damit Umwelt und Gesundheit schädigen. Für glyphosat-haltige Mittel (z.B. Roundup) ist das inzwischen auch mehrfach nachgewiesen. Besonders gravierend

52 siehe Fußnote 47

53 www.uni-giessen.de/cms/fbz/fb09/institute/ipaz/news/premi/biosich/deutschlandfunk-24-06.09/at_download/file

54 http://de.wikipedia.org/wiki/Glyphosat

55 http://de.wikipedia.org/wiki/Glufosinat

56 Quelle: Ticker, Beilage zur Stichwort Bayer 2-3/10 (S. 10)

57 Pressetext am 12.2.2008 zur einer Studie des Entymologen Bruce Tabashnik vom College of Agriculture and Life Sciences: www.pressetext.de/pte.mc?pte=080212034

58 ProPlanta am 15.1.2010: www.proplanta.de/Agrar-Nachrichten/agrar_news_themen.php?SITEID=1140008702&Fu1=1263540621

59 Frankfurter Rundschau am 28.12.2008: www.fr-online.de/in_und_ausland/wirtschaft/aktuell/1651420_Gentechnik-nuetzt-Kunden-nichts.html

60 BfN (2009), „Welternährung, Biodiversität und Gentechnik" (S. 7 f.)

61 www.sueddeutsche.de/wissen/604/462223/text/

62 www.greenpeace.de/themen/gentechnik/nachrichten/artikel/gen_anbau_fuehrt_zu_erhoehtem_pestizideinsatz/

wirkt sich das in Zonen aus, wo große Monokulturen vom Flugzeug aus besprüht werden und deshalb viele Menschen durch die starke Verteilung des Giftes direkt betroffen sind. Die Folge:[63] „*In Argentinien ist das Leben auf dem Land eine gesundheitsgefährliche Angelegenheit geworden.*"

i GID im August 2010 zum Mythos „Klimaschutz durch Gentechnik": www.gen-ethisches-netzwerk.de/gid/index.html

Kritik der Nachhaltigkeit: www.projektwerkstatt.de/gen/nachhalt.htm

Aus Informationsdienst Gentechnik am 14.1.2009[64]
Rückstände des Glyfosat-Herbizids „Roundup", die bei den meisten auf dem Markt befindlichen Gentech-Lebens- und Futtermitteln nachweisbar sind, können bei menschlichen Zellen schädlich und sogar tödlich wirken – selbst bei sehr niedrigen Mengen. Das ergibt eine französische Studie der Universität Caen. Damit liegt eine weitere Untersuchung zur Gefährlichkeit von Gentechnik für Mensch und Tier vor. Unter dem Handelsnamen „Roundup" vertreibt der Chemiekonzern Monsanto dieses Totalherbizid. Das französische Forscher-Team untersuchte die Wirkung von vier Herbiziden in der Zusammensetzung des Monsanto-Produkts auf unterschiedliche menschliche Zellgruppen. Trotz einer 100.000-fachen Verdünnung führte der Einsatz zu einem völligen Zellsterben in nur 24 Stunden, er blockierte die Zellatmung und verursachte DNA-Schäden.

Zum Benbrook-Report[65]***, von: pressetext.austria am 18.11.2009***[66]
Verheißungsvoll waren die Versprechen der„Grünen Gentechnologie", kaum mehr Pestizide verwenden zu müssen. Nun zeichnet ein neuer Bericht allerdings ein völlig anderes Bild. Seit dem Beginn des kommerziellen Anbaus von Gentech-Pflanzen wurden in den USA rund 145 Mio. Kilogramm mehr Pestizide ausgebracht als zuvor. Ein Grund dafür ist der rasante Anstieg an Unkräutern, die gegen die Totalherbizide immun sind. Die Studie von Charles Benbrook vom Organic Center http://www.organiccenter.org basiert auf Daten des US-Department of Agriculture. „Die US-Gentech-Landwirte versuchen nun mit noch mehr Chemie den Unkräutern Herr zu werden", meint Global 2000-Gentechnik-Experte Werner Müller im pressetext-Interview (www.global2000.at). „In ihrem ausweglosen Kampf greifen die Bauern zu immer brutaleren Methoden gegen Umwelt und letztlich auch den Menschen", kritisiert der Experte. So setzen sie „Uralt-Gifte" wie Paraquat und 2,4D – einen Stoff der im Vietnamkrieg als „Agent Orange" verwendet wurde – ein.
Nur geringe Insektizid-Einsparungen bei Baumwolle und Mais
Geringe Einsparungen von Insektiziden konnten bei Baumwolle und Mais erreicht werden, bestätigt die Studie. „Doch auch hier dürfte sich das Blatt bald wenden, sobald die ersten resistenten Insekten die Maisfelder treffen", meint Müller. Kritiker hätten bereits von Beginn an angezweifelt, dass es Einsparungen im Pestizidbereich geben werde. „Außerdem befürchtete man schon damals, dass es bald resistente Unkräuter und Insekten geben wird." „Doch der enorme Anstieg des Pestizideinsatzes in den USA überrascht selbst die Kritiker", so Müller. „Man sieht, wie verzweifelt die US-Landwirte gegen die Folgen der Gentechnik ankämpfen." Es sei davon auszugehen, dass die „grüne Gentechnik" auch in den USA bereits ihren Höhepunkt überschritten habe. „Angesichts des dramatischen Anstiegs von Problemunkräutern kehren immer mehr US-Landwirte der Gentechnik den Rücken."
Gentech-Unternehmen drängen stärker nach Europa
„Warum man in Europa immer noch auf die Einführung der Gentechnik drängt, ist angesichts dieser Zahlen völlig unverständlich", meint Müller. Europa sollte anstatt in Gentechforschung in den Biolandbau investieren, damit solche Katastrophen wie der Einsatz von Agent Orange gegen Unkräuter erspart bleibe. „An einem vernünftigen Umgang mit der Natur wie es der Biolandbau vorzeigt, führt kein Weg vorbei. Das lehrt uns die Geschichte der Gentechnik", so Müller. „Mit der Holzhammermethode die Natur zu unterdrücken, gelingt nur wenige Jahre, danach schlägt sie umso unbarmherziger zurück."

Stört das die Agrokonzerne und Gentechnik-ProtagonistInnen? Kein Stück. Im Gegenteil. Sie verdienen an jeder weiteren Panne. Während sie in ihren bunten Prospekten den Umweltschutz als Ziel ihrer Neuschöpfungen vorschieben, freuen sie sich auf dicke Zusatzgewinne. Denn der erhöhte Spritzmitteleinsatz als Folge des Einsatzes von Gentechnik ist keine Panne, sondern schlicht das Ziel der ganzen Sache. Uwe Schrader, Chef des Lobbyverbandes InnoPlanta, beschrieb 1999 als Motiv der Einführung von Gentechnik im landwirtschaftlichen Bereich „*die Aussicht, in dem stagnierenden Pflanzenschutzmittelmarkt durch Anwendung der Pflanzenbiotechnologie Positionsverbesserungen zu erzielen*".[67] Ähnlich sagte es Bayer-Vorstand Dr. Wolfgang Plischke.[68] Um die Position als „weltweite Nummer eins im Bereich des konventionellen Pflanzenschutzes" zu halten, „*müssen wir Forschung und Entwicklung vorantreiben ... Entscheidend stärken wollen wir auch den Bereich Bio-Science.*" Es bedarf also gar keiner großen Nachweise und Studien darüber, dass der Gifteinsatz steigt. Schließlich war das von Beginn an Ziel der Gentechnikbranche. An den Spritzmitteln ist mehr Kasse zu machen – und darum ging es. Immer.

Genauso sieht es auch bei den Düngemitteln aus. Ganz offen wird in Tipps für Geldanleger dafür geworben, Aktien von Düngerherstellern zu kaufen, weil „*der wachsende Einsatz der Gentechnik einen steigenden Einsatz von Düngemitteln erfordert*".[69]

In der Not kommt die Gentechnikbranche auf immer neue Ideen, ihr Produkt als Weltretter zu präsentieren. Die „*Lösung des Klimaproblems*" wird zunehmend als Vorwand für das Zocken mit Hochrisikotechnologien benutzt, schrieb Jim Thomas in einem Artikel für ‚The Ecologist'.[70] Zu den gefährlichen Technologien, denen in solchen Kreisen nachgegangen wird, gehören Gentech-Pflanzen ebenso wie das Sprühen chemischer Stoffe in die Atmosphäre oder das Düngen der Meere zur Milderung der Erderwärmung. Leugner des Klimawandels würden solche Ideen begrüßen. Sie versuchen damit das Ausbleiben eines entschlossenen Handelns zur Reduzierung von Emissionen zu rechtfertigen. Die Gentechniklobby hingegen mutiert zu Gewinnern der Umweltzerstörung. An Dürre, Überschwemmungen und mehr wird wieder nur neues Geld verdient. Oder allgemeiner formuliert: Im Kapitalismus sind Krisen, Not und Desaster eine notwendige Quelle neuer Geschäftsfelder.

Mythos 4: Gentechnik fördert Nahrungsqualität und Gesundheit

Noch eine Propagandaidee zur Weltrettung wurde in das Werbeportefolio der Agro-Gentechnik aufgenommen: Durch gezielte Manipulation könnten Pflanzen veranlasst werden, Mangelstoffe zu produzieren, die dann die Versorgung mit Vitaminen oder Mineralien verbessern helfen. Klassiker dieser Debatte ist der ewige Fall „*Golden Rice*", dem dauerhaften PR-Projekt der Branche, einem mit Provitamin A angereicherten transgenen Reis. Er wird auf der Syngenta-Website gepriesen, wobei der Eindruck entstehen könnte, er sei bereits verfügbar: „*Durch gentechnische Veränderung können Reissorten entwickelt werden, die nicht nur gegen Krankheiten resistent sind und ungünstigen Umweltbedingungen widerstehen,*

63 Aus „Argentinien: Kranke Dörfer – Gesundheitskrise durch herbizidintensive Sojaproduktion", in: IPS am 5.3.2009 (www.ipseuropa.org/news/news.php?key1=2009-03-05%2014:44:29&key2=1)
64 www.keine-gentechnik.de/news-gentechnik/news/de/19042.html
65 www.ots.at/presseaussendung/OTS_20091118_OTS0063/benbrook-report-straft-gentechnik-lobby-luegen
66 www.pressetext.de/pte.mc?pte=091118025
67 Strategiepapier zur Biotechnologieregion Sachsen-Anhalt: www.tti-magdeburg.de/RAHM/exp07.htm
68 Interview in „research" Nr. 18 (S. 31)
69 Miriam Kraus, „Gentechnologie erhöht den Bedarf an Düngemitteln" (3.6.2009): www.investor-verlag.de/boersenwissen/rohstoffe/gentechnologie-erhoeht-den-bedarf-an-duengemitteln-/?67199
70 www.theecologist.org/pages/archive_detail.asp?content_id=2053

sondern auch einen höheren Nährwert haben. In Asien, wo bereits heute für zwei Milliarden Menschen 60 bis 70 Prozent der täglichen Kalorienaufnahme durch Reis gedeckt werden, muss die Reisproduktion um schätzungsweise 200 Millionen Tonnen pro Jahr gesteigert werden. Der von Syngenta mitentwickelte ‚Goldene Reis' trägt zur Bekämpfung des Vitamin-A-Mangels bei, durch den in Entwicklungsländern jedes Jahr eine viertel- bis eine halbe Million Kinder erblinden." Doch es gibt diesen gv-Reis noch gar nicht als verfügbares Lebensmittel – aber in den Hirngespinsten der PR-Jongleure trägt er schon zur Bekämpfung von Augenkrankheiten bei.[71] Ein Blick hinter die Kulissen enttarnt nicht nur Propagandalügen, sondern zeigt, wie wichtig den GentechnikerInnen die Menschen, ihre Würde und Gesundheit tatsächlich sind. Die Nichtregierungsorganisation „*Gentechfreies Wales*" (GM-Free Cymru) deckte auf,[72] dass eine Forschergruppe der Tufts University in den USA heimlich Kinder für einen Versuch mit dem genetisch manipulierten „*Goldenen Reis*" missbrauchte. Die Details wurden auf der Internetseite für Klinische Studien der US-Regierung veröffentlicht. Eine ähnliche Studie in China[73] musste vorzeitig beendet werden, nachdem die Regierung herausfand, dass 24 Kinder einer Grundschule in Henyang in der Hunan Provinz zwischen 6-8 Jahren als Versuchskaninchen den Goldenen Reis essen sollten. So menschenfreundlich agieren die selbsternannten Weltverbesserer also in der Praxis!

Nicht viel höher ist der Wahrheitsgehalt ihrer Behauptungen. Beispielhaft dürfte ein Dialog mit einem Genetiker (laut Selbstdarstellung) der Uni Magdeburg sein. Der stand am Rande des InnoPlanta-Forums 2010 und beschimpfte GentechnikkritikerInnen, dass wegen ihnen schon „*Zehntausende von Menschen umgekommen*" wären. Daraufhin wurde er gefragt: „*Wenn Sie Genetiker sind, könnten Sie doch sicherlich folgende Frage beantworten: Warum hat der Reis, den die Menschen dort essen, kein (pro)Vitamin A?*". Seine Antwort „*Weil der Reis von Natur aus kein (pro)Vitamin A enthält*" war kurz, aber falsch! Denn tatsächlich enthält Reis den lebenswichtigen Stoff, doch durch die industrielle Verarbeitung (Schälen) geht er verloren. Würden die Menschen auf ihrem Land den Reis für sich anbauen und vollständig verwerten, so gäb es das Problem gar nicht. Erst die Industrialisierung der Landwirtschaft schuf den Vitamin-A-Mangel. Diese Erklärung hörend, stammelte der tolle Wissenschaftler nur noch: „*Sie haben keine Ahnung, ich habe das studiert*" und ging von dannen. Genauso so läuft es ständig: GentechnikbefürworterInnen, immer wieder auch hochkarätige WissenschaftlerInnen, belügen die Menschen in der Hoffnung, diese wüssten es nicht so genau. Treffen sie auf jemanden, der es besser weiß, so stammeln sie noch eine Beleidigung und ziehen schnell von dannen.

Aus Michael Krawinkel, „Vom goldenen Reiskorn", in: taz am 25.5.2009[74]

Als Beispiel für eine gelungene gentechnische Veränderung von Nahrungspflanzen wird immer wieder der „Golden Rice" genannt. Ich setze ihn in Gänsefüßchen, weil es sich bei dem Namen um einen bislang unbegründeten Euphemismus handelt. Die Entwicklung dieser Reissorte war eine züchtungstechnische Großtat gentechnischer Veränderung von Pflanzen; sie ist biotechnologisch beeindruckend und respektabel. Im Jahr 2000 war zwar zunächst so wenig Betakarotin, eine Vorstufe des Vitamin A, in den Körnern, dass nachgebessert werden musste, aber dann gab es den „Golden Rice 2", in dem 23-mal so viel Betakarotin vorhanden ist und in dem auf das Antibiotika-Resistenz-Gen verzichtet wurde. So weit, so gut.
Der Erfinder behauptete nun öffentlich, dass Gentechnikkritiker aus Europa die Verantwortung für Todesfälle und die Erblindung von Millionen Kindern in aller Welt zu tragen hätten. Eine These, die wissenschaftlich durch nichts belegt ist. Allerdings wurden seit 2004 und 2005 Humanstudien durchgeführt und teilweise abgeschlossen. Diese sollten nachweisen, wie gut der Körper das im „Golden Rice" vorhandene Betakarotin nutzen kann. Aber Ergebnisse zur sogenannten Bioverfügbarkeit wurden nie veröffentlicht. Selbst die Projektwebsite (www.goldenrice.org) verweist nicht auf eine entsprechende wissenschaftliche Publikation und berichtet bisher nur über die „erfolgreiche" Durchführung eines „human feeding trial" – ohne konkrete Ergebnisse zu nennen. Nun haben dreißig Wissenschaftler der Bostoner Tufts University kürzlich dagegen protestiert, dass bei diesen Studien gegen den Nürnberger Ethikcode als grundlegende Regel guter wissenschaftlicher Praxis verstoßen wurde: Kinder einer Grundschule in China wurden als Studienobjekte eingesetzt. Auf Druck der Regierung musste der Versuch abgebrochen werden.

Aus „Die heimlichen Kosten von Genfood", in: FR, 21.3.2009 (S. 17)[75]

Die Agro-Gentechnik macht Lebensmittel teurer: Milch, die ohne Gentechnik hergestellt wird, ist rund fünf Cent teurer als das vergleichbare konventionelle Produkt, das Kilo Schweinefleisch kostet etwa sechs Cent mehr. Für unkontaminierten Mais, wie ihn die Lebensmittelindustrie im Sinne der Verbraucher von den Lieferanten verlangt, zahlen die Mühlen bis zu zehn Prozent mehr. Millionen von Euro geben Hersteller in der EU aus, um ihre Lebensmittel von Gen-Partikeln frei zu halten: Eine Studie, die der Bund ökologische Lebensmittelwirtschaft BÖLW am Freitag in Berlin veröffentlichte, spricht von 75 Millionen Euro, die Firmen in der EU und in Japan jedes Jahr zahlen, um sich vor Kontaminationen zu schützen. ...
Stefan Rother, Mitglied der Geschäftsleitung bei der Tiefkühlkostfirma Frosta, nennt die Situation „skurril": „Wir beschäftigen uns mit Abwehrmaßnahmen für Dinge, die keiner will." Denn nach wie vor wollen 70 Prozent der Verbraucher keine Gentechnik auf dem Teller, weshalb der Handel, so Rother, zurecht kritisch sei. „Die verlangen dann von uns, die gesamte Produktpalette durchzuanalysieren", denn im europäischen Lebensmittelhandel ist die Gentechnik tabu. Kosten für Labor, Personal, Zertifikate, Trennung der Warenströme: Rother scheut die Rechnung, die Mehrkosten aufs Produkt herunterzubrechen, sagt aber: „Das sind beträchtliche Summen."

Mythos 5: Fortschritt, Arbeitsplätze und die gerettete Nation

Sind Hunger-, Öko- und andere Argumente verpufft oder widerlegt, greifen die GentechniklobbyistInnen gerne zu unwiderlegbaren, weil rein ideologischen Phrasen. Dann geht es wahlweise um die Zukunft, Arbeitsplätze oder das Wohl der Nation. Doch das Gerede von Arbeitsplätzen war immer schon mit dem Geruch neoliberaler Ideologie behaftet – wird es doch selten benutzt, weil da jemand tatsächlich bedürftigen Menschen eine Einnahmequelle verschaffen will. Meist geht es um Neuansiedlungen von Firmen, Kürzungen der Sozialhaushalte oder bessere Rahmenbedingungen für rücksichtslosen Profit. Was mit der scheinbaren Sorge um Arbeitsplätze begründet wird, ist regelmäßig das Gegenteil. Denn Investitionen in Konzernstrukturen sind meist verbunden mit Rationalisierungen oder dem Wegfall arbeitsintensiverer Werkstätten an anderen

71 Mehr in einer Studie zum Thema. Infoseite und Download über www.foodwatch.de/kampagnen__themen/gentechnik/golden__rice/index__ger.html

72 http://clinicaltrials.gov/ct2/show/NCT00680212?cond=%22Vision+Disorders%22&rank=17

73 www.businessworld.in/index.php/Economy-and-Banking/Golden-Scare.html

74 www.taz.de/1/debatte/kommentar/artikel/1/vom-goldenen-reiskorn/

75 www.fr-online.de/in__und__ausland/wirtschaft/aktuell/?em__cnt=1694222&

Orten. Ungeschminkt kommt die Ideologie herüber, wenn nicht mehr arbeitssuchende Menschen als Scheinargument vorgeschoben werden, sondern gleich das Wohl der Nation, der – wie auch immer abgegrenzten – Heimat oder Region, z.B. „*Ostdeutschland*",[76] oder wenn schlicht die „*Chance für Deutschland*" beschworen wird.[77] Ohne „*Biotechnologie ... Atomenergie ... Stammzellforschung*" ist „*die Zukunftsfähigkeit unseres Landes*" in Gefahr.

Wolfgang Clement (Ex-Bundeswirtschaftsminister der SPD) in seiner Rede auf dem InnoPlanta-Forum 2009[78]
Deutschland wird sich jedenfalls nur dann als eine der stärksten Volkswirtschaften der Welt behaupten können, wenn wir auf den zukunftsträchtigen Feldern von Wissenschaft und Wirtschaft auch künftig eine international führende Rolle einnehmen. In der Biotechnologie wie auch auf anderen Feldern von Wissenschaft, Forschung und Entwicklung – nehmen Sie nur die Atomenergie, die CO_2-freie Kohleverbrennung oder, um eine ganz andere Disziplin anzusprechen, die Stammzellforschung – ist dies zur Zeit nicht gewährleistet. So setzen wir die Zukunftsfähigkeit unseres Landes auf's Spiel! ... Auf den Weltmärkten werden deutsche und europäische Landwirte auf etwas weitere Sicht nur bestehen können, wenn sie solchermaßen innovative Produkte und Techniken nutzen.

Doch jenseits der Frage, ob Arbeitsplätze oder Deutschland überhaupt etwas sind, was das Leben besser macht und folglich als Argument zählen kann: Die Wahrheit sieht sowieso ganz anders aus. Denn die Agro-Gentechnik ist ein Faß ohne Boden. Sie lebt fast komplett von Steuermillionen des Staates und verpulvert diese ziemlich wirkungslos. Nur die ständige Auskreuzung gentechnischer Konstrukte in die Landschaft ist von längerer Dauer. Ansonsten verpufft die ökonomische Wirkung schnell. Denn wo keine Nachfrage, da auch keine eigenständige Wirtschaftlichkeit. An den Hochburgen der deutschen Agro-Gentechnik war das bereits zu beobachten. Die ersten Bioparks gerieten trotz vieler Fördermillionen aus Steuergeldern nach nur wenigen Jahren in wirtschaftliche Schwierigenkeiten: Leerstand, Konkurse und Firmenübernahmen durch große Konzerne waren die Folge – sowohl in Gatersleben (siehe S. 103ff) und Groß Lüsewitz (siehe Kapitel IV über Forschung).

Aus einem Interview mit der ehemaligen NRW-Umweltministerin, Bärbel Höhn, in: FR, 19.8.2006 (S. 12)[79]
Die Agro-Gentechnik ist kein Innovationsmotor, sondern eine Risikotechnologie. Sie kostet Arbeitsplätze, bringt Bauern um ihre Absatzmärkte und gefährdet den boomenden Ökolandbau massiv.

Aus der Volksstimme im Februar 2010[80]
Meyer bezifferte das aktuelle Defizit auf mehr als 40 Millionen Euro. Davon gingen laut Meyer allein 15 Millionen Euro durch defizitäre und inzwischen liquidierte Biotechnologie-Firmen verloren.

Ganz ähnlich kreist die die Debatte um den Mythos des Fortschritts. Dabei sei gar nicht in Frage gestellt, dass der Gebrauch von Werkzeugen, die Reflexion über die Effizienz derselben und deren daraus folgende Weiterentwicklung eine typische Wesensart komplexen Denkens ist, die dem Mensch neben einigen anderen Tierarten eigen ist und daher zu seinem Leben gehört. In der Kulturgeschichte der Menschen ist die Werkzeugentwicklung zu einer ungemeinen Präzision und Fülle gekommen, die heute unser Leben prägt. Daraus zu folgern, dass jede neue Entwicklung gleich auch Fortschritt ist, stellt das Besondere der Werkzeugentwicklung in der Evolution des Lebens aber auf den Kopf. Denn die Reflexion darüber, wofür und wie ein Werkzeug einsetzbar ist, welche Folgen das haben kann und welche Fortentwicklung wünschenswert wäre, gehört genauso zur Werkzeuginnovation wie die Erfindung selbst. GentechnikanwenderInnen und -lobbyistInnen hingegen argumentieren regelmäßig so, als sei neue Technik per se ein Fortschritt – unabhängig von Nutzen und Schäden, die sie hinterlässt. Wer kritisch nachdenkt, zeige nur seine „*Bereitschaft, so hohe ideelle Güter wie die Forschungsfreiheit dem Mob zu opfern*", veröffentlichte die FAZ am 19.4.2009[81] einen Text und zog „*Parallelen zur ‚Entarteten Kunst' des Nationalsozialismus. ... Der Vergleich ist nicht abwegig.*" Derartige, eben doch abwegige Gedankenmodelle scheinen Hochkonjunktur zu haben in einer Branche, die am Millionentropf des Staates hängt und mit politischem Widerstand kämpft. Sachsens Umweltminister Kupfer schien nach einer direkten Aktion gegen gv-Apfelbäume in seinem Zuständigkeitsgebiet völlig traumatisiert, als er stammelte,[82] ohne den Geist, der auch die Gentechnik vorantreibt (meinte er Geld?), „*würden wir heute noch wie Affen auf dem Bäumen herumturnen*". Wäre es nicht so traurig, könnte ein befreiendes Lachen die brauchbare Antwort sein. Der Ursprung des Menschen liegt in der Savanne. Nicht auf Bäumen. Aber wer Forschungsfreiheit mit Geldscheinen verwechselt, muss das nicht wissen ...

Was nun ist von solchem Fortschrittsgetöse zu halten? Philosophisch, wie schon beschrieben, nichts. Und praktisch wenig. Philosophisch ist Fortschritt etwas anderes als die blanke, unreflektierte Weiterentwicklung von Technik. Effizienteres Töten im Krieg ist schließlich auch nicht per se fortschrittlich. Das gleiche gilt für optimierte Kamera- oder Onlineüberwachung, verdichtete Akkordarbeit oder ausbruchssicherere Gefängnisse. Doch auch ganz praktisch ist die Agro-Gentechnik weit davon entfernt, Fortschritt zu bringen. Zur Zeit tut sie eher das Gegenteil. Denn wegen des ungeheuren Mittelflusses für diese Technik würgt sie andere Forschungszweige ab.[83] An vielen landwirtschaftlichen oder Biologiefaktultäten der Universitäten wird nur noch dem schnöden Mammon in Form der Biotechnologie-Förderprogramme gedient. Willenlos lassen sich ganze Forschungszweige in das nationale Standortprojekt Biotechnologie-Weltführerschaft einsortieren und wirken – willige VollstreckerInnen wie eh und je – daran kritiklos mit (siehe Kapitel zur Forschung ab S. 46). Angepasste, emanzipatorische, d.h. die Selbstbestimmung der AnwenderInnen fördernde Technologien werden in einem solchen Forschungsklima kaum noch entwickelt. Insofern ist die Agro-Gentechnik der Feind von Fortschritt und Technikentwicklung – ihr Siegeszug ist das Ende von Innovation und Weiterentwicklung in vielen Bereichen, deren Nutzen weitaus größer oder überhaupt vorhanden wäre.

Aus der Broschüre „Grüne Gentechnik" der KWS[84]
Parallel zum praktischen Anbau finden weltweit bereits seit Ende der 80er Jahre zehntausende von Freilandversuchen statt, um mögliche unerwünschte Auswirkungen von gentechnisch veränderten Sorten zu untersuchen. Allein in der EU wurden dafür weit über 100 Mio. € Forschungsgelder aufgewendet.

76 topagrar am 25.5.2009: www.topagrar.com/index.php?option=com_content&task=view&id=11369&Itemid=519

77 Pressemitteilung von Christel Happach-Kasan am 17.9.2010: www.fdp-kleinmachnow.de/portal.presse.php?id=14302

78 Laut Newsletter-Sonderausgabe von InnoPlanta

79 www.fr-aktuell.de/in_und_ausland/wirtschaft/aktuell/?em_cnt=950940&sid=268630e2689dd89dcbcbd9d9cc2ae650

80 www.volksstimme.de/vsm/nachrichten/sachsen_anhalt/sachsen_anhalt/?em_cnt=1591795

81 www.faz.net/s/Rub0E9EEF84AC1E4A389A8DC6C23161FE44/Doc%7EE83F8BFB2B2FD427E82586469087BABDF%7EATpl%7EEcommon%7EScontent.html

82 www.kanal8.de/default.aspx?ID=1781&showNews=453619

83 Pressemittelung des BÖLW am 26.1.2009: http://boelw.de/pm+M53229ccc2df.html

84 www.kws.de/global/show_document.asp?id=aaaaaaaaahsnec&download=1

Würden personelle, institutionelle und finanzielle Reserven in andere Forschungszweige gesteckt, wäre vielleicht schon viel mehr erreicht. Das musste selbst die Universität Gießen, ansonsten sehr einseitig auf die Agro-Gentechnik ausgerichtet, einmal kleinlaut zugeben: „*In manchen Fällen hat die konventionelle Züchtung durchaus die Nase vorn: an der Universität Gießen wurde eine neue salzresistente Maishybridsorte gezüchtet – mit konventionellen Methoden und ohne Gentechnik*".[85]

Beispiel Amflora: Innovation oder olle Kamelle?

Als nach vielen Jahren politischer Debatten und Verzögerungen die BASF-Kartoffel Amflora im Frühjahr 2010 EU-weit zum Anbau zugelassen wurde, feierten GentechnikbefürworterInnen. Die Zulassung „*sei ein Meilenstein für Innovationen zugunsten einer wettbewerbsfähigen Landwirtschaft in Europa, erklärte BASF-Vorstandsmitglied Stefan Marcinowski*".[86] Die agrarpolitische Sprecherin der FDP im Europaparlament, Britta Reimers, jubelt:[87] „*Die Wissenschaftler der Kommission haben keine Sicherheitsbedenken beim Anbau der Amflora, höchste Zeit also, die Sorte zuzulassen. Die neue Kommission macht damit deutlich, dass sie in Zukunft auch wissenschaftsbasierte Entscheidungen treffen möchte. Dies ist ein gutes Signal für den Innovations- und Forschungsstandort Europa.*" Und fügt, immerhin ehrlich, hinzu, warum es ihr geht: „*Die Investitionssicherheit der Unternehmen wird verbessert.*"

Doch tatsächlich ist die Amflora ein so altes Produkt, dass durch den Anbau Techniken in die Umwelt gelangen, die gar nicht mehr entwickelt werden dürften. „*Gegen eine Anbauzulassung für Amflora spricht aus grüner Sicht vor allem das EU-Recht selbst. Amflora trägt ein Gen in sich, das Organismen gegen die Antibiotika Kanamycin und Neomycin resistent macht. Diese Antibiotika werden laut Weltgesundheitsorganisation (WHO) u.a. zur Bekämpfung von Tuberkulose eingesetzt. Laut EU-Freisetzungs-Richtlinie sind Gentech-Pflanzen mit Resistenz-Genen gegen Antibiotika, die therapeutisch relevant sind, ein Auslaufmodell und dürfen inzwischen weder vermarktet noch freigesetzt werden. Die EU-Kommission verstößt also mit ihrer Entscheidungen gegen geltendes Gentechnikrecht*".[88] Das ficht die Treugläubigen der Biotechnologie nicht an. Schließlich hat ja die EFSA die Kartoffel genehmigt, also muss sie auch gut sein: „*Antibiotikaresistenzen sind ein Problem in der Medizin. Biotechnologische Markergene wie bei der Amflora haben hierauf jedoch keinen Einfluss. Wie die Europäische Behörde für Lebensmittelsicherheit (EFSA) feststellte, ist ‚eine Übertragung eines Markergens von GV-Pflanzen auf Bakterien ... bisher weder unter natürlichen Bedingungen, noch im Labor nachgewiesen worden'. Die große Gefahr, die diese Knolle in den Augen der Gentechnikgegner darstellen soll, lässt sich also mit wissenschaftlichen Methoden nicht belegen*".[89] 2010 gab die BASF selbst bekannt, lieber auf das Nachfolgemodell Amadea statt auf die veraltete Amflora zu setzen – und führte so die platten PropagandistInnen des vermeintlichen Fortschritts durch Amflora peinlich vor. Allerdings litt auch BASF Schiffbruch, denn das erste, was in den Nachrichten über die neue gv-Kartoffel zu lesen war, war eine illegale Beimischung der Sorte Amadea auf BASF-eigenen Amflora-Feldern in Schweden.

Dabei gäbe es bessere Forschungsbereiche in der Landwirtschaft, die LandwirtInnen, VerbraucherInnen und der Umwelt mehr brächten und die Ernährungssouveränität stärken würden. Sie wären Alternativen zur Gentechnik, sind aber in der heutigen Forschungslandschaft stark in Vergessenheit geraten. Ein Positionspapier des Bundesamtes für Naturschutz[90] plädierte für einen „*Ansatz, der für die verschiedenen Regionen angepasste Lösungen entwickelt*". Dort wird auch die Welternährungsorganisation zitiert: „*Die FAO erwartet nach einer Studie von BADGLEY et al. (2007) sogar, dass eine nachhaltige Produktionssteigerung durch ökologischen Landbau insbesondere in Entwicklungsländern im Durchschnitt zu höheren Erträgen von bis zu 130% bei gleichzeitiger Ressourcenschonung führen kann und ausreichend ist, um die wachsende Weltbevölkerung zu ernähren.*" Den prägnantesten Text aber lieferte der Weltagrarbericht – ein starkes Plädoyer für die Entwicklung angepasster Landbaumethoden statt der Fortsetzung des Siegeszugs von Ingenieursdenken in der sozialen Organisierung der Menschen.

Aus dem Weltagrarbericht: Deutsche Internetseite[91] mit Unterseite zu Wissenschaft[92]

Auch Wissen ist höchst ungerecht und ineffizient über den Globus verteilt. Auf der einen Seite steht ein Übermaß an Daten und Informationen, das den Blick auf das Wesentliche eher verstellt. Auf der anderen Seite herrscht bitterer Mangel: An allgemeiner Bildung und landwirtschaftlicher Ausbildung, an Beraterinnen und Landwirtschaftsschulen. Es fehlen Wissenschaftler, die sich spezifischen Problemen vor Ort widmen. Und es fehlt an Kompetenz, das verfügbare Wissen unterschiedlicher Bereiche ergebnisorientiert zusammen zu bringen, und da einzusetzen wo es gebraucht wird. ...

Dort, wo Wissenschaft und Forschung am dringendsten gebraucht würden, wird seit Jahrzehnten am wenigsten investiert. Die kleinbäuerliche Landwirtschaft, deren Probleme sich wesentlich von denen der industriellen Landwirtschaft unterscheiden, fristet in der weltweiten wissenschaftlichen Wahrnehmung ein Schattendasein. Der Weltagrarbericht fordert eine massive Steigerung der öffentlichen Investitionen in landwirtschaftliches Wissen und dessen Vermittlung auf allen Ebenen. ...

Weltweit konzentriert sich öffentliche Forschung und Entwicklung im Agrarbereich auf immer weniger Staaten. Unter den reichen Ländern entfielen im Jahr 2000 allein auf die USA und Japan 54% aller öffentlichen Agrarforschungsinvestitionen, unter den Entwicklungsländern 47% allein auf China, Indien und Brasilien.

Auf der Unterseite zu Gentechnik[93]

Die Erfolge der wenigen kommerziell eingesetzten GVO sind nach wie vor umstritten. Umwelt- und Gesundheitsrisiken können weiterhin nicht seriös bewertet werden. Es fehlen bisher Ergebnisse und Konzepte einer langfristigen Sicherheitsforschung. Probleme, die sich aus der Privatisierung und Patentierung von Wissen und Saatgut ergeben, sind in der Gentechnik besonders gravierend. Der Grad ihrer Monopolisierung in den Händen weniger multinationaler Unternehmen ist beispiellos. Weil GVO besonders kapital- und forschungsintensiv sind, werden sie nach Einschätzung des Weltagrarberichtes in absehbarer Zeit für Kleinbauern in Entwicklungsländern und bei der Bekämpfung des Hungers keine besondere Rolle spielen. Aufwändige Sicherheits- und Kontrollbestimmungen, offene Fragen der Auskreuzung gentechnischer Eigenschaften sowie der Koexistenz mit gentechnikfreien Anbaumethoden, stellen gerade ärmere Staaten vor besondere Probleme.

Foto: So sah das Amflorafeld in Zepkow im Oktober 2010 nach Ernte und Bodenvorbereitung fürs nächste Jahr aus – ein Meer aus Steinchen und übriggebliebenen Kartoffelknollen!

85 Aus „Konventionell schlägt Gentechnik", in: Innovationsreport am 7.4.2010: www.innovations-report.de/html/berichte/agrar_forstwissenschaften/konventionell_schlaegt_gentechnik_salzresistenter_152092.html

86 RP-Online am 2.3.2010: www.rp-online.de/wirtschaft/news/BASF-will-Genkartoffel-2010-anbauen_aid_826888.html

87 www.fdp-in-europa.de/2010/03/02/amflora-endlich-fur-den-anbau-zugelassen/

88 Bundestagsfraktion B'90/Grüne am 26.3.2010: www.gruene-bundestag.de/cms/agrogentechnik/dok/329/329784.nun_haben_wir_den_salat.html

89 Novo-Kommentar: www.novo-argumente.com/magazin.php/novo_notizen/artikel/000580. Novo ist die Zeitung des InnoPlanta-Preisträgers Thomas Deichmann.

90 BfN (2009), „Welternährung, Biodiversität und Gentechnik" (S. 6, 10 und 13)

91 www.weltagrarbericht.de

92 www.weltagrarbericht.de/themen-des-weltagrarberichtes/wissen-und-wissenschaft.html

93 www.weltagrarbericht.de/themen-des-weltagrarberichtes/gentechnik-und-biotechnologie.html

Mythos 6: Alles unter Kontrolle – noch keine Schäden oder Unfälle

Es sei „*mit großer Sicherheit gewährleistet, dass keine gentechnisch veränderte Pflanze und daraus hergestellten Produkte in die Umwelt oder die Lebensmittelkette gelangen, die eine Gefahr für die Gesundheit der Verbraucher oder die Umwelt darstellen*“, verkündet die Verbraucherschutzbehörde BVL.[94] „*Bis heute ist kein einziger Fall bekannt geworden, in dem Mensch, Tier oder Umwelt zu Schaden gekommen wären*“, posaunt der Gentechnikkonzern KWS in seiner Werbebroschüre „*Grüne Gentechnik*“ heraus. Das dürfte auch nicht so einfach sein, denn was ein Schaden ist, hat bislang niemand definiert. Da die GentechnikbefürworterInnen behaupten, ihre neuen Genkonstrukte seien für ihre TrägerInnen ein Vorteil, würden sie eine Verseuchung der Umwelt mit ihren manipulierten Genen auch nicht als Schaden anerkennen. Zudem gibt es für die meisten gentechnischen Veränderungen keine breit verfügbaren Nachweismethoden, so dass ein Schaden auch nicht auf diese Ursache rückführbar wäre. Schließlich geben selbst die eingefleischten GentechnikbefürworterInnen wie FDP-MdB Happach-Kasan offen zu, dass bei der Zulassung etwaige Schädigungen gar nicht untersucht werden:[95] „*Bei der Zulassung konventioneller Pflanzensorten verlangen wir überhaupt keine Fütterungsversuche. Ein Unternehmen investiert in hohem Maße und hat doch von sich aus ein Interesse, eine gesunde Sorte zu produzieren. Alles andere kann nur Misserfolg geben.*“ Naja – und wer nicht sucht, wird auch nicht finden. Deshalb gibt es dann auch keine Schäden ...

Ausschnitt einer „Erklärung zum Feldversuch mit gentechnisch gezüchtetem Raps auf dem Gelände des Lehr- und Versuchsbetriebes in Rauischholzhausen“ vom 18.4.1997, Autor: Prof. W. Friedt (Uni Gießen)[97]

> Aufgrund der technischen Möglichkeiten eines Versuchsfeldes ist es ohne weiteres möglich, einen **Verlust an Samenkörnern praktisch auszuschließen**. Ebenso ist die Möglichkeit gegeben, das anfallende Samenmaterial der Versuchsernte entsprechend zu entsorgen. Bezüglich gentechnisch übertragener Herbizid-Resistenz hat zudem eine umfangreiche Diskussion zur Technologiefolgeabschätzung stattgefunden, die zu dem Ergebnis gekommen ist, daß **keine Gefährdung der Bevölkerung bzw. nachhaltige Beeinträchtigung von Ökosystemen** zu erwarten ist. Insbesondere kann eine Ausbreitung der neuen Eigenschaften wegen nicht gegebener Kreuzbarkeit von Raps mit Kruziferen der hiesigen Flora ausgeschlossen werden. Diese Diskussion wurde unter Einbeziehung relevanter Umweltgruppen bereits geführt.

Unten: So wurden die vollmundigen Erklärungen zum Gengerstefeld unüberprüft in den Medien übernommen.

> **Die Aussaat ist für morgen geplant. Befürchtungen wegen etwaiger Risiken des Experiments wies Kogel zurück: Eine ungewollte Auskreuzung sei schon aus biologischen Gründen nicht möglich. In Europa gibt es laut Versuchsleiter Kogel nur fünf Standorte, an denen genmanipulierte Gerste im Freien wächst.**

Auf der Seite „Was ist Gen- und Biotechnik?“ der Helmholtz-Gesellschaft[96]
Daß die Wissenschaft mit der Vorhersehbarkeit des Verhaltens von GVOs noch Schwierigkeiten hat, läßt sich an zwei Beispielen gut aufzeigen. Vor einigen Jahren bereits hat das Kölner Max-Planck-Institut gentechnisch veränderte Petunien freigesetzt. Zur Überraschung aller blühten jedoch nicht 3-4, sondern fast die Hälfte der 30.000 Pflanzen weiß. Dies machte aus ihnen keine „Killerpflanzen“ – aber es zeigte, daß die Natur der „Vorhersehbarkeit“ oft genug einen Strich durch die Rechnung macht. Ein anderes Beispiel jüngeren Datums: Wissenschaftler in den USA haben das Bodenbakterium Klebsiella planticola gentechnisch so verändert, daß es Alkohol aus Biomasse synthetisiert. Bei Experimenten im Gewächshaus konnte man jedoch feststellen, daß diese Organismen gleichzeitig wichtige Bodenpilze verdrängen, die für die Nährstoffaufnahme von Pflanzen essentiell sind. Fazit: Hätte man diese GVOs freigesetzt, wäre dies mit einem erheblichen Ernteverlust verbunden gewesen.

Alle aktuellen Versprechungen sollten auch im Lichte der bisherigen Weissagungen derselben Branche und Leute gesehen werden. Denn wenn heute gesagt wird „*kein Schaden*“, dann stammt das aus denselben Köpfen, die vor zehn oder zwanzig Jahre sagten: Es gibt keine Auskreuzung, horizontaler Gentransfer ist unmöglich oder durch Manipulation von Genen lassen sich gezielt einzelne Merkmale an- und ausschalten. Das alles ist inzwischen widerlegt. Es lohnt, sich das immer wieder vor Augen zu halten. Denn es beweist, dass die, die solche Behauptungen aufstellten, immer wussten, dass nicht stimmte, was sie sagten. Sie haben die Öffentlichkeit gezielt manipuliert – des schnellen Geldes und der Macht der Patente wegen. Im Folgenden seien drei Beispiele von Versprechungen aufgeführt, die nie stimmten und inzwischen durch die Praxis widerlegt wurden. Wer einmal lügt, dem glaubt man leider immer noch, wenn Geld und Titel vorhanden sind. Aber wer dreimal lügt?

Falsche Versprechungen I: Keine Auskreuzungen

Viele, viele Jahre hieß es: Koexistenz im möglich. Wissenschaft und Firmen suggerierten, alles im Griff zu haben. In der Propaganda wurde selbst Raps zu einer Pflanze, die gar nicht auskreuzen könne.

Aus „Gen-Rapsfeld der Universität mutwillig zerstört“, in: Gießener Allgemeine, 29.4.1994 (siehe zudem Abb. links)
Friedt betonte gestern noch einmal, daß aufgrund der technischen Möglichkeiten des Versuchsfeldes ein Verlust an Samenkörnern praktisch auszuschließen gewesen sei.

Aus der Monsanto-Information „Neue Wege gehen: Gentechnisch veränderter Winterraps ist ebenso sicher wie herkömmlich gezüchteter Raps“ (August 1997)
Experten bewerten das Risiko einer Auskreuzung – d.h. einer Übertragung der Herbizid-Resistenz auf andere Arten – als äußerst gering. Bei Raps gibt es wildwachsende verwandte Arten, eine Auskreuzung durch Pollenflug ist daher theoretisch möglich. Dies wurde aber bisher in der freien Natur nicht beobachtet. ... Die gekreuzten Pflanzen wären zudem nicht weiter vermehrungsfähig. Auskreuzungen zu konventionellen Raps-Pflanzen könnten zwar stattfinden, ... Nachkommen dieser Kreuzungen sind nicht oder nur sehr eingeschränkt vermehrungsfähig.

Richtig ist, dass gerade Raps extrem ausbreitungsintensiv und nicht zu kontrollieren ist:[98] „*Gen-Pflanzen sind kaum auszumerzen. Noch zehn Jahre nach Ende eines Freisetzungsversuchs mit gentechnisch verändertem Raps haben Forscher Abkömmlinge der Pflanzen auf der ehemaligen Anbaufläche gefunden.*“ Natürlich wussten das in den 90er Jahren diejenigen, die die Nichtauskreuzbarkeit behaupteten, auch schon. Die Lüge wird bei neu veränderten Pflanzen fast im Wortlaut wiederholt. So behauptete der Gießener Prof. Kogel am 25.4.2006 zu seinem Versuch mit gv-Gerste:[99] „*Sicher ist dieser Versuch, weil die Gerste nicht auskreuzen kann. Es ist ein Selbstbefruchter. Die Pollenfreisetzung erfolgt bei geschlossenen Blüten, nur die eigene Pflanze wird befruchtet. Das heißt, es gibt keinen Pollenflug auf fremde Pflanzen und damit auch keine Auskreuzung. Gerste ist damit eine optimale Pflanze für die Freisetzung und biologische Sicherheitsforschung.*“ Die Uni-Pressestelle verkündete das auch:[100] „*Eine Auskreuzung kann schon aus biologischen Gründen ausgeschlossen werden.*“ Alles war Lüge – wie schon der Blick auf einen simplen Heuschnupfenkalender zeigt: Gerstenpollen fliegt (siehe X. Kapitel zum Gerstenversuch).

Als ab 2008 immer häufiger Meldungen über unkontrollierbare Ausbreitungen der gv-Produkte auftauchten, wandelte sich das Bild. Nun

94 siehe Fußnote 34
95 Interview der taz, 30.8.2010: www.taz.de/1/zukunft/wirtschaft/artikel/1/gentechnik-ist-teil-unseres-lebens/
96 www.helmholtz-muenchen.de/flugs/infopapiere/publikationsarchiv/gentechnik-im-lebensmittelbereich-was-ist-gen-und-biotechnik/index.html
97 Das vollständige Schriftstück unter www.projektwerkstatt.de/gen/giessen/friedt1997raps.pdf
98 Text „Gen-Pflanzen halten sich hartnäckig in der Umwelt“, in: Die Welt, 2.4.2008 (www.welt.de/wissenschaft/article1862187/Gen_Pflanzen_halten_sich_hartnaeckig_in_der_Umwelt.html)
99 www.giessen-server.de/soundplay_firefox.php?s=1206/5b8b612e556a23bafa34c019b46621ba.wma
100 Pressemitteilung am 24.4.2006: http://idw.tu-clausthal.de/pages/de/news155469

behaupteten auch GentechnikbefürworterInnen plötzlich nicht mehr, dass Koexistenz möglich sei. *„Absurd sind auch die Abstandsregelungen für Versuchsfelder etwa von MON810, denn der Maispollen fliegt kilometerweit*", lautete der legendäre Satz im Interview des Ex-DFG-Präsidenten Winnacker, der eine Art öffentlicher Dammbruch darstelle.[101] Die neue propagandische Losung lautet nun: Auskreuzung ist nicht schlimm, weil GVO ungefährlich oder sogar besser seien als natürliche oder konventionell gezüchtete Pflanzen. Dieser ganze Ablauf und die Tragweite der Lügen sind so bedeutend, dass der Koexistenz-Lüge ein Extra-Kapitel gewidmet ist.

Falsche Versprechungen II: Kein horizontaler Gentransfer

So unerschütterlich, wie sie die Auskreuzungen leugneten, behaupteten AnwenderInnen und sogenannte ForscherInnen, dass gentechnische Veränderungen die Artgrenzen nicht überschreiten könnten. Erst in den letzten Jahren belegten Untersuchungen, dass auch das nicht stimmte. Da könnte mensch denken, die GentechnikprotagonistInnen hätten sich geirrt. Das wäre zwar schon fragwürdig genug, denn sie haben ja nie behauptet, es nicht genau zu wissen, sondern so getan, also seien sie sich sicher. Aber es ist noch schlimmer: Sie wussten es genau. Der Beweis ist erstaunlich simpel: GentechnikerInnen benutzten die Tatsache, dass es Lebewesen in der Natur gibt, die DNA-Abschnitte von anderen Arten aufnehmen und weitergeben können, für ihre Manipulationen. Ohne horizontalen Gentransfer hätte es die Gentechnologie nie oder zumindest viel später gegeben. Doch die WissenschaftlerInnen leugneten fleißig die Existenz von horizontalem Gentransfer, während sie selbigen in ihren Laboren längst ausnutzten. Genauer: Sie nutzten das Agrobacterium tumefaciens, welches die Bundesregierungsinfoseite zur BioSicherheit[102] beschreibt als *„Bodenbakterium, welches von Natur aus die Fähigkeit besitzt, Teile seines Erbmaterials auf Pflanzenzellen zu übertragen.*" Und wie selbstverständlich folgt dann: *„wird deswegen in der Gentechnik als ‚Werkzeug' verwendet.*" Bekannt ist das seit fast 30 Jahren:[103] Ihre *„Fähigkeit, DNA in pflanzliche Zellen zu übertragen ... wurde erstmals durch Jozef Schell im Jahr 1983 beschrieben.*"

> ***Aus einem Bericht zum Petunienversuch 1990-1993***[104]
> *Aus den Gentransfer-Untersuchungen lässt sich ableiten, dass unter optimierten Bedingungen ein horizontaler Gentransfer simuliert werden kann. Angesichts der dargelegten Voraussetzungen wird ein horizontaler Gentransfer aber in der natürlichen Umwelt als höchst unwahrscheinlich angesehen.*
>
> ***Aus einem Interview mit Dr. Gerhard Waitz von der Firma AgrEvo, in: Stern Nr. 37/1996 (S. 164)***
> *Frage: Besteht die Gefahr, daß sich genmanipuliertes Erbmaterial unkontrolliert ausbreitet?*
> *Genmaterial kann sich immer ausbreiten, es bleibt aber in der eigenen Pflanzenart.*

Das Gegenteil ist jedoch richtig:

> ***Aus Marcus Lemke (2002): „Gentechnik – Naturschutz – Ökolandbau", Nomos in Baden-Baden (S. 27 f.)***
> *Neben der Verwilderung und der Auskreuzung kommen noch weitere Wege der Ausbreitung transgener Erbsubstanz in der Natur in Betracht. Zu nennen ist hier zunächst das Phänomen des horizontalen Gentransfers. Dieser Begriff beschreibt die nichtsexuelle Übertragung von genetischem Material. So verfügen Mikroorganismen über verschiedene Mechanismen zur Aufnahme und Weitergabe von DNA untereinander, wodurch Gene aus abgestorbenen Pflanzenteilen in andere Organismen eingebracht werden können.*

Falsche Versprechung III: Die Veränderung von einem Gen erzeugt nur die eine Wirkung

Bleibt ein dritter Werbegag: Der Mythos des präzisen operativen Eingriffs in das Gen. Da stecken – wie im Mythos vom Hunger – gleich zwei Lügen drin. Die erste ist die vom präzisen Eingriff, also dass die Gentechnik überhaupt so genau das DNA-Molekül zurechtbasteln kann. Die zweite ist die, dass das etwas nützen würde. Denn präzise Wirkungen wären dadurch nur möglich, wenn die Eigenschaften eines Lebewesens berechenbar von einer identifizier- und abgrenzbaren Gensequenz gesteuert würde. So ist es aber nicht.

Tatsächlich ist die gentechnische Manipulation ein wüstes Herumstochern im Chromosomensatz mit breiter Streuung. Erst durch die spätere Selektion massenweise hergestellter, manipulierter Lebewesen kann geschaut werden, ob irgendwo die gewünschte Wirkung aufgetreten ist, um dann mit diesem Individuum weiterzuzüchten und Masse zu erzeugen. Ob dann noch weitere, unvorhersehbare Wirkungen auftreten, lässt sich zunächst nicht klar erkennen. Denn suchen kann mensch nur nach etwas, von dem vermutet wird, dass es auftreten könnte. Angesichts der komplexen Wirkungsweisen im Zellkern ist die Wissenschaft davon aber (noch?) richtig weit entfernt. Der Rest ist Propaganda.

> ***Aus der KWS-Broschüre „Grüne Gentechnik"***
> *Das Besondere an gentechnischen Verfahren ist, einzelne, zuvor in anderen Organismen gefundene Gene gezielt übertragen zu können. ... Gentechnische Verfahren ermöglichen ein gezieltes Vorgehen: Es wird nur das Gen für das gewünschte neue Merkmal übertragen.*
>
> ***Golden-Rice-„Erfinder" Prof. Dr. Ingo Potrykus im Interview***[105]
> *Im Gegensatz zur „klassischen" Züchtung wissen wir jedoch sehr genau, was wir verändern; wir können die Eingriffe genau beschreiben und wissen, was passiert. Hat man während Jahrtausenden Pflanzenzüchtung nach Intuition und nach Zufall betrieben, kann diese heute viel präziser und kontrolliert durchgeführt werden.*
>
> ***Aus einem Interview mit Prof. Uwe Sonnewald, Uni Erlangen (Versuchsleiter transgene Gerste, zusammen mit Prof. Kogel)***[106]
> *Der Einfluss der Transgene ist im Wesentlichen auf ihre unmittelbare Funktion begrenzt. Wenn ich zum Beispiel ein Gen für Fruktan-Biosynthese in Kartoffeln einbringe, dann ist es natürlich nicht verwunderlich, dass diese Kartoffeln Fruktane produzieren und sich in diesem Punkt von ihren Ausgangslinien unterscheiden. Aber darüber hinaus sind nur vernachlässigbare Unterschiede festgestellt worden. In keinem mir bekannten Fall ist eine größere Änderung in der Genexpression durch ein einzelnes Transgen hervorgerufen worden. Dagegen besteht in all den genannten Kulturpflanzen eine sehr große Variabilität zwischen den Sorten und der naheliegende Grund ist:*

101 Süddeutsche Zeitung, dokumentiert auf: www.genfrei-ulm.de/phpBB/viewtopic.php?t=107&sid=89b7974af55ba4b7fb8e36a42370a20d

102 www.biosicherheit.de/lexikon/691.agrobacterium-tumefaciens.html

103 Quelle: Wikipedia

104 www.biosicherheit.de/projekte/973.freisetzung-deutschland-begleitende-sicherheitsforschung-gentechnisch-veraenderten-pflanzen-petunien.html

105 www.xecutives.net/content/view/245/80/

106 www.biosicherheit.de/aktuell/1146.einfluss-transgene-wesentlichen-unmittelbare-funktion-begrenzt.html

das Züchtungsziel ist häufig Resistenz gegenüber äußeren Stressfaktoren, und daran sind viele Gene beteiligt.

***Beitrag auf www.giessen-server.de am 25.4.2006 (Tag der Aussaat des Gengerstenfeldes)*[107]**
Prof. Kogel erklärte, dass viele Jahre darüber geforscht wurde, wie die Gerste transgen veränderbar ist. Seit einigen Jahren ist das nun möglich und man wisse genau, was mit dem Gen passiert und was dessen Funktion und wo es integriert ist. Daher seien klare Aussagen über Wirkung und Veränderung möglich.

Lange Liste von Unvorhergesehenem und Pannen in der Genforschung und -anwendung beim Umweltinstitut München: www.umweltinstitut.org/frames/all/m406.htm

Doch auch hier ist das Gegenteil richtig: Die Wirkungen lassen sich überhaupt nicht vorherberechnen. Eigentlich war das seit dem Petunienversuch offensichtlich. Bei einem Versuch in der Schweiz zeigten sich die hohen Variationen erneut: Pflanzen sind komplexe Wesen, deren natürliche Genregualtion gestört werden kann, wenn ihr fremde Gene eingebaut werden. Die Universität Zürich hatte gentechnisch veränderten Weizen freigesetzt. Während die Pflanze im Treibhaus widerstandsfähiger gegen Mehltau war und mehr Ertrag lieferte als die unveränderte Kontrollpflanze, kehrte sich das Bild im Freiland um: Der Ertrag der Gentechnik-Pflanzen brach teilweise um 50 Prozent ein. Der Studienleiter sagte, dass ihm kein Versuch mit derart großen Nebeneffenkten bekannt sei.[108]

***Aus DerStandard am 13.7.2010*[109]**
Die im Rahmen des Nationalen Forschungsprogramms „Nutzen und Risiken der Freisetzung gentechnisch veränderter Pflanzen" (NFP 59) durchgeführte Studie zeigte, dass das Resistenzgen den Weizen tatsächlich widerstandsfähiger gegen Mehltau machte. Im Treibhaus führte dies dazu, dass die Gentech-Pflanzen doppelt so viel Ertrag abwarfen. Aber im Feldversuch war das Resultat umgekehrt, wie die Forscher im Fachmagazin PLoS ONE schreiben. Die Pilzresistenz war hier zwar ebenfalls wirksam. Trotzdem war die Ernte bei drei von vier gentechnisch veränderten Weizenlinien kleiner als bei den Kontrollpflanzen. In zwei Linien betrug die Ertragseinbusse gar satte 50 Prozent.
Dass ein einziges Gen so starke Auswirkungen haben könne auf ganz andere Erscheinungsmerkmale der Pflanze, habe ihn als Evolutionsbiologen überrascht, sagte Studienleiter Bernhard Schmid auf Anfrage. Ihm seien keine wissenschaftlichen Publikationen mit solch großen Nebeneffekten bekannt. Die Forscher schlussfolgern aber: Die Experimente zeigen laut den Forschern, dass Feldversuche mit gentechnisch veränderten Pflanzen wichtig sind. In der geschützten Umgebung des Gewächshauses sei es nicht immer möglich, Pflanzen zu identifizieren, die sich auch in einer natürlichen Umwelt behaupteten.

Aus einem Spiegel-Interview*[110] *mit J. Craig Venter, einen radikalen Befürworter der Gentechnik, der zusammen mit seinem Team als erster das menschliche Erbgut entschlüsselte (deutscher Artikel*[111]*)
SPIEGEL: Die Entschlüsselung Ihres persönlichen Genoms hat vor allem zutage gefördert, dass Ihr Ohrenschmalz eher feucht ist ...
Venter: Sie sagen es. Und was sonst habe ich aus meinem Genom gelernt? Sehr wenig. Wir können bisher nicht einmal mit Sicherheit meine Augenfarbe daraus ablesen. Ist das nicht traurig? Jedermann hat erwartet, im Erbgut wundersame Ja-Nein-Antworten zu finden: „Ja, Sie werden Krebs kriegen" oder „Nein, Sie werden keinen Krebs kriegen." Aber so ist es eben nicht.
SPIEGEL: Also hat das Genomprojekt bisher wenig medizinischen Nutzen gebracht?
Venter: ... der Nutzen ist fast gleich null, um es genau zu sagen.

107 www.giessen-server.de/beitrag86.html
108 Infodienst Gentechnik: www.keine-gentechnik.de/news-gentechnik/news/de/22266.html
109 http://derstandard.at/1277338003972/Gentechnik-Transgene-Pilzresistenz-mit-schweren-Nebenwirkungen
110 www.spiegel.de/international/world/0,1518,709174-2,00.html
111 www.spiegel.de/spiegel/print/d-71123467.html
112 BVL-Broschüre „Die Grüne Gentechnik" (siehe Fußnote 34, S. 6)
113 www.foei.org/en/resources/publications/food-sovereignty/2009/gmcrops2009full.pdf
114 BVL-Broschüre „Die Grüne Gentechnik" (siehe Fußnote 34, S. 8)

Aber es glaube niemand, dass die GentechnikerInnen und auch die Konzerne das nicht selbst wüssten. Ein bemerkenswerter Beleg dafür ist ein Text ausgerechnet der Firma Monsanto. Die versucht nämlich, alles Lebende unter ihr Patent zu bekommen, was überhaupt geht – auch nicht gentechnisch veränderte Pflanzen und Tiere. Das begründete Monsanto bei einem Patentantrag vom 4. Dezember 2002 in einer bemerkenswerten Weise. Der Text belegt, dass Monsanto Genmanipulationen selbst für eine unkontrollierbare Technik mit unvorhersehbaren Effekten, aber nur geringem Nutzen hält.

Aus einem Patentantrag von Monsanto (siehe Abb. S. 21)
Die Möglichkeiten, eine Pflanze durch gentechnische Veränderungen zu verbessern, sind gering. Dies ist einer Reihe von Ursachen geschuldet. So lassen sich die Effekte eines spezifischen Gens auf das Wachstum der Pflanze, deren Entwicklung und Reaktionen auf die Umwelt nicht genau vorhersagen. Dazu kommt die geringe Erfolgsrate bei der gentechnischen Manipulation, der Mangel an präziser Kontrolle über das Gen, sobald es in das Genom eingebaut worden ist, und andere ungewollte Effekte, die mit dem Geschehen bei der Gentransformation und dem Verfahren der Zellkultur zusammenhängen.

Mythos 7: Alles normal – Gentechnik ist auch nur Züchtung

Geht es nach der nationalen Beruhigungs- und Antragsdurchwinkbehörde BVL, so unterscheiden sich *„die allgemeinen Ziele der Grünen Gentechnik ... kaum von denjenigen herkömmlicher Pflanzenzüchtung"*.[112] Satirisch ließe sich eine solche Sichtweise damit kommentieren, dass wer Anträge nicht anguckt, sondern ungeprüft durchwinkt, auch nicht mitbekommt, was sich da auf den Feldern abspielt. *„82% aller gentechnisch veränderten Organismen weltweit besitzen ausschließlich ein Merkmal: Herbizid-Toleranz,"* zeigt die Statistik.[113] Gleiche Ziele wie Züchtung?

Doch auch technisch ist Gentechnik weniger Züchtung, sondern vor allem ein biochemischer Prozess. Deshalb – und weil er vom Interesse her mit dem Verkauf von Agrochemikalien verbunden ist – sind es auch vor allem große Chemiefirmen, die Gentechnik als Betriebszweig aufbauen. Was die Agro-Gentechnik mit der herkömmlichen Züchtung gemeinsam hat, ist dass auch letztere wie alle ökomischen Vorgänge schon früh in den Strudel der totalen Verwertungsorientierung, der Profit- und Machtsteigerung geriet und heute nichts als Geschäftemacherei ist – auf Kosten von Mensch und Umwelt, die beiden entscheidenden Ausbeutungsfaktoren im Kapitalismus. *„Pflanzenzüchtung – einschließlich jener mit Unterstützung biotechnischer Methoden – verfolgt in einer Marktwirtschaft zunächst und überwiegend das Ziel der Steigerung von Unternehmensgewinnen"*.[114] Die Gentechnik ist eine neue Variante und Steigerung im immerwährenden Kampf um Patente, Kontrolle des Saatgutes und Manipulationen, die den Nachbau von Saat einschränken und Kombinationen mit dem lukrativen Verkauf von Agrochemikalen ermöglichen bis erzwingen sollen. Hinzu kommen Einsatzgebiete in der biotechnischen Kriegsführung und bei der Bevölkerungskontrolle, z.B der unbemerkten Senkung von Geburtenraten auf den Kontinenten, deren Menschen die europäischen Eliten nicht so gern haben. Übersehen wird dabei immer auch, dass Europa der am dichtesten besiedelste Kontinent mit einem unglaublichen Raubhunger auf Rohstoffe und Produkte aus aller Welt ist.

Schwätzer, Hetzer, Bauernfänger

Sie inszenieren sich selbst als wissenschaftlich oder gar objektiv. Die GentechnikkritikerInnen seien nur emotional, fortschrittsfeindlich oder unwissenschaftlich. Doch wer näher hinsieht, bemerkt das Gegenteil: Es sind die BefürworterInnen der Gentechnik, die mit platten Slogans, Polemiken und unbewiesenen bis längst widerlegten Behauptungen um sich schlagen. Oder was ist sonst davon zu halten, wenn eine der wichtigsten Pro-Gentechnik-PolitikerInnen des Landes in der zentralen Festrede beim wichtigsten deutschen Gentechnik-Seilschaftentreffen den Satz raushaut:[115] *„Ein Ausländer, der die Voraussetzungen zur Einbürgerung erfüllt, muss eingebürgert werden, ob der zuständige Beamte dazu Lust hat oder nicht; ein Produkt, das die Zulassungsvoraussetzungen erfüllt, muss zugelassen werden. Alles andere wäre politische Willkür, eine Abkehr vom Prinzip der Rechtsstaatlichkeit.“* Hier werden allen Ernstes künstlich erzeugte Nutzpflanzen hinsichtlich ihrer Freiheitsrechte mit Menschen gleichgesetzt – um dann noch zu nöhlen, dass es den manipulierten, allein zu Verwertungsinteressen gezüchteten Pflanzen schlechter gehe als Menschen aus anderen Ländern! Vielleicht sollte die Festrednerin neben ihrem unerträglichen Vergleich einmal darauf aufmerksam gemacht werden, dass in Deutschland 100% aller Anträge auf GVO-Freisetzungen genehmigt und fast 100% aller Asylanträge abgelehnt werden. Von Abschiebungen bei gv-Pflanzen ist auch noch nichts bekannt geworden …

Damit niemand die derbe Niveaulosigkeit bemerkt, zetteln solche Leute aber einen Propagandakrieg gegen die KritikerInnen der Gentechnik an, in dem sie denen vorwerfen, was sie selbst auszeichnet: Wenig Argumente, viel Polemik.

Sachlich, wissenschaftlich …

Das typische Argumentationsmuster ist ein Zwei- oder Dreischritt. Zunächst wird die Sachlichkeit betont, dann erfolgt mitunter noch ein Übergangsgedanke, um schließlich bei krass unsachlichen Forderungen, Positionen, Hetze oder Vorschlägen zu landen. Schauen wir uns das am Beispiel der Gentechnikfördererin und ehemaligen BASF-Mitarbeiterin Doris Barnett (SPD-MdB für den Wahlkreis Ludwigshafen) an.[116] Sie behauptet zunächst, es sei ihr *„wichtig, dass das Thema Pflanzenbiotechnologie sachlich diskutiert wird.“* Daher interessiere sie sich *„für die Forschung auf diesem Gebiet, um möglichst viele Informationen zu sammeln, auf deren Grundlage dann diskutiert und entschieden werden kann.“* Ausgerechnet dieses Streben nach Sachlichkeit und Information sei dann *„der Grund, warum ich die Patenschaft für ein Versuchsfeld der ‚Amflora'-Kartoffel in Brandenburg übernommen habe.“* Eine Patenschaft für gentechnisch veränderte Pflanzen (die zudem zufällig einer Firma ihres Wahlkreises gehören, bei der sie früher selbst gearbeitet hat …) als Ausdruck von Sachlichkeit? Auch der kurz darauf folgende Hinweis, *„eine Verweigerung in Deutschland oder gar Europa wird diese Technologie nicht verhindern“*, ist nicht gerade ein sachliches Argument, sondern eine standortpolitische Parole. Im April 2010 schaffte sie das auch im Zweischritt. Zunächst beschwerte sie sich, denn *„die Art und Weise, mit der man hierzulande Stimmung macht, hat für mich wenig mit Sachlichkeit als vielmehr mit dem Spiel mit Ängsten zu tun.“* Und fügt direkt im Anschluss hinzu: *„Das ist meiner Meinung nach schädlich für den Industriestandort Deutschland.“*

Foto: Geschrei nach Sachlichkeit am Eingang zum Ideologie-Kampftag der Gentechnikseilschaften (InnoPlanta-Forum am 7.9.2009).

Barnett ist nicht allein – so argumentieren fast alle BefürworterInnen der Gentechnik, wenn sie Sachlichkeit fordern. Ohne Gentechnik *„wird die Welt über uns und unsere Ängstlichkeit hinweggehen. Damit dies nicht passiert, sollten wir die Chancen der Gentechnik für eine innovative und wettbewerbsfähige Landwirtschaft nutzen“*, formulierte es Horst Rehberger auf dem InnoPlanta-Forum 2006.[117] Solcher Standortchauvinismus ist weit verbreitet, ebenso antiamerikanische Ressentiments, Sorgen um deutsche Firmen und Arbeitsplätze oder die angebliche Forschungsfreiheit. Das alles sind politische Ideologien, aber keine Argumente. Wer in den Papieren der Gentechniklobbyisten und -konzerne wühlt, wird entdecken, dass die Unsachlichkeit der BefürworterInnen Absicht und gewählte Strategie ist. 1997 verfaßten die PR-Agentur Burson Marsteller[118] für die Gentechnikkonzerne ein Strategiepapier. In dem heißt es: *„Wenn es Europa-Bio gelingen soll, den Übergang zu einer effektiven öffentlichen Stimme zu vollziehen, muß eine Verlagerung von einer sachfragenorientierten Kommunikation hin zu einer auf ‚Geschichten' gestützten Kommunikation stattfinden.“* Dann folgt der praktische Vorschlag zur bevorzugten Verwendung von *„Symbolen, die Gefühle wie Hoffnung, Befriedigung, Fürsorge und Selbstwert erwecken“* (siehe Kapitel II zu Konzernen ab S. 13).

Ein schönes Beispiel für den Ideologiekampf unter dem Deckmantel der Sachlichkeit bot die FDP-Bundestagsabgeordnete Judith Skudelny in einem Brief vom 31.3.2010. Wie üblich bekräftigte sie, ihre Regierung stände *„für Aufklärung und Wissenschaftlichkeit und für eine Versachlichung der emotional geführten Debatte“*. Doch dann ging es emotional und ideologisch zur Sache: *„Mit der fundamentalen Ablehnung einer weltweit etablierten Züchtungsmethode werden wir den zukünftigen Aufgaben nicht gerecht werden können“*. Selbst tausendfach widerlegte Mythen bemühte sie: *„Die künftigen globalen Herausforderungen wie die Ernährung von bald neun Milliarden Menschen … erfordern den Einsatz dieser inzwischen bewährten Züchtungsmethode“*.

Hetzen, hetzen, hetzen

Bleibt zu erwähnen, dass die SelbstinszeniererInnen der Sachlichkeit und Faktenorientierung auch beim Dreindreschen auf ihre KritikerInnen jedes Maß verlieren und verbohrt-ideologisch ihre Pfründe und Fördermillionen verteidigen. GentechnikkritikerInnen werden wahlweise als *„Gurus“*, *„Scharlatane“* oder *„Angstrompeter“* (Maxeiner/Miersch) diffamiert, gedanklich in Steinzeitkostüme verpackt oder einfach als dumm hingestellt. Aktionen gegen Genversuche sind *„irrational und unfassbar“* oder

115 www.innoplanta.de/fileadmin/user__upload/Pdf/Pdf__Innoplanta-Forum/InnoPlantaForum2010__Festvortrag__Happach-Kasan.pdf

116 http://barnett.hv-media.com/download/Taetigkeitsbericht__Doris__Barnett__08%20.pdf

117 http://web.archive.org/web/20070102191343/www.genius.de/news/frett.php?id=116

118 www.netlink.de/gen/Zeitung/strategie.htm

schlicht „*Affentheater*“ (Prof. Kogel, Gießen). Wer nicht für die Agro-Gentechnik ist, sei „*Bodensatz in unserer Gesellschaft*“ oder gar nicht berechtigt, sich zu äußern: „*Ist Ihr Verein eigentlich demokratisch legitimiert?*“ (Prof. Jacobsen, Hannover).[119] Endlose Ketten solcher Sätze und Wörter produzieren die Phrasendreschmaschinen, die die WissenschaftlerInnen, Konzerne und Lobbyverbände der Agro-Gentechnik bei ihren öffentlichen Äußerungen darstellen. Um sich auf die Argumente der Kritik gar nicht einlassen zu müssen, vermied der Braunschweiger Versuchsleiter Tebbe den Besuch einer kritischen Veranstaltung mit dem bemerkenswerten Hinweis auf den Referenten: „*Der kommt gar nicht von hier*“. Einsicht in seine Akten, die er entsprechend dem Umweltinformationsgesetz gewähren muss, verweigerte er einer gelernten Gärtnerin rechtswidrig mit dem Hinweis: „*Sie verstehen die sowieso nicht*“. Die Höhe der Schäden durch die FeldbesetzerInnen im Jahr 2009 bezifferte er auf „*100.000 Euro*“. Später stand in einer Presseinformation des Betreibers: „*400 Euro*“.

Heike Mikschofsky, tätig an der Agrar- und Umweltwissenschaftlichen Fakultät und im Vorstand des Lobbyvereins FINAB, wollte etwas Gutes tun und lud zu einem Workshop zur Gentechnik: „Mein Ziel ist es, statt von einem emotionalen zu einem kritischen, aber sachlichen Diskurs anzuregen“. Doch dann sprudelten Plattitüden und ideologische Positionen nur so aus ihr heraus:

Auszüge aus NNN am 29.6.2009[120]
„Viele wissen gar nicht, was Gentechnik ist“, sagt Mikschofsky. „Es steckt zum Beispiel ganz viel DNA in einer Banane.“ ... Die Gentechnik spiele heute eine zentrale Rolle. „Bei unserem Lebensstandard ist sie nicht mehr wegzudenken“, sagt Mikschofsky. ... „Alle Produkte des Alltags kommen auf die eine oder andere Weise mit gentechnischen Verfahren in Berührung.“ Zur Frage der Gefahr sagt Mikschofsky: „Die Gentechnik ist doch nur ein Verfahren – das allein kann nicht gefährlich sein.“ Die Produkte, die dadurch entstehen, muss man bewerten. Sie vergleicht es mit dem Buchdruck. „Die Methode selbst ist nicht riskant, aber man kann gefährliche Bücher machen.“ ... Durch die Züchtung mittels Gentechnik greife man nicht anders in die Natur ein, als der Mensch es sowieso macht. ... Wer sich generell gegen diese Technologie in der Landwirtschaft entscheide, versperre sich gegen Fortschritt im Allgemeinen. „Beim Handy wusste man vorher auch nicht genau, ob es gefährlich ist oder nicht.“

In der Hitliste dümmlicher Sprüche ganz vorne liegen die immer wieder – meist quellenlos – lancierten Umfrageergebnisse, dass unter dem Menschen mit höherem Bildungsgrad die Zustimmung zur Agro-Gentechnik überwiegt und es folglich nur an guter Bildung fehle. Seltsamerweise kommen solche Sprüche genau aus den Kreisen, die den Bildungsabbau forcieren und eine breite Grundbildung durch ihre Neigung zu Eliteförderung und gesellschaftlicher Spaltung verhindern. Doch das wirre Feuerwerk an öffentlichen Angriffen hat ohnehin wenig Zusammenhang. Im Mangel an eigenen Argumenten wird nach dem Motto ‚Angriff ist die beste Verteidigung' eine reine Ideologieschlacht geliefert, während gleichzeitig Sachlichkeit gefordert wird. Eigentlich sei die Debatte sowie überflüssig: Das Gerede über Auskreuzung anlässlich der Verunreinigungen von Maissaatgut einschließlich Vertuschungsstrategie in niedersächsischen Behörden Anfang 2010 sei einfach nur das „*Aufblasen von Nichtigkeiten*“ (Maxeiner/Miersch in „Die Welt“ am 9.6.2010[121]).

Dirk Maxeiner und Michael Miersch in: Die Welt, 2.7.2009[122]
Gurus der Gentechnikgegner Vandana Shiva und Percy Schmeiser ... Die beiden genießen bei ihren Anhängern Kultstatus, gelten jedoch unter Wissenschaftlern als Scharlatane. Wer sich eingehender über die Inderin und den Kanadier informiert, stellt fest, dass sie in ihren eigenen Ländern ungefähr so bedeutend sind wie hierzulande der Vorsitzende des Rohkost-Vereins in Hinterpfuiteufel. Doch in Deutschland werden sie auf jedes Podium gehievt, wo sie seit Jahren die gleichen, längst widerlegten Behauptungen über Grünen Gentechnik abspulen.

Aus „Forscher aus Überzeugung“, in: FR 11.7.2009 (Hessen D3)[123]
Karl-Heinz Kogel, Genosse, Alt-68er und respektabler Vizepräsident der Gießener Universität, findet das alles so „irrational und unfassbar“, dass er die Augen verdreht. „Da hat sich ein Sumpf Autonomer gebildet, die unsere Arbeit massiv bekämpfen.“ Mit Greenpeace mag er noch debattieren. Die „Politclownerien“ von Bergstedt dagegen seien „unter aller Kritik“. „Affentheater“ nennt er die Aktionen, die viele Mitarbeiter des Instituts aber durchaus als „psychische Bedrohung“ empfunden hätten. Dass Experimente bewusst zerstört werden, sei in der Wissenschaft nicht vorgesehen.

Umweltminister Frank Kupfer auf Kanal8[124]
Hoffentlich sind die selbsternannten Retter von Mensch und Umwelt zu Fuß nach Pillnitz gelaufen, waren mit einem Fell bekleidet und haben die 270 Bäume mit dem Faustkeil abgehakt. Das ist nämlich die Konsequenz aus Fortschrittsfeindlichkeit. Hätte die Menschheit niemals Neues gewagt, dann würden wir heute noch wie Affen auf dem Bäumen herumturnen.

Derselbe Politiker auf agrarheute[125]
„Sind also als nächstes die Apotheken und Krankenhäuser dran?“ fragte er provokativ.

Christel Happach-Kasan (FDP-MdB) im Interview der taz, 30.8.2010[126]
Fragen Sie mal die Leute, ob wir Dihydrogenmonoxid verbieten sollen. Dann sagen exakt die 70 Prozent, die gegen Gentechnik sind: Wir müssen Dihydrogenmonoxid verbieten. Warum? Weil kein Mensch weiß, dass Dihydrogenmonoxid Wasser ist. Das bedeutet: Wir brauchen mehr Aufklärung über die Gentechnik in der Landwirtschaft.

119 www.projektwerkstatt.de/gen/filz/konzerne/br100201jabobsen.pdf
120 www.nnn.de/lokales/rostock/artikeldetails/article/218/kaum-noch-wegzudenken.html
121 www.welt.de/debatte/kommentare/article7941559/Greenpeace-uebersieht-den-wahren-Mais-Skandal.html
122 http://debatte.welt.de/kolumnen/14/maxeiner+und+miersch/139596/im+nirwana+der+beliebigkeit
123 www.fr-online.de/frankfurt__und__hessen/nachrichten/hessen/1830905__-Forscher-aus-ueberzeugung-Ohne-ideologische-Grenzen.html
124 www.kanal8.de/default.aspx?ID=1781&showNews=453619
125 http://agrarheute.com/pflanze/allgemeines/%22zehn__jahre__gvo-forschung__wurden__zerst%F6rt%22.html?redid=303867
126 www.taz.de/1/zukunft/wirtschaft/artikel/1/gentechnik-ist-teil-unseres-lebens/

Koexistenz ist unmöglich, das Gegenteil ist gewollt!

Allen, denen ie Geflechte, Fördermittelbetrug und Propagandatricks noch nicht reichen, bietet sich eine Steigerung an. Denn der Höhepunkt mafiöser Agro-Gentechnik liegt in der fortschreitenden Verseuchung von Saatgut und Lebensmitteln. Der Skandal steckt dabei nicht nur in der Tatsache des ständigen Fortschreitens dieser Durchmischung, sondern in der sie begleitenden Debatte um Koexistenz zwischen gentechnischer und gentechnikfreier Landwirtschaft. Es gibt deutliche Anzeichen, dass die totale Auskreuzung nicht nur akzeptiert, sondern gewollt und organisiert ist.

Schon die Debatte spottet jeder Beschreibung und ist ohne Zynismus nur schwer zu ertragen: Da fliegen alle Pollen gleich weit – egal, welche Pflanzen und bei welcher Windstärke. Nach 150 Metern fallen sie auf Kommando zur Erde und kein Leben regt sich mehr in ihnen. Es sei denn, in der Nähe steht ein Feld mit ökologischem Anbau. Die positiven Schwingungen, die von solchen Feldern offenbar ausgehen, verdoppeln die Reichweite der Pollen. Wenn Bioäcker in der Nähe sind, fliegen sie plötzlich 300 Meter weit. Sie finden das absurd? Ist es auch. Aber trotzdem steht es genauso in den Rechtsvorschriften zum Gentechnikanbau.[1] Ob die Pollen sich dran halten, sollen Forschungen herausfinden. Im Nachhinein, versteht sich. Ist ja auch nicht gefährlich, weil sich die Pollen ans Gesetz halten müssen – egal, wie der Wind weht. In den Amtsstuben der hochverfilzten Forschungsinstitutionen wird derweil in – selbstverständlich völlig unabhängigen – Untersuchungen mit – selbstverständlich rein – wissenschaftlichen Methoden ein Ergebnis produziert, welches die ForscherInnen schon vorab in Interviews zwecks Unterstützung der notleidenden Gentechnikindustrie bekannt gaben. Sie wussten nämlich, dass die Pollen sich doch nicht an das Gesetz halten und unverschämterweise in die Verbotszonen nach 150 oder 300m Entfernung hineinfliegen. Der Plan der GrenzwertforscherInnen war nun aber nicht, die illegal die Grenzen überfliegenden Pollen zu bestrafen und vielleicht ins Gefängnis zu werfen. Da hinein werden eher die Menschen geworfen, die sich gegen den Unsinn der Agro-Gentechnik wehren. Nein, sie wollten und wollen das Recht so ändern, dass der Pollen, der weiter fliegt, nicht mitgezählt werden muss. Und was nicht gezählt wird, das gibt es auch nicht. Gentechnikfreiheit bei Nahrungs- und Futtermittel wurde fortan so definiert, dass alles auch dann Gentechnik enthalten darf, wenn es „gentechnikfrei" ist. Sie finden auch das absurd? Richtig! Aber gemacht wurde es trotzdem so. Seitdem schrauben die GentechnikbefürworterInnen an immer neuen und höheren Grenzwerten herum.

Dumm war nur, dass es auch mit diesen Tricks nicht reichte. Denn irgendwann tauchte in dieser skurrilen Debatte ein Wesen auf, welches vorher offenbar niemand kannte, sonst wäre es ja berücksichtigt worden. Stammte es aus fernen Galaxien und war nur auf die Erde gekommen, um die Durchsetzung der Agro-Gentechnik zu stören? Denn – welche fiese Masche – es sammelte von sich aus Pollen und verstreute den in der Gegend. Sechs Kilometer und mehr konnte es dabei überwinden, das war schon ein bisschen mehr als die erlaubten 150 Meter. Versuche, die kleinen Wesen mit wohldosierten Pestizidgaben aus dem Hause Bayer und anderer wieder zu vertreiben, verpufften ebenso wirkungslos wie nette Sonnenblumenwiesen, damit die kleinen Wesen sich dort tummeln konnten und doch bitte den gv-Pollen in Ruhe ließen. Unter Decknamen wie *„Deutscher Imkerbund"* wurden Hilfstruppen der auf der Erde bis dahin scheinbar unbekannten Mini-Aliens aktiv. Sie behaupteten dreist, Bienen seien in der Natur unersetzlich und Landwirtschaft ohne sie gar nicht möglich. Das kann doch gar nicht sein, schließlich waren die erst vor wenigen Jahren auf die Erde gekommen. Sonst hätte die weisen Gesetzgeber sie doch nicht im Gentechnikgesetz vergessen! Oder wollen Sie denen da oben etwa schlechte Absichten unterstellen? Nicht doch ...

So ließen sich die Geschichten und Anekdoten aneinanderreihen. Wäre es nicht so traurig, ließe sich auch gut drüber lachen. Das Gerangel um Mindestabstände und vergessene Bienen ist kabarettreif und läuft, zusammengefasst, in vier Schritten ab:

1. Alle wollen Koexistenz (oder behaupten es zumindest). Zudem ist sie gesetzlich vorgeschrieben.
2. Koexistenz ist allerdings unmöglich, was – inzwischen – auch alle zugeben.
3. Leider fehlt es zudem an Durchsetzungsinstrumenten für einen Schutz der gentechnikfreien Landwirtschaft. Die Bienen sind im Gesetz sogar „vergessen" worden ...
4. Deshalb muss getrickst werden, um den permanenten Rechtsbruch der Auskreuzung und sonstigen Verbreitung von veränderten Gensequenzen zu vertuschen und, der Gipfel der Absurdität, sogar zu legalisieren.

Schauen wir uns das mal genauer an ...

Foto links: Durch das Hineinstecken auffälliger Farbmaiskolben kann symbolisiert werden, was eine Vermischung von z.B. 0,5 Prozent bedeutet (Aktion von Greenpeace).

Aktuelle Informationen, Links und mehr Zitate auf der Internetseite zur Koexistenz unter www.biotech-seilschaften.de.vu!

Definition von Auskreuzung in der BVL-Broschüre „Die Grüne Gentechnik" (2008): „Vererbung einer bestimmten Eigenschaft aus einer Individuengemeinschaft (Population, Kulturpflanzensorte) in eine andere."

Jörg Bergstedt im Vortrag „Monsanto auf Deutsch": „Das ist alles so, als würde BP, nachdem sie das Ölleck im Golf von Mexico nicht stopfen konnten, den Antrag stellen, den Grenzwert für Ölverschmutzung im Ozean zu erhöhen."

Fußnoten

1 Gesetzestexte und Rechtsvorschriften verlinkt auf www.standortregister.de.

Das Drama der Koexistenz: Gewollt, unmöglich, trickreich umschifft

Vorhang auf, erster Akt: Wir wollen alle – Koexistenz!

Der erste Blick geht ins Gentechnikgesetz. Die Formulierung scheint eindeutig: *„Zweck dieses Gesetzes ist, ... die Möglichkeit zu gewährleisten, dass Produkte, insbesondere Lebens- und Futtermittel, konventionell, ökologisch oder unter Einsatz gentechnisch veränderter Organismen erzeugt und in den Verkehr gebracht werden können“.*[2] Wer nicht weiterliest im Dschungel der Paragraphen, sondern auf die politischen Willenserklärungen der den Gesetzesprozess tragenden Parteien und vieler weiterer Akteure im politischen Geschäft und Geschehen schaut, wird feststellen, dass politische Äußerungen aller Richtungen diesen Wortlaut des Gesetzes immer bestätigen. Das Gesetz gab den erklärten Willen der Politik wieder.

Koexistenz wird von allen Seiten als wichtiges Ziel benannt. Ob nun taktisch, um gentechnisch veränderte Pflanzen ausbringen zu können, die dann die Koexistenz beenden sollen, oder tatsächlich – verbal sind alle dafür. Und zwar richtig engagiert. *„Ökologische und konventionelle Landwirtschaft müssen ... vor gentechnischer Verunreinigung geschützt werden“*, fanden die Grünen[3] zu ihrer Regierungszeit, als sie selbst am Gesetz verantwortlich schraubten. Aus den Sprachrohren der Regierung[5] schallt es, das GenTG solle *„sicher stellen, dass Landwirte und Verbraucher auch in Zukunft die ‚freie Wahl' haben, sich für oder gegen Gentechnik auf dem Acker oder Teller zu entscheiden.“* Selbst der hessische Landtag[4] *„unterstützt alle Bestrebungen, die Koexistenz verschiedener Formen der Landwirtschaft und ihrer Erzeugnisse für den Verbraucher transparent zu gestalten“* – auf Antrag der hessischen CDU und FDP, die sonst nicht gerade das ökologische Gewissen der Nation bilden.

2 Gentechnikgesetz: § 1 Zweck des Gesetzes, Satz 2 (http://bundesrecht.juris.de/gentg/index.html)

3 Positionspapier für ein Gentechnik-Gesetz (von Ulrike Höfken, 17.10.2003)

4 Beschluss des hessischen Landtags am 17.6.2009: http://starweb.hessen.de/cache/DRS/18/0/00440.pdf

5 www.aid.de/landwirtschaft/koexistenz.php

6 www.umweltbundesamt.at/umweltschutz/gentechnik/koexistenz/

7 www.saveourseeds.org/downloads/erprobungsanbau__Kommunikation.pdf

8 Rede am 7.9.2009 laut InnoPlanta-Sonderrundbrief 2009 (S. 4)

9 www.transgen.de/recht/koexistenz/234.doku.html

10 Broschüre „Zwölf Eckpunkte zur Grünen Gentechnik“ (Bayr. Staatsministerium für Umwelt, September 2003)

11 www.basf.com/group/corporate/de/function/conversions:/publish/content/products-and-industries/biotechnology/plant-biotechnology/images/BPS__PositionPaper__Feb__2009__DE.pdf

12 www.transgen.de/recht/koexistenz/

13 www.bmelv.de/cln__044/nn__750598/DE/04-Landwirtschaft/Gentechnik/Koexistenzund Umweltrisiken.html____nnn=true

AID (staatlich geförderter Informationsdienst für Landwirtschaft)[5]
Das bundesdeutsche Gentechnikgesetz soll dem prinzipiellen „Ja“ der EU zu einem zukünftigen Anbau gentechnisch veränderter Pflanzen ein deutsches „Jein“ hinzufügen und sicher stellen, dass Landwirte und Verbraucher auch in Zukunft die „freie Wahl“ haben, sich für oder gegen Gentechnik auf dem Acker oder Teller zu entscheiden.

Umweltbundesamt in Österreich[6]
Die Frage der Sicherung der Koexistenz hat sich als eine zentrale Aufgabe herauskristallisiert. Die Europäische Union hat das Ziel, Konsumentinnen und Konsumenten die Wahlfreiheit zwischen biologischen, konventionellen und gentechnisch veränderten Produkten zu ermöglichen. Diese ist jedoch davon abhängig, ob die Wahlmöglichkeit für Landwirtinnen und Landwirte, ihre Produktionsweise frei wählen zu können, gesichert werden kann. Für die Biolandwirtschaft ist der Schutz vor „Verunreinigungen“ mit gentechnisch veränderten Organismen überlebenswichtig. Sie muss nach EU-Recht gentechnikfrei produzieren.

Aus einem Kommunikationskonzept der Landesregierung Sachsen-Anhalt, Entwurf 4.2.2004[7]
Es darf nie darum gehen, eine Anbauform zu bevorzugen. Alle Anbausysteme müssen ein gleichberechtigtes Existenzrecht haben. ... Es gibt erprobte Maßnahmen, die Koexistenz ermöglichen und ungewollte Vermischungen vermeiden helfen. Die Systeme unterscheiden sich dabei nicht von Maßnahmen, die bereits mit Erfolg angewendet werden, z.B. bei der Produktion von Spezialsaaten. ... Trotz GVO-Anbaus bleibt die Wahlfreiheit langfristig gesichert, was und nach welchen Anbaumethoden auf dem Betrieb gewirtschaftet wird. Eine schleichende Vermischung des Saatguts wird verhindert.

Wo soviel Eindeutigkeit besteht, stellen sich auch die ProtagonistInnen der neuen Technik einer bestehenden Einheitsmeinung nicht entgegen. Sie schlagen in die gleiche Kerbe: Ja, wir wollen Koexistenz. Für alle. Meinen aber vor allem sich selbst. *„Alle Akteure sollten frei entscheiden können, was sie anbauen, kaufen oder weiterverarbeiten wollen,“* hieß es bei Christel Happach-Kasan,[8] die neben ihrer Tätigkeit als Marktschreierin für die Agro-Gentechnik auch noch einen Job als Bundestagsabgeordnete der FDP innehat. InnoPlanta, der lauteste Lobbyverband für Gentechnik in deutschen Landen, druckte das Zitat der Politikerin begierig ab, die mit ihren Äußerungen im Gentechnik-Fanclub nicht allein steht. *„Konsumenten, Landwirte, Lebensmittelhersteller – sie alle sollen zwischen Produkten mit und ohne Gentechnik wählen können“*, schrieb TransGen.[9] Das sei kein Problem, echote die Bayrische Staatsregierung:[10] *„Die Koexistenz von Gentechnik, konventioneller Landwirtschaft und Ökolandbau stellt die landwirtschaftliche Praxis vor keine unlösbaren Probleme.“* Das war 2003 und damit Jahre bevor die CSU einen seltsamen Zusammenhang zwischen sinkenden Werten bei Wahlumfragen und manipulierten Pflanzengenen herstellte, was ausgerechnet ein schwarz-gelb regiertes Land zur Trutzburg gegen die profitable Technik machte.

Aus dem „Positionspapier zur Grünen Gentechnik“ der BASF[11]
Die landwirtschaftliche Praxis und langjährige landwirtschaftliche Erfahrung in vielen Ländern zeigt, dass das problemlose Nebeneinander verschiedener Anbauformen – genannt Koexistenz – mit einfachen agrartechnischen Methoden sichergestellt werden kann. Zahlreiche wissenschaftliche Untersuchungen haben dies auch für die Grüne Gentechnik bestätigt. Durch die Einhaltung von Mindestabständen zwischen Feldern und durch andere Maßnahmen, die Landwirte auch beim konventionellen oder ökologischen Anbau vorsehen, können die unterschiedlichen Qualitätsmerkmale verschiedener Pflanzenkulturen mit und ohne Gentechnik gesichert werden.

Doch dann zweitens und alle geben es zu: Koexistenz ist gar nicht möglich

„In der EU ist das Recht, sich für Produkte ‚ohne Gentechnik' zu entscheiden, politisch garantiert. Doch: Wenn gentechnisch veränderte Pflanzen angebaut werden, dann kann es eine absolute ‚Gentechnik-Freiheit' nicht mehr geben.“ Das steht nicht im Stammbuch einer/s ausgewiesenen GentechnikgegnerIn, sondern auf der Gentechnik-Propagandaseite TransGen.[12] Fast katastrophisch ist beim zuständigen Ministerium zu lesen:[13] *„Da die landwirtschaftliche Pflanzenerzeugung auf offenen Flächen erfolgt, ist ein unbeabsichtigtes Vorkommen gentechnisch veränderter Kulturen in nicht gentechnisch veränderten Kulturen nicht auszuschließen. ... Die GVO vermehren sich, wenn sie erst einmal (begrenzt) in der Umwelt freigesetzt sind. ... Sie können zum Beispiel die im Labor eingebrachten Eigenschaften auf andere Arten übertragen oder mit ihren neuen Eigenschaften einheimische Arten verdrängen. Viele Wechselwirkungen im Ökosystem sind noch zu unbekannt, so dass die möglichen Folgen einer Freisetzung nicht im Voraus kalkulierbar sind. Wenn sich*

negative Folgen erst nach Jahren herausstellen, dann können die Fehler von ‚Damals' nicht mehr rückgängig gemacht werden." Auch praktisch spielt das längst eine bedeutende Rolle. Die Schokoladenfirma RITTER beteuert zwar:[14] „*Unserem Qualitätsanspruch verpflichtet, versuchen wir bei der Schokoladenherstellung – soweit möglich – auf die Verarbeitung gentechnisch veränderter Rohstoffe zu verzichten*", muss aber dann hilflos eingestehen: „*Leider ist dies nicht bei allen Zutaten zu 100 % möglich, da wir natürlich auf die Verfügbarkeit der gewünschten GVO-freien Rohstoffe angewiesen sind. So ist es uns zum Beispiel trotz länderübergreifender Recherchen noch nicht gelungen, einen Lieferanten für Milchpulver ausfindig zu machen, der uns die ausschließliche Verfütterung gentechnikfreier Futtermittel an seine Tiere garantieren konnte. Und auch trotz strengster Rohwareneingangskontrollen lassen sich unbeabsichtigte Verunreinigungen zum Beispiel durch Pollenflug auf den Feldern nie ganz ausschließen.*"

Alle wissen es, allen voran natürlich die GentechnikkritikerInnen:

Aus einem Interview mit dem Imker Michael Grolm, in: Junge Welt, 18.1.2007 (S. 8)[15]

Frage: Feldbefreier berufen sich auf rechtfertigenden Notstand. Welche Gefahren sehen Sie konkret?

Es geht zum Beispiel um die Freiheit, sich für Produkte ohne Gentechnik entscheiden zu können. Als Produzent und als Verbraucher. Diese Freiheit wird uns genommen. Es gibt bald keine Produkte mehr, die null Prozent Gentechnik enthalten. Die Unmöglichkeit der Koexistenz zeigen Erfahrungen aus Kanada, wo es durch Auskreuzung und Vermischung keinen gentechnikfreien Raps und keine gentechnikfreien Sojaprodukte mehr gibt. Biobetriebe können dort nicht mehr anbauen. Dadurch wird auch fremdes Eigentum beschädigt – weniger durch die Feldbefreier als durch die Gentechnikkonzerne. Ich selbst habe Probleme, meinen Honig zu verkaufen. Einer meiner Abnehmer verlangt bereits eine Unterschrift, mit der ich ihm garantiere, daß keine gentechnisch veränderten Pollen im Honig sind.

Positionen von landwirtschaftlichen Organisationen[16]

„Koexistenz ist möglich", so heißt es immer wieder. Doch wie eine gentechnikfreie Landwirtschaft in Zukunft sicher gestellt werden kann, lassen die Befürworter der Agro-Gentechnik bewusst offen. Schon beim Anbau ist unklar, wie verhindert werden soll, dass die Felder in der Nachbarschaft von Äckern mit gentechnisch veränderten Pflanzen kontaminiert werden. Die Debatten um Abstandsvorgaben oder um die Bienen, die sich nicht an Feldgrenzen halten, sind Beispiele dafür, wie komplex die Natur ist. ...

Ein ganzer Bereich ist bisher noch nicht beachtet worden, wenn es um Koexistenz geht: Was passiert in den Maschinen, die vor, während und nach dem Anbau überbetrieblich zum Einsatz kommen, also auf Feldern mit und auf Feldern ohne Gentechnik: Sämaschine, Mähdrescher, Häcksler, Anhänger, Pflanzenschutz-Spritzen...? Wie groß ist das Risiko, dass es dabei zu Verschleppungen kommt, wie hoch ist der Aufwand, um Verschleppungen zu verhindern oder mindestens zu minimieren?

Text[17] zu einer Studie[18] von Greenpeace

Das Ergebnis des Greenpeace-Reports Impossible Coexistence lässt keine Zweifel offen: der großflächige Anbau von gentechnisch verändertem Mais in Spanien verunreinigt die Ernte vieler Bauern und bedroht deren Existenz.

Peter Röhrig/Rolf Mäder zu Trennung in Maschinen, in: „Die teure Unmöglichkeit der Koexistenz", in: GID Oktober 2006 (S. 18-20)[19]

Bisher müssen in erster Linie Importeure und Verarbeiter von Soja und Mais erhebliche Anstrengungen untenehmen, um ihre Produkte frei von Gentechnik zu halten. Das ist mit erheblichen Kosten verbunden, die zu Lasten der Ertragssituation der Betriebe und der Verbraucherpreise gehen. Sollte sich die Agro-Gentechnik in Deutschland weiter ausweiten, sind auch immer mehr Landwirte davon betroffen. Ihnen entstehen zusätzliche Kosten für die aufwändigere Qualitätssicherung, die nur in Ausnahmefällen vom Verursacher eingefordert werden können. Bezahlt werden müssen Analysen, die von Abnehmern verlangt werden, sowie Aufwendungen für die Beweissicherung. Diese sind im Falle des Eintretens eines durch das Gesetz abgedeckten Schadensfalles notwendig, um erfolgreich auf Ausgleich klagen zu können. Die Kosten für Beweissicherung und Analysen werden wahrscheinlich nur im Erfolgsfall vom Verursacher bezahlt. ...

Wie problematisch die Verschleppungsgefahr für die Herstellung von Lebensmitteln ohne Gentechnik sein kann, zeigt ein Verschleppungsversuch, der im Rahmen einer vom schweizerischen Bundesamt für Gesundheit beauftragten Studie durchgeführt wurde. In einer Maisverarbeitungsanlage wurden zuerst fünf Tonnen genmanipulierter Mais verarbeitet, danach fünf Tonnen konventioneller Mais zu Grieß, Mehl und Schale. Dazwischen fand eine „betriebsübliche" Reinigung der Anlage statt. Während des Verarbeitungsprozesses wurden zahlreiche Proben an verschiedenen Stellen der Anlage genommen. Es stellte sich heraus, dass trotz Reinigung nach über drei Stunden Verarbeitung von konventionellem Mais noch 0,5 und 1,3 Prozent GVO-Anteil in den Endprodukten nachzuweisen war. Daraus wird deutlich, dass eine zeitlich getrennte Verarbeitung in ein und derselben Anlage mit hohen Verschleppungsrisiken verbunden ist. ...

Auch viele ExpertInnen schrieben es immer wieder: Koexistenz gelingt nicht. JedeR hätte es seit Langem wissen können ...

Aus Marcus Lemke (2002): „Gentechnik – Naturschutz – Ökolandbau", Nomos in Baden-Baden (S. 25)

Die derzeit wohl aktuellste und umfassendste Studie wurde von der Europäischen Umweltagentur (EEA) erstellt. Hier wird der Stand der Erkenntnisse über das Ausbreitungspotential der in Europa sieben wichtigsten landwirtschaftlichen Anbausorten zusammengefasst. Eine hohe bzw. mittlere bis hohe Auskreuzungswahrscheinlichkeit wird für Raps, Zuckerrüben und Mais angegeben, während für Weizen und Kartoffeln sowie verschiedene Obstsorten von einer geringen Auskreuzungswahrscheinlichkeit ausgegangen wird. Es kann damit als gewiss gelten, dass eine Auskreuzung transgener Erbsubstanz in umliegende Flächen stattfinden wird, sofern hier kreuzungsfähige Pflanzenarten vorkommen. Dies hat seinen Grund darin, dass es sich bei der Auskreuzung um einen auch natürlicherweise vorkommenden Prozess handelt und der landwirtschaftliche Anbau von GVP in „offenen Systemen" stattfindet. Schließlich gehören Wechselwirkungen und gegenseitige Beeinflussung zwischen Anbauflächen sowie zwischen Anbauflächen und nicht bewirtschafteten Flächen auch zum Alltag landwirtschaftlicher Produktion.

Auszüge aus dem Forschungsbericht „Grüne Gentechnik und ökologische Landwirtschaft" des Umweltbundesamtes vom 2001 (S. 3 der Kurzfassung)

Entlang der gesamten Warenflusskette vom Saatgut bis in den Verarbeitungsbetrieb existieren kritische Punkte einer Vermischung mit GVO und GVO-Bestandteilen. Ein Teil der Verunreinigungen kann auf dem technischen Weg durch gemeinsam genutzte Maschinen oder Verarbeitungsstätten entstehen. Ein anderer Teil wird biologisch bedingt sein, da weder bei der Saatgutproduktion noch während des landwirtschaftlichen Anbaus ein Eintrag von transgenen Pollen oder von Tieren verschleppten Saatguts vollständig vermieden werden kann. Die größtmögliche Sicherheit vor technischen Verunreinigungen bieten vollkommen getrennte Warenflüsse, die

i

Text zur Kontamination in landwirtschaftlichen Maschinen in GID Oktober 2006 (S. 12ff): www.gen-ethisches-netzwerk.de/gid/178/thema/schimpf/maschinelle-verschleppung

Gutachten zur Koexistenz der ABL: www.abl-ev.de/gentechnik/pdf/Koex__Bro3.pdf

Einführung in die gesetzlichen Vorschriften zur Koexistenz: www.bioxgen.de/documents/light/bxg__E__2__060210.pdf

14 www.ritter-sport.de/#/de__DE/quality/article/gentechnik/

15 www.jungewelt.de/2007/01-18/035.php

16 www.keine-gentechnik.de/dossiers/koexistenz10.html

17 www.greenpeace.de/themen/gentechnik/nachrichten/artikel/koexistenz__ist__unmoeglich/

18 www.greenpeace.de/fileadmin/gpd/user__upload/themen/gentechnik/La__imposible__coexistencia.pdf

19 www.gen-ethisches-netzwerk.de/gid/178/thema/roehrig/teure-unmoeglichkeit-koexistenz

Abb.: Gentechnik ist erlaubt, weil Koexistenz nicht möglich ist und deshalb ein Einhalten der Koexistenz die Existenz der Gentechnik nicht zulässt. (aus dem Bescheid zum Gießener Gengersteversuch vom 3.4.2006).

III.2.5. *Der gentechnikfreie Anbau gleichartiger Pflanzen wird durch Pollenflug und Saatgutverunreinigung von Gen-Pflanzen erheblich erschwert.*

Eine vollständige Isolierung wäre nur mit einem unverhältnismäßig großen Aufwand zu gewährleisten, der die Durchführbarkeit des Vorhabens insgesamt in Frage stellen würde. Eine vollständige Isolierung der gentechnisch veränderten Gerste dieses Freisetzungsvorhabens ist jedoch auf Grund des Ergebnisses der Risikobewertung des Antragsgegenstands nicht erforderlich.

Die von der Antragstellerin vorgesehenen Maßnahmen in Verbindung mit den in den Nebenbestimmungen des vorliegenden Genehmigungsbescheids getroffenen Festlegungen sind vor dem Hintergrund der Fortpflanzungseigenschaften von Gerste (kleistogam, selbstbestäubend) nach übereinstimmender Bewertung ausreichend, die Möglichkeit der Übertragung der gentechnischen Veränderung auf verwandte Pflanzenarten über Pollen zu minimieren und das Vorhaben zeitlich und räumlich hinreichend zu begrenzen.

allerdings nur mit hohem Aufwand realisiert werden können. Dies würde beispielsweise bedeuten, dass Erntemaschinen, Transportfahrzeuge und Verarbeitungseinrichtungen ausschließlich mit Öko-Erzeugnissen beschickt werden. Biologische Verunreinigungen durch Polleneintrag mit nachfolgender Befruchtung lassen sich nur dann weitestgehend minimieren, wenn über neue oder veränderte Abstandregelungen die Wahrscheinlichkeiten der Befruchtung mit transgenen Pollen in fremdbefruchteten Arten verhindert oder anderweitig gesenkt wird.

Sogar Gerichte und Behörden stellten fest: Es geht einfach nicht …

Infoblatt der EU „Fragen und Antworten zu den GVO-Bestimmungen der Europäischen Union" (MEMO/08/117 vom 26.3.2007)[20]

Warum lassen die neuen Verordnungen Spuren von gentechnisch verändertem Material zu, das nach wissenschaftlichen Erkenntnissen unbedenklich, aber noch nicht zugelassen ist?

Das zufällige oder technisch nicht vermeidbare Vorhandensein von GV-Material in Erzeugnissen, die in der Europäischen Union vermarktet werden, kann auf eine Verunreinigung beim Anbau, beim Transport, bei der Lagerung oder der Verarbeitung der Erzeugnisse zurückzuführen sein. Dies ist tatsächlich sowohl bei Erzeugnissen aus der Europäischen Union als auch aus Drittländern der Fall.

Zu guter Letzt: Die GentechnikbefürworterInnen sagen es selbst. Es kann also keinen Zweifel geben: Koexistenz ist eine Fata Morgana. Oder nicht einmal das.

Auf TransGen[21]

Werden gv-Pflanzen angebaut, dann ist eine völlige Abschottung kaum möglich: Ihr Pollen wird durch Wind oder Insekten verbreitet. Wenn auf einem Feld etwa gv-Mais wächst, kann es sein, dass sein Pollen konventionelle Maispflanzen in der Nachbarschaft befruchtet. Unter natürlichen Bedingungen sind solche Auskreuzungen kaum zu vermeiden. In unmittelbarer Nachbarschaft eines Feldes mit gv-Mais wird die Auskreuzungswahrscheinlichkeit hoch, in einiger Entfernung sehr viel niedriger sein. Auch bei der Ernte, bei Transport, Lagerung und Verarbeitung sind Vermischungen, etwa durch Verwehungen oder nicht vollständig gesäuberte Maschinen, nicht mit absoluter Sicherheit zu vermeiden. Die Natur ist ein offenes System: Es ist unmöglich, dass zwei Welten – eine mit, eine ohne Gentechnik – vollständig getrennt nebeneinander existieren. Werden bei einer Pflanzenart gv-Sorten angebaut, dann sind geringe, zufällige GVO-Beimischungen nicht vollständig auszuschließen. Obwohl viele Lebensmittelhersteller sich mit erheblichem Aufwand um „gentechnik-freie" Rohstoffe bemühen, sind in vielen mais- oder sojahaltigen Lebensmittel GVO-Spuren nachweisbar – auch in Ökoprodukten. Die Konsequenz: Eine hundertprozentige „GVO-Freiheit" wäre nur noch dann erreichbar, wenn die Anwendung von gv-Pflanzen verboten würde. Doch das ist weder politisch gewollt, noch rechtlich oder ökonomisch möglich. Europa kann sich nicht von der übrigen Welt, in der gv-Pflanzen auf wachsenden Flächen angebaut werden, abschotten.

Aus dem Faltblatt „Saatgutschwellenwerte" des Lobbyverbandes BDP (Fehler im Original)

Landwirtschaft ist kein geschlossenes System! Je mehr der Anbau von GVO's in Europa und weltweit zunimmt und je intensiver der Handel mit GVO-Pflanzenmaterial betrieben wird, desto größer ist die Wahrscheinlichkeit von Einträgen in konventionelles Saatgut.

Aus dem „Positionspapier Koexistenz" des BDP[22]

Ein Null-Prozent-Schwellenwert ist ebenso wie eine 100%ige Produktreinheit unerreichbar. Das gilt für alle Herstellungsverfahren gleichermaßen.

Joachim Schiemann aus der staatlichen Behörde JKI, dokumentiert auf Transgen[23]

Eine gentechnikfreie Produktion mit Nulltoleranz ist nicht praktikabel. Selbst bei einem völligen Verzicht wären Schwellenwerte für unbeabsichtigte Anteile von GVO in Importwaren unabdingbar. Werden geeignete Schwellenwerte vereinbart, ist eine Koexistenz möglich. Für den Saatgutbereich bedeutet das einen Schwellenwert von mindestens einem Prozent für unbeabsichtigte gv-Beimengungen. … Eine prozessorientierte Kennzeichnung ist kritisch zu sehen, weil sie aus technischen Gründen voraussichtlich nicht kontrolliert werden kann.

Bericht über eine Rede des Bauernverbandspräsidenten Sonnleitner auf dem Imkertag 2009 in Passau (ProPlanta, 13.10.2009)[24]

Stellung bezog er auch zur Entwicklung der Agro-Gentechnik. Diese würde nach wie vor vom Verbraucher abgelehnt und Deutschland sei zu kleinflächig, um einen sicheren Anbau in Koexistenz unter den gegenwärtigen Regelungen zu leisten.

Monsanto-Nordeuropachefin Ursula Lüttmer-Ouazane im Interview, in: Süddeutsche Zeitung, 10.6.2009[25]

Die Vermischung muss minimiert werden. Ausschließen kann man so etwas nie. Schließlich befinden wir uns in freier Natur und nicht in einem klinisch sauberen Raum.

Aus dem Interview mit dem ehemaligen DFG-Boss Winnacker in der Süddeutschen Zeitung[26]

Wichtig ist, den Verbrauchern klar zu sagen, wo heute schon die Gentechnik steht und dass es keinen Zurück mehr gibt. Absurd sind auch die Abstandsregelungen für Versuchsfelder etwa von MON810, denn der Maispollen fliegt kilometerweit.

Der gesunde Menschenverstand würde daraus schließen: Koexistenz ist gewollt und im Gesetz vorgeschrieben, also garantiert. Da die Freisetzung und der Anbau gentechnisch veränderter Pflanzen aber nicht koexistenzfähig sind – was ja alle zugeben –, müsste in der Konsequenz die Aussaat oder Pflanzung von GVO verboten werden. Das wäre schlüssig, eigentlich. Aber Politik, Wissenschaft, Gerichte und andere vermachtete Sphären ticken anders: Das Ergebnis ist politisch gesetzt, der Rest folgt dieser Vorgabe. Die Wege zum Ziel und vorgetragenen Argumente wechseln nach Notwendigkeiten oder Interessen. Die scheinen klar: Agro-Gentechnik soll sein. Industrie, industrielle Landwirtschaft und der Standort Deutschland stehen, so der Gentechnik-Fanblock, auf dem Spiel. Daher muss, wenn das Koexistenzrecht formal und propagandistisch nicht auszuhebeln ist, aber der Gentechnik im Wege steht, halt die Koexistenz umdefiniert werden, bis sie passt.

Deshalb drittens: Wir basteln im Gentechnikgesetz einen § 16, der den § 1 noch im Gesetz wieder aufhebt

15 Paragraphen und unzählige politische Kommentierungen und Parolen lang dürfen eifrige GesetzesleserInnen an die Koexistenz glauben. Dann hebt das deutsche Gentechnikrecht den tollen Koexistenzparagraphen selbst wieder auf. Wir lesen: *„Die Genehmigung für eine Freisetzung ist*

20 http://europa.eu/rapid/pressReleasesAction.do?reference=MEMO/07/117&format=PDF&aged=0&language=DE&guiLanguage=en

21 www.transgen.de/recht/koexistenz/234.doku.html

22 www.bdp-online.de/downloads/koexistenz.pdf

23 www.transgen.de/wissen/diskurs/477.doku.html

24 www.proplanta.de/Agrar-Nachrichten/agrar__news__themen.php?SITEID=1140008702&WEITER=99&MEHR=99&Fu1=1255434778&Fu1Ba=1140008702&ArC=0&ArCJ=&ArCM=&ROalAk=555&laZ=15&LsZ=0&EgSa=&SuGi=&SuGo=&SuDat=&con=

25 www.sueddeutsche.de/wirtschaft/51/471589/text/4/

26 www.genfrei-ulm.de/phpBB/viewtopic.php?t=107&sid=89b7974af55ba4b7fb8e36a42370a20d

zu erteilen, wenn ... schädliche Einwirkungen auf die in § 1 Nr. 1 bezeichneten Rechtsgüter nicht zu erwarten sind". Wo stand noch mal die Koexistenzgarantie? War doch der § 1, oder? Ja, aber leider in Satz Nr. 2. Verdammt, dann dürfen also Genversuchsfelder auch dann angelegt werden, wenn schädliche Einwirkungen auf § 1 Nr. 2 zu erwarten sind. Steht da! Das Gesetz garantiert in § 1 die Koexistenz, erlaubt aber in § 16, Abs. 1 Nr. 3 die Anlage von Feldern mit GVO auch dann, wenn sie die Koexistenz gefährden.

Wer weiter im Gesetz wühlt, findet noch ein paar zusätzliche Regelungen zum kommerziellen Anbau, im Gesetz als Inverkehrbringen bezeichnet (§ 16b). Fürs formale Desaster sind die nicht mehr nötig: Wir haben ein Gesetz, welches sich selbst aufhebt! Diese Trickkiste hat die gesamte rotgrüne Regierungszeit bestens überstanden und wurde weder von Sigmar Gabriel noch von Ilse Aigner oder irgendwem sonst jemals angegriffen. Eine der Beschwichtigungen ob des seltsamen Spiels war der Hinweis, dass bei Freisetzungen die Einzel-Genehmigungsverfahren eine ausreichende Qualität sichern. Sprich: Das formale Koexistenzrecht wurde ausgehebelt, um ausgerechnet den offen gentechnik-befürwortenden Institutionen BVL, ZKBS und JKI diese wichtige Fragestellung zu überlassen. Deren Verfilzungen waren ebenso bekannt wie ihre Meinung, dass Koexistenz für sie keine Frage des Aussäens, sondern nur der Kennzeichnung sei:[27] *„Die freie Wahl der Verbraucher, sich für oder gegen den Kauf gentechnisch veränderter Lebensmittel zu entscheiden, wird im Wesentlichen durch eine umfassende Kennzeichnungspflicht für gentechnisch veränderte Produkte sichergestellt."* Draußen in der Landschaft spielte die Frage der Koexistenz für sie gar keine Rolle:[28] *„Die Rückholbarkeit der freizusetzenden Organismen ist keine Voraussetzung für die Genehmigung einer Freisetzung."* Noch schlimmer: Nach Auffassung des BVL-Chefs Buhk[29] *„ist ein Eintrag von gentechnischen Veränderungen in konventionelle Sorten eine mit der Freisetzung in Kauf genommene und genehmigte Folge einer Freisetzungsgenehmigung."* Das für Rechtsstreitigkeiten um Genfelder zuständige Verwaltungsgericht Braunschweig machte dann gnadenlos klar, dass das Gentechnikgesetz niemanden vor Auskreuzung schütze. Es wies KlägerInnen ab, denn ein Feld mit gv-Pflanzen verursache keine *„Einwirkung auf ihr Eigentum aus den spezifischen Gefahren und Risiken der Gentechnik, vor denen allein das Gentechnikgesetz schütze*". Die Koexistenz steht zwar im Gesetz, wird aber durch dieses nicht geschützt. Ganz im Gegenteil, das Gericht konstruierte aus der Koexistenzgarantie sogar ein Recht auf Verseuchung der Umwelt und anderer Flächen mit GVO:[30] *„Soweit die Klägerin der Auffassung ist, Auskreuzungen müssten vollständig ausgeschlossen werden, weist die Beklagte zu Recht darauf hin, dass in diesem Fall Freisetzungsgenehmigungen nicht mehr erteilt werden könnten, was jedoch der sowohl die Zulassungsbehörde als auch das Gericht bindenden gesetzgeberischen Grundentscheidung für die Erzeugung von Lebens- und Futtermitteln auch unter Einsatz gentechnisch veränderter Organismen (vgl. § 1 Nr. 2 GenTG) zuwider liefe."* Also noch mal, auch wenn die gedankliche Pirouette beachtlich ist: Weil gentechniknutzende Landwirtschaft nicht koexistenzfähig ist, gibt es für die gentechnikfreie Landwirtschaft kein Koexistenzrecht mehr, denn sonst müsste die gentechnikbenutzende Landwirtschaft ja verboten werden, was aber deren Koexistenzrecht unterliefe. Übertragen Sie das mal auf andere Rechtsgebiete. Das ist schon abenteuerlich. Aber wenn Genehmigungsbehörden, Regierungen, Gerichte und Geldgeber zusammen halten – auch, weil sie hochverfilzt sind – dann kommt eben so etwas heraus.

Doppelt hält besser. Daher findet sich im Gesetz noch ein zweiter Paragraph, über den jede Gegenwehr gegen die Agro-Gentechnik stolpert und der allen FeldbetreiberInnen weitgehende Narrenfreiheit sichert: Die Stellung der ZKBS. Wer gegen ein Versuchsfeld mit GVO klagte, las nach der Niederlage vor Gericht dann in der Begründung:[31] *„Die Zentrale Kommission für die Biologische Sicherheit (ZKBS) prüfte den Antrag im Hinblick auf mögliche Gefahren im Sinne von § 1 Nr. 1 GenTG und gelangte mit Beschluss vom 03. April 2007 zu dem Ergebnis, dass von den geplanten Freisetzungsversuchen keine schädlichen Einwirkungen auf geschützte Rechtsgüter zu erwarten seien."* Weiter unten stand: *„Die ZKBS, der als unabhängigem und nicht weisungsgebundenem Gremium nach den Vorschriften der §§ 4, 5a und 16 Abs. 5 GenTG eine maßgebliche Funktion bei der Vermittlung des für die Risikobewertung erforderlichen Sachverstandes zukommt, hat lediglich einen Sicherheitsabstand von 100 m für erforderlich erachtet. Der von der Beklagten im Sinne des Vorsorgeprinzips angeordnete weitergehende Sicherheitsabstand von 200 m lässt das Risiko von Auskreuzungen nach dem Stand der Erkenntnisse als äußerst gering und deshalb hinnehmbar erscheinen."* Die Sache dreht sich also im Kreis: Verfilzte Behörden und Kommissionen, in denen die VersuchsleiterInnen und sonstige GentechnikanwenderInnen sitzen, winken die Feldgenehmigungen durch – und das daraufhin angerufene Gericht überprüft die Entscheidungen nicht, sondern beruft sich bei der Begründung, dass die Entscheidung der ZKBS richtig ist, auf die Entscheidung der ZKBS. Der Zeuge hat recht, weil der Zeuge recht hat ... Gegen dieses Bollwerk, juristisch abgesichert, hat bislang kein formaler Protest gegen eine deutsche Gentechnikanwendung eine Chance gehabt.

Angesichts dieser rechtlichen Lage war es etwas peinlich, dass ausgerechnet GentechnikgegnerInnen im Juni 2010 zu FürsprecherInnen dieses Gesetzes mutierten. Als im Juni 2010 das Land Sachsen-Anhalt gegen das geltende Gentechnikgesetz klagte, mutierten UmweltschützerInnen und BiolandwirtInnen plötzlich zur Verteidigung des geltenden Rechts. So einfach geht das, Verwirrung zu stiften. Doch inhaltliche Substanz und klare Positionen waren noch nie die Stärke politischen Protestes in Deutschland (siehe Kap. XIII zu den NGOs).

Noch besser im vierten Akt: Legalisierung des Unabwendbaren

Jahrzehnte erzählten WissenschaftlerInnen, Auskreuzung sei beherrschbar. Natürlich wussten sie das besser – aber: Wes Brot ich ess, des Lied ich sing. Höhepunkte waren das Flugblatt[32] des Gießener Professors Friedt zur Beruhigung der AnwohnerInnen seines gv-Rapsfeldes 1997 in Rauischholzhausen, in dem er behauptete, es könne *„eine Ausbreitung der neuen Eigenschaften wegen nicht gegebener Kreuzbarkeit von Raps mit Kruziferen der hiesigen Flora ausgeschlossen werden"* und die Falschaussage seines Kollegen Prof. Kogel vor Gericht im Jahr 2009, Gerstenpollen könne nicht in die Umwelt gelangen. *„Die Behauptung der Wissenschaftler, bei Gerste gäbe es wegen der Selbstbestäubung keinen Pollenflug, stimmt bereits nach den sich aus den einbezogen Akten*

27 BVL-Broschüre „Die Grüne Gentechnik" (S. 21)

28 Genehmigungsbescheid für Rapsversuche am 22.7.1998

29 mensch+umwelt spezial 2004/2005 (S. 74)

30 Urteil vom 23.04.2009 (Az. 2 A 224/07): www.dbovg.niedersachsen.de/Entscheidung.asp?Ind=0510020070002242+A

31 siehe Fußnote 30

32 www.projektwerkstatt.de/gen/giessen/friedt1997raps.pdf

ergebenden Gründen nicht 100%ig und steht im unauflösbaren Widerspruch zur Warnung vor Gerstenpollen in Pollenflugkalendern für Allergiker", stellte das Gericht im Urteil[33] fest – verurteilte aber trotzdem nur die GentechnikgegnerInnen, während niemand ein Falschaussageverfahren gegen Kogel einleitete.

Doch das alles ist Geschichte. Angesichts der um sich greifenden Meldungen über immer neue Auskreuzungen wechselten Politik, Konzerne und die gekauften WissenschaftlerInnen ihr Programm. Das Thema „*Gentechnikfreiheit*" ist seit 2009 erledigt. Es gibt kaum noch jemanden, der sie für möglich hält, wenn gentechnische Organismen erst in der Umwelt sind. Einsame Ausnahmen wie die erbärmlich agierenden Apparate im Niedersächsischen Landwirtschaftsministerium, die auch 2010 noch nicht wußten, dass Bienen Maispollen sammeln, bestätigten eher die Regel. So war die Zeit reif für eine neue wissenschaftliche Wahrheit und aktualisierte Tricks. Der wichtigste: Grenz- und Schwellenwerte, mit denen die Konzerne und ForscherInnen Saatgut, Lebens- und Futtermittel als gentechnikfrei definieren können, auch wenn es das gar nicht ist.

Ein gutes Beispiel geschickter Rhetorik bot Anja Matzk (KWS) am 19.8.2005, die – selbst vielfach verflochten mit Lobbyverbänden sowie mit Sitz und Stimme in der ZKBS – Grenzwerte forderte,[34] d.h. „*Werte, die einerseits die Einhaltung der Kennzeichnungsschwellenwerte bei Lebens- und Futtermittel erlauben, andererseits aber die Saatgutwirtschaft – einschließlich der beteiligten Landwirte – nicht mit überzogenen Kosten belastet.*". Welch absurder Satz, denn „*einerseits*" und „*andererseits*" sagen hier schlicht das Gleiche auch, nämlich machen Werbung für durchlässige Grenzwerte. Das Interesse von VerbraucherInnen, Bio- und konventionell gentechnikfrei arbeitenden LandwirtInnen kommt bei der KWS-FunktionärIn gar nicht mehr vor. Die zunehmenden Verunreingungen von Saatgut lösen keine Selbstkritik, sondern Angst um das profitable Geschäft aus:[35] „*Der aktuelle Fall von vermeintlichen Spuren einer gentechnischen Veränderung in konventionellem Saatgut zeigt erneut, dass Schwellenwerte für Saatgut dringend erforderlich sind.*" Verpackt wird das in Mitleid mit den armen VerbraucherInnen. Gäbe es Schwellenwerte, müssten die nicht so oft schlechte Nachrichten hören und würden nicht „*weiter verunsichert*", sondern unbekümmert ihre tägliche Portion Gentechnik brav essen. Allein ist die KWS mit dieser Sichtweise nicht. TransGen, eine sich als neutrale Informationsplattform verschleiernde Werbeseite, fordert Schwellenwerte, denn Auskreuzung ist unvermeidbar und „*eine hundertprozentige ‚GVO-Freiheit' wäre nur noch dann erreichbar, wenn die Anwendung von gv-Pflanzen verboten würde*". Das aber darf ja nicht sein – also Grenzwerte! Genauso argumentiert auch der BDP.[36] Er gibt offen zu, dass „*100%ige Produktreinheit unerreichbar*" ist und diese einzufordern eine „*Diskriminierung*" der schönen Gentechnik wäre. „*Europäische Landwirte würden einen Wettbewerbsnachteil am Weltmarkt erleiden, wenn ihnen die Chance, sich bewusst für den Anbau von gentechnisch veränderten Pflanzen entscheiden zu können, genommen würde.*" Die bisherige Regelung im Gesetz „*ist zu starr*" – heißt das, dass die augenblickliche Gentechnik gegen das Gesetz verstößt? Was schlägt der BDP vor: Grenzwert einführen und – weil das auch nicht reicht – Nachbarfelder vergrößern, damit der Durchschnitt bei der Gesamternte immer unter dem Schwellwert bleibt: „*Besitzt das benachbarte konventionelle Maisfeld eine Mindesttiefe von 90 Metern, so bleibt der GVO-Anteil der gesamten Erntepartie auch ohne Einhalten eines Trennstreifens aufgrund von Verdünnungseffekten unterhalb von 0,9 Prozent.*" Doch auch diese Vertuschungsidee ist wieder eine Offenbarung. Sie zeigt, dass der BDP Mindestabständen nicht traut.

Aus: Osthessen-News, 10.2.2009[37]

Lange wurde von Koexistenz geredet, um die Gemüter zu beruhigen. Wenn nun alle Schwellenwerte verlangen, ist etwas im System falsch. Bekamen Politiker und Verbraucher von den Verantwortlichen der Gentechnik-Konzerne immer wieder erklärt, dass eine Koexistenz von genmanipulierter Landwirtschaft, gentechnikfreier Landwirtschaft und Bio-Landwirtschaft möglich ist , scheint diese Versicherung der Konzerne nunmehr eine leere Worthülse gewesen zu sein, um den Weg für die Zulassung gentechnisch veränderter Pflanzen zu beschleunigen und zu ebnen. Doch irgendetwas muss passiert sein. Denn plötzlich sind angeblich GVO Schwellenwerte in Saatgut erforderlich, weil es unmöglich ist Anbau und Saatgut absolut sauber zu halten. Doch dann ist klar: Das wäre der Beweis dafür, dass Koexistenz nicht möglich ist. Die Folgen daraus würden ein großes Umdenken bei Politikern und Zulassungsbehörden nach sich ziehen. Die bisherigen Zulassungen wären auf falschen Tatsachen gegründet und müssten sofort EU-weit zurückgenommen werden. Die Konsequenz: Jeglicher Anbau von gentechnisch veränderten Pflanzen in der gesamten EU muss komplett verboten werden. Ist jedoch, so wie die Gentech-Konzerne behaupten, eine Koexistenz doch möglich, so ist es natürlich auch möglich, Saatgut sauber zu halten von Spuren gentechnisch veränderter Samen. Folglich brauchen wir keine GVO-Schwellenwerte und können weiter absolut sauberes Saatgut verlangen. ... Entweder ist Koexistenz zwischen GVO-Anbau, Biolandwirtschaft und gentechnikfreier Landwirtschaft möglich, dann brauchen wir keine Schwellenwerte im Saatgut. Wenn aber Saatgut für die Saatguthersteller nicht mehr von GVO freizuhalten ist, dann ist dies der Beweis, dass eine Koexistenz nicht möglich ist. Folgerichtig muss dann der gesamte GVO-Anbau in der EU verboten werden – fordert der Landwirt Peter Hamel.

Schon 2002 zog der staatliche Grenzwertforscher Joachim Schiemann mit Folien auf Vorträge, auf denen das Fazit der DFG-Senatskommission zu lesen war. Das Paradox dürfte MathematikerInnen gruseln lassen: Hier ist A = Nicht-A! Koexistenz ist möglich in Form der Nicht-Koexistenz!

Kernaussage: Koexistenz von GVO-, konventionellem und Ökoanbau sowie -vermarktung ist möglich und notwendig

- Koexistenz von GVP und nicht- GVP in einer Region - abhängig vom Schwellenwert (wenigstens **1%**) - ist möglich.
- Ein Schwellenwert von **0,1%** ist unmöglich bzw. mit hohen Kosten verbunden.

Zusammenfassend stellt die Senatskommission (u.a.) fest,

- dass Schwellenwerte für GVP-Einträge keine wissenschaftliche Grundlage haben, ihre Einführung aber aus Sicht der Verbrauchersouveränität und aus Gründen der Rechtssicherheit erforderlich ist,
- dass sehr niedrige Schwellenwerte gravierende negative Auswirkungen auf die Forschung sowie die weitere Entwicklung von GVP haben.

Fazit: Praxistaugliche und realistische Schwellenwerte sind erforderlich, um die Koexistenz verschiedener Formen der Landwirtschaft zu gewährleisten.

Auszüge aus Schiemanns Foliensatz vom 25.6.2002 zu GVO und Schwellenwerten[38]

Bleibt noch zu erwähnen, dass – wie üblich – die Landwirtschaftsform der Imkerei bei allem noch gar nicht berücksichtigt ist.

33 www.projektwerkstatt.de/gen/prozesse/2006lg/urteil091009.pdf

34 www.vdl.de/Journal_Digital/Schwerpunkt/2005/Schwerpunkt0405/Matzk.php

35 www.kws.de/aw/KWS/Germany/Service_Presse/presse-infos/_/Pressemitteilungen/%7Edamn/Schwellenwerte_fuer_Saatgut_dringend_erfo/

36 www.bdp-online.de/downloads/koexistenz.pdf

37 www.osthessen-news.de/beitrag_A.php?id=1167270

38 www.transgen.de/pdf/diskurs/schiemann_folien.pdf

***Aus der Broschüre „Gentechnik in Lebensmitteln" des AID*[39]**
Zweck der Kennzeichnung ist es, Verbraucher darüber zu informieren, ob bei der Herstellung eines Lebensmittels gentechnisch veränderte Organismen verwendet wurden. Jeder, dem diese Information wichtig ist, kann sie bei seiner Kaufentscheidung berücksichtigen. Die in Europa praktizierte Kennzeichnung sichert die Wahlfreiheit. ...
Nicht in die Wahlfreiheit einbezogen sind zufällige oder technisch unvermeidbare GVO-Beimischungen bis zu einem Schwellenwert von 0,9 Prozent. Das gilt jedoch nur, wenn es sich um Spuren von in der EU zugelassenen und als sicher bewerteten GVO handelt.

***Klaus-Dieter Jany im Interview von „Die freie Welt" am 31.3.2010*[40]**
Bei einem großflächigen Anbau von transgenen Pflanzen, wobei aus vom Auskreuzungsverhalten abhängt, wird sich der vollständige Ausschluss nicht vermeiden lassen. Aber bereits heute werden Spuren bis zu 0,9% toleriert. Wie überall im Leben müssen auch hier Kompromisse eingegangen werden und Absicherung dieses Schwellenwertes von 0,9% wäre ein solcher. Wer allerdings kompromisslos auf eine vollständigen Ausschluss beharrt, wird über kurz oder lang „verlieren". Der reine Fundamentalismus hat noch nie zur langfristigen-nachhaltigen Durchsetzung von Zielen geführt.

***Forderungskatolog der Saatgutvermehrer (BVO)*[41]**
Einführung eines Toleranzwertes in Höhe von 0,5 Prozent („Schweizer Modell") für diejenigen GVO in Lebens- und Futtermitteln, die in Drittländern bereits kommerziell genutzt werden und damit auch eine behördliche Sicherheitsprüfung mit positivem Urteil durchlaufen haben.
Einführung eines praxisgerechten GVO-Kennzeichnungs-Schwellenwertes für Saatgut.

***Aus einem Kommunikationskonzept der Landesregierung Sachsen-Anhalt, Entwurf 4.2.2004*[42]**
Die Maßnahmen zur Einhaltung der Koexistenz-Richtlinien müssen praktikabel sein, um allen Landwirtschaftsformen eine Existenz zu ermöglichen. ... Wahlfreiheit muss für alle Landwirte möglich sein. Dies ist nur bei praktikablen Schwellenwerten möglich. Ein Schwellenwert „Null" oder unter der Nachweisgrenze ist nicht möglich, macht keinen Sinn und war auch in der Vergangenheit bei Spezialsaaten etc. nicht üblich. ... Die Schwellenwert-Regelungen sind notwendig, da es in der landwirtschaftliche Produktion keine 100%ige Reinheit geben kann. Auch der ökologische Landbau arbeitet seit jeher mit Schwellenwerten, um seine Produkte als ökologisch zu definieren. ... Die Landwirtschaft ist seit jeher ein offenes System. Ein Schellenwert nahe Null hat noch nie Sinn gemacht und macht auch hier keinen Sinn.

***Aus einem Forderungspapier der führenden Forschungsakademien am 13.10.2009*[43]**
Für die Warenkette muss ein praktikabler rechtlicher Rahmen geschaffen werden, der sich an den weltweiten Entwicklungen der Grünen Gentechnik, an gesicherten wissenschaftlichen Erkenntnissen und am internationalen Handel orientiert. Daher sind neben dem in Europa geltenden Schwellenwert von 0,9% für die Kennzeichnung von Nahrungs- und Futtermitteln verbindliche und praktikable Schwellenwerte für zufällige, technisch unvermeidbare Beimischungen von genetisch veränderten Organismen (GVO) in konventionellem Saatgut unerlässlich. Ferner ist ein Schwellenwert für geringfügige Beimischungen von nicht in der EU angemeldeten bzw. zugelassenen, bzw. in den EU-Ländern asynchron zugelassenen GVO in Lebens- und Futtermitteln notwendig. ... Es ist klarzustellen, dass DNS-Spuren von gentechnisch veränderten Pflanzen in konventionellen Produkten infolge genehmigter Freisetzungen nicht unter „Inverkehrbringen" fallen.

***Aus „GVO und Futtermittel" in: DLG-Jahresbericht 2008 (S. 46 f.)*[44]**
Die in der EU angewendete Nulltoleranz für gentechnisch veränderte Soja-Sorten ohne EU-Zulassung verhindert zunehmend auch den Import von zugelassenen Sojafuttermitteln. ... Die Nulltoleranz ist aus wissenschaftlicher Sicht nicht zu begründen und für ein hohes Niveau an gesundheitlichem Verbraucherschutz unnötig. ... Die EU-Kommission sollte an Stelle der Nulltoleranz fachlich abgeleitete und praktikable Schwellenwerte setzen. Nur Schwellenwerte können die Wahlfreiheit zwischen kenzeichnungspflichtigen und nicht kennzeichnungspflichtigen pflanzlichen Rohstoffen ermöglichen.

Auszüge aus der BVL-Broschüre „Die Grüne Gentechnik"
DUm eine praktikable und verhältnismäßige Handhabung der Kennzeichnungsvorschriften zu ermöglichen und Hersteller zu schützen, die sich intensiv bemüht haben, eine Beimischung von GVO zu vermeiden, wurde für zugelassene GVO ein Schwellenwert von 0,9% definiert, unterhalb dessen auf die Kennzeichnung als „gentechnisch verändert" verzichtet werden kann. Dies gilt allerdings nur, wenn das Vorhandensein des GVO tatsächlich zufällig oder technisch unvermeidbar ist. Jede bewusste Verwendung von GVO ist auch unterhalb des 0,9%-Schwellenwertes zu kennzeichnen.

Aus der Beschlussvorlage „Landwirtschaft ist Zukunft" zu JU-Bundesversammlung 2010
Praktikable Schwellenwerte für zufällige, technisch unvermeidbare Beimischungen von GVO in konventionellem Saatgut sind unerlässlich. Ferner ist ein Schwellenwert für geringfügige Beimischungen von nicht in der EU angemeldeten bzw. zugelassenen oder in den EU-Ländern asynchron zugelassenen GVO in Lebens- und Futtermitteln notwendig. Die deutsche Landwirtschaft ist auf den Import von proteinhaltigen Futtermitteln angewiesen.

Kaltschnäuzig nutzten GentechniklobbyistInnen die von ihnen selbst zu verantwortenden Pannen aus, um höhere Grenzwerte zu fordern. Illegale Durchmischungen waren kein Grund zum Innehalten, sondern das Fanal zum Sturm auf die nächsten Schwellenbastionen.

***Aus „Schwellenwerte für Saatgut dringend erforderlich – Unnötige Verunsicherung von Verbrauchern vermeiden", Presseinfo von KWS am 12. Mai 2009*[45]**
Der aktuelle Fall von vermeintlichen Spuren einer gentechnischen Veränderung in konventionellem Saatgut zeigt erneut, dass Schwellenwerte für Saatgut dringend erforderlich sind. Es kann nicht im Sinne des deutschen Verbrauchers sein, wenn er auf der Basis analytisch kaum mehr nachweisbarer Spuren einer gentechnischen Veränderung, die zudem in der EU als Nahrungs- und Futtermittel zugelassen ist, weiter verunsichert wird.

***Üplinger Erklärung: Innovative Landwirte wollen die Chancen der Pflanzenbiotechnologie nutzen, fordern eine umfassende Positivkennzeichnung und Saatgutschwellenwerte (inszeniert von InnoPlanta/AGIL)*[46]**
Die jüngsten Fälle von möglichen Spuren von gentechnisch verändertem Mais in Saatgut überraschen nicht. Denn weltweit ist gv-Saatgut im Gebrauch und eine Nulltoleranz, wie sie bei Saatgut in Deutschland gilt, ist deshalb praktisch nicht möglich. Skandalös sind nicht die möglichen Spuren von gv-Mais, skandalös ist, dass es noch immer keine Saatgutschwellenwerte gibt. Um die globalen Realitäten endlich zu akzeptieren, Rechtssicherheit zu schaffen und weiteren wirtschaftlichen Schaden zu vermeiden, sind Saatgutschwellenwerte dringend erforderlich. Bis dahin müssen im behördlichen Vollzug endlich Lösungen angewendet werden, um die offensichtliche Nachweisproblematik im „Mikrospurenbereich" praxisgerecht und dem Verhältnismäßigkeitsgrundsatz folgend, zu behandeln.

***Pressemitteilung am 11.6.2010 verschiedener Konzerne und Lobbyisten nach Saatgutvemischungen im Frühjahr 2010*[47]**
Der aktuelle Fall von vermeintlichen Spuren einer gentechnischen Veränderung in konventionellem Saatgut der Firma PIONEER HI-BRED zeigt er-

39 www.aid.de/shop/pdf/0058_2008_gentechnik_in_lebensmitteln_x000.pdf (Autor der Broschüre war Gerd Spelsberg, Macher von TransGen und seit Jahren Propagandist der Gentechnik)

40 www.freiewelt.net/nachricht-3843/deutschland-verliert-ohne-gr%C3%BCne-gentechnik.html

41 www.bvo-saaten.de/themenschwerpkt/framethemen/titel_g.htm

42 www.saveourseeds.org/downloads/erprobungsanbau_Kommunikation.pdf

43 www.acatech.de/fileadmin/user_upload/Baumstruktur_nach_Website/Acatech/root/de/Aktuelles___Presse/Presseinfos___News/091013_Stellungnahme_zur_Gruenen_Gentechnik.pdf

44 www.dlg.org/fileadmin/downloads/jahresberichte/Jahresbericht2008.pdf

45 www.kws.de/aw/KWS/Germany/Service_Presse/presse-infos/_/Pressemitteilungen/%7Edamn/Schwellenwerte_fuer_Saatgut_dringend_erfo/

46 www.innoplanta.de/fileadmin/user_upload/Pdf/Aktuell/Deklaration_AGIL-Verbandstag.pdf

47 www.lifepr.de/attachment/191488/2010-06-11+GVO-Verdachtsfall+Maiszuechter+wehren+sich+neu.pdf

Abb.: Embleme der Firmen und Verbände, die die Pressemitteilung mittrugen.[47]

neut, dass Schwellenwerte für Saatgut dringend erforderlich sind. Umweltverbände fordern stattdessen das Unmögliche: Wer dem Verbraucher 100%ige Reinheiten verspricht, täuscht ihn vorsätzlich.

Pressemitteilung der CDU am 9.6.2010[48]
Zur Diskussion um die Verunreinigung von Maissaatgut mit der in der EU nicht zugelassenen Maissorte NK 603, die im Ausschuss für Ernährung, Landwirtschaft und Verbraucherschutz geführt wurde, erklärt der agrarpolitische Sprecher der CDU/CSU-Bundestagsfraktion, Peter Bleser MdB: ... Das eigentliche Problem liegt jedoch auf einer anderen Ebene: Die Nulltoleranzregelung der EU für dort nicht zugelassene gv-Sorten ist nicht praktikabel und muss endlich praxisgerecht ausgestaltet werden. Bei einem Anbau von weltweit ca. 135 Millionen Hektar GVO-Pflanzen ist es schlicht eine Illusion, dass man sich in einer globalisierten Welt auf Dauer einer Technologie verschließen könne. Nicht ohne Grund hat sich die christlich-liberale Koalition im Koalitionsvertrag für eine Änderung ausgesprochen.

Christel Happach-Kasan (FDP-MdB) im Interview: taz, 30.8.2010[49]
Die Koexistenz beider Pflanzenarten funktioniert. Es wird immer Spuren von nicht zugelassenen Sorten in Importen geben, auch weil die Zulassungsverfahren international nicht synchron ablaufen. Aber sie lassen sich sehr gering halten. Unsere derzeitige Nulltoleranzregel ist unsinnig und wird sich nicht halten lassen. Die kostet unsere Unternehmen Millionen Euro, und unsere Verbraucher haben davon keinen Vorteil. Deshalb brauchen wir wie in der gentechnikfeindlichen Schweiz einen Schwellenwert von 0,9 Prozent des Produkts für Futtermittel und 0,5 Prozent für Lebensmittel.

Gentechnikfreiheit durch Grenzwerttricks forderte am 24.6.2010 einen Kommentar auf SaveourSeeds heraus:[50] *„Ein bisschen schwanger geht nicht“* sei die regelmäßige Antwort derer, die partout keine gentechnisch veränderte Pflanzen und andere Organismen in ihrem Essen, vor allem aber auf ihren Feldern haben wollen, auf die Behauptung der Industrie, eine einvernehmliche Koexistenz zwischen gentechnischer und gentechnikfreier Landwirtschaft sei nur eine Frage des guten Willens aller Beteiligten. Der wissenschaftliche Beirat für Agrarpolitik des Verbraucherschutz- und Landwirtschaftsministeriums[51] stellte derweil in einer Stellungnahme[52] seine Definition von *„ein bisschen schwanger“* vor. Seiner Meinung nach *„hat sich jedoch herausgestellt, dass es in einer Welt, in der auch GV-Produkte existieren, illusorisch ist, vollständige GV-Freiheit zu realisieren.“* Faktisch forderte er deshalb eine schleichende Erhöhung der Toleranz für Gentechnik in Lebens- und Futtermitteln, in Rohstoffen und vor allem im Saatgut.

FDP-MdB Happach-Kasan trumpfte am 6.9.2010 mit einem weiteren Argument auf:[53] *„Eine Gesellschaft, die Grenzwerte für jedes Gift akzeptiert, sollte ohne Probleme auch Grenzwerte für gesunde Produkte tolerieren, die den einzigen Makel haben, noch keinen Zulassungsstempel der EU zu tragen.“* Was wollte sie damit sagen? Das GVO doch Giftstoffe sind? Happach-Kasan ist nach eigenen Aussagen Biologin. Kennt sie den Unterschied zwischen einem Gift, dass sich – oft mühselig – langsam abbaut, und einem GVO der sich – mitunter recht schnell – selbst vermehrt?

Doch mit dem Grenzwerttrick war es nicht getan. Auf der Liste dessen, was die Agro-GentechnikerInnen können, steht neben Lügen und Betrügen eine weitere Kunst: Das Drehen gedanklicher Pirouetten. Jahrezehntelang hatten die GentechnikbefürworterInnen behauptet, dass Auskreuzung verhinderbar sei. Als das Geschehen in der Landschaft, wie beschrieben, diese Lüge zu widerlegen begann, schalteten sie um. Sie inszenierten sich plötzlich als WissenschaftlerInnen, die das ja immer gewusst hatten – und die noch etwas anderes klar hatten: *„Die Auskreuzung einer gentechnisch veränderten Pflanze muss nicht automatisch ein Schaden sein, da eine Umwelt- und Gesundheitsgefährdung durch diese Pflanzen bereits mit der Zulassung ausgeschlossen wurde“*, stand in der schon erwähnten BVL-Broschüre zur Gentechnik. Aha! Wird nun die nicht mehr zu vertuschende Auskreuzung plötzlich zugegeben, ist aber per Genehmigungsbescheid ungefährlich und plötzlich wieder legal? Das scheint sich durch andere Aussagen zu bestätigen: *„Durch Abstandsregelungen im Gentechnikgesetz und aufgrund dieser Abstandsregelungen, was eine politische Entscheidung ist, ist Koexistenz formal natürlich möglich“*, sagt Prof. Kogel.[54] Also eine Formal- statt Realpolitik in der Koexistenzfrage?

Wir hatten ja schon den gedanklichen Loop, dass Vermischung eigentlich nicht sein dürfe, aber doch egal sei, weil ja das Gesetz per Definition von Grenzwerten die Gentechnikfreiheit schaffe, auch wenn sie nicht mehr besteht. Reicht das immer noch nicht, kommt noch etwas Drittes hinzu: Auch wenn der legale Rahmen verlassen würde, wäre das egal, weil niemand geschädigt wird und deshalb auch niemand sich beschweren, sprich: klagen kann. Egal = legal? Offensichtlich. Auskreuzungen seien für LandwirtInnen gar kein Schaden, *„weil die Beeinträchtigung der Vermarktungsfähigkeit landwirtschaftlicher Produkte, die in der Nähe von Freisetzungsflächen erzeugt werden, sowie die damit verbundenen wirtschaftlichen Einbußen nicht durch § 16 Abs. 1 Nr. 3 GenTG geschützt sind.“* Sagte das schon zitierte Verwaltungsgericht im Urteil vom 23.04.2009.[30] Und fügt hinzu: *„Solche Beeinträchtigungen sind keine Beschädigungen von Sachgütern i. S. des § 1 Nr. 1 GenTG“*. Zur allergrößten Not setzten Gericht und BVL zusätzlich noch Biologie und Physik außer Kraft. Mehr Pollenflug würde das Ganze nicht schlimmer machen, *„denn ein höherer Pollenaustrag führt nicht gleichsam automatisch zu einer Erhöhung der Auskreuzungswahrscheinlichkeit“*. Wie bitte???

Interview mit Prof. Kogel im Deutschlandfunk am 24.6.2009 auf die Frage „Kann es eine Koexistenz geben?“[55]
Das ist ja politisch entschieden worden durch Abstandsregelungen im Gentechnikgesetz und aufgrund dieser Abstandsregelungen, was eine politische Entscheidung ist, ist Koexistenz formal natürlich möglich. Ich meine aber, das ist auch zu kurz gedacht. Ich habe da eine etwas radikalere Position, dass ich sage: Diese Auskreuzungen haben keine biologische Wirksamkeit, d.h. dieser Pollenflug, der ist absurd gering und hat im Grunde keine Wirkung auf den Naturhaushalt. Bereits 10m von einem transgenen Feld entfernt ist die Pollenkonzentration minimal, vielleicht 10 Pollen pro Quadratzentimeter. ... Ein Insekt würde bei 1000facher Pollenkonzentration vielleicht beeinträchtigt werden, wir haben also keinen faktischen, wissenschaftlichen Beleg für einen Einfluss, das ist eine politische Entscheidung.

48 www.presseportal.de/pm/7846/1628303/cdu_csu_bundestagsfraktion
49 www.taz.de/1/zukunft/wirtschaft/artikel/1/gentechnik-ist-teil-unseres-lebens/
50 http://blogs.taz.de/saveourseeds/2010/06/22/agrarwissenschaftler_fordern_mehr_gentechnik_im_saatgut_als_koexistenzmassnahme/
51 www.bmelv.de/cln_163/sid_F2B4BBD494B8ABD9C9534829D356080B/SharedDocs/Standardartikel/Ministerium/Organisation/Beiraete/AgrOrganisation.html
52 www.bmelv.de/cln_182/SharedDocs/Downloads/Ministerium/Beiraete/Agrarpolitik/Stellungnahme-Koexistenz-Gentechnik.html
53 www.innoplanta.de/fileadmin/user_upload/Pdf/Pdf_Innoplanta-Forum/InnoPlantaForum2010_Festvortrag_Happach-Kasan.pdf
54 www.uni-giessen.de/cms/fbz/fb09/institute/ipaz/news/premi/biosich/deutschlandfunk-24-06.09/at_download/file
55 siehe Fußnote 54

Koexistenz ist also nichts als ein Propagandatrick. Die staatliche Garantie ist keinen Pfifferling wert – der § 1, Satz 2 des GenTG ist durch die Behörden und Gerichte einfach ins Jenseits befördert worden. Rechtsbruch – rechtstaatlich organisiert.

Die Trickkiste aber bietet noch mehr Rettungswege. So können Pflanzen, die für den Verzehr ungeeignet und auch nicht vorgesehen sind, trotzdem als Lebensmittel angemeldet werden. Sonst gelten die Grenzwerte für sie nämlich nicht. Da sich aber Futter- und Energiepflanzen genauso einmischen werden wie alle gv-Pflanzen, sind Cornflakes, Popcorn, Dosenmais & Co. nur vor der Unverkäuflichkeit zu retten, wenn diese Beimengungen über die Grenzwerte legalisiert werden. Dazu müssen es Lebensmittel sein. Zumindest formal.

So stellt sich die Lage heute dar. Sie wird schlechter werden. Denn die EU beschloss, dass alle Mitgliedsstaaten, vielleicht in diesen auch noch unterteilt nach Regionen (was auch immer das ist) selbst entscheiden können, wie sie formal gentechnikfrei sein wollen. Dann wird dem Pollen also in einem Bundesland befohlen, nur noch 80m fliegen, im anderen darf er kilometerweit streunen. Die Bienen müssen aus gentechnikwilligen Ländern ausquartiert werden oder werden per Gesetz in ihrem Flugradius beschränkt. Absurderweise gab es sogar GentechnikgegnerInnen, die sich über solche Hirngespinste freuten, z.B. um wenigstens in ihrer Region den Kelch vorübergehen zu lassen – als ob das möglich wäre angesichts der Auskreuzungsdynamik. In Bayern gehören solch krude Überlegungen sogar zum Arsenal der auch sonst oft seltsamen Regierungspolitik.

Fünftens: Die ganze Unlogiken aus einem Verband

Einen Spitzenplatz von Schein und Sein nimmt der Bauernverband ein (siehe auch im Kapitel V über Lobbyverbände), denn er schafft alle genannten Positionen auf einmal. Schon immer spielte er eine besondere Rolle und bot ein interessantes Spannungsfeld zwischen den Machtzentren, in denen BefürworterInnen industrieller Landwirtschaft mit BASF, Bayer, Raiffeisen und anderen gemeinsames Spiel machten, und den vielen BäuerInnen im Land, die sich nach Meinung ihrer Verbandsspitze einen neuen Beruf suchen sollten, die aber nicht einmal in der Lage sind, einen anderen Vorstand zu wählen. So steht der Verband selbst im Spagat. Am 11.2.2004 forderte er,[56] *„das konfliktfreie Neben- und Miteinander von konventionellem Ackerbau ohne Gentechnik, konventionellem Anbau unter Einsatz genetisch veränderter Pflanzen und ökologischem Anbau ohne Verwendung von Gentechnik sicherzustellen"*. Präsident Sonnleitner stöhnte im Januar 2010 auf der Grünen Woche: *„Diese jahrzehntelange unsägliche Debatte über die Gentechnik muss endlich zu Ende geführt werden. Wenn sich die Gesellschaft schließlich gegen die Grüne Gentechnik entscheide, stellen wir uns diesem Votum"*, und forderte,[57] dass nach einem Verbot *„dann in aller Konsequenz an den Grenzen Europas diese Entscheidung vollzogen werde und Lebensmittel von mit GVO gefütterten Tieren an den Grenzen zurückgewiesen würden."* Als dann 2010 wieder Maissaatgut verunreinigt war, nutzte derselbe Bauernchef die Gunst der Stunde, um mitzuhelfen, die Agro-Gentechnik jetzt durchzusetzen:[58] *„Wenn es unvermeidbare technische Rest-Vermengungen mit genveränderten Pflanzen an der Nachweisgrenze gebe, müssten diese toleriert werden."* War das sein *„in aller Konsequenz"*?

Kein Wort war beim Bauernchef davon zu lesen, welch ein Aufwand entstünde, wenn die Durchmischung grundsätzlich akzeptiert würde, aber immer der Prozentanteil gemessen werden müsste. Und was es bedeutet, wenn HändlerInnen durch passgenaues Vermischen von mehr oder weniger verunreinigter Ernte dann ihr zu stark verunreinigtes Material legalisieren könnte, klärte er auch nicht. Was hielt er davon, dass die hochverfilzten, staatlichen Grenzwertforscher schon vorab verkündeten, ein Wert von 0,9% sei zu niedrig? Was geschieht mit den ÖkolandwirtInnen und ihrer Nulltolleranzgrenze? Werden alle Futterpflanzen auch als Lebensmittel deklariert, damit sie ins Essen gelangen dürfen? Fragen über Fragen – und nirgendwo eine Antwort. Nur ein „Weiter so!" von allen Seiten.

So bleibt sechstens nur: Der Widerstand ... doch selbst der ist illegal, weil Auskreuzung nicht zu stoppen ist!

Das Gesamtbild ist düster, doch es hilft nichts, sich weiter zu belügen: Selbst der Lichtbegriff ‚Koexistenz', dieser vor allem von den Grünen durchgesetzte und als großer Erfolg verkaufte Schein einer Garantie des Nebeneinanders, ist in den Sphären der Macht und des Profits schon wieder gedreht worden zur Waffe für die Durchsetzung der Agro-Gentechnik. Diejenigen, die gv-Pflanzen verbreiten wollen, benutzen die Propaganda der Koexistenz, um ihre Felder anlegen zu können – von denen aus dann gv-Konstrukte ihren Siegeszug in die Natur antreten und jeglicher Existenz gentechnikfreier Landwirtschaft den Garaus machen werden. Das Ende der Koexistenz reist auf dem Ticket der Koexistenz ins Land. Nicht aufhalten werden dieses Desaster die typischen BegleiterInnen einer Ökonomisierung von Mensch und Natur. Ganz im Gegenteil: Umwelt-NGOs, BiolandwirtInnen mit ihren Verbänden und VermarkterInnen profitieren absurderweise ebenso von der sich ausbreitenden Gentechnik wie die Grünen. Ihre Anteile an Wählerstimmen, im Mitglieder-, Spenden- und Lebensmittelmarkt steigen. In Hauptstadtbüros und metropolitanen Zirkeln haben sie sich eingerichtetes und versorgen die geldschweren Lohas und naive Hoffende auf eine bessere Welt mit einfachen Informationen, umfangreichen Spendenaufrufen und teurem Edelessen. Vor allem aber suggerieren sie ihnen, dass mit Unterschriftensammlungen und dem Kauf der richtigen Produkte die Welt gerettet werden könne. Klarer Spitzenreiter der Hitliste politischer Vorschläge: Die Kennzeichnung. Mit ihrer Hilfe könnten sich die VerbraucherInnen, so die Behauptung, entscheiden, ob sie gentechnikfrei leben wollen oder nicht. Gleichzeitig ist von den genannten Verbänden und Parteien dort, wo die deutschen Genfelder stehen, nichts oder fast nichts zu sehen. Diese strategische Entscheidung ist fatal und ein Teil des Problems. Es wird Zeit, dass die Bio-Tomaten von den Augen fallen und die einschläfernden Illusionen der Grünen, Umwelt- und Biolandbauverbände platzen. Denn die Gentechnik ist etwas, was sich von selbst auskreuzt – und zwar unaufhaltsam überall hin, solange es die Quellen gibt. Die Ausbreitung der gentechnisch veränderten Pflanzen kann also nur verhindert werden, wenn diese verschlossen werden: Die Felder mit gv-Pflanzen oder, noch einen Schritt vorher, die Labore und Firmen, die solche Pflanzen entwickeln, sowie die staatlichen Förderprogramme, deren Millionen das alles erst provozieren. Solange sie bestehen, ist es nur eine Frage der Zeit, bis die gv-Bestandteile in den Regalen ankommen – egal, ob im Super-

56 www.presseportal.de/pm/6599/526502/deutscher__bauernverband__dbv

57 www.agrar-presseportal.de/Nachrichten/agrar__presseportal__nachricht.php?id__S=4543

58 Interview mit der Neuen Osnabrücker Zeitung (1.7.2010): www.neue-oz.de/information/noz__print/interviews/20100701-sonnleitner.html

markt oder Bioladen. Werden Produkte gekennzeichnet, aber die Felder belassen, so ist die Kennzeichnung nichts als die Suggestion einer Wirkung, die Schaffung einer Wohlfühlzone scheinbarer Idylle. Sie mutiert zur gefährlichen Beruhigungspille und trägt dazu bei, dass die meisten der 80-Prozent-Mehrheit gegen Gentechnik ruhig das totale Desaster, nämlich die Auskreuzung der gv-Pflanzen in alle Ecken der Welt abwarten.

Diese Zeichnung erschien schon 2004 als Kommentar zur Gentechnikgesetzgebung unter rot-grüner Regierung.

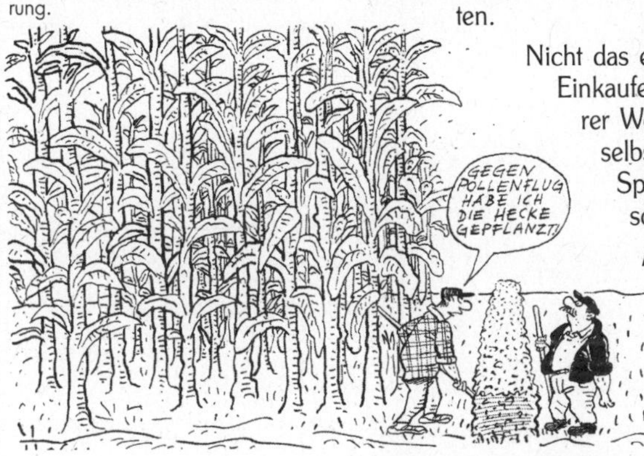

Nicht das ein Missverständnis aufkommt: Das bewusste Einkaufen beim Bauernhof, im Bioladen oder in anderer Weise politisch überlegt bleibt wichtig. Es hilft, selbstbestimmte Wirtschaftsweisen zu erhalten, Spritzmittel zu reduzieren und den Boden zu schützen. Nur gegen Gentechnik hilft es wenig.

Angesichts der Dynamik von Auskreuzung kann Koexistenz nur gelingen, wenn die Quellen geschlossen bleiben. Das ist zwar auch nicht das Allheilmittel, denn die Agro-Gentechnik ist eine gesellschaftliche Frage, d.h. die Debatte muss mit vielfältigen Aktionen vom Straßentheater bis zu inhaltsreichen Schriftstücken erzeugt und gefüllt werden. Aber ohne die direkte Aktion gegen den Ursprung der von dort selbsttätig ablaufenden Auskreuzung wird alles nichts sein. Daher wenden sich seit Jahren Menschen mit Blockaden, Besetzungen und Feldbefreiungen gegen das Ausbringen von gv-Pflanzen ins Freiland. *„Ein Feld mit gentechnisch manipulierten Pflanzen zu zerstören, ist keine strafbare Handlung, weil das Feld rechtswidrig ist*", argumentierten die FeldbefreierInnen von Gießen am 16.9.2006.[59] Sie und andere unabhängige AkteurInnen standen mit ihren Handlungen aber nicht nur gegen profitgierige Konzerne, geldabhängige Wissenschaft und LobbyistInnen, sondern auch gegen die Apparate der NGOs und Parteien, die Gentechnikkritik auf ihre Fahnen schreiben. Mit der Kennzeichnungskampagne haben Letztere den Unsinn, Koexistenz sei möglich, sogar unterstützt. Ebenso vollzogen sie den Schulterschluss mit den Gentechnik-Seilschaften im Ruf nach mehr Sicherheitsforschung – der wegen der Menge wenig untersuchter gv-Sorten gefährlichsten Ausbreitungsquelle. Immer wieder distanzierten sich FunktionsträgerInnen dieser Verbände von denen, die sich gegen die Felder wendeten, bis hin zur absurden Behauptung, ausgerechnet die Zerstörung von Feldern würde die Auskreuzung noch erhöhen, weil so *„die einzelne Pflanzenteile noch eher in die Umwelt getragen werden*".[60] Da muss Papi Staat als Garant ungestörter Profitmaximierung gar nicht mehr viel tun, wenn die Umweltverbände und -parteien selbst das tatenlose Zugucken zur BürgerInnenpflicht erheben. Nötig bliebe ein harter Polizeieinsatz hier oder ein hartes Gerichtsurteil dort – vor allem gegen unabhängige AktivistInnen und zwecks Abschreckung wie im Prozess gegen die Feldbefreier von Gießen (siehe Kapitel XII). Das bot neben der bekannten Neigung von Richtern, keine Lücken ihrer gesetzlichen Allmacht zuzulassen und folglich die Existenz oder Wirksamkeit des § 34 StGB[61] weitgehend zu leugnen, eine faustdicke Überraschung. Richter Nink urteilte nach 8 heftig umkämpften Verhandlungstagen, dass Widerstand gegen die Agro-Gentechnik nicht zulässig sei, weil er nicht erfolgversprechend ist. Grund: Die hochgefährliche Gentechnik sei bereits außer Kontrolle und breite sich unwiderruflich überall aus: *„Der Geist ist aus der Flasche*" sagte er wörtlich. Weil Auskreuzung nicht aufhaltbar sei, sei nur die folkloristische und spendenwirksame Begleitung a la NGOs und Grünen zulässig. Damit setzte Nink eine weitere Pointe in die Märchenerzählungen der Koexistenz.

Bienen und horizontaler Gentransfer: Einfach vergessen?

So bizarr die Debatte bereits ist, spektakulär sind ihre Auslassungen. Phänomene, die nicht erklärbar oder in formale Regelungen zu gießen waren, wurden einfach ignoriert und im Gesetz weggelassen.

Summ, summ, summ – ums Bienchen red' herum ...

ImkerInnenverbände sind Mitglied im Deutschen Bauernverband, sie gehören zu landwirtschaftlichen Berufsständen und -versicherungen. In der Liste der landwirtschaftlichen Berufe führt Wikipedia[62] *„Imker*" auf, landwirtschaftliche Ämter sind auch für die Bienenhaltung zuständig. Keine Frage also: Die HalterInnen von Bienen sind wie ihre KollegInnen mit Kuh- und Schafherden einfach LandwirtInnen. Folglich gilt für sie, was für alle gilt: Die Koexistenzgarantie. Zwar ist die, wie gezeigt, ein stumpfes Schwert, aber dennoch stellt sich die Frage: Wie ist das mit den Bienen überhaupt gedacht? Abstandsregelungen passen für sich bewegende Pollensammlerinnen wie die Bienen nicht. Schwellenwerte? Selbst wenn es sie gäbe und die Verunreinigung mit Gentechnik zum Standard wird, passen die diskutierten Konzepte für die Honigherstellung nicht. Denn der Pollen ist weder als Futtermittel in den Honig gelangt noch ist Honig ein pflanzliches Produkt. Bis heute gibt es keine Richtlinie, einfach gar nichts, was die Koexistenz für bienenhaltende BäuerInnen zu regeln versucht. Nur einmal hat sich ein Verwaltungsgericht mit der kniffligen Frage beschäftigt. Es war in Augsburg – und das Urteil[63] für den betroffenen Imker ein Desaster. Dazu schrieb die Augsburger Allgemeine am 11.7.2008:[64] *„Wer Honig verkauft, der auch nur geringste Spuren von gentechnisch verändertem Maispollen enthält, macht sich strafbar. Das hat das Verwaltungsgericht Augsburg am 30. Mai in einem aufsehenerregenden Urteil gegen den Kaisheimer Imker Karl-Heinz Bablok festgestellt. Demnächst wird der Genmais auf der staatlichen Versuchsfläche, 1500 Meter von Babloks Bienenhaus entfernt, zu blühen beginnen. Die Konsequenz: Bablok und seine Imkerkollegen im näheren Umkreis müssen ihre Bienen wegbringen.*" Rechtskräftig ist das Urteil noch nicht, die zweite Instanz unterbrach die Verhandlungen und bat den Europäischen Gerichtshof um Klärung der grundsätzlichen Fragen[65] – immerhin mal eine Art Zwang, die Rechtmäßigkeit der kalten Durchsetzung von Agro-Gentechnik zu prüfen. Für den Honig des Imkers war es aber das Ende: *„Das Verwaltungsgericht Augsburg stellte am 30. Mai fest, daß Honig mit Blütenpollen des gentechnisch veränderten Mais MON810 nicht verkehrsfähig ist. Nun wurde dieser Pollen trotz der vom Gericht vorgesehenen Vorsichtsmaßnahme im Honig des Imkers Karl Heinz Bablok gefunden. Seine gesamte Jahreshonigernte war betroffen und wurde am 23. September in der Müllverbrennungsanlage Augsburg entsorgt.*"[66]

59 www.projektwerkstatt.de/gen/downloads/pm16_9_06rechtswidrig.pdf

60 http://ndr.de/nachrichten/mecklenburg-vorpommern/amfloradiskussion104.html

61 www.projektwerkstatt.de/gen/notstand.htm

62 http://de.wikipedia.org/wiki/Landwirtschaft

63 www.projektwerkstatt.de/gen/downloads/vgurteil_augsburg.pdf

64 www.augsburger-allgemeine.de/Home/Nachrichten/Bayern/Artikel,-Imker-suchen-nach-Augsburger-Urteil-Asyl-in-Muenchen-_arid,1281337_regid,2_puid,2_pageid,4289.html

65 www.keine-gentechnik.de/news-gentechnik/news/de/20867.html

66 Presseinformation des Bündnisses zum Schutz der Bienen vor Agro-Gentechnik vom 24.9.2008: http://honighaeuschen.de/uploads/media/Genhonig.pdf

Dass die Bienen nicht bedacht wurden, dürfte kein Versehen sein – schließlich ist das keine Nutztierart, die selten und unerforscht ist. Sie wurde nicht berücksichtigt, weil alle ArchitektInnen der gesetzlichen Grundlagen zur Agro-Gentechnik genau wussten: Die Imkerei ist nicht zu schützen. Sie wurde schlicht geopfert, von Beginn an aufgegeben. Als die ImkerInnen sich zu wehren begannen, z.B. die Initiative „Gendreck weg!" gründeten, um gegen Felder vorzugehen, konnte das Verschweigen nicht weitergehen. Fortan überschlugen sich Behörden, Wissenschaft und Lobbyisten mit immer dümmeren Vorschlägen und Statements zur Gentechnikfreiheit im Honig. Variante 1 war das schlichte Leugnen, dass Bienen überhaupt an gv-Pollen z.B. von Mais herangehen. Die PR-Plattform TransGen behauptete:[67] *„Aber selbst wenn deutlich mehr gv-Mais angebaut würde – Pollen von gv-Mais wird in der Regel nicht im Honig zu finden sein. Das hat einen einfachen Grund: Mais ist für Bienen kaum attraktiv."* Doch eine Studie belegte, dass die Bienen Mais in dessen Blütezeit sogar sehr oft anfliegen, weil der Pollen sehr eiweißhaltig ist. Sie sammeln den Pollen gezielt, nicht nur als versehentliche Mitnahme wie bei vielen anderen Blüten.

TransGen aber blieb bei der einen Lüge nicht stehen, sondern stellte weitere Behauptungen auf, die nicht stimmen. Sie behaupteten, dass Honig gar nicht gekennzeichnet werden muss, wenn der darin enthaltene Pollen von gv-Pflanzen stammt. Es geht also schon gar nicht mehr um die Frage Gentechnikfreiheit, sondern nur noch nach einer Lösung, wie die Verunreinigung vertuscht werden kann. TransGen zur Kennzeichnungspflicht: *„Nach derzeitiger Rechtslage: nein."* Denn nach ihrer Auffassung können Pollen aus gv-Pflanzen als *„technisch unvermeidbare Beimischung"* verstanden werden und fielen dann unter den 0,9%-Schwellenwert. Ob ein Verschweigen von Verunreinigungen in ihrem Honig für ImkerInnen in Frage kommt, sei dahin gestellt. Denn ohnehin ist die Aussage falsch. Der 0,9%-Wert gilt nur für die wenigen, zugelassenen gv-Lebensmittel. Das schreibt TransGen im Folgeabsatz sogar selbst: *„Gv-Pflanzen, die in der EU nicht zugelassen sind, dürfen auch nicht in Spuren in Lebens- oder Futtermitteln vorhanden sein. Das gilt auch für Pollenbeimischungen im Honig."* Warum behaupten sie erst etwas Anderes? Und warum tun das andere genauso? Zum Beispiel KWS mit fast identischen Formulierungen in ihrer Broschüre ‚Grüne Gentechnik': *„Der Gesamt-Pollenanteil im Honig beträgt lediglich bis zu 0,5% und wiederum sind hiervon nur maximal 7% Maispollen, das heißt weniger als 0,05% des Honigs sind Maispollen. Der Wert liegt weit unter dem Grenzwert für eine Kennzeichnungspflicht für gentechnisch veränderte Bestandteile von 0,9%."*

Die ImkerInnen strengten ob dieser erkennbaren Ignoranz staatlicher Stellen verzweifelte Proteste an. Bislang ohne durchschlagenden Erfolg.

Auszüge aus einer Infoseite beim AID[68]
Vor dem Stuttgarter Landtag haben Imker demonstriert, dass es für Bienen keine Bannmeile gibt und es damit vor genmanipulierten Pollen keinen Schutz geben kann. ... Das Einzugsgebiet eines Bienenvolkes sei bis zu 120 Quadratkilometer groß, so dass die Verunreinigung der Honig- oder Pollenernte beim Einsatz gentechnisch veränderten Saatgutes in der deutschen Landwirtschaft gar nicht zu verhindern sei. „Koexistenz zwischen genfreier und gentechnischer Landwirtschaft kann es nicht geben", unterstreicht Demeter-Imker Günter Friedmann, ausgezeichnet mit dem Förderpreis ökologischer Landbau des Bundesverbraucherministeriums. Die im Gentechnik-Gesetz vorgesehenen Maßnahmen halten die Imker für „völlig unzureichend".

Imker-Klagen gegen Gen-Mais, in: FR, 22.2.2007)[69]
Die Eilverfahren richten sich gegen die Überwachungsbehörden der Länder. Sie sollen dafür Sorge tragen, dass Pollen der Maislinie Mon 810 nicht in den Honig gelangen, fordern die Imker. Da Bienen einen Radius von drei Kilometern abfliegen, wird dies nach Ansicht des Berliner Rechtsanwalts Achim Willand nur möglich, wenn die Aussaat untersagt oder der Mais vor der Blüte geerntet wird.

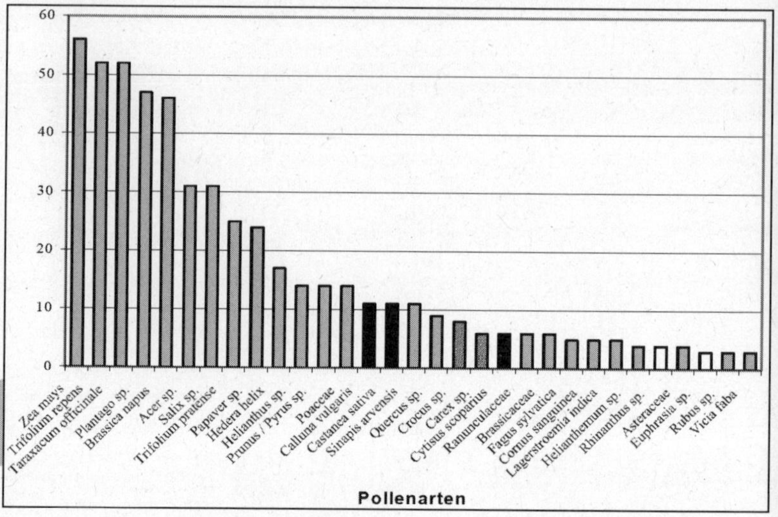

Abb.: Die Verteilung der Pollenfutterpflanzen zeigt, dass Mais (Zea mays) die am häufigsten gesammelte Pollenpflanze ist. Die Grafik stammt aus der Studie „Pollenernährung und Volksentwicklung von Honigbienen" von Irene Keller, Peter Fluri und Anton Imdorf von 2005.
Die Skala links stellt die Anzahl der Proben dar, bei denen die jeweilige Pflanze zu den fünf häufigsten Pollenquellen gehörte.
Mehr und Download unter www.agroscope.admin.ch.

Horizontaler Gentransfer

Horizontal meint: Über Artgrenzen hinweg ... also nicht von Generation zu Generation (vertikal), sondern z.B. von einer Pflanze auf eine andere Art oder in den Organismus und dann die DNA von Bodenpilzen, Bakterien oder auch dem Menschen. Lange wurde das von den sogenannten WissenschaftlerInnen ausgeschlossen, Zitate dazu sind schon benannt (S. 132). Gerhard Waitz von der Firma AgrEvo war sich 1996 sicher: *„Genmaterial kann sich immer ausbreiten, es bleibt aber in der eigenen Pflanzenart."* Prof. Friedt (Uni Gießen) phantasierte ein Jahr später von *„nicht gegebener Kreuzbarkeit von Raps mit Kruziferen der hiesigen Flora"*. Wie stark solche Beruhigungssprüche politisch motiviert waren, lässt sich an der Tatsache ableiten, dass es dieselben ForscherInnen waren, die genau mittels horizontalen Gentransfers die Gentechnik überhaupt entwickelten. Bei der Infektion einer Pflanzenzelle durch das Agrobacterium tumefaciens[70] wird die so genannte T-DNA in die Zelle übertragen und an einer beliebigen Stelle in das Genom der Pflanze eingebaut. Diese Fähigkeit der Bakterienart zum natürlichen Gentransfer wird bei gentechnischen Arbeiten genutzt. Ende der 1970er Jahre entdeckten die Belgier Marc Van Montagu und Jeff Schell die Möglichkeit, mittels Agrobacterium tumefaciens Gene in Pflanzen einzuschleusen und legten damit den Grundstein für die Grüne Gentechnik. Seitdem wird das Bakterium als Vektor genutzt, um neue Gene in das Genom von – meist zweikeimblättrigen – Pflanzen einzuschleusen. Das steht auf der regierungsoffiziellen Seite zur BioSicherheitsforschung,[71] auf Wikipedia[70,72] und beim Verband Biologie, Biowissenschaften und Biomedizin,[72] der berufsständigen Vertretung derer, die es wissen müssen.

Inzwischen hat auch hier – ähnlich wie bei der Auskreuzung – die Wirklichkeit die Beruhigungspropaganda widerlegt. Als im Jahr 2000 an der Uni Jena gv-Bestandteile in Darmorganismen der Biene nachgewiesen

67 www.transgen.de/lebensmittel/einkauf/778.doku.html
68 www.aid.de/koexistenz_imker.php
69 www.fr-online.de/in_und_ausland/wirtschaft/aktuell/?em_cnt=1080085&
70 http://de.wikipedia.org/wiki/Agrobacterium_tumefaciens
71 www.biosicherheit.de/lexikon/691.agrobacterium-tumefaciens.html
72 http://de.wikipedia.org/wiki/Gentechnik und www.vbio.de/informationen/wissenschaft___gesellschaft/thema_biotechnologie_gruene_gentechnik/schule/e22423/e22507/index_ger.html

wurden, kam von GentechnikbefürworterInnen der typische Palaver über unerwünschte Forschungsergebnisse.[73] Die „*Seite kritisiert das Versuchsdesign, meldet Zweifel, ob die im Laborexperiment erhaltenen Ergebnisse auf natürliche Bedingungen zu übertragen seien.*" Inzwischen wurden gv-Konstrukte aus Roundup-resistentem Mais im Bodenleben nachgewiesen,[74] d.h. auch hier fand ein Überspung über Artgrenzen hinweg statt. Das löste keine selbstkritischen Diskussionen aus, sondern sofort – auch das eine Parallele zur Auskreuzungsdebatte – die nächsten Beruhigungspillen. Zur Zeit ringen zwei Propagandatricks darum, als offizielles Entschuldigungsargument für die Einführung der Agro-Gentechnik trotz horizontalem Gentransfer herhalten zu dürfen. Zum einen die Darstellung, alles sein „*ein extrem seltenes Ereignis*" – so etwa der BDP.[75] Das Problem dieser Behauptung ist, dass sie wie die Falschaussage, es gäbe gar keinen Gentransfer über Artgrenzen hinweg, schnell durch die Wirklichkeit widerlegt werden könnte. Das befürchten wohl einige der Pro-Agro-Gentechnik-WerberInnen, die gleich eine andere Platte auflegen. Wurde eben noch behauptet, horziontaler Gentransfer sei unmöglich, so wird er jetzt als völlig harmlos dargestellt, „*da die verwendeten Gene fast ausnahmslos aus in der Natur vorkommenden Organismen stammen*" (BVL-Broschüre zur Gentechnik). Eine putzige dritte Variante benannte Michael Miersch, Marktschreier in journalistischem Gewand, der – früher selbst Öko – heute auf alles dreindrischt, was nach Umweltschutz riecht. Er fand laut Tageszeitung ‚Die Welt' vom 19.4.2009[76] Genschleusungen über Artgrenzen hinweis unproblematisch, weil „*viele Lebensbausteine ohnehin in der Mehrheit aller Organismen enthalten sind. So besteht das menschliche Erbgut aus vielen Genen, die auch Pflanzen in sich tragen.*" Also: Kurz zuvor noch bestritten, jetzt alles voll öko ...

Aus Marcus Lemke (2002): „Gentechnik – Naturschutz – Ökolandbau", Nomos in Baden-Baden (S. 27 f.)
Neben der Verwilderung und der Auskreuzung kommen noch weitere Wege der Ausbreitung transgener Erbsubstanz in der Natur in Betracht. Zu nennen ist hier zunächst das Phänomen des horizontalen Gentransfers. Dieser Begriff beschreibt die nichtsexuelle Übertragung von genetischem Material. So verfügen Mikroorganismen über verschiedene Mechanismen zur Aufnahme und Weitergabe von DNA untereinander, wodurch Gene aus abgestorbenen Pflanzenteilen in andere Organismen eingebracht werden können. Zwar handelt es sich hierbei um ein ausgesprochen seltenes Ereignis; verschiedene Befunde zeigen jedoch, dass ein solcher Gentransfer im Laufe der Evolution immer wieder stattgefunden hat. Dabei ist jedoch zu bemerken, dass ein horizontaler Gentransfer von gentechnisch veränderten Pflanzen auf Mikroorganismen bislang noch nicht nachgewiesen werden konnte. Versuche an der Universität Jena haben allerdings gezeigt, dass im Darm von Honigbienen, die Pollen von herbizidresistentem Raps gefressen haben, ein Gentransfer auf die im Darm der Biene lebenden Mikroorganismen stattgefunden hat. Es wird letztlich aber vermutet, dass der Transfer eines Transgens eher zwischen Mikroorganismen zu erwarten ist, als von höheren Pflanzen auf Mikroorganismen.

Schlimmer: Auskreuzung ist einkalkuliert oder sogar gewollt!

Ist Auskreuzung das Ergebnis von Schlamperei und Gleichgültigkeit? Sind die jahrzehntelangen Lügen der WissenschaftlerInnen und Lobbyverbände das typische Getöse, wenn es um Macht und Geld geht? Oder entspringt aus dem gemeinsamen Wunsch der profitträchtigen Ausbreitung solcher Techniken sogar absichtliches Handeln, also das gezielte Ausbringen von gv-Pflanzen zum Zweck der Vermischung?

Das Motiv wäre klar: Ist die Vermischung so weit fortgeschritten, dass Gentechnikfreiheit nicht mehr möglich wäre, hätte sich auch die Frage der Koexistenz und damit ein allein mit Millionenetats für die Propaganda nicht zu gewinnender politischer Streit erledigt. Der Verdacht absichtlicher Ausbreitung von gv-Pflanzen ist bereits alt. 1996 wollte Monsanto gv-verunreinigte Sojasaat nach Europa bringen:[77] „*Die Ernte aus der gentechnisch veränderten Soja ließe sich nicht mehr von der konventionellen Soja trennen, behauptete die Firma. Im Hamburg und Rotterdam liefen die ersten Schiffe mit Ware ein, die deutlich mit der gentechnisch veränderten Soja verunreinigt war. Viele Lebensmittelhersteller und Verbraucher waren geschockt: In Zukunft sollte es keine Wahlfreiheit mehr geben.*" US-Wissenschaftler fanden 2001 massive Einkreuzungen transgener Maislinien in mexikanischen Landsorten. Mexiko ist das Herkunftsland der Maispflanze und besitzt mehrere tausend, für die zukünftige Züchtung unerlässliche Maissorten. Gentechnisch veränderter Mais war im Land aber nirgends erlaubt. Trotzdem war eine Verunreinigung plötzlich überall messbar. Als Ursache der Kontamination konnte transgener Mais aus den USA ermittelt werden, der von der nicht informierten Landbevölkerung als Saatgut statt als Lebensmittel verwendet wurde. Die Gentechnikindustrie sorgte dafür, dass der Entdecker der Verunreinigung, Ignazio Chapela, 2002 seinen Lehrstuhl verlor.[78] Sein Fehler: Er hatte die Auskreuzungen mit einer aufwendigen Pollenmessung in der Luft festgestellt und die Daten veröffentlicht. Dieser zentrale Punkt seiner Studie, nämlich der Nachweis von transgenem Mais innerhalb mexikanischer Sorten, wurde nie widerlegt. Was die PR-AgentInnen im Forschergewand wie die deutsche ZKBS nicht abhielt, genau das weiter zu leugnen und stattdessen die Verkünder schlechter Nachrichten anzugreifen.

Draußen auf den Feldern Mexikos wurde das Problem der schleichenden Auskreuzung ganz einfach ‚gelöst':[79] „*Die mexikanische Regierung hat dem Anbau von gentechnisch verändertem Mais zugestimmt*".[80] Die illegale Verseuchung schuf das gewünschte Ergebnis.

Aus dem GID 183, August 2007 (S. 20 f.)[81]
Wie wenig sich ein Anbaumoratorium allein zur Verhinderung des Anbaus oder gar der Auskreuzung von transgenem Mais eignet, zeigte die 2001 in der Zeitschrift Nature veröffentlichte Studie der Autoren David Quist und Ignacio Chapela, die das Vorkommen transgener Maispflanzen in abgelegenen Regionen des mexikanischen Bundesstaates Oaxaca, eines der Ursprungs- und Entstehungszentren von Mais, nachwies. ...
Derzeit wird in den neu besetzten Ministerien an der noch fehlenden Durchführungsbestimmung gearbeitet, um formal die letzte rechtliche Hürde vor der Freigabe des experimentellen Anbaus von gv-Mais in Mexiko zu beseitigen. Diese soll laut SAGARPA in Kürze veröffentlicht werden und die Freisetzung der transgenen Maispflanzen noch im Herbst dieses Jahres erfol-

73 www.transgen.de/aktuell/archiv/31.doku.html
74 www.agronomy-journal.org
75 www.bdp-online.de/de/Service/Download-Center/BDP-Pressemappe__Pflanzenbiotechnologie__und__ihre__Anrwendung.pdf (Schreibfehler gehört zum Link)
76 www.welt.de/politik/article3583627/Zehn-populaere-Irrtuemer-ueber-die-Gentechnik.html
77 Lorch/Then, S. 6
78 http://umweltinstitut.org/gentechnik/allgemeines-gentechnik/kontamination-506.html
79 www.transgen.de/aktuell/1067.doku.html
80 SZ, 16.10.2009: www.sueddeutsche.de/wissen/gentechnik-in-der-landwirtschaft-mexiko-genehmigt-genmais-anbau-1.27677
81 www.gen-ethisches-netzwerk.de/gid/183/bentlage/mexikos-mais-kontamination-freigegeben

gen. ... Eines scheint sicher zu sein: Sollte es zu den experimentellen Freisetzungen kommen und in dessen Folge der kommerzielle Anbau von gv-Mais in Mexiko ebenfalls möglich werden, wird aufgrund der landwirtschaftlichen und soziokulturellen Gegebenheiten eine Kontamination nicht zu verhindern sein.

Der Verdacht absichtlicher Vermischungen war also immer ein Begleiter der Debatte um die Agro-Gentechnik. Der Misserfolg der teuren PR-Kampagnen pro Gentechnik musste denen, die Lobbyarbeit und Anwendung organisierten, auf den Magen schlagen. Der Gedanke, diese zermürbende Situation dadurch zu beenden, dass Gentechnikfreiheit nicht mehr möglich war, bot eine faszinierende Perspektive. Und das ohne eigenen Schaden. Denn anders als beim GAU im Atomkraftwerk, mit Ölplattformen oder Supertankern, die immer auch den Verursachern wirtschaftlichen Schaden einbrachten, würde die großflächige Auskreuzung den GentechnikerInnen einen Traum erfüllen: Sie hätten gewonnen – nicht an Beliebtheit, aber in der Sache. Könnte es sein, dass Felder angelegt werden, nur damit es zu Auskreuzungen kam? Die Beobachtung, dass viele kommerzielle Felder wirtschaftlich sinnlos waren und auf etlichen Versuchsfeldern nie Forschungen stattfanden, bestärkte den Verdacht zusätzlich. Zwar fehlt bis heute ein klarer Beweis, dass Auskreuzung eine große, absichtliche Operation ist. Doch ein schwer belastendes Indiz existiert, das nahe an Beweiskraft herankommt ...

Kann das Zufall sein? Versuchsfelder neben Saatgutbanken

Stellen Sie sich vor, Sie wären Agro-Gentechniklobbyist oder -anwenderin. Das bringt ordentlich Kohle, aber – die ganze Debatte nervt. Ständig müssen Sie fürchten, nicht weitermachen zu können. Die meisten Menschen wollen das nicht, was Sie da entwickeln oder erproben. Könnte da der Wunsch entstehen, dem endlich ein Ende zu machen? Sie wissen von den bisherigen Auskreuzungsskandalen, z.B. dem LL601-Reis, der als Selbstbestäuber nur auf Versuchsfeldern angebaut wurde und dennoch weltweit im Ladenregal landete. Käme da nicht die Idee, Felder anzulegen, um Auskreuzung zu erzeugen und so die Debatte durch die Macht des Faktischen zu gewinnen? Vielleicht käme Ihnen das aber auch zu mühselig oder zumindest zu langsam vor. Sie könnten dann nach Lösungen suchen, wie sich das beschleunigen ließe. Wo müssten die Felder stehen, damit das Ende gentechnikfreien Saatgutes möglichst schnell eintritt? Es würde nicht lange dauern, bis Ihnen die Antwort einfiele: Die Saatgutbanken. Dort werden die vielen Sorten und Linien in mühseliger Kleinarbeit erhalten, die es so gibt – Tausende allein beim Weizen. Da die Körner nur begrenzte Zeit keimfähig bleiben, müssen sie immer wieder ausgepflanzt und geerntet werden. Das ist ein Schwachpunkt und die Chance für Ihren Angriff auf die Gentechnikfreiheit. Wenn Sie es schaffen, neben den jeweiligen Beeten der Saatgutbanken die passenden Genversuchsflächen anzulegen, entstünde eine große Wahrscheinlichkeit, den erwünschten verheerenden Schaden im bislang gentechnikfreien Saatgut zu erreichen und die Debatte um die Gentechnikfreiheit zu beenden, in dem es diese einfach nicht mehr gibt. Andersherum – aus der Sicht von KritikerInnen der Gentechnik – lautet das Motto: Nirgendwo ist ein Feld mit gv-Pflanzen schlimmer als neben Saatgutbanken mit den gleichen Pflanzenarten.

Schauen wir uns die Lage in Deutschland an. Es gibt fünf Saatgutbanken (Karte auf S. 54). Das Unglaubliche: Neben jeder wurden passende Forschungsfelder auf gleichem Grundstück oder direkt daneben angelegt.

- Die größte Saatgutbank steht in Gatersleben[82] – vor allem für Hülsenfrüchte und Getreide. Auf demselben Grundstück standen drei Felder mit gentechnisch veränderten Erbsen, später eines mit gv-Weizen.[83] Bis FeldbefreierInnen allen Mut zusammennahmen und das Feld seit April 2008 durch Hand und Hacke[84] nur noch Geschichte war.[85]
- In Malchow sorgt sich die Saatgutbank um Ölpflanzen.[86] Direkt daneben viele Jahre gv-Raps .[83]
- In Groß Lüsewitz geht es vor allem um Kartoffeln.[87] Das ist auch die Lieblingspflanze des dortigen Gentechnikzentrums, die gleich mehrere Kartoffelfelder mit gv-Pflanzen betreibt.[83]
- Dresden-Pillnitz ist der Standort für den Erhalt der Obstbäume.[88] Dort standen gentechnisch veränderte Apfelbäume, bis sie 2009 von Unbekannten abgesägt wurden.[89]
- Schließlich wird in Siebeldingen das Saatgut von Weinsorten gehortet. 1999 bis 2004 stand dort gentechnisch veränderter Wein[90]. Der Versuch wurde abgebrochen, weil die Gentechnik die erhoffte Resistenz gegen Pilze nicht bewirkte.

Das Risiko der Auskreuzung mit Vernichtung gentechnikfreier Saat wurde also so stark wie möglich vergrößert. Kann das Zufall sein? Oder unglaubliche Gleichgültigkeit der betriebsblinden ForscherInnen? Oder ist es schlicht Absicht – Auskreuzung als Forschungsziel? Noch ein Ereignis gibt Antwort. 2010 wurden in Niedersachen absichtlich Probeergebnisse von verseuchtem Mais 14 Tage zurückgehalten, bis der Mais von der Herstellerfirma Pionieer verteilt und von den LandwirtInnen ausgesät war.[91] Alles nur Zufall bzw. Aneinanderreihung von Pannen?

82 www.ipk-gatersleben.de/Internet/Forschung/Genbank
83 www.standortregister.de
84 www.freiwillige-feldbefreiungen.de
85 Mehr Informationen: www.keine-gentechnik.de/dossiers/gentech-weizen.html
86 www.ipk-gatersleben.de/Internet/Infrastruktur/Oeffentlichkeitsarbeit/Pressemitteilungen/2000/06
87 www.ipk-gatersleben.de/Internet/Forschung/Genbank/TeilsammlungenNord
88 www.jki.bund.de/de/startseite/institute/zuechtung-gartenbau-obst.html
89 www.biosicherheit.de/de/aktuell/692.doku.html
90 www.transgen.de/pflanzenforschung/anbaueigenschaften/190.doku.html und www.standortregister.de
91 www.greenpeace.de/themen/gentechnik/nachrichten/artikel/behoerdenschlendrian__verunreinigte__maissaat__in__niedersachsen/

Karte der Saatgutbanken auf S. 54.

Beispiel LL601: Ein Selbstbestäuber verteilt sich weltweit

Bis 2001 führte Bayer CropScience, die von Aventis übernommene und schon in den 90er Jahren als AgrEvo in Deutschland aktive Saatgut- und Pestizidsparte des Chemieunternehmens Bayer, Versuchsreihen mit gentechnisch verändertem Reis in den USA durch. Andere Äcker mit dem Getreide, das eine Resistenz gegen das Bayer-Herbizid Liberty enthielt, gab es nicht. Reis ist ein Selbstbestäuber, d.h. er befruchtet sich bei weitgehend geschlossener Blüte selbst – ähnlich Weizen oder Gerste. Zwar ist in der Natur nichts ganz geschlossen, aber dennoch dürfte Reis zu den Nutzpflanzen mit der geringsten Tendenz zur selbständigen Ausbreitung gehören. Fünf Jahre war dann Ruhe. Aber im Frühjahr 2006 sickerte durch, dass gentechnisch veränderter Reis aus den USA illegal in den Handel gelangt war. Den ersten Fund in Europa machte ein unabhängiges Labor, das im Auftrag von Greenpeace Deutschland zehn Proben untersucht hatte. Eine Probe war positiv. Das Labor hatte außerdem eine Reihe anderer möglicher Kontaminationen ausgeschlossen, wie zum Beispiel Reste von gv-Mais, die zufällig in die Reisladung geraten sein könn-

LL = Liberty Link, das Konkurrenzpaket von Bayer CropScience zum marktführenden Roundup Ready von Monsanto ten. Die Reaktion von Bayer war wie gewohnt: Schmutzige Tricks. Der Konzern stellte das Ergebnis in Frage, stellte aber keine weitere Probe zur Verfügung. So konnte zunächst nicht weiter untersucht werden. Das geht oft so: Bei Kontaminationen von Bt11-Mais mit dem ebenfalls nicht zugelassenen Bt10-Mais im Jahr 2005 weigerte sich Syngenta, Referenzmaterial für Tests zur Verfügung zu stellen. Im Fall von LL601 lenkte Bayer schließlich ein. Allerdings sind Herstellerfirmen weiterhin nie verpflichtet, Referenz-Proben an unabhängige Labore zu geben. Es ist – was staatliche Regelungen betrifft – fraglich, ob die Hersteller überhaupt verpflichtet sind, Referenzmaterial aufzubewahren, nachdem sie die Entwicklung eines GVO abgebrochen haben. Das macht die sogenannte Sicherheitsforschung so riskant: Es sind Versuche mit neuen und z.T. unbekannten gv-Konstrukten, die nach den Versuchsreihen oft nicht weiter verwendet werden. Dann aber fehlen Nachweisverfahren und niemand weiß, ob oder wann die Konstrukte via Auskreuzung, Durchwuchs oder Vermischung wieder auftauchen. Nur die Herstellerfirma verfügt über die notwendigen Daten und Proben, um eine Kontamination mit einem nicht zugelassenem GVO nachzuweisen. Sie dürfte aber wenig Interesse daran haben, dass öffentlich wird, was aus ihrem Hause den Verunreinigungsfeldzug um die Welt angetreten hat.

Der Verlauf des LL601-Skandals war ein Paradefall für das Versagen von Behörden, Vertuschungsversuche des Konzerns und für die Tricks der Legalisierung des Illegalen. So kündigte Bayer schon nach wenigen Wochen an, einfach eine Zulassung als Lebensmittel zu beantragen und damit die unrechtmäßige zur rechtmäßigen Verunreinigung zu wandeln. Währenddessen stiegen die Verunreinigungen auf bis zu einem Fünftel der Proben an. Schließlich rollte weltweit eine Rückrufaktion von Reis an. Vier Jahre später, im Frühsommer 2010, sprachen US-amerikanische Gerichte die ersten hohen Schadensersatzstrafen aus. Der Skandal begann nun auch für den verursachenden Konzern teuer zu werden.

Die deuschen Behörden reagierten im gewohnten Stil: Abwiegeln, beschwichtigen: „*Nach Einschätzung der zuständigen Behörden in Europa und den USA ist eine Gefahr für die Gesundheit des Verbrauchers nicht gegeben*", hieß es am 6. Oktober 2006 auf der Seite des BfR.[92] Doch als Lehrstück in der Koexistenzdebatte ist der LL601-Skandal bis heute ungeschlagen: „*Der Reis LL601 wurde zwischen 1999 bis 2001 nur zu Versuchszwecken angebaut. Er war nie für den Verkauf und schon gar nicht als Lebensmittel gedacht.*" Dennoch reichte das für eine Auskreuzung weltweit. Behörden und Konzerne organisierten keine Abhilfe, sondern vertuschten oder legalisierten das Desaster. Seit LL601 weltweit in Ladenregalen auftauchte, ist klar: „*Werden Gen-Pflanzen angebaut, breiten sie sich auch unkontrolliert aus und gelangen in unsere Nahrungsmittel. Auch dann, wenn sie nur über einen kurzen Zeitraum und nur für Versuchszwecke angebaut werden*", sagte Ulrike Brendel, Gentechnik-Expertin von Greenpeace.[93]

Chronologie des LL601 von 1998 bis 2006[94]

1998-2001: *Aventis CropScience führt in den USA an verschiedenen Orten Versuche mit LL601-Reis durch, bricht die Entwicklung dann aber ab. Es wurden keine Anträge für einen kommerziellen Anbau gestellt und dementsprechend auch keiner der dafür nötigen Tests durchgeführt.*

Von der Reisforschungsanstalt Crowley der Universität Louisiana wird LL601 in den Wintern jeweils nach Puerto Rico gebracht, um dort die besseren Klimabedingungen auszunutzen und die Entwicklung zu beschleunigen.

Januar 2006: *Ein Export-Kunde von Riceland Foods (USA) findet eine gentechnische Verunreinigung im Reis und fordert eine Erklärung von Riceland Foods. Ein von Riceland Foods beauftragtes US-Labor bestätigt den Fund. Die Kontamination wird als Liberty-Herbizidresistenz identifiziert, von der bekannt ist, dass sie in den USA in Mais, Soja, Raps und Baumwolle verwendet wird. Da kein kommerzieller gv-Reisanbau in den USA bekannt ist, wird zunächst vermutet, dass die Proben mit anderen Pflanzen verunreinigt worden sind.*

Mai: *Das Unternehmen Riceland Foods, welches ein Drittel der US-Reisproduktion vermarktet, lässt Proben aus allen Reisanbaugebieten auf LL601 testen und wird bei einer erheblichen Anzahl von Lagerstätten für kommerziell angebauten Reis fündig.*

Anfang Juni: *Riceland Foods informiert Bayer CropScience aufgrund der Vermutung, dass es sich um einen GVO von Bayer handeln könnte.*

Ende Juli: *Bayer bestätigt gegenüber Riceland Foods den Fund der Herbizidresistenz und erklärt, dass es sich um einen nicht zugelassenen GVO handelt, und deshalb die Behörden innerhalb von 24 Stunden informiert werden müssen.*

31. Juli: *Bayer informiert die US-Behörden.*

18. August: *Die USA informieren die EU-Kommission über die Kontaminationen – 18 Tage nachdem sie selbst informiert worden waren.*

20. August: *Japan verbietet den Import von US-Langkornreis.*

21. August: *Bayer kündigt an, eine Zulassung für die Vermarktung des Gentech-Reises zu beantragen.*

22. August: *Der US-Reispreis fällt an der Chicagoer Börse innerhalb eines Tages um 5 Prozent, der steilste Fall seit Jahren. In den folgenden Wochen sinkt er weiter.*

23. August: *Die EU-Kommission verhängt ein Importverbot für US-Langkornreis und -Langkornreisprodukte, sofern diese nicht als LL601-frei zertifiziert sind. Die Kosten dafür müssen laut EU-Beschluss vom „erstmals in Verkehr bringenden Unternehmen" getragen werden – also von der importierenden Reismühle.*

24. August: *WissenschaftlerInnen der US-Regierung zertifizieren einen Test zum LL601-Nachweis.*

26. August: *Der niederländische Zoll stoppt ein Schiff mit US-Langkornreis in Rotterdam, um es auf LL601 zu untersuchen. Die 20.000 Tonnen Reis an Bord entsprechen etwa dem EU-Import für einen Monat.*

28. August: *Reisfarmer aus allen sechs US-Staaten, in denen Reis angebaut wird, verklagen Bayer CropScience wegen der Nachteile, die sie durch die Kontamination und den Importstopp erleiden.*

31. August: *Das Louisiana State University Ag Center – Züchtungspartner von Aventis in den Jahren 1998 bis 2001 – gibt bekannt, dass konventionelles Saatgut der Sorte Cheniere 2003 mit LL601 verunreinigt gewesen ist. Dieses Saatgut ist die Grundlage für die Ernte des Jahres 2006. Von 2002 sind keine Proben vorhanden.*

31. August: *Der Reispreis in den USA ist inzwischen um 10 Prozent gefallen.*

1. September: *Die Food Standards Agency (FSA) in Großbritannien erklärt, dass nach genauer Analyse der vorliegenden Daten geringe Mengen von LL601 keine Gesundheitsgefahr darstellen.*

5. September: *Illegal in China angebauter Bt-Reis wird von Greenpeace und Friends of the Earth in chinesischen Reisprodukten in Frankreich, Deutschland und Großbritannien entdeckt.*

8. September: *Das US-Landwirtschaftsministerium USDA veröffentlicht das Statement, LL601-Reis sei sicher, allerdings sind keine Informationen zu den genauen Eigenschaften von LL601 öffentlich zugänglich.*

Die Sicherheit von LL601 wird mit der Sicherheit von LL06 und LL62 be-

92 www.bfr.bund.de/cd/8368

93 www.greenpeace.de/themen/gentechnik/nachrichten/artikel/igitt__gen__bier/

94 Quelle und mehr Daten: GID Oktober 2006 (www.gen-ethisches-netzwerk.de/gid/178/thema/lorch/reis-kontamination-glueck-unglueck) und unter www.keine-gentechnik.de/dossiers/dossier-ll-reis-601.html

gründet. Allerdings muss es Unterschiede zwischen LL06, LL62 und LL601 geben, denn ansonsten hätte Bayer LL601 nicht nachweisen können.
Für öffentliche Einsprüche gibt es eine Frist bis zum 10. Oktober. Das heißt, dass trotz dieses Statements LL601 auch in den USA weiterhin illegal ist.
***11. September:** Greenpeace Deutschland entdeckt in einer von 10 Proben aus deutschen Supermärkten LL601.*
Am selben Tag veröffentlicht der europäische Verband der Reismühlen, dass in 33 von 162 Proben (20 Prozent) LL601-Kontaminationen ausfindig gemacht werden konnten.
Bei dem in Rotterdam festliegenden Schiff werden 2 Teilladungen als LL601-positiv getestet und zurückgehalten. Die anderen Teilladungen werden in andere EU-Länder weitergeschickt. Allerdings erweist sich ein Teil hiervon 10 Tage später bei einem zweiten Test dennoch als positiv.
***12. September:** Neue Funde werden in Frankreich, Schweden und der Schweiz gemeldet. In der Schweiz stoppen zwei Großhändler den Verkauf von US-Langkornreis.*
***15. September:** Die Europäische Nahrungsmittelsicherheitsbehörde EFSA veröffentlicht ein Gutachten, demgemäß eine vollständige Risikoabschätzung von LL601 nicht durchgeführt werden kann, da nur unzureichende Informationen vorliegen.*
In Bezug auf akute Gesundheitsgefahren heißt es: „Aufgrund der zugänglichen molekularen Daten und Daten zur Zusammensetzung und aufgrund des toxikologischen Profils des neu eingefügten Proteins geht [die EFSA] davon aus, dass der Verzehr von importiertem Langkornreis mit Spuren von LL601-Reis vermutlich keine akute Gefahr für Menschen und Tiere darstellt."
***18. September:** Die USDA verifiziert eine zweiten Schnelltest zum LL601-Nachweis, dessen Nachweisgrenze bei 1,33 Prozent liegt.*
***20. September:** US-Reispreise liegen mehr als 10 Prozent unter dem Preis des Vormonats, kurz vor der Bekanntgabe des LL601-Funds. US-Farmern wird geraten, ihre Ernte nach Sorte getrennt aufzubewahren, da es zur Zeit so aussieht, als sei nur das Saatgut einer Reissorte kontaminiert.*
***21. September:** Teilladungen der 20.000-Tonnen-Reisladung, die in Rotterdam durch den europäischen Verband der Reismühlen als LL601-frei zertifiziert wurden, zeigen sich bei einem zweiten Test durch niederländische Behörden als kontaminiert.*
Es ist unklar, welcher Anteil dieser Ladungen bereits nach Deutschland, Frankreich, Großbritannien und eventuell andere EU-Länder weitertransportiert worden ist.
***22. September:** In mehreren europäischen Ländern ist US-Reis durch Supermarktketten und Importeure aus dem Handel genommen worden.*
***26. September:** In Deutschland ist zum wiederholten Mal Reis aus Supermärkten positiv getestet worden.*
***28. September:** Japan hat das Verbot von Langkornreisimporten aufgehoben, nachdem ein Testverfahren zur Verfügung steht, aber akzeptiert nur GVO-freie Schiffsladungen. Da die US-Behörden keine Auskunft geben konnten, ob die Kontamination nur Langkornreis betrifft, werden zur Zeit in Japan auch alle Importe und Bestände von Rundkornreis getestet.*
***29. September:** Die EU-Kommission beschließt, die Maßnahmen gegen LL601-Kontaminationen weiter zu verschärfen, nachdem Stichproben von Endverbraucherprodukten in inzwischen neun Ländern positiv waren.*

Mehr als 14 Monate nachdem das US-Landwirtschaftsministerium eine Untersuchung begonnen hat, wie der US-Bestand an Langkornreis mit Bayers nicht genehmigter gv-Sorte verunreinigt wurde – ein Ereignis, das noch immer die US-Exporte stört – hat die Regierung angekündigt, dass sie nicht herausfinden konnte, wie die Kontaminierung stattfand. Darüber hinaus wird sie nicht gerichtlich gegen Bayer vorgehen. Clare Oxborrow von Friends of the Earth sagte:[95] *„Es ist ein Skandal, dass Bayer ungeschoren davon kommt, während Hunderte von Reisfarmern schwerwiegende finanzielle Verluste erlitten haben und Verbraucher weltweit illegalen Gentech-Zutaten ausgesetzt waren."* Die Tatsache, dass sich Gensequenzen unkontrollierbar auskreuzen, half am Ende den Konzernen – denn wenn nichts Genaues bekannt ist, kann auch niemand haftbar gemacht werden. Das Problem wandelte sich so für die Profiteure der Risikotechnologie zur preiswerten Rund-um-Versicherung!

Auch in Deutschland blieb der LL601-Skandal ohne Konsequenzen für die Genehmigungspraxis von gv-Getreide mit ähnlicher Ausbreitungstendenz, also Weizen und Gerste. Das BVL machte es sich leicht und bastelte aus der Tatsache, dass der LL601-Ausbreitungsweg nie festgestellt werden konnte, einen Freibrief. Der Weizenversuch in Gatersleben wurde genehmigt, denn *„die Ursachen des Eintrags von LL Rice 601 und Bt-Reis in konventionelle Reissorten sind bisher nicht bekannt"*.[96] So einfach ist die Welt, wenn das Ergebnis vorher feststeht und ideologisch motiviert ist.

Ganz ohne Wirkung blieben die Nachrichten vom LL-Reis dann aber doch nicht: Mitten im Skandal und motiviert durch die hereinbrechenden Verunreinigungsnachrichten zerstörten 4 AktivistInnen am 2. Juni 2006 in Gießen ein Feld mit gentechnisch veränderter Gerste. Im späteren Strafprozess beriefen sich die zwei herausgepickten Angeklagten – erfolglos – auf den rechtfertigenden Notstand und verwiesen in einem umfangreichen Beweisantrag auf den LL601-Fall. Amtsrichter Oehm schmiss den Angeklagten aus dem Saal und verhandelte ohne ihn weiter. Die zweite Instanz lehnte den Antrag als *„ohne Bedeutung"* ab und fällte dann ein hartes Abschreckungsurteil. Dabei bot das Gerstenfeld beste Voraussetzungen für eine schlechte Kopie des LL601-Skandals. Auch Gerste ist ein Selbstbestäuber, die veränderten Pflanzen standen ebenfalls auf einem Versuchsfeld. Und eine Liberty Link-(früher: Basta-)Resistenz war auch drin. Das meiste Bier wird aus Gerste gebraut. Wahrscheinlich guckt lieber niemand hin, wo die gv-Konstrukte dort ankommen. Möglich wäre das, denn in einem Bier, das in den USA aus Reis gebraut wird, wurde 2007 eine LL601-Kontamination gefunden.[97]

***Aus der FR am 23.8.2006 (S. 11)**[98]*
In den Vereinigten Staaten sind in Containern Spuren einer vom Bayer-Konzern angebotenen Genreissorte aufgetaucht, die dort nicht hätten auftauchen dürfen. Weil aber die US-Behörden keine Risiken für Umwelt oder Gesundheit erkennen, verzichten sie darauf, einen Rückruf der langkörnigen Sorten zu verlangen, die durch den Genreis verunreinigt sein könnten. Für Europa als Importeur amerikanischer Produkte hat dies zur Folge, dass niemand mehr sicher sein kann, ob in Uncle Ben's & Co genmanipulierte und nichtzugelassene Sorten eingemischt sind.

***Aus „Durch die Hintertür" in: Junge Welt, 24.8.2006 (S. 9)**[99]*
Am Wochenende hatten US-Behörden bekanntgegeben, daß in mehreren amerikanischen Bundesstaaten herkömmlich angebauter Reis mit der von Bayer CropScience hergestellten Sorte LL 601 kontaminiert ist. Der genmanipulierte Reis ist resistent gegen das von Bayer hergestellte Herbizid Liberty Link. Die US-Landwirtschaftsbehörde kennt weder den genauen Umfang der Verunreinigung noch ihre Ursache. Japan verhängte daraufhin

Die ganze Story um den Gen-Reis im GID Okt. 2006 (S. 5f): www.gen-ethisches-netzwerk.de/gid/178/thema/lorch/reis-kontamination-glueck-unglueck

Weitere Informationen in der Bundestagsdrucksache 16/3118 vom 27.10.2006: http://dipbt.bundestag.de/dip21/btd/16/031/1603118.pdf

Beweisantrag zum LL601-Reis im Strafprozess gegen die Feldbefreier von Gießen: www.projektwerkstatt.de/gen/prozesse/2006lg/antrag_auskreuzung_LLreis.pdf

95 www.gmwatch.org/archive2.asp?arcid=8351
96 BVL-Genehmigung (S. 36)
97 www.greenpeace.de/themen/gentechnik/nachrichten/artikel/igitt_gen_bier/
98 www.fr-aktuell.de/in_und_ausland/wirtschaft/aktuell/?em_cnt=953195&sid=268630e2689dd89dcbcbd9d9cc2ae650
99 www.jungewelt.de/2006/08-24/047.php

einen sofortigen Importstopp für Langkorn-Reis aus den USA. In der Europäischen Union kam der kontaminierte Reis offenbar bereits in den Handel. Es ist unklar, woher der Genreis genau stammt.

***Aus „Genreis auch in deutschen Regalen", in: FR, 6.9.2006 (S. 1)*[100]**
Bei Labortests in den vergangenen drei Monaten entdeckten die Umweltverbände Greenpeace und Friends of the Earth Spuren von Genreis in Lebensmitteln, die in europäischen Geschäften und Restaurants verkauft wurden. Dabei soll es sich um eine Sorte handeln, die weltweit nirgendwo zugelassen ist. Der beanstandete so genannte Bt-Reis enthalte einen Stoff, der ihn vor Schädlingen schützen soll, aber auch in Verdacht steht, bei Menschen Allergien auszulösen.

Aus „Kontrolleure entdecken Genfood", in: FR, 10.11.2006 (S. 10)
In 45 Lebensmittelproben ist gentechnisch veränderter, nicht zugelassener Reis entdeckt worden ... Es bleibt weiter unklar, wie der Gen-Reis auf den Markt gelangen konnte. ... Die Folgen sind gigantisch: 10000 Tonnen Reis und Reisprodukte nahmen die Hersteller in den vergangenen Wochen aus den Regalen, die entstandenen Kosten beziffert die Bundesregierung in einer Antwort auf die Anfrage der Grünen-Fraktion mit zehn Millionen Euro.

Der Bayer-Konzern musste Jahre später den ersten amerikanischen Bauern wegen der Verunreinigung von Feldern mit Gen-Reis rund 50 Millionen US-Dollar Schadenersatz zahlen. Weitere Verfahren liefen noch. Der Schaden wird auf insgesamt bis zu 1,3 Milliarden Dollar geschätzt.

100 www.fr-aktuell.de/in_und_ausland/politik/aktuell/?em_cnt=962804&sid=106eea1198d6c7cf1290bc1397066c73

101 www.gmwatch.org/archive2.asp?arcid=8355

102 www.gmwatch.org/archive2.asp?arcid=7802%20

103 Broschüre „Die Grüne Gentechnik" (S. 13)

104 DDP-Meldung vom 26.04.2010: www.dernewsticker.de/news.php?id=187027&i=qtdmap

Mehr Auskreuzung und Vermischung bei Reis

- In China wurde im Frühjahr 2005 die großflächige Kontamination der Reisernte mit nicht zugelassenem, transgenem Bt-Reis festgestellt. Der manipulierte Reis enthält ein Gen aus dem Bakterium Bacillus thuringiensis. Mindestens 950 bis 1200 Tonnen Reis wurden aus dem insektenresistenten Gen-Saatgut gewonnen. Es existiert bis heute keine Untersuchung zur Lebensmittelsicherheit von Bt-Reis. Wahrscheinlich haben beteiligte Wissenschaftler das nicht zugelassene Produkt unter der Hand in den Handel gebracht. Ein Teil der Ernte könnte auch nach Europa gelangt sein.
- Ein ungetesteter gv-Reis im Versuchsstadium wurde in einer Mühle in Arkansas, USA, gefunden, die von Anheuser-Busch betrieben wird, um seine Biermarke Budweiser zu brauen.[101]
- Tierfutter, das eine nicht genehmigte Veränderung im Reis-Protein enthielt, wurde zurückgerufen, nachdem es in Großbritannien, den Niederlanden, Polen, Schweden und Belgien importiert worden war. Die Enthüllung kam nachdem Untersuchungen in Zypern ergeben hatten, dass die gv-Linie Bt63 in Reisproteinkonzentrat gefunden wurde, das aus China importiert wurde.[102]

Mais überall ...

Die Bundesbehörde BVL sagte zum gv-Mais, was sie immer tut: Beschwichtigen. *„Für die einzige bis heute in Europa zum Anbau zugelassene gentechnisch veränderte Nutzpflanzenart, den Mais, ist ein Gentransfer mangels verwandter Wildpflanzen ausgeschlossen. Die Maispflanze stammt aus den Tropen und Subtropen und ist in Europa selbst nicht überlebensfähig."*[103] Und was ist mit horizontalem Gentransfer? Übertragung auf anderen Kulturmais? Durchmischung in Maschinen und Fabriken?

Maiskrimi 2010: Die unglaubliche Vertuschungsaktion von Behörden

Zuerst war da nur ein Schulterzucken: Schon wieder verseuchtes Mais-Saatgut gefunden.[104] Aber kurz danach sickerte durch, dass die Aussaat des verunreinigen Maises hätte verhindert werden können – wenn, ja wenn Behörde und Ministerium nicht geschlafen oder absichtlich die Aussaatphase abgewartet hätten. Der Anfang lag im zeitigen Frühjahr. Am 9.2.2010 entnahm die Landwirtschaftskammer Niedersachsen als zuständige Behörde Proben u.a. bei der Firma Pioneer Hi-Bred, die ihren Sitz im Land hat (Buxtehude). Zehn Tage später erreichten 35 Maisproben das Labor LAVES. Am 12.3. fanden sich dort erste Hinweise auf gentechnische Verunreinigungen in einer Probe Maissaatgut, drei Tage später dann bei einer weiteren Probe. Es geschah ... nichts. Am 31.3. verstrich der vereinbarte Stichtag der Länderarbeitsgemeinschaft Gentechnik für die Fertigstellung der Ergebnisse der Saatgutuntersuchungen. Am 6.4. gelang die Absicherung im Labor, erst jetzt erfolgte die Ergebnismitteilung durch LAVES an das Ministerium. Innerhalb der nächsten Tage wurde aber erstmal nur die B-Probe untersucht, dann stand die Verunreinigung völlig zweifelsfrei fest. Für einen Stopp der Aussaat wäre es noch nicht zu spät gewesen. Am 8.4. ging das Ergebnis beim Ministerium ein, einen Tag später auch der Laborbericht. Doch wieder passierte nichts. So nahm das Drama seinen Lauf, denn Mitte April bis Anfang Mai war Maisaussaat. Die Landwirte, das betroffene Saatgutunternehmen und die Öffentlichkeit wussten von nichts, obwohl seit 6. und 9.4. die durch wiederholten Beprobung abgesicherten Befunde von Beimischungen verbotener Gen-Konstrukte dem Ministerium vorlagen. Es kam noch dicker. Greenpeace fragte nach den Ergebnissen der Gensaatgutproben. Die Landesregierung Niedersachsen verweigerte die Auskunft – trotz Pflicht zur Antwort nach dem Umweltinformationsgesetz. Die anderen Bundesländer veröffentlichten 323 Stichproben mit 21 positiven Befunden, zum Teil schon vorher. Die dort festgestellten Verunreinigungen wurden rechtzeitig vor der Aussaat aus dem Verkehr gezogen. Niedersachsen jedoch schlief – oder mauerte! Erst am 27.4., wahrscheinlich aufgeschreckt von einer Greenpeace-Meldung, bat das Ministerium den Saatguthersteller Pioneer um Rückholung des kontaminierten Saatguts. Der aber toppte das Versagen der Politik durch eigene Schnoddrigkeit und verweigerte eine Rückholaktion. Wertvolle Zeit verging, die Aussaat schritt immer mehr voran. Auch die Politik spielte weiter mit gezinkten Karten. Das Landwirtschaftsministerum informierte erst jetzt das für die Rückholung eigentlich zuständige Umweltministerium über den Fund von GVO in zwei Maissaatgutproben – mindestens 18 Tage seit Vorliegen der Untersuchungsergebnisse waren verstrichen. Das Landwirtschaftsministerium patzte am 29.4. ein weiteres Mal: Es übersandte dem Umweltministerium plötzlich eine korrigierte Saatguttabelle, in der die Vermischungen nicht mehr enthalten waren. Fehler oder Fälschung? Auf jeden Fall kostete die Sache wieder Zeit. Am 30.4. das schickte das Ministerium dann wieder die korrekten Daten, woraufhin aber erst einmal Feiertage folgten – wieder nur eine Panne? Danach verzögerte wieder der Saatgutkonzern. Pioneer teilte zwar mit, das die betroffenen Partien bereits in sieben Bundesländer ausgeliefert worden waren. Die insgesamt 1961 Saatguteinheiten reichten für die Kontamination von ca. 2000 bis 3000 ha. Genauere Daten aber wurden verweigert. Das staatliche Gewerbeaufsichtsamt musste das Unternehmen auf Herausgabe der Daten von mit dem Genmaissaatgut belieferten Handelspartner verklagen. Derweil sickerte die Sache durch. Am 7.5. teilte das Umweltministerium auf Nachfrage von Medien mit, dass zwei genverunreinigte Saatgutlinien gefunden worden seien. Obwohl es wußte, dass es sich um Chargen der Firma Pioneer handelte, verschwieg es den Verursacher und warnte die betroffenen LandwirtInnen nicht. Die erfuhren davon aus der Zeitung, z.B. im Hamburger Abendblatt am 9.5.2010.[105] Der Bauernverband tat entsetzt[106] – aber nur wenige Tage. Danach nutzte dessen Präsident Sonnleitner die Gunst der Stunde und forderte – im Gleichklang mit den Gentechnik-LobbyistInnen des Landes – die Legalisierung solcher Verunreinigungen.

Bis dahin setzten die Behörden und Ministerien ihre Serie von Versagen und Unwillen zur Klärung fort: Erst am 26.5. ging ein behördlicher Bescheid an die Firma, endlich die Empfänger des Saatgutes zu benennen. Pioneer blieb hart: Es klagte gegen den Bescheid vor dem Verwaltungsgericht Stade. Das Umweltministerium zog den Kopf ein und unterließ eine sofortige Durchsetzung des Auskunftsbegehrens. Am 3.6. – der Mais war längst ausgesät – bestätigte das Verwaltungsgericht Stade die Pflicht zur Herausgabe der betreffenden Daten. Einen Tag später informierte das Umweltministerium die betreffenden Händler und die anderen Bundesländer, stellte die belieferten Landwirte fest und lokalisierte die eingesäten Flächen. Am 10.6. debattierte der Landtag über den Skandal. Die Verantwortliche des Skandals, Agrarministerin Grotelüschen (CDU), sah sich fehlerfrei und ging in die Offensive: Sie wollte die Nulltoleranz beim Saatgut aufgeben. Skandale führen zur Legalisierung des skandalösen Verhaltens ... auch eine Art, die Gentechnikkonzerne zu rechtmäßigem Verhalten zu bringen: Was die Mächtigen wollen, wird einfach zum Gesetz gemacht.

Niedersachsens Chef-Landwirtin war mit ihrer Arroganz nicht allein. Auch Gentechnikkonzerne, LobbyistInnen und die Garde gekaufter ForscherInnen fanden keine Worte des Bedauerns, sondern starteten sofort einen Feldzug, um ihr Versagen noch in einen politischen Sieg umzuwandeln. Peter Bleser, Bundestagsabgeordneter der CDU ortete am 9.6.2010[107] *„das eigentliche Problem ... auf einer anderen Ebene: Die Nulltoleranzregelung der EU für dort nicht zugelassene gv-Sorten ist nicht praktikabel und muss endlich praxisgerecht ausgestaltet werden."* Zwei Tage später befanden Konzerne und Lobbyverbände, der aktuelle Fall zeige,[108] *„dass Schwellenwerte für Saatgut dringend erforderlich sind."* Die Rolle des Bösen schoben sie ausgerechnet den Umweltverbänden zu, obwohl ohne die Anfragen von Greenpeace wahrscheinlich alles verschwiegen worden wäre: *„Wer dem Verbraucher 100%ige Reinheiten verspricht, täuscht ihn vorsätzlich."* Nun schlug auch Bauernverbandschef Sonnleiter im Interview zu:[109] *„Es muss in Deutschland ein anderer Realismus einkehren."* Wenn es unvermeidbare technische Rest-Vermengungen mit genveränderten Pflanzen an der Nachweisgrenze gebe, müssten diese toleriert werden. So wurden die Täter, nachdem sie erst vertuschten und sich als Opfer aufspielten, zu den Siegern des Skandals: Endlich konnte die Unmöglichkeit der Koexistenz offen festgestellt und ihr auch formales Begräbnis eingefordert werden. *„Die Industrie sieht sich zu Unrecht beschuldigt, und statt die Vorfälle zu bedauern, fordert sie sogar ausdrücklich ein Verschmutzungsrecht"*, kommentierte die FR am 14.6.2010[110] die Abläufe, während die üblichen Dampfplauderer der Agro-Gentechnik neue Armutszeugnisse mangelnder kritischer Analyse offenbarten. Michael Miersch bezeichnete in „Die Welt" (9.6.2010)[111] die Abläufe als *„Aufblasen von Nichtigkeiten"*, während die Propagandaplattform TransGen ganz schlicht nur die zur Beruhigung dienende Presseinfo der Verursacherfirma Pioneer vom 11.6. veröffentlichte.[112]

Geschichte des Skandals, minutiös aufgezeichnet von den Grünen in Niedersachsen: www.fraktion.gruene-niedersachsen.de/cms/default/dokbin/345/345276.pdf

Teil-Chronologie auf TransGen: www.transgen.de/aktuell/1181.doku.html

Dossier beim Infodienst Gentechnik: www.keine-gentechnik.de/bibliothek/zulassungen/dossier-nk-603-mais.html

Aus der taz, 28.5.2010[113]
Auf deutschen Feldern wird dieses Jahr Gen-Mais wachsen, weil sich das niedersächsische Landwirtschaftsministerium Zeit gelassen hat. Erst Ende April, nach Ablauf der vereinbarten Fristen, hatte es dem niedersächsischen Umweltministerium mitgeteilt, dass zwei der überprüften Maissorten gentechnisch verunreinigt waren. Für eine Rückrufaktion war es da bereits zu spät: Das Saatgut war verkauft und auf die Felder gebracht.

Ein parlamentarisches Nach- und Trauerspiel erlebte dann der niedersächsische Landtag. Dort wurden die heimlich oder gewollt entwischten Genmaiskörner zum Thema einer Fragestunde.[114] Diese begann mit dem Vortrag des Fragestellers. Die Antwort darauf war zunächst die typische „Wir-sollten-endlich-sachlich-sein"-Leier, die bei GentechnikbefürworterInnen sehr beliebt ist: Sachlichkeit fordern und dann polemisch austeilen. Etwas später kam die Nachfrage, was mit den Imkern ist: *„Frau Ministerin, die Aussaat ist erfolgt. Sie haben gesagt, es sei kein Schaden für Umwelt und Natur entstanden. Dazu gibt es auch andere Standpunkte; z.B. sagen die Imker, dass sie ihren Honig verlieren bzw. ihn in der Region nicht mehr verkaufen können."* Astrid Grotelüschen, die Ministerin für Ernährung, Landwirtschaft, Verbraucherschutz und Landesentwicklung, antwortete so: *„Frau König, im Moment blüht der Mais noch nicht. Außerdem fliegen die Bienen den Mais auch gar nicht an. Von daher, denke ich, ist Ihre Sorge völlig unberechtigt."* Unglaublich – bar jeglichen Fachwissens wird hier eine Gefahr einfach wegdiskutiert. Die Aussage war schlicht falsch. Bienen sammeln sehr wohl eiweißhaltigen Pollen am Mais und das ist auch allgemein bekannt. So plätscherte die Debatte weiter – die Ministerin suchte Ausrede um Ausrede oder redete schlicht an der Frage vorbei. So fragte Helmut Dammann-Tamke aus der Regierungsfraktion (CDU) *„die Landesregierung: Sind ihr Zahlen dazu bekannt, in welchem Umfang gentechnisch veränderter Mais der Sorte NK 603 weltweit angebaut wird?"* Antwort der Ministerin: *„Sehr geehrter Herr Dammann-Tamke, NK 603 – ich habe es eben bereits erwähnt – verleiht den Pflanzen eine Herbizidtoleranz. Diese Toleranz ist die am umfangreichsten genutzte gentechnische Veränderung beim Anbau von Nutzpflanzen. Weltweit werden deshalb – die Zahl stammt aus 2009 – auf über 83 Millionen Hektar Pflanzen, die eine Herbizidtoleranz besitzen, angebaut. Das sind über 60 % des Anbaus gentechnisch veränderter Pflanzen. Außerhalb Europas ist dieser Anbau von herbizidtolerantem Mais, Soja oder auch Baumwolle gängige Praxis. Negative Umweltauswirkungen – ich kann es noch einmal betonen – wurden hierbei nicht festgestellt."* Das ist die vollständige Aussage. Wer darin die Antwort auf die Frage im allgemeine Werbeschwall für Gentechnik entdeckt, hat gewonnen ...

105 www.abendblatt.de/region/article1525731/Verunreinigter-Mais-bundesweit-auf-2000-Hektar-ausgesaet.html
106 www.kanal8.de/default.aspx?ID=6526&showNews=745487
107 www.presseportal.de/pm/7846/1628303/cdu__csu__bundestagsfraktion
108 www.lifepr.de/attachment/191488/2010-06-11+GVO-Verdachtsfall+Maiszuechter+wehren+sich+neu.pdf
109 www.neue-oz.de/information/noz__print/interviews/20100701-sonnleitner.html
110 www.fr-online.de/in__und__ausland/politik/meinung/?em__cnt=2747665&
111 www.welt.de/debatte/kommentare/article7941559/Greenpeace-uebersieht-den-wahren-Mais-Skandal.html
112 www.transgen.de/aktuell/1188.doku.html
113 www.taz.de/1/nord/artikel/1/und-leise-waechst-der-gen-mais/
114 Alle Zitate aus der Mitschrift Niedersächsischer Landtag – 16. Wahlperiode – 74. Plenarsitzung am 10. Juni 2010, S. 9297ff.: www.landtag-niedersachsen.de/infothek/steno/steno__16__WP/2010/endber074.pdf

Derweil offenbarte die Ministerin wenig Wissen über die Agro-Gentechnik im Lande. Nur zwei ordnungsgemäß gemeldete Versuchsfelder liegen in Niedersachsen – eines davon als staatlicher Versuch *„in Braunschweig in der Gemarkung Ölper ein 11,2 ha großes Feld mit genmanipuliertem Mais“*. Auf die Frage *„ob es sich dabei um den nicht zugelassenen Mais NK 603 handelt“*, antwortete die Ministern: *„Das ist uns nicht bekannt.“*

Nicht hören, nichts sehen, nichts sagen

Der Umgang mit Auskreuzungsrisiken ist exemplarisch am MON810 zu erkennen. 1999 beschloss die EU, dass gv-Pflanzen nur noch für eine Übergangszeit ohne begleitendes Monitoring angebaut werden durften.[115] *„Der EU-Ministerrat beschloss im Juni 1999, dass der Anbau gentechnisch veränderter Pflanzen in der EU durch Beobachtungsprogramme zu begleiten ist. In der Folge wurden Monitoringprogramme für neue Genehmigungen im Oktober 2003 obligatorisch. Gleichzeitig sahen die Änderungen vor, dass bestehende Genehmigungen ohne Monitoring bis zum 17. Oktober 2006 begrenzt werden.“* Damals war der 17. Oktober 2006 als Deadline für alle Sorten, die das nicht hatten, festgelegt worden – genug Zeit also, solche Überwachungspläne für Umweltauswirkungen zu entwickeln. Doch das tat niemand. Daher hätte MON810 im Jahr 2007 aber nicht ausgesät werden dürfen. Geschah aber trotzdem – mit Hilfe übler Tricks durch den damaligen Minister Seehofer und das ihm unterstellte BVL. Vorher hatte es schon einen umfassenden *„Erprobungsanbau“*, koordiniert durch den Lobbyverband InnoPlanta, gegeben – auch ohne Monitoring und ohne Aktivitäten, diese Lücke zu füllen. Erst am 9.5.2007, also 8 Jahre nach dem EU-Beschluss und mehrere Monate nach Ablauf der dort festgelegten Frist, forderte das BVL vom Hersteller:[115] *„Saatgut der gentechnisch veränderten Maissorte MON810 darf in Deutschland zukünftig nur dann zu kommerziellen Zwecken abgegeben werden, wenn dem Bundesamt für Verbraucherschutz und Lebensmittelsicherheit (BVL) vom Inhaber der Inverkehrbringensgenehmigung, der Firma Monsanto, ein Plan zur Beobachtung der Umweltauswirkungen vorgelegt wird.“* Der Wortlaut suggerierte, als wäre es völlig ungewöhnlich, dass eine Behörde verfügte, ein Konzern solle sich bitte an das Recht halten. *„Mit dem nun vom BVL an Monsanto ergangenen Bescheid wird das Unternehmen verpflichtet, ein der aktuellen EU-Rechtslage entsprechendes Monitoring durchzuführen.“* Etwa zur selben Zeit kündigte eine andere Behörde innerhalb des Landwirtschaftsministeriums an, sie werde selbst mit der Erforschung der Koexistenzfähigkeit beginnen:[115] *„Mit den bis 2009 ausgelegten Versuchen soll erprobt werden, wie das Nebeneinander des Anbaus von gentechnisch verändertem und konventionellem Mais (Koexistenz) realisiert werden kann, ohne dass ein wirtschaftlicher Schaden entsteht. Konkret geht es um Mindestabstände für den Praxisanbau, den Einfluss von Zwischenkulturen aber auch des Klimas oder der Drillrichtung auf die Auskreuzung. Des Weiteren sollen Auskreuzungsraten bei unterschiedlicher Nutzung als Körner- oder Silomais ermittelt werden.“* Über zehn Jahre nach Beginn des MON810-Anbaus sollten also Ergebnisse vorliegen, wie ein Anbau geschehen sollte – eine interessante Reihenfolge angesichts dessen, dass der MON810-Mais schon überall in der Landschaft stand und Forschungsergebnisse auch von anderen Orten vorlagen:[116] *„Während die ‚Koexistenzfähigkeit' von gentechnisch verändertem und konventionellem Mais bei Versuchen in Groß Lüsewitz, Wendhausen, Mariensee, Braunschweig und Forchheim bis 2009 getestet werden soll, haben Wissenschaftler der englischen Universität Exeter bereits herausgefunden, dass das Mischpotential, das sogenannte ‚Auskreuzungsrisiko', in Versuchsfeldern meist deutlich unterschätzt wird.“* Doch zu all dem sollte es nicht mehr kommen, zumindest in Deutschland nicht. Mit ganz anderen Begründungen wurde der MON810 im Frühjahr 2009 verboten und steht seitdem nur noch mit Sondergenehmigungen des BVL z.B. im Prograpandagarten „BioTech-Farm“ in Üplingen.

115 www.uni-protokolle.de/nachrichten/id/136679/

116 Telepolis am 2.6.2007: www.heise.de/tp/r4/artikel/25/25409/1.html (Quellen dort im Text)

117 www.news-report.de/nachricht/Umwelt/1177933044/Greenpeace_findet_illegalen_Gen-Mais_in_US-Importware.html

118 Quelle: Faltblatt „Gen-Pflanzen außer Kontrolle“ des Umweltinstituts München (www.umweltinstitut.org/download/genpflanzen_ausser_kontrolle_umweltinstitut_online_monitor.pdf)

Mehr Fälle kontaminierter Maispflanzen, wo sie nicht hätten sein dürfen

- Der wegen Allergiegefahr nur als Futtermittel zugelassene Bt-Mais „StarLink“ kontaminierte im Jahr 2000 durch Pollenflug und Nacherntevermischung weite Teile der US-Lebensmittelbranche und konventionelles Saatgut. Obwohl „StarLink“ lediglich auf vier Prozent der Maisanbaufläche der USA angebaut worden war, wurde ein Großteil der Saatgut-Bestände in den USA kontaminiert. Die Kosten für Lebensmittel-Rückrufaktionen belaufen sich auf über eine Milliarde US-Dollar (siehe S. 26).
- 2005 gelangte gentechnisch kontaminiertes Maissaatgut der Firma Pioneer in eine Reihe deutscher Bundesländer, unter anderem Bayern und Baden-Württemberg. Bei dem Genkonstrukt handelte es sich um den wegen seiner negativen Auswirkungen auf Insekten umstrittenen MON810 des US-Konzerns Monsanto. Die Bauern wurden erst nach der Aussaat von der Verunreinigung informiert. In Bayern waren 150 Hektar Maisäcker betroffen. Alle Felder mussten vernichtet werden. Nach EU-Rechtslage durfte konventionelles Saatgut keinerlei GVO-Spuren enthalten.
- Ende April 2007 entdeckte Greenpeace illegale Gentechnik-Maissorten von Monsanto – der Kapitän eines Frachters hatte den entscheidenden Tipp gegeben.[117]
- Im Frühjahr 2005 informierte der Gentechnik-Konzern Syngenta die Weltöffentlichkeit darüber, dass dem Unternehmen in den USA seit 2001 ein gravierender Fehler unterlaufen war. Statt der in einigen Ländern zugelassenen Genmais-Sorte Bt11 wurde das in keinem Land der Welt zugelassene Konstrukt Bt10 als Saatgut an Bauern verkauft und auf insgesamt 150 km^2 angebaut. Rund 190.000 Tonnen nicht zugelassener Gen-Mais gelangten dadurch in die Nahrungskette. Auch nach Europa, Japan, Südkorea und in andere Länder wurde der Gen-Mais exportiert. Bt10 enthält ein Resistenzgen gegen das Antibiotikum Ampicillin.[118]
- Eine Koexistenz von Gentech- und Biomais scheint laut einer neuen spanischen Studie kaum möglich. Der Grund liegt darin, dass es zumindest in Spanien keine Infrastruktur zur Trennung der Saaten gibt. Das Problem liegt darin, dass in beiden Regionen der Mais vom Einkauf des Saatgutes bis zur Vermarktung zumeist über Genossenschaften läuft. Und die haben für dieses Produkt eben nur eine Infrastruktur. Somit wäre auch eine Vermischung von Gentech- und Bio-Sorten nicht verhinderbar – was für letztere aufgrund der strengen Standards inakzeptabel ist. Die Konsequenz: Überhand-

nehmender Gen-Mais, wie es sich die dahinter stehenden Saatgut-Konzerne nur wünschen können. In Aragon fiel die Anbaufläche für Bio-Mais um 75 Prozent, in Katalonien um fünf Prozent. Binimelis, die ihre Studie[119] im „Journal of Agricultural and Environmental Ethics") publiziert hat, spricht insgesamt von einer *„unmöglichen Koexistenz"* der beiden Landwirtschaftstypen.[120]

- Von 438 in Deutschland untersuchten Mais-Proben waren schon 2008 neun mit genmanipulierten Organismen verunreinigt, vier davon mit illegalem Gen-Mais. Diese Analyseergebnisse hat Greenpeace nach dem Umweltinformationsgesetz (UIG) von den zuständigen Länderbehörden erhalten. Die neun verunreingten Proben stammen aus Schleswig-Holstein, Niedersachsen, Sachsen-Anhalt, Thüringen und Brandenburg. Bei den illegalen Maissorten handelt es sich um die insekten- und herbizidresistenten Gen-Mais-Produkte Bt11 und Herculex (DAS-59122-7) der Agrarkonzerne Syngenta und Pioneer. Landwirte in Bayern, Niedersachsen und Mecklenburg-Vorpommern hatten illegalen Gen-Mais Bt11 ausgesät und mussten die Pflanzen wieder vernichten. Fünf der neun Maisproben waren mit dem in der EU zum Anbau zugelassenen Gen-Mais MON810 von Monsanto verunreinigt.[121]
- In Kanada hat der Roundup Ready Mais von Monsanto nicht transgene Sorten wegen der Pollenkontaminierung vertrieben.[122]
- Im Frühjahr 2009 wurde mehrfach Genmais ausgesät, der gar nicht zugelassen war. Das Ganze wurde als Versehen dargestellt, womit wiederum bewiesen war, dass die Technik nicht zu beherrschen ist. Es braucht gar keiner Konzerne, die fahrlässig bis absichtlich alles verseuchen wollten, sondern einfach den Normalbetrieb. Verunreinigte Felder gab es in Baden-Württemberg und Rheinland-Pfalz.[123] Gerade noch verhindert werden konnten weitere Aussaaten im Rheintal.[124] Der BUND-Regionalverband Südlicher Oberrhein vermutete einen absichtlichen Versuch der Vermischung.[125] Ein *„versehentliches"* Genfeld wurde auch in Hessen entdeckt.[126] Unglaublich: Der verunreinigte, illegale Mais durfte stehenbleiben![127]
- Bei einer Kontrolle von Futtermitteln aus einem Werk in Hamburg wurde nicht zugelassener gentechnisch veränderter Mais gefunden. Ein Landwirt in Brandenburg musste deshalb auf ca. sechs Tonnen Sojaschrot für seine 210 Kühe bis auf Weiteres verzichten. Die gesamte Ladung wurde durch Anordnung des Ministeriums für Ländliche Entwicklung, Umwelt- und Verbraucherschutz (MLUV) gesperrt.[128]
- Eine gv-Maissorte, die in Europa illegal ist, wurde in einer Lieferung von Mais-Kraftfutter im Hafen von Rotterdam (Niederlande) entdeckt.[129]

Der besondere Fall: „Wilde" Auskreuzung von Mais in Mexico

Von besonderer Bedeutung war die bereits beschriebene Verunreinigung der Maisvorkommen in Mexico, da die Pflanze hier ihr Ursprungsgebiet hat. Das Land gleicht also einer in der Landschaft verteilten Saatgutbank. Die Aussaat von gv-Mais war hier nie erlaubt, aber die Verunreinigung fand doch statt (siehe S. 147). Gefunden wurde sie eher durch Zufall. Die Verseuchung erinnert an die Strategie, neben die Saatgutbanken in Deutschland passende Genversuchsfelder zu stellen. Denn Mexiko, das Herkunftsland der Maispflanze, besitzt noch mehrere tausend, für die zukünftige Züchtung unerlässliche Maissorten – ist also wie eine große Saatgutbank zu sehen. Die Ursache der Kontamination war transgener Mais aus den USA, der von der nicht informierten Landbevölkerung als Saatgut statt als Lebensmittel verwendet wird. Statt die Sortenvielfalt zu schützen, wurde der Überbringer der schlechter Nachricht abgestraft und die Verunreinigung nachträglich legalisiert.

Wenn Auskreuzung nicht verhinderbar ist, wird einfach alles durch Zulassung legalisiert: www.keine-gentechnik.de/news-gentechnik/news/de/20857.html

Aus „Mexiko: Spuren von gentechnisch verändertem Mais bestätigt" auf: top agrar am 13.3.2009[130]

In Mexiko, der Wiege des Maisanbaus, haben Wissenschaftler GVO-Bestandteile in Maisproben aus den Jahren 2001 bis 2004 nachgewiesen. Unklar ist nun, wie gentechnisch veränderter Mais auf die Felder dort gelangt ist und ob die Transgene sich im Genpool der alten mexikanischen Landrassen etabliert haben, teilt bioSicherheit.de, das Portal des Bundesforschungsministeriums, mit.

So hätten Studenten bereits 2001 den Nachweis von GVO-Spuren in mexikanischen Maissorten veröffentlicht. Mehrere Wissenschaftler hätten dies allerdings wegen methodischer Unzulänglichkeiten heftig kritisiert. Diese Überheblichkeit scheint sich nun, acht Jahre später zu rächen. Anscheinend haben sich die einheimischen Maispflanzen mit gentechnisch verändertem Mais gekreuzt. Nicht geklärt ist allerdings, ob und in welchem Umfang die daraus entstandenen Pflanzen – die F1-Generation – sich wiederum mit den einheimischen Pflanzen kreuzen, die ggf. daraus entstandene F2-Generation sich ebenfalls mit den einheimischen Pflanzen kreuzt usw.

Aus dem Positionspapier des BfN (2009), „Welternährung, Biodiversität und Gentechnik" (S. 7 f.)

In Mexiko konnten Einkreuzungen von transgenem Mais in lokalen Landrassen nachgewiesen werden, obwohl zu dem Zeitpunkt ein Anbauverbot in Mexiko galt (QUIST & CHAPELA 2001; PEARCE, 2002). Es besteht die Gefahr, dass dadurch Landrassen und damit genetische Informationen für die Züchtung verloren gehen.

Schnell und unkaputtbar: Raps

Was es mit dem Raps auf sich hat, wissen ForscherInnen ebenso gut wie LandwirtInnen. Und das seit Langem. Raps gelangt überall hin und hält sich auch in der freien Natur. Austrag von Pollen über Bienen auf andere Rapspflanzen und viele Kreuzblütler sind ebenso Alltag wie der Durchwuchs der überwinterungsfähigen Samen. Die betriebsblinden Agro-GentechnikerInnen aber verdrängen dieses Allgemeinwissen ständig und zeigen sich dann scheinbar überrascht, wenn wieder mal gv-Raps gefunden wird. Im Jahre 1995 hatte die seit 2002 zu Bayer gehörende Firma Plant Genetic Systems in einem Freilandversuch Gentech-Rapspflanzen getestet, die gegen das Herbizid Liberty mit dem Wirkstoff Glufosinat oder andere Substanzen resistent sind. Nach Beendigung des Testlaufs besprühten die ForscherInnen das Feld mit Gift, pflügten es jedes Jahr um, pflanzten Weizen oder Gerste an und kappten rigoros jeden Halm, der sich zeigte. Aber es nützte alles nichts. WissenschaftlerInnen der schwedischen Lund-Universität und der TU Dänemark fanden 2005 noch 38 Rapspflanzen, davon 15 Glufosinat-resistente, die aller Unbill ge-

119 doi: 10.1007/s10806-008-9099-4: www.springerlink.com/content/53432182v0616534/

120 ORF, 1.7.2008: http://science.orf.at/science/news/151927

121 Quelle: Greenpeace auf Basis der Angaben von Länderbehörden, 15.8.2008 (www.presseportal.de/pm/6343/1247105/)

122 Chat mit Marie-Monique Robin, Autorin des Films „Monsanto. Mit Gift und Genen": www.arte.tv/de/Die-Welt-verstehen/Monsanto-mit-Gift-und-Genen/1912794,CmC=1963964.html

123 www.netzwerk-regenbogen.de/genmai090513.html

124 www.boennigheimerzeitung.de/bz1/news/suedwestumschau__artikel.php?artikel=4337439

125 http://vorort.bund.net/suedlicher-oberrhein/saatmais-gentechnisch-verunreinigt.html

126 www.osthessen-news.de/beitrag__A.php?id=1166358

127 www.keine-gentechnik.de/news-gentechnik/news-regional/news/de/20199.html

128 www.keine-gentechnik.de/news-gentechnik/news-regional/news/de/20273.html

129 www.gmwatch.org/archive2.asp?arcid=7803

130 www.topagrar.com/index.php?option=com__content&task=view&id=9961&Itemid=519

trotzt hatten. Nach Meinung von Tina D'Hertefeldt, einer der Autorinnen der 2008 in der Zeitschrift biology letters veröffentlichten Studie, sind die Laborfrüchte unkaputtbar: Sie machen sich bis zum Ende aller Tage nicht mehr vom Acker.[131] Das bestätigte sich im Jahr 2010 in den USA. „*Wissenschaftler hatten stichprobenartig an 5400 Straßenkilometern 406 Rapspflanzen eingesammelt, fast alle waren Gen-Pflanzen. Die Funde stammten von Orten, die weit entfernt von Raps-Anbaugebieten lagen*", schrieb die FR am 9.8.2010 (S. 15).

Abb.: Gießener Allgemeine, 29.4.1997

Gen-Rapsfeld der Universität mutwillig zerstört

Unbekannte wüteten auf Institutsgelände in Rauischholzhausen – EU-geförderter Versuch muß abgebrochen werden

Gießen/Rauischholzhausen (si). Unbekannte Täter haben in der Nacht zum Dienstag auf dem Gelände des Lehr- und Versuchsbetriebs der Justus-Liebig-Universität in Rauischholzhausen den Raps zerstört, dessen gentechnisch verändertes Saatgut dort im September ausgebracht worden war. Die Täter hätten alle Pflanzen abgerissen oder abgeschnitten, dann in der Mitte der Versuchsfläche gesammelt und mit Hilfe von Papier- und Stoffresten angezündet, teilte Prof. Wolfgang Friedt vom Institut für Pflanzenbau und Pflanzenzüchtung und Leiter des Versuchsgutes gestern mit. Dadurch könne nun der Versuch nicht mehr zum beabsichtigten Ende geführt, Erkenntnisse über das Verhalten von solchen Pflanzen im Freiland nicht mehr gewonnen werden. Friedt machte »militante Gegner« für den Anschlag verantwortlich.

Der Versuch auf dem institutseigenen Versuchsfeld war vor knapp acht Monaten als Teil eines Projektes der Europäischen Gemeinschaft gestartet worden, bei dem die Anbaueignung gentechnisch gezüchtete Pflanzen untersucht werden soll. Insgesamt sind daran 21 Teilnehmer aus sechs europäischen Staaten beteiligt, in der Bundesrepublik neben den Hochschulen in Halle und Kiel nur die Justus-Liebig-Universität.

In Rauischholzhausen hätte gentechnisch verändertes Saatgut im Vergleich zu anderen Sorten unter verschiedenen »Krankheitsüberwachungs-Regimen« getestet werden sollen, sagte Friedt gestern. Die gentechnisch gezüchteten Hybride – die Ergebnisse von Kreuzungen – seien bereits einem Freisetzungsverfahren unterzogen worden, in dem die »Unbedenklichkeit« gegenüber der Aussaat und dem Anbau des Materials »bereits hinreichend nachgewiesen« worden sei. Beim von der EU genehmigten »Inverkehrbringen« sei der Versuchsstandort gleichwohl so gewählt worden, daß ein Kontakt zu anderen Rapsfeldern »nach allgemein anerkannten Kriterien« habe »ausgeschlossen« werden können: als Abstand seien 1000 Meter gewählt worden, die auch für die Saatgutproduktion bei Fremdbefruchtern herangezogen werden.

Ausfallraps auf der Versuchsfläche hätte auf dem gewählten Standort über Jahre hin bekämpft werden können, da auf dieser Fläche noch nie Raps angebaut worden und dies auch in nächster Zukunft nicht vorgesehen sei. »Aus diesen Gründen verwahren wir uns gegen den Vorwurf, daß die Wahl des Versuchsstandortes gleichgültig und verantwortungslos war«, sagte der Institutsleiter, der auch darauf verwies, daß der Versuch von der Europäischen Union und nicht von der Industrie bezahlt worden sei.

Friedt betonte gestern noch einmal, daß aufgrund der technischen Möglichkeiten des Versuchsfeldes ein Verlust an Samenkörnern praktisch auszuschließen gewesen sei. Gleichzeitig habe es die Möglichkeit gegeben, das anfallende Samenmaterial der Versuchsernte angemessen zu versorgen. Eine Gefährdung der Bevölkerung oder nachhaltige Beeinträchtigung von Ökosystemen sei bezüglich gentechnisch übertragener Herbizid-Resistenz zu keiner Zeit zu erwarten gewesen.

An die »militanten Gegner« gewandt, meinte der Versuchsleiter, sie hätten mit dem Vandalismus nicht einmal ihren eigenen Zielen einen Dienst erwiesen. Gentechnisch erzeugte Rapsvarianten würden bereits an zahlreichen Orten »ohne nennenswerte Kenntnisnahme durchgeführt« – und zwar »ohne daß dort so detaillierte wissenschaftliche Untersuchungen durchgeführt würden, wie wir sie geplant hatten«.

Auszüge aus dem Text „Gen-Pflanzen halten sich hartnäckig in der Umwelt", in: Die Welt, 2.4.2008 (Fehler im Original)[132]

Eine schwedische Studie belegt, was Kritiker schon immer befürchtet haben: Gen-Pflanzen sind kaum auszumerzen. Noch zehn Jahre nach Ende eines Freisetzungsversuchs mit gentechnisch verändertem Raps haben Forscher Abkömmlinge der Pflanzen auf der ehemaligen Anbaufläche gefunden. ... Um eine Verunreinigung von nicht gentechnisch veränderten Pflanzen zu vermeiden, hatten die „Gentechnik-Bauern" schon bei der Ernte des Raps im Herbst des Jahres besondere Vorsicht walten lassen. Und auch direkt nach der Ernte sowie in den folgenden Jahren ergriffen sie besondere Schutzmaßnahmen, um eventuell zurückgebliebene Samen zu aufzuspüren und zu beseitigen. Doch trotz aller Vorsichtsmaßnahmen fanden schwedische Forscher um DHertefeldt im Jahr 2005 Überreste des Freisetzungsversuchs auf dem Feld. Insgesamt sammelten sie in drei Stunden 38 Rapspflanzen. Sie behandelten diese mit dem Unkrautvernichtungsmittel Glufosinat. 15 Pflanzen überlebten diese Behandlung und tatsächlich fanden die Wissenschaftler durch weitere Analysen das eingebaute Gen für die Herbizidresistenz in den Pflanzen.

Abb.: Aus der Erklärung zum Feldversuch vom 18.4.1997, Autor: Prof. W. Friedt[137]

Aufgrund der technischen Möglichkeiten eines Versuchsfeldes ist es ohne weiteres möglich, einen **Verlust an Samenkörnern praktisch auszuschließen**. Ebenso ist die Möglichkeit gegeben, das anfallende Samenmaterial der Versuchsernte entsprechend zu entsorgen. Bezüglich gentechnisch übertragener Herbizid-Resistenz hat zudem eine umfangreiche Diskussion zur Technologiefolgeabschätzung stattgefunden, die zu dem Ergebnis gekommen ist, daß **keine Gefährdung der Bevölkerung bzw. nachhaltige Beeinträchtigung von Ökosystemen** zu erwarten ist. Insbesondere kann eine Ausbreitung der neuen Eigenschaften wegen nicht gegebener Kreuzbarkeit von Raps mit Kruziferen der hiesigen Flora ausgeschlossen werden. Diese Diskussion wurde unter Einbeziehung relevanter Umweltgruppen bereits geführt.

Zu den Leuten, die über den Raps Bescheid wussten, gehörten sicherlich auch zwei Mitte der 90er Jahre wichtige Protagonisten der Agro-Gentechnik in Deutschland: Dr. Gerhard Waitz von der Firma AgrEvo (nach einigen Verkäufen ist die Firma heute bei Bayer als deren Sparte CropScience gelandet) und Prof. Wolfgang Friedt von der Uni Gießen. Was sie als Begleitpropaganda für ihre Versuchsfelder öffentlich machten, spottet jeder Beschreibung. AgrEvo gehörte damals zu Schering und Hoechst, die Firma betrieb Versuchsfelder wie den hoch umkämpften Acker des Gentechniklandwirts Gottfried Glöckner in Melbach (Wetterau). In einem Interview behauptete Waitz:[133] „*Genmaterial kann sich immer ausbreiten, es bleibt aber in der eigenen Pflanzenart.*" Das war Blödsinn, gerade Raps hat etliche Kreuzungspartner unter nahe verwandten Kreuzblütern. Deutlicher log Monsanto zum gleichen Thema: „*Raps ist eine weit verbreitete Kulturpflanze, die keine Tendenz zur Invasion in Ökosystemen außerhalb landwirtschaftlich genutzter Flächen aufweist. Durch die eingefügten Proteine wird der neue Raps in der freien Natur nicht konkurrenzfähiger gegenüber anderen Pflanzen. Daher besitzt er keinen Selektionsvorteil, so daß das Ökosystem nicht beeinträchtigt werden kann. Experten bewerten das Risiko einer Auskreuzung – d.h. einer Übertragung der Herbizid-Resistenz auf andere Arten – als äußerst gering. Bei Raps gibt es wildwachsende verwandte Arten, eine Auskreuzung durch Pollenflug ist daher theoretisch möglich. Dies wurde aber bisher in der freien Natur nicht beobachtet. Nach jüngsten großflächigen Versuchen in Frankreich kamen Experten zu dem Ergebnis, daß die Wahrscheinlichkeit einer Auskreuzung im Abstand von bis zu 500 Metern bei maximal 0,01 bis 0,03 Prozent liegen. Die gekreuzten Pflanzen wären zudem nicht weiter vermehrungsfähig.*" Angesichts der Bilder aus Nordamerika, wo der gv-Raps inzwischen ganze Landschaften überzieht, wirken die damaligen Worte von Monsanto nur noch bizarr ...

Doch es ging noch besser. Spitzenreiter dreister Lügen zum gv-Raps war der Gießener Prof. Friedt. Als er 1997 auf seiner Versuchsstation in Rauischholzhausen Felder mit gv-Raps anlegen ließ, versuchte er den aufkeimenden Protest mit öffentlichen Erklärungen zu beruhigen. Am 18.4.1997 verkündete er, alles sei sicher, schließlich[134] „*kann eine Ausbreitung der neuen Eigenschaften wegen nicht gegebener Kreuzbarkeit von Raps mit Kruziferen der hiesigen Flora ausgeschlossen werden.*" Wenige Tage später ergänzte er gegenüber der Gießener Allgemeinen, trotz fehlenden Risikos „*sei der Versuchsstandort gleichwohl so gewählt worden, dass ein Kontakt zu anderen Rapsfeldern ‚nach allgemein anerkannten Kriterien' habe ‚ausgeschlossen' werden können.*" Die Selbstverständlichkeit, mit der ein Spitzenforscher hier die allgemeine Bevölkerung für blöd hielt und deshalb glaubte, sie schlicht belügen zu können, ist weit verbreitet. Solche Verbreitung gezielter Falschinformationen hat für die ForscherInnen auch nie Konsequenzen. Friedt ist – wie andere WissenschaftlerInnen, die ihre Projekte mit Lügen durchsetzen – bis heute unbeschadet weiter in der Agro-Gentechnik tätig.

Zehn Jahre später wiederholte sich die Taktik immer noch. Diesmal war es Antje Dietz-Pfeilstetter von der Bundesbehörde BBA (heute: JKI),[135] die mit Formulierungen wie „*Raps ist ein Selbstbefruchter und im Vergleich zu Mais ist die Auskreuzungsfreudigkeit eher gering*" Beruhigungspillen schmiss. „*Schon in einer Entfernung von fünf bis zehn Metern vom gv-Rapsfeld geht die Auskreuzungsrate stark zurück*", hieß es noch 2007 – da waren die USA und Kanada schon großflächig vom gv-Raps überzogen. Nur 3 Jahre später wurde sogar transgener Raps gefunden, der sich selbständig in der Natur durchsetzte.[136]

131 Quelle: „Ticker", Beilage zur Stichwort Bayer 2/08 (S. 10)

132 www.welt.de/wissenschaft/article1862187/Gen__Pflanzen__halten__sich__hartnaeckig__in__der__Umwelt.html

133 Stern Nr. 37/1996 (S. 164)

134 www.projektwerkstatt.de/gen/giessen/friedt1997raps.pdf

135 www.biosicherheit.de/debatte/510.koexistenz-erfordert-aufwand-grundsaetzlich.html

136 www.keine-gentechnik.de/news-gentechnik/news/de/22346.html

137 www.projektwerkstatt.de/gen/giessen/friedt1997raps.pdf

Aus einem Genehmigungsbescheid für Rapsversuchsfelder am 22.7.1998 (S. 34)
Selbst wenn die Möglichkeit einer Hybridisierung zwischen Brassica napus und einer in der Nähe der Freisetzung wachsenden verwandten Art gegeben ist, bedeutet die geringe Widerstandsfähigkeit und die hohe Sterilität der Hybride im allgemeinen, dass diese Hybride und ihre Nachkommen weder in einem landwirtschaftlichen noch natürlichen Lebensraum überleben werden.

Dabei war immer alles klar: Dass Raps in der Landschaft überlebensfähig ist, musste niemand neu feststellen – die Aussagen der Gentechnik-„Wissenschaftler" waren von daher immer Lügen. Durch die Ausbreitung von gv-Raps wurde später der Fokus stärker auf dieses Ausbreitungsverhalten gelegt. Da war es schon zu spät ...

Aus Marcus Lemke (2002): „Gentechnik – Naturschutz – Ökolandbau", Nomos in Baden-Baden (S. 24)
Untersuchungen in Dänemark haben gezeigt, dass bereits nach 2 Generationen der Hybridisierung und Introgression von herbizidtolerantem Raps (Brassica napus) mit einer nahe verwandten Wildpflanze (Brassica campestris) fertile unkrautartige herbizidresistente Hybridpflanzen aufgetreten sind, was auf eine höhere als bisher vermutete Auskreuzungswahrscheinlichkeit hinzudeuten scheint.

Aus dem Positionspapier des BfN (2009), „Welternährung, Biodiversität und Gentechnik" (S. 7 f.)
Dafür soll ein Beispiel aus Kanada kurz dargestellt werden: Hier führte der großflächige Anbau von transgenem herbizidresistenten Raps dazu, dass dreifach herbizidresistenter Raps aufgefunden wurde. (Beckie et al. 2003). Neben dem damit verbundenen Problem der Durchwuchskontrolle, mit einem erhöhten Herbizideinsatz, musste als Folge der Anbau von Bioraps oder zertifiziertem gentechnikfreien Raps in Kanada eingestellt werden (Phillips 2003). Raps besitzt zusätzlich ein hohes Invasionspotenzial, da die Samen lange überdauern können.

Aus dem Greenpeace-Text „Gen-Raps in Deutschland außer Kontrolle" vom 31.8.2007[138]
Gen-Raps birgt in vielfacher Hinsicht Gefahren und ist nicht in den Griff zu bekommen. Brendel warnt: So bleiben Rapskörner über viele Jahre hinweg im Boden keimfähig. Außerdem kann sich Rapspollen über extrem weite Entfernungen ausbreiten. Britische Wissenschaftler haben Auskreuzungen in bis zu 26 Kilometer Entfernung nachgewiesen.
Der Pollen kann durch Insekten, wie Bienen und Käfer, über weite Entfernungen transportiert werden. So kann sich der Gen-Raps nicht nur in benachbarte Rapsfelder, sondern auch in artverwandte Wildpflanzen, wie Senfarten, Hederich oder Rübsen, auskreuzen, die Kilometer entfernt blühen. Diese Gefahr ist besonders hoch, weil Bienen Rapspollen und -nektar als Futter lieben. Das führt zu weiteren unerwünschten Folgen: Über Honigbienen kann der Gen-Raps in unsere Lebensmittel gelangen.

Ab 2000: Immer wieder gv-verseuchtes Raps-Saatgut auf Äckern

Die Serie der unkontrollierten und illegalen Auskreuzungen von Raps ist lang. Dokumentiert ist auf dem gentechnikfreundlichen Portal TransGen – wenn auch dort verharmlosend – die versehentlicher Ausbringung auf ca. 300 ha Fläche im Jahr 2000.

2005 wurde bekannt, dass bis dahin geheim gehaltene Felder mit gv-Raps außer Kontrolle geraten waren. Zunächst wurden Informationen auch auf Nachfrage verweigert: „*Das Bundessortenamt sah sich trotz mehrfacher Anfragen der FR nicht in der Lage, Details zu den Aussaaten zu nennen. ... Allerdings bezeichnete es ein Sprecher des Amtes als „naheliegend", dass der Raps, der letztlich allerdings keine Zulassung bekommen hatte, an mehr als nur zwei Orten ausgesät worden sei*", schrieb die FR am 24.11.2006.[139]

Es ging Schlag auf Schlag weiter. 2007 wurde gv-Raps erneut großflächig gestreut. Diesmal waren ca. 1500 ha betroffen. Mit Folgen:[140] „*In allen Bundesländern, in denen das betroffene Saatgut bereits auf den Feldern ausgesät worden war, ordneten die zuständigen Landesbehörden unverzüglich das Vernichten des Aufwuchses durch Umbrechen der Felder oder durch Spritzen eines glyphosathaltigen Herbizides mit anschließendem Umbrechen der Felder an. Auf den betroffenen Flächen darf in den kommenden ein bis zwei Jahren kein Rapsnachbau betrieben und es müssen Nachkontrollen in diesen Jahren durchgeführt werden.*" Die genaue Herkunft der gv-Verunreinigung und der Weg, wie es in das Saatgut gelangen konnte, blieben unklar. Im WDR[141] sagte der Geschäftsführer des Pflanzenzuchtunternehmens, „*ihm sei völlig unklar, wie die Lieferung verunreinigt werden konnte. Gegenüber WDR.de stellte er klar, dass sein Unternehmen nicht mit gentechnisch verändertem Saatgut arbeite. Dies sei in Europa verboten. Zudem werde jede Liefereinheit vor dem Verkauf von zwei externen Laboren untersucht. Dies sei auch hier der Fall gewesen. ‚Beide Labore haben keine gentechnisch veränderten Organismen gefunden', so Lüdecke.*" Agro-Gentechnik zeigte sich als das, was es ist: Unverhersagbar, unkontrollierbar. Die typische Konsequenz war auch in diesem Fall: Grenzwerte erhöhen. „*Ungeachtet der Zweifel am Messergebnis des Ministeriums äußerte der Geschäftsführer der ‚Deutschen Saatveredelung' die Hoffnung, dass dieser Fall die Politik ‚wachrüttelt'. Nach seiner Einschätzung ist es möglich, dass Verunreinigungen als ‚Folgen genehmigter Freisetzungsversuche in den 90er Jahren' auftreten. Daher plädiert er statt für ein absolutes Verbot von gentechnisch verändertem Raps für einen Schwellenwert von 0,1 Prozent.*" Wenn das Versprechen der Koexistenz nicht klappt, muss das Gesetz so geändert werden, dass das Unrecht zum Recht wird. Jede Panne wird von den VersursacherInnen der gv-Ausbreitung noch für die Durchsetzung ihrer Profitinteressen genutzt. Der Geschäftsführer der Deutschen Saatveredelung äußerte die Hoffnung, dass dieser Fall die Politik „*wachrüttelt*". Er fand es völlig normal, dass Verunreinigungen als „*Folgen genehmigter Freisetzungsversuche in den 90er Jahren*" auftreten.[142] Der BUND blickte düster in die Zukunft der Gentechnikfreiheit:[143] „*Dass ein Saatgutzüchter, der selber jahrelang Genraps zu Versuchszwecken angebaut hat, eine ungewollte Ausbreitung des genmanipulierten Saatguts nicht verhindern kann, bestätigt unsere Befürchtung, dass die Anwendung von Gentechnik über kurz oder lang zu einer schleichenden Kontamination der Ackerflächen und der Natur führt*".

Information und Verharmlosung auf TransGen am 19.5.2000[144]
In Deutschland, aber auch in anderen europäischen Ländern haben Landwirte in diesem Jahr unwissentlich Raps ausgesät, der zu einem geringen Anteil gentechnisch verändert ist. Das Saatgut stammt aus Kanada. Vermut-

Abb.: Aus der Frankfurter Rundschau, 31.8.2007 (Hessenteil D4)

Genetisch verunreinigtes Raps-Saatgut entdeckt

LIPPSTADT. Ein Saatgut-Züchter aus dem westfälischen Lippstadt hat gentechnisch verunreinigte Raps-Saat nach Hessen, Mecklenburg-Vorpommern, Schleswig-Holstein und Niedersachsen geliefert. Nach Auskunft von Christoph Lüdecke vom Pflanzenzuchtunternehmen „Deutsche Saatveredlung" ist ein Teil der Lieferungen zurückgerufen worden. Auf bis zu 1500 Hektar könne das mit 0,03 Prozent gentechnisch verunreinigte Saatgut aber bereits in die Erde gebracht sein. Das Saatgut sei bei internen Proben nicht als verunreinigt aufgefallen. Entdeckt wurde die Verunreinigung bei einer Untersuchung des Düsseldorfer Landwirtschaftsministeriums.

138 www.greenpeace.de/themen/gentechnik/nachrichten/artikel/gen_raps_in_deutschland_ausser_kontrolle/

139 www.fr-aktuell.de/in_und_ausland/wirtschaft/aktuell/?em_cnt=1016128&

140 Pressemitteilung des BVL am 24.10.2007: www.bvl.bund.de/DE/06___Gentechnik/08___Nachweis__Kontrollen/Raps___Ergebnisse___Untersuchung.html

141 www.wdr.de/themen/wissen/biologie/gruene_gentechnik/070830.jhtml

142 siehe Fußnote 141

143 www.bund-nrw.de/pm422007_Gen-Raps.htm

144 www.transgen.de/aktuell/archiv_2000/30.doku.html

lich hat es sich dort mit dem in Europa nicht zugelassenen gv-Raps vermischt. Schon Mitte April wurden in der konventionellen Sommerraps-Sorte Hyola des niederländisch-britischen Saatgutunternehmens Advanta Seeds Bestandteile aus gentechnisch verändertem Raps gefunden – in einem Anteil zwischen 0,03 und 1 Prozent. In Deutschland wurden bisher zwei Tonnen des betroffenen Saatguts ausgeliefert und auf einer Fläche von 300 ha ausgesät – in ähnlichen Mengen auch in Frankreich und Schweden. In Großbritannien ist der Hyola-Raps bereits 1999 auf 9000 ha angebaut worden, in diesem Jahr auf 4700 ha. Ursache unklar. Wie der Gen-Raps in das konventionelle Saatgut gelangt ist, steht noch nicht fest. Einiges deutet darauf hin, dass die zur Saatgutproduktion ausgebrachten Pflanzen durch Pollen der auf benachbarten Feldern blühenden gv-Raps befruchtet worden sind. ...

Saatgut: 100%-Reinheit gibt es nicht. Dass Pflanzen-Saatgut nicht 100% „sortenrein" sein kann, ist unabhängig von der Problematik gentechnischer „Verunreinigungen" bekannt. Es ist nie auszuschließen, dass andere Sorten der gleichen Pflanzenart auf die ein oder andere Art in das kommerziell angebotene Saatgut gelangen: sei es von Feldern in der Nachbarschaft, durch Vermischung beim Transport oder Abpacken. Der Fremdanteil lässt sich zwar durch größere Abstände zwischen den Feldern und technische Vorkehrungen minimieren, ganz auszuschalten ist er jedoch nicht. Üblicherweise garantieren Saatguthersteller den Landwirten eine Sortenreinheit von 98%. ...

Zusatz am 5.6.2000: Die Regierungen in Deutschland, Frankreich und Großbritannien haben erklärt, der bereits ausgesäte „gen-verunreinigte" Raps könne auf den Felder bleiben, da er „keine Gefahr für die Umwelt" darstelle. ...

In Deutschland und anderen europäischen Ländern wird nach dem „gen-verunreinigten" Raps gefahndet, als sei es eine hochgiftige Chemikalie. Inzwischen ist bekannt, dass die in Kanada vermehrte Rapssorte Hyola nicht nur in Baden-Württemberg, sondern auch in Bayern, Nordrhein-Westfalen, Hessen, Thüringen und Mecklenburg-Vorpommern ausgesät wurde. Insgesamt sollen 2,1 t ausgeliefert worden sein. Die Angaben über den Anteil gentechnisch veränderter Rapssamen schwanken zwischen 0,03 und 1%. ... (Zusatz am 27.5.2000)

Das nordrhein-westfälische Umweltministerium hat im Eifelstädtchen Mechernich die Ernte zweier Rapsfelder von 3,5 ha aufgekauft und vernichten lassen. Das Veterinäruntersuchungsamt Detmold hatte Hinweise auf gv-Raps gefunden. Für Bundeslandwirtschaftsminister Funke ist die versehentliche Aussaat von GVO-haltigem Raps „kein gravierendes Problem".

Quelle des Textes im Kasten

TransGen: www.transgen.de/recht/koexistenz/234.doku.html. Die Seite befürwortet Gentechnik.

Mehr Fälle: gv-Raps an Stellen, wo er nicht sein dürfte

- Seit dem großflächigen Anbau von genmanipuliertem Raps kann in Kanada kein gentechnikfreier Raps mehr angebaut werden. Raps kreuzt über extrem weite Distanzen aus, Untersuchungen wiesen Pollen noch in 26 km Entfernung nach. Angesichts von fünf Millionen Hektar Gen-Raps ist auch die Produktion von gentechnikfreiem Rapshonig unmöglich geworden. BäuerInnen und ImkerInnen haben ihre Wahlfreiheit verloren.
- In konventionellem Raps-Saatgut des Bayer-Konzerns wurden 2005 in Australien Verunreinigungen mit dem Gen-Konstrukt Topas 19/2 gefunden. Es macht den Raps resistent gegen das Bayer-Totalherbizid „Liberty". Die kontaminierte Saat wurde in mehreren Bundesstaaten (Victoria, Western Australia, Südaustralien) gefunden, die z.T. langjährige Anbauverbote für Genpflanzen erlassen hatten. Das Saatgut stammte aus den USA.[145]
- USA: Transgener Raps setzt sich selbständig in der Landschaft durch (August 2010).[146]

Koexistenz, beschrieben auf TransGen

Mit und ohne Gentechnik: Koexistenz – geht das überhaupt?

Konsumenten, Landwirte, Lebensmittelhersteller – sie alle sollen zwischen Produkten mit und ohne Gentechnik wählen können. Diese Wahlfreiheit ist ein zentraler und inzwischen allgemein akzeptierter Grundsatz der europäischen Gentechnik-Gesetzgebung. Die Grüne Gentechnik – die Nutzung gentechnisch veränderter Organismen in Landwirtschaft und Lebensmittelwirtschaft – ist auch in Europa eine ökonomische Realität: Landwirte haben grundsätzliche das Recht, zugelassene gentechnisch veränderte Pflanzen anzubauen und die Ernteprodukte zu vermarkten. Zudem werden große Mengen Agrarrohstoffe nach Europa eingeführt, die gv-Pflanzen enthalten oder daraus erzeugt wurden. Damit Wahlfreiheit ausgeübt werden kann, muss es besondere Regeln geben, die beim Anbau von gentechnisch veränderten Pflanzen und beim Umgang mit den daraus hergestellten Produkten einzuhalten sind.

- Der Konsument hat die Wahl: Er entscheidet sich zwischen Produkten mit und ohne Anwendung der Gentechnik. Bild vergrößern
- Wahlfreiheit auch für Landwirte: Sie können sich für gv-Saatgut entscheiden, aber auch auf eine Landwirtschaft „ohne Gentechnik" setzen.
- Koexistenz: keine absolute „Gentechnik- Freiheit„. Zufällige, unvermeidbare Spuren von gv-Pflanzen kommen in vielen Lebensmitteln vor – auch in Öko-Produkten. Das ist erlaubt, wenn die gv-Pflanzen zugelassen und als sicher eingestuft wurden.

Koexistenz? Eine absolute Trennung ist kaum möglich.

Werden gv-Pflanzen angebaut, dann ist eine völlige Abschottung kaum möglich: Ihr Pollen wird durch Wind oder Insekten verbreitet. Wenn auf einem Feld etwa gv-Mais wächst, kann es sein, dass sein Pollen konventionelle Maispflanzen in der Nachbarschaft befruchtet. Unter natürlichen Bedingungen sind solche Auskreuzungen kaum zu vermeiden. In unmittelbarer Nachbarschaft eines Feldes mit gv-Mais wird die Auskreuzungswahrscheinlichkeit hoch, in einiger Entfernung sehr viel niedriger sein. Auch bei der Ernte, bei Transport, Lagerung und Verarbeitung sind Vermischungen, etwa durch Verwehungen oder nicht vollständig gesäuberte Maschinen, nicht mit absoluter Sicherheit zu vermeiden.

Die Natur ist ein offenes System: Es ist unmöglich, dass zwei Welten – eine mit, eine ohne Gentechnik – vollständig getrennt nebeneinander existieren. Werden bei einer Pflanzenart gv-Sorten angebaut, dann sind geringe, zufällige GVOGVO-Beimischungen nicht vollständig auszuschließen. Obwohl viele Lebensmittelhersteller sich mit erheblichem Aufwand um „gentechnik-freie" Rohstoffe bemühen, sind in vielen mais- oder sojahaltigen Lebensmittel GVO-Spuren nachweisbar – auch in Ökoprodukten.

Die Konsequenz: Eine hundertprozentige „GVO-Freiheit" wäre nur noch dann erreichbar, wenn die Anwendung von gv-Pflanzen verboten würde. Doch das ist weder politisch gewollt, noch rechtlich oder ökonomisch möglich. Europa kann sich nicht von der übrigen Welt, in der gv-Pflanzen auf wachsenden Flächen angebaut werden, abschotten.

Unter diesen Voraussetzungen kann Wahlfreiheit nur bedeuten, dass sich Konsumenten entscheiden können zwischen Produkten, die mit und ohne bewusste Anwendung der Gentechnik erzeugt wurden. Die Grenze zwischen gezielter Anwendung und zufälligen, technisch unvermeidbaren GVO-Beimischungen kann nur politisch gesetzt werden. In der EU wird diese Grenzziehung in erster Linie über den SchwellenwertSchwellenwert definiert. Er bezeichnet die GVO-Beimischungen in Lebens- und Futtermitteln, die ohne Kennzeichnung hinzunehmen sind, und wurde von den Mitgliedsstaaten und im EU-Parlament mit großen Mehrheiten auf 0,9 Prozent festgesetzt. Auch die damalige grüne Verbraucherministerin Renate Künast hat im EU-Agrarministerrat diesem Wert zugestimmt.

GVO-Beimischungen in einem Lebens- und Futtermittel sind dann von der Kennzeichnungspflicht ausgenommen wenn sie nicht mehr als 0,9 Prozent betragen (bezogen auf die jeweilige Zutat); wenn der jeweilige Hersteller nachweisen kann, dass er sich aktiv um eine Vermeidung bemüht hat und es sich tatsächlich um zufällige, technisch unvermeidbare GVO-Anteile handelt; wenn die jeweiligen, in Spuren vorhandenen gv-Pflanzen in der EU zugelassen und von den zuständigen Expertengremien als sicher eingestuft wurden.

145 Faltblatt „Gen-Pflanzen außer Kontrolle" des Umweltinstituts München: www.umweltinstitut.org/download/genpflanzen_ausser_kontrolle_umweltinstitut_online_monitor.pdf

146 www.keine-gentechnik.de/news-gentechnik/news/de/22346.html

Können die Landwirtschaft? Das Versuchsfeld mit transgener Gerste

Aktuelle Informationen, Links oder mehr Zitate auf der Internetseite zum Gengerstenfeld unter www.biotech-seilschaften.de.vu!

Mit Geld umgehen, Anträge fälschen und Strippen ziehen können sie, die AkteurInnen der Agro-Gentechnik. Das dürfte nach den bisherigen Darstellungen zum Gentechnikfilz zwischen Behörden, Parteien, Firmen, Forschung und Lobbyverbänden deutlich sein. Doch können sie auch das, was sie vorgeben, in der Hauptsache zu erforschen und dafür anzuwenden? Können sie ... Landwirtschaft?

Alles im Griff – das signalisieren sie seit Jahren. Machen wir den Test. Dabei sind wir nicht fies, sonst würden wir die Aufgabe stellen, ein paar Hektar gentechnisch veränderten Raps anzubauen, um danach zu schauen, ob der Raps sich via Bienen oder Samenkörner weiter vermehrt. Das wäre eine ziemlich aussichtslose Lage für die, die das versuchten. ForscherInnen, die mit gv-Raps arbeiten, haben zwar oft die dicke Lippe riskiert und solche Behauptungen aufgestellt, dass sie sogar Raps bändigen könnten, aber das diente wohl eher der politischen Durchsetzung mit den üblichen Lügen und Beruhigungspillen, als dass sie das selbst glaubten.

Nein, wir stellen eine leichtere Aufgabe: Uns reicht ein kleines Beet. Schön übersichtlich: 9,6 Quadratmeter. Dann nehmen wir eine Pflanze, die kaum dazu neigt, sich selbst zu verbreiten – nur wenig Pollenflug, kein starker Durchwuchs über herausfallende Körner: Sommergerste. Ab 2006 wollten die Unis Gießen und Erlangen im Forschungsverbund mit international weiteren Universitäten ein solches kleines Beet mitten in Gießen, gleich neben der Universitätsbibliothek anlegen. Schauen wir mal, ob es ihnen gelungen ist – oder ob auch diese leichte Aufgabe zu viel war und die Gerste unkontrolliert in der Landschaft herumstand.

Foto links: Die Aufnahme erfolgte aus der Uni-Bibliothek. Das Feld lag unmittelbar neben dem Uni-Campus mit Philosophikum I (Phil I), Mensa und AStA. Das eigentliche Versuchsfeld ist in der Mitte des Bildes als kleines Quadrat auf dem Ackerstück erkennbar. Es war sehr klein und sollte von einem „Randstreifen mit konventioneller Gerste umfasst, der wiederum von Schwarzbrache und einem 25 Meter breitem Streifen Weißklee umschlossen" werden (Gießener Anzeiger, 25.04.2006). Vor dem eigentlichen Genfeld und den dazu gehörenden Flächen liegen, wie zu erkennen ist, einige teilweise sehr marode Schuppen, weiter links ein nachts beleuchtetes Gewächshaus. Der Alte Steinbacher Weg (Straße und Fußweg) führt – siehe das weiße Auto – direkt am Gelände vorbei und trifft an dessen hinterem Ende auf die Rathenaustraße. Hinter dem Feld gibt es einen Apfelbaumhain, der beidseits einen Zugang zur Versuchsfeld-Fläche besitzt.

Das Beet, die Uni und die Stadt

Sehen wir uns als erstes einmal den Versuchsstandort an. „Mitten in der Stadt" ist nicht übertrieben. Direkt neben dem Feld steht die Universitätsbibliothek. An zwei weiteren Seiten finden sich vielbefahrene Straßen, die Rathenaustraße und der Alte Steinbacher Weg. Die vierte Seite, im Südwesten, wird durch die Parkplätze des Phil I, einem Campus, von dem die Uni mehrere hat, begrenzt. Voller urbaner Raum also – und Lieblingsstandort einer der wenigen wilden Gerstearten, die als Kreuzungspartner der gv-Gerste in Frage kämen, nämlich der Mäusegerste. Aber dazu später ...

Die Adresse: Alter Steinbacher Weg 44. Dort stehen auch Gebäude des Instituts für Phytopathologie und Angewandte Zoologie (IPAZ). Chef ist unter anderem Prof. Karl-Heinz Kogel, und er wurde auch nach Gentechnikgesetz zum Versuchsleiter bestimmt. Die kleine Versuchsparzelle lag inmitten einer größeren Ackerfläche, verborgen unter einem mit grünem Vogelnetz bespannten Holzgerüst. Rundherum legten die WissenschaftlerInnen eine Schwarzbrache ab, also unbewirtschaftete, offene Erde. Das Gesamtgelände war durch einen Maschendrahtzaun umgeben und konnte zu Fuß vollständig umrundet werden. Noch im umzäunten Grundstück befanden sich östlich ein Apfelbaumhain und gegenüber die benannte Ansammlung von Schuppen und Gebäuden des Instituts mitsamt Einfahrt vom Alten Steinbacher Weg her (Nordwestecke des Grundstücks).

Genversuch behindert andere Forschung

Was war vorher auf der Fläche? Eine spannende Frage, denn die Agro-GentechnikerInnen rufen ja immer laut nach Forschungsfreiheit, die sie durch die KritikerInnen ihrer mit Forschungsgeld gefütterten Beete in Gefahr sehen. In der Betriebsanweisung zum Versuchsfeld findet sich der Hinweis, dass *„während der Freisetzung der gentechnisch veränderten Gerste keine weiteren Feldversuche"* stattfinden. Die gab es aber vorher – und zwar zuhauf, wie das Foto auf der Folgeseite zeigt. All diese Felder durften nicht mehr angelegt werden. Wer behindert hier wen? Hat nicht die Gier nach Forschungsmitteln und die Anlage des Gengerstenversuchs die Forschungsfreiheit eingeschränkt – in dem sie eine Vielzahl anderer Versuche unmöglich machten? Mal abgesehen von den Geldern, die für diese Agro-Gentechnik hinausgepulvert wurden und für andere Forschungsgebiete, gerade bei angepassten, den vielen KleinbäuerInnen der Welt sowie dem Ökolandbau dienenden Experimenten fehlten ...

Abb. unten: Auch Prof. Kogel schwärmt für TransGen. Einseitigkeit ist wohl auch eine Form von Verlässlichkeit ...

Ich nutze *transgen.de*

» weil hier eine wissenschaftlich verlässliche Datenplattform zur Verfügung steht, mit der systematische Recherchen über gentechnologische Innovationen möglich sind.

Foto: Aufnahme vom Parkplatz aus mit gutem Einblick auf das Gerstenfeld. Zu erkennen ist das Lattengerüst, auf dem ein Vogelschutznetz liegt.

Unten: Aus der Betriebsanweisung zum Feld (S. 2, Quelle: Akte beim RP). Das Foto zeigt den Versuchsacker in den Jahren vor dem Genversuch.

Es findet kein Freilandanbau anderer Kulturgetreidearten während der Freisetzung auf dem Versuchs- und Institutsgelände statt. Die im S1-Bereich des Gewächshauses der Versuchsstation (Institutsgelände) vermehrten Gersten befinden sich in einem Abstand von mindestens 50 m zu den GVP.

Extra-Seite zu IFZ, Kogel und Friedt: www.projektwerkstatt.de/gen/kogel.htm

Fußnoten

1 www.adivk.de/adivk2a.pdf

2 www.projektwerkstatt.de/gen/giessen/friedt1997raps.pdf

3 www.aerztezeitung.de/medizin/fachbereiche/sonstige__fachbereiche/umweltmedizin/?sid=473509

Auf diesen Flächen wollten Prof. Kogel und sein Team dann 2006 genau 5000 transgene und Vergleichspflanzen ausbringen. Anders als in den Förder- und Genehmigungsanträgen angegeben, fand aber keine neu entworfene Prüfung von Umweltauswirkungen transgener Pflanzen statt, sondern die Fortsetzung eines jahrelangen Experimentes zur Entwicklung gentechnischer Verfahren und daraus folgend neuen Produkten. Das geschah vor allem im Labor und trug seinen Teil dazu bei, das Gießener IFZ, ausgeschrieben *„Interdisziplinäres Forschungszentrum für Umweltsicherung"* (welch ein Etikettenschwindel!), zu großen Teilen in lange Flure voller Gentechniklabore zu verwandeln.

Und wer wird da tätig? Kogel, das IFZ und sein Kollege Sonnewald

Versuchsflächen, Gewächshäuser und das kleine Haus mit Institutsräumen waren nur Nebengebäude des Kogel-Instituts. Der Hauptsitz lag und liegt im IFZ. Schon der Bau ist beeindruckend. Geschichte und heutige Nutzung stehen in einem bizarren Missverhältnis. Was hier geschehen sollte, folgte noch dem früher stärkeren Hang zu Umweltforschung als Querschnittsaufgabe. Mit dem ersten Spatenstich begann im Jahr 1997 der Bau. Als das Gebäude fertig war, hatte der Umweltschutz als wichtiges Gesellschaftsthema wieder abgedankt. Biologie, Ökologie und verwandte Disziplinen wurden in Schulunterricht, Forschung und Lehre an Hochschulen ausgedünnt, gelangten nach dieser Schwächephase durch den Siegeszug der Biotechnologie aber zu neuer finanzieller Blüte. Erhebliche Förderungen aus Staatstöpfen und der ebenfalls mit Steuergeldern hantierenden DFG blähten die entsprechenden Institute und Fachbereiche auf. Wer heute auf biotechnologisch orientierte Institute stößt, erlebt überwiegend Reichtum. So auch in Gießen: Das IFZ hat sich zu einem wahren Protzbau der GentechnikerInnen gemausert. Hier reiht sich Gentechniklabor an Gentechniklabor, vor allem in den beiden Stockwerken der Gentechnikprofessoren Kogel und Friedt. Wer hier über die Gänge schlendert, kann erahnen, welch unbedeutendes Teilelement das Genversuchsfeld am Alten Steinbacher Weg darstellt. Das Herz der Agro-Gentechnik-Maschinerie der Uni Gießen schlägt am Heinrich-Buff-Ring. Ein Spaziergang durchs Gebäude zeigt aber noch anderes: Hier steht nicht ergebnisoffene Forschung im Mittelpunkt oder Lehre von verschiedenen Standpunkten aus. Hier ist alles klar. Auf den Gängen finden sich Auslagen und Aushänge voller Werbung für die Gentechnik. Viele der Schriften stammen direkt von den Konzernen, einige sogar von Lobbyverbänden (Fotos auf S. 55 und 160). Allerdings mögen Instituts- und Universitätsleitung es nicht, wenn Menschen mit kritischem Blick durch diese Hochburg geldfixierter Forschung schlendern. Das Foto mit den Werbeprospekten von BDP, KWS und Anderen löste Auseinandersetzungen aus und führte zum Hausverbot des Fotografen in der gesamten Uni Gießen für mehrere Jahre. Die Verflechtungen der Gießener Agro-GentechnikerInnen mit Konzernen und Lobbygruppen zeigen sich auch andernorts: Kogel, früher in einer Patentanwaltskanzlei tätig, hält Patente mit der BASF, sein Stellvertreter Imani sitzt im Arbeitskreis Deutsche In Vitro Kulturen[1] und der Finanzplan des Gerstenversuchs listete Fahrtkosten zum Lobbyverband BDP auf.

Aber zurück zum IFZ: Eigentlich als Forschungszentrum für *„Umweltsicherung"* gedacht, mutierte es zur High-Tech-Zentrale der Agro-Gentechnik. Zwischen diesen werden einige verbliebene Reste weiterer Institute, z.B. zur Landschaftsökologie, noch geduldet. Die beiden Institutschefs der Gentechniksparten sind überregional bekannt. Seit Jahren experimentieren sie mit der Gentechnik. Prof. Wolfgang Friedt war schon Mitte der 90er Jahre mit Freilandexperimenten an der Versuchsstation in Rauischholzhausen nordöstlich von Gießen aktiv. Begleitende Propaganda war auch damals schon angesagt. Friedt verfasste am 18.4.1997 die berüchtigte Erklärung zum Feldversuch mit gentechnisch gezüchtetem Raps auf dem Gelände des Lehr- und Versuchsbetriebes in Rauischholzhausen, in der er zur Beruhigung der AnwohnerInnen das Blaue vom Himmel herunterlog und jegliche Verbreitung der gv-Konstrukte *„wegen nicht gegebener Kreuzbarkeit von Raps mit Kruziferen der hiesigen Flora"* ausschloss.[2] Seiner Karriere tat das ebenso wenig Abbruch wie Kogels Fälschungen bei den Fördermittel- und Genehmigungsanträgen hinsichtlich der Versuchsziele und seine Falschaussage vor Gericht, dass Gerstenpollen nicht in die Umwelt gelangen können. *„Eiskalte Intelligenz in der Knechtschaft des Kapitals"*, entfuhr es einem alten Arzt im Gerichtssaal, nachdem er Kogel live erleben konnte. Doch Kogel und sein Agro-Gentechnik-Kollege Friedt sind nicht die einzigen, auf die das zutreffen würde. Gekaufte Wissenschaft als nach staatlichen oder privatwirtschaftlichen Drittmitteln hechelnde AgentInnen der herrschenden Macht- und Profitinteressen gibt es überall. Auch Weitere rund um das IFZ: 1999 warb Prof. Thomas Eikmann als Sprecher des Umweltforums der Justus-Liebig-Universität Gießen für die Agro-Gentechnik. Eikmann ist Direktor des Institutes für Hygiene und Umweltmedizin und einer der wichtigsten Gefälligkeitsgutachter für Konzerne in Auseinandersetzungen um Müllverbrennungsanlagen, Mobilfunkmasten oder Kohlekraftwerke. *„Die Belastung bleibt praktisch gleich"*, so sein ständiges, schon in der Wortwahl unwissenschaftliches Fazit.[3] Eine Nähe zu den Gentechnik-Seilschaften weist Eikmann schon vom Studium her auf, denn er studierte Biologie an der RWTH Aachen. Auch sitzt er seit 2001 als Mitglied in der Zentralen Kommission für die Biologische Sicherheit (ZKBS) und leitet seit 2002 den VDI-DIN-Hauptausschuss *„Monitoring der Wirkung von gentechnisch veränderten Organismen (GVO)"*.

Der Freilandversuch mit gentechnisch veränderter Gerste war nicht allein das Werk der ForscherInnen aus dem IFZ. Beteiligt waren die US-amerikanische Washington State University in Pullman und die Universität Erlangen. Der dortige Gentechnik-Professor Uwe Sonnewald war als Co-Projektleiter direkter Partner des Gießeners Kogel. Seine Vergangenheit lag bei der Gentechnik des IPK in Gatersleben und der dortigen BASF-Tochterfirma SunGene. Das passte: Auch Kogel hat Patente bei dieser Firma. Beide legten ihren Schwerpunkt auf Getreidemanipulation – und Sonnewald brachte für den Versuch noch ein weiteres Faustpfand mit ein. Er sitzt in der ZKBS. Dieses Gremium musste über das geplante Gerstenfeld abstimmen – ob es gefährlich sei oder nicht. Unglaublich: Sonnewald nahm an der Abstimmung über seinen eigenen Versuch teil und votierte, wie alle anderen, mit Ja.[4]

Trotz vieler Titel und angesehener ForscherInnen: Mit dem Fachwissen haperte es dann doch an erstaunlichen Punkten. Kogel taxierte den üblichen Aussaatzeitpunkt von Gerste auf April,[5] während der Beauftragte für Biologische Sicherheit, Dr. Gregor Langen, in einer Zeugenaussage vor Gericht[6] auf die Frage des Richters Oehm ganz passen musste, wann Gerste blüht. Das wisse er nicht, er sei ja schließlich kein Landwirt. Ein Genexperiment mit Gerste – durchgeführt von Ahnungslosen ... Richter Oehm zog damals die einzig mögliche Konsequenz, um ein Desaster für die Uni-Eliten zu verhindern: Er verbot alle thematischen Fragen an die Zeugen.

Aus den pflanzenbaulichen Basisinformationen auf ProPlanta[7]
Sommergerste sollte im Frühjahr so früh wie möglich gesät werden. Eine verspätete Aussaat der Braugerste geht zu Lasten der TKM, des Eiweißgehaltes und des Spelzenanteils. Eine Aussaat noch vor Ende März wirkt sich dagegen positiv auf die Bestockungsneigung und Ährchendifferenzierung aus.

Anbautipps der Landwirtschaftskammer Nordrhein-Westfalen[8]
Wie bei allen Sommergetreidearten, muss auch bei der Sommergerste durch eine möglichst frühe Aussaat die ohnehin knappe Vegetationszeit ausgenutzt werden. Insbesondere die noch verfügbare Zeit unter Kurztagsbedingungen, also die Zeitspanne vom Saattermin bis etwa zum 20. April, sorgt für gute Bestockungs- und Bewurzelungsverhältnisse, als Voraussetzung für ausreichend hohe Bestandsdichten bei noch moderaten Aussaatstärken.

Der lange Weg zur Aussaat

Die Freisetzung: Endphase eines langen Methodenversuchs – Sicherheitsforschung nur vorgeschoben

Die Aussaat war nicht der Anfang, auch der Antrag auf Freisetzung nicht. Es ging früher los, viel früher. Denn anders als Kogel und sein Team später vorgaben, wollte er mitnichten an den Auswirkungen auf nützliche Bodenpilze forschen. Das behauptete er, um an die Gelder aus dem Programm zur Sicherheitsforschung zu kommen. Tatsächlich war Kogel schon seit vielen Jahren mit der Entwicklung gentechnischer Methoden befasst. Die Gerste nutzte er als Trägerpflanze – die veränderten Pflanzen interessierten ihn sonst nicht weiter. Die Arbeiten verliefen immer mehrgleisig, um ständig zwei oder mehr Fördertöpfe anzapfen zu können. Einige waren bei der Deutschen Forschungsgemeinschaft angesiedelt. Unter der Projektnummer *„FOR 343“* fand sich ein Teilprojekt *„AG Prof. Dr. K.-H. Kogel – Dr. G. Langen“*. Die dazugehörige Internetseite,[9] erste Quelle zum Forschungsstrang, der 2006 dann in der Freisetzung mündete, liegt auf dem Server der Uni Gießen und wurde mit Word 97 erstellt. Lange her also. DFG und Kogel blieben sich weitere Förderzeiträume treu. 2002 wurden 2,5 Mio. bewilligt[10] für drei weitere Jahre. 2006 erfolgte die nächste Spritze[11] – jetzt als neu formuliertes Projekt unter der Nummer *„FOR 666“*. Die Projekte wurden ergänzt oder abgewandelt, um die neuen Geldflüsse zu legitimieren.

Parallel zapfte Kogel geschickt weitere Quellen an. 1998 wurde ein großes und geldschweres Förderprogramm der Bundesregierung vom Bundesministerium für Bildung und Forschung (BMBF) unter dem Namen *„Genomanalyse im biologischen System Pflanze – GABI“* gestartet.[12] Es ließ sich ebenso prima nutzen wie später das ebenfalls vom BMBF betriebene Biosicherheitsprogramm.[13] Kogel und sein Team waren nicht die Einzigen, die auch dort ihre Chance witterten. Der laufende Versuch wurde umgeschrieben und unter der Behauptung, plötzlich Umweltauswirkungen gentechnisch veränderter Pflanzen testen zu wollen, angemeldet: 352.000 € für 9,6 qm Fläche waren ein stolzer Batzen Geld, der fast vollständig in die Regelstellen des Instituts floss, um dort den Weiterbetrieb zu sichern.

Doch Kogels Forschungen ließen sich nicht nur in Geldanträgen und Zuschüssen nachvollziehen. Er trug seine Forschungen einschließlich Ziele und Zwischenergebnissen immer wieder in die Öffentlichkeit. Aus diesen Texten ist noch besser ersichtlich, an was hier geforscht wurde und dass es mit der angeblichen Biosicherheitsforschung nicht weit her ist. Die älteste Meldung stammt vom 12.02.1999.[14] Die Universität kündigte die *„Entwicklung qualitativ neuartiger Prinzipien des Pflanzenschutzes“* an. Fünf Jahre später beschrieb Kogel seine Forschung genauer, auf der letzten Seite nochmals zusammenfassend und unmissverständlich als Methoden- und Produktentwicklung. Zudem kündigte er nun *„Freilandversuche in Kooperation mit nationalen Saatgutfirmen“* an.[15] Alle wichtigen Details entsprachen der späteren Lage am Versuchsfeld in Gießen. Es war der Versuch, der 2004 angekündigt wurde – die Sicherheitsforschung hingegen eine Fälschung! 2005 stellte er die Förder- und Genehmigungsanträge für sein Feld mit transgener Gerste, nun plötzlich für ganz andere, nämlich Sicherheitsforschung. Wer das glaubt, muss die Frage klären, wo denn die 2004 angekündigten Freisetzungen geblieben sind. Viel wahrscheinlicher ist, dass Kogel seine geplanten Forschungen durchzog, aber nach außen zwecks Ausnutzung zusätzlicher Finanzquellen einfach umdeklarierte.

Kogel/Jansen: „Das nationale Verbundprojekt GABI-Agrotec“, in: Spiegel der Forschung Nov. 2004 (S. 78 ff.)[16]
Sicherung des Ertrags und optimale Qualität von Lebensmitteln – das sind die Kernziele der heutigen Agrar- und Verbraucherschutzpolitik. Doch wie lassen sich diese Ziele unter Einhaltung moderner Umweltschutzbestimmungen und der Prämisse der „Nachhaltigkeit“ erreichen? Die einzig praktikable Lösung scheint in der Entwicklung von Nutzpflanzen zu liegen, die Krankheiten und ungünstigen Umwelteinflüssen trotzen. Die klassische Pflanzenzüchtung stößt hier an ihre Grenzen, da es nicht möglich ist, alle Gene, die an der Ausprägung einer solch komplexen Widerstandsfähigkeit beteiligt sind, durch Kreuzung in einer Sorte zu vereinen. Doch was tun, wenn die klassische Züchtung nicht zum Erfolg führt? Aus Sicht der Wissenschaft liegt

Oben: So stellt sich das IFZ selbst dar – als prunkvoller Bau aus der Vogelperspektive.

Unten: Gentechniklabore und Büroräume – dazwischen Ablagen mit Propaganda (Foto S. 55)

4 ZKBS-Beschluss im Umlaufverfahren in der Genehmigungsakte
5 Gießener Anzeiger, 9.2.2006
6 www.projektwerkstatt.de/gen/prozess.htm
7 www.proplanta.de/web/Aussaat-Pflanzenbauliche-Basisinformationen-Gerste__Pflanze1143962039.html
8 www.landwirtschaftskammer.de/landwirtschaft/ackerbau/getreide/sommergetreide/sommergerste-sv-2009.htm
9 www.uni-giessen.de/DFG-SAR/Kog-Lan.htm
10 www.uni-protokolle.de/nachrichten/id/82861/
11 http://for-666-db.agrar.uni-giessen.de/cms/index.php?id=19&tx__ttnews%5Btt__news%5D=27&tx__ttnews%5BbackPid%5D=8&cHash=9581bb7938

Fortsetzung nächste Seite

die Antwort in der „Grünen Gentechnik", das heißt in der gezielten Herstellung von Pflanzen, die den modernen Produktionsanforderungen, wie hohe Erträge bei reduziertem Pestizideinsatz und möglichst geringer Belastung des Ernteguts mit toxischen mikrobiellen Stoffwechselprodukten, entsprechen. Die große Herausforderung besteht heute darin, den Verbraucher über die Notwendigkeit dieser Vorgehensweise aufzuklären und so die gesellschaftliche Akzeptanz für eine neue Generation von Nutzpflanzen zu verbessern. ...
Der große Vorteil gegenüber der klassischen Züchtung besteht darin, dass Gene, die an der Ausprägung des gewünschten Merkmals beteiligt sind, gezielt in Pflanzen, z.B. Hochertragssorten, eingebracht werden können. Dabei spielt es im Prinzip keine Rolle, aus welchem Organismus diese Gene stammen. Während man in der klassischen Pflanzenzüchtung darauf angewiesen ist, dass Spender- und Empfängerpflanze sich miteinander kreuzen lassen, können in der Grünen Gentechnik auch Gene aus Bakterien oder artfremden Pflanzen in die gewünschte Zielpflanze eingebracht werden. ...
Im Rahmen der von der DFG geförderten Forschergruppe FOR 343 („Erhöhung des Resistenzpotentials der Gerste", www.unigiessen.de/ipaz) ist am IPAZ im Jahr 2002 eine Transformationsgruppe etabliert worden, in der stabil transformiertes Getreide hergestellt wird. Das transformierte Getreide wird dann in Infektionsversuchen auf Fusariumresistenz in Wurzeln, Blättern und Ähren untersucht. Bei positiver Evaluierung werden anschließend Freilandversuche in Kooperation mit nationalen Saatgutfirmen und internationalen Forschungsinstituten, wie dem Department of Crop and Soil Sciences (Pullman, USA) und dem Indian Agricultural Research Institute (IARI, New Delhi) erfolgen. Es besteht die große Hoffnung, dass durch die Identifizierung und gezielte Nutzung Resistenz-vermittelnder Gene in Getreide ein wichtiger Beitrag zur Lösung der Fusariumproblematik und damit zur Sicherung der Nahrungsmittelqualität unter Berücksichtigung nachhaltiger und ressourcenschonender Produktionsweisen geleistet werden kann.

Begriffserklärung zur Patentanmeldung (Text rechts):

Expressionskassette

Eine Expressionskassette besteht aus einem oder mehreren Genen und den Sequenzen, die ihre Expression (chemische Beeinflussung) steuern. Drei Bestandteile sind in einer Ausdruckkassette enthalten: eine Promotorensequenz, ein offener Ableseframe und ein drittens einen unveränderten Bereich. Die Kassette ist ein Teil der Vektor-DNA, die für Klonen und Veränderungen benutzt wird.

Für die Bewertung des Versuchs und den rechtlichen Status des Gießener Feldes sind die Abläufe von erheblicher Bedeutung. Hätte das reale Feld einem ganz anderen Zweck gedient als das beantragte, so wäre das nicht nur Fördermittelbetrug und damit eine Straftat. Sondern es wäre auch illegal, nicht durch die Genehmigung gedeckt. Das hätte Konsequenzen haben müssen – Anklage gegen Kogel und sein Umfeld, zudem der Entzug der Genehmigung. All das ist nicht erfolgt. Staatsanwaltschaften, Bundesrechnungshof und BVL wurden zwar informiert, deckten die ForscherInnen aber und stellten die Verfahren ohne Durchführung von Ermittlungen ein. Der Geld- und Auftraggeber aus dem BMBF behauptete öffentlich ebenfalls fälschlicherweise: *„Die Arbeit der Forscher dient einzig und allein dazu, sicherheitsrelevante Fragen zu beantworten".*[17] Die Personen dort hätten also selbst wegen Beihilfe oder gar Anstiftung zu Straftaten angeklagt werden können. Aber das geschieht nicht in diesem Land, dass seine Eliten mit Geld füttert und aufwendig schützt. Stattdessen hielt sich die Justiz an den KritikerInnen des Feldes schadlos und schickte einen der vier AktivistInnen, die am 2. Juni 2006 das Feld in einer symbolischen (weil offen angekündigten) Aktion beschädigten, für 6 Monate ohne Bewährung in den Knast – ein Abschreckungsurteil! Den Antrag, zu prüfen, ob das Feld überhaupt dem genehmigten Versuch entsprach und damit legal war, fegte das Gericht in der zweiten Instanz neben fast 300 anderen Anträgen pauschal als *„ohne Bedeutung"* vom Tisch. In der ersten Instanz durften gar keine Fragen zum Thema Gentechnik gestellt werden – und der Angeklagte an seinem eigenen Prozess auch nicht teilnehmen. So wurde die Uni vor Unannehmlichkeiten und der Aufdeckung ihrer Rechtsbrüche geschützt. Legal, illegal, scheißegal ...

Da konnte Kogel dann ganz beruhigt seine Karten auf den Tisch legen: Am 18.2.2009 verfasste er zusammen mit anderen Beteiligten ein Patent, eingereicht wie üblich mit der BASF. Es ging um Gerste und Kogel ließ sich dort jeweils eine Produktreihe und eine Methodenreihe patentieren. Zufall? Bei der Freisetzung der Gerste in Gießen ging es doch um Sicherheitsforschung. Wo kam jetzt dieses Patent her?

Übersetzung des angemeldeten Patentes vom 18.2.2009[18]
Patentanmeldung: Neue Nukleinsäuresequenzen und ihre Verwendung im Verfahren zum Erreichen einer Pathogenresistenz in Pflanzen
Erfinder: Karl-Heinz Kogel, Ralph Hückelhoven, Holger Schultheiss, Markus Frank
Beauftragte: BASF Plant Science GmbH ...
Die Erfindung bezieht sich auf neuartige RacB-cDNA-Abschnitte der Gerste und auf Expressionskassetten und Vektoren, die diese Promotorensequenzen enthalten. Die Erfindung bezieht sich außerdem auf transgene Pflanzen, die mit diesen Expressionskassetten oder Vektoren umgewandelt werden, auf Kulturen, Teile oder transgenes Ausbreitungsmaterial, die aus ihnen gewonnen werden und auf ihren Gebrauch für die Produktion von Nahrungsmitteln, Futtermitteln, Saatgut, pharmazeutischen Produkten oder Chemikalien. Die Erfindung bezieht außerdem auf Methoden des Erzeugens oder der Erhöhung eines Krankheitserregerwiderstands in den Pflanzen durch das Verringern der Expression des RacB Proteins oder eines Funktionsäquivalents davon. ...
32. Eine Methode des Erzeugens oder der Erhöhung der Widerstandskraft gegen mindestens einen Krankheitserreger in einer Pflanze, die beinhaltet: Verringern der Menge, Tätigkeit oder Funktion des RacB-Proteins in einer Pflanze oder in Gewebe, Organ, einem Teil oder einer Zelle davon ...
51. Eine Methode des Auswählens einer Pflanzenzelle mit erhöhter Widerstandskraft gegen einen Krankheitserreger ...
57. Eine rekombinante Pflanzenzelle, in der die erzeugte Menge, Tätigkeit oder Funktion des endogenen RacB-Proteins durch eine stabile Umwandlung mit einer Nukleinsäure oder einer Expressionskassette, die Nukleinsäure enthält, verringert wird.

Neben der Fälschung bei den Versuchszielen hätte der Antrag aber ohnehin niemals aus dem Biosicherheitsprogramm gefördert werden dürfen. Denn er verstieß gegen die Förderrichtlinien *„Biologische Sicherheit gentechnisch veränderter Pflanzen"* im Rahmenprogramm *„Biotechnologie – Chancen nutzen und gestalten"* vom 1.12.2003, nach denen das Geld ausgeschüttet wurde.[19] Dort ist als Fördervoraussetzung benannt: *„Die Forschungsansätze sollen sich auf gentechnisch veränderte Pflanzen beziehen, deren Anwendung in Deutschland erwartet wird bzw. deren Freisetzung bereits erfolgt."* Die transgene Gerste war aber nicht für spätere Markteinführungen gedacht. Das gab Versuchsleiter Kogel im Gerichtsverfahren gegen die FeldbefreierInnen an seinem Feld offen zu. *„Es wird noch eine Weile dauern, bis gentechnisch veränderte Gerstenlinien das Entwicklungsstadium hinter sich lassen und reif für eine Marktzulassung sind"*, hieß es auf der Internetseite zur Biosicherheitsforschung.[20] Folglich verstieß der Versuch gegen die Förderbestimmungen. Das Verfahren dazu aufgrund einer Strafanzeige vom 8.2.2009[21] wurde jedoch eingestellt, weil – unglaublich – ausgerechnet der Zuschussgeber, das

12 www.fz-juelich.de/ptj/lw__resource/datapool/____pages/pdp__283/Gabi__D.pdf
13 www.biosicherheit.de
14 www.uni-protokolle.de/nachrichten/id/47389/
15 Spiegel der Forschung Nov. 2004, S. 85
16 http://geb.uni-giessen.de/geb/volltexte/2004/1947/pdf/SdF-2004-1__2o.pdf
17 Gießener Allgemeine, 2.6.2006 (S. 23) und BMBF: www.bundesforschungsministerium.de/press/1806.php
18 Im Original (englisch): www.faqs.org/patents/app/20090165173
19 www.bmbf.de/foerderungen/677__6987.php
20 www.biosicherheit.de/de/getreide/%20
21 www.projektwerkstatt.de/gen/giessen/strafanzeige__veruntreuung.pdf

Gentechnik befürwortende PTJ in Jülich, der Uni bescheinigte, alles richtig gemacht zu haben.[22] Dabei hatte das PTJ der Uni sogar selbst Tipps gegeben, wie der Antrag besser gefälscht werden könnte.[23] Strafbar aber ist halt nur, was dem Staat nicht passt!

Sehr geehrter Herr Professor Kogel,

im Rahmen unserer Tätigkeit als Projektträger des BMBF haben wir Ihre oben genannte Projektskizze unter Einbeziehung eines externen Gutachtergremiums eingehend mit folgendem Ergebnis geprüft:

Dem skizzierte Verbundprojekt „Zur Biologischen Sicherheit gentechnisch erstellter pilzresistenter Gerste" kann im Rahmen der Förderrichtlinien „Beiträge zur Biologischen Sicherheit gentechnisch veränderter Pflanzen" im Vergleich zu anderen bei uns vorgelegten Projekten leider keine Priorität eingeräumt werden, da die vorgesehenen Untersuchungen zum überwiegenden Teil nur von geringer Relevanz für die Zielsetzungen der Förderrichtlinien sind. Wir können Ihnen und den Verbundpartnern daher nicht empfehlen, förmliche Anträge auf Forschungsförderung für das Verbundprojekt bei uns vorzulegen.

Als Ausgleich für die Behinderungen der Untersuchungen durch Feldzerstörungen in den Jahren 2006 und 2007 im laufenden Vorhaben 0313282A der Universität Gießen stellen wir Ihnen jedoch frei, einen Aufstockungsantrag zu diesem Vorhaben zu stellen, mit dem das laufende Arbeitsprogramm um 2 Jahre fortgeführt werden kann. Die im Rahmen des Aufstockungsantrags durchzuführenden Arbeiten sollten sich streng auf die Fortführung des bisherigen Arbeitsprogramms beschränken, um die bisher erzielten Ergebnisse zu möglichen Auswirkungen transgener, pilzresistenter Gerste auf nützliche pilzliche Mikroorganismen abzusichern.

Oben: Auszug aus dem Beratungsbrief des PTJ Jülich an die Uni Gießen am 14.12.2007.

Insbesondere hat sich das Forschungszentrum Jülich GmbH, welches von dem Bundesministerium für Wissenschaft und Forschung u.a. als Projektträger mit der Umsetzung und Überprüfung des von dem beschuldigten Institutsleiter beantragten Forschungsprojektes beauftragt worden war, in einer schriftlichen Stellungnahme vom 22.01.2010 u.a. wie folgt geäußert:

"Aus der Sicht des Projektträgers Jülich ergaben sich keine Anhaltspunkte, dass die Mittel nicht zweckentsprechend verwendet wurden. Die abgerufenen Mittel waren nach Art und Umfang notwenig und angemessen".

So hat auch die Staatsanwaltschaft Gießen zu Recht darauf hingewiesen, dass seitens des zuständigen Projektträgers sich keinerlei Anhaltspunkte für eine zweckwidrige Mittelverwendung ergeben haben. Vielmehr entsprachen die im Rahmen der Laufzeit des Vorhabens vorzulegenden Zwischennachweise den Vorgaben.
Der Vortrag in Ihrem Beschwerdevorbringen, das Forschungszentrum Jülich GmbH selbst sei in mögliche Straftaten involviert, indem es den Beschuldigten „zur Fälschung von Förderanträgen beraten, wenn nicht dazu angestiftet habe", lässt sich nicht anhand objektivierbarer Anhaltspunkte nachvollziehen. Die diesbezüglich vorgetragenen Vermutungen sind nicht geeignet, einen Tatverdacht zu begründen.

Einstellungen des Verfahrens mit der absurden Begründung, dass die am Betrug beteiligte PTJ gesagt hätte, alles sei okay.

Kogel PR-Show im Frühjahr 2006 in Gießen ...

Das Gerstefeld war keine heimliche Sache irgendwo draußen in der Landschaft. Das Feld sollte eine Demonstration pro Gentechnik sein: Gute (deutsche) Forschung entwickelt gute Pflanzen für das zukünftige Wohl der Menschheit. Bevor die Gerste in den Boden kam, lieferte Kogel eine beeindruckende Kampagne für sein Feld. Er selbst inszenierte sich als differenzierter, kritischer und reflektierter Forscher.

Aus dem Gießener Anzeiger vom 1.6.2006 (S. 15)[24]
Dabei legte Kogel ... großen Wert auf die Feststellung, dass er nicht als grundsätzlicher Befürworter von Gentechnik verstanden werden wolle.

Aus dem Stern, 28.5.2006[25]
Auf die Proteste, die das Projekt von Anfang an begleitet haben, reagiert Kogel mit Information. Das Versuchsfeld ist gekennzeichnet, Besucher werden bereitwillig hingeführt. „Ich bin ja eigentlich kein starker Befürworter der Gentechnik", sagt Kogel.

Kogels Propaganda klappte. Mit besten Kontakten gerade in rot-grüne Kreise und einem bei Umweltverbänden akzeptierten Vokabular gelang es ihm, den für die Weiterentwicklung der Gentechnik sehr bedeutsamen Versuch weitgehend ohne Kritik durchzubringen. Dabei half ihm auch die Dominanz der Universität in der Stadt Gießen. Rechnerisch jedeR zweiter EinwohnerIn der Stadt studiert, ist bei der Uni angestellt oder lebt in einer Familie von Unibediensteten. In Vereinsvorständen dominieren Uni-Leute, daher war von Umweltgruppen, Parteien, Kirchen oder Anderen kein Protest zu erwarten. So blieb die Lage ruhig – einzig die kleine, aber entschlossene Gruppe der späteren *„FeldbefreierInnen"* stellte sich der einseitigen PR-Kampagne Kogels entgegen[26] – ignoriert von den Eliten der Stadt. Noch im Herbst 2006 stellten sich alle Fraktionen im Stadtparlament und die grüne Umwelt-Bürgermeisterin auf Kogels Seite.[27] Die SPD, der Kogel angehört, agierte wie eine Propagandaabteilung für den Versuch. Der damalige regionale und inzwischen zum Landes-SPD-Chef aufgestiegene Thorsten Schäfer-Gümbel befand, dass der sich an der Feldbefreiung beteiligende *„Jörg Bergstedt jenseits jeder ernst zu nehmenden Positionierung stehe"*.[28]

Das Hereinfallen auf den Marketingmann Kogel hätte leicht vermieden werden können. Denn soweit was es nicht her mit dem kritischen Wissenschaftler. Das formulierten zum einen die unabhängigen AktivistInnen, die – anders als Grüne und Umweltverbände – die Aussaat kritisierten. Es gab zum anderen aber auch einen Haufen Zitate von Kogel zur Gentechnik – und alle widersprachen seiner im Frühjahr 2006 zelebrierten Neutralität. Schon 1999 behauptete Kogel:[29] *„Ein verstärkter Forschungsaufwand zur Entwicklung neuer biotechnologischer Konzepte für eine zukunftsorientierte Landwirtschaft ist angesichts einer schnell wachsenden Weltbevölkerung von heute sechs Milliarden auf über zehn Milliarden im Jahre 2050, begrenzter Anbauflächen und nicht auszuschließender Produktionsverluste durch globale Klimaveränderungen zwingend erforderlich."* 2004 legte er nach:[30] *„Doch was tun, wenn die klassische Züchtung nicht zum Erfolg führt? Aus Sicht der Wissenschaft liegt die Antwort in der ‚Grünen Gentechnik'."* Damit nicht genug: Kogel benannte in seinem Beitrag auch das, was er später immer wieder forderte, WissenschaftlerInnen sollten für die Technik werben (statt erforschen): *„Die große Herausforderung besteht heute darin, den Verbraucher über die Notwendigkeit dieser Vorgehensweise aufzuklären und so die gesellschaftliche Akzeptanz für eine neue Generation von Nutzpflanzen zu verbessern."* In diese Kerbe schlug er auch während der Versuchsphase:[31] *„Für uns Wissenschaftler heißt das: Wir müssen zeigen, dass diese Technik, die wir einführen wollen, große Vorteile hat – und dass diese Vorteile begreifbar werden. Erst dann, glaube ich, kann man die Bevölkerung wirklich überzeugen. Unsere Aufgabe ist es, stetig und mit viel Geduld Überzeugungsarbeit zu leisten."* Genau das tat Kogel, während er dafür war, Grenzwerte zu erhöhen und Kennzeichnungspflichten abzuschwächen, um der Agro-Gentechnik zum Durchbruch zu verhelfen. Entlarvend waren zwei handschriftliche Vermerke auf Unterlagen zu einer Konferenz, an der Kogel am 30/31.8.2006 teilnahm: *„Sehr niedrige Schwellenwerte würden Forschung behindern"* vermerkte er ebenso wie die Frage *„Steht Aufwand für Kennzeichnung in vernünftiger Relation zum Nutzen"*.

Gastkommentar „Pro Gentechnik", in: „Das Parlament" Nr. 43/22.10.2007[32]
Gentechnik zur Produktion gesünderer Pflanzen und damit gesünderer Lebensmittel zu nutzen, ist ein vernünftiges Ziel. Eine gute Sicherheitsforschung ist gleichzeitig ein Muss. Argumente für Gentechnik sind etwa der Klimawandel, Rohstoffverknappung und chronische Unterernährung in

22 www.projektwerkstatt.de/gen/giessen/strafanzeige100205einstellung__sta.pdf

23 www.projektwerkstatt.de/gen/giessen/ptj071214beratung.pdf

24 www.giessener-anzeiger.de/sixcms/detail.php?template__id=2634&id=2093045&__zeitungstitel=1133842&__resort=1103635&__adtag=localnews&__dpa=

25 www.stern.de/wissenschaft/natur/:Gentechnik-Proteste-Gen-Gerste/561997.html

26 www.projektwerkstatt.de/gen/befreiung06.htm

27 www.projektwerkstatt.de/gen/politik__gi.htm

28 Gießener Allgemeine, Internet 7.6.2006

29 www.uni-protokolle.de/nachrichten/id/50569/

30 http://geb.uni-giessen.de/geb/volltexte/2004/1947/pdf/SdF-2004-1__2o.pdf

31 www.biosicherheit.de/de/debatte/569.doku.html

32 www.das-parlament.de/2007/43/MenschenMeinungen/17587190.html

i Infoseite zum Gerstenversuch: www.projektwerkstatt.de/gen/stellung.htm

weiten Teilen der Welt. Während sich die großen Wissenschaftsorganisationen klar zur Nutzung der neuen Potenziale bekennen, lehnen Verbraucherschützer und Naturschutzverbände sie strikt ab.

***Zitat von Kogel im Interview auf www.biosicherheit.de*[33]**
Aus meiner Sicht ist es immer noch ein wesentliches Ziel, den chronischen Hunger zu überwinden und Pflanzen mit einer besseren Qualität zu entwickeln. Gerade unter der Anforderung der Nachhaltigkeit wird Gentechnik hier zukünftig einen Beitrag leisten. Ein noch größeres Potenzial sehe ich, wenn es darum geht, die Folgen des Klimawandels zu mindern, gerade im Bereich erneuerbarer Energien und nachwachsender Rohstoffe. Wenn man sich die aktuelle Grundlagenforschung anschaut, sind viele Ansätze zu überzeugenden Lösungen zu erkennen.

***Aus einem weiteren Interview mit Prof. Kogel*[34]**
Im konventionellen Anbau finden wir im Grunde keine Lösung des Problems, da Fungizide nicht optimal wirken und Fruchtfolgen aus ökonomischen Gründen falsch gestellt werden.

***Kogel im Deutschlandfunk am 24.6.2009*[35]**
Wir als Wissenschaftler sehen, dass diese Technik positive Umweltwirkung hat ... Alle Studien zeigen, wenn wir vergleichen: Gentechnik mit konventionellem Anbau, also Einsatz von Herbiziden, von Pflanzenschutzstoffen, ist diese Technik umweltfreundlicher. Und deshalb läuft auch die Diskussion um die Auskreuzung ein bisschen ins Leere. ... ich sage nur, es gibt halt diese vermuteten Umweltwirkungen nicht.

Die Bilder glichen sich: Kogel inszenierte sich selbst als kritischer Beobachter der Gentechnik – und stellte seinen Versuch als sicher dar. Beide Behauptungen waren reine PR-Kampagne und gelogen. Zur Begründung der vermeintlichen Sicherheit behauptete Kogel am 25.4.2006 in einem Vortrag, Gerste würde gar nicht auskreuzen können:[36] *„Dieser Versuch ist explizit ein sehr sicherer Versuch. Das ist auch beim Bescheid des Bundesamtes für Verbraucherschutz und Lebensmitteltechnik ganz klar erläutert worden. Sicher ist dieser Versuch, weil die Gerste nicht auskreuzen kann. Es ist ein Selbstbefruchter. Die Pollenfreisetzung erfolgt bei geschlossenen Blüten, nur die eigene Pflanze wird befruchtet. Das heißt, es gibt keinen Pollenflug auf fremde Pflanzen und damit auch keine Auskreuzung. Gerste ist damit eine optimale Pflanze für die Freisetzung und biologische Sicherheitsforschung."*

***Aus einer Pressemitteilung der Universität Gießen am 24.4.2006*[37]**
Eine Auskreuzung kann schon aus biologischen Gründen ausgeschlossen werden.

***Aus der Gießener Allgemeine, 29.3.2007 (S. 25)*[38]**
Negative Folgen für die Umwelt seien nie zu erwarten gewesen. Das gelte insbesondere für die von manchen befürchteten Auskreuzungen mit anderen Pflanzen. „Sie sind nicht möglich, weil die Gerste ein Selbstbestäuber ist. Außerdem gibt es für sie in Mitteleuropa keine Kreuzungspartner", unterstrich Kogel, der auch das Amt des Uni-Vizepräsidenten bekleidet.

***Aus dem Stern, 28.5.2006*[39]**
Dass sich die transgene Gerste über das Versuchsfeld hinaus verbreitet, halten die Wissenschaftler für ausgeschlossen. Gerste sei ein „Selbstbestäuber", das heißt, eine Pflanze werde nur von ihrem eigenen Pollen befruchtet.

Doch wenn Gerste, wie Kogel sagt, keine Pollen aussendet, wieso steht die Pflanze dann in allen Pollenflugkalendern? HeuschnupflerInnen wissen, was von Kogels & Co. Lügen zu halten ist – auch dem Gießener Landgericht fiel auf: *„Die Behauptung der Wissenschaftler, bei Gerste gäbe es wegen der Selbstbestäubung keinen Pollenflug, stimmt bereits nach den sich aus den einbezogenen Akten ergebenden Gründen nicht 100%ig und steht im unauflösbaren Widerspruch zur Warnung vor Gerstenpollen in Pollenflugkalendern für Allergiker".*[40]

Von Anfang Mai bis Ende Juli blüht die **Gerste**, besonders stark von Mitte Mai bis Mitte Juli.

Pollenkalender aus Süddeutscher Zeitung (oben) und von Schulferien.org[41] (unten)

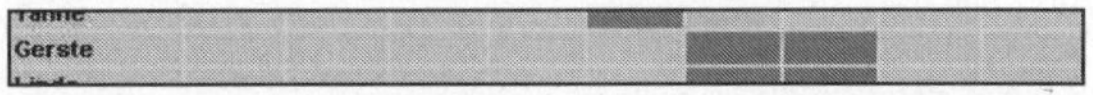

Das wusste sogar das gentechnikfreundliche BVL besser:[42] *„Gerste ist ein Selbstbestäuber und kleistogam, d.h. in der Regel tritt Selbstbestäubung noch vor der Blütenöffnung ein. In gewissem Umfang, beeinflusst vom Genotyp und den klimatischen Bedingungen zur Blütezeit, ist Fremdbefruchtung möglich. Diese wird mit meist ‹2% angegeben, bei trockener und warmer Witterung kann die Fremdbefruchtung bei manchen Genotypen auch höher sein."*

Nicht besser fällt eine Überprüfung von Kogels Behauptung aus, es gäbe keine potentiellen Kreuzungspartner. Auch hier waren offenbar mehr PR-Ziele die Grundlage als Fachwissen. Denn nicht benannt wurde die Mäusegerste, eine Wildgerstenart, die gerade auf städtischen Ruderalflächen, d.h. offenen Böden mit spontaner Vegetationsentwicklung, vorkommt. Da das Versuchsfeld innerstädtisch lag, hätte nach Mäusegerste gesucht werden müssen. Laut Lexikon zu Nutzpflanzen[43] ist *„vermutlich eine Kreuzung von Kultur-Gerste mit anderen Hordeum-Arten und Quecken-Arten (Elymus spec.) möglich, die Wahrscheinlichkeit wird aber als sehr gering angesehen. Wilde Hordeum-Arten sind z.B. die Mäuse-Gerste, die auf Schuttplätzen und an Wegrändern wächst oder die Strand-Gerste der Küstenwiesen."* In keiner der Akten finden sich Hinweise, dass deren Vorkommen in der Umgebung des Versuchsfeldes überhaupt überprüft wurde.

So sieht sie aus, die Mäusegerste – eine typische Ruderalpflanze gerade auf kleinen Flächen an Straßen und Plätzen (Aufnahme aus Berlin).

Die gesamten Genehmigungsunterlagen der Universität Gießen zeugen von solchen Schlampereien und fehlendem Willen, tatsächliche Dinge zu prüfen. So wurde behauptet, dass rund um das Versuchsfeld 4 km Abstand zu weiteren landwirtschaftlichen Flächen bestünden. Wieder frei erfunden: In seiner Stellungnahme am 2.2.2006 führte das Amt für ländlichen Raum *„ca. 150-200m"* bis zu den nächsten Landwirtschaftsflächen an. Haus- und Kleingärten in direkter Nähe wurden ebenfalls übersehen.

33 www.biosicherheit.de/de/debatte/569.doku.html
34 www.biosicherheit.de/de/getreide/503.doku.html
35 www.uni-giessen.de/cms/fbz/fb09/institute/ipaz/news/premi/biosich/deutschlandfunk-24-06.09/at__download/file
36 www.giessen-server.de/soundplay__firefox.php?s=1206/5b8b612e556a23bafa34c019b46621ba.wma
37 http://idw.tu-clausthal.de/pages/de/news155469
38 www.projektwerkstatt.de/gen/scans/allg29__3__07s25.jpg
39 www.stern.de/wissenschaft/natur/:Gentechnik-Proteste-Gen-Gerste/561997.html
40 Urteil vom 9.10.2009: www.projektwerkstatt.de/gen/prozesse/2006lg/urteil091009.pdf
41 www.schulferien.org/pollenflugkalender/pollenflugkalender__monate.html
42 Aus dem Genehmigungsbescheid (S. 15 f.): www.projektwerkstatt.de/gen/scans/bundesamt30406.pdf
43 www.transgen.de/lexikon__nutzpflanzen/28.gerste.html

Aus der Akte beim RP: Antrag der Uni an das BVL (18.10. 2005, S. 8) und Stellungnahme des ARLL (S. 1).

und beseitigt werden. Der Abstand zu landwirtschaftlich genutzten Flächen ist in allen Richtungen mindestens 4000 m. Der Freisetzungsversuch wird von einem 5 m breiten

Ich weise im folgenden auf einen Fehler im Antrag hin:
Im Antrag wird auf Seite 9 im Kapitel „Kurze Beschreibung der Versuchsdurchführung" geschrieben dass der Abstand zu landwirtschaftlich genutzten Flächen in allen Richtungen mindestens 4000m beträgt. Aus dem beiliegenden Luftbild ist erkennbar, dass sich im südlichen Anschluss an das Versuchsfeld Grünlandflächen anschließen. Dies ist auch aus der Kopie in der Anlage Übersichtskarte 1 erkennbar, die in ca. 150-200m Entfernung „Frische Fettwiese intensiv genutzt" kartiert.

Anträge durchgewunken!

Der Weg zu Fördergeldern und Behördengenehmigung war kurz, denn in den Bundesinstituten sitzen durchgehend BefürworterInnen der Agro-Gentechnik – bereit, jeden Antrag durchzuwinken. Die von Kogel zum Biosicherheitsversuch umdeklarierte Freisetzung erhielt das nötige Geld vom PTJ in Jülich und die erwartete Genehmigung vom BVL. Die Zentrale Kommission für Biologische Sicherheit bescheinigte dem Versuch die erforderliche Unbedenklichkeit – einer der beiden Versuchsleiter stimmte mit. Der Text war vom BVL vorformuliert worden – das Verfahren glich genau dem üblichen Ablauf, wie er kurz zuvor auch bei einem Feld mit gv-Weizen in Gatersleben festgestellt werden konnte (siehe S. 106). Durch die Anordnung sofortiger Vollziehung sicherte das BVL die Versuchsbetreiber gegen Beschwerden z.B. von NachbarInnen ab – völlig überflüssig, denn niemand hatte die informiert über das Versuchsfeld in ihrer Nähe.

Angaben zur Mitteilung	
Flächenkennziffer	35394/00411
PLZ der Fläche	35394
Ort der Fläche	Giessen
Bundesland	Hessen
Größe (m^2)	9,6
Gemarkung	Giessen
Flur	15
Flurstück	75/2
Schlagnr/-name	Alter Steinbacher Weg 44

Typ	Mitteilungsdatum	Spezifischer Erkennungsmarker	Bezeichnung des Organismus	Anbau- / Freisetzungszeitraum
Freisetzung	16.03.2007	6786-01-0168	Sommergerste	2007

Bemerkung: Bedingt durch eine veränderte Ausbringungstechnik wird sich die Größe der 12 mit GVO bestellten Parzellen von jeweils 1,0 qm auf 0,8 qm verkleinern

Detailinformationen aus dem Freisetzungsregister

Eintragung ins Standortregister (www.standortregister.de)

Aus dem Genehmigungsbescheid vom 3.4.2006 zum Sofortvollzug (S. 23 f.)[44]

Dem Antrag der Universität Gießen auf Anordnung der sofortigen Vollziehung war stattzugeben, da das Interesse der Universität Gießen an der sofortigen Vollziehung das Interesse eines etwaigen Klägers an der aufschiebenden Wirkung der Klage überwiegt. ... Bei der Abwägung der sich gegenüberstehenden Interessen ist zu berücksichtigen, dass etwaige Rechtsbehelfe mit erheblicher Wahrscheinlichkeit erfolglos bleiben werden. ... Unter Zugrundelegung der Auffassung, dass von dem Vorhaben keine Gefahren ausgehen und auch unter Vorsorgegesichtspunkten die Genehmigung der Freisetzung nicht zu beanstanden ist, würde die Ablehnung der beantragten Anordnung des Soforfvollzuges für die Antragstellerin eine unbillige Härte bedeuten. ...

Zwar bestehen die grundrechtlich geschützten Rechtspositionen der Antragstellerin nicht grenzenlos und haben bei der Kollision mit gleichfalls verfassungsrechtlich geschützten Werten nicht schlechthin Vorrang (BVerfGE 47, 327, 369). Vielmehr ist im Einzelfall eine an den Wertprinzipien der Verfassung orientierte Güterabwägung vorzunehmen. Im vorliegenden Fall kann die Behörde bei der gegebenen Situation davon ausgehen, dass eine Kollision nicht vorliegt, da Grundrechte möglicher Drittbetroffener nicht gefährdet werden. Wie unter III.1.2 begründet, sind die vorgesehenen Maßnahmen ausreichend, um das Vorhaben gegenüber Dritten hinreichend abzuschirmen.

Die notwendige Kritik am geplanten Versuch wurde nur von wenigen unabhängigen AktivistInnen im Raum Gießen formuliert. Umweltverbände, Grüne & Co. waren eingebunden in die kommunalpolitischen und universitären Seilschaften und hielten lieber die Klappe. Landwirtschaft gibt es auf dem Stadtgebiet Gießen kaum, aus der Umgebung kam ebenfalls kein Wort. So dominierte die Propaganda der Universität – und die Meinung der Berufsbeschwichtiger:[45] *„Das BVL ist seiner Sache dennoch sicher und sieht in dem Forschungsprojekt der Uni Giessen keine Gefahren für Mensch, Tier und Umwelt. Dafür sorgen nach Angaben des Amts verschiedene Sicherheitsbestimmungen. Unter anderem ein Wildschutzzaun, Vogelnetze und die Einhaltung von Isolationsabständen. Zudem muss die Universität gewährleisten, dass nach Versuchsende keine genmanipulierten Pflanzen auf dem Feld zurückbleiben, sie sich mit anderen Pflanzen kreuzen oder benachbarte Felder verunreinigen."*

Werfen wir einen Blick auf das Geschehen am Alten Steinbacher Weg ab dem 25. April 2006, dem Tag der Aussaat. Wird es gelingen, die Gerste von der umgebenden Tier- und Pflanzenwelt fernzuhalten durch *„Wildschutzzaun, Vogelnetze und die Einhaltung von Isolationsabständen"*? Wird *„die Universität gewährleisten, dass nach Versuchsende keine genmanipulierten Pflanzen auf dem Feld zurückbleiben"*? Um es vorwegzunehmen: Der Versuch war, so das Resümee der KritikerInnen, *„eine Aneinanderreihung von Pannen bis zum doppelten Gentechnik-GAU: In beiden Aussaatjahren 2006 und 2007 wuchs transgene Gerste außerhalb der kontrollierten Flächen. Die Versuchsleitung verschwieg das, ging aber bewusst weitere Risiken ein. So wurde auflagenwidrig auf einen Mäuseschutz verzichtet*".[46]

Einblicke in den Versuchsablauf ...

Am 3. April 2006 erhielt die Universität Gießen die Genehmigung – eilig vom BVL mit Vorabfax zugestellt. Da wurden keine Kosten und Mühen gescheut, um die Agro-Gentechnik voranzubringen. Ein Sofortvollzug wurde verhängt, damit nicht irgendwelche Einwendungen oder Klagen das Ganze noch verzögern konnten. Dennoch warf bereits das Genehmigungsdatum einige Fragen auf. Hier sollten – so wurde jedenfalls behauptet – die Umweltauswirkungen von gentechnisch veränderten Pflanzen untersucht werden. Dafür wäre nötig, ungefähr im gleichen Zeitplan zu forschen, wie auch LandwirtInnen die Pflanze ausbringen. Sommergerste kommt als erste Aussaat im Jahreszyklus der Landwirtschaft in die Erde. Da ist der 3. April schon etwas spät – aber gerade noch akzeptabel, zumal es ein kaltes Frühjahr war. Doch am 3.4. kam ja erst die Genehmigung. Ausgesät wurde am 25.4., von den Versuchsbetreibern aber in den Folgejahren noch getoppt. Das einzige auswertbare Jahr lief 2009 mit Aussaat am 25. Mai! Aber es ging ja auch nicht um Sicherheitsforschung. Die war nur behauptet, um an die Fördermittel zu gelangen ...

44 Link siehe Fußnote 42

45 Ökotest vom 28.4.2006: www.oekotest.de/cgi/nm/nm.cgi?doc=akt-280406-gentechnik

46 Flugblatt zur Besetzung des Gerstefeldes der Uni Gießen, damals in die Nähe von Rostock verlegt, am 3. April 2009: www.projektwerkstatt.de/gen/2009/grl/plakat_gi.pdf

Es kam der 25. April 2006 und Kogel lud zum Medienspektakel „Aussaat". Noch immer sah er sein Feld als PR-Speerspitze der Agro-Gentechnik und verkaufte deshalb sein Treiben offensiv nach draußen. Dann stand das Feld da. Presse, Medien, NachbarInnen und auch die wenigen KritikerInnen des Feldes konnten sehen, was dort jetzt heranwuchs. Und wie das geschah. Denn schnell stellte sich heraus, dass da einiges nicht stimmte.

II.7. Zur Abhaltung von Kleinsäugern sind die Versuchsparzellen mit einem engmaschigen Wildschutzzaun zu umgeben. Zusätzlich ist durch Auslegen eines Vogelnetzes über die Gerste der Parzellen der Versuchsfläche unmittelbar nach der Aussaat und ab Beginn des Ährenschiebens eine Verschleppung und ein Fraß durch Vögel zu vermeiden.

Zu II.7. Mit dem Zaun sollen Kleinsäuger vorsorglich von einem Fraß an der gentechnisch veränderten Gerste abgehalten werden. Das Netz soll Vögel vom Fraß und vom Verbringen der gentechnisch veränderten Gerste abhalten.

Der Mäuseschutz ...

Wie hieß es noch im Beschwichtigungstext des BVL? Ein *„Wildschutzzaun"* sollte den Kontakt zu Tieren verhindern. Das wurde auch von politischer Seite verkündet: *„Die Verbreitung durch Wildtiere ist ebenfalls unterbunden, da die gesamte Versuchsfläche von einem engmaschigen Vogelnetz umgeben ist"*.[47] Ein solcher Schutz war schlicht und ergreifend auch vorgeschrieben – im Punkt II.7 der Sicherheitsauflagen im Genehmigungsbescheid.

Doch vor Ort sah das etwas anders aus, fand auch die Überwachungsbehörde. Die schaute sich das Feld nach der Errichtung an und meldete sich dann bei der Universität wegen der Auflage, einen *„engmaschigen Wildschutzzaun"* zu errichten. Deren Umgang mit der Meldung, die immerhin von der offiziellen Überwachungsbehörde stammte, ist aus einem Aktenvermerk der Versuchsdurchführenden am Institut für Phytopathologie zu sehen. Sehen wir dabei über die leichten Wissensschwächen auf dem Gebiet der Biologie hinweg (*„Abhaltung von Kleinsäugern (z.B. Vögeln, ...)"* und lesen, was dort zum Zaun geschrieben stand: *„Es wurde von Seiten der Überwachungsbehörde (...) die Befürchtung geäußert, dass auf Grund der Maschenweite des Wildschutzzauns von 2,5 cm insbesondere Mäuse nicht vom Versuchsfeld abgehalten werden könnten."* In der Tat: Am Versuchsfeld war ein simpler *„Hasenschutzdraht"*, wie ihn die Uni im Begehungsprotokoll später selbst bezeichnete,[48] angebracht – ein deutlicher Verstoß gegen die klar formulierten Sicherheitsauflagen. Doch selbst jetzt, als die Überwachungsbehörde sich meldet und das Versäumnis anmahnt, dachten Kogel und seine Leute nicht daran, sich an die Vorschriften zu halten. Stattdessen intellektualisierten sie das Problem einfach weg. Augen zu und durch auf wissenschaftlich, geht so: Zunächst wurde festgestellt, was jedeR weiß: *„Grundsätzlich muss angemerkt werden, dass auch ein Zaun mit geringerer Maschenweite kein Abhalten von Mäusen garantieren könnte, da Mäuse auch solche Zäune entlang der Befestigungspfähle überwinden könnten."* Klar – deshalb sind im Handel erhältliche Zäune ja auch oben umgebogen. Für die GentechnikerInnen aber reichten die Überlegungen schon. Sie lamentierten noch etwas herum, dass sie keine Mäuse in der Nähe des Feldes gesehen hätten und zogen dann ein erstaunliches Fazit: *„Die ausführende Stelle (Institut für Phytopathologie ...) sieht folglich die Maßnahmen entsprechend der Nebenbestimmungen des BVL ... als erfüllt an."* Der Nicht-Mäuseschutzzaun blieb stehen. Und mensch darf sich merken: Ein Mäuseschutzzaun, der kein Mäuseschutzzaun ist, ist doch ein Mäuseschutzzaun, wenn ein anderer Zaun auch keiner ist! Das ist Spitzenwissenschaft!

47 hessen biotech News 2/2006 (S. 15)

48 Aus der Überwachungsakte beim RP: www.projektwerkstatt.de/gen/unigen_akte.htm

49 www.projektwerkstatt.de/gen/befreiung06.htm

Abb.: Vermerk der Versuchsbetreiber an der Uni Gießen[48]

Darstellung zur Anbringung eines Wildschutzzauns zur Abhaltung von Kleinsäugern im Rahmen der Freisetzung gentechnisch veränderter Gerstenpflanzen im Jahr 2006 durch die Justus-Liebig-Universität Gießen

im Rahmen der Freisetzung von gentechnisch veränderten Gerstenpflanzen am 29.04.2006 durch die Justus-Liebig-Universität Gießen wurde gemäß der Nebenbestimmung II.7. im Genehmigungsbescheid des BVL (Berlin) vom 03. April 2006 (Az. 6786-01-0168) die Mantelsaat (Sommergerste) mit einem Wildschutzzaun umfasst. Dieser Wildschutzzaun dient der Abhaltung von Kleinsäugern (z.B. Vögeln, Hasen) vom gentechnisch veränderten Pflanzenmaterial des Versuchsfeldes.

Es wurde von Seitens der Überwachungsbehörde (RP Gießen, Abt. IV Umwelt Marburg, Dez. 43.1 – Bereich Gentechnik, Landgraf-Philipp-Platz 1-7, 35390 Gießen) die Befürchtung geäußert, dass auf Grund der Maschenweite des Wildschutzzauns von 2,5 cm insbesondere Mäuse nicht vom Versuchsfeld abgehalten werden könnten. Folglich bestünde die Gefahr einer Verschleppung von Saatgut. Die nachfolgenden Anmerkungen nehmen hierzu Stellung.

- Grundsätzlich muss angemerkt werden, dass auch ein Zaun mit geringerer Maschenweite kein Abhalten von Mäusen garantieren könnte, da Mäuse auch solche Zäune entlang der Befestigungspfähle überwinden könnten.
- Zum Zeitpunkt der Ausbringung und Ernte besteht kein reduziertes Futterangebot in der natürlichen Umgebung des Versuchsfeldes, wodurch das Versuchsfeld keine außergewöhnliche Futterquelle für Mäuse darstellt.
- In der landwirtschaftlichen Praxis ist ein gezieltes Ausgraben von Saatgut entlang der Saatfurche nicht als arttypisches Fressverhalten von Mäusen bekannt.
- Das wissenschaftliche Fachpersonal der Versuchsstation Alter Steinbacher Weg 44, 35394 Gießen hat in bisherigen Feldversuchen am Versuchsstandort nie ein Auftreten von Mäusen beobachtet.

Zusammengenommen kann eine Verschleppung von Saatgut durch Mäuse nicht gänzlich ausgeschlossen werden, muss aber unter den gegebenen Bedingungen als gering bewertet werden.

Die ausführende Stelle (Institut für Phytopathologie und Angewandte Zoologie (IPAZ), Heinrich-Buff-Ring 26-32, 35392 Gießen) sieht folglich die Maßnahmen entsprechend der Nebenbestimmungen des BVL (Berlin) vom 03. April 2006 (Az. 6786-01-0168) als erfüllt an.

Spätestens ab diesem Moment war der Feldversuch, für den bei Fördermittel- und Genehmigungsantrag schon geschummelt wurde, auch von der Durchführung her illegal. Aber wen stört das, wenn kommunalpolitisch kein Protest existiert und die Genehmigungsbehörde aus Leuten besteht, die Kontrolle von Agro-Gentechnik gar nicht wollen? Noch schlimmer: Eine Beschwerde beim BVL führte dazu, dass diese offiziell bestätigte, dass ein Wildschutzzaun mit 2,5 cm Maschenweite die Bedingungen erfüllt. Per Behörde also definiert, was nicht sein kann. Das Ergebnis: Auch in den Folgejahren und an weiteren Feldern mit gentechnisch verändertem Getreide findet und fand sich immer dieser Mäuseschutz, der keiner ist.

Bewiesen ist damit zwar, dass das Feld nicht, wie angekündigt, von der umgebenden Tierwelt isoliert war. Aber ob das auch zum Austrag von Gerste führte und diese daraufhin unkontrolliert in der Landschaft stand, ist unbekannt. Das aber schafften in beiden Jahren, 2006 und 2007, die ForscherInnen selbst – und das bei einem übersichtlichen 9,6-qm-Beet mit einer Pflanzenart, die nicht besonders stark zur selbständigen Ausbreitung neigt!

2006 zum ersten Mal: Gerste in der freien Landschaft

Der Versuch im Jahr 2006 verlief unruhig. Nachdem Kogel und sein Team die Aussaat mit Propagandalügen begleiteten, mit gefälschten Anträgen Genehmigungen und Förderungen ergaunerten, um dann schlampig, z.B. ohne Mäuseschutz das Feld anzulegen, folgte wenige Tage später eine Ankündigung aus den Reihen unabhängiger AktivistInnen:[49]

> *Wir, die UnterzeichnerInnen, kündigen an, Pfingsten 2006 den Genversuch der Uni Gießen am Alten Steinbacher Weg 44 zu beenden. Veränderte Gene sind aus der Natur nicht mehr rückholbar, die Risiken werden bereits geschaffen, während sie untersucht werden. Konkret betroffen sind alle Menschen, besonders aber LandwirtInnen, GartenbesitzerInnen und alle, die selbst mit dem Boden, Pflanzen und Tieren umgehen. Eine solche Technologie dient nicht den Menschen, sondern vor allem Konzernen, die damit Profite machen wollen. Da auch die Gesetze Eigentum und Profit über die Menschen stellen und gleichberechtigte Beteiligungsmöglichkeiten nicht vorgesehen sind, haben wir uns entschlossen, soziale Notwehr zu leisten und mit einem notwendigen Akt zivilen Ungehorsams das Feld zu besuchen und den Versuch zu beenden. Sollte unser Handeln von denen kriminalisiert werden, die solche Genversuche schützen und durchsetzen, so werden wir das nutzen, um unsere Motive öffentlich zu benennen.*

Kogel schimpfte, Forschungsministerin Schavan rief dazu auf, das schöne Feld in Ruhe zu lassen – aber es half nichts: Am 2. Juni schritten die

FeldbefreierInnen zur Tat. Obwohl öffentlich angekündigt und unter den Augen von Medien einschließlich des Hessischen Fernsehens betraten sie den umgebenden Acker und schließlich das Feld. Viele Gerüchte ranken sich seitdem um die Frage, warum die informierte und vorbereitete Polizei nicht einschritt. Gab es auch unter Uniformierten GegnerInnen der Gentechnik? Oder hofften die Polizeichefs darauf, was einige Uniformierte später einräumten, durch teilweises Zulassen der Aktion die ungeliebten AktivistInnen endlich hinter Gitter zu kriegen? Für das weitere Geschehen sind diese Fragen gleichgültig. Entscheidend war: Die Versuchsparzelle war erheblich beschädigt – die vertrottelt spät eingreifende Polizei zertrampelte einen guten Teil des Feldes auch noch selbst. Am 5. Juli brach die Uni den Versuch wegen der erheblichen Beschädigungen vorzeitig ab und steuerte auf das nächste Problem mit einer Sicherheitsauflage zu. Denn laut Genehmigungsbescheid mussten am Ende des Versuchszeitraumes die Ähren „*per Hand*" geerntet und sofort (also auf der Versuchsparzelle) „*in entsprechend deklarierte Säcke*" gefüllt werden. Das stand im Antrag, im Genehmigungsbescheid und die Uni hatte selbst vorher angekündigt:[50] „*Nach Beendigung des Versuchs werden alle Gerstenähren per Hand geerntet und in geschlossenen Behältern gelagert.*" Auch die mit der Überwachungsbehörde abgestimmte Betriebsanweisung zum Versuch schrieb vor, es werde „*von Hand geerntet*". Eine weitere Auflage regelte, dass nach dem Abschneiden der Ähren „*verbleibendes Pflanzenmaterial durch ein nicht-selektives Herbizid abgetötet, zerkleinert und zur Verrottung in den Boden eingearbeitet werden*" muss.

II.11. Nicht benötigte, geerntete gentechnisch veränderte Gerstenkörner sind durch geeignete Maßnahmen (z.B. Verbrennen) zu inaktivieren. Nach der Ernte soll verbleibendes Pflanzenmaterial durch ein nicht-selektives Herbizid abgetötet, zerkleinert und zur Verrottung in den Boden eingearbeitet werden. Das Erntegut der Mantelsaat ist wie die gentechnisch veränderte Gerste zu behandeln. Eine

Die Antragstellerin hat vorgesehen, die Ähren der gentechnisch veränderten Gerste und der nicht veränderten Kontrollpflanzen (mit Ausnahme der Mantelsaat) von Hand zu ernten. So soll Ausfallverlusten bei mechanischer Ernte vorgebeugt werden. Die geernteten und nicht für Analysen benötigten Ähren sollen verbrannt werden. Nach einer Herbizidbehandlung der Fläche ist vorgesehen, die noch verbliebenen Pflanzenreste zu zerkleinern und in den Boden einzuarbeiten.

Auszüge aus dem Genehmigungsbescheid vom 3.4.2006

Als nun der 5. Juli gekommen war, die Uni den Versuch abbrach und folglich das tun musste, was im Bescheid als „*Ernte*" benannt war, fielen Kogel und seinem Team die Auflagen ein. Doch was sie selbst vorgeschlagen hatten, wollten sie plötzlich nicht mehr. 9,6 Quadratmeter waren zwar nicht viel, aber für laborverwöhnte MitarbeiterInnen einer Uni offenbar zu anstrengend. Also wandte sich das Institut an die Überwachungsbehörde und jammerte: „*Die Gerste ist noch unreif ..., die Samenkörner können in diesem Stadium nicht auskeimen*". Die Überwachungsbehörde ließ sich belabern und erlaubte, die noch grüne Gerste ohne vorherige Ernte der Ähren einfach in den Boden einzuarbeiten. So kam es dann auch. Am 5.7.2006 notierte die Versuchsleitung im Tagesprotokoll: „*Die Ähren befanden sich im Stadium der Kornfüllungsphase, so dass kein vermehrungsfähiges Kornmaterial vorlag. Daher konnte das gesamte Pflanzenmaterial (inklusive Mantelsaat) als vegetativ bezeichnet werden und wurde mit einer Fräse mehrmals zerkleinert und in den Boden nicht-wendend eingearbeitet.*" Damit war das Feld für 2006 Geschichte. Der funktionsuntüchtige Mäuseschutzzaun, das Vogelnetz, Flutlicht und Wachschutz verschwanden.

Nach getaner Arbeit verschwanden die GentechnikerInnen in ihre Labore. Zunächst guckten noch – wie vorgeschrieben – MitarbeiterInnen wöchentlich nach, was passiert. Sie stießen auf: Gerste, die neu heranwuchs! Die tollen WissenschaftlerInnen hatten sich geirrt. Doch vor Ort wurde das Ereignis gar nicht weitergemeldet, sondern die verbliebenen MitarbeiterInnen an den Gewächshäusern des Instituts, in dessen Nähe die Fläche lag, bekämpften das Desaster zunächst auf eigene Faust, dann geschah nichts mehr. Die Begehungsprotokolle zeigten nur eine nicht-wendende Einarbeitung der Ernterückstände am 19.7.06, während für den 26.7.06 der Eintrag „*Einarbeitung der Ernterückstände*" wieder gestrichen und stattdessen vermerkt wurde: „*Spritzung mit Roundup zum Abtöten des grünen Blattmaterials*".

Der Versuchsanbau soll heute am 5.07.2006 beendet werden. Das Holzgerüst und das Vogelschutznetz sowie der Kleinsäugerschutzzaun wurden entfernt (siehe Fotos). Die Markierungen der Versuchsparzellen (weiße, flexible Stangen) bleiben stehen.

Allerdings soll dies nicht wie bislang vorgesehen geschehen, sondern wie folgt:
1. Die Gerste ist noch unreif (Stadium der „Teigreife" – Samenkorn in flüssig-teigiger Form, nicht ausgereift – vgl. Fotos), die Samenkörner können in diesem Stadium nicht auskeimen. Bis zur Reife müsste die Gerste noch mindestens 4-5 Wochen auf der Fläche verbleiben.
Es wurde festgehalten, dass damit sämtliche Teile der Pflanze als vegetativ betrachtet werden können, eine unterschiedliche Behandlung von Ähre und restlichen Pflanzenkörper ist nicht sinnvoll/nötig. Da auch von den Versuchsstellern keine Auswertung der Ähren/Samen erfolgen soll, wurde vereinbart, die gesamte Fläche (Versuchsparzellen und Mantelsaat) heute zu fräsen. Damit werden die Pflanzen zerkleinert und in den Boden eingearbeitet.
In 8-10 Tagen wird die Fläche nochmals gefräst, um ggf. noch intakte Pflanzen zu zerstören (die Versuchssteller gehen nicht davon aus, das Pflanzen das erste Fräsen überleben).

Abb.: Auszüge aus der Akte beim RP zur verabredeten Ernte am 5.7.2006 und zum Durchwuchs (unten, 2.8.2006).

Am 2.8. dann schaute die Überwachungsbehörde nochmals vorbei. Ihr Besichtigungsprotokoll ist verheerend: „*Bei der heutigen Besichtigung wurde festgestellt, dass auf der gesamten Fläche relativ dicht Gerste aufläuft (ca. 3-10cm hoch), d.h. die Annahmen, dass Fräsen allein zu einer Zerstörung aller Gerstenpflanzen führt und dass die Gerste in dem Stadium am 5.07.06 nicht keimfähig war, haben sich als unrichtig herausgestellt!*" Da stand sie: Gentechnisch veränderte Gerste ohne jeden Schutz in der Landschaft.

Der Versuchsanbau wurde am 5.07.2006 beendet. Die Gerste war zu diesem Zeitpunkt noch unreif (Stadium der „Teigreife"). Es wurde damals von den Verantwortlichen angegeben, dass die Samenkörner in diesem Stadium nicht auskeimen können. Es wurde ebenso ausgeführt, dass die Gerste bis zur Reife noch mindestens 4-5 Wochen auf der Fläche verbleiben müßte. Es wurde daher am 5.07.06 vereinbart, dass die gesamte Fläche (Versuchsparzellen und Mantelsaat) gefräst werden soll - damit werden die Pflanzen zerkleinert und in den Boden eingearbeitet. In 8-10 Tagen sollte die Fläche nochmals gefräst werden, um ggf. noch intakte Pflanzen zu zerstören (die Versuchssteller gingen nicht davon aus, das Pflanzen das erste Fräsen überleben).

Diese beiden Fräsgänge wurden durchgeführt, der letzte vor etwa 14 Tagen. Bei der heutigen Besichtigung wurde festgestellt, dass auf der gesamten Fläche relativ dicht Gerste aufläuft (ca. 3-10cm hoch), d.h. die Annahmen, das Fräsen allein zu einer Zerstörung aller Gerstenpflanzen führt und das die Gerste in dem Stadium am 5.07.06 nicht keimfähig war, haben sich als unrichtig herausgestellt!
Es ist eine erneute Zerstörung der Pflanzen notwendig. Diesmal soll eine Kombination von Spritzen mit einem Totalherbizid (RoundUp) und erneutes Fräsen versucht werden. Die Maßnahme soll heute oder morgen durchgeführt werden. Als Kontrolle wurde eine erneute Begehung der Fläche Ende August vereinbart. Die nicht sachgerechte Inaktivierung durch Fräsen soll dem RP um dem BVL mitgeteilt werden.

Neben der Tatsache, dass hier eine verheerende Fehleinschätzung der sogenannten Wissenschaftler vorlag, stellt sich die Frage, warum erst die Überwachungsbehörde feststellte, dass Gerstensaat keimte. Denn die Uni hätte eine mindestens wöchentliche Kontrolle durchführen müssen.

Als die Überwachungsbehörde vor Ort war, stand die Gerste 3 bis 10 cm hoch. Die war da schon länger gewachsen – unbemerkt oder es hat keinen interessiert. Dieser Versuch war eine Aneinanderreihung von Schlamperei und beeindruckender Gleichgültigkeit gegenüber Sicherheitsauflagen. Nach Gentechnikgesetz hätte ein Bußgeld- oder gar Strafverfahren folgen und die Genehmigung wegen Unzuverlässigkeit und mangelnder fachlicher Qualifikation der Versuchsleitung zurückgezogen werden müssen. Doch in Behörden und Justiz gab es niemanden, der an so etwas Interesse hatte. In solchen Seilschaften hackt keine Krähe der anderen ein Auge aus ...

Aus einem Schreiben des BVL zur Stellungnahme des Bundesamtes für Naturschutz, mindestens 1x wöchentlich zu kontrollieren.[51]

8. Während des Freisetzungszeitraums ist die Fläche regelmäßig (mindestens im wöchentlichen Abstand) zu kontrollieren. Bei den Kontrollgängen ist auf Abweichungen von erwarteten biologischen Eigenschaften der Gerstenpflanzen zu achten.

Auflage wird übernommen.

Aber welch ein Armutszeugnis war dieser ganze Ablauf für die selbsternannten Top-Wissenschaftler, Beauftragten für biologische Sicherheit und alle, die angeblich Sicherheitsforschung an landwirtschaftlichen Pflanzen machen. Sie waren schlampig, ahnungslos und ignorant gegenüber den Sicherheitsauflagen. Doch statt ihnen endlich ihr Spielzeug aus der Hand zu nehmen, ging es im Folgejahr weiter. Und endete sehr ähnlich!

2007 gleich noch einmal: Gerste steht diesmal mehrere Wochen lang frei herum

Nun sollte mensch meinen, Menschen seien Wesen, die aus Fehlern lernen – und so würde sich die Panne mit der unkontrolliert in der Land-

50 www.uni-giessen.de/fbr09/ipaz/aktuell/Biosafety/Biosafety-Pressem__24.04.06.pdf

51 Bl. 814 der Akte beim BVL

Gengerstenfeld am 25.3.2007 (vor der Aussaat). Die Versuchsfläche sollte als kleines Quadrat in der Mitte des gesamten Feldes platziert werden.

schaft stehenden Gerste sicher nicht wiederholen. Immerhin gelobten die Versuchsleiter in ihrem Jahresbericht Besserung. So *„sollten künftig sämtliche Ähren des Versuchsfeldes und der Mantelsaat abtransportiert"* werden. In der Betriebsanweisung für 2007 hieß es genauer: *„Die Ernte der Gerste des Versuchsfeldes und der Mantelsaat erfolgt innerhalb eines Tages. Die Ernte beginnt, bevor die Pflanzen die volle Reife erreicht haben, um das Ausfallen von Körnern zu vermeiden."* Zur Mantelsaat: *„Die Ernte erfolgt ebenfalls bevor die Ähren die volle Reife erreicht haben, um Getreideausfall zu vermeiden. ... Das noch nicht zerkleinerte bzw. grüne Pflanzenmaterial (Halmbasis und Wurzel)"* sollte abgetötet und eingefräst werden. Doch praktisch zeigte die Uni erst einmal Lernfähigkeit an einer ganz anderen Stelle: Den Sicherungsanlagen. Nun wurde das Feld mit einem Drahtkäfig vor FeldbefreierInnen gesichert, rundherum Mantelsaat und Schwarzbrache. Nachts erhellten Scheinwerfer das Geschehen, Wachschützer mit Hunden standen am Feld. Kameras übertrugen das Geschehen ständig Richtung Polizei, Regierungspräsidium und auf einen Monitor im Institutsgebäude neben dem Feld, wo die Wachschützer in einem Raum sitzen konnten.

Zu den ergriffenen Sicherheitsmaßnahmen wurde von Dr. Imani und dem PL folgendes erklärt:

- Die Flächen werden mit Kameras überwacht (RP erhält Zugang zu Internetkamera)
- Der Sicherheitsdienst der Uni überwacht während seiner Dienstzeit die Fläche
- Die Polizei hat einen regelmäßigen Streifendienst organisiert
- Das Feld wird Nachts beleuchtet
- Um Nachts und an Wochenenden eine Bewachung zu realisieren, soll Personal des Instituts sowie Studenten berücksichtigt werden
- Die eigentliche Anbaufläche wird mit einem Bauzaun gesichert
- Am Bauzaun wird als Annäherungshindernis „Natodraht" ausgerollt (Absprache mit Polizei. Es erfolgt noch wegen möglicher Haftungsfragen bei Verletzungen Rücksprache mit Rechtsabteilung der Uni)

Aufwendige Sicherungen geplant[52]

Aufbau mit Drahtkäfig und Natodraht[52]

Nach der Aussaat (24.4.2007): Der Kern mit den gentechnisch veränderten Pflanzen ist durch Bauzäune gesichert. Seitlich befinden sich Kameraüberwachung und Flutlicht.

Das Feld wuchs und gedeihte. Nur halfen die teuren Sicherungen nichts. Am 13. Juni 2007 war das Feld platt[53] – fast alles herausgerissen, wie die Presse berichtete. Die Polizei sinnierte (das zeigten ihre Akten später), wie dieser Coup überhaupt gelingen konnte angesichts von Flutlicht, Kameras, Hunden und Wachschützern. Niemand hat die genauen Abläufe je beschrieben – aber es mag ein Zeichen gewesen sein, dass menschliche Kreativität technischen Lösungen mitunter doch ein Schnippchen schlagen kann.

Foto am 19.6.2007 nach der Zerstörung. Links stehen noch ein paar Reihen und rechts ein Pflanzquadrat:

Jedenfalls musste die Versuchsleitung zum zweiten Mal vorzeitig ernten. Die Variante vom letzten Jahr fiel weg – 2x das gleiche Desaster wäre dann wohl zu auffällig gewesen. Also mussten die Ähren ab. Danach hätte das Feld, wie in Sicherheitsauflagen und Betriebsanweisung festgelegt, totgespritzt und in den Boden eingearbeitet werden müssen. Was genau wann geschah, ist nicht mehr zu ermitteln. Denn in den nach Umweltinformationsgesetz eingesehenen Akten fehlten die Begehungsprotokolle mehrerer Wochen. Hatte die Uni das geräumte Feld wieder sich selbst überlassen und – rechtswidrig – nicht mehr überwacht? Oder waren die Protokolle vor der Akteneinsicht – rechtswidrig – entfernt worden, weil sie unangenehme Details enthielten? Der letzte Eintrag stammt vom 13.6.2007: *„Zerstörung der Versuchsfläche in der Nacht vom 12. auf den 13.6.07 ca. 3.00 Uhr (Information vom Wachdienst). 3 unbekannte Personen wurden auf der Flucht vom Wachdienst gesehen und Polizei sofort benachrichtigt."* Der Folgeeintrag in der Akte dann am 1.8.2007: *„Reste von nicht zerstörten Parzellen geerntet, gekennzeichnet, in geschlossenen Behältern gelagert. Lagert S1 Gewächshaus. Mähdrescher für Ernte der Mantelsaat steht nicht zur Verfügung. Versuchsfläche gekennzeichnet."* Neun Tage später dann: *„Abbau von Schutznetz, Bauzaun, Hasenschutzdraht. Rücklieferung des Zaunes, Ernte der Randsaat wegen starker Nässe nicht möglich."* Die Ernte selbst wird nirgends beschrieben. Das Ergebnis aber war beeindruckend: Am 2. September entdeckten AktivistInnen, dass die zentrale Fläche immer noch vorhanden war. Die bisherigen Sicherungen fehlten zwar, aber das vorgeschriebene sofortige Spritzen und Einarbeiten in den Boden hatte offensichtlich nicht stattgefunden. Da niemand zu sehen war und außer dem äußeren Maschendrahtzaun um das Gesamtgelände nichts mehr am Betreten hinderte, lief ein Gentechnikkritiker zu der Fläche und machte zwei aufschlussreiche Fotos.

Fotos rechts: Bilder am 2.9.2007 mit sichtbaren Gerstenähren auf der Fläche und gepflückt (Feldlage im Kreis).

52 Protokoll der Ortsbesichtigung am 28.3.2007, aus der Akte des RP

53 www.projektwerkstatt.de/gen/befreiung07.htm

54 www.projektwerkstatt.de/gen/scans/bundesamt30406.pdf

Im Genehmigungsbescheid des BVL stand klipp und klar:[54] *„Nach der Ernte soll verbleibendes Pflanzenmaterial durch ein nicht-selektives Herbizid abgetötet, zerkleinert und zur Verrottung in den Boden eingearbeitet werden."* Doch die Realität war eine andere. Auch im zweiten Jahr schaffte es die Versuchsleitung, durch unglaubliche Schlamperei dafür zu sorgen, dass transgene Gerste unkontrolliert in der Landschaft herumstand. Wieder wurde der Versuchsleitung die Genehmigung nicht entzogen. Die setzte andere Prioritäten und schickte eine Anfrage an den Genehmigungsbehördenchef Buhk vom BLV, ob es denn rechtmäßig sei, dass der Genehmigungsbescheid im Internet zu finden sei. Kogel, dieser PR-orientierte Typ, der vor Beginn seines Versuches noch alle Transparenz versprach, ärgerte sich jetzt sogar darüber, dass der Genehmigungsbescheid im Netz zu finden und so zu lesen war, welche Rechtsverstöße zum Alltag seines Versuches gehörten. Dabei konnte er sich eigentlich beruhigt zurücklehnen: Das BVL stärkte ihm den Rücken, die Gießener Parteien guckten weiterhin weg, die Medien verbreiteten nur die Meldungen aus der Uni-Pressestelle und das Forschungszentrum Jülich beriet den Versuchsleiter freundlich, wie er einen neuen Antrag formulieren müsste, um einen ordentlichen Geldnachschlag zu erhalten. Beim öffentlich einsehbaren Genehmigungsbescheid konnte das BVL allerdings nicht helfen. Am 28.7.2007 schrieb BVL-Mitarbeiter Leggewie (BVL) an Kogel, dass der Bescheid an alle EinwenderInnen ging, im RP einsehbar war und auch handschriftliche Eintragungen, *„von jedermann nach Erhalt des Bescheides nachträglich aufgebracht sein können"*.

2008: Eine Besetzung beendete den Versuch – aber nicht die Lügen!

Das dritte Jahr. Die Uni bereitete sich intensiv vor. Jedoch nicht, um weitere Pannen mit unkontrollierter Gerste in der Landschaft zu vermeiden oder diesmal die Sicherheitsauflagen einzuhalten, sondern um GentechnikgegnerInnen und vor allem FeldbefreierInnen abhalten zu können. Also: Noch mehr Sicherheitsaufwand! Der auffälligste Vorbote war die Obstplantage am Ostrand des Ackers. Die wurde übel ramponiert, um freien Blick in alle Richtungen zu haben. Eine Nachfrage bei einem Obstbaumexperten ergab folgende Einschätzung (Stellungnahme am 11.2.2008): *„Man kann das, denke ich, nur noch als Katastrophen-Schnitt bezeichnen. ... Die meisten Bäume werden das wohl nicht überleben."*

Die Obstbaumanlage am Feld – nicht mehr viel übrig.

Doch es kam anders. In der Nacht vom 30. auf den 31. März wurde das Feld besetzt.[55] Mitten in der Stadt gelang das Kunststück, unbemerkt einen 12 m hohen Turm mit Ankettvorrichtung aufzubauen und eine ebenso ausgestattete 800-kg-Betonpyramide auf die Fläche zu schaffen. Erst nach der Morgendämmerung entdeckten Uni-Bedienstete und Polizei die Aktion. Da hingen schon die ersten Transparente im Wind ...

Die Nerven der Versuchsbetreiber lagen am folgenden Morgen blank. Mitarbeiter der Versuchsstation zerstückelten mit Motorsägen Teile des Inventars der Besetzung. Ein wütend schnaufender Prof. Imani (Stellvertreter des Institutschefs Kogel) filmte stundenlang das Geschehen und schließlich tauchte Kogel selbst auf. Er blieb im sicheren Schutz der am Feld postierten Polizei und beschimpfte die Besetzung als *„Kindergarten"*. Dann folgten drei Wochen Besetzung – mit einer ungeahnten Nervenschlacht rund um die Frage, wer über die Besetzung und den dadurch blockierten Versuch die Deutungshoheit hatte. Vorteil Uni: Der Filz in der Stadt mit Regierenden, Polizei und vielen MedienvertreterInnen. Vorteil BesetzerInnen: Die Präsenz vor Ort, Aktionen plus eigene Veröffentlichungen in der Stadt und Einzelkontakte zur Presse. So herrschte drei Wochen ein absurdes Tauziehen. Startschuss: Die Universität sperrte gentechnikkritische Internetseiten auf allen Rechnern der Uni (Foto auf S. 56). Die Sperre währte zwar nicht lange, nachdem Nachfragen von PressevertreterInnen an die Uni gingen, aber der Vorgang ist dennoch bizarr. Hier wurden Recherchemöglichkeiten und kritische Quellen zensiert, unter dem Banner der Forschungsfreiheit! Was deutsche Medien über China oder Russland schreiben, war hier längst Realität. Ein anderes kommunikatives Schlachtfeld: Kogel behauptete sofort, der Versuch sei ohnehin nicht mehr geplant gewesen in diesem Jahr und die Besetzung deshalb unsinnig. Das Feld sollte stattdessen in den USA angelegt werden. Die Gießener Tagespresse druckte die Versionen des Professors unüberprüft ab. Doch gelogen war alles, wie spätere Recherchen belegten.

Dann die vermeintlich ermordeten Bienen: Tatsächlich hatte ein Anwohner, der die BesetzerInnen immer mal wieder besuchte, auf dem Uni-Gelände (außerhalb der besetzten Fläche) randaliert. Das traf bedauerlicherweise auch einige Bienenstöcke, die dort standen und zum Teil mit überwinternden Bienenvölkern belegt waren. Polizei, Univerwaltung und Wachschutz prüften die Lage vor Ort, kümmerten sich aber nicht um die beschädigten Bienenkästen. Das taten die BesetzerInnen. Als sie erfuhren, dass Bienenstöcke beschädigt wurden, riefen sie eine ihnen bekannte Imkerin, die sofort kam und die Bienenvölker wieder in ihren Überwinterungsplatz setzte. Schon wenige Tage danach – in der ersten warmen Phase des Jahres – konnten die BesetzerInnen beobachten, wie die Bienen ausschwärmten. Sie hatten überlebt. Doch die Gießener Allgemeine und der Staatschutz im Gießener Polizeipräsidium nutzten das Ereignis zu einer absurden Hetzjagd auf die FeldbesetzerInnen. Die erste Woche versuchte die Universität zudem, die BesetzerInnen durch immer neue Zaunreparaturen einfach von der Umgebung abzuschneiden, auszuhungern. Doch auch das gelang nicht. Am Ende war klar: Der Gengersteversuch in Gießen war Geschichte – und es war die Besetzung der Fläche am Alten Steinbacher Weg, die dem Spuk das Ende bereitete.[56]

55 http://de.indymedia.org/2008/03/211975.shtml

56 Berichte und Fotos auf www.projektwerkstatt.de/gen/2008.htm

Nervenkrieg rund um die Feldbesetzung 2008

War 2008 gar keine Aussaat geplant? Die Uni behauptete das, doch die Zeitabläufe und Dokumente bewiesen das Gegenteil. Eine Chronologie:

30./31.3.2008: Das Gengerstenfeld wird besetzt.
31.3. vormittags: Versuchsleiter Kogel verweigert jegliches Gespräch mit der Presse.
31.3. nachmittags: Uni-Pressestelle und Kogel reden ... und behaupten plötzlich, es sei ohnehin keine Aussaat vorgesehen.
1.4.: Kogel sagt gegenüber der Gießener Allgemeinen, der Versuch werde in den USA fortgesetzt. Das veröffentlicht die Gießener Allgemeine am Folgetag. Am gleichen Tag fragt Dr. Lühs (Uni) bei Frau Kraus (Uni) an, dass Dr. Gerlach von der Überwachungsbehörde (RP) wissen will, was es mit der Behauptung, es würde dieses Jahr nicht ausgesät werden, auf sich hat. Der RP hätte das aus der Presse erfahren. Zwei Tage später geht ein Fax von Lühs an das BVL (3.4.2008): *„hiermit teile ich Ihnen im Rahmen ob. Freisetzungsvorhabens mit, dass seit dem 31.03.2008 eine Besetzung der Versuchsfeldfläche der JLU ... erfolgt ist. Im Übrigen teile ich Ihnen gemäß Nebenbestimmung II.3 des Genehmigungsbescheids (...) vom 03.04.2006 mit, dass die Universität in diesem Anbaujahr (Vegetationsperiode) nicht beabsichtigt, von der Freisetzungsgenehmigung Gebrauch zu machen.“*
10.4.: Auf der Seite der Bundesregierung zum Genforschungsprogramm www.biosicherheit.de[57] wird ein Text veröffentlicht, in dem es heißt: *„In der Saison 2008 sind keine Freisetzungsversuche mit gv-Gerste geplant. Nun wollen die Aktivisten das Feld so lang besetzt halten, bis das Forschungsprojekt vollständig eingestellt sei und auch in Zukunft auf Freilandversuche mit gv-Gerste verzichtet werde.“*

Auch gegenüber der Presse hieß es nun immer, dass 2008 nichts geplant gewesen sei (HNA, 12.4.2008). Noch hätte das aber nur bedeuten können, dass der Versuch 2008 nicht ausgesät, aber später fortgesetzt wird. Dann hätte die Besetzung eine Pause erzwungen. Mit dem Eintrag im Standortregister und der bewilligten Förderung stände das allerdings nicht im Einklang, war dort der Versuch doch von 2006 bis 2008 genehmigt.

Die im März 2008 vorliegenden und später recherchierten Fakten zeigten aber ohnehin ein anderes Bild:

2005: Die Universität Gießen beantragt die Genehmigung eines Gerstenversuchs für die Jahre 2006, 2007 und 2008
2006: Der Versuch wird genehmigt und ins Standortregister eingetragen. Dort steht:

Beginn Freisetzung	29.04.06
Ende Freisetzung	30.09.08

Auch die Mittelbewilligung durch das Bundesministerium für Forschung zeigt die Jahre 2006 bis 2008, für 2008 sind 122.000 € bewilligt

Verbundprojekt: Zur biologischen Sicherheit von gentechnisch verändertem Getreide	01.04.2005 – 31.03.2008	**Summe: 702 000** 2005: 122 000 2006: 236 000 2007: 222 000 2008: 122 000	Justus-Liebig-Universität Gießen 35385 Gießen Friedrich-Alexander-Universität Erlangen-Nürnberg 91051 Erlangen

2007: Nach der Zerstörung des Gerstenfeldes kündigt Versuchsleiter Kogel mehrfach öffentlich an, den Versuch 2008 weiterführen zu wollen.
Anfang 2008: Die Obstplantage am Feld wird radikal beschnitten. Der Verdacht entsteht, dieses könnte einer besseren Überwachung dienen. Das Flutlicht ist weiter installiert, auch die Bauteile für den Käfig um die Parzelle lagerten auf dem Hof des Instituts. Nichts deutet darauf hin, dass der Versuch nicht weiter stattfinden soll.
Prof. Andreas Schier von der FH Nürtingen gab bei Welt Online ein Interview, dass am 17.4. veröffentlicht wurde. Dort jammerte er, zum Abbruch seines Versuchs durch die Feldbesetzung in Oberboihingen gezwungen worden zu sein und verglich das mit dem Ablauf in Gießen. Zitat: *„In Gießen gab es ebenfalls eine Feldbesetzung. Die Entscheidung zur Teileinstellung der Forschungsarbeiten wurde dann meines Wissens aber immerhin einvernehmlich zwischen Hochschulleitung und dem zuständigen Lehrstuhlinhaber getroffen“.*[58] Auch das bewies: Der Versuch in Gießen wurde durch die Besetzung beendet.

Die endgültige Klärung fand sich später in den Akten zum Gerstseversuch bei Uni und Überwachungsbehörde[59]. Die belegten, dass doch eine Aussaat 2008 geplant war und diese durch die Besetzung verhindert wurde. Daraufhin veröffentlichten die FeldbesetzerInnen einen zusammenfassenden Text[60] – während die Uni auf ihre Art die Geschichte aufarbeitete: Nie wieder Feldversuche auf diesem Grundstücke, sondern Neubauten auf der Fläche.[61]

57 www.biosicherheit.de/de/aktuell/628.doku.html
58 Welt-online, 17.4.2008: www.welt.de/wissenschaft/article1910743/Erkenntnisse__werden__Parolen__untergeordnet.html
59 www.projektwerkstatt.de/gen/unigen__akte.htm
60 Gießener Zeitung, 11.9.2008: www.giessener-zeitung.de/giessen/beitrag/590
61 Gießener Allgemeine, 3.2.2009: www.giessener-allgemeine.de/Home/Stadt/Uebersicht/Stadt-und-Universitaet-wollen-Bauplanung-abstimmen-_arid,87487__regid,1__puid,1__pageid,113.html
62 Berichte in Medien, u.a. auf www.mvregio.de/nachrichten__d/173313.html, und auf TransGen (www.transgen.de/aktuell/1054.doku.html)
63 Gießener Zeitung am 3.4.2009: www.giessener-zeitung.de/giessen/beitrag/10378/genversuchsfelder-besetzt-giessener-gengerste-betroffen/

Nachschlag 2009: Versuch in Sagerheide bei Groß Lüsewitz

Kogel gab nicht auf. Die Uni wiederholte ihren Antrag und suchte einen neuen Acker für den Feldversuch. Sie fand ihn 20 km östlich von Rostock auf den Flächen des Landes Mecklenburg-Vorpommern, gepachtet von biovativ GmbH, einer Firma am dubiosen AgroBioTechnikum.[62] Die Einrichtung stand ohnehin im Verdacht, systematisch Fördermittel in eigene Firmenkonstruktionen zu leiten. Rund um dieses Gründerzentrum war ein enger Filz von Gentechnikkonzernen, Kontrollbehörden und Forschungsinstituten entstanden (siehe Kapitel IV). Dort suchten Kogel & Co. nun ihr neues Heil – neben Weizen-, Mais- und Kartoffelversuchen. Aber wieder stellten sich AktivistInnen ihnen entgegen. Am frühen Morgen des 3. April besetzten sie die Versuchsäcker. Allerdings wurde diesmal die Fläche schnell mit erheblichem Aufwand geräumt,[63] – mit dem Schmankerl am Rande, dass die örtliche Feuerwehr ihre Mitwirkung verweigerte. Sie sei dafür da, Menschen, eventuell noch andere Lebewesen aus Not zu helfen. Das sei hier aber nicht der Fall. Für die Profitinteressen dubioser Firmen würden sie nicht arbeiten. Und fuhren wieder davon.

Die Verschiebung des Versuchs ans AgroBioTechnikum wirkte von Beginn an eher wie ein Handeln mangels Perspektive. Viele 100 km lagen nun zwischen Hochschule und Versuchsfeld. Die Folge war deutlich sichtbar: Das Feld wurde kaum von ForscherInnen besucht, wie befragte NachbarInnen und Wachschützer erzählten. Die nach 2009 trotzdem veröffentlichten Ergebnisse stammten aus der Retorte oder freier Phantasie der Versuchsbeteiligten. Doch es dürften ganz andere Motive gewesen sein, die Kogel zur erneuten Auspflanzung motivierten. So hatte er schon nach der Feldzerstörung von 2007 seine Fühler ausgestreckt, um frisches Geld für eine komplette Wiederholung des dreijährigen Versuchs zu erhalten. Dabei hoffte er, 2008 ohne Störung forschen zu können und beantragte eine Verlängerung um zwei Jahre, also 2009 und 2010.

Denn landwirtschaftliche Forschungspraxis ist, einen Versuch über drei Jahre durchzuführen, um auch statistisch belastbare Ergebnisse zu erhalten. 2008 fiel dann aus, das Geld aber war bewilligt. Warum es verschenken, wenn es doch als Drittmittel im Institut so dringend nötig ist? Auch am AgroBioTechnikum war der Geldsegen gern gesehen. So beauftragte die Universität Gießen nun die Kleinfirma biovativ GmbH mit der Anlage des Versuchs – als reines Fake, um die Geldmittel nicht zurückzahlen zu müssen.

Betrag der beantragten Zuwendung (ggf. Aufstockungsbetrag)

298.116,00 €

100,00 % der Gesamtausgaben von 298.116,00 €

für das im Folgenden beschriebene Vorhaben für den Planzeitraum

vom 01.04.2008 bis 31.03.2010

Ursprünglich vorgesehener Zeitraum im Aufstockungsantrag[64] an das PTJ Jülich: 2008 bis 2010

Doch der Versuch, das Gerstenfeld in Mecklenburg-Vorpommern hinter Stacheldraht und Wachschutz zu verstecken, verlief wieder nicht besonders erfolgreich. Denn anders als in der Apparate- und Unihochburg Gießen, wo selbst Umweltverbände und Grüne den Gerstenversuch Kogels billigten, stellten sich im Nordosten einige NachbarInnen, der Gemeinderat von Thulendorf, GentechnikgegnerInnen einschließlich dem regionalen BUND und die Stralsunder Brauerei deutlich gegen das neue Versuchsfeld. Brauereichef Markus Berberich gab sogar seinen kurz vorher von Verbraucherministerin Aigner erhaltenen Preis für besonders gutes Bier zurück.[65]

Da Freisetzungsgenehmigungen immer nur drei Jahre gültig sind, musste die Uni Gießen ihren Versuch ab 2009 neu beantragen.[66] Über 1400 Menschen reichten Einwendungen[67] dagegen ein, viele davon aus der Region. 80 Seiten stark war eine gemeinsam erarbeitete Stellungnahme, die ebenfalls an die Genehmigungsbehörde ging.[68] Die Stralsunder Brauerei forderte ein Verbot des Versuches, da sie in der Nähe Zulieferer mit ökologisch bewirtschafteten Gerstenfeldern hatte.[69] Trotzdem: Es nutzte nichts – wie üblich bei Freisetzungen in Deutschland. Am 4.5.2009 genehmigte das BVL das Gerstenfeld[70], viel zu spät für einen sinnvollen, jahreszeitgemäßen Versuchsablauf. Doch wer seine Ergebnisse frei erfindet, braucht auch kein auswertbares Feld ...

Eine Klage gegen das Gerstefeld[71] nutzte, wie üblich, nichts. Dann nahm das Drama wieder seinen Lauf ...

12. Mai: Nur fünf Tage bis zur erste Feldbefreiung

Der Start ins reichlich späte Gerstenjahr verlief holprig. Am 3. April wurden die Versuchsflächen besetzt. Nach der sofortigen Räumung dauerte es mit dem Genehmigungsbescheid, weil die Uni Gießen den neuen Versuch erst spät beantragt hatte. Am 12. Mai erfolgte laut LALLF die Aussaat der Gerste – für einen Versuch, der von sich behauptet, Umweltauswirkungen der Pflanzen zu untersuchen, war das bereits ein absurder Zeitpunkt für Gerste. Doch das Feld hielt nicht lange. Unbekannten gelang in der Nacht vom 17. auf den 18. Mai das Kunststück, trotz Bewachung mehrere der Versuchsfelder zu beschädigen. Das Gerstefeld erwischte es voll. Wachschützer berichteten später, dass die Nacht auch personelle Konsequenzen nach sich zog. Genversuchsfelder sind halt ein knallhartes Geschäft ...

Typ	Mitteilungs-datum	Spezifischer Erkennungsmarker	Bezeichnung des Organismus	Anbau- / Freisetzungs-zeitraum
Freisetzung	04.05.2009	6786-01-0200	Sommergerste	2009
Bemerkung: Änderungsmitteilung v. 19.05.2009: Neuausaat auf Grund von Zerstörung durch Fremdeinwirkung.				

Aus dem Standortregister nach der Zerstörung des Gerstenfeldes.

Doppelt hält besser: Das zweite Gerstenfeld – zu spät und ohne Genehmigung!

Die Zerstörung wurde zunächst geheimgehalten und eine Neuaussaat vorbereitet. Am 25. Mai, so die Auskunft der Überwachungsbehörde BVL, erfolgte eine Neuanlage des Gerstenfeldes. Der Zeitpunkt war nun völlig absurd. Üblicherweise wird Gerste ab Ende Februar, meist aber im März ausgesät. Der als Sicherheitsforschung deklarierte Versuch startete also 2 bis 3 Monate zu spät. Schon das wirft die Frage nach der Wissenschaftlichkeit des Experimentes auf. Immerhin war in der Versuchsbeschreibung des parallelen Weizenversuchs auf www.biosicherheit.de zu lesen:[72] *„Bis zur geplanten Aussaat Anfang April ist jedoch nicht mit einer Entscheidung zu rechnen. Bei einer späteren Aussaat des KP-4 Weizens ist mit einer weniger feuchten Vegetationsperiode zu rechnen. Unter diesen Umständen sind keine aussagekräftigen Ergebnisse zu Pilzbefall und Resistenzverhalten des Weizens zu gewinnen."* Das würde, da Gerste meist noch vor Weizen ausgesät werden, für das Gerstenfeld auch gelten. Doch was interessieren solche Überlegungen, wenn es um das Waschen ergaunerter Zuschüsse und das organisierte Ausbringen auskreuzungsfähiger Pflanzen geht. Bemerkenswert: Der Text von www.biosicherheit.de fand sich auch auf der Seite der versuchsdurchführenden Firma[73] – nur ohne den Absatz zum Aussaatzeitpunkt. Die wussten schon, was sie da machten ...

Dass für zwei Felder gar keine Genehmigung vorlag, war nur der traurige Höhepunkt des Versuchsjahres. Die alte Gerste wurde zunächst nicht entfernt, die Neuanlage geschah auf einer zweiten Fläche einige Meter entfernt. Fast einen Monat standen zwei Felder auf der Gesamt-Versuchsfläche. Genehmigt war jedoch nur eines. Damit begingen Versuchsleiter und BetreiberInnen eine Straftat. Denn: *„Mit Freiheitsstrafe bis zu drei Jahren oder mit Geldstrafe wird bestraft, wer ... ohne Genehmigung nach § 14 Abs. 1 Satz 1 Nr. 1 gentechnisch veränderte Organismen freisetzt"* (§ 39 Abs. 2 des Gentechnikgesetzes).

Doch die alarmierte Justiz zeigte nur: Der Staat und seine Institutionen stehen auf der Seite der Gentechnikfirmen und -konzerne. Nach einer Ortsbesichtigung und Klärung der Tatsache, dass zwei Gerstenfelder vorhanden und auch als gentechnische Anlagen markiert waren, schickten zunächst NachbarInnen eine Anzeige an das Landwirtschaftsministerium. Es geschah ... nichts. Beide Felder wuchsen nebeneinander weiter – das eine zwar zerzaust, aber voller 40-50 cm hoher, transgener Gerste. Das andere in seiner Startphase – verborgen unter einem Vogelnetz.

Als am 20. Juni 2009 immer noch nichts geschehen war, stellte ein Gentechnik-Aktivist Strafanzeige bei der Staatsanwaltschaft Rostock (mit

II.8. Zu weiteren Gerstenfeldern ist ein Isolationsabstand von 100 m einzuhalten.

Beeindruckend war der Umgang der GentechnikerInnen mit einem Saatzuchtbeet des Ulenkrug-Hofes in direkter Nähe. In der Genehmigung des BVL war eigentlich folgende Auflage zu lesen.

Da das Gerstenfeld auf dem Gesamtversuchsgelände bei der Antragsstellung nie präzise lokalisiert wurde, schrieb das BVL in den Bescheid:

Die Risikobewertung durch die beteiligten Behörden und Gremien wurde so durchgeführt, dass sie für die gesamte beantragte Freisetzungsfläche Gültigkeit hat, auch wenn diese großflächig ausgewiesen wurde, später aber nur eine Fläche 9 qm genutzt wird. Entsprechend

Praktisch aber war diese Auflagen so wenig wert wie auch alle Einwendungen und Festlegungen. Denn das Gerstensaat-Beet in unmittelbarer Nähe der Gesamtfläche interessierte niemanden derer, die die gv-Gerste aussäten. Die „gesamte beantragte Freisetzungsfläche", die dem Genehmigungsbescheid zugrundlage, reichte mit ihrem Zaun (helle Linie im Luftbild rechts) auf ca. 35m an das Gerstensaatbeet (heller Punkt) heran.

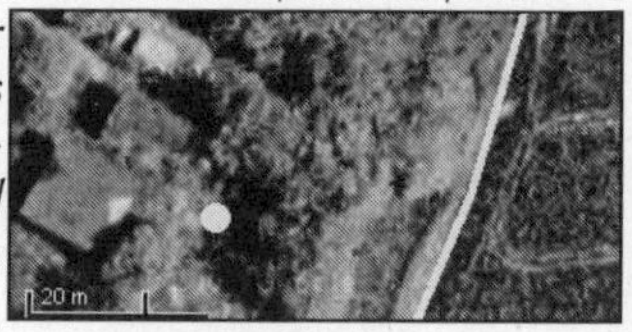

64 www.projektwerkstatt.de/gen/giessen/aufstockungsantrag2008ptj.pdf

65 www.stralsunder.de/presse/index.html

66 www.projektwerkstatt.de/gen/downloads/antrag09gerste__grl.pdf

67 www.projektwerkstatt.de/gen/sonder__gerste09einwendungen.htm

68 www.projektwerkstatt.de/gen/2009/grl/gerste09einwendung.pdf

69 www.stralsunder.de/presse

70 Bescheid vom 4.5.2009: www.projektwerkstatt.de/gen/2009/grl/bescheid090504bvl.pdf. Bekanntmachung des BVL dazu: www.projektwerkstatt.de/gen/downloads/grl09bekanntmachungpdf.

71 www.projektwerkstatt.de/gen/2009/grl/klage__gerste.pdf

72 www.biosicherheit.de/de/aktuell/615.doku.html

73 www.biovativ.de/fv2009/fv2009weizen.htm

Kopie an Polizeistation Sanitz, Amtsverwaltung Carbäk und andere).[74] Jetzt erst änderte sich die Lage – aber, wie sich später herausstellen sollte, nur vorübergehend und zu ganz anderen Zwecken. Die Staatsanwaltschaft leitete formal ein Ermittlungsverfahren ein (Az. 476 Js 15017/09)[75] und der Versuchsbetreiber spritzte hektisch das erste Gengerstenfeld weg.

Artikel „Zweites Gen-Gerstenfeld provoziert Anzeige", in: Ostsee-Zeitung am 24.6.2009[76]

Der Saasener Umweltaktivist Jörg Bergstedt hat am Sonnabend Strafanzeige wegen Verstoßes gegen das Gentechnikgesetz bei der Rostocker Staatsanwaltschaft erstattet. Seiner Ansicht nach wurden durch die Firma biovativ GmbH aus Groß Lüsewitz, die Begleitforschung an Nutzpflanzen vornimmt, zwei gentechnisch veränderte Gerstenfelder angelegt, von denen eines illegal sei. Der Rostocker Oberstaatsanwalt Peter Lückemann bestätigte den Eingang der Anzeige. „Der Sachverhalt wird geprüft", sagte er, konnte aber noch keine weiteren Angaben machen.

Gerichtet ist die Anzeige unter anderem gegen die biovativ-Geschäftsführerin Kerstin Schmidt und gegen die Vorstandsvorsitzende des Vereins zur Förderung Innovativer und Nachhaltiger AgroBiotechnologie, Inge Broer. Denn die biovativ GmbH ist zu 100 Prozent eine Tochterfirma des Vereins. Inge Broer war für eine Stellungnahme gestern nicht zu erreichen. Geschäftsführerin Kerstin Schmidt sieht der Prüfung ruhig entgegen. „Es ist alles ordnungsgemäß", sagt sie.

Gen-Aktivist Jörg Bergstedt beruft sich auf Paragraph 39 des Gentechnikgesetzes. „Es ist untersagt, unerlaubt gentechnisch veränderte Organismen freizusetzen", erläutert er die Anzeige. Bergstedt, der durch Anwohner auf ein zweites Feld aufmerksam gemacht worden war, erklärt, dass nur eine Genehmigung für ein Feld im Standortregister eingetragen worden sei. „Das erste Feld war beschädigt worden, daraufhin wurde ein zweites angelegt", sagt der Gen-Gegner. Aber statt das erste zu vernichten, hätten die Betreiber neu daneben ausgesät, glaubt er. Bergstedt, der sich Mitte Juli wegen des Vorwurfs einer Feldbesetzung in Gießen vor Gericht verantworten muss, will mit einem rechtlichen Winkelzug weitere Pflanzenforschungen unterbinden. Das im Standortregister als genehmigte Fläche ausgewiesene Feld dürfte nur knapp zehn Quadratmeter groß sein. „Es sind aber zwei Felder zu sehen, wovon eines mindestens illegal sein muss", sagt er. Sein Vorwurf: Die Pflanzen in der alten Versuchsanordnung wachsen unkontrolliert vor sich her.

„Wir haben den alten Versuch ordnungsgemäß beendet und einen neuen in Abstimmung mit den Behörden angelegt", erklärte Kerstin Schmidt. „Die alten Pflanzen sind mit einem Herbizid abgespritzt worden." Es dauere, bis alle Pflanzen abgestorben seien. Wann genau das Pflanzenvernichtungsmittel ausgebracht wurde, konnte sie aber nicht angeben.

Abb.: Aus dem Schreiben der Überwachungsbehörde vom 26.9.2009 zum zweiten Gengerstenfeld

Da noch ausreichend Versuchsmaterial vorhanden war, wurde nach Rücksprache und Genehmigung mit meiner Dienststelle und dem BVL der Versuch noch einmal am 19.05.2009 angelegt. Gleichzeitig bestand die Auflage darin, dass der zerstörte Gerstenversuch nach vollständigen Auflaufen der ausgelegten Körner mit Totalherbiziden zu vernichten ist.
Im Standortregister wurde dieser Hinweis durch das BVL am 19.06.2009 unter Bemerkungen eingefügt, dass eine Neuansaat auf Grund der Zerstörung erfolgt.
Ein sofortiger Umbruch des Versuches nach der Zerstörung hätte dazu geführt, dass die ausgelegten Körner in tiefere Bodenschichten abgelegt und so einen unkontrollierten Durchwuchs über mehrere Jahre verursachen.

Das BVL deckte die Anlage des zweiten Gengerstenfeld, wollte sich aber nicht zu der Frage äußern, ob zwei Felder mit einer Genehmigung illegal seien. Das müsse die Staatsanwaltschaft prüfen – stehenbleiben dürfe die Gengerste aber auf jeden Fall.

Aus der Ostseezeitung vom 24.6.2009[77]

Die umstrittene erneute Aussaat von gentechnisch veränderter Gerste in Groß Lüsewitz ist aus Sicht des Bundesamtes für Verbraucherschutz und Lebensmittelsicherheit „in Ordnung".

Bei der Behörde sei eine Änderungsmitteilung eingetragen worden, dass auf dem für die erste Aussaat vorgesehenen Flurstück eine erneute Aussaat erfolgte, teilte das Amt am Mittwoch auf Anfrage in Berlin mit. Die erste, offenbar zerstörte Aussaat sei durch ein Herbizid beseitigt worden, hieß es weiter. Die Justiz müsse die Frage beantworten, ob der Vorgang legal oder illegal war, weil eventuell zwei Versuchsfelder gleichzeitig bestanden, obwohl nur eines genehmigt war. Am Dienstag hatte die Staatsanwaltschaft Rostock zwei Strafanzeigen bestätigt, die von Gentechnik-Gegnern erstattet worden waren. Sie richtet sich gegen Mitarbeiter der Universitäten Rostock und Gießen sowie der Firma biovativ.

Wahrscheinlich waren Überwachungs- und Genehmigungsbehörden ohnehin von Anfang an Mitwisser, wären also – wenn eine unabhängige Justiz so etwas verfolgen würde – der Beihilfe zu einer Straftat schuldig. Denn Versuchsleiter Kogel versicherte:[78] *„Das Feld war mit den Behörden abgesprochen"*. Der Sachbearbeiter im Umwelt- und Landwirtschaftsministerium, Broschewitz, wiegelte am Telefon gleich ab: *„Können Sie die nicht mal in Ruhe arbeiten lassen?"* Gemeint waren nicht Polizei oder Justiz, sondern die GentechnikerInnen am Ortsrand von Sagerheide. Polizei und vor allem die Staatsanwaltschaft Rostock standen in der ganzen Angelegenheit auf der Seite der Agro-GentechnikerInnen. Das Ermittlungsverfahren einzuleiten, war nur ein weiterer Trick der Ermittlungsbehörden. Denn die GentechnikkritikerInnen waren in diesem Verfahren plötzlich ZeugInnen, und mussten folglich Aussagen machen. Die Beschuldigten wurden nie angehört. Der spätere Einblick in die Akten zeigte, dass das Verfahren ausgenutzt wurde, um die GentechnikkritikerInnen auszuspähen. An ernste Ermittlungen zum illegalen Gentechnikfeld dachten Polizei und Staatsanwaltschaft von Beginn an nicht.

Krampfhafte Versuche, eine Erklärung für alles zu finden, prägten die Behördenschreiben (siehe links). Warum das zweite Feld nicht angemeldet wurde und warum ein erstes Feld keines mehr ist, weil es später weggemacht werden soll – auf all das fand sich keine Antwort. Das aber war zu erwarten: Die Behörden sind Handlanger der GentechnikanwenderInnen, sonst nichts. Dass der Brief zudem noch schlampig geschrieben wurde und zwei der vier Daten nicht stimmen, spricht für sich.

Justiz – die Hure des Fürsten:[79] Staatsanwalt stellt Verfahren ein

Am 3.11.2009 war das – tatsächlich nie begonnene – Ermittlungsverfahren zuende.[80] Die absurde Logik: Obwohl niemand bestritt, dass ein Feld zu viel da war, sei alles okay, weil das zweite auf dem gleichen Grundstück läge (ob das bei Hausbauten auch so wäre ... mit einer Genehmigung zwei Häuser bauen?). Aber um Aufklärung der Gentechnikseilschaften und dortigen Vorgehensweisen ging es der Staatsanwaltschaft ja auch nicht.

Die Einstellung:

Zunächst ist hierbei von Relevanz, ob es sich um den genehmigten Standort handelt. Faktisch waren es zwar zwei Felder mit gentechnisch veränderter Gerste nebeneinander.
Die Genehmigung verweist allerdings auf konkrete Flurstücke, die sich auch im Standortregister wiederfinden, nicht auf einzelne Feldstücken. Es besteht aus meiner Sicht kein Zweifel, dass das zweite Feld juristisch gesehen am selben Standort (dasselbe Flurstück) angelegt wurde. Es war also von der Genehmigung mit umfasst.

74 www.projektwerkstatt.de/gen/2009/grl/strafanzeige2felder.pdf

75 www.proplanta.de/Agrar-Nachrichten/agrar_news_themen.php?SITEID=1140008702&Fu1=1245838375&Fu1Ba=1140008702&WEITER=99&MEHR=99

76 www.ostsee-zeitung.de/lokal/index_artikel_komplett.phtml?param=news&id=2465950

77 www.ostsee-zeitung.de/lokal/index_artikel_komplett.phtml?SID=33975340ea8e29436dd474216c548ac0&param=news&id=2466312

78 FR, 11.7.2009 (Hessen D3)

79 So bezeichnete Georg Büchner die Justiz, wobei der Vergleich ein ungerechtfertigtes Schlechtreden des Erwerbszweiges Prostitution darstellt.

80 www.projektwerkstatt.de/gen/2009/grl/sta091103einst_feld2.pdf

Die Beschuldigte Schmidt hat über ihren Verteidiger beantragt, das Verfahren einzustellen, da keine Straftat vorliege. Von einer Anhörung oder Vernehmung der weiteren Beschuldigten habe ich abgesehen, da es hier letztlich nur auf die Frage ankommt, ob die beschriebene Verfahrensweise von der ergangenen Genehmigung des BVL gedeckt oder eine ungenehmigte Freisetzung gegeben ist.

Der Anzeigeerstatter legte gegen die Einstellung am 21.11.2009 Widerspruch ein.[81] Doch die nächsthöhere Behörde, der Generalstaatsanwalt, machte kurzen Prozess und lehnte am 16.12.2009 ab.[82] Die Staatsanwaltschaft hätte alles richtig gemacht.

Wie die Staatsanwaltschaft zutreffend ausgeführt hat, lag auch für das zweite Versuchsfeld eine wirksame Genehmigung nach § 16 GenTG vor, so dass bereits aus diesem Grund eine Strafbarkeit nach § 39 Abs. 2 Ziff. 1 GenTG nicht in Betracht kommt. Die mit Bescheid des Bundesamtes für Verbraucherschutz und Lebensmittelsicherheit vom 04.05.2009 erteilte Genehmigung nach § 16 GenTG umfasst nicht nur die im Standortregister zur Eintragung gelangte Versuchsfläche von 9,6 m², sondern eine weitaus größere Fläche, die aus den Flurstücken 18, 19, 54 der Flur 1 und 44, 47, 49, 50, 51, 52, 54 der Flur 2 in der Gemarkung Klein Lüsewitz besteht. In dem Bescheid werden auch keinerlei Beschränkungen hinsichtlich der Größe der Versuchsfläche vorgenommen, auch wenn beabsichtigt war, nur eine Fläche von ca. 9 m² zu bestellen. Mithin ist es irrelevant, wo genau sich das Versuchsfeld innerhalb dieser Flurstücke befindet, da diese sämtlichst von der Genehmigung umfasst sind. Entgegen Ihrer Auffassung hat die Eintragung im Standortregister, die nach § 16a Abs. 1 GenTG der Überwachung und Information der Öffentlichkeit dient, keine konstitutive, sondern lediglich deklaratorische Wirkung und damit keinerlei Einfluss auf die mit Bescheid vom 04.05.2009 erteilte - umfassende - Genehmigung.

Das Ganze war dreist gelogen: Im Standortregister sind genau einmal 9,6 qm angemeldet – und nicht beliebig oft 9,6 qm auf einer großen Fläche. Doch Justiz blieb, was sie immer war, nämlich ausgerichtet auf die Interessen der Elite.

Gemeinde der Fläche	Thulendorf
Bundesland	Mecklenburg-Vorpommern
Größe (m²)	9,6
Gemarkung	Klein Lüsewitz
Flur	1 und 2
Flurstück	18, 19, 54 der Flur 1 und 46, 47, 49, 50, 51, 52, 54 der Flur 2
Schlagnr/-name	

Typ	Mitteilungsdatum	Spezifischer Erkennungsmarker	Bezeichnung des Organismus	Anbau-/ Freisetzungszeitraum
Freisetzung	04.05.2009	6786-01-0200	Sommergerste	2009

Der weitere Fortgang des Verfahrens ist schnell erzählt: Alles wurde ohne große Umschweife eingestellt. Das ist Alltag in der deutschen Justiz. Während die GegnerInnen solcher Projekte von offenbar nationalem Interesse mit Strafanzeigen, Maulkörben und Hausverboten, Wohnungsdurchsuchungen und Polizeigewalt auf der Straße bis hin zu sich häufenden Geld- und Gefängnisstrafen überzogen werden, haben die Angehörigen der Eliten nicht einmal eine erste Vernehmung zu befürchten, wenn sie gegen Auflagen, Gesetze oder Richtlinien verstoßen. 2010 fanden in Rostock mehrere Zivil- und Strafverfahren gegen GentechnikgegnerInnen statt. Hier scheute die Justiz keinen Aufwand. ZuschauerInnen wurde aus den Gerichtssälen geworfen, erhielten für ihre – offenbar unerwünschte – Anwesenheit Hausverbote und nochmals Strafverfahren wegen Hausfriedensbruch.

Märchenstunden um die nächste Feldbefreiung

Zuende war das Jahr auf dem Versuchsfeld aber damit noch nicht. Am 1. Juli luden KritikerInnen zu einer Inspektion[83] und informierten über weitere Verstöße gegen Sicherheitsauflagen.[84] Mit Fotos wurde die Lage vor Ort dokumentiert. Mit dabei waren NDR und dpa. Die Wachschützer wollten das Fotografieren der illegalen Felder verhindern und griffen den dpa-Fotografen an, obwohl die Inspektionsgruppe auf dem öffentlichen Weg außerhalb des Geländes stand.

Wie schon in Gießen verzichteten die FeldbetreiberInnen auch am AgroBioTechnikum auf den Mäuseschutz. Der war für Gersten- und Weizenfeld vorgeschrieben, vorhanden aber erneut nur ein schnöder Karnickeldraht, durch, unter und über den Mäuse problemlos aufs Feld gelangen konnten. Das wurde dem BVL gemeldet – doch dieses argumentierte ähnlich wie 2006 die Uni Gießen: Ein Mäuseschutz müsse nicht vor Mäusen schützen.[85] Daher sei alles in Ordnung.

Ausgewählte Fotos und Ausschnitte der Inspektion am 1.7.2009.

Die beiden Gerstenflächen am 1. Juli 2009: Das erste ist nun untergepflügt (vorne), das zweite wächst kräftig.

In der Nacht nach der Inspektion muss es hoch hergegangen sein. Offenbar wurden erneut mehrere der Versuchsfelder beschädigt oder ganz zerstört. Die Medien[86] aber stellten eine ganz andere Nachricht in den Mittelpunkt: Ein Wachmann sei niedergeschlagen und verletzt worden.[87] Sofort hagelte es Distanzierungen – ob von der Linken, die in ihrer Regierungszeit das AgroBioTechnikum mit stützte und danach eher durch peinliches Schweigen zu den Skandalen in Mecklenburg-Vorpommern auffiel, oder aus CDU und SPD. Worauf deren Annahmen des nächtlichen Ablaufs und eines verletzten Wachmannes basierten, blieb völlig unklar. Linke, CDU, FDP und der Lobbyverband BDP antworteten auf eine entsprechende Anfrage gar nicht, TransGen verkroch sich sich hinter dem Hinweis auf *„übereinstimmende Presseberichte"* und die Pressestelle von Minister Backhaus teilte mit: *„Unsere Informationen, die der Pressemitteilung zu grunde lagen, haben wir aus dem Lagebericht der Polizei entnommen. Das ist eine seriöse und offizielle Quelle."*

Unten: Mäuseschutz am Weizenfeld – zu große Maschen und ohne Probleme unterwühl- und überkletterbar.

Recht schnell entpuppte sich die Story als Märchen. Im Nordmagazin (NDR-Fernsehen) wurde am 2. Juli 2009 eine Kurzmitteilung verlesen, die sich auf Polizeiangaben stützte. Danach sei ein Wachmann leicht verletzt worden und fünf Täter hätten anschließend ein Genfeld mit einer unbekannten Flüssigkeit überschüttet. Es sollten also Personen auf das Feld vorgedrungen sein, zuerst die Wachen angegriffen und dann, während diese mutmaßlich die Polizei riefen, die Felder zerstört haben? Das klang nicht besonders überzeugend. Nachfragen vor Ort ergaben auch schnell ein anderes Bild. Dass nachts Unruhe auf dem Feld war, bestätigten NachbarInnen. Polizei und besonders der einzig heranfahrende Krankenwagen ließen aber lange auf sich warten. War die Verletzung erst Stunden später aufgefallen? Oder war sie mehr eine Folge taktischer Absprachen, um eine schlimme Story über böse FeldbesetzerInnen verkaufen zu können? Wollte sich ein Wachschützer selbst schützen, indem er heldenhafte Gegenwehr simulierte? Unangenehme Erinnerungen wurden wach an das Schauermärchen toter Bienenvölker, die schon ein Jahr zuvor eine Aktion am Gengerstenfeld begleitete.

81 www.projektwerkstatt.de/gen/2009/grl/osta091121beschwerde__feld2.pdf
82 www.projektwerkstatt.de/gen/2009/grl/osta091216einst__feld2.pdf
83 www.projektwerkstatt.de/gen/2009/grl/einladung090701.pdf
84 Ostseezeitung am 2.7.2009: www.ostsee-zeitung.de/lokal/index__artikel__komplett.phtml?SID=91f8f739abe8f5669525f3f691f74807&param=news&id=2473265
85 www.projektwerkstatt.de/gen/2009/grl/bvl090706ablehnung__genehmigungsentzug.pdf
86 Ostseezeitung: www.ostsee-zeitung.de/lokal/index__artikel__komplett.phtml?param=news&id=2474089
87 ddp auf www.ad-hoc-news.de/genprojekt-hoher-sachschaden-bei-anschlag-auf-genfeld--/de/Politik/20319009

CDU-Distanzierung[88] (FDP-Distanzierung siehe[89])

Die CDU-Landtagsfraktion hat als Reaktion auf den Angriff die Gentechnik-Gegner aufgefordert, sich von Gewalt zu distanzieren. „Wo Recht und Gesetz gebrochen, fremdes Eigentum geschädigt und Menschen verletzt werden, sind die Freiheitsrechte des Grundgesetzes klar überschritten„, erklärte die agrarpolitische Sprecherin der Fraktion, Beate Schlupp.

SPD-Minister Backhaus[90]

„Derartige Übergriffe auf die Gesundheit und das Leben der am Versuchsstandort Beschäftigten sowie die schweren Verwüstungen fremden Eigentums sind strafbar und nicht hinnehmbar. Ich verurteile diese brutale Tat der Gentechnikgegner auf das Schärfste", so der Minister.

„Die Landesregierung Mecklenburg-Vorpommern unterstützt die Sicherheitsforschung im Bereich der Grünen Gentechnik. Dazu sind Forschungsversuche unbedingt erforderlich." Weiter sagte der Minister, dass „die Wirkung solcher Aktionen weit über den einzelnen Versuch hinaus reicht. Sie verändern das gesellschaftliche Klima, in dem Sicherheitsforschung mit gentechnisch veränderten Pflanzen stattfindet, und machen den von mir gepflegten sachlichen Umgang mit der Technologie fast unmöglich. Ich halte die Vorfälle für eine erschreckende und nicht akzeptable Entwicklung. Ich möchte an dieser Stelle meine Anerkennung und meinen Dank an alle aussprechen, die sich trotz auch persönlicher Angriffe weiterhin der Technologieentwicklung verpflichtet fühlen."

Backhaus in einer Telefonfragestunde der Rostocker Zeitung Blitz

Wir haben in der vergangenen Nacht gesehen, was mit Unvernunft hier angerichtet wird. Da hat eine maskierte Person den Gentechnikversuch in Groß Lüsewitz zerstört. Der dort beschäftige Wachmann wurde von vier Leuten zusammengeschlagen. Wer so handelt, ist weder verantwortungsvoll noch zukunftsorientiert.

Linke-Landwirtschaftssprecher Tack[91]

Eine kritische Begleitung dürfe jedoch noch lange kein Grund für die Zerstörung von Versuchsfeldern und Übergriffe auf Wachpersonal sein. „Ich verurteile die Ereignisse auf den Versuchsfeldern bei Groß Lüsewitz aufs Schärfste", sagte Tack. Diese kriminelle und militante Gegnerschaft diskreditiere alle Gentechnikgegner, die sich sachlich mit den Anwendern und Befürwortern dieser Technologie auseinandersetzen wollen. „Zugleich wird die notwendige Grundlagenforschung erschwert, die die Chancen und Risiken der Grünen Gentechnik für Mensch und Natur zu untersuchen hat", so Tack.

Presseerklärung des Bundesverband Deutscher Pflanzenzüchter (BDP) am 3.7.2009[92]

Die gewaltsamen Übergriffe von Gentechnikgegnern auf einen Wachmann in Mecklenburg-Vorpommern werden vom Bundesverband Deutscher Pflanzenzüchter e.V. (BDP) aufs Schärfste verurteilt. An dem Exzellenzstandort moderner Züchtungsmethoden in Groß Lüsewitz werden seit Jahren im Rahmen der Biosicherheitsforschung Versuche mit gen-technisch veränderten (gv)Pflanzen durchgeführt.

„Es ist höchste Zeit, die Motive der Täter von Politik und Gesellschaft zu hinterfragen und endlich konsequent durchzugreifen", sagt Dr. Ferdinand Schmitz, Geschäftsführer des BDP. „Nur zu deutlich geben die Innovationsgegner zu erkennen, dass es ihnen ganz und gar nicht um einen sachlichen Dialog geht, sondern vielmehr um die gewaltsame Verhinderung von technischem Fortschritt in der Pflanzenzüchtung." Seit Jahren zerstört eine kriminelle Gruppe von Gentechnikgegnern regelmäßig und mutwillig Flächen, auf denen zugelassene Pflanzen angebaut oder gv-Pflanzen auf ihre Umweltauswirkungen untersucht werden – oftmals ohne rechtliche Konsequenzen. Opfer krimineller Übergriffe sind dabei immer häufiger Einzelpersonen wie Landwirte, Pflanzenzüchter und Wissenschaftler. „Bei Androhung und Ausübung von Gewalt hört der legale Protest auf. Das Vorgehen ist feige, dumm und kriminell," so Dr. Schmitz abschließend.

Später im Landesverfassungsschutzbericht (S. 65)[93]

Der versuchsweise Anbau gentechnisch veränderter Pflanzen im Land zog 2009 erneut Proteste überwiegend nichtextremistischer Beteiligter an. Jedoch greifen immer wieder auch Linksextremisten das Thema auf und nutzen es für ihre Zwecke. Im Rahmen der Proteste kam es deshalb auch zu so genannten „Feldbesetzungen" und „Feldbefreiungen", bei denen regelmäßig Hausfriedensbrüche und Sachbeschädigungen versucht oder begangen wurden, die für die anbauenden Firmen und Institute Kosten in vier- bis fünfstelliger Höhe verursachten. Vorläufiger Höhepunkt der Anti-Gen-Proteste im Land war die Zerstörung mehrerer Versuchsfelder im Landkreis Bad Doberan in der Nacht zum 2. Juli 2009. Dabei wurde ein Wachmann, der die Zerstörung der Pflanzen verhindern wollte, von mehreren Unbekannten zusammengeschlagen.

Einen Tag später erschien in der Ostseezeitung ein umfangreicher Text mit einer Gesamtschau der Abläufe (siehe Abb.). Die las sich zur Verletzung des Wachmanns ziemlich anders: Nun war sein Finger verletzt, außerdem hatte er wohl selbst angegriffen ...

Abb.: Ostsee-Zeitung am 3.7.2009

14 Freitag, 3. Juli 2009

RUND UM ROSTOCK

Wachmann am Genfeld verprügelt

Nächtlicher Angriff auf einen Wachmann und die Gen-Pflanzenfelder in Sagerheide. Der Schaden belaufe sich auf einen vierstelligen Eurobetrag, heißt es.

Von JAN EISEL

Sagerheide. Am frühen Donnerstagmorgen um zwei Uhr durchbrachen eine Frau und vier Männer die Umzäunung der Versuchsfelder der Firma biovativ GmbH in Sagerheide. Vermummt. Dann versuchten sie, drei darauf befindliche Versuchsanordnungen zu zerstören. Dabei wurde ein 45-jähriger Wachmann, der die Frau festsetzen wollte, an der Hand und im Gesicht verletzt. Alle fünf Täter sind flüchtig. „Die Frau hatte um Hilfe geschrien und dem Wachmann in den Finger gebissen, daraufhin kamen ihr die vier Männer zur Hilfe", beschreibt der Rostocker Oberstaatsanwalt Peter Lückemann den Tathergang. Die Frau habe eine durchsichtige Flüssigkeit auf ein mit gentechnisch veränderter Gerste bepflanztes Feld gespritzt. Von Amts wegen habe die Staatsanwaltschaft Ermittlungen aufgenommen. Der verletzte Wachmann erstattete Strafanzeige.

GROSS LÜSEWITZ

„Ob das ein Pflanzenvernichtungsmittel war, kann ich nicht sagen", teilte Inge Broer, Expertin für Agrobiotechnologie, von der Uni Rostock mit. Zwei von ihr betreute Versuchsfelder, eines mit gentechnisch verändertem Weizen und eines mit Kartoffelpflanzen, waren ebenfalls Ziel der Angriffe. „Das Weizenfeld ist komplett zerstört", sagte sie. Kerstin Schmidt, Geschäftsführerin der biovativ GmbH und Betreiberin des mit der Flüssigkeit besprühten Gen-Gersten-Versuchs, war nicht zu erreichen. Broer verurteilt die „Gewalttätigkeit" gegen den Wachmann.

„Proteste ja, Rechtsverletzungen werden aber nicht toleriert", sagt Polizeihauptkommissar Olaf Bleeck, Leiter des Sanitzer Reviers. „Der Überfall hat eine neue Qualität und zeugt von krimineller Energie." Hausfriedensbruch, Sachbeschädigung und die gemeinschaftlich begangene Körperverletzung lassen die Polizisten ihre Strategie überdenken. Zäune und Wachpersonal scheinen nicht zu genügen.

Gentechnikgegner Jörg Bergstedt, der diese Woche zu einer – laut Polizei friedlichen – Demonstration und Informationsveranstaltung in Sagerheide aufgerufen hatte, befürwortet „direkte Aktionen". Er meint: „Die gesellschaftlichen Kontrollen haben versagt." Bergstedt verantwortet sich zur Zeit wegen des Vorwurfs einer Feldbesetzung vor dem Landgericht Gießen. Aber den Übergriff auf den Wachschützer lehne er ab. „Das ist nicht in Ordnung, weil man damit die Falschen trifft", sagte er.

Trotz vieler Zäune und Wachpersonals stürmten Unbekannte das Versuchsfeld bei Sagerheide, indem sie den Zaundraht niederdrückten (kleines Bild). Ein Feld wurde zerstört, zwei beschädigt. Beim Versuch, die beteiligte Frau festzusetzen, wurde ein 45-jähriger Wachmann im Gesicht und an der Hand verletzt. Foto: Jan Eisel

88 www.ostsee-zeitung.de/lokal/index_artikel_komplett.phtml?param=news&id=2474089

89 www.fdp-fraktion.de/webcom/show_websiteprog.php?wc_c=649&wc_lkm=84&wc_id=12604&bis=

90 www.mvregio.de/mvr/220176.html

91 http://lpmvfraktion.minuskel.de/nc/presse/pressemeldungen/detail/zurueck/aktuelles-8/artikel/kriminelle-ueberfaelle-auf-versuchsfeld-gruener-gentechnik-verurteilt/

92 www.bdp-online.de/de/Presse/Aktuelle_Mitteilungen/Feldzerstoerer_richten_nun_auch_Gewalt_gegen_Menschen/BDP-PI_Feldzerstoerer_richten_nun_auch_Gewalt_gegen_Menschen-2009-07-03.pdf

93 www.verfassungsschutz-mv.de/cms2/Verfassungsschutz_prod/Verfassungsschutz/content_downloads/Verfassungsschutzberichte/VS-Bericht_2009.pdf

Leserbrief dazu des zitierten Jörg Bergstedt

Im benannten Artikel bin ich falsch zitiert worden. Meine Aussage, dass ein Angriff auf einen Wachschützer die Falschen trifft, war verbunden mit deutlich geäußerten Zweifeln, ob die Abläufe tatsächlich auch so gewesen sind. Es wäre nicht das erste Mal, dass die Gentechnik-Mafia dann, wenn sie in Not ist, mit frei erfundenen Horrorgeschichten von ihren eigenen Skandalen und Rechtsverstößen ablenken will. Das habe ich in der Vergangenheit mehrfach selbst überprüft. So erfand die Uni Gießen 2008 während der Besetzung des Gerstenversuchsfeldes in Gießen eine herzzerreißende Story über von den BesetzerInnen getötete Bienenvölker. Daher hatte ich mich vorsichtig geäußert: Sollte es also zu Attacken auf einen Wachmann gekommen sein, so halte ich das für falsch. Aber die Naivität, mit der hier unüberprüfte Behauptungen wiedergegeben werden und sich reflexartig PolitikerInnen entrüstet zeigen, die bei den Straftaten der Gentechnik-Mafia weggucken, finde ich beunruhigend. Dass zudem in den ersten Medienmeldungen über den Angriff auf den Wachmann der Zeitpunkt der vermeintlichen Attacke und die Art der Verletzung ständig wechselten, steigert meinen Glauben in die Richtigkeit der Story nicht. Zu Beginn las sich alles wie ein Angriff auf den Wachschützer, nun ist die Version immerhin schon so verändert, dass wohl der Wachschützer angegriffen hat und die von ihm attackierte Person sich befreien wollte. Wenn es denn so war: Warum und wie greift ein privater Sicherheitsbediensteter mehrere andere Personen an (in den Medien war von fünf FeldbefreierInnen die Rede)? Hat hier ein Wachmann Angst um seinen Job, weil er das Feld nicht bewacht oder dienstvorschriftswidrig selbst Gewalt angewendet hat? Oder haben Gentechnik-MacherInnen, die wegen des illegal angelegten Gerstenfeldes unter Druck stehen, einen Propaganda-Coup landen wollen und eine komplette Story erfunden?

Überraschungen im Drei-Schritt: Das Ende des Versuchs

Am 9. September verkündete die Uni das Ende des 2009er-Versuchs. NachbarInnen und Wachschutz bestätigten zwar in etlichen Gesprächen, dass nie Untersuchungen am Feld vorgenommen wurden, doch Prof. Kogel hatte das Ergebnis, kaum war die Gerste geerntet, sofort parat:[94] Alles super und umweltfreundlich! Das wusste er aber ja bekanntlich schon vorher.

Die eigentliche Überraschung folgte aber im Frühjahr 2010. Denn eigentlich hätte hier wieder eine Aussaat erfolgen müssen. Die 301.000 € Förderungsnachschlag waren ebenso für dieses Jahr mit bestimmt wie die Genehmigung durch das BVL. Doch plötzlich verkündeten die beiden Versuchsleiter, zuerst Uwe Sonnewald aus Erlangen, dann Karl-Heinz Kogel aus Gießen, das Gesamtergebnis des Versuchs. Da landwirtschaftliche Versuche immer drei Jahre brauchen, müssen sie also 2006, 2007 und 2009 voll gezählt haben. In allen drei Jahren waren die Felder aber beschädigt worden, 2007 sogar vollständig. Da aber der Versuch ohnehin eine Fälschung war, mag das tatsächliche Geschehen auf dem Acker ohne Bedeutung gewesen sein. Das Geld für die mit Fördergeldern aufgeblasenen Gentechnikinstitute an den beiden Universitäten war geflossen, das war der Hauptzweck der Übung. Da fällt kaum noch ins Gewicht, dass die im Frühjahr 2010 veröffentlichten Endergebnisse weder mit den Anträgen, noch mit behaupteten oder in den Versuchsjahren geschilderten Forschungszielen Ähnlichkeiten hatten. Kogel wollte plötzlich herausgefunden haben,[95] *„dass klassische Züchtung und Umwelteinflüsse wie Pilzbefall (z.B. Mykorrhizierung) Kulturpflanzen in erheblich stärkerem Umfang verändern als das gezielte gentechnische Hinzufügen eines einzelnen Gens."* Das mag ja etwas gewesen sein, das als Propagandainhalt gerade politisch zweckmäßig erschien. Aber mit dem ursprünglich behaupteten Versuch hatte es wenig zu tun. Nach diesen neuesten Angaben[96] *„untersuchten sie bei den gv-Pflanzen, wie stark die gentechnische Ausstattung insgesamt zu Veränderungen der Pflanzeninhaltsstoffe und der Genaktivität führt."* Ging es nicht eigentlich um den Einfluss auf Mykorrhiza-Pilze?

94 www.uni-protokolle.de/nachrichten/id/183518/

95 www.biosicherheit.de/article/1204.pilzresistente-gerste-auswirkungen-nuetzliche-pilze.html

96 BMBF am 9.4.2010: www.biotechnologie.de/BIO/Navigation/DE/Aktuelles/wissenschaft,did=109454.html?listBlId=74622&

Aus „Züchtung hinterlässt stärkere Spuren als Gentechnik", auf: BMBF am 9.4.2010)[96]

Kritiker der grünen Gentechnik sorgen sich oft um die vermeintlich tiefgreifenden Auswirkungen, die das Einschleusen fremder Gene auf die Eigenschaften von Pflanzen hat. Die konventionelle Pflanzenzüchtung gilt im Vergleich hierzu meist als unbedenklich. Eine Studie von Pflanzenforschern aus Erlangen und Gießen zur Umweltverträglichkeit von gentechnisch veränderten (gv) Gerstensorten liefert neue Belege, die mit diesen Ansichten aufräumen. Wie die Forscher im Fachjournal PNAS (6. April 2010, Bd. 107, S. 6198) berichten, waren in den konventionell gezüchteten Sorten bis zu 1.600 Gene unterschiedlich aktiv, in den gv-Sorten waren es deutlich weniger. Das Fazit der Forscher: Die Züchtung ist der folgenreichere Eingriff.

Währenddessen meldete Kogel das bereits zitierte Patent auf Methoden und neue Produktentwicklungen mit Gerste an (siehe S. 161).[18] Ein vierjähriges Drama voller Verstöße gegen Sicherheitsauflagen, Betrug bei Fördermittelbeantragung und im Genehmigungsverfahren, Feldern ohne passende oder ganz ohne Genehmigung und einem Dauerfeuerwerk von Lügen und Propaganda, gepaart mit Repression gegen die KritikerInnen des Feldes ging zuende. Die GentechnikerInnen haben viel Geld und ein Patent mehr. Und das Wissen, dass Behörden, Polizei und Justiz auf ihrer Seite stehen. Da ist die Zustimmung der Menschen, so hoffen sie jedenfalls, nicht mehr nötig.

Foto: Fast romantisch ... das Gengerstenfeld 2007 im Scheinwerferlicht, bewacht und beobachten. Ohne Erfolg.

Wie kritische Blicke verhindert werden sollen: Maulkörbe, Zensur, Einschüchterung!

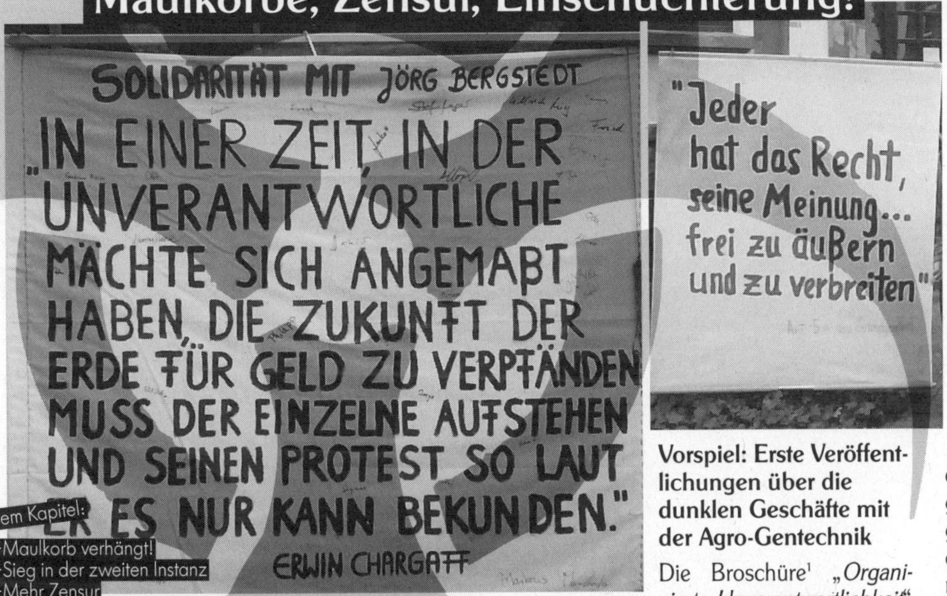

In diesem Kapitel:
- ►Maulkorb verhängt!
- ►Sieg in der zweiten Instanz
- ►Mehr Zensur
- ►Repression gegen Jounalisten

Foto: Transparent pro Meinungsfreiheit vor dem Landgericht Saarbrücken am 7.12.2009.

i Aktuelle Informationen, Links und mehr Zitate auf der Internetseite zum Angriff auf die Meinungsfreiheit und die Broschüre unter www.biotech-seilschaften.de.vu!

Fußnoten

1 www.projektwerkstatt.de/gen/filz/brosch.pdf

2 www.youtube.com/watch?v=dlI__ul97Q9g

3 www.ulrike-hoefken.de/cms/default/dokbin/232/232887.kontrolle__oder__kollaboration__agrogentech.pdf

Vorspiel: Erste Veröffentlichungen über die dunklen Geschäfte mit der Agro-Gentechnik

Die Broschüre[1] *„Organisierte Unverantwortlichkeit"* und der Vortrag[2] *„Monsanto auf Deutsch"* waren nicht der Anfang der Auseinandersetzung um die Geflechte der Agro-Gentechnik, aber das erste Mal, dass diese eine breite Öffentlichkeit erreichte. Das hätte 2005 eine Veröffentlichung im Fernsehmagazin „Report" bereits schaffen können, aber es blieb überraschend still. Andreas Bauer mühte sich im Umweltinstitut München – vor allem zu speziellen Themen wie den Verflechtungen rund um Gatersleben oder das AgroBioTechnikum –, bis er dort gegangen und durch eine verbands- und grünennahe Sachbearbeiterin ersetzt wurde. Schließlich erschien die umfangreiche Studie *„Kontrolle oder Kollaberation?"* im Auftrag der Grünen.[3] Das war erstmals ein großer Rundumschlag mit Schwerpunkt auf die Bundes- und EU-Behörden beim Zulassungsverfahren des MON810. Doch es blieb eine akademische Schrift, die in parlamentarischen Kreisen und Verbandsapparaten herumging. Vielleicht scheuten die Grünen auch selbst, aus allem mehr zu machen. Schließlich war, wie in der Studie verschwiegen wurde, die Rolle der Grünen-Oberen alles andere als applausverdächtigt. Auch später, als *„Organisierte Unverantwortlichkeit"* erschien, blieben die Grünen stumm – wie andere auch ...

Enthüllungschronik 2005 bis 2008
2005: *Die SWR-Sendung „Report" thematisiert die Verflechtungen rund um das BVL*
2006-2008: *Andreas Bauer veröffentlicht mehrere Abhandlungen über die Seilschaften in der Gentechnik, u.a. rund um Gatersleben, in Sachsen-Anhalt und in Mecklenburg-Vorpommern*
2008: *Antje Lorch und Christoph Then veröffentlichen die Studie „Kontrolle oder Kollaboration?" im Auftrag der grünen Bundestagsabgeordneten Ulrike Höfken. Die Studie wird in den Medien diskutiert.*

Erster Hauptakt: Das Projekt „Monsanto auf Deutsch" startet

29. März 2009: Der rebellische Bio-Imker Micha Grolm hatte ins thüringische Schloss Tonndorf geladen. AkteurInnen aus verschiedenen Teilen gentechnikkritischer Bewegung sollten in entspannter Atmosphäre über das weitere Jahr nachdenken. Es kamen wenige – die Umweltverbände, zuhause an den Tischen der Ministerien und Hauptstadtbüros, glänzten mit Abwesenheit. Dennoch hatte die kleine Runde am Schlosskamin Folgen. Hier entwickelten die GentechnikkritikerInnen die Idee, eine massentaugliche Veröffentlichung zu den Verflechtungen zwischen Behörden, Konzernen und Lobbyisten in Deutschland zu verbreiten. Vorbild waren Buch und Film der französischen Autorin Marie-Monique Robin, deren Film „Monsanto. Mit Gift und Genen" laut Arte-Bilanz der *„größte Erfolg des Jahres 2008"* war. Fraglos – der Film war es wert. Robin selbst hatte dabei nie Zweifel gelassen, dass eine solche Recherche bei anderen Agrarchemie-Konzernen nicht besser ausfallen würde. Aber niemand hatte Bayer, BASF & Co. sowie die Behörden hierzulande je genauer untersucht. Das müsse nachgeholt werden, war sich die Runde einig. Und begab sich ans Werk: Recherchieren, schreiben und die Verteilung organisieren. Vor allem Letzteres geriet zu einem beeindruckenden Zeugnis des Zustandes derer, die gegen die Agro-Gentechnik kämpfen: Kaum ein bundesweiter Umwelt- oder Biolandbauverband und keiner der großen Saatgut- oder Lebensmittelhersteller im Biosektor unterstützte die Verteilung des Heftes. Mit dabei waren ungefähr die Hälfte der regionalen Belieferer von Naturkostläden und viele, viele kleine Initiativen und Vertriebe, von Dreschflegel über Cafe Libertád bis zu einigen Umweltmagazinen. Deren Aktivität und das Lauffeuer, durch die Nachrichten aus der Broschüre entfacht, reichten, um ein kleines Wunder zu erzeugen: Nur wenige Tage nach der Auslieferung der ersten Auflage, von der immerhin 51.000 Stück gedruckt wurden, waren alle weg. Ein zweiter Druck musste her, nochmal 30.000 Stück ...

Mit dieser zweiten Auflage war neben der weiteren Versendung noch etwas Besonderes geplant: Jeder Briefkasten rund um die Hochburgen der deutschen Agro-Gentechnik, das AgroBioTechnikum in Groß Lüsewitz und die BioTechFarm in Üplingen, wurde mit der farbigen Enthüllungsschrift bestückt – insgesamt ca. 22.000 Stück. Das Wissen um die Verflechtungen gelangte aus den Bürosphären der Hauptstädte in die Auseinandersetzung vor Ort. Möglicherweise war es diese offensive Verteilung, die Uwe Schrader und Kerstin Schmidt veranlassten, gegen die Veröffentlichung vorzugehen. Der getroffene Hund bellte ... und zog vor Gericht.

Doch unbeeindruckt davon wuchs das Projekt – fast nur über Basisgruppen und engagierte Einzelpersonen. Es war ein Graswurzelprojekt nach Bilderbuch, geschnitten von den Zentralen der Umweltverbände, aber getragen auch von deren AktivistInnen vor Ort. Die Broschüre blieb ein Verteilungserfolg. Über Spenden wurden die Druckkosten gedeckt – als perfekter Zufall waren die Spenden nach der zweiten Auflage fast ebenso hoch wie die Druckkosten einschließlich des Versandes der Pakete an die VerteilerInnen. Mehr hatte das Projekt auch nicht gekostet. Alle Beteiligten taten, was sie taten, nicht für Geld, sondern aus Überzeugung. Einige Zeitschriften, z.B. „Kritische Ökologie", „Ökologisch wirtschaften", „grünes blatt" und „Rabe Ralf" machten die Recherchen zu ihrem Thema und veröffentlichten Zusammenfassungen oder Texte zu bestimmten Themen aus der Sammlung der vielen Geflechte in der Agro-Gentechnik.

Anfangs zögerlich, im Winter 2009/2010 dann in intensiven Veranstaltungstouren wurde der Autor zu Vorträgen eingeladen. Ihn selbst drängte es vorzugsweise an die Standorte der Genversuchsfelder, wo er in Nachbargärten, Dorfgemeinschaftshäusern, Kirchen oder Kneipen referierte. Er baute eine Ton-Bilder-Schau zusammen, die inzwischen von über 5.000 Menschen angesehen wurde – auf rund 100 Einzelveranstaltungen. Die Größten liefen ab Dezember 2009 in Bayern, im Allgäu und in Oberschwaben. Spitzenreiter: Die Halle in Kammerstein, wo 180 Menschen vom Ökobauer bis zum CSU-Vorsitzenden eine faszinierende Kulisse bildeten. Schon früh begannen auch andere AktivistInnen, diesen Vortrag zu halten, z.B. auf dem Wendlandcamp 2009. Die PowerPoint-Datei stellte der Autor mit Freude zur Verfügung. Als wenig später auch noch eine DVD mit dem Vortrag[4] in Umlauf kam, konnten sich die Informationen noch schneller verbreiten.

Zweiter Hauptakt: Der getroffene Hund bellt – Gentechnik-FunktionärInnen auf den juristischen Barrikaden

Die schnelle und breite Streuung der Broschüre rief einige der darin erwähnten MehrfachfunktionärInnen auf den Plan. Schließlich liebten sie die Ruhe und agierten gern unerkannt. Da löst eine solche Enthüllungsschrift natürlich keine Freude aus. Aber Seilschaften wären keine Seilschaften, wenn sie für so etwas keine Strategie hätten. Die war da – in Person des Ex-Wirtschaftsministers und Gentechnikförderers Horst Rehberger. Der war Inhaber einer Anwaltskanzlei und über diese reichten Kerstin Schmidt und Uwe Schrader, die sich auf den Schlips getreten fühlten, Klage ein, damit die unangenehmen Wahrheiten nicht weiter verbreitet würden. Er tat das ... in Saarbrücken. In Saarbrücken? Warum das? Die Stadt ist in der Broschüre mit keinem Wort erwähnt, auch spielt keine der dargestellten Handlungen in der Saar-Metropole. Doch in Saarbrücken sitzt die Anwaltskanzlei von Rehberger – und hier war er vor über zwei Jahrzehnten auch selbst Wirtschaftsminister und wichtiger Parteifunktionär. Verfügte der FDPler über einen gutem Draht zur zuständigen Kammer des Landgerichts dieser Stadt? Der Verdacht kam sofort auf – und er sollte sich bestätigen im Verlauf einer Gerichtsverhandlung, die nie eine war und ohne jegliche Beweiserhebung zu einem bemerkenswerten Urteil in erster Instanz kam. Doch bis dahin vergingen Monate absurder Schriftwechsel und seltsamer Prozesstermine im Landgericht. Sie begannen mit der Klageerhebung am 17.8.2009 und schleppten sich über Widersprüche, erste Vollstreckungen und Widerspruch auch dagegen bis zu den ersten Gerichtsterminen. Schrader und Schmidt ging alles zu langsam, das Gericht kämpfte mit Terminumlegungen, aber vor allem um eins: Eine öffentliche Verhandlung ganz zu vermeiden, den Maulkorb aber trotzdem rechtswirksam werden lassen.

Von der Klageerhebung bis zum ersten Prozess

17.8.2009: *Kerstin Schmidt, Uwe Schrader (und Horst Rehberger als Anwalt) erheben Klage[5] gegen den Vorwurf der Seilschaften und die Broschüre „Organisierte Unverwantwortlichkeit". Ihr Ziel: Ein Maulkorb!*

20.8.2009: *Das Gericht ist zu Diensten – und schnell. Per Beschluss[6] wird das erwünschte Verbot, Schmidt und Schrader weiter zu kritisieren, verhängt und von einer Gerichtsvollzieherin dem Beklagten überbracht. Bis zu diesem Zeitpunkt gab es keine Anhörung oder Gerichtsverhandlung. Der Prozess beginnt mit dem Verbot!*

4.9.2009: *Der Betroffene legt über einen Rechtsanwalt Widerspruch[7] ein. Zudem beantragt dieser, Schmidt/Schrader zur Hauptsachklage eine Frist zu setzen. Ein Antrag auf Prozesskostenhilfe wird gestellt mit entsprechenden Nachweisen.*

2.9.2009: *Schrader/Schmidt beantragen die erste Vollstreckung[8], also eine erste Bestrafung – ohne dass der Beklagte überhaupt jemals angehört wurde. In ihrem Antrag behaupten sie, die Internetseiten und die Broschüre im Internet seien unverändert vorhanden. Das ist schlicht gelogen. Zudem richtet sich die ganze Verfügung gegen den Falschen, denn der Beklagte war und ist gar nicht Inhaber der Internetseite. Das Gericht wird sich dafür aber nicht interessieren, sondern Schmidt/Schrader auch hier zu Diensten sein.*

Am 21.9. *legt der Beklagte gegen die Vollstreckung Widerspruch[9] ein.*

8.9.2009: *Das Gericht lädt zur Verhandlung – am 28.9.2009 soll sie stattfinden. Eine Terminabsprache mit den Beklagten findet nicht statt. Die Anträge des Beklagten (Hauptsachklage und Prozesskostenhilfe) werden nicht behandelt.*

17.9.2009: *Schrader/Schmidt geht es nicht schnell genug – sie mahnen nochmal die Vollstreckung,[10] also die erste Bestrafungsaktion, an. Wieder lügen sie hinsichtlich vermeintlich unterbliebender Veränderungen der Internetseite und der dort erhältlichen elektronischen Fassung der Broschüre „Organisierte Unverantwortlichkeit".*

28.9.2009: *Auf Antrag des Beklagtenanwaltes wird der Termin umgelegt,[11] aber wieder nicht direkt abgesprochen. Der neue Termin am 12.10. passt wieder nicht. Die Anträge des Beklagten (Hauptsachklage und Prozesskostenhilfe) werden weiter nicht behandelt. Der Beklagte kann daher keinen Anwalt bezahlen – ohne aber darf er am 12.10.2009 gar nicht teilnehmen.*

Am 29.9.2009 *schreibt der Anwalt des Beklagten, dass die Nichtverschiebung bedauerlich sei und mahnt erneut an, dass die Anträge bearbeitet werden sollen. Doch das Gericht tut nur, was Schmidt/Schrader wollen.*

30.9.2009: *Schmidt/Schrader äußern sich nochmal[12] zum Verfügungsantrag – unter anderem behaupten sie, dass sie den Richtigen beklagen, obwohl der die Internetseite gar nicht innehat.*

1.10.2009: *Zum dritten Mal drängeln Schmidt/Schrader auf eine erste Bestrafung[13] und widersprechen der Entgegnung vom 21.9.[14]*

Corpus delicti: Aussagen aus dieser Broschüre sollten verboten werden. Zu beziehen ist sie über www.aktionsversand.de.vu.

Am 12. Oktober kam es dann zur ersten Verhandlung. Da das Gericht den Antrag des Beklagten auf Prozesskostenhilfe aber ja nicht bearbeitet hatte, hätte dieser sich – ohne Anwalt – vor Gericht nicht verteidigen dürfen. Ihm war vorgeschrieben, einen Anwalt zu nehmen, aber das Gericht verhinderte das. Die logische Folge war ein Versäumnisurteil.[15] Am 22.10.2009 legte der Anwalt des Beklagten Einspruch ein[16] und das Gericht lud zu einem neuen Termin, der dann auch stattfand. Doch bis dahin geschah noch einiges mehr – tiefe Griffe in die Kiste der schmutzigen Tricks seitens des Gerichts bestimmten den Ablauf ...

Verschleppen, was dem Gentechnikkritiker nutzen könnte

Zu einer bizarren Auseinandersetzung entwickelte sich der Versuch des beklagten Autors, sich zu verteidigen. Weil der Streit gleich vor dem Landgericht ausgetragen wurde, durfte er sich nicht selbst verteidigen, sondern musste einen Anwalt beauftragen. Das aber kostete Geld – Geld, das er nachweislich nicht hatte. Ohne Anwalt aber wäre das Verfahren von vornherein verloren gewesen. Also beantragte er – was das

4 www.wunschfilme.net
5 www.projektwerkstatt.de/gen/filz/unterlassung/az9o298__09ag090820.pdf
6 siehe Fußnote 5
7 www.projektwerkstatt.de/gen/filz/unterlassung/widerspruch.pdf
8 www.projektwerkstatt.de/gen/filz/unterlassung/vollstreckung090902.pdf
9 www.projektwerkstatt.de/gen/filz/unterlassung/vollstreckung__entgegnung.pdf
10 www.projektwerkstatt.de/gen/filz/unterlassung/vollstreckung090917.pdf
11 www.projektwerkstatt.de/gen/filz/unterlassung/ladung091012.pdf
12 www.projektwerkstatt.de/gen/filz/unterlassung/br090930.pdf
13 www.projektwerkstatt.de/gen/filz/unterlassung/vollstreckung091001.pdf
14 www.projektwerkstatt.de/gen/filz/unterlassung/vollstreckung__entgegnung.pdf
15 www.projektwerkstatt.de/gen/filz/unterlassung/urteil091012.pdf
16 www.projektwerkstatt.de/gen/filz/unterlassung/091022beschwerde.pdf

Diese Voraussetzungen liegen hier vor. Der Verfügungsbeklagte ist 45 Jahre alt und als Journalist bzw. Autor tätig. Er wäre von seinem Alter und seinen Fähigkeiten durchaus in der Lage, einer Tätigkeit nachzugehen, um sich die finanziellen Mittel zur Prozessführung zu beschaffen. Es entspricht offenbar seiner Lebenseinstellung, dass er sich gezielt unvermögend

Abb.: Auszüge aus den Ablehnungen der Prozesskostenhilfe. Erstes Schreiben oben, zweites Schreiben nach Widerspruch unten.

Die Darstellungen des Verfügungsbeklagten im Schriftsatz vom 13.11.2009 rechtfertigen die Gewährung von Prozesskostenhilfe nicht. Der Verfügungsbeklagte legt selbst dar, dass er viel arbeitet, allerdings dafür keine bzw. eine nur sehr geringe Vergütung erhält. Es ist nicht einmal ersichtlich, dass er daran etwas zu ändern gedenkt. Er legt vielmehr dar, dass er sich mit investigativem Journalismus beschäftige, der nicht mehr gefragt sei, so dass er nur eingeschränkte Möglichkeiten besitze, damit ein angemessenes Einkommen zu erzielen. Ein Journalist, der sich seiner Arbeit mit einem vergleichbaren Engagement widmet wie der Verfügungsbeklagte, kann sicherlich in der Lage sein, selbst für seinen Lebensunterhalt zu sorgen. Der Verfügungsbeklagte hingegen beschäftigt sich nach wie vor in einem Bereich, in dem er nach eigener Darstellung kein Geld verdienen kann. Er hält sich daher bewusst vermögenslos, so dass ihm bereits aus diesem Grund keine Prozesskostenhilfe zu gewähren war.

geltende Recht so auch vorsieht – Prozesskostenhilfe und die Beiordnung eines Anwaltes.[17] Das Gericht reagierte zunächst gar nicht. Am 21.9. schrieb der Anwalt nochmals.[18] Nun ging das Gericht auf Verzögerungskurs. Am 23.9.2009 fragte es nach, *„wovon der Verfügungsbeklagte bei einem Bruttoeinkommen von 230 EUR seinen Lebensunterhalt bestreitet. Es mag ferner erläutert werden, wieso keine Wohnung vorhanden ist.“* Für die Beantwortung stellte das Gericht eine *„Frist zur Stellungnahme“* auf den 8.10.2009.

Da der erste Gerichtstermin am 12.10.2009 sich bedrohlich näherte, erinnerte der Anwalt mit Fax am 29.9. nochmals: *„Zu den Fragen, die im Schreiben vom 23.09.2009 aufgeworfen worden sind, wird noch Stellung genommen. Rein vorsorglich wird schon jetzt darauf hingewiesen, dass dem Antragsgegner nach Vorlage der übermittelten Unterlagen stets ohne jede Rückfrage Prozesskostenhilfe bewilligt worden ist.“* Kurz danach wurden die Fragen des Gerichts hinsichtlich Lebensunterhalt und Wohnung des Beklagten beantwortet – rechtzeitig vor Fristablauf. Doch die Frist hatte für das Gericht selbst offenbar gar keine Bedeutung. Jedenfalls passierte nach dem 8.10. weiterhin nichts.

Dann kam der 12.10.2009 und damit der Tag der ersten Verhandlung vor Gericht. Das Gericht hatte selbst dafür gesorgt, dass sich der Beklagte nicht verteidigen konnte. Der Gerichtstermin war daher kurz. Im Beschluss vom 12.10.2009[19] wird kurz und bündig *„für Recht anerkannt: Die einstweilige Verfügung vom 20.08.2009 wird bestätigt.“*

War das Absicht? Wollte das Gericht mit seiner Verschleppungstaktik die Teilnahme des Beklagten verhindern, um dann ein solches Abwesenheitsurteil fällen zu können? Immerhin war dann sicher, dass keine Erörterung zur Sache stattfand. Denn die dürften Rehberger, Schmidt und Schrader angesichts der hervorragenden Quellenlage der Broschüre gefürchtet haben. Wurde mit dem Gericht vereinbart, das auf jeden Fall zu verhindern? Der weitere Verlauf des Verfahrens ließ aus dieser Vermutung allmählich Gewissheit werden. Denn der Beklagte ließ einen Anwalt (selbst darf er das ja nicht) Einspruch[20] einlegen. Eine Wiederholung und damit letzte Chance billigt das Zivilrecht zu. Doch der Beklagte hatte immer noch keine Prozesskostenhilfe: Würde das Gericht noch einmal das gleiche Spiel wagen?

Bereits vier Tage nach dem Einspruch flatterte die neue Ladung[21] ein. Die zweite Verhandlung wurde terminiert auf Montag, 7.12. um 12.15, wieder im Landgericht Saarbrücken (Hardenbergstr. 1). Erneut begann der absurde Streit um die Prozesskostenhilfe. Immer deutlicher zeigte sich, dass das Gericht tatsächlich die Taktik verfolgte, die Maulkorbverfügung zugunsten von Schmidt und Schrader erst gefällt zu haben und ihn nun in die endgültige Rechtsgültigkeit zu retten, indem einfach nie darüber verhandelt werden konnte. War es beim ersten Prozesstermin noch der Trick, den Antrag auf Prozesskostenhilfe gar nicht zu bearbeiten und dann in Folge der vom Gericht selbst herbeigeführten Lage ein Versäumnisurteil[22] zu fällen, so warteten die GentechnikunterstützerInnen in Robe diesmal mit einer neuen, noch unverschämteren Variante auf: Sie lehnten den Prozesskostenhilfeantrag ab, weil der Beklagte zwar kein Geld habe, aber ja arbeiten gehen könnte![23]

Es folgte das übliche Prozedere, das einem Beklagten nur übrig bleibt, wenn ein Gericht blockt: Widerspruch[24] gegen die Ablehnung der Prozesskostenhilfe am 10.11.2009 mit nachgereichter Begründung.[25] Doch keine Chance: Das Gericht steigerte den Grad seiner sozialrassistischen, d.h. Menschen wegen ihrer sozialen Einstufung diskriminierenden Beschlüsse: Der offiziell als Schriftsteller geführte Beklagte solle gefälligst solche Sachen schreiben, die im Mainstream gewünscht sind.[26]

Ganz nebenbei stellte es – immer noch ohne jegliche Überprüfung oder Verhandlung zur Sache – fest, dass die bisherigen Angaben von Schmidt/Schrader *„schlüssig“* seien. Der Vorgang ging nun an das Oberlandesgericht. Dort musste neu entschieden werden.

Das geschah auch – und wie: Aufgrund der Beschwerde vom 10.11.2009[27] beschloss das Oberlandesgericht am 20.11.2009:[28] *„Auf die sofortige Beschwerde des Verfügungsbeklagten wird der Beschluss des Landgerichts Saarbrücken vom 02.11.2009 (9 O 298/09) abgeändert und dem Verfügungsbeklagten rückwirkend ab Antragstellung Prozesskostenhilfe ohne Ratenzahlung unter Beiordnung von Rechtsanwalt Tronje Döhmer, Gießen, bewilligt.“* Auch zur Sache stellte das Gericht abweichend vom Landgericht fest, *„dass schwierige rechtliche und tatsächliche Fragen zu klären sind“*. So einfach, wie geplant, dürfe es sich das Landgericht nicht machen, sagte das OLG – doch das Landgericht wollte es anders, und machte es anders!

Zur zweiten endlos wirkenden Hängepartie entwickelte sich der Antrag auf eine Fristsetzung zur Hauptsachklage. Dazu kurz erklärt: Wer Opfer einer einstweiligen Verfügung wird, kann nicht nur Beschwerde einlegen, sondern vom Gericht verlangen, dass die Verfügungskläger einen Schritt weiter gehen müssen. Üblicherweise geschieht das innerhalb von 14 Tagen auch. Dann wird nicht nur im Eilverfahren, sondern im Hauptverfahren verhandelt. Das bietet mehr Raum, um alle Themen und Beweismittel zu klären. Es ist also vor allem dann gut, wenn mensch sich Chancen ausrechnet – während die andere Seite dann überlegen muss, ob sie diesen Schritt auch wagt. Tut sie es nicht, hat sie auch das erste, d.h. das Eilverfahren verloren, ein Pokerspiel. Da die Quellenlage zur Broschüre *„Organisierte Unverantwortlichkeit“* gut war, gingen Autor und Anwalt von Beginn an diesen Schritt. Doch der Antrag auf Fristsetzung zur Hauptsachklage wurde vom Gericht einfach ignoriert. Es wurde so zwar immer offensichtlicher, dass es darum ging, einen Maulkorb ohne Beweiserhebung zu verhängen. Mit geltendem Recht hatte das aber wenig zu tun. Nur: Was lässt sich gegen RichterInnen machen, die Recht verdrehen?

Verweigerte Fristsetzung zur Hauptsachklage

4.9.2009: *Schon in der ersten Erwiderung[29] wird „beantragt, ohne mündliche Verhandlung anzuordnen, dass die Antragsteller binnen einer Frist, deren Länge in das Ermessen des Gerichts gestellt wird, Hauptsacheklage zu erheben haben.“*

29.9.2009: *Nachdem über drei Wochen reaktionslos vorüber waren, fragt der Anwalt nochmals nach: „Mit Schriftsatz vom 04.09.2009 ist beantragt*

17 www.projektwerkstatt.de/gen/filz/unterlassung/widerspruch.pdf
18 www.projektwerkstatt.de/gen/filz/unterlassung/vollstreckung__entgegnung.pdf
19 www.projektwerkstatt.de/gen/filz/unterlassung/urteil091012.pdf
20 www.projektwerkstatt.de/gen/filz/unterlassung/091022beschwerde.pdf
21 www.projektwerkstatt/gen/filz/unterlassung/ladung091207.pdf
22 www.projektwerkstatt.de/gen/filz/unterlassung/urteil091012.pdf
23 www.projektwerkstatt.de/gen/filz/unterlassung/pkh091102ablehnung.pdf
24 www.projektwerkstatt.de/gen/filz/unterlassung/pkh091110beschwerde.pdf
25 www.projektwerkstatt.de/gen/filz/unterlassung/pkh091112begr.pdf und www.projektwerkstatt.de/gen/filz/unterlassung/erkl091116zu__pkh__ablehnung.pdf
26 Schreiben des Gerichts vom 16.11.2009: www.projektwerkstatt.de/gen/filz/unterlassung/pkh091119ablehnung2.pdf
27 www.projektwerkstatt.de/gen/filz/unterlassung/pkh091110beschwerde.pdf
28 www.projektwerkstatt.de/gen/filz/unterlassung/olg091120.pdf
29 www.projektwerkstatt.de/gen/filz/unterlassung/widerspruch.pdf

worden, den Antragstellern eine Frist zur Erhebung der Hauptsachklage zu setzen. Nach Lage der Handakten des Unterzeichners hat dieser Antrag noch immer keine Reaktion erfahren". Es sollte so bleiben ...
22.10.2009: *Die nächste Nachfrage: „Nach Aktenlage wurde den Verfügungsklägern bis heute auch keine Frist zur Klageerhebung in der Hauptsache gesetzt. Damit werden die Rechte des Verfügungsbeklagten massiv beschnitten. Der Verfügungsbeklagte bittet nun um Bekanntgabe sachlicher Gründe, die einer Bescheidung der bestellten Anträge entgegen stehen." Doch auch das ändert nichts. Das Gericht mauert weiter. Ebenso werden Beiordnungsgesuch und Prozesskostenhilfeantrag nicht bearbeitet. Auch das moniert der Anwalt am 22.10.2009 nochmals. Faulheit als Grund der Verweigerung schied aus, denn gleichzeitig erließ das Gericht am 15.10.2009 die erste Vollstreckungsstrafe – Geld zahlen oder 10 Tage Knast bekam der Autor von „Organisierte Unverantwortlichkeit" schon mal verpasst, obwohl immer noch weder verhandelt noch irgend ein Beweis geprüft wurde.*
24.11.2009: *Der Anwalt fragt erneut nach, warum sich in der Hauptsachklage nichts tut. Der Text ist diesmal energischer:[30] „Mit Schriftsatz vom 04.09.2009 beantragte der Verfügungsbeklagte, das Gericht möge den Verfügungsklägern eine Frist zur Klageerhebung in der Hauptsache setzen (§ 926 ZPO). In der Folgezeit ließ der Verfügungsbeklagte mehrfach nachfragen, warum über den Antrag noch nicht entschieden worden ist. Eine Reaktion auf die Anfragen erfolgte nicht. Bis heute ist über den Antrag nach § 926 ZPO nicht entschieden worden. Namens und im Auftrage des Verfügungsbeklagten wird das Gericht hiermit aufgefordert, bis spätestens 03.12.2009 mitzuteilen, welche sachlichen Gründe einer Bescheidung des Antrages vom 04.09.2009 entgegenstehen."*

Die gesetzte Frist ließ das Gericht tatenlos verstreichen. So rollte die Sache auf den 7. Dezember zu, den Tag, an dem die erste Gerichtsverhandlung in Saarbrücken tatsächlich stattfinden sollte. Dort führte die Verweigerung zu einem Befangenheitsantrag gegen das Gericht. Nach wenigen Sekunden war der Prozess vorbei. Das Gericht befand später jedoch: Die Verweigerungen waren völlig okay und die RichterInnen daher nicht befangen.

Tempo, wo es den Gentechnik-FunktionärInnen hilft: Die erste Vollstreckungsstrafe

Dass die verweigerte Fristsetzung zum Hauptsacheverfahren und die erst verschleppte, dann rechtswidrig (siehe OLG-Beschluss[31]) abgelehnte Prozesskostenhilfe keine Folge von Faulheit war, zeigte das Gericht immer dann, wenn es den Gentechnik-FunktionärInnen zu Hilfe kam. Hier ging es schnell – die Knute des Gesetzes wurde ausgefahren. Zwischen dem ersten Urteil am 12.10.2009 und der ersten Bestrafung brauchte das Gericht gerade einmal drei Tage. Am 15.10.2009 fällte es den ersten Vollstreckungsbeschluss:[32] 10 Tage Haft für den Autor der Broschüre. Schon das Datum überraschte, denn schließlich hatte das Gericht am 21.9.2009 einer Verlegung des Termins vom 12.10. nicht zugestimmt mit der Behauptung, dass *„das Gericht in der Kammer-Besetzung nur 14tägig tagt."* Jetzt fiel der nächste Kammerbeschluss schon nach drei Tagen. Der Beschluss erging zudem ohne direkte Anhörung des Betroffenen und übernahm einfach die Angaben der KlägerInnen Schmidt und Schrader. Die behaupteten, dass die Broschüre *„Organisierte Unverantwortlichkeit"* unverändert im Netz zu sehen sei. Das Gericht überprüfte laut Vollstreckungsbeschluss nur, dass die Broschüre dort noch war und behauptete dann einfach: *„Die Broschüre selbst ist in unveränderter Form erreichbar"*. Da glaubte es blind den KlägerInnen. Kein Ausdruck wurde vorgelegt, ein Beweis nie erbracht. Doch der Vollstreckungsbeschluss hielt in dieser Instanz auch ohne Belege.

Tatsächlich hatte der Beklagte, obwohl er gar nicht Inhaber der Internetseite war, wider seiner Überzeugung nach dem Erlass der Verfügung eine neue Version der Broschüre erzeugt und verbreitet. Schrader und Schmidt ging es darum, den Autoren der Broschüre mundtot zu machen – und brav beschloss das Gericht, dass der Beklagte für die Internetseite verantwortlich sei. Geprüft hat es das nie. So blieb dem Beklagten wieder nur die Beschwerde (22.10.2009)[33] und zwei Tage später die Abgabe einer genaueren Begründung.[34]

Während also das Gericht seine zwei Geschwindigkeiten beim Verfolgen eines politisch gewünschten Zieles zeigte, näherte sich der neu geladene Termin des 7.12.2009. Erstmals sollten sich die KontrahentInnen im Gerichtssaal treffen – vor den drei RichterInnen, die ihre Voreingenommenheit und Befangenheit so deutlich gezeigt hatten. Sicherlich gegen eigene Überzeugung gewährten sie dem Beklagten am 2.12.2009 nun auch Fahrtkosten. Unter dem Druck des eindeutigen Beschlusses des höheren Gerichts zur Prozesskostenhilfe wollte das Landgericht wohl keine weiteren Fehler machen.

Außerdem flatterte noch ein Brief der KlägerInnen ins Haus. Schrader und Schmidt ließen die Anwaltskanzlei am 17.11.2009 zum Widerspruch gegen die Vollstreckung Stellung nehmen.[35] Der Text erreichte den Beklagten am 3.12. und war starr vor Hass – ein letzter Beitrag, das Gericht weiter gegen die Person des Beklagten einzuschwören. Argumente fehlten weitgehend. Es ging um die Vollstreckungsstrafe. Denn obwohl noch gar kein Gerichtstermin stattfand, hatte der Autor ja schon die erste Strafe kassiert. Den Beleg, dass verbotene Aussagen im Internet enthalten waren, blieben Schmidt und Schrader jedoch schuldig. Stattdessen beriefen sie sich nun auf die Aussage des Gerichtes, die behauptete Fassung der Broschüre gesehen zu haben – doch niemand konnte sie je vorlegen. Ein Ablauf ganz nach dem Geschmack der Gentechnikfans, die die Beweiserhebung ja umgehen wollten: Jetzt wurde über ein imaginäres Heft verhandelt. Die KlägerInnen sagten dem Gericht, es sei so und so. Das Gericht überprüfte das nicht, sondern beschloss: Ja, es war so. Und darauf stützten dann die Kläger alles Weitere. Als der Beklagte widersprach, warfen sie ihm *„den Tatbestand der üblen Nachrede, wenn nicht gar der Verleumdung"* des Gerichts vor. Der sei erfüllt, stand als Tatsachenbehauptung im Schreiben, obwohl nie ein Gericht dazu geurteilt hatte. Wer einem Gericht widerspricht, verleumdet automatisch, weil das Gericht immer recht hat: *„Der Verfügungsbeklagte bezichtigt das erkennende Gericht mit seinen Ausführungen somit der Lüge"*. Und das ist dann eben auch gleich eine Straftat, so die Logik. Einmal in Fahrt, warfen sie selbst mit Beleidigungen um sich: *„Er ist es nämlich, der unbescholtenen Bürgern kriminelle Handlungen vorwirft, ohne diese Vorwürfe auch nur im entferntesten nachweisen zu können. In diesem Zusammenhang sei erwähnt, dass er in einem der ‚Feldzerstörer-Prozesse' bereits in zweiter Instanz zu einer 6-monatigen Freiheitsstrafe verurteilt wurde.*

Abb.: Auszug aus dem Schreiben vom 17.11.2009

> Es entspricht wohl dem Selbstverständnis des Vollstreckungsschuldners sich ständig und ausschließlich als eigentliches Opfer des Zugriffs einer vermeintlichen Obrigkeit zu sehen, unfähig zu erkennen, dass einzig und allein sein eigenes Verhalten erheblich zu beanstanden ist. Er ist es nämlich, der unbescholtenen Bürgern kriminelle Handlungen vorwirft, ohne diese Vorwürfe auch nur im entferntesten nachweisen zu können.
>
> In diesem Zusammenhang sei erwähnt, dass er in einem der "Feldzerstörer-Prozesse" bereits in zweiter Instanz zu einer 6-monatigen Freiheitsstrafe verurteilt wurde. Dies zeigt doch eindeutig, dass der Vollstreckungsschuldner über keinerlei nennenswerte Selbstreflexion verfügt und sich vielmehr fast ausschließlich der Konstruktion von Verschwörungstheorien widmet.

30 www.projektwerkstatt.de/gen/filz/unterlassung/nachfrage091125hauptsachklage.pdf
31 siehe Fußnote 28
32 www.projektwerkstatt.de/gen/filz/unterlassung/vollstreckungsbeschluss091012.pdf
33 www.projektwerkstatt.de/gen/filz/unterlassung/vollstreckung091022beschwerde.pdf
34 www.projektwerkstatt.de/gen/filz/unterlassung/vollstreckung091024beschwerde.pdf
35 www.projektwerkstatt.de/gen/filz/unterlassung/vollstreckung091117.pdf

Foto der Demonstration vor dem Landgericht Saarbrücken am 7.12.2009.

Dies zeigt doch eindeutig, dass der Vollstreckungsschuldner über keinerlei nennenswerte Selbstreflexion verfügt und sich vielmehr fast ausschließlich der Konstruktion von Verschwörungstheorien widmet." Die Verurteilung wegen einer Feldbefreiung gehörte zwar gar nicht zum Thema, klang aber böse.

7.12.2009: Erstmals vor Gericht

Jeder Akt sollte ein Vorspiel haben – so war es auch hier. Es begann am Sonntag 6.12., 18 Uhr in Saarbrücken im Kultur- und Werkhof und war ein Vortrag über die Seilschaften.[36] Am Folgetag luden Aktion 3. Welt Saar und Attac zu einem Pressegespräch und vor dem Gerichtsgebäude standen DemonstrantInnen, die sich gegen Zensur und die Agro-Gentechnik wehrten (siehe Foto). Eine Überraschung kam aus Berlin: Passgenau zum Prozessauftakt präsentiert das Gen-ethische Netzwerk etwas Neues. Das Gen-ethische Netzwerk schaltete sein Lexikon der Gentechnik-Seilschaften[37] im Internet frei und bewarb es in einer Presseinfo[38] mit Bezug „*zu dem heute in Saarbrücken stattfindenden Prozess gegen den Gentechnik-Kritiker Jörg Bergstedt.*" In der richtigen Ahnung sagten die Autoren der Presseinformation voraus: „*Auch vor Gericht wird an der Sache – dem engen Beziehungsgeflecht zwischen den Behörden und denen, die eigentlich kontrolliert werden sollen – vorbei gestritten.*" So geschah es.

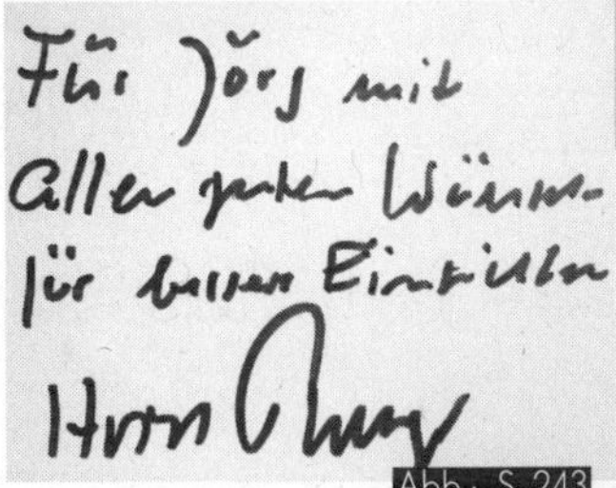

Abb.: S. 243 aus dem Buch „Unterwegs" von Horst Rehberger ... und die Widmung

Der Prozess dauerte nur 30 Sekunden und platzte dann. Uwe Schrader, Chef des Gentechnik-Lobbyverbandes InnoPlanta, hatte da noch gar nicht Platz genommen. Der Anwalt des Beklagten hatte einen Befangenheitsantrag[39] vorgelegt und stichhaltig begründet, dass das Gericht die Sachaufklärung fortgesetzt behindere. Konkreter Anlass war die inzwischen drei Monate andauernde Weigerung, eine Frist zur Hauptsachklage zu setzen (siehe oben). Denn nur im Hauptsacheverfahren wäre eine präzise Aufklärung möglich. Das aber schien das Gericht nicht zu wollen – und so der Befangenheitsantrag. Als zusätzlicher Grund wurden Verschleppung und sozialrassistische Anwandlungen im Umgang mit der Prozesskostenhilfe geltend gemacht. Dieser Antrag musste nun erst einmal bearbeitet werden – und so war das Verfahren schnell zu Ende.

Gut vertreten waren Medien von Rundfunk über Zeitungen bis zu Presseagenturen. Uwe Schrader versuchte nach dem Prozess in seinen Erklärungen, den Spieß umzudrehen und behauptete, dass der Befangenheitsantrag die Aufklärung verhindern solle. Dass die Behinderung von Aufklärung Gegenstand des Antrags war, erwähnte er nicht. Klar dürfte aber sein, dass die Gegenseite den Plan hatte, den Maulkorb schnell und geräuschlos zu verhängen. Ohne die Intervention des Oberlandesgerichtes gegen die rechtswidrigen Ablehnungen der Prozesskostenhilfe durch das Landgericht wäre der Plan vermutlich sogar aufgegangen. Nun aber wirkte das Gericht überrascht, dass Gegenwehr kam und zog deshalb wohl auch schnell die Reißleine.[40] Jetzt musste hinter den dicken Mauern des Gerichts und vielleicht auch in den Seilschaften der Gentechnik ein neuer Plan her, wie dieser Prozess zwar mit Maulkorbverhängung, aber ohne Verhandlung zur Sache zu Ende zu bringen sei.[41]

Nach dem Prozess führten viele Anwesende noch einige Diskussionen vor dem Gebäude – auch mit den anwesenden JournalistInnen. Während Uwe Schrader eher unzufrieden wirkte und seinen Anwalt um Aufklärung zu dem unvorhergesehenen Ablauf bat, signierte der als Zuschauer anwesende Horst Rehberger brav sein Buch „*Unterwegs*", in dem er davon träumt, dass Europa weiter mit seiner Technik die Welt beglücken solle (wie bisher schon?), und mitteilt, dass er mit Uwe Schrader die „*Leidenschaft*" für die grüne Gentechnik teile.

Es gibt Menschen, mit denen man sich von der ersten Begegnung an versteht. Ohne zu wissen, warum. Man hat eben, so heißt es, die gleiche Wellenlänge. Uwe Schrader gehört für mich dazu. Trotz eines Altersunterschieds von 21 Jahren haben wir uns sofort verstanden. 1991 begegneten wir uns zum ersten Mal. Er war Vorsitzender des FDP-Kreisverbandes Oschersleben und lud mich dorthin ein. Natürlich sagte ich zu. Inzwischen sind fast 17 Jahre ins Land gegangen. Auch in diesem Falle ist es kaum noch möglich, all die Begegnungen und politischen Veranstaltungen zu zählen, auf die wir gemeinsam zurückblicken. In der Jahren 2002 – 2006 war er als wirtschaftspolitischer Sprecher der FDP-Fraktion im Magdeburger Landtag mein „Gegenpart". Wäre das schön, wenn man immer einen solchen „Gegenpart" hätte! Seit 1999 verbindet uns über die politische Leidenschaft hinaus die Leidenschaft für die Grüne Biotechnologie und die Grüne Gentechnik. In einer Welt, deren Bevölkerung nach wie vor rasant wächst und in wenigen Jahrzehnten weit mehr als neun Milliarden Menschen umfassen wird, wäre es ganz und gar unverantwortlich, auf die Chancen der Grünen Gentechnik zu verzichten. Hinzu kommt, dass der Klimawandel

Das Nachspiel zum 7.12. als Vorspiel zum nächsten Verhandlungstermin

Der Druck auf das Gericht wirkte: Schrader und Schmidt wurde eine Frist von 14 Tagen zur Erhebung der Hauptsachklage gesetzt.[42] Jetzt mussten sie sich entscheiden – ein umfangreiches Verfahren, in dem alles genau geprüft werden würde, oder klein beigeben! Sie entschieden sich – möglicherweise nach Vorabklärungen mit dem Gericht – für die große Auseindersetzung und reichten Hauptsachklage ein.[43] Jetzt hätte es spannend werden können – aber das genau wollte das weiter befangene Gericht ja nicht und entwickelte einen neuen Plan. Wussten Schrader und Schmidt davon bereits, als sie Hauptsachklage einreichten?

Absurderweise fällte die gleiche Kammer in diesem neuen Verfahren die ersten Beschlüsse. Im Eilverfahren lief gerade ein Befangenheitsantrag, bei der Hauptsache machten die gleichen Personen am gleichen Thema einfach weiter. Formal korrekt, aber eben ein Zeichen, wie wirklichkeitsfremd Justiz ist. Auch sonst ging zunächst alles seinen formalen Lauf: Die RichterInnen gaben nichtssagende Erklärungen zum Befangenheitsantrag ab[44] – und schließlich wurde die Befangenheit abgelehnt.[45] Da hackt eine Krähe der anderen kein Auge aus. Anwalt Döhmer legte wieder Beschwerde[46] ein (was bleibt einem sonst?) und reichte die – wie immer zusammen mit dem Beklagten erstellte – Begründung am 22.1.2010[47] nach. Doch auch das höhere Gericht OLG fand diesmal alles völlig in Ordnung.[48] Sozialrassismus, Verschleppung in politischer Absicht ... das ist schlicht normal. Wahrscheinlich haben sie sogar recht. Am 12.3.

36 www.projektwerkstatt.de/gen/filz/veranstaltungen/091206sb.pdf
37 http://gen-ethisches-netzwerk.de/lexikon
38 http://gen-ethisches-netzwerk.de/gen/2009/transparenz-mittelvergabe-fuer-gentechnikforschung-wuerde-zeichen-setzen
39 www.projektwerkstatt.de/gen/filz/unterlassung/befangen091207.pdf
40 Gerichtsprotokoll unter www.projektwerkstatt.de/gen/filz/unterlassung/protokoll091207.pdf
41 Berichte auf http://de.indymedia.org/2009/12/268231.shtml, ddp (www.news-adhoc.com/verfahren-gegen-gentechnik-kritiker-vertagt-idna2009120769524/) und in der Saarländischen Zeitung (www.saarbruecker-zeitung.de/aufmacher/lokalnews/Gericht-Oeko-Aktivist-Maulkorb-Gentechnikkritiker-Zivilprozess;art27857,3126572).
42 www.projektwerkstatt.de/gen/filz/unterlassung/frist_hauptsachklage.pdf
43 www.projektwerkstatt.de/gen/filz/ge091221.pdf
44 www.projektwerkstatt.de/gen/filz/unterlassung/091209dienst_erkl.pdf
45 www.projektwerkstatt.de/gen/filz/unterlassung/abl100104befangenheit.pdf
46 www.projektwerkstatt.de/gen/filz/unterlassung/beschwerdel100111befangenheit.pdf
47 www.projektwerkstatt.de/gen/filz/unterlassung/lg100122befangenheit_erg.pdf
48 www.projektwerkstatt.de/gen/filz/unterlassung/olg100208abl_befangenheit.pdf

setzte das, formal nun von jeglichem Befangenheitsverdacht reingewaschene Gericht den nächsten Termin fest:[49] Montag, 29.3., um 12 Uhr. Gleicher Ort. Derweil riss der Briefeschreibfluss, den ein solches Verfahren auszeichnet, nicht ab. Während der Befangenheitsantrag durch die Instanzen getrieben wurde, erwiderte der Beklagte am 24.2.2010[50] die Hauptsachklage und legte nun das angekündigte, umfangreiche Beweismaterial vor: Dicke Aktenordner wechselten per Paket den Besitzer. Darauf schickten die KlägerInnen am 22.3. ein Schreiben zur Klageergänzung.[51] Der Kurs der KlägerInnen blieb trotz Hunderter Originalquellen gleich: Nichts sei belegt und über die Broschüre werde nicht geredet. Offenbar schien ihnen diese nur schwer angreifbar. Verboten werden sollten die zentralen Aussagen und Bewertungen aber trotzdem.

Auf ein Neues: Gerichtsverhandlung am 29.3.2010

Auch diesmal hatte alles wieder in kleines Vorspiel. Am Freitag, den 26. März, lief um 19 Uhr im BioFrischMarkt Saarbrücken der Vortrag „Monsanto auf Deutsch" zu den Gentechnik-Seilschaften. Als es dann losgehen sollte, waren wieder einige UnterstützerInnen gekommen – leider erneut nur Wenige aus Saarbrücken selbst. Das sollte sich ändern, fanden viele, denn auf Dauer sei es nicht zumutbar, dass Menschen solch lange Strecken fahren (diesmal waren u.a. Unterstützer vom Bodensee und nahe Stuttgart dabei).

Der zweite Verhandlungstag dauerte knapp eine halbe Stunde – obwohl jetzt sogar zwei Verfahren in einem abgewickelt wurden. Denn es war der zweite Termin im Eilverfahren und der erste im neuen, inzwischen ja eröffneten Hauptsacheverfahren . Wieder wurden nur die eigentlich schon ausgetauschten Schriftstücke erwähnt, die schon gestellten Anträge nochmal gestellt. Das hat allein formale Ursachen, denn Anträge müssen mündlich benannt werden, sonst zählen sie nicht. Das Gericht wusste immer schon, wer was vorschlägt und legte den beiden Anwälten die Formulierungen in den Mund.[52]

Am Ende legte das Gericht dann für den 26.4. um 9 Uhr, Saal 114 im Nebengebäude des Landgerichts einen Verkündungstermin fest. Was sie dort verkünden wollten, verrieten sie nicht. Dass es bereits das Ende von Allem sein würde, ahnte niemand. Denn Beweise waren noch keine erhoben. Und sollten es auch nicht. Das Gericht blieb der alten Linie treu – auch im eigentlich der umfangreicheren Beweiserhebung dienenden Hauptsacheverfahren: Maulkorb verhängen ohne Prüfung in der Sache!

Das strebten auch die KlägerInnen an, die ihre Anwälte am 16.4.2010[53] nochmal Stellung nehmen ließen. Denen lagen jetzt alle Quellen in einem dicken Aktenordner vor,[54] dennoch wurde weiter behauptet, es gäbe keine Belege zu den untersagten Formulierungen. Darum schickte auch der Beklagte am 19.4.2010[55] nochmal ein Schreiben, in dem zu allen verbotenen Aussagen noch einmal die gesamten Beweise und Quellen zusammengestellt waren. Dieses Schreiben bildete, weil entsprechend den untersagten Passagen sortiert, die übersichtlichste Gegendarstellung zur Maulkorbklage.

Das Urteil erster Instanz

26.4.2010: Der Schock – keine Beweisaufnahme und schon alles vorbei!

Foto: Zweite Verhandlung – und wieder demonstrierten GentechnikkritikerInnen vor dem Landgericht.

Was am 26.4. dann verkündet wurde, war selbst für die, die das Gericht von Anfang an als befangen erlebt hatten, überraschend. Die drei RichterInnen fällten nämlich bereits das Urteil im Hauptsacheverfahren. Der Maulkorb wurde wunschgemäß verhängt. Ohne jegliche Erörterung, Beweiserhebung oder Vernehmung von ZeugInnen fiel in einem Hauptsachverfahren ein Urteil.[56] Und das hatte es in sich: Etliche Tatsachenbehauptungen wurden einfach zu Meinungen umgedeutet, um ihren Wahrheitsgehalt nicht überprüfen zu müssen. Dabei hatten selbst die KlägerInnen zu Beginn am 30.9.2009 ausgeführt:[57] *„Tatsachen sind solche Sachverhalte, die dem Beweis zugänglich sind, dies ist bei den o. g. Passagen des Dokuments der Fall, es handelt sich mithin um Tatsachenbehauptungen."* Sie wiederholten das bis zum Schluss, nämlich auch noch in ihrem letzten Schriftsatz vom 16.4.2010 (Fehler im Original):[58] *„Hinsichtlich der streitgegenständlichen Passagen wird nach wie vor davon ausgegangen, dass es sich hierbei um Tatsachenbehauptungen, welche dem Beweis zugänglich sind und nicht um Werturteile handelt, welche auf einer persönlichen Meinung beruhen. Hiervon geht der Verfügungsbeklagte im Übrigen selbst aus, da er davon spricht, dass bei der in der ‚Broschüre mitgeteilten Tatsachen sorgfältig recherchiert worden sind und der Wahrheit entsprechen'."* Damit hatten sie völlig recht. Doch obwohl KlägerInnen und Beklagte sich hier einig waren, fällte das Gericht genau die gegenteilige Entscheidung. Aus fast allen Tatsachenbehauptungen wurden zunächst Meinungsäußerungen, um die Belege gar nicht mehr anschauen zu müssen. Sodann deutete das Gericht alles zu unerlaubten Schmähkritiken um, damit die Meinungsfreiheit nicht mehr greift. *„Offensichtlich ist, dass das Gericht durch solche Umdeutung eine Beweiserhebung, wie sie für Tatsachenbehauptungen notwendig wäre, verhindern und so den Verfügungsklägern auf nicht zulässige Art zum Erfolg verhelfen und gleichzeitig vor einem genaueren Blick hinter die Kulissen ihres Wirkens schützen wollte"*, schrieb der Anwalt des Beklagten später in der Berufung.[59]

Propaganda – kommt nur in Diktaturen vor

Das einzige, was dem Landgericht überhaupt gelang, war eine beachtliche Phantasie im Verdrehen von Recht. Denn ganz so einfach war das nicht, aus Begriffen wie Propaganda oder Geldwäsche eine Schmähkritik zu basteln, um das Schreiben des Beklagten vom 19.4.2010[60] mit genauen Erklärungen dieser Vorwürfe wegzuwischen. Dem Gericht gelang das wie folgt: Zunächst wurde der Inhalt einer Tatsachenbehauptung umgedeutet, anschließend die Meinungsäußerung im zweiten Schritt zur Schmähkritik aufgewertet. So gelangt es, selbst den Begriff *„Propaganda"* zu verbieten. Das eigentlich harmlose, in Literatur und Medien vielfach benutzte Wort wurde im Urteil zum Begriff für Manipulation umdefiniert, der nur in diktatorischen Systemen gebräuchlich sei. Dann leitete das Gericht aus dieser willkürlichen und mit nichts belegten Definition die

49 www.projektwerkstatt.de/gen/filz/unterlassung/ladung100329.pdf
50 www.projektwerkstatt.de/gen/filz/unterlassung/hauptsachklageerwiderung.pdf
51 www.projektwerkstatt.de/gen/filz/unterlassung/klage100322erg.pdf
52 Protokoll der Verhandlung unter www.projektwerkstatt.de/gen/filz/unterlassung/100329protokoll.pdf
53 www.projektwerkstatt.de/gen/filz/unterlassung/stellungnahme100416klaeger.pdf
54 Download aller Dokumente dieser Akte über www.projektwerkstatt.de/gen/filz__brosch.htm (Quellen).
55 www.projektwerkstatt.de/gen/filz/unterlassung/stellungnahme100419beklagte.pdf
56 www.projektwerkstatt.de/gen/filz/unterlassung/urteil100426.pdf
57 www.projektwerkstatt.de/gen/filz/unterlassung/br090930.pdf
58 www.projektwerkstatt.de/gen/filz/unterlassung/stellungnahme100416klaeger.pdf
59 www.projektwerkstatt.de/gen/filz/unterlassung/berufungsbegr.pdf
60 siehe Fußnote 55

Ungerechtfertigtheit des Vorwurfs ab, um ihn folglich als Schmähkritik zu untersagen. Es wäre für das Gericht einfach gewesen, den allgemeinen Gebrauch und den Sinngehalt des Begriffes „*Propaganda*“ zu prüfen. Er steht in vielen Medien, z.B. in einem Bericht in „Der Spiegel“ für Werbung der Atomkraftindustrie an Schulen:[61] „*Der Unterrichtsbogen zur Kernenergie wirkt jedenfalls wie ein Propagandapapier der Atomlobby und das ist er auch.*“ Die Neue Rheinische Zeitung[62] bezeichnete Äußerungen des Präsidentschaftsbewerbers Joachim Gauck am 7.7.2010 als „*Neoliberale Propaganda*“. In Braunschweig heißen sogar gewöhnliche Werbeagenturen so – alles Diktatur? Lexika wird das Gericht auch nicht benutzt haben. So gibt es beispielsweise in der Internetenzyklopädie „Wikipedia“ keinerlei Hinweise auf die Verwendung nur in Diktaturen.

Foto: Straßenschild einer Werbeagentur in Braunschweig

Definition auf Wikipedia[63]
Propaganda bezeichnet einen absichtlichen und systematischen Versuch, Sichtweisen zu formen, Erkenntnisse zu manipulieren und Verhalten zu steuern, zum Zwecke der Erzeugung einer vom Propagandisten erwünschten Reaktion. Der Begriff ‚Propaganda' wird vor allem in politischen Zusammenhängen benutzt; in wirtschaftlichen spricht man eher von ‚Werbung', in religiösen von ‚Missionierung'. Nicht jedes politisch werbende Handeln ist Propaganda; z.B. werden Sichtweisen auch unbeabsichtigt durch erfahrene Wohltaten oder beobachtete Verdienste geformt. Propaganda im modernen Sinne ist demgegenüber eine eigens zur Beeinflussung, Manipulation und Herrschaftssicherung eingesetzte Werbetechnik. Entscheidend ist dabei die geschickte Auswahl und gegebenenfalls die Manipulation der Nachricht und nicht ihr Wahrheitscharakter. Durch die Monopolisierung der Propaganda in diktatorischen Regimen – insbesondere des Nationalsozialismus und Stalinismus – erhielt der Terminus einen stark pejorativen Charakter. Dennoch ist die gezielt einseitige Darstellung von Informationen eine gängige Praxis, auch in Demokratien.

Ex-Report-Moderator Franz Alt am 13.6.2010 zur Ölkatastrophe im Golf von Mexiko[64]
Was BP trotz aller grüner Propaganda wirklich treibt, können wir seit sieben Wochen jeden Abend in der Tagesschau beobachten.

Wie „abwegig“ (spätere OLG-Bewertung des Landgerichtsurteils) diese Argumentation war, kann jedeR selbst nachprüfen, z.B. auf www.google.de/news oder www.paperball.de aufrufen und den Begriff „*Propaganda*“ als Suchbegriff auf den Pressesuchmaschinen eingeben, gerne auch in Verbindung mit anderen Begriffen. Die Liste ist lang und besteht aus Einträgen in deutschsprachigen Medien. Leben wir in einer Diktatur oder hat die 9. Kammer des Landgerichts Saarbrücken schlicht nicht alle Tassen im Schrank?

Geldwäsche ist doch ganz anders gemeint

Ganz ähnlich ging das Gericht im Fall des Begriffs „*Geldwäsche*“ vor. Dieser Begriff bezeichnet das Reinwaschen gesetzwidrig erhaltener Gelder. Genau das hatte der Beklagte auch gemeint und umfangreiches Beweismaterial vorgelegt, dass tatsächlich gegen Förderbestimmungen verstoßen und mit Fördergeldern betrogen wurde. Offenbar wollte das Gericht vermeiden, diese Beweise zu sichten, wäre doch dann den KlägerInnen die Veruntreuung von Fördermitteln nachgewiesen worden. So definierte das Gericht den Begriff einfach um, ohne dazu Beweise zu erheben und auch gegen die ausdrückliche Aussage des Beklagten: „*Der Begriff der Wäsche von Steuergeldern ist ebenfalls nicht in klassischem Sinne der Geldwäsche zu verstehen. Es ist vielmehr ein sprachliches Mittel in der Bezugnahme von Gehirnwäsche zu Geldwäsche.*“ Doch diese Vermengung der Begriffe „*Gehirnwäsche*“ und „*Geldwäsche*“ geschah völlig zusammenhanglos. An keiner Stelle führt das Gericht dafür einen Beleg an. Tatsächlich hatte der Beklagte die Veruntreuung von Steuermitteln genau beschrieben, belegt und sogar Strafanzeige erstattet – was aber von den zuständigen Staatsanwaltschaften nie verfolgt wurde. Das Verrühren der beiden Begriffe erfolgte, um nun auch diese Tatsachenbehauptung zur Meinungsäußerung umdefinieren zu können. Eine Beweiserhebung entfiel dann. Im zweiten Schritt behauptete das Gericht, es handele sich bei „*Geldwäsche*“ wie bei „*Propaganda*“ um eine unzulässige Schmähkritik. Zudem übersah es die für solche Wertungen längst vorliegende Rechtsprechung, um den Maulkorb verhängen zu können.

Wenn es anders besser passte, bezog das Gericht im Urteil die gegenteilige Auffassung: „*Bei der Aussage ‚Die Beteiligten sacken für ihre dubiosen Firmenkonstrukte umfangreiche Förder- und Steuergelder ein.' handelt es sich wiederum um eine Tatsachenäußerung. Es ist dem Beweis zugänglicb, inwieweit die beteiligten Untemehmen und Personen Zahlungen erhalten.*“ Also los, mag mensch denken: Zahlen angucken! Aber nicht so das Gericht. In die dicken Quellen-Aktenordner schauten die RobenträgerInnen nämlich lieber nicht hinein – und zu der am 19.4.2010 eingereichten Zuordnung der Belege zu den einzelnen Vorwürfen behauptete es sicherheitshalber, der „*Schriftsatz vom 19.04.2010*“ sei diesbezüglich „*nicht mehr zuzulassen*“. Frei jeglichen Wissens und jeglicher Beachtung der Schriftsätze des Beklagten urteilte das Gericht einfach: „*Auch hier hat der Beklagte keine konkrete Zahlung, die zu einem näher bestimmten Zeitpunkt geflossen sein soll, dargelegt, so dass ihm eine entsprechende Äußerung zu untersagen war.*“ Tatsächlich sind die Zahlen sogar schon in der Broschüre[65] „*Organisierte Unverantwortlichkeit*“ enthalten und mit den dicken Quellenordnern auch belegt worden. JedeR kann selbst die Broschüre aufschlagen und z.B. auf Seite 13 der zweiten Auflage, die vor Gericht verhandelt wurde, eine lange Liste von Zahlungen sehen; ebenso auf Seite 20 (Zahlungen an InnoPlanta). Das Gericht guckte dort nie hinein, behauptete dann aber frech, es sei nichts benannt worden.

Das gesamte Urteil strotzte von solchen Umdeutungen. Selbst das Wort „*Macher*“ und die Erwähnung von Schraders FDP-Mitgliedschaft verkamen jetzt zu einer unzulässigen Schmähkritik, aufgeladen mit allerlei vom Gericht frei erfundenen Inhalten, die diese unscheinbaren Wörtchen so alles aussagen sollten. Ist „*FDP*“ ein Schimpfwort?

Beweise ignorieren, immer neue einfordern und diese dann „nicht mehr zulassen“

Einer der auffälligsten Punkte ist der Umgang von KlägerInnen und Gericht mit den vorgelegten Beweisen. Die Ordner wurden von den Kläge-

61 www.spiegel.de/spiegel/0,1518,692880,00.html
62 www.nrhz.de/flyer/beitrag.php?id=15355
63 http://de.wikipedia.org/wiki/Propaganda
64 www.oekonews.at/?mdoc_id=1051151
65 www.projektwerkstatt.de/gen/filz/brosch.pdf

rInnen ignoriert und in den Schriftsätzen penetrant behauptet, es seien keine Belege vorgelegt worden, so am 22.3.2010 (Fehler im Original):[66] *„Tatsachen sind solche Sachverhalte, die dem Beweis zugänglich sind, dies ist bei den o. g. Passagen des Dokuments der Fall, es handelt sich mithin um falsche Tatsachenbehauptungen. Den Beklagten träfe vorliegend die Darlegungs- und Beweislast für die Wahrheit der behaupteten Tatsachen.“* Etwas weiter unten schrieben sie: *„Für die Wahrheit dieser Aussagen bietet der Beklagte jedoch keinerlei Beweis an. Die bisher angebotenen Beweismittel sind zum Beweis der streitgegenständlichen Behauptungen des Beklagten ungeeignet. Der Vortrag liegt neben der Sache.“*

Aufgrund dieser nochmaligen Aufforderung stellte der Beklagte die bereits vorgelegten Beweise nun so zusammen, dass sie zu jeder angegriffenen Behauptung die Belege passend zusortierten. Dazu war der Beklagte nicht verpflichtet. Er hatte Belege für alle Aussagen in der Broschüre „*Organisierte Unverantwortlichkeit*“ vorgelegt und passend zur Broschüre (Seitenzahlen und Fußnoten) sortiert. Da die Broschüre auch die angegriffenen Passagen enthielt, waren die Belege folglich ordnungsgemäß ins Verfahren eingebracht. Doch die KlägerInnen behaupteten – wie das Gericht im Urteil später auch – es sei nichts belegt worden. Offenbar hatten sie den Belege-Ordner nie angeguckt oder es taktisch für sinnvoller erachtet, ihn nicht zu erwähnen. So entschloss sich der Beklagte, noch einmal die jeweils zu den angegriffenen Passagen gehörenden Belege sortiert zusammenzustellen.[67] Die Zusammenstellung war eingeleitet mit den erklärenden Worten: *„Obwohl es aus den genannten Gründen, vor allem weil in der Broschüre ‚Organisierte Unverantwortlichkeit' und den vorgelegten Quellen bereits ausreichende Beweise enthalten sind, überflüssig ist, diese nochmals vorzutragen, sollen im Folgenden die bereits vorgetragenen Beweise zu den einzelnen streitgegenständlichen Äußerungen noch mal aufgeführt werden. Die Äußerungen sind dabei in der Reihenfolge aufgeführt, wie sie in der Klage enthalten sind.“*

Daraufhin kam das Urteil – und was machte das Gericht? Es behauptete zum einen weiterhin, es seien keine Belege erbracht worden. Dann aber setzte es noch einen drauf und wischte das Schreiben vom 19.4.2010[68] einfach weg: *„Soweit der Beklagte im Schriftsatz vom 19.04.2010 neuen Sachvortrag bringt, der keine Erwiderung auf das Vorbringen der Kläger im Schriftsatz vom 22.03.2010 darstellt, war er wegen § 296a ZPO nicht mehr zuzulassen“*. Dabei war völlig eindeutig, dass die KlägerInnen selbst am 22.3.2010 gefordert hatten, dass den Beklagten *„die Darlegungs- und Beweislast für die Wahrheit der behaupteten Tatsachen“* treffe. Genau das erfüllte der Beklagte mit dem Schreiben vom 19.4.2010. Trotzdem stellte das Gericht nebulös in den Raum, dass der Sachvortrag *„neu“* und *„keine Erwiderung auf das Vorbringen der Kläger“* sein könnte, deshalb *„nicht mehr zuzulassen“* sei. Was genau das Gericht damit meinte, blieb im Unklaren. Da aber im Urteil zu allen Punkten behauptet wurde, es seien keine Belege vorgebracht worden, muss angenommen werden, dass das Gericht mit diesem Trick einfach alle Belege wegdefiniert hat. Die Existenz der umfangreichen Belegeordner war im Urteil auch nirgends mehr erwähnt. Offenbar hatte das Gericht erkannt, dass die Quellenlage sehr gut war – und wollte sich lieber nicht damit beschäftigen. Möglicherweise hat das Schreiben vom 19.4.2010 das Gericht sogar erst dazu gebracht, schnell und ohne weitere Beschäftigung mit den Sachfragen auch im Hauptsacheverfahren zu entscheiden. Hatte es die dicken Quellenordner bislang einfach nur missachtet, so musste es durch den Schriftsatz vom 19.4. doch erkennen, dass die Kritik an den Gentechnik-Seilschaften schlicht hieb- und stichfest erfolgt war. Die öffentliche Schmach, dieses in einem Urteil festzustellen, wollte das Gericht – wahrscheinlich absprachegemäß – aber verhindern. So urteilte es einfach ohne irgendeine Prüfung oder Erhebung von Beweisen.[69]

Die nächste Instanz

Vorverfahren und Aktionen in Saarbrücken

Die einseitige Vorgehensweise des Landgerichts und das Ende jeder Meinungsfreiheit in der Kritik an den Gentechnik-Seilschaften sollte aber nicht das Ende sein. Der Beklagte legte am 25.5.2010 Berufung ein.[70] Darin wurden die verschiedenen Punkte des Urteils moniert. Der Autor von „*Organisierte Unverantwortlichkeit*“ verband mit seinem Gang in die zweite Instanz die Hoffnung, dass die Rehberger'schen Anwaltskontakte und Justizdrähte nicht in alle Instanzen reichen würden. Falls doch – Rehberger war immerhin Stellvertreter des Staatsgerichtshofs-Vizepräsidenten im Saarland –, war er auch wild entschlossen, sein Recht auf Meinungsfreiheit noch eine weitere Runde, dann vor dem Verfassungsgericht, zu erkämpfen. Aber dazu sollte es nicht mehr kommen.

Zunächst trudelte die Ladung zur nächsten Runde ein.[71] Das Oberlandesgericht Saarbrücken setzte die Verhandlung für Mittwoch, 25.8.2010 an. Dann folgte der übliche, schriftliche Schlagabtausch. Schmidt und Schrader ließen ihre Rechtsanwälte auf die Berufung am 30.7.2010 antworten, noch einmal, und trotz vorgelegter dicker Aktenordner voll Belegen und Quellen, mit der gebetsmühlenartigen Behauptung:[72] *„Die von dem Verfügungsbeklagten vorgelegten bzw. benannten Beweismittel sind zum Beweis der streitgegenständlichen Behauptungen jedoch völlig ungeeignet, die von ihm aufgestellten beleidigenden und diffamierenden Aussagen überhaupt darzulegen geschweige denn zu beweisen.“* Der Anwalt des Beklagten schickte noch einmal eine kurze Erwiderung.[73] Dann ging es nach Saarbrücken, wo zunächst ein mehrtägiges Vorprogramm ablief. Die SaarbrückerInnen hatten ihre Ankündigung, diesmal stärker mitmischen zu wollen, wahr gemacht. Erstmals bereitete ein kleines Bündnis von Gruppen und Einzelpersonen Aktionen vor. Die starteten am Samstag, den 21.8. um 10.30 Uhr in der Bahnhofstraße mit zwei Großpuppen gegen Agro-Gentechnik und Kritikverbote, auch wurde per Flyer zur Gerichtsverhandlung mobilisiert. Die DemonstrantInnen hatten eine Schubkarre mit Kartoffeln und Trommeln dabei. Am 23.8. um 19 Uhr war dann der Beklagte in der Biobar Saarlouis selbst vor Ort mit seinem Vortrag *„Monsanto auf Deutsch – Seilschaften zwischen Behörden, Firmen und Forschung“*.[74] Einen Tag später griff

Foto: 25.8.2010 in Saarbrücken – Aktionen diesmal vor dem Oberlandesgericht (OLG).

66 www.projektwerkstatt.de/gen/filz/unterlassung/klage100322erg.pdf

67 Schreiben vom 19.4.2010, S. 4-39: siehe Fußnote 55

68 www.projektwerkstatt.de/gen/filz/unterlassung/stellungnahme100419beklagte.pdf

69 Kommentiertes Urteil: www.projektwerkstatt.de/gen/filz/unterlassung/urteil100426kommentiert.pdf

70 www.projektwerkstatt.de/gen/filz/unterlassung/berufungsbegr.pdf

71 www.projektwerkstatt.de/gen/filz/unterlassung/ladung100825.pdf

72 www.projektwerkstatt.de/gen/filz/unterlassung/olg100730sch.pdf

73 www.projektwerkstatt.de/gen/filz/unterlassung/olg100816erg.pdf

74 www.projektwerkstatt.de/gen/filz/unterlassung/plakat100823.pdf

75 http://de.indymedia.org/2010/08/288400.shtml

76 www.projektwerkstatt.de/gen/filz/unterlassung/olg100825urteil.pdf

77 www.projektwerkstatt.de/gen/filz/unterlassung/olg100825protokoll.pdf

78 www.nh24.de/index.php?option=com__content&view=article&id=35895:umstrittene-gentechnikberichte-bleiben-straffrei&catid=22:allgemein&Itemid=59

die Autorin und Aktivistin Hanna Poddig in das Geschehen ein. Um 19 Uhr luden regionale Gruppen ins Haus der Gewerkschaften zu einer Lesung aus ihrem Buch „*Radikal mutig*" ein – umrahmt von spannenden Debatten über Lebensentwürfe und Widerstandsideen. Danach noch einmal schlafen und dann früh raus zu einem von Attac und der Aktion 3. Welt Saar im Haus der Umwelt eingeladenen Pressegespräch, während draußen eine erneute Straßenaktion mit den Großpuppen und Trommeln begann, die sich langsam Richtung Oberlandesgericht bewegte. Dort gab es Aktionen auf dem Gehsteig vor dem OLG-Eingang. Schließlich nahte 11 Uhr, der Beginn der Verhandlung. Es war höchste Zeit, durch die Sicherheitschecks des Eingangs zu schlüpfen. Frisch abgetastet erreichten die Anwälte der beiden Seiten und der beklagte Autor der Seilschaften-Broschüre zusammen mit 35 BesucherInnen den Gerichtssaal. Die Stühle reichten nicht – und so mussten einige stehen. Sie werden es gern gemacht haben, denn der Ablauf der Verhandlungen war ein Sieg der freien Meinungsäußerung, ein Denkzettel für die Gentechnik-Seilschaften und, wie es der Anwalt des Beklagten, Tronje Döhmer, klar formulierte, ein Rettungsanker für etwas selten Gewordenes – den gut recherchierten, investigativen Journalismus.

Die Verhandlung: Ein glatter Sieg!

Dann die Verhandlung, zitiert aus einem Bericht Anwesender:[75]

Das Saarbrücker Oberlandesgericht folgte in allen Punkten der Argumentation Bergstedts und seines Anwalts Tronje Döhmer. Die Auffassung des Landgerichts sei ‚abwegig', konstatierte der Vorsitzende Richter schon zu Beginn der Verhandlung. Der Vorwurf der ‚Schmähkritik' gegen die Kläger sei nicht haltbar. Alle vorgetragenen Fakten seien sorgfältig recherchiert, und die daraus folgenden Bewertungen deshalb nicht zu verbieten gewesen. Selbst in dem Punkt, in dem Bergstedt Schrader vorwirft, Demonstranten ‚gekauft' zu haben, um für Gentechnik zu protestieren, bestätigt das Gericht ‚eine tatsächliche Grundlage für die Äußerungen' des Angeklagten. Eine Revision wurde nicht zugelassen. ‚Diese deutliche Abfuhr des Oberlandesgericht an das Landgericht stärkt meinen Verdacht, dass das Landgericht völlig ohne Grundlage handelte, und das Ganze ein abgekartetes Spiel war', erklärte Jörg Bergstedt zufrieden. Von den über 30 UnterstützerInnen, die den Beklagten vors Gericht begleitet hatten, gab es nach der Urteilsverkündung spontanen Applaus.

In der Tat: Die Erleichterung war vielen Anwesenden deutlich anzusehen. Das schräge Urteil der ersten Instanz hatte Ohnmacht erzeugt angesichts derartiger Ignoranz von Oben. Die brutale Durchsetzung der Agro-Gentechnik war schon schlimm genug. Jetzt sollte auch noch die Kritik daran verboten sein? Nein, sagte das OLG schon in den einleitenden Worten sowie dann im Urteil.

Rechts: Aus dem Urteil vom 25.8.2010 zu ausgewählten Klagepunkten[76]

Zu dem Kontext der beanstandeten Äußerungen gehören eine Reihe von Tatsachenbehauptungen, deren Richtigkeit die Verfügungskläger nicht in Abrede stellen. Diese bestreiten insbesondere weder ihr verantwortliches Mit- und Zusammenwirken bei mehreren Projekten des Einsatzes von Gentechnik in der Agrarwirtschaft noch die vom Verfügungsbeklagten geschilderten Einzelheiten der im Zusammenhang mit diesen Projekten geflossenen Förder- und Forschungsmittel.

(4) Soweit der Verfügungsbeklagte den konkreten Verdacht der „Veruntreuung großer Mengen von Steuergeldern", der „Verschiebung von Steuermitteln in undurchsichtige Firmengeflechte" und der „Geldwäsche" erhebt, stellt auch dies sich als dessen Schlussfolgerung aus den Schilderungen der unternehmerischen Tätigkeit der Verfügungskläger und der Praxis bei der Vergabe von Förder- und Forschungsmitteln dar, die er als Verdachtsmomente für eine sachlich nicht gerechtfertigte Inanspruchnahme von Fördermitteln und Steuergeldern qualifiziert. Den Verfügungsklägern die Verwirklichung der Straftatbestände des § 261 StGB oder des § 266 StGB zu unterstellen, lag erkennbar nicht in der Absicht des juristisch nicht versierten Verfügungsbeklagten (vgl. zur Abgrenzung bei der Verwendung von Rechtsbegriffen BGH, Urt. v. 3.2.2009 – VI ZR 36/07 – NJW 2009, 1872 – „Fraport/Manila").

Da es dem Verfügungsbeklagten primär darum ging, auf die aus seiner Sicht bestehenden Gefahren beim Einsatz vom Gentechnik in der Agrarwirtschaft aufmerksam zu machen, fallen die beanstandeten Äußerungen nicht unter den im oben beschriebenen Sinne eng gefassten Begriff der Schmähkritik. Die damit gebotene Interessenabwägung, nach der sich entscheidet, ob die Freiheit der Meinungsäußerung oder der Schutz der persönlichen Ehre Priorität genießt, fällt zu Lasten der Verfügungskläger aus.

Der Einsatz von Gentechnik in der Agrarwirtschaft ist ein Thema von besonderem öffentlichem und gesellschaftspolitischem Interesse. Den Verfügungsklägern ist zwar zuzugeben, dass die streitigen Äußerungen, insbesondere soweit sie Formulierungen wie „Gentechnik-Mafia" und „Seilschaften bei ... Fördermittelveruntreuung" verwenden, ihre Ehre in besonders massiver Weise beeinträchtigen. Sie sind hiervon aber nicht in erster Linie als Privatpersonen betroffen, sondern als Unternehmer, die in dieser Eigenschaft auch öffentliche Gelder in Anspruch nehmen. Deshalb müssen sie sich einer öffentlichen Auseinandersetzung mit ihrer unternehmerischen Tätigkeit stellen und dabei auch scharfe Kritik hinnehmen.

Abb.: Aus dem Protokoll vom 25.8.2010[77]

Der Vorsitzende führt in den Sach- und Streitstand ein. Er erläutert, die sich auf den Gesichtspunkt der Schmähkritik stützende Entscheidung des Landgerichts Saarbrücken sei rechtlich nicht haltbar.

Im Übrigen gehe es um eine Abwägung zwischen dem Persönlichkeitsrecht der Kläger/Verfügungskläger und der Meinungsfreiheit des Beklagten/Verfügungsbeklagten. Da es sich um eine Angelegenheit von allgemeinem Interesse und eine öffentliche Diskussion um ein wichtiges Anliegen handele, gelte die Vermutung der Freiheit der Rede. Das Problem von Schärfungen und Überspitzungen wird angesprochen. Die Abgrenzung von Wertungen und Tatsachenbehauptungen wird angesprochen.

Der Senat erläutert, dass lediglich die Äußerung, in der es um den Kauf von Demonstranten gehe, als Tatsachenbehauptung betrachtet werden könne, auch wenn sie im Zusammenhang von Wertungen stehe. Die Tatsachenbehauptung beruhe aber auf einer Recherche. Im Übrigen sei sie nicht einmal substantiiert von den Klägern bestritten worden.

Aus dem ddp-Text am 25.8.2010[78]

Das Oberlandesgericht (OLG) Saarbrücken hat am Mittwoch im Berufungsverfahren um umstrittene Äußerungen über Gentechnikfirmen im Internet einem hessischen Anti-Gentechnik-Aktivisten Recht gegeben. Bisherige Urteile des Landgerichts Saarbrücken, mit denen der 46-jährige Jörg Bergstedt aus Reiskirchen (Landkreis Gießen) zur Unterlassung von Aussagen in der Broschüre „Organisierte Unverantwortlichkeit" verurteilt worden war, wurden aufgehoben. Das Gericht unter Vorsitz des OLG-Präsidenten Roland Rixecker wies damit die Klage von leitenden Mitgliedern zweier Biotech-Firmen ab. Eine Revision wurde nicht zugelassen. ...

Kläger waren die Geschäftsführerin der Firmen „biovativ" (Groß Lüsewitz, Mecklenburg-Vorpommern) und „BioTechFarm" (Üplingen, Sachsen-Anhalt), Kerstin Schmidt, sowie der sachsen-anhaltinische FDP-Landtagsabgeordnete Uwe Schrader, der zugleich Vorstandsvorsitzender der Firma „InnoPlanta" in Gatersleben (Sachsen-Anhalt) ist. Beide fühlten sich in ihrem öffentlichen Ansehen beschädigt und verächtlich gemacht. ...

„Ich freue mich, dass ich nun weiter sagen kann, was sich weiß und recherchiert habe", sagte Bergstedt nach der Urteilsverkündung. Die Entscheidung sei nicht nur für ihn, sondern für alle Journalisten wichtig. Die OLG-

Entscheidung bestätige ihn in seinem Verdacht, dass es bei dem ersten Urteil „nicht mit sauberen Dingen zugegangen" sei.
Zufrieden äußerte sich auch Bergstedts Anwalt Tronje Döhmer. Er wertete das Urteil als einen Sieg für den freien und den investigativen Journalismus in Deutschland. Überrascht dagegen zeigte sich der Anwalt der Kläger, Stefan Kropf. Jetzt müsse in Ruhe überlegt werden, ob man weiter kämpfe, sagte Kropf. Näheres werde erst nach Vorlage der genauen Urteilsbegründung entschieden. Kropf ist Partner in der Saarbrücker Kanzlei des ehemaligen saarländischen und später sachsen-anhaltinischen Wirtschaftsministers Horst Rehberger (FDP). Rehberger förderte zu Amtszeiten besonders die Ansiedlung von Gentechnik-Firmen in Sachsen-Anhalt und ist heute stellvertretender Richter am Verfassungsgerichtshof des Saarlandes.
Vor dem Oberlandesgericht hatten im Vorfeld der Verhandlung mehrere Umweltaktivisten demonstriert. Mit Transparenten mit Aufschriften wie „Wir sind keine Versuchskaninchen", „WIR GEN NICHT MIT" oder „Jeder hat das Recht seine Meinung zu äußern und zu verbreiten" unterstützen sie den Beklagten.

Aus der taz vom 27.8.2010 [79]
Drastisch formuliert hat Jörg Bergstedt schon immer gern – wenn er über Umweltverbände sprach, die er für zahnlos oder wirtschaftsnah hält, oder wenn es um Industrie und Politik geht. In den letzten Jahren widmete sich der 45-jährige Polit-Aktivist und Autor aus Gießen vor allem der Gentechnik-Branche – und erhob schwere Vorwürfe. In seiner Broschüre „Organisierte Unverantwortlichkeit"(PDF), die sich mit der Verflechtung von Unternehmen, Behörden und Wissenschaft beschäftigt, schrieb er etwa, Uwe Schrader, FDP-Landtagsmitglied in Sachsen-Anhalt und Vorsitzender des Gentechnik-Lobbyvereins InnoPlanta, gehöre der „Gentechnikmafia" und einer „Seilschaft zur Fördermittelveruntreuung" an. Und die BioTechFarm, die Feldversuche organisiert, sei „wichtig zur Wäsche von Steuergeldern in einem unübersichtlichen Gewirr von Firmen". Gegen diese Aussagen hatten Schrader und die Geschäftsführerin der BioTechFarm im letzten Jahr Unterlassungsklage eingereicht und in erster Instanz Recht bekommen. Seitdem war es Bergstedt verboten, die Broschüre unverändert zu verbreiten und die Aussagen in Vorträgen zu wiederholen.
An diesem Mittwoch nun hat das Oberlandesgericht das Urteil kassiert und Bergstedt in allen Punkten Recht gegeben. Bei den kritisierten Passagen handele es um zulässige Wertungen, die auf Recherchen beruhten, sagte Richter Roland Rixecker. Bergstedt kann die Kläger also ab sofort wieder als Teil der „Gentechnik-Mafia" brandmarken – etwa beim „Innoplanta"-Forum am 6. September, bei dem Schrader die Eröffnungsrede hält und Bergstedt ein Protestcamp organisiert.

Aus der Saarbrücker Zeitung am 26.8.2010 [80]
Der bundesweit aktive Gentechnik-Kritiker Jörg Bergstedt aus Gießen darf via Internet weiterhin seine Broschüre über angebliche Verflechtungen von Wirtschaft und Politik im Bereich der Gentechnik verbreiten. Mit diesem Ergebnis endete gestern der Zivilprozess des Mannes gegen zwei Betroffene aus Sachsen-Anhalt vor dem Oberlandesgericht des Saarlandes. Der Mann und die Frau werden von der Saarbrücker Anwaltskanzlei des früheren Ministers Horst Rehberger vertreten. Auch Rehberger wird von Bergstedt als jemand kritisiert, der in Sachsen-Anhalt als Wirtschaftsminister die Gentechnik in der Landwirtschaft mit aufgebaut habe. Zwei Weggefährten des FDP-Politikers wehrten sich gegen vermeintlich ehrverletzende Äußerungen in der Broschüre von Bergstedt. Sie klagten vor dem Landgericht Saarbrücken und bekamen Recht. Die Richter erster Instanz werteten Teile der Kritik als verbotene Schmähkritik.
Das Oberlandesgericht folgte dieser Argumentation nicht. Dazu sagte der Präsident des Gerichts, Jura-Professor Roland Rixecker: Eine Schmähkritik liege nicht vor. Sie sei gekennzeichnet dadurch, dass es in ihr nicht um die Diskussion über eine Sache gehe – sondern allein um Diffamierung, darum, eine andere Person verächtlich zu machen und in ihrer Menschenwürde anzugreifen. Das sei nicht erlaubt. Im konkreten Fall gelte dies aber nicht. Hier gehe es um eine sachliche Frage von öffentlichen Interesse – die Gentechnik in der Landwirtschaft. In einer politischen Diskussion darüber gelte der Grundsatz der Meinungsfreiheit. Danach müssten Betroffene, die im öffentlichen Leben stehen, auch zugespitzte und scharf formulierte Äußerungen in ihre Richtung hinnehmen. Anders gehe es nicht, wenn man Transparenz und einen öffentlichen Diskurs zu solchen Themen haben wolle. Hier gelte das grundsätzliche Motto der Demokratie: „Wir müssen die entsprechenden Äußerungen nicht teilen. Aber wir dürfen sie nicht verbieten."

Aus der Stellungnahme der Humanistischen Union zum Urteil [81]
Einen Sieg der Meinungsfreiheit sieht die Humanistische Union (HU) in einem Beschluss des Oberlandesgerichts Saarbrücken vom Mittwoch (25. August). Dieses Urteil hält der HU-Ortsverband Marburg für eine der wichtigsten Gerichtsentscheidungen des Jahres für die Gentechnik-kritische Bewegung. Nach diesem Richterspruch darf der Umwelt-Aktivist Jörg Bergstedt aus Reiskirchen bei Gießen seine Kritik an den Gentechnik-Seilschaften wieder ungeschminkt vortragen. Der Verhandlung vorausgegangen waren absurde juristische Manöver der Gentechnik-Lobby, die sich durch Bergstedts Enthüllungen über sie verunglimpft fühlte. Bergstedt hatte in einer Broschüre und auf einer Internetseite Informationen über die bundesweiten Verflechtungen in der Gentechnik-Branche von Behörden, Unternehmen, Wissenschaft und Lobby-Verbänden veröffentlicht. Dagegen hatten Vertreter dieser Branche beim Saarbrücker Landgericht eine einstweilige Verfügung erreicht. Doch das Saarbrücker Oberlandesgericht folgte in allen Punkten der Argumentation Bergstedts und seines Gießener Anwalts Tronje Döhmer. Die Auffassung des Landgerichts sei „abwegig", konstatierte der Vorsitzende Richter schon zu Beginn der Verhandlung. Der Vorwurf der „Schmähkritik" gegen die Kläger sei nicht haltbar. Alle vorgetragenen Fakten seien sorgfältig recherchiert und die daraus folgenden Bewertungen deshalb nicht zu verbieten gewesen. Selbst in dem Punkt, in dem Bergstedt einem der beiden Kläger vorwirft, Demonstranten „gekauft" zu haben, um für die Gentechnik zu protestieren, bestätigt das Gericht „eine tatsächliche Grundlage für die Äußerungen". Eine Revision wurde nicht zugelassen.

79 www.taz.de/1/zukunft/umwelt/artikel/1/sieg-ueber-gentech-mafia/

80 www.saarbruecker-zeitung.de/sz-berichte/saarland/Richter-erlauben-heftige-Kritik-an-Gentechnik-Befuerwortern;art2814,3400376

81 www.hu-marburg.de/homepage/presse/info.php?id=276#pressemitteilung

Zum Abschluss und zur Feier des vorläufig letzten Tages im juristischen Hickhack gehörte die Stellungnahme des Anwaltes der KlägerInnen Schmidt und Schrader, Stefan Kropf, im Saarländischen Rundfunk („Aktueller Bericht", 25.8.2010): *„Es geht teilweise um Tatsachenbehauptungen, die nicht nachgewiesen worden sind und die auch bis jetzt nicht nachgewiesen worden sind. Und es geht um wertende Urteile, die sich aber rein gegen die handelnden Personen richten und mit der Sache sich nicht auseinander setzen. Jedenfalls soweit es hier Gegenstand ist."* Herrn Kropf und seinem Umfeld sei empfohlen, sich die Broschüre und die auch dem Gericht vorgelegten Belege, Quellen und Beweise mal anzugucken – vielleicht ist es ja das erste Mal. Dieses Buch könnte den Damen und Herren aus den Hilfstruppen der Gentechnik-Seilschaften auch helfen ...

Hinweis: Eine Nachfrage beim Bundesgerichtshof ergab, dass keine Beschwerde gegen die Nichtzulassung einer Revision eingegangen war. Damit stand das Ende des Maulkorbes für eine Kritik an den Gentechnik-Seilschaften endgültig fest.

AktivistInnen skandierten am 6.9.2010 vor dem InnoPlanta-Forum in Üplingen: „Wir wollen keine Gentechnik-Mafia!"

Viel hilft viel: Strafanzeigen

Wer nun dachte, das Verfahren in Saarbrücken würde mehr Ruhe bringen, sah sich getäuscht. Ganz im Gegenteil – eine Staatsanwaltschaft machte sich zum willigen Vollstrecker der Wünsche des FDP-Abgeordne-

Am 26.03.2009, 19 Uhr, soll in der Kirche in Warsleben eine Veranstaltung mit dem mehrfach rechtskräftig vorbestraften Autor der Broschüre „Organisierte Unverantwortlichkeit", Herrn Jörg Bergstedt stattfinden. Für diese Veranstaltung haben vermutlich Herr Jörg Bergstedt und seine Anhänger das beigefügte Flugblatt verfasst und in der Gemeinde Ausleben verteilen lassen.

In dem Flugblatt werden falsche Behauptungen aufgestellt, die den Tatbestand der üblen Nachrede und der Verleumdung auch zum Nachteil öffentlicher Behörden erfüllen. Außerdem werden über bestimmte Personen, zu denen auch ich gehöre, beleidigende Äußerungen gemacht.

Oben: Aus der Strafanzeige von Uwe Schrader wegen Beleidigung. Mehr Vorwürfe gibt es nicht – das gesamte Ermittlungsergebnis in der Sache zusammengefasst (unten). Für eine Anklage[82] reichte es am 31.8.2010 trotzdem (darunter). Quelle: Gerichtsakte, Az. 230 Js 31504/09.

Ermittlungsverfahren der Staatsanwaltschaft Magdeburg gegen unbekannte Täter wegen Beleidigung, übler Nachrede und Verleumdung gemäß §§ 185, 186 und 187 StGB sowie übler Nachrede und Verleumdung gegen Personen des politischen Lebens gemäß § 188 StGB

Az.: 230 Js 31504/09

Ermittlungsersuchen

Am 25.03.2009 zeigte der FDP-Landtagsabgeordnete des Landtages von Sachsen-Anhalt, Dr. Uwe Schrader an, dass in der Gemeinde Ausleben/Bördekreis/Sachsen-Anhalt Flugblätter über eine Veranstaltung am 26.03.2009 in der Kirche in Warsleben /Bördekreis zum Anbau gentechnischer Pflanzen vorgefunden wurden.

Auf dieser Veranstaltung sollte der mehrfach rechtskräftig vorbestrafte Autor der Broschüre „Organisierte Unverantwortlichkeit", Herr Jörg BERGSTEDT, geb.: 02.07.1964 in Bleckede (weitere Personalien siehe INPOL), auftreten.

In dem Flugblatt wurden falsche Behauptungen aufgestellt, die den Tatbestand der üblen Nachrede und Verleumdung erfüllen sowie beleidigende Äußerungen gegenüber den Anzeigenerstatter gemacht.

Am 19. März 2009 verbreitete nachfolgende weibliche Person eine E-Mail, die ebenfalls u.a. auf die Veranstaltung in Warsleben hinwies. Bei der Person

im März 2009
in Ausleben

gemeinschaftlich handelnd

gegen eine im politischen Leben des Volkes stehende Person öffentlich und durch Verbreiten von Schriften eine üble Nachrede begangen zu haben, die mit Erstellung des Beleidigten im öffentlichen Leben zusammenhängen und die geeignet ist, sein öffentliches Leben erheblich zu erschweren.

Den Angeschuldigten wird zur Last gelegt:

Die Angeschuldigten verfassten und verteilten am 24.03.2009 und zuvor in der Gemeinde Ausleben Flugblätter über eine Veranstaltung am 26.03.2009 in der Kirche in Warsleben zum Thema „Monsanto auf Deutsch – Seilschaften in der Gentechnik". Auf dieser Veranstaltung sollte der Angeschuldigte Bergstedt als Autor der Zeitschrift „Organisierte Unverantwortlichkeit" sein Werk vorstellen und einen Einblick „hinter die Kulissen der Gentechnik" geben.

In dem Flugblatt heißt es über den geschädigten FDP-Landtagsbgeordneten des Landtages von Sachsen-Anhalt Schrader u.a. „Fördermillionen, die Schrader, Schmidt & Co. hier in eigene Firmennetze hineinpumpen".

ten und InnoPlanta-Chefs und erhob eine wirre Anklage gegen vier Personen. Deren Vergehen: Beleidigung einer Person *„des Volkes"* – gemeint: Uwe Schrader.

Eine Schippe drauf: Uwe Schraders Rundumschläge ... brav folgt die Staatsanwaltschaft

Seit dem Saarbrücker Urteil darf das Treiben Uwe Schraders als rücksichtslos bezeichnet werden. Den Beweis für die Richtigkeit trat er selbst mit seinem Vorgehen gegen KritikerInnen an. Denn neben dem Maulkorbverfahren von Saarbrücken erstattete er Strafanzeigen wegen Beleidigung – und zwar wild in verschiedene Richtungen. Gleich vier Personen, zudem an verschiedenen Orten, wollte er so mundtot machen – koste es was es wolle. Polizei und Staatsanwaltschaften waren ihm zu Diensten, leiteten nicht nur Verfahren ein, sondern erhoben sogar eine absurde Anklage. Wieder einmal machten die staatlichen Verfolgungsbehörden und UniformträgerInnen zu Bütteln der Gentechnik-Seilschaften. Auffällig war zudem, dass die für solche Bagatellen eigentlich nicht zuständigen Landeskriminalämter aktiv wurden. Das geschah schon in und um Rostock bei Feldbesetzungen am AgroBioTechnikum und wiederholte sich bei Schraders Beleidigungsverfahren. Läuft hier etwas Größeres an? Eine Kriminalisierung, die das Schwert des Staates schärfen soll, um die Widerstandskreise gegen die Agro-Gentechnik bei jeder Gelegenheit genauer durchleuchten oder härtere Strafen verhängen zu können?

Das Beleidigungsverfahren selbst war ein Beleg, wie ein Nichts zu einer großen Sache aufgeblasen und damit von Seiten der Justiz die bedrängte Agro-Gentechnikbranche und der FDP-Landtagsabgeordnete Schrader unterstützt wurde. Das Verfahren, geführt von der Staatsanwaltschaft in Magdeburg, basierte auf einem Brief Schraders aus dem Frühjahr 2009. Nahe seinem Wohnort und noch näher am Schaugarten Üplingen sollte eine Veranstaltung stattfinden, in der die Seilschaften hinter diesem Projekt aufgezeigt werden sollten. Schrader versuchte, den Gastgeber zur Rücknahme der Raumzusage zu bewegen und fühlte sich durch das Einladungsschreiben so schlimm beleidigt, dass er der Staatsanwaltschaft einen jammervoller Brief schrieb (siehe links oben).

Mehr gab es nicht. Aber das reichte, um ein Verfahren zu beginnen und sogar Anklage zu erheben. Ermittelt wurde ... nichts. Angeklagt sind vier Personen, aber ohne jeglichen Hinweis darauf, dass sie an dem Flugblatt beteiligt waren. Aber selbst wenn sie es wären: Das Flugblatt enthielt ausschließlich Informationen, die das OLG Saarbrücken für zulässig erklärte. Doch für eine hilfsbereite, ideologisch ausgerichtete Staatsmacht schien das egal. Die Anklage wurde erhoben gegen den Referenten des Abends, eine Person, die per Email den Veranstaltungstermin herumschickte, den Inhaber der Internetseite, die auf dem Flugblatt genannt war und eine Person, von der das Landeskriminalamt Hessen nach Aktenlage behauptete, dass es sie gar nicht gäbe. Macht nichts – wenn die Gentechniklobby eine Hilfsaktion will, bekommt sie sie auch. Eine Hand wäscht die andere.

Und weil alles so dürftig ausfiel, überlegte die Staatsanwaltschaft, noch ein weiteres Verfahren draufzupacken (Bl. 70 der Akte). Dabei zeigte sich mal wieder Horst Rehberger als Scharfmacher. Seine Anwaltskanzlei hatte das Maulkorbverfahren in Saarbrücken im Auftrag von Uwe Schrader und Kerstin Schmidt inszeniert und auch in weiteren Fällen Staatsanwaltschaften zum Vorgehen gegen GentechnikgegnerInnen aufgehetzt.

Vermerk:

Der von Rechtsanwalt Dr. Rehberger zur Akte gereichte „Aufruf": „Für einen offensiven Auftakt des Jahres 2010!" (Bl. 67-68 d.A.) soll Gegenstand eines neuen Ermittlungsverfahrens werden. Es besteht Anfangsverdacht wegen Öffentlicher Aufforderung zu Straftaten gem. § 111 StGB. Die weiteren Ermittlungen sollen ergeben, wer Verfasser ist. Auch der Verantwortliche bzw. die Verantwortlichen unter der Internetadresse www.gentech-weg.de.vu sollen zunächst identifiziert werden. Ggf. kommt eine Abgabe an die örtlich zuständige Staatsanwaltschaft in Betracht.

Schützende Hand der Gentechnik-Mafia

Umgekehrt sah das immer ganz anders aus: Strafanzeigen wegen illegaler Genfelder oder Fördermittelbetrug gegen Teile der Gentechnik-Seilschaften lehnten Polizei und Staatsanwaltschaft stets ab, ohne die Beschuldigten Gen‚forscherInnen' überhaupt einmal vorzuladen und zu befragen. So einseitig ist halt politische Justiz ...

Pressefreiheit? Fehlanzeige!

Wer glaubt, der Saarbrücker Prozess sei eine Ausnahme, irrt. Nein – Maulkörbe verteilen, können auch andere. Das trifft zwar nicht alle, aber schon die, die unabhängig agieren und recherchieren, also nicht durch große Parteien, Verbände oder Redaktionen abgesichert, aber meist auch von ihnen abhängig sind und ausgebremst werden. In Gießen am Rande des dort 2006 und 2007 angepflanzten Gengerstenfeldes, traf es gleich zweimal Journalisten. Ihr Vergehen: Fotografieren. Die Folge: Einmal ein Strafbefehl, das andere Mal gleich verhaftet.

Feldbefreiung gefilmt: Anzeige!

Der erste Fall stand im Zusammenhang mit der öffentlich angekündigten Feldbefreiung im Jahr 2006.[83] Neben Gießener Tageszeitungsredakteuren und einem Fernsehteam des Hessischen Rundfunks war auch ein Journalist aus Berlin vor Ort. Nach der Erstürmung des Feldes durch die AktivistInnen und der Festnahme durch Uniformierte auf der ramponierten Fläche mit gv-Pflanzen trat er zwecks Fotografierens einige Meter auf die unbewirtschafteten Flächen am Rande des Grundstückes – und

82 www.projektwerkstatt.de/gen/filz/beleidigung/anklage100917.pdf

83 www.projektwerkstatt.de/gen/befreiung06.htm

prompt hatte er eine Strafanzeige und wenig später auch gleich einen Strafbefehl an der Backe. Pressefreiheit zählt eben wenig, wenn Belange gesellschaftlicher Eliten betroffen sind. Die Unileitung selbst stellte den Strafantrag und zeigte damit erneut die Leidenschaft zu Zensur und gerichteter Informationspolitik.

Das Verfahren wurde eingestellt, als der Journalist dem Gericht andeutete, den Prozess offensiv nutzen zu wollen, um auf diese Hintergründe hinzuweisen. Eine Einstellung gegen Geldzahlung lehnte er aus gleichem Grunde ab, woraufhin das Verfahren ohne Auflagen eingestellt wurde. Sie scheuen das Licht ...

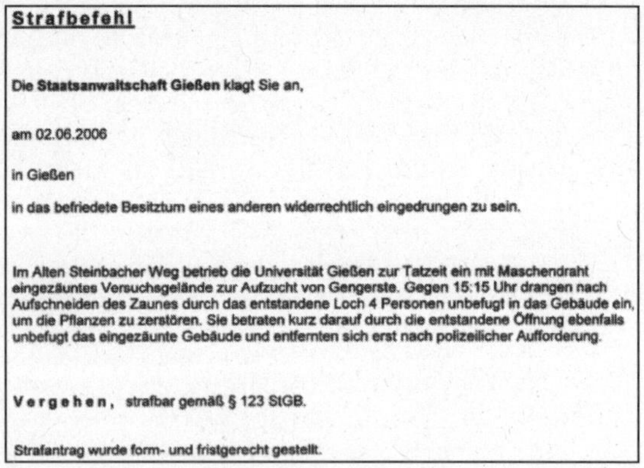

Strafbefehl

Die Staatsanwaltschaft Gießen klagt Sie an,

am 02.06.2006

in Gießen

in das befriedete Besitztum eines anderen widerrechtlich eingedrungen zu sein.

Im Alten Steinbacher Weg betrieb die Universität Gießen zur Tatzeit ein mit Maschendraht eingezäuntes Versuchsgelände zur Aufzucht von Gengerste. Gegen 15:15 Uhr drangen nach Aufschneiden des Zaunes durch das entstandene Loch 4 Personen unbefugt in das Gebäude ein, um die Pflanzen zu zerstören. Sie betraten kurz darauf durch die entstandene Öffnung ebenfalls unbefugt das eingezäunte Gebäude und entfernten sich erst nach polizeilicher Aufforderung.

Vergehen, strafbar gemäß § 123 StGB.

Strafantrag wurde form- und fristgerecht gestellt.

Aus dem Strafbefehl gegen den Berliner Journalisten.

Ein solcher Strafbefehl wird von einem Richter ohne Verfahren auf Antrag der Staatsanwaltschaft verhängt, wenn keine Zweifel an der Schuld bestehen. Worauf sich das hier stützte, ließ sich nur erahnen in der politischen Zielrichtung – gerichtete Justiz halt!

Feld fotografiert: Verhaftet!

Noch schlimmer erging es dem Magdeburger Journalisten Falk Beyer. Wahrscheinlich war er gar nicht selbst der Stein des Anstoßes, aber er recherchierte in Begleitung von AktivistInnen, die ihn auf der öffentlichen Straße rund um das Gengerstenfeld führten. Es war Frühjahr 2007, also das zweite Jahr des Gerstenversuchs. Die Polizei verfolgte die Anfahrt schon ab Reiskirchen – und als der Journalist mit den beiden orts- und fachkundigen BegleiterInnen am Feld erschien, um artig über den Zaun ein paar Fotos zu machen, war es auch schon vorbei: Journalist und BegleiterInnen wurden eingesackt und ins Gießener Polizeipräsidium geschleppt. *„Haben Sie schon mal was von Pressefreiheit gehört?"*, fragte der Vorsitzende der Verwaltungsgerichtskammer die Rechtsassesorin der Gießener Polizei, als der Journalist und seine BegleiterInnen gegen die Maßnahme klagten. Der Übergriff wurde für rechtswidrig erklärt – aber zeigte damit auch das Problem polizeilichen Handelns: Die können einsperren, Recht brechen und mehr. Ein Beschluss vor Gericht kommt immer erst, wenn es für die konkrete Situation schon zu spät ist. Selbst für ähnliche Lagen in der Zukunft nützt solch ein juristischer Sieg nicht, weil die Polizei im Wissen ihrer ständigen Rechtsbrüche lapidar anführt: *„Sie können sich ja beschweren ..."*.

Auszug aus dem späteren Bericht des Journalisten, veröffentlicht in: grünes blatt 2/2007 (S. 13)[84]
Beim Versuch, das Gen-Gerste-Feld zu fotografieren schritt am vergangenen Sonntag sofort die Polizei ein und verhaftete den Journalisten und die Vertreter einer lokalen Initiative, die ihm das Feld zeigen wollten. Bereits im Jahr zuvor war ein Journalist beim Filmen einer „Feldbefreiungsaktion" des Feldes verwiesen worden. Selbst der Hessische Rundfunk wurde nach der Berichterstattung über die Kritik an dem Versuch von Politikern dafür angegriffen.

Das letzte Foto des Journalisten, der das Feld fotografieren wollte. Direkt nach diesem Foto wurden alle Personen festgenommen – auch der Journalist. Als Begründung wurde angegeben, das Fertigen von Fotos könnte auf bevorstehende Straftaten hindeuten. Gießener Polizei halt.

Drohen, lügen und betrügen scheinen also verbreitet zu sein. Der Journalist Sandro Matiolli berichtete, dass der Ex-Bundesbehördenmitarbeiter und jetzige EFSA-Funktionär Jany ihm am Telefon drohte:[85] *„Wenn Sie mich einen Lobbyisten nennen, verklage ich Sie"*. Der Journalist aber hatte, wie er schrieb, keinen Einfall, wie er das sonst bezeichnen sollte, was Jany macht.

84 www.gruenes-blatt.de/wiki/index.php/2007-02:Gen-Gerste__in__Giessen

85 http://sandromattioli.de/component/content/article/41-italienische-wissenschaft-romblog/204-amflora-efsa-romblog

Erst eingestellt, dann 6 Monate! Protokoll einer ungewöhnlichen Gerichtsverhandlung

Jörg Bergstedt auf der Demo zum Haftantritt von Micha Grolm am 31.10.2009 in Erfurt: „Knast und Justiz sind das Schwert eines starken Staates, der keine Argumente hat. In diesem Land, das profitbringende, gefährliche Pflanzen mit Polizei schützt, eiskalte Wissenschaft mit Steuermillionen füttert und kritische Menschen per Polizeigewalt einsperrt, brauchen wir viele Menschen, die aufstehen und laut sagen: Nein! Solange die Vielen noch zögern, braucht es Menschen wie Micha, die nicht warten, bis alles zu spät ist."

i Aktuelle Informationen, Links und mehr Zitate auf der Internetseite zum Prozess unter www.gendreck-giessen.de.vu!

Wie alles anfing ... von der Anklage bis zum ersten Verhandlungstag

Temporeich war das Schauspiel nicht. Ein Jahr verging zwischen Aktion und Anklageerhebung. Das Ereignis geriet fast in Vergessenheit, das nächste Versuchsjahr stand bevor, als die vier FeldbefreierInnen, die am 2.6.2006[1] den Agro-Gentechnikstolz der Uni Gießen beschädigten, endlich die erwarteten Briefe der Staatsanwaltschaft Gießen erhielten. Schneller war die Polizei. Sie gab vier Tage nach der Aktion ohne Ermittlungsergebnisse bekannt, wer *„der mutmaßliche Rädelsführer"* gewesen sei. Für solche politisch motivierten Veröffentlichungen bedarf es in den Stationen uniformierter Staatsgewalt keine Ermittlungen.

Am 25.4.2007 erreichten dann gelbe Umschläge per Kurier die Betroffenen.[2] Staatsanwalt Vaupel, in Gießen bekannt als munterer Schützer der Obrigkeit und Verfolger oppositionellen Strebens, hatte die umfangreiche Anklage zu Papier gebracht.[3] Allen Angeklagten wurden identische Taten zu diesem Fall vorgeworfen – doch es sollten am Ende sehr unterschiedliche Urteile herauskommen. Übersandt wurde die Anklage mit Möglichkeit zur Stellungnahme vom Amtsgericht Gießen. Als zuständiger Richter war wie damals üblich Amtsrichter Wendel im Rennen – der hatte alle bisherigen Strafprozesse gegen Projektwerkstättler geschmissen![4]

Sofort kündigten die FeldbefreierInnen von Gießen öffentlich einen politischen Prozess an: *„Der Prozess kann die Machenschaften hinter dem konkreten Versuch und hinter der Agro-Gentechnik insgesamt aufdecken. Gleichzeitig bietet er die Chance auf Klärung, ob die Zerstörung oder Verhinderung von Genversuchsfeldern überhaupt strafbar ist."* Auch in der damaligen Ankündigung der Feldbefreiung war dieses Verhalten im nachfolgenden Strafprozess schon angekündigt: *„Sollte unser Handeln von denen kriminalisiert werden, die solche Genversuche schützen und durchsetzen, so werden wir das nutzen, um unsere Motive öffentlich zu benennen."*

Fußnoten

1 www.projektwerkstatt.de/gen/befreiung06.htm
2 http://de.indymedia.org/2007/04/174164.shtml
3 www.projektwerkstatt.de/gen/prozesse/2006/anklage.pdf
4 www.projektwerkstatt.de/prozess
5 www.giessener-anzeiger.de/sixcms/detail.php?id=2749376&template=d_artikel_import&_adtag=localnews&_zeitungstitel=1133842&_dpa=

In diesem Kapitel:
- ►Die Anklage
- ►Erste Instanz
- ►Zweite Instanz (Berufung)
- ►Revision und Verfassungsbeschwerde
- ►Ab in den Knast ...

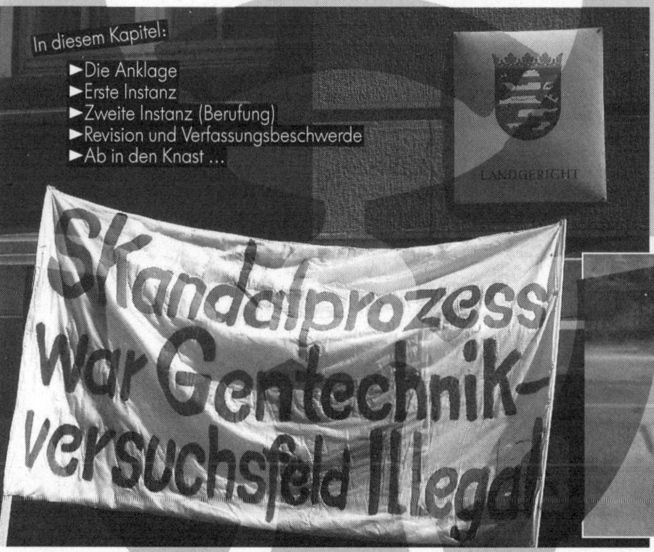

Fotos: Protest vor dem Landgericht bei der Berufungsverhandlung 2009.

Rechts die Aktion auf dem Gerstenfeld am 2.6.2006.

Gießener Anzeiger im Internet am 2.5.2007[5]

Wegen der Zerstörung eines Gen-Gerste-Versuchsfeldes der Justus-Liebig-Universität (JLU) hat die Staatsanwaltschaft Anklage gegen drei Männer und eine Frau erhoben. Konkret handelt es um den Vorwurf des Hausfriedensbruchs sowie der Sachbeschädigung, sagte Oberstaatsanwalt Reinhard Hübner, Pressesprecher der Gießener Strafverfolgungsbehörde, im Gespräch mit dem Anzeiger. Zudem muss sich einer der Beschuldigten wegen Beleidigung vor dem Amtsgericht verantworten.
Der wissenschaftliche Versuch im vergangenen Jahr war massiv von Gegnern der Gentechnik kritisiert und eine „Befreiung" des Feldes im Alten Steinbacher Weg für die Pfingstfeiertage angekündigt worden. Zur Überraschung der Verantwortlichen waren die Pflanzen dann aber bereits am Freitag zuvor herausgerissen worden. Bei der Aktion am 2. Juni, bei ein Sachschaden von rund 50000 Euro entstand, waren die vier Personen festgenommen worden. Im Gewahrsam mussten sie bis zum nächsten Morgen bleiben, offenbar weil der zuständige Richter beim Amtsgericht nicht erreichbar gewesen ist. Das Landgericht hatte deshalb auch im September die Freiheitsentziehung für unrechtmäßig erklärt. Die Anklage gegen einen der vier Agrargegner wegen Beleidigung resultiere aus einem anderen Vorfall, so Hübner. Dabei geht um Kreideschmierereien vor der Kanzlei von Innenminister Volker Bouffier, die beleidigenden Inhalt gehabt haben sollen.
Die Gegner der Agrar-Gentechnik haben in einer Pressemitteilung angekündigt, dass es während des Prozesses am Amtsgericht voraussichtlich eine intensive Auseinandersetzung um die Frage der Rechtmäßigkeit von genetisch veränderten Pflanzen geben werde. Ein Termin für das Verfahren steht jedoch noch nicht fest.

Da die vier FeldbefreierInnen an verschiedenen Orten wohnten, fielen auch die Aktionen und vorbereitende Pressearbeit zum bevorstehenden Prozess sehr unterschiedlich aus. Klaus Böhringer, der aus dem Süden angereist war, verfasste einen eigenen Unterstützungsaufruf mit der eindeutigen Überschrift *„Wenn Recht zu Unrecht wird, wird Widerstand zur Pflicht!"*. Sein Motiv beschrieb er so: *„Damit auch unsere Enkel und Urenkel in einer natürlichen Umwelt leben können, und die in Jahrhunderten gewachsene bäuerliche Kultur nicht der Profitgier einiger Saatgutmultis zum Opfer fällt, müssen Öffentlichkeit und Politiker beständig, auch durch symbolische Aktionen, aufgerüttelt werden."* Ausführlich stellte die in seiner Region erscheinende Zeitung den aktiven Rentner vor, berichtete über die Aktion und den drohenden Prozess (siehe Folgeseite).

Zunächst nahm der Prozess einen merkwürdigen Umweg. Ein Prozesstermin wurde für den 7. April angesetzt, aber wieder gestrichen. In Erwartung des Verhandlungsbeginn verfassten die Angeklagten noch vor der Absage eine Presserklärung und bereiteten, zusammen mit anderen GentechnikkritikerInnen, vielfältige Aktionen vor. Zwar fiel der Prozess dann aus, vergebens war die Vorbereitung aber nicht. Denn der April 2008 entwickelte sich zu einem spektakulären Aktionsmonat – mit einer dreiwöchtigen Besetzung[6] des Gerstenfeldes am Alten Steinbacher Weg, auf dem zwei Jahre vorher die angeklagte Feldbefreiung stattfand. Die Auseinandersetzung bedeutete das vorläufige Aus zunächst für Freisetzungen im Raum Gießen. Als dann eine weitere Feldbesetzung auch dem ebenfalls zur Uni Gießen gehörenden Versuchsacker nördlich von Groß Gerau den Garaus machte, war ganz Hessen genfeldfrei. Brachte dieser spektakuläre Erfolg eines kreativen und direkten Widerstandes, der dem Prozess die Wende? Das ist bis heute nicht geklärt, aber lässt sich in Abläufen und Auswirkungen schildern. *„Ist die Gentechnik rechtswidrig? Ein Strafprozess in Gießen könnte diese Frage auf bemerkenswerte Weise klären"*, überschrieben die Angeklagten ihre Presseinformation am 23.2.2008[7] zum geplanten, aber dann verschobenen Prozessauftakt am 7. April 2008. Sie fuhren fort: *„Der Gießener Prozess kann eine bisher einmalige Verdichtung der Debatten um Risiken der Gentechnik, der mit ihrer Anwendung verbundenen Steigerungen von Abhängigkeiten und Machtverhältnissen sowie der Frage von Koexistenz und des Schutzes konventioneller und ökologischer LandwirtInnen, ImkerInnen und PflanzenzüchterInnen bewirken. Zudem spricht viel dafür, dass es noch um mehr gehen könnte – um die Glaubwürdigkeit der Gentechnikforschung in Gießen und überall."*

solch öffentlichkeitswirksamen Prozess interessiert.

Statt Rasenmähen Pflanzen rausreißen

Der „Feldbefreier" Klaus Böhringer aus Welzheim und wie er bald bundesweit Rechtsgeschichte schreiben könnte

Von unserem Redaktionsmitglied
Jörg Nolle

Welzheim.
„Feldbefreier" nennen sie sich. Radikale, also von der Pflanzenwurzel her denkende Gegner der Gentechnik. Einer von ihnen ist Klaus Böhringer, sechsfacher Großvater. Der selber ganz verwundert ist, wie schnell er Verwandtschaft machte mit einer Haftzelle und mit Gerichten.

Der Feldbefreier Klaus Böhringer mit attac-Fahne und im Kreise der Gleichgesinnten, die auch morgen noch risikolos essen wollen. Der Welzheimer Wald und die Schorndorfer Markung haben sich schon für gentechnikfrei erklärt. Ende September soll dies auch für Winterbach geschehen. Die Agenda-Gruppe und zwei Dutzend Mitveranstalter samt dem Bürgermeister sind dabei – beim Fernhalten. Bild: Privat

Einer seiner Enkel hat ihm eine Internetadresse eingerichtet. Die lautet opakolja, gemäß des russischen Doppelgängers unseres Nikolaus. Nikolause sind Respektsperson, ansonsten aber liebe, nette Kerle. Und so was Gütiges hat ja auch dieser massige, aber wirklich nicht monströse Mann.

Seit seinem Ruhestand ist der Sozialpädagoge mit Bahn und Auto im Land unterwegs. Andere in seinem Alter „machen Kaffeefahrten oder mähen zweimal in der Woche ihren Rasen". „Meine Frau hat mir grünes Licht gegeben", erzählt er im Brummton eines gütigen Märchenerzählers. Er, der fundamentale Agro-Kritiker, darf alles machen, sagt sie. Aber wenn's geht, soll er nicht mehr von der Ferne aus anrufen, er sei jetzt in Polizeigewahrsam und wisse auch nicht, wie es weitergeht. Man macht sich ja Sorgen, gerade um einen Mann, der schon zwei Bypass-Operationen hinter sich hat.

Es war vor einem Jahr in Gießen. Gen-Technik-Gegner riefen zum Protest auf vor einem Versuchsfeld der Justus-Liebig-Universität. Die arbeitet mit Drittmitteln der Bayer AG und baut auf dem Campus-Gelände Gen-Gerste an. HR 3 hatte sich mit einem Kamerateam angekündigt. Der Widerstand aber kann auch manchmal ein schwaches Pflänzlein sein, gotzige vier Agrotech-Kritiker fanden sich am Schauplatz ein. Also griff der Großvater Böhringer selber zum Seitenschneider, schlüpfte mit den drei anderen durch das Zaunloch und rupfte zur Demonstration ein paar Pflanzen raus. Die Gesellschaft braucht Bilder, um sich selber ein Bild machen zu können, ob etwas gefährlich ist oder nicht. Ob unsere Nahrung sich mit dem begnügen sollte, was die Natur ihr liefert, oder ob der Mensch erbgutmanipulierend eingreifen darf in die schöpferische Evolution.

„Sie haben mich behandelt wie in einem Krimi"

Es hat fünf Minuten gedauert, dann war die Polizei zur Stelle. Man hat ihn und die anderen ins Polizeipräsidium verbracht, bis auf die Unterhose ausgezogen und dort 24 Stunden lang im Keller-Interimsknast schmoren lassen. „Sie haben mich behandelt wie in einem Krimi." Opa Kolja wurde wütend. Sie haben ihn nach einem Tag in „versiffte Klamotten gesteckt" und zum Richter gefahren. Der ließ Klaus Böhringer nur frei, weil er eine Rückfahrkarte vorweisen konnte. Somit erschien das Risiko weniger groß, dass der Feldbefreier gleich wieder das Betätigungsfeld sucht.

Bis dahin war Klaus Böhringer, ganz früher SPD-Gemeinderat in Remshalden, dann Grünen-Kreisrat im Rems-Murr-Parlament, ein leidlich belesener Verteidiger des guten und gesunden Essens. Seine aktuelle Karriere wider Willen ist jetzt die eines Rechtsexperten. Böhringer legte Beschwerde ein gegen den langen Unterbindungsgewahrsam. Er bekam Recht vor dem Landgericht Gießen. Er klagte gegen die Aufsichtsbehörde Regierungspräsidium. Nicht angenommen. Begründung: die Beamten hätten sich in einem Verbotsirrtum befunden. Das, sagte Böhringers Anwalt, „ist die dümmste Ausrede, die ein Jurist machen kann".

Die Universität hat Strafanzeige gestellt, kommenden Montag ist Verhandlung vor dem Oberlandesgericht in Frankfurt. „Wir haben uns nicht bereichert und keine Gewalt angewendet", sagt Böhringer, erfahrungsgemäß gehe so ein Verfahren mit ein paar Tagessätzen aus. Aber er hofft, vor dieser höheren Instanz endlich auch zur Sache reden zu können, Gutachter beantragen zu können. Mit ihm hofft auch die Initiative „Gendreck weg".

Sie sind viele.

Egal wie's ausgeht, „der unbescholtene Großvater ist jetzt erst einmal kriminalisiert". Das Uni-Institut wird sich mit einer Privatklage schadlos halten wollen – zur Abschreckung. Streitwert: 55 000 Euro. Böhringer ist auch in dieser Frage nicht allein. In und um München gibt es richtig reiche und wichtige Leute, die bereits eine Unterstützerkasse eingerichtet haben. Der Wahlkreis des Verbraucherministers Horst Seehofer hat sich schon zur gentechnikfreien Zone erklärt. Der Widerstand wächst, er wird prominent. In Schorndorf wird er mit angeführt von attac-Aktiven, zu denen stieß zuletzt Heiner Geißler. Bei einer Veranstaltung jetzt in der Manufaktur erklärte Eva-Maria Gideon, „mir bleibt nichts anderes übrig, als Gen-Pflanzen rauszureißen". Ihr gaben Bilder eines gentechnisch veränderten Schweines, „ein Klumpen Fleisch auf Beinen", den Rest. Den Rest zur gewissen(haften) Radikalität.

Opa Kolja ist nicht allein.

Abb.: Artikel über einen der Feldbefreier und den bevorstehenden Prozess in einer Zeitung an dessen Wohnort.[9]

Oberhessische Presse am 20.3.2008[8]

Der geplante Genmais-Versuch in Rauischholzhausen ist für die Universität Gießen nicht die erste Konfrontation mit Gegnern grüner Gentechnik. Eigentlich sollten ab 7. April vier selbsternannte „Feldbefreier" vor dem Amtsgericht stehen, die am 2. Juni 2006 auf dem Gelände der Justus-Liebig-Universität am Alten Steinbacher Weg ein Versuchsfeld mit genveränderter Gerste zerstört hatten und dabei von der Polizei festgenommen worden waren. Kurz vor Beginn des Prozesses sagte das Gericht jedoch den Termin vorerst ab.
Auch im vergangenen Jahr baute die Universität an gleicher Stelle Gerstenpflanzen an; trotz eines anonymen Hinweises, das Feld sei von Unbekannten verseucht worden, um den Versuch zu verhindern. Im Juni wurde das rund um die Uhr bewachte Feld von Unbekannten zum Teil zerstört.
Auf einem anderen Feld im Westen der Stadt Gießen war im Mai 2007 von Unbekannten der überwiegende Teil der mit einem Zaun gesicherten Maissortenprüfung zerstört worden, die in diesem Jahr nun in Rauischholzhausen fortgesetzt werden soll. In Rauischholzhausen selbst war die Universität schon im Jahr 1997 mit dem Versuch gescheitert, Gen-Raps anzubauen. Gentechnik-Gegner setzten das Feld in Brand und vernichteten die Pflanzen.
Die Absage des „Feldbefreier"-Prozesses kommt zu diesem Zeitpunkt überraschend. Immerhin hatte die Staatsanwaltschaft bereits im Mai 2007 Anklage wegen Sachbeschädigung und Hausfriedensbruch erhoben, unter anderem gegen Jörg Bergstedt von der Projektwerkstatt in Saasen, einem Ortsteil von Reiskirchen. Nun sollen zumindest zwei der vier Angeklagten mit einer Geldauflage und ohne Prozess davonkommen. „Gegen zwei Angeklagte ist beabsichtigt, das Verfahren einzustellen", bestätigt der zuständige Gießener Amtsrichter Michael Wendel. Die Staatsanwaltschaft hat dem Vorschlag des Gerichts laut Sprecher Reinhard Hübner zugestimmt.
„Feldbefreier" Bergstedt argwöhnt, dass die Einstellung der Verfahren etwas damit zu tun haben könnte, dass die Angeklagten im Vorfeld angekündigt hatten, im Prozess die führenden Wissenschaftler des Pflanzenbau-Instituts, unter anderem den Uni-Vizepräsidenten Professor Karl-Heinz Kogel, der gleichzeitig Leiter des Gengerste-Versuchs ist, als Zeugen vorzuladen, um ihnen „die unwissenschaftliche Vorgehensweise bei dem Versuch" nachzuweisen. Das sei der klagenden Universität in der derzeitigen Diskussion um den Genmaisversuch in Rauischholzhausen sicher nicht recht, so Bergstedt. Aber auch die Justizbehörden, die häufig mit der justizkritischen Projektwerkstatt zu tun hätten, seien in seinen Augen nicht unbedingt an einem

Es war nicht nur eine Verschiebung des Verfahrens. Die Akten zum Verfahren zeigten später, dass sich Richter Wendel Anfang 2008 bemühte, das Verfahren insgesamt abzubrechen und die Anklagen gegen Zahlung einer Geldbuße einzustellen. Das ist nach § 153a der StPO möglich, wenn z.B. eine kleine Geldbuße dazu führt, *„das öffentliche Interesse an der Strafverfolgung zu beseitigen, und die Schwere der Schuld nicht entgegensteht"*. Wendel fragte die Staatsanwaltschaft – mit Erfolg. Am 11.3.2008 stimmte Staatsanwalt Vaupel der Einstellung schon einmal gegen drei der vier Angeklagten zu. 450 bzw. 600 € Zahlung durch die Angeklagten z.B. an gemeinnützige Organisationen reichten ihm damals dafür. Für zwei Angeklagte wurde die Einstellung auch rechtskräftig, als – Pech für die beiden Verbliebenen – die nächste Wende nahte: Staatsanwalt Vaupel ging außer Dienst und Richter Wendel wurde von seinem Aufgabengebiet entbunden. Nun wehte ein neuer Wind. Die schon abgestimmte Einstellung gegen den dritten Angeklagten wurde nicht mehr vollzogen, stattdessen erneut ein erster Verhandlungstag angesetzt – nun unter Federführung von Amtsgerichts-Vizepräsident Dr. Frank Oehm, einem Law-and-Order-Richter, von CDU und FDP bereits für höhere Ehren im Hessischen Staatsgerichtshof vorgeschlagen. Auf dem nun eingeschlagenen Weg zu spektakulär hoher Verurteilung statt geräuschloser Einstellung trat als neue Staatsanwältin Ute Sehlbach-Schellenberg an seine Seite – eine Anklägerin ohne eigenes Profil im Windschatten des autoritären Oehm.

Abb. unten: Aus dem Einstellungsbeschluss vom 4.3.2009 und Oehms Bestätigung.

wegen Sachbeschädigung u.a.

wird das Verfahren gemäß § 153a Abs. 2 Strafprozessordnung (StPO) für die Dauer von 3 Monaten vorläufig eingestellt.

Der Angeschuldigten wird gemäß § 153a Abs. 1 Nr. 2, Abs. 2 StPO die Auflage erteilt, innerhalb der genannten Frist einen Geldbetrag von 450,00 € in monatlichen Raten von 150,00 €, bis zum 20. eines jeden Monats, erstmalig am 20.03.2008. unter Angabe von: **„Amtsgericht Gießen (Geschäftsnummer: 5406 Ds - 501 Js 15915/06)"** an Robin Wood e.V., Postfach 102 122, 28021 Bremen (Postgiro Hamburg, BLZ: 200 100 20, Kontonummer: 545478203) zu zahlen, und die Erfüllung dieser Auflage dem Gericht nachzuweisen.

Die Hauptverhandlung soll vor dem Strafrichter hier stattfinden.

Das Strafverfahren ist durch Einstellung gem. § 153 a II StPO beendet, soweit es sich gegen die Angeschuldigten Klaus Karl Böhringer und Anna-Christina Nieweler gerichtet hat.

Dr. Oehm
Vizepräsident des Amtsgerichts

6 www.projektwerkstatt.de/gen/2008.htm

7 www.projektwerkstatt.de/gen/downloads/pm23__2__08.pdf

8 www.op-marburg.de/newsroom/lokal/dezentral/lokal/art655,553305, Text als PDF: www.projektwerkstatt.de/gen/scans/op22__3__08.pdf

9 www.projektwerkstatt.de/gen/downloads/zeitung__klaus.pdf

II. Zeugen:

1. Prof. Dr. Karl-Heinz Kogel, 15^{15} 26.08
2. Dr. Gert Gregor Langen, 15^{30} 26.08
3. Susanne Kraus (Bl. 53 f., 49, 8 Bd. I d.A.), 15^{00} 26.08

zu 1. – 3. zu laden über Universität Gießen, Ludwigstr. 23, 35390 Gießen

Auszug aus der Anklage mit Oehms Vermerken zu Ladungszeiten zum ersten Prozesstag am Dienstag, den 26. August. Als ZeugInnen waren Versuchs-Durchführenden und die vor Ort eingesetzten PolizeibeamtInnen benannt. Kogel war in der Anklageschrift als Hauptzeuge genannt und seine Ladung auch vorgesehen.

1. Instanz: Keine Fragen, keine Angeklagten, aber hohe Strafe!

Vorgeplänkel: Kein Kogel, kein Thema Gentechnik

Der Wechsel in den Zuständigkeiten zeigte sich sofort im Stil. Denn schon vor dem ersten Verhandlungstag fällte Amtsgerichts-Vizepräsident Oehm als neuer Richter einen ersten Beschluss mit Richtungsangabe: Er lud den Hauptzeugen, Versuchschef Prof. Kogel, wieder ab. Sollte der geschützt werden, um nicht allzu viel schwindeln und über seine ‚wissenschaftliche' Arbeit, Konzernverbindungen und Geldquellen preisgegeben zu müssen. Zwar begründete Oehm die Abladung per Beschluss vom 24.7.2008 mit einer Auslandsreise des Zeugen – aber die erwähnte spätere Ladung entpuppte sich als nur als theoretische Möglichkeit. Der Hauptzeuge musste in erster Instanz nie vor Gericht erscheinen. Außerdem verweigerte Oehm beiden verbliebenden Angeklagten eine Pflichtverteidigung mit der Begründung, Gentechnik und die damit zusammenhängenden rechtlichen Fragen stünden gar nicht zur Debatte. Das sollte er mit spektakulären Mitteln auch im Gerichtssaal durchsetzen.

Unten: Aus dem Ablehnungsbeschluss zur Pflichtverteidigung vom 28.7.2008 (S. 2)

Zum anderen ist die erforderliche Schwierigkeit der Sach- und Rechtslage nicht gegeben. Der Sachverhalt laut Anklage erscheint derzeit einfach gelagert und leicht überschaubar. Dasselbe gilt nach derzeitiger Bewertung für die zur Beurteilung anstehenden Rechtsfragen zu Sachbeschädigung, Hausfriedensbruch und Beleidigung; dabei kommt es nach derzeitiger Bewertung nicht auf Erwägungen zum Recht der Gentechnik an. Das gilt insbesondere auch in Bezug auf die möglichen Beweggründe der Angeklagten für die etwaige Begehung der ihnen in diesem Zusammenhang jeweils zur Last gelegten Straftaten, welche nach derzeitiger Bewertung unabhängig von spezifisch gentechnik-rechtlichen Fragestellungen hinreichend Berücksichtigung finden können.

Bereits am Vorabend des ersten Verhandlungstages spitzte sich die Situation zu. Die im Folgenden abgedruckten Berichte stammen aus Aufzeichnungen von Beteiligten, die jeweils nach dem Geschehen auf Indymedia veröffentlicht wurden. Der Stil der Berichte wurde belassen. Es sind Auszüge von verschiedenen Personen, die ungekürzten Texte befinden sich unter den angegebenen Quellen.

Tagebucheintrag, 25.8.2008[10]

Am 25.8., den Abend vor dem Gentechnikprozess gegen Patrick Neuhaus und Jörg Bergstedt, hielt Jutta Sundermann einen kritischen Vortrag über Gentechnik, dessen Folgen, Risiken und wie mensch damit umgehen kann. Dieser war inhaltlich überzeugend gehalten, wobei er leider nur mäßig besucht war, was aber auch daran gelegen haben könnte, dass kein Gentechnikbefürworter sich als Gesprächspartner für eine öffentliche Diskussion beteiligen wollte. Nach Ende des Vortrags spazierten drei ZuhörerInnen zum nahegelegenen Amtsgericht, in dem am nächsten Tag der Prozess laufen sollte. Kurze Zeit später traf dann auch die Polizei dort ein, welche eine Personalienfeststellung durchführen wollte. Die betroffenen Personen gaben die Personalien aber nicht bereitwillig heraus, denn sie stiegen auf Bäume oder liefen kleine Erhöhungen entlang. Nach und nach kamen 6 weitere Polizeifahrzeuge. Es trafen auch noch drei Bekannte der betroffenen Personen ein. Wenige Minuten später eskalierte die Situation als die Polizei einen Rucksack wegnahm. Daraufhin erklomm eine Person die Fassade des Amtsgerichtes und es gab Platzverweise für die Beteiligten. Zudem beschimpfte die Polizei die anwesenden Leute. Die Feuerwehr kam dann auch noch, um die Person wieder von der Fassade zu holen. Abschließend wurden drei Menschen in Gewahrsam genommen. Eine davon sollte ED-behandelt werden, was aber am Versagen der technischen Geräte der Polizei und den unkooperativen Verhalten dieser Person scheiterte. Sie wurde in der Nacht wieder frei gelassen. Die zwei anderen verbrachten die Nacht in polizeilichen Gewahrsam, worunter auch ein Angeklagter war, der am nächsten Tag einen Gerichtstermin hatte.

10 http://de.indymedia.org/2008/08/225511.shtml. Extra-Seite zum Vorfall und zur Klage gegen den Polizeieinsatz vom 25.8.2008: www.projektwerkstatt.de/polizeidoku/beispiele/08_8_25amtsgericht.html

11 http://de.indymedia.org/2008/08/225511.shtml

Dann der Tag der ersten Verhandlung – und wieder geht es nicht unterbrechungsfrei los.

Tagebucheintrag 26.8.2009, vormittags[11]

Wie immer: Riesenmengen Polizei in und um das Gebäude. Die sind gelangweilt, durchsuchen einiges und finden in einer Fahrradtasche 0,3 mg Haschisch. Aufregung, gleich jemanden abgeschleppt zur Wache ... Die intensiven Kontrollen verzögerten den Einlass, zumal sich die Angeklagten brav hinten anstellten. Was den Richter erzürnte, aber als er gerade beschloss, die Nicht-Vordrängler hereintragen zu lassen, waren die durch die Schleuse und betraten den Gerichtssaal. Der war überfüllt und viele zeigten deutliche Sympathie mit Feldbefreiungen – durch Worte, T-Shirts und mehr. Bevor es dann losging, war es auch schon wieder zuende, denn der über Nacht eingesperrte Angeklagte monierte seine fehlenden Akten und bekam eine Stunde Pause, um diese zu holen. Gegen 10 Uhr ging es dann los – auf dem Tisch der Angeklagten viele Akten und zwei Computer.

- *10.07 Uhr: Verlesung der Anklage*
- *10.10 Uhr: Angeklagte werden gefragt, ob sie sich einlassen zur Sache. Beide lehnen ab. Der Richter ist offenbar überrascht. Die Zeitplanung ist jetzt andersherum durcheinander. Die freie Zeit soll mit Filmgucken verbracht werden.*
- *10.20 Uhr: Unterbrechung für Aufbau der Fernseher. In Pause wird geklärt, dass doch keine Leute mehr reinkonnten. Nochmal protestiert, soll nochmal geklärt werden*
- *10.35 Uhr: Es gibt technische Probleme mit Beamer. Das nutzen die Angeklagten und spielen auf einem ihrer Laptops andere Feldbefreiungsfilme vor, z.B. zur Feldbefreiung in Gatersleben. Danach gibt es Musik von der Angeklagtenbank: ein Anti-Gentech-Song. Auch mal was Neues in einem laufenden Verfahren.*
- *10.45 Uhr: 2 HR-Filme vorgeführt, dann der Überwachungsfilm und 1 weiterer HR-Film. Wie sollte es anders sein: Der Überwachungsfilm zeigte auch öffentliches Gelände und es gab mal wieder keine Hinweisschilder (bekannter Streitpunkt aus einem anderen Verfahren[12]). Folglich ...*
- *11.15 Uhr: Erklärung eines Angeklagten, dass das Überwachungsvideo illegal war*
- *11.17 Uhr: Die erste Zeugin KKin Keller tritt in den ZeugInnenstand, danach weitere PolizeibeamtInnen*

Der Verhandlungstag selbst gab dann zum Thema Agro-Gentechnik nicht viel her. Bis 17.30 Uhr traten nur PolizistInnen als ZeugInnen auf. Deren Vernehmungen boten zwar die üblichen absurden Geschichten und Falschaussagen aus dem Hause „Ferniestraße" (Lage des Polizeipräsidiums). Allerdings hatte das mit Gentechnik wenig zu tun. Der war ja nicht dazu gedacht, einmal mehr zu beweisen, wie Polizei agiert, manipuliert und dabei immer wieder so deppert vorgeht, dass es auffällt. Fast war der Tag zuende, als dann doch ein später Höhepunkt und Schock zum Ausklang des Prozesses den tristen Ablauf durchbrach. Mehr zufällig führte eine Verenhmung doch zu Fragen zur Gentechnik. Und was geschah: Richter Oehm verbot, über das Thema zu reden!

Versuchsleiter war Herr Kogel, für die Sicherheit war, soweit ich weiß, Herr Schäfer oder Herr Langen zuständig.

Der Vorsitzende unterbricht die Fragestellung vom Angeklagten nach Gentechnik und dessen Sicherheiten. Diese Fragestellungen sind nicht zulässig.

Gerichtsprotokoll vom 26.8.2008, S. 20 (Vernehmung der Uni-Dezernentin Kraus)

***Tagebucheintrag 26.8.2009, 17.30 Uhr*[13]**

Während der Befragung der Chefin des Dezernats für Rechtsfragen und Zentrales, Susanne Kraus, unterbrach der Richter, als ein Angeklagter wissen wollte, wer die zuständigen Funktionsträger bei dem Gengersteversuch waren (z.B. Beauftragter für die Biologische Sicherheit) und welche gesetzlich vorgeschriebenen Ausbildungen für diese Tätigkeit stattgefunden haben. Aus den Aufzeichnungen (Tonmitschnitt und Abschrift[14]) lässt sich der folgende Wortwechsel zwischen Richter und Angeklagtem festhalten (... kennzeichnet unwichtige Nebensätze, Wiederholungen oder nicht erfasste Satzteile; ansonsten blieben Fehler im Satzbau bei der Abschrift der Tondatei erhalten):

- *Oehm: „Herr Bergstedt, ...Gentechnik ... spielt keine Rolle bei der Frage, ob hier eine Sachbeschädigung vorliegt ... Hausfriedensbruch auch nicht ... ich habe mir das selbst lange angehört ... aber wir sind an einem Punkt angekommen, wo ihre gentechnischen Fragestellungen mit der Frage der Sachbeschädigung nichts zu tun haben ... Grenze vom Thema zu weit überschritten ...“*
- *Der Angeklagte kritisierte daraufhin, dass der Richter ohne jegliche Sachprüfung im Prozess schon von vorneherein sagt, dass Gentechnik keine Rolle spielt – und dass mit dem Verbot von Fragen zum Thema gleichzeitig unmöglich gemacht werde, eine gegenteilige Auffassung zu vertreten.*
- *Oehm: „Die Frage, die gentechnischen Grundlagen für das Institut spielt keine Rolle für die Frage, ob die Angeklagten es waren, ob die es waren, die daran beteiligt waren, auf das Genfeld einzudringen und Pflanzen zu zerstören. Ob dieser Gentechnikversuch wirksam genehmigt war, ob die Mitarbeiter geschult waren usw., spielt für die strafrechtliche Bewertung dieses konkreten Sachverhaltes nach derzeitiger Belehrung – ich lass mich gerne belehren – keine Rolle. Denn sie wollen wahrscheinlich darauf hinaus, dass hier Notstandshandlungen, Widerstandshandlungen vorliegen ... nicht den Hauch eines Ansatzpunktes. Und deshalb sind Fragestellungen dieser Art – und da bin ich mir sicher, dass wir jedenfalls derzeit unterschiedliche Auffassungen haben, ... sind Fragestellungen dieser Art nicht zulässig.“*
- *Dafür erntete er Kritik, dass er allein sei mit seiner rechtlichen Auffassung. Es sei zwar unterschiedlich, ob RichterInnen den rechtfertigenden Notstand für gegeben halten, aber: „Es gibt keine Richterinnen und Richter mehr, die sagen, bei Prozessen dieser Art werden Dinge wie der § 34 überhaupt nicht beachtet. In allen anderen Prozessen wird das geprüft. ... Da sind Sie wirklich der Zeit hinterher.“ Außerdem verwies der Angeklagte auf einen Vermerk der Staatsanwaltschaft in den Gerichtsakten. Dort hatte ein Staatsanwalt handschriftlich notiert: „Die Frage der Zulässigkeit des Genversuchs spielt allenfalls am Rande (Strafzumessung) eine Rolle“. Damit sei die Staatsanwaltschaft auch der Meinung, die Frage müsse geprüft werden.*
- *Richter Oehm weist auch die Meinung der Staatsanwalt ab: „Das ist die Auffassung der Staatsanwaltschaft, aber sie wissen sicherlich auch, dass die mit drei Richtern besetzte Beschwerdekammer des Landgerichts ... diesen Beschluss nicht beanstandet hat.“*
- *Wieder wiedersprach der Angeklagte: „Daraus kann man nicht ableiten, dass es von vorneherein klar ist, dass man selbst dadurch, dass man die Fragen dazu nicht mehr stellen darf, auch nicht eine andere Thematisierung geben kann.“*
- *Nun kam ein Satz aus dem Munde von Richter Oehm, der nicht nur deutlich machte, dass er eine recht eigenartige Rechtsauffassung vertrat, sondern diese politisch motiviert war: „Nein, ich werde Ihnen sicherlich keine Plattform für eine politische Kundgebung gegen die Gentechnik geben.“ Damit unterstellte er dem Angeklagten, was er nun selbst vollzog: Juristische Auslegung aus politischen Interessen. Irgendwelche Gesetzestexte, Urteile oder Kommentare zu Gesetzen konnte er für seine Auffassung, dass Fragen zur Gentechnik nicht gestellt werden dürften, nicht benennen. Die bis dato von den Angeklagten gestellten Fragen mit Bezug zur Gentechnik waren ausnahmslos auf den konkreten Versuch bezogen. Doch ein Richter, der wörtlich aussagt, die Frage, ob das Genfeld überhaupt wirksam genehmigt worden sei, sei nicht Gegenstand des Prozesses, stellt damit auch klar, dass es ihm selbst nicht um das Rechtliche, sondern um eine politische Verhandlungsführung geht – die er anderen gleichzeitig verwehrt.*

Der große Streit blieb an diesem Abend noch aus. Aber er wirkte unvermeidlich. Ein Angeklagter formulierte einen Befangenheitsantrag zum Frageverbot.[15] Das aber provozierte nur die nächste Seltsamkeit. In seiner Ablehnung des Befangenheitsantrags bezog sich Richter Oehm auf einen Text, in dem angekündigt wurde, das Verfahren politisch zu führen. Genau das wollte Oehm verhindern, obwohl es nicht verboten war. Spannend: Der Text, den Oehm zitierte, stammte aus einer Mail – die andere Seite las also auf der Gentechnikkritikliste aus Gießen mit.

2. Tag: Freitag, 29.8.2008 ab 8.30 Uhr

Dann der zweite Tag. Wegen des sich andeutenden Frageverbotes entschlossen sich die Angeklagten, eine weitere Presseinformation[16] zu verschicken, in dem sie die Frage aufwarfen, *„ob überhaupt Fragen zur Rechtmäßigkeit des Genversuchs zugelassen werden. Am vergangenen Prozesstag lehnte Richter Oehm das vollständig ab.“*

Der Prozess bestätigte die Befürchtungen. Richter Oehm verbat alle Fragen zur Gentechnik. Der Genpfusch an der Uni Gießen und ihr gefährliches, rechtswidriges Treiben durften nicht durchleuchtet werden.

***Tagebucheintrag, 29.8.2008*[17]**

Der Tag begann in etwas veränderter Zusammensetzung und gut vorbereitet auf eine intensive Auseinandersetzung, ob in einem Prozess um Gentechnikaktionen über Gentechnik geredet werden darf. Mit den Angeklagten saß ein Anwalt Döhmer auf der Anklagebank, der sich mit Infos der Angeklagten schnell ins Thema (u.a. Rechtfertigender Notstand) eingearbeitet hatte. Zunächst sah es auch so aus, dass sich die Kontrahenten aufeinander zu bewegten. Dem Richter wurden mehrere Urteile von FeldbefreierInnenprozessen (vor allem Gendreck weg!) und andere Fälle, in denen rechtsfertigender Notstand geprüft wurde, überreicht. Zudem wurden Texte verlesen und über Rechtsauslegungen diskutiert. Ein konkretes Ergebnis hatte das erst mal nicht, aber die Stimmung war eher ähnlich der des ersten Tages. Von Seiten des Richters wurde mehrfach betont, dass der Prozess auch für ihn ein interessantes juristisches Niveau hätte usw. Öffner der Debatte war der Befangenheitsantrag gegen den Richter wegen seines Satzes am Ende des ersten Prozesstages. Hierzu wurden Erklärungen abgegeben und immer wieder debattiert (was der Staatsanwältin irgendwann zu lange dauerte, aber Richter Oehm machte erstmal weiter). Bevor es dann zur Hauptsache ging, zelebrierte ein Angeklagter die Kunst der offensiven Prozessführung: Er stellte zwei Beweisanträge zum Zeitpunkt der Mahnwache am 2.6.2006 und zu den Aussagen des Staatsschützers KOK Schöller vom ersten Prozesstag und wies ihm dabei eine Falschaussage nach. Die Unterlagen übergab er auch gleich der Staatsanwaltschaft, um (wie er sagte) damit zu beweisen, dass diese Behörde zwar nun Kenntnis von einer Straftat eines Polizeibeamten habe, aber nichts tun werde – wie immer.

Dann kam Dr. Gregor Langen, der am Ort des Gengerstenfeldes arbeitet und für den Versuch der Beauftragte für die biologische Sicherheit war. Dass er sich mit Gerste überhaupt nicht auskannte, war etwas peinlich – aber das kam eher zufällig raus. Zunächst fragte Richter Oehm einiges, auch Kleinigkeiten zur Sicherheit des Versuches. Es entstand weiter der Eindruck, die am Ende des ersten Prozesstages verkündete Untersagung aller Fragen zum Thema Gentechnik könnte etwas aufgeweicht sein. Dann fragte die Staats-

12 www.projektwerkstatt.de/antirepression/prozesse/farbgericht/haupt.html

13 http://de.indymedia.org/2008/08/225511.shtml

14 www.projektwerkstatt.de/oehm

15 www.projektwerkstatt.de/gen/prozesse/2006/befangenheitsantrag.pdf

16 www.projektwerkstatt.de/gen/prozesse/2006/pm28__8__08.pdf

17 http://de.indymedia.org/2008/08/225684.shtml

anwältin – nur wenig. Dann kam die Anklagebank. Zuerst Rechtsanwalt Döhmer. Er fragte Dr. Langen, was das konkret bedeutet, für Sicherheit zuständig zu sein. Dr. Langen wusste darauf wenig zu sagen. Am Beispiel des Vogelschutznetzes schilderte er dann, dass er zuständig sei, zu prüfen, ob das auch richtig hängt. Dann fragte Döhmer, ob Insekten durch das Vogelschutznetz fliegen konnten zu den Gerstenpflanzen. Und nun geschah das Unglaubliche: Richter Oehm untersagte diese Frage. Fassungslosigkeit auf der Anklagebank und bei ZuschauerInnen. Da wird überall über Bienen und Gentechnik debattiert – und hier, wo es um Gentechnik im Kern geht, sind selbst Fragen verboten, die völlig offensichtlich mit dem Genfeld zu tun haben, um das es geht. ...

Kinderfeindlicher Richter

Für Oehm war „Kind" ein Schimpfwort und Sinnbild des Ungehorsamen. So behauptete er, Störungen und Kritik im Gerichtssaal sei „wie bei Kindern". Die Kernaussage folgte, dass wer sich wie ein Kind benehme, den würde er dann auch auf die Straße schicken zum Spielen.
Wer im Gerichtssaal etwas essen wollte, wurde mit Kindern verglichen.

► *D fragt, ob Wildschutz/Vogelschutznetz Aufgabe des Biosicherheitsbeauftragten L war.*

Der Ablauf als Abschrift des Tonmitschnittes (... kennzeichnen Wiederholungen und Versprecher) D (Rechtsanwalt Döhmer), Oehm (Richter) und Zeuge L (Dr. Langen, Beteiligter am Genversuch):

► *L: Ich war vor Ort, als dieser Zaun ... aufgestellt wurde ... ich habe sicherzustellen, dass der Zaun tatsächlich aufgestellt wird ...*
► *D: Sie sagen, dass der Zaun zum Beispiel eine bestimmte Dichte haben muss, damit keine Vögel durchkommen.*
► *L: Das waren aber Abstimmungen vom Regierungspräsidium ... die haben ja auch diesen Auflagenbescheid ... ein Mitarbeiter des Regierungspräsidiums war vor Ort und hat diese Maßnahmen gutgeheißen.*
► *D: Die Vorstellung, dass die Dichte des Netzes mit Ihnen was zu tun hat ... ist richtig. Als Biosicherheitsbeamter.*
► *L: Ja, auch.*
► *D: Weil, Sie haben ja gesagt, wir müssen sicherstellen, dass da keine Vögel rein können ...*
► *L: Nein, Idee dabei ist, Auflage war, dass nach der Aussaat das Vogelnetz errichtet wird ... und zum anderen sollte dieses Vogelnetz da sein, wenn die Ähren abreifen ...*
► *D: Wenn ich das richtig sehe, ist das Vogelnetz ein Kontaminationsschutz.*
► *L: Ein Ausbreitungsschutz.*
► *D: Das Nächste ist jetzt für mich die Frage zu dem Bereich der Biosicherheit gehört zum Beispiel auch die Frage, inwieweit denn dieses Netz durchlässig war für Insekten.*
► *Oehm: Diese Frage gehört nicht mehr zum Gegenstand der Anklage und nicht mehr in den Bereich der Frage, ob hier Hausfriedensbruch und Sachbeschädigung vorliegen. Ob da Insekten durch das Netz fliegen können oder nicht, ist für die Fragestellung, die sich hier im strafprozessoralen Rahmen ergibt, unbedeutend.*

Proteste vor dem Landgericht mit zugebundenem Mund. Kurz danach schmiss Richter Oehm die Personen mit Mundtuch aus dem Gerichtssaal.

Eine Zuschauerin schüttelte den Kopf. Richter Oehm war offenbar am Ende. Hinter dem juristisch souveränen Richter kam ein krass autoritärer Charakter zum Vorschein. Seine kinderfeindlichen Sprüche paarten sich mit einer merkwürdigen Neigung, nur Frauen anzugreifen – tatsächlich wurde kein einziger Mann aus dem Saal gewiesen, aber viele Frauen. Für einen autoritären Patriarchen in der Fratze des juristisch beschlagenen Halbgottes mit Anflügen von Gnade und Milde (beides Formen von Macht) sind diese charakterlichen Mischungen nicht selten. Jedenfalls: Er ließ die Person wegen Kopfschütteln aus dem Saal werfen und erteilte Hausverbot. Protest von der Angeklagtenbank, Anwalt Döhmer beantragte, den Vorgang formal zu Protokoll zu nehmen mit einer Begründung. Nach einigem Hin- und Her plus weiteren kinderfeindlichen Sprüchen wollte er dann seine Rauswürfe zu Protokoll geben. Er begann zu diktieren, dass offenbar Leute den Saal füllten, die *„keine Erziehung genossen haben"*. Ein Zuschauer sprang empört auf und verließ unter Protest den Saal. Andere schlossen sich an. *„Gut, dass Sie freiwillig gehen"*, hörte mensch den Richter in seiner nun ungezügelt arrogant-autoritären Art weitermachen. Doch die Situation eskalierte weiter. Der Richter wies weitere Rauswürfe an, die überforderten Gerichtsdiener zerrten an Menschen, zogen eine Frau halbnackt aus, Stühle gerieten durcheinander. Immer wieder versuchte der Verteidiger den Richter irgendwie zu mäßigen, aber da ging nicht mehr viel. Die beiden Angeklagten saßen dagegen ruhig auf ihren Stühlen – genau wissend: Hier ist ein erfolgsverwöhnter Richter aus seiner Fassung gefallen und ein widerlicher Charakter wurde offenbar, den er sicherlich nicht zeigen wollte. Erstaunen löste aus, welche Nichtigkeiten den Ausbruch bewirkten. Auch die Staatsanwältin verlor schnell ihre ohnehin mehr gespielte Souveränität, stellte sich peinlich-unterwürfig hinter den Richter und unterstellte, dass die Eskalation *„nicht zufällig"* stattgefunden hatte, sondern inszeniert war. Gründe dafür nannte sie nicht, einem nachfragenden Angeklagten antwortete sie: *„Ich habe es nicht nötig, mich mit Ihnen zu unterhalten"*.

Es dauerte eine Weile, bis sich die Wogen gelegt hatten. Der Verteidiger kündigte eigene Beiträge zum Protokoll an, weil die Protokollierungen durch den Richter so nicht stehen bleiben könnten. Als er diese dann vortragen wollte, setzte er ihnen eine Einleitung vorweg, dass er solch einen Auftritt eines Richters nicht einmal bei seiner Tätigkeit als Verteidiger in Peking erlebt hätte. Auch ein Angeklagter verlas eine Erklärung ... Danach wurde der Verteidiger gefragt, ob er weiter Fragen stellen wollte an den Versuchsbeteiligten Langen, der die ganze Zeit regungslos auf seinem Zeugenstuhl gesessen hatte. Er hatte Fragen und begann: *„Können da Insekten durch das Netz fliegen?"* Richter Oehm reichte es. Er beendete die Verhandlung und lud zum nächsten Termin: Donnerstag, 4. September 2008.

Tonbandabschrift zum Blütezeitpunkt an den Zeugen Langen
Oehm: „Wann hätte die denn angefangen zu blühen?"
„Also die Aussaat ist ja relativ spät schon erfolgt, aber die Gerste holt das praktisch noch mal ein. Also normalerweise wäre die Ernte halt, also abgereift ist eine Gerstenpflanze Ende Juni, Anfang Juli. Das ist normal die Erntezeit."
Oehm: „Und die Blüte?"
„Auf jeden Fall noch lange nicht zu dem Zeitpunkt, wo halt diese Teilzerstörung stattgefunden hatte."
Oehm: „Das ist ein dehnbarer Begriff."
„Äh – also Sie meinen diese Zeit selber, bis die dann anfangen zu blühen. Also ich bin kein Landwirt. Aber ähhh, also ich denke, die hätten Ende Mai/Anfang Juni geblüht. Das ist ein bisschen schwierig, weil das für die Gerste nicht der typische Aussaatzeitpunkt war. Da waren wir ja schon relativ in der Vegetationsperiode."
Oehm: „Und sie meinten: Blütezeit Ende Mai oder Anfang Juni. Jetzt sind wir aber am 2. Juni."
„Ja, wie gesagt, dadurch dass wir spät ausgesät haben, ..."

Oehm: „Wenn Sie es nicht wissen, dann ...“
„Ja, ich sach ja, kann ich so schlecht abschätzen.“

Nach wenigen Stunden war der Prozess vorbei. Die Situation vom Ende des ersten Prozesstages hatte sich weiter zugespitzt. Wie es weitergehen würde, war zu diesem Zeitpunkt völlig unklar. Niemand ahnte trotz der Zuspitzungen, dass Richter Oehm nach diesem Tag für die Folgeverhandlung beschloss, kurzen Prozess zu machen – ohne die Angeklagten im Gerichtssaal! Das war umso erstaunlicher, als am Ende des zweiten Tages die Prozessbeteiligten noch einen Versuch starteten, Schärfe aus dem Verlauf zu nehmen.

Tonbandabschrift einer Aussage des Richters am Ende des zweiten Prozesstages
Das Kompliment der Fairness des Gerichts und der Staatsanwaltschaft, dass der Herr Bergstedt geäußert hatte und auch in seinem Befangenheitsantrag sich widerspiegelt, kann ich genauso gut wiedergeben. Ich habe auch nicht den Eindruck, dass hier auf irgendeine Art und Weise versucht würde, das Gericht anzugreifen oder sonst was zu machen.

Sogar die Staatsanwaltschaft hätte eingreifen müssen, denn es ist auch ihre Aufgabe (siehe rechts), durchzusetzen, dass Fragen gestellt werden können, die wichtig sind zur Strafbemessung oder Absehen von Strafe. Aber wer hält sich schon ans Gesetz, wenn es um Machtinteressen geht?

Nur zwei kleine Details zur Sache Gentechnik waren bei der Vernehmung des eigentlich dafür wichtigen Zeugen Langen herausgekommen. Zum einen berichtete der Mitarbeiter Kogels, dass das wichtigste Forschungsziel, die Untersuchung der Auswirkungen auf Bodenpilze, trotz der Schäden erreicht worden sei. Das widersprach sehr glatt dem Eintrag im Internet zum Versuch.

Angebliche Versuchsergebnisse am 15.6.2009[18]

Freiland. Erhebliche Teile der Freisetzungsfläche wurden im Jahr 2006 sowie in 2007 vor dem Ausreifen der Ähren zerstört. Aufgrund dieser Feldzerstörungen wurde die Befalls-Studie durch Mykorrihza-Pilze in beiden Jahren unter Gewächshausbedingungen an transgenen und nicht-transgenen Gerstenlinien wiederholt (siehe oben).

Die Untersuchungen zur Interaktion der transgenen Linien mit schädliche Pilzen, konnte aufgrund der Feldzerstörungen in beiden Versuchsjahren nicht durchgeführt werden. Ebenfalls erfolgte keine Quantifizierung des Kornertrags.

Die Laufzeit des Forschungsprojektes wurde bis zum März 2010 verlängert. Die Freilandversuche sollen unter Federführung des AgroBioTechnikums Groß Lüsewitz in Mecklenburg-Vorpommern fortgeführt werden.

Die zweite Erkenntnis war, dass Langen für seinen Posten des Beauftragten für die biologische Sicherheit eine völlige Fehlbesetzung war. Auf die Frage des Richters, wann die Gerste blühen würde, musste er passen und entschuldigte sich damit, dass er ja kein Landwirt sei. Für Oehm war die Erkenntnis, dass der Sicherheitsbeauftragte nicht einmal wusste, wann die gv-Pollen fliegen würden, ein Anlass, weitere Fragen zu vermeiden und sie auch anderen zu verbieten.

3. Tag: Donnerstag, 4.9.2008, 8.30 Uhr

Wer den Versöhnungsversuch des Richters am Ende der zweiten Verhandlung noch in Erinnerung hatte, stand am Anfang des dritten Tages fassungslos da. Denn von der ersten Sekunde an ließ Richter Oehm keinen Zweifel, an diesem Tag alles, am besten den ganzen Prozess abzuwürgen, um keine weiteren Peinlichkeiten rund um die Genversuchs-Institute der Uni ans Tageslicht zu befördern. Die ersten derben Ausraster legte der Richter bereits hin, als die Angeklagten noch gar nicht im Raum waren. Dabei hatte sich Oehm für seine harte Linie etwas Neues ausgedacht. Offenbar war es ihm zu anstrengend, ständig das Publikum zu beschimpfen und einzelne Personen aus dem Saal zu werfen. Denn die Strafprozessordnung verlangte, dass er jedesmal seine autoritären Ausfälle mit einem Beschluss formal absichern musste. Um die Fließbandrauswürfe effizienter zu gestalten, entwarf er einen Ankreuzbogen (siehe rechts), auf dem er nur noch durchstreichen oder ankreuzen musste, was jeweils zutraf: „*laute Zwischenrufe*“, „*provozierende Gesten*“, „*verächtliches Lachen*“ oder „*demonstrativ abfälliges Kopfschütteln*“. Damit warf er gleich zu Beginn einige ZuschauerInnen aus dem Saal.

Die Hauptverhandlung begann mit dem Aufruf der Sache.

Eine Zuschauerin betrat den Gerichtssaal mit einem Tuch um den Mund.
Der Vorsitzende forderte diese auf, das Tuch abzunehmen und kündigte andernfalls eine Entfernung aus dem Gerichtssaal an.

Mit der Bemerkung, dass das Tuch ein Hinweis darauf sei, dass ihr der Richter in der letzten Hauptverhandlung verboten habe zu reden, nahm die Zuschauerin das Tuch ab. Da die Zuschauerin ständig dazwischen rief und anschließend zum Vorsitzenden bemerkte, dass sie schon das letzte Mal über dessen Verhandlungsführung gelacht habe, wurde sie vom Richter gebeten wegen ungebührlichen Verhaltens gegenüber dem Gericht den Sitzungssaal zu verlassen.

Da die Zuschauerin dieser Aufforderung nicht nachkam, erfolgte eine gewaltsame Entfernung der Zuschauerin aus dem Sitzungssaal durch die Wachtmeister und Ordnungskräfte.

Gerichtsprotokoll vom Anfang der Verhandlung am 4.9.2008 (S. 1 f.)

Das aber war noch harmlos. Kaum waren die Angeklagten erschienen, legte sich Oehm mit einem der Angeklagten an – und ließ das Geschehen gezielt eskalieren bis zum Rauswurf. Das heißt: Er entfernte einen Angeklagten aus dessen eigenen Prozess. Das ist nach der geltenden Strafprozessordnung (§ 231 b) gar nicht zulässig. Doch diesen passenden Paragraphen kannte Oehm wohl gar nicht, als er seinen Rauswurf durchzog – im Rauswurfbeschluss tauchte er jedenfalls nicht auf. Erst später, beim Schreiben des Urteils, bemerkte Oehm offenbar seinen Irrtum und versuchte, die fehlende Rechtsgrundlage nachträglich einzufügen – ein durchsichtiges Manöver.

Tagebucheintrag, 4.9.2008[19]
Der Prozess war noch gar nicht losgegangen, da hatte er schon zwei Hausverbote gegen Zuhörende (wieder nur Frauen) verhängt. Dann attackierte er, ohne dass an diesem Tag noch irgendwas vorgefallen sei, einen der Angeklagten für dessen Kritik am Richter am vorhergehenden Verhandlungstag. Konkret wurde dessen Aufforderung an den Richter, keine weiteren kinderfeindlichen Sprüche abzulassen, kritisiert. Für den Fall weiterer Kritik am Richter drohte er dem Angeklagten mit Ausschluss von der Verhandlung. Sich selbst bezeichnete Richter Oehm als sachlich und ruhig. Das wiederum bezeichnete der betroffene Angeklagte angesichts der ständigen kinderfeindliche Ausfälle gegen das Publikum als Lüge. Woraufhin der Richter unterbrach und danach den Angeklagten aus dem Saal wies. Auch dessen Verteidiger ging, so dass nur noch ein Angeklagter im Raum verblieb. Dem wurde – wie ja schon in den Verhandlungstagen vorher – verboten, Fragen zum Genfeld zu stellen. Sein Antrag, die Rechtmäßigkeit des Feldes zu prüfen, wurde als nicht zum Verfahren gehörig ebenfalls abgewiesen.

Im Beschluss benannte der Richter als Auslöser für den Ablauf, der zum Rauswurf führte, dass „*der Angeklagte ... den erkennenden Richter in der Hauptverhandlung vom 29.08.2008 angeschrien*“ hätte. Woher kommt diese Behauptung? Hatte der Richter nicht am Ende des zweiten Verhandlungstages, wo dieser Vorfall stattgefunden haben sollte, selbst gesagt, er hätte „*nicht den Eindruck, dass hier auf irgendeine Art und Weise versucht würde, das Gericht anzugreifen oder sonst was zu machen*“?

§ 127 der Richtlinien für das Strafverfahren und das Bußgeldverfahren (RiStBV):

Pflichten des Staatsanwalts in der Hauptverhandlung
(1) Der Staatsanwalt wirkt darauf hin, dass das Gesetz beachtet wird. Er sorgt durch geeignete Anträge, Fragen oder Anregungen dafür, dass nicht nur die Tat in ihren Einzelheiten, sondern auch die persönlichen und wirtschaftlichen Verhältnisse des Angeklagten und alle Umstände erörtert werden, die für die Strafbemessung, die Strafaussetzung zur Bewährung, die Verwarnung mit Strafvorbehalt, das Absehen von Strafe, die Nebenstrafe und Nebenfolgen oder die Anordnung von Maßregeln der Besserung und Sicherung, des Verfalls oder sonstiger Maßnahmen (§ 11 Abs. 1 Nr. 8 StGB) bedeutsam sein können. Nr. 4 c ist zu beachten.

18 www.biosicherheit.de/de/sicherheitsforschung/165.doku.html
19 http://de.indymedia.org/2008/09/226154.shtml

Beschluss

Frau
[illegible]
[illegible]

wird als Zuschauer/in von der Hauptverhandlung gegen die Herren Bergstedt und Neuhaus für deren weitere Fortdauer ausgeschlossen.

Zugleich wird ~~ihm~~/ihr für die weitere Fortdauer dieser Hauptverhandlung an den jeweiligen Sitzungstagen Hausverbot für alle Gebäude des Amtsgerichts Gießen erteilt. Es ist ~~ihm~~/ihr insoweit untersagt, sich in den Räumlichkeiten des Amtsgerichts Gießen aufzuhalten, soweit ~~er~~/sie nicht selbst als Beteiligte/~~r~~ zum Erscheinen verpflichtet ist.

Gründe:

Der Ausschluss von der weiteren Fortdauer der Hauptverhandlung beruht auf § 177 GVG. ~~Der~~/Die Zuschauer/in Finkes hat ~~im bewussten und gewollten Zusammenwirken mit weiteren Zuschauern~~ die Hauptverhandlung vom 04.09.2008 durch
laute Zwischenrufe und
provozierende Gesten (Tuch über den Mund)
~~verächtliches Lachen~~
~~demonstrativ abfälliges Kopfschütteln~~
gestört. Vorangegangene Ermahnungen ~~wegen ähnlicher Störungen~~ waren fruchtlos geblieben. Deshalb musste ~~er~~/sie des Verhandlungssaales verwiesen werden und, weil ~~er~~/sie diesen Verweisen nicht freiwillig Folge leistete, durch die Anwendung unmittelbaren Zwanges aus dem Sitzungssaal entfernt werden. Dieses Verhalten~~, gerade auch der bei der Entfernung aus dem Saal geleistete Widerstand und die dadurch begründete Gefahr von Verletzungen der eingesetzten Wachtmeister,~~ rechtfertigt die Erwartung, dass ~~er~~/sie auch bei neuerlichem Einlass zur Hauptverhandlung

deren Gang wiederum erheblich stören wird und erneut zwangsweise aus dem Saal entfernt werden muss. Deshalb ist ~~er~~/sie von der Fortdauer der Hauptverhandlung auszuschließen, um die Ordnung in der Hauptverhandlung sicherzustellen.

Das Hausverbot gründet sich ebenfalls auf die vorgenannten Umstände. ~~Sein~~/Ihr gezeigtes Verhalten diente der Störung des ordnungsgemäßen Ablaufs des Justizbetriebs und der Einwirkung auf die im Gebäude des Amtsgerichts Gießen stattfindende Hauptverhandlung gegen die Herren Bergstedt und Neuhaus. Es ist auch deshalb zu erwarten, dass ~~der~~/die Zuschauer/in ~~seine~~/ihre Anwesenheit im Gerichtsgebäude während der Hauptverhandlung gegen die Herren Bergstedt und Neuhaus erneut dazu ausnutzen wird, den Geschäftsablauf des Amtsgerichts Gießen und den Gang des Strafverfahrens durch verbale oder sonstige Äußerungen und durch Einwirkung auf Sachen zu beeinträchtigen. Um die Funktionsfähigkeit der Rechtspflege des Amtsgerichts Gießen während der Dauer des Prozesses gegen die Herren Bergstedt und Neuhaus zu sichern, bedarf es der Anordnung des Hausverbots. Mildere Mittel kommen ersichtlich nicht in Betracht.

Der Präsident des Amtsgerichts Gießen hat dem unterzeichneten Richter am 14.08.2008 die Ausübung des Hausrechtes in den Räumlichkeiten des Amtsgerichts Gießen im Zusammenhang mit der vorgenannten Hauptverhandlung übertragen.

Gießen, den 04. September 2008
Amtsgericht

Dr. Oehm, Vizepräsident

Ausgefüllte Vorder- (oben) und Rückseite (unten) des Rauswurf-Formblattes.

Woher der plötzliche Gesinnungswandel? Hatte Oehm sich etwas ausgedacht, um den Prozess zu sprengen?

In der Auseinandersetzung um das vermeintliche Anschreien bezeichnete Oehm den Zeitpunkt noch etwas genauer. Er lag unmittelbar nach dem Verbot der Fragen zum Genversuchsfeld und den kritischen Reaktionen aus dem Publikum. Sowohl der Tonbandmitschnitt wie auch das Gerichtsprotokoll haben das Geschehen aufgezeichnet.

Tonbandabschrift zum behaupteten Anschreien (Ende 2. Tag)

Döhmer: „Das nächste ist jetzt für mich die Frage zu dem Bereich der Biosicherheit gehört zum Beispiel auch die Frage, inwieweit denn dieses Netz durchlässig war für Insekten."
Oehm: „Diese Frage gehört nicht mehr zum Gegenstand der Anklage und in Bereiche hinein, die mit der Frage, ob hier Hausfriedensbruch und Sachbeschädigung vorliegen, nichts ... (unverständlich). Ob da Insekten durch das Netz fliegen können oder nicht, ist für die Fragestellung, die sich hier im strafprozessoralen Rahmen ergibt, ohne Bedeutung."
Döhmer: „Wir haben doch gerade erörtert, dass er Sicherheitsbeauftragter ist ..."
Oehm: „Es geht nicht darum, wie sicher das Netz war, nein!"
Döhmer: „Es spielt selbstverständlich eine Rolle, welche Gefahren von diesem Feld ausgingen."
Oehm: „Nein"
Döhmer: „Dann müssen Sie die Frage bitte aufnehmen und als unzulässig zurückweisen."
Oehm: „Bevor ich das mache, würde ich von Ihnen gerne wissen, ob Sie an den Zeugen noch Fragen außerhalb des gentechnischen ..."
Döhmer: „Weitere Fragen hab ich selbstverständlich."
Oehm: „Fragen, die sich außerhalb des gentechnischen Bereiches ..."
Döhmer: „Ja, praktisch die Fragen in dem gleichen Bereich, wie Sie sie gestellt haben und wie die Staatsanwaltschaft sie gestellt hat."
Oehm: „Wären Sie denn bereit, die Fragen zu benennen?"
Döhmer: „Ja, also als erstes hab ich die Frage, ..."
Oehm: „Ich meine nicht, was Sie noch fragen wollen, was mit Gentechnik zu tun hat, sondern was Sie noch fragen wollen, was nicht mit Gentechnik zu tun hat."
Zuschauerin: „Was soll das sein, was nichts mit Gentechnik zu tun hat?"
Döhmer: „Das hätte ich auch gerne ..."
Oehm: „Der nächste, der redet da hinten und despektierlich den Kopf schüttelt, wird wegen Missachtung des Gerichtes unverzüglich aus dem Saal entfernt."
Bergstedt: „Sie können unmöglich Kopfschütteln verbieten. Das geht nicht."
Oehm: „Die letzte Warnung."
Döhmer: „Kopfschütteln ist ..."
Oehm: „Meine Herrschaften, die Dame in den dunklen Haaren und dem grauen Oberteil verlässt bitte den Saal. Ja, die da ..." Unruhe im Saal, Stuhlgeschiebe. Oehm: „Hausverbot für den Rest des Tages". Weiter Unruhe.
Oehm (laut): „Wer von Ihnen möchte noch auf die Straße zum Spielen gehen oder können wir uns verhalten wie erwachsene Menschen."
Bergstedt: „Jetzt hören Sie mit Ihren ganzen kinderfeindlichen Scheiß endlich auf."
Oehm: „Herr Bergstedt, bleiben wir doch auf der sachlichen Ebene."
Bergstedt: „Nein, Sie sind nicht mehr sachlich."
Angeklagter pn: „Sie sind auch nicht sachlich."
Döhmer: „Wollen wir erst mal eine kurze Pause machen, vielleicht fünf Minuten."
Oehm: „Nein, ich würde gerne von Ihnen wissen, Herr Döhmer, welche Fragen jenseits der Gentechnik ..."

Frage:
Konnten Insekten durch das Netz?

Der Vorsitzende lehnt die Frage als unzulässig ab.

Zuhörer stören durch Gesten und Gebärden.

Der Vorsitzende verweist eine Zuhörerin, die weiter stört, aus dem Saal. Die Zuhörerin wird von Gerichtswachtmeistern aus dem Saal gebracht.

Der Angeklagte Bergstedt führt aus: „werden sie endlich sachlich".

Der Verteidigr rügt, die Öffentlichkeit ist nicht mehr hergestellt, ich rüge das Verhalten des Gerichts und begründet seine Rüge.

Der Verteidiger beantragt, die Anordnung, die Zuhörer auszuschließen, rückgängig zu machen und bittet um Begründung.

Der Vorsitzende begründet seine Entscheidung durch das GVG, § 177.

Gerichtsprotokollauszug zu der fraglichen Stelle.

Längere Zeit nach diesem Ablauf, am Ende des zweiten Verhandlungstages, sprach Oehm dann das schon zitierte Kompliment aus: *„Ich habe auch nicht den Eindruck, dass hier auf irgendeine Art und Weise versucht würde, das Gericht anzugreifen oder sonst was zu machen."* Nun, am Folgetag, schrieb er die Geschichte um. Es war das Recht des Angeklagten, die Behauptung des Richters, er sei vom Angeklagten angeschrien worden, zurückzuweisen. Doch genau das nutzte der Richter nun, um den Vorgang zu eskalieren und zum Ziel des Rauswurfes zu kommen. Sein Rauswurfbeschluss weiter: *„Gleichwohl hat der Angeklagte in der Hauptverhandlung vom 04.09.2008 erneut eine Ungebühr begangen. Er hat das Verhalten des Vorsitzenden sogleich als unverschämt bezeichnet. Auch diese Ungebühr hat die Ordnung der Hauptverhandlung gestört. Der erkennende Richter hat den Angeklagten deshalb erneut ermahnt und ihm gleichzeitig angedroht, ihn im Falle erneuter Ungebühr aus dem Sitzungszimmer zu entfernen. Dessen ungeachtet hat der Angeklagte sogleich wiederum eine Ungebühr begangen, welche die Ordnung der Hauptverhandlung gestört hat. Er rief, die Ausführungen des Vorsitzenden seien schlichtweg gelogen."*

Das Gesamte war eine Inszenierung. Der Anlass war frei erfunden, was durch die Bemerkung des Richters am Ende des zweiten Tages eindeutig belegt ist. Auch die weiteren Auseinandersetzungen z.B. um das Fragerecht oder Rauswürfe von Zuschauerinnen (Oehm warf ausschließlich Frauen aus dem Saal!) waren keine Ungebühr, erst recht war nicht zu befürchten, *„daß die Anwesenheit des Angeklagten den Ablauf der Hauptverhandlung in schwerwiegender Weise beeinträchtigen würde"*, wie es nach § 231b der StPO einzig als Begründung in Frage kommt, ohne einen Angeklagten zu verhandeln. Dennoch beschloss Richter Oehm den Rauswurf – ohne Hinweis auf irgendeine schwerwiegende und dauerhafte Störung. Dass Oehm erst nach dem zweiten Verhandlungstag diese Entscheidung traf, ließ sich nicht nur aus dem bereits zitierten Lob ableiten, sondern auch aus anderen Beschlüssen. So konnten zwei Polizeibeamte am ersten Tag wegen Urlaub bzw. Krankheit nicht erscheinen. Ihre Vernehmung wurde eigentlich nur verschoben, fand aber nach der Säuberung des Gerichtssaales von kritischen Prozessbeteiligten gar nicht mehr statt. Erst recht gilt das für den den Hauptzeugen, Versuchsleiter Prof. Kogel. Der wurde wegen eines angeblichem Auslandsaufenthalt nicht wie geplant am ersten Verhandlungstag vernommen. Etliche Fragen, z.B. zur Schadenshöhe, konnten von anderen ZeugInnen nicht geklärt werden. Immer wieder verwiesen sie darauf, dass sie das von Prof. Kogel erfahren hätten. Dennoch: Seine Vernehmung fand nicht mehr statt – wahrscheinlich einer der Gründe des ganzen Manövers. Die ForscherInnen der Uni Gießen mit ihren dubiosen Versuchen und Fördermittelumgangsformen sollten geschützt werden. Außerdem kündigte Richter Oehm am Ende des zweiten Verhandlungstages gegenüber dem Verteidiger eine Erklärung an, wie er zur Frage des § 34 StGB (Rechtfertigender Notstand) stehe. Die Erklärung erfolgte ebenfalls nie mehr.

Der Angeklagte wehrte sich gegen seinen Rauswurf mit einer Erklärung, in der er dem Vorwurf der Ungebühr widersprach.[20] Stattdessen unterstellte er dem Richter, den Rauswurf zu inszenieren: *„Der Richter hat sechs Tage gebraucht, um sich diesen Vorwurf zu überlegen."* Als naheliegenden Grund kritisierte er: *„Es spricht alles dafür, dass hier ein abgekartetes Spiel gefahren wird. Die Universität Gießen hält ihren Strafantrag aufrecht und wird als Gegenleistung vom Richter davor beschützt, unangenehme Fragen gestellt zu bekommen. Wenn nun der Ausschluss derer aus dem Saal vollzogen werden soll, die fraglos – und das weiß auch der Richter – in der Lage sind, die üblen Machenschaften der Uni-Gentechniker zu entlarven, dann dient das genau dem: Es soll vertuscht, verschwiegen und damit natürlich auch Recht gebeugt werden."* Auch der Verteidiger des Angeklagten äußerte sich und warf dem Richter vor, *„sich mehrfach despektierlich gegenüber der zahlreich vertretenen Öffentlichkeit"* geäußert zu haben.

Presseerklärung des Verteidigers, der nach dem Rauswurf seines Mandanten unter Protest den Gerichtssaal verließ (Auszüge)

Seit dem 26.08.2008 findet vor dem Amtsgericht in Gießen ein Strafprozess gegen zwei Genfeldbefreier statt. Sie sollen laut Anklage am 02.06.2006 in Gießen ein gentechnisches Versuchsfeld der JLU Gießen erheblich beschädigt haben.

Am 29.08.2008 und 04.09.2008 fanden zwei weitere Hauptverhandlungstage statt. Die Verhandlung wird durch Herrn Vizepräsidenten des Amtsgerichts Gießen Dr. Oehm als Strafrichter geleitet.

In der Verhandlung vom 29.08.2008 äußerte er sich mehrfach despektierlich gegenüber der zahlreich vertretenen Öffentlichkeit. Einzelne Zuschauer bezeichnete er als „Kinder", die sich nicht benehmen könnten. Anderen Zuschauern hielt er vor, „keine Erziehung" genossen zu haben. Eine Zuschauerin, die angesichts des weiteren Verhandlungsverlaufs den Kopf schüttelte, lies er wegen ungebührlichen Verhaltens schließlich gewaltsam aus dem Gerichtssaal entfernen. Diese Zuschauerin wurde dabei teilweise entkleidet und beschwerte sich über sexistische Übergriffe, worauf sie lautstark aufmerksam machte.

Am 04.09.2008 erschien eine Zuschauerin, die ein weißes Tuch vor dem Mund trug. Zu dieser Zeit waren die beiden Angeklagten wegen intensiver Einlasskontrollen noch nicht anwesend. Herr Dr. Oehm fuhr die Zuschauerin sofort an, sie solle die „Vermummung" entfernen. Die Zuschauerin nahm daraufhin nach kurzem Zögern das Tuch herunter und sagte sachlich und ruhig, dass sie dieses trage, weil Herr Dr. Oehm ihr in der letzten Sitzung verboten habe, sich zu äußern. Daraufhin schloss Herr Dr. Oehm auch diese Zuschauerin von der Verhandlung, die noch gar nicht begonnen hatte, aus.

Der Angeklagte gab Widerrede. Er wurde inzwischen ebenfalls von der weiteren Verhandlung ausgeschlossen. Die Verteidigung erklärte schriftlich, dass sie die weitere Verhandlung ohne einen der beiden Angeklagten und die ausgeschlossenen Zuschauer durch ihre Anwesenheit nicht legitimieren wolle. Sie verließ den Gerichtsort. ...

Die Verteidigung protestiert mit dieser Presseerklärung gegen die Verhandlungsführung des Herrn Dr. Oehm. Sachliche Gründe für ein solches Vorgehen gab es nicht. Die Maßnahmen haben eine Einschüchterung der Öffentlichkeit, deren Aufgabe es ist, die Justiz zu kontrollieren, zur Folge. Eine gesetzliche Grundlage für die eskalierende Verhandlungsführung des Gerichts ist nicht zu erkennen. Tronje Döhmer, RA Gießen

Foto: Begegnung mit Amtsrichter Oehm – autoritärer Gestus eines autoritären Charakters. Das Bild stammt vom Hof des Amtsgerichts, wo der Vizepräsident einen für ihn gekennzeichneten Parkplatz hatte.

Mehr zum Richter: www.projektwerkstatt.de/oehm.

Das Verfahren fand im rechtsfreien Raum stattfand. Rauswurf und Weiterverhandlung ohne Angeklagte waren ebenso nicht durch das Gesetz gedeckt wie das Verbot von Fragen. Vielleicht kannten Richter und Staatsanwältin den § 231b StPO auch gar nicht, nach dem ihr Handeln nicht zulässig war. Gleichgültig zog Oehm den Prozess vor leerer Anklagebank durch, während die arrogante Staatsanwältin die umfangreichen Rechtsbrüche auch noch erleichtert kommentierte: *„So, jetzt können wir den Prozess endlich so führen, wie es sich gehört."*

Aus drei Personen auf der Angeklagtenbank war nur noch eine geworden. Der verbliebene Angeklagte versuchte zunächst, weiterzumachen und dem einzigen noch geladenen Zeugen Fragen zu stellen. Aber auch ihm wurden sie verboten. Er war zwar anwesend, aber eine Chance hatte er nicht. Er stellte einen Antrag zur Gefährdung von Bienen[21] durch das Genversuchsfeld. Vergebens – abgelehnt als nicht zur Sache gehörend. Handlungsunfähig gemacht durch das Gericht, verließ auch er schließlich den Gerichtssaal. So ging es dann ohne Angeklagte und Verteidiger weiter – und zwar schnell. Die einzig noch verhandelte Beweisaufnahme diente nur dazu, die peinliche Falschaussage des Staatsschutzbeamten Schöller auszubügeln. Dafür wurde er nochmals geladen und von Richter und Staatsanwältin angewiesen, auszusagen, er hätte die Frage missverstanden, damit er aus seiner Falschaussage wieder herauskommen konnte.

20 www.projektwerkstatt.de/gen/prozesse/2006/erkl__jb__ausschluss.pdf

21 www.projektwerkstatt.de/gen/prozesse/2006/antrag__gefahr__bienen.pdf

22 http://de.indymedia.org/2008/09/226154.shtml

Tagebucheintrag, 4.9.2008[22]

Als es nach der Mittagspause und der erzwungenen Nicht-Verhandlung in die Plädoyers ging, hatte auch der zweite Angeklagte die sinnlose Anwesenheit in einem Maulkorbprozess beendet, und nun konnten Richter und Staatsanwältin allein ihre Pseudoverhandlung durchziehen. Die Staatsanwältin Sehlbach-Schellenberg war sich nicht zu dumm, selbst die ungewaschenen Socken eines der Angeklagten als Indiz zu nutzen, schließlich eine schlechte Sozialprognose zu machen und 6 Monate Haft ohne Bewährung zu fordern.

Richter Oehm überraschte dann nicht darin, dass er dieses Strafmaß 1:1 übernahm für beide Angeklagten, sondern er baute in seine Begründung unverschämt einfach Sachen ein, die im Prozess nie vorkommen und die er als Thema sogar verboten hatte. So verkündete er, dass für den Versuch

Forschungsfreiheit galt (darüber durfte vorher aber nicht geredet werden) und dass er ja der guten Sicherheitsforschung diente (was die Angeklagten genau bezweifelten, aber keine Fragen dazu an die Versuchsdurchführenden stellen durften). Ansonsten befand er, dass einer der Angeklagten der Rädelsführer und deshalb hart zu bestrafen sei (darüber wurde auch kein einziges Mal im Prozess gesprochen) und der andere nur ein verblendeter Mitläufer, der aber wegen vieler Vorstrafen auch hart anzufassen sei.

Das Urteil war wie der Prozess. Hart, ideologisch und ohne Nähe zum geltenden Recht. Den Anfang der Begründung im Urteil bildeten Ausführungen zum Feld. Sie zeigten die Folgen, wenn ein Richter Fragen und Beweiserhebungen zum Gegenstand des Prozesses verbietet, aber dennoch, ohne Beweisergebnisse, die angebliche Wahrheit zu beschreiben versucht.

AMTSGERICHT GIESSEN
IM NAMEN DES VOLKES
URTEIL

Auszüge und Richtigstellungen zum Urteil vom 4.9.2008 (S. 13)[23]

> Gerste und gentechnisch unveränderter Vergleichspflanzen auf einer ungefähr 10 qm großen Parzelle, eingeteilt in mehrere ca. 0,8 qm große Zellen mit einem Besatz von jeweils ca. 120 Pflanzen. Um dieses eigentliche Versuchsfeld herum

Falsch: Es waren nicht 120 Pflanzen pro Quadratmeter, sondern 300-320 Pflanzen pro 0,8qm!

> den gentechnisch veränderten Pflanzen abzufangen. Die gesamte Saatfläche war mit einem ungefähr brusthoch gespannten Vogelschutznetz abgedeckt, das an den Seiten bis zum Boden reichte. Dadurch sollten Vögel und andere größere Tiere von dem Feld ferngehalten werden. Umgeben war die

Falsch: Dass Vögel und andere größere Tiere abgehalten werden sollten, ist inzwischen widerlegt. Gesprochen wurde im Prozess auch nur über Vögel. Die größeren Tiere hat sich Richter Oehm ausgedacht oder aus anderer Quelle beschafft. Allerdings ist die Information auch falsch. Die Akten zum Versuch bei der Überwachungsbehörde und bei der Universität zeigten, dass ein Mäuseschutz nicht existierte.

> Tat. Das Versuchsfeld und seine Anlage entsprach den im Genehmigungsbescheid erteilten Sicherheitsauflagen.

Stimmt auch nicht: Aber das zu überprüfen, war von Richter Oehm untersagt worden. Es war u.a. Ziel der Fragen und Anträge von Verteidigung und Angeklagten. Aus den Akten zum Versuch bei der Überwachungsbehörde aber war ersichtlich, dass die Sicherheitsauflagen Mäuseschutz und Handernte nicht eingehalten wurden. Damit entsprach der Versuch nicht den im Genehmigungsbescheid erteilten Sicherheitsauflagen.

Nach weiteren Ausführungen u.a. über bisherige Strafen der Angeklagten begann dann die Achterbahnfahrt des Urteils. Richter Oehm füllte die durch seine Frageverbote, Antragsablehnungen und den Ausschluss eines Angeklagten entstandenen Lücken mit freier Phantasie, Vorurteilen und nachträglichen Konstrukten.

Erster Punkt: Die Rolle der Tatverdächtigen bei der Aktion. Darüber war im gesamten Prozessverlauf nicht gesprochen worden. Es wäre für das Gericht ein Leichtes gewesen, die weiteren Tatbeteiligten als ZeugInnen zu laden, da deren Verfahren endgültig eingestellt waren. Das Gericht verzichtete aber auf eine Sachaufklärung über die Aussagen – und traf trotzdem ideologisch motivierte, frei erfundene Feststellungen über die Rolle der Angeklagten.

Über Vorbereitungsaktivitäten und die Aktionsplanung wurde im Verfahren ebenfalls mit keinem Wort gesprochen. Der Fernsehbeitrag des HR,[24] der im Verlauf des ersten Verhandlungstages angeschaut wurde, gab dazu keine Informationen. Richter Oehm zeigte Urteilsphantasie. Offenbar aus höherer Eingebung wusste er, dass Idee und Organisierung aus dem *„Umfeld der Projektwerkstatt"* kam und die Aktion gut vorbereitet war. Ja, er fand sogar heraus, dass solche Aktionen auch zukünftig stattfinden sollten. Das mag zwar sein – aber im Prozess wurde darüber nicht gesprochen.

Weiter ging es mit dem Motiven der Angeklagten. Auch darüber durfte in der Verhandlung nicht gesprochen werden, weil diese ja im Zusammenhang mit der Gentechnik standen – und die war als Thema untersagt. Trotzdem machte Richter Oehm Aussagen über Motive und Aktivitäten der Angeklagten, u.a. darüber, dass diese heute noch in dem Themenbereich arbeiten. Woher Oehm diese Informationen bezog, blieb unklar. Im späteren Urteilstext wertete er diesbezüglich die Fernsehbeiträge des HR aus dem Jahr 2006 aus, dabei war dort aber nur einer der Angeklagten und auch nur sehr kurz interviewt worden. Krampfhaft versuchte Oehm, die selbstproduzierte Lücke zu füllen. Denn ihm ist klar: Er hätte das klären müssen, wollte aber alle Fragen verbieten.

> mit gentechnisch veränderten Pflanzen. Sie waren und sind der Auffassung, dass von gentechnisch veränderten Pflanzen, darunter insbesondere im Freiland ausgesäter Pflanzen, ganz erhebliche und in ihren Folgen nicht abzuschätzende Gefahren ausgingen, und dass Versuche mit und die Nutzung von gentechnisch veränderten Pflanzen auf übersteigertem Profitstreben der damit befassten Unternehmen beruhten, was zu missbilligen und abzulehnen sei, gerade auch weil es ohne Rücksicht auf damit verbundene Gefahren für die Umwelt verfolgt werde. Darauf aufbauend erachteten und erachten sie noch heute gewaltsame – von ihnen so bezeichnete – Feldbefreiungen durch unerlaubte Zerstörung von Aussaaten und Anpflanzungen gentechnisch veränderter Pflanzen als legitimes Mittel des Protestes und zum Schutze der Umwelt. Auch aus diesem Motivbündel heraus entschlossen sich die Angeklagten, den nach ihrer Auffassung zudem rechtswidrigen, weil ihrer Ansicht nach nicht von einer wirksamen Genehmigung gedeckten Freilandversuch mit der gentechnisch veränderten Gerste eigenhändig und gewaltsam zu beenden. Dafür wurde aus dem Umfeld der Projektwerkstatt

> Zugunsten der Angeklagten ist zu berücksichtigen, dass sowohl der Angeklagte Bergstedt als auch der Angeklagte Neuhaus durch die Tatbegehung das – für sich genommen – durchaus legitime Anliegen verfolgt haben, auch wenn es in der erfolgten Art und Weise weder gerechtfertigt noch entschuldigt ist, auf die von ihnen angenommenen Gefahren der Gentechnik und die von ihnen angenommene Verquickung von gentechnischer Forschung mit übersteigertem Profitstreben der damit befassten Unternehmen aufmerksam zu machen. Dieses Anliegen ist für sich genommen legitim, auch weil darüber, was allgemein bekannt ist, seit Jahren engagiert und kontrovers gestritten wird. Andererseits

Der dritte Punkt drehte sich um die Schadenshöhe. Oehm stellte sie mit 20.000 € fest.[25] Doch woher hatte er diese Zahl? Vom Hörensagen! Der Zeuge, der die Zahlen hätte angeben können, wurde nicht geladen, um ihn zu schützen: Prof. Kogel, der Versuchsleiter.

Bei der Schadenshöhe konnte sich Richter Oehm nur auf die Aussagen der ZeugInnen berufen, die auch in der Verhandlung waren. Alle aber kannten, da sie selbst nicht am Versuch beteiligt waren, die Schadenshöhe nur vom Hörensagen und bezogen sich als Quelle auf Versuchsleiter

23 www.projektwerkstatt.de/gen/prozesse/2006/urteil4__9__08.pdf

24 www.hr-online.de/website/fernsehen/sendungen/index.jsp?rubrik=3058&key=standard__document__22842042

25 Urteil vom 4.9.2008 (S. 17)

Warum ein so hohes Urteil?

Von den vier TäterInnen wurde gegen zwei eingestellt, weil die Schwere der Schuld dem nicht entgegenstand. Nur einer kam am Ende in Haft – aber das gleich richtig. Warum?

Drei Gründe liegen nahe:

1. Es sollt eine Abschreckung her, denn die Gentechnikfirmen sind unter Druck. Protestemails und Latschdemos allein stören die Mächtigen nicht. Die FeldbefreierInnen/-besetzerInnen mussten mal eingeschüchtert werden.
2. Hier stand kein Monsantofeld und die Firma war Tausende Kilometer weg. Die Uni Gießen, Machtblock in der Stadt, saß direkt am Ort. Wer in Gießen Karriere machen will, muss der Uni zu Diensten sein.
3. Polizei, Justiz und Innenpolitik in Gießen und Hessen jagen Projektwerkstatts-AktivistInnen und besonders den Justizkritiker Jörg Bergstedt schon lange. In den Knast haben sie ihn bislang nur illegal gesteckt. Vielleicht wurde das Feld sogar so lasch bewacht, um endlich mal eine Haftstrafe verhängen zu können. Wer das alles nachlesen will, ist unter www.fiese-tricks.de.vu oder mit dem Buch „Tatort Gutfleischstraße" bestens bedient.

Auszüge aus dem Urteil vom 4.9.2008: Unten S. 37, rechts S. 13/14 und 35.

> Dabei müsste die gegen den Angeklagten Bergstedt zu verhängende Freiheitsstrafe an sich etwas höher ausfallen als diejenige, welche gegen den Angeklagten Neuhaus zu verhängen ist, insbesondere auch deshalb, weil der Angeklagte Bergstedt auch gegenüber dem Angeklagten Neuhaus die Triebfeder der abzuurteilenden Tat war. Infolgedessen wäre eigentlich eine Freiheitsstrafe von 8 Monaten für den Angeklagten Bergstedt schuldangemessen. Jedoch ist ein Härteausgleich vorzunehmen, weil seine Verurteilung durch das Landgericht Gießen vom 29.11.2007 ohne die bereits erfolgte Tilgung der dort ausgeurteilten Gesamtgeldstrafe gesamtstrafenfähig gewesen wäre. Das Gericht nimmt diesen Härteausgleich in der Weise vor, dass es an Stelle der an sich verwirkten Freiheitsstrafe von 8 Monaten nur auf eine solche von lediglich 6 Monaten erkennt, die bei der in diesem Lichte gebotenen Gesamtabwägung schuldangemessen ist.

Prof. Kogel. Der aber sollte ja nicht geladen werden. Daher verletzte Richter Oehm hier die Regel der Mündlichkeit und der Unmittelbarkeit, d.h. er verzichtete ohne Not auf die Sachaufklärung und stützte sich auf Aussagen vom Hörensagen (Verstoß gegen § 250 StPO). Zudem waren die Summen, die den ZeugInnen von Prof. Kogel übermittelt wurden, sehr unterschiedlich. So sagten zwei PolizeibeamtInnen aus, dass ihnen die Summe 500.000 Euro benannt wurde, während die Uni-ZeugInnen von 55.000 Euro sprachen.

Aus der Vernehmung von Susanne Kraus (Abschrift des Tonbandmitschnittes)

Kraus: „Wir haben versucht, das ein Stück weit herzuleiten. Die 352000 Euro sind ja über vier Jahre dann auch angelegt. Und es gibt wohl in jedem Jahr zwei Fragestellungen wissenschaftlicher Art zu untersuchen und die eine Fragestellung, die kann jetzt aufgrund der Zerstörungen nicht mehr weiter verfolgt werden. Aber da kann ich Ihnen im Detail nichts zu sagen."
Oehm: „Wurden Ihnen diese Zahlen zugeliefert oder haben Sie diese Zahlen selber errechnet."
Kraus: „Die hat man mir zugeliefert. Ich habe mit Herrn Kogel telefoniert."
Oehm: „Das wäre meine nächste Frage. Wie ist denn der Herr Kogel ... er soll, so hat es ein Polizeibeamter ausgesagt, etwas von 400000 bis 500000 Euro Schaden gesagt haben gegenüber der Polizei."
Kraus: „Da kann ich nichts zu sagen."
Staatsanwältin (zur Formulierung, die Schadenssumme sei großzügig geschätzt): „Großzügig ... ich würde zunächst mal unter großzügig verstehen, es ist eine nach oben vorgenommene Schätzung. Ist dem so?"
Kraus: „Ja also möglicherweise stellt es die Obergrenze dar, diese 20000."
Sta: „Okay. Dann muss ich noch mal fragen ... die Untergrenze?"
Kraus: „Die haben wir nie besprochen. Da kann ich nichts zu sagen."
Sta: „Wer hat Ihnen von den Wissenschaftlern bei der Ermittlung der Schadenssumme geholfen?"
Kraus: „Das ist Herr Prof. Kogel, der Versuchsleiter."
Staatsanwältin: „Also in diesem Zusammenhang."
Kraus: „Ja, wir haben telefoniert darüber. Wir hatten ja keine Rechnungen, das hat ja das Ganze erschwert."

Ganz ähnlich wurde die Vernehmung von Kraus im Gerichtsprotokoll wiedergegeben. Außerdem räumte sie ein, dass gar keine Förderungen gestrichen wurden, also kein finanzieller Schaden entstand.

Richter Oehm sah, dass die Vernehmung der Abteilungsleiterin für die Buchhaltung nicht reichen würde. Kraus hatte ganz klar Kogel als Quelle benannt. Das bastelte Oehm zurecht: Im Urteil erfand er, dass die Zeugin Kraus sich bei ihren Zahlen auf den Zeugen Dr. Langen statt auf Kogel berufen hätte. Das war dreist erfunden, den selbst nach dem offiziellen Gerichtsprotokoll sagte Langen: „*Lt. Aussage Prof. Kogel belief sich der Schaden auf 55.000 €*" – Langen wusste es also nur vom Hörensagen. Laut Tonbandabschrift erklärte sich Langen sogar für unzuständig: „*Man kann die Rechnungen natürlich raussuchen, was an zusätzlichen Arbeiten notwendig geworden ist. Aber wie gesagt, ich selber bin ja nicht mit der Durchführung der Versuche betraut.*" Nach § 250 StPO muss eine Person dann, wenn es möglich ist, auch direkt vernommen werden. Die Ladung von Kogel war jederzeit möglich, aber nicht gewollt.

Völlig ohne Bezug zur Beweisaufnahme behauptete Richter Oehm im Urteil, dass zwei Masterarbeiten nicht fertig gestellt werden konnten. Die entsprechende Information stammte auch hier nur vom Hörensagen des Zeugen Dr. Langen. Die Protokollierung der entsprechenden Vernehmung:

Oehm: „Waren denn schon Masterarbeiten begonnen worden?"
Dr. Langen: „Wie gesagt, die Studenten waren schon – die waren noch nicht angemeldet worden bei der Universität als Thema, aber die Studenten hatten schon auf dem Versuchsfeld gearbeitet, ja."
Oehm: „Brachte das denn Verzögerungen im Studienabschluss mit sich?"
Dr. Langen: „Das könnten Ihnen die Studenten nur selber sagen. Ich vermute, eher nicht, da wir ja quasi rechtzeitig die Notbremse gezogen haben."

A. B. d. Vors.:
Ich war zu der Zeit der Zerstörung nicht vor Ort. Ich war am Folgetag vor Ort. Ich habe die Schäden am Besuchsfeld besichtigt. Mit dabei war der Projektleiter Dr. Kogel.

Ich war beauftragt für die biologische Sicherheit.

Überwachungsbehörde war das RP Gießen.

A. B. d. Vors.:
Es waren Schäden am Zaun und am Vogelschutzzaun entstanden plus Schäden am Versuch selber. Die Parzellen waren unterschiedlich stark beschädigt, insgesamt waren das ca. 20 % der Fläche.

Lt. Aussage Prof. Kogel belief sich der Schaden auf 55.000,-- €.

A. B. d. Vors.:
Eine konkrete Höhe des Schadens kann ich nicht beziffern.

Das Gerichtsprotokoll vom 29.8.2008 benannte die Aussagen des Zeugen Langen (Bl. 72 und 73 der Gerichtsakte).

Das Urteil vom 4.9.2008 stützte sich trotzdem auf den Zeugen, obwohl der sagte: „Eine konkrete Höhe des Schadens kann ich nicht beziffern" (S. 22 f.)

Langen verwiesen, der über die Schadenshöhe Bescheid wisse. Deshalb stützt sich das Gericht bei der Feststellung dieser Schäden im Wesentlichen auf die Angaben des Zeugen Dr. Langen.

Die nächste Erfindung: Während der Vernehmungen waren, wie geschildert, alle Fragen mit Bezug zum Genversuch oder zur Gentechnik verboten worden. Damit war auch die Prüfung unmöglich, ob ein rechtfertigender Notstand[26] gegeben war. Alle Anträge dazu wurden abgelehnt. Dabei waren Richter Oehm am Beginn des zweiten Prozesstages ausführliche Fachtexte und Urteilssammlungen überreicht worden, um ihn zu überzeugen, dass die Voraussetzungen des § 34 StGB zumindest geprüft werden müssen. Oehm blieb stur und untersagte das. Im gesamten Gerichtsprotokoll tauchten Fragen und Erörterungen zur Sicherheit oder Rechtmäßigkeit des Versuchs nicht auf.

Offenbar dachte der Richter nach dem Prozess nochmal nach und bemerkte, dass er rechtlich falsch lag. Darum schrieb er im Urteil doch zwei Seiten dazu – voller Aussagen und Annahmen, über die im Prozess nie gesprochen wurde und nicht gesprochen werden durfte. Seine Feststellungen über die möglichen milderen Mittel wurden nie geprüft. Die Angeklagten hatten genau dazu umfangreiche Anträge vorbereitet, die beweisen sollten, dass diese Mittel eben gerade nicht zugänglich waren. Oehm verbot das Thema – präsentierte aber im Urteil trotzdem die vermeintlichen Ergebnisse einer nicht stattgefundenen Beweiserhebung einschließlich der Hauptaussage, es gäbe „*weder Rechtfertigungs- noch Entschuldigungsgründe*". Das Urteil entsprang freier, aber politisch gerichteter Phantasie und ging mit der Behauptung, es wäre einfach nur nötig gewesen, zur Polizei zu gehen, bis ins Absurde.

Aus allem schloss Richter Oehm, dass die Angeklagten „*keinesfalls*" selbst agieren durften. Mit dieser Bemerkung negierte er die Existenz des § 34 StGB. Denn dieser Paragraph beschreibt ja gerade die Bedingungen und damit den Fall, wann solches vom Recht gedeckt ist. So aber kehrte Oehm auch im Urteil wieder zu seiner im Prozessverlauf gezeigten Auffassung zurück, dass es auch denktheoretisch keinen Fall geben durfte, bei dem direktes Handeln gesetzlich zugelassen sein kann. Ein Richter wie Oehm, von der eigenen und der Allmacht des autoritär agierenden Staates überzeugt, muss den § 34 StGB hassen, relativiert er doch die Totalität der Geltungskraft von Gesetzen ein klein wenig.

Dann zeigte sich, dass Richter Oehm während des Urteilschreibens seinen Rechtsfehler mit der Entfernung eines Angeklagten und der Weiterverhandlung vor leerer Angeklagtenbank erkannte. Im Rauswurfbe-

StPO § 250
Beruht der Beweis einer Tatsache auf der Wahrnehmung einer Person, so ist diese in der Hauptverhandlung zu vernehmen.

StPO § 231b
(1) Wird der Angeklagte wegen ordnungswidrigen Benehmens aus dem Sitzungszimmer entfernt oder zur Haft abgeführt (§ 177 des Gerichtsverfassungsgesetzes), so kann in seiner Abwesenheit verhandelt werden, wenn das Gericht seine fernere Anwesenheit nicht für unerläßlich hält und solange zu befürchten ist, daß die Anwesenheit des Angeklagten den Ablauf der Hauptverhandlung in schwerwiegender Weise beeinträchtigen würde.

26 www.projektwerkstatt.de/gen/notstand.htm

Den Angeklagten stehen weder Rechtfertigungs- noch Entschuldigungs- oder Schuldausschließungsgründe zur Seite. Insbesondere liegen die Voraussetzungen der Notwehr gemäß § 32 StGB, des rechtfertigenden Notstandes gemäß § 34 StGB, des entschuldigenden Notstandes gemäß § 35 StGB sowie des zivilrechtlichen Notstandes gemäß § 228 BGB und des zivilrechtlichen Selbsthilferechts gemäß § 229 BGB ersichtlich nicht vor. In all diesen Fällen kann dahinstehen, ob von den ausgesäten gentechnisch veränderten Gerstepflanzen eine gegenwärtige Gefahr insbesondere für Leben oder Leib oder andere Rechtsgüter ausging. Denn jedenfalls war die von den Angeklagten vorgenommene sogenannte Feldbefreiung ohne vernünftigen Zweifel ein völlig unangemessenes Mittel, um die von ihnen angenommenen Gefahren, die von den gentechnisch veränderten Gerstepflanzen ausgegangen sein sollen, abzuwenden. Die Angeklagten haben den Grundsatz der Verhältnismäßigkeit verletzt. Zur Erreichung ihrer Ziele standen ihnen eine Vielzahl milderer Mittel als gerade die Beschädigung und Zerstörung der gentechnisch veränderten Gerstepflanzen zur Verfügung, die sich sämtlich im Rahmen der geltenden Gesetze und dabei insbesondere innerhalb des von den Grenzen des Strafrechts gezogenen erlaubten Rahmens gehalten hätten.

Auf der politischen Ebene stand es den Angeklagten frei, beispielsweise durch Kundgebungen in Versammlungen oder Aufzügen auf die von ihnen angenommenen Gefahren hinzuweisen und die öffentliche Meinung entsprechend zu beeinflussen oder die mit der Durchführung des Freilandversuches befassten Angehörigen der Universität zu dessen freiwilligem Abbruch zu veranlassen. Es stand ihnen zudem frei, rechtzeitig den Verwaltungsrechtsweg oder den Zivilrechtsweg zu beschreiten und nach dessen Erschöpfung oder auch schon zuvor das Bundesverfassungsgericht anzurufen, um gegebenenfalls einstweiligen Rechtsschutz zu erwirken. Und nicht zuletzt hätten sich die Angeklagten ohne weiteres an die nach § 1 I des Hessischen Gesetzes über die öffentliche Sicherheit und Ordnung zuständigen Gefahrenabwehrbehörden (Verwaltungsbehörden, Ordnungsbehörden) und die Polizeibehörden wenden können. Diesen Behörden obliegt nämlich gemäß § 1 III HSOG der Schutz privater Rechte gerade dann, wenn gerichtlicher Schutz nicht rechtzeitig zu erlangen ist und wenn ohne gefahrenabwehrbehördliche oder polizeiliche Hilfe die Verwirklichung des Rechts vereitelt oder wesentlich erschwert werden würde. Mit anderen Worten hätten die Angeklagten nur bei der Polizei vorstellig werden und hinreichend substantiiert angeben müssen, dass von den gentechnisch veränderten Gerstepflanzen Gefahren für Leib und Leben und für die Umwelt ausgehen, also Gefahren für sie selbst, für Dritte und für die Allgemeinheit, die sofortiger Abwendung bedürfen. Keinesfalls aber durften die Angeklagten das Recht als ausschließlich auf ihrer Seite stehend wähnend einfach in die eigene Hand nehmen. Das wäre, wenn jeder das machte, das Ende der rechtsstaatlichen Ordnung.

Das Gericht hat gegen Ende der Hauptverhandlung vom 04.09.2008 erwogen, den am Vormittag dieses Tages aus dem Sitzungszimmer entfernten Angeklagten Bergstedt wieder vorzulassen, um ihm gemäß § 258 II StPO die Gelegenheit zum letzten Wort zu geben. Davon hat es aber in Ausübung seines pflichtgemäßen Ermessens und im Bewusstsein der Bedeutung und der Tragweite des Rechtes auf das letzte Wort wegen offensichtlicher Aussichtslosigkeit abgesehen. Für das Gericht stand dabei fest, dass der Angeklagte Bergstedt eine neuerliche Anwesenheit im Sitzungszimmer zu erneutem ungebührlichen Verhalten in einer Weise ausnutzen würde, welches den Gang der Hauptverhandlung erneut schwerwiegend stören würde. Auch eines entsprechenden Versuches bedurfte es zur sicheren Überzeugung des Gerichts als offensichtlich aussichtslos nicht. Dabei muss das Gericht noch nicht einmal auf die wie vom Angeklagten Bergstedt gesteuert wirkenden zunehmenden Ausschreitungen von denjenigen Zuschauern im Sitzungssaal zurückgreifen, die sämtlich zum engeren oder weiteren Umfeld der Projektwerkstatt Saasen gehören. Besonders hervorgetan hatte sich dabei ausweislich des Sitzungsprotokolls die Zuschauerin Simone Ott, die nach den entsprechenden Bekundungen des Zeugen Schöller nicht nur die Veranstalterin der Mahnwache am Genfeld war, sondern auch ansonsten dem engeren Umfeld der Projektwerkstatt Saasen zuzurechnen ist. Oder die Zuschauerin Lecomte, die nach Angaben des Zeugen Koch ebenfalls noch unerlaubterweise das Institutsgelände betrat, während sich die Polizei dort kurz nach der Tat mit den beiden Angeklagten und Herrn Böhringer und Frau Nieweler aufhielt. Sie tat sich am ersten Hauptverhandlungstag, an dem sie wegen einer anderweitigen Störung vorübergehend des Sitzungssaales verwiesen werden musste, in einer Verhandlungspause auch noch dadurch hervor, dass sie über den Balkon des Sitzungssaales an der Außenfassade des Amtsgerichtsgebäudes herumkletterte, dadurch eine Verzögerung der Fortsetzung der Hauptverhandlung erzwang, und bei Gelegenheit dieser Aktion äußerte, dass sie ein Eichhörnchen sei. Dass der Angeklagte Bergstedt diese und ähnliche Aktionen von Zuschauern planmäßig steuerte, liegt für das Gericht angesichts des Gesamtverhaltens der Gruppierung nahe. Fest steht jedenfalls, dass der Angeklagte Bergstedt zum Ende des zweiten Hauptverhandlungstages hin ungebührlich wurde, indem er den Vorsitzenden anschrie, und es genau daraufhin auch zu ungebührlichen Äußerungen aus dem Zuschauerraum kam. Zu Beginn des dritten Hauptverhandlungstages wurde es nach der Bewertung des Gerichts deutlich, dass es sowohl der Angeklagte Bergstedt als auch im folgend Teile des aus dem Umfeld der Projektwerkstatt Saasen im Zuschauerraum befindlichen Publikums darauf anlegten, den Gang der Hauptverhandlung massiv zu stören. Dahingehende Rügen und Abmahnungen des Vorsitzenden führten zu weiterem dahingehenden Verhalten. In Bezug auf den Angeklagten Bergstedt ist dies im Hauptverhandlungsprotokoll und in dem ihn betreffenden Entfernungsbeschluss festgehalten. Es war ganz offensichtlich die Absicht des Angeklagten Bergstedt, die Hauptverhandlung nunmehr zu sprengen, weil sie sich nicht in dem von ihm gewünschten Sinne entwickelte. Er hatte ihr nämlich folgenden Sinn zugedacht: "Mit den Mitteln der offensiven Prozessführung bei gleichzeitiger offener Befürwortung von Feldbefreiungen und direkter Aktion soll im Gerichtssaal eine Plattform geschaffen werden, die Gentechnik grundsätzlich zu hinterfragen und ihre Rechtmäßigkeit zu prüfen." Das wurde in der Hauptverhandlung vom 29.08.2008 im Rahmen des Ablehnungsgesuches des Angeklagten Bergstedt vom 27.08.2008 entsprechend erörtert und war auch Gegenstand der diesbezüglichen dienstlichen Erklärung des erkennenden Richters sowie des das Ablehnungsgesuch zurückweisenden Beschlusses. Dementsprechend wurde der Angeklagte Bergstedt am dritten Hauptverhandlungstage vom 04.09.2008 zunehmend ausfällig, bis er schließlich nach vorheriger Androhung und Anhörung aus dem Sitzungszimmer entfernt werden musste. Seine im Rahmen dieser Anhörung abgegebene Erklärung, wie sie in den Urteilsfeststellungen wiedergegeben ist, spricht bezüglich neuerlicher Ungebühr für sich, wenn sie mit dem Aufruf schließt: "Es lebe die Idee der Feldbefreiung, der Feldbesetzung, der Gegensaaten und des ungebührlichen Verhaltens." Gerade dieser Aufruf war für das Gericht der letzte Stein in der Indizienkette zu seiner Gewissheit, dass der Angeklagte Bergstedt, selbst wenn er zum letzten Wort wieder vorgelassen würde, erneut mit entsprechend ungebührlichem Verhalten den weiteren Gang der Hauptverhandlung schwerwiegend stören würde. Schon jeder dahingehende Versuch war danach offensichtlich aussichtslos. Abschließend ist noch darauf hinzuweisen, dass der Angeklagte Bergstedt diese Erklärung nicht etwa in einer plötzlichen Zornesaufwallung, sondern nach reiflicher Überlegungszeit und über zwei Schreibmaschinenseiten hinweg in wohlgesetzten Worten und mit Zitaten versehen abgegeben hat. Ausweislich des Hauptverhandlungsprotokolls wurde der Angeklagte Bergstedt darauf hingewiesen, dass das Gericht einen Entfernungsbeschluss in Erwägung zieht. Danach wurde die Hauptverhandlung für 20 Minuten unterbrochen. Nach Wiederaufruf nahmen die Vertreterin der Staatsanwaltschaft, sodann der Verteidiger des Angeklagten Bergstedt und daran anschließend der Angeklagte Neuhaus zu einer Entfernung des Angeklagten Bergstedt aus dem Sitzungszimmer Stellung. Im Anschluss hieran verlas der Angeklagte Bergstedt seine wohlvorbereitete Erklärung und hatte in der sich daran anschließenden Beratungspause bis zum nächsten Wiederaufruf der Sitzung und Verkündung des Entfernungsbeschlusses neuerliche Gelegenheit, sein bisheriges Verhalten zu überdenken und wenigstens zu erklären, künftig keine neuerlichen Ungebührlichkeiten mehr begehen zu wollen. Selbiges gilt für die darauf folgenden Stunden bis zum Beginn der Urteilsverkündung, in denen der Angeklagte Bergstedt jedenfalls zeitweise im und vor dem Gerichtsgebäude anwesend war. In diesem Falle hätte das Gericht den Angeklagten wieder vorgelassen. Er nahm diese Gelegenheit jedoch nicht wahr.

Dr. Oehm
Vizepräsident des Amtsgerichts

Ausgefertigt/Beglaubig
Gießen, den 29. SEP. 20
Urkundsbeamter der Geschäftsstelle

Auszüge aus dem Urteil vom 4.9.2008:
Oben S. 33 bis 35,

Mitte und rechts S. 39 ff.

schluss hatte er als Gründe ausschließlich eine vermeintliche Kritik des Angeklagten am Richter aufgeführt, sonst nichts. Offenbar fiel ihm später der § 231b StPO ein, der für den Fall, dass ohne den Angeklagten weiterverhandelt wird, die Gefahr einer schwerwiegenden Störung der Hauptverhandlung verlangt. Um sich zu retten, erfand er eine abenteuerliche Story, die es in seinem Beschluss noch gar nicht gab. So mutierten die letzten vier Seiten des Urteils zum Höhepunkt der Inszenierung von verlogenen, autoritären Machtspielchen in Robe und Uniform, die alle Kriterien einer kriminellen Vereinigung erfüllen dürfte. Oehm behauptete, der Angeklagte hätte das Publikum gesteuert und so den Abbruch des Prozesses herbeiführen wollen. Das konnte er durch den Ausschluss heldenhaft verhindern. Doch warum hatte er das noch nicht bemerkt, als er die Begründung zum Rauswurf verfasste? Oehms eigener Rauswurfbeschluss ist der Beweis, dass sein späteres Urteil nichts war als eine freie Erfindung!

Die Formulierungen im Urteil waren frei erfunden – insgesamt und im Detail.

- ► Zweimal formulierte Richter Oehm, dass der Angeklagte im Falle seiner Wiederzulassung die Verhandlung „*erneut … schwerwiegend*“ stören würde. Woher er das wusste, verriet er nicht. Zudem stellte er mit dem Begriff „*erneut*" die Behauptung auf, dieses wäre vorher bereits mindestens einmal geschehen. Falsch und unter anderem auch im offiziellen Gerichtsprotokoll an keiner Stelle auffindbar.

► Völlig neu war im schriftlichen Urteil die Behauptung, der Angeklagte sei für Verhaltensweisen des Publikums verantwortlich. Offensichtlich hatte Oehm gemerkt, dass das Verhalten des Angeklagten selbst keinen Anlass für den Rauswurf und Weiterverhandeln nach § 231b StPO bot. Also schob er ihm die Verantwortlichkeit für das Verhalten anderer unter – mit den wirren Formulierungen, der Angeklagte „*steuere*" andere Menschen.

Noch einmal zurück zum letzten Prozesstag. Denn Richter Oehm hatte mit dem Rauswurf des Angeklagten seinen autoritären Charakter noch nicht vollständig ausgelebt. Er ging weiter unbarmherzig gegen alles vor, was auch nur nach Ablehnung des Geschehens aussah. Da musste schon mit Rauswurf rechnen, wer auch nur abfällig lächelte zum rechtswidrigen Geschehen.

Dann war die erste Instanz zuende. Die Presseberichte dieses dritten Verhandlungstages verschwiegen die Beleidigungen und Beschimpfungen seitens Richter Oehm ebenso wie die festgestellte Falschaussage des Staatsschützers. Stattdessen wurde das Publikum mehrerer Störungen oder ungebührlichen Verhaltens bezichtet, während dem ausgeschlossenen Angeklagten seine Kritik am Richter, dieser hätte bezüglich der Abläufe am zweiten Verhandlungstag gelogen, vorgeworfen wurde. Ob dieser Vorhalt stimmt oder nicht, interessiert in den Medien nicht – einen Richter zu kritisieren, ist unabhängig von der Berechtigung der Kritik nicht statthaft. Sondern eine Art Gotteslästerung?

Die Frankfurter Rundschau könnte – unwissentlich – ein zusätzlicher Auslöser des plötzlichen Abbruchs gewesen sein, denn sie teilte dem Richter mit, einen größeren Beitrag zu planen, wenn der Prozess noch weiterlaufen würde. Für einen Richter, der derart offensiv Recht bricht, um die Gentechnik-Mafia zu schützen, der mit Beleidigungen das Publikum und mit Drohungen Angeklagte und Verteidiger bedrängt, wäre eine größere öffentliche Aufmerksamkeit problematisch gewesen. Daher könnte das Wissen darum, dass die FR mit einem größeren Bericht einsteigen wollte, ein zusätzliches Motiv für den rigorosen Abbruch gewesen sein. Belohnt wurde er, denn die FR, deren Anfrage bereits von einer guten Portion Naivität gegenüber politisch gerichteter Justiz zeugt, berichtete nicht – wie es angemessen wäre – jetzt erst recht über den skandalösen Verlauf, sondern verzichtete ganz auf einen Hintergrundbericht. Stattdessen erschienen nur wenige Zeilen zum Urteil.

Bei GentechnikkritikerInnen lösten die offenen Rechtsbeugungen und das Urteil hingegen offenes Entsetzen aus.

Auszüge aus Leserbriefen, in: Gießener Anzeiger, 13.9.2008
Rechtsverständnis wurde tief erschüttert

Am zweiten Prozesstag war ich bei der Verhandlung anwesend. Nach meinem Befinden wirkte Richter Dr. Oehm ohnmächtig und wahrte nicht die professionelle Distanz zwischen eigenen Affekten und Emotionen und der beruflichen Rolle, in der er stand. Der Umgang mit Zuschauern erschien mir daher ebenso eher als Teil eines Machtspiels und ließ aus meiner Sicht menschliche Souveränität vermissen. Auch ich habe mich als Zuschauerin auf meinem Stuhl bewegt, habe einmal die Sitzreihe gewechselt, weil die Akustik für meine Ohren zu schlecht war. Auch ich habe unwillkürlich mit dem Kopf geschüttelt, als Oehm die Frage der Verteidigung nach der Maschenweite des Schutzzaunes wegen möglichen Insektenkontaktes mit transgener Gerste energisch abwehrte und weitere Fragen an den Zeugen und gentechnischen Sicherheitsbeauftragten untersagte. Ich wurde jedoch – ich möchte sagen leider – aufgrund meines Kopfschüttelns nicht zwangsweise aus dem Saal verbracht; vielleicht deshalb, weil ich dem impliziten Menschenbild des Herrn Oehm eher entspreche, die Insignien von alternativem Lebensstil, wie asymmetrische Frisuren, braune Pullover, Piercings mir spontan nicht anzusehen waren? Bei den anderen Frauen – es wurden ausschließlich Frauen gemaßregelt – führte das gleiche Kopfschütteln zum Rauswurf. Aus meiner Sicht wirkte Oehms Verhalten deutlich eskalierend und ließ für mich die Souveränität eines Richters, der auch die Würde der Justiz als Verfassungsorgan eines demokratischen Staates repräsentieren soll, vermissen.
Die Art der Verhandlungsführung, die generelle Untersagung, Fragen zum Thema Gentechnik, wie nach der Angemessenheit des Kontaminationsschutzes, zum Gegenstand der Zeugenbefragung zu machen, hat mein Rechtsverständnis tief erschüttert. ... Sowohl Oehm als auch die Staatsanwältin wirkten auf mich von Beginn an affektgeladen und ließen aus meiner Sicht die innere professionelle Distanz zum Thema und zu den Angeklagten vermissen. Dass Oehm mehrfach das Wort „Kinder" heranzog, um das ihn störende Verhalten im Gerichtssaal zu beschreiben, befremdete mich sehr. Welches Bild von Gesellschaft, Macht und Individuum, welches Verständnis von Autorität bildete sich da ab? Für mich taten sich Abgründe auf. Ich empfand starke Angst und fühlte mich eingeschüchtert.
Nicht unerwähnt lassen möchte ich, dass ich in unmittelbarer Nähe eines Versuchsfeldes der Universität Gießen wohne. Mit vielen Bürgern, Verbänden, Parteien und Kirchen bin ich Menschen wie diesen beiden Angeklagten zutiefst dankbar, dass sie im Frühjahr dieses Feld besetzt hatten und dadurch die Aussaat von gentechnisch verändertem Mais verhindert werden konnte. Alle vorangehenden Bemühungen auf politischer und juristischer Ebene, dies zu verhindern, waren nämlich erfolglos geblieben, obwohl die Mehrheit der Menschen sich gegen Gentechnik wendet. Mein Dank gilt den Angeklagten und ihrer hoffentlich ungebrochenen Würde.
Ulrike Schaab, Groß-Gerau

Während des Plädoyers der Staatsanwältin lächelte ein Zuschauer demonstrativ abfällig. Dieser wurde vom Vorsitzenden aufgefordert dies zu unterlassen, da ansonsten seine Entfernung aus dem Gerichtssaal droht.

Da der Angeklagte Neuhaus und auch der Verteidiger des Angeklagten Bergstedt weiterhin der Hauptverhandlung fernblieben, erfolgte nunmehr die Urteilsfindung, wozu die Hauptverhandlung von 14.50 Uhr bis 15.00 Uhr unterbrochen wurde.

Nach Wiederaufruf waren weiterhin weder der Angeklagte Neuhaus, noch der Verteidiger des Angeklagten Bergstedt anwesend.

Als das Urteil verkündet werden sollte, wollte ein Zuschauer nicht aufstehen. Dieser wurde vom Vorsitzenden mehrmals ermahnt aufzustehen. Da er immer noch nicht aufstand, kündigte der Vorsitzende dessen Entfernung aus dem Gerichtssaal an. Da der Zuschauer immer noch nicht aufstand, erfolgte dessen Entfernung aus dem Gerichtssaal.

Ein weiterer Zuschauer, der ebenfalls nicht aufstehen wollte, wurde in gleicher Weise ermahnt, worauf dieser dann doch aufstand.

Gerichtsprotokoll vom dritten Verhandlungstag am 4.9.2008 (S. 11)

2. Leserinnenbrief, in: Gießener Anzeiger, 13.9.2008

Missbilligende Mimik war nicht erlaubt

Dem Prozess gegen die beiden Genfeldbefreier J. B. und P. N. wohnte ich bei. Zu Beginn der Verhandlung am 4. September hatte ich den Eindruck, als ginge es nicht um Feldbefreier eines Genfeldes, sondern um hochgefährliche Gewalttäter: Vor dem Gerichtsgebäude war ein Aufgebot an Polizisten und Staatsschützern, die mit Schlagstöcken und Pistolen bewaffnet waren, aufgebaut. Ich erhielt eine Eintrittskarte, die ich beim Verlassen und Wiederbetreten des Gerichtssaals vorzuzeigen hatte. Auch im ganzen Gebäude und im Gerichtssaal wimmelte es von schwer bewaffneten Polizisten. ...
Richter Oehm zeigte in der Urteilsverkündung Verständnis für die Kritik an der Gentechnik und für die Angst vor deren Risiken. Gleichwohl verbot er den Angeklagten, vor Gericht die Zulässigkeit des Genversuchs zu thematisieren.
Besucher, die solche Widersprüche mit Unmutsäußerungen wie Kopfschütteln bedachten, wurden zudem kurzerhand des Saales verwiesen. Missbilligende Mimik und Unverständnisbezeugungen waren schlichtweg nicht er laubt.
Die derzeitigen Machtverhältnisse in unserem Bundesland scheinen auf die Gewaltenteilung deutlich auszustrahlen. Schließlich werden Richter und Staatsanwälte nicht vom Volk, sondern von der herrschenden Politik gewählt. Andrea Jacob, Grünberg

Andere feierten das Urteil und zeigten so, wem der Richterspruch diente. Die Gentechniklobbyisten, hier in Gestalt des BDP, jubelten am 5.9.2008:[27] „*Endlich Gerechtigkeit – Feldzerstörer zu Haftstrafen verurteilt ... Ein halbes Jahr Haftstrafe ohne Bewährung ist eine angemessene Strafe für die mutwillige Zerstörung fremden Eigentums. Dieses Urteil war längst überfällig.*" Die u.a. vom BUND gesteuerte Infoseite zu gentechnikfreien Regionen entblödete sich nicht, ausgerechnet diesen Jubelartikel selbst mitzuverbreiten. Einmal mehr zeigten sich Umwelt-NGOs als HelferInnen und einig mit der Gentechnik-Mafia – in ihrer erbitterter Feindschaft zu unabhängigen AktivistInnen.

27 www.seedquest.com/News/releases/2008/september/23590.html

Zwischengeplänkel

Das Feuerwerk an Rechtsbrüchen in der ersten Instanz führte zu zwei Reaktionen bei Angeklagten und Verteidiger. Zum einen sollte es gleich in die Revision gehen, um die Rechtsfehler überprüfen zu lassen. Zum anderen hagelte es Anzeigen gegen die RechtsverdreherInnen in Robe. Doch beides war chancenlos – dank neuer schmutziger Tricks.

Strafanzeigen wegen Strafvereitelung und Rechtsbeugung gegen die RobenträgerInnen

Am 26.8.2008 log Staatsschützer Schöller bei seiner Aussage vor Gericht. Gericht und Staatsanwaltschaft hatten, wie üblich, Tomaten auf den Augen (und Ohren) und bemerkten es nicht. Aber ein Angeklagter wies per Beweisantrag[28] darauf hin. Es folgte – nach Rauswurf des Angeklagten – das schon beschriebene Rettungsmanöver noch im Prozessverlauf. Die mit dem Beweisantrag verbundene Strafanzeige verfehlte ebenso ihre Wirkung. Das Verfahren wurde eingestellt. Reaktion: Eine Strafanzeige wegen Strafvereitelung.[29] Selbstverständlich wirkungslos. Das Ermittlungsverfahren wurde sogar ganz abgelehnt.[30]

Weitere Strafanzeigen richteten sich gegen Richter Oehm und seine ständigen Rechtsbeugungen im Prozess. Es gab Strafanzeigen durch ZuschauerInnen, zudem des Anwalts Tronje Döhmer[31] wie auch eines Verurteilten.[32] Doch auch hier passierte, was passierte musste in einer gerichteten Justiz: Alle wurden eingestellt, Beschwerden zurückgewiesen.

Sperrberufung rettet vor Revision

Beeindruckender war ein Nachschlag zum absurden Prozess, der deutlich machte, dass Rauswurf und Gerichtsverfahren ohne Verhandlung zur Sache nicht nur geplant und zwischen Richter und Staatsanwältin abgesprochen waren, sondern dass diesen auch die Rechtswidrigkeit völlig klar war. Ihr Plan: Eine Rechtsfehlerüberprüfung verhindern, in dem die Staatsanwaltschaft selbst Berufung einlegte – Sperrberufung heißt so etwas. Und ist verboten. Aber was interessiert das die Kaste der RobenträgerInnen, die über dem Gesetz schwebt ...

Im Konkreten lief das so: Am 4.9.2008 sprach Richter Oehm das Urteil in genau der Höhe, die die Staatsanwältin beantragt hatte – sechs Monate ohne Bewährung für beide Angeklagte. Trotzdem: Noch am gleichen Tag des Urteilsspruches legt Anklägerin Sehlbach-Schellenberg Berufung ein, also gegen genau das Urteil, welches sie selbst wollte. Das ist nur scheinbar unlogisch, denn tatsächlich machte sie damit die Revision der Angeklagten unmöglich. Die wollten Rauswürfe, Frageverbote und mehr nämlich auf Rechtsfehler überprüfen lassen in einer sogenannten „Sprungrevision". Dafür hätten sie die zweite Instanz ausgelassen und gleich die Rechtsfehlerüberprüfung (Revision) eingereicht. Ergebnis wäre gewesen: Die erste Instanz muss wiederholt werden. Wenn aber die andere Seite gleichzeitig Berufung einlegt, geht dieser Wunsch vor. Gegen die ganzen Rechtsfehler der ersten Instanz kann dann keine Revision mehr eingelegt werden. Ein mieses Spiel – verboten, aber durchaus üblich.

Auszug aus dem Berufungsschreiben der Staatsanwaltschaft am 4.9.2008[33]

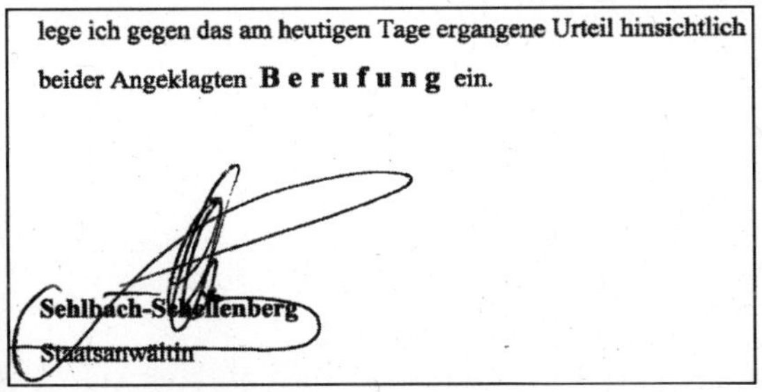
lege ich gegen das am heutigen Tage ergangene Urteil hinsichtlich beider Angeklagten **B e r u f u n g** ein.

Sehlbach-Schellenberg
Staatsanwältin

Verteidiger und Angeklagten nahmen das natürlich nicht hin und reichten Dienstaufsichtsbeschwerde[34] ein, weil die Berufung eine unzulässige Verfahrensverzögerung darstellen würde. Nun musste sich die Staatsanwältin eine Begründung für ihren Trick einfallen lassen.[35] Der lautete ganz einfach: Ich will höhere Strafen! Das sei ihr so eingefallen *„nach nochmaliger Abwägung der Sach- und Rechtslage in meinem Büro"*. Dort kam sie *„zu dem Schluss, dass sowohl meine Anträge als auch die Entscheidung des Gerichts ... zu milde gewesen und dem Schuld- und Unrechtsgehalt der von beiden Angeklagten begangenen Tat nicht gerecht geworden waren"*.

Wer sich jedoch umhörte, welche Strafhöhen bei bisherigen Verfahren und Verurteilungen gegen FeldbefreierInnen[36] üblich waren, erkannte schnell, dass das Urteil von Gießen einmalig hoch war. Bislang lagen Strafen für ähnliche Aktionen um 20 oder 30 Tagessätze, in Ausnahmen und bei WiederholungstäterInnen (was in Gießen ja nicht der Fall war) auch mal etwas höher. Eine Haftstrafe gab es noch nie. Zudem war ja gegen zwei Personen derselben Tat das Verfahren eingestellt worden. Nun sechs Monate ohne Bewährung – und dann behauptete die Staatsanwältin, sie hätte plötzlich gefunden, das sei zu wenig. Aber so tricksen sie halt in Robe wie in Uniform. Nur eines konnten die Angeklagten aus der ganzen Sache heraus holen. Weil jetzt noch eine höhere Strafe drohte, beantragten sie wieder Pflichtverteidigung – diesmal mit Erfolg.[37] So saßen dann in der nächsten Instanz vier Personen auf der Angeklagtenbank. Vier mehr als am Ende der ersten Instanz ...

Berufung: 8 Tage, (fast) gleiches Ende

Wie immer führten Veranstaltungen und Aktionen in die Phase der Verhandlung. Neu und für das ganze weitere Geschehen war aber etwas anders: Die Broschüre zu Seilschaften in der Gentechnik war erschienen und verteilte sich rasend schnell. Die Startauflage von 50.000 Stück war innerhalb von 2 Monaten vergriffen – eine neue musste gedruckt werden. Der Autor aber war einer der Angeklagten. Und das sollte sich auswirken ...

Chronik der Berufung: Erster Verhandlungstag am 15. Juli 2009 und das Drumherum

Mit einem erheblichen Interesse von ZuschauerInnen, Medien und einer umfangreichen Polizeibewachung begann am Mittwoch, 15.7., um 8.30 Uhr im Gießener Landgericht die Berufung im Prozess[38] gegen die Feldbefreier von 2006 in Gießen. Die Stimmung war angesichts der Erfahrungen mit der ersten Instanz gespannt. Beide Angeklagten hatten diesmal Verteidiger dabei, Matthias Künzel aus Frankfurt und Tronje Döhmer aus Gießen. Die ersten Minuten der Verhandlung aber zeigten dann: Diesmal sollte eine anderes Verhandlungsklima gelten. Das weckte Hoffnung, die sich am Ende aber als trügerisch herausstellte. Aber bis das Ende erreicht war, vergingen acht Verhandlungstage über fast zwei Monate.

28 www.projektwerkstatt.de/gen/prozesse/2006/antrag__falschaussageschoeller.pdf
29 www.projektwerkstatt.de/gen/prozesse/2006/strafanzeige__strafeitelung.pdf
30 www.projektwerkstatt.de/gen/prozesse/2006/verweigerung090108strafeitelung.pdf
31 www.projektwerkstatt.de/oehm/anzeige__rechtsbeugung.pdf
32 www.projektwerkstatt.de/oehm/anzeige__rechtsbeugung2.pdf
33 www.projektwerkstatt.de/gen/prozesse/2006/sta080904berufung.pdf
34 www.projektwerkstatt.de/gen/prozesse/2006/dienstaufsichtsbesch__sta.pdf
35 Schreiben der Staatsanwaltschaft Gießen vom 11.12.2008: www.projektwerkstatt.de/gen/prozesse/2006/sta11__12__08willmehr.pdf
36 www.projektwerkstatt.de/gen/prozesse/tabelle__feldbefreiungsprozesse.pdf
37 Beschluss des Richters Dr. Nink vom 24.4.2009: www.projektwerkstatt.de/gen/prozesse/2006/090424pflichtverteidigung.pdf
38 Az. des Verfahren beim Landgericht: 8 Ns – 501 Js 15915/06

***Tagebucheintrag, 15.7., Startphase*[39]**
Der Angeklagte B. erkundigt sich nach dem Status der beiden Schöffenrichter. Richter Nink erklärt daraufhin, dass er vorher mit den Schöffen geredet hat, um ein „Fiasko" der Art zu vermeiden, dass es in der Vergangenheit schon politische Konfrontation mit den Angeklagten gegeben hat. Die beiden Schöffen sagen aus, dass sie nicht im Giessener Parlament sitzen und benennen ihre Berufe (Informatik, Lehramt). Danach deutet Richter Nink seine Position zu Gentechnik – „sehr kritisch" – an. Die Staatsanwältin rümpft die Nase, und vielleicht fragt sie sich, ob sie einen Befangenheitsantrag gegen den Richter stellen soll. – Sie tut's nicht.

Dann wurde das Urteil der ersten Instanz verlesen und die Angeklagten gefragt, ob sie etwas zur Tat sagen wollten. Beim letzten Mal schwiegen sie – und der Zeitplan kam durcheinander. Diesmal redeten sie – und der Zeitplan geriet wieder aus den Fugen. Zuerst sprachen Patrick N. und sein Anwalt, die auf die fast vollzogene Einstellung verwiesen, die völlig wirr wirke angesichts der in der ersten Instanz dann verhängten Strafe. Allerdings machten auch alle klar, dass sie sich dem Verfahren nicht entziehen wollen.

***Tagebucheintrag, 15.7., Erklärung des Verteidiger Döhmer*[39]**
RA Döhmer, der B. als Pflichtverteidiger beigeordnet wurde, sagt, dass das erstinstanzliche Urteil eine „persönliche Niederlage" für ihn gewesen sei. Er wolle B. nicht aus dem §153 ausklammern. Es sei eine in der Hauptverhandlung zu klärende Frage, ob ein rechtfertigender Notstand gegeben sei. Aus seiner Sicht sei dieser in greifbarer Nähe. Daher sei es kontraproduktiv, von den Angeklagten Unterwürfigkeitsgesten zu verlangen. „Das Strafverfahren ist nicht dazu da, politische Grundeinstellungen zu bestrafen."

Dann folgte die Einlassung des Angeklagten Jörg B. Der hatte sich etwas Besonderes ausgedacht – und sein Vortrag über Gentechnik-Seilschaften sollte den weiteren Ablauf stark prägen. Unter anderem bewirkte er, dass Richter Nink nun doch die Behördenakten zum Versuchsfeld herbeizog, so dass über Details vom Versuchsfeld verhandelt werden konnte. Was Oehm in der ersten Instanz noch verboten hatte, fand jetzt statt ...

***Tagebucheintrag, 15.7., Einlassung des Angeklagten Jörg B.*[39]**
B. erklärt, dass er sich einlassen wolle. Dafür brauche er technische Unterstützung – er wolle einen Beamer benutzen. Und auch wenn es etwas unglaublich klingt: Ab 10:43 flimmert eine Powerpoint-Präsentation auf der Wand des Gerichtssaals, begleitet von einem gut gemachten Vortrag über Verflechtungen in der Gentechniklandschaft. Erschütternde Fakten reihen sich aneinander, und schnell steht fest: Von Forschungs- oder Wirtschaftsinteressen unabhängige Institutionen gibt es nicht. Ob Lobbyverbände, Vereine, Beratungsgremien – überall sitzen die gleichen Personen. Hochrangige Mitarbeiter des BVL – die Institution, die Verbraucherrechte schützen soll und de facto jeden Antrag auf Freisetzungsversuche durchwinkt – posieren in Werbefilmen der Gentechnikindustrie. Genversuche finden in direkter Umgebung von Saatgutbanken statt. Es klingt unglaublich, und am Ende, gegen 12:30, fragt man sich, wieso eigentlich noch verhandelt wird ... Richter Nink sagt: „Ich hätte noch gerne einen weiteren Verhandlungstag, um mich besser einzuarbeiten." Er bekommt – wie alle anderen im Gerichtssaal auch, die wollen – die aktuelle Broschüre zum Thema überreicht.

Aus der Gießener Allgemeinen, 16.7.2009 (S. 26)
Jörg B. erhebt sich von der Anklagebank. Grinsend schließt er einen Projektor an. Er hält inne. Die Justiz, sagt er, produzierte soziales Elend. „Ich bitte um zehn Sekunden Schweigen für die Strafgefangenen." Hinter ihm auf den Bänken im Saal 15 des Gießener Landgerichts stehen knapp 50 Mitstreiter des Angeklagten auf. Als sie wieder Platz nehmen, setzt der 45-jährige Jörg B. zu einem Vortrag an. Neunzig Minuten lang schildert er seine Recherchen und Ansichten zu Vorgängen in der Gentechnik. Zur angeklagten Tat verliert er nur wenige Worte. Das Geständnis ist auf seinem T-Shirt abgedruckt: „I dit it – Feldbefreiung".
...
Der erste Verhandlungstag vor der 8. Kleinen Strafkammer mutete bisweilen bizarr an. Der Angeklagte, der einst sein Studium der Landschaftsplanung abgebrochen hatte, referierte einem Professor gleich über Vorgänge in der Gentechnik. Unterdessen hatte gestern der Leiter des damaligen Versuchs am Alten Steinbacher Weg, Prof. Karl-Heinz Kogel vom Institut für Phytopathologie und Angewandte Zoologie, im Zeugenstuhl Fragen zu beantworten ... Nach zehnstündiger Verhandlung unterbrach der Vorsitzende Richter Johannes Nink kurz nach 18 Uhr die Zeugenvernehmung. Kogel wird Mitte August daher erneut in den Zeugenstand treten.

zu dem Termin am 15.07.2009 sind folgende Personen geladen:

1)	Zeuge	Dr. Gerd Gregor Langen, c/o Universität Gießen, Ludwigstraße 23, 35390 Gießen ,	10:30 Uhr
2)	Zeuge	Prof. Dr. Karl-Heinz Kogel, c/o Universität Gießen, Ludwigstraße 23, 35390 Gießen ,	11:00 Uhr
3)	Zeugin	Susanne Kraus, c/o Universität Gießen, Ludwigstraße 23, 35390 Gießen ,	12:00 Uhr
4)	Zeuge	KHK Schöller, Polizeipräsdium Mittelhessen, Ferniestraße 8, 35394 Gießen ,	13:30 Uhr
5)	Zeugin	KOK'in Keller, Polizeipräsidium Mittelhessen, Ferniestraße 8, 35394 Gießen,	13:30 Uhr auf Abruf!
6)	Zeuge	KOK Birkenstock, Polizeipräsidium Mittelhessen, Ferniestraße 8, 35394 Gießen,	13:30 Uhr auf Abruf!
7)	Zeuge	POK Ganz, Polizeipräsidium Mittelhessen, Ferniestraße 8, 35394 Gießen,	13:30 Uhr auf Abruf!
8)	Zeuge	PHK Koch, Polizeipräsidium Mittelhessen, Ferniestraße 8, 35394 Gießen,	13:30 Uhr auf Abruf!

Ladungsplan der ZeugInnen zum ersten Verhandlungstag[40]

In der Tat: Kogel trat auf. Das erste Mal im Prozessverlauf erschien der Hauptzeuge und Versuchsleiter im Gericht. Er antwortete auf die Fragen des Richters und der Staatsanwältin. Vorher war sein Sicherheitsbeauftragter Langen als Zeuge verhört worden.

***Tagebucheintrag, 15.7., Vernehmung von Langen und Kogel*[39]**
RA Künzel erkundigt sich, wie oft das Regierungspräsidium Gießen, die als Überwachungsbehörde des Versuchs fungiert, 2006 vor Ort war. Langen kann keine genaue Zahl nennen. „Die machen auch unangemeldete Kontrollen", sagt er. „Wie viele angemeldete Kontrollen gab es 2006?", fragt Künzel. Langen gibt an, dass es mindestens zwei gab. „Bei einer war ich dabei." Auf eine Frage dazu, inwiefern er über Vorgänge rund um den Versuch informiert werde, sagt Langen: „Es gibt schon sehr viel Papier. Wenn nichts zu bemängeln ist, landet das nicht auf meinem Schreibtisch." Im Sperrfeuer weiterer Fragen verliert Langen kurz den Überblick und macht die Bemerkung: „Um welche Zerstörung geht's jetzt hier?" Gelächter geht durch den Saal. ...
B. will wissen, wer 2006 beim Versuchsende die Einschätzung gemacht habe, dass die Gerste nicht vermehrungsfähig ist. „Schäfer oder Kogel", sagt Langen. Ob es eine schwierige Frage gewesen sei? Langen sagt: „Wenn das Korn Milchreife hat, ist es noch nicht vermehrungsfähig. Wenn es abgetrennt wird, kann es nicht nachreifen." B. fragt, wie er sich die auflaufende Gerste erkläre (2006 kam es mehrfach zu Durchwuchs nach dem offiziellen Ende des Versuchs). Keine Antwort. ...
2006, als er seinen Versuch öffentlich bewarb, inszenierte sich Kogel als neutraler bis gentechnikkritischer Forscher. Davon war im Gerichtssaal nicht mehr zu spüren. Eine Stunde lang sprudelte es aus ihm heraus: Die „Deutsche Wissenschaftsallianz" (DFG, Helmholtz, Fraunhofer, MPI) pro Sicherheitsforschung ... und pro Gentechnik ... Mehrheit der Bevölkerung ist „nicht auf dem neuesten Stand ist" ... Beim Gerstenversuch gäbe es keine

39 http://de.indymedia.org/2009/07/256276.shtml

40 www.projektwerkstatt.de/gen/prozesse/2006/ladungsplan090715.pdf

41 www.eichhoernchen.ouvaton.org

42 www.scharf-links.de/47.0.html?&tx_ttnews%5Btt_news%5D=6323&tx_ttnews%5BbackPid%5D=56&cHash=7102e0c053

43 www.projektwerkstatt.de/gen/prozesse/lg170809verhaftung_rechtswidrig.pdf

44 Beschluss vom 22.3.2010, Az. 20 W 264/09: www.projektwerkstatt.de/polizeidoku/2009/OLG20w264_09genprozess_gi.pdf

45 Gießener Allgemeine, 30.9.2010, siehe Berichte und Dokumente auf www.eichhoernchen.ouvaton.org/deutsch/repression/willkuer.html

46 Infoseite zum Gießener Staatsschutz: www.projektwerkstatt.de/puff/zk10.html

47 http://de.indymedia.org/2009/07/256772.shtml

48 http://de.indymedia.org/2009/08/257617.shtml

Patente, es sei reine Grundlagenforschung ... Horizontaler Gentransfer ist was natürliches ... Die Risiken werden explizit überprüft von unabhängigen Wissenschaftlern ... Da passiert kein Pollenflug ... dann doch: 1% der Pollen kreuzt aus ... Gerste hat keine Verwandten, die Nachkommen ergeben ... es ist ausgeschlossen, dass Gerste auskreuzt und fertile Nachkommen ergibt ... Selbst wenn ein Vogel den fressen würde, würde natürlich nix passieren ... es gibt überhaupt keinen einzigen Hinweis auf Schäden ... der Vogel wird das Gerstenkorn nicht transportieren ... wir können nicht verhindern, dass da Mäuse in Kontakt kommen ... mit den Ähren ... nun waren in den letzten Jahren ja keine Ähren da, da wir den Versuch abgebrochen haben ...Ständig: Alle Pannen sind im worst-case-Szenario drin. ... keine private Einrichtungen an diesem Versuch beteiligt ...
Immer wieder schwärmte er von der „Gemeinschaft aller Wissenschaftler", die sich einig seien (alle Wissenschaftler mit anderer Meinung sind dann wohl unwissenschaftlich) ... „der Herr Schmeißer ist ein großer Betrüger, er hat illegal Pflanzen angebaut" ... Problem ist die Vermischung von Wissenschaft und Politik. Vom Wissenschaftlichen ist es überwältigend klar. ... Und dann bot er noch eine besondere Begründung an, warum deutsche Gentechnik gefördert werden muss: „Monsanto ist gar nicht mehr der einzige Player ... in Deutschland wird durch die Feldbefreiungen verhindert, dass Monsanto etwas entgegengestellt wird an anderen Firmen" ... Lange jammerte er über die vielen Aktionen: „Feldzerstörungen sind effizient!" Aber er zeigte auch Hoffnung. Die deutsche Molekularbiologie sei weltführend: „das ist ja das Glück für die deutschen Hochschulen und die Studenten." ... Zur Gerste: „Diese Pflanzen sind Juwelen" ... die Pflanzen wurden produziert im Jahr 2000 ... Wissenschaft ist keine Sache der Diskussion, sondern der Tatsachen ...

Das war's eigentlich – aber leider doch nicht ganz. Der Tag hatte ein spätes und unschönes Nachspiel. Denn nach dem Verhandlungstermin zeigten Polizei und Justiz mal wieder ihre Krallen und sperrten die Aktivistin Cecile Lecomté[41] für eine Nacht ein – wegen Gefahr des Kreidemalens. Cecile ließ die Sache überprüfen[42] und das Landgericht fällte ein kompliziertes Urteil:[43] Die Maßnahme war rechtswidrig ... und zwar so verrückt, dass das Vorgehen von Polizei und Justiz nie zu einem irgendwie gültigen Beschluss geführt hätte. Es gäbe nur eine Schein-Entscheidung. Die Inhaftierung sei rechtswidrig, gegen den konkreten Beschluss könne Cecile aber keine Beschwerde einlegen, weil es einen gültigen Beschluss nie gegeben hätte. Der Grund: Die Polizei hatte sich ihr Handeln vom zufällig daherkommenden Landgerichtspräsidenten bestätigen lassen. Der aber war nicht zuständig, er arbeitete nicht einmal beim passenden Gericht. Warum weiß das ein Landgerichtspräsident eigentlich nicht? Wozu haben die studiert, wenn sie im Alltag doch einfach Faustrecht anwenden? Wie auch immer: Am Ende korrigierte das Oberlandesgericht auch diesen Punkt zugunsten von Cecile: Alles war rechtswidrig, von Anfang an.[44] Später wurde auch das Vorgehen der Polizei nochmals überprüft – mit einer deutlichen Klatsche für die Repressionsorgane im Dienste der Mächtigen vor dem Gießener Verwaltungsgericht.[45]

StGB § 34 Rechtfertigender Notstand
Wer in einer gegenwärtigen, nicht anders abwendbaren Gefahr für Leben, Leib, Freiheit, Ehre, Eigentum oder ein anderes Rechtsgut eine Tat begeht, um die Gefahr von sich oder einem anderen abzuwenden, handelt nicht rechtswidrig, wenn bei Abwägung der widerstreitenden Interessen, namentlich der betroffenen Rechtsgüter und des Grades der ihnen drohenden Gefahren, das geschützte Interesse das beeinträchtigte wesentlich überwiegt. Dies gilt jedoch nur, soweit die Tat ein angemessenes Mittel ist, die Gefahr abzuwenden.

Zweiter Verhandlungstag am 22. Juli 2009

Weniger spektakulär als am ersten Tag verlief der zweite Prozesstag. Neben der Rechtsdezernentin der Uni Gießen, die auch für die Buchhaltungsabteilung zuständig ist, wurden vor allem Polizeibeamte vernommen – darunter der Falschaussager aus der ersten Instanz, Staatsschützer[46] Schöller. Sie zeigten die Gießener Polizei von der Seite, wie sie seit Jahren auftritt: Verworren, unfähig zu transparenter Kommunikation, schlecht organisiert und mit der Neigung zu Falschaussagen. Mehr gab's nicht. Auch kein unschönes Nachspiel.

Tagebucheintrag, 22.7., Vernehmung der Rechtsdezernentin Kraus zur Schadenshöhe[47]
Der Vorsitzende fragt nach, ob sie die entstandenen Schäden beziffern könne. „20.000 EUR sind geschätzt worden für die Pflanzen", sagt Kraus. Die seien ihnen ja geschenkt worden – der Richter fragt nach – von der Washington State University, präzisiert Frau Kraus. Rechtsanwalt Döhmer fragt nach, ob es – auch in Hinblick auf zivilrechtliche Forderungen – eine Schadensaufstellung gebe. Kraus verneint dies. ...
Auf die Frage, warum nicht mehr Sicherheitskräfte vor Ort waren, antwortet Kraus: „Es gab da offenbar eine Panne. Mir ist im Nachhinein nicht klar, wo die Panne aufgetreten ist." Geplant gewesen sei ein nahtloser Wechsel zwischen Institutsbeschäftigten und Sicherheitsbeauftragten. „Es sollten zwei da sein", sagt sie – und meint damit Angestellte des Sicherheitsdienstes. ...
Im Einvernehmen aller Beteiligten sollen die meisten Polizeibeamten in den nächsten Verhandlungstagen nicht mehr geladen werden. Außer der immer wiederkehrenden Bestätigung allgemeiner Desorganisation dürften Erkenntnisse kaum zu erwarten sein ...

Dritter Prozesstag am 5. August 2009

Die Strafprozessordnung schreibt vor, dass Gerichtsverfahren nicht mehr als drei Wochen unterbrochen werden dürfen. Sonst müssen sie neu beginnen. Daher ist es übliche Praxis, bei größeren Lücken wegen Abwesenheit von ZeugInnen oder Urlaub einen kleinen Zwischentermin zu machen. So einer war der dritte Verhandlungstag am Mittwoch, 5.8. um 16 Uhr. Er dauerte nur eine Stunde.[48] Der einzig geladene Zeuge, ein Polizist aus der Truppe, die eigentlich das Geschehen um das Feld beobachten sollte, kam nicht. Stattdessen wurden Rechtsfragen diskutiert, Akten gewälzt und der nächste Prozesstag geplant. Der würde es in sich haben – neben dem Versuchsleiter Kogel lud Nink auch den Gentechnik-Sachbearbeiter der Überwachungsbehörde. Am dritten Tag erreichte die Hoffnung ihren Höhepunkt, dass erstmals der Paragraph des rechtfertigenden Notstandes umfassend geprüft würde. Richter Nink sagte wörtlich: „*Wir hangeln uns entlang der Kriterien des § 34*". Leider sollte er sich an diese Ankündigung nicht halten – aber das wurde erst später deutlich. Zunächst kam der vierte Verhandlungstag – wieder mit Kogel, der sich diesmal den Fragen der Angeklagten stellen musste.

Vierter Verhandlungstag am 26. August 2009

Allen war klar: Jetzt folgte der Höhepunkt des Prozesses. Die Angeklagten fragten – und der Versuchsleiter musste antworten. Diesmal konnte das Gericht die Angeklagten nicht rauswerfen – und auch nicht alle Fragen verbieten. Denn der Trick mit der Sperrberufung wäre nach der zweiten Instanz nicht mehr möglich gewesen. Also kam Kogel und musste mehrere Stunden Frage um Frage beantworten. Nur wenn die Angeklagten auch nach den Versuchsabläufen späterer Jahre fragten, wurden die Fragen verboten. Die Stimmung rund um den Prozess war nun ausgelassen – und zudem von kreativen Aktionen geprägt. Bereits vor dem

Gebäude waren Banner und Kreidesprüche zu sehen. Eine Zuschauerin schlug zu Beginn des Verhandlungstages eine Jury vor, die mittels eines Punktesystems frischen Wind in die festgefahrene Arbeitsweise der Justiz bringen sollte. Im Gerichtssaal nahm das Publikum mittels Schildern aktiv Stellung zum Geschehen. Häufig waren Kommentare wie *„Das hätte ich jetzt auch gesagt“*, *„Ach so?“* oder *„Anarchie ist mir lieber!“* zu lesen. Während der Richter dies noch duldete, wies er ZuschauerInnen nach verbalen Äußerungen heftig zurecht.

Tagebucheintrag, 26.8. zur Vernehmung des Versuchsleiters Kogel durch die Angeklagten[49]

9:02 Prozess beginnt. Aus dem Publikum wird ein Spiel zur Bewertung von Aussagen vorgeschlagen. Richter Nink gibt zu Protokoll: „Im Publikum sitzt eine Person mit lustigem bunten Haar und regt ein Spiel an ...“. Wenige Minuten später stand Kogel im Mittelpunkt, der Versuchsleiter. Drei Stunden dauert seine Vernehmung. Mit hochrotem Kopf versucht er, den kulturellen Bruch zu überstehen, dass da die Leute, die sein Gengerstenfeld aus Gießen vertrieben haben, ihm jetzt Fragen stellen dürfen. Es gelingt ihm – wenn es enger wird, mit Hilfe des Richters. ...

Zu Beginn will Richter Nink von Kogel wissen, ob er Daten der informellen Gespräche mit dem Angeklagten B. angeben könne. Kogel sagt, er habe „ein halbes dutzend Informationsveranstaltungen gemacht“, ein Datum könne er noch belegen. Am 30. Mai 2006 habe er in der Bleichstraße stundenlang „intensivst diese ganze Sache diskutiert“. Auch das Gentechnikgesetz sei behandelt worden. „Entgegen den Erwartungen verlief das Gespräch auch nicht sehr aggressiv, ich hatte den Eindruck, und andere hatten den Eindruck auch, dass es eine sehr positive Veranstaltung war. Vielleicht war das ein bisschen naiv im Nachhinein“, sagt Kogel.

Dann legt Kogel von sich aus eine Kostenaufstellung der Uni vor. „Ich hatte den Eindruck, dass die Kosten nicht klar waren“, sagt er. „Wir haben eine Aufstellung über die 55.000 EUR erstellt, das sind Kosten, die der Universität direkt entstanden sind“ – für den Schrieb hat die Universität stolze drei Jahre gebraucht ...

Um 9:11 erhält der Angeklagte B. das Fragerecht. ... B. macht einen Vorhalt aus einer Zeitung, in der Kogel Freilandversuche mit eigens von seinem Institut entwickelten Gerstenlinien ankündigt. B. stellt daher in Frage, ob der 2006 und 2007 durchgeführte Versuch überhaupt der ist, als der er in der Öffentlichkeit vermarktet wird (Biosicherheitsforschung an einer transgenen Gerstenlinie von der Washington State University).

Auf Nachfrage erklärt Kogel, dass die bei der Freisetzung in Gießen verwendete Gerste aus den USA stamme. „Wir haben nie andere Versuche mit Gersten gemacht, diese Freilandversuche, die dort angekündigt worden sind, wurden nicht gemacht. Diese Freilandversuche haben wir nicht gemacht.“ B. fragt: „War der Versuch von Anfang an so beantragt, wie er durchgeführt wurde?“ Kogel bejaht dies. Später räumt er ein, dass der Antrag auf Förderung modifiziert wurde. ... „Seit 2002 ist über Artikel in Medien belegbar, dass wir gentechnisch aktiv waren“, sagt Kogel. Es sei eine der großen Stärken des Instituts, „extrem transparent“ vorgegangen zu sein. B: „Wurden die direkte Nachbarn informiert?“ – Kogel: „Nein.“ Kogel fügt hinzu: „Dieser Feldversuch ist so harmlos, dass es nicht notwendig war, die Nachbarn zu informieren.“ ...

Kogel sagt, dass Gerste als Selbstbestäuber nicht auskreuze. Zudem habe Gerste einen doppelten Chromosomensatz und ist daher „sehr gut transformierbar“. – Kreuzungspartner für Gerste gäbe es in Europa nicht, Pollenflug von Gerste komme nicht vor. B. hakt nach, und Kogel erklärt: „Aus wissenschaftlicher Sicht gibt es unter natürlichen Bedingungen keinen Pollenflug“ – als Gegenbeweis legt B. einen Pollenflugkalender vor, in dem auch Gerste vorkommt. Kogel dazu: „Wissenschaftlich falsch“, „Es ist eine botanische Binsenweisheit, dass es keinen Gerstenpollenflug gibt.“ ...

B. will wissen, ob die Auflage, einen Wildschutzzaun einzurichten, erfüllt wurde. „Der war vorhanden“, sagt Kogel. Ob der Mäuse abhalte? Kogel schmunzelt und sagt: „Das ihre berühmte Maus über den Zaun steigt, kann nicht verhindert werden.“ Das sei aber auch egal: „Man kann damit Brot backen“ – weil die Gerste nicht giftig sei. ...

Kogel wird zu den Umständen befragt, die zur Nichtdurchführung des Versuchs im dritten Jahr, 2008, geführt haben. „Es stimmt, er hat nicht stattgefunden. Weil sie das Feld besetzt haben, weil wir Informationen hatten, dass sie das Feld besetzen wollten. Wir wussten vorher, dass wieder etwas stattfinden würde“, sagt Kogel. Ob die Feldbesetzung die Aussaat verhindert habe? Kogel stimmt zu. „Wir wussten etwa zwei Wochen vorher, dass dieser Versuch wieder zerstört wird. Ich habe kommuniziert mit den entscheidenden Behörden.“ Unter den gegebenen Umständen habe das BMBF erlaubt, den Versuch nicht durchzuführen und die Mittel umzuwidmen. „Da muss ich als Institutsleiter abwägen, die Abwägung war klar: dass wir ins Gewächshaus gehen.“ ...

Erklärung eines Verteidigers zu hochrotem Kopf von Prof. Kogel als Zeuge. Der würde im Film nicht so aussehen. Darauf Richter Nink: „Die Anspannung von Herrn Prof. Kogel ist mir durchaus nicht entgangen“.

Foto: Protesttransparente vor dem Landgerichts Gießen.

Nach Kogel wurde ein Zivilaufklärer der Polizei vernommen – es brachte wenig Neues. Ein zweiter Höhepunkt war aber die Vernehmung des Sachbearbeiters bei der Kontrollbehörde, Dr. Jens Gerlach vom Regierungspräsidum Gießen.

Tagebucheintrag, 26.8., Vernehmung des RP-Sachbearbeiters Gerlach[49]

Zunächst geht es um die Abstandsangabe von 4km bis zur nächsten landwirtschaftlichen Fläche, die jedoch auf 150m zusammenschnurrten, als mal andere Behörden nachguckten. Dann kam das Thema Wildschutzzaun. „Wir haben gefordert, dass die Genehmigungsbehörde genauer festlegt, wie der Zaun aussehen soll, dass hat das BVL nicht gemacht“. Dann die Frage, ob sich Kogel an die Auflagen gehalten hat: „Ich würde sagen, eigentlich ja. Der Punkt, der uns irritiert hat, war die Aussage der ausgewiesenen Fachleute ... da gehts um die Ernte“. G. berichtet vom Ablauf, wie Material untergefräst wurde, weil es vermeintlich nicht keimfähig war. „Wir haben aufgrund dieser Aussage zugestimmt, dass die Ernte anders verläuft, nämlich dass die gesamten Pflanzen im nicht keimfähigen Stadium in den Boden eingearbeitet wurden ... wir haben festgestellt, dass die Aussage offensichtlich falsch war ... der Sachkundige vor Ort konnte sich das auch nicht erklären“. Dennoch sah die Behörde nie eine Veranlassung für Kritik an der Vorgehensweise von Herrn Kogel. Auch nicht bei unterlassenen Benachrichtung wie die Absage der Aussaat 2008: „Wir haben von der Absage aus der Presse erfahren“. Dennoch schimmerte im Versuch, die Uni-Funktionäre aus der Schusslinie zu bringen, immer wieder auch die Kritik durch: „Hier hätte man ein etwas engagiertes Verhalten gewünscht“ zu Informationspflichten und dann wieder zum ungeeigneten Mäuseschutzzaun: „Wir haben in dem Moment, als wir den Zaun gesehen haben, nochmal gern eine Aussage erreicht, wieweit dieser Zaun geeignet ist, Mäuse abzuhalten ... zu dem speziellen Punkt waren wir der Auffassung, dass es geeignetere Zäune gibt ... die Universität hat dann aber gesagt, dass die Mäuse auch an Pfählen hochklettern können, d.h. man hätte einen Käfig machen müssen ... Mäuse können auch unterqueren, dann wären Auflagen nötig, wie tief eingraben.“

49 http://de.indymedia.org/2009/07/256772.shtml

Gegen 17 Uhr war auch die Vernehmung des dritten Zeugen an diesem Tag beendet. Der Richter erfreute die Anwesenden noch mit einer unfreiwilligen, kabarettistischen Einlage, als er einen Angeklagten mit „*Dr. Bergstedt*" ansprach. Gelächter und Kommentare im Saal. Der Angeklagte würde halt ein Fachwissen zeigen, verteidigte sich der Richter für seinen Lapsus, dass diese Titulierung auch zutreffend sein könnte. Doch auch dieses Mal wusste der Angeklagte eine Antwort: „*Jura zu studieren, führt doch auch nicht dazu, über solche Sachen Bescheid zu wissen*". Auffällig zog er seinen Blick Richtung Staatsanwältin. Die guckte nur mürrisch ...

Dann folgten noch drei persönliche Erklärungen des Angeklagten B. – einmal zur rechtwidrigen Festnahme einer Zuschauerin am ersten Verhandlungstag, dann zur am Folgetag bevorstehenden Inhaftierung des Bio-Imkers Micha Grolm wegen einer Feldbefreiung und zum zeitlich parallel laufenden ersten Strafprozess gegen einen Aktivisten wegen Protesten zur neuen Landebahn am Frankfurter Flughafen. Rechtsanwalt Döhmer überreichte einen umfangreichen Beweisantrag über die Seilschaften rund um die Gentechnik-Genehmigungsbehörden. Neue Termine wurden ausgemacht, dann war Schluss.[50] Außer für die Polizei. Die bewachte das Gerichtsgebäude noch einige Zeit mit umfangreichen Einsatzkräften. Könnte ja jemand hochklettern ...

Eigentlich hätte nach diesem Tag auch Schluss sein können. Allzu deutlich zeigte sich, wie skandalös der gesamte Versuchsablauf war. Doch das Gegenteil geschah. Waren es die Vernehmungen des vierten oder erst die Beweisanträge des fünften Tages? Auf jeden Fall veränderte Richter Nink seine Taktik – nachdem zuvor schon die Staatsanwältin zum aggressiven Kurs der ersten Instanz zurückkehrte ...

Fünfter Verhandlungstag am 10. September 2009: Beweisanträge und die wiedergelüftete Fratze der Staatsanwältin

Die bisherigen vier Verhandlungstage waren geprägt von der Vernehmung der ZeugInnen, die seitens des Gerichts geladen wurden. Nun, am fünften Tag, übernahmen Verteidigung und Angeklagte die Regie. Sie brachten die ersten ihrer Beweisanträge zur Gefährlichkeit der Gentechnik, zur Rechtswidrigkeit und stümperhaften Durchführung des konkreten Versuchs sowie zu den Hintergründen des Polizeieinsatzes ein.

50 Ingrid Wenzl: „Durchkreuzter Versuch" in der Freitag, 28.8.2009 (www.freitag.de/politik/0935-gentechnik-feldbefreiung-freilandversuch-prozess)

51 http://de.indymedia.org/2009/09/260462.shtml

Tagebucheintrag, 10.9.[51]

Zu Beginn trägt der Angeklagte B. einen Beweisantrag vor, der sich detailliert mit der Beschaffenheit von Mäusezäunen beschäftigt und nachweist, dass erheblich bessere Mittel bereit standen, um Nagetiere davon abzuhalten, an der Gengerste zu knabbern. Ein zweiter Antrag belegt die unkontrollierte Auskreuzung von vorgeblich „sicheren" und „wenig verbreitungsfähigen" Getreidesorten, vor allem am Beispiel der transgenen Reislinie LL601. Die Staatsanwältin fragt B, wie viele Anträge er noch stellen will, woraufhin B. antwortet: „10 bis 20." Richter Nink erkundigt sich bei den anderen Verfahrensbeteiligten, in welchem Umfang mit Beweisanträgen zu rechnen sei. Rechtsanwalt Döhmer sagt, dass er 50 Beweisanträge, die Aussagen aus der Broschüre „Organisierte Unverantwortlichkeit" unter Beweis stellt, fertig habe; weitere seien in Arbeit.

Rechtsanwalt Künzel, der den Angeklagten N. vertritt: „Wir haben zwei Beweisanträge vorbereitet" – die Staatsanwältin macht ein Geräusch, dass wahrscheinlich ausdrücken soll: „So wenig?" Der Angeklagte N. fragt, ob das ein Kommentar ist, und Richter Nink sagt: „Da müssen sie aufpassen, dass sie nicht ins Hintertreffen geraten" – Künzel: „Damit würde ich leben."

...

Bis 11:23 werden in zwei 25-Punkte-„Päckchen" die von RA Döhmer vorgelegten Beweisanträge verlesen; die Sprecher wechseln sich ab – zuerst die ersten 25 Anträge, dann nochmal soviele. Bei den Anträgen stehen die Verflechtungen im Gentechnik-Sektor und, daraus abgeleitet, das Fehlen unabhängiger Überprüfungsorgane im Vordergrund.

Nach einer kurzen Pause wird um 11:54 weiter verhandelt – der vorsitzende Richter bezieht sich auf den § 257a der StPO und nennt die Möglichkeit, Anträge im schriftlichen Verfahren einzureichen, wenn bestimmte Bedingungen gegeben sind. Unter anderem gebiete die Fürsorge des Gerichts, unnötige Kosten, die – im Falle einer Verurteilung – von den Angeklagten zu tragen wären, aufgrund langer „Lesestunden" zu vermeiden. Das Gericht beschließt: Anträge sind schriftlich zu stellen.

Im Folgenden reicht B. eine Reihe von Anträgen ein, die in thematische Blöcke eingeteilt sind und deren inhaltlichen Fokus er vorab ausführt. Einige Anträge beschäftigen sich mit den zentralen Institutionen (ZKBS, BVL) und deren Nichtunabhängigkeit; weitere Anträge zeigen auf, dass Gentechnikforschung anderen als den öffentlich erklärten Zielen dient und dass gentechnische Forschung andere wissenschaftliche Ansätze verdrängt.

Dann war es 12.20 Uhr. Noch vor der Mittagspause folgte die Stellungnahme der Staatsanwältin Sehlbach-Schellenberg zu den bisher verlesenen Beweismittelanträgen. Plötzlich zeigte sie sich im Gewand der ersten Instanz. Offenbar hatte die Interessenvertreterin in Robe die vier ersten Verhandlungstage nur ausgesessen. Denn obwohl sich die Beweisanträge konkret auf die vorherigen Verhandlungsgegenstände bezogen und wichtige Fragen wie das Aussehen üblicher Mäuseschutzzäune und Auskreuzungsgefahren durch selbstbestäubende Getreidesorten beinhalteten, meinte sie pauschal, alle Anträge zum Thema Gentechnik seinen „*völlig unbedeutend*" – Richter Oehm ließ grüßen! Es ginge in diesem Verfahren nur um die Frage der Rechtswidrigkeit oder Nichtigkeit des Genehmigungsbescheides. Woher sie diese Rechtsauffassung angesichts des Wortlautes im § 34 StGB (Rechtfertigender Notstand) hatte, blieb rätselhaft. Denn solch ein Kriterium wird dort nicht aufgeführt. Doch StAin Sehlbach-Schellenberg toppte ihre Ausführung noch mit der Bemerkung, ohnehin seien „*alle Anträge zum Zwecke der Prozessverschleppung gestellt*". Da stellten Angeklagte und Verteidiger am fünften (!) Prozesstag ihre ersten Anträge, und schon witterte die Anklägerin Prozessverschleppung. So fiel die übereifrige Elitenvertreterin zurück in die Strategie der ersten Instanz, möglichst nicht zum Thema zu reden.

Das Ende des fünften Tages wurde persönlicher. Nach der Mittagspause trug der Angeklagte N. den zweiten Teil seiner Einlassung vor. Er sprach über seine berufliche wie persönliche Entwicklung, veränderte Prioritätensetzungen. Richter Nink stellte zahlreiche Fragen zur Lebenssituation des Angeklagten.

Die Staatsanwältin blieb der an diesem Tag wiedergefundenen, ideologisch-aggressiven Linie treu, als sie N. fragte: „*Haben sie noch Kontakt zu B. oder der Projektwerkstatt*", woraufhin N. erklärt: „*Wenn sie jetzt von mir eine Distanzierung erwarten – die gibt es nicht.*" Die Staatsanwältin wiederholt ihre Frage, N. sagt: „*Ja, ich habe Kontakt.*" Die Staatsanwältin will wissen, ob er sich regelmäßig mit B. treffe oder in die Projektwerkstatt fahre. Die Verteidiger kritisieren die Frage, die offensichtlich darauf abzielt, N. zu Distanzierung zu bewegen – oder ihm beim Plädoyer unterstellen zu können, sich in „*kriminellem Fahrwasser*“ zu bewegen. N. sagt: „*Die Frage werde ich nicht beantworten*“ – außerdem habe er die Grundsatzfrage ja bereits bejaht. Rechtsanwalt Döhmer fragt N, ob es richtig sei, dass die Projektwerkstatt vor allem eine riesige Bibliothek sei. „*Ja, nicht in allen, aber in vielen Räumen gibt es Bücher zu allen möglichen politischen Themen*“, sagt N. Ob er die Räume mit den Büchern genutzt habe. „*Ja*“, sagt N. Zudem will Döhmer wissen, wovon N. sich in der Projektwerkstatt ernährt habe. N. führt einige im Umfeld der Projektwerkstatt genutzte Methoden, Gratisessen zu organisieren, aus – Schnorren auf Märkten, bei Großhändlern, Reste von Supermärkten containern. Richter Nink schaltet sich ein und fragt, wie es mit Hygieneartikeln stehe. Der Angeklagte B. beginnt zu lachen; auch N. muss sich zur Sachlichkeit zwingen, als er erklärt: „*Na ja, man kann bei einem Hersteller für Toilettenpapier anrufen und ein Gespräch führen, bei dem über eine Spende oder ein Tauschgeschäft auf Nicht-Geld-Basis*“ – z.B. der Schaltung einer kostenlosen Anzeige – „*verhandelt wird. Und es klappt manchmal.*“ Als die Klopapierlieferung eingetroffen sei, habe man nicht mehr viel von den Büchern in der Projektwerkstatt gesehen. Der Wert dieses Gesprächs blieb unklar. Ob sich Nink inzwischen auf diese Art sein Klopapier beschafft, ist nicht überliefert.

Sechster Verhandlungstag: Der Schrecken nimmt seinen Lauf

Spätestens am sechsten Tag war dann klar: Das Verfahren war wieder in die alte Rille gekippt. Alle (!) 78 Anträge der Verteidiger und Angeklagten wurden als „*ohne Bedeutung*“ abgewiesen – erkennbar wurden nicht einmal alle durchgelesen. Dann verkündete das Gericht eine Frist von nur einer Stunde Zeit für weitere Anträge. Hatte es für heute ein abruptes Ende des Prozesses und Verkündigung des Urteils geplant? Dafür sprach auch eine eigens für das Prozessende bereitgehaltene, eher wie eine Prügeltruppe wirkende Sondereinheit der Polizei. Der Verdacht kam sofort auf, dass wieder ein hartes Urteil und eventuell sogar die sofortige Verhaftung bevorstanden. Doch ganz so reibungslos lief das Tag nicht – und so wurde es nicht der letzte Tag.

Tagebucheintrag, 16.9.
Offizieller Verhandlungsbeginn ist 9:42. Der gesundheitlich angeschlagene Vorsitzende setzt an, Entscheidungen zu den am vorigen Verhandlungstag eingereichten Beweisanträgen zu verlesen, wird aber von der Staatsanwältin gestoppt. Sie hatte noch nicht zu allen Beweisanträgen Stellung bezogen und holt dies nach mit der Bemerkung: „Ich kann mich ganz kurz fassen. Es sind die gleichen Gründe“, die Anträge seien abzulehnen. Richter Nink beugt sich zu den beiden Schöffen und fragt, ob sich etwas verändert hat. Zwei mal ein verneinendes Nicken – das nennt sich „nochmalige Beratung des Gerichts“ -, und der Vorsitzende verkündet seinen Beschluss.
Alle Anträge seitens des Angeklagten B. und seines Verteidigers, Tronje Döhmer, seien abzulehnen. Mit Begründungen, teilweise bestehend aus zwei Sätzen, wischt Richter Nink in zehn Minuten über 70 Beweisanträge vom Tisch. Tenor der Begründung: Anträge, die sich nicht direkt mit dem Genehmigungsbescheid des Versuchs beschäftigen, sprich: dessen Rechtswidrigkeit darstellen, sind ohne Bedeutung für das Verfahren. Und die, die sich damit beschäftigen, ebenfalls. Der Widerspruch ist offensichtlich. (Die Anträge des Strafverteidigers Künzel werden ebenfalls zurückgewiesen.) Der Angeklagte B. fordert daraufhin eine längere Pause, weil er prüfen müsse, ob er einen Befangenheitsantrag stellen möchte, und wenn ja, weil er dann Zeit zur Formulierung benötige; Strafverteidiger Döhmer reicht die Beweisanträge 51-100 ein, die als Grundlage auf Tatsachen zurückgreifen, die in der Broschüre „Organisierte Unverantwortlichkeit“ dokumentiert werden.
Um 10:03 wird die Verhandlung unterbrochen.

Fotos von Aktionen vor dem Landgerichts Gießen, u.a. die Ausstellung über die Gentechnik-Seilschaften (oben).

Download der Ausstellung unter www.projektwerkstatt.de/gen/filz/ausstellung.pdf.

Der Angeklagte schrieb einen Befangenheitsantrag wegen der penetranten Abweisung aller Beweisanträge – vor allem auch der Widersprüchlichkeit, einerseits ginge es nur um die Frage, ob der Genehmigungsbescheid offensichtlich nichtig sein, andererseits würden genau solche Beweisanträge abgelehnt, die das nachweisen sollten.

Antrag auf Verdacht der Befangenheit des erkennenden Gerichts und der als solche tätigen Personen als Einzelne[52]
Die bisher vor allem in formal nicht wirksamen Rechtsgesprächen und Bemerkungen vorgetragene Behauptung, es käme allein auf die Frage der Rechtswidrigkeit des Genehmigungsbescheides oder gar dessen Nichtigkeit an, wird durch die nun bekanntgegebenen Beschlüsse zu den Beweisanträgen einerseits bestätigt und somit formal wirksam, andererseits aber wird selbst diesem Anspruch nicht Genüge getan, in dem selbst Anträge, die genau auf die Frage der Gesetzmäßigkeit ausgerichtet sind, durchgehend bescheinigt wird, sie seinen ohne Bedeutung. Diese Wahllosigkeit der Entscheidung, dass sowohl Anträge zu den Kriterien des § 34 StGB also auch Anträge zur Frage der Rechtmäßigkeit oder Nichtigkeit bedeutungslos seien, zeigt, dass schlicht alles als bedeutungslos gewertet wird und Aussagen darüber, was hier Gegenstand sein soll aus den vorangegangenen Verhandlungstagen auch nicht mehr gilt, wenn zu diesen Punkten (eben: Rechtswidrigkeit bzw. Nichtigkeit) Anträge gestellt werden.
Das begrenzt die Mitwirkungsmöglichkeiten an der weiteren Beweisaufnahme auf Null. Da sachliche und rechtliche Gründe nicht erkennbar sind, entsteht der Verdacht der Befangenheit, aus der heraus diese Entscheidungen entstehen. Ob sich diese Befangenheit gegen meine Person, zusätzlich weitere Personen oder nur gegen bestimmte Teile meines Verhaltens richten, ist nicht von Bedeutung für die Frage ob der Verdacht begründet ist. ...

In der Pause zwecks Abfassung des Antrags ging der Angeklagte aufs Gerichtsklo – immer gut beäugt von den Sicherheitskräften. Doch diesmal hatte auch der Angeklagte was zu sehen. Er stellte daraufhin noch einen Befangenheitsantrag und formulierte darin seine Beobachtungen:[53] „*Am heutigen Vormittag vor Prozessbeginn beobachtete ich, dass eine besondere Einheit der Polizei erstmals in diesem Prozessverlauf anwesend war. Diese war in besonderer Weise ausgestattet mit den typischem Material der Aufstandsbekämpfung. Die Einheit verschwand im Gerichtsgebäude. Ich registrierte zudem eine auch insgesamt größere Polizeipräsenz. In der vorangegangenen Pause ging ich nach Fertigstellung meines Befangenheitsantrags auf die Toilette. Dabei sah ich, wie Angehörige der benannten Polizeieinheit das Gebäude verließen. Ich ging spontan hinterher und sah, wie diese einen Polizei-Personentransporter bestiegen und abfuhren.*“ Seine Schlussfolgerung: „*Es gab besondere Gründe, ein erheblich*

52 www.projektwerkstatt.de/gen/prozesse/2006lg/befangenheit090916a.pdf
53 www.projektwerkstatt.de/gen/prozesse/2006lg/befangenheit090916b.pdf

erweitertes, schlagkräftiges Polizeiaufgebot vor Ort zu haben. Diese Gründe waren hinfällig, als klar wurde, dass der Prozess heute nicht zuende gehen würde. Das bedeutet zum einen, dass bereits vor Ende der Beweisaufnahme und trotz angekündigter Beweisanträge im zwei- bis dreistelligen Bereich das Ende der Verhandlung für heute vorgesehen war. Es war also ohne Kenntnis der Anträge geplant, diese abzulehnen. Außerdem war ohne Kenntnis von sehr vielen angekündigten Anträgen bereits beschlossen, das Verfahren heute, wenn möglich zu Ende zu führen. Die Anwesenheit einer Polizeitruppe mit Aufstandsbekämpfungsausrüstung deutet zudem darauf hin, dass ein bestimmtes Urteil oder zumindest dessen Richtung bereits feststand, obwohl noch viele Anträge angekündigt waren und wir uns immer noch in der Beweisaufnahme befinden." Was auch immer tatsächlich der Hintergrund war – der Prozess kam nicht zum Ende. Nächster Anlauf für das Finale mit Urteilsverkündung sollte am Mittwoch, den 30.9., folgen. Damit das auch klappte, stellte das Gericht eine Frist für weitere Beweisanträge. Spätestens einige Tage vor dem 30.9. sollten die eingereicht sein, sonst würden sie nicht mehr beachtet.

Bis zum 7. Tag stellten die Angeklagten und Verteidiger weitere Anträge. Fast 300 waren es inzwischen geworden.[54] Würden alle als bedeutungslos abgewiesen? Sollte auch diese zweite Instanz vor allem der Verhinderung der Mitgestaltung des Prozesses durch Angeklagte und Verteidigung dienen? Netter zwar, aber im Ergebnis gleich wie in der ersten Instanz?

Demo am 7. Verhandlungstag durch die Innenstadt von Gießen.

Siebter Verhandlungstag am 30. September 2009: Wieder eine Auseinandersetzung auf hohem politischen Niveau

Da der Richter schon in der letzten Sitzung deutlich ungehalten war, als die Anwälte einen weiteren Verhandlungstag forderten, gingen alle davon aus, dass das Urteil unmittelbar bevor stünde. Deshalb organisierte das „*Aktionsbündnis gegen Gentechnik Gießen*" in aller Eile eine Demonstration. Es kamen ca. 75 TeilnehmerInnen aus allen Richtungen der Republik. Sie begleiteten die Angeklagten in einem bunten Zug durch die Innenstadt zum Gericht – ein Traktor vorneweg. Start war am Kirchenplatz mit mehreren RednerInnen: Ein Vertreter der BI Marburg-Biedenkopf sprach seine Solidarität mit den FeldbefreierInnen aus und kündigte entschlossenen Widerstand auf allen Ebenen an.[55] Ein emeritierter Professor für Ökolandbau aus Witzenhausen wiederholte seine persönliche Kritik an der Agro-Gentechnik und die Notwendigkeit für aktiven Widerstand. Abgerundet wurde das Programm mit einer Performance der AktivistInnen: Mit Anzügen verkleidet stellten einige Vertreter der großen Gentechnik-Konzerne, Genehmigungs- und Kontrollbehörden und der Lobbyvereine dar. Sie warfen sich ein Seilknäuel gegenseitig zu, so dass mit der Zeit ein Seilschaften-Netzwerk entstand – wie in der Broschüre des Angeklagten beschrieben. LandwirtInnen, ImkerInnen und VerbraucherInnenn wurden dadurch symbolisch eingewickelt, bis sie es schafften, sich im gemeinsamen Widerstand daraus zu befreien. Danach ging es weiter über den Anlagenring bis zum Uni-Hauptgebäude, wo Gießener AktivistInnen die Uni mit einem Ständchen an ihre Verpflichtung zur unabhängigen Forschung erinnerten. Ein Vertreter von attac Wuppertal erklärte sich solidarisch mit den Feldbefreiern. Unter den Demo-TeilnehmerInnen war auch Imker Michael Grolm. Er war erst eine Woche vorher per Verfassungsbeschwerde aus drei Wochen Beugehaft entlassen worden.[56] Zuletzt zog die Demonstration zum Landgericht, wo um 14 Uhr der siebte Verhandlungstag gegen die beiden Feldbefreier startete.[57]

***Auszug aus Gießener Allgemeine am 1.10.2009**[58]*
Knapp 50 Menschen haben gestern in der Innenstadt gegen den Einsatz von Gentechnik in der Landwirtschaft demonstriert. Unter dem Motto „Fördermillionen für die Gentechnik, Haft für die Kritiker?" zogen die Aktivisten vom Kirchenplatz durch die Fußgängerzone zum Landgericht, wo ein Prozess gegen zwei Gentechnik-Gegner fortgesetzt wurde. ... Bei der Demonstration forderten die Teilnehmer den Freispruch der beiden Angeklagten und wiesen in Redebeiträgen auf die Gefahr von gentechnisch veränderten Pflanzen für die Landwirtschaft hin. „Wir sind tief enttäuscht von der Justiz", sagte eine Bündnissprecherin. Die Gerichte sollten im Namen des Volkes urteilen, tatsächlich würden sie jedoch nur die Interessen der großen Konzerne vertreten, meinte sie. An dem Protest beteiligte sich auch der Bio-Imker Michael Grolm aus Thüringen, der erst vor einer Woche aus der Haft entlassen worden ist. Grolm war zu einer Geldstrafe von 1000 Euro verurteilt worden, weil er ein Genmaisfeld in Brandenburg zerstört hatte. Stattdessen wollte er eine zweitägige Haftstrafe antreten und sollte dazu seine Finanzlage offenlegen. Dies lehnte Grolm ab und kam in Erzwingungshaft.

Kurz nach zwei Uhr ging es los – sollte der Prozess diesmal zum Ende kommen? Der Versuch war zu erkennen. Fast bis 22 Uhr dauerte der Tag, aber endete wieder ohne Urteil. Der Reihe nach: Es ging los mit einer symbolstarken Streiterei um die anwesenden Reporterinnen der Gießener Allgemeine und des Gießener Anzeigers, die Verhandlungstag für Verhandlungstag mit einseitigen und oft falschen Berichten nervten. Dann folgte der Auftritt einer mehr und mehr schlecht gelaunten Staatsanwältin – und auch das Gericht wischte die Befangenheitsanträge lässig vom Tisch. Es blieb dabei: Auch wenn Richter Nink am heutigen Tag wieder etwas souveräner wirkte, ein echter Strafprozess fand nicht mehr statt. Alles, was von Verteidigern und Angeklagten kam, wurde abgeblockt. Sie hatten mitreden können bei den Beweiserhebungen, die das Gericht vorgesehen hatte – aber eine eigene Gestaltungsmöglichkeit im Prozess sollten sie nicht erhalten ...

***Tagebucheintrag, 30.9.**[59]*
14.15 Uhr: Richter Nink eröffnet damit, die bis zur umstrittenen Frist eingereichten Beweisanträgen zu benennen (insgesamt sind es über 100 weitere). Der Angeklagte B. meldet sich und erklärt, dass Pressevertreter von Gießener Zeitungen nicht die für sie reservierte Plätze nutzten (womit de facto Publikumsplätze blockiert werden, weil die erste Reihe pauschal den Medienvertretern vorbehalten ist). Richter Nink fordert die beiden Pressevertreter vehement auf, nach vorne zu gehen; zudem bietet er älteren Personen mit Hörproblemen an, auf die vorderen Plätze zu wechseln. Die beiden Schreiberinnen der Gießener Tageszeitungen trollen sich nach vorne – der Ärger über diesen Affront ist ihnen anzusehen. Nach mehreren Wochen übelster Berichterstattung gerieten sie so mal in den Mittelpunkt.
Um 14:20 verliest die Staatsanwältin in beißendem Ton eine Erklärung zu den beiden, in der zurückliegenden Sitzung gestellten Befangenheitsanträgen: Sie seien unbegründet. Zum 1. Befangenheitsantrag führt sie aus, vom Seiten des Gerichts habe den Angeklagten „weiter Raum" zur Verfügung

54 www.projektwerkstatt.de/gen/prozesse/lesefenster/antrag.html

55 www.projektwerkstatt.de/gen/prozesse/2006lg/ansprache30__9__09.pdf

56 http://de.indymedia.org/2009/09/261635.shtml

57 http://de.indymedia.org/2009/09/262332.shtml. Videofilm unter http://de.sevenload.com/sendungen/Unterm-Ginkgo-Wurzeln-des-Widerstands/folgen/vQ6Br7Z-Unterm-Ginkgo-7

58 www.giessener-allgemeine.de/Home/Stadt/Uebersicht/Gegen-Gentechnik-fuer-Feldbefreier-__arid,134108__regid,1__puid,1__pageid,113.html

59 http://de.indymedia.org/2009/10/262379.shtml

gestanden, „ihre Auffassungen zur Gentechnologie ... darzulegen.“ Die Ablehnung der Beweisanträge allein vermöge eine Befangenheit nicht zu rechtfertigen.
Zum 2. Befangenheitsantrag, der unter anderem das martialische Polizeiaufgebot am 16.09.09 problematisierte, erklärt die Staatsanwältin: „Erfahrungen aus der Vergangenheit“ hätten gezeigt, dass „mit Unruhen und Ausschreitungen innerhalb seiner Anhängerschaft zu rechnen“ sei, wenn ein Urteil gesprochen würde. Danach positioniert sich die Staatsanwältin zu den eingereichten Anträgen: „Unzulässig“, „ungeeignet“, „ohne Bedeutung“ ... Rechtsanwalt Döhmer, der B. vertritt, kritisiert den von der Staatsanwaltschaft verwendeten Begriff „Aussschreitungen“; wie andere Verhandlungen mit B. verlaufe auch diese sehr ruhig. Der Polizeieinsatz in diesem Umfang sei „sachlich nicht begründet“, „unglaublich, was hier an Geld verschwendet wird.“ Richter Nink sagt: „Ich habe auch nichts bestellt“, und grinst. Auch B. meldet sich und greift den Begriff Anhängerschaft; er gehe davon aus, dass die Leute im Publikum selber denken können und mehr sind als die Anhängerschaft anderer. Um 14:33 verliest das Gericht die Beschlüsse zu den beiden Befangenheitsanträgen – sie werden zurückgewiesen, weil sie „unbegründet“ seien.

Wie erwartet, lehnte das Gericht die seit dem letzten Verhandlungstag eingereichten Beweisanträge pauschal ab. Dabei erkundigte sich Richter Nink, warum der Angeklagte B. zwar Beweisanträge zu den Gentechnik-Positionierungen von Gießener Parteien gestellt hatte – die FDP ausgelassen habe. B. konterte: „*Die hat sich nicht überraschend positioniert*“. Was Nink zu der Erwiderung motivierte: „*Sie gehören in konfrontative Fernsehsendungen*“ – eine seltsame Aussage für jemand, der längst beschlossen hatte, den Angesprochenen für lange Zeit hinter Gitter zu bringen.

Der Angeklagte nahm die vielen Ablehnungen in einer Gegenvorstellungen[60] ausführlich aufs Korn. Es könne nicht sein, dass die Beweiserhebung zu Rechtfertigungsgründen vom Gericht abgelehnt werde, um später behaupten zu können, es hätte keine gegeben. B. zitierte aus dem Leitfaden für Schöffinnen und Schöffen: „*Beruft sich der Angeklagte auf Ausnahmeregeln von einer Strafbarkeit (wie etwa Rechtfertigungs- und Schuldausschließungsgründe oder auf einen Rücktritt vom Versuch), muss das Gericht ihm nachweisen, dass diese Umstände nicht vorliegen. Ist das Gericht zu diesem Beweis nicht in der Lage, muss zu Gunsten des Angeklagten entschieden werden.*“ Sich wegducken, sei das Gegenteil dieser Aufklärung. Die Behauptung des Gericht, dass auch im außergesetzlichen Notstand die Gesetze gelten sollen, sei die Umschreibung eines bekannten Gags: „*§ 1: Das Gesetz gilt immer. § 2: Wenn das Gesetz mal nicht gilt, tritt automatisch § 1 in Kraft.*“ Danach folgten Verlesungen und Possen aus früheren sogenannten Straftaten der Angeklagten.

Tagebucheintrag, 30.9. zu den Vorstrafen[59]
Als eine Passage aus einem Urteil gegen N. und B. vorgelesen wird, die ihnen zur Last gelegte Wahlplakatveränderungen detailliert beschreibt, müssen selbst die ansonsten zurückhaltend auftretenden Schöffen grinsen. Die Angeklagten waren 2002 von zwei Polizeibeamten festgenommen worden, die in ihnen gesuchte Autoknacker vermuteten. B. und N. wurden in Handschellen gelegt. Als die Beamten ihren Irrtum erkannten und die beiden freilassen wollten, bemerkten sie, dass ihre Schlüssel nicht passten; eine weitere Streife wurde gerufen. „Das ist nicht ihr Ernst“, wirft Micha Grolm, Imker und Gentechnikkritiker, aus dem Publikum ein.

Irgendwann am Nachmittag ließ die Staatsanwältin eine Bombe platzen: Sie zog ihre eigene Berufung zurück. In der ersten Instanz hatte sie ihr Wunschurteil von sechs Monaten Knast ohne Bewährung für beide Angeklagten bekommen. Einer der Angeklagten wollte direkt in Revision gehen, um die rechtswidrigen Maßnahmen des Richters aus erster Instanz anzugehen. Die Staatsanwältin verhinderte das mit ihrer Berufung. Wahrscheinlich war das auch der Grund für die Berufung. Nun zog sie die Sperrberufung wieder zurück und erhärtete so diesen Verdacht. Doch Angeklagte und Verteidigung ließen sich auf die taktischen Spielchen der Staatsanwältin nicht ein. Sie mussten bei einer Rücknahme während der Verhandlung zustimmen – und das taten sie nicht.

Dann folgte ein kleines, aber feines Lehrstück, was offensive Prozesskultur bedeutet. B. stellte den Antrag, die Regelung, dass Beweisanträge schriftlich einzureichen sind, wieder zurückzunehmen, weil es für die Verteidigung zu Nachteilen führe und der Verdacht bestehe, dass Anträge nicht oder nur unzureichend gelesen würden. Der Antrag wurde durch Kammerbeschluss zurückgewiesen. Die Nervosität bei Gericht und Staatsanwältin war zu spüren: Warum stellte der diesen Antrag, wo doch die Frist zum Stellen von Anträgen abgelaufen war? Dann stellte B. fünf Beweisanträge. Wieder etwas Nervosität und während ein Helferlein in Uniform die Anträge kopierte, fragte der Richter die Staatsanwältin, ob sie Stellung beziehen wolle. Das tat sie, ohne dass ihr die Anträge vorlagen – verlesen wurden sie ja auch nicht, weil das verboten war. Aber eine interessensgeleitete Staatsanwältin kann auch Anträge bewerten, die sie gar nicht kennt. Sie bejahte, als ihr aus dem Publikum souffliert wurde: „*Die sind bestimmt ohne Bedeutung.*“ Richter Nink schlug dann doch, um die Situation zu retten, vor: „*Warten wir lieber.*“

Tagebucheintrag, 30.9.[59]
Als ein Wachtmeister die Kopien an die Prozessbeteiligten aushändigt, erklärt Nink: „Man bekommt sonst nur in Wirtschaftsstrafverfahren so viel Material.“ Daraufhin B: „Es ist ein Wirtschaftsstrafverfahren, nur dass die Angeklagten die Falschen sind.“
Die Staatsanwältin beantragt, die Anträge wegen „Prozessverschleppung“ zurückzuweisen. Sie sagt: „Der Verteidiger von B. lacht schon; wir alle wissen ja, dass er an einem Aufsatz darüber schreibt“. Unter anderem bezieht die Staatsanwältin sich auf die Fristsetzung seitens des Gerichts.

Nun wurde das Geheimnis gelüftet – durch Verteidiger Döhmer. Der merkte an: „*Den Verteidigern ist eine Frist gesetzt worden, nicht den Angeklagten*“. Aha-Erlebnis beim Gericht, blättern im Protokoll des letzten Verhandlungstages und dann die Bestätigung: Der Angeklagte hatte recht. Er hatte das Versehen einfach genutzt, um weiter inhaltliche Positionen vortragen zu können. Was blieb dem Gericht übrig, als eine neue Frist zu setzen – bis 18 Uhr, also eine gute halbe Stunde. Diesmal erging die Weisung korrekt an alle Verfahrensbeteiligten.

Tagebucheintrag, 30.9.[59]
Von 17:27 bis 18:08 wird die Verhandlung unterbrochen; wie zu erwarten, werden die Anträge von B. zurückgewiesen ...
B. gibt an, einen Film mitgebracht zu haben, der seine persönlichen Verhältnisse erhelle und den er gerne zeigen würde. Als Richter Nink der Staatsan-

Aus dem Plädoyer der Staatsanwältin:
Herr N. hat sich zu seinen Verhältnissen eingelassen. N. sagte, das Preis-Leistungs-Verhältnis stimmt nicht. ... Es kann sein, dass ich ihm fürchterlich auf dem Leim gehe. Ich glaube ihm. ... Ich sehe keine rechtliche Grundlage, ihm die Bewährung zu versagen. Angesichts des hohen Schadens halte ich 6 Monate Freiheitsstrafe für angemessen, ... 3 Jahre Bewährung und 200 Stunden gemeinnütziger Arbeit; ich halte es nicht für notwendig, dass er einem Bewährungshelfer unterstellt wird.
Herr B. sagte: Er sieht es heute nicht anders als damals. Ich bin der Auffassung, nach wie vor, dass es zu einer Freiheitsstrafe kommen muss. Ich bin aber auch der Auffassung, dass ... der Angeklagte sich geständig gezeigt hat ... 6 monatige Freiheitsstrafe. Weil es an der günstigen Sozialprognose fehlt.

60 www.projektwerkstatt.de/gen/prozesse/2006lg/gegenvorstellung1bis26.pdf

Aus dem Plädoyer von Markus Künzel:
Man fragt sich: Wozu wird eigentlich verhandelt? Ein Strafabschlag ist gegeben, und das ist in der Rechtsprechung auch anerkannt. N. hat ausgesagt, eine Ausbildung nicht angefangen zu haben, weil das Verfahren über ihm schwebe. Das Verfahren hängt über einem, es ist nicht abstrakt, es ist ganz konkret. ... Ein hoher Schaden wurde in der Beweisaufnahme nicht festgestellt. Der Zaun ist die einzige, nennenswerte Schadensposition. ...
Der § 34 verzichtet ausdrücklich auf die Bezugnahme auf das Verwaltungsrecht. Die Tatsache, dass es ein Gesetzt gibt, schließt doch nicht aus, dass es eine Gefahr gibt.

Aus dem Plädoyer von Tronje Döhmer:
Entweder haben wir Rechtfertigungs-, oder zumindest Entschuldigungsgründe. Alle diese Punkte sind von Bedeutung im Rahmen des § 34 .... Ich weiß nicht, wie das Gericht dem abhelfen will. ...: Verhängung einer Freiheitsstrafe ist für beide Angeklagten indiskutabel; das sind strafrechtsferne Erwägungen, das ist in der ersten Instanz deutlich geworden. Ich bin davon immer noch betroffen. Auch das Verhalten der Staatsanwaltschaft in der ersten Instanz macht mich betroffen. Die Staatsanwaltschaft ist ja auch Organ der Rechtspflege und hätte erkennen müssen, dass so etwas nicht geht. ...
Ich bleibe bei meiner Vermutung, dass hier schlicht eine Sperrberufung eingelegt wurde, ... diese Vermutung ist nicht ausgeräumt. Dieses Geschmäckle habe ich hier überall ... eigentlich hätte das Rechtsmittel der Staatsanwaltschaft gar nicht eingelegt werden dürfen.

wältin einen fragenden Blick zuwirft, sagt diese: „Ich bin ja zu allem bereit", aber auch: „Ich sehe die Notwendigkeit nicht". B. erklärt zudem, dass er noch einen Antrag habe. – Zwischen Gericht und dem Angeklagten wird die Vereinbarung – ein „Deal" (formale Prozess-Nebenabsprache) – getroffen, dass B. noch einen Antrag stellen und danach den Film zeigen könne. Um 18:21 trägt B. den Antrag vor, der eine Aussetzung des Verfahrens mit Verweis auf ein laufendes zivilrechtliches Verfahren, das sich unter anderem gegen die Broschüre „Organisierte Unverantwortlichkeit" richtet und bei dem möglicherweise diesem Verfahren widersprechende Feststellungen gemacht werden könnten. – Der Antrag wird ... logisch: abgelehnt ...Es folgt die Filmvorführung von „Berufsrevolutionäre" – einem Film über Ideen, Personen und Aktionsstrategien in und um die Projektwerkstatt. Einer der Angeklagten hatte vorgeschlagen, den Film anzuschauen, weil er viele Interviews über Motive und Ziele aus der Zeit unmittelbar vor der Aktion enthielt. Nach 17 Minuten, um 18:49, endet der Film.

Damit war der Kern des Prozesses, die Beweisaufnahme, beendet. Es folgten die Plädoyers. Kurze Einigung: Obwohl unüblich, sollte auch in der Berufung zunächst die Staatsanwaltschaft plädieren. Anders als die Angeklagten brauchte sie dafür keine Vorbereitungszeit. Das war angesichts des nun Folgenden auch nicht überraschend.

Tagebucheintrag, 30.9., mitgeschriebene O-Töne aus dem Plädoyer Staatsanwaltschaft[59]
„Warum ich die Berufung zurückgenommen habe, ... ich versuche meinem Job nachzugehen ..., meine Berufung ist nicht durchsetzbar ... Zur Sache selbst: Die Tat ist zu einem recht frühen Zeitraum von beiden Angeklagten eingeräumt worden. Es ist ein großer Sachschaden entstanden ...
Alles dreht sich hier um den § 34 StGB. Haben wir denn überhaupt eine Gefahrenlage? Dafür haben wir eindeutige Kommentarlage. Haben wir hier schon eine konkrete Gefahr? ... Es geht um die Geeignetheit des Mittels, ... das mildeste Mittel. Was wir hier haben ist das rigoroseste Mittel, die Feldbefreiung. ... Alleine bei Nichtigkeit des Genehmigungsbescheids hätte die Tat von der Rechtsordnung gebilligt werden müssen. ... hier ist nach allen erdenklichen Seiten ermittelt worden. Wir haben es hier nicht mit einer offenkundigen Nichtigkeit zu tun. Und damit war diese Selbstjustiz nicht rechtens. Was würde das bedeuten, wenn wir sagen: Diese Aktion war rechtens? Nur vom Ergebnis her betrachtet: Die Polizei hätte nicht einschreiten dürfen. Sie hätte es dulden müssen – in dem Moment wo man sagt: Ihr Handeln ist gerechtfertigt." Dann kam sie zur Strafzumessung.

Es folgten die Plädoyers der beiden Verteidiger.

Tagebucheintrag, 30.9., mitgeschriebene O-Töne aus dem Plädoyer des Verteidigers Markus Künzel (Beginn: 19.26 Uhr)[59]
Ich gehe noch mal zurück zum Anfang des Verfahrens, ... aktenmäßig ist belegt, dass der damalige zuständige Staatsanwalt N. die Einstellung anbieten wollte, ... wie gesagt: Man hat ihn gar nicht gefragt. Wenn man gegen einen Angeklagten nicht verhandeln will, sollte man es auch nicht tun. ... Sicherlich muss ich davon ausgehen, dass das Gericht ... die Angeklagten mit einem Urteil versehen will .... Kriminelle Energie, ... fand ich abenteuerlich, ... N. benennt ein öffentlichen gesellschaftlichen Widerspruch. ... Zum Nachtatverhalten: N. hat umfangreich zu sich Auskunft gegeben; er ist jemand, der sich und seine Umwelt genau reflektiert. ... Verfahrensdauer: Es ist drei Jahre her, ... obwohl die Tat am Tag der Begehung aufgeklärt war. ...

RA Künzel schlussfolgerte, dass man im Falle, dass der § 34 zieht, einen Freispruch beantragen müsse. Zum Gericht gewandt aber zeigte er sich hoffnungslos: „*Ich weiß auch, das können sie nicht, das wäre eine Signalwirkung. Ich werde deshalb hier ohne Antrag das Plädoyer beenden.*" Eine Haftstrafe ohne Bewährung würde allerdings weder der Tat noch dem Täter noch dem Geschehen gerecht. Dann kam der zweite Verteidiger ...

Tagebucheintrag, 30.9., mitgeschriebene O-Töne aus dem Plädoyer des Verteidigers Döhmer (Beginn: 19.45 Uhr)[59]
Von welchem Sachverhalt gehen wir aus? Das ist entscheidend. Es ist gar nicht am Ende so schwierig. ... Wodurch werden die Angaben des Angeklagten widerlegt? Darum geht es. ... Ich befürchte, bei strenger Betrachtung, dass eine Widerlegung der Angaben des Angeklagten nicht möglich ist. Es gab hier in Gießen ein Genfeld. Es gab eine formell bestandskräftige Genehmigung. Nach Recherchen von B. entsprach der durchgeführte Versuch nicht dem, was genehmigt war, ... die Ausführung war nicht rechtmäßig. Wenn eine ganz andere Versuchsanordnung durchgeführt wird, kann das sogar strafrechtlich relevant sein. Es gibt Auflagen im Bescheid, die nicht eingehalten wurden. ... Es muss von Rechtsverstößen ausgegangen werden; die Situation, die wir vorgefunden haben, die war rechtswidrig. ... Der Sachverhalt ist nicht so komplex, er ist ziemlich klar. ... Rechtswidrige Genehmigung, nicht genehmigter Zaun, und wenn der Versuch genehmigt war, wurden den Auflagen nicht eingehalten. Das ist alles nicht widerlegt. ...
Zu Recht, aber auch peinlicherweise, hat B. aus dem Leitfaden für Schöffen zitiert. Im Verfahren ist so verfahren worden: Den Notstand muss schon der Angeklagte nachweisen. Es ist umgekehrt: Man muss dem Angeklagten nachweisen, dass kein Notstand gegeben war. ...
Es ist Glatteis, sehr gefährliches, dünnes Glatteis, brüchig zudem. Wir können davon ausgehen, dass der Paragraf anwendbar ist. Dann haben wir kein Problem, uns zum nächsten Tatbestandsmerkmal vorzutasten. Da habe ich sicherlich ein Problem damit dass festzustellen: Gefahr für Leib und Leben? Es gibt weitere Schutzgüter: Umwelt, ökologisches Gleichgewicht. Darüber brauchen wir heute nicht mehr zu diskutieren. ... Dann ist die Frage: War die Tat erforderlich, wenn eine Notstandslage gegeben war? Wenn man die Entscheidungen liest, liest man nur oberflächliche Beurteilungen. Man kann erwarten, dass Handlungsalternativen aufgezeigt werden. Handlungsalternativen hat mir hier niemand präsentiert – das es in der konkreten Situation irgendwo eine andere Möglichkeit gab. ... Der Angeklagte selbst hat uns mit seinen Beweisanträgen gezeigt, dass es sinnlos war, sich an die Polizei zu wenden oder an Parteien. ... Welches mildere Mittel hätte eingesetzt werden können, ist mir nicht erkennbar. ...

Nun war die Reihe an den Angeklagten. Patrick N., für den die Staatsanwältin – abweichend zur ersten Instanz – diesmal „*nur*" eine Bewährungsstrafe gefordert hatte, stand auf und bemerkte, dass es offenbar „*common sense*" sei, Plädoyers im Stehen zu halten. Dann beschrieb er seine Lage und Stimmung zur Sache Anfang 2006: Es waren klare Gefahren erkennbar, aber die Gesetze schützten nur die Gentechnik und die Gentechnikkonzerne. Noch einmal ging auf die Frage ein, ob ein Unterbindungsgewahrsam zu erwarten war an jenem Tag: „*Ich habe mir das nicht gewünscht, aber ich habe es erwartet*". Als Gründe für seine Erwartung schilderte N. Beispiele aus den Jahren davor, als die Gießener Polizei wirreste Festnahmen durchführte, so unter anderem einen Unterbindungsgewahrsam am 9.12.2003, weil er und andere Gedichte vorgelesen hätten[61] einer der skurrilsten Fälle von Polizeiwillkür in Gießen.[62]

N. korrigierte die Staatsanwältin wegen des vermeintlichen Zitats zum „*Preis-Leistungs-Verhältnis*". Er bestätigte, das er das heute so sehe: „*Es macht mir Angst, dass ich dafür ins Gefängnis gehe, wenn ich Widerstand leiste*". Daraus könne jedoch niemand schlussfolgern, dass er solche Aktionen nun für falsch halten würde. „*Es heißt ebenfalls nicht, dass mich hier irgendwas überzeugt – schon gar nicht der Herr Kogel*". N. zitierte stattdessen Prof. Kogel, dass es dem nur darum gehe, dass deutsche Firmen auch genug vom Kuchen des Profits abbekommen: „*Es geht um ganz schnöde wirtschaftliche Interessen*". N. äußerte sich auch zum § 34 StGB. Den hätte er im Verfahren nicht so sehr zu seinem Thema gemacht: „*Ich habe mich nicht persönlich damit intensiver beschäftigt*". Nun aber sagte er einiges dazu: Dass es ständig Protest gäbe – der aber nix nütze. Sofortvollzug würde verhängt, Einwendungen seien „*fast ein aussichtsloses Unterfangen*". Daher sei der Prozess insgesamt eher eine Bestätigung, dass die Aktion richtig gewesen sei. Dennoch stellte auch N. keinen konkreten Antrag auf Freispruch oder eine Strafe.

Womit nur noch ein Plädoyer übrig blieb – das des Angeklagten B. Um 20.32 Uhr stieg er mit aktuellen Auskreuzungsnachrichten ein: Leinsamen, verunreinigte Maisfelder und illegale Versuchsfelder wie Kogels doppelter Gengersteacker 2009 in Sagerheide. Die Behörden würden überall versagen. Dann fragte B. laut und nachdrücklich Richtung der erhöhten Sitze von RichterInnen und Staatsanwältin, warum sie untätig geblieben waren, als das Feld angelegt wurde. Wieder wurde dort Nervosität sichtbar.B. beleuchtete die Geschichte der Gentechnik[63] vor allem in Mittelhessen und den Widerstand dagegen. Mitte der 90er Jahre hatte es erste Felder, aber auch Besetzungen und Feldbefreiungen gegeben. Ergebnis schon damals: Hessen wurde aufgegeben als Standort. B. ging auf den 4. Mai 2000 ein, als das Live-Science-Mobil, ein völlig einseitiger Propaganda-LKW von Regierung und Wirtschaft, in Gießen auf dem Hof der Liebigschule stand: „*Ich habe mich saumäßig gefreut, als ich erfuhr, dass es den nächsten Morgen in Form eines zusammengeschmolzenen Kunststoffhaufens erlebte*". Seit vier Jahren würde die Uni es nun wieder probieren, aber dank Feldbefreiungen und -besetzungen gelang es 2008 zum zweiten Mal, Hessen gentechnikfrei zu machen, „*was natürlich angesichts der dramatischen Auskreuzungen allein nichts nützt*". Der Angeklagte referierte frei und bewegte sich zwischen Anklagebank und Publikum. Immer wieder ging er die RichterInnen direkt an: Wo sie denn gewesen seien bei den Protesten Mitte der 90er? Warum sie ausgerechnet aktiv würden, wenn es gegen die wenigen ginge, die sich wehren gegen das, was die RichterInnen bestimmt auch nicht wollten? Noch einmal brachte er Zitate, diesmal aus dem „*Bauernlied*" der Neuen Barden, um dann in einer langen Bilanz die Gentechnik als Geschichte der Desinformation anzugreifen – von der „*Lüge der sicheren Pflanzen*", die in Mittelhessen schon 1997 mit dem Raps begann. AgrEvo und Monsanto hätten die Pflanze gelobt, weil sie nicht auskreuzen könne. Auch die Uni Gießen mischte bei dieser Verdummung mit und verteilte ausgerechnet um ihr Versuchsfeld in Rauischholzhausen ein Flugblatt mit dem Lügensatz:[64] „*Insbesondere kann eine Ausbreitung der neuen Eigenschaften wegen nicht gegebener Kreuzbarkeit von Raps mit Kruziferen der hiesigen Flora ausgeschlossen werden.*"

Tagebucheintrag, 30.9., mitgeschriebene O-Töne aus dem weiteren Plädoyer des Angeklagten Jörg B.[59]

Die weiteren Lügen, die B. benennt, sind die Behauptung der Beherrschbarkeit von Auskreuzung und der Unmöglichkeit eines horizontalen Gentransfers – alles längst widerlegt. B. belegt, dass die ForscherInnen es immer besser wussten. Sie belogen die Menschen absichtlich. Er zitiert aus einem Heft des Evangelischen Entwicklungsdienstes EED (nicht ohne kritische Worte zu Kirche und Religion) zur Lüge der Ursachen von Hunger. Dann belegt er anhand eines Textes von Uwe Schrader (heute Chef von InnoPlanta), dass nicht Umweltschutz, sondern die Hoffnung auf mehr Spritzmittelabsatz der Einführung der Gentechnik in der Landwirtschaft zugrundelag. Schließlich schwenkt er noch einmal auf ein Hauptthema des Prozesses ein, der Lüge von der Unabhängigkeit der Behörden und Überwachung.

Noch eine Lüge benennt er: Die der Forschungsfreiheit. „Das ist Unsinn. Hier wird nirgends frei geforscht – sondern immer nur, wofür es Geld gibt". WissenschaftlerInnen seien längst OpportunistInnen des Geldes – im Landwirtschaftsbereich gäbe es für sowas das böse Wort der „Agrarhuren". Nur 7 Mio. Euro gäbe es an Forschungsförderung für den ökologischen Landbau, aber 165 Mio. Euro für die grüne Gentechnik. Dann wieder Zitate: Inge Broer, Uni Rostock/AgroBiotechnikum (2006, WDR: „Immer Ärger mit Linda"): „Im Moment ist es hauptsächlich Forschung in der Gentechnik, weil es dafür Geld gibt." Auszug aus einem Interview mit Inge Broer, in: Volksstimme am 4.8.2009: „Der Verein FINAB will sich mit der Sicherheit aller neuartigen Lösungen in der Landwirtschaft befassen. Bis jetzt erhalten wir aber leider nur Mittel für Versuche an gentechnisch veränderten Pflanzen." Bundestagsdebatte am 26.3.2009 zum Antrag der Grünen auf Verbot von MON810: „Ulrich Kelber (SPD): Technologieoffene Forschung kann nicht heißen, dass im Haushalt von Frau Schavan 90 Prozent der Mittel für die Lösung bestimmter Probleme in der Züchtung in die Grüne Gentechnik und keine 10 Prozent in alternative Technologien gehen." Der Abschluss: „Es ist alles Lüge. Es geht um Macht, Geld und Karrieren. Für die Gentechnik gilt wie für alle Methoden, soziale Probleme mit Gewalt zu lösen: Krieg schafft keinen Frieden. Bomben stärken nicht die Menschenrechte. Polizei hilft nicht gegen Kriminalität. Gentechnik beendet keinen Hunger."

Dann kommt ein Themenwechsel: Welche Handlungsmöglichkeiten bestehen? B. geht darauf ein, wie unsinnig Einwendungen sind, wenn die Behörde, die sie bewertet, das hochverfilzte BVL ist. „Welche Hoffnung soll mensch auf Gutachten haben, wenn die ZKBS hochverfilzt ist und der Text ohnehin im BVL geschrieben wird? Was nützt Rechtsstaatlichkeit, wenn der Rechtsstaat den Sofortvollzug verhängt und damit jeder Gang vor Gericht zwar noch möglich bleibt, aber nicht mehr rechtzeitig wäre? Und wenn im Fall einer Klage die Antwort immer nur ist: Nicht klageberechtigt?" B. verliest eine entsprechende Passage aus dem Urteil des VG Braunschweig, das seine Klage gegen die Gengerste so abwies.

Doch damit seien noch nicht alle Probleme beschrieben: „Wer sich wehrt, trifft trotz 80 Prozent Ablehnung der Gentechnik vor allem auf Probleme, denn die Mechanismen der Macht und sozialen Kontrolle sichern den Reichen und Edlen ihre Hegemonie". B. nennt als Beispiele die Berichterstattung in Gießener Tageszeitungen, die nichts als peinliche „Hofberichterstattung für die Uni". In Kommentaren hätte der „Hetzer Guido Tamme" schon früh GentechnikgegnerInnen verunglimpft.

Auch die Staatsanwaltschaft Gießen nimmt B. aufs Korn: Sie hätten den Versuchsleiter Prof. Friedt geschützt, nachdem dieser im RTL-Interview 2008 davon plauderte, illegale Felder zu kennen. Zum Stand im Wirtschaftsstrafverfahren gegen Kogel wegen dessen Schummeleien bei der Beantragung der Zuschüsse verweigerte die Staatsanwaltschaft die Auskunft im Verfahren.

Dann wird B. wieder nachdrücklicher: „Am schlimmsten aber ist wohl das willige VollstreckerInnentum ... überall." Und erwähnt zahlreiche Beispiele: „Wo WissenschaftlerInnen nur noch dort forschen, wo es Geld gibt. Wenn BäuerInnen nicht als LohnarbeiterInnen auf dem Traktor sind. „Da wird

Aus dem Plädoyer von Jörg Bergstedt:

Die Frage ist hier und heute: Warum habe ich das gemacht? Hatte ich Rechtfertigungsgründe dafür, mich der Gentechnik entgegenzustellen? Doch so spannend die Frage ist ... eigentlich wäre eine andere Frage doch viel interessanter, nämlich: Warum haben Sie das nicht gemacht? Was sind Ihre Rechtfertigungsgründe, sich der Gentechnik nicht entgegenzustellen? Welche Kaltschnäuzigkeit gehört dazu, ausgerechnet den wenigen, die sich wehren, noch den Prozess zu machen? Machen Sie Fotos von dieser Verhandlung, um ihren oder anderen Kindern und Enkeln erzählen zu können: Guck mal – als der Mist damals verzapft wurde, war ich bei den TäterInnen dabei! Oder sagen Sie wieder den typisch deutschen Spruch auf: Ich hab nichts gewusst? ...

„Nichts ist schwerer und erfordert mehr Charakter, als sich in offenem Gegensatz zu seiner Zeit zu befinden und zu sagen: Nein!" (Kurt Tucholsky).

„Protest ist, wenn ich sage: ‚Das und Das passt mir nicht'. Widerstand ist wenn ich dafür sorge, dass Das und Das nicht mehr passiert." (Ulrike Meinhof).

„Wenn normalerweise rational handelnde Leute systematisch gegen die Spielregeln verstoßen und dabei ein hohes Risiko eingehen, ist das eher ein Zeichen für Systemversagen als ein Anzeichen des allgemeinen moralischen Verfalls." (Wirtschaftsjurist Marco Becht am 28.7.2008 bei Spiegel Online)

61 www.projektwerkstatt.de/gav/texte/0912doku.html

62 Dokumentiert im Buch „Tatort Gutfleischstraße" und im Internet unter www.fiese-tricks.de.vu.

63 www.projektwerkstatt.de/gen/geschichte.htm

64 www.projektwerkstatt.de/gen/giessen/friedt1997raps.pdf

Bericht zum Plädoyer von Jörg Bergstedt:
Gleich zu Beginn von „Teil 3" räumte B. ein, dass es ihm nicht darum gehe, sich oder Protestgruppen als unfehlbar darzustellen. „Ich habe viele Fehler gemacht", sagt er. Er habe den Anspruch, Aktionen im Nachhinein zu überdenken, Verbesserungsmöglichkeiten auszuloten. Gleichwohl halte er es für wichtig, zu handeln und nicht in Untätigkeit zu erstatten. „Das war eine richtige Entscheidung", sagt B. – Er bezieht sich auf den Schuldbegriff, und auch an dieser Stelle zitiert B. die Rechtsliteratur. „Schuld ist die Vorwerfbarkeit einer Handlung." Im vorliegenden Fall sei es geradezu absurd, die wenigen, die sich gegen den Gengersten-Versuch engagierten, anzugreifen. Vielmehr könne man den Vorwurf gegen alle erheben, die nichts unternommen hätten.
„Mir wurde eine ganze Instanz geklaut", sagt B., und wies darauf hin, dass er von der erstinstanzlichen Verhandlung ausgeschlossen wurde. Zudem wertete er die Berufung der Staatsanwaltschaft weiter als Sperrberufung, um eine erfolgreiche Sprungrevision und eine damit einhergehende Auseinandersetzung zum skandalösen Ausschluss zu verhindern. „Formal", so B., „Ist die Staatsanwaltschaft keine Institution zur Bestrafung. Praktisch aber schon." Weder in den Verfahrensakten, noch im Plädoyer sei erkennbar gewesen, dass die Staatsanwaltschaft Strafmilderndes geprüft oder von sich aus ermittelt hätte.
In Hinsicht auf das mögliche Urteil zeigte sich B., wie auch im gesamten Plädoyer, sehr skeptisch. „Vielleicht wurde trotzdem etwas gelernt", sagt er, an die Richterbank gewandt. Vielleicht helfe das Verfahren, die Stigmatisierung von Aktivisten als unreflektierte Krawallmacher zurückzunehmen. Er kenne viele Menschen, die sich engagieren und sehr genau über ihre Handlungen nachdächten. Während seines Plädoyers kritisiert B. auch die Einschüchterungsfunktion von Strafe.

Gentechnik durchsetzbar." B. zeigt auf, warum auf den Lohnarbeiter-Höfen in Ostdeutschland Gentechnik viel leichter durchsetzbar ist. Und erwähnt dann den Klassiker des willigen Vollstreckertums, die Wiesbadener Demo von PolizistInnen gegen Arbeitszeitverlängerung und Lohnkürzung, die von KollegInnen in Uniform niedergeknüppelt wurde. „Willige VollstreckerInnen handelt gegen alles, wenn man es ihnen nur befiehlt. Auch gegen ihre eigenen Interessen." Kurze Pause, dann: „Ich habe Angst vor dieser Welt, in der es nur noch die Eliten und die willigen VollstreckerInnen gibt".

Der Uhrzeiger im Gerichtssaal rückte auf 21.30 Uhr. RA Künzel bat um eine Unterbrechung des Verfahrens angesichts der fortgeschrittenen Tageszeit – sein letzter Zug nach Hause würde gleich fahren. Ganz einfach war das nicht, denn eine längere Unterbrechung würde die Wiederholung des Plädoyers von B. zur Folge haben. Die Staatsanwältin stöhnte schon wieder angesichts der Aussicht, das Plädoyer von vorn starten zu müssen. „*Manche müssen sich das halt zweimal anhören, bis sie es kapieren*", setzte daraufhin Imker Micha Grolm den rhetorischen Schlusspunkt unter den Tag. B. willigte ein, auf eine Wiederholung zu verzichten und so wurde am Ende eines langes Verhandlungstages, der zum zweiten Mal der Letzte sein sollte und es nicht wurde, ein neuer Termin festgesetzt.

Achter Verhandlungstag am 9. Oktober 2009 und Urteil

Irgendwann war es dann doch zuende. Das geschah am 8. Verhandlungstag, dem 9.10.2009. Doch zuvor hatte auch dieser Tag noch seine besonderen Pointen und den zweiten Teil des Plädoyers von B. Gleich zu Beginn wich die Endtag-Stimmung einer neuen Anspannung, denn die Angeklagten entdeckten eine neue Protokollantin – und die kannten sie schon. 2004, also fünf Jahre vorher, hatte sie bei einem anderen Prozess[65] mal zu einem Zeugen im Vorbeigehen in Bezug auf den Angeklagten B. gesagt: „*Mit dem würde ich mich nicht unterhalten, der ist es nicht wert.*" Folge damals: Ein Befangenheitsantrag gegen die Protokollführerin, der aber nie behandelt wurde, weil der Prozess damals wegen Befangenheit des Gerichts platzte, weil zwei hochrangige CDU-PolitikerInnen aus Gießen als SchöffInnen gesetzt waren. Eine, Magistratsmitglied der CDU, Schwester des Bergstedt-Intimfeindes Volker Bouffier und selbst bei einem physischen Angriff auf DemonstrantInnen nahe einem Wahlstand beteiligt, wollte unbedingt bleiben. Der Prozess musste neu gestartet werden – die ganze Posse ist im Buch „*Tatort Gutfleischstraße*", der Sammlung von Polizei- und Justizskandalen in Mittelhessen beschrieben.[66] Nun also holte die Nummer die Justiz doch noch ein. Der Vorsitzende ordnete eine Pause an, um die damaligen Akten zu holen. Dann wurde die damalige dienstliche Erklärung verlesen und Richter Nink einigte sich schnell mit der Staatsanwältin, lieber auf Nummer sicher zu gehen und die Protokollantin auszutauschen. Dass sie auch noch intern Ärger bekam, berichteten ProzessbeobachterInnen, die ihr später begegneten. So zeigte sich die Fabrik sozialen Elends auch nach innen als menschenfeindliche Zone.

Tagebucheintrag, 9.10., mitgeschriebene O-Töne aus dem zweiten Teil von Jörg B.s Plädoyer [67]
Nachdem eine neue Protokollführerin eingewechselt wurde, setzt der Angeklagte B. sein Plädoyer fort. Aufgrund fortgeschrittener Tageszeit am vorigen Verhandlungstag war er dabei unterbrochen worden. Zunächst ergriff B. Reaktionen von Zuschauern und Prozessbeobachtern auf, die sich auf den ersten Teil seines Plädoyers bezogen. Er berichtete von in der Zwischenzeit neu aufgetretenen gentechnischen Verunreinigungen (bei Senf, der transgenen Raps beeinhaltet). Und fasste sein bisheriges Plädoyer grob zusammen, um dann in den zweiten von drei Teilen einzusteigen: Der rechtfertigende Notstand. – Es folgte eine mit Zitaten aus der Rechtsliteratur gespickte, präzise ausgearbeitete Vorlesung über den § 34 des StGB. Gleichwohl sagt B.: „Ich verteidige mich mit einem Paragrafen, den nicht ich geschaffen habe", und gab zu verstehen, dass ihm ein grundsätzlich positiver Bezug auf Recht fern liege.
In seinem Vortrag arbeitete B. heraus, wie Staatsanwaltschaft und insbesondere der vorsitzende Richter ihre Position zum § 34 StGB im Verlauf des Verfahrens verschoben haben. B. begab sich zurück zum Beginn des Verfahrens: Am ersten Verhandlungstag habe er in seiner Einlassung die Verflechtungen zwischen Gentechniklobby, Wissenschaft und Politik herausarbeitet. Daraufhin habe die Staatsanwältin wissen wollen, seit wann ihm diese Erkenntnisse vorlagen, und ob er all das schon am 2. Juni 2006, dem Tag der Feldbefreiung, gewusst habe. B. folgert: „Sie waren am ersten Tag noch meiner Rechtsauffassung", und die Staatsanwältin lachte, fast herzlich. „Schön", sagte sie.
Auch das Gericht, so B. weiter, sei zunächst der Auffassung gefolgt, dass man sich an den Kriterien des 34er „entlang hangeln" könne. Erst mit fortschreitender Verfahrensdauer habe der Vorsitzende neue, im § 34 nicht benannte Kriterien aufgeworfen: Die Rechtswidrigkeit des Genehmigungsbescheids, und, später, die „offensichtliche Nichtigkeit" des Bescheids. „Wir haben nicht den Bescheid angegriffen, sondern den Versuch. Darum ging es", stellt B. fest. Er warnte das Gericht davor, nachträglich neue Kriterien zu erfinden und verweist auf das Rückwirkungsverbot. „Sie sind an geschriebene Gesetzte gebunden." – Gegen 15:40 Uhr beendet B. seine Ausführungen zum 34er und bittet um eine kurze Pause. Das Gericht wollte wissen, wie lange er noch zu plädieren gedenke. „Noch mal so lange", sagt B., die Staatsanwältin zeigt sich amüsiert.
Von 15:50 bis 17:40 trug B. den dritten und abschließenden Teil seines Plädoyers, der vieles beinhaltete: Eine Auseinandersetzung mit Strafe, mit Schuld, Aktivismus, der Rolle der Staatsanwaltschaft (siehe links zu ausgewählten Facetten dieses Schlussvortrags).
Klipp und klar sagt er als Abschlusssätze: „Ich werde mich nicht ändern" und fügt an: „Wenn RobenträgerInnen das Lied singen, dessen Brot sie essen, da wird dieses Brot eines Tages die Gentechnik enthalten, die sie mit durchgesetzt haben." Applaus. Abgang. Warten auf das Urteil.

Um 17.50 Uhr trat das Gericht in die Beratungspause zum Urteil – die letzte Unterbrechung in dieser Instanz des Verfahrens.

Tagebucheintrag, 9.10., Urteil [67]
Um 19 Uhr, etwas später als angekündigt, verkündete Richter Nink das Urteil: 4 Monate mit Bewährung für N., 6 Monate ohne Bewährung für B. Worte wie ein Paukenschlag; schockierend, obwohl damit zu rechnen war. Warum auch immer: Nink sah nicht glücklich aus, nicht einmal besonders selbstsicher, als er beginnt, das Urteil auszuführen. Die Tat hätten beide Angeklagten eingeräumt. Der Angeklagte N. sei nach eigener Aussage davon ausgegangen sei, seine angekündigte Tat nicht umsetzen zu können und durch polizeiliche Maßnahmen abgehalten zu werden. Nink erfindet, dass N. am Ende „gar nicht mehr richtig gewollt hätte", was aber nichts ändere. Im Folgenden setzt Nink sich mit den Rechtfertigungsgründen auseinander. Interessant ist, dass die Schlagworte „Rechtswidrigkeit" oder „Offensichtliche Nichtigkeit" nicht mehr fallen. Es geht doch um den § 34 des StGB. Er ha-

65 www.projektwerkstatt.de/antirepression/prozesse/haupt__2instanz1.html
66 www.projektwerkstatt.de/polizeidoku/fiesetricks/buch/kap11berufung.pdf
67 http://de.indymedia.org/2009/10/263047.shtml

be das Verfahren dafür geöffnet, und irgendwann wieder zugemacht, erklärte der Vorsitzende. – Tenor zum rechtfertigenden Notstand: Es könne ihn vom Gesetz her geben, die herrschende Rechtssprechung, auch hinsichtlich Castor-Transporten, bestehe darin, ihn nicht anzuwenden. Ein Paragraf also, der nicht dazu da ist, verwendet zu werden (jedenfalls, wenn Bürger ihn für sich proklamieren ...)? – Überzeugend klingt nicht, was Nink vorträgt. Erkennbar ist jedoch sein unbedingter Wille, die Rechtsordnung zu schützen; unerträglich ist es für den Richter, wenn Menschen auf die Idee kommen, sich nicht von Gesetzen, sondern den eigenen Überlegungen leiten zu lassen. Nink räumt ein, dass er Bedenken gegenüber der Gentechnik habe: Die medial in den Vordergrund gestellte Biosicherheitsforschung sei nicht von Ertragsforschung zu trennen; gesetzliche Bestimmungen zur Durchführung des Versuchs seien unzureichend umgesetzt worden. Nink sagt gleichzeitig: „Der Geist ist aus der Flasche“, doch was will der Richter damit sagen? Widerstand ist zwecklos – weil a. Rechtfertigungsgründe nicht anerkannt werden und b. weil die grüne Gentechnik auf dem Durchmarsch ist? Die Rede des Vorsitzenden klingt wie ein Plädoyer zum Nichtstun, weil andere Perspektiven gar nicht benannt werden.
Das harte Urteil gegen B. begründet er damit, dass es ihm nur vorgeblich um die Risiken der Gentechnik gehe. B. strebe schlussendlich Herrschaftsfreiheit, die „ewige Revolution“ an. B. sei ein „Überzeugungstäter“ – Nink sagte es nicht, aber auf der Hand liegt: Genau dafür, für seine politischen Einstellungen soll B. abgestraft werden. Schwer zu sagen, was dramatischer ist: Das harte Urteil gegen Gentechnikgegner, oder die von Nink vorgeschlagene Hoffnungs- und Aussichtslosigkeit.

Der Schock war den ZuschauerInnen deutlich anzusehen. Acht Tage intensive Auseinandersetzung blieben ohne Wirkung. Das Abschreckungsurteil der ersten Instanz blieb für einen Angeklagten bestehen, dem anderen wurde ein Kniefall unterstellt, für den er belohnt werden sollte. Zwar behauptete Richter Nink, dass er zunächst unter den von der Staatsanwältin geforderten sechs Monaten bleiben wollte, weil er beiden Angeklagten ihre hehren Motive gegen die Gentechnik zu Gute hielt. Doch dann legte er bei Einem genau die Monate wieder drauf, weil der Angeklagte die bürgerliche Gesellschaft allgemein ablehnt und Herrschaft kritisiert – deutlicher geht Gesinnungsjustiz wohl kaum. Die mildere Strafe des jüngeren Angeklagten begründete er damit, der habe sich ja nun wieder der bürgerlichen Gesellschaft zugewandt, wie Schuljungen nach der Überwindung der pubertären Phase (sinngemäß) ihre Missetaten einsehen. Diese Begründung war sicher nicht aus dem Plädoyer des Angeklagten herauszuhören und daher ebenso eine juristische Frechheit. Insgesamt zeigte sich Nink als klassischer verständnisvoll daherkommender Richter, der am Ende aber besonders brutal zuschlug. Keine Frage – das würde in die Revision gehen.

Revision: Aussichtslos!

Über die Revision ist nicht viel zu erzählen. Sie zu erstellen, war Knochenarbeit. Fast 200 Seiten aufgelisteter Fehler[68] im Verfahren trugen der Angeklagte B. und sein Verteidiger zusammen. Dazu gehörten mehrere gar nicht beschiedene Beweisanträge und viele Feststellungen im Urteil trotz Abweisung der Anträge als „*ohne Bedeutung*“. Die Stellungnahme der Staatsanwaltschaft[69] dazu war mager und entlarvend. Die gravierenden Rechtsfehler seien unwichtig. Darauf folgte eine Erwiderung des Anwaltes[70] des Angeklagten, aber es nützte nichts mehr: Die Sache war abgekartet und so überraschte auch die Form nicht mehr wirklich. Das Oberlandesgericht fegte die fast zweihundert Seiten starke Revision mit einem einzigen Satz vom Tisch.[71] Die Anhörungsrüge des Anwaltes vom 27.7.2010[72] wurde ebenfalls sofort abgelehnt[73] – Gerichte machen alles richtig, weil sie richtig und falsch definieren!

Die Revision wird auf Kosten des Angeklagten als unbegründet verworfen, weil die Überprüfung des angefochtenen Urteils auf das Revisionsvorbringen und die Gegenerklärung hin keinen Rechtsfehler zum Nachteil des Angeklagten ergeben hat.

Oben: Ablehnung der Revision – einfach pauchal, ohne auf irgendetwas der Revisionsschrift einzugehen. So funktioniert gerichtete Justiz.

Damit war das Urteil rechtskräftig: Sechs Monate Haft konnte nun jeden Tag folgen. Was blieb? Der Angeklagte reichte am 17.8.2010 Verfassungsklage[74] ein, weil er in allen drei Instanzen keinen einzigen Antrag zu Beweisermittlungen oder Prozessthemen durchgebracht hatte. Mit fairer Prozessführung und rechtlichem Gehör hatte das wenig zu tun. Doch Willkür vor Gericht ist verfassungsrechtlich nicht verboten. War hier eine Grenze überschritten, die die Karlsruher RichterInnen ziehen würden? Nein, im Gegenteil. Die guckten sich die Beschwerde gar nicht an. Eine Krähe hackt der anderen kein Auge aus. Beschwerden, die die Prozessführung kritisieren, haben in diesem Land kaum eine Chance. Denn solche Siege vor Gericht würden die Rechte der Angeklagten stärken. Das will niemand der RobenträgerInnen – und so machten es sich die RichterInnen am 21.9.2010 einfach und lehnten die Beschwerde ab, ohne überhaupt hingucken zu müssen. Da das Verfassungsgericht keine Begründungspflicht hat, können Eingaben schnell abgeschmettert werden. Überprüfen kann das niemand.

Ebenso kurz wurde die Verfassungsbeschwerde abgebügelt. Damit war klar: 300 Beweisanträge als bedeutungslos abzuweisen, 9 Beweisanträge ganz zu vergessen und den Angeklagten aus dem Gerichtssaal zu werfen, ist zwar illegal, aber nicht angreifbar. Denn in der Justiz hackt eine Krähe der anderen kein Auge aus.

Die Verfassungsbeschwerde wird nicht zur Entscheidung angenommen, weil sie mangels einer den gesetzlichen Anforderungen (§ 23 Abs. 1 Satz 2, § 92 BVerfGG) entsprechenden substantiierten Begründung unzulässig ist.

Foto: Am 23.9.2010 wurde der Verurteilte eingesperrt.[75] Das Bild zeigt ihn auf dem Weg zum Eingang der JVA Gießen. Bericht: http://de.indymedia.org/2010/09/290604.shtml

Neues Deutschland am 28.7.2010[76]
Im Gießener Prozess um das beschädigte Gengerstenfeld ist die Revision vom Gericht ohne Prüfung der vorgetragenen Gründe verworfen worden. Das Urteil von Oktober gegen den Feldbefreier Jörg Bergstedt ist damit rechtskräftig. Der 46-jährige Ökoaktivist aus Hessen muss für sechs Monate ins Gefängnis. Im Frühjahr 2006 hatte Bergstedt mit drei Mitstreitern genmanipulierte Pflanzen auf einem Versuchsfeld der Universität Gießen ausgerissen und damit etwa 20 Prozent des Feldes zerstört. Gegen zwei Beteiligte wurde das Verfahren eingestellt, die zwei anderen wurden hoch verurteilt. Bergstedt wirft dem Gericht vor, dass seine Argumente und Rechtfertigungsgründe in keiner Instanz geprüft worden seien. Dazu gehörten Fragen zu Gefährlichkeit der Agro-Gentechnik, zu Verflechtungen zwischen Konzernen, Forschung und Regierungen sowie zu Schummeleien, Betrug und Verstößen gegen Sicherheitsauflagen bei Antragstellung und Durchführung des Versuchs.

68 www.projektwerkstatt.de/gen/prozesse/2006olg/revision100111.pdf
69 www.projektwerkstatt.de/gen/prozesse/2006olg/osta100406zurrevision.pdf
70 www.projektwerkstatt.de/gen/prozesse/2006olg/erwiderung100426.pdf
71 www.projektwerkstatt.de/gen/prozesse/2006olg/revision100715abl.pdf
72 www.projektkwerkstatt.de/gen/prozesse/2006olg/anhruege100727.pdf
73 www.projektwerkstatt.de/gen/prozesse/2006olg/anhruege100729abl.pdf
74 www.projektwerkstatt.de/gen/prozesse/verfklage2006feldbefreiung/verfklage100817.pdf
75 http://mediamed.wordpress.com/2010/09/25/von-buchner-zu-bergstedt-was-gilt-der-philosoph-im-eigenen-land/
76 www.neues-deutschland.de/artikel/176189.bewegungsmelder.html

Seilschaften auf grüner Seite
Umwelt-NGOs, grüne Parteien und Biolandbauverbände

In diesem Kapitel:
- Schwächen in der Kritik
- Schnittstellen und Übergänge
- Nähe und Distanz
- Kirchen, Bio-Firmen, Medien
- Gentechnikkritik von rechts

Abb. oben: Aufkleber zu einer Umweltaktion von NGOs zusammen mit der BILD.

Foto: Anti-Gentechnik-Demo – doch vom Inhalt ist vor lauter Logos und Verbands-/Parteiwerbung nicht mehr viel zu sehen ...

Genug Wut gesammelt? Sie möchten deshalb jetzt endlich gentechnikfreie Lebensmittel oder Landwirtschaft? Schon mal gut. Felder zu besetzen und – ob öffentlich oder geheim – Pflanzen herauszureißen ist Ihnen aber zu riskant oder aufwendig? Dann haben Sie Glück. Denn in diesem Land haben Sie viele andere Handlungsmöglichkeiten. Sie können ...

- im Laden auf das Etikett „*Ohne Gentechnik*" achten und so dafür sorgen, dass sich gv-Pflanzen nicht weiter ausbreiten.
- bei AVAAZ, Testbiotech, der AGFG oder anderen unterschreiben und so Druck ausüben auf die Politik oder gar parlamentarische Befassung erzwingen.
- die gentechnikkritischen Parteien wählen, damit die hoffentlich an die Regierung kommen und die Gentechnik stoppen.
- Oder Sie spenden den großen Umweltverbänden und Bewegungsagenturen Geld, damit die, welch schöner Traum, die Ausbreitung der Gentechnik und weitere Freisetzungen verhindern.

Ist doch schön, oder? Vieles davon ist so einfach, dass Sie Ihren beruflichen oder sonstigen Alltag gar nicht unterbrechen müssen. Denn für „*Menschen, die nicht die Zeit oder die Motivation haben, Politik im realen Raum zu betreiben*" (O-Ton Campact) sind heute moderne Protestdienstleister da. Begeistert berichtet die FR, wie eine Person eine Instantprotestmail in Sachen Gentechnik an den zuständigen Minister ausfüllt:[1] „*Der Vorgang war eine Sache von Minuten. Den Text fand sie vorgefertigt im Internet, sie musste ihn bloß noch unterschreiben und abschicken. Demokratie per Mausklick. ‚Campact' macht es möglich.*" So müssen die Gehetzten der heutigen Zeit nicht auf Protest verzichten – das könnte ja auch ein schlechtes Gewissen machen. Nein, es stehen sogar viele Handlungsmöglichkeiten offen, die alle per kleiner Unterschrift, Klick im Internet oder ein bisschen mehr Mühe per Online-Banking bequem vom Sessel aus abzuwickeln sind. Weltverbesserung funktioniert ebenso beim ohnehin im Tagesablauf eingeplanten Einkauf. Einfach nur das Richtige im Regal greifen und schon geht es der Umwelt besser. Niemand muss mehr selbst recherchieren, entscheiden, nachfragen. Denken wird überflüssig – kleine Symbole auf der Verpackung oder der Klick auf den „Absenden!"-Button reichen. Das gibt tiefe Befriedigung in einem Leben, das sich sonst so ohnmächtig anfühlen würde.

Aber wissen Sie, was das Allerbeste ist? Ihre Fast-Aktivität macht nicht nur wenig Mühe, sondern bringt auch wenig bis nichts. Das ist sogar Absicht: Haben Sie sich schon mal gefragt, warum Sie immer Ihre Kontaktdaten angeben müssen?

Schauen wir uns drei der genannten Beispiele noch etwas näher an. Im Winter 2009/2010 startete AVAAZ eine große Unterschriftensammlung – angeblich, weil mit einer Millionen Unterschriften eine Eingabe an das Europäische Parlament möglich sei: „*Die neu eingerichtete ‚Europäische Bürgerinitiative' gibt einer Millionen EU-Bürger die Gelegenheit, politische Vorschläge an die Europäische Kommission zu richten*".[2] Mit den Unterschriften könne es gelingen, „*die Einführung von genmanipulierten Pflanzen und Produkten auf den Europäischen Markt zu stoppen*". Klingt gut. Haben Sie auch unterschrieben? Bitte ärgern Sie sich dann jetzt nicht über den Überbringer schlecher Nachrichten. Denn: Die von AVAAZ behauptete Möglichkeit einer schriftlichen Eingabe gab es gar nicht. Sie war aber ein guter Trick, um an die Adressen der Menschen zu kommen. Denn die sind im Zeitalter der harten Konkurrenz zwischen fast immer hauptamtlich geführten Verbänden und Bewegungsagenturen die wichtigste Basis, um Spenden und Mitglieder zu werben. Kurz vor Erreichen der angekündigten Million verschwanden einige 100.000 Adressen. Viele redeten von Schlamperei. Vielleicht war es aber auch nur ein weiterer Trick, um die Million nicht zu erreichen oder zumindest noch einige Zeit weiter sammeln zu können. Denn ab einer Million würden ja alle, die hingucken (wovon es leider nur Wenige gibt), mitbekommen, dass alles nur Propaganda war. So sammelte AVAAZ weiter und ließ dann alles leise sterben. Die Aktion ging, die Adressen blieben ...

Schauen wir auf einen zweiten Akteur: Campact. Haben Sie auch schon mal eine vorgefertigte Protestmail verschickt? Das gibt ein richtig gutes Gefühl mit wenig Aufwand, oder? Sehr verlockend also. Genau mit diesem geringen Aufwand, den Sie haben, wirbt Campact sogar – nicht ohne zu erwähnen, dass es trotzdem richtig viel bringt. Brav geben die NutzerInnen des Instantprotest-Angebots ihre Daten an – und Campact baut damit in Verden einen stetig wachsenden Hauptamtlichenapparat auf. Ob sich Ilse Aigner oder Angela Merkel aus Spaß auch selbst solche Mails schicken, ist unbekannt. Aber dass solche Aktionen, quasi die Modernisierung der ewigen Unterschriftensammlerei, Druck aufbauen können, darf wohl bezweifelt werden. Besser sind da schon, insofern soll diese Kritik nicht ganz einseitig sein, die Aktionen auf der Straße, die Campact auch macht. Instant sind die aber auch, d.h. Fertigprotest, in hauptamtlichen Zirkeln vorproduziert. Rücksichtslos werden dabei auch unabhängige Aktionen als Eigene dargestellt oder AktivistInnen ‚benutzt', die Campact-Materialien in die Hand gedrückt bekommen, um dann auf Postkarten und im Internet als Werbebild für SpenderInnen zu dienen.

Im ewigen Ringen um Einnahmequellen stecken auch kleine Gruppen, deren Protestwerkzeug Büro, Computer und Telefon sind. Testbiotech ist so ein kleines Unternehmen. Im Kampf um Anteile auf dem Spendenmarkt scheinen sie sich erst zu üben – aber angesichts der immerwäh-

Fußnoten

1 Auszüge aus „Kurz mal eingemischt" in: FR, 1.3.2006 (S. 26)

2 AVAAZ-Mail am 16.3.2010

Aktuelle Informationen, Links und mehr Zitate auf der Internetseite zu NGOs unter www.biotech-seilschaften.de.vu!

Beispiel einer Adressensammlung per Unterschriftenliste: Testbiotech aus München.

Die Unterzeichner halten eine breite politische und gesellschaftliche Debatte über die Synthetische Biologie für unabdingbar, bevor Fakten geschaffen und politische Entscheidungen getroffen werden.

Name, Vorname	Postadresse (Strasse, PLZ, Ort) und E-Mail* (wird vor Über-gabe unkenntlich gemacht)	Unterschrift	weitere Info erwünscht

renden finanziellen Notlage im Genre des Protestainments müssen sie anschaffen wie alle anderen auch. Im Juni 2010 startete Testbiotech mit der Unterschriftensammelei. Die Sammelliste hätte gute Chancen, einen Award für die dümmste politische Forderung einzuheimsen – nichtssagender als dieser Appell, doch mal nachzudenken, geht es wohl kaum.

Keineswegs soll hier behauptet werden, AVAAZ, Campact und Testbiotech seien irgendwie etwas besonders Schlimmes. Sie sind nicht einmal die Spitze des Eisberges, sondern ein gewöhnlicher Teil dessen. Aus letztgenannter Gruppe kommen auch interessante Expertisen und Kampagnen z.B. gegen Patente auf Leben. Doch das ändert nichts an ihrer Organisierungsstrategie. Diese ist bei allen ähnlich, auch wenn die Gruppen sonst recht unterschiedlich agieren. Während Campact mit bunten Bildern des Straßenprotests für sich wirbt, macht Christoph Then von Testbiotech auf Experte. Es gibt viele Wege an Ihr Konto. Überall ist der Kampf um Spenden und Mitglieder das entscheidende Motiv für das, was als politischer Protest inszeniert wird. Es ist wie bei der Produktwerbung von Konzernen. Die wollen uns ihre oft wertlosen und aus Profitinteressen auf den Markt geworfenen Angebote mit schönen Begriffen schmackhaft machen – im Nahrungsmittelsektor ja wortwörtlich. Überall herrscht knallharte Konkurrenz – und so ist es auch auf dem Markt der Spenden und Mitglieder: Der ist ziemlich groß, zudem durch Tricks und schöne Versprechungen ständig vergrößerbar, aber es bleibt eben doch eine Konkurrenz. Die Knappheit wird durch immer größere Hauptamtlichen-Apparate und den Zwang zur Hochglanz-Selbstbewerbung selbst erzeugt, so dass ein ständiger Teufelskreis vergrößerter Mitteleinwerbung und steigender Ausgaben entsteht.

So werden Sie doppelt abgezockt: Beim Einkauf von den profitgierigen Herstellern der Waren und beim verständlichen Protest gegen diese Profitgier – nun allerdings von denen, die sich Ihnen als Dienstleister oder Stellvertreter für den Ruf nach einer besseren Welt anbieten. Wollen Sie das lieber gar nicht wissen? Sind Sie von den Enthüllungen über die Seilschaften hinter der Agro-Gentechnik schon bedient und müssen sich jetzt nicht auch noch den Zuschlag geben, sich beim Protest gegen die ewige Profitschlacht der Konzerne plötzlich noch einmal als ausgenommeneR, bereitwilligeR SpenderIn selbst zu enttarnen? Dann machen Sie das Buch jetzt zu. Wenn Ihre Wut reicht, um aktiv zu werden gegen die Seilschaften in der Agro-Gentechnik, vor allem gegen Institutionen, Behörden, Firmen und die Felder, dann ist es gut. Viel Erfolg!

Für alle anderen, die jetzt nicht aufhören, werden auf den Folgeseiten weitere Blicke hinter die Kulissen von Apparaten und Organisationen hinzukommen, nur jetzt der anderen Seite. Es kann die Ohnmachtsgefühle verstärken – oder den Willen, das Leben auch beim Protest wieder mehr zur eigenen Sache zu machen. Die Macht muss raus aus den Konzernen, Parlamenten und auch aus den Apparaten der selbsternannten Zivilgesellschaft – hin zu den Menschen, die sich ihre Handlungsfähigkeit aneignen und die ständige Einmischung in ihr Leben zurückweisen müssen. Das wäre ein kultureller Bruch, ein Aufbruch in Unbekanntes, aber ein notwendiger Schritt heraus aus einer Welt, in der wir nur noch KonsumentInnen sind einer verheerenden Politik oder des vorgekauten Protestes dagegen.

Fast alle, die sich um Ihre Gunst und Ihr Portemonnaie bewerben, buhlen noch um weitere Einnahmen: Der Staat und, bitte nicht erschrecken, die Konzerne sind die größten Quellen. Wer dort Kohle locker machen will, muss sich passend, also vor allem friedlich-freundlich verhalten. Kritik ist erlaubt, aber immer mit dem Tenor, dass es schon die Richtigen sind, die entscheiden. Sie sollen nur etwas anders entscheiden. Gut sichtbar ist das an der Position der scheinbar gentechnikkritischen Umwelt- und Biolandbauverbände zur Sicherheitsforschung. Seit Jahren werden unter diesem Banner die meisten Forschungsgelder deutscher Gentechnik draußen im Lande verpulvert – zum Teil konzentriert auf Hochsicherheitsflächen mit mehreren Versuchsfeldern. Was dort steht, sind die richtig gefährlichen, mit vielen Genmanipulationen bestückten und in ihrer Wirkung auf die Umwelt weitgehend unbekannten Pflanzen, und zwar gleich viele verschiedene Arten. Der LL601-Reis (siehe S. 148) lässt grüßen, der ebenfalls nur auf Versuchsfeldern stand. Statt nun diese staatlich finanzierte, über den Werbegag der Sicherheitsforschung durchgesetzte Auskreuzung zu bekämpfen, rufen die GentechnikkritikerInnen zu mehr solcher Forschung auf. Zur Belohnung finden sie sich an den Tischen der Mächtigen wieder und schöpfen Hoffnung, am staatlichen Förderkuchen teilhaben zu können.

Das Buch „Nachhaltig, modern, staatstreu" behandelt argumentative Schwächen von NGOs im deutschsprachigen Raum, von Nachhaltigkeit über das Klammern an staatliche Intervention bis zu marktwirtschaftlichen Strategien.

Erschienen im SeitenHieb-Verlag, Reiskirchen. Erhältlich auch über www.aktionsversand.de.vu.

Schwächen der Gentechnikkritik von NGOs und Bewegungsagenturen

Schauen wir, wie in den Kapiteln zur Agro-Gentechnik, jetzt auch bei deren GegnerInnen genauer hin. Die sind nicht alle gleich und eine zusammenfassende Kritik fällt immer vereinheitlichend aus. Die folgenden Absätze gelten daher nicht für alle, leider aber meist für viele und fast alle zentralen Gremien und Büros. Denn die Logiken, die imageorientierte und geldabhängige NGOs und Bewegungsagenturen antreiben, sind weitgehend identisch. Zuerst aber soll es um die inhaltlichen Schwächen gehen. Denn was in Broschüren, Presseerklärungen und Statements aller Art von Grünen, Ökos, Lohas oder Kirchen kommt, überzeugt oft nicht oder beinhaltet erhebliche Gefahren, in der Diskussion unterzugehen.

Falscher Schwerpunkt: Risiken diskutieren, Nebenwirkungen vergessen

Stellen Sie sich eine typische Situation des Streits vor: Die verschiedenen Seiten bringen ihre Fans mit, auf dem Podium sitzen Personen mit Titeln und Pöstchen. Sie kennen sich meist schon aus den intransparenten Runden Tischen und Kungeltreffen der Lobby. Mit ihren Auftritten müssen sie das jeweilige Klientel befriedigen, also wahlweise die SpenderInnen, staatliche Förderer, geneigte Medien und potentielle WählerInnen oder KundInnen, Mitgliedsorganisationen und AuftraggeberInnen. Praktisch vollzieht sich selbst bei kontroversen Veranstaltungen etwas Beeindruckendes: Alle Seiten, ob pro oder contra Gentechnik, marschieren zielgerichtet in eine Debatte um gesundheitliche und ökologische Risiken. Dann wird scheinbar aufeinander eingedroschen mit Studien, die meist aus dem eigenen Lager heraus bezahlt wurden. Die Anzahl von Fremdwörtern und Quellenangaben nimmt zu, bis sich irgendwann aus dem Publikum Menschen melden und ihre Angst vor ungeklärten Effekten auf die Umwelt, auf ihre Kinder oder allergische Wirkungen benennen. Nun zeigen sich die PodiantInnen noch stärker einig: Das sei alles in der Tat besorgniserregend – und müsse unbedingt genauer erforscht werden. Nach einigem Geplänkel über die Ausrichtung dieser Forschung endet der Abend neben der allgemeinen Verwirrung mit einer gemeinsamen Botschaft: Es müsse mehr geforscht werden. Pro- und Contra-GentechnikerInnen gehen nach Hause und hoffen, von dem eingeforderten Fördergelderkuchen dann auch ein gutes Stück abzubekommen. Ihr Klientel befriedigt haben sie ohnehin, denn mit der Debatte um Gesundheitsrisiken lassen sich die meisten Spendengelder akquirieren. Gesundheit ist ein Thema der Reichen und eines, wo Geld sehr locker sitzt.

Vergessen werden bei diesen Debatten meist die Nebenwirkungen, die die Agro-Gentechnik längst hat. Die liegen weniger in den Risiken als in den – wie heißt es so schön – sozio-ökonomischen Wirkungen. Machtfragen also: Gentechnik zerstört weiter, was noch an selbstbestimmter Landwirtschaft übrig ist. Sie beendet die Wahlfreiheit der VerbraucherInnen. Und sie bringt Saatgut unter Kontrolle der PatentinhaberInnen. Das alles findet auf jeden Fall statt, egal wie toll die Risiken untersucht sind. Es sind unwiderlegbare Argumente – daher wiegt es schwer, dass sie häufig unter den Tisch einer Debatte fallen, in der sich Umwelt- und Biolandbauverbände als ExpertInnen für Biochemie aufspielen, obwohl es darum nicht zentral geht.

i Nachdenktext zur Monsantofixierung: www.projektwerkstatt.de/gen/filz/lesefenster/deutsch.html

Seltsame Kampagne am ‚end-of-the-pipe': Die Illusion gentechnikfreier Inseln

Die Mehrzahl der GentechnikgegnerInnen, darunter fast alle aus den bundeszentralen Apparaten, fröhnen einer seltsamen Schwerpunktsetzung. Während draußen Jahr für Jahr die gentechnisch veränderte Saat in die Erde und damit die Auskreuzung ingang gebracht wird, laufen in Berliner, Hamburger oder andernorts angesiedelten Büros von Umweltverbänden und Grünen höchstens Drucker, Telefon- und Emailleitungen heiß. Die immer neuen Schriften, Internetkampagnen, Unterschriftensammlungen oder Anträge in Parlamenten drehten und drehen sich um die Gestaltung eines Etiketts, das auf Lebensmittelverpackungen die scheinbare Gentechnikfreiheit garantieren solle, oder um bessere Erforschungsmethoden der Risiken. Mit den Verhältnissen draußen an den Versuchsäckern, der Lage der von Verunreinigung bedrohten LandwirtInnen, ImkerInnen oder der AnwohnerInnen von Versuchsanlagen haben solche Politiken wenig zu tun. GV-Spuren in Lebensmitteln lassen sich weder über Etiketten noch über irgendwie unabhängigere Forschung verhindern. Sie lassen sich zur Zeit noch nicht einmal nachweisen. Denn für die meisten veränderten Genkonstrukte, die über die Freisetzungen in die Umwelt gelangen, gibt es noch nicht einmal eine handhabbare Methode, sie überhaupt zu entdecken. Ob also beispielsweise Teile der gv-Gerste, die 2006 bis 2009 in Gießen und Sagerheide ausgebracht wurde, schon in irgendeinem Bier angekommen sind, wird voraussichtlich nie jemand erfahren. Absurderweise ist das Etikett „*Ohne Gentechnik*" gerade deshalb möglich – es sagt nämlich nicht aus, dass keine Gentechnik im Lebensmittel enthalten ist, sondern nur, dass davon nichts bekannt ist. Diese merkwürdige Fokussierung auf das Ende der Produktionskette schürt eine verheerende Illusion: 80% der Bevölkerung sind gegen Gentechnik auf dem Acker oder auf dem Teller. Doch nur ca. 0,0000007 Prozent (geschätzte 50 der 64.000.000) beteiligten sich 2009 an direkten Aktionen dort, wo die Verseuchung der Lebensmittel in Deutschland herkommen würde. 2010 waren es noch weniger. Eine Ursache könnte die Strategie von Umweltverbänden, Bewegungsagenturen, gentechnikkritischen Parteien und den – dabei nicht selbstlos handelnden – Biolebensmittelfirmen sein, vor allem das Kaufverhalten beeinflussen zu wollen. Nun bleibt bewusstes Einkaufen eine politische Handlungsoption im Alltag, wenn die Waffe auch oft stumpf ist. Sonst hätte sie zum Beispiel den Biohandel positiv beeinflussen können, wenn die EinkäuferInnen dort mehr auf kurze Transportwege, die Arbeitsbedingungen beim Anbau oder im Bioladen sowie auf umweltgerechte Verpackung geachtet hätten. Aber im Fall der Agro-Gentechnik entsteht aus der Schwerpunktbildung eine gefährliche Illusion. Die Ausbreitung der gentechnisch veränderten Konstrukte ist nämlich ein selbständig ablaufender, dynamischer, d.h. sich selbst beschleunigender Prozess. Das ist spätestens sei dem Fall des LL601-Reises der Firma Bayer bekannt. Wenige Jahre brauchte damals der gentechnisch veränderte Reis, um von kleinen Versuchsflächen weltweit in alle Ladenregale zu kommen. Wie das genau geschah, ist bis heute ungeklärt. Reis ist ein selbstbestäubendes Getreide, gehört also zu den am wenigsten selbstausbreitenden Pflanzen. Wenn es Reis schafft, schaffen es alle – und zwar auch von kleinen Versuchsfeldern. Doch deren Existenz stellen die CampagnerInnen, die zum gentechnikfreien Einkauf animinieren wollen, nicht in Frage. Im Gegenteil können ihre Forderungen nach besserer Forschung sogar zu noch mehr solcher Versuchsfelder führen.

3 http://umweltinstitut.org/genmais__2009
4 http://umweltinstitut.org/gentechnik/freisetzungsversuche/genmais__2008-564.html

Ablenkender Monsanto-Hass ... oder: Das Märchen von guter und böser Gentechnik

Was eigentlich die Agro-Gentechnik an den Pranger stellen soll, verkommt ständig zu einem Kreuzzug gegen eine Firma. Monsanto – quasi der Inbegriff all des Bösen in dieser Sache. Das weckt dumpfe Gefühle gegen Industrielle, bedient den pro-europäischen bis heimatschützlerischen Antiamerikanismus und verharmlost mit dem Blick auf die fraglos düstere Geschichte des US-amerikanischen Konzerns das Nachdenken über die Geschichte der deutschen Chemieindustrie (Stichwort: IG Farben und Zyklon B). Der Hass auf Monsanto erzeugt billigen Applaus und füllt die Spendenkonten. Für diese Ziele manipulieren Umweltverbände ihre Übersichten zur Gentechnik in Deutschland. Institute nutzen den Monsantohass als Blickfänger – so wie die Kampagne „*Gegen die Monsantoisierung der Lebensmittel*". Gemeint war eigentlich, dass Leben nicht patentiert werden sollte, aber sogar die Webseite trägt im Dateinamen die US-Firma: „*monsantosizing.htm*". In Übersichten, welche Gentechnik wo angebaut wird und wer wie den Markt beherrscht, werden deutsche oder europäische Gentechnikkonzerne und -felder oft verschwiegen oder in den Hintergrund gedrängt.

Dokumentation:
Geplanter Gentechnik-Anbau in Deutschland 2009

Unter dieser Überschrift kündigte das Umweltinstitut eine Übersicht[3] an, dann aber kam nur noch der Mais. Andere Felder gab es dort nicht ...

Wo wächst der Gen-Mais?

Die Verteilung der Anbauflächen zwischen alten und neuen Bundesländern ist, wie in den vergangenen Jahren, äußerst ungleich. Während Bauern in den alten Bundesländern, mit Ausnahme Bayerns, lediglich auf wenigen Hektar Gen-Mais anbauen, liegen rund 98 Prozent der Flächen in Brandenburg, Sachsen, Sachsen Anhalt und Mecklenburg-Vorpommern.

Das geht seit Jahren so: Gentechnik = Genmais auf der Übersichtsseite zu 2008 (Folgeseite).[4]

Im weiteren Text wurde immerhin darauf hingewiesen, dass weitere Pflanzen als Versuchsfelder existieren. 2009 fand sich der Hinweis nicht mehr.

Gentechnik-Anbau in Deutschland 2008

Stand: 7. Oktober 2008 (vorläufiger Endstand)

Genmais-Anbau (7.10.08)	Hektar	Standorte
Deutschland, noch beantragt	3.171,2	200
bereits zurückgezogen	1.406,1	104
Bayern, noch beantragt	9,9	16
bereits zurückgezogen	113,4	33

Wo wächst der Gen-Mais?

In Deutschland werden auch in diesem Jahr gentechnisch veränderte Pflanzen angebaut. Die Verteilung der Anbauflächen zwischen alten und neuen Bundesländern ist dabei, wie in den vergangenen Jahren, äußerst ungleich. Während Bauern in den alten Bundesländern, mit Ausnahme Bayerns, lediglich auf wenigen Hektar Gen-Mais anbauen wollen, steigt die Anbaufläche für genmanipulierten Mais in den neuen Ländern auch 2008 weiter an.

Verkehrte Welt der Sicherheitsforschung – Umwelt- und Biolandbauverbände für mehr Genfelder!

Am 21. Juli 2009 erschien eine seltsame Pressemitteilung.[6] Sie stammte aus den Bundeszentralen mehrerer Umwelt- und Landbauverbände. Neben zutreffender Kritik an der Ausrichtung von Forschung in der Agro-Gentechnik beklagten sie *„eine unzureichende finanzielle Ausstattung zur Erforschung existierender Risiken"* und dass *„eine systematische Risikoanalyse zu Freisetzungen und Monitoring der Folgen für Mensch, Natur und Umwelt völlig untergewichtet"* sei. Diese Formulierungen riefen selbst GentechnikprotagonistInnen wie Inge Broer (Uni Rostock) auf den Plan. Sie freute sich über das Papier und sah darin nicht nur eine Aufforderung zu noch mehr Forschungsmitteln für die Agro-Gentechnik, sondern völlig zur Recht auch ein politisches Statement zugunsten der Versuchsäcker in Deutschland.

Die Formulierungen, aus denen Broer die Unterstützung für ihre Gentechnikanwendungen ableitete, waren kein Ausrutscher. Der gesamte Text war in diesem Tenor verfasst. Als *„folgerichtig"* wurde die Forderung des Sachverständigenrates für Umweltfragen genannt, die *„Risikoforschung ... zu stärken"*. Ebenso unterstützten die Verbände die Forderung nach Einbeziehung *„unabhängiger Institute"* im Zulassungsverfahren. Was Unabhängigkeit bedeuten soll, erklärten sie jedoch nirgends. Der Geruch von Klientelbegünstigung zog in die Forderungsliste ein: *„Dafür müssen diese eine Mittelausstattung erhalten, die die Durchführung entsprechender Studien ermöglicht"*. War es wichtiger geworden, den eigenen Kreisen Anteile am großen Förderkuchen der Agro-Gentechnik zuzuschanzen und dafür auf die grundlegende Kritik der Agro-Gentechnik zu verzichten? Wes Brot ich ess, des Lied ich sing – auch bei Umwelt-NGOs?

Das Unfassbare stand im beigefügten 9-Punkte-Forderungskatalog noch deutlicher. Schon der Einleitungssatz stellte Forschung nicht in Frage, sondern forderte deren Ausbau – nur sollten nun andere das Geld bekommen: *„Die Unterzeichner fordern Frau Bundesministerin Schavan auf, folgende Forschungsfragen zu Nachhaltigkeit und ökologischen Risiken jenseits des etablierten Gentechnik-Netzwerkes zu vergeben"*. Dann folgten etliche Punkte, wie die konkrete Forschung verändert, z.B. standardisiert werden sollte. Eine Kritik oder auch nur ein Hinweis darauf, dass Sicherheitsforschung in Deutschland nichts als ein Deckmantel für andere Ziele ist und auch eine antragsgemäß durchgeführte Sicherheitsforschung immer der Untersuchung von Anwendungen dienen und Auskreuzungsquellen schaffen würde, fehlte gänzlich. Den Verbänden ging es um eine verbesserte Agro-Gentechnikforschung – und Geld für ihnen nahestehende WissenschaftlerInnen.

Über den Text verteilt fanden sich weitere Hinweise, dass Umwelt- und Biolandbauverbände die Agro-Gentechnik gar nicht ablehnten. Das Papier diente vielmehr dazu, als Partner an den Tischen und Fleischtöpfen der Begünstigten Platz nehmen zu können. Selbst die heikelsten Agro-Gentechnikanwendungen stellte niemand in Frage: *„Zum Einsatz von Roundup (Glyphosat), dem bedeutendsten der Komplementärherbizide, wird zurzeit in Deutschland nicht geforscht"*, steht in Punkt 4 des Forderungspapiers. Wollen BUND, Nabu, Bioland & Co. die Chemikalie weiter in der Umwelt, aber besser erforscht haben? Die deutschen Versuchsfeldbetreiber dürften es gerne gehört haben. Sorgen machten sich die Verbände um die *„Schwankungen von Toxingehalten in Bt-Pflanzen"* (Punkt 5) – auch hier zeigte sich eine grundsätzliche Akzeptanz der Agro-Gentechnik – verbunden nur mit der Forderung nach mehr Forschungsgeldern und -feldern. Das Desaster darf geschehen, soll aber besser beobachtet werden: *„Es müssen Monitoringpläne entwickelt werden, die auch Langzeiteffekte von GVO verlässlich erfassen"*.

Da wird zum Nebenkritikpunkt, dass wieder mal das gesamte Papier stark auf den bösen US-Mais MON810 ausgerichtet war. Zu den deutschen Genversuchsfeldern, die angeblich der Forschung dienen, fand sich kein einziges Wort. Monsanto musste als Prügelknabe herhalten, Bayer, BASF und KWS wurden geschont. Brav dienten deutsche UmweltschützerInnen einmal mehr den nationalen Weltmarktinteressen.

Den AutorInnen des 9-Punkte-Planes wurde die Kritik an dem Papier vor allem von BasisaktivistInnen aus gentechnikfreien Regionen, Aktionsgruppen und auch Gliederungen der Umweltverbände mehrfach deutlich vermittelt. Trotzdem veröffentlichten sie das Papier als zentrales Dokument im kritischen Agrarbericht 2010 erneut. Im begleitenden Text ging es fast nur um US-Gentechprodukte. Die BASF-Kartoffel Amflora wurde, wenn auch am Rande, immerhin erwähnt, während es die KWS nicht einmal ins Stichwortverzeichnis schaffte. Deutsche Genfelder, die Debatte um die Cholera-Kartoffel, Aktivitäten gegen deutsche Genfelder und Seilschaften – kein Wort davon. Die Gentechnik-Redakteurin des Agrarberichts, Heike Moldenhauer (Leiterin Gentechnikreferat beim BUND) kritisierte die *„einseitige"* Ausrichtung des Kampfes gegen Hunger und Klimawandel auf Gentechnik. Also: Die Agro-Gentechnik darf schon bleiben, nur bitte auch was anderes. Dass die Apparate der Umwelt- und Landbauverbände so ihre Wischi-waschi-Positionen trotz Kritik aus den eigenen Reihen im Agrarbericht noch weiter abschwächten, zeigte sie als abgehoben, beratungs- und kritikresistent. Das ähnelte schon denen, die für die Agro-Gentechnik streiten.

Die befürwortende Haltung zu Sicherheitsforschungen ist in Umweltverbänden und anderen NGOs weit verbreitet. In Broschüren, Statements und Presseinformationen findet sich die Forderung nach mehr Untersuchungen immer wieder.

Interview mit dem SWR (20.7.2009)[7]
NABU-Gentechnikreferentin Steffi Ober und DNR-Vizepräsident Hartmut Vogtmann: „Wir wollen Versuche"

Abb.: Greenpeacekarte 2010[5]
Der Button zur Karte (unten) suggeriert, dass es um alle Genpflanzen geht. Die Karte enthielt aber keine Versuchsfelder. Die Riesenanlage in Groß Lüsewitz gab es bei Greenpeace gar nicht, Üplingen nur als ein Feld, Braunschweig und Limburgerhof auch gar nicht. Dafür waren etliche MON810-Felder eingetragen (kleine Dreiecke), die nie ausgesät wurden – also eine Karte voller böser Monsantofelder, die es nicht gab, aber ohne die deutschen Felder, die es wirklich gab.

5 Download am 17.7.2010: www.greenpeace.de/themen/gentechnik/anbau__genpflanzen/gen__mais__anbau__in__deutschland__2010/

6 www.nabu.de/imperia/md/content/nabude/gentechnik/einwendungen/sicherheisforschung.pdf

7 www.ardmediathek.de/ard/servlet/content/2741648;jsessionid=E412FB906ADEB6ACFD8DD79FED1323FE

Aus einer Presseinformation von BÖLW, DNR und VENRO am 8.6.2010 (Fehler im Original)[8]
Prof. Hardy Vogtmann, Vizepräsident des Deutschen Naturschutzringes (DNR), weißt darauf hin: „Die bisherige Forschung war vor allem auf das gegenwärtige nicht nachhaltige Agrarsystem ausgerichtet, wozu die Agro-Gentechnik gehört. Wir fordern einen multisystemaren Forschungsansatz, der die lokalen ökologischen, ökonomischen und soziokulturellen Rahmenbedingungen berücksichtigt. Die neuen Forschungsprogramme des BMBF müssen sich an der Zusicherung von Frau Schavan messen lassen die Agrar-Forschung künftig transdiziplinärer und systemischer auszurichten."

Aus einem Papier mehrerer Umweltverbände zur Sicherheitsforschung (8.6.2010, Schreibweise im Original)[9]
Insbesondere gilt es, unabhängige Biosicherheitsforschung früh zu fördern, um asymmetrische Technologieentwicklungen wie anhin gängig in Zukunft zu verhindern. Es führt zwangsläufig zu Konflikten, wenn Biosicherheitsforschung erst anläuft, wenn Entwickler in die Anwendung gehen wollen. Zudem erhält die Biosicherheitsforschung nur ein Bruchteil der finanziellen Mittel die in die Technologieentwicklung geflossen sind.

Bericht vom Runden Tisch der Bundesregierung am 7.7.2010[10]
Felix Prinz zu Löwenstein, Vorstandvorsitzender des Bunds Ökologische Lebensmittelwirtschaft (BÖLW) brachte die Kritiken der Umweltverbände vor. Dabei forderte er, unabhängige Wissenschaftler müssten für ihre Tests erleichterten Zugang zu den Daten und Saatgut-Material haben. Außerdem sei die Auswirkung von gv-Pflanzen-Pollen etwa auf Bienen nur unzureichend untersucht. Auch die sozioökonomischen Auswirkungen des Anbaus von gv-Pflanzen sei mangelhaft untersucht.

Beim NABU hat das Ganze zudem ein ‚Geschmäckle'. Deren Gentechnik-ReferentIn Steffi Ober machte die Kritik an der Biosicherheitsforschung zu einem ihrer Hauptthemen. Völlig zu recht kritisierte sie die riesigen Mittelflüsse, die dort Entwicklung und Anwendung der Agro-Gentechnik erst richtig beschleunigen. Sie forderte dann, dass auch gentechnikkritische Gruppen in Zukunft Geld für eigene Studien bekommen sollen. Ein Schelm, wer Eigennütziges dabei denkt ...

Die Pro-Freisetzungsposition ist beim NABU sehr deutlich. In einer Pressemitteilung von NABU und SlowFood am 19.5.2009[11] forderte der Verband *„eine ökologische Sicherheitsforschung, welche die Auswirkungen der Gentechnik auf Natur- und Umwelt untersucht sowie ein Forschungskonzept zur Agro-Gentechnik, das sich mit Fragen aus der Anbaupraxis beschäftigt."* Zitiert wurde NABU-Präsident Olaf Tschimpke: *„Wir wünschen uns ein Forschungsprogramm, das die ökologischen Fragen beim Thema Gentechnik wirklich angeht. Dazu brauchen wir jedoch ein Programm, das mit Natur- und Verbraucherschützern gemeinsam aufgestellt und diskutiert wird, damit es dann am Ende auch von allen akzeptiert werden kann."*

Am 25.5.2010 hielt die Gentechnikreferentin des NABU Deutschland in Gießen einen Vortrag. Auf Nachfrage bestätigte sie die Forderungen der Umwelt- und Bioanbauverbände vom 21.7.2009: Forschung und Forschungsfelder ja – aber mit veränderten Aufgaben. Der NABU würde sogar gern selbst mitforschen – vom BfN gäbe es schon Geld für einen Auskreuzungsversuch des NABU mit konventionellem Mais. Der haperte aber gleich an der Transparenz. Der Zugang zu Informationen über den Versuch war beim NABU komplizierter als bei der gentechnikbefürwortenden Konkurrenz.

Im Vortrag sollte es um *„Finanzierung und Bestimmung von Forschungsinhalten"* gehen. Ober reihte lange Zahlenkolonnen aneinander, die insgesamt eindrucksvoll bewiesen, wo das Geld herkommt und wo es hingeht. Eine politische Analyse fehlte. Böse war Schavan, während Ministerkollegin Aigner von der NABU-Funktionärin nicht erwähnt und auf Nachfrage aus dem Publikum in Schutz genommen wurde: *„Frau Aigner wird nicht erwähnt, weil Frau Aigner nicht relevant ist"* und *„Das Landwirtschaftsministerium wird ausgebootet ... das BMELV ist politisch nicht am Drücker"*. Der BioÖkonomieRat und der Runde Tisch vom Frühjahr 2009 seien *„von Bundesministerin Schavan persönlich"* berufen worden. Dass Aigner an beidem ebenso beteiligt war, verschwieg Ober. Ebenso wenig war auch nur ein Wort davon zu hören, dass das BVL die Forschungsfelder genehmigt, die ZKBS alle Felder für unproblematisch erklärt und JKI bzw. vTI eigene Versuche durchführen. Die gehören alle zum Aigner-Ministerium! Warum schützt eine NABU-Funktionärin die Gentechnikministerin und ihre Behörden? Sind Geld und Teilhabe an politischen Prozessen der Lohn solcher Zurückhaltung?

Nicht besser sieht es bei Bündnis 90/Grünen aus. Deren Werbung für Versuchsfelder ist allerdings auch konsequent, hatte doch Spitzenfrau Renate Künast in ihrer Ministeriumszeit durch die eigene Behörde solche Felder genehmigen und sogar selbst anlegen lassen. Auch die finanzielle Förderung von Freisetzungen trug sie mit. *„Wir brauchen mehr Langzeitstudien, mehr unabhängige Risikoforschung, mehr Transparenz"*, fordern die Grünen auch heute noch (siehe Kapitel VI). Doch keine falsche Schelte: Das ist immer noch besser als in anderen Parteiapparaten. Was aber nicht gerade beruhigend sein dürfte ...

Der positive Bezug auf die Sicherheitsforschung ist weitgehend Konsens unter den etablierten GentechnikkritikerInnen. Da fehlen dann auch die KirchenfunktionärInnen nicht. Sogar in Bayern empfand die Synodalpräsidentin, *„die Auswirkungen der ‚Grünen Gentechnologie' müssten intensiver erforscht werden"*.[12] Aber ... ja, die Kirche. Da folgt noch ein eigener Absatz. Leider nötig.

Irrweg Nachhaltigkeit: Von nachhaltiger Gentechnik (WWF) bis zu gentechnischer Nachhaltigkeit (BASF & Co.)

Noch ein Themenkomplex zum Stirnrunzeln: Die Agenda 21 und nachfolgend der Begriff von Nachhaltigkeit belegen seit Jahren Spitzenplätze im Vokabular der meisten Umweltgruppen. Das dahinterstehende Gedankengut begleitete den Wandel vom BürgerInnenprotest der 70er und 80er Jahre zu grünen ModernisiererInnen. Nachhaltigkeit und Agenda 21 bildeten eine neoliberale Assimilierungsstrategie, einen „Alleskleber" für die Integration von Umweltschutz und Umweltbewegung in das große kapitalistische Projekt. Geschmiert mit Zuschüssen gelang das auch: UmweltschützerInnen setzen heute auf *„Green New Deal"* und ähnliche Varianten marktwirtschaftlicher Problemlösung, bei denen Wachstum, Erstarkung der Wirtschaftsleistung und vermeintliche Schonung von Naturressourcen Hand in Hand gehen sollen. Die Begeisterung für die Agenda 21 und der ideologische Schwenk vom Umweltschutz zur Nachhaltigkeit waren wesentlichen Etappen dieses Wegs. Für das Thema Gentechnik hieß das von Anfang an, zu keiner klaren Opposition mehr fähig zu sein. Denn die Agenda 21 war im Kapitel 16 reine Propaganda für die

8 http://db.zs-intern.de/uploads/1276006513-10_06_08_verbaende_agrarforschung_pm.pdf
9 www.nabu.de/downloads/landwirtschaft/stellungnahme_forschung.pdf
10 www.biotechnologie.de/BIO/Navigation/DE/root,did=113296.html?listBlId=74462
11 http://de.news.yahoo.com/16/20090519/tde-nabu-und-slow-food-schavan-laesst-um-56bb076.html
12 www.epd.de/bayern/bayern_index_69634.html

neue Technik – abgestimmt 1992 von den KanzlerInnen, PräsidentInnen und KönigInnen dieser Welt.

> ***Agenda 21, Kapitel 16 „Umweltverträgliche Nutzung der Biotechnologie"***[13]
> *Die Biotechnologie umfaßt sowohl die im Rahmen der modernen Biotechnologie entwickelten neuen Techniken als auch die bewährten Ansätze der traditionellen Biotechnologie. Als innovativer, wissensintensiver Forschungsbereich bietet sie eine Vielzahl nützlicher Verfahrenstechniken für vom Menschen vorgenommene Veränderungen der Desoxiribonukleinsäure (DNS), oder des genetischen Materials in Pflanzen, Tieren und Mikroorganismengruppen, deren Ergebnis überaus nützliche Produkte und Technologien sind. ...*
> *... verspricht die Biotechnologie, einen bedeutenden Beitrag zur Erzielung von Fortschritten beispielsweise in der Gesundheitsversorgung, in der Ernährungssicherung in Form von nachhaltigen Anbaupraktiken, einer verbesserten Versorgung mit Trinkwasser, leistungsfähigeren industriellen Erschließungsprozessen für die Umwandlung von Rohstoffen, der Förderung nachhaltiger Aufforstungs- und Wiederaufforstungsverfahren und der Entgiftung von Sonderabfällen zu leisten. ...*
> *Außerdem bietet die Biotechnologie neue Möglichkeiten für weltweite Partnerschaften, insbesondere zwischen den Ländern, die reich an biologischen Ressourcen (einschließlich genetischer Ressourcen) sind, denen aber das erforderliche Fachwissen und die erforderlichen Investitionsmittel zur Nutzung dieser Ressourcen mit Hilfe der Biotechnologie fehlen, und den Ländern, die das technische Fachwissen für die Umwandlung biologischer Ressourcen herangebildet haben, damit diese für die Zwecke einer nachhaltigen Entwicklung genutzt werden können. ...*
> *Die Ziele lauten wie folgt: ... Förderung der Entwicklung und Anwendung biotechnologischer Verfahren unter besonderer Berücksichtigung der Entwicklungsländer; ...*
> *Die Biotechnologie ist eines der vielen Instrumente, die eine wichtige Rolle bei der Wiederherstellung geschädigter Ökosysteme und Landschaften spielen kann.*

Wie konnte es passieren, dass ein solches Papier, welches auch zur globalen Machtausübung, Atomenergie oder interkontinentalen Verkehrsprojekten derartige Stoßrichtungen vorgibt, eine solche Bedeutung für viele Strömungen der Umweltbewegung erlangte? Eine vollständige Erklärung würde umfangreich ausfallen, bewirkten doch viele Gründe den tiefgreifenden Wandel von den BürgerInnenbewegungen zu den Hauptamtlichenapparaten der Neuzeit. Zwei Aspekte seien hier herausgehoben. Zum einen erfolgte ein Paradigmenwechsel von Protestkultur zum organisatorischen Ausdruck einer wichtig gewordenen Gruppe des BildungsbürgerInnentums. Die Verbände waren also ein Abbild der sie tragenden Bevölkerungsschichten. Deren Duktus von Protest wich einem modernisierten Dabeisein, Widerständigkeit wich den Prämissen von Lifestyle und Gesundheit. „*Lohas*", wie sie sich nennen, sind die in diese Richtung am weitestgehend gewandelten Ex-Ökos. Sie frönen einer widerstandsfreien Lebenskultur, die längst ein Teil des Mainstreams, und zwar einer Upper-Class-Variante, ist und das auch sein will. Zelebriert wird das unter anderem durch eine deutliche Distanzierung von denen, die der Protestidee weiter oder neu verschrieben sind.

Ein zweiter Grund des Wandels ist der schnöde Mammon. Wer in Fördertöpfen bleiben oder die Spenden der zu Wohlstand kommenden Ex-Protestbewegung abgreifen wollte, musste den Themenumschwung mitmachen. Die Agenda 21 als eine der ersten Entpolitisierungsstrategien hatte deshalb Erfolg, weil fast alle staatlichen Stellen ihre Zuschüsse daran koppelten, dass GeldempfängerInnen oder geförderte Projekte integraler Bestandteil der Agenda-21-Arbeit wurden. Das wirkte – jedenfalls in einer zu diesem Zeitpunkt käuflichen und heute fast vollständig geldfixierten und -abhängigen Umweltbewegung.

Die Argumentationsschleife der nachhaltigen Gentechnik beginnt mit der Feststellung, dass Umwelt und Ressourcen geschützt werden müssen. Nachhaltigkeit bedeutet „*einen Umgang mit natürlich gegebenen Ressourcen, bei dem die Trag- und Regenerationsfähigkeit des betreffenden Ökosystems nicht gefährdet werden*".[14] Dumm nur, so die zweite Annahme, dass es immer mehr Menschen werden und alle zu essen brauchen:[15] „*Eine nachhaltige Landwirtschaft muss in der Lage sein, die Versorgung der Bevölkerung mit Nahrungsmitteln langfristig zu sichern. Da jedoch die Erdbevölkerung pro Jahr um rund 1.5 Prozent zunimmt, bedeutet diese Forderung, dass auch das Angebot an Nahrungsmitteln im selben Masse wachsen muss. Allerdings werden die besten Ackerbaugebiete der Welt bereits genutzt, so dass eine weitere Ausdehnung der Ackerbaufläche, soll eine weitere Intensivierungen von begrenzt kultivierbaren Landstrichen verhindert werden, nicht möglich ist.*" Das hat Konsequenzen:[16] „*Die Produktivität der Landwirtschaft muss bis zum Jahr 2025 weltweit nahezu verdoppelt werden, um die dann schätzungsweise 8,5 Milliarden Menschen auf der Erde ernähren zu können.*" Außerdem soll die Qualität des Essens steigen:[17] „*Lebensmittel sollen immer schöner, wertvoller, besser ... kurz genussvoller und gesünder werden. Dabei sollen sie aber immer naturbelassener, frischer, sicherer, haltbarer und noch billiger werden. Um diesen Ansprüchen gerecht zu werden, müssen neue Techniken angewandt werden. Eine Technik ist die sog. Grüne Gentechnologie.*" Nun kommt der Umweltschutz ins Spiel:[18] „*Eine fortschreitende Umwandlung der noch verbliebenen Naturräume in monotone landwirtschaftliche Nutzfläche würde sich eindeutig negativ auf das Ökosystem Erde auswirken!*" Die Suche nach Essen bedroht die Umwelt, daher muss schnell gehandelt werden:[19] „*Nicht Industrie und Kapitalismus, sondern die EinwohnerInnen auf der Suche nach Essen zerstören die Umwelt.*" Leider reichen die konventionellen Züchtungspotentiale nicht mehr aus:[20] „*In den letzten 50 Jahren sind landwirtschaftliche Produktionsverfahren entwickelt worden, mit deren Hilfe die heutige Landwirtschaft allmählich zu Ertragspotentialen nahe den pflanzenphysiologischen Grenzen vorgestossen ist.*" Da bleibt als Rettung nur noch ... die Gentechnik:[21] „*Bei einer dem Standort und der Bewirtschaftungsweise angepassten Anwendung könnte der Einsatz der Gentechnologie die Erträge steigern, ohne die Umwelt weiter zu belasten. Womit die Bedingungen der ökologischen und der ökonomischen Aspekte der Nachhaltigkeit erfüllt wären. ... Ohne den Einsatz von neuen Technologien ist jedoch die Vorstellung, die Welternährung durch einen flächendeckenden ökologischen Landbau sicher zu stellen, für die Zukunft wohl eher utopisch. ... Beim konsequenten Anbau gentechnisch veränderter Pflanzen mit effektiven Resistenzen gegen die wichtigsten Erreger und Schädlinge sind natürliche Lebensräume – und damit auch die Artenvielfalt und das Klima – deutlich einfacher zu schützen. Entsprechende Pflanzen werden zur Zeit weltweit für alle Klimazonen entwickelt.*" Das wandeln die Konzerne zur Werbung:[22] „*Einsparung an Pflanzenschutzmitteln, gesündere Nah-*

13 www.agrar.de/agenda/agd21k16.htm
14 Corinne Maeschli, „Das Leitbild Nachhaltigkeit – Eine Einführung" (S. 5)
15 Maeschli (S. 13)
16 Sinemus/Minol in mensch+umwelt spezial 2004 (S. 46): www.gruene-biotechnologie.de/downloads/gsf__45__50__Sinemus__Minol.pdf
17 Aus Klaus-Dieter Jany, „Gentechnik im Agrar- und Lebensmittelbereich. Stand und Perspektiven – Ein Beitrag zur nachhaltigen Produktion von Lebensmittel"
18 Maeschli (S. 11)
19 siehe Fußnote 16
20 Maeschli (S. 13 f.)
21 Maeschli (S. 14 und 46)
22 Anja Matzk, KWS: www.vdl.de/Journal__Digital/Schwerpunkt/2005/Schwerpunkt0405/Matzk.php

rungsmittel und schonendere Bodenbearbeitung sind einige der Vorteile, die schon die erste Generation dieser speziellen Sorten vorweisen kann."

So absurd die Argumentationsschleife ist angesichts von ausreichenden Lebensmittelmengen weltweit und der Orientierung der Agro-Gentechnik auf Saatgutverknappung und Spritzmittelverkauf, lassen sich über solche Stimmungen und Werbestrategien doch immer wieder Umweltverbände einfangen. Schließlich verkaufen die BastlerInnen an der Pflanzen-DNA inzwischen sogar gv-Bäume als Beitrag zu Nachhaltigkeit und Klimaschutz.[23] Da wirkt es doch harmlos, wenn sich die NGOs für Versuchsfelder zur Sicherheitsforschung aussprechen, um an den Töpfen teilzuhaben. Fraglos: Es geht schlimmer. Der WWF hat inzwischen mit Gentechnikkonzernen die Zertifizierung von nachhaltiger, weil regenwaldschonender Sojaproduktion begonnen – gv-Soja ist dabei eingeschlossen.[24] So wird die Agro-Gentechnik zum gemeinsam beworbenen Projekt, die logische Konsequenz aus der inhaltlichen Beliebigkeit, die bei der ewigen Jagd nach Geld entstand. Hier wuchs zusammen, was zusammen gehörte – nicht das erste Mal!

Kritik der Agenda 21 unter www.projektwerkstatt.de/aes/21kritik.html

Abb.: Soja.

Aus „Tanzt der Panda für Monsanto?", in: taz-Blog am 28.5.2009[25]
Der Panda, soviel steht fest, versucht sich mit Monsanto, Syngenta, Cargill, ADM, Shell und so ziemlich allem was im internationalen Soja-Business Rang und Namen hat, auf Kriterien samt Label für nachhaltige Soja-Produktion zu einigen – mit Gentechnik, versteht sich. ... Der WWF International hat dagegen letzte Woche mit einem offiziellen Statement[26] *sein Engagement verteidigt: Die Soja-Expansion, auch die gentechnische, sei eine Realität, deren Folgen besser durch einen offenen Dialog mit der Industrie zu mildern seien als durch Verweigerung. ... Dass zu den Kriterien der Nachhaltigkeit a la RTRS*[27] *der Verzicht auf Gentechnik nicht gehört, war wohl von Anfang an klar: „Jede Anbauform, ob gentechnisch, konventionell oder biologisch, ist verbesserungsfähig" heißt es auf der Webseite. Auch die Expansion der Soja in den Regenwald wird nicht gestoppt, sondern soll in geordnetere Bahnen gelenkt werden.*

Aus „Grünes Mäntelchen für Gen-Soja", in: FR, 5.10.2009 (S. 14)
Der 2005 gegründete „Round Table on Repsonsible Soy Association (RTRS)", also der Runde Tisch für verantwortbaren Sojaanbau, unterscheide nich zwischen Gen-Soja und herkömmlichem Soja. Ihm gilt beides als nachhaltig, solange dafür kein neuer Regenwald geopfert wird. ...
149 Miglieder hat der Runde Tisch, die Führer der Agro-Industrie von Monsanto bis Bayer CropScience sind dabei, auch Nahrungsmittelkonzerne wie Unilever und Vion, die Futterimporteue Cargill und Bunde ... Auch Deutsche sind im Boot, denn „technische Unterschützung" kommt von der bundeseigenen Gesellschaft für technische Zusammenarbeit – und dem WWF.

Herrschaftsfragen ausblenden

Wer Risiken oder Gefahren in den Vordergrund stellt, behauptet selbst, dass die Gentechnik unproblematisch sein kann – nämlich dann, wenn die Risiken einschätzbar und zu bewältigen wären. Das sei zwar, sagen die meisten Umwelt- und Biolandverbände, zur Zeit nicht der Fall, aber dennoch folgt aus der Risikodebatte der Ruf nach genau der Forschung, die unter dem Deckmantel der Wissenschaft ihre Produkt- und Methodenentwicklung versteckt sowie ständige Auskreuzungsquellen schafft. Außerdem öffnet es der Gentechniklobby Tür und Tor, bei intensiver untersuchten Sorten die Behauptung aufzustellen, hier seien die Risiken bereits gut erforscht und deshalb handhabbar. Im Ergebnis schlagen sich dann ExpertInnen und ScheinexpertInnen Fachausdrücke, Untersuchungen und mehr um die Ohren – eine Debatte, bei der viele BeobachterInnen schnell aussteigen und dazu neigen, Personen mit höherem wissenschaftlichen Grad (ProfessorInnen, BehördenleiterInnen ...) mehr Glauben zu schenken. Zudem verharrt, wer nur die Frage der ausreichenden Erforschung der Risiken themasiert, auf einer sehr schwachen Argumentationsbasis. Denn eine grundsätzliche Kritik der Gentechnik ist daraus nicht ableitbar. Diese fehlt vielen Umwelt- und Landbauverbänden denn auch. Sie wäre nur aus einem emanzipatorischer Betrachtungswinkel möglich, die Abhängigkeiten, den Verlust der Wahlfreiheit, Patente auf Leben und Kontrolle von Produktion und Konsum thematisiert. Doch solche Verknüpfungen von Herrschaftsanalyse und emanzipatorischer Technikkritik[28] sind bei den staatliche Macht und Profitdenken befürwortenden NGOs absolute Mangelware. Ihre naive Hoffnung auf Parteien, Behörden oder Gerichte entspingt derselben mangelnden Analyse und Ausblendung gesellschaftlicher Machtverhältnisse.

In einem Boot? Die überraschende Nähe zwischen Ökos und Gentechnikfirmen

Der Einsatz des WWF Niederlande für gentechnisch veränderte Soja unter dem Banner der Nachhaltigkeit war kein Einzelfall, wenn auch in dieser weitgehenden Form zunächst noch einmalig. Schnittpunkte ergaben sich bereits an allen wirtschaftsnahen Rändern von Umweltorganisationen. So überreichte die Deutsche Bundesstiftung Umwelt, in deren Kuratorium mehrere VerbandsfunktionärInnen mitwirken, seinen Umweltpreis 2008[29] an den Chef und Gründer der Gentechnikfirma Brain AG, Dr. Holger Zinke, der auch zu den führenden Lobbyisten einiger Gentechnikbranchen gehört – ein trauriger Höhepunkt in der langen Serie ständigen Doppelspiels zwischen scheinheiliger Werbung und pragmatischer Verbandspolitik. Folgerichtig jubelten die Richtigen, z.B. der damalige hessische Umweltminister Dietzel (CDU).[30] Miersch und Maxeiner, bekannte PR-Agenten zur Sache, forderten Umweltpreise für Gentechniker schon seit Jahren auf ihrer eigenen Seite[31] und in der Zeitschrift Focus 6/2002:[32] *„Führende Köpfe des internationalen Naturschutzes begrüßen deshalb die grüne Gentechnik. Nicht Greenpeace und Vandana Shiva, sondern Wissenschaftler wie Beyer und Potrykus haben die Moral auf ihrer Seite. Den Deutschen Umweltpreis verdienen sie für ihre Leistung allemal.*" Sie wurden erhört.

Die Nähe von Umweltverbänden zur Industrie ist keine neue Erscheinung und nicht auf die Agro-Gentechnik beschränkt. Wer ständig nach frischem Geld lechzt, begeht fast jede absurde Handlung wie eine gemeinsame Licht-aus-Aktion mit der Bildzeitung (siehe Kapitelanfang) oder verleiht – wie beim NABU am 15.9.2010 geschehen[33] – zusammen mit VW den Konzernen Vodafone und Schlecker einen Umweltpreis für eine umweltverträgliche Fahrzeugflotte. Greenpeace verbreitete am 13.5.2009 über eigene Kanäle einen werbenden Text zur dubiosen Gentechnik-Firma BioOK.[34] Zudem sind die Grenzen zwischen Konzernen und ihren KritikerInnen auffällig durchlässig, was ebenfalls in der kulturel-

23 http://umweltinstitut.org/gentechnik/kommerzieller-anbau/gentechnik-baume-gegen-den-klimakollaps-194.html
24 http://gmsoydebate.global-connections.nl/
25 http://blogs.taz.de/saveourseeds/2009/05/28/tanzt__der__panda__fuer__monsanto/
26 www.panda.org/about__our__earth/search__wwf__news/?156602/Involvement-in-the-RTRS-GM-Soy-Industry
27 http://responsiblesoy.org/downloads/news/dg4__out__002__en.pdf
28 www.projektwerkstatt.de/gen/emanz__kritik.html
29 www.dbu.de/123artikel28144__106.html
30 Pressemitteilung des HMULV am 30.09.2008: www.pressrelations.de/new/standard/result__main.cfm?pfach=1&n__firmanr__=102058&sector=pm&detail=1&r=340463&sid=&aktion=jour__pm&quelle=0
31 www.maxeiner-miersch.de/standp2006-02-24a.htm
32 www.focus.de/politik/deutschland/standpunkt-gruene-gentechnik-mit-gutem-gewissen__aid__206743.html
33 www.nabu.de/presse/pressemitteilungen/index.php?popup=true&show=1829&db=presseservice
34 www.greenpeace-magazin.de/index.php?id=55&tx__ttnews%5Btt__news%5D=51413&tx__ttnews%5BbackPid%5D=23&cHash=d02227e8c9

len Nähe dieser Elitesphären begründet sein dürfte. Der BUND musste schon vor vielen Jahren den Verlust ihres wichtigsten Experten zum Thema beklagen: Jens Katzek wechselte vom BUND zur *„KWS Kleinwanzlebener Saatzucht AG“* (heute: KWS Saat AG). Beim BUND-Bundesverband hatte sich der studierte Biochemiker Katzek als Kritiker der Gentechnologie einen Namen gemacht. Bei KWS, einem der größten deutschen Saatguthersteller, wurde er für die Öffentlichkeitsarbeit zuständig. Das Unternehmen vermarktete auch damals schon gentechnisch veränderte Nutzpflanzen. Danach war Katzek Geschäftsführer der Deutschen Industrievereinigung Biotechnologie (DIB) in Frankfurt/Main. Eine berufliche Veränderung aus besserer Erkenntnis? So will es die Gen-Lobby gerne werten. Die Industrie stellte den Seitenwechsel gerne als Überzeugungstat dar. Kaum wahrscheinlich ist, dass Katzek als Gentechnikbefürworter gezielt beim BUND eingeschleust und sein späterer Wechsel zur Industrie lange geplant war. Vielmehr dürfte es beim Seitenwechsel vor allem um Geld gegangen sein – und um die kulturelle Nähe, denn von den Handlungen her ist ein Spitzenjob beim BUND so viel anders nicht wie einer auf der anderen Seite. Jens Katzek selbst hat dazu Fragen leider nie beantwortet.

Inge Broer, Vorsitzende des Gentec-Lobby- und Verschleierungsvereins FINAB und Hauptforscherin am AgroBioTechnikum in Groß Lüsewitz, behauptet, vorher selbst aktive Gentechnikgegnerin gewesen zu sein. Zwar lässt sich das nicht nachweisen. Aber allein die Tatsache, mit einer ex-kritischen Position Politik zu machen, spricht für sich. Denn es ist hier wie inzwischen in vielen Teilen der Gesellschaft: Viele moderne Eliten der Gesellschaft stammen aus ehemals gesellschaftskritischen Kreisen. Heute hetzen sie gegen Menschen, die widerständig geblieben sind (nur wenige) oder neu in ihre widerständige Lebensphase hineinkommen. Will heißen, salopper ausgedrückt: Die größten Kritiker der Elche waren früher selber welche. Stefan Rauschen, Christoph Tebbe, Karl-Heinz Kogel – sie alle lernten und arbeiteten früher im Schwerpunkt Ökologie. Ob sie die Freundschaft vor 20 oder 30 Jahren aufgekündigt hätten, wenn ihnen jemand gesagt hätte, sie würden eines Tages – nur des Geldes wegen – gentechnisch veränderte Pflanzen züchten oder aussäen?

Seitenwechsler sind auch einige prominente Publizisten, die mit Ökothemen starteten und heute platte Propaganda für die Gentechnik machen – mitunter auch für Atomkraft und andere umweltgefährdende Großprojekte. Einer von ihnen ist Michael Miersch, Ex-Umweltredakteur beim HR. Über Roundup-Rüben der Firma KWS schrieb er 2008 in Welt-Online:[35] *„Ein stolzer Erfolg. Sie ist resistent gegen ein spezielles Unkrautvernichtungsmittel. So kann der Bauer alle konkurrierenden Wildpflanzen auf einmal abtöten, und nur die Rübe bleibt am Leben.“*

Nicht nur Personen verändern ihre Meinung, wenn Bargeld oder Überweisungen die Seite wechseln. Auch ganze Projekte und Organisationen finden sich plötzlich dort wieder, wogegen sie eigentlich angetreten waren – wenn von dort das Geld kommt. Bekanntes Beispiel: TransGen, die Internetplattform zur Agro-Gentechnik. Irgendwann kam die Verbraucherinitiative auf die Idee, zusammen mit Gentechnikkonzernen eine Internetplattform zu gründen. Neutral sollte sie sein. Eine Propagandaplattform verschleierter Form ist sie geworden (siehe Kapitel V).

Warum passiert das?

Die Schwäche sozialer Bewegung ist überall zu spüren, wird aber bei der Agro-Gentechnik besonders auffällig. Denn trotz überwältigender Mehrheiten in der Bevölkerung spielen die Umweltverbände und Initiativen bei der Verhinderung der Ausbreitung eine untergeordnete und relativ wirkungslose Rolle, jedenfalls was das Geschehen draußen an den Feldern und Institutionen der Agro-Gentechnik angeht. Auf den Spendenkonten und bei den Mitgliederstatistiken sieht es für die Verbände schon besser aus. So lässt sich feststellen, dass grüne Parteien und Umweltverbände zu den Nutznießern der wachsenden Verbreitung gentechnisch veränderter Organismen gehören – ob sie es wollen oder nicht. Doch ihre Strategien scheinen sogar darauf angelegt zu sein. Denn aufhalten können sie mit ihren Unterschriftensammlungen, Petitionen und bunten Faltblättern die Agro-Gentechnik nicht – aber die Spendenbereitschaft derer, die ebenfalls längst nicht mehr als KämpferInnen für die Sache in Frage kommen, aber über solche Ablasshandlungen zu erreichen sind, ist immens. Für die aufgeblähten hauptamtlichen Apparate der Verbände ist dieser Geldfluss aber schon seit langem nicht mehr Mittel zum Zweck, sondern Selbstzweck geworden. Das ist kein Zufall, sondern Folge der Strategien und der Einbindung in gesellschaftliche Eliten. Weitgehend gleichgültig standen und stehen diese Apparate dem Zerfall unabhängiger politischer Handlungsfähigkeit und ihrer eigenen Basisstrukturen gegenüber – soweit es sie jemals gab. Moderne Bewegungsagenturen bilden sich von Beginn an in abgehobenen Sphären und steuern ihre öffentliche Wahrnehmung via Medien und Internet.

Apparate von Parteien und NGOs als Teil sozialer Eliten

Moderne Gesellschaften werden aus privilegierten Sphären heraus gesteuert, nicht mehr von einer abgrenzbaren Führungsgruppe. Neben Parteien, Behörden und Medien gehören auch die Apparate der soziale Bewegungen zu diesen Funktionseliten. Ihre Macht liegt im Schaffen von Tatsachen, im besseren Zugang zu Ressourcen und Kontakten zu relevanten Personen sowie in der Beeinflussung gesellschaftlicher Diskurse, die die Wahrnehmung von Geschichte und aktuellen Ereignissen prägen. Umweltgruppen und -verbände, Öko-Institute und -Unternehmen sitzen also mit an den Steuerknüppeln der Gesellschaft und agieren von dort. Es gibt nur wenige Ausnahmen sozialer Bewegung in Mitteleuropa, deren Kraft sich aus dem selbstgestalteten Widerstand vieler Menschen speist. Castorproteste und Stuttgart 21 stellen solche Teil-Ausnahmen dar, immer aber in Gefahr, den Versuchen der Vereinnahmung oder Steuerung durch Bewegungseliten mit hinter ihnen stehenden Apparaten zu erliegen.

Schon die Organisierungsform von Verbänden und Zusammenschlüssen deutet das an: Hauptamtlichkeit und Apparate, wohin das Auge blickt. Das allein hat Konsequenzen, denn Apparate ticken anders. Sie sind stets um das Wohl ihrer Organisation bemüht, denn davon hängen ihre Posten, ihr gesellschaftlicher Einfluss und oft schlicht ihr Job ab. Daher: Lieber auf Nummer sicher, lieber an der Seite der Mächtigen und Reichen, lieber rücksichtsvoll in Hinblick auf die Schicht der Wohlhabenden, die als willenlose SpenderInnen neben staatlichen Förderprogrammen die eigentliche Basis der Organisationen darstellen. Zu Menschen, die aus

35 www.welt.de/welt_print/article2318872/Die-Maer-von-der-gentechnischen-Hexenkueche.html

eigenem Antrieb, auf „eigene Rechnung" (im wörtlichen und im übertragenen Sinn) und mit eigenen Ideen handeln, stehen die Apparate mit ihrem dauernden Denken an das Wohl von Verbandsimage oder Spendenwerbung in erheblicher Distanz. Kooperation scheint unmöglich, ohne sich zu verbiegen. Die FunktionärInnen scheuen Risiken und möchten durch die Sachthemen ihr Logo nicht verdeckt sehen. AktivistInnen verzweifeln an Verzagtheit und Langeweile der Apparate, sie fürchten umgekehrt um das Verschwinden der Inhalte hinter den Logos. Früher führte das zu vielen Kämpfen, aber heute hat sich die Übermacht der zentralen Apparate weitgehend durchgesetzt. Spätestens seit die modernen Bewegungsagenturen auch den spontan wirkenden Protest kanalisieren, gibt es nur noch kleine Bereiche selbstorganisierter und deshalb auch unberechenbarer Aktivität. Genau deshalb sind sie für die etablierten Apparate eine ständige Bedrohung, weil sie den Wunsch nach vorhersagbaren, medienorientierten Handlungsabläufen durchbrechen und die Pfründe der Etablierten gefährden. So kommt es zu Ausgrenzungen und Verdrängung. Es sind keine Verteilungskämpfe, denn diese finden zwischen den Etablierten statt, sondern ein Gebaren, wie es für Konzerne üblich ist: Die „Geschäfte" (hier das Ringen um den guten Namen der Organisation, um Einflussmöglichkeiten und wachsende Kontostände) sollen planbar, Verbandsverwaltung und eigene Arbeitsplätze dadurch sicher sein. Unvorhergesehenes gefährdet vorhandene Pfründe. Die Abwehr der Apparate gegenüber selbstorganisierten Initiativen folgt der Angst um die eigenen Vorteile. Sie sind die Hüter des Normalen und folgen einer Organisationskultur, die zu anderen Apparaten sozialer Bewegung und denen von Behörden, Firmen und Parteien einfach besser passt als zu unabhängigen Initiativen. Apparate sind berechenbar, verbandsegoistisch, ängstlich und risikoscheu, schwerfällig, langweilig – einfach „norm"al.

Streit um die Sache ist selten, auch wenn inhaltliche Differenzen ab und zu vorgeschoben werden, um den eigenen Hegemonieanspruch zu vertuschen. An diesem Punkt müssen die Apparate die Unabhängigen fürchten. Denn wer nicht um das Überleben seiner Organisation und damit ja auch um die eigene Stellung in ihm fürchten muss, kann ganz relaxed in eine inhaltliche Kontroverse gehen und die Sache in den Mittelpunkt stellen. Das geschieht nicht oft, denn die verbandslosen Gruppen rekrutieren sich oft aus spontihaften AktivistInnen, die sich der Aneignung von Hintergrundwissen verweigern oder nach kurzer Zeit von den Apparaten assimiliert werden in bezahlte Stellen oder gewählte Posten – auch wenn sie sich kurz zuvor noch geschworen hatten, nie zu den etablierten ModernisiererInnen dieses Landes gehören zu wollen.

Die FührungsfunktionärInnen der NGOs (mindestens auf Bundes-, oft aber schon auf Landesebene) und die BewegungsagentInnen der kleinen, modernen Protestbüros gehören zu den Funktionseliten der Republik. Das zieht eine bestimmte Sozialisation nach sich oder setzt diese oft auch schon voraus. Aktion kommt dabei nicht vor. Das Leben läuft in bestimmten, elitenspezifischen Bahnen. Es sind andere Zeitungen, die gelesen werden, andere Cafes, die besucht werden, und andere Gepflogenheiten des Alltags, die Funktionseliten verbinden. Darum fühlen sie sich auch aus verhaltenskulturellen Gründen, die wichtiger geworden sind als Inhalte, an den Tischen der Reichen und Mächtigen wohler als bei den verbliebenen AktivistInnen vor Ort oder in konkreten Projekten – seien sie nun Teil eines Verbandes oder selbstorganisiert. Die politisch gewollte Distanz zu AktivistInnen und die kulturelle Ferne führen dazu, dass NGO-FunktionärInnen regelmäßig nicht einmal Emails oder Anrufe von denen beantworten, die nicht zu ihrer politischen und sozialen Klasse gehören. Oder anders ausgedrückt: Der notwendige Wandel innerhalb von Bewegung, das Aufbegehren von AktivistInnen gegenüber den Apparaten, wäre eine Form des Klassenkampfes!

In den Eliten erfüllen die Bewegungsapparate eine wichtige Funktion, in dem sie den Sphären informeller Machtorganisierung den Hauch der Offenheit und politischen Breite geben. Sichtbar ist das bei öffentlichen Veranstaltungen, wenn Grüne oder Umweltverbandsleute als QuotenkritikerInnen an den Werbestunden für die Agro-Gentechnik teilnehmen. Nur selten fällt das noch auf. Der Informationsdienst Gentechnik kritisierte eine Diskussion auf den DLG-Feldtagen 2010 über die Agro-Gentechnik:[36] *„Am 16. Juni findet zusätzlich eine Forumsveranstaltung mit dem Titel: ‚Grüne Gentechnik – was Landwirte und Verbraucher erwarten können!' statt. Mit Fachleuten wie Dr. Elke Duwenig von der BASF Plant Science, Prof. Dr. Karl-Heinz Kogel von der Universität Gießen und Prof. Dr. Andreas Schier von der Fachhochschule Nürtingen, beides Befürworter der Agro-Gentechnik und Leiter bzw. ehemaliger Leiter von Forschungsprojekten mit Gentechnik-Pflanzen, ist mit Thomas Dosch, Präsident von Bioland, die kritische Betrachtung der Agro-Gentechnik stark unterrepräsentiert."* Tatsächlich war alles noch schlimmer. Denn Bioland spricht sich nicht gegen Versuchsfelder aus. Also saß gar kein klarer Gegner der deutschen Gentechnik auf dem Podium. Aber gut ausgesehen hat das sicher, einen Biolandfunktionär aufbieten zu können. Solche Fälle der Akzeptanzbeschaffung ohne tatsächliche Einflussnahme gab es bereits viele.

Eine weitere Methode, NGOs gefügig zu machen, ist die Taktik, einfach noch etwas Schlimmeres zu wollen. Da werden kann aus KritikerInnen des rot-grünen, angeblichen Atomausstiegskonsenses („Konsens ist Nonsens" hieß damals ein prägender Spruch im Anti-Atom-Protest) plötzlich zahm-naive HändchenhalterInnen in einer von Bewegungsagenturen vorgeplanten Menschenkette, die der Rettung des einstmals bekämpften Gesetzes dient. Als das Klimaprotokoll von Kyoto, das nichts war als der Mechanismus zum Kaufen und Verkaufen von Luftverschmutzungsrechten, zu scheitern drohte, bauten BUND & Co. 2001 in Bonn ein symbolisches Rettungsboot für den Vertrag. So lief es beim geltenden Gentechnikrecht. Zwar ist bekannt, dass es vorne mit schönen Worten von Koexistenz spricht, aber im § 16 selbst ausführt, dass sich Freisetzer von Gentechnik nicht daran halten müssen. Außerdem „vergisst" es die Bienen, weil sich mit dieser Sparte der Landwirtschaft nicht einmal schlechte Koexistenzregelungen finden lassen. Schließlich werden Grenzwerte festgelegt, die es möglich machen, gentechnisch verseuchte Lebensmittel als gentechnikfrei zu kennzeichnen. Um nun aus KritikerInnen solcher Gesetze glühende VerfechterInnen zu machen, erhebe mensch Klage gegen das Gesetz – wie geschehen mit der Verfassungsklage des Landes Sachsen-Anhalt gegen das geltende Gentechnikgesetz. Der Versuch, dieses Gesetz auszuhebeln, um es noch gentechnikfreundlicher zu machen, schuf aus GentechnikkritikerInnen innerhalb weniger Tage VerteidigerInnen des geltenden Rechts. Noch am 16.6.2010 waren sich die gentechnikkritischen Verbände noch über die fehlende Qualität des Gentechnikgesetzes im Klaren:[37] *„Bereits das geltende Recht weist elementare Lücken auf. So wurden Interessen der Imker im Gentechnik-*

36 www.keine-gentechnik.de/news-gentechnik/news-regional/news/de/22094.html

37 www.keine-gentechnik.de/fileadmin/files/Infodienst/Presseerklaerungen/10_06_16_boelw_pm_gtg_klage.pdf

gesetz nicht berücksichtigt." Das Gentechnikgesetz führte *„nicht zu einer unverhältnismäßigen Belastung der Gentechnik-Verwender. Im Gegenteil: Einseitig belastet werden gentechnikfrei wirtschaftende Bauern, Gärtner, Saatguterzeuger und Imker. Ihnen allein wird der übergroße Teil der Folgekosten und Risiken der Agro-Gentechnik aufgebürdet. Diese Umkehr des Verursacherprinzips muss vom Gesetzgeber endlich beendet werden.*" Das also wäre ein Plädoyer gewesen, sowohl die Klage der seit Jahren als Erfüllungsgehilfin für Gentechnikanwendungen auftretenden Landesregierung von Sachsen-Anhalt anzugreifen wie auch eine Verschärfung des Gesetzes zu fordern. Doch eine solche Linie ist mit der Protestkultur in Deutschland nicht vereinbar. Abgesprungen als Tiger landeten die Protestgruppen schon zwei Tage später als Schoßhund der MacherInnen aktueller Politik und Gesetze. Die Klage und die Androhung einer weiteren Verschlechterung zeigte deutliche Wirkung. In einer Presseinformation vom 18.6.2010[38] sprachen nun studentische Gruppen und Umwelt-NGOs von *„strengen Regelungen des Agro-Gentechnik-Gesetzes"*, die die Konzerne stören würden. Erst *„die Klage des Landes Sachsen-Anhalt gefährdet die gentechnikfreie Landwirtschaft gravierend"*. Die *„ökologisch bewegten Aktivisten"*, die vor dem Bundesverfassungsgericht protestierten, und die Landwirtschaft *„sehen sich durch die angestrebte Klage Sachsen-Anhalts in ihrer Existenz bedroht, sollte es tatsächlich gelingen, das aktuelle Gentechnikgesetz zu kippen"* (Presseinfo am 23.6.2010).[39] Einen Tag später kündigten sie *„eine Katastrophe für unsere gentechnikfreie Landwirtschaft"* an – aber erst, *„wenn der Klage recht gegeben wird"*. Da wollten andere Beteiligte nicht nachstehen: *„Würde der Klage stattgegeben, hätte die gentechnikfreie Landwirtschaft keine wirksame Handhabe mehr, sich gegen gentechnische Verunreinigungen zu wehren"*, äußerte sich der BUND am 22. Juni 2010[40] und behauptete damit, dass bisland rechtlich gute Möglichkeiten bestanden hätten – so wurde durch einen Angriff auf ein Gesetz aus der Kritik eine Befürwortung. Heike Moldenhauer, BUND-Gentechnikexpertin, jammerte: *„Die sachsen-anhaltinische Landesregierung will mit ihrer Klage den Schutz der gentechnikfreien Landwirtschaft und Lebensmittelproduktion komplett aushebeln.*" Bestand der denn bisher? Auch Bioland, die am 16.6.2010 noch das bestehende Gesetz geißelten, passte sich am 23.6.2010 der defensiven Linie an:[41] *„Das Gentechnikgesetz muss weiterhin die Wahlfreiheit von Landwirten und Verbrauchern sicherstellen"*. Als wenn es das augenblicklich tun würde ...

Money, money, money ...
NGOs auf der Jagd nach immer neuen Einnahmequellen

„Den Einstieg in die Produktion genmanipulierter Lebensmittel auf Europas Feldern verhindern". So rief das Umweltinstitut München zu einer Kampagne für 2010 auf.[42] Doch von Aktionen an Feldern oder irgendwo anders war danach nicht mehr viel zu lesen. GentechnikgegnerInnen haben vielmehr *„drei Möglichkeiten, diese Aktion zu unterstützen"*: Flyer und Broschüren (natürlich nur des Umweltinstituts) verteilen, den Druck all diesen Papiers zu finanzieren oder, drittens, dem Umweltinstitut allgemein Geld zukommen zu lassen. Das ist Widerstand moderner Art – es geht nur noch darum, die einmal erschaffenen Apparate am Leben zu erhalten.

Vieles, was von NGOs und Bewegungsagenturen angezettelt wird, dient vor allem der Jagd nach Spenden und FördererInnen. Beispiele sind im Intro dieses Kapitels bereits genannt, weitere – auch zu anderen Themen – finden sich im weiteren Text. Widerstand verkommt zum artigen Ausführen von Instantaktionen und zu finanzieller Unterstützung anderer, die dann bezahlterweise handeln – ein Spiegelbild der Verhältnisse auf der anderen Seite. Widerständiges Handeln aus eigener Überzeugung wird zur Mangelware.

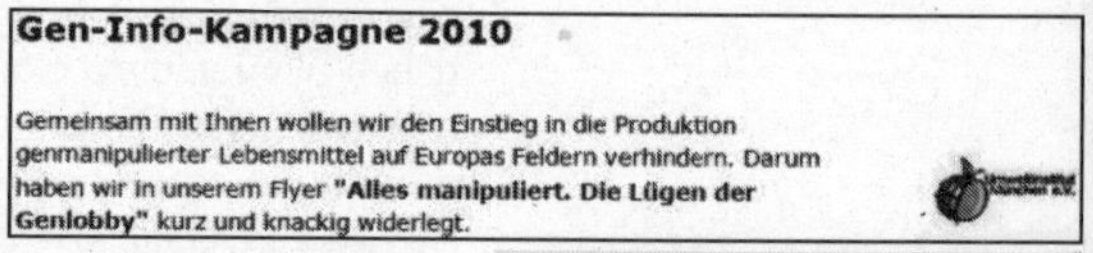

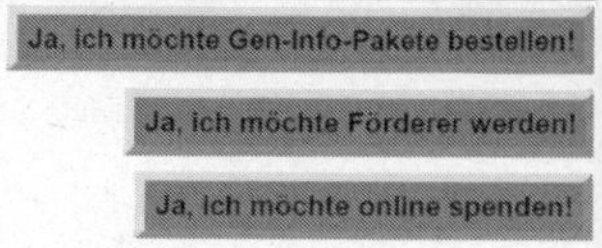

Abb.: Einleitungstext und die drei Mitmachbuttons der Kampagnenseite des Umweltinstituts München. Mehr Handlungsmöglichkeiten gab es dort nicht ...

Solche Schwerpunktsetzungen sind nicht nur Theorie, sondern wirken sich in der Praxis verheerend aus. Als 2009 am AgroBioTechnikum gentechnisch veränderte Kartoffeln und gv-Gerste angebaut werden sollten, lief für beide Pflanzen das Genehmigungsverfahren. Für die Kartoffel organisierte das Umweltinstitut München Einwendungen, unter anderem mit Formlisten. Für die Gerste kam eine ähnliche Initiative aus Kreisen unabhängiger AktivistInnen. Letztere nannten auf ihren Informationsblättern und im Internet auch immer die Kartoffelaktion. Sie forderten dazu auf, auch dazu Einwendungen zu erheben. Das Umweltinstitut kam umgekehrt nicht auf diese Idee. Auf eine Anfrage hin lehnten sie sogar ab. Begründung: Jeder Hinweis auf andere Aktivitäten könnte dazu führen, dass Andere und nicht das Umweltinstitut am Ende eine Spende erhalten würden. Sichtbar war das Geld der Antrieb der Aktion und überschattet alles andere. Es ist zu befürchten, dass die meisten anderen NGOs und auch das Umweltinstitut heute noch viel stärker in dieser Richtung denken ...

Abb. unten: Auswahlmenü an Aktionsmöglichkeiten auf der Campact-Internetseite.[43] Dort wird die Logik erklärt: „Sie unterzeichnen Appelle und Petitionen, informieren Freunde und unterstützen die Campact-Kampagnen durch Spenden und Förderbeiträge. ... Schon mit ein paar Minuten Zeit in der Woche können Sie Ihren politischen Vorstellungen wirksam Ausdruck verleihen."

Spalten, abgrenzen, distanzieren:
Umwelt-NGOs und direkte Aktionen

Schlimmer geht immer: Umweltverbände und Parteien suchen nicht nur die Nähe der Mächtigen und MacherInnen in der Gesellschaft und damit auch der Agro-Gentechnik, sondern aus ihren zentralen Apparaten stammen Distanzierungen und Diffamierungen von widerständigen Aktionen – mitunter sogar Arm in Arm mit denen, die Gentechnik betreiben, d.h. als politischer Gleichklang mit Politik, Konzernen und Lobbyverbänden. Deren ideologische Positionen werden dadurch von grüner Seite aus geadelt, und zwar schon seit den Jahren, als es mit direkten Aktionen gegen Genversuchsfelder losging. Umweltverbände und Kirchen warnten vor Feldbesetzungen regelmäßig vor dem Verlust guter Kontakte zu führenden PolitikerInnen. Anfang Mai 2000 distanzierte sich Greenpeace, das selbst keine Aktivitäten dazu entwickelt hatte, von einem zielgenauen Anschlag auf ein Werbefahrzeug zur Gentechnik, welches dabei völlig zerstört wurde (1,5 Mio. DM Sachschaden). Das Science-Live-Mobil war ein Labor, in dem SchülerInnen ihre ersten gentechnisch hergestellten Tomaten ziehen konnten. Kritische Informationen gab es nicht. Am Vorabend des Anschlags fand eine Podiumsdiskussion statt, wo nur BefürworterInnen auf dem Podium saßen, KritikerInnen nichts sagen durften und ausgelegte kritische Materialien entfernt wurden. Argumente und abweichende Meinungen waren also nicht zugelassen. Dafür sorgten die VeranstalterInnen, u.a. die Leiterin der Liebigschule in Gießen, auf dessen Schulhof der LKW stand und verbrannte – und bekamen eine unter diesem Blickwinkel durchaus als passend einstufbare Antwort.

38 www.keine-gentechnik.de/fileadmin/files/Infodienst/Presseerklaerungen/10_06_32_witzenhausener_hintergrundinfo_gtg.pdf
39 http://go2.wordpress.com/?id=725X1342&site=gentechnikfrei.wordpress.com
40 www.bund.net/nc/bundnet/presse/pressemitteilungen/detail/zurueck/pressemitteilungen/artikel/klage-sachsen-anhalts-vor-bundesverfassungsgericht-gefaehrdet-gentechnikfreiheit-der-landwirtschaft/
41 www.bioland.de/presse/pressemitteilung/article/719.html
42 http://umweltinstitut.org/gentechnik/allgemeines-gentechnik/geninfo_kampagne-742.html
43 www.campact.de/campact/about/home

Die Kombination der gefühlten, kulturellen Nähe von Verbandseliten zu den gesellschaftlichen Führungsschichten bei gleichzeitiger Distanz zu unabhängigen AktivistInnen treibt seltsame Blüten. Als der bekannte kanadische Landwirt, Gentechnikgegner und alternative Nobelpreisträger Percy Schmeißer im Raum Gießen weilte, luden BUND, Bauernverbände und andere Gruppen zu einer öffentlichen Veranstaltung. Maßgeblich beteiligt war neben dem einladenden BUND die Grüne Bürgermeisterin von Gießen, Gerda Weigel-Greilich, die 2008 – in einer grün-gelb-schwarzen Koalition – ihr Wissen um geplante Genfelder lange verschwiegen hatte und das Gießener Gengerstefeld sogar unterstütze. Daneben lächelten ein SPD-Landrat und ein der gleichen Partei angehörender Bürgermeister in die Kameras, die aber mit dem Thema bislang gar nichts zu tun hatten. Explizit ausgeladen waren AktivistInnen, die mit Feldbefreiungen und Feldbesetzungen Hessen gentechnikfrei gekämpft hatten, während ihnen Grüne und Umweltverbände zumindest in und um Gießen Knüppel zwischen die Beine warfen. Welch Ironie des Schicksals, dass das merkwürdige Presseschauspiel[44] just auf dem Biohof stattfand, auf dem sie noch kurz vorher für ihre Feldbesetzung trainiert hatten.

Im Juli 2010 wurde ein Hektar (von insgesamt 15) des hochumstrittenen Amflorafeldes in Zepkow (Mecklenburg-Vorpommern) von Unbekannten zerstört – die erste Feldbefreiung eines ansonsten ziemlich aktionsarmen Jahres. Doch was machten die Grünen der Region: Sie ließen Distanzierungssprüche raus, die das bisher Gewohnte solcher Spaltungsrituale nochmal übertrafen: *„Die Grünen distanzierten sich von der Feldzerstörung. Das Landesvorstandsmitglied Christian Prasser erkärte: ‚Das ist nicht das geeignete Mittel. Wir brauchen politische Lösungen.' Zerstörungen würden nur Skepsis bei den Bürgern bringen"*, meldete der NDR[45] und fügte noch einen Spruch des Grünenfunktionärs hinzu, der besser auch in den PR-Abteilungen von BASF nicht hätte formuliert werden können: *„Auch könnten die Genveränderungen durch die einzelnen Pflanzenteile noch eher in die Umwelt getragen werden."* FeldbefreierInnen als neue Auslöser der Auskreuzung – darauf muss mensch erstmal kommen. Wenige Tage später stellten diese Grünen vier von sieben RednerInnen bei der bürgerlichen Latschdemo am Feld – Christian Prasser war die Kontaktadresse unter dem Aufruf. Unabhängige AktivistInnen waren gar nicht erst vorgesehen. Angesichts der Distanzierungen klang das Motto der Demo recht seltsam:[46] *„Wehren wir uns!"* Gegen die BASF oder gegen AktivistInnen?

Grünen-Funktionär Prasser legte auf Nachfrage[47] noch eine Schippe drauf. Ungefragt redete er dabei im Namen aller: *„Wir wollen in M/V ein breites Bündnis an Gentechgegnern formieren und dass werden wir nur schaffen, wenn wir uns von solchen Maßnahmen distanzieren."* Also merke: Ein breites Bündnis entsteht durch Rauswürfe! Dann griff Prasser noch in die Trickkiste der Geschichtsfälschung: *„Viele Beispiele haben gerade hier in MV gezeigt, dass der politische Widerstand Bäume ausreißen kann. In den letzten Jahren haben wir einige Projekte von internationaler Bedeutung erfolgreich politisch bekämpfen bzw. stoppen können. Beispiele sind das Bombodrom oder auch das Steinkohlekraftwerk in Lubmin."* Falsch. Zu diesen in der Tat erfolgreichen Kämpfen gehörte immer die Vielfalt der Mitwirkenden und ihrer Aktionsformen. Militante Aktion und Sabotage waren beim Castorprotest genauso präsent wie am und auf dem Bombodrom, sei es das Anmalen der Panzerhalle,[48] eine Serie gefälschter Behördenschreiben (Fakes)[49], Kleinstsabotage an Schildern und Zäunen oder größere Zerstörungen z.B. des Radarwagens am Abwurfpunkt.[50]

Nächste Variante: Verschweigen – am Beispiel des bisher erfolgreichsten Widerstandsfrühjahrs auf Gentechfeldern in Deutschland. Das war 2008 und erstmals auch überregional so prägend, dass in anderen Ländern AktivistInnen sich verwundert die Augen rieben, was denn mit den sonst so tranigen politischen Gruppen in Deutschland plötzlich los sei. Sieben Felder wurden besetzt, vier dadurch direkt verhindert und weitere im Laufe des Jahres umgemäht, ausgerissen oder umgetrampelt. Das fand den Weg vor allem in die neoliberale und konservative Presse. Dort wähnten Schreiberlinge im Dienste des Profits den Standort Deutschland in Gefahr – was leider übertrieben war. Anders reagierten die eher gentechnikkritischen, SPD-, Linken- oder Grünennahen Blätter. Sie verschwiegen die vielen Aktionen genauso wie die meisten Umweltzeitungen oder -internetseiten. Dass es durch das Engagement zweier BIs und zwei Feldbesetzungen seit 2008 in Hessen keine Versuchs- oder andere Gentechnikfelder mehr gibt, ist bei Grünen, Linken, Umweltverbänden oder Initiativen nirgends zu finden. Hier existiert ein Kartell des Schweigens, getoppt von organisierter Zensur, wenn z.B. Umweltverbände Nachrichten über Aktionen auf Mailverteilern, die von ihnen kontrolliert werden, filtern.

Das alles geht zu Lasten der Sache. Unter einer Presseinformation des Nabu am 5.5.2009[51] zum Gengersteversuch am AgroBioTechnikum fand sich nur der Link zur Einwendung gegen den Kartoffelversuch am gleichen Ort. Die Einwendung gegen die Gerste wurde nicht benannt, weil sie von anderen Gruppen stammte.

Aktionsbündnis gentechnikfreies Hessen: Peinliche BUND-Grüne Wahlkämpferei

Kurz nach dem Beschluss zu Neuwahlen in Hessen 2008 luden die bis dahin in Jahresschlaf gefallenen BUND- und Grünen-Landesapparate zu einem Treffen eines als Aktionsbündnis gegen Gentechnik in Hessen benannten Kreises von Grünen, BUND, einigen BIs und Ökofirmen ein. Das fand am 2.12.2008 in Marburg statt, diente aber vor allem dem Grünen Martin Häusling, im Wahlkampf mit einem neuen Titel, nämlich Sprecher des Aktionsbündnisses, aufzutreten. Sonst wurde eher belangloses Zeug geredet und dann alles erstmal für einige Monate vertagt. Nur einen Beschluss bekamen die Apparate dann noch hin: Nicht gegen Gentechnik, sondern gegen den Protest dagegen. Auszug aus dem Protokoll:

> **Feldbesetzungen**
> Das Aktionsbündnis gegen Gentechnik unterstützt keine Feldbesetzungen bzw. –befreiungen, da durch die unterschiedlichen im Bündnis zusammen geschlossenen Gruppierungen keine einheitliche Position zu diesem Thema vorhanden ist.

Ein Jahr später versuchte Häusling, einen Feldbesetzer aus dem Treffen zu drängen. Seitdem trifft sich der Kreis nur noch geheim. Häusling hat sein Ziel auch erreicht und sitzt für die Grünen im Europaparlament.

Keine generalisierende Kritik

Einheitlich sind die Verbände nicht. Ein Glück. Ausnahmen bestätigen die Regel. Es gab immer wieder BasisaktivistInnen auf den besetzten Feldern und mitunter bejubeln sogar SPDler und BUNDjugend eine

44 http://politikglobal.blogspot.com/2008/12/permanent-link-zu-kanadischer-landwirt.html
45 http://ndr.de/nachrichten/mecklenburg-vorpommern/amfloradiskussion104.html
46 http://db.zs-intern.de/uploads/1278408194-Protestaktion%20Amflora%2016.07.2010.pdf
47 Mail vom 12.7.2010, siehe auch S. 94
48 http://de.indymedia.org/2008/07/222805.shtml
49 http://de.indymedia.org/2003/10/63018.shtml
50 http://de.indymedia.org/2003/10/62752.shtml
51 www.nabu.de/presse/pressemitteilungen/index.php?popup=true&show=1399&db=presseservice

Feldbefreiung! Oder unterstützen zivilen Ungehorsam wie die breit getragene Aktion „*Castor schottern*“ im Herbst 2010. Zumindest soweit sollte es beim Widerstand gegen die Agro-Gentechnik auch gehen!

Sonderfall Kirche: Für und gegen Gentechnik

Kennen Sie die schönen Worte von der göttlichen Schöpfung, in der die unendliche Weisheit des Schöpfers zum Ausdruck kommt? Wer nicht an den großen Gestalter im Off glaubt, wird mit solchen Bildern wenig anfangen können und sich einen eigenen Reim auf die Abläufe in der Natur machen. Aber AnhängerInnen der Schöpfungsreligionen müsste es überraschen, wenn ausgerechnet die Verkünder der Göttlichkeit von Schöpfung diese ein bisschen nachbessern wollen? Doch es gibt keine Zweifel: Die Kirche ist an vielen Orten und vor allem in ihren überregionalen Apparaten an gentechnischen Experimenten beteiligt – und zwar nicht nur als Mitläuferin, sondern auch in gestaltender Rolle. An zwei Hauptstandorten der Agro-Gentechnik spielte die Kirche eine der ersten Geigen: Im Biopark von Gatersleben und beim neuesten Projekt, der BioTechFarm in Üplingen. Das passt zu einer Reihe weiterer Verquickungen – vom Vatikan, der sich gern mit den Konzernchefs auch der Gentechnikkonzerne trifft bis zum Kirchenmann, der als vermeintlicher Ethiksachverständiger an den Propagandaveranstaltungen deutscher Universitäten und Lobbyverbände für die profitable Technik teilnimmt. Warum? Der schnöde Mammon dürfte der Hauptgrund sein. Die Kirche ist vielfach verquickt mit Finanzinstitutionen und Investmentfirmen. Sie betreibt zudem viele eigene – und die sollen Geld machen. Mit allen Mitteln. Wie im übrigen Kapitalismus auch.

Bislang auffälligstes Beispiel in Deutschland war das Engagement der Kirche für den ersten Biopark, errichtet auf dem Gelände des IPK Gatersleben, direkt neben der dortigen Saatgutbank – durch die religiöse Brille betrachtet eigentlich ein Hort der Bewahrung göttlicher Intuition. Der Immobilienspekulant der katholischen Kirche investierte, einschließlich Förderungen aus Steuergeldern, 35 Mio. Euro in Gentechniklabore. Ein Pfarrer segnete die riskanten Experimente (Bericht und Foto auf S. 103). Doch Gott hatte ein Einsehen. Die Kirchenfirma ging Pleite durch das Finanzengagement in der Gentechnik und Fehlinvestitionen andernorts (siehe Kapitel VII). Beendet war das kirchliche Engagement für die Agro-Gentechnik in Gatersleben damit aber nicht. Bei den 3. Gaterslebener Gesprächen am 16. und 17.9.2010[52] waren Kirchenleute prägend und gaben der Werbeveranstaltung einen Flair von Ausgewogenheit. Bei den völlig einseitig besetzten Podien und Vortragsreihen traten, wie üblich, BefürworterInnen aus Forschung und Behörden Schulter an Schulter auf – ergänzt oder moderiert von den SprecherInnen der höheren Weihen, z.B. Thorsten Moos, stellvertretender Direktor der Evangelischen Akademie Sachsen-Anhalt in Lutherstadt Wittenberg. Wichtiger war der Auftritt von Stephan Schleissing. Dessen Institut für Technik, Theologie, Naturwissenschaften an der Ludwig-Maximilians-Universität München verbindet säkulare (Universität) und kirchliche Arbeit. Schleissing ist nämlich gleichzeitig Kirchenrat und Beauftragter für Naturwissenschaft und Technik der Evangelisch-Lutherischen Kirchen in Bayern. Ausgerechnet im Stammland der Gentechnikkritik zeigte sich die Kirche mit wackeligen Positionen. Sie war als Akzeptanzbeschafferin in Gatersleben allerdings nicht allein. Auch KünstlerInnen und Kulturvereine ließen sich für die peinliche Werbeschau einspannen. Wieder mal eine Geldfrage?

Gehen wir noch näher ran und schauen direkt in ein Gotteshaus, genauer in die St. Johannis Kirche. Die liegt in Göttingen, es war der 24. Juni 2010. Gebete und Verkündungen erfüllten den sakralen Raum. Unter dem harmlos scheinenden Titel „*Säen und Ernten in Zeiten von Hunger und Überfluss*“ traten Funktionäre von Gentechnikkonzernen auf. „*Zum Schluß forderte Herr von der Ohe die zahlreichen Zuhörer auf mit ihm zu beten, auf dass die Politiker Rahmenbedingungen schaffen, die der Gentechnik die Pforten öffnen. Wir alle sollten jetzt den Samen legen, damit niemand mehr hungern müsse*“, berichtete ein Besucher über den Auftritt des Pressechefs der KWS im Gottesdienst.[53] Die schon benannte Evangelische Akademie organisierte zusammen mit dem IPK in Gatersleben die 3. Gaterslebener Gespräche unter dem Motto „*Globale Aspekte der Grünen Gentechnik*“, zu dem vor allem Gentechnikbefürworter wie Matin Qaim (Uni Göttingen) und Joachim Schiemann (JKI) als Referenten geladen wurden. Beliebter Begleiter von Propagandaveranstaltungen der Gentechnik ist Kirchenrat Dr. Roger J. Busch, Geschäftsführer am Institut für Technik, Theologie, Naturwissenschaften (TTN) in München. Seine Anwesenheit als Diskussionspartner gibt einseitig besetzten Podien einen pluralistischen Flair. Doch Kritik kommt von ihm nicht, nur seichte Ermahnung zu Nachdenklichkeit. Dem gemeinsamen Abschlussergebnis pro Gentechnik stand er nie im Wege – wie am 11.9.2003 in Geisenheim:[54] „*Einig waren sich die Experten in der von Prof. Dr. Max-Bernhard Schröder (Forschungsanstalt Geisenheim) moderierten Runde darüber, dass auf das enorme Innovationspotenzial der Biotechnologie nicht leichtfertig verzichtet werden dürfe.*“ Dagegen ist kirchlicher Segen der Marke Gatersleben doch eher harmlos, aber kein Einzelfall. Ein katholischer Weihbischof segnete auch Anlagen eines Saatzüchters.[55]

> ***Synodalpräsidentin: Möglichkeiten der „Grünen Gentechnologie“ erforschen***[56]
> *Einen Nachweis der Unbedenklichkeit hat die bayerische Synodalpräsidentin Dorothea Deneke-Stoll (Ingolstadt) bei gentechnischen Eingriffen in die Natur gefordert. ... Die Auswirkungen der „Grünen Gentechnologie“ müssten intensiver erforscht werden, erklärte die Synodalpräsidentin. Dabei sollte geklärt werden, ob durch eine verantwortlich gebrauchte Gentechnik die Lebensverhältnisse der Menschen verbessert und drohende Ernährungskrisen abgewendet werden könnten.*

Am 23.9.2010 fand in Ludwigshafen eine Podiumsdiskussion zur Agro-Gentechnik statt. In der Höhle des BASF-Löwen sollten ein BASF-Wissenschaftler, eine VertreterIn des BUND und der Autor von „*Organisierte Unverantwortlichkeit*“ streiten. Geladen war auch Maren Heincke, Agrarreferentin der Evangelischen Kirche in Hessen-Nassau. Die sagte aber ab, weil sie sich nicht zusammen auf ein Podium setzen würde mit ... nein, nicht mit BASF. Das hätte sie gemacht. Mit dem Autor der Gentechnikseilschaften-Broschüre wollte sie nicht! Überraschend kam das nicht: Heincke ist seit Jahren im Aktionsbündnis gentechnikfreies Hessen aktiv und dort mitverantwortlich für die Ausgrenzungen (siehe oben). Nach

Lernfähig ...
Als Stefanie Töwe von Greenpeace im November 2010 gefragt wurde, ob sie direkte Aktionen für legitim halte, fand sich eine Antwort in der Ostseezeitung vom 9.11.2010 (S. 11), die die Vielfalt solidarisch ausdrückte:

„Sogenannte Feldbesetzungen oder Feldbefreiungen gehören zur Bewegung und sind eine Form des Proteste“, sagt sie. „Bewerten möchte ich solche Aktionen aber nicht. Greenpeace ist eine gewaltfreie Organisation.“

Auch wenn die Frage bleibt, was eine Feldbesetzung mit Gewalt zu tun hat – vielleicht die spätere Räumung durch die Polizei? ...

52 www.animal-health-online.de/lme/2010/09/12/3-gaterslebener-gesprach-globale-aspekte-der-grunen-gentechnik-am-17-september/4945/

53 www.gentechnikfreies-suedniedersachsen.de/index.php?option=com_content&view=article&id=176:im-namen-des-herrn&catid=45:allgemein&Itemid=67. Bericht im Göttinger Tageblatt vom 25.6.2010: www.goettinger-tageblatt.de/Nachrichten/Goettingen/Dossiers/Kirche/Gentechnik-und-Gerechtigkeit

54 www.uni-protokolle.de/nachrichten/id/22322/

55 Hessische/Niedersächsische Allgemeine, 19.6.2007: www.hna.de/northeimstart/00_20070619184536_Segen_fuer_Gentechnik.html

56 www.epd.de/bayern/bayern_index_69634.html

eigenen Aussagen würde die Kirche mit „*den Gießener Gentechnikgegnern*“ nicht kooperieren, weil die „*immer Genfelder kaputt machen*“ (geäußert am 13. Februar 2009 in Romrod).

Absurd ist – wieder einmal – die Rolle und Position des Vatikan. Dort, wo der selbst- und fremdernannte Sprecher Gottes mit Kondomverzicht gegen AIDS kämpft und mit der Geißelung kultureller Errungenschaften in der Tradition von Hexenhammer und Galilei-Bann steht, wird für die Gentechnik getrommelt. Maßgeblich prägt die Päpstliche Akademie[57] das Geschehen. Dort wirken etliche Agro-Gentechnikfans, darunter der „Erfinder“ des Golden Rice, Prof. Potrykus. Er organisierte eine Tagung vom 15. bis 19. Mai 2009 mit dem Titel: „*Transgene Pflanzen für die Lebensmittelsicherheit im Entwicklungszusammenhang*“. Programmtext und Referentenauswahl ließen darauf schließen, dass es sich bei der Studienwoche nicht um eine breite und unvoreingenommene Diskussion potentieller Einsatzgebiete transgener Pflanzen und der damit verbundenen gesundheitlichen, ökologischen und sozioökonomischen Risiken handelte. Die katholische Landvolkbewegung forderte daraufhin „*die Päpstliche Akademie der Wissenschaften auf, diese einseitige Tagung abzusetzen und eine neue Tagung vorzubereiten, die weitere Positionen und Untersuchungsergebnisse berücksichtigt und damit eine ausgewogenere Betrachtung sicherstellt.*“ Doch auch in der Kirche haben Apparate mit den basisnäheren Teilen wenig zu tun und kamen der Aufforderung nicht nach.

Auszüge aus dem Einladungstext zur Tagung der Päpstlichen Akademie (Übersetzung: Bund Naturschutz in Bayern)[58]

Wir müssen Argumente finden

- *warum Nahrungssicherheit für die Armen des effizienten Zugangs zur Agrogentechnik bedarf*
- *warum „extreme Vorsorgeprinzip-Regelungen“ ungerechtfertigt sind*
- *um die sozialen und ökonomischen Konsequenzen der Überregulierung aufzuzeigen*
- *wie gesetzliche Regelungen, die auf Ideologie basieren, hin zu solchen auf wissenschaftlicher Basis zu verändern sind*

Wir müssen auch Ideen entwickeln, was eine „auf Wissenschaft gründende Regulierung“ bedeuten würde, wir müssen Strategien entwickeln, wie Medien, Öffentlichkeit, Behörden und Regierungen zu informieren sind, dass es nicht gerechtfertigt, ja unmoralisch ist, mit den derzeitigen Einschätzungen und Verfahren fortzufahren.

Zu den TeilnehmerInnen der Tagun (Namensfehler im Original)[59]

Die Mehrheit des „humanitären Vorstands“ des Golden Rice Project wird sich nun in der päpstlichen Akademie ein Stelldichein geben: Adrian Dubock vom Saatgut- und Chemiemulti Syngenta etwa, der das Projekt finanziell zusammen mit der Rockefeller Stiftung betreibt, und Robert Zeigler, der Chef des Internationalen Reisforschungsinstituts IRRI, das in den Philippinen dem Gentechnik-Reis zum Durchbruch verhelfen will und natürlich Prof. Martin Quaim von der Uni Göttingen, einer der vehementesten Gentechnik-Streiter in Deutschland.

Insgesamt liest sich die Teilnehmerliste wie der Who-is-Who des globalen Netzwerks der aggressivsten Gentechnikfreunde aus aller Welt (Nur Klaus Amman fehlt aus unerfindlichen Gründen). Ihr Flaggschiff ist Herny I. Miller, vom neo-konservativen think-tank „Hoover Institution“, der in den 80iger Jahren mit Monsantos Hilfe die Gentechnik-Politik der US-Gesundheitsbehörde FDA prägte und heute publizistisch Gentechnik-Kritiker am Rande des Terrorismus verortet. ...

Prominentester Gast der Runde und ständiges Mitglied der Akademie ist Werner Arber, der 1978 den Nobelpreis für die Entdeckung der Restriktions-Enzyme bekam, die die Grundlage gentechnischer Veränderungen ist. Er hatte sich in der päpstlichen Akademie stets stark dafür gemacht, dem natürlichen Hang der Kirche zum Kreationismus zu entsagen und auf dem Boden der evolutionären Tatsachen zu bleiben. Wo die ironischen Berührungspunkte zwischen dem kreationistischen „intelligent design” Konzept, an das immerhin eine Mehrheit der Amerikaner im Darwin-Jahr 2009 wieder glaubt, und den Heilsversprechen der Gentechnik liegen wollen wir einem anderen Artikel vorbehalten. Die einzige Frau in der Runde ist Nina Fedoroff, ihres Zeichens die von der Bush-Administration übernommene Technologie-Beraterin von Hillary Clinton, die kürzlich dem Spiegel anvertraute, dass die Hysterie europäischer Gentechnikgegner grossen Schaden anrichte. KritikerInnen sind zu dem Symposium nicht gebeten.

Ziel der Veranstaltung ist es, die bisher eher zögerliche Haltung des Heiligen Stuhls zur Frage der Gentechnik auf Vordermann zu bringen: Dass Gottes Schöpfung der Nachhilfe durch Monsanto (daher der Name? Nein, kein heiliger Berg, sondern die Frau des Firmengründers war die Namenspatin) bedarf mochte man bei allem Gallilei-Trauma im Vatikan bisher noch nicht recht glauben. „Vatikan bejubelt die Gentechnik” titelt nun schon mal in wohl berechtigter Vorfreude das Wissenschaftsblatt „Nature Biotechnology”.

Prof. Ingo Potrykus im Interview mit Xectuives.net[60]

Im Gegensatz zur „klassischen“ Züchtung wissen wir jedoch sehr genau, was wir verändern; wir können die Eingriffe genau beschreiben und wissen, was passiert. Hat man während Jahrtausenden Pflanzenzüchtung nach Intuition und nach Zufall betrieben, kann diese heute viel präziser und kontrolliert durchgeführt werden. ...

Frage: Im Frühling dieses Jahres haben Sie für die Päpstliche Akademie der Wissenschaften eine Studienwoche zur Pflanzentechnologie organisiert, an der Schwergewichte aus der Forschung aus der ganzen Welt dabei waren, unter anderem auch der Schweizer Nobelpreisträger Prof. Dr. Werner Arber, um nur eine bekannte Persönlichkeit zu nennen. Diese Studienwoche fand im Vatikan statt. Hat die Kirche heute weniger Probleme mit der Gentechnologie als die Gesellschaft als Ganzes? Immerhin meint der Papst einleitend zu einem mir von Ihnen vorgelegten Text, dass der Mensch technische Entwicklungen machen solle, die zum Wohle der Menschheit beitragen.

Nein, ganz so ist das leider nicht. Die evangelische Kirche ist, meiner Erfahrung nach, eine der intensivsten Gegnerinnen der Pflanzengentechnologie. Auch aus der katholischen Kirche gibt es Widerstand. Der Papst hat, wie Sie sagen, eine sehr offene Haltung gegenüber den Technologien eingenommen. Er sagt, dass Gott den Menschen die Fähigkeit gegeben habe, technische Entwicklungen voranzutreiben, und dass er diese Fähigkeit deshalb auch nutzen solle. Er meint aber nicht nur zum Nutzen der Reichen, sondern vor allem zum Nutzen der Armen und Minderprivilegierten auf der Welt. Seine Forderung ist es, dass die Vorteile von Technologie und Forschung sozial gerecht verteilt werden müssen.

Die Bundesversammlung der KLB möge hierzu beschließen:

1. Die KLB begrüßt grundsätzlich die Tatsache, dass sich die Päpstliche Akademie der Wissenschaften mit der Thematik Ernährungssicherung im Kontext neuer biotech-nologischer Erkenntnisse auseinandersetzt, kritisiert aber die ***einseitige Ausrich-tung*** der o.g. Tagung und weist darauf hin, dass sie damit in keiner Weise dem der-zeitigen Dis-kussionsstand zur Frage des Zusammenhangs von Gentechnologie und Welternährung gerecht wird.
2. Die KLB fordert die Päpstliche Akademie der Wissenschaften auf, diese einseitige Ta-gung abzusetzen und eine neue Tagung vorzubereiten, die weitere Positionen und Un-tersuchungsergebnisse berücksichtigt und damit eine ***aus-gewogenere Be-trachtung*** sicherstellt. Dabei sollen auch die Positionen und der aktuelle Diskussi-onsstand der in-ternationalen katholischen Verbände und Gruppierungen und der katholi-schen Hilfswerke Be-rücksichtigung finden.
3. Die KLB bittet die ***Bischöfe und Verantwortlichen der Katholischen Kirche***,

Ï in der Öffentlichkeit klar zu stellen, dass diese ***einseitige*** Auffassung zum Zu-sammenhang von Gentechnologie und Hungerproblematik in keiner Weise iden-tisch ist mit der Meinung eines großen Teils der Katholischen Kirche so-wie ihrer – mit dieser Thematik befassten – Verbände und Hilfswerke,

Ï sich dafür einzusetzen, dass in Zukunft ähnliche Tagungen nicht mehr in solch einseitiger Weise organisiert werden, sondern dass dort ein wirklicher Dialog stattfinden kann.

Abb.: Aus dem Beschluss der KLB, gefasst auf der Bundesversammlung der Katholischen Landvolkbewegung vom 24.-26.4.2009 in St. Ulrich[61]

57 www.vatican.va/roman_curia/pontifical_academies/acdscien/

58 www.eco-world.de/scripts/basics/econews/basics.prg?a_no=19541

59 http://blogs.taz.de/saveourseeds/2009/03/18/paepstlicher_segen_fuer_die_gentechnik/

60 www.xecutives.net/content/view/245/80/

61 www.klb-deutschland.de/cgi-bin/pdf.cgi?id=NEWS_Aktuelles/Taqgung

Bio-Firmen als Nutznießer

Einen großen Anteil an der Öffentlichkeitsarbeit haben Firmen, die ihre Produkte gentechnikfrei zu halten versuchen. Es sind die Anbauverbände im Ökolandbau, deren WeiterverarbeiterInnen, die Bioläden und Bio-Marken. Auch außerhalb der Biobranche gibt es etliche Firmen, die auf *„gentechnikfrei"* stehen und damit werben. Daran gäbe es nichts auszusetzen, wenn nicht die Art und Inhalte der Werbung den Verdacht aufkommen ließen, dass hier vor allem die Nutznießer der Gentechnikfrei-Kampagnen am Drücker sind. Denn gerade die Firmen prägen die Ausrichtung auf das Verbraucherverhalten als politische Einflussnahme. Klar: Das erhöht den Umsatz. An den Feldern ist von den Firmen aber ebenso wenig zu sehen wie von den NGOs und Parteien. Gut möglich, dass das sogar zusammenhängt, denn die Biobranche gehört zu den Sponsoren der einschlägigen Verbände und Parteien.

Auffällige Beispiele waren Topmarken wie Biere und Bionade. Sie wollten mit den Aktionen gegen das Gengerstefeld in Gießen nichts zu tun haben. Bionade bügelte die AktivistInnen arrogant ab, um sich gleichzeitig an großen Events zu beteiligen, die ans Verbraucherverhalten appellierten. Erst nach Verlegung des Feldes in die Nähe Rostocks beteiligte sich die Stralsunder Brauerei am Protest. Sie blieben die Ausnahme.

Die Biobranche ist inzwischen ein riesiger Wirtschaftszweig geworden. Kooperative Ideen oder Direktvermarktung, wie sie in den ersten Jahren noch im Mittelpunkt standen, sind vollständig verflogen. So herrschen der Zwang zum Profit und zum Ausbau der eigenen Marktstellung. Politische Positionen müssen daran ausgerichtet werden. Zielgruppe ist das mittelreiche BildungsbürgerInnentum. Das lebt gern in der Illusion, mit dem eigenen Kaufverhalten die Welt zu retten, während sie tatsächlich aufgrund ihrer hohen materiellen Bedürfnisse zu den Bevölkerungsgruppen mit der schlechtesten Ökobilanz gehören. Das vernebelt die Werbung für Biomarken gerne, zum Nutzen des Umsatzes. Als der Freiburger Sojaverarbeiter Taifun das Etikett *„Keine Gentechnik"* von seinen Produkten nahm und per Presseinformation bekannt gab, dass die Garantie für Gentechnikfreiheit eine Lüge sei und stattdessen lieber der Protest gestärkt werden müsse, traf das in den Ökoverbänden und anderen Biofirmen auf wenig Resonanz. Das war zu erwarten, denn wer sich über die Logik der Auskreuzung Gedanken macht, wird erkennen, dass das bewusste Kaufverhalten nicht schützt, sondern nur der Widerstand an den Quellen, also den Feldern. Die aber sind weit weg von den Metropolen der Ökobewussten – sowohl geografisch wie kulturell.

Die Rolle der Medien

Kommen wir zu einer weiteren Akteursgruppe in der Auseinandersetzung, den Medien. Bei 80 Prozent Ablehnung in der Bevölkerung mag mensch davon ausgehen, dass kritische Berichte auch in Zeitungen, Funk und Fernsehen dominieren. Vorhanden sind sie, aber zum einen nicht prägend und zum anderen beschränkt auf Gesundheitsgefahren und sanfte Protestformen. Medien und vor allem deren führende Kreise haben das gleiche Problem wie die Spitzen der Umweltverbände: Sie gehören zu den Funktionseliten dieser Gesellschaft. Dort leben sie im kulturellen Code dieser Führungsschicht. Was bedeutet: Unabhängige AktivistInnen ausblenden. TitelträgerInnen Platz geben. Seriös und normal rüberkommen. GentechniklandwirtInnen kritisieren, aber die ForscherInnen loben. Denn Letztere gehören der eigenen kulturellen Gruppe an. Diese Identität ist wichtiger als der Inhalt.

Medien als Propagandisten der Agro-Gentechnik

Top-Journalistin der Seilschaften ist die FAZ-Wissenschaftsredakteurin Caroline Möhring. Sie hat ihre Finger, ganz Seilschafterin, in mehreren Kreisen – darunter einen Sitz im Beirat des staatlichen Julius-Kühn-Instituts. Zudem redigierte sie die DFG-Broschüre zur grünen Gentechnik und die Selbstdarstellungsbroschüre des PTJ Jülich, der die staatlichen Fördergelder zur Gentechnik verteilt. JournalistInnen in den Seilschaften sind weit verbreitet. So saßen die ehemaligen Chefs von ZDF und Saarbrücker Volkszeitung in einer Innoplanta-Jury, der MDR moderierte das Podiumsgesprächs auf dem Innoplanta-Forum 2010.

Der Ex-Intendant des ZDF und der Ex-Chef der Saarbrücker Zeitung in einem InnoPlanta-Gremium.[62]

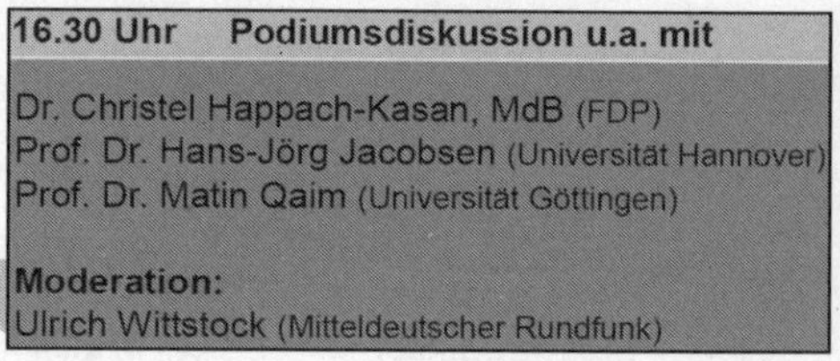

Auch der MDR steht parteiisch für Dienste auf dem Lobbyistentreffen zur Verfügung – ein Redakteur moderierte eine völlig einseitige Veranstaltung.[63] Wenig überraschend war da die nachträgliche, einseitige Berichterstattung auf den MDR-Sendern, in der die völlig einseitige Propagandaschau als „differenziert" tituliert wurde.

Wieso kommt es zu solch einseitigen Verflechtungen?

Wie bei den NGOs steuert die eigene Einbindung gerade leitender RedakteurInnen oder VerlagsleiterInnen in die Geflechte herrschender Eliten deren Wahrnehmung von Interessen. Das komplizierteste, in seiner Tragweite aber deutlichste Fallbeispiel ist „Wikipedia". Dieses zunächst als offene Enzyklopädie gestartete Internetlexikon bekam in etlichen Untersuchungen bescheinigt, hinsichtlich Fehlern sogar traditionellen Anbietern in Buchform wie dem altehrwürdigen Brockhaus oder weiter verbreiteten Volkslexika überlegen zu sein. Dennoch wurde auf die MacherInnen eingeprügelt und jeder Einzelfall gerade von etablierten Medien genutzt, um mehr Kontrolle einzufordern. Das ist inzwischen geschehen – und mit der Kontrolle nehmen die Fehler zu. Denn die KontrolleurInnen sind nicht irgendwelche Personen, sondern welche mit mehr Handlungsmacht. Dadurch steigen sie in den Kreis der diskurssteuernden Eliten einer Gesellschaft auf – und übernehmen die Codes. Der Drang zur Normalität steigt und macht aus einem pluralen Projekt eine Kampfplattform des Normalen, nicht im Sinne von durchschnittlich, sondern in Text gegossener ‚Mainstream' der Eliten, der Diskurse der Gegenwart. Praktisch zeigt sich das auf der Seite über Grüne Gentechnik:[64] *„Derzeit sind insbesondere Pflanzen auf dem Markt, die beim Anbau weniger Pflanzenschutzmittel benötigen."* Als Quelle dient ohne weitere Erklärung die ISAAA, eine internationale Lobbyorganisationen pro Gentechnik.[65] Bei den Erträgen wird *„eine Mehrproduktion von 6,7% bis 13,4% gegenüber herkömmlichen Maissorten"* angegeben. Quelle ist Monsanto. Für

62 www.innoplanta.de/fileadmin/user_upload/Pdf/Aktuell/Innoplanta-Preis2010__ausschreibung.pdf

63 www.innoplanta.de/fileadmin/user_upload/Pdf/Pdf__Innoplanta-Forum/InnoPlanta__Forum__2010__Einladungsflyer.pdf

64 http://de.wikipedia.org/wiki/Gr%C3%BCne__Gentechnik

65 http://umweltinstitut.org/gentechnik/kommerzieller-anbau/falsche-zahlen-gentechnikindustrie-macht-sich-groser-193.html

Umweltschäden gäbe es *„keine wissenschaftlichen Beweise"*. GentechnikgegnerInnen seien vor allem die dummen Bevölkerungsteile: *„Die Zustimmung für gentechnisch veränderte Lebensmittel ist am höchsten bei Menschen mit postgradualen Abschlüssen."* Zu der bedrohlichsten Anwendung der grünen Gentechnik, der Terminatortechnologie, ist lapidar zu lesen, diese Methoden[66] *„sind ein biologischer Mechanismus zum Schutz von geistigen Eigentumsrechten und bieten damit einen Anreiz für private Forschung und Entwicklung, was die Wohlfahrt steigert."*

Wie schnell und einseitig bei Wikipedia manipuliert wird und wie einseitig Quellen ausgewählt und ausgesondert werden, lässt sich beliebig ausprobieren: Besuchen Sie einen solchen Artikel, bei dem politische Interessenslagen bestehen. Korrigieren Sie irgendeine der hanebüchenen Behauptungen und vergessen nicht, einen Screenshot von Ihrer Arbeit zu machen. Warten Sie eine Weile und schauen dann nochmals nach: Ihre Korrektur wird zensiert. Die Falschbehauptung steht wieder da.

Abb.: Wikipedia zu „Feldbefreiung" Anfang August:[67] Das Schauermärchen vom zusammengeschlagenen Wachmann auf dem Versuchsfeld in Sagerheide (siehe Kapitel X) hatte Eingang in die Enzyklopädie gefunden.

Der Unsinn wurde – eher vorsichtig in der Formulierung – korrigiert und gar nicht das Gegenteil behauptet, sondern darauf hingewiesen, dass es abweichende Meinungen gab. Am 8. August 2010 ab 23.11 Uhr stand die Ergänzung im Netz.

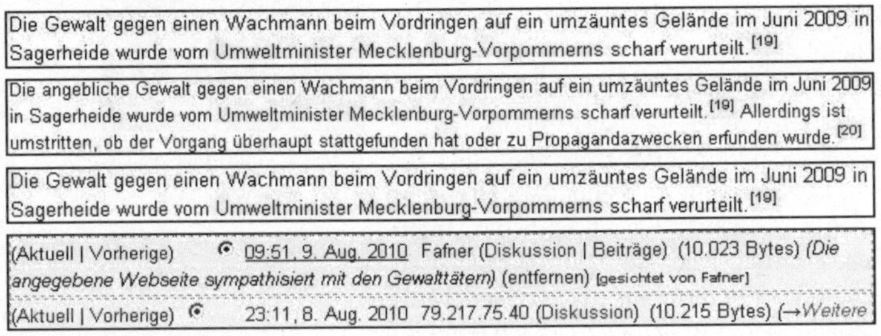
Die Gewalt gegen einen Wachmann beim Vordringen auf ein umzäuntes Gelände im Juni 2009 in Sagerheide wurde vom Umweltminister Mecklenburg-Vorpommerns scharf verurteilt.[19]

Die angebliche Gewalt gegen einen Wachmann beim Vordringen auf ein umzäuntes Gelände im Juni 2009 in Sagerheide wurde vom Umweltminister Mecklenburg-Vorpommerns scharf verurteilt.[19] Allerdings ist umstritten, ob der Vorgang überhaupt stattgefunden hat oder zu Propagandazwecken erfunden wurde.[20]

Die Gewalt gegen einen Wachmann beim Vordringen auf ein umzäuntes Gelände im Juni 2009 in Sagerheide wurde vom Umweltminister Mecklenburg-Vorpommerns scharf verurteilt.[19]

(Aktuell | Vorherige) 09:51, 9. Aug. 2010 Fafner (Diskussion | Beiträge) (10.023 Bytes) *(Die angegebene Webseite sympathisiert mit den Gewalttätern)* (entfernen) [gesichtet von Fafner]
(Aktuell | Vorherige) 23:11, 8. Aug. 2010 79.217.75.40 (Diskussion) (10.215 Bytes) *(→Weitere*

Der neue Inhalt schaffte es aber nur bis kurz nach Sonnenaufgang. Kaum erwachten die Zensorent, war Schluss mit dem Hinweis. Ab 9. August 2010, 9.51 Uhr ließ sich nur noch die alte, falsche Fassung aufrufen.

Ein Blick auf die Versionsgeschichte zeigte den angeblichen Grund: Die angegebene Quelle sympathisiere mit den Gewalttätern. Dabei wurde doch nur Frage aufgeworfen, ob es die Handlung überhaupt gegeben habe. Aber Wikipedia interessierte sich nicht für den Inhalt. Wegzensiert wurde, was von der falschen Seite und falschen Denkrichtung kam. Als richtiger Inhalt blieb, was den Herrschenden diente, deren Gewalt zudem immer als legitim gilt.

Als Zensor trat im benannten Fall ein „Fafner" auf. Er zensierte und manipulierte auch kräftig auf anderen Seiten zur Grünen Gentechnik mit. Ein Klick auf seine Personenseite zeigt wenig – nur ein Zitat von Hans von Storch. Aber das hat es in sich: *„Es gibt Wissenschafter, die sagen, wenn die Temperaturerhöhung 2 Grad überschreitet, passieren furchtbare Dinge. Ich halte das für Gerede. Um politischen Druck auszuüben, ist eine ganze Menge Spekulation zu endgültiger Wahrheit aufgemotzt worden."* Solche Leute bestimmen, was *„Grüne Gentechnik"* ist.

Die zum reichen BürgerInnentum aufgestiegen Ex-Ökos spielen für Medien bei Umwelt- und Gesundheitsfragen als AbonnentInnen, vor allem aber als Zielgruppe von Anzeigenschaltung eine herausragende Rolle. Diese, in ihrer weitesten Entwicklung heute als ‚Lohas'[68] eingruppierten Personenkreise, zeichnen sich durch eine weitgehende Entpolitisierung aus bei starkem Interesse an Gesundheits- und Wellnessthemen, oft mit spirituellen Neigungen verbunden. Ein Infragestellen von Herrschaft findet nicht mehr statt. Dass mit Markt und Staat ehemalige Feindbilder den Umbau von Energie- und anderer Wirtschaft organisieren, trifft heute auf Akzeptanz. Ansätze einer Politik von unten, wie sie im Netzkauf von Schönau oder der Direktvermarktung landwirtschaftlicher Produkte noch durchschienen, sind im hochmobilen und überdurchschnittlich reichen BildungsbürgerInnentum Schnee von gestern.

In solchen Milieus stoßen direkte Aktionen, besonders solche mit der Attitüde der Kritik am Machtgehalt bestimmter Techniken, auf wenig Gegenliebe. Angesagt sind vielmehr Symbole – als Handlung und Suggestion gesunder Lebensweise allein aus dem Konsumverhalten. Produkte sollen weiter einem schnelllebigen Alltag gemäß aufbereitet, verpackt und angeboten werden. Doch der freundliche Hinweis auf die ökologisch korrekte Herstellung und die Gentechnikfreiheit sollen hinzukommen. Dem folgen die Medien, die solche Bevölkerungsteile als Zielgruppe haben – von Ökotest über die derart ausgerichteten Tageszeitungen FR, SZ oder taz bis zu Verbandsorganen von Umwelt- und Verbraucherverbänden bzw. Grünen. Niels Spilker hat in einer Studie den Wandel des BUND-Verbandsmagazins über die Jahre nachverfolgt: Weg von grundlegenden Artikeln und Kommentaren hin zu kurzen Verbrauchertipps und einem hohen Anteil von Werbung, die das zahlungskräftig gewordene Publikum für gehobene bis Luxusprodukte begeistern soll.

> ***Aus Niels Spilker (2010): „Von der konservativen Utopie zum neoliberalen Mainstream" (S. 27 f.)***
> *Die Zeitschrift hat sich im untersuchten Zeitraum in ihrem Erscheinungsbild stark verändert, zum einen was das Layout und die abgedruckten Bilder betrifft – eine vergleichende Bildanalyse zum Beispiel der Titelseiten über einen größeren Zeitraum wäre sicher aufschlussreich und interessant –, zum anderen, was den Umfang der Zeitschrift betrifft. Dieser hat sich von 1976 bis 1997 fast verdoppelt. Die Jahrgänge bis 1987 beinhalteten in erster Linie Kommentare, Berichte und Stellungnahmen. In den Jahrgängen 1996 und 1997 finden sich daneben auf der einen Seite Service-Teile mit Verbraucher-Tipps, die sich über mehrere Seiten erstrecken, auf der anderen ein mehrseitiges Magazin mit sehr kurzen Artikeln oder Ankündigungen für Ausstellungen und Veranstaltungen; außerdem eine Reihe ganzseitiger Werbeanzeigen (in den Jahrgängen bis 1987 gab es keine Werbung, abgesehen von der Werbung für den „BUND-Versand"). Dieser größere Umfang der Zeitschrift spiegelt sich zum Teil auch in der Anzahl der im jeweiligen Zeitraum untersuchten Artikel wieder. Letztlich hat die Zahl der untersuchten Artikel aber nur eine sehr eingeschränkte Aussagekraft, da die Artikellänge zum Teil stark abgenommen hat.*

Angst

Schließlich hält noch ein weiterer Grund manche Medien von kritischer Berichterstattung ab: Die Angst vor den Konsequenzen. Anfang Dezember 2009 wollte die Junge Welt, immerhin ein eher marxistischen Kreisen zuzurechnendes Blatt, eine Themenseite zu den Gentechnikseilschaften in den neuen Bundesländern veröffentlichen. Anlass war der Beginn des Maulkorbverfahrens in Saarbrücken. Der Text war schon fertig, alles geklärt – da trudelte eine Absage aus der Redaktion ein. Die Zeitung hatte Angst vor Klagen durch die GentechniklobbyistInnen. Andersherum zeigten sie sich offener. Am 7.9.2006 durfte ausgerechnet der Marktradikalen Thomas Deichmann, später InnoPlanta-Preisträger, schreiben. Das erinnert an ‚Neues Deutschland' und deren Text, der die GentechnikkritikerInnen niedermachte – von Johannes Bergler, der am gentechnikbetreibenden Bio-Fachbereich der Uni Erlangen tätig ist.

Fraglos ist die Angst der Medien auch wieder eine Folge der ökonomischen Zwänge. Denn hinter allem steht ja nicht die Furcht davor, sein Rückgrat gebrochen zu bekommen, sondern seinen Arbeitsplatz oder gleich den ganzen Betrieb zu verlieren. Medien sind damit auch nicht allein. Dass sich WissenschaftlerInnen wie Christoph Then, Antje Lorch oder Andreas Bauer, die selbst zu den Seilschaften recherchierten, sich aber frei finanzieren müssen, im Maulkorbverfahren von Saarbrücken ängstlich wegduckten, ist ebenfalls ihrer Angst vor Image- und Auftragsverlusten zuzuschreiben. Wer innerhalb des Systems zu agieren versucht, spürt seine Grenzen ziemlich schnell. Das macht stromlinienförmig.

66 http://de.wikipedia.org/wiki/Genetic_Use_Restriction_Technology
67 http://de.wikipedia.org/wiki/Feldbefreiung
68 www.lohas.de

Strategische Einflussnahme auf Protestkonzepte

Themen und Darstellungen von Aktionen werden durch Medien geprägt. Eine Folge war die Fokussierung der Agro-Gentechnikkritik auf die Firma Monsanto und deren Produkt MON810. Viele der gentechnikkritischen Redaktionen haben über die (gute?) deutsche, überwiegend universitäre Forschung kaum berichtet. So fanden sich in der Frankfurter Rundschau kaum Berichte über den Versuch mit transgener Gerste in Gießen, obwohl dieses Feld zeitweise der einzige Acker mit gv-Pflanzen im Erscheinungsgebiet der Zeitung war. Ausnahmen bilden nur Lokalredaktionen, deren Wahrnehmungsschwelle auch bei kommunalpolitischen Auseinandersetzungen über Versuchsfelder etliche Male übersprungen wurde.

Die Ausblendung direkter Protestformen war ebenso Sache vieler überregionaler Medien. Die spektakulären Feldbesetzungen und -befreiungen der vergangenen Jahre haben bislang fast nie den Weg in Umwelt- oder VerbraucherInnenzeitungen gefunden. Dort dominieren, wie in den schon benannten Tageszeitungen und Magazinen auch, Darstellungen solcher Aktionen, die zwar die Gentechnik ablehnten, aber die dahinterstehenden Machtinteressen verschwiegen, auf VerbraucherInnenverhalten setzten und die deutschen Forschungsfelder unangetastet ließen. Lieblingskind wurde schnell die Kampagnenagentur Campact mit Sitz in Verden. Geradezu euphorisch wurden deren Mitmachangebote für das vielbeschäftigte BildungsbürgerInnentum begrüsst. taz und FR räumen der fast komplett professionell geführten Protestfirma immer wieder herausragende Platzierungen für Artikel, Werbeanzeigen oder -banner ein. Dass solche Entscheidungen nicht nur aus der kulturellen Nähe zueinander rühren, sondern durchaus auch politische Strategie sind, zeigte sich in Kommentaren zu Protestaktionen. Nicht nur einmal haben SZ, FR & Co. dort ausgewählte Personen oder Gruppen in Führungsrollen gepuscht und den Apparaten geraten, mehr Ordnung und Kontrolle in soziale Proteste zu bringen. Mitunter spielten Medien auch direkt mit, z.B. bei der Gründung von Attac und der damit einhergehenden Kanalisierung des Globalisierungsprotestes in eine übersichtliche und steuerbare Großorganisation. Zu radikalen AkteurInnen sollte eine deutlichere Abgrenzung erfolgen – auch Attac wurde mehrfach, z.B. bei den Blockaden des G8-Gipfels von Evian, von den Medien zurechtgewiesen.

Auszug aus einem Beitrag von Heribert Prantl, in: SZ, 8.11.2010[69]
Wer ein Gleisbett zerstört, ist genauso ein Straftäter wie der, der den Bahnverkehr mit Wurfankern sabotiert oder Gleise zersägt. ... Wer so etwas tut, ist nicht verzweifelt, sondern gefährlich und dumm. Die Gefährlichkeit solcher Störer ist offenkundig. Ihre Dummheit ergibt sich daraus, dass sie ihrem angeblichen oder echten Anliegen nur schaden. Ihre Anschläge erschlagen die seriösen und berechtigten Argumente der Atomgegner.

Parolen von rechts oder aus dem Off

Rechte Gentechnikkritik und Gentechnikkritik von rechts

7.2.2008 in einem kleinen Ortsteil von Lauterbach: GentechnikgegnerInnen hatten zu einer Veranstaltung geladen. Auf den Tischen lagen Informationsmaterialien herum. „*Gentechnik – Nein danke!*" hieß einer der bunten Flyer. Er stammte von der NPD. Auf den sechs Seiten des Faltblattes standen Forderungen, wie sie auch in gentechnikkritischen Kreisen verbreitet sind: Gesunde Ernähung statt „*Gen-Food*", Einrichtung gentechnikfreier Zonen und ein staatliches Verbot für genmanipuliertes Saatgut. Mit einem Stapel dieser modischen Propaganda hatte sich eine Runde meist älterer Herren bei einem von der Bürgerinitiative „Zivilcourage" im Vogelsberg veranstalteten Vortrag eingerichtet. Die Gastgeber waren – immerhin – nicht zu bewegen, dass die Flyer auf ihrem Infotisch ausgelegt werden durften. Parteimaterial sei nicht erwünscht. In der Diskussionsrunde meldete sich einer der Herren zu Wort und begann eine flammende Rede, die exemplarisch zeigte, in welche Worthülsen der Gentechnikkritik rechte Ideologie verpackt wird. Er sprach von den bösen Konzernen aus „*Amerika*", bereits eine absurde Vereinnahmung eines ganzen Kontinents. Kein Wort fiel über Bayer, BASF und KWS, obwohl deutsche und europäische (Nestlé, Syngenta und andere) Konzerne in Gentechnikentwicklung und Handel eine prägende Rolle spielen. Klarer Widerspruch unterblieb, einige Wenige zeigten Unbehagen an. Es gelte, so fuhr der Redner dann fort, Europa zu retten vor den Amerikanern – ganz so, als wäre „*Amerika*" – was auch immer das ist – einheitlich für Gentechnik und „*Europa*" (was ist das?) – einheitlich dagegen. Ungefähr ein Drittel der ca. 100 Anwesenden applaudierte. Als am Ende der Veranstaltung ein bevorstehender Prozess gegen FeldbefreierInnen in Gießen angekündigtt wurde, fiel den rechten Herren dazu nur ein, vor Gericht als Nationalität „*Deutsches Reich*" anzugeben, um damit angeblich den Gerichtsprozess torpedieren zu können. Als Literatur empfahlen sie ein Buch, das nicht nur von rechten GentechnikkritikerInnen stark gestreut wird: „*Saat der Zerstörung*" von F. W. Engdahl.

Titel des NPD-Faltblattes

Das Buch strotzt vor Anti-Amerikanismus. Bereits die Werbung für das Buch spricht für sich. Dort werden von vornherein nur die US-amerikanischen Konzerne überhaupt einbezogen: „*Drei der vier privaten Unternehmen, die heute gentechnisch verändertes Saatgut anbieten, weisen eine unheilvolle jahrzehntelange Verbindung zur US-Kriegsmaschinerie des Pentagon auf.*" Kein Wort von BASF, Bayer und ihrer dunklen Vergangenheit. Das Buch sei eine „*Geschichte über die dunkle Seite der Macht*" und „*dokumentiert, dass die amerikanische Rockefeller-Stiftung der treibende Motor hinter dieser Entwicklung ist*" – selbstverständlich „*zusammen mit privaten Forschungsinstituten und in Mittäterschaft der US-Regierung*". Engdahl sieht „*eine kleine mächtige Elite*" und deren „*gigantische Verschwörung*". Alle anderen sind Opfer. Darunter ganz Europa. „*Zur Zeit üben diese Firmen in Zusammenarbeit mit der US-Regierung einen enormen Druck auf Europa aus, damit auch hier alle Schranken gegen genmanipuliertes Saatgut fallen.*"

Engdahls Buch ist im Kopp-Verlag herausgekommen, der rechte und Verschwörungstheorien verbreitet und dem Nazi-Militarismus frönt. Auch das war vielen keine Warnung, das Gedankengut selbst weiterzuverbreiten. Es ist auch nicht einfach erkennbar, weil nicht weit entfernt von Aussprüchen aus der gesellschaftlichen Mitte. Gerhard Schröders Spruch hätte ins Buch gepasst: „*Mit mir ist eine Amerikanisierung der deutschen Gesellschaft nicht zu machen ... Nur Europa steht für den wirtschaftlichen, den sozialen, den kulturellen und den ökologischen Ausgleich.*" In der GLS-Zeitung bankspiegel darf Klaus Hänsch unwidersprochen behaupten, „*Die Amerikaner sind ein Volk. Die Europäer sind verschiedene*

Rechte Propaganda mit Öko-Ideen:

Infoseite zu rechter Ökologie: www.projektwerkstatt.de/aes/rechts_oeko.html

Text beim GeN: www.gen-ethisches-netzwerk.de/GID181_striegel

69 Prantl ist ein bei deutschen NGOs vielbeachteter und dort auch selbst agierender Redakteur. So finden sich immer wieder Textbeiträge von ihm in Veröffentlichungen von Attac und anderen Organisationen. Die Hetze gegen radikale AktivistInnen wird verbunden mit der Förderung gemäßigter Bwegungsführer. So erklärte die SZ einen Tag vor dem Text von Prantl den bürgerlichen Funktionär Jochen Stay zum „Organisator des Anti-Atom-Protestes" und denjenigen, „der ihm erst Kraft verleiht". Auch das ist nicht nur Personenkult, sondern Steuerung der Machtverhältnisse innerhalb der Eliten von Bewegung.

Buchtipp: „Reich oder rechts?" von Jörg Bergstedt (2001).
Kritische Betrachtung von NGOs, vor allem im Umweltschutz, hinsichtlich ihrer Kontakte zu Staat, Konzernen, rechten und esoterischen Kreisen.
Zu bestellen über www.aktionsversand.de.vu.

Völker." Der Reigen platter Äußerungen zum Konkurrenzkampf des guten Europa gegen das böse Amerika ist eine tragende Säule skurriler bis rechter Gentechnikkritik. Monsanto wird als Inbegriff für das Böse schlechthin stilisiert und hinter fast jeder Agro-Gentechnik vermutet. Ulrike Höfken, MdB B'90/Grüne, befand:[70] „*Die Strategie von Großkonzernen, allen voran Monsanto, ist absolut aggressiv.*" Deutsche Konzerne wurden oft nur dann kritisiert, wenn sie mit Monsanto kooperierten oder angeblich gesteuert würden – was völliger Quatsch ist, BASF und Bayer sind gegenüber Monsanto die wesentlich größeren Konzerne. Dennoch hieß es:[70] „*Leider befindet sich bereits BASF im Schlepptau einer Kooperation mit dem amerikanischen Konzern Monsanto*". Viele Genfelder deutscher Firmen wurden von Grünen oder NGOs kaum beachtet, einige NGOs veröffentlichten sogar reine Monsanto-Genfeldverzeichnisse (z.B. Gen-Mais-Karte von Greenpeace). Erst als nur deutsche Felder übrig blieben, geriet die BASF-Kartoffel Amflora ins Visier. Da war sie schon über zehn Jahre alt ... Das alles ist nicht nur anti-amerikanisch orientiert, sondern ein optimaler Anknüpfungspunkt für Rechte und deren Gedankengeber. Das Problem mit rechten und esoterischen Gedanken in der Gentechnikkritik ist hausgemacht.

Rechte Parteien und Gruppen nehmen das Geschenk gern an. Die Koordination der „*Initiative für eine gentechnikfreie Region Nebel/Krakow am See*" lag mehr als zwei Jahre in den Händen eines NPD-Mitgliedes. Auch andernorts mischen Personen aus solchen Spektren mit. Auf Versammlungen werden ständig anti-amerikanische Stimmungen aufgebaut oder krude Verschwörungstheorien als Hintergrund der Durchsetzung der Agro-Gentechnik formuliert.

Verschwörungstheorie: Welterklärung mit Kopfschoner!

Als Verschwörungstheorie bezeichnet man im weitesten Sinne jeden Versuch, ein Ereignis, einen Zustand oder eine Entwicklung durch eine Verschwörung, also als zielgerichtetes, konspiratives Wirken von Personen zu einem illegalen oder illegitimen Zweck, zu erklären und dabei auf analytische Betrachtung von Ursachen und Hintergründen zu verzichten. Wer immer die Entwicklung der Welt nicht mag, Ungerechtigkeiten spürt oder selbst in einer bedrückenden Lage ist, kann mit Verschwörungstheorien zwar keine Verbesserung erreichen, aber wenigstens die Schuldfrage klären, ohne allzuviel Denkkraft zu investieren. Moderne Herrschaft sieht aber anders aus. Sie ist meist komplex, d.h. es ist anstrengend, die verschiedenen Mechanismen, Konkurrenzen und Elitestrukturen auch nur annähernd zu erfassen, um zu begreifen, warum was geschieht. Zwar haben Menschen unterschiedliche Gestaltungsmacht in dieser Gesellschaft, aber nirgendwo ist ein Zentrum der Macht. Es gibt sie nicht, die StrippenzieherInnen von allem. Das ist doof für alle, die schnell und einfach die Welt erklären wollen. Darum haben Verschwörungstheorien Hochkonjunktur: Wie schön entlastet es doch den Kopf, wenn mensch sich einreden kann, irgendwo sitzen die Bösen, die alles lenken – oder es existiere ein diffuser großer Keilriemen, der die Welt antreibt. Solche Sparsamkeit im Denken ist nicht nur gefährlich, weil auf diesen Bildern auch Vernichtungsphantasien (historisch vor allem gegen „die Juden", heute oft gegen „den Islam" oder „die USA") basieren. Sie sind zudem eher für die nützlich, denen sie eigentlich entgegentreten sollen: Den Funktionseliten moderner Herrschaftssysteme, die ungestört in den intransparenten und zentrumslosen Sphären gesellschaftlicher Gestaltungsmacht agieren, während viele unzufriedene Menschen sich mit Chemtrails, Zinseszins- und Finanzkapitalhetze oder an ausgewählten Bankiersfamilien dieser Welt abarbeiten ...

Aus Wikipedia zu „Verschwörungstheorie"[70]

Der Begriff Verschwörungstheorie wird oft kritisch oder abwertend verwendet. In der Rhetorik ist die mediale Diskreditierung des Gegners vermittels eines solchen Vorwurfs ein erprobtes Instrument. Die Charakterisierung als Verschwörungstheoretiker ist Gegenstand von Diskussionen.

Grundlage vieler Verschwörungstheorien ist ein dezidiertes und vereinfachendes Welt- und Geschichtsbild, das auf der Grundannahme basiert, dass Strukturen der sozialen Wirklichkeit durch Handlungen von Personen direkt steuernd beeinflusst werden können. Vor dem Hintergrund der gegenseitigen strukturellen Abhängigkeiten und hochgradigen Vernetzungen komplexer sozialer Systeme gilt diese Voraussetzung heute jedoch allgemein als unplausibel. Sozialwissenschaftliche Modelle zeigen, dass sich weitreichende Ereignisse in Gesellschaft, Wirtschaft oder Staat nicht allein durch das zielgerichtete Handeln von Personen oder Personengruppen verursachen lassen. Man geht hier vielmehr vom Zusammenwirken vieler verschiedener subjektiver Gründe und objektiver Bedingungen aus, die aus Strukturen, Konjunkturen, Absichten, Gegenabsichten, Irrtümern und schlichten Zufällen bestehen und sich zudem gegenseitig beeinflussen. Die Auffassung, eine relativ kleine Personengruppe könne wichtige gesellschaftliche Ereignisse zentral steuern, gilt daher als unterkomplex. ...

Eine Zentralsteuerungshypothese sieht hinter bestimmten Ereignissen oder Entwicklungen das gezielte, verborgene Wirken von Personen oder Personengruppen, etwa von Geheimbünden oder Geheimdiensten. Dafür kann es gute Gründe geben, da solche Verschwörungen in vielen Bereichen der Wirklichkeit tatsächlich vorkommen. Als Beispiele können mafiose Strukturen, verschiedene Formen der Wirtschaftskriminalität und Lobbyismus angeführt werden. Auch wenn sie das Geschehen in der Regel nur als ein Faktor von vielen beeinflussen, können verborgene Steuerungszusammenhänge für manche Ereignisse von ausschlaggebender Bedeutung sein.

Definition auf der Seite der Skeptiker (GWUP)[72]

Eine Verschwörungstheorie ist die sachlich unbegründete Annahme, ein bestimmtes, meist negatives Geschehen sei das Ergebnis einer Verschwörung. Durch ihre Argumentation widersetzen sich Verschwörungstheorien jeglicher logischen Widerlegung, deshalb sind sie wissenschaftlich wertlos. Viele Vertreter von parawissenschaftlichen Behauptungen versuchen, ihre Thesen durch Verschwörungstheorien zu stützen.

Grundlage einer Verschwörungstheorie ist nach dem Modell von Thomas Grüter der Verschwörungsglaube, d. h. der Verdacht, dass eine Personengruppe heimlich Böses plant. Stärker ausgearbeitet als der Verschwörungsglaube ist die Verschwörungslegende, die bestimmte Ereignisse als Ergebnis eines Komplotts erklärt, ohne dies jedoch schlüssig zu beweisen. Die Verschwörungstheorie schließlich bündelt Verdacht und Legenden zu einem fest gefügten System.

Verschwörungstheorien enthalten teils reale Elemente, verquicken diese jedoch mit Erfundenem und bloßen Mutmaßungen zu einer „Parallelwirklichkeit". Im Gegensatz zur rationalen Ursachenforschung zeichnen sich Verschwörungstheorien durch ihre Immunisierung aus. Äußert eine Person Zweifel oder führt sie Gegenargumente an, wird sie mit dem Vorwurf konfrontiert, selbst zu den Verschwörern zu gehören. Damit wird die Verschwörungstheorie der wissenschaftlichen Überprüfung entzogen. Die vorgebrachten Argumente für die Verschwörung halten jedoch keiner kritischen Untersuchung stand.

70 Interview der Thüringer Allgemeinen, 23.6.2008: www.thueringer-allgemeine.de/ta/ta.standard.volltext.php?kennung=oninttalNTHomNational39620&zulieferer=ta&kategorie=INT&rubrik=Homepage&region=National&auftritt=TA&dbserver=1%20

71 http://de.wikipedia.org/wiki/Verschw%C3%B6rungstheorie

72 www.gwup.org/infos/themen-nach-gebiet/72-verschwoerungen/49-verschwoerungstheorien. Absurderweise hat gerade das von der GWUP herausgegebene Magazin „Skeptiker" einen Artikel über Gentechnikkritik veröffentlicht, der den gleichen Fehler, nur in anderer Richtung machte.

Im Zusammenhang mit Umweltzerstörung, Globalisierung und Konzernmacht werden verschiedene Verschwörungstheorien besonders häufig benannt. Einige seien hier beispielhaft genannt – und zerpflückt. Da sind zunächst Rockefeller und Rothschild. Die zwei Familiendynastien, sicherlich keine Wohltätigkeitsunternehmen, steuern angeblich die Welt, haben überall ihre Finger drin und teilen sich bei geheimen Treffen (z.B. im Bilderberger-Hotel) die Welt auf. Doch das geht schon logistisch nicht, 7 Milliarden Menschen von einer Stelle steuern zu wollen. Außerdem sind die Sphären der Macht sichtbar von Konkurrenzen durchzogen, z.B. USA gegen Europa oder wahlweise gegen China, BASF gegen Monsanto, EADS gegen Boing, Microsoft gegen Google, Papst gegen Ajatollahs usw.

Die zweite beliebte Verschwörungstheorie ist die Herrschaft des Finanzkapitals oder die brutale Zinsknechtschaft. Das klingt auf den ersten Blick sogar schlüssig und nicht viel anders als bei den einfach gestrickten WelterklärerInnen, die z.B. Linke oder Attac prägen: Das Finanzkapital regiere die Welt oder der Zwang zur Begleichung des Zinseszinses präge alles ökonomische Geschehen. In der Folge bremst die allgegenwärtige Spekulation das produktive Wirtschaften. Doch auch das ist als Erklärung der Welt viel zu einfach. Im Wirtschaftsgeschehen besteht überall ein permanenter Druck zur erneuten Verwertung aller Werte, zur Steigerung von Profit und zur Akkumulation wirtschaftlicher Machtmittel (Kapital, Boden, Patente ...). Konzerne, Banken und Regierungen können das verstärken, aber sie sind nicht die Ursache. Spekulative Finanzaktionen unterscheiden sich in der zentralen Logik auch gar nicht von anderen Wirtschaftszweigen. Überhaupt: Was ist die Investition in Immobilien – Spekulation oder Produktion? Oder ein Termingeschäft mit Getreide? Die Aufteilung in gute und schlechte Wirtschaftszweige macht Unterschiede auf, die nicht bestehen. Verwertungs- und Profitzwang als Antrieb ständiger Jagd nach neuen Geschäften herrscht überall. Außerdem wäre der Welt wohl wenig geholfen, wenn weniger in Devisen und mehr in Rüstung, Atomkraftwerke, Flughäfen und Palmölplantagen investiert wird.

Leichter zu erkennen sind die Weltuntergangstheorien, wenn nicht nur mit der Gentechnik böse Mächte die Welt steuern, sondern in die Abgase der Flugzeuge absichtlich Stoffe (sog. Chemtrails) gemischt werden, damit ... ja, da sind sich die Verschwörungsfans gar nicht einig, wofür das Ganze eigentlich dient. Aber es sei wahr, sogar Fotos bewiesen das. Ein Vorschlag für den Grund des Ganzen ist, dass Gifte beigemischt werden, um die Weltbevölkerung zu reduzieren. Kann das sein? Die meisten Flugzeuge fliegen über Europa und Nordamerika. Also sollen vor allem NordamerikanerInnen und EuropäerInnen ausgelöscht werden. Sind die – in der Tat ja kritikwürdigen – Bevölkerungskontrollprogramme für Asien und Afrika dann nur eine Ablenkung vom wirklichen Ziel, die Menschen in den EU und USA zu liquidieren? Einschließlich derer, die das Ganze anzetteln und ja dieselbe Luft atmen? Dass in Flugzeugabgasen viel Gift enthalten ist und Fliegen deshalb auch ein Problem darstellt, bleibt trotzdem klar. Das Problem sind aber nicht Beimischungen, sondern bereits der Alltag.

Wer auf gentechnikkritischen Veranstaltungen – und auch anderswo – zugegen ist, begegnet einer weiteren bemerkenswerten Sparte verschwörungstheoretischer Argumentationskunst: Den Reichsdeutschen. Sie behaupten, die BRD würde nicht existieren, weil die Verfassung nie vom Volk angenommen wurde. Stimmt leider nicht – auch wenn es schade ist. Denn wenn Staaten nicht existieren würden, deren Verfassung nie vom „*Volk*" (was ist das?[73]) angenommen wurde, dann würden ganz schön viele vom Globus verschwinden. Deutschland im übrigen komplett, denn was die Reichsdeutschen da brabbeln, gilt ja für 3. Reich und alle Vorphasen genauso. Tipp: Den Reichsdeutschen zustimmen und das Argument erweitern: Es gibt nicht nur die BRD, sondern ganz Deutschland gar nicht, denn nie hat ein „*Volk*" der Gründung dieser Nation zugestimmt. Meistens finden die Reichdeutschen diese Interpretation aber gar nicht lustig.

73 www.projektwerkstatt.de/demokratie/volk.html

Das Gegenprogramm: Skeptisch denken, kritisch analysieren

Alles, was mit einfach scheinenden Erklärungen herüberkommt, sollte kritisch beäugt werden. Oder überhaupt alles. Denn dazu ist der Kopf da – und das beste Gegengift zu Verschwörungstheorien und Regierungspropaganda heißt schlicht, immer skeptisch zu sein, zu hinterfragen und viele Quellen zu nutzen. Beginnen Sie gleich mit diesem Text und diesem Buch insgesamt: Nichts ist eine Bibel – schon gar nicht die Bücher, die sich dreist auch noch so nennen, um besonders wichtig genommen zu werden. Ihr Kopf ist der Partner, auf den Sie sich am meisten verlassen können. Und schon der macht viele Fehler, weshalb immer neues Hinterfragen nützlich ist!

Das kann dann auch das Eindringen rechten und anti-emanzipatorischen Gedankenguts abwehren. Die Ausweitung der Gentechnikkritik durch die Herrschaftsbrille und das offensive Formulieren einer Zukunft, in der nicht die Zunahme von Kontrolle, Macht und Reglementierung, sondern deren Verschwinden die menschliche Produktivkraft für ein besseres Leben nutzbar macht, bietet die notwendige und deutliche Abgrenzung gegenüber anti-emanzipatorischen Blickwinkeln. Solange nämlich nur Gesundheit und Umweltschutz die Kritik ausmachen, können sich Rechtsextreme, AnbeterInnen fremder Mächte (von kosmischer Energie bis zu irgendwelchen Göttern, deren Wille zu befolgen sei oder deren Werke mit der Gentechnik besudelt würden) oder FreundInnen entfesselter Regulierungswut mit immer neuen Gesetzen und Ordnungstruppen (Kameras an allen Feldern?) problemlos einreihen. Die Unterschiede würden nicht auffallen. Sie wären im Kern ja auch gar nicht vorhanden. Wo aber eine emanzipatorische Orientierung sichtbar wird, entspannt sich die Lage. Wer sich um die Machtfülle von Staaten oder Göttern, die Reinheit von Völkern oder die Unversehrtheit von Heimat sorgt, steht dann im Widerspruch dazu. Ausgrenzungen sind gar nicht mehr nötig, weil der Unterschied sichtbar ist.

Abb.: Nazi-Demo. Foto aus Freitag, 13.10.2006 (S. 4).

Abkürzungen

ADIVK: Arbeitskreis Deutsche In Vitro Kulturen
AGIL: Arbeitsgemeinschaft Innovative Landwirte (bei InnoPlanta)
AgrEvo: Gentechniksparte von Hoechst und Schering (vor 2000)
AID: Auswertungs- und Informationsdienst
BASF: Badische Anilin- und Sodafabrik
BAZ: Bundesanstalt für Züchtungsforschung an Kulturpflanzen (heute Teil des JKI)
BBA: Biologische Bundesanstalt (heute: vTI, JKI und FLI)
BDP: Bundesverband Deutscher Pflanzenzüchter
BfEL: Bundesforschungsanstalt für Ernährung und Lebensmittel (heute: MRI)
BfN: Bundesamt für Naturschutz
BfR: Bundesamt für Risikoforschung
BioOK: Firmenverbund am AgroBioTechnikum
BLL: Bund für Lebensmittelrecht und Lebensmittelkunde e.V.
BMBF: Bundesministerium für Bildung und Forschung
BMELV: Bundesministerium für Ernährung, Landwirtschaft und Verbraucherschutz
BÖLW: Bund Ökologische Lebensmittelwirtschaft
Bt: Bacillus thuringiensis. Von dem Organismus stammen Gensequenzen, die Bt-Pflanzen eingefügt wurden. Die Pflanzen produzieren daraufhin ein Insektizid.
BTL: Biotestlabor
BVL: Bundesamt für Verbraucherschutz und Lebensmittelsicherheit
BVO: Bundesverband der Vermehrungsorganisaitonen mit Saatgut
CBG: Coordination gegen Bayer-Gefahren
DBV: Deutscher Bauernverband
DFG: Deutsche Forschungsgemeinschaft
DIB: Deutsche Industrievereinigung Biotechnologie
DLG: Deutsche Landwirtschaftsgesellschaft
DMK: Deutsches Maiskomitee
DFG: Deutsche Forschungsgemeinschaft
EFSA: European Food Safety Authority (Europäische Behörde für Lebensmittelsicherheit)
EU: Europäische Union
EuropaBio: Dachverband der Bio-Industrie in Europa
FAL: Bundesforschungsanstalt für Landwirtschaft (=BBA)
FGV: Forum grüne Vernunft
FDA: Food and Drug Administration (Oberste Behörde für Lebensmittel in den USA)
FGV: Forum Grüne Vernunft
FINAB: Verein zur Förderung innovativer und nachhaltiger Agrobiotechnologie Mecklenburg-Vorp.

FLI: Friedrich-Löffler-Institut
FNL: Fördergemeinschaft nachhaltige Landwirtschaft
FNR: Fachagentur nachwachsende Rohstoffe
GABI: Genomanalyse im biologischen System Pflanze
GenTG: Gentechnikgesetz
GFP: Gemeinschaft zur Förderung der privaten Pflanzenzüchtung
GGG: Gesprächskreis Grüne Gentechnik
GMO: genetically modified organism (englisch für GVO)
GPZ: Gesellschaft für Pflanzenzüchtung
GSF: Alte Abkürzung für heutige Helmholtz-Gesellschaft
gv/GVO: Gentechnisch veränderte (Organismen)
IFZ: Interdisziplinäres Forschungszentrum
IME: Fraunhofer-Institut für Molekularbiologie und Angewandte Ökologie
IPK: Leibniz-Institut für Pflanzengenetik und Kulturpflanzenforschung
ISAAA: International Service für the Acquisition of Agribiotech Applications
JKI: Julius-Kühn-Institut
KWS: Kleinwanzlebener Saatzucht, heute: KWS Saat AG
LALLF: Landesamt für Landwirtschaft, Lebensmittelsicherheit und Fischerei Mecklenburg-Vorp.
LLG: Landesanstalt für Landwirtschaft, Forsten und Gartenbau
LUFA: Landwirtschaftliche Untersuchungs- und Forschungsanstalt
LWK: Landwirtschaftskammer
MPI: Max-Planck-Institut
MRI: Max-Rubner-Institut (früher: BfEL)
Nabu: Naturschutzbund
NGO: Non-governmental organization (deutsch: NRO)
OLG: Oberlandesgericht
PRRI: Public Research Regulation Initiative
PTJ: Projektträger Jülich (am Forschungszentrum)
RKI: Robert-Koch-Institut
RWTH: Rheinisch-Westfälische Technische Hochschule Aachen
SBK: Stiftung Braunschweiger Kulturbesitz
TTN: Institut für Technik, Theologie, Naturwissenschaft
tti: Werbeagentur in Magdeburg
TU: Technische Universität
UBA: Umweltbundesamt
UIG: Umweltinformationsgesetz
vTI: Von-Thünen-Institut
VCI: Verband chemischer Industrie
WGG: Wissenschaftlerkreis Grüne Gentechnik
ZALF: Leibniz-Zentrum für Agrarlandschaftsforschung
ZKBS: Zentrale Kommission für die Biologische Sicherheit

Der Autor

Dieses Buch musste im Gefängnis vollendet werden. Denn der Autor ist nicht nur investigativer Journalist und Autor etlicher politischer Bücher, sondern auch Aktivist: „Eine Theorie ohne Praxis ist nicht nur langweilig, sondern auch keine gute Theorie", kritisiert Jörg Bergstedt eine sonst eher übliche Trennung zwischen denen, die Felder attackieren und denen, die in Hauptstädten mit den Mächtigen debattieren oder Online-Petitionen vorformulieren. Für eine offen angekündigte Feldbefreiung in Gießen kassierte er ein halbes Jahr Haft ohne Bewährung – gegen andere in gleicher Weise an der Aktion Beteiligte wurde das Verfahren eingestellt. Das offenbart, worum es ging: Ein Maulkorb für einen unliebsamen Kritiker. Wegen der Recherchen in den Seilschaften, die per Gerichtsbeschluss nun als Gentechnikmafia bezeichnet werden dürften, wurden Verfahren wegen Beleidigung und Verbotsverfahren gegen die Veröffentlichungen angezettelt. Das ist für Jörg Bergstedt nichts Neues. 2007 gab er einen Rechercheband zu „Fiesen Tricks von Polizei und Justiz" heraus – ein tiefer Blick hinter die Abgründe politischer Verfolgung, am Beispiel Gießens. Der hessische Ministerpräsident und Ex-Innenminister Volker Bouffier versuchte mehrfach, seinen Kritiker mit rechtswidrigen Mitteln hinter Schloss und Riegel zu bringen.

Die Wut über den „hessischen Streithahn" und „Intimfeind" des Ministerpräsidenten, wie Bergstedt in der Frankfurter Rundschau betitelt wurde, hat Gründe: Bergstedt recherchiert mit kreativen Mitteln hinter den Kulissen. Selbst Anklagen nützten meist am Ende eher ihm – wegen neuer Akten und erkenntnisreiche ZeugInnenvernehmungen, die er auswerten konnte. Dabei arbeitet der Autor nie im Auftrag anderer. Weder für dieses Buch noch für andere Projekte, Vorträge oder ähnliches nimmt er für sich Geld an: „Ich forsche und recherchiere aus Überzeugung – und will unbestechlich sein", kritisiert Bergstedt den Großteil der Wissenschaft, die nach Drittmitteln jage und für Geld jedes gewünschte Ergebnis präsentieren würde.

Neben der Agro-Gentechnik engagiert sich der Autor seit Jahren im Bereich emanzipatorischer Ökologie. Er ist Trainer für kreativer Aktionsmethoden und Selbstverteidigung vor Polizei und Gericht. Bei mehreren Strafprozessen zu Anti-Castoraktionen oder Feldbefreiungen wirkte er als Strafverteidiger mit, ohne je eine Juravorlesung besucht zu haben. Von ihm sind etliche Bücher erschienen, u.a. zu den Themen

- Umweltschutz, z.B. „Biotopschutz für die Praxis" (Wiley-VCH) und „Reich oder rechts?" (IKO-Verlag)
- Gesellschaftskritik und Utopien wie „Autonomie& Kooperation" und „Demokratie. Die Herrschaft des Volkes. Eine Abrechnung" (SeitenHieb-Verlag)
- Organisierungstipps für politische Gruppen und Aktionen, z.B. die Reader „HierarchNIE!", „Direct Action", „Selbstorganisierung" und „Kreative Antirepression"

Foto oben: Der Autor im Betonblock der Feldbesetzung in Braunschweig im Jahr 2009 – auf dem Gelände des Landwirtschaftsministeriums gleich neben dem BVL-Hauptsitz.

Jörg Bergstedt
Nachhaltig, modern, staatstreu?

Staats- und Marktorientierung politischer Konzepte von Agenda 21 bis Tobin Tax: Aktuelle Vorschläge aus politischen Gruppen werden auf ihre Wirksamkeit untersucht. Die Herrschaftsfrage wird gestellt: Steigern die Vorschläge Macht- und Ausbeutungsverhältnisse?

- A5, 220 S., 23 Fotos, 2002, 14 €
- ISBN 978-3-86747-007-0

Gruppe Gegenbilder
Autonomie & Kooperation

Das Buch für eine herrschaftsfreie Gesellschaft. Wie kann die aussehen? Was ist wichtig? Herrschaftsgrundlagen, Wirtschaft(en) ohne Herrschaft, Alternativen zur Strafe, Lernen von unten, emanzipatorische Ökologie usw.

- A5, 196 S., 2006, 14 €
- ISBN 978-3-86747-001-8

Anarchie

Eine kritische Bestandsaufnahme des Anarchismus im heutigen Deutschland. Erscheint Ende 2011 zum Preis von 14 €.

ScharfZeichner

Jörg Bergstedt
Demokratie. Die Herrschaft des Volkes. Eine Abrechnung

Ist Herrschaft des Volkes wirklich etwas Gutes? Volk als konstruiertes, identitäres Subjekt existiert nur in Form seiner Stellvertretung. Wenn die dann herrscht „im Namen des Volkes" über die Menschen – was ist daran gut? Wenn dann noch Bomben fallen, um die Demokratie weltweit zu exportieren – was unterscheidet diese Kriege von der brutalen Kolonisierung, von religiös motivierten Missionen oder Kreuzzügen früherer Zeiten?

- 12,5 x 22 cm, 208 S., 2006, 14 €
- ISBN 978-3-86747-004-9

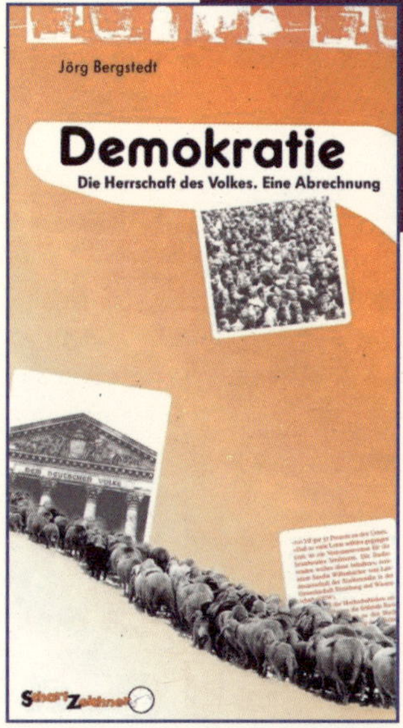

Gruppe Gegenbilder
Freie Menschen in Freien Vereinbarungen

Ein Buch voller Gegenbilder zu Markt und Staat: Konzepte und Experimente für eine Gesellschaft ohne Hierarchien und ökonomischen Verwertungzwang.

- A5, über 200 S., 14 €
- ISBN 978-3-86747-038-4
- Zweite Auflage ab Herbst 2011

Hauke Thoroe
Herrschaftskritik

Viele Beispiele für Formen der Herrschaftsausübung im Alltag. Ein Buch wie ein Operationstisch gesellschaftlicher Verhältnisse.

- A5, 164 S., 2010, 10 €
- ISBN 978-3-86747-005-6

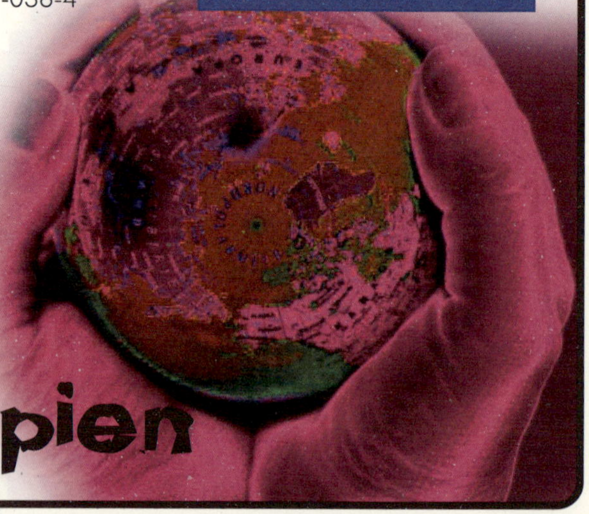

Utopien

Siehe www.seitenhieb.info!

**Selbstorgani-
sierungs-Reader**

Grundgedanken zur Selbstorganisierung als aktive Gegenorientierung zur Fremdbestimmung. Praktische Tipps zur Gratisökonomie: Containern und andere Tipps für Essen, Trampen und mehr Infos zur Mobilität, Schnorren, Selbstmachen und mehr. Kritische Blicke auf Organisierungsmodelle in politischer Bewegung.

- A4, 68 S., 2010, 6 €
- ISBN 978-3-86747-041-4

Antirepressions-Reader

Aktionstipps zum Umgang mit Polizei, Justiz, Kontrollen und mehr. Von Straßentheater bis zu Sabotage, offensivem und subversivem Rechtsgebrauch. Viele Rechtstipps für Alltagsstress, Gerichtsverfahren und mehr.

- A4, 68 S., 2009, 6 €
- ISBN 978-3-86747-032-2

Knut Krusewitz & Heike Maul

Vom Fulda Gap zur UNESCO-Modellregion?

Die Friedensbewegten Knut Krusewitz und Heike Maul haben sich anlässlich des 10-jährigen Bestehens zum Biosphärenreservat Rhön 2001 konzeptionelle Gedanken gemacht.

- 288 S., 2001, 12,50 €
- ISBN 978-3-86747-020-9

Direct-Action-Reader

Aktionstipps bis zum Abwinken – von Kommunikationsguerilla über Straßentheater, Besetzen und Blockieren, Lieder und kreatives Demonstrieren bis zur Sabotage und Gewaltfrage. Mit einem grundlegenden Einleitungskapitel.

- A4, 68 S, 2009, 6 €
- ISBN 978-3-86747-032-2

HierarchNIE!-Reader

Entscheidungsfindung von unten, kreative Gruppenprozesse, konkrete Methodenbeschreibungen, Kritik an und Beschreibung von typischen Dominanzverhältnissen. Die Arbeitshilfe, um Gruppen zu enthierarchisieren und mehr Gleichberechtigung plus Kreativität zu fördern.

- A4, 72 S., 6. Auflage 2009, 6 €
- ISBN 978-3-86747-003-2

Timo Schadt & Kathy Seewald

Deutschlands Mitte – aber rechts daneben!

Dokumentation über 20 Jahre Erzkonservatismus, Neofaschismus und latente Fremdenfeindlichkeit in Osthessen. Vorgestellt werden beängstigende und obskure Gruppen, die in Osthessen ihr braunes Unwesen treiben. Mit vielen Fotos.

- A5, 300 S., 1997, 12,50 €
- ISBN 978-3-86747-019-3

Von Unten

Noch mehr? Die Internetseite hilft:
www.seitenhieb.info

Herrschaftsfrei wirtschaften

Themen: Herrschaftsfrei wirtschaften, Technikentwicklung, Umsonstökonomie, Arbeitskritik, Aktionstipps und Projektideen.

- A5, 92 S., 2005, 4 €
- ISBN 978-3-86747-011-7

Mensch Macht Tier

Themen: Speziesistische Ideologie, Tierrechte, Konstruktion von Arten, Veganismus, Containern, Jagd und Tierrechtsaktivismus.

- A5, 116 S., 2007, 4 €
- ISBN 978-3-86747-013-1

Organisierte Unverantwortlichkeit

Mini-Reader zum Filz zwischen Konzernen, staatlicher Kontrolle, Wirtschaftsförderung und Lobbying der Gentechnik in Deutschland.

- B5, 32 S., 2010, 2 €
- ISBN 978-3-86747-036-0

Mehr Material zur Gentechnik auf der Innenseite des Buchtitels.

Naturerlebnismappe Umwelt und Junior-Regenbogenkämpfer-Mappe

Zwei A4-Ordner voller Ideen für Kinder, Naturerlebnis und erste eigene Aktionen.

Umweltprogramm einer Gemeinde

Vorschläge und Forderungen zu den Umweltbereichen und dem, was kommunalpolitisch gefordert werden sollte. Aus den 90er Jahren.

- A4, 64 S., 4 €. ISBN 978-3-86747-015-5

Aktionsmappe Umwelt

Leitfaden für Umweltgruppen, Bürgerinitiativen und Projektwerkstätten, Tipps für Aktionen, Finanzbeschaffung, Pressearbeit, Kommunalpolitik …

- Dicker A4-Ordner, 201 Abb., 15 €
- ISBN 978-3-86747-002-5

Weltreise

Kritik am unreflektierten Konsum weitgereister Waren – dargestellt in Sachtexten, Satiren, Gedichten und Geschichten: Neuseeländische Äpfel, Nordseekrabben aus Marokko usw.

- A5, 184 S., 2009, 5 €
- ISBN 978-3-86747-027-8

2 bis 4x pro Jahr:
grünes blatt

… die emanzipatorische Ökologiezeitschrift.

- ISSN 1612-2186. A5. Aktuelles Heft: 1 €
- Alle verfügbaren Ausgaben (mind. 30 Hefte): 10 €
- Mehr: www.gruenes-blatt.de

Umweltzer

Fragend Voran

AktenEinsicht

SeitenHieb – wer will sein Buch hier veröffentlichen?

Wir sind kein Verlag mit Hauptamtlichen, sondern ein politisches Projekt von Menschen, die schreiben. Wir unterstützen uns gegenseitig bei der Verbreitung der Bücher. Jedes Buch ist ein politisches Projekt in der Hand derer, die es machen. Heraus kommt ein spannendes Programm von Büchern, Readern, Broschüren und CDs für politische Debatte und widerständige Praxis.

Wer Interesse hat, hier eigene Veröffentlichungen unterzubringen, ist herzlich eingeladen. Kontakt per Mail: autorinnen@seitenhieb.info.

Ganz ähnlichaufgemacht dem Buch „Monsanto auf Deutsch" – nur hier geht es um Enthüllungen bei Polizei und Justiz!

Tatort Gutfleischstraße Die fiesen Tricks von Polizei und Justiz

2003: 12 Menschen machen eine Gedichtelesung … und landen im Polizeiknast mit dem Vorwurf, den Brandanschlag versucht zu haben. Einen Brandsatz haben die Uniformierten selbst gebastelt. 2006: Vier Menschen spielen Federball. Spezialpolizei observiert sie. Die vier landen im Knast, ihnen werden Attacken auf die CDU und den Innenminister vorgeworfen – obwohl die Polizei ja wusste, wo sie waren. Das glaubt niemand? Die Polizeiakten selbst belegen es und mehr: Verfolgung wegen Graffitis, die es nie gab. Gipsabdrücke von Schuhen, im Labor erfunden. Falschaussagen werden gedeckt, Unschuldige auf Weisung des damaligen Innenmisters Bouffier verhaftet.

Ein erschreckender, zuweilen witziger und immer spannender Blick hinter das Grauen von Polizei- und Justizalltag!

- Quadratisches Großformat. Auszüge aus Polizei- und Gerichtsakten. Viele Fotos. 2007, 18 €
- ISBN 978-3-86747-016-2
- Auf Anfrage: Veranstaltung zum Thema – spannend aufgemacht als Mischung aus Vortrag, Kriminalroman, Kabarett und Straftat! Mail: autorinnen@seitenhieb.info.

Strafanstalt

Ein Buch über den Knast. Bilder aus Zellen, Gängen und Büros. Einblicke mit Auszügen eines Gefängnistagebuches, umrahmt von Texten zu „Knast und Strafe". Eindrucksvoll – gerade auch für Menschen, die Knast nicht von innen kennen.

- Quadratisches Großformat:. Viele Fotos aus dem Inneren. 2007, 14 €
- ISBN 978-3-86747-023-0

Polizei & Justiz

Strafe – Recht auf Gewalt!

Ein Büchlein mit einer klaren Kritik am System von Strafe. Interviews mit RichterInnen, KritikerInnen und Gefangenen.

- A5, 88 S., 2008, 4 €
- ISBN: 978-3-86747-024-7

Mehr unter www.seitenhieb.info!

Drehscheibe

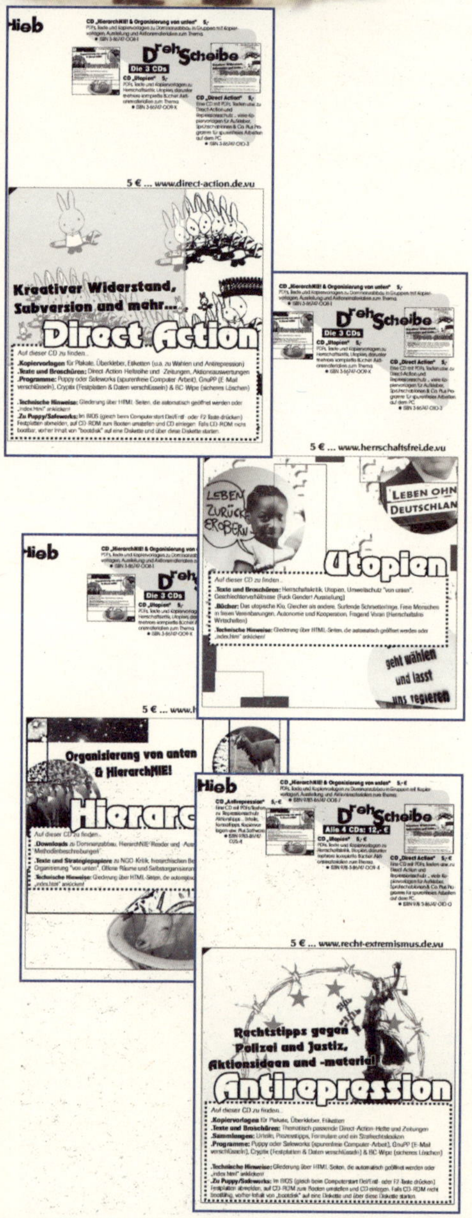

CD „Direct Action"

Zeitungen, Positionspapiere, Broschüren, Tipps usw. zu direkten Aktionen und Aktionsmaterial (Kopiervorlagen für Aufkleber, Sprüh-Schablonen usw. als PDF und HTML. Software für spurenfreies Arbeiten am PC, für Datenverschlüsselung und sicheres Löschen.

- 5 €, ISBN 978-3-86747-010-0

CD „Utopien"

Texte, das Buch „Autonomie & Kooperation", Positionspapiere, Broschüren, Tipps usw. zu Herrschaftskritik und Utopien als PDF und HTML.

- 5 €, ISBN 978-3-86747-009-4

CD „HierarchNIE!" (Organisierung von unten)

Texte, Zeitungen, Positionspapiere, Broschüren, der HierarchNIE!-Reader komplett, Ausstellungstafeln und mehr Material zu Dominanzabbau in Gruppen, Methodenbeschreibungen usw.

- 5 €, ISBN 978-3-86747-008-7

CD „Antirepression"

Tipps für Aktionen und zur (Selbst-) Verteidigung gegenüber Polizei und Justiz. Viele Prozesstipps, Urteilsauszüge, dazu Broschüren und Aktionsmaterialien. Softwarepaket.

- 5 €, ISBN 978-3-86747-025-4

CD „Umwelt"

Texte, Zeitschriftenartikel und ganze Bücher zu Fragen des Umweltschutzes, Kritik an Umwelt-NGOs und emanzipatorischer Ökologie.

- 5 €, ISBN 978-3-86747-030-8

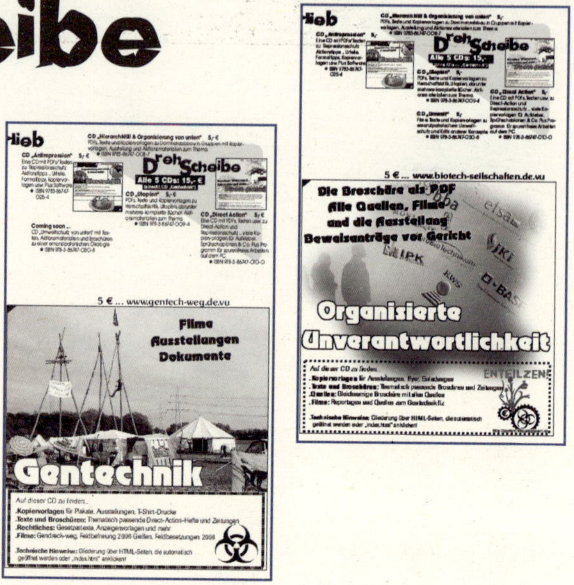

CD „Gentechnik"

Zeitungen, Positionspapiere, Broschüren, Tipps usw. zu Kritik an der Gentechnik und Aktionsmöglichkeiten. Filme von Feldbesetzungen und -befreiungen.

- 5 €, ISBN 978-3-86747-029-2

CD „Organisierte Unverantwortlichkeit"

Die Quellen-CD zu den Recherchen über Seilschaften, dazu Ausstellungen, Einzeltexte und mehr als PDF. Filmmitschnitt des Seilschaften-Vortrags.

- 5 €, ISBN 978-3-86747-036-0

DVD „Berufsrevolutionäre"

Filme und Radiosendungen über Aktionen, Widerstand und Repression rund um die Projektwerkstatt, plus umfangreiche Materialsammlung.

- 5 €, ISBN 978-3-86747-014-8

Projekthäuser & offene Aktionsplattformen

★ Ein Haus oder Räume organisieren, klarmachen oder besetzen.

★ Ausstattung und Aktionsmaterialien zusammenschmeißen.

★ Den Ort für Trainings und Workshops nutzen – das Aktionsmaterial ist ja da.

★ Keine Sicherungen einbauen – die Offenheit des Raumes (nicht der Leute gegenüber Polizei & Co.) schützt vor Repression. Denn es hätte immer jedeR sein können …

Foto: Projektwerkstatt in Saasen (Kreis Gießen), seit Jahren eine offene Aktionsplattform mit Bibliotheken, Seminarräumen und Übernachtungsplätzen für Aktivistis (www.projektwerkstatt.de/saasen).

www.hierarchnie.de.vu

Ideen zum Dominanzabbau in Gruppen, bei Seminaren, Camps und Aktionen. Tipps zu offenen Räumen und Plattformen. Viele konkrete Methodenbeschreibungen.

Welch eine Vorstellung: In vielen Städten und Regionen gibt es Häuser voller Aktionsmaterialien für Menschen, die sich für Aktionen zusammenfinden, etwas vorbereiten – ganz schnell oder über ein paar Tage. Kein Plenum, Vorstand oder Chef muss gefragt werden (währenddessen die Abschiebung, der Genversuch, der Nazi-Infostand oder die Parlamentsentscheidung längst durch sind …), kein Passwort, kein Hausrecht – einfach ein offener Bereich innerhalb einer verregelten Gesellschaft. Wie bunt könnte der Widerstand sein … aber der fehlt bisher im Land der FunktionärInnen, Vereinslogos und Bündnisse statt Aktionen.

Offene Häuser, Aktionsplattformen, Projektwerkstätten, Traumschulen – wie sie heißen, ist egal. Aber viele und spannende Orte sollten es sein.

Der offene Raum im KuBiZ (Berlin-Weißensee) ist ein Versuch, einen Raum zu öffnen, in dem politisch, sozial und/oder kulturell engagierte Menschen einen gleichberechtigten Zugang zu allen Ressourcen innerhalb dieses Raumes haben. Der offene Raum wird durch die NutzerInnen getragen. Ideen bisher: Elektronik- und Computerwerkstatt, Siebdruckwerkstatt, Tonwerkstatt, Atelier- und Bastelraum, Archive zu den Themen Umwelt und Bildung, Themenbibliotheken, stiller Arbeitsraum, offener Garten (www.nicht-geschlossen.de.vu).

www.stiftung-freiraeume.de

Die Stiftung ist ein Werkzeug. Wie ein Hammer: Den nimmt mensch, wenn er gebraucht wird. So auch die Stiftung – ohne Vereinsmeierei, no Logo! Die Stiftung sammelt Geld, Häuser und Infrastruktur (Wägen, Maschinen, Geräte für kreatives Engagement), aber nie für sich selbst. Stattdessen will sie Rechtsträger und Unterstützer von Projekten sein, um das Eigentum zu neutralisieren, Übernahmen und die schleichende Zerstörung von innen zu verhindern.

Stiftung FreiRäume

Stellen Sie sich vor: Sie spenden einmal, aber das Geld unterstützt noch in 30 Jahren spannende Projekte:

Ihr Geld und …

Sie geben Ihr Geld nicht irgendeiner Organisation, sondern für eine ganz konkrete Solarstromanlage. Nicht irgendwo, sondern auf einem ausgewählten kreativen Haus.

unsere Aktion schaffen …

Foto: Bau der Anlage in Mahlsdorf

solare Dächer!

Dort erzeugt die Sonne nicht nur Strom, sondern auch sichere Einnahmen – über eine sehr lange Zeit.

Und dann sichert die Sonne:

Foto: Solarstromdach in Saasen

Foto: Kubiz in Berlin

Mit dieser ständigen Einnahme werden dann unabhängige, kreative Räume wie Theaterwerkstätten, politische Bibliotheken, Medien- und Aktionsübungsräume von ihren laufenden Kosten befreit. Damit dieses Land bunter wird.

FreiRäume!

Garantiert durch die Stiftung FreiRäume

Kontakt
- Infotelefon: 030-69206557
- Kontakt-Email: solardach@stiftung-freiraeume.de
- Infoseite und -flyer auf www.stiftung-freiraeume.de

Das Ziel: FreiRäume schaffen und sichern!

Es wirkt wie ein Naturgesetz: Kulturzentren, Aktionsplattformen und alternative Häuser verwenden ständig viel Kraft auf die Beschaffung von Geldern. Der Zauber des Beginns und der idealistische Elan der AkteurInnen weicht einem pragmatischen Alltag. Aus der Not heraus orientieren sich Menschen und Gruppen auf kommerzielle Tätigkeiten, den „Verkauf" ihrer Leistungen oder das ständige Einwerben von Spenden.

Dem wollen wir mit der Stiftung FreiRäume eine andere Perspektive entgegensetzen. Kreativität, Offenheit und der Verzicht auf Hierarchien sollen Häuser, Plätze und mobile Aktionsmaterialien auf Dauer prägen. Geld spielt seit Jahren nur eine untergeordnete Rolle – und das ist gut so. Damit das so bleibt, wollen wir für die noch wenigen, aber unabwendbaren Kosten der Häuser wie Gebühren und Renovierungen und sonstigen Materialien eine dauerhafte Basis schaffen. Wir wollen keine Paläste, keine Apparate finanzieren, sondern dafür sorgen, dass es Orte gibt, an denen Menschen kreative und offensive Projekte entwickeln können, ohne ständig Kontostand oder Vorstandsdirektiven im Kopf zu haben.

Gesucht: Geldspenden, die dauerhaft wirken sollen

Wir wünschen uns SpenderInnen, die eine einmalige Summe beisteuern können. Das Geld geht an die Stiftung FreiRäume – gezielt zugunsten der Freiraum-Sonnendächer. Für ein solches Dach benötigen wir je nach Größe 15.000 bis 40.000 Euro. Montage werden wir, soweit möglich, selbst übernehmen.

Das Solardach-Konto der Stiftung FreiRäume
Nr. 4013681800 bei der GLS-Bank (BLZ 43060967)

Wenn genügend Geld zusammen ist, wird ein neues Solardach errichtet

Ist die Menge zusammen, die für das nächste Dach reicht, geht es sofort los: Wir suchen dann eine Partnerfirma aus, die zumindest die Komponenten fachlich korrekt zusammenstellt – oder auch die Montage macht. In vielen Fällen aber werden wir selbst werkeln, um aus den eingehenden Spenden möglichst viel herauszuholen. Wer nicht nur spenden, sondern auch mitbauen will, ist herzlich eingeladen – es kann gerne eine Art Patenschaft für das Haus entstehen.

Wenn es passt, sammeln wir zusammen mit Solarfirmen. Wenn sie mitgeholfen haben, die Spenden zu sammeln, bekommen sie auch den Auftrag, das Dach zu errichten. Wir freuen uns daher auch auf Kontakte zu Firmen.

Das Geld kommt dann für viele Jahre dreierlei zugute: Umwelt, Haus und einem Fonds für kreative Projekte!

Ist das Dach gebaut, fließt das Geld aus der Einspeisevergütung zur Hälfte an das Haus, wodurch die Grundkosten gedeckt werden sollen – oder zumindest ein Teil davon. Die andere Hälfte geht in einen Projektfonds. Es soll neuen Projekthäusern, Öffentlichkeitsarbeit, Aktionen, Seminaren und dem Aufbau rollender Aktionswerkstätten (natürlich mit Stromversorgung von der Sonne) sowie der Durchführung von Kursen für politisches Engagement und Trainings dienen.

Nicht erschrecken: Da spielt noch ein Verein mit ...

Die Stiftung sammelt das Geld, aber ein Verein betreibt dann in ihrem Auftrag die Photovoltaikanlagen. Das hat einmal steuerliche Gründe, zum anderen trägt der Verein auch das Risiko. Schließlich wollen wir ja die Häuser unterstützen und nicht gefährden. Der Verein ist – genauso wie die Stiftung – eine Organisation von AktivistInnen, die kreative politische Projekte vorantreiben wollen. Niemand, weder Verein noch Stiftung oder irgendwelche engagierten Menschen dort sollen an den Solardächern Gewinne erzielen. Projektfonds und Häuser erhalten die Einspeisevergütung, sonst niemand.

Stiftung und Verein sind gemeinnützig. Wer uns etwas spendet, kann nicht nur sicher sein, dass das Geld über Jahre hinaus wirkt, sondern auch eine Spendenbescheinigung bekommen. Bis 100 Euro zählt der Überweisungsträger, darüber hinaus stellen wir auf entsprechende Anfrage eine Bescheinigung aus.

Nicht nur Geld hilft – auch Mitarbeit und Sachspenden für Ausbau oder Ausstattung der Häuser sind eine wichtige Hilfe. Schließlich soll nicht Geld die Welt regieren, sondern die Menschen mit ihren Ideen!

Was bisher geschah: Zwei Dächer ...

Zwei Solardächer gibt es bereits seit Sommer 2010. Sie befinden sich in Berlin und Mittelhessen. Beide Häuser werden vielfältig genutzt, sind aber noch in unterschiedlichem Renovierungszustand. Kleine Steckbriefe zu den Solardächern und den phantasievoll genutzten Häuser folgen hier:

Projektwerkstatt Saasen (Kreis Gießen)
Über 20 Jahre alt, wurde sie ab 2010 grundlegend renoviert. Im Haus befinden sich Bibliotheken, Gruppen- und Seminarräume und Werkstätten für Theater, Musik, Straßenaktion und Öffentlichkeitsarbeit. Hier sind Bücher des SeitenHieb-Verlags entstanden – berühmt geworden sind Aktionen gegen Genversuchsfelder, den Sicherheitswahn der Landesregierung Hessen und kreative Konzepte für Gruppen- und Bildungsarbeit.

- ►Ludwigstr. 11, 35447 Reiskirchen
- ►Tel. 06401/90328-3, Fax -5
- ►Email: saasen@projektwerkstatt.de
- ►www.projektwerkstatt.de/saasen
- ►Sachspenden: www.projektwerkstatt.de/gesucht

Das Solardach: 35 Module schaffen max. 6,1 KW. Zudem gibt es seit 1994 eine große Warmwasseranlage auf dem zweiten Gebäude.

Kultur- und Bildungszentrum Rauol Wallenberg (KuBIZ in Berlin)
Ein phantastisches Gebäude in Berlin-Weißensee mit Bildungsstätte, Theateraula, offener Aktionsplattform, Medienwerkstatt, SchülerInnenbibliothek, offenem Garten, Umsonstladen und mehr.

- ►Bernkasteler Str. 78, 13088 Berlin-Weißensee
- ►Tel. 030-96201345
- ►Email: kontakt@KuBiZ-wallenberg.de
- ►www.kubiz-wallenberg.de

Die weiteren Dächer und Projekte

Die zwei Dächer sollen erst der Anfang sein. Darum bitten wir ja um Spenden, die dauerhaft wirken werden. Ein paar Häuser sind schon im Blick. Wir stellen sie auf unserer Internetseite www.stiftung-freiraeume.de vor. Sie können dann wählen, ob Sie für ein bestimmtes Haus spenden wollen oder für das nächste zu bauende, damit Ihr Geld möglichst schnell solare Energie erzeugt und Freiräume sichert.

Stiftung FreiRäume

Trainings, Workshops, Vorträge

Auch wenn es alleinstehend ein bisschen dröge ist und gesellschaftlich oft wenig bewirkt … im Zusammenhang mit direkten Aktionen sind Fortbildungen, Vorträge, Diskussionen, Trainings und Seminare viel wert. So kann geschaffene Aufmerksamkeit inhaltlich gefüllt werden, können Aktivistis sich selbst weiterbilden, nachdenken, Utopien und Projektideen entwickeln oder Know-How aneignen.

Wir haben eine Vielzahl von Themenangeboten, für die TrainerInnen, Referentis oder Mitdiskutierende zu spannenden Positionen, hitzigem Streit oder intensiver Fortbildung angefragt werden können. Die offenen Räume und Projekthäuser können als Orte für Seminare genutzt werden.

Vortrag „Monsanto auf Deutsch“

Ein besonderer Genuss ist der gut 2-stündige Vortrag mit Bildern und Filmausschnitten über die Seilschaften der Agro-Gentechnik. Es ist ein Einstieg ins Thema – quasi der Vortrag zum gleichnamigen Buch. ReferentInnen können angefragt werden, zudem gibt es eine DVD mit einem professionellen Mitschnitt dieses Vortrags (www.aktionsversand. de.vu). Das macht möglich, diese Infos an vielen Orten, auch im kleineren Kreis weiterzugeben.

www.vortragsangebote.de.vu

Vorträge oder Workshops zu Utopien, Demokratiekritik, Dominanzabbau, Gender und Antisexismus, Alternativen zu Knast und Strafe, Religionskritik … dazu Trainings zu praktischen Aktionen, Organisierungsfragen und Schutz vor Repression.

Rechtstipps und -trainings

Direkte Beratung ist genauso möglich wie Rechtsbeistand in Gerichtsverfahren und Trainings zu Polizeikontakt oder Prozessen. Hier wird nicht das Schweigen und Unterordnen unter AnwältInnen geübt, sondern offensive Gestaltung der Abläufe. Repression wird so zur Aktion, ohne wichtige Vorsichtsregeln (keine Aussagen, keine Kooperation mit Repressionsbehörden) zu vergessen.

Unser Tipp: Vor Anruf oder Mail unter www.prozesstipps.de.vu oder www.recht-extremismus.de.vu gucken – das spart viele Fragen! Und vor einem Prozess oder einer Aktion mit Polizeikontakt spart es Ärger …

www.prozesstipps.de.vu

Rechtstipps für repressive Lebenslagen: Von Polizeikontakt über Gerichtsverfahren bis zum Umgang mit Überwachung und Behördenstress aller Art. Voller praktischer Hinweise zu Akteneinsicht, Anträgen, Textvorschlägen für Widersprüche und vieles mehr. Die umfangreichste Sammlung von Rechtstipps für Aktivistis.

Informationsquelle Internet

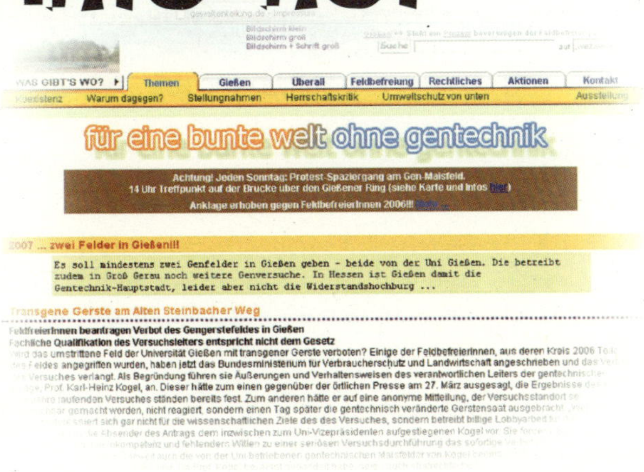

Aus selbstorganisierten Projekten heraus werden auf der Plattform www.projektwerkstatt.de viele Internetseiten mit Tipps für Aktionen und Alltagsleben, Adressen und Materialien gestaltet. Dazu Themenseiten in einer großen Fülle. Im Unterschied zu den meisten Internetseiten von Verbänden und Gruppen mit corporate identity gibt es hier keine Logos, die Links führen auf viele Seiten anderer Aktivistis und Gruppen, so dass die Fülle zwar Vieles etwas unübersichtlich macht, aber eben mit der Folge, hier unbeschränkte Informationen und weiter führende Links zu finden.

Wer zur allgemeinen Einstiegsseite will, sollte www.projektwerkstatt.de in den Browser tippen. Um die Übersichtlichkeit zu steigern, haben die Internet-,MacherInnen' Einstiegsseiten für ihr jeweiliges Thema erzeugt und ihnen leicht merkbare Namen verpasst. Unten folgen einige ausgewählte Eingangsseiten.

www.direct-action.de.vu

Konkrete Tipps, Ratschläge, Anleitungen und viele, viele Beispiele für kreative Aktionen ... von Besetzungen über Blockaden bis Sabotage, Kommunikationsguerilla und Straßentheater.

www.gendreck-giessen.de.vu

Anfangs nur eine Internetseite mit Informationen zu den Gießener Genversuchsflächen und Protestaktionen. Inzwischen wurden hier auch viele allgemeine Gentechnikinformationen eingestellt, z.B. zu Koexistenz und zu Aktionen weltweit. Für Gießen gibt es weiter einen Extrabereich. Weitere Seiten zum Thema: www.gendreck-weg.de, www.keine-gentechnik.de und www.biotech-seilschaften.de.vu.

www.umwelt-und-emanzipation.de.vu

Zitate und Texte zur Verknüpfung von Ökologie und Herrschaftskritik – damit nicht weiter auf Regierungen, Vorschriften und Marktmechanismen gesetzt werden muss. Ziel ist, die Umwelt zur Sache der Menschen, nicht ihrer Aufpasser zu machen.

www.herrschaftsfrei.de.vu

Welche Formen hat die institutionelle und diskursive Macht? Wo wirkt sie – und was wären Wege zum Abbau der Herrschaftsverhältnisse ... bis hin zu Utopien einer Welt ohne Strafe, Zwänge, aber mit gleichen Möglichkeiten für alle?

www.alltagsalternative.de.vu

Tipps, Texte, Zitate und mehr zur Selbstorganisierung im Alltag – von Essensbeschaffung über Mobilität bis zum Wohnen ohne viel Geld. Anschaulich, mit Berichten und Download etlicher Dokumente.

www.aktionsversand.de.vu

Bücher, Broschüren, CDs und mehr zu Direct-Action, herrschaftsfreien Utopien, politischer Kritik. Viele mit konkreten Aktionsmaterialien und -tipps, andere nachdenklich und bissig. Gut geeignet auch für Büchertische und Veranstaltungen.

... und vieles mehr!

- Kritik an Demokratie und Rechtsstaat: www.demokratie-total.de.vu
- Vortragsangebote: www.vortragsangebote.de.vu
- Gegen Knast und Strafe: www.welt-ohne-strafe.de.vu
- Schutz natürlicher Lebensräume: www.biotopschutz.de.vu
- Downloads: www.projektwerkstatt.de/download

Die Fundgruben für Kritik, Widerstand & Utopien

www.projektwerkstatt.de

Bestellschein SeitenHieb

Senden an: SeitenHieb-Verlag, Jahnstr. 30, 35447 Reiskirchen, Fax: 0700/73483644

REIHE „ScharfZeichner": Bücher zur Kritik an den Verhältnissen

____ St. Demokratie. Die Herrschaft des Volkes. Eine Abrechnung ... 14 Euro
____ St. Nachhaltig, modern, staatstreu? ... 14 Euro
____ St. Herrschaftskritik ... 10 Euro

REIHE „FragendVoran": Bücher zu Widerstand und Vision

____ St. Herrschaftsfrei wirtschaften ... 4 Euro
____ St. Mensch Macht Tier ... 4 Euro
____ St. Strafe – Recht auf Gewalt ... 4 Euro
____ St. Autonomie und Kooperation ... 14 Euro
____ St. Freie Menschen in freien Vereinbarungen ... 10 Euro (ab Ende 2011)

REIHE „DrehScheibe": CDs und DVDs voller Dateien

____ St. CD „Utopien" ... 5 Euro
____ St. CD „Organisierung von unten & HierarchNIE!" ... 5 Euro
____ St. CD „Direct Action" ... 5 Euro
____ St. CD „Antirepression" ... 5 Euro
____ St. CD „Umwelt" ... 5 Euro
____ St. CD „Gentechnik" ... 5 Euro
____ St. CD „Organisierte Unverantwortlichkeit" ... 5 Euro
____ St. DVD „Berufsrevolutionäre" ... 5 Euro

REIHE „AktenEinsicht": Bücher mit Blicken hinter die Kulissen

____ St. Strafanstalt ... 14 Euro
____ St. Tatort Gutfleischstraße (Fiese Tricks von Polizei und Justiz) ... 18 Euro

REIHE „VonUnten": Reader zur besseren Organisierung im Alltag

____ St. HierarchNIE!-Reader ... 6 Euro
____ St. Selbstorgansierungs-Reader ... 6 Euro

REIHE „UmWeltzer": Bücher zu selbstbestimmter Ökologie

____ St. Broschüre „Organisierte Unverantwortlichkeit" ... 2 Euro
____ St. Monsanto auf Deutsch ... 18 Euro
____ St. Aktionsmappe Umwelt ... 15 Euro
____ St. Umweltprogramm einer Gemeinde ... 4 Euro
____ St. Weltreise ... 5 Euro

REIHE „ZeitSprünge": Aktuelle Blicke zurück

____ St. Deutschlands Mitte - aber rechts daneben! ... 12,50 Euro
____ St. Vom Fulda Gap zur UNESCO-Modellregion? ... 12,50 Euro

ZEITUNG grünes blatt ... Umweltdebatten und -Aktionen

____ St. Aktuelle Ausgabe ... 1 Euro
____ St. Alle bisherigen Hefte des Grünen Blattes (mind. 30 Ausgaben) ... 10 Euro
____ St. Weiteres: .... ____ Euro

Porto und Versand je nach Kosten. Rechnung wird mitgeschickt. Zahlungsziel 60 Tage.

ABSENDER

Laden/Gruppe: .... Kontaktperson: ....

Straße + Nr.: .... PLZ und Stadt: ....

Tel.: .... Mail: ....

Datum, Unterschrift: ....

Bestellung per Internet: www.seitenhieb.info

Materialien zu Widerstand & Vision

Wir haben alle Bücher und CDs des SeitenHieb-Verlages ... aber noch viel mehr:

Reich oder rechts?
Umweltgruppen und NGO's im Filz mit Staat, Markt und rechter Ideologie.
A5, 300 S., 22,80 €

Perspektiven radikaler, emanzipatorischer Umweltschutzarbeit
Wie könnte Natur- und Umweltschutz aussehen, der nicht auf Staat, Gesetze, Regeln und Kontrolle setzt? Thesen und Beispiele für die Verbindung von Selbstbestimmung und Ökologie. A5, 19,90 €

Mythos Attac.
Das kritische Buch mit Hunderten von Quellen und einem Kapitel zu Perspektiven.
A5, 200 S., 14,90 €.

Direct Action-Heftserie
Kompakte Hefte mit vielen Ideen und Beispielen kreativer Aktionsformen: Alltags-Widerstand, Die Mischung macht's, Kommunikation subversiv, Kreativ demonstrieren, Gerichtsverfahren, Achtung! Polizei!, Aneignung jetzt!, Knast, Kreative Antirepression.
A5, 16 bis 24 S., 1 €

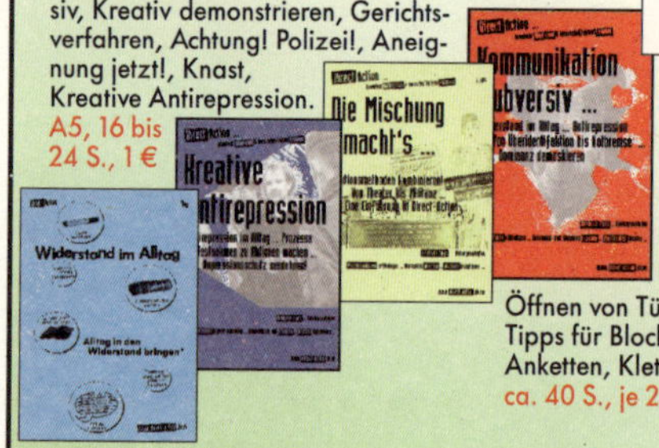

Direct Action-Heftserie II
Dickere Hefte mit konkreten Anleitungen und vielen Zeichnungen. Tipps zum Öffnen von Tür- und anderen Schlössern. Tipps für Blockaden von Lock-ons, über Anketten, Klettern, Tripods und mehr. A5, ca. 40 S., je 2 €

Direct Action Videos (CD)
Viele Kurzfilme zu Aktionstechniken und -beispielen. Anregend und informativ. 5 €

Upps – ein Genfeld! Was jetzt?
Tipps für Aktionen gegen Genfelder.
A5, 1 €

Zeitungen
Über den Aktionsversand zu bestellen: Contraste, grünes blatt und Ö-Punkte.
Aktuelle Ausgabe (nur bei Contraste und grünes Blatt) je 1 €. Sammlung aller hier verfügbaren Ausgaben: Je 10 €. Probeheft anti atom aktuell: 1 €.

Die Bücherkiste
Ihr wollt einen Büchertisch machen, bei einer Veranstaltung Bücher zum Verkauf auslegen? Dann schicken wir Euch gern eine Kiste mit Büchern zu. Ihr bezahlt, was Ihr verkauft – und behaltet einen Teil der Einnahmen für Euch! Ihr könnt auch Schwerpunkte festlegen, was Ihr braucht. Auf Kommission zur Rabattstufe I (siehe Preise ab 3 Stück im Internet) plus Versandpauschale 10 €.

Ausstellungen
Wir haben einige Ausstellungen zu den Themen Direct-Action, Gentechnik (vor allem über konkrete Aktionen als Anschauung), Gender/Antisexismus und eine kleine zur Kritik am Martin-Luther-Mythos. Pro Ausleihe 20 € ... am besten mit der Bücherkiste verbinden, dann entfällt die dortige Versandpauschale!

Bestellungen an:
Projektwerkstatt, Ludwigstr. 11, 35447 Saasen, 06401/90328-3, Fax-5, versand@projektwerkstatt.de
Zum Angucken: Buchshop und Lesebibliothek vor Ort!

www.aktionsversand.de.vu